云南古代水文献大系

卷五

江 燕
毕先弟 编著

云南大学出版社
YUNNAN UNIVERSITY PRESS
·昆明·

图书在版编目（CIP）数据

云南古代水文献大系 ：共六册 / 江燕，毕先弟编著
. -- 昆明 ：云南大学出版社，2024
ISBN 978-7-5482-4510-0

Ⅰ. ①云… Ⅱ. ①江… ②毕… Ⅲ. ①水文资料－文献资料－云南－古代 Ⅳ. ①P337.274

中国版本图书馆CIP数据核字(2021)第281305号

审图号：GS(2023)2474号

策划编辑：段 然 苏 珊
责任编辑：李春艳 余家涛
装帧设计：刘 雨

云南古代水文献大系

YUNNAN GUDAI SHUI WENXIAN DAXI

江 燕 毕先弟 / 编著

出版发行：云南大学出版社
印装：云南天欣彩印包装有限公司
开本：890mm×1260mm 1/16
印张：241.625
字数：6116千字
版次：2024年5月第1版
印次：2024年5月第1次印刷
书号：ISBN 978-7-5482-4510-0
定价：2400.00元（共六册）

社址：云南省昆明市一二一大街182号（云南大学东陆校区英华园内）
邮编：650091
电话：（0871）65031070 65033244 65031071
网址：http://www.ynup.com
E-mail：market@ynup.com

若发现本书有印装质量问题，请与印厂联系调换，联系电话：0871-65412782。

《云南古代水文献大系》编委会

编　　著　江　燕　毕先弟

编　　委　郑　畅　宫　珏　刘景毛　顾胜华

　　　　　郭　劲　方　婕

特约编辑　周元晖

目　录

卷　五

井　泉

坝塘堤闸

水利工程

卷五

井泉·坝塘堤闸·水利工程

井泉

专　志

碧玉泉志稿

段　昕

天　文

按：《一统志》云南属天文井鬼分野，安宁为云南之弹丸，玉泉为安宁之勺水。天所照临，应无遗地，则井鬼分野，亦未可略而不书也。

地　舆

云南在唐虞为昧谷之野，《禹贡》属于梁州，及周为西南靡莫地，古所谓荒服也。自庄蹻略地于楚，常頞通道于秦，汉武置益州郡，历六朝至唐，号为羁縻之国，后强有力者分地割据，析为六诏。蒙舍诏、浪穹诏、邓赕诏、施浪诏、越析诏、越巂诏也。唐初，蒙诏独强，并六为一。唐末，郑、杨、赵三姓相继篡夺相寻，至段思平建国大理，历五代至宋，自王南中。元虽混一，犹与大理分治。及明朝，乃建置郡县，比于内地。本朝因之，以昆明池水源极高，故称滇。汉武时，彩云见南中，故称云南。安宁在汉时为连然县，唐时升为州，改号安宁，至今不易。昔之称安宁者，如《蒙诏德化碑》则云“山对碧鸡，波环碣石”，《云南总志》则云“石宝砬立，玉带萦回”，洪胜州廨颂则云“凤冈蕴宝，白虎卧于右坤；鸡岭呈珠，青龙飞于左震”，皆纪州之名胜也。然聚山川之秀而具水德之全，则无如温泉云。

地　德

滇云在八风则取义于景，在卦位则取象于离，在二气则为阳，于神则属赤帝，乃丙丁火旺之域，故温泉在在有之，如曲靖，如江川，如宜良，如宁州，如白崖，如市坪，如浪穹，如龙关，如永昌，如腾冲，如邓川，如定远，地志所载，人迹所经，不可胜纪，惟斯泉实禀地德焉。《方舆胜览》载西域八功德水“一清、二冷、三香、四柔、五甘、六净、七不饐、八蠲疴”，今斯泉具兼之，而冷易为温，尤为绝异。地灵之胜，又岂八功德水所可较耶?

水　德

按：《博物志》云“不周云川之水，温如汤，凡诸温泉皆能疗疾，远近归之”，又云“凡水源有石硫磺，其水则温，或云神人所暖，主疗人疾”。然其水过热，性燥，濯者必别注之池，和以寒泉，乃能近之。其气逆鼻，予所游历及所传闻皆不爽，独斯泉特异。

昔人云：温泉出于朱砂窟者，其色微红，如徽州黄山红泉是也；出于礜石所积者，水微清而热，如骊山华清是也。据升庵太史《序》，则云“华清水沸如蒸，硫磺之气，逆鼻难近”，则斯泉实在华清之上矣。予弟晴川，典秦试归，亦为予言之，与升庵说相近，则昔所云出于朱砂窟者，斯泉之德，殆源头之异耶，惜予未得一至黄山，而参考其同异也。然斯泉之德，则实有不可及者，《易·说卦》曰“坎为水，润万物者，莫润于水”，斯泉其又水之尤润者乎？《淮南子》曰“积阴之气为水”，斯泉其阴中之阳乎？《韩诗外传》曰“夏不数浴，非爱水也；冬不数炀，非爱火也”，斯泉其水火之合德者乎？张衡《温泉赋》曰：“天地之德，莫若生兮。帝育蒸民，懿厥成兮。六气淫错，有疾疠兮。温泉汩焉，以流秽兮。蠲除苛慝，服中正兮。熙哉帝载，保性命兮”，斯泉之蠲慝流秽，其天地之生气乎？王褒《温泉碑》曰“二仪开辟，雷风以之通响；五材运行，水火因而并用。炎洲烧地，穴鼠含烟；火井飞泉，垂天远扇。甘州浴日，跳波迈椒丘之野；汤谷扬涛，激水疾龙门之箭。白矾上彻，丹沙下沉。谷神不死，川德愈深”，斯泉之德，庶足当之。庾信《温汤记》曰“咸池浴日，先应绿甲之图；砥柱浮天，始受玄夷之命。仁则涤荡埃氛，义则激扬清浊，勇则负山余力，弱则鸿毛不胜。仲春则榆荚同流，三月则桃花共下。其色变者，流为五云之浆；其味美者，结为三危之露。烟青于铜浦，气白于铅溪。非神鼎而常沸，异龙池而独涌。洒胃湔肠，兴羸起疾。嵩山三仙之馆，不独擅于天池；华阴百丈之泉，岂独高于莲井”，斯泉之德，殆无愧焉。故世之题赞斯泉者，夸香比洁，拟圣称奇，或探奥于阴阳，或献谀于岩壑，非不金碧瑰丽，照耀檐楹，然皆不如“天下第一汤”五字，言质而意确，可以千古不磨。题此者升庵太史，书者之泠然学宪，两杨先生也。

天下第一汤

第一汤去州北十余里，凤山迤逦，自北而南，岩壑纵横，苍翠壁立，螳江萦回；自南而北，玻璃一碧，衣带泉西。泉从岩石下穿隙而出，或从池底沙中涌迸而起，累累若贯珠，滚滚若幻泡，暖若春温，莹若冰壶，一尘不淄，可鉴毛发。人浴于中，肌白如雪，神怡气爽，垢腻自浮。暑时濯之能凉，寒时濯之愈暖。夏秋间，时有香气，瀹茗极佳。至积食、积痰、疥癣、麻木等疾，浴之彻愈。每风月佳时，振衣其间，天光云影，锦石文沙，与琼浪珠涛，喷激掩映，疑非人间世矣。玉女泉、华清池，无此佳胜也。岂但如《类函》所云“合水火之德，泽浸万人；倚药石之功，蠲除六疾”者耶？其名碧玉泉者，俗传池中石上有碧玉，故名。后为识者取去，今痕迹犹存。或曰以其水色澄碧，石光陆离如碧玉然，此说近之。而予意尤有进者，君子以玉比德，以水为鉴，古之命斯泉者，或亦望浴之者，温其如玉乎？则澡身涤德，无玷斯泉，亦志玉泉者之志也。

玉泉初辟

按：蒙段《志》载，东汉时有苏文达者，不知何许人，于光武时随伏波将军南征交趾，以瘴发不能北归，疾愈后，遂留滞南中。至明帝永平年间，游迹至滇，寓新罗邑，即安宁。与郡主阿树罗阿育王裔也。友善，时时相与游啸较猎，常见此山白气腾空，云烟如盖，心颇异之。因遣人踪迹其地，遂得此泉于荆榛岩壑之间。于是翦之、辟之、攘之、剔之，而玉泉出矣。后游览沐浴者日渐加多，遂聚成村落，而玉泉遂显名于时。夫自有天地，即有斯泉，山川灵异，何关人巧？然不经有心者搜奇于荒烟蔓草之间，则斯泉之伏于丛莽，辱于樵牧者，已不知几千百年于兹矣。故后之亭焉、堂焉、楼阁焉，以餙美于丹青，且诗焉、赋焉、记序焉，以流馨于翰墨，皆所谓因人成事者，尔若苏文达者，乃可称玉泉知己，固宜与玉泉同不朽也。

玉泉胜境

官　塘　玉泉上有厅屋三楹，传即苏文达所建，又云唐贞观年间，尉迟敬德命曹溪僧普明重修，其信否已不可考。至洪武壬戌岁，知州董福海彻而新之，后屡圮屡修，即悬天下第一汤额处也。塘方广三丈有余，东倚石岩，西南北三方皆砖石甃砌，翼以扶栏，一碧澄鲜，沸珠滚玉，沙明石莹，暖雾氤氲。浴者如入玉壶，不惟尘俗自蠲，亦且形骸俱化，至于檐楹四壁，触目琳琅，碑石匾额，不可胜纪。

男　塘　在官塘北。池东石岩，如绿玉斜倚水面，其三方皆石砌，长广几六七丈，深三四尺，横以石桥，桥上旧有天光云影坊。此池以天为幕，以石为床，以岩壁为屏，以墙为藩篱，清晓及月下极佳，可不资厦庇也。

女　塘　在男塘东北无名树脚下。方广三丈有余，深不过二尺许。明侍御谢朝宣建亭覆之，黔国沐公重修。此泉水出岩窦间，池底微有泥沙，殊不似前二塘之香洁也。

外　塘　在前三塘重流之外。方广而长，可二十余丈，即前三塘之水所流出者。夜间亦有人浴之。此水转北流入螳螂江，亦可分润灌溉田亩，秧苗最茂。夏时憩坐溪旁，披襟濯足，亦可乐也。

小玉泉　在第一汤之西数步，即官塘之屋而中分之者。方广盈丈余，深不及二尺，四隅皆石砌，水气微温和煦，垢腻积而不流，终不能胜大巫也。乃康熙二十九年，制府范公承勋所辟者。

漱玉泉　在螳江岸侧，去第一汤西可百步许。水如小玉泉，可浴数人，亦范公所辟者。泉上建漱玉亭，观察许公题“佳气氤氲”。亭外螳江如衣带水，古柳数十株，轻舟时往来于柳荫之外，振衣当风，亦佳境也。

洗心亭　在第一泉南二十步许暖露寺右侧。亭上望群峰如画，佳气郁葱，乃明成化时巡道张宽所建。后有澄清楼三间，明御史董钥建。旁有书院三间，树木围绕。春时百鸟弄声，可供游啸，乃明御史谢朝宣所建。“洗心亭”即朝宣所书，门屏“浴德”匾则御史桂谿所题也。今已倾圮，修为云涛寺至温泉之路。

浴沂亭　在第一泉右，男塘之前。明宣德年间，御史张璞建，即洗心楼旧址也。嘉靖时黔国沐公重修。今废。

永年亭　在泉之左。桂谿建。今废。

汤新楼　在泉前左侧。重栊复槛，极为轩爽。浴罢披衣，可风可咏。御史白公建，后废，改为碧玉坊。今重新之，为温泉胜境坊。

温柔乡坊　在玉泉巷口。杨升庵太史题。今废。

流水桥　即玉泉流水之所，方广六尺余，村人有夹泉居者，有溯泉居者。一溪暖雾，几曲玻瓈，儿童嬉戏其间，亦玉泉之余景也。

仰翁楼　楼在泉右，与玉泉相连。半在岩上，半在水中。于丛石谽谺处嵌楼一座，因石之高下为栋之长短，梯亦借石之纡转处补甃而上。俯临男塘高眺，远近佳境也。今废。

暖露寺 寺在泉左，与玉泉石岩相连。寺楼高三丈许，栋柱参差，就石岩为长短。楼下祀白衣观音于石缝中，楼上后半楼皆石岩，前半窗槅外为朱栏。凡山川景物、烟市人家，俱凭栏可得。浴后一为登眺，极为爽然。乃明学宪杨泠然、名师孔者所建。楼檐“湛露涵春”四字，门屏门“无垢不染”四字，皆泠然先生手书，极有笔意。

火龙寺 寺在碧玉泉山顶，暖露寺之右。上数十级，前有楼，后有殿，祀火龙，名不甚雅驯，从俗也。又配以神额，称“先王先帝”，旧传即辟玉泉之苏文达也。云文达殁后，阿树罗立庙祀之，大理建国时，曾为显灵，段信苴智封为先王，修祠享祀。逭元时，屡为显圣，云南左右司郎中卜花奏封为先帝。屡圮屡修，明永乐年间，郡人李受又重新之。

浴德处 旧在洗心亭前。今废。

玉泉山川名胜

岱晟山 在玉泉东北六七里许。峰峦参差，苍翠壁立，以其形如笔架，俗名笔架山。因居坎位，又名坎山。其支山，如青芙蓉，遥峙泉北，又名文峰拱极。是岱晟山，实玉泉之后屏也。

凤　山 在玉泉东。形如飞凤，翔舞而西，逆螳江而南，山脚皆虬石蟠结，嵌空玲珑，即玉泉发源之处也。

团　山 在泉北一里许。形如龟，故名龟山。又如印，故称印山。

葱　山 在玉泉西，隔螳江三四里许。约高八百余丈，周围七十余里，为郡治之祖山。中空多洞穴，故以葱名。上下龙湫数十处，故又名龙山。曹溪寺、沸珠泉、圣水三潮，皆此山之分派。在玉泉望之，如屏障然。至春初，桃霞梨雪，掩映于山光水影之间，又玉泉之别墅也。

碧玉洞天 在玉泉南数十步许凤山麓下。面临螳水，古树藤萝，牵覆岩上，石色斑斓，如云如漆，或如五色纹。洞口大小、深浅参差不一，其深者，相传与会城之螺峰潮音洞通。洞中玲珑透漏，寒气清冷，鬼斧神工，破空而出。洞前螳江环绕，烟树掩映。隔江曹溪一带，俨如画图。岩上为亭、为阁者，轩峙半空，岩下为长亭、为方亭、为八角亭者，各分山月江风之胜。长亭旁有醉石，苍然偃卧，洞口又有醒石，斜倚岩畔，如人之酒醒而起立者。浴玉泉后，溯江岸而南，吟啸于岩洞之间，御风而行，殊不似人间世矣。岩边烟云剥落，镌刻题赞诗歌，不可胜纪。有为山灵增胜者，亦有唐突方壶、疥廨灵境者。各乐其乐，亦如鸟啼花笑，随其自得而已。俗名“七窍通天”，又名“通仙古迹”，升庵太史诗曰“溪风吹不进，洞口有桃花”，石抚军琳题为“环云岩”，王制府继文题为“十洲分胜”，观察许弘勋题“溪山绣错”，方伯于三贤题“桃源可问”。岩壑之胜，可想象而知也。由环云岩而南，岩峰中断几数十步，忽又轩腾而起，石色亦如环云诸岩，有洞大如高轩，亦不异碧石洞天也。但夏秋，时有溪流出于其中，不堪久憩耳。洞口亦有亭，亭前亦有卧石，有古柳，亦环云之余景也。俗名“九曲龙窝”，危公题“玲珑玉”，王公题“龙宫飞石”。由此洞而南数十步，岩之尽处，有卧石横螳螂江边，刻“渐入佳境”四字，由舟至玉泉者之初境也。

碧霞洞 洞在玉泉东北七里余岱晟山之麓。形如堂屋，石笋玲珑，其中空洞，可以避秦。夏，极阴凉。秋间，洞口岩边秋海棠遍开，可供游赏，亦环云岩之别苑也。

螳郎江 江去玉泉西数十步，其源自滇池西泻昆阳，绕州治而北，经富民县界，洑流山腹中，复出会金沙江，入四川之马湖合于荆江，过楚历吴而归于海。由州城南转东而北，一碧环形似螳郎，故名，或又曰堂琅川。自东城下登舟，凡七八曲，几十五里乃至玉泉。舟中望虎邱寺①、一沤庵一带，层楼叠阁，出入烟云，两岸烟树，如与舟相迎者。及转至葱山下，则曹溪岩翠，倒扑江波，自渐入佳境处，以及环云岩、虚明洞诸胜景，皆于欸乃声中掩映而过。此时目不及赏，乃见树阴亭阁，间有暖气氤氲，溪山如画者，则碧玉泉也。

鱼化池 在玉泉北三四十步涌碧沙洲上。清冷而甘，俗传原有流泉出江之西岸石峡内。明嘉靖时，有渔人彭姓者，举网得鱼，忽风雷震吼，大雨暴至，鱼遂破网而出。次日东岸沙洲涌出此池，时人以为鱼即龙也，故名鱼化池。

莲花池 在鱼化池上而东数十步。其水清冷可饮，旧种莲花，香色极异，虽冷暖不同，然濯缨濯足，亦有时相济为用也。

石　淙 去玉泉南三四里，在螳江中流。冬春间江水微涸，石如孤屿，砥柱江心。其石有窍而空，水声激射，琤琮可听，意亦石钟山流派也。杨文襄公一清取以为号焉，由舟至玉泉者，未有不指而目之也。

三潮圣水 在玉泉隔岸。源出曹溪山左，在玉泉西二里许。池可盈丈，有老树覆之，树根蟠屈，日每三潮。每潮时，池水尽涸，有金色蟾蹲现于树根中，忽有声澎湃，水即涌，高二尺许，移时复如常。明宗室曾立坊，题“海潮分派”四字，又题“金蟾隐现处”。制府范公立亭于前，游人以遇潮为吉征。然所谓三潮者，亦有应、有不应也。

沸珠泉 去玉泉西北三里许，制府范丞勋立碑。在葱山之麓，去曹溪寺西里许。池周四五丈，深二三尺不等，水从池底涨涌而出，势如贯珠，泠泠有声，天光树影，与萍藻相映带，澄鲜一碧，如绿玻璨。微风拂之，亦有波纹如练，余霞散绮之致。旧称龙泉，范公题为“沸珠”。坐对移时，无不萧然神爽。

冷　泉 在玉泉隔岸二里许。源出葱山石隙，自幽涧积为小池。底涣白沙，挠之不浊。每夏至后，乡人爱其清冷，竟往浴焉。俗云可以疗疾，爱玉泉之暖者，正不可不于冷处留神也。

云涛寺 抚军石琳建，在玉泉西北数百步许。寺去玉泉南数百步，龙山为屏，螳川为带，环云岩诸洞壑为邻，比老梅、丛桂、优昙、茶花为庄严，又以上官、车马、游客、笙歌为幻境，以山色、溪声、鸟啼、花笑为禅机，而实以碧玉泉为八功德水。虽开士之幽居，亦贵游之别业也。殿阁廊庑，客轩静室，俱极人工之胜。漱石枕流后，游憩其间，啜苦茗而拂清风，亦飘飘有出尘之想。建寺巅末，详见抚军石公琳碑记。

引胜山房 抚军石文晟建，在玉泉西北半里许。由云涛寺左过虚明洞，坐溪边长亭，俯临螳江，仰望崖壁，由醉石、醒石之间穿出方亭，树阴葱郁，石径欹斜，过小石桥，为惠风堂。堂之上为春霭楼，楼左石径蟠屈，分两腋而登，前有高轩，可以望远，书“山气日夕佳”五字。自轩左登石数级为堂，即所谓“引胜山房”也。房左右各有轩，左轩之左，有卧室。室前石气青苍，杂植花木，景最幽静。室西登曲径而上，有楼三楹。楼前江山如画，树影中轻舟来往，野鸟弄声，畅叙幽情，可觞可咏。楼又左，即题“玲珑玉”

① 虎邱寺　原本作“虎丘寺”，据雍正《安宁州志》改，下同。

处，沿江一带佳景，可于亭上得之。右轩之右，有山溪奔泛，从右隙流下，溪上有横桥，桥上有亭。过亭之右，循山径而北，即环云岩、虚明洞之上层也。奔岩上为观音阁，用铁絙穿崖系之，乃不为风吹去。王抚军继文题“宝铎凌空”，岩下题“蜃楼可驾”。循阁而右，倚石壁为团亭，亭下与石洞通，即俗所谓“七窍通天”处也。由团亭循小径而下，即云涛寺之后圃春霭楼一带亭台。石抚军文晟建引胜山房，方伯佟公国勷建环云岩上下诸亭，范公、王公、两石公相续而建。古人云：“清风明月，闲者便是主人。”又云：“会心处不必在远，造物本无尽藏，人我可以共适”。能引胜者，自无地不胜也。

尊竹山房 臬司许弘勋建，今为公馆。在玉泉西数十步。由云涛寺右步江岸而北，倚岩有亭，曰“雪韵轩”。轩前梨花，春时极盛。“雪韵”二字，范公笔也。由轩而右，有“乐甚乐也”“清风明月”诸亭。亭之下，为石公书院。今院中亭台为水淹坍，惟楼尚存。楼之右，即尊竹山房，有亭有轩，有堂有厨。亭临螳江，漱玉泉即在其内。亭外古柳下，即过渡至曹溪处。每春时，对岸桃霞一望如画。浴沂后，可风可咏，致足乐也。昔东坡《咏西湖》诗云：“水光潋滟晴方好，山色空濛雨亦奇。若把西湖比西子，淡妆浓抹总相宜。”予谓玉泉诸胜亦然。

曹溪寺 在玉泉隔岸。寺在葱山南峰之麓，去玉泉隔江二里许。四望远山，俯临螳水，环云岩、云涛寺诸胜皆指掌得之，自昔尤称胜者。每岁二、八月，如遇春分、秋分、在望日，或在十六日，月犹未出，即有月光，照入正殿佛胸上，其圆如镜，《州志》所谓“曹溪月夜”是也。寺制极古，两廊俱曲折而上。寺后殿有月台，极轩敞；山涧水流入厨中，极清甘。寺前临岩有川上亭，旷如也。亭之西折而上，旧有优昙花，传自佛国来者，又云高僧念珠种出，杨升庵太守有碑纪之，后经兵燹枯死，今于旧石隙又出灵芽。制府范公凿池环绕之，池上建护花山房，楼上轩旷有致。江上之清风，山间之明月，皆可披襟相赏，不独拈花微笑也。寺初建传自唐时，今范公同王抚军重修后，制府巴公锡又重修后殿，俱各有碑记。寺不属于玉泉，而与石淙、潮水、沸珠、冷泉俱牵连入《志》者，盖以玉泉为欲界之清都，而曹溪诸胜又为玉泉之宝地也。

玉泉花木他处同有者不纪

无名树 树生女塘之上石岩之巅。叶如黄芩，花如秋桂；枝如凤竹，软而缀；根如龙松，蟠而屈。绿幹青茎，春华秋馥，四时苍翠，霜雪不凋，千古郁葱，松筠失色。升庵先生称为“瑶草”，邃庵先生意之曰“万年青”。稽之书志，问之往来博物君子，俱以传疑略之，故曰“无名树”。无名则不必名之，自可与第一泉同不朽也。

菩提树 树生玉泉山径中，高二丈余，叶茂密，子结枝上，如桐子贯其中，可为念佛珠，传亦自西域来者。六祖云：“菩提本无树，明镜亦非台。本来无一物，何处惹尘埃？”今此树生近玉泉，应不复有尘埃可惹矣。

龙藤树 树生于火龙寺左右，如盘龙夭矫，飞腾屈曲。藤色如铁，有花无实，树杪纠缠，有若秋千然。

优昙花 树生龙祠殿后。叶如婆罗而有九丝，花如菡萏而分九瓣，香如沉檀而带蜜气。先自佛国传来，后自曹溪移至。升庵先生赞为“宝树”，自当与玉泉并传也。

玉泉旧传十二景，曰“无名宝树”；曰“优昙奇花”；曰“苍岩古刹”，即火龙寺；

曰“翠壁悬楼”，即仰翁楼；曰“彩凤朝阳”，即凤山；曰“文峰拱极”，即岱晟山；曰“七窍通天”，即虚明洞；曰“九曲流霞”，即螳江；曰“龙湫泻玉”，即鱼化池；曰“龟岭抱江”，即团山；曰“云梯卧月”，即石岩上路；曰“仙藤驾龙”，即龙藤树。或见于山川志中，或见花木志中，叠床架屋，可无志也。予今以意造景，景生于情，号“玉泉八景”。

玉泉八景

冰壶濯玉　温泉洁净如冰壶，一碧澄清，可鉴毛发。濯之，人人如玉。

龙窟乘凉　环云诸洞，夏间极凉，避暑其中，萧然神爽。

春圃桃霞　葱山下一带桃园，春间花开极盛。自玉泉望之，不异数里晴霞也。

晴江晚棹　每晚树影中，归舟点点，自烟云氤氲中顺流而过。

烟堤听莺　自漱玉泉自渐入佳境处，一带柳烟，绿阴如浪。春间莺声鸟语，不异笙簧也。

山楼看雨　水光潋滟，山色空濛，雨景佳绝。楼上望之，不异画图也。

云岩御风　浴后振衣登岩，如凭虚御风，飘然羽化，泠然善也。

溪亭醉月　溪边长亭玩月，与醒石、醉石共卧于水光岩影之间。

艺文志

浴安宁温泉诗序

明太史杨慎，字用修，号升庵，四川新都人

温泉之在域中，最显名者，新丰之骊山，而泉实不佳。水沸如蒸，难以骤入，硫磺之秽，逆于人鼻，稍不渫治，则穷谷之污，生以青苔，如蛙鸡蠙衣。骊山而下，曰汝水，曰尉氏，曰匡庐，曰凤翔之骆谷，曰渝州之陈氏山居，今合州温阳峡。曰惠州之佛迹岩，曰闽中之剑浦，曰新安之黄山，曰关中之郿县，曰蓟州之遵化，曰和州之香陵，杂见于地理之志，诗人之咏。滇云之地，温泉尤夥，其在宁州、白崖、龙关、浪穹、宜良、永昌、腾冲，若夷徼隅，不可胜纪，要独以安宁之碧玉泉为胜。滇水号曰黑水，虽盈尺不见底，而此泉特皓镜百尺，纤芥毕呈，一也。四山壁起，中为石凹，不烦甃甓，二也。浮垢自去，不待搁拭，三也。苔污绝迹，不用涮渫，四也。温凉适宜，四时可浴，五也。掬之可饮，尤发茗颜，六也。盉酒增味，治庖省薪，七也。虽仙家三危之露，佛地八功之水，何以加焉？谓天下第一汤可也。徽州程罗山孟明语予，谓此泉为汤泉之冠，并出姑苏陆文量所著《菽园杂记》，验之益信。其地去州十里而遥，其往也，楫以螳川，轴以龙山，映以虎邱，带以曹溪，山川之美，极可登临，使予乐谪居而忘故里者，非兹泉也与？摄篆府通守南原孙公、世守鲁泉董公、鹾司松崖张公授简于余曰：是泉为安宁之胜，亦浙之西湖，蜀之峨眉，公可无诗乎？予尝谓此地限阂中原，使此泉不得遇风流之宋玉、神隽之太白、瑰迈之长吉、博综之东坡，穿天心月窟之奇语，以洗骊山之污，而跻之三危八功之上。四公不可作矣，而属之才尽之孱予一老，是雕刻赤土，唐突丹砂也。聊书十韵，为群玉之引，可乎？

升庵先生，有明一代博物君子也。以进士第一人官太史，因议大礼，安置云南几三十余年，寓安宁者十之八九，故发明此泉，独为详尽。不特不受骊山之辱，即太白之玉女泉，亦当敛衽拜下风矣。

游温泉记

明大学士文襄公杨一清，字应宁，号邃庵，又号石淙，本州人

温泉堂（螳）川胜景，匪特南国重之，天下亦驰誉焉。盖泉之微妙，不一其说。穷源溯流，大抵天地之功用，二气之良能也。吾友少师西崖李公曰："闻泉之寓滇中，清孰尚焉，世之所奇宝也，岂苍、碧效灵，昆、洱蕴精，不复发为异物，而独钟为此泉与？敢曰非西南山川灵气之聚，造化之奇也！"予曰：然。阳气作用，神道推行，乃能至和相凝。缙绅辈素有似天、似月、似镜之喻焉。猗欤盛哉！虽新丰之骊山，黄山之红泉，渺乎其莫埒矣。惜乎钟于僻壤，而不得在九域之内。若在域内，使秦汉之君游焉、荡焉，尤有胜于神女、太真之叹赏焉。临颍庾亮诸公，又不知何如出天巧，呈地奇，锦心绣腹而赋诗也。虽然，古人不幸，不得遇于斯泉，犹幸斯泉而得遇于今人也！

吁！美矣哉！予承命扫茔，缘暇降观于泉。异哉，人文之盛者，余波润泽之及也。书之为温泉记。

予乡少师公，出将入相，为有明一代伟人，乃《记》中称"人文之盛，为余波润泽之及"，其归美斯泉极矣。惜后之人无有能为玉泉增重者噫！

游安宁温泉记

明云南学使张佳应，江南人

嘉靖丙寅十二月二十三日，予校士安宁毕，将欲观汤池，先遣一力，拏舟螳螂川。厥明，径盐井观之。盐官令灶丁，以皮囊汲卤水。据晋常璩《南中志》云"连然县有盐泉"，近志乃谓唐武德间阿宁始掘地得卤者，非是。观毕，屏舆从。出大界村，乘舟顺流北行一里，东望龙宝寺，隐丛竹中，亦萧远可喜。舟子报，郡吏驰骑率鼓吹追，予亟遣去。舟中望一山峻插东北隅，两峰如削凹其中，如笔架形，土人因以名山，一名岱晟山，一名坎山。昔僧张善信有异术，除妖坎山，即此。又北行五里，经石淙渡，故郡人杨少师一清筑精舍读书处。诗文具集中，一时名家，则李长沙东阳、陆上海深、李北地梦阳，最称杰作。沿两岸，土人引水溉田，堰坝鳞次，舟过，若决吕梁，水车高翻，溅珠成雨，似瀑水飞洒空中。又北行五里，水迴折作曲瓠形。螳川多直北行，至此周绕二里，经龙山下。山川窈窕，松石参差，最为佳境。东岸一带，岩石谽岈，上镌"曹溪夜月"四字；稍下，红石削起，镌"赤壁天成"四字，皆杨太史慎题也。行半里，七洞临水，飞崖峭立，五彩绚杂，洞口重扃，太似雕藻。再行半里，至温泉，乃舣舟登其亭。饭罢，观温池而浴之，池水皓洁，纤毫不隐，四面壁起，不烦甃甓。中二石光腻胜玉，碧色夺目。《华阳志》云水神祠祀，亦有温泉。祠今废矣。浴罢，风乎亭上，一峰对峙，命觞相属，觉两腋间习习风举。予尝浴骊山、香陵、渝峡诸泉，类多秽气逆人鼻，杨太史品兹泉为海内第一汤，似非溢美。时日且午，闻西岸有圣水，一名海眼泉，潮应子、午、卯、酉之候，亟渡而西，登陆，陟其所。古木参云，水自窦中出，盈盈沟涧。土人谓此午潮至，

遂名曰“圣水三潮”，不云四者，子夜故不及见耳。予曾观泉华清宫下，水出左右二窍，应朔望不爽。自是造化气数，兹泉无足异者。又披荆棘，南陟一里，至曹溪寺。寺在龙山之麓，土人一名葱山，草径盘历，可肩舆上，无甚斗绝。郡《志》云“高八百丈，周遭七十里”，诬矣。寺殿因山层构，中有杨太史碑文，不减王简栖头陀之作。第四级殿宇宏丽，佛像庄严。前行十弓许，一楼显敞，右植木莲花树，即优昙。青葱可玩。俯视螳川，清涟如带。稍东一园，凿山石作几形，桃杏蔷薇，屏架繁杂。道上晒曲蘖数石，余呼僧笑曰：“僧家有是哉?”僧叩首若请罪状。余曰：“昔支遁林好养鹰骏，惜尔无大韵也。”觞出寺，又一泉，虢虢鸣乱莽间。循泉散步。南行一里许，下有龙洞。造其门下，视深黑不测，寒气逼人。投石其中，逢逢成响，七八叠而后止。又西南步行，可三里，至龙潭，乃水源处。有二穴，穴口多小鱼，山树蓊菁如盖，坐树下饮，水甘之。頫瞰平畴，如波纹可爱，指顾泰华累累，远近奇峰错列，杖舄下问之，皆彝名，甚辱兹山也。由东南下山，复登舟，逆水行。夕阳既下，万峰尽紫。西望虎邱寺与太极诸山，棋布相属。复系舟登岸，里许至寺。襟带螳螂，枕藉虎邱，信一灵境。前殿榜曰“妙果禅寺”。殿制古丽，画壁精工，非时师可及。相传为唐殿，予观之，多元制也。出山门，南望郡中，烟村万家，暮霭如罩。遂从陆归，时列炬在门矣。返署中，追忆斯游，操舟顺游，左右山色，应接不暇，濯足振衣，登高睇远，而梵宫钟声，洞口松涛，所至奇出，令人忘归。惜哉！地在绝域，往往好游之士，无因振策于烟火空翠之间。兹游盖万里奇踪也，遂秉烛记之。

兹《记》纪玉泉不过数语耳，然一带山川之胜，无非为玉泉点缀设色者。游玉泉者，正不可不随处着眼也。

游碧玉泉记

明金沧兵使谢肇淛，福建人

滇多温泉，而安宁之碧玉为之冠，杨殿撰用修亟称之，谓为海内第一泉云。其地在州北十余里，舟行则从螳螂川，怒涛奔駃，瞬息可到；舆行则从龙葱山迤逦丛石间，经曹溪渡而东，篱落十数家。四山壁立，夹一虚亭，泉迸其中，凿方池贮之，围二丈许，澄澈见底。坐处，二碧石如玉然，故名也。泉温而不沸，气候适宜，池之外复为池，所浴垢壒，悉奔流外出，然亦多苔莓，凝衬其下，用修谓“苔污绝迹，掬之可饮”者，过也。大都泉脉有硫磺、丹砂伏焉则温，然硫磺所蒸，其气逆鼻，独丹砂者甘而冽。吾闽温泉，约有二十余处，滇今如之。其他骊山、骆谷之属，见传记者亦不下十余。以予所见，独永福、黄山与此为三耳。永福坎甚小，然沸甚，几不可浴，取以煮茗，良佳，不须瀹也。黄山在岩谷中，绝无烟火，石为之屋，白沙铺底，令人有仙仙之想。以是观之安宁，其黄山之下，永福之上乎？旁有崖岩，有无名树一株，高余（约）五丈许，蟠根石窦间，四时不凋，他处所无。浴之，令人洒然。还渡而西，半里至曹溪寺。寺踞山趾，梯级百折，其中多古洞，人天诸象。至后之最高处，则凡百里，远近群山，若岱晟、岈峻、罗青之属，皆若拱若伏。其下如碧鸡、太华，亦可指顾而尽。寺左有海眼泉，涔涔然吐沫树根，一日三潮，随涌随涸。其再步而上，有昙花树，扶疏百尺，绿叶白花，亦目所未常睹也。溪东岩石，磊砢错落，洞穴通明，凡九曲，土人谓之青龙洞，虽蜿蟺而不甚幽邃，然亦近鬼斧所凿矣。是地本以温泉得名，而甃洞峰峦，绮寮宝刹，若合而增其胜者。浴焉，憩焉，陟降而流览焉，触目所至，皆成奇景，即谓之海内第一汤泉，亦可也。因次用修太史韵以赋之，时万历己未三月二十三日记。

纪游历历如画，但谓用修先生“苔污绝境”二语为过，岂谢公游时，适当溪水泛涨之候，泥滓偶为之不清耶？用修寓安宁甚久，知玉泉特悉，“苔污绝迹，掬之可饮”，乃纪实之语，未可为过。至谓在黄山之下，予未得亲至黄山证之，不敢见其所见，而阿所好也。

温泉游记

明学宪杨师孔，字泠然，江南

至人韵士，往往以山水为性命。山不险不奇，水不深不幽，每至违性情，毁形骸，弗顾也。若夫具深险之盛，而又全幽奇之德，惟螳城温泉，名满海内。束发时，思欲啜流扬波久矣。读用修先生暨先辈题咏，集往古温汤旧事，点缀兹池，不过一盆一盎耳。岁天启乙卯，直指朱白翁，具山川明眼，行旌按及兹土，不佞代分守庖，例应迓节泉上，机缘甚奇。是日宵征，达螳城，郊迎直指公后，即求订温泉之约。同阃帅高子启，自螳螂川登舟，谢太函方伯，以车马小憩，州守编渔舡，障以布幄，酒枪、茶董备具，致颇不恶。放舟而北，曲曲山青，湾湾水活，渐入渐邃，不啻剡溪，雪浪中神已飞越矣。日晡，望山峦耸翠，峰岩环抱，不脱溪流，疑是无缝，而委宛却有情，故滔滔无碍。遥见断云孤壁，一水横玉，似可攀可蹑，又似可入者。询舟子，云岩洞奇绝，政堪游。余欣然舍舟，从松荫柳道中，徒步入岩洞，间或门、或屏、或榭、或轩、或堂、或亭、或廊，或壶天、或弱流、或花岩、或秘室、或玄窍、或翠幕、或紫丝障、或灵光龛，态度奇幻，不能名状。粗与高帅足所至，酹一觞，期以来日探讨。洞之奇甲天下者不少，非泉洞分奇，即寒温失正，未有虚明洞，朗如阿房椒室，院院相比；又如响屧长廊，转转可步，而一水流春，衣田映户。想上古赏鉴真仙，构先天能手，将溪峦最趣处，断水残山，会聚为一家，亦大奇绝也。洞尽，展一坪，转入崖甃深处，即温泉矣。一望瑞霭团结，氤氤氲氲，数家茅屋，映带于紫翠明霞间，若不忍去。入门望洋，心胆俱热，大咤前人之未标其奇也。隐隐泉从碧玉屿中，如初沸鼎垆，滚滚涌出，一镜铺银，纤埃俱彻，明沙净砾，历历可数，中涵碧岛如玉，瑰玮光洁，与水色斗奇，目闪闪不能定。是夜，醉中同高阃帅解衣汩没，如婴儿入父母暖怀，又如带酒入初熏绣被，屈伸偃仰，无不随意取足。不意人间世有此极乐国也。大凡游人，带酸寒俗气，至此俱开；暴戾血性，至此俱化；尘垢秽污，至此俱净；人我迹象，至此俱浑；尘情客念，至此俱消。盖造化具此大炉冶，一经锻炼，自换凡胎。恨在天外遐陬，久为神仙所秘，机缘浅、尘染重者，轻易未能一至耳。次日，谢太函亦至，同泛小舠，迓直指于岩之初洞天，设具导旌，因岩发啸。昔门山岳动，今则崖甃开矣。历甃探奇，穷幽极险，为屏、为门者，布以旌麾；为榭、为轩者，浮以大白；为堂、为亭者，畅以笙歌；为壶天、为弱水者，杂以火树；为秘室、为玄窍、为翠幕者，鼓以鸣琴。不但众山皆响，亦且寒谷春回。薄暮，侍直指公于温柔乡之北堂。入夜，移樽泉槛，和气春烟，水光玉色，雅怀高韵，浑为一气，啜泉而饮，洗盏更酌。命两婴童驾径尺舟，次第传觞，如飞仙太乙，傲睨群杰，不知酒味为泉，亦不知泉色是酒。平生泉游，当以此为第一。时东方渐白，予就宿村居小楼，山深岚重，几不成寐。推衾而起，直走泉上，箕踞半晌，五体俱和。掬池水盥漱毕，候直指公于圣水三潮，是晚宿曹溪。风尘眉目，真一步一回首也。兹境也，毕竟是神仙窟宅，诸洞天为堂奥，泉源为丹鼎，泉流为仙液，螳川为门户，曹溪、虎邱为别业，泉外奇石如林，温流若海，山花野树，琪草珠岩，尚有秘而未显者，以俟后之赏心人。若夫宇内温泉旧迹，称香比色，较味遴清，特此泉之一斑，自有昔人纪之，不复赘。直指珠玉盈笺，烟霏翠润，可为兹泉吐气，未能尽和，仅摘泉洞之最胜，得六诗。是为记。

昔称得山水之趣者，宁商勿宦，宁居勿游。盖以尘容俗状，恐为山灵所窃笑也。此记迎候风尘，奔驰手版，正山水间第一杀风景之事。乃触景会心，形容尽态，至浴泉一段，尤尽情境，竟为玉泉写生，添毫颊上矣。具此慧眼灵心，始为山川增色。玉泉有灵，必不以移文谢先生也。

重修温泉记

杨 慎

督学大宪伯仰斋胡公，按部行教，暇豫降观温泉，惜胜地之倾圮，慨古迹之榛芜，乃命摄州篆顺宁府判孙衮曰：“咨尔贤真符，不必分矣。”再命安宁世守知州董沂曰：“咨尔材孱工，其可鸠矣。”出罚锾焉，材庀役也，如期成之。不日，慎也乐焉、观焉、觞焉、游焉，语诸丘文学辈：“公斯举也，匪兴颓起芜之，为兼得公之教焉。汝知之乎？澡雪精神以游高明，脱去淹滞聿从蠲洁。是日，新之教也。观乾坤交泰之合德，悟水火既济之成功，是格物之教也。别生辨类，俾毋相渎深宫，固闺庸；或窥观正内正外，而男女贞，分阴分阳，而仪象立，是匡俗之教也。”诸生端拜而赞曰：“吾师之旨，微斯言，曷发其覆。昔任仲文新酒官之肆，而拔十之科兴。今我公葺玉泉之废，而再三之教，显实同一机也。”竣事，宜有记，乃文而刻之石。至椽榱土石，与匠石之力，有不足书，书其大。是役也，石梁郝公、龙崖赵公、泉坡孟公，方罚锾以助之，而碑，则黄潭陈公、竹岩李公、鹾司姚公所树也。

玉泉之德，可以修身，可以观政。浴之者，各象其德而尽其职业，虽日游歌泉间可也。得公之教一段，其以水为鉴乎？

小玉泉记

本朝制府范承勋，字苏公，沈阳人

泉以玉名，取其温且润也。旧泉碧玉，称“天下第一汤”，人争沐之。予亦品以域外华清，夫诚可浴、可风、可咏也，抑又何他羡乎？但其暖气太盛，每一坐沐，则汗溃而神为之困。见碧玉之左，有水自石罅迸出，渠之，得一泓焉。温润不少减，抑且挠之不浊，掬之殊香。王褒《温泉铭》云：“白矾上彻，丹砂下沉。”将此小泉，疑更有摩尼珠照其中也。随于庚午冬月，嵌石为栏，勒以小玉，其温润在我适宜，倘亦有洁清自好者过而问耶？或不以为赘余也。

苏公先生具山水热肠，自是玉泉知己。但天下一家，似不宜置此地于域外。至华清，与此泉为尹为邢，未知孰美。若欲小玉比碧玉，无乃唐突丹砂耶！

新建云涛寺及新温泉碑记

云南抚院石琳，关东人

宇宙间英奇瑰玮之气，不钟于人物，则钟于山水，而人物之生，又藉山水为之苞孕焉。滇池界域外，博大不如中州，雄放不及秦楚，韶秀不逮吴越，然其冥壑激湍，往往发为幽怪，大抵蜀粤之流亚与？惟是脉近崑崙，发舒未畅，以故钟毓于山川者十之九，而著于人物者十之一。尝读有明《名臣传》，慨然慕杨少师文襄之为人，知其出于滇也。及建节金碧之间，弭棹滇池，乐其汪洋灝瀚，穷尾閭之所泄，则自南而北，汇为螳螂川，蜿蜒奔注，达于泸，入于江，而朝宗于海矣。连然当川之腰膂，文襄石淙实据其胜，山川有灵，笃生异人，洵矣。夫上下数里中，有温泉焉、曹溪焉、虎邱焉，皆滨兹川，与石淙盘互拱揖。温泉之胜甲南荒，昔人品藻详之，无庸予赘。泉南数百武，岩洞八九，咸嵌空玲珑，莫可穷诘，诚群真秘府也。志乘既不备载，土人命名，又颇不典。有文之者，或曰弱流、曰双柱、曰雨花岩、玉壶天、醉醒石，亦不过随地因时，托物比兴，而未尝有所切指也。地去会城不足齎粮。为政之暇，与制府范公迭游，交赞一时，藩臬诸君子共惬欣赏，佥谋所以薙茀榛而显灵闷者。会泉南数步，复出一汤，滮池莹靓，殆与碧玉旧泉相映发，似造物者特秘斯珍，为今日开生面。范公而下，咸出缗钱襄厥事，而臬使许君，力任规画，谓非立招提不足恃以久远。于是卜地岩洞之中脉络融结之区，创寺曰“云涛”，以奉乾竺先生，募禅僧主事经营。而若亭、若轩、若室，次第毕构，参差乎泉石，映带乎林峦。仰而睇，则露栋云窗，飞革松筠之表；俯而视，则雪淙雨瀑，瀺灂阶除之侧。而穴岫蔽亏，蚪猊潜骇，歘噏万态。有时春畴数骑，秋波一艇，或指为尘壒之壶峤，未必不疑鬼神之创辟矣。夫滇自未立国以来，有是川即有是泉，有是岩洞，宜乎奇才辈出。奈何数千百年，独生一石淙也？其无待欤？或尚有待欤？俱未可知。抑宇宙英奇瑰玮，丰于山水，而不得不啬于人物乃尔耶？工甫就讫，会余叨圣恩，迁制两粤。濒行，再履斯境，延伫久之，不能无有望于后之人，待山水而兴者，如前之有石淙也。若夫逸豫之吟，穷揽之胜，如昔人之所以修禊雅集，传为美谈，非余之所笃好也。爰记数语，镘诸岩阿，以志一时聚散之迹耳，乌敢言文？

本是赞叹山水，却借人物为余地，亦是文章家占声价处，但恐玉泉揶揄人奈何。昔柳子厚记柳州，谓楚之南，少人而多石。予谓惟子厚乃可为此语耳。

温泉铭

赵纯一

螳川温泉，夫岂偶然？天开鬼窟，地涌灵源。洁如明镜，皓若晴天。波含阳日，浪映秋蟾。盈科后进，左右逢源。明珠沸沸，隐若琴弦。暖气浮浮，宛若云烟。水碧潜珉，分种蓝田。四围石凹，元矣天全。一碧悬岩，诚哉地迁。群芳碧草，畅茂争妍。洗心亭内，花缀石悬。仰翁楼外，蝶舞蜂喧。石岩九窍，古洞七员。名驰北直，境胜南滇。况又崖生琪树，号曰无名，四时特秀，千载常存。缀霜铺雪，不凋不零。树蟠龙象，根似虎蹲，迥乎松柏，藐乎兰荪。春夏香馥，秋冬峥嵘。张骞遗种，方朔分精。青云水面，翠盖波心。洲弯似月，树小如英。绮欤盛哉！名播古今。

辞意俱平平，存之以备一体，然不足发玉泉之光也。

附：唐燕公张说《温泉箴》

东山少连曰：元冥氏之子曰壬夫，安祝融氏之女曰丁芊，俱学水仙，是为温泉之神焉。帝命之救万灵，荡滞结腑脏，达肤腠泄下，人多赖上帝是崇。有飞廉氏之佚女妬之，常欲夫慁其功。故入温泉，必斋以酒，戒以防患，恕以利物，含生之疾，我愿除袄。二神嘉之，吹汤激邪，珠连沤漯，滈日扬华，此其效也。若入温泉，僻心秽行，恶名淫行，居食失节，动出躁轻，二神鬼之不匡人命，飞廉佚女以裾福海黴人，是走疰芒、风疡、亢齱之病。夫有意之医，照合神圣；无恒之医，身为欲使。莫之益伤之者。至矣！是以君子慎其微也。

此箴辞意古奥，设想甚奇，大有规砭之意。华清禄山之辱，其亦未鉴于此乎？虽不为玉泉之言，然凡属温泉，俱有二神，俱有飞廉佚女，浴之者不可不存戒心也。予即以是箴玉泉亦可。

玉泉杂记

明御史李元阳，字仁甫，号中溪，大理人

滇省西去，出碧鸡关三十里许，至安宁，见山之秀者，曰岱晟；水之秀者，曰螳螂。沿流而下，底兹温泉，舍舟登高而望，又见奇峰秀丽，而金碧隐然其间。一瞩目，而亘古今，无穷之趣，如在几席。碧山峙为屏障，白云列为藩篱，鸟音喧为笙簧，听之而赏音忘倦，久之而神游心醉。凤山曰：“鸟声入耳谐音律，山色侵眸拟画图。”罗湖曰：“青山日上玄辉井，采石云横太白楼。”噫嘻，乐哉！

又撮温泉大略：一曰碧玉晃精，贞珉可爱也；二曰水盈数尺，澄然明净也；三曰天生石凹，不假修为也；四曰垢污流出，一尘不着也；五曰异香噀人，气若沉檀也；六曰去秽益馨，除烦止渴也；七曰餴饎湑酒，增味甚嘉也；八曰燔炙芬芬，可以降神也；九曰文石锦沙，底无苔污也；十曰瘳疾益颜，温润适宜也。

附：玉泉搜遗见《滇志》

东坡诗纪所经温泉天下七处，以骊山为最。滇中所在有之，不止数十处，而安宁为最。凡温泉所在，下必有硫磺，其水俱带秽燥之气，独安宁清澈见底，腻垢浮而不积。旧有人见其窍出丹砂数粒，乃知其下有丹砂。传闻徽州黄山温泉亦类此。

碧玉泉赋

明司徒陈孟章，郡人

坤维主人，勤政少瑕，思般于田，乃服乌号之弧，瓪音還烦弱之矢；车徒数万，尽舍而止。忽见岩穴之下，瑽瑽琤琤，滃滃渟渟，倏阴倏阳，温其如玉，乃辴然喜曰：孍哉泉乎！乾坤之奇秘也，岂神物以尸之耶？幽精沉魄，阴偿其负耶？丹砂硫磺，金石之气，酷悍之所激耶？于是乎彷徨四顾，林木森森，颓宇一区，肖像俨存。爰命大官戒牢醴，陈圭璧，申虔祇再拜而祀之。祝词未竟，香气飒飒。客有号“庞眉公”者，厥颡山如，厥髯虬如，厥气虹如，厥辩波如，磬折坤维主人而进之曰：君雅意泉石，致礼山灵，欲知斯泉之妙乎？仆韬铲兹土，亦既有年，请为君陈之。繄鸿蒙之肇判兮，浲荡荡其弥天，汩淼茫渺茫之不遵道兮，嗀坠玄夷其开先。奠禹服其既宅兮，峙岱晟于连然。宾洛阳山名之岌嶫兮，弼岈嵕山名于崦嵫之野。辅龙马山名瞰朝暾兮，枕穹荡山名为殿者。同抱阳而负阴兮，钟覆载之奇特。带螳水之潺湲兮，絥葱山之魁杰。委至和于造设兮，突真龙共巇嶂。石隐阳德，玉潜燧焕，冯夷纳荧惑之宫，祝融守玄冥之宅。峻嶂上声嵚巇平声，嵬磊威纡，碕礒喷玉，訇訇相豗，鼓坤而出。溶溶滭沸，薄为虎须，洑为鱼目。如雾蒸蒸，如烟焞焞。始喷珠而吐云，既横塘而泛竭。方滲澥以滠嵲兮，溘漫減其淲潈赤杀，卸溾逶于荡涤兮，瀰潚净而滟激。纷兰香而春暖兮，蔼馣馦覃其未竭。熑鉴澄与玉洁兮，晶莹不爽于毫发。犯不校而即之温兮，仿佛乎孔门之德也。袒裼裸裎，不羞以为污兮，庶乎展季之故也；污浊秽恶，曾不念厥旧兮，又几乎孤竹之恕也。澄不清而淆不浊兮，汪汪乎宪之度也。缅自青帝司辰，仓庚乍啭，梅李争妍，和风飑飑。青骢络绎于郊原，綵鷁咿呀于近远。萧管铿鍧，娟娃嫛婗。一夕千金，欢声达旦。清游远迈乎西湖，豪兴堪媲乎狂点。尔其赤日凝宇，征夫在途，骚人饮罢，赤足狂呼。尘浲浲其溵涊，心熚熚其如炉，虽披襟乎南熏，终决眥乎冰壶。斯时也，搴雾谷，䟦褐裯，泛清澜，瀹烦胸。纵流汗兮如渖，暂偃仰乎淘溶。磢尘襟兮清畅，肆疲神兮冲融。于是羲皇得以舒北窗之高卧，仲宣何必仰庭熠而啸风。若乃蟋蟀吟，金风劲；碧梧飘，稿叶陨；景物萧瑟，游人寂静。于此之时，泉尤佳胜。紫气横空，白虹伏蜃。晨夜闻声，冰弦玉轸。颒音会兰汤兮载歌，酴金罍兮自警。迨夫玄云霮䨴，素雪纷霏，悲风夜肃，凛冽晨威。于此之时，天无穷冬，地有温溪。膳子固游，贫者亦嬉。矘𪏭緅兮綷縩，揞瘱痒兮愉怏。夫岂改节于炎凉，而俾斯民之怨咨。若其積㯹垢形，巇黧蒙体，厌旧染之为污，思湔除而雪去。于是樜华缨于雕栏，浮冰肌于清泚。濯江汉兮辉光，噩默点于一洗。固有以裨台德之新民，令昭昭而莫已。又若寒暑违和，阴阳偏胜；邪疫闭关，伯强乘衅；脉傗佩而不伸，形殑殑而寝尽。岐黄于焉才迍，卢扁因而智窘，乃亟而浴诸斯泉。于是和气熏蒸，荣卫畅顺。初缕缕以通经，复津津而汗渗。瘕瘧疕痔兮百厉蠲痟，瘍瘥痃痫兮群魔退听。鬼门返魂，阴陵梦醒。噫嘻！斯泉功，斯为盛。由是观之，新民之德，奠民于康。惠济万物，厥利维长。灌畦渥亩，余泽洋洋。孰主张是，帝命斯将。兹固有以，赞造化之不及，等覆载而无疆者也。至于苍松翠竹，碧石清泉，幽禽怪兽，白鹤玄猿。游泳所需，畋猎所般，抑其细细者耳，安能谒谎而欥歁哉？坤维主人听罢，乃瞋眄而怒，复低徊而止。越时，谇曰：睹河洛者思禹功，勤耕凿者歌帝力。故彰君德以逃名者，其道弥光；贪天功为己力者，谓之不祥。子极道温泉之胜，味其镇浮厌燥之度，湔秽刷垢之节，超陋脱凡之识，藏器养性之学，洵非野僮苊伧所能知者。但旨靡而涉于奢，气崛而近乎傲，岂有道之言哉？子独不见乎，畇町汤泉临安，阿迷火井，弥勒欲部山名，鹤川东境鹤庆，罗槃温玉，乌蛮武定。善巨北胜则枯木沙田村名，越赕永昌则马邑缅箐村名，孰非温泉兮惠民，孰非疆域兮有禁？顾窃勺水以自多，沐余波而忘本者，何其谬欤？于是绍义将军，靡日月之朱竿，曳彗星之长旗，揭紫镠之兜鍪，息南征之余威。乃拉庞眉，揖坤维而嗗怪之曰：夫辟主百神者，非谓邀福，所以奠国也；义重归王者，非固要功，所以靖远也。今庞眉侈温泉之丽，而不思封域之有主；坤维据一方之险，而不慕尊王之为义，又奚知夫安节以若天，而扬名于徕许乎？矧夫二酉君之论，各执一偏，而未能撤藩篱以公天下乎。且吾闻之温泉之理，其说颇长，火阳根阴，水阴根阳，奇则兼偶，柔斯从刚，二气相荡，泉涌为汤，是故硫磺、丹砂皆其渣质，而暖溪、汤谷，涌沸无方。若其神女忤旨之说，岂格物之确论；医工谴罚之旨，又恍惚而荒唐？发自铅溪，流为云浆，世祖修饬于汉，昭阳游衍于梁；张衡浴神井而作赋，曹植伟温涛而述行；庾信镌序，王褒镂铭；少游张之词翰，坡翁述之诗章。旷百代其如见，擢四海而皆芳也。然究而言之，讵止此泉已哉？北以睢之，则广阳顺天汤山，真定平山，巨鹿顺德沙河，水峪妫川陆庆，上谷宝济宣府，德兴城南保安，晋阳太原盂县之北，云中大同蔚郡之将。南以眺之，则秣陵江宁山阳淮安，金斗英山庐州，南豫和州香淋，平疴半汤泉名，皖公崧乎安庆，黟山沸乎新安徽州，豫章奉新南昌九仙之山，盱江建昌星渚南康，浔阳九江南嶂，临川伏石抚州，螺川龙泉吉安，章贡之限赣州，宜春之阳袁州，更有桐庐之神泉严州，擅两浙之奇芳。羊城清远广州，广兴东南韶州，博罗象头惠州，海丰凌江南雄，曲江乳源，古端阳江肇庆，感恩万县之丽于朱崖琼州，信宜石城之属乎高凉高州。晋安崇贤之里福州，龙城象州之邦柳州。东则泰宁曲阜兖州，沂州郯城，北海安邱青州，东牟曰登艾山栖霞，峼山海宁，东莱即墨之东，辽阳柳河之滨辽东。西则华清骆谷，京兆扶风西安凤翔，泾原保岩平凉，陇西倚东巩昌。云安夔州越嶲建昌卫，邛都西宁邛州，神泉瀵乎锦里成都，温峡悬于南平重庆，石阡、普安、宁夷之封皆贵州。中土则覃怀怀庆三川河南，历山七峰南阳，淮康固始汝宁，各有其踪；鄂渚蒲圻武昌，房邑之东，襄江光化，汉东大堪德安，星沙攸邑长沙，平阳湘东衡州，桃源胜于义陵常德，白芒间于郴中柳州。或碜砯沙挲而滮淅，或磅礴而湾洄；或迆邅而僻陋，或贡峒而逶迤；或瀡沱而潢污，或烟莽而沦迷；或迸石窦以间寒泉，或燚音涎飞禽以沸汤渠；或清涟而有丹黄之气味，或和煦而鴠音押附子于依稀；或远至数舍，而为人迹之所罕到；或近在阛阓，而为屠沽疡丐之所游嬉；或绰楔华扁，而为王公大人之所赏鉴；或鱼龙飞动，而为銮舆巡幸之名区。孰若兹泉，异乎凡陂，金碧储精，井鬼飞隅，碧玉中磐，温波日滋，澄澜可掬，和暖适宜；殄气息乎丹黄，袭余馨乎兰芝。近不溷乎城邑，远不堙乎涂泥；虽非轮辕辐辏，而富士人之题咏，亦岂弃掷于荒山灌莽之墟；虽无金甍玉甃，而为驻跸之地，尤幸免乎亡国污辱之悲。故自霖霖泛涨，斯泉为之坍塌也。见其悠然自得，与造物游，曾无怨忤不遂之猛，及其甃以瓴甋，覆以亭馆也。又见其莹然相映，渊乎不矜，曾不自以为有德于人，混然与造化而忘之。于是乎神龙效灵，香波日静，远人纳款，列为藩屏，木媚草光，崖鸣谷应，土宇章珙，球进货贿；通工商，奋冠裳，萃人文，盛挥马汗兮雨蜚，扬车尘兮云坌。是故疗瘨兮汤汤，涤垢兮彭彭，行乐兮咏归，恣游兮未央。扬清冷以振刷疮痍之民兮，纷接武乎循良；雪冤平疴以湛汪濊兮，霭霭乎观风而至于是邦。淬砺精白以承修德兮，异音以隽髦其观光；蠲尘浴德以游天衢兮，挺夔龙于虞唐；惺惺洗心以退藏于密兮，究圣学于仲由之堂；斋戒沐浴能洁已以进兮，夫子其何弃于互乡？洗耳砺齿，浩然其长往兮，匪巢由其畴，当濯足濯缨，何限于东西南北之人兮，偕物我其相忘。气舒神爽，浑万物为一体兮，庸讵知吾之属乎天壤；俾斯泉与皇汉其同休兮，历万禩其无疆。庶予心其弗歉兮，亦无负乎此胜也。遐俗丁之龌龊兮，醉瓮盎其蘡薁也，挽天璜以共浴兮，缔造化其与并也。固大人之达官兮，岂煦瞀之所諠兢也。"言讫，庞眉噤颊彝莫音令灭，坤维主人讓极泚頳，乃翻然起曰：已矣乎！买长铗者得霄练，入君山者闯洞庭。向非将军发覆，吾几罔此生矣。吾今而后，安能环剢簏音里以走韩庐，而追东郭魆哉？"于是乎再拜，致谢而退。嘉靖辛酉春王正月之吉，梓于乾坤之苍烟碧水古松瘦竹间。

三衢公曰：此赋崛奇混雄，变化百出，使班马复生，当敛衽北面。形容玉泉之胜，畅所欲言，可谓山川知己。

碧玉泉赋

张寿，解元，郡人

异哉！灵泉之肇迹兮，渺纤纤于滥觞。触阳石之底蕴兮，藉阴火以爆汤。鬼物呵护兮幽壤，神灵显应兮高岗。冲葱山兮连笔架，迎潮水兮会螳琅。气蒸雾霭兮迥绝云汉，光清色秀兮掩映苍浪。漩花发泡兮珠玑涌溅，濯星荡月兮玉石增光。潋滟涟漪兮毫发可鉴，氤氲浏涜兮景象悠扬。不烈不酷，匪若鸡笼之烂鸟；可涤可颒，尤胜骊池之愈疮。春夏煦然而暄暖，秋冬滚沸以馨香。骇众人之观听，争澡浴以安康。于是名公贵卿，骚人逸士，跨马乘舆，不远而至；豪富黎元，扶老携稚，载酒牵牺，来若归市。竟日浃旬，流连忘去。瀹灵液以痊沉疴，资佳秀而舒和气。尔乃设野筵，张行幕，旅殽核，斞醴酪；叙宾主，交酬酢，鸣管弦，间歌咢；割鲜芳，出汤药，命词题，徐唱和；恣情怀，极欢乐。下视沂水之祓除，喜逾之笑傲，虽羽化登仙，乘槎泛览，未足以形容拟伦也。斯时也，能不无感发兴，起优游自得之意焉。吁嗟乎！汤铭之日新，又新，新一已也；视此人人皆新，不同也。华清之春寒，赐浴浴一身也，睹兹一一皆浴，不侔也。于是乎，因盥濯以去垢，因洗涤以除恶；恶除垢去，善念斯生；克己复礼，日就高明；天君泰然，百体咸宁；徜徉倜傥，俯仰无垠。若得天仙之幻术，愿言移献于神京。辞曰：乾坤造化出温汤兮，呈奇吐秀发秘藏兮，气温色清鉴毫芒兮，痊疴愈疾超仙方兮，疏瀹澡雪逾沧浪兮，玩赏游遨遂徜徉兮，方舆地志垂孔方兮，百千万年擅温良兮。

石淙辞

湖广费宏，状元大学士

石淙在滇之安宁，今太宰邃庵杨公先生世所居之地也。公自滇南涉巴陵，再涉丹徒，其藏修之所皆扁曰“石淙”，以示不忘。盖石淙之胜，因公而闻于缙绅，形于述作久矣，走不揣疏陋，乃谓之辞。

滇之崖，白石齿齿；滇之水，其流瀰瀰。汹素波兮东趋，屹苍崖兮中峙。势喷薄兮舂撞，轰雷霆兮震耳。忽山尽兮川平，见蘅皋兮演迤。江有蓠兮汀有芷，缨吾濯兮无尘，心吾澄兮如洗。写溪声以朱弦，识高深之取志。彼美人兮出于其间，实钟奇而秀异。渊有龙兮则灵，鹏处海兮则扬。赋拟兮远游，桂棹兮兰枻。眺君山而泛洞庭，登焦山而乱扬子。听广乐之希声，尝中泠之至味，伟达人之大观，陋时俗之拘系。观水兮于澜，在川兮叹逝。盖圣哲之所存，固斯道之全体。惟动静之相须，必兼资乎仁智。因所遇而便生，悟为文之妙理。发绪余于笔端，亦雄深而巨丽。锻五色以补天，戞肤云而济世。乃举世之所期，翳美人之能事。著精光于浸润，去角圭于磨砺。愿揽结兮相从，望精庐兮伊迩。

石淙精舍记文襄公，温泉里人，石淙即在居旁，故以为号

李梦阳

昔周子起濂溪之上，倡明其学，天下宗焉。其后，自濂溪徙庐山，遂名庐山之溪曰濂溪，名其堂曰濂溪之堂。今天下之学宗我师杨公，而公亦自安宁石淙渡徙镇江，筑精舍于丁卯桥，名曰石淙精舍。嗟乎！事固有偶同者，非谓是哉？愚往观眉山苏氏爱阳羡山，故徙之，盖卒不返眉山。今其墓在郏鄏之间，曰小峨眉者是也。愚谓其特文章，士不足法，及观周子自濂溪徙庐山，则又讶曰：兹非有道者为耶？盖天壤间，物无常主。自吾之所自出言，濂溪也，眉山也，石淙也，固吾土也。自天壤间物言，吾安往而不得主耶？嗟乎！古今人用心岂异哉？予不佞，少幸从公游，以故得窃闻石淙焉。石淙有虎邱之丘，曹溪之溪，螳螂之川，自昆明池来者，奔流千里。其地崩湍激石，两岸菰苇交合，水汩汩循其间，泠然金石之音，故曰石淙。石淙，视二子故土，吾不知其孰愈，乃若丁卯桥，负山带江，据东南之会，上游之地，其泉石崖壑之佳，要不在庐山阳羡下也。阳羡姑置无论，且庐山，其志奚为者耶？顾卒幽抑，不见于世。今公际明天子，拔茹响用，功著边徼，显名四方，利泽在社稷及天下。其还也，登桥据水，匡坐石矶，不一再吟啸去矣。故金焦大江之云，不能夺京洛之尘；而甘露鹤林之情，不能已龙沙雁塞之行也。虽然，君子岂以彼易此哉？故孔子曰："乐则行之，忧则违之。"夫庐山，岂固濂溪意耶？予不佞，及公之门，力不足浚流扬波，南瞻石淙，特望洋耳，是何敢言记？

环云岩叙

陈玉书

周秦之间，濮人介居南裔，实与越裳、交州、西域诸国同其阻绝，未始知有滇也。自元封来，马迁、相如通道西南，于是哀牢、越嶲、昆弥、牂柯诸郡，与夫蒟酱、筰马、賨布之产，杂出于史传，域中始知有滇矣，连然之有碧玉泉也。由晋魏唐宋以逮明，初亦不甚著，造物者遏塞其奇，闭之嵁岩绝巘之下，钜公伟人，曾无遇而问者。新都太史用修氏，以谓九州之内，温汤以什佰计，即玉女华清诸胜，冠绝寰区，亦未有能过之者，标曰"天下第一"。自是蛮乡一勺，声价遂与弱川瀛海相亚，往来兹汤者，涤荡胸臆，乐以忘返，泉石之胜，于兹为极，而未始知有洞壑之崚嶒也。碧汤之左，枕螳流而上者数十武，曰"虚明之洞"，其为洞者七，皆差牙龂齶，若堂若奥，嵌空而起，玲珑四达，又皆穹窿朗彻，吞吐日星，蔽亏灵物。不束火而入，不縻绳而返，虚且明也。然而游涉登览，卒不至焉。荆莽之所蒙翳，罴虎之所遁藏。田夫野老，弃为秽区；山川之灵，沈郁浩叹。今年春，御史中丞石公、观察使许公，冠盖照耀兹壤，探幽猎奇，穷历峭崄，砉然啸咏，以为得未曾有。缓带从客，其下者旬日，乃复延名僧，任能吏，不爱千金之资，因其嵚岑斗绝而上者，为方亭；其砯崖中划驾飞虹而凌万仞者，为圆亭，而以亭之六隅者辅之，相其跨山临江，飞翥翔舞而出者，为亭三楹。弘敞诡丽，睥睨高下，雄视苍流之上。亭之东西，环醉石、醒石而立者，翼以二亭，云连星布，金碧绣错，争秀角奇，咸不相让。自温汤以达诸亭，延袤里许，逼温汤而构者，为浴亭二，一横一纵，隶于书

舍之东。而书舍之制，加雄丽焉。乃悉总之以环云之岩，于其中麓，创为招提之宫，于以纪纲诸亭，而毕收川原岛屿之胜。左邻圣潮，右俯曹溪，迴环烟雾，襟带河岳，天地不异而瞻睇顿殊，伏目洪蒙疏凿以来，兹山晦昧久矣。天生两公，手擘灵异，遂使鬼工不能造者，一旦发露宣泄，不复盖藏。向使中丞、观察，幨帷不经，亦应与荒烟蔓草，野田白露，同其隐见灭没而已。昔唐御史中丞清河崔公作亭，永州柳氏宗元榜其亭曰"万石"，今中丞公屡历清华而登开府，既溢万石之数，而名宗大姓。又以石传，宜其与兹山之石，嵯峨巀嵲，并寿于函盖之内，于以贺兹山之得公而永且传也。今者，天子以中丞公镇抚梁州，懋著勋伐，黜贪残之吏，宽繁重之征，特晋崇阶以风大吏，爰有总制两粤之命，岭表庆其噢咻，南诏失其绥柔，将以迟公之辕而不得也。异日者，滇民思公之德，因念公之经营，相与列坐兹亭之下，睹岗峦之崒嵂，仰台榭之惊飞，山高水长，盛泽犹在，则夫邵伯之棠，与莱公之柏，终古不无荣谢，岂若兹山之石，与公之勋德，亘千祺而不泐也哉！

火龙寺常住碑

行人司副曾祺，郡人

安宁温泉以名胜甲天下，载记于方舆，题咏于太史，矜文人之骚雅，而艳车马之登临，亦可无赘矣。泉之上，有火龙寺者，实为温泉而设。考其事，曾无故碣，以臆揣之。盖谓凡属湫潭，皆冷槛寒流，而此独和燠，涤濯宜人，是水龙之外，别为火龙也。火龙之名，疑未典雅。然龙，阳德也，可以为水，亦可以为火，并可即水以为火，阴阳不测而不贰。虽曰火龙，谁谓不宜？然则碧玉泉，温柔乡第一汤，与甘泉暖露，皆迹此而名之者也。火龙实温泉之奥，其言质，其义显，为里俗妇孺所信解，香火尸祝所绵长。即使才人博学，亦若不烦更名，盖真朴存焉尔。寺之从来甚久，屡坏亦屡新，上题祀先帝先王，更倚其义于佛寺，将以为重且尊也。寺之存常住不甚充，僧不二三众，徒以村社走望，暨过客瞻依办香，茆黍之荐，支历岁时。泉居人惄然忧之，集善会裒土田，合新旧为常住若干，将以赡今而遗后，倩文而勒之碑。因念山水之胜，托诸僧寺，僧寺之永，寄之常住。然非所论于安宁之温泉也。夫珠玉之重，彼不即人而自即之。是泉贵于丹砂，润于碧玉，比露于三危，埒水于八德，液饮美逾神瀵，香肌浴胜骊山。若泉而有知，将避地逃名之不暇，又何田舍忧而稻粱谋乎？火龙有德，其以是为知言，而常住之盛且久，固不待议焉矣。因为记。

石淙赋

明大学士李东阳

邃庵杨先生应宁，先世云南人，其地曰石淙。及游寓巴陵，卜筑京口，皆以名其所居。其入而仕于朝，出而官于外，撰述题识，亦以空名系之文字之间，示不忘也。予尝泛洞庭、渡长江，山川情状，概于心目。虽未获观所谓石淙者，爱其名，悉其所怀，为述短赋。至于体物叙事，兼比兴之意。固不敢拟古作者，然同心之言，同应之声，君子或有取焉。其亦先生之意也哉！其辞曰：

耸山谷兮峥嵘，中潺湲兮水声。初溅涓以汩潏，忽澎湃兮砰訇。或在远以疑近，恒自昏而彻明。感天机于一触，众籁为之不鸣。信江南之绝景，乃物类之至精。岂瀑布之可拟，曷蹄涔之足称。爰有三南居士，比象引义，取石淙以为名。客从湖南而过者曰：此非洞庭之波乎？碧波千顷，青山一螺；揖灵秀于衡岳，激清风于汨罗。昔子之既丱既弁，来游来歌。兴怀于其水之邱，寄迹于此山之阿。揆风景于毫芒，伊孰少而孰多？居士不答，如兹淙何？又有自滇南而来者曰：此非昆明之漪乎？平地仰喷，从天下垂。建长江而直泻，指瀚海以同归。昔子之乃祖乃父，生斯聚斯。倏星移而物改，方挹彼而注兹。讶江山之不可复识，抑畴是而畴非。居士乃怃然而叹曰：嘻！有是哉！吾固知石之为石，淙之为淙也。吾方手拊镗鞳，耳闻舂撞。应臆气于大块，引希音于清商。挟凉飔以助爽，与皓魄而争光。达大观于无外，谅至美之难双。盖将濯缨乎万里之流，振袂乎千仞之冈。若乃东山在吴，以象旧邦；东坡在黄，遂名四方。彼二东者之伟绩，岂三南之敢望？且夫石者，吾知其为坚；淙者，吾知其为激。匪徒观物以适怀，抑亦将身而比德。盖将砺我粗钝，蠲我宿癖。涤尘垢于七情，漱芳华于六籍。嗟人生之有涯，见道体之无息。彼群分兮类聚，何物非兮太极。殆不知石之为淙，淙之为石也。于是二客乃携酒与琴，游于淙上。班荆杂坐，林歌迭唱，北南俱失，主宾皆忘。慨聚散之殊途，顾行藏之异尚。三人者，各适其适，渺不知其所乡也。

石淙对

宗伯崔铣

太宰邃翁杨先生，生于滇南，徙于湖南，寓于江南。江表有屋，命曰石淙。石淙者，滇之胜也。客曰：地以域分，域以名定。取滇名江，古与豫生曰：有之。昔周扁濂溪著其乡也，吕书东莱追其先也。著其乡则思为之重，是故有弗辱也。追其先则思为之绍，是故无弗肖也。弗辱曰仁，克肖曰孝，仁且孝，其惟君子乎？客曰：贤不遗位而成名，智不遐行而灭德。翁方居岩廊之上，乃耽山水之僻，袭居士之迹，殆不可与？生曰：奚为而不可也。夫无累者弛张易，有缘者去就决。甘淡泊者，纷华不移；守退让者，势利不乱。故大鹏抟扶摇击南溟者，适而已；龙可豢而食之者，欲而已。昔伊尹成功而罔居，周公摄政而思明，农惧盈之灾也。惟君子不有成，不梏位。于是乎业著而道尊，奚为而不可也。客曰：然则翁将隐与？生曰：未可也。君子之于世，无去无就，唯道之从，介士甘遁迹以为高，退士务匿名以避咎，志士求危身以著节，义士乐奋勇以垂声。四行不同，失中一也。臣之事君，其交有浅深焉，其任有轻重焉，其受恩有厚薄焉，不合而去，不敢窃禄。此初仕者处常之法也。大臣则异，故交深则必懋其德，任重则必安其业，恩厚则必永其祚。知消息盈虚之机，贵豫；处治忽安危之系，贵慎。是故，汲黯寝淮南之谋，直也；韩琦平内间，度也；司马光改新法，实也。夫大臣者国之寄，未可遽言隐也。客曰：元结寄意于七泉，张咏表德以乖崖。石淙之义，将类是欤？生曰：然。吾闻阴阳之气，凝者为石，流者为水。凝者无变，信也；流者无滞，智也。石体乎顺，故可器水止于内，故不可御。孔恶其硁，孟非其激，在人也亦然。惟信能立以通行，则不窒；惟智能运以正出，则不流。是故有恻怛之情，曰仁；存而不妄，曰诚；行而不跲，曰才；因势曲成，唯中是经曰权，发于仁，体于诚，斯尽信矣。周于才，达于权，斯尽智矣。

此之谓大备，可以立己，可以事君，可以权出处，可以正天下，备之至也。斯石淙之义也夫！

重修曹溪寺记

明太史杨慎

连然金方，螳川宝地，蔚何名蓝，实曰曹溪。衡六祖之云席，分一勺之法流，邈乎远矣！原斯地也，有异境焉。伏流吐泉，潮信日三。洊至科盈，尘刹冈二。爰有金䲡，号曰泉神，卜其出潜，定为潮候。林木翳荟，人境顿隔，旁列洞穴，石宇窈窱，禅栖影息，时翔岁集。松籁鸟哢，旦衍鱼山之音；风柯月渚，夕湛龙湖之镜。弹沐斜埃，陶铸尘想；赏洽既并，缠疴用弭。相传此宇在昔盛时，楼殿掌天，梵呗沸地，福田连阡，岁入千钟，香积食指，无虑近万。而以锋燹炊销其记莂，芷露蚀其贞绀，并使日月湮于往劫，名氏坠于初日，惜也。乃嘉靖壬辰，释子道成择孟夏，结大期，矢丹诚，弘胜願，尔时双林五众，附影成群，遂葺废烬，以取新存什一于千百，祖灯重耀，法鼓再朗，可谓克明师匠，无忝宗风，即其用心，亦良苦哉！升庵子流戍滇阴，遗情系表，斯地斯徒，盖数晨夕，因其恳请，而著兹记，垂后观，俾勿坏。

宝华阁记

杨　慎

芯罗英卉，乩涝早于淮阴；菩提贞芳，兆兴替于姚嶲。虽曰称奇法域，总未离涤情尘。岂若优昙奇树，钵罗宝花，天宫分种而难莳，星劫寻声而未见。昔衣闻于真丹，兹摛彩于名蓝，非夫瑞叶化人之天，祥钟仙陀之地，畴克标异，祇林呈特奈苑哉？安宁州曹溪寺者，连然之胜壤，鄯阐之丛林也。悲田卤莽，觉路榛芜，绝慈航于支祁，碎断碑于奰苐，遂令逍遥净土，鞠为罗刹魔宫。有五叶禅师，讳道成者，兔鹿小乘，龙象大法，帘前锡紫刚证，秋蛾赴灯，对御谈玄，正况春蚕作茧，乐云林与烟岛，誓枕谷而栖丘，卜兹禅宇，触可息心，乃捐法赀，鼎新梵刹，[illegible]山镂壑，剪樾闻茒，精舍运斤乎成风，仁祠奂轮乎不日。龡莹珍龛，鳞之瑶簴，危楼虹带，层观翚飞，珍木相缭，芳草交茂。阁前有奇树一株，计年百稔，忽放异花，琼殊凡植，颜如白氎，香彻紫霄。时当朱炎，清赤曦于卓午；芬澄赤日，散馥郁于诸天。烟杂牛头之旃檀，品高鸡舌与簹茧，卜方赵州之竹，则莹爝与龙烛竞辉，比灵云之桃实，鱼目共蛇珠并耀。僧繇讵假，凹凸丹青，孙氏当图，葳蕤瑞应矣。惟兹黑白众士，欲假琳琅以传，乃树丰桓，用[illegible]来祼。其辞曰：

仙陀宝花，曷月凌霞。枝缠绀宇，叶覆金沙。腾芳锦地，飏彩银闍。慧日先照，慈云不遮。共命文象，一角神麚。来萃来止，不惊不哗。河坎流荇，江陋疏麻。香风吹萎，瑞霭分葩。爰有德士，来驻三车。一花传印，双椿为家。济航慈苦，功池荡耶。心灯夜耿，意蕊晨赊。空消五蕴，默定千差。珠林龙象，珂渥骝騧。维行宴坐，黑白博义。盘桓宝祇，玲珑宝丫，宝萼光幢，宝蕾含谺。紫脱谢润，丹茵掩嘉。爰以芾棠，摘讵扪爪。传罄矢永，记莂匪夸。

重修曹溪寺后殿记

制府巴锡，满洲人

滇自元初，隶服版图，立郡邑，平章行省赡思丁创建文庙，导民以诗书礼乐。于是圣人之教，昭及迄今四百五十余年。我皇上崇儒重道，遐荒边徼益相勉于正学，骎骎乎则效邹鲁追踪濂洛矣。然民间沿蒙段旧习，信奉释氏。稽之首郡，志梵守以寺名者，一百五十有五。其为庵、为观、为宫、为阁者，又不知凡几。任封疆之重，留心民风土俗之大者，因革损益，宜何如欤？况释氏以空为教，以苦行为主，一切色相，俱归无何有之乡。枯槁寂灭，割天伦之爱，忘肤发之惜，摩顶放踵，以期普利众生。嘉木之荫，栖息不逾三日，毫无系恋。即所云丈六金身，亦灵光之随处涌现，无往无着者耳。何乃像设形骸，庄严金碧，而且择名山处胜境，穷极土木之工，雕绘之饰，得无有累于空若法门欤？虽然，无有珍重锱铢，几若革囊不漏，独遇缁流，动以福田果报之说，往往为之破悭，使封殖自厚者，不益满盈，殆亦琨戎之良剂，而招提兰若之内，善知识固间出不乏，其他庸庸禄禄，无依无业者，千万辈托足于斯。陈眉公养济之言，诚为确论。造物所为，特衍其教于不穷也耶！且山川名胜之地，琳宫绀宇，轮焉奂焉，亦足点缀太平。世之君子，修废举坠之余，偶及佛寺，殆有见于此，而非惑也。滇阳山水，颇多佳胜，安宁之温泉曹溪一带，尤堪脍炙。去省仅两舍，驻节苴兰者，春花秋月之期，无不游览流连。探奇索幽，或辟新径以创巍刹，或循故迹而修旧宇，崇阁瑰丽，山川增色。余承乏三载，未常一至。非不欲游，良以一举是则送者、迓者、从者、候者，奔走趋承，储备供办者，实繁有徒。在余之娱目骋怀，不过两三日，而文武兵民，既劳且费，经旬靡宁。所以甘于寂寂，听山灵之笑人也。曹溪寺枕凤城山腰，襟带螳螂川，拱揖碧玉之泉，邻比石淙之胜，陀树琼葩，天宫分种，庄介碑记艺腾辉，信西南之福地，乾竺之宗区也。历年久远，创继莫稽，荡平之后，前臬佟君倡修山门二殿、西庑及钟楼梦禅堂。而其后有万寿阁，尚未及葺，日益颓落。住持僧寂杲募司道暨附近之镇协营郡邑，各捐俸资。适幻见鹤寿浴于玉泉，亦出岁时所积，玩弄之微缗助焉，遂庀材鸠工，舍其旧而新是图，易阁为殿，更于两旁各增三楹以广僧僚。不廿旬而告竣。栋榱既壮，丹雘仍加，壇宇森严，龙象生动，梵修者进而益深，香灯微现。挂卓者退而得所，器钵无声，将见振锡乘杯斯焉益集矣。兹举也，较之古人布金舍宅，固恒河一沙，即以视昔日范公、石公、王公之所缔构而建葺者，奚啻小巫见大巫。顾守其简拙，息事宁人，余之志也。凡至于斯者，心旷神清，固足消镕渣滓，而瞻仰之余，读庄介遗碑，览石淙胜概，想慕二杨风轨，覩感兴起，蔚为经术，鸿儒名教柱础，勿使祇树园中，独润法云而辉慧烛，岂不于吾道重有光而无忝山川灵淑哉！是则予之所望于滇人士也。寂杲将志檀施姓氏于贞珉，请为之纪，因书此以应之。

此记起结立义甚正。至中间亦能占地步，不独寄讽他人而已。爱游名胜者，常作如是观。

引胜山房记

抚军石文晟

连然城北，过螳川十里许，有碧玉泉出岩穴间，清温可浴，杨升庵先生题为“天下第一汤”。制府范公，建雪韵轩于其侧。予叔氏抚滇时，公余偶至其地，见诸峰环列，洞壑幽深，寻胜搜奇，莫可名状。因喟然叹曰：有温泉以濯其身，可无觉苑以涤其心乎？乃于醒石、醉石之间修建禅宇，延老衲水谷住锡斯地，即今之云涛寺也。开泉石之钜观，息游人之足力，游者称便焉。其旧时行馆数楹，半就倾圮。予因谋诸里中父老，另购隙地，去云涛寺数十武，建堂构室，位置亭台，以继余叔氏之志。斯地也，碧水青山，环峙左右，白云苍树，应接于眉睫间，更为之植花木于胜处，望之郁若邓林，茂如金谷，凡我同人，浴罢栖止，其眼前胸次，当有豁然高旷者，岂仅引一时之胜而已哉？是不可以不记。

引胜西轩小记

方伯佟国勷

连然为六诏人文之薮，温泉又安宁山水之奇，灵液仙源，品题第一。予宦游江浙廿有余年，惟匡庐足称名胜，然不过人功点缀，梵刹巍峨而已，实未有如温泉岩谷之秀，花木之奇者。螳川绕其前，灵石列其左，名流韵士，接踵其间，虽十日之游，不能尽也。余壬午冬承乏滇藩，公暇之余，一过其地，于时幽奇，尚多未辟。所喜大中丞石公志在山水，特加创建。未数月，而亭台别舍，涧水长桥，无不曲曲争胜。灵境引人，恍在辋川图画矣。山房之西偏，喜有隙地，适当溪声山色之间，余亦捐俸造西轩三楹，旁建小阁，颇称幽爽。公事偶闲，舣舟过览。因思浯溪马退，非子厚不彰；放鹤六桥，待端明始盛。虽此玉泉名境，久播寰中，然非我大中丞经营焕然，则此奥如旷如者，亦樵牧往来之道而已。予性耽丘壑，喜胜地之遇知己，虽创建无多，亦不可不志之，以当九仞之一篑云尔。

题玉泉檐额

方伯刘荫枢

语云寒火，火者，阳也，泉者，阴也。阳能从阴，故泉有温；阴不能从阳，故火不寒。贤人君子，当佥壬用事之日，入其中不激不随，委曲调剂，若小人之于君子，必欲尽其类而甘心焉，如元祐、熙丰之间，大概可睹也。浴温泉者，将有感于吾言。

重修曹溪寺记

抚军王继文

安宁州之北，望之蔚然而嵯峣者，为凤城山。山腰有寺，名曰曹溪，明杨升庵先生极记其胜，亦灵境也。予于政暇，偶一往游，隔岸奇峰削壁，若猿若马，若洞天若华盖、若海峤之蜃楼，变幻莫可名状。山下出泉，温而且洁，溶溶若熏风之鼓荡，士大夫品题遍岩穴焉。横渡螳螂之川，由平冈而上，则茂林嘉树，与曹溪相映带，凡一丘一壑，一花一石，俱非目所经见。阳明王子曰：眼前景物色色异，惟有人声是世间。其谓斯欤？惜乎殿宇尘封，禅房苔砌，经坛讲席，半消磨于荆榛蔓草之中矣。寺左行数武，水从石窟而出，昼夜潮信三至，土人称为圣水。予曾建亭以覆之，额曰“吐纳灵潮”，亦足供人游咏矣。然而大工毕集，尚在弗遑，山灵寂寂，能不笑人乎？岁癸酉，观察佟君毅然以修复为己任。予因深嘉其志，相与乐成，于是山川之胜，为之一新。虽不能如前此之楼殿撑天，梵呗沸地，而较予初游时，不数年间，杰阁危楼，倚绾绣错，不更与烟灵泉石争奇擅胜哉。斯时也，予偕二三君子，扩幽发粹于其上，或倚花而舒笑，或对月而徜徉，或临流而咏诗，或登高而作赋，无一非太平之象也。际兹盛时，弗志数言以为曹溪增色可乎哉？予是以缘苾刍之请而为之记。

护花山房记

制府范承勋

余素负山林泉石之癖，每有胜境辄为之留连不置。到滇之明年，偶游温泉，其地乃安宁州之螳螂川也。隔岸有山寺，竹树蒙茸，桃梨掩映，询之土人，曰曹溪寺。信马过之，则见乱石巉岩，长松古柏，殊快人意。及入寺，则香烟冷落，老佛凄然。盖兵燹之余，住僧星散，古殿长廊，鞠为茂草矣。直入寺后，忽闻水声潺潺，寻源而往，有沸珠泉焉，遂憩泉上，酌酒吟眺而返。继闻寺前原有宝华，异色异香，殊非凡品，曩罹蜀寇斩伐，故根仅存。庚午春复游温泉，再过其地，忽见藤萝篱落间，有树深翠，枝叶蔚然。问之寺僧，则宝华故根所发也。乃为除蔓草，剪荆棘，出之乱莽之中，悠然风日之下，遂觉亭之可爱，因为辟地种竹，引水为池，结屋三楹于其上，颜之曰“护花山房”，且镌石以志其事。更捐薄俸修其殿后宝华阁。未几，复置川上亭于山房之前，可以清谭，可以远眺，可以饮，可以风，由是曹溪之胜，由兹而复振矣。去年春，观察佟君游温泉，过此寺而深赏焉，慨然捐金鸠工，大为修理，不数月而佛殿僧寮，焕然改观，更建傍花楼于山房之后，以为坐花醉月之助。厥工告竣，请记于予。予惟使君修建此寺，盖亦乐其泉石之清韵，竹树之浓荫，秋日春风，自有佳趣。薄书之暇，远觅余闲，其山林石泉之癖，或亦与予同兴焉，岂屑屑于世俗之见，布金佞佛，以求福报者哉？因嘉其雅意，而为之记。

傍花楼记

观察佟世雍

楼盍以傍花名也？曹溪寺左侧，有优昙花一本，历经兵燹，岿然独存。其种与花之异，载在《宝华阁》及《护花山房记》中。花去沸珠泉数百武，制府范公引泉由宝华阁经香积厨，委宛于护花山房之前。凿石为池，渟蓄其流，养金鳞，植松竹，为偃息之所。余波听其下溢山麓，以灌溉民田，非直为观美也。佐游览之胜，代农家之桔槔，东坡所谓寓意于物而非留意于物者。予向捐金修葺曹溪，见其僧寮湫隘，游览者无栖息之地。因谋诸老衲水谷，议建一楼，以及庖廨居室各数楹，稍备风雨，兼可朝暮凭眺，收云物于山光水色中。从兹倦游者憩息此楼，凭高视下，将见夫樵云犁雨，渔火书灯，触目而得。予亦用是傍于范公寓意于物之意，此傍花之所以名楼也。是为记。

秋雨初霁赴李燕翼、罗元襄二友之招
同杨燕翼、王离泉、罗仲和、罗仁庵、章我则诸友泛舟玉泉诗叙

秋霖暂霁，我友招携，共登博望之槎，乘兴剡溪之曲。桥东烟树，绿映半城，水面浪花，青浮四座。矗云殿阁，入米家书画之舡；近岸江村，似秦人渔樵之地。山林随处转层折，拟于剥蕉洞壑远。相接佳美，胜于食蔗；苹汀蓼屿，秀极人间。方峤蓬壶，飞来海外；兰桡驻楫，柳影牵衣。一簇暖烟，轻笼丹砂之鼎；几家茅屋，别开碧落之天。鸿蒙不判阴阳，形骸何分物我？春回黍谷，刻刻皆春；玉湛冰壶，人人是玉。温柔吾欲老，何须游白云之乡；澄清素所期，且试涤红尘之俗。香能瀹茗，光可鉴人，濯足濯缨，非醒非醉。振衣而起，且往观乎，仰第一标题，不愧才人。史年证三生梦路，更多尘世仙居。坐春楼畔，悬岩倒影；涟漪引胜，阶前远岫。飞形屏障，探鳞洲之窟；径绕三山，望赤城之霞。石皆五色，烟蓑雨笠，出没疏林，璇室琳宫，巍峨绣岭。奇哉！天巧寻幽，携骚客之觞苦矣，山林灵凿壁，镌美人之面。诵奇雨晴好之什，西子湖逊此清幽；读霓裳玉辇之诗，华清宫无兹雅致。置身濠梁秋水之侧，如见古人；恨无云林之伦，能工此画。爰辞峰屐，更解轻艘，好步曾狂之咏归，勿似王猷之兴尽。张一军于酒旗歌管之际，不知宾主伊谁；憩片帆于红亭绿树之间，但觉江山爱客。雨声淅沥，拇阵纵横。或弹丝拨阮，唱红豆之新词；或射覆藏钩，竞碧鸡之雄辩。或曹溪下曲，漫指为庾信小园；或石淙上期，豫拟筑潘尼别馆。口能占赋，饮欲称仙。乐乎斯，游邈焉。虽续纪天台之胜，各县赋心；叙金谷之游，敢云作者。但境与意会，事以人传；况乎执戟子云，夙工词赋，谪仙太白，雅善篇章。琳琅藻思之裔，坐有三君；柳花绝妙之辞，天留一客。猴山笙韵，骖鹤千年；邺架图书，赋棋七岁，时李燕老佳郎亦在座。各怀金玉，共抱珠玑。在诸君，可无唱和于简端；即不才，亦堪激昂于骥尾。用抽鄙思，语我同人。时会虽逢，风流易散。二难四美，雅聚何期；一日三秋，相思莫寄。惟望锦心绣口，夺花篁于词坛；庶几夜鹤晓猿，谢移文于逋客。即异日幸遂菟裘之愿，即收诗可当息壤之盟也。

五言古诗

温 泉

殿元太史杨慎升庵

神丘隐云岊，灵源渺天河。阴火煮玉泉，阳晕潋朱波。吹律岂邹子，炼石疑娲娥。乳窦沉水碧，埼梁起盘涡。渐渐不濡轨，汩汩常盈科。偕赏玩仙液，蕴真洗人疴。浴兰兴远思，沐芳咏遗歌。铜池汉雷侧，釦堿骊山阿。朝宗阻江汉，褰裳限牂牁。天隅感流落，日暮吟蹉跎。

侍御代巡周冕

造化蕴氤氲，山川结寒燥。此脉通银河，阴阳泄其妙。玉液喷石窦，涓涓散岩窍。清莹绝纤尘，万古心可照。我来驾小舠，同游并长少。扫雾坐苔矶，熏蒸爽怀抱。荡尽

身上污，除却人间耄。谁将此心洗，直入圣贤奥。

参政马卿

我行虽劳苦，所适得兹浴。东山西南来，温泉喷其麓。修凿自何时，清池覆华屋。地热土尽赤，水深石正绿。澄莹入天光，觱沸浸池轴。尘垢力疏雪，我体洁如玉。顿觉烦疴除，神爽动清淑。乃知浴沂志，真乐非外欲。冥冥造化机，重阴至阳伏。坎离妙二用，此理谁能烛。拂拭还振衣，出门纵遐瞩。松木洒天风，白日曜冲陆。忽忘在炎荒，思与飞仙逐。安得沛洪流，尽洗苍生燠。

侍御代巡姜思睿

灵根喷珠玑，冰壶吹黍谷。赤霞上如盖，紫英下藏伏。蒸气映纨绮，飞轮舞双轴。玉女翩翩来，于此星流宿。浆散五云光，露挹三危馥。疏秽涤沉疴，鲜芳资锦濯。白鱼不敢窥，滋溉繁嘉谷。岂有南风熏，霜雪争避肃。骊山竞沸汤，汉武劳增筑。何如此澄泓，涓涓出阿育。滇民苦兵戈，不减秦时鹿。谁作千万间，庇彼贫寒屋。神泉发华清，敷膏引共燠。愿为驻老期，开襟聊一沐。

参议周道

水碧涵楼阁，清虚绝尘想。石磴盘岩路，紫气凌云敞。一洗垢腻浮，再洗精神爽。三洗毛发松，四洗客颜朗。五洗病体轻，六洗风骚痒。点衣荷雨凉，留客松风响。玉液觉仙流，玳筵疑洞枋。杯酒随醉醒，谈吐任俯仰。舞鹤归林木，鸣蛙聚丘壤。至乐真忘言，千载追空赏。胸次更宽平，襟怀真慨慷。

副使吴崧

我来驾小舠，行行温泉去。涤尽身上尘，洗荡心上凹。贞珉涵碧水，水映天边月。明月共吾心，与水同一彻。匪为濯缨人，匪为临渊悦。谁使六丁神，谁烧□鼎热。如何温且凉，如何清且白？及问此因缘，一团和风结。本是一寒泉，流出丹砂穴。所以渊而澄，所以湛而别。造化鼓良能，乾坤钟奇特。混沌凿玄机，后天氤氲歇。凤麓浚其源，龙山助其杰。酿阳并酝阴，天造同地设。水虎弄精神，火龙张巀嵲。冯夷纳荧宫，祝融宅玄宅。土潜真燧燠，石隐纯阳德。绿净不可唾，碧湛融且哲。静虚绝沸溃，动直影山叠。雾蒸若神魂，烟焞若鬼魄。湾曲若游龙，潺湲若啼鴂。清净若镜明，晶莹若玉色。平荡若周行，泛溢若吴越。风皱若龙鳞，雨洒若珠迭。暗嗅若沈檀，噀人若兰麝。泡滚若云行，波起若翻雪。叶落若泛舟，花飞若舞蝶。沸沸若鼎烧，浮浮若甑咽。寘寘若弄弦，杳杳若吹笛。涣涣若文章，莹莹若锦射。皎皎若练铺，隐隐若霞灭。悠悠若山行，淡淡若天窄。楼阁若水晶，波涛若城堞。碧澜飞窈窕，珠浪看回折。春夏与秋冬，笙歌韵不歇。学士与公卿，往来游不绝。水鸟舞霓裳，林莺弄巧舌。樵子得餴饎，渔郎止涸辙。歌喉若鼓喧，箫管非凄切。车马时辐辏，烟火何萧瑟。好花开苑囿，变秀连阡陌。忆昨狼狈初，事与古先别。人若洗其心，可共引天阔。愿为舜禹臣，不效高斯策。却金原一锭，斛椒何八百。谏议为大夫，扫除天下热。豺狼争当道，虎豹空喷血。润泽我生民，奠安我皇业。俯仰天地间，正直为松柏。桓桓大将军，仗义奋忠烈。我与圣贤同，生死复何怯？

中书杨绍芳，郡人

水生本天一，寒性乃其常。云胡此山麓，幻出洪炉汤。无乃造化偏，地脉隐春阳。煎熬不资鼎，沸涌恒洋洋。涤秽未足异，祛疴有神方。乃知宇宙间，物理真难详。或云是阴火，敛焰地中藏。熏蒸变天性，温暖发银潢。此理差足信，毕竟非荒唐。鲁南有沂水，春风娱老狂。后来华清池，继出骊山旁。幸浴多帝胄，舆马遥相望。卒之废诏理，往往成荒亡。至今绣岭上，草木犹悲伤。此由人自取，无足怪沧浪。何如此泉水，今古无抑扬。莹彻直到底，鉴物悉毫芒。秀润比玉液，气味绝硫磺。所惜产遐壤，不能广流芳。我本里中人，少年游他乡。与泉相间阔，二十一星霜。迩来得予告，扫垄荐蒸尝。公余屡休沐，梦想今粗偿。洗耳更洗心，盘铭矢弗忘。作诗记重到，聊以写衷肠。

朱云峰，道人

天造此温泉，灵火喷山麓。一气自澄清，吾心相仿佛。太白吟未工，老米画不出。纯阳一点生，群阴皆隐伏。人说火龙池，旧是丹砂窟。莹彻若青天，温和若春燠。明珠与浪倾，净练随风逐。味馥仙草香，色耀寒琼绿。欲比镜光鲜，镜蚀光还没。去疾又痊疴，资颜还益骨。神爽体清凉，气完心净淑。我向谒仙翁，此来投沐浴。洗心如抱月，涤尘若良玉。不异到蓬壶，潇洒歌仙曲。足迹遍天下，何处寻黍谷？这个好源头，谁人来反复？

曾祺，郡人

吾乡有温泉，水奇山亦窄。所以得悠游，为与都市隔。世运忽洪通，欣赏变畴昔。薰汤入穹帷，骡骆绕窟宅。每望温柔乡，登临为阻塞。昨闻偶闹静，期争洞壑席。茫茫势内家，白日闭砂迹。云石怅金微，清流成涸泽。解衣聊树下，趋归是日夕。策蹇问山童，何处无骚驿。吾生薄世缘，山水复不获。虽然托故乡，藐若无家客。难荷刘伶锄，莫寻谢公屐。幽僻第荒村，败瓦颓垣积。禾黍秋苍苍，乃为官家碧。

寄杨升庵时在玉泉

阙下阻风云，徼外多烟雾。尚想碧泉游，同醉花深处。频年不见花，想煞曾游路。对月怆离怀，雁札随云去。

五言排律

杨慎升庵

黟岫灵砂沚，华清礜石汤。佳名虽许并，仙液讵堪方。火井原通脉，曹溪且让香。流温涵水碧，气燠谢硫磺。清暑南薰际，回暄北陆傍。体应偕鹭洁，心不假犀凉。春酝熏兰斝，云腴泛茗枪。弄珠余浣女，脍玉剩渔郎。瑶草蟠千岁，琼芝缀九房。温柔真此地，难老更何乡。

和升庵韵

明金沧兵巡道谢肇淛

灵砂蒸地脉，旸谷沸成汤。孤馆双岩削，寒塘半亩方。优昙非有种，豆蔻自生香。砌玉凝苔碧，腾烟射日黄。醉应眠水底，闲可泛溪旁。缨以无尘净，心从不垢凉。滑增红腻玉，色沁绿沉枪。秋水舍珠女，清风传粉郎。难投夏浦佩，且宕费公房。回首螳城下，凄然忆故乡。

元时主事赵琏

泉出安宁最，潜阳溢至和。盎汤深在沼，清泚荐盈科。下土丹砂伏，旁岩碧玉磨。气暄移火井，色莹转银河。洗濯空炎瘴，经竹入雅歌。远人沾惠旧，此去足恩波。

明副使道吴潜

阿宁佳丽地，独上鄂君舟。为访温池景，来寻岱晟丘。水清澄碧玉，沙暖见磺硫。源泉同太液，岛屿并瀛洲。水晶帘皱起，琥珀盏斟流。剡浪罗文色，嘉陵石黛秋。烟波浮泗水，绿竹载梁州。争睹皆丹臒，惊飞尽白鸥。逶迤连绿水，迢递起朱楼。月照啼猿曙，烟含古桂秋。越女红裙湿，燕姬翠黛忧。波香云易散，夜景月难留。三天烟汉汉，一带水悠悠。南望曹溪峙，东瞻洛浦浮。月花追叹别，烟树有淹游。醉仰皆旷达，啸馆最风流。留君鸿雁去，何日再樽酬？

明主事陈应举

偶发螳川兴，来从骊岫游。天开神女窟，地涌列仙洲。蟹眼吹珠沸，龙涎喷玉流。日晴清影乱，尘绝紫烟稠。火井谁嘘煽，灵池足泳游。苔矶滋绿渚，硫石度香幽。气暖蒸偏汗，源深泛欲浮。心应偕洁白，体自属温柔。弄月疑无夜，乘风觉已秋。怡情还抚掌，独浊谩（酌漫）搔头。粉水空膺润，红泉宁解瘳。何如琼液好，去疾更销忧。

孝廉朱尹，郡人

谁信滇中景，兰汤沸翠岑。花香迷洞口，碧玉漾池心。地二从天一，女丁还归壬。何如沂水曲，绝胜骊山阴。气暖浮朝夕，源长逝古今。汤盘铭可警，屈赋义当寻。乍浴肌疑换，频游趣更深。平生尘俗想，尽向此消沉。

和升庵韵

鸿胪寺卿陈玺，郡人

浩气蒸寒谷，清流止沸汤。琼瑶不可报，蓬岛始堪方。甘醴如同脉，仙源出异香。蓍能占水火，龙不战玄黄。大治春风暖，明河秋月凉。漫漫真此地，坦坦是吾乡。

行人副曾祺，无咎

名水佳无比，因名第一汤。清温融石髓，飞洒出天香。碧镜虚无质，丹砂气味藏。源泉司祝岳，沱渚借昆岗。云暖非烟火，珠翻作鼓镗。琼州恣坐卧，丹壑挂衣裳。掬洗无留拊，浸涵有异光。太和滋密理，浮垢谢长洋。裸袒何妨简，风流旧有狂。洁中惭骊水，热处胜沧浪。最宜宵傍月，偏是晓冲霜。涤荡愁烦失，支离酒病忘。愿从青雾隐，懒发白云乡。谷霭萦归路，梅花侵野梁。终嗟予态俗，岁暮日怆惶。

学博李镜，宝箴

共赴汤池约，沧波画舫开。江行堤柳引，涧绕阆客回。疏凿凭谁力，庄丽起妙台。知无烟火气，讵假鼎炉煨。似玉温而栗，如兰垢不苔。莫愁寒谷地，日夜有阳回。

七言古诗

明解元杨洪，郡人

石窦玲珑透玄脉，乾坤造化于斯泄。祝融驱使煮山根，烧得灵泉烟气结。龙涎吐出沸波香，丹窟浸来珠泡热。澄清一派似青天，缥缈光明同碧月。仿佛玻璃漾水晶，宛若珠玑盛琥珀。玉真若遇此温泉，更有柔和照颜色。予今游此胜逍遥，何须汤沐琼瑶阙。

明副使道吴潜

阿宁此景当为天下奇，此泉料应天下稀。不火而热恒流澌，一清彻底无瑕疵。香幽于兰甘于饴，方池居中卧石矶。较量不说华清池，逢人可洁冰玉肌。不独玉女流凝脂，我来正当暮春时。经过长林渡小溪，忽来香气扑我衣。亦有天风吹我帷，吾与点也浴乎沂。一般意味无人知，澡身浴德满所期。行为滇民洗疮痍，海不扬波尘不飞。天下甲兵亦何为，小亭点坐更侣谁。纪行漫笔留此诗。

明副使道曹玉

尘缨碌碌羁殊方，天风误送来仙乡。群山遇海止无地，蜿蜒深处藏真阳。不炉不薪亦不炭，造化陶冶真非常。晨昏出云接远道，疑有神物为主张。平生好奇已成癖，临池解作曾点狂。石根活水恰五尺，莹若新鉴开方塘。照我孤心老犹赤，羞我双鬓稀欲霜。啜茶未终情技痒，颓然卸却冠与裳。一洗毛发润，再洗肌骨香。三洗百骸畅，四洗万虑忘。逸兴逍遥生羽翰，白日浩荡游羲皇。振衣起舞笑归去，数声渔笛横沧浪。

明学道鲁鑑

伤心往事说骊山，琢玉为池洗玉环。摧残夜雨淋淋后，皓齿明眸去不还。至今祸水沸汤汤，博得乱阶从此酿。我来南国历炎瘴，此地三光值日偏。有山苍苍常点雪，有泉喷碧不知寒。野老为予歌缨足，意欲相邀当浴沂。本来原未染尘埃，何必浇浇苦从俗。况复箫鼓在楼船，旌旗云拥蔽远天。春风锦缆开绮绣，迟日牙樯荡神仙。那指林池珍错列，腐糟臭肉皆膏血。蜩螗之声恨水流，缥缈之楼愁城结。在昔冽泉伤浸薪，于今沸羡苦横爇。天一生汝荡阴霄，畤令作寒复作热。君不见，南风解愠为生民，薰兮之此自如春。春露秋霜皆正序，何事煦爊煮山潺。我欲燮理斟元气，洞酌行潦为民塈。回将矾性转清凉，润洒甘棠滋蔽芾。若道澜狂不可争，如何中国圣人出，海水不波河水清。

此诗大有规讽玉泉之砭石也。

明御史大理人李元阳，中溪

碧鸡空翠映螳川，坐见汤池起夕烟。谷口招寻仙作伴，自矜同上李膺船是日同升庵太史饮于玉泉舟中。溪回谷转滇阴道，雾霰依违着花草。弈弈红亭跨绿波，遥遥金铺依云窝。红亭金铺总相宜，水阁云屏互蔽亏。地脉阴阳割天巧，池心玉石夺人奇。谁家罗衣着白苧，繁花照耀清江渚。赤脚奴儿习泳游，挈得银瓶傍崖煮。酒香花气薰游人，浩歌濯足凤山春。丽石温疑锦绣段，香波气郁兰膏辛。可怜岩窟净如拭，更向澄源理容色。只知毛发鉴去来，讵意尘颜转栖恻。君不见，骊岫氤氲水殿香，太真浴罢宫云凉。君王当日游歌地，泱漭风沙西日黄。

明巡按杨守鲁

金江八月瘴疠恶，曾杞蛮烟驱部落。官桥十月风沙多，又探虎穴撑金戈。风沙瘴疠纷相见，对镜俄惊客鬓换。已取鲸鲵靖海波，好洗甲兵挽河汉。战尘落尽征衣色，介胄鳞鳞生虮虱。振旂犹烦对簿书，狎客谁能事汤液。蹉跎已过仲冬时，秋杜声残飞雪霰。安宁城上听弦歌，螳螂川头觅舩舷。闻道汤泉路不遥，沿流鼓枻趁风飙。曲洞仙人旧留宅，曹溪龙藏暗回潮。我来讵是濯缨者，聊假灵山归汗马。瘴海须因圣水消，业火全凭甘露洒。氤氲兰气散旃昙，光萤瑶池涌法莲。拟伴青春还祓禊，好从此地语真诠。

州守张在泽

阿宁守吏寒欲僵，栉风沐雨尘为乡。不知十载炎方客，火斋夜炬螳螂江。金丹煮海焰方烈，寒犀照哔回温凉。冰盘化燧烛龙蛰，气无冬夏恒春阳。黄流下裒结暖玉，鱼目上射沉夜光。红炉静沸咸池液，鲛宫输尽珍珠囊。但有瑶花杂飞霰，何物鳞介能潜藏。澄潭一碧注母碌，脱溪苔翠涵云裳。旧染不渟修慝事，彩盘勿替汤铭章。既以水濡惩玩愒，忍令益热胥沦亡。以仁煦民等挟纩，以公普济捐畛疆。起我疲癃登衽席，悦肤导气腴疮疡。匡庐汝水不曾涉，尉氏骊山徒永伤。常与吾民共游泳，不濯冰肌濯热肠。但坐春风饮醇气，勿令执热恣探汤。愿将下泉灌畦亩，暖露岁岁滋禾粱。寒骨由来愁灸手，釜蛙井冻仍天常。

陶成瑜

天下第一称斯泉，每疑太史说未然。今日步屧将新浴，香洁艴琛冰雪偏。此地何人煮丹霞，斡运优游放五华。白石青苍云一点，解珮捣练情兴赊。吾闻新阳之惠泽，数里遥望云天白。一时香车暗霭来，相传玉女旧投迹。又闻黄山之泉名朱砂，高涌天都难留客。自非幽人旷士怀，谁将薜荔靡作席？偃仰螳螂川外池，沐日浴月觱沸奇。水底青天千春满，岭上彩云四时丽。昭信资生与资始，侯甸要荒无异理。从教濯足与濯缨，但能洗心莫洗耳。忆昔盘铭日新汤，一涤污俗九围香。今上洗荡思移易，寇盗犹烦挞伐张。吁嗟乎！小腆兮机不藏，何时袭此同清凉。

陈玉书，郡人，字含章

中丞彩鹢临江渚，水黛山烟天外举。玉节时清葱岭岚，龙旗晓促温汤屿。借问温汤谁第一，骊山宫中传礜石。千古岩阿衹诲淫，空有兰膏涵水碧。玉汤乃在螳螂东，云録阴火蒸洪蒙。穆王周行亦罕至，巉崖绝巘围春风。皓镜百尺清无比，一函绿玉凝秋水。词人骚客浩歌来，桂掉兰桡夕烟紫。涧渫不施香雨落，岂有蠙衣在岩壑。灵砂黟岫浪得名，贱却人间几汤镬。抚军观察封疆臣，鹄袍兽锦云霞新。偶然绣谷临泉石，黍谷寒溜别作春。王公自有林皋癖，探幽历险神仙客。洞壑千秋生面开，会见桃源归咫尺。嶙峋七洞湛虚明，回旋日月光华生。嵌空窈窕竞奇丽，三茅二酉谁能争？飞甍画栋今初创，绿水红亭两摇漾。高亭矗窟薄层霄，下亭迤逦连青嶂。中有招提次第开，萦青缭绿沧波回。岭霞岛雾岂尘世，渔歌花艇真蓬莱。远眺曹溪流片月，兰茗千重蔽林樾。圣潮隐隐隔松篁，应侯双□几明灭。淋漓翰墨环云岩，海岳丰神走石阶。千古山灵有知己，岂随培塿终尘埋。衹今中丞膺显秩，节制南荒雷电疾。五岭旌旗指顾中，卧鼓不惊太平日。却怜百濮茗凋残，开府怀绥梦始安。从兹碧玉温泉水，应与螳江彻骨寒，巉帷晓出连然渡，紫云冉冉舞枫树。惟余片石峙荒陬，万里亭台隔烟雾。

黔国公沐叡

地天炉鼎谁开辟，陶冶阴阳任嘘吸。孰于铛内炼丹砂，沸出天然铅汞液。人皆乐将身外浴，我则爱从心上涤。身心尘垢两当蠲，浴之涤之毋固必。

游碧玉泉诸胜上石大中丞

江朝宗

滇南峰岭数千里，秀色玲珑重叠起。我来安宁暂驻车，壁削泉飞良足纪。蓝兴麪道逐青鬟，路回溪转声潺潺。遥看郁葱青未了，嶙峋突起无粗顽。安宁之胜胜于山，翠嶂屏幕如连环。七窍空灵龙蛇窟，一任白云时往还。高若腾霄卑若伏，醒兮醉兮石名常坦腹。寒谷如冬暖谷春，米老当年爱如玉。安宁之胜胜于水，长川曲折清且泚。夹岸烟柳梳晓风，一叶轻舟疾于驶。更称奇特是温泉，鸿蒙炉火自年年。清澈肌肤与毛发，儿童游戏恣喧阗。海外三山事虚传，似此陵谷别有天。珠槃金谷徒靡绮，谁能探讨真山川。中丞公余时至止，亭榭森森傍松枳。披襟霄汉坐烟霞，惠我南国春风里。时有惠风堂之建。岂惟览胜夸奇观，占云较岁幽风旨。题云窝语。况有雄文石不磨，光芒直掩杜与李。

五言律

明御史阴桂谿

昔闻骊山水，今沐安宁泉。液暖堪流秽，波香可煮鲜。初疑沸周鼎，忽听奏虞弦。远愧张衡赋，聊题纪汉年。

明御史刘泾

箫鼓登舟去，言观碧玉泉。如汤流鬵沸，投浴体新鲜。西照明文锦，南熏咏志弦。

襟怀即沂上，吟咏契当年。

明提学胡尧时

姹蕒滨上巳，鸣铎及温泉。方鉴涵烟碧，圆珉比玉鲜。洗心如抱月，解愠未须弦。春服偕童冠，沂歌愧昔年。

明副使道孟宾

久知仙景地，揽辔到温泉。波皱龙鳞细，霞绿凤尾鲜。初闻疑佩玉，忽听又挥弦。尘□心源净，精神自引年。

明佥事道皇甫坊

灵泉泻温液，灼水拂华池。煦绿看流处，凉风来浴时。花疑百合气，树偃万年枝。谁说骊山上，疴销神女祠。

明主事陈孟章，郡人

阳和蒸石窟，碧水沸灵湫。暖玉缨堪濯，香兰病许瘳。笙歌喧静夜，花鸟入瀛洲。莫道骊山胜，应怜洱海陬。

明御史杨春茂

地僻云根净，山灵水气温。源流分太液，香馥濯兰荪。玉润淆难浊，烟光旦复昏。不须频改火，阳燧此中存。

明佥事道童正蒙

海内夸名胜，无如碧玉泉。真源连火井，细脉注龙渊。浮镜疑无地，观澜别有天。汤铭还可勒，仙踪擅南滇。

明州学博史旌贤

自得浴沂趣，道心迥不微。悠悠移绮席，楚楚试新衣。境寂传清赏，山空厂落晖。为耽童冠乐，咏久解忘归。

明巡道彭可壮

严驾蝗川郡，除疴喜浴兹。初临□梦泽，即景忆瑶池。火玉烧泉水，金钱戏小儿。华清十六院，结□宜春思。

黄式廓

春日香泉好，分闲共浴兹。云霞封碧涧，天地此温池。戏水喧童子，乘风忆雪儿。清流鉴毛发，造化不堪思。

天一阳生水，连然信独奇。清同彝共韵，和与惠偏宜。有石堪投枕，无茗亦泌脾。

倚栏闲引□，郁郁此瑶池。

州守简而可

僰国胜灵源，涟漪更带温。濯忘缨与足，香散芷同荪。尘垢涓将尽，须眉照不昏。绣衣澄澈后，膏泽共常存。

昆明王琦

频游无倦意，莫逆是温泉。礜石蒸云暖，春波浸玉鲜。蠲疴疑危露，解愠即虞弦。开辟当何代，氤氲不记年。

举人杨泰，郡人

轻舟移棹晚，迤逦即温泉。日入春山暗，波明夜气鲜。浴沂思点瑟，解愠忆虞弦。荡涤同今古，流连老岁年。

游碧玉泉用杜工部何氏山林韵十首

本朝观察许弘勋

尚记崎岖路，浑忘偪仄桥。澄清泉见底，和暖气冲霄。寅采侵旧别，中丞昨夜招。蓝舆高复下，抵暮不知遥。

隔岭千畦曲，长何一线清。沙情嬉野鷁，柳嫩颤新莺。饱后泉堪浴，香来菜作羹。翛然神气爽，端不负斯行。

巷窄紫门隘，河干翠暮支。群芳攒左右，双燕舞差池。却病何容易，延年恐未知。华清宁浪诩，春气正纷披。

栋宇依山脚，云根土水花。莫因虚拥雾，反道穴藏蛇。水烁灵砂暖，源从太液赊。热肠与冷眼，洗涤各为家。

一尘全不染，万虑豁然开。溅沫珠如玉，甃塘石类梅。诗情随水逸，酒兴逐泉来。移足涡深处，肌毫映碧苔。

太史题三字，安宁第一泉。村荒石未冷，阁迥岫长绵。水面深过顶，儿群戏拾钱。班荆随意坐，桃李艳前川。

浴罢舡轻放，风来梨暗香。激流轮转远，引水溉田凉。深柳沿溪豁，通天老洞藏。岸边闲眺瞩，烟雾郁苍苍。

几番思假沐，十日住温池。行李惟如意，书筒贮接䍦。高天翻燕子，急溜网鱼儿。

祇觉西山暮，归樵与牧随。

日暖全无雾，天阴散作云。方塘铺碧玉，粉壁嵌奇文。游屐趁春晓，题诗每夜分。试看轩牖外，童叟浴纷纷。

风卷毡尘动，其如骤雨何。俗尘淘汰尽，幽意转添多。醉月寻佳士，听松且放歌。秋期犹有约，再向石淙过。

学道吴自肃克庵

至止名泉近，悠然万虑苏。暖疑回黍谷，清可贮冰壶。豁齿观儿戏，酡颜问市沽。春风沂水乐，仿佛见吾徒。

吴　铨

为惜人情冷，仙岩吐碧泉。光疑火井接，气若赤城连。万古春常在，千秋雪更鲜。喷珠如碎玉，点点水中圆。

幽谷丹砂积，灵源阴火燃。浴红朝射日，涵碧暮浮烟。岂特消尘垢，兼能益寿年。乾坤推第一，太史不虚传。

竞说骊山好，何能胜玉泉？温凉随季变，常藻绝丝牵。入浴肌犹白，烹茶色更鲜。纷纷尘世客，到此欲成仙。

我有烟霞癖，时来坐此泉。洁清尘自去，香暖病能痊。神女云中见，灵蛇石隙穿。世人休浪语，水底有龙眠。

抚军石文晟

冬霁访灵源，苔浓印屐痕。看花风俗异，凭槛水声喧。醒石人因醒，温泉清自温。偷闲聊一醉，僧独伴黄昏。

张　梅

涟漪一勺水，天地日为煎。浴体堪消疾，烹茶可益年。源来从石罅，流去汇螳川。几度游无倦，其间愿受廛。

七言律

明巡抚顾应祥

公暇来游碧玉泉，深冬犹似暮春天。千峰宿瘴晴疑雨，一派流云暖带烟。岂有神丁司火候，要从浊世洗尘缘。老怀不问炎凉事，坐对清冷意洒然。

明巡按张泰

堂川西北有泉温，谁甃方池浚巨灵。水眼四时通地脉，阳精一气沸云根。烹烧不借神仙诀，澡雪应知造化恩。千载浴沂人已远，咏歌常忆鲁东村。

明修撰杨慎升庵

铿瑟舞雩歌点也，流觞修禊记羲之。何如碧玉温泉水，绝胜华清礐石池。兰叶光中浮沆瀣，芙蓉香里漾涟漪。振衣濯足情堪赏，一棹堂川晚更移。

明御史朱缪

香水如汤涌石根，碧泓宁许人纤尘。波光暖浸三更月，泉脉灵含一炁春。龙女献珠皆幻化，神工琢玉尚嶙峋。浴沂待拟成春服，童冠先期五六人。

州守李麟

阴阳地底结炎渊，造化人间沸宝泉。光湛银河珠吐艳，气喧火井石生烟。骊山胜事嗟何在，沂水高风仰昔贤。洗尽胸中尘五斗，芳兰香熏弄潺湲。

恤刑郎中蔡练

温泉曾见昔人称，今日清游兴偶乘。绿浸水中沙可数，碧翻石隙气如蒸。半生尘垢从头洗，万户心源自此澄。多少振衣亭上客，不知谁是浴沂曾。

提学彭纲

阿宁北去有温泉，一片云芽数窍穿。暖活不将凡浸共，清和独擅瘴溪边。源头浴处阴阳济，山腹暄生水火全。岂借丹黄留臭味，骊山临汝合推先。

玄冥何事亦嘘炎，天一应将地二兼。鉴月洞明沉影见，鼎云蒸吐瘴氛歼。波生火井寻常润，珠沸咸池日夜添。洗濯莫分缨与足，清风时动水晶帘。

明巡按卢宅仁

独羡螳川好玉泉，一泓清甚更温然。胜游漫兴知何极，信笔留题恐未妍。苟日又新怀圣训，春风共浴忆当年。振衣归步霜台上，廓我尘襟一镜天。

明副使道江标

春风忽动浴沂情，泉石怡人爽气生。静地自宜□动理，阴岩何怪发阳精。温温莫究源头活，滚滚偏宜彻底清。浴罢恍然忘俗虑，口□短句亦粗成。

参政朱应登同佥宪刘攒联句

春回黍谷有余清，残月依依恋短楹。暖气暗蒸衣袂湿，和风时拂绮寮轻。起来仍就泉中浴，归去何妨谷口行。溪水浙泗江舸度，更寻香梵畅高情。

郡守严时泰

水碧流温号玉泉，解衣自试石梁边。尘襟洁似涡盘鹭，病体轻于脱壳蝉。景胜不殊东鲁地，风清何必暮春天。须臾浴罢如微醉，好觅桃川与辋川。

州守李辐

和风融溢碧参差，注玉涵灵水脉奇。半亩香宜除俗垢，一泓清可沁诗脾。天寒岂使霜飞塞，地暖常疑火在池。记洎张衡曾咏罢，心胸洒落展愁眉。

州守王琼

一舸烟江十里长，峰峦回曲抱温塘。天行地外清水浊，水出山中暖更香。濯足濯缨心自热，载歌载咏兴休忙。频倾盖下知多少，试看留名勒石旁。

郡守周荣

如汤沸沸涌山根，天下温泉总莫伦。一派流来天地脉，四时洗尽古今尘。苔斑绣石真如玉，水气熏兰常是春。多少往来诗酒客，不知谁作自新人。

明巡抚陈大宾

鸿蒙玄窍凿先天，雾霭氤氲发瑞泉。火候六丁禅昼夜，云窝一鼎煮山川。龙喷海眼明珠沸，鲛织波声爽籁宣。岂是椒丘长浴日，甘川分宝润全滇。

明方伯鲁存仁

玄机一窍泻温泉，太极神功此地传。阳里有阴藏造化，水中出火泄先天。洗心不愧成汤日，浴德何须大舜弦。道体如斯禅昼夜，春风歌咏忆当年。

明参政归大道

巡边径路出温泉，水秀山环一洞天。风动微波摇积翠，气蒸幽壑起轻烟。流金注玉奇千古，荡日沉空净万缘。独坐溪亭成啸傲，沧浪寄兴更悠然。

明巡按郭廷梧

谁烧炉鼎煮山根，分得灵泉带火温。波影天光澄碧玉，香烟云气袭兰荪。尘缘未洗心先净，剩屐方登日转昏。欲向斯民苏甑爨，好将此泽助饔飧。

参政张辐

青山环曲抱流泉，中有空明一鉴天。海眼喷开珠浪沸，龙涎吐出暖波鲜。乾坤合德挥奇象，水火成功妙自然。百折不回谁荡涤，余波留与洗心田。

明臬副林恕

金碧分奇水更幽，温和一气暖于秋。濯缨共和张衡赋，洗足同登王粲楼。箫鼓佳音供乐府，山川秀色仿瀛洲。尘缘涤尽心源爽，何羡仙舟寄彩游。

孝廉文华国

青铜镜里照人形，一点灵光好濯缨。树影参差随浪见，月光澄洁湛波清。楼台远映重重倒，霜雪高飞斤斤轻。流出滩头无限趣，不知何处发源生。

杨茂

曾闻此水胜清华，今日临池惬素评。沸玉似烹王气鼎，濯缨联缔洗心铭。方舆随处精灵发，好雨知时爽气生。最喜故人同意味，千秋风浴有余情。

释印可

临池一浴客心凉，暖气蒸回万虑忘。岩穴流来真火窟，山根漏去带风香。洁清无垢神难测，温燠如春意莫量。多少游人都洗尽，未知热得几人肠。

张维，郡人

天一生来第一池，骊山沂水共争奇。碧波潋滟无尘垢，绿玉嶙峋漾锦漪。坎位氤氲由赤帝，离宫澄洁自冯夷。堂川胜景真为最，澡雪身心尽在斯。

中书杨绍芳，郡人

地灵此处胜瀛洲，暖比春温洁比秋。但听清声来石罅，却疑黍谷是源头。现前风月随人领，不尽珠玑竟日流。涤去尘埃知几许，振衣还上翠微楼。

孝廉傅嵋，郡人

笔峰西下涌温池，天地钟灵景物奇。缁石澄波疑蓑至，素肤澡雪映凝脂。尘埃自逐清流去，疾病须投丹灶医。此景历来吟不尽，千秋冷暖少人知。

孝廉杨洪，郡人

石窍玲珑泻玉泉，佳游更值暮春天。澄清一鉴疑秋月，觱沸连声咽午蝉。浴罢振衣心自爽，翠来歌咏兴陶然。于今不异曾狂乐，重见寻芳泗水边。

黔国公沐朝弼

螳螂川上有温泉，乘暇来游小雪天。岩树空蒙寒拥雾，仙台迢递暖生烟。画舡箫鼓真佳会，缓带轻裘亦胜缘。才一振衣心已醉，不须酌醴自陶然。

孙　端

巨灵擘破碧琉璃，汇作南中盥濯池。气暖自能蒸宇宙，源清不复隐蛟螭。山川含润非趋热，童冠来游类浴沂。但得身心无世乐，不妨淹滞在天涯。

给事中杨益，郡人

吾郡温泉世绝无，石如碧玉水如珠。华清莫讶来舍辇，瀛海虚闻湛玉壶。炎帝有咸移黍谷，冯夷多事铸红炉。自新欲广其中趣，涅尽游人万里污。

代巡张应扬

丹灶何人炼此泉，泓开一鉴气温然。波回万劫灰难觅，石煮千年火不烟。振袂拟成春暮服，涅心愧诵日新篇。却嫌此路尘氛满，愿浥澄清润九川。

钱绍谦

火龙卜宅是何年，暖液如汤自昔传。万叠峰峦浮碧落，一川花鸟尽幽然。天悬水面云盈屋，石涌波心玉有烟。浴罢更携明月去，壮游佳况许谁先。

代巡倪于义

石泓春满气凌虚，炉炭天然火有余。银汉西流温莫比，瑶池是玉碧无如。旧传锦里神便洁，却笑华清秽未除。须发对来何处避，日新端合勒吾庐。

郡守赵碧球

西游览胜浴温泉，香气蒸云画阁边。石罅飞珠铅汞隐，灵渊喷玉火龙眠。洗心深愧汤盘咏，濯足聊赓孺子篇。莫道华清多胜迹，徒将宫殿胜连然。

天下名泉不一支，无如此地最堪奇。涌流偏炽丹炉火，急水豁燃太乙藜。荡涤浮尘无染着，熏蒸石液自文漪。何时顿熄山根焰，一片清凉浸玉池。

州守陈恪

一泓碧玉白如凝，脉脉溶溶暖不冰。鉴物净澜千古润，宜人和气四时蒸。元无垢体犹思濯，本自清心益觉澄。膏泽若斯民沐浴，坐知寰海乐相仍。

释通荷

天从天一泻阳精，传说丹砂气结成。惠老遗风浇一字，恭人载咏浣双声。春流吐焰能熏袂，秋曝扬波可濯缨。作者若知非暖热，此泉端合以汤名。泉以温名，非暖热可知。作者多不从此写照，皆蛇足也。余故偶拨旧条成此。

行人曾祺

温泉籍籍出螳江，比玉题香未少降。海内清名真第一，梁南春气此无双。浩污自昔何曾垢，竞濯于今可独扛。愿学愚公当野献，移为汤沐近都邦。

陶成瑜

始信安宁旧有名，山蒙温谷自多情。澄霞照处春光暖，咽石残时月色清。晓雾两岩随处结，寒烟五夜隔河生。翻□献赋曾多事，满目风尘此一泓。

学博张经世

同人连辔出方州，此日携樽且漫游。皎皎澄泓浮玉液，涓涓温暖泛珠沤。盛名不借杨妃重，佳韵偏宜学士留。自是螳川存胜迹，欣然共沐荷天庥。

谁将丹灶拂云烟，就里阴阳孰与传？煮尽石根何日断，流来仙液几时乾？功弘普济空偕濯，惠溢南畴岂吝涓？我亦临池思欲涤，乘风归咏暮春天。

学博戴养翼

不假烹煎本自然，太和真气在斯泉。入汤体莹疑非我，出水身轻恍若仙。此地胜游良不偶，吾侪嘉会岂无缘。相将共有澄清老，莫向螳川说济川。

孝廉杨泰

玉池洒翰兴飘然，为发幽光点碧泉。一洗从前无俗韵，特标新句见飞仙。本来自净元无垢，胜友同游信有缘。此日主盟牛耳执，春风化雨满螳川。

文学赵广生

半泓暖液总天然，太史曾标第一泉。濯沸温香歌漱玉，御风湛露挟飞仙。葱山丘壑留笙韵，黟岫灵砂忆旧缘。何日寻幽重载酒，相思明月满前川。

孝廉陈玉振

灵源标异古连然，玉暖珠香碧溜泉。莫是华清留艳色，由来太液醉飞仙。兰亭酌斝原同韵，石髓烹茗旧有缘。浴罢心脾良可沁，一天疏露湿前川。

太史李澄中

安宁城下木兰舟，秉烛携筇到上头。槛外螳郎孤镜晓，楼前风雨万山秋。埋云古洞层层转，绕屋温泉细细流。信宿碧峰还别去，清尊歌管莫生愁。

大中丞石琳

和风淡荡袅晴烟，联辔江云拥马前。着屐寻山探奥域，停车问俗乐春田。温流漫讶神功力，暖律谁参造化权。愿得臣心皆似水，更将此处作廉泉。

学宪吴自肃

不厌频来坐此泉，留人恰喜雨连绵。搜完洞壑添诗思，涤尽风尘净宿缘。照借当前清作鉴，春回徼外暖生烟。盱衡帝世逢今日，民物嬉游当舜弦。

定边令何锡寿

谁道安宁胜定远，温波荡漾两宜然。炎凉不似人情改，情浊岂因时势迁。河海钟灵潮有信，山川献瑞火无烟。相从太史标题后，到处声闻一再传。

范 青

域外奇汤世绝伦，馥于百合暖于人。帝台尚有烟霞气，汉掌空传沆瀣新。浣结香云轻似梦，洗明凉月迥无尘。多因碧海苍茫里，偷得仙家别样春。

嵌空石镜逗天光，倒浸云罗抱复廊。赠以珠名犹色相，如将玉比太苍凉。宵熏绣被神先醉，春暖冰花落更香。不学华清当日事，长生祗解咒鸳鸯。

范启仲

为厌东来世路凉，纵君此地热肝肠。双开绛阙丹炉灶，一洗寒空木叶霜。有客池源钻燧火，何人潭底煮秋阳。沁人和煦严咸化，天下冰山不敢当。

孝廉陈岣

谷口藏春纪汉年，旧曾相识独非缘。分明石镜悬丹穴，仿佛冰壶醉碧烟。为讶光磨干将气，难忘日沐艳阳天。羲之若到流觞曲，点也何须瑟泠然。

董　诚

尽爱安宁第一泉，香温莹洁碧漪涟。清光晃漾姮娥月，和气熏蒸缥缈烟。浸玉四时痊旧染，翻珠几脉涌灵渊。遐思千古汤铭似，日日新民集俊贤。

曾　祺

太史曾题第一池，华清黟岫总无奇。净开石镜流香雾，燠吐金茎拭宿疵。浴罢几人心骨换，怀深初友太和滋。冯天独异荒陬地，日遣融阳获水湄。

学博张锦蕴，蒙化人

含烛神龙变化奇，移来石窟煮涟漪。煎山何事资泉部，监濯无端用火师。鼎沸重阴喷软玉，丹熔九地滚琉璃。澄清本属吾曹志，蚤快当前澡雪思。

王　琦

一泓澄澈泻云岑，脉脉溶溶元气深。未许石寒流液冷，似将玉暖向波侵。香泉常并琅玕赠，湛露应同枕漱吟。一段自然无我相，岂从山水问知音。

王新仍

湛湛兰漪涧底鸣，火龙吹雨浦珠生。照人宝鉴神俱爽，沃我丹砂体欲轻。昆水碧多流暖玉，连然佳处胜华清。须知万里尘氛气，到此浑忘足与缨。

副车陈玉书

碧汤阴火沸晴川，天下澄清第一泉。应有暖葭吹黍谷，无劳赤日浴虞渊。金膏浣玉神俱莹，石髓凝銾水亦仙。犹幸骊山车骑隔，绿波不受洗儿钱。

寄升庵时在玉泉

张含，永昌举人

东望关河烟雾昏，花亭月榭恨离群。高谭独想崔长孺，问字难逢扬子云。梦逐舞筵倾白堕，愁瞻江树破红熏。崔游碧玉泉头路，水上常悬五色氛。

代巡归大道

芳谷谁开一线源，调和寒燠付乾坤。山川有道心常洁，造化无移水亦温。暖玉生烟惟露影，鲛珠如雪不留痕。渚莲零落遗宫废，犹剩华清徼外存。

方伯佟国勷

造化无穷有彼苍，灵珠喷礴寓阴阳。坎离合德泉难品，丁癸同宫火自藏。玉女何年熔炭冶，华清今日几沧桑。秦楼汉苑伤心久，不到骊山已断肠。

江昭年

方池如鉴水苍茫，太史曾题第一汤。紫气摇波波浣洁，暖烟蒸露露凝香。山连火井阳和远，地种丹砂气脉长。浴罢清风生两液，几回坐石泛流觞。

五言绝句

郎中杨靖，郡人

石中流出暖，源向火中寻。万古温泉水，清光共此心。

州守万善

石窦泻温泉，澄清一派鲜。坐苔心爽豁，更奏绿绮弦。

进士伍佐

温泉神女窟，水石潺湲绿。碧玉浸波心，骊山分一掬。

学宪童轩

熏蒸本元气，澡雪人争浴。虽无泽物功，远胜贪泉窟。

州守毛思义

山川泄灵气，流出此温泉。一点无瑕秽，澄清漾碧天。

永昌举人张含，禺山

碧玉泉水暖，碧鸡山色秋。美人不得见，明月倚高楼。

怀升庵

张含

碧玉泉中水，皎兰津桥上。风寒山川景，物各别人情。炎凉一般。

七言绝句

侍御施均裕，郡人

遥望温溪起碧霞，原来石鼎煮琼花。若非神女嘘阳火，谁识源头有主家。

给事中杨益，郡人

几声欸乃到温泉，两岸垂柳送碧烟。涤尽俗尘思圣训，好分一掬洗心田。

大学士杨一清，郡人

天工一脉凿灵泉，温暖澄清万古鲜。但到池边心洒落，振衣何况荡尘缘。

大中丞张素，郡人

香波煨玉暖如春，欲载清歌为濯尘。似比白云乡更好，披风弄月待游人。

郡司马朱燧，郡人

水性如何火是情，一阴原是一阳生。若非造化神工巧，多少传薪热得成。

观察使朱化孚，郡人

仙屿泠泠泛暖泉，清澄冰玉肤光鲜。祗因海眼龙珠沸，任取游人荡俗缘。

选胜宁辞攀陟劳，一泓清占地分高。蒸蒸常拟兰汤暖，不数咸池浴日涛。

佥宪郁容

谁把骊山石凿开，温泉曾洗六龙埃。也应悔被杨火污，一脉潜从此地来。

代巡卢宅仁

温泉浴罢暖如春，小坐沂亭绝点尘。满袖天风吟啸去，不知谁是舞雩人。

范　渊

笑摘山花问小春，东风拂拂洗芳尘。一溪暖雾来何处，安得从头问古人。

陆　相

碧泉一派暖如春，锦石参差绝点尘。会取源头来活意，东风聊作咏归人。

巡按傅桂

何叹神斧劈藏春，留与人间浣俗尘。满耳沧浪歌未歇，三闾难说独清人。

金宪成钧

混沌何时泄暖春，石崖山凹绝微尘。流来一脉通仙窍，谁识源头活水人。

参政刘鹤年

石窍幽泉漫涌春，天南自是少尘埃。祇因一脉阳和趣，牵引无穷狎爱人。

黄　浦

溶溶暖沸一池春，涤尽寻常万斛尘。试向汤盘搔首问，洗心端的属何人。

副宪刘用中

火龙喷浅四时春，澄澈无波绝点尘。不独洗身心亦洁，涤除污俗济斯人。

学宪王臣

温泉浴罢舞雩春，浣净心胸不受尘。满地夕阳催上马，山林休笑未闲人。

觉　轩

窍窍通来脉脉春，清虚彻底绝纤尘。传言一浴能瘳病，不道能瘳心病人。

副宪王忠

岚云烟树拥崔嵬，石宝灵泉淑气回。可浴可风还可咏，圣贤直与我同归。

未从西洱陟层嵬，来访泉源今几回。一洗尘襟心自净，光风霁月坐念归。

周　愚

探得源头度岭嵬，天光无际鸟飞回。今朝暂取尘缨濯，便欲吟风弄月归。

霜威载路过南荒，心月涓涓照碧塘。揽辔澄清知有素，剩将封事达明皇。

揽辔澄清到玉泉，熏蒸和气暖如天。流来余润为民泽，能使恩波到万年。

郡守严时泰

小亭翼翼水溶溶，此地应曾宅祝融。浴罢祇疑肌骨换，自临松槛对青铜。

节推邵缨泉

自新亭内洗心池，新月涓涓水更漪。许国一身知自洁，还将余润荡疮痍。

副宪江标

石窍中涵水火精，乾坤交构自天成。凡襟未悟神仙术，不省人间此味清。

代巡董鑰

奇偶相生发瑞泉，一泓碧玉洗青天。微尘虽使能污水，不道能污出水前。

太史杨慎

采药名山到处过，谢公佳兴爱烟萝。萧萧梅树寒风起，却忆温泉浴暖波。

仙源灵液蓬壶境，碧荏红蘅慵照影。美人来时寒谷春，美人去后温泉冷。

失 名

珠明玉莹琉璃境，倒挂长天一色影。何曾洗尽世间尘，惟有热肠不教冷。

王民朴

三年不到温泉浴，今日重来兴洒然。频嘱游人休污尽，愿分涓滴洗心田。

代巡骆问礼

千岩风雪瘴痕收，一涧清流暖气浮。纵是出山依旧冷，穷源终不类凡流。

朱栏曲槛不通尘，碧砌常□玉鼎春。因识华清多胜事，弄琴点瑟漫无人。

漱玉蒸兰馥且清，濯缨濯足任人情。洗天凉雨画前过，蜀帨湘蒲汗觉轻。

急缆轻桡带雨来，清歌短赋倚云栽。炎凉识破浑无事，房燕重依夕照开。

太史朱之蕃

一泓暖玉湛无尘，绝胜骊山点太真。天作盆池贮丹液，濯来幽谷有阳春。

释通荷

不比华清小似瓢，不吹暖律气犹调。秋阳可浣探泉脉，便是杨妃洁过腰。

顾汝学

青山迢递一泉飞，秀色分明似玉围。与尔暖流无限兴，却疑春气袭人衣。

郡守黄元治

万里征尘涤此泉，春深更值午晴天。披衣湿透通身汗，吹我松风意洒然。

漫道斯为第一泉，轩辕丹井水蒸天。朱砂峰下三年别，飞梦黄山月皎然。

沈连桂

曲径层岩别有天，烟云深处溜神泉。披襟且自临流坐，不觉清风两袖悬。

张远义

石火星星欲煮天，娲皇烹炼赛红泉。投闲过此尘襟涤，不似骊山道路悬。

许弘勋

暖露溶溶半亩塘，涤除尘垢胜沧浪。世人大抵襟怀冷，天地于斯见热肠。

池底势翻珠磊落，石边声泻玉铿锵。辟寒集内称奇绝，太史颜题第一汤。

附　录

环云崖

学使吴自肃，克庵

有奇不终閟，时至则事起。天运与人心，相乘难自已。此洞辟当年，未许窥终始。云胡延至今，乃得遇知己。凿石见云根，虚灵出妙理。杂植以亭台，点缀岩壑美。朝看葱岭烟，暮听螳江水。既已栽兰蕙，还宜种桃李。或曰追兰亭，或云媲锦里。我来值秋深，红黄满树里。感兹惬素心，临风频徙倚。忽然念遭逢，为山聊志喜。

护花山房行

吴自肃

奇花奇木奇山水，乐与奇士相周旋。天地有奇不忍閟，往往奇事因人传。益梁山水多奇辟，仙葩异本纷呈妍。新都才子杨太史，品题健笔称如椽。菁华已竭褰裳去，百里以后无闻焉，司马范公开制府，云雷风月抚双肩。屐齿经临成不朽，文章蔚起光前贤。太华五华开生面，碧峣龙洞青瑶镌。拳石细流争自奋，谷兰涧芷情同牵。曹溪优昙号奇种，豕蛇肆虐谁知怜？云根不坏生萌蘖，二十余载埋荒烟。主人再来枝南向，崇朝雾捲披青天。挥斤运斧净宿莽，伛偻余息光澄鲜。一楹经始为花护，部曲位置俨官联。指点不离方寸地，郁芬渐满春风巅。一时贝叶回佛性，跏趺结坐如栖禅。天乎人欤深莫解，奇迹千载铭连然。

环云岩

释性宽

渔人误入武陵东，洞口桃花十里红。洞中鸡火叫春风，道逢昔日避秦翁。年齿不计黄发松，儿孙犹是秦时童。不知长安有汉宫，那识阿瞒司马公。而今此地宛相同，山曲幽幽路可通。岩洞周回流水中，偏舟来往寻崆峒。种梅种茗种青松，丹桂芬芬江上枫。芙蓉杨柳雨烟朦，百花谷里春风融。众香国中石玲珑，鸟转深林韵未终。几曲清风响素桐，峻嶒西岸写难工。我来坐听水声潆，芳草白云翠丛丛。

五言绝句

螳江独泛二首

杨 慎

柳市村村接，村灯点点明。家家倾蚁酒，夜夜脍鱼羹。

月游浑似昼，水泛不知寒。星罶惊鱼跃，双枝起鹤盘。

七言绝句

游曹溪舟中口占三首

曾 祺

坐却人间不系舟，偶然今夕得清游。舟行更到溪深处，不知溪流是石流。

辞舟竞入曹溪路，恰是峰头月上时。三十年前旧游地，何妨今夜醉流卮。

摇橹青山涧水湄，泊舟明月占峰宜。看来信步曹溪路，犹待曹溪月上时。

沸珠泉选四

范 青

松风洒面乱山秋，谁把明珠此暗投？觅遍鲛人捞海底，不知抛撒在高楼。

自穿缨络自成花，脱手凭空不教拿。借问如何能溜撒，多因饲以白朱砂。

一串收将万斛轻，绡宫狼藉太无情。只因秘藏多如许，却执零星看得轻。

半山烟凝夕阳多，一片呼牛笛下坡。爱约不客人辄到，其如神女弄珠何。

沸珠泉

释性宽

头颅照水已先秋，枕漱无端续旧游。手执贯珠闲不得，谁人抛洒在清流。

鉴影何分一镜寒，珠翻玉碎喷飞湍。鹭鸡不假清风便，啄碎白云溪上看。

五言律

潮水观金蟾纪事

彭可壮

登舟寻古迹，觅路履芳菲。圣水潮山穴，仙蟾跃石扉。方圆身寸许，金碧眼双辉。此际欣闻见，前人语不非。

石　洞

杨春茂，景明

洞辟自何年，云深薜荔缠。玲珑穿曲磴，混沌凿先天。箫鼓停青翰，山花笑杜鹃。桃源何必问，樽酒且盘旋。

九窟龙窝

代巡姜思睿

少室何年启，囷床傍水流。地灵疏脉远，天气遥画幽。岚练疑翻马，苔金似轭牛。练马金牛皆洞名。无烦加九锡，落落足三侯。

曹溪寺

吴自肃

路转春风细，心倾野衲闲。惊闻潮圣水，忍不看名山。树远云迎客，花飞鸟解颜。渐闻清磬响，不复似人间。

入门瞻色相，信是古禅林。壁老香烟暗，碑践墨榻深。昙花初地是，龙洞隔江寻。坐久迟归骑，泠泠见客心。

许无功观察新辟池亭

吴自肃

三来葱岭下，乍喜见斯亭。一水遥分碧，子山共送青。幽怀依曲壑，秋色入疏棂。正好如泥饮，偏数醉力醒。

岚光横槛外，欲去复徘徊。看树霜痕转，听潮雨气来。垢随心共净，花与眼同开。小筑饶余兴，临画想异才。

云涛寺

释性宽

新辟梵王宫，依岩跨岸东。烟光凝水月，空翠吼天风。清净本无染，幽闲今自同。苍苍解此竟，吹雨落花丛。

石　壁

性　宽

林空啼鸟□，洞古野云留。屏石随湾转，山房到处幽。秦人如可问，鸡黍若相酬。青翠迷行客，花香一径秋。

怪石蹲如虎，巉岩结作楼。通天知几窍，却暑耐三秋。深不隔烟翠，清堪入梦幽。山光竞青紫，坐待月华流。

曹溪寺

性　宽

古寺螳江上，稜稜万石间。寒云依树老，夜磬度溪闲。明月冷千嶂，孤松青半山。两楹摩石碣，梦入旧禅关。

七言律

仰翁楼又名碧玉楼

杨　慎

碧玉泉边碧玉楼，崇幽何羡采真游。清秋长啸惊山鸟，朱夏闲眠对水鸥。孺子沧浪休濯足，高人剡曲漫回舟。衰年七秩重来此，何限相知半白头。

汤新楼

杨　慎

偶乘清兴泛仙槎，三月春残满树花。石壁倒悬惟鸟道，竹林深处有人家。直登绝顶疑天近，曲转回廊觉路赊。胜地淹留陪酌久，短墙回首夕阳斜。

仰翁楼

吴　元

杰阁飞楼接上天，凝眸览遍旧山川。栏杆曲屈留明月，窗户玲珑垒紫烟。碧水湾环虹影射，青山排闼月光悬。振衣兀坐心凉爽，愿乐熏风万万年。

石　洞

吴　元

一洞氤氲十里通，分明造化幻神工。笑谈人在鸿蒙外，俯仰身居混沌中。疑是两仪还未辟，谁知万象本来空。仙都杳杳不知处，犬吠桃花千树红。

前　题

孝廉万谷

窈窕萦纡锁翠岩，幽深虚敞绝尘埃。药炉昼永烟消火，棋局山深雨长苔。流水一溪瑶草秀，香风几树碧桃开。月明午夜笙箫响，知是神仙驾鹤来。

春游温泉即景

赵　衍

纷披容与纵笙歌，蕙转光风绝绮罗。露湿桃花春不管，月明芳草夜如何。琼珠浩荡随兰棹，云锦低徊射玉珂。深入醉乡休秉烛，尽情挥取鲁阳戈。

为元辅应宁先生咏石淙作

少宗伯毛纪

移得天南一片秋，崚嶒江口读书楼。山川谁道非吾土，泉石犹疑是某邱。云出甘霖苏旱岁，风回砥柱屹颓流。苍岩静听寒声落，仿佛龙吟水上头。

前　题

太史陆深

滇水湘山故有情，石淙又纪胜游名。坐来风雨闻韶护，挽作江河洗甲兵。晓出五云随日棒，寒流千折到江清。暗通气脉金山寺，更来江南铁瓮城。

洗心亭

进士孙健

天南五色晓云浮，兀坐露亭挹素秋。谢氏海边逢素女，越王潭上见青牛。碧鸡气势横旸谷，金马精神入玉楼。火底蛟龙看变化，螳江春浪更悠悠。

暖露寺

孝廉张鼐，郡人

琳宫高拥碧池头，万壑氤氲一鉴收。慧日欲倾仙掌露，湿云常带玉泉浮。洗开宿雾探龙藏，幻出空明讶蜃楼。不是圣慈流泽远，何缘尘世有丹丘。

曹溪寺

孝廉赵珣，郡人

云岩高处兴悠然，籁入松声响入泉。好鸟频闻皆法在，琪花何处不香传。名心已净山愈好，祖意西来月正圆。为爱精蓝留客住，几回吟破碧苔钱。

宿曹溪赠客有作

前　人

树影溪光客梦清，招提最胜月华生。烟深古刹消尘气，天远疏钟落梵声。对酒漫言征辔苦，拈毫且伴侯虫鸣。醉翁此后如相忆，山外冰壶映郡城。

螳江舟晚

戴养翼

风尘奔走事堪怜，买得扁舟兴爽人。浪里青山吞落日，云间红树挂残烟。狂歌痛饮浑忘世，鼓枻江流别有天。隐隐前村闻吠犬，儿童遥指近温泉。

秋日次杨虞游石洞韵

方伯赵日亨，郡人

小迳蒙茸虎豹蹲，游人屐绝满苔痕。峰垂紫盖疑无路，洞锁丹丘合有门。石醉云涛秋气肃，龙藏岩壑玉帘翻。疏钟薄暮催人去，何日渔郎舣钓舲。

题小玉泉在玉泉南数步

范　青

一泓绀雪煮冰壶，漾出天南第二珠。小玉肌温饶作媵，莲花胎暖自生须。莲花汤，华清泉名。粗观秀色雌雄霸，细审幽香大小巫。准拟将新难比故，不须重问下山夫。

咏优昙花三首或称优钵，或称优昙，或称佛手金珠，秋出

范　青

谁从佛手借摩尼，幻出亭亭碧一枝。淡色不教凡卉学，芳名争许世人知。天孙机上新描样，玉女窗中细擘丝。毕竟瑶宫才称得，谪居凡土岂相宜。

祖庭曾记说风幡，赢得优昙现寺门。青浦菡吹香有韵，碧琅玕写滑无痕。分来少室怜同气，看到扬州恨不存。怪底闰年葩一叶，此花原是月为魂。叶似贝，多浓阴布绿，相传每花十二瓣，闰年多一瓣。

博南奇字鬼神呵，窗有眉山石不磨。升庵先生号博南山人，寺有宝树，碑甚完好。总为护持心太热，加之裘钺政非苛。弯弯瓮窦藏香巧，草草团蕉漏月多。万一扫花人尚缺，佥侬名姓应如何？

螳江泛舟联句

参政朱应登　佥宪刘瓒

堂川春水泛轻舟，风景熹微快胜游。两岸山花迎客笑，芳汀烟草逐云浮。村农荷耒开泉脉，溪叟乘纶坐石头。历览民风还结驷，迟回非谓乐斯丘。

听　潮

董　诚

葱山源发白云根，有信何曾让海门。出窦涌如龙口吐，赴川追及马蹄奔。声来萧寺清禅听，爽入诗肠醒酒魂。几欲携朋坐终日，三潮看罢罄双樽。

曹溪月下作

前　人

祇园风景最清幽，月漾溪光湛素秋。玉镜悬空殊皎洁，冰轮出水自沉浮。微吟漫写招提境，醉赏应同赤壁游。时有松梢清啸过，九皋一望夜悠悠。

咏笔架白云

前　人

天外三峰笔架高，排空苍翠倚层霄。白衣漫指来山客，银汉寻常漾晚潮。武帝仙乡何处觅，梁公亲舍此中遥。无心出岫成霖雨，肤寸偏能活槁苗。

云涛寺

释性宽

云涛寺外水淙淙，云气涛声翠几重。石拥烟鬟青嶂合，洞藏苍兕老苔封。渔人误认桃花渡，野客闲寻玉女峰。竹圃梅溪松柏树，他年变化尽成龙。

螳川舟行趋陆沿村小憩

陈士恪

倚掉温泉路尚赊，相携且憩野人家。翻风翠浪田田麦，叠雪香蕤处处花。移席披林听鸟管，挈壶临水坐鸥沙。偷闲却得韵如许，不是寻芳出郡衙。

宿曹溪望月时为老友寿辰

王　琦

葱巃山半古招提，石秀泉幽宝树奇。一曲清江萦玉练，四围翠岭界琉璃。微风徐动闻天籁，警音时鸣起宿枝。境旷神怡何朗似，如恒且咏介眉诗。

题圣水三潮处亦为老友寿作

前　人

曹溪不远有灵泉，一槛浮花未泻川。山隙吐吞看翕辟，蟾形隐见视因缘。岂无络石穿萝径，想有冰壶出洞天。好把春泉香万斛，为君难老注瑶编。

环云崖

参政张仲信

曲蹬回溪洞壑重，桃源此地访遗踪。仙居何处寻蓬岛，蛟室犹疑有睡龙。碧露泉香金涧水，白云烟锁石台松。乘风拟作沧浪咏，草色休将屐齿封。

曹溪卧病喜禺山见访

太史杨慎

安石登山携汉妓，维摩卧病对胡僧。花宫夜气清丹壑，树梢泉声落翠层。肯泛沧浪来宝筏，还邀白日系金绳。清言寂寂倾莲漏，微月娟娟映慧灯。

云涛寺

浦越乔

林泉岂许埋榛莽，新结花宫柳市南。湍急螳螂听万响，云生龙凤峙双岚。从知灰劫百千亿，不改仙源七十三。如许亭台占幽异，天教奇境护精蓝。

护花山房

制府范承勋

吾于泉石有奇缘，邂逅名花岂不然。看花直到海之滇，灵苗一种芳且妍。戕之者人护以天，天乎人敢与争权。倘从石淙出螳川，便营菟裘将老焉。

题醉石

姜思睿

高枕龙窝不记年，眼看世路只颓然。莫愁昨日山中醒，移取泥泉作浴泉。

护花山房

总镇马声

曹溪滴滴水闻香，剩有奇花香更长。剪伐那堪遭劫运，色空空色问空王。

佛性仙才手自殊，天然原不费工夫。护持生意知多少，岂独和山花半株。

引胜山房偶成

石文晟

乘闲问俗过螳川，山静依稀太古天。到□家家惟补屋，先春处处说栽田。楼高坐爱清风入，亭厂时容明月悬。十日留连抛不去，穿云偏喜濯新泉。

环云岩

张　梅

山霭苍苍秀可餐，烟云好处任盘桓。闲身若许长留此，稳坐溪边把钓竿。

烟露天外有奇缘，灵鹫移来劫火前。到此莫嫌山骨冷，振衣几步出汤泉。

曹溪寺

南郡贝吾

浮槎吹晚风，彼岸上琳宫。圣水三潮异，曹溪一派同。

楼台高挂月，钟磬远飞空。野衲谭心印，天花绽雨红。

优昙花

曾　祺

菩提无树亦非真，六祖纵横法界身。何事泛江傅慧植，拈来葱岭有奇春。花开首夏时听雨，叶到深冬不凋落。却笑莲花生皎洁，可教错过钵萝新。

环云岩

常　禄

曲蹬回溪洞壑重，桃源此地访遗踪。仙人何处寻蓬岛，岩室犹疑隐卧龙。碧涧常流瀛海水，白云深锁石台松。浩歌时切沧浪咏，风雨难将屐齿封。

玉泉题额可采录者

碧玉泉　天下第一汤　温柔乡　丹砂窟　天光云影　水之圣　水火合德　域外华清　太和元气　可以益年　不因人热　与世共涤　浴德处

玉泉对联可采录者

造化别具炉冶　人物自然春温

临池快矣人如玉　倚槛飘然客似仙

清波澄澈壶天外　暖露氤氲化育中

澄清超万派　涵浴尽群生

如鱼饮水冷暖自知　探月入怀人我无相

春满冰壶真火还从水出　珠喷贝阙纯阴却有阳生

天地为炉未许石边流出冷　阴阳合德争看举世尽皆清

具清净身澡雪烦嚣还太远　秉温和德涤除尘垢见真吾

玉泉志附录题额可采者

环云岩

桃源可问　崖飞鳌舞　山川绣错　云螭可驾　可以拜　别有天地

暖露寺楼下观音座前

体现本来雪浪中何分净垢　春归平等红炉里一片慈悲

环云岩

珠泉乱洒花微笑　玉尘挥来石点头

七言截句

一片空明太古春，沧桑几变不扬尘。枕流漱石温如玉，此处难寻我辈人。

石暖波香一掬春，凿开混沌洗红尘。湛然清净源头活，谁是本来无垢人？

洁过于秋暖胜春，珠巩作串玉为尘。个中无限清凉趣，偏引趋炎附热人。

神仙汤沐四时春，捣尽琼浆点一尘。磅礴解衣多少在，伐毛洗髓定何人？

天边寒谷变阳春，不惹骊山锦绣尘。近有移文嘲俗士，酒浆佩璲累西人。

五言截句

天地煽炉冶，阴阳变薪炭。冷眼冷心人，借此一烹炼。

劫烬犹留火，云根时放花。神仙曾洗髓，粒粒是丹砂。

身入水晶宫，手拍玻璃影。一腔天地心，不教人情冷。

补天一片石，炼作青琅玕。烟云满怀抱，冰雪不能寒。

〔据段昕撰《碧玉泉志稿》（云南省图书馆藏清稿本）辑录。是书记录云南安宁温泉的地理环境、山川名胜，及历代文人相关诗文、碑记，是研究安宁温泉的重要文献。段昕（1661—?），字浴川，拱新长子，安宁人。清康熙庚辰（1700 年）进士，官户部湖广司主事。性孝友宽厚，学问渊博，文名重当时，著述甚富，有《皆山堂集》传于世。〕

云南温泉志

李　坤

云南府

富民县

净源寺　《富民县志》：在城南十里，下出温泉。

宜良县

涌金山　旧《云南通志》：在宜良县西南二十里。《宜良县志》：在汤池。上有万佛寺，一名火龙寺。明修撰杨慎《万佛寺》："寺临飞鸟外，楼出挂虹端。山翠沉云暗，湖舟染雨寒。因河凿户牖，依石构巑岏。双树蝉栖稳，一花人折难。阴霞仍半没，晚霭试横看。幽对登高赋，仙毫点笔澜。"下有温泉。昔产金星石，可以作砚。坤按：《云南通志稿》宜良县城南三十里有温泉寺，岂别有温泉而寺因以名耶？抑即此泉而别有所谓温泉寺耶？俟考。

安宁州

岱晟山　《一统志》：在安宁州北十五里。《古今图书集成》：峰如笔架，又名笔架山。居坎位，又名坎山。《安宁州志》：形如海波扬起，西北一带诸山皆象形焉。《云南通志稿》：温泉在其西麓，李受《苏公碑略》："苏文达，未详何许人，光武帝建武中，从马伏波征交趾。事平，文达染瘴不能归，遂为散人，遨游山水。明帝永平元年至新罗邑，即今安宁。见山中白气上腾，迹之，则茂草中温泉流溢，浴之而美，于是凿之为池，覆屋其上，卒后遂葬于此，土人立庙祀之。"《云南通志稿》："谨案：《苏文达碑》旧志本之，不知何据。又谓建武丙辰从征交趾，丙辰为中元元年。马援征交趾在十七年辛丑，至十九年而平，所志与史不符，今正之。"坤按：《汉书·地理志》安宁为益州郡连然。又《元史》：至元十二年，改安宁州。领二县：禄丰、罗次。然亦无新罗邑之称。李兆洛《地理志韵编今释》新罗县晋属扬州晋安郡，今福建汀州府长汀县西南，恐非滇地。俟考。名碧玉泉。明佥事通州顾养谦《滇南纪胜书》：由省会适威楚，经碧鸡关，七十里至安宁州。州正北可十里有温泉，泉水深没人胸，清澈不留一滓，其下皆碧石，或五采磷磷，可拾也。泉所出处有巨石如车轮，碧色可念，相传盖碧玉也。一巨屋盖之，名曰官塘，塘可半亩，碧玉居其中，水没其上尺许，浴者辄浮水坐碧玉上以为快。仆亦曾乘兴浮水坐碧玉浴，移时而起，起觉百病去体矣。

明杨慎题曰："天下第一汤。"明杨慎《温泉诗并序》：

温泉之在域中，最显名者，新丰之骊山，而泉实不佳。水沸如蒸，难以骤入，硫磺之秽，逆于人鼻，稍不渫治，则穷谷之污，生以青苔，如蛙蠙衣。骊山而下曰汝水，曰尉氏，曰匡庐，曰凤翔之骆谷，曰渝州之陈氏山居，曰惠州之佛迹岩，曰闽中之剑浦，曰新安之黄山，曰关中之郿县，曰蓟州之遵化，曰和州之香陵，杂见于地理之志，诗人之咏。滇云之地，温泉尤夥，其在宁州、白崖、龙关、浪穹、宜良、永昌、腾冲，若夷徼边隅，不可胜纪，要独以安宁之碧玉泉为胜。滇水号曰黑水，虽盈尺不见底，而此泉特皓镜百尺，纤芥必呈，一也。四山壁起，中为石凹，不烦甃甓，二也。浮垢自去，不待搁拭，三也。苔污绝迹，不用湔渫，四也。温凉适宜，四时可浴，五也。掬之可饮，尤发茗颜，六也。盏酒增味，治庖省薪，七也。虽仙家三危之露，佛地八功之水，何以加焉？谓之海内第一汤，可也。徽州陈罗山孟明语予，谓此泉为温汤之冠，并出姑苏陆文量所著《菽园杂记》，验之而信。其地去州十里而遥，其往也，楫以堂川，轴以龙山，映以虎邱，带以曹溪，山川之美，触可登临，使予乐谪居而忘故里者，非兹泉也欤？摄篆府通守南原孙公、世守鲁泉董公、鹾司松崖张公授简于予曰："是泉为安宁之胜，亦蜀之峨眉，浙之西湖，公可无诗乎？"予尝憾此地限阂中原，使此泉湮没，不得遇风流之宋玉、神俊之太白、瑰迈之长吉、博综之东坡，穿天心出月胁之奇语，以洗骊山之污，而跻之三危、八功之之上。四公不可作矣，而属之才尽之孱予一老，是雕刻赤土，唐突丹砂也。聊书十韵，为群玉之引，可乎？

黔岫灵砂沚，华清礜石汤。
佳名虽许并，仙液讵堪方？
火井原通脉，曹溪且让香。
流温涵水碧，气郁谢硫磺。
清暑南薰际，回暄北陆旁。
体应偕露洁，心不假犀凉。
春醖熏兰斝，云腴泛茗枪。
弄珠余浣女，鲙玉剩渔郎。
瑶草蟠千岁，琼枝缀九房。
温柔真此地，难老是何乡？

又《安宁温泉》：

铿瑟舞雩歌点也，流觞修禊记羲之。
何如碧玉温泉水，绝胜华清礜石池。
已挹金膏分沆瀣，更邀明月濯涟漪。
沉沉兰酌春相引，泛泛杨舟晚更移。

又《温泉再过怀李仁甫》：

仙源灵液蓬壶境，碧杜红蘅慵照影。
美人来时寒谷春，美人去后温泉冷。

又正月六日《温泉晚归》：

月似银船劝酒，星如玉弹围棋。
几杵林钟敲后，两行松火归时。

自注：温泉晚舟归，漏已下三鼓，新月将沉，望之比初出甚大，形如银船，众以为异。予曰：非异也。古之诗人亦赏玩新月至三更耳。李文饶云日月终古常见，而光景常新。信夫！昔人咏月，金波自司马相如始，玉塔自东坡始，银船自予始也。

明提学铜梁张佳允《游安宁温泉记》：

嘉靖丙寅十二月廿三日，余校士安宁毕，将欲观汤池，先遣一力拿舟螳螂川，厥明，迳盐井观之。盐官令灶丁以皮囊汲卤水。据晋常璩《南中志》云："连然县，有盐泉。"近志乃谓唐武德间因阿宁始掘地得卤者，非是。观毕，屏舆从，出大界村，乘舟顺流北行一里，东望龙宝寺隐丛竹中，亦萧远可喜。舟子报，郡吏驰骑率鼓吹追余，亟遣去。舟中望一山，峻插东北隅，两峰如削凹其中，如笔架形，土人因以名山，一名岱晟山，一名坎山。昔僧张善信有异术，除妖坎山，即此。又北行五里，迳石淙渡，故郡人杨少师一清筑清舍读书处，诗文具集中。一时名家，则李长沙东阳、陆上海深、李北地梦阳最称杰作。沿两岸，土人引水溉田，堰坝鳞次，舟过若决吕梁。水车高翻，溅珠成雨，似瀑水飞洒空中。又北行五里，水回折作曲邠形。螳螂川多直，北流至此，周绕二里，迳龙山下，山川窔窕，松石参差，最为佳境。东岸一带，岩石硿砑，上镌"曹溪夜月"四字，稍下，红石削起，镌"赤壁天成"四字。皆杨太史慎题也。行半里，七洞临水，飞岩峭立，五彩绚杂，洞口重扃，大似雕藻。再行半里，至温泉，乃舣舟登其亭。饭罢，观温池而浴之。池水莹洁，纤毫不隐，四面壁起，不烦甃甓。中二石光腻胜玉，碧色夺目。《华阳志》云水神祠旁亦有温泉。顾祠，今废矣。浴罢，风乎亭上，一峰对峙，命觞相瞩，觉两腋间习习风举。余尝浴骊山、香陵、渝峡诸泉，类多秽气逆人鼻，杨太史品兹泉为"海内第一汤"，似非溢美。时日且午，闻西岸有圣水，一名海眼泉，潮应子午卯酉之候，亟渡而西，登陆陟其所，古木参云，水自窦中出，盈盈满涧，土人谓此午潮至，遂名"圣水三潮"，不云四者，子夜故不及见耳。余曾观泉华清宫下，水出左右二窍，应朔望不爽，自是造化气数，兹泉无足异者。又披荆棘南行一里，至曹溪寺，寺在龙山之麓，土人一名葱山。草径盘历，可肩舆上，无甚斗绝。郡志云高八百丈，周遭七十里，诬矣。寺殿因山层构，中有杨太史碑文，不减王简栖头陀之作。第四级殿宇闳丽，佛像庄严。前行十弓许，一楼显敞，右植木莲花树，青葱可玩。俯视螳螂川，清涟如带。稍东一园，凿山石作几形，桃杏蔷薇，屏架繁杂。道上曝曲檗数石，余呼僧笑曰："僧家有是哉?"僧叩首若请罪状。余曰："昔支道林好养鹰骏，惜尔无大韵也。"觞出寺右，一泉滮滮鸣乱莽间，循泉散步，南行一里许，下有龙洞，造其门下视，深黑不测，寒气逼人，投石其中，蓬蓬成响，七八叠而后止。又西南步行可三里，至龙潭，乃水源处。二穴，穴口多小鱼，山树蓊郁如盖，坐树下饮水甘之，俯瞰平畴，如波文可爱。指顾太华，累累入背，远近奇峰，错列杖舄下，问之皆夷名，甚辱兹山也。由东南下山，复登舟，逆水行，夕阳既下，万峰尽紫，西望虎邱山寺与太极诸山，棋布相属。复系舟登岸，里许至寺，襟带螳螂，枕籍虎邱，信一灵境。前殿榜曰"妙果禅院"，殿制古丽，画壁精工，非时师可及，相传为唐殿。余观之，多元制也。出山门，南望郡中，烟树万家，暮霭如罩，遂从陆归，时列炬在门矣。返署中，追忆斯游，操舟顺流，左右山色，应接不暇，濯足振衣，登高睇远，而梵宫钟声，洞口松涛，所至奇出，令人忘归。惜在绝域，往往好游之士，无因振策于烟水空翠之间，兹游盖万里奇踪也。遂秉烛记之。

明佥事庐陵杨师孔《温泉游记》：

至人韵士，往往以山水为性命，山不险不奇，水不深不幽，每至违性情，毁形骸，弗顾也。若夫具深险之胜，而又全幽奇之德，惟滇阳城温泉，名满海内，束发时，思欲啜流扬波久矣。读用修先生暨先辈题咏，积往古温汤旧事，点缀兹地，不过一盆二盎耳。岁天启乙丑，直指朱白翁，具山川明眼，季秋二十一日，行旌按部兹土，不佞孔代分守庖例，迓节泉上。是日宵征达阳城，直指饯送礼成，仅宿碧鸡关。二十二日方抵阳城，郊迎后即求订泉游之约，期以翌日。是日午刻，同阃率高子启自螳螂川登舟。谢大函方伯以车马小憩，州守编渔船，障以布幄，酒铛茶董毕具，致颇不恶。放舟而北，曲曲山青，湾湾水活，渐入渐邃，不啻剡溪雪浪中，神已飞越矣。日暮望山峦耸翠，峰岩环抱，不脱溪流，疑入无缝，而委婉有情，固滔滔无碍柔橹。梧柳森映，遥见断云孤壁，一水横玉，似可攀可蹑，又似可入者。询舟子，云岩洞奇绝，政堪游也。余欣然舍舟，从松阴禾亩，徒步入岩，小浅滓滓不能入。既则或门或屏，或榭或轩，或堂或廊，或壶天，或弱流，或花岩，或秘石，或元窍，或翠幕，或紫丝帏，或灵光龛，态度奇幻，不能名状。粗与高率足所至酬一觞，期以来日。探讨洞之奇甲天下者不少，非泉洞分奇，即寒温失正，未有虚明洞朗如阿房椒石，院院相比，又如响屧长廊，转转可步，而一水流春，禾田映户，想上古赏鉴真仙，构先天能手，将溪湾最趣处，断水浅山，会萃为一家，亦大奇绝也。洞尽，展一坪，转入岩壑深处，即温泉矣。一望瑞霭团结，氤氤氲氲，数家茅屋，映带紫翠明霞，徘徊于上，若不忍去。入门望洋，心胆俱热，大咤前人之未标其奇也。噫嘻！泉出碧玉屿中，如初沸鼎炉，滚滚涌出，一镜铺银，纤埃俱彻，明砂净砾，粒粒可数。中涵碧岛如玉，瑰玮光洁，与水色斗奇，目闪闪不能定。是夜醉中，同高阃帅解衣汩没，如婴儿入父母暖怀，又如带酒入初薰绣被，屈伸偃仰，随意取足，不意人间世有此极乐国也。大凡游人带酸寒俗气，至此俱开；暴戾血性，至此俱化；尘埃秽浊，至此俱净；人我迹相，至此俱浑；尘情客念，至此俱消。盖造化具此大炉冶，一经煅炼，自换凡胎。恨天外遐陬，为神仙久私，机缘浅、尘染重者，轻易未能一至耳。二十三日辰，谢太函亦至，同泛小舫，迓直指于岩之初洞天，设具迎旌，因岩发笑，昔闻山岳动，今则岩壑开矣。历壑探奇，穷幽极险，为门为屏者，布以旌麾；为榭为轩者，浮以大白；为堂为廊者，畅以笙歌；为壶天为弱水者，杂以火树；为秘石为元窍为翠幕者，畅以鸣琴。不第众山皆响，亦且寒谷春回。薄暮，侍旌节入温柔乡。是晚，燕于碧玉泉之北堂。入夜，移尊泉槛，和气春烟，水光玉色，雅怀高韵，浑为一气。啜泉而饮，洗盏更酌，命两婴童拍径尺舟，次第传觞，如飞仙太乙，傲睨群杰，不知酒味为泉，亦不知泉色是酒。生平泉游，当以此为第一，可以偿万里茧足。东方渐白，余就宿村居小楼，山深岚重，僵卧几不能寐。推衾猛起，命童子扶掖，直走泉上，箕踞片晌，融融五体俱和。即池掬水盥漱毕，走圣水三潮，赴直指曹溪，廿四香积，约夕阳登途，宿禄脿。二十五抵禄丰，别直指于响水公署，舍熙和天界，就风尘眉目，一步一回首也。兹境也，毕竟是神仙窟宅，诸洞天为堂奥，泉源丹鼎，泉流为仙液，螳川为门户，曹溪、虎邱为别业，泉外奇石如林，温流如海，山花老树，奇草珠崖，尚有秘而未显者，以俟后之赏心人。若夫宇内温泉旧迹，称香比色，较味泠清，此特泉之一斑，自有昔人纪之，不复赘。

明黔国公沐叡《题温泉》：

地天炉鼎谁开辟？陶冶阴阳任嘘吸。孰于铛内练丹砂？沸出天然铅汞液。人皆乐将身外浴，我则爱从心上涤。身心尘垢两当蠲，浴之涤之无固必。

又有小玉泉、
总督范承勋《小玉泉说》：

泉以玉名，取其温且润也。旧泉碧玉，称“天下第一汤”，人争沐之，予亦品以域外华清，夫诚可风、可浴、可咏也，亦又何他羡乎？第其暖气太盛，每一坐沐，则汗溃而神为之困。见碧玉之左，有水自石罅迸出，渠之得一泓焉，温润不少减，抑且挠之不浊，掬之殊香。王褒《温泉铭》云“白矾上彻，丹砂下沉”，将此小泉，疑更有摩尼珠照其中也。随于庚午冬月，嵌石为阑，勒以小玉，其温润在我适宜，当亦有洁清自好者过而问耶，或不以为赘余也。

云涛寺。
巡抚长白石琳《新建云涛寺及新温泉碑记》：

宇宙间英奇瑰玮之气，不钟于人物，则钟于山水，而人物之生，又藉山水为之苞孕焉。滇池界域外，博大不如中州，雄放不及秦楚，韶秀不逮吴越，然其冥壑激湍，往往发为幽怪，大抵蜀、粤之流亚欤？惟是脉近崑崙，发舒未畅，以故钟毓于山水者十之九，而著于人物者十之一。尝读有《明名臣传》，慨然慕杨少师文襄之为人，知其出于滇也。及建节金、碧之间，弥棹滇池，乐其汪洋浩瀚。穷尾闾之所泄，则自西而北，汇为堂琅（螳螂）川，蜿蜒奔注，达于泸，入于江，而朝宗于海矣。连然当川之腰膂，文襄石淙，实据其胜，山水有灵，笃生异人，洵矣夫！上下数十里中，有温泉焉，曹溪焉，虎邱焉，皆滨之川，与石淙盘互拱揖。温泉之胜甲南荒，昔贤品藻详之，毋庸余赘。泉南数百武，岩洞八九，咸嵌空玲珑，莫可穷诘，诚群真秘府也。志乘既不备载，土人命名又颇不典，有文之者，或曰弱流，曰双柱，曰雨花岩、玉壶天、醉醒石，亦不过随地因时托物比兴，而未尝有所切指也。地去会城，不足赍粮，为政之暇，与制府范公迭游交赞，一时藩臬诸君子，共惬忻赏，佥谋所以薙茀蓁而显灵閟者。会泉南数步，复出一汤，滮池莹靓，殆与碧玉旧泉相映发，似造物者特秘斯珍，为今日开生面。范公而下，咸出缗钱襄厥事，而臬使许君力任规画，谓非立招提不足恃以久远。于是卜地岩洞之中，脉络融结之区，创寺曰云涛，以奉乾竺。先生募禅僧主事经营，而若亭、若轩、若室，次第毕构，参差乎泉石，映带乎林峦，仰而睇则露栋云窗，飞翚松[illegible]之表，俯而睐则雪淙雨瀑，瀺灂阶除之侧，而穴岫亏蔽，虯蜿潜骇，欻噏万态。有时春畴数骑，秋波一艇，或指为尘壒之壶峤，未必不疑鬼神之创辟矣。夫滇自未立国以来，有是川即有是泉，有是岩洞，宜乎奇材辈出，奈何数千百年，仅独生一石淙也？其无待欤，或尚有待欤？俱未可知。抑宇宙英奇瑰玮，丰于山水，而不得不啬于人物乃尔耶？工甫就讫，会余叨圣恩迁制两粤，濒行，再履斯境，延伫久之，不能无有望于后之人待山水而兴者，如前之有石淙也。若夫逸豫之吟，穷览之胜，如昔人之所以修禊雅集，传为美谈，非余之所笃好也。爰记数语，锓诸岩阿，以志一时聚散之迹耳。乌敢言文？

又有暖露寺，明督学杨师孔建。

明布政使郡人赵日亨《暖露寺》：

琳宫高拥玉池头，万壑絪缊一鉴收。慧日欲倾仙掌露，法云常带瑞光浮。洗开宿雾探龙藏，幻出空明讶蜃楼。不是圣慈流泽远，何缘近世有丹邱？

又有火龙寺，均在山顶。又有四休庵、仰翁楼，原名碧玉，在泉上，提学胡仰斋重建，明杨慎雅慕之，因易曰仰翁，今废。

明杨慎《碧玉楼》：

碧玉泉边碧玉楼，崇幽何羡采真游。清秋长啸惊山鸟，朱夏闲眠对水鸥。孺子沧浪殊濯足，高人剡曲漫回舟。衰年七帙重来此，何羡相知半白头。

又有汤新楼，亦在泉上，今废。

明杨慎《汤新楼》：

偶乘清兴泛仙槎，三月春残满树花。石壁倒悬惟鸟道，竹林深处有人家。直登绝顶疑天近，曲转回廊觉俗赊。胜地淹留陪酌久，短墙回首夕阳斜。

罗次县

嵩华山 《罗次县志》：在县西北十五里。上有观音寺，山后金水河傍有温泉，浴之可以去疾。

禄丰县

北　河 《云南通志稿》：在禄丰县北二十里宝泉桥东大河旁。有温泉，土人相传，浴之可疗风疾。参《禄丰县志》。坤按：北河一名翻泥河。

易门县

易　江 《易门县志》：江上有温泉，自石壁泻出，浴可愈疾。

明知县邑人宋诹苗末《温泉》：

江畔氤氲暖气浮，汤汤别是一阳侯。山灵献瀑来沙沼，水井分炎到玉湫。活水自煎频地力，真阳默运荡天麻。往来祓濯纷如市，祛垢除疴并可收。

坤按：《通志》苗末一作苗茂，频应作凭，瀑应作曝。

蔼根箐　《云南通志稿》：在易门县西十五里，有热水塘。

大理府

赵　州

紫阳山　《赵州志》：三台山在州西三十里龙尾关南，高千仞。山分三支：东支紫阳，西支天鹤，中有溪曰紫溪。坤按：升庵《安宁温泉诗序》有龙关语，李中溪《石门山记》有"至温泉思解衣浴"语。又《南诏野史》有世传观音大士放黑龙于此，使春夏居温汤。胡氏蔚注，今龙尾关西。长白瓜尔佳氏文秀访得其地在炼场铺南山中，筑室砌池，引泉上瀑布剂之，温凉适宜。太和令刘荫堂先生即名之曰温凉泉，为辞铭之。

知县岭南刘安科《玉龙关西温凉泉铭并序》：

《南诏野史》载玉龙关西旧有温泉，世传观音大士遣黑龙春夏居此。岁在丙申，文松山公子随侍榆郡，因访得之，捐赀经营，凡三阅月，建亭种树，凿池潴泉为汤沐所。丁酉夏四月，招余同郑丙唐孝廉宿其画楼，夜话达旦。乃命僮子携茶具，联辔而驰。既出关，度天生桥，至炼场铺，折而南，遂入山。兹山四面皆高峰，两面有悬瀑千丈，幽胜最。绕山行约里许，见一亭岿然，红阑护之。斜下数十武，有小桥，桥外又二亭，参差倚崖，则所以翼浴池者也。池方广数尺，环以木槛，兼支几榻，炉香茗碗，杂陈其间。池中涌泉蓬蓬，如釜上气，不可以濯。松山笑呼僮以巨竹接瀑泉并入池，瀑泉极凉，余喜以温凉泉名之。夫滇南温泉，计凡数十处，顾皆不近凉泉。此泉温凉相合，惜新都老人未之详也，因走笔志其崖略，并为铭曰：火龙抱珠，潜于深渊，其气蒸烈，是为温泉。谁遣黑龙，昂首吐涎。清流汩汩，凉声涓涓。寒燠异性，燮理赖焉。凿沼潴赤，裂石生烟。截筒引碧，垂苔挂椽。二气既合，大用斯全。宜冬宜夏，亦人亦天。俗尘可涤，沈痼可蠲。澡身浴德，来者勉旃！

举人太和郑辉典《温凉泉歌》：

祝融穴地煽焰滋，玉龙卷浪喷寒澌。水凝清冽火猛烈，灼者自灼漪者漪。山灵不欲有偏倚，纽结二气而团之。万峰如奔壑如泻，久久荡漾为方池。交流二水各有得，或潴或静宜游嬉。文郎好奇兴土木，计砖度地芟茅茨。对峰宇居屹相向，饮食沐浴无不宜。我来澡身策羸马，一线路入天神奇。山风浪浪濯襟袖，未到已觉心神怡。掬泉更洗积尘状，一斗扑去凉侵肌。静中偶闻堕山果，知有鸟踏横山枝。滇南温泉此殊绝，额以第一应无疑。马驮夕照客归去，篝灯快纪兹游诗。

举人昆明李坤《长白文松山司马秀招浴温凉泉纪胜》:

断虹垂处一亭悬,满腋清风满耳泉。夹涧梅添苍岭雪,偃崖松护紫溪烟。抱阳阴谷原非偶,标胜穷边大是贤。四百年前人解浴,不教碧玉擅连然。

覆釜山 旧《云南通志》:在赵州南六十里,白崖北五里。平甸突起,状若覆釜。白崖平冈数十里,于此发脉。《赵州志》:山下果园有温泉。坤按:升庵《安宁温泉诗序》所称白崖即此。

邓川州

弥勒山 旧《邓川州志》:在象山之北,形如弥勒,故名。温泉出其下。坤按:《徐霞客游记》:一大峰、一小峰相属而下,大者名卧牛,小者名象山,在邓川州西门外。《古今图书集成》:玉泉亭在城北三里,温泉出山麓,视他泉较清澈可人,参议杨南金作亭其上。

明参议杨南金《玉泉》:

昨夜山灵凿山足,涓涓石窍漱寒玉。殷勤吹火烧竹枝,一脉须臾温可掬。白纻裁衣美少年,凭谁作伴到江曲。飘然两腋清风生,披襟闲坐芳草绿。却怪世人寻不来,满身垢秽互尘俗。我将遍寻同志人,何必童冠定五六?

明诸生高桂枝《春日游大市坪温泉》:

为寻佳丽景,来问玉泉津。点志当春暮,汤盘在日新。洗心盟白水,插足远红尘。寄语临流客,乘时可洁身。

明程隐庵《邓州驿》:

平冈走马神摩洞,荒驿闻鸡邓赕川。丹壑泄云朝映日,玉泉伏火夜生烟。一年残历愁来尽,万里新诗老去编。山水不殊人事异,中原归计正茫然。

《邓川州志》:永春池在西北十余里弥勒山下,清洁香温,与安宁之碧玉泉埒。提督讷公甃以文石,题曰永春池。《丹铅总录》载东坡诗纪所经天下温泉七处,今南中所见,已不止七处,邓川其一云。

茶陵州知州州人高上桂《从郡伯州牧浴永春池》:

长者忽何事?僻巷车马填。招我西湖上,修禊三月天。谁为造化冶,煮此碧玉泉。丹黄昼夜烁,喷薄浮云烟。潴而为方沼,浴室涵清涟。氤氲内盘郁,春意何盎然？万劫思一洗，相与弄潺湲。

四会县知县州人张相侯《池贮春泉》(自注：今废)：

池贮古温泉，频来意惘然。石堆春树地，水咽夕阳天。几阅沧桑感，何时翠竹连。尚留茅屋处，余滴泻年年。

罗旆山　旧《云南通志》：黄旆山在邓川州西北十里，形如张旆，草色多黄，故名。《邓川州志》：覆钟之右翼为黄罗旆山。又云：澡塘，在州西二十里罗旆山下。从石罅迸出，下汇为塘，左热右温，浴者惟便。有风疾者，藉以桃柳，使汗蒸薰如水，出则顿愈。《南诏德化碑》：灵津蠲疾，重岩涌汤沐之泉。桂馥《札朴》谓邓川出温泉也。坤按：邓川温泉凡五，惟此愈疾，且出石间。《南诏碑》所谓灵津，非此不足以当之。未谷先生嘉庆中曾牧是州，所言必有据，惜书阙有间，不可考矣。

下山口　《邓川州志》：热水井在州北二十八里，地名下山口。井底如汤腾沸，投以腥蔬，顷刻能熟。村人汲饮无少间，远者瓶贮之归，以瀹茗，能醒宿酒，宽胸膈胀闷。《煮泉小品》云温泉下有石硫磺者非食品，然则兹泉可食，殆类黄山丹砂泉耶？坤按：《邓川州志》下山口属崇仁里，其地有竹林寺。南望桑麻百里，绿野青畴，俨有柴桑风景。

炼涧村　杨氏琼曰：在州东五十里东山山谷中，有温泉。泉上有龙神祠，俗以春仲男女往浴，为祈子计，往往而验。祈子者入必祷，阴揭楹帖之纸以归为券，俟子生，则备物书楹帖往酬，以为常。

新庄村　杨氏琼曰：在州东六十里，有温泉，出平地，甃石一泓，香洁可爱。

浪穹县

茈碧湖　《云南通志稿》：湖中有九炁台。《古今图书集成》：在城东二里，有台九窍，下有温泉，气从而出。《徐霞客游记》：湖中有阜中悬，百家居其上。又云：一阜之间，四旁沸泉腾溢者九穴，故名九气台。万历癸卯，知县李在公建真武阁其上。

明浪穹李言恭《九炁台》：

茈湖碧且寒，湖心变为燠。九炁郁氤氲，蒸云捧朝旭。窈比华清池，疑有火龙伏。身垢人求湔，行污谁思沐？濯濯德芳馨，皭然以内瞩。

坤按：升庵《温泉诗序》所谓浪穹者，即此。

温泉龙潭　杨氏琼曰：在茈碧湖傍，广数亩，其深莫测。村人引以溉田，水愈温，苗愈茂，不事粪壅，倍觉青葱，亦一奇也。

黉宫泮池　杨氏琼曰：池在宫内，左温右凉，温如沸汤，凉处生青草。附近居人，甃渠引温者入家，沐浴、饮酌悉资之，无事烹燖也。

云龙州

大雒马山　旧《云南通志》：在云龙州东北五里石洞云岩中，有仙迹。岩半有温泉，临泚江，北与小雒马山隔江相夹。

临安府

建水县

香林寺　《一统志》：在城东北二十里。《云南通志》：山下有温泉。

龙　刹　《云南通志稿》：去城七十里，有温泉。

河六寨　《云南通志稿》：有温泉。

石子坡　《云南通志稿》：有温泉。

曲　江　《云南通志稿》：江畔有温泉，发源山麓，无硫磺气，可浴。

明巡按常熟翟俊《曲江温泉》：

我初按节来南滇，与观地志闻温泉。寤怀净浴洗身垢，此心渴想常悬悬。迤东一路走千里，九月荒炎如暑天。金风不解送凉信，郁蒸反剧相熬煎。行逢曲江古名胜，解衣浴罢仍流连。静思物理怪幽妙，有口欲语心难宣。初疑尧时有十日，射落一日滇池边。火轮入地凝不散，珠光耀出重渊泉。又疑太古女娲氏，补天炼石忧天穿。荧荧宿火未消灭，大冶煮水埋炎烟。或云浴此可却疾，奔走羸老争趋先。我身无疾底须浴，好事岂必分愚贤？此泉有买本无价，一日可值千金钱。行人过此须憩息，肝胆莹澈心醒然。余波出涧溉田亩，普济旱暵成丰年。吾民世世被余泽，稽首莫报神功元。诗成长叹下山去，乘风快著青骢鞭。

石屏州

五塘沟　《滇系》：在州南。有五温泉注其中，资以灌溉。坤按：温泉即热水塘，乃五塘之一，非五塘皆热水也。

阿迷州

温　泉　《云南通志稿》：在州西三十里。

宁　州

瓜　水　《滇系》：州南有瓜水。浣江之水自北至，思永之水自西至，转而东，则丁矣冲之水与之俱会于茶部冲，形如瓜字，故名。思瓜河，在城南四里，即海眼泉。水甚清，海口有池曰汤池。坤按：升庵《安宁温泉诗序》称宁州，即此。

通海县

秀　山　《临安府志》：一名螺峰，在通海县南一里。《古今图书集成》：温水塘在秀山之西。

河西县

碌碑乡　《云南通志》：在县西五十里碌碌河滨。有温泉，可已疾。

楚雄府

姚 州

黑泥只村 《姚州志》：在城西一百八十里。山石巉岩，泉自山畔石洞中涌出，精洁温沸，水中石有五彩。

绞摩村 《姚州志》：在城东一百三十里。水自石涌出，痼疾者浴之即愈。

镇南州

黑泥山 《镇南州志》：在州西南一百五十里。有温泉，喷涌清润，远近男妇多来就浴。

知州余姚陈元《游黑泥温泉记》：

予守镇南之二年，行部至英武乡，有山曰黑泥，孤危一径，舆马不能入，悬崖拔木而登，峭壁削立，俯瞰溪流一线，有坠石森立如剑戟，从客皆股慄。行二里许，始得平阜，宽广盈亩，可膝坐，对望清流涓滴不绝，乃温泉也。泉之名有四：最高者曰鹦歌潭，在山顶，人迹罕到；次曰天蓬潭，潭上石擎如华盖，旁穿一小孔，亦莹洁可爱；又次曰象鼻潭，奔泻如瀑布；最下曰马槽潭，则递注递流之所也。山罅多石洞，林木滃翳，有夷妇数十，羊裘裹足，避匿于此。予怪询之，土人则云自洱海赵州来就浴者。予笑谓友人曰："汾阴之泉，汉天子幸焉。骊山之泉，杨太真浴焉。斯泉之秀澈香润，仅供倮㑩、僰夷之濯足，山川遭际之不同，乃至此耶？"昔柳州作《马退山茅亭记》，有曰："兰亭也，不遇右军，终湮没于荒郊蔓草。"今吾与二三子梯登幽壑之巅，澡雪琼浆之畔，使非作赋能诗，表章胜迹，则斯泉之浴士大夫，与浴倮㑩、僰夷何异？元也不文，以俟君子。

澂江府

河阳县

温汤池 《云南通志稿》：在河阳县东四十里，相传浴之可去寒湿疾。

郡人赵士麟《河阳游记》：

遵湖岸至温泉，泉在湖边。去不数武，声汤汤然，气滃滃然，若不可响迩。即而视之，静若悬鉴，热甚，未可掬而漱。其气香，其味冲，泡起于下，若转念珠，投以钱，作蛱蝶舞，与泡影相颉颃，良久乃下。可以熟鸡，其他可知。或曰山多硫磺，煴水成汤，此言之有理。去十里，即蒿子箐也。

江川县

龙凤山 旧《云南通志》：在江川县西三里，崇冈叠阜，为县镇山。《一统志》：冷泉温泉，皆出其麓。

路南州

民和乡 旧《云南通志》：民和乡贾龙在路南州西北五十里。有温泉，其水温和，无硫磺气。

广南府

普厅塘

楠木溪 《滇系》：在富州东三十里。源出州境之花架山，其水常温。坤按：普厅塘为土富州地，今府经历驻之。

广西直隶州

弥勒县

翠微山 《弥勒州志》：在州南九十里。麓有温泉，建翠微阁。《广西府志》：在溯普麓。

阿欲部山 《一统志》：在弥勒州西十里，盘亘七十余里，东接北倾山，旧阿欲千户所置于此。《广西府志》：下有温泉。《云南通志稿》谨案：东流会梅花温泉、阿常泉，东入巴甸江。

步阙寨 《云南通志稿》：在弥勒北三十里。有温泉，流经北倾山，下会白马河。

明杨慎《步阙温泉》：

神邱隐云岊，灵源渺天河。阴火煮玉泉，阳晕潋朱波。吹律岂邹子，炼石疑娲娥。乳窦沈水碧，埼梁起盘涡。渐渐不濡轨，汩汩常盈科。偕赏玩仙液，蕴真洗人疴。浴兰兴远思，沐芳咏遗歌。铜池汉雷侧，釦堿骊山阿。朝宗阻江汉，褰裳限牂牁。天隅感流落，日暮吟蹉跎。

梅花岩 《云南通志稿》：弥勒县西五里梅花岩有温泉，东北流会阿欲泉。

顺宁府

顺宁县

鸡　飞 《云南通志稿》：在右甸，有温泉。

徐石麟《鸡飞温泉》：

山最幽，地最僻，尽道有泉夸赤壁。问之在鸡飞，览之劳马力。青峰高耸若擎拳，古木纷披如线织。燠气薰蒸接太虚，净质澄莹透石隙。何年火龙眠此地？奔流喷沫飞琼屑。山凝半缕烟，石湛一泓碧。又凝丹灶藏地中，暗煮寒浆与沙碛。冬既能温，当夏犹炙，滔滔一派无冷时。亘古灵源不能息，水气升为云汉章，清光直比玻璃色。令人澡浴去尘疴，何异祇园八功德。落涧可以饮麋熊，分流日夜灌阡陌。欣招韵友挈壶觞，一来趺坐同浮白。同浮白，兴何极？前村夕照霭疏篱，我蘸灵泉戏游客。

郡人王怀伯《鸡飞温泉》：

坎德离为用，温泉喷石矶。邻村呼兔尾，此地号鸡飞。玉笋千年瘦，山花四面围。汤铭犹可诵，许我洁身归。

东木龙　《顺宁府志》：有温泉。

锡　铅　《云南通志稿》：有温泉。

锡　腊　《云南通志稿》：有温泉，在南糯河。

大　江　《云南通志稿》：有温泉，在江外路旁。

漫多村　《云南通志稿》：有温泉，在河边。

罗锅寨　《云南通志稿》：有温泉，在大兴寺前。

小桥塘　《云南通志稿》：有温泉，在大兴寺前。

云　州

猛　郎　《云南通志稿》：有温泉。

猛氏寨　《云南通志稿》：在城东一百二十里。上有龙马泉温泉。

困　蚌　《云南通志稿》：有温泉。

困　业　《云南通志稿》：有温泉。

缅宁厅

凤　山　《云南通志稿》：在城南十五里。山之阴，二泉同出石罅间，不逾尺而寒燠异。相传浴之可愈风癞。

曲靖府

南宁县

玉泉寺　旧《云南通志》：在城西南龙顶山。寺旁有温泉如玉，故名。元至正年重修。

石堡山　《滇系》：在府东北二十里，一名分泰山。相传诸葛武侯南征时，与诸酋长会盟处。下有温泉，阔二丈许，其沸如汤。坤按：徐霞客《盘江考》：出郡南门，东南二十五里，海子汪洋涨溢，至是为东西山所束。南下伏峡间，桥横架交溪上，曰上桥。桥西开一坞，东向，即由上桥西折入坞，半里至温泉，泉可浴，泡珠时发自池底，北池沸泡尤多。对以六角亭，曰喷玉。据此，则石堡在东南，非东北。又《马龙州志》分泰山在马龙南五里，《大清会典》马龙州在府西南五十里，则石堡似非分泰。姑并存之，以俟再考。

霑益州

青龙寺　《云南通志稿》：在城北四十里大树屯。有泉涌出，冬温夏凉。

陆凉州

阿　葵　《陆凉州志》：在州治东南，有温泉。

马龙州

分泰山　《马龙州志》：在州南五里，小阜特立。旧《志》山下有温泉。

乳头村　《马龙州志》：在州南四十里。岩石间有温泉下注为溪，溪水皆温。

寻甸州

黑龙庵　《寻甸州志》：在清远庵后。有潭，水色如铁。康熙五十二年地震，涌出温泉。人以为南谷所移。坤按：清远庵在寻甸州城西五十里果马里。

洗纳山　《一统志》：在寻甸州可郎马之地。有热水塘，两塘相对，中有古树，亭亭如盖。坤按：可郎村在寻甸州西南七十里那瞿里。

奴勒峰　旧《云南通志》：在寻甸州西北一百里河外乞曲里，东为东川阿汪界。下潴水一泓，俗呼为海，多鱼利，土人赖之。《寻甸州志》：一作怒勒别。有温泉，入沧溪。彝人往来之处，石寨犹存。

额吾峰　旧《云南通志》：在乞曲里。上有清水塘，下有温泉，向为诸夷窟宅。

来凤山　旧《云南通志》：在寻甸州西南三十里。上有梵刹，下有温泉。

南　谷　《寻甸州志》：源出寻甸州南三十五里塘子屯。一池清浅，东流入寻川河。

钱塘田世荣《过温泉》：

东来片羽集方塘，沸井初浮碧玉床。
仙客梦回夸蟹眼，壮儿心冷淬鱼肠。
金丹浴罢春常在，白足尘消水自香。
信是劫灰原不死，昆明池近古寻阳。

易隆驿　陈鼎《云南纪游》：易隆驿属寻甸州，东坡有城，即木密所也，今已倾圮。去城十里许有温泉，可澡。

宣威州

钟　山　《宣威州志》：在州南六里，一名漪澜山。形如覆钟，下涌温泉，西流入龙津。坤按：《云南通志稿》宛温水源出宣威州南四十里东屯，北流经长冲，又北过龙山铺，又北过为龙津，又北流至双坝。左纳乾河水，又东北流为宛水，右纳温泉水。即此泉也。又云：《汉·地理志》宛温名县，以此。盖龙津以上为宛水，以下乃名宛温也。

武定直隶州

元谋县

温泉山　《古今图书集成》：在元谋县西南三十里。山之东有石窦，水从窦中流出。

五篮山　旧《云南通志》：在元谋县西十五里。山下有温泉，石穴二处，皆宽五十余丈，可憩百人。

丽江府

鹤庆州

小五老山　《鹤庆府志》：在三台山北，北属丽江界。旧《云南通志》：山下有泉，春水盈时，有硫磺气。和盐梅椒末饮，能去疾。坤按：两志均未斥言温泉，第盈时有硫磺气，意必温泉也。因列之以俟考。

观音山　《古今图书集成》：一名方丈山。杨慎《云南山川志》：方丈山在鹤庆府南一百里，巍然峻拔。山半有洞，中有池，深不可测。水滴岩下，如方响音。昔蒙氏阁罗凤琢观音像于壁，故又名观音山。南诏名山凡十七，此其一也。旧《云南通志》：在鹤庆府西南一百二十里，巍然峻绝。山南有洞，洞有泉，怪石嵚嶔，一泓澄碧。洞内土石分半，宛若阴阳。明郡守何璋名其洞曰太极山。麓有罗牧社海，周回八里，山上下均有温泉。《鹤庆府志》：上有观音寺，故名。

炼场崖　《一统志》：与大孟崖相近，崖石叠架数十仞。旧《云南通志》：有温泉。坤按：旧《云南通志》大孟崖在鹤庆府东南一百三十里。

剑川州

湖尾村　《云南通志稿》：有温水潭。

禾头村　《云南通志稿》：有温水潭。坤按：在沙溪甸。

罗尤邑　《云南通志稿》：有温泉。

求仁甸　《云南通志稿》：在城西百五十里。有温泉，与罗尤邑泉互为消长，此盈彼涸。

元江直隶州

新平县

彻崇山　旧《云南通志》：在旧新化州北五十里，长一百五十里，岩石峻险。《新平县志》：在县西北八十里，其实与象山相连为一山。山之北为嶍峨境，小江在其北，下有温泉。

普洱府

宁洱县

温　泉　《云南通志稿》：在西南十二里。从山腹中出，温暖得宜。

滚　泉　《云南通志稿》：在西北二十里。深冬之日，近者流汗，人不敢浴。

蒙化直隶厅

封川山　《一统志》：一名甸尾山，在府南。旧《云南通志》：在府南十五里。山形尖锐，下出温泉。关锁川原，屹然砥柱。《蒙化府志》：温泉在山麓，蒙诏汤池也。相传细奴逻母病，浴此辄愈。今郡人冬春二季咸往浴焉。

南涧巡检司

真武坐台山　《续蒙化直隶厅志》：在巡检司署后山前三里。有温泉，水气和蒸，昔人以安宁碧玉泉方之。

永昌府

保山县

哀牢山 旧《云南通志》：在保山县东二十五里。顶有石穴，土人呼为金井。春首视其盈涸，以卜丰歉。山下有石如鼻，出泉二道，一温一冷，曰玉泉。《明一统志》：穴下相通，取左穴水则右穴水涸，取右亦然。

《徐霞客游记》：

哀牢山顶崖者石屏，高插峰头，南北起两角而中平，玉泉二孔在平脊上，孔如二大履并列，中隔寸许，水皆满而不溢，其深尺余，所谓金井也。今有树碑其上者，大书为玉泉。

按：玉泉在山下大官庙前，亦两孔，出比目鱼，此金井则在山顶，有上下之别。而碑者顾溷之，何也？

虎　坡 《永昌府志》：一名虎璋山，在保山县北二十里，高百丈，袤三里许。下有温泉，今则不可觅矣。

金鸡村 《滇系》：或云石城东五里有金鸡泉，一温一凉，四时可浴。北有将台，相传蜀汉时永昌牧吕凯筑以拒雍闿。外复有蒙古千户所废址，土人居之。

亦登山、温板山、鸡飞山 《徐霞客游记》：三山并在保山县东南二百里，与杜伟山东西并峙，下有温泉。

永平县

银龙江 旧《云南通志》：曲硐河东流至永平县南二里入银龙江，其南有温泉。《永昌府志》：上有自新轩，知县姚孔鍹建。

腾越厅

云峰山 《腾越州志》：在州西百二十里乌索地。《徐霞客游记》：其坡有热水塘。

马邑村 《滇系》：在城北，有温泉，水沸如汤。

半个山 《永昌府志》：一名罗苴冲山，在腾越厅南二十里。《腾越州志》：在州南二十五里。旧《云南通志》：在腾越州南六十里，上有镇夷关，山后即南甸，界限华、戎，北寒南暑，迥然各天。《云南通志稿》谨案：罗苴冲山在大盈江东南，东麓有硫磺塘。

《徐霞客游记》：

溪西之山，突兀南踞，是为半个山。按：《一统志》有罗苴冲，硫磺塘在焉，疑即此山。然州志又两书之，岂罗苴冲即溪东所下之山耶？又西下半里，直抵溪上，有二塘在东崖之下，乃温水之小者。其北崖之下，有数家居焉，是为硫磺塘村，有桥架溪上。余讯大塘之出硫磺处，土人指在南峡中，乃从桥南下流涉溪而西，随西山南行。时风雨大至，田塍滑隘，余踯躅南行半里得径，又南一里，则西山南迸有峡东注大溪，遥望峡中蒸腾之气，东西数处，郁然勃发，如浓烟卷雾。东濒大溪，西贯山峡。先趋其近溪，烟势独大者则一池，大四、五亩，中洼如釜，水注于中，止及其半。其色浑白，从下沸腾作滚涌之状，而势更厉，沸泡大如弹丸，百枚齐跃，而有声其中，高且尺余，亦异观也。时雨势亦甚大，持伞观其上，不敢以身试也。其东，大溪从南下，环山南而西合于大盈江。西峡小溪从热池南东注大溪，小溪流水中亦有气勃勃，而池中之水则止而不流，与溪无与也。溯小溪西上半里坡间，烟势更大，见石坡平突，东北开一穴，如仰口而张其上腭，其中下绾如喉，水与气从中喷出，如有垆橐鼓风，扇焰于下。水一沸跃，一渟伏，作呼吸状跃出之势，风水交迫，喷若发机，声如吼虎，其高数尺，坠涧下流，犹热若探汤。或跃时风从中卷，水辄旁射，览人于数尺外，飞沫犹烁人面也。余欲俯窥喉中，为水所射，不得近。其龈腭之上，则硫磺环染之。其东数步，凿池引水，上覆一小茅，中置桶养硝，想有磺之地，即有硝也。又北上坡百步，坡间烟势复大，环崖之下，平沙一围，中有孔数百，沸水丛跃，亦如数十人鼓煽于下者，似有人力引水。环沙四围，其水虽小而热，四旁之沙亦热，久立不能停足也。其上烟涌处虽多，而势皆不及此三者。有人将沙圆堆如覆釜，亦引小水四周之，虽有小气，而沙不热。以伞柄戳入，深一二尺，其中沙有黄色，而亦无热气从戳孔出，此皆人之酿磺者。时雨势不止，见其上有路直逾西岭，知此为半个山道，遂凌雨蹑崖。其崖皆堆云骈瓣，崆岈嵌空，或下陷上连，或旁通侧裂，人从其上行，热气从下出，皆迸削之余骨，崩坠之剥肤也。所云半个之称，岂以此耶？

大洞山　《腾越州志》：在州东南十二里，即罗苴冲山，随远近而异名。山下有温泉，大洞温泉为八景之一。

《徐霞客游记》：

崖石叠覆如垒棋，其下凑环三面，成一小孔，可容一人坐浴。其后倒覆之石，两片下垂，而中划如所谓试剑石。水从片石中淙淙下注，此温泉之源也。池孔之中，水俱不甚热，正可著体。其上更得一亭覆之，遂免风雨之虑矣。

永北直隶厅

永宁土府

瓦都石　《滇系》：永宁东北六十五里与四川盐井卫接界，旧为蕃部戍守处，旁有温泉。

开化府

文山县

西华山 旧《云南通志》：在府西南二里，横列三十六峰，层峦叠嶂。《开化府志》：在府西南五里。飞崖峭壁，巑岏秀削，宛然出水芙蓉，叠萼连葩。山麓有热水寨，其水可引入城。

平寨者保 《云南通志稿》：在府城东百一十里。有双温泉，味甘，夏凉冬温。

东川府

会泽县

云弄山 《东川府志》：在会泽县西三十里，峰尖锐削。相传上有池水，澄碧如鉴，弗盈弗竭，鸳鸯翔集山腰，洞中石天然成几、床形，其下有温泉。坤按：《滇系》东川府温泉在城西南三十五里，水自石窦中出，热如沸汤，清澈可鉴。未审即此泉否，俟考。

〔据李春龙、刘景毛点校《正续云南备征志精选点校》（云南民族出版社 2002 年版）第 619－657 页辑录。《云南温泉志》，李坤撰，坤字厚安，一字雪园，号栎生，又号雪道人，又称李山，昆明人。清光绪二十九年（1903 年）进士。入词垣，选庶吉士，奉调回滇任高等学堂副办，旋改教务长，提学使署学务公所议绅，铁路局会办。清宣统三年（1911 年）入京授编修，鼎革后回滇，不复出仕，先后执教于师范、法政等学校。好考据、擅词章、工诗善画，时称通才。著有《思亭诗钞》六卷《文钞》二卷，《齐风说》一卷，《说文引诗考》四卷，以及《花浪楼存古录》《阅古录》《云南温泉志》等。《云南温泉志》据史志诸书汇录滇中各地温泉，依府县次第序列，并附有关诗文杂说，间加考证，有助于山川名胜及地质构造之考核研究。秦光玉《续云南备征志》收录。〕

云南温泉志补

童振藻

自 序

温泉之㴬沸也，不尽根火山之作用，然地经火山脉盘络或与接近，温泉必繁轶他处。日本群岛、美利坚西鄙，或络以火山脉，或与火山脉接近，温泉簇涌，繁若星稠，而东山一道，达百七十，窝民州黄石一园达五百，尤为寓内所稀觏，非证例欤？云南建水、宜良、禄劝、鹤庆等辖境火山及其遗迹，多所呈露，脉胳固隐约可寻，是则隶滇各地，或络火山脉，或与接近，地层下之温度较浓，地面温泉，宜视汗迸而莫可制止，亦东山、窝民之流亚也。矧宛温之锡，昭于《汉志》，温水之绕，系于《水经》，厥端已见。迨黑水、碧池载之《华阳国志》，《潜确类书》等籍益明著之，特坤隅宲阻，艰于冥搜，语焉弗详，职是之故。即近人纂勒专书，举国温泉，访蒐殆遍，滇南一域，亦第获十之二三，宜纵谭八殥名胜者，从未提与东山、窝民而并论，致令我邦夸奇竞异，非可数见之殊迹，秘而弗彰，至可惜耳。昆明李李山先生生斯长斯，习于志乘，抽秘表彰，裒然成帙，先河之泻，已著大观，如助涓流，益形浩汗。余竺耆地学，雒诵心喜，爰出淫书会友所获者集为补编四卷，虽漫续貂，尚非全豹。缘归流新邑，羁縻旧区，文献无征，莫由采撷。而此外山丛箐翳，为所湮蔽者，又不知凡几，如概发见，当益加多耳。斯编坠拈罅补，第就二百零四处之已发见者，撮其概势，俾见滇富温泉，即富火山，为一斑之著，并便后之纂地志者之摭捋，转献寓内，庶不让东山、窝民之专美于时。而温泉不成为矿泉者绝少，矿泉既密，足征矿类实繁，亦可藉惹主矿政者之厝意。若测绩化分，互较比列，荟为精制，以供攻地质学暨医学家之考索，则来者多能，尤属望于异日焉。

中华民国八年二月，淮安童振藻识。

滇中道

昆明县原系云南府附郭首县，民国二年四月裁府留县。

菜　海　菜海在省垣，一名九龙池，又称翠湖。东北隅近岸处有温泉，出自地隙。

藻按：《后汉书·郡国志》“滇池北有黑水祠”，刘昭注引《华阳国志》云“水是温泉”，而《清一统志》谓黑水祠在昆明城内东南隅，是则昆明城内应有温泉，《云南府志》《昆明县志》均脱而未载。前访闻昆明城内菜海之滨有温水一缕，迸自地隙，惟混于他水，尚难确定。近昆明丁生绩远谓此温泉已由李姓在菜海东北岸禹门寺巷住宅内凿池引之，泉间泡发，特温度颇低，入冬难供沐浴。此泉或即古黑水温泉，亦未可知。

沙朗村　昆明城北沙朗有两温泉，均清洁无硫气，附近人民多就浴之。

郭其珍《沙朗村温泉记》：距昆明城北三十里沙朗地方，有温泉二。沙朗分东、北、西三村，温泉在西村之东，涌自山麓，两泉相距约半里，均无硫磺气。大者深约五尺，现已砌石池，宽广约丈余；小者浅窄，温度亦视大者为逊。惟大者水浑，小者水清。

藻按：沙朗村温泉，《云南府志》《昆明县志》均失载。

昆阳县原系昆阳州，民国二年四月改县。

热水塘　《云南府志》：在州北四十五里滇池旁，水气微温，渔人取浴。

藻按：《昆阳州志》所载，惟“水气微温”作“水气温暖”，余均与《府志》同。《昆阳地志稿》城北五十里白鱼村左数十武有温泉，气辛温，系硫化作用。即府州志所载之温泉。而何大宠《滇池论》谓昆阳友于村之南岗下出二泉，一寒一温，不盈百步，并入滇池。每当风静波澄，海泉涌出之处，翻青渝白，有如沸釜，篙工罟师，皆能详之。此泉是否热水塘之温泉，俟再考定。

安宁县原系安宁州，民国二年四月改县。

碧玉泉　《清一统志》：在安宁北十里，亦名碧玉泉，一名汤池。明杨慎云温泉在安宁州。白崖、德胜间，浪穹、宜良、邓川、三泊凡数十处，而安宁为最，清澈见底，垢自浮去不积。旧有人见其窍出丹砂数粒，乃知其下为丹砂。《云南府志》：在州北十里，出崖穴间，水温而洁。中有二石，深碧如玉。明修撰杨慎题为“天下第一泉①”。康熙二十八年，总督范承勋、巡抚石琳、按察使许宏勋别凿二池，曰小玉、漱玉。旁建房宇诸处，各极幽雅。《安宁州志》：泉在州治北十里，岩石嵌结成池，水从石隙穿迸而生，或从池底河中濆涌而出，如万斛明珠，喷沸水面，滚滚不穷。气味甘香，不寒不燥，人浴其中，肌肤若冰雪，不事拂拭，而垢腻自毛孔际缕缕以起，从水面自行浮去，与矾石硫

① 天下第一泉　《滇南杂志》同，《安宁府志》《滇南山水纲目》《云南温泉志》皆作“天下第一汤”。

磺作底而恶气逆鼻者，不啻天渊。人有从石窦间获硃砂数粒者，方识此水当驾红泉之上，若痰湿痼疾之不治者，久沐辄愈。明杨升庵先生品德评功，题为“天下第一汤”。其名碧玉者何？盖以水色澄鲜，石光黯碧，欲浴之者以玉比德，以水比鉴之意云尔。

藻按：黄山紫云峰下温泉，亦有“天下第一泉”之称。桐城王悔生灼《游记》，谓是泉壁间石刻有“天下第一名泉”等字，泉下布淡红细砂，北有冷泉由石罅中流入，池内水气郁蒸，得此调剂，温凉适中。又池东一小石窍，以流其秽，终日浴而垢不积。近人黄任之炎培《日记》：汤泉与紫云庵俱临青龙潭上，其上为紫云峰，庵当其腰，泉其趾焉。泉深三尺，池长一丈五尺，广半之。洼山腹覆池之半，外蔽以亭。凡温泉多含硫磺，相传此独含硃砂。观此则紫云峰泉与碧玉泉皆系硃砂泉，宜俱负天下胜名，莫能第甲乙焉。

陈仁锡《潜确居类书》：安宁州有温泉，色如碧玉，可鉴毫发。

《读史方舆纪要》：汤池在州北十里，亦称碧玉泉。《滇略》云：滇温泉至多，而州之碧玉泉为冠。四山壁立，中为石坎，飞泉注焉。

赵元祚《滇南山水纲目》：昆池自昆阳州六街子石龙坝西泻而北折，约四十余里，经安宁州城东北，流二十余里，东纳温泉水，即杨升庵题“天下第一汤”者。

曹树翘《滇南杂志》：云南温泉到处皆有，而热者可燖牲畜，气恶臭者不少，惟安宁州泉为天下第一，不寒不热，纯粹如柔，盎然如坐春风，古人汤井、温泉，所以分言也。又其色湛深，光洁如碧玉，投之瓦石，不论元白皆碧色。浴之者肌体亦然，而身上垢腻，皆片片自起浮去，不用摩擦，理亦莫解。曾有人见其窍出丹砂数粒，王褒云：“白矾上彻，丹砂下沉”，殆其然欤？或掷钱于中，皆如蝶翩翻飞舞而下，童子泅水拾之，扑捉无定，并与他泉不同。杨升庵称为“天下第一泉”，今俱名为碧玉泉，皆称其实者也。

张泓《滇南新语》：安宁州温泉，可媲美于华清泉，去州西十里，一水可通，其河曰螳川。乾隆丙寅、丁卯间，余屡奉檄赴省，安宁为迤西咽喉，每至必停车，州刺史钟祥陈品留余驻辔，同舟西下，未逾时已抵云涛寺矣。寺倚山临涧，水澄碧如玉，喧豗如电，绝似冷泉。寺左峭壁耸拔，古翠可爱，别有洞十余，入其中屡幽折迷返，其径如杭之飞夹，俗云“七窍通天”处。近涧有醒石、醉石、牛卧石，题韵甚夥，寺右则汤池也。覆以阁，启窗以疏其气，四壁皆岩石，古致陆离。池中亦甃以石，深可没腹，宽广丈余，内凿石磴数级，可坐浴。汤净如琉璃，其底鳞鳞铺细石，泉自石罅，如鱼吐沫泛池面，浮花融融，灵珠颗颗，以钱投之，翩翻如蛱蝶，数刻乃沉。濯体无硫磺气，诚胜地也。题咏亦多，摩崖镌额更盛，惟杨廷栋提学颜以“不因人热”四字，可称佳绝。

藻按：华清池在骊山东绣岭，世称为矾石泉，无硫磺气。秦时已砌石起宇，汉代复加修饰，唐更踵事增华。旧传有汤十六所，后仅存玉女等数池。至近时，只有两所。海宁陈六谦弈禧《皋兰载笔》谓：旧汤尽塞，今止开两汤，亦非当时故处。浴时解衣坐水，润体濯泉，一泓澄碧，暖香泛滥。久之，遍透肌骨，举身畅适，汗发横流，而不觉其热云。《滇南新语》谓可媲美华清。特列此以资比较焉。

许缵曾《东还纪程》：安宁城北有曹溪寺，寺对河有汤泉，杨用修题为“天下第一温泉”也。

王昶《滇行日录》：循螳螂川而西十余里，至玉泉山之云涛寺。寺前洞穴嵌空，寺中红梅二株及山茶皆盛开。饭已，浴于碧玉泉。泉宽丈余，深二尺许，杨用修题为“天下第一汤”，盖暖而无硫气，较他处为佳。

钱文选《游滇纪事》：泉在暖露寺。水如碧玉，水泡不时上升。池方形，径约一丈，深约三尺五寸，中心有长方形石板一，长五尺余，宽二尺，一端置小圆石一，高约五寸。石板之面，水深四五寸。新建潜庐，后亦凿有一池，池上覆一亭，亭栽花木，布置井井有条。

郑重毅《安宁温泉记》：泉在城北十余里，设有浴塘三所：一曰官塘，士宦浴焉；二曰男塘，常人浴焉；三曰女塘，妇女浴焉。护守有人，秩序井然。

赵永熙《安宁温泉记》：安宁县北十里许温泉村有温泉，几半亩，甃为池，澄澈见底，热不甚烈，故就浴者多，而垢腻则永无沉淀者。昔人谓下有丹砂，是以浮物。相传马援征交趾还，部将李文达驻军对山，因猎，见谷底丛木穇莽间，有气郁勃上升，讶而掘视，得温泉。泉附近有地，多大蛇，即温泉发泄处也。

云南两级师范学堂优级选科博物学生《采矿旅行记》：同人等相约游温泉，至温泉汤所在，有浴室，杨升庵先生题额门首曰“天下第一汤”。同人等入浴片时，水清而有淡绿色，温暖合度，毫无臭气。池教师系池田太郎，日本人。前曾游此，谓为炭酸石灰泉，浴之可治肠胃病。若他之硫磺泉，则可治皮肤病云。

明李元阳《安宁温泉同升庵修撰》诗：“碧鸡空翠映螳川，坐见汤池起夕烟。谷口招寻仙作伴，自矜同上李膺船。溪回谷转滇阴道，雾霰依违着花草。弈弈红亭跨碧波，遥遥金铺依云岛。红亭金铺总相宜，水阁云屏元蔽亏。地脉阴阳割天巧，池心玉石夺人奇。谁家罗衣着白苎，繁花点耀清江渚。赤脚奴儿习泳游，挈得银瓶傍崖煮。酒香花气蒸游人，浩歌濯足凤山春。丽日温凝锦绣段，香波气郁膏兰辛。可怜岩窟净如拭，更向澄源理容色。只知毛发鉴去来，讵意尘颜转凄恻。君不见，骊岫氤氲水殿香，太真浴罢宫云凉。君王当年歌游地，泱漭风沙西日黄。”

清赵士麟《忆安宁温泉》诗：“天下名泉推第一，何渠不作硫磺香？华山玉女洗头水，洒向螳川澡霜雪。”

张汉《安宁偕段侍御晴川游温泉》诗：“湛湛渠中水，累累绿珠歕。清芬无硫气，浅碧泻苔痕。水德羞容垢，蠲涤手不烦。石床水中沚，蹴趺倚云根。亭书泠然字，取意何偏反？御风吾所好，独冷人皆温。时维暮之春，得意喜忘言。风浴与童冠，吾道至今存。”

王文治《安宁州温泉用壁间刘制府韵》：“飞岩出云云不流，洞门竹木深且幽。其间暖谷泛灵液，至阳发地谁所湫？华清清洁略似此，彼依都会兹荒陬。方塘镜面止不动，著肤温腻如膏油。虽无凝脂沐恩泽，一洗能使痼疾瘳。天公位置各有在，默思此理心悠悠。自结华缨入尘网，烦襟暂涤那可求。应是多生宿缘在，适与清景相绸缪。浴罢身轻两眸澈，日光恰向林端浮。招提更听晚钟响，片时真作物外游。”

藻按：碧玉温泉，余戊申役易门勘赈命，曾一访之。泉濒堂川，厥流四溢，然多川注。其首出地系旧池，取次退流，承以二池，即所谓小玉、漱玉者是。旧池伏室陬，宽广度数暨水质及渍涌等状况，一如《滇南新语》《游滇纪事》所录，而设石可坐，亦与紫云峰泉相侔。惟余垢刮方净，《滇南杂志》谓垢自浮去，不用摩擦，意曹公非旧染未深，入水即褪，或因陈言以为衔耳。近旁壁间有沈阳范公题“域外华清”、大梁张公题“幽谷长春”两额，颇雅切，不第“不因人热”之可传焉。虽池宇之饰逊骊山，而温度和缓，不必如黄山剂以冷泉，亦自适中，为差胜耳。且闻积泻开沟，灌地数百亩，利济农田，尤著功德，不仅涤瑕荡秽，堪以澡雪精神已也。至泉际向韫硃砂，国人多藉以称之，近外人考验，或品为炭酸云。日本有马武库山，有炭酸泉，清洌可饮。德威士巴颠附近唵士温泉亦炭酸泉，泉水中饮，曾置格连牵等饮水场数处。

易门县

苗茂水 《续修易门县志》：在县南二十里苗茂水入易门江处石岸间，自石壁喷泻而出，温洁异常，浴可愈疾。时盈时涸，人以为龙之去来云。

宜良县

汤池驿 驿在县城西北八十里。地有温泉，涌似汤沸，热度颇高。

《读史方舆纪要》：汤池驿在县西北八十里，有汤池，水如百沸汤。汤池巡司亦置于此，西去府城七十里。

汤　池 《云南府志》：汤池在县西南二十里，水如沸汤。

王仁端《旅行记》：汤池后山麓，温泉四溢，约在摄氏五十度左右，洗面浣衣，均恃此供给。市面有一小塘，村人建屋其旁，专作沐浴之用。然人工之培补不精，硝气之发泄过甚，目染鼻臭，恶浊非常。

藻按：日本温泉热度最高者达华氏百八十五度零，美利坚温泉热度最高者达二百十度，是泉仅合摄氏五十度左右，与日本上野伊香保温泉相等。后因昆明蒋君逢春自汤池旋省来晤，询汤池近状，据云：涌金山前五尺余，旧有井名火龙，温泉由井涌出，温度在夏季最高时约华氏八十四五度，秋冬稍低。现由井引水分注二池，池均长方形，用石嵌成，每池可容四五十人。盖以屋，并用墙隔断，一为男池，一为女池。惟女子晚间来浴者多，因居民家中洗身脚之盆均不备故也。相传数十年前水忽冷，而距池八里在杨宗海边明珠寺旁忽出热水一股。未几，井水又变热，想系地罅相通，至八里之远，热水能由彼达此。又水之热度虽高，如用水壶二，一盛此泉水，一盛普通冷水，同时置炉上，则同时腾沸。若在井，则投鸡猪不十分钟其毛即可抹去。鸡子以手巾包之入水，可煮熟。但硫气甚重，纯系硫酸泉。近则此泉到处均有，如在近旁挖地，随处可以流出。又询汤池街市近况于住居该处之人士，据云：温泉在一村中，村民百余户团居，设小市，称汤池街，距滇越铁路可保村车站二里余。省会人士缘火车往返之便，多就浴之。惟泉富硫磺气，欠清洁，村民恒引焊鸡羊等牲畜，并灌附近之田亩。而《宜良县志》载“汤池有涌金山，上建万佛寺，下出温泉，昔产金星石，可作砚”，即系此池。

日本河合绢吉《分析汤池报告》：半带公用，游于汤池，检查温泉之性分报告如左：

弱酸性，有无色，有特臭。

蒸发残查，一利妥鲁中一·五五五格兰姆。

盐化物，一利妥鲁中二·二二格兰姆。

硫化水素，稍多量。

亚硝酸盐，无。

游离炭酸，无。

二炭酸盐，多量。

一炭酸盐，有。

硅酸盐，微量。

硫酸盐，多量。

磷酸盐，无。

挪朵利乌母，有。

卡利乌母，无。

卡鲁兮乌母，少量。

马古列兮乌母，微量。

铁，微量。

重金属，铅、铜、亚铅等。因持归之水量甚少，不能检察。

有机物，有。

安摩呢亚，有。

温度，因未携带寒暖计，故不能知。然想不过摄氏二十五六度上下。

由以上之成绩判，汤池之温泉为酸性之硫磺泉，故兹举诸般适应症如下：剧症之黏液漏，及慢性之卡他鲁、癞病、霉（梅）毒性溃疡及顽固之溃疡腺病；从恶液及黏膜之弛缓而起之下痢、疥癣；其他慢性皮肤病、虚性出血等症。

西　浦　《云南府志》：在城西五里，旧无房垣。千总谢大章汛县始营构之，其后知县高士朗重修。《宜良县志》：在城西五里，水温可浴。又《志》载：西浦温泉为八景之一。

周泽溥《西浦温泉》诗："野色迎春绿，相携浴碧湍。问源非禹穴，借鉴识汤盘。着体柔何滑？澄心洁不寒。披襟延爽坐，诗骨觉珊珊。"

方汝珪《西浦温泉》诗："为寻幽胜来西浦，试探泉温识化工。四壁秋光浴日馆，一池春暖水晶宫。澄清常带烟岚色，温润还成灌溉功。若问源头在何许？螳川分派或相通。"

徐松《西浦温泉》词："泉澄西圃，四面围廊庑。活水恒温春应尔，暖气融和今古。游人濯足褰裳，老龙吹沸兰汤。涤垢何如涤虑，趋炎怎及趋凉？"

藻按：是泉在县城西村中，源出平地，潴为池，约半亩，流入大城江。其村名洗澡塘，居民约数十家，县城人士多往浴之。浴塘分男女，四面均建回廊。旁有冷水流入，故温度颇平，惟稍含有硫磺气。

白龙潭　《宜良县志》：在城西七里黄保村山下，潭仅尺余，水涌如沸，灌溉一方田亩。

贾龙、小里营　《宜良县志》：温泉在治北贾龙，微温；在治南小里营，微寒。

罗次县

金水河　《罗次县志》：温泉在县北十里许嵩华山后金水河旁，其水温洁如莹玉，四方之人多往浴之，至九月，浴者更众，俗传去疾。旧有堂三楹，张德溥题曰"诞登堂"，潘德征题曰"不因人热"，后尽为水所没。康熙四十年，知县梁衍祚重修之，建阁于外，题曰"黍谷春温"。江宁孙印题于阁曰："到来问水情何热，浴罢看山眼倍青。"庠生余维新题曰："王化如斯，人物随在温也；宦情若此，出山依旧冷然。"

梅尧臣《温泉》诗："浴德常闻赓日新，一泓香暖自宜人。因思祓垢才投足，不是趋炎始问津。地底腾波珠累累，座间春暖气纯纯。青华矾石竞相羡，应识三城亦比邻。"

富民县

温泉坞　坞在富民城南十里永安庄后，有泉泻自坞中。性微温，热度不高，惟清洌无臭味，与碧玉泉相似。人多入浴，名曰祓禊泉。

元谋县

法纳禾村　《清一统志》：温泉在法纳禾村，其沸如汤，可燖羊豕。《武定府志》：温泉在法纳禾。

藻按：元、武、禄三属，《通志》所载与《武定府志》同。

禄劝县

普渡河、掌鸠河　《武定府志》：温泉有二，一在普渡河内，一在掌鸠河内。又《志》载："温泉浮玉"为禄劝胜景之一，在州东一百里达矶村旁普渡河内。泉流洁清见底，浴之可以疗病。泉畔松风鸟韵，饶有旷致。

藻按：武、元、禄三属，《通志》载上两泉所在地及其景况，均与《府志》同。惟《清一统志》谓禄劝温泉有二，一在县南五里，一在小辑麻村。昔凤氏所甃，今变为寒泉。是小辑麻村温泉早经改变，而县南之温泉，就详细图说考之，亦非普渡、掌鸠两河之温泉。缘掌鸠河源出县北，流经城东，折东南入普渡河，而普渡河亦在东南境，均非流经城南故也。惟地名未著录，故附见焉。

罗平县原系罗平州，民国二年四月改县。

法贵村　《罗平州志》：州北六十里法贵村温泉，水洁如玉，惜在僻远，上连陡石，下临深溪，径路险仄，往浴者稀。又《志》载："温泉漱玉"为州境十景之一。

藻按：《罗平地志稿》热泉一，在县北富罗厂，距块泽河咫尺，热度约摄氏八十五度。惜水涨时常为块泽所淹，疑即法贵之温泉。

清李从乾《法贵温泉》诗："僻远温泉水，悠然独蕴奇。清如夷共韵，和与惠偏宜。有石堪头枕，无茗亦沁脾。菊菊瞻日出，佳气满芳池。"

吴侯《法贵温泉》诗："分得咸池水半湾，溪花岸草暖潺潺。枕流听雨松涛润，解佩悬岩树影间。尘色一襟随浪去，乡心万里与波还。弹冠如在清凉境，爽气西来醒醉颜。"

尹嗣涉《法贵温泉》诗："寒雨初晴霜气清，温泉散步趁秋行。徐风吹浪龙翻甲，湛露涵春蟹吐睛。浴罢乘风仙到骨，到来酌月醉邀云。娲皇炼石余铛在，嘘吸山川自古今。"

热水塘　《罗平州乡土志》：在州西一百五十里，近村有塘，阔亩许，泉温可浴，故以名村。

土桥河　《罗平地志稿》：邑有热泉，一在县城东五十里之土桥河，热度在摄氏表五十九度，邑人多往浴之。

曲靖县原系曲靖府附郭南宁县，民国二年四月裁府留县，并改名。

分泰山　《南宁县志》：温泉在城南分泰山下，阔二丈许，水沸如汤。康熙三十四年，曲寻镇兵刘廷杰建室砌池，今圮。又《志》载："温泉春浴"为南宁名胜之一。

田北湖　《温泉略志》：曲靖府东南二十余里石堡山，一名分泰山。泉宽二丈，沸如汤。或曰即东山河源。

宣威县原系宣威州，民国二年四月改县。

宛　水　《续云南通志稿》：宛温水东北流为宛水，右纳温泉水。又北流，折东北会可渡河，为盘江。《宣威州志》：温水塘在城南六里许。《宣威地志稿》：温泉在县城南十里小耿屯右侧，人引水灌田，乃宣威八景之一。

杨于塘《温泉涌珠》诗："温泉沸沸宛水东，骊龙多少眠其中。水暖龙眠一何熟，明珠喷出水精宫。好奇频叫绝，看珠邀我行匆匆。泉珠故故秘不发，笑比舞鹤驱氋氃。须臾礌砢拨沙上，的皪乱涌青萍丛。顿教白水焕异采，地肺疑与珠渊通。大珠小珠齐倒泻，一一迸射金鳞红。试将两手掬明月，夜光照彻心玲珑。珠去珠来原无定，此泉此珠相始终。我本少见多所怪，牟尼炫耀摇寸衷。先生为我说奇妙，蜃楼海市难究穷。斯是地灵不爱宝，倾囊倒斛扬清风。君不见，金谷百琲夸石崇，风嘶雨灭朝露空。又不见，昏夜太冬烘，其与沈渊将毋同。我聆喷唾豁然悟，千金之价与世公。有目共赏咸珍重，荣光遥映日曈昽。”

张元夔《温泉涌珠》诗：“溶溶暖液生清浪，累累奇珠涌绿苔。下拟银河星欲上，频惊珠海蚌初开。光同照乘分还合，价比连城去复来。却怪骊龙终日吐，无人探得两三枚。”

缪彤《温泉渔唱》诗：“灵钟地脉涌温泉，渔父生涯在钓船。一笛吹残晴岸月，数声冲破绿杨烟。春风桃浪鲈鱼美，秋色芦花白鹭眠。渭水严滩遗迹在，清风奇节仰高贤。”

王守成《温泉渔唱》诗：“槛泉沸沸涌珠温，出没游鳞细浪喷。一曲升平人不见，唯余练影照江村。”

万鸿吉《温泉渔唱》诗：“宛既清兮泉更温，游鳞喓喓浪花喷。渔歌唱出江天景，古渡斜阳照晚村。”

藻按：《水经》温水，又东南迳律高县南。注谓：建兴三年，分牂牁，置兴古郡，治温县。温县疑即宛温县。县名宛温，实缘宛温水。源出县南之东屯，初流为宛水，后或因纳温泉水，故名宛温。惟古温水源出夜郎县，系在今贵州桐梓县东，非宣威境。现无河流自桐梓之东通入云南，如《水经》所云经过滇池城等处。王益吾先谦《汉书补注》谓温水即南盘江，想因南盘江经行之地，大致与古温水经行之地同，故谓南盘江为温水。其实南盘江源出霑益花山洞，非出贵州，仍与《水经》不符。且温水入可渡河，流为北盘江，并非入南盘江。或者温水即宛温水，宛温水称为温水，犹之宛温县称为温县，亦未可知。录之以俟续考。

寻甸县原系寻甸州，民国二年四月改县。

南　谷　《寻甸州志》：温泉在南谷。又《志》载：南谷温泉在塘子屯，清泉涌出如蟹眼，凿男女二池，皆有屋围之。近村利其浣濯，游人藉以祓除。又《志》载：温泉有五，其灌溉尤普者在塘子屯，即南谷温泉。

清杨瀛《南谷温泉》诗：“湛湛仙浆一色莹，人间沂水暮春情。褰裳漫道多尘垢，濯足还能解醉醒。石雁月明莹藻井，玉环春暖入华清。只今犹忆铭盘语，一涤清泉爽气生。”

沧溪、倘甸、那厘里　《寻甸州志》：温泉一在沧溪，一在倘甸，其二在那厘里。

易　隆　易隆在寻甸城东南，位由滇垣通贵州之大道傍。地有温泉，堪供洗浴。

清鄂尔泰《过易隆温泉》诗：“东来片羽集方塘，沸井初浮碧玉床。仙客梦回夸海眼，壮儿心冷淬鱼肠。金丹浴罢春常在，白足尘消水自香。信是劫灰原不死，昆明池近古寻阳。”

陆良县原系陆凉州，民国二年四月改县，并改名。

阿　葵　《陆凉州志》：温泉在城东南，地名阿葵。《陆凉县志》：温泉在治南瓦奎即阿葵。

俞斯祜《陆良温泉考》：温泉一在瓦奎即阿葵，距城六十里。

贞元堡　《陆良县志》：温泉在治南贞元堡。

俞斯祜《陆良温泉考》：温泉一在治南贞元堡，距城二十五里。

马龙县原名马龙州，民国二年四月改县。

乱头村　《续修马龙县志》：温泉在县南四十里，出乱头村岩石间。水清味甘，可以沃茶。其下有溪，此泉注其中，溪水皆温。至秋冬时，气蒸如雾，其热弥甚。土人恐其得名，秘不告人，其实胜于他处。

平彝县

块泽桥　《平彝县志》：温泉在块泽桥，上流滨河。春夏之交，天朗气清，两厂士女丽服满汀，相携酒肴，临风栉沐，以为修禊之所。惟鸟道崎岖，不便车马，游人憾焉。

李竹虚《游温泉记》："天生块泽之间，有温泉焉。出于河滨，源清而洁，性温而平，着于肌肤，宛暖而滗腻，应不减安宁之汤池、鲁上之沂水，居人每藉以为涤瑕荡垢、修禊之所，往来络绎，虽严冬不废，甚称述之。但山路崎岖，车马莫通，须攀援而上，乃达其地。"

珍珠泉　《平彝县志》：在状元峰下。泉微温，村居资灌溉，涌出如明珠，累累成串。又形似葡萄成枝，一名葡萄泉。

会泽县原系东川府附郭首县，民国二年四月改东川县，八年二月仍复原名。

云弄山　《清一统志》：会泽县西南二百里云弄山下，水自石窦中出，热如沸汤，清澈如鉴。

《东川府志》：温泉在城西南二十里《清一统志》误为二百里。云弄山下，水自石罅中仄出，清如鉴，热如汤。天然石棚，石池方丈许，因甃上、中、下三池，水热有差。知府萧星拱建亭，继任增修不一。轩阁因势曲折，多幽致，浴四时皆宜，毫无气息，食之味甘而厚。地名一线天，又名热水塘。土人以"温泉柳浪"为一景。水经九十九渡归碧谷江。

《东川府续志》："温泉柳浪"乃东川十景之一，在郡城西二十里尚德乡地方。有上、下二塘，前郡守崔乃镛建一亭于下塘，以蔽浴人，年久倾圮，树亦无存。光绪壬午夏，郡守武陵蔡元燮捐资重修，两塘各建一亭，使祓禊男女有别，浴毕亦有憩息之所，并督役插柳于旁，以副"温泉柳浪"之实焉。

朱松《东川温泉记》："东川去城西二十里，下坡陡削，四山之奥隐露亭台，缭曲窈深，温泉仰出其下。试之，性和平，流舒缓，视安宁又尽善焉。其外之景象，揽不盈掌，而迂折回环，别具一邱一壑，抑宜于骚人迁客之徙倚耶？至考泉之由来，前人有谓矿气所出，其息有硃砂、硫磺之异。"

廖瑛《东川温泉说》："今春季，因查河之便，得坐安宁之汤池，其地倚山枕石，玲珑透漏，境本幽奇，泉更清芬袭人，窃叹升庵先生评为天下第一，为不我欺也。冬腊，有事于昭通，道经东川，更浴东川之塘子。其境界之幽邃，其泉香之清美，无不媲美于安宁。而安宁之泉，有议其微过于热，不无少暴者。东川之泉，凉爽适体，此犹随人品题，未为确论。惟布置曲当，大胜安宁。当其涌石而来，先于高处凿一窟以束水势，随于窟下决堤灌池，周砌以石，底嵌以砖，如釜然，向背濯浣，左右咸宜。复于池旁恰得分寸，设口以泄减之，故深浅合度，冷热从心。当日升庵先生若得游此，未必以天下第一泉为安宁独擅也。大约安宁、东川两温泉，世之所谓硃砂者，他如寻甸等处，卑卑不足道矣。"

蔡元燮《重修温泉浴亭记》："安宁号第一泉，实自升庵始，而螳川更未有及者。斯泉也，出于硗确之下，芜没于荒榛断梗之间，徒令樵夫、牧竖、野人、游女、夷倮之属，玩之濯之，相与嬉戏，而评论泯泯然弗传于世，即传而弗及于远，其沈晦不知几千百年。光绪丁丑冬，元燮来守郡，闻陕人崔公乃镛者为守，雍正时尝种柳筑室，盖距今百五十载，已圮毁扫地无迹矣。岁壬午，元夒将去郡，捐金属郡人为浴亭，阅三月而毕工。凡为屋二所，计高八尺，深丈许，广七尺，门其中以便浴，如施薄然，爰为之铭曰：'寒谷春，邹吹律；烧冰雪，成金玉；泉之温，匪幻术。解愠郁，涤烦苛；伏炎德，起暄波。非石硫，或丹砂；水火合，元气多；亘百世，养太和。构斯亭，久将敝；嗣葺之，期勿替；寿诸石，为泉慰。'"

蹇念咸《复修温泉记》："滇故多温泉，省志所载者三十六，而安宁为最，杨新都所谓'天下第一汤'也。东川之温泉，在城西十余里云弄山麓，昔之人曾结亭其上，环种以柳，名曰'温泉柳浪'，为十景之一。蔡寄庐太守作记刻石，题为'滇南第二汤'，盖欲以嗣安宁也。壬辰冬，余守斯郡，政暇，偕幕中二三友人往游，见四山兜合，泉自山腰石罅中出，淙淙有声，气若鼎沸，明澈沙砾，池上石若张盖，玲珑撑柱，天然灵境也。解衣就浴，爽沁心脾。惜年久亭柳尽荒，余与邑令王君芷裳捐赀为倡，诸同人和之，属邑孝廉倪君宣三董其事。既建亭于池上便浴者，亭前筑客舍三楹，以为风咏之所，外缭以垣，蔽出入焉。工役甫毕，而淫雨骤发，山水大涨，客舍一夕荡然，亭于是孑立矣。然余眷恋斯泉，终未已也，因复褰裳山半，别得一泉。去旧池数武，喜而谋诸义仓绅管购买其地，适邑令曹君次斋来，又极力襄成之。虽池伤于凿，不若旧者之天然，而为亭为舍，则仍其制而加闳矣。於戏！斯泉一游戏之地也，余之偶作斯泉，事亦微也。乃先后九阅月而功始成，是泉之忽出忽没，山之灵其有以凭护否乎？吾不得而知也。"

聂国文《云弄山温泉记》："云弄山插入天际，常与云接，故名。山中温泉出焉，在昔土人建草屋于上，以便浣濯，嗣缘年久坍塌。迨前清同治十年，郡守蔡寄庐先生重建瓦亭，高约丈九，窗开三面，旁植垂杨百余株，题额曰'温泉柳浪'。光绪九年，郡守冯雨樵先生又建厅事三楹，厢房四间，外筑围垣，俨成院落，又撰楹联、题碑序，来此风浴者愈多。爰夫泉自石窦喷出，高与肩齐，祓除其间，水流肌肤，不须巾拭，而垢腻为之一清，且可疗疮癣、潮湿、筋骨等病，故浴者络绎于途。至附近田畴，亦间资以灌溉，其功用亦甚溥矣。宜雨樵先生撰序，表此泉为第一焉。"

清义宁《东川温泉》诗："天地一炉冶，阴阳时薰蒸。鼓荡而搏激，未济需以恒。祝融燃井底，言赖地风升。山火煎蒙泉，昼夜相凭陵。大德以敦化，川流各见能。温泉滇最夥，螳川昔未称。自遭新都客，霸如齐桓兴。邓川九鼎胜，禄劝达吉争。秦晋既迭霸，宜良宋襄承。其余数十百，悉如郐与鄫。东川城西南，山势颇崚嶒。下有泉三窟，磊落而清澄。上窟炙手热，次窟热如铛。下窟广丈余，解衣石可凭。居高能接下，其道始恢弘。无乃霸似楚，拳拳可服膺。万里有斯流，振衣当亟登。在山泉水热，出山泉水冰。以此知世务，是为日月灯。泉如无冷暖，人亦无爱憎。譬之弹琴者，天下自和平。庶草笑蘼芜，鷦鷯刺大鹏。吾心本虚谷，于焉生葛藤？且独咏而归，何必春服成！"

李重华《云弄山温泉》诗："滇西有汤池，林深景愈好。升庵为品题，第一世所宝。缅怀古堂瑯，翠屏相环抱。西隅云弄山，佳名锡自早。林光杂烟岚，分明一画藁。山腰出温泉，气蒸云不扫。濯之清素心，挹之涤烦燥。前人建茅亭，岁久已倾倒。频来贤太守，屋宇复营造。往来多游人，车马日在道。柳浪透碧阴，飞泉喷雪鬲。浴罢还乘凉，天风吹浩浩。安得筑幽居，日近神仙岛。"

李庆镛女《汤池》诗："风浴相邀逐队嬉，温泉水更滑于脂。多情太守殊周挚，春色平分上下池。春色撩人意不支，落花流水逝如斯。愿将慧剑锋常淬，斩断情缘万种痴。"

藻按：是泉清溪李笠荪先生卓元尝言，因查东川矿山之便，曾就浴之，其泉温度颇平，惟稍带硫磺气。是则朱君谓其息有硃砂、硫磺，或确有所见而云然。惟论是泉者，第知含硃砂、硫磺，不知泉水能疗疮癣、潮湿、筋骨等病，其质不仅硃砂、硫磺两种矿物之混合。缘南洋爪哇葛厨所辖加薄棉近旁之加滕葛热水含有药质十一种，故脚气、软脚、湿毒、疮癣、半身不遂，均可疗治，浴者云集，最驰名。云弄之泉，亦能疗疮癣、潮湿、筋骨等病，其功用不亚于加滕葛水，所含之质，未必不视加滕葛之复杂，但未集医研究出据证明，致令蜚声未远，他国遇有温泉之益人疢疾者，恒有医士考究而标表之，如加滕葛热水曾有著名荷医多人集会研究，出书证明其功用，悬之壁间。而美利坚南省付之耶地温泉，亦有专卑医士前往考察，并图画其形，悬之各处，俾人可按图往汲。不获与加滕葛争名于宇内耳。

葛藤山　《东川府志》：温泉在葛藤山下车洪江尾，水从山下出，极热，作硫磺气。土人春时祭之祈子。流入江。

昭通县原名恩安，系昭通府附郭首县，民国二年四月裁府留县，并改名。

葡萄泉　《昭通地志稿》：井在昭通城西北三十里，水涌上出，形如葡萄，故名。其性冬温夏凉，烹茶极美。清光绪间，昭通镇军何雄辉砌石成池，方约八尺，为浴所。近县立第三国民学校曾制辞以歌咏之。

大龙洞　《昭通地志稿》：洞在昭通城北二十五里，其势嵌空玲珑，乳石倒悬，温泉自岩下涌出。夏日清凉，冬时则气蒸若沸。引以灌田，兼供城中饮料。岩壁镌名人之题咏颇多，中有太守汪人瑞题“蒙泉”二字，并系以跋。

彝良县彝良原驻州同，隶镇雄州，清光绪三十四年改县。

热　泉　《镇雄州志》：在以勒。

藻按：曹树翘《滇南杂志》所载与《镇雄州志》同。其老夷传说夷人入盐锅，锅与俱入水成热泉一节，语属不经，故削之。

盐津县原系盐井渡，隶大关县，民国六年一月析置。

焦　岩　陈秉仁《昭通八县图说》：焦岩在盐津县治北五十里，岩石黄赤，如经火炙，下出温泉，浴者可愈疮疥。

藻按：是泉昔晤盐津陈彝德先生秉仁，谓县治北四十里大关河西岸焦岩有温泉一，无硫磺气，系炭酸泉。该泉隔河与临江溪相对。临江溪系位通衢中一小镇。

澂江县原系澂江府附郭河阳县，民国二年四月裁府留县，并改名。

容谷泉　《清一统志》：在县东北，汇而为池，春时颇温。

漱玉泉　《澂江府志》：发源重珠谷山下石窦，一名倚铎塘。其水夏凉冬温，可澡浴。嘉靖丙辰，郡人通判李坤捐赀倡筑石堤，以时蓄泄，傍建龙池，今废。

宋秉谦《西龙潭记》：“在县西十里，泉自山麓石罅中涌出，成三角塘。夏时甚凉，冬觉稍温，时发热气，俗呼曰前龙洞，有金线鱼游泳其中。”

温汤池　《澂江府志》：在抚仙湖东岸，去城四十里，相传浴之可祛寒湿疾。旧《志》木赤、旧九村皆有温池，今无存。《澂江地志稿》：温汤池一名热水塘，在抚仙湖东岸，距城三十里，源出天马山麓。池中有热气，水温如汤，相传浴之可祛寒湿疾。村人引灌田亩。

王兴福《热水塘考》：“澂江城东南三十里许，当抚仙湖之海口，有地名热水塘者，其旁周围约距一里之田野间，多热水喷出，富硫气，流入抚仙湖中。有较大者发自山麓，潴成两塘，浴分男女，均建屋覆之。惟热度甚高，置鸡卵其中，约五分钟即熟。必引山侧冷泉相和，方可就浴。”

热水河　《澂江地志稿》：热水河在城东北四十里，因水温，故名。村人引灌近旁一带田亩。

江川县

双　井　《清一统志》：在海西村。两井皆温，一流入星云湖。《云南通志》：双井温泉在城西南十里。两水皆温，流入星云湖。

龙凤山　《澂江府志》：凤凰山在县西十里绿笼山之东，冷泉、温泉皆在其下。《江川地志稿》：温泉在城西八里绿笼山之阳，凤凰山之西，其性温和，其色清洁。《读史方舆纪要》：在县西三里，崇冈叠阜，为县镇山。下有温泉、冷泉，泉水四绕，合流而注于星云湖。

藻按：《江川地志稿》系最近查编，既叙明温泉距县城八里，当较十里之说为确，至三里之说，自系错误。

峭　石　《澂江府志》：在西南十里。水微温，上巳日邑人修禊于此。又《志》载：“峭石温泉”为江川八景之一。

陈见龙《峭石温泉记》：“麒麟山东麓有温泉，里人筑池潴之，盛夏人多来此洗浴。土人谓水者，龙所治也，通常属于冷，兹天然为温，乃是火龙所宅，因建火龙庙于旁。”

玉溪县原系新兴州，民国二年四月改县，三年一月改名休纳，五年十一月复改今名。

石观音池　《澂江府志》：在州东北二十里。水冬温夏凉，上有梵刹，古木蓊翳，幽静可人。

藻按：《新兴州志》所载石观音池景状，与《澂江府志》同。

路南县原系路南州，民国二年四月改县。

贾　龙　《澂江府志》：在民和乡境，村名贾龙。其水温和，有硫磺气，浴之除疾。上有温泉寺。《路南县志》：温泉在城西北九十里贾龙村，水常温。《路南乡土志》：北区温泉在城北五十里贾龙。泉水常温，硫气颇重。

牟定县原系定远县，民国三年一月改名。

猛冈河　《定远县志》：邑东猛冈河温泉能去痼疾，每岁季春，远近赴浴者甚众。

唐承元《猛岗河热水塘记》：“吾邑城东八十里许，有河名猛冈，源出姚州大姚，经定远、元谋入金沙江。其经定远处旁有一热水塘，塘上塑龙王数位。每年正月逢辰日，村落男妇携香执牲赴其地求福者，不下千余人，谓此地热水，能使人生子、消恶疮。其说始于道光时，流传至于今日。呜呼！何其迷信之深也！人之生疮，用硫磺之热水浴之，可以全愈，间或有之，独至浴而生子，则未之前闻。”

骆问礼《温泉》诗：“流水江山侧，华清质自全。玉壶熙兔乳，金鼎溢龙涎。十里蒸云暖，三春带月烟。朝宗知有日，温润暂穷边。”

唐毓俊《猛河温泉》诗：“造物亦好奇，端倪不可睨。水冷冰自寒，云胡火复济？试问豢龙氏，火龙几昆弟？一居吾邑东，向伊考世系。”

大官山　山在定远城北四十里。其南有温泉，热度甚高，引至二里外塘中，始能就浴。

梁启书《大官山温泉记》："定远城北四十里有大官山脉，自大理绵延而来，颇高峻。山南泉自磊穴涌出，热气蓬勃，浴能伤肌肤。流经二里许，有一石塘，即洗澡处也。人若感毒生疮，浴之易愈。近则无知男女，疑其神而祷之，每岁孟春属龙、蛇日，香火甚盛。嗣经县知事示禁，此风遂息。"

藻按：《定远县志》邑东九十里盘龙村有滚水塘，初为温泉，后变为冷泉，自下涌出，连络不绝，如珠贯串。内有鱼，长寸余，经久不大，春跃冬潜，不可食，俟出塘外，方可取食。水溉田百亩。此系旧时温泉，因附录之。

蒙自道

弥勒县

阿欲山　《清一统志》：温泉在县西十里阿欲山下。《弥勒州志》：阿欲泉城西十里，会梅花瀑泉，流城南。

藻按：阿欲山一作阿欲部山，盘亘七十余里，为县属名山。

翠微山　《云南通志》：翠微山在城南百里朋普寨。麓有温泉，建翠微阁。《广西府志》：温泉在翠微山下。《弥勒州志》：翠微温泉在城南九十里，温暖可浴。上有翠微阁，会流息宰河。

李鹏飞《翠微阁温泉》诗："混混灵泉涌翠微，太和酿就露珠飞。澡躬漫道温如玉，抱璞人原润德肥。"

梅花砦　《广西府志》：温泉在梅花砦。《弥勒州志》：梅花温泉在城西五里梅花砦，会阿欲泉，流城南。

杨槐芬《梅花温泉记》："吾弥西六里余梅花寨右有温泉二，相距在百步之外。考其性，含硫磺质，温度颇为适中，浴之能愈疥癞之疾，故砌为池，筑土为垣，覆以瓦亭，中容三十余人。后好事者大兴土木，建火龙宫于其旁，住僧塑像，凡与浴者皆馨香祷祝之，九月为尤盛。蒙于少时从父兄浴，辄诣拜之，亦随俗也。今夏留学归，重游旧地，则宫中偶像无存，僧亦四散，惟见蔓草蒙茸，鼯鼠出入，不胜今昔之感。"

布阙砦　《广西府志》：温泉在布阙砦。《弥勒州志》：步阙温泉在城北三十里步阙寨。清如镜，香适口，浴能去病。流北倾山下，会白马河，流城东。

明杨慎《步阙温泉》诗："神邱隐云岊，灵源渺天河。阴火煮玉泉，阳晕潋朱波。吹律岂邹子，炼石疑娲娥。乳窦沈水碧，埼梁起盘涡。渐渐不濡轨，汩汩常盈科。偕赏玩仙液，蕴真洗人疴。浴兰兴远思，沐芳咏遗歌。铜池汉霤侧，釦堿骊山阿。朝宗阻江汉，褰裳限泮泂。天隅感流落，日暮吟蹉跎。"

陆稼登《步阙温泉》诗："滚滚源泉旱不乾，雪霜历历岂知寒？蒸来薄雾蒙空溜，泻得微风叠素澜。烈士热肠应藉洗，道人冷眼不须观。草沾余润皆春气，未必芳华藉浴兰。"

石屏县原系石屏州，民国二年四月改县。

热水塘　热水塘在城南四十里，热度颇高，堪熟鸡卵。患皮肤病者浴之，亦易愈焉。

刘师曾《热水塘记》："屏邑之南，有温泉焉。出之巨而流之急，凿池以引入之，名热水塘，以为沐浴之所。然温度之高低，恒以人之应用为转移，用以煮鸡卵，则投之而即熟；用以供沐浴，则濯之而平温。且患肌肤之疾者多洗涤于此，洗之而果获效验者，亦层见而叠出。于是凡撄皮肤病者，莫不欲来此一濯。”

娄祖德《热水塘记》：“距城南四十里，有温泉焉，俗名热水塘。中产硫磺，水热可熟鸡卵，故引入别塘，温犹可浴。”

藻按：是泉《石屏州志》失载。

黎县原系宁州，民国二年四月改县，三年一月改今名。

瓜　水　《黎县志》：瓜水流至象鼻岭南，北入温泉水。温泉在象鼻岭下，冲和澹荡，去垢除疴。每岁正月九日，山农扶老幼至者，远近无虚日，村舍不能容，至信宿山谷中，说者谓地中产丹砂、硫磺，水过其上则温。然下有硫磺，水沸如汤，投以鸡子立熟，引他泉注之始可浴。又气味臭，不可向迩。是水明秀光泽，针芥可拾，不假兰芷，自饶芳馨。又崖上石色皆殷殷然赤，意其中有丹砂也。温泉东有仙人石，石肖刘仙相，其中有风亭，今倾。温泉西，倚山为桥，曰金锁桥，高半于山，履者忘险。良夜浴罢，披襟桥头，好风徐来，则心迹双清矣。《读史方舆纪要》：《志》云瓜水会思永等水于茶部冲，形如瓜字，故名。思永河在城南四里，即海眼泉，水甚清澈，热如沸汤。海口有池，曰汤池。

李春芬《温泉记》：“县东五里许，有两峰并峙，称二龙吸珠。泉出其下，为瓜江，流经温泉塘，塘水温和，出自岩隙。在瓜江岸上，人多撷园蔬，宿春粮，之而浴焉。浴后弃茅塞，则水入江矣。塘当宁邑南，距城十里许，初无人知。前清光绪初，有人移居近旁，凿山通道，人多往来。久之，塘始发见。嗣经锄而深之，州人士多于六月间来此洗浴，遂置房其上，以石镶之，如天井然。其塘有二，一男浴，一女浴，中间距离约里许。西依山，南傍河，为州属幽雅之境。”

清屈升瀛《温泉》诗：“浪传洞口金虾蟆，阴火煮泉水喷花。能洗沉疴除浊秽，源头深处有丹砂。”“胜景城南地，云深路欲迷。灵泉春不老，修壁净堪题。新草埋樵径，蓼花绕钓溪。风流贤刺史，歌诵遍华兮。”

禄洪《诗》：“频翻雪浪一池春，深浅分明见玉人。今古纷纷来浴者，阿谁洗却半毫尘？”“不断江流清复深，盘空虎啸兼龙吟。高岩岂碍千波月？初树犹衔半压阴。勾漏丹砂随地发，轩辕石鼎问谁寻。匣中孤剑须双隐，入耳潺湲难自禁。”

老岩山　老岩山在县城西北，麓有温泉，温暖可浴。近旁泥含硫质甚富，可制火药，故泉水亦有硫气焉。

罗云彩《螺蛳铺温泉记》：“黎县西北五十里螺蛳铺有温泉一处，位于老岩山麓。水含硫磺，气甚温暖，可沐浴。附近各田畴并引以灌溉焉。”

杨光星《螺蛳堡温泉记》：“堡北有温泉，热能熟鸡卵，相传系熄火山所成。近旁泥含磺质，其色湿黑乾白，居人取而曝之，以制火药焉。”

温水塘　温水塘在县城西婆兮镇附近。水无硫气，颇与永安庄之温泉相近。

雷镇南《温水塘记》：距黎县婆兮街约四五里，有温泉，一名温水塘。其水无硫磺气，春夏之际，来此沐浴者甚多。

藻按：老岩山温水塘两温泉，《黎县志》均失载。

通海县

温水塘　《通海县志》：温水方塘在县西南二里。水温可浴，中有大石，浴者坐卧其间，乐而忘倦。

韩宜可《温泉》诗："天作方塘洗俗气，自然春意霭氤氲。一泓地脉溶真火，半夜神丁煮白云。灵窍暗通元气眼，温涛轻泛浪花纹。金池浴罢骊山冷，却笑当年万乘君。"

嶍峨县

兴衣乡　《临安府志》：嶍峨南二里有温泉，温暖去垢，里人竞浴之。《嶍峨县志》：温泉在兴衣乡，去城二里。泉温暖去垢，人竞浴之。巡检王可用建亭其上。

董良弼《过温汤》诗："何事踆乌落此隅，阴阳炽炭地开炉。朝喷烟雾迷苍嶂，夜煮星晨漾碧区。鳞介畏燔难隐伏，葳蕤冲热却芳敷。行人到此尘烦净，澡涤身心不染污。"

蒙自县

倘　甸　《蒙自县志》：温泉一在县东南五里，可以浴。景曰"温泉春浴"，今无。一在倘甸。

藻按：《蒙自县志》又载龙泉在倘甸撒土寨，一名大龙潭。潭中有鱼，目如蟹，俗名龙眼鱼。居人引溉旱稻，十二月播种，六月获稻。其水夏凉冬暖，烟雾涌出，故《志》言有神物潜其中。路旁有石碑，以石击之，水渐长，不击渐止。所谓倘甸温泉，未知即此处否？录之以俟考订。

建水县

香林寺　《清一统志》：温泉在县东北三十里香林寺山下。《临安府志》：温泉在西北四十里香林寺，即杨公泉也。《建水州志》：温泉在城东北三十里香林寺山下，清莹如玉。

曲　江　《清一统志》：温泉在曲江，发源山麓，有硫气，引为池，可浴。《临安府志》：温泉在北九十里曲江，无硫磺气，浴之已疾。《建水州志》：温泉在曲江，发自山麓，有硫气，如沸。又《志》载"温泉霭浴"为曲江八景之一。《续修建水县志》：温泉一在曲江，发自山麓，有硫磺气，如沸汤，不可近。别流清冷，引而合池，澄澈见底，最可濯浴。

龙岔、阿六寨、石子坡　《临安府志》：温泉一在南百里龙刹即龙岔，一在东八十里阿六寨，一在北七十里石子坡。《建水州志》：温泉一在龙岔，去城七十里，清莹如玉，但处幽僻，人迹罕至。一在阿六寨，一在石子坡。相传浴可去疾。《续修建水县志》：温泉一在阿六寨，浴可去疾。一在石子坡，水香可浴。

时宜泉　《建水州志》：时宜泉在城东十里四家营寨中，冬温夏凉，味甘，可引灌田亩。

藻按：此泉虽未列入温泉之内，然冬季水温，或亦温泉之流亚耳。

阿迷县原系阿迷州，民国二年四月改县。

乐蒙河　《临安府志》：阿迷西三十里温泉，源自乐蒙河旁石洞流出，温暖可浴，清洁鉴人，迷阳胜景也。贡生包昇为铭志之。《阿迷地志稿》：泉在城西三十里揽盘寨前，源自乐蒙河旁石洞流出，清洁鉴人，温暖可浴，能疗疮疥。

河西县

碌碌河　《临安府志》：县西五十里有温泉，在碌碌河滨，可以除疾。往浴者众，惟山径多石，乡人王亮品、王亮天每岁督工修治，平坦可行。其间丛木叠翠，云水流清，山连鸟迹，岸听猿声，真幽境也。

藻按：《续修河西县志》温泉在治西三十里碌碌河边，里数与《府志》不侔，其余所载与《府志》

同，故未全录。

广南县原系广南府附郭保宁县，民国二年四月裁府留县，并改名。

阿　科　《广南府志》：在阿科路旁，其水甚温，可以盥濯。《广南地志稿》：泉在治城北阿科寨旁，距城八十余里。

富州县富州原驻通判，隶广南府，民国二年四月改县。

楠木溪　《清一统志》：南（楠）木溪在嘉溪东三十里，源出花架山之间，惟其溪中之水常温焉。《广南府志》：富州东三十里，源出花架山，溪水冬夏常温，近地田畴可资以灌溉。《读史方舆纪要》：楠木溪在州东三十里，源出州境之花架山。其水常温，合常旺溪东行，石洞伏流十五里复出，流入右江。

藻按：花架山在富州西北七十里。

文山县原系开化府附郭首县，民国二年四月裁府留县，并用府名，三年一月仍复原名。

济热河　《开化府志》：在城东一百里东安里，炎蒸酷热，居民沐浴解毒。

双温泉　《开化府志》：出自平寨者味甘，夏凉冬温，灌溉田亩，较他处肥润，距城东百一十里。

师宗县

阿　渠　《清一统志》：阿渠温泉在师宗南三十里。《云南通志》：阿渠温泉在城南三十里。

泸西县原系广西直隶州，民国二年四月改县，七年十月改名。

温　泉　王克宽《广西乡土录》：城西南六十里有温泉，周约十余丈，沸点甚高，可熟鸡卵，但稍有硫磺气。

藻按：此泉或谓即弥勒之步阙温泉，确否再考。

腾越道

盐丰县原系白盐井提举，隶前姚州，民国二年三月改县，并改名。

石　谷　《续修白盐井志》：石谷八景，四曰“丹泼温泉”。李继朝《丹泼温泉》诗：“曜山酌水供斋婆，炭末抓来瓢内搓。仙分未圆挥手倾，融成汤汁永疗疴。真仙当日谷中过，曾把琼浆饮阿婆。何意浅缘倾石涧，至今温涌涤沈疴。”

又《浴温泉》诗：“石城南畔水涓涓，鳞介难潜气燠漩。岂是独龙从内隐，莫非荧惑自中缠？无风到底尘埃尽，有月偏宜翡翠沿。童冠呼偕追往迹，浴来顿觉体如仙。”

镇南县原系镇南州，民国二年四月改县。

玉　泉　《清一统志》：在州东二里，泉温可浴，有灌溉之利。

热　泉　《清一统志》：旧《志》有热泉，在州西六十里，其水如汤。

皎坂泉　《镇南州志》：泉出打雀山北麓，水自谷中涌出，形如跳珠，声如碎玉。秋极寒，冬春微温，可颒面，溉田甚广。东北流入礼社江。

藻按：打雀山在州南三百余里。

黑泥山　《镇南州志》：新增八景，“温泉竞浴”亦居其一。因州西英武乡黑泥山有温泉，人多来浴，题曰：“黑泥之山，危峰排列。秋不凝霜，冬鲜积雪。厥有温泉，如汤之热。解衣就浴，竟体清洁。”又《志》载黑泥洗澡会注：城西南一百五十里黑泥山有温泉，每年自正月至三月，远近男妇来此就浴，皆各备牲醴，祷祀求福。

姚安县原系姚州，民国二年四月改县，并改名。

交摩村　《清一统志》：温泉在州北交摩村。《姚州志》：在治东交摩村。

绿萝泉　绿萝泉在城西普淜，入春水暖可浴。泉出处多碧石，颇与安宁碧玉泉相似。

周承典《绿萝泉记》：“在县西百二十里普淜驿三官寺侧，泉宽半亩许，深可三寻，其形如瓮。春季水温暖，可浴人汗垢，然源大如缕，终年不涸。其侧岸隙地植萝卜，硕大甘脆，故俗名为绿萝泉。泉下多碧石，或系五彩。泉水所出处有巨石，状如车轮，亦碧石，相传盖碧玉也。泉上覆以巨屋，为浴塘，塘可半亩，碧玉居中，水没其上尺许，浴者辄浮水坐之。”

藻按：《姚州志》绿萝泉在州西百二十里普淜驿三官寺侧，与《记》相符，惟《志》谓水甘洌，并未列入温泉之内。《记》则称春季温暖可浴，且治有浴塘，或者近时始化甘为温耳。

大姚县

苏海冲、秀水河　《大姚县志》：温泉一在城东北五里之苏海冲河中，一在城东一百二十里之秀水河边。

藻按：《清一统志》“县东有温泉”，或即《县志》所载秀水河边之温泉，亦未可知。

剑川县原系剑川州，民国二年四月改县。

温　泉　《清一统志》：温泉有二，一在州南五里，一在州西一百五十里。此盈彼涸，互为消长。

凤仪县原系赵州，民国二年四月改县，三年一月改名。

龙尾关、覆釜山、东村　《清一统志》：温泉在赵州，一龙尾关，一白崖覆釜山下，一白崖东村。

藻按：《大理府志》所载与《清一统志》同，而《赵州志》谓一在治西北四十里炼场铺山下，一在白崖虾蟆口，一在覆釜山下果园，炼场铺距龙尾关不远，想系一处。虾蟆口疑即东村。

石嘴、夹石洞、白总旗营、高家营、左清河　《赵州志》：温泉一在弥渡东石嘴，一在夹石洞，一在白总旗营，一在弥渡西高家营后，一在弥底左清河心。

藻按：弥渡现已改县，石嘴、高家营两温泉是否划隶弥渡，俟再考。

弥渡县弥渡原驻通判，隶大理府，民国二年四月改县。

温　泉　《清一统志》：温泉在弥渡东南五里。

藻按：《大理府志》所载与《清一统志》同。

祥云县原系云南县，民国七年十月改名。

黑泥只村　《清一统志》：温泉在姚州西黑泥只村。

藻按：《姚州志》：旧《志》治西一百五十里。以今考之，黑泥只村系云南县地。

云南驿　《清一统志》：云南驿有温泉。

藻按：《大理府志》所载与《清一统志》同。

品　甸　《清一统志》：品甸有温泉。

藻按：《大理府志》所载与《清一统志》同。

天马山　《云南县志》：在县南炼昌村旁，水从石洞出，可以澡浴。上建有龙王庙，下灌溉田亩。

雷应中《天马山温泉记》："城南三十五里天马山麓，有温泉从石穴中汩汩涌出，当初涌出处，热甚，不可浴。迨流至平地，疏为池，建亭其上为浴所。水含硫磺气，浴之可愈癣疥之疾，故二三月间，相距数百里之人民多来就浴焉。"

塘子山　《云南县志》：在波川小波那旁山下。水可煎土硝，赖以灌溉田亩。

藻按：《清一统志》载云南县温泉有三，除云南驿外，尚有品甸、黄矿场二处，而《大理府志》则谓云南县温泉仅有品甸、云南驿二处，《云南县志》又载有天马山、塘子山二处。果系五处？抑仅三处？原难臆断。惟查《县志》，云南驿小波那系隶云川之二村，其里甲有品甸里，又城北十五里海岸有品甸湾。《清一统志》则谓天马山在城东南二十里，是云南驿、品甸、小波那、天马山四处业已证明。惟黄矿场是否另系一处，尚无确证，姑存以俟续考。

洱源县原系浪穹县，民国二年四月改名。

九气台　《清一统志》：县东五里。《县志》：大理府境温泉甚多，惟此为最，浴之可以愈病，因筑台于其上，名九气台。《大理府志》：九气台有温泉。《浪穹县志略》：旧《志》城东里许。谨案：九气台有石，形如蟹壳，温泉出其下，热气薰蒸，结为磺。以水气所凝，性不燥烈，可以温胃祛寒，为世所重。近则四面淤垫，石下空虚，无从结磺矣。土人于其流出沟道，覆之以石，不时刮取，气味薄，功力亦逊。每年立春、立夏，邑人无论远近，争来薰沐，云去风湿之疾，颇有奇验。

徐崇岳《游九气台记》："人传浪穹九气台为小西湖云。丙寅秋，过浪穹，得观所谓九气台者。台在城东里许，出东门即草湖，湖中砌一线堤，沿以古柳，映水同碧。跨石梁四，风致虽不甚佳，然亦不减六桥。湖中有地可半顷，人匝居之。复有怪石如龟蛇状，高丈余，相传与水相上下，亦系灵石，故构真武庙镇焉。石窦中温泉有九，瀌瀌涌出，如鼎沸，不可试以指。朝望气，缕缕分九道，故名。汲泉入茗，即可饮。僧人复以椒盐少许点之，谓能宽胸胃。沽酒置汤中，辄热。坐石上饮，暖如重茵，土人引汤为浴池，温热随其蓄泄。浴罢，两腋风生，倍觉爽利。

李柄程《天生磺说》："洱源城东里许，有九气台，地处茈湖上游。温泉数井，棋布村中，村人掘地道引泉注其中，上以瓦砖覆之。经年余，掘砖视之，状如金，盖已结为磺，故名天生磺。凡一切癣痢之疾，服之立愈。其值颇重，村人资以糊口。"

王绍庭《天生磺考》："洱源多温泉，一在城内，一出宁东，然仅资浣濯而已。惟城东二里许，有村名九气台者，温泉有九，滃然仰出，而气蒸蒸然若烟云之蔽空。村人导其流入一塘，浴之可以已大风，饮其水可愈痞郁疾，以含有磺质故也。浚源开沟，覆以砖，俾不使气泄，是以日久而气结为磺。岁凡两掘，其精者为片磺，粗者为气磺。艰于生育及有心腹疾者，服之无不神效，以故远近争购，易于销售。"

杨桂清《天生磺考》："居民开沟引九气台温泉入之，覆以砖，于是热气薰蒸，结为磺，每年一掘，上好者状如蝇翅，中下者以水陶之，则如细砂。其色黄，其味稍咸而微香。其性无毒，能助消化食物，又能治男女老幼一切风寒暑湿等症。"

三　营　《大理府志》：在三营。

藻按：三营在城东，一称三营街。尝晤三营赵子衡先生秉钧，谓该处距城三十五里，住民约三百余户。泉在街北，自平地涌出，有硫磺气，现建屋宇，便人洗浴。

西北街　《浪穹县志略》：旧《志》在县署侧。

泮　池　《大理府志》：在儒学前。《浪穹县志略》：黉宫温泉，即泮池。方广亩许，半为温泉，半为寒泉，亦一异也。旧《志》题为“西陵翠影”，列入十景中。

杨峨《温泉》诗：“天地何元此窍开，中潜龙火接鸾台。长吟一片祥云满，散作珠玑沸鼎来。”

宾川县原系宾川州，民国二年四月改县。

石马坪、分山峡、松明、小寨、罗陋　《清一统志》：宾川温泉有五。《通志》：一石马坪，一分山峡，一松明，一小寨，一罗陋。《大理府志》：温泉在石马坪，水不甚温，春间秧田多赖之。

邓川县原系邓川州，民国二年四月改县。

上塘、波罗湾、龙马洞　《清一统志》：“邓川温泉有三，一上塘，一波罗湾，一龙马洞。”

大市坪　《清一统志》：脱尘泉在城北十二里大石坪即大市坪。引冷暖二水同入浴池，其泉更佳。《大理府志》：温泉有三，惟大市坪最佳。

永春池　《邓川地志稿》：永春泉原名永春池，在县西北十五里弥勒山下上塘村北。清洁香温，与安宁之碧玉泉相埒。提督讷公题名，今废。

袁文揆《邓川永春汤池歌序》：“泉源在浴池外，水较安宁犹清莹，热亦过之。旁有凉水一渠，浴时同引以注池，冷热由人挹取，池亦可深可浅。歌曰：‘我闻华清温泉天下少，每讶安宁题名名更好。境非身到哪能知？迨过骊山始了了。安宁之热胜华清，曷来唐宋未知名。永春远在邓赕诏，荒凉没灭无重轻。天生之物原有以，用舍宁复限边鄙？就深就浅固如斯，世态何须监二水。既济未济由先天，坎离妙合神功全。兹泉即不当津要，其性何至甘弃捐？乃知生人贵负异，亦如胜迹能留地。有美弗彰久自彰，知希我贵随所置。君不见，杨文襄，名与螳川而俱扬，永春湮没何足伤？我行浴罢歌沧浪。’”

藻按：袁序谓永春池引冷暖二水和浴，与《清一统志》载大石坪泉之景况相侔，惟一在城北，一在西北，方位不同，是否一处，俟再考。

下山口　《邓川地志稿》：热水井在县北二十八里下山口村。井如温汤腾沸，投以腥蔬，顷刻能熟，村人饮汲无少间。

藻按：《邓川州志》载是泉在州北，水中饮并能治胸膈胀闷，与洱源九气台温泉同。美利坚泉水有饮之能健体饱腹，暨愈黄肿、内伤、痘疹、发热及杂症者，经医士考定，人多来此汲饮。其中有极佳者，土人各居奇售值，年共得五兆圆，美廷因之不时遣人赴各处详细探察，多所发见。吾国能仿行之，或派化学专家，或派名医赴各中饮之泉考察，诏人汲饮，其利济元元，较设医药等局为更宏远焉。

云龙县原系云龙州，民国二年四月改县。

雒马山　《清一统志》：在州东二里雒马山畔。《通志》：浴之可愈寒疾。《大理府志》：在雒马山畔，甚佳，不减邓川大市坪泉。又《志》载大雒马山即德龙北支，石洞云崖中温泉出焉，知州周宪章、丁亮工表其胜而亭之。《云龙州志》：温泉惟州署北五里沘江西崖者为佳。水微咸，热不砭肤，清澈无秽气。自崖半溜下，石为之穿，前人因凿塘，方广可丈许，浴者之垢不涤自去，久坐可以除疾。知州丁亮工覆之以屋，并置田赋，以赡守者。厥后知州顾芳宗、毕仕魁相继重修。甲子夏，崖石坠，屋被击碎，知州王箬捐资修整，又以江阔，渡筏危险，开治后路，浴者便之。

李伟望《云龙温泉考》："距县治东十里许茶亭寺有温泉二，均在沘江旁悬崖下。水含硫磺气，温度甚高，可熟鸡卵。"

藻按：《大理府志》沘江即雒马江，自老君山后发源，入州界，经顺荡井，会诸溪涧，环绕雒马，南注澜沧江。茶亭寺温泉谓在沘江旁悬崖下，即系雒马山之温泉，非另有一处。

旧州、漕涧、三七、十二关 《云龙州志》：温泉一在旧州，一在漕涧，一在三七，一在十二关。

藻按：旧州在县城西北澜沧江西岸，漕涧在县城西，相距一百二十里，现设县佐。三七在旧州北。十二关，明设长官司，隶云龙，一说在大理东三百里。

念 场 念场在沘江东岸西南，距县城百余里。其东有温泉一。又场北当向阳关东北，有温泉一。

藻按：《云龙州志》温泉一在箭杆场，又李伟望《云龙温泉考》县北百余里师里麻地场田间，有温泉两处，均含硫磺气。该处近旁一带地下多蓄温水，随意挖之，即可涌出，疑即现在念场之温泉，但确否再考。

石 房 石房在县城南六十余里桐冈山西，沘江东，有温泉一处。

藻按：李伟望《云龙温泉考》云龙南百余里，与永平接界处之海口地方，亦有温泉。而近出《云龙县图》海口北石房地方注有温泉，并不在海口，李《考》恐系错误。

鹤庆县原系鹤庆州，民国二年四月改县。

炼场岩 《鹤庆府志》：东南百三十里有炼场岩下有温泉，岩石层叠，可数千仞。

藻按：《鹤庆州志》温泉在炼渡坡之阳。炼渡坡是否炼场岩，俟再考定。

观音山 山在鹤庆城西南一百二十里，位佛光寨山西北，一称方丈山。山旧有关，名观音山关。有温泉二。

藻按：《读史方舆纪要》温泉有二，一在观音驿南二里，一在驿南十里。观音驿疑即观音山，因山旧设关，并置巡检，或即古观音驿。又旧《志》谓山上下均有温泉，与《读史方舆纪要》二温泉之说亦合，是否再考。

牛 街 《鹤庆州志》：温泉在牛街南一里许，名祛风潭。

张泓《滇南新语》：牛街有山，岩高十余丈，峙路边，嵌空玲珑，常雾幂之。罅中出水热甚，人过其旁蒸然，虽极寒类深春，不堪浴，俗谓火焰山。

火焰山 《鹤庆州志》：温泉在火焰山麓，热可熟鸡卵，清可煎茶。观音山一带田亩，多资灌溉焉。

宣化山 《鹤庆地志稿》：温水泉在城西南十五里宣化山下，溉田千余亩。

藻按：山在县城西南二十里，高六百余尺，其下有温泉。

乾 阱 《鹤庆地志稿》：温泉一在东北乾阱。

藻按：《鹤庆州志》温水潭一在州治西南二十里，出青崖山下；一在州南十五里，出宣化山麓，溉化龙、鹤翼、孝廉、前蒿各村田。此两潭是否温泉，待考。

木 溪 田北湖《温泉略志》：治东木溪有温泉。

兰坪县兰坪地方原隶丽江县，民国元年十二月析置。

红土涧 红土涧在喇井西北，有温泉自山麓涌出，浴之可愈疮疒痡、肿毒、暑湿等症。

高振铠《红土涧温泉记》："喇井顺水寻西道六七里许，得红土涧，渡水向北而进，末里许，见有热气蒸腾，泻出于山麓者，温泉也。就视，旁有石床、石盆，而泉水热度甚高，近之则其气薰蒸，人弗能久住。然询之土人，谓浴之可愈疮疖、肿毒、暑湿等症，冬夏之交，邻里居民相率来游。”

张星泰《红土涧温泉记》：“红土涧位喇井西北隅，沿喇井而下山，行六七里，见水气蒸腾，泻出于岩麓者，温泉也。鞠躬而入，左右平坦者，石床也。水声潺潺，悬岩而下，滴如贯珠者，钟乳汁也。凹而且圆，盛水于其中者，石盆也。略一危坐，汗气与水气交蒸，顿觉全体如燔，令人有不可久留之势，真奇境也。询诸乡人士，佥曰‘此泉也，浴之非特可强壮身体，凡挛踠、痿疠、风寒、暑湿诸症，奏效如神。居是乡者，病不药而以浴，残喘废疾之人日愈少，何莫非温泉之所赐也。’余闻之，不觉肃然致敬曰：‘信如公等言，余得浴于斯泉，亦余之幸也。’是为记。”

藻按：《物质之神秘》载温泉有益于人之疾病，必中有一特殊化学成分，为普通淡水所无。然温泉中有所谓单纯泉者，其泉水之化学成分，与普通淡水无丝毫之差异，而此单纯泉对于疾病之效用，较诸含有特殊成分之温泉，更为灵验。盖单纯泉含有特殊之镭质，故浴其泉者，能祛诸疾。现代发明之镭质温浴，为家庭卫生之唯一利器。近日又发明镭气吸入装置，效用较温泉浴为大。奥国产镭矿最多，故世界有名之温泉，亦以奥国为最著。雅含姆士山第一温泉，泉水一立脱尔含镭气二千五十马舍，第二温泉则七百五十六马舍，第三温泉则一百八十五马舍。斯泉能祛诸疾，所含镭气量必多，故功用与云弄温泉相若。南洋巽他群岛中，此种温泉仅得其一，已堪衒世，而日本有马矿泉，治偻麻质斯皮肤病及神经诸症，亦名震全国。滇并二难而湮郁弗彰，实传播乏人耳。兹获高、张近作而录之，庶幽潜可藉以阐发云。

中甸县中甸原驻同知，隶丽江府，民国二年四月改县。

栊木郎　田北湖《温泉略志》：中甸县五十里栊木郎。按：此泉在大小中甸之西境。

永北县原系永北直隶厅，民国二年四月改县。

白石崖、松明村、谷须巷、顺州底当、瓦都寨　《永北直隶厅志》：温泉有五，一在城东十里白石崖河内，一在城南二百里松明村，一在城西南二百里谷须巷，一在顺州底当，一在永宁西北三十里瓦都寨。

藻按：《清一统志》谓永北温泉有三，一在城东十里，一在城南二百里，一在城西北瓦都寨，浴之者能祛疾。城东之泉，即《厅志》所载之白石崖。城南之泉，即《厅志》所载之松明村。其瓦都寨之泉，《一统志》《厅志》均谓在西北，而《读史方舆纪要》谓在东北六十五里，与四川盐井卫接界，所指方位，又不相侔，录以俟异日之考正。

丽江县原系丽江府附郭首县，民国二年四月裁府留县。

东山里、白浪沧　《丽江府志》：温泉在东山里者二，在白浪沧者一，清洁温沸，痼疾者浴之即愈。

冷暖亭　《丽江府志》：系王太守所题，在象山麓潴水塘，清波荡漾，活水潆洄。中有亭翼然，水左冷右暖，故以名亭。

永平县

曲洞河　《永昌府志》：曲洞温泉，水暖而清，四时可浴。《永平县志》：曲硐河在县南十里，源发和邱山阴，入银龙江。其南有温泉，水暖而清，四时可浴。

保山县原系永昌府附郭首县，民国二年四月裁府留县，并用府名，三年一月复用原名。

金鸡村　《清一统志》：在县东五里，泉出二池，一温一凉。泉畔有石，高五丈，围丈余。石上数孔，聚水澡浴，俗谓之立舒石。相传吕凯所立。

《永昌府志》：去城三十里，泉温而清，四时可浴。康熙四十年，知府罗纶更为修砌，复凿一池于旁，引水于内，上为瓦屋，中为垣隔之，在外听民之便。其南旧有亭，并为新之，以为憩息之所。同知李文渊、知县程奕建正己亭于其西，亭之前为射圃，经历钟吕监修。按：旧《志》为虎嶂温泉，注云在虎嶂山之麓，但虎嶂虽有温泉，而荒芜已久，泥沙淤塞，又无屋宇。今金鸡之温泉，既经修葺，山川得人而彰，宁有常耶？故即易以金鸡，并记虎嶂之名，或以俟诸异日云。

清魏上暹《金鸡温泉》词："氤氲瑞气浮，酿出泉流，汤池烟霭最温柔。洗尽风尘无点垢，厥疾皆瘳。天地一沙洲，凉燠相投，火龙负鼎煮春秋。浴罢披衣登彼岸，遍体飕飕。"

鸡飞山　《清一统志》：在县东南一百里。有石洞，洞旁二泉，一温一凉，清莹见底。

哀牢山　哀牢山在城东，与太保山相对，高四千六百七十二尺。其下有泉，水性温，古称玉泉。

《读史方舆纪要》：哀牢山下有石如鼻，二孔出泉，一温一凉，号为玉泉，因亦名玉泉山。

藻按：泉有同出一壑而半冷半温者，如永兴南之圆泉是。有本属一泉而夏凉冬暖者，如澂江重珠山、蒙自撒土寨等处之龙泉是。有二泉相距不远，而一冷一温者，如惠州佛迹院之汤泉是。昆阳友于村，保山金鸡、鸡飞、玉泉山之泉，均一温一凉，殆亦佛迹院泉之一流耳。

凹　底　《永昌府志》：在施甸西山下，隔仙人洞五里许，水如汤沸，有天生磺，能治一切疾症。春时浴者络绎不绝。

藻按：滇温泉产天生磺者，一为洱源九气台，一为保山凹底。但肆所市者皆洱源产，产凹底者想系额微，故未能散布焉。

蒲　缥　《永昌府志》：在城南六十里，广十余亩，其水清洁，由岩下涌出，如汤沸。春间远近浴者络绎不绝。

腾冲县原系腾越厅，民国二年改县，并改名。

大洞村　《清一统志》：温泉在州东南大洞村。《永昌府志》：大洞温泉在大洞村。《腾越厅志》：大洞山下有温泉，今在黄土坡后山。又《志》载城南十里许大董练黄坡山，约行六七里，忽闻水声淙淙然，从石峡中流出。纡徐而往，有景绝佳，但见怪石嵯峨，巨细不一，或类卧狮，或如伏虎。石穴下有池，宽丈许，温泉溢其中。是泉也，冷暖合度，澡身者似浴兰汤，润泽可人。祓除者如临沂水，虽腾郡温泉颇多，不若此之和缓得中，出于自然也。

硫磺塘　《永昌府志》：硫磺塘水如沸汤，有硫磺，可以禊病。《腾越厅志》：鼎沸者，其形也；薰蒸者，其气也；波涛汹涌，气象万千者，其势也。奔腾澎湃，热浪翻波，光怪陆离，瀼锅发涨。异哉！孰如东南隅之一泓热海也！此地去城三十里许，名硫磺塘。水出两山间，如锅中滚水状，与大洞泉不同。山侧又有冷泉流出，村人置浴室数间，随地引流，冷热相和，以便沐浴。噫嘻！兰亭之盛事难逢，得此差堪祓除，沂水之春风何处？藉兹聊以优游，传奇景于腾阳，未必非边隅之名胜。

缅箐、猛蚌、猛连、清水河、曩采、蒲窝、丙洒、阿幸、马蚁窝、癸甸、板山、江

苴、猛弄、清水朗　《永昌府志》：温泉腾越最多，如马蚁窝、缅箐、猛蚌、癸甸、阿幸、板山、猛连、清水河、江苴、曩采、蒲窝、丙洒、猛弄、清水朗等处俱有。《腾越厅志》：温泉腾地甚多，大洞温泉、一泓热海外，如缅箐、猛蚌、猛连、清水河、曩采、蒲窝、阿幸等处俱有，亦皆可浴，并书之。

藻按：《清一统志》所载腾越温泉，一在州东南大洞村，一在州西缅箐村，固与府、厅《志》所载之大洞、缅箐相符。其云"一在州南罗左卫村，一在马邑村，一在南甸司，一在干崖司。旧《志》在陇川司者，从石罅流出，其热如汤"等语，是否即系猛蚌、清水河、曩采、蒲窝、阿幸及马蚁窝等处，羌无证据，未敢臆断，姑存以俟续考。

龙陵县原系龙陵厅，民国二年四月改县。

香柏坪　《永昌府志》：去厅三十里香柏坪上有温泉，浴之可除疾云。

蒙化县原系蒙化直隶厅，民国二年四月改县。

封川山　《清一统志》：温泉在封川山下，相传蒙细奴逻母疾，浴此水而愈。《蒙化府志》：温泉在封川山麓，蒙诏汤池也。相传细奴逻母病，浴此辄愈。今人冬夏二季，咸往浴焉。又城南温泉，浴者愈病，春日市民趋浴如市。《蒙化县志稿》：封川山即甸尾山，山尖有浮屠，下有温泉，旧《志》列十六景之一，曰"温泉漱玉"。《读史方舆纪要》：在州南十里，下有温泉，旧有甸尾巡司戍守。

胡宗瑗《封川山温泉考》："封川山临瓜阳江，上建白塔，高三丈，与泮池遥相映，又谓之文笔。麓左温泉喷出，有如鼎沸，富硫磺质，浴之解愠疗疾。二三月间，往浴者络绎不绝。犹有用者，泉流土石成灰白色，所谓土碱也。山前村人常沸而取，滤而煎，或浣衣洗物，涤其旧染之污。麦面无此不易发酵，温泉之利大矣哉！"

左嘉谟《浴温泉》诗："为选骊山胜，飘飘若御风。本来无垢体，自与太初同。"

杨友楠《温泉漱玉》诗："寻过梅花饶逸兴，城南十里觅温泉。膏融石巉常欺雪，气拥龙池不断烟。镜里容颜嗟俗子，波中日月识神仙。尘襟涤净无他事，歌咏同归夕照前。"

藻按：封川山在城南十五里，山形尖锐，下出温泉。

顺宁县原系顺宁府附郭首县，民国二年四月裁府留县。

大江外、漫多村、锣锅寨、小桥塘、大兴寺前　《续修顺宁府志稿》：顺宁温泉一在大江外路旁，一在漫多村河边，一在锣锅寨大江边，一在小桥塘，一在大兴寺前。

藻按：《清一统志》"温泉在府境者有二，一在城南阿柱村，一在城西西添村"，是否在《续修府志稿》所载五处之内，抑系另有二处？未经查确，尚难断定。

热水塘　塘在澜沧江东岸，路旁热气喷高十余尺，富硫质，故有臭气。

刘靖《顺宁杂著》："滇南多温泉，顺宁境内亦有数十处，大半皆涓涓细流。或山岩之下，潆洄一区，上下流潜伏地中。澜沧江东岸半里许有名热水塘者，近在路旁，热气高丈余，斜喷道中，臭不可当，行人至其地，率皆掩鼻疾趋而过。夏秋阴雨乍晴，炎蒸之际，多有中其毒者，与瘴疠无异。"

藻按：此泉或系在澜沧江东岸路旁，或即《续修府志稿》所载大江外路旁之泉，亦未可知。惟此种喷泉，在世界中最驰名者，有新西兰之喷气孔，挨斯兰之沸泉，窝民之沸井。而挨斯兰泉喷高四十余尺至一百三十余尺，窝民沸井喷高一百八十余尺。热水塘热气仅喷高十余尺，虽未能与数十尺、百数十尺之喷度争胜，然亦吾国寡有之名迹。

凤　山　《续修顺宁府志稿》引旧《云南通志》：温凉泉在城南十五里凤山之阴，

二泉同出石罅间，不逾尺而寒燠异。相传浴之可愈疯癞。

石溜泉 《续修顺宁府志稿》：石溜温泉在右甸西南九十里深林僻道间，地名鸡飞。有泉自石隙中出，清光溜碧，沸如春温，旁有石凳石案，浑然天成。杨升庵《笔记》云滇泉之温十有七所，惟安宁为第一，要绝无硫磺气，可以愈疯疾。鸡飞温泉其亚者欤?

王文烺《石溜温泉记》："蒲门外有石溜泉，性含盐硫质，曰鸡飞澡池。池上有峭壁，壁前对峙二塔，塔分雌雄，各高数丈。雌者无甚异致，雄者系二节相合，上节底凹为巨釜，下节圆若帽盔，中挟一石卵，界于两节之间，扪之可动。塔之右生石釜一，内流温泉，可以沐首。下则生较大石釜数个，内流之泉，倍于沸汤。釜右一陷井，烟雾蒸腾，窥之甚黑，投之石，洞然水声。环而下之，中分二窖，泉则一温一凉，在昔称为仙人洞。又由右石阶而上，有石室，室间有沸水出，若吸上唧筒。右壁间挂小石田，水亦沸腾。每值暮春孟夏，赴浴之人如都。置床唧筒之上以蒸腰，则腰疾可疗；以目蒸于石田，则目疾可瘳；浴之仙人洞，则疥癞可愈；外者浴之身体羸弱者，其精神亦壮旺焉。"

藻按：此泉能疗诸症，雅与云弄山、红土涧两泉相近。

徐石麟《鸡飞温泉歌》："山最幽，地最僻，尽道有泉夸赤壁。问之在鸡飞，览之劳马力。青峰高耸若擎拳，古木纷披如线织。燠气薰蒸接太虚，净质澄莹透石隙。何年火龙眠此山？奔流喷沫飞琼屑。山凝半缕烟，石湛一泓碧。又疑丹灶地中藏，暗煮寒浆与沙碛。冬既能温，当夏犹炙，滔滔一派无冷时。互古灵源不能息。水气升为云汉章，清光直比玻璃色，令人澡浴去尘疴，何异祇园八功德？落涧可以饮麋熊，分流日夜灌阡陌。欣招韵友挈壶觞，一来趺坐同浮白。同浮白，兴何极？前村夕照霭疏篱，我蘸灵泉戏游客。"

王怀伯《鸡飞温泉》诗："坎德离为用，温泉喷石矶。邻村呼兔尾，此地号鸡飞。玉笋千年瘦，山花四面围。汤铭犹可颂，许我洁身归。"

云 县原系云州，民国二年四月改县。

猛 郎 《续修顺宁府志稿》：猛地温泉在云州北五十里猛郎，地有沸泉，涌出道左，视其蒸炎，可焬鸡畜。稍下分南北二流，各甃一池，北池覆以亭壁，为女子澡浴处，南池共洗濯。

李荣陛《云缅山川志》：猛郎河东南带猛郎街，穿其桥，左合于牛楼之河。河北出阿轮山，南流降于村，有水瀵出平地石穴间，广圆数亩，其气上冲如黑雾，半里外硫腥逆鼻，其热不可探。稍远温凉，土人幂以浴，男女异次焉。

杨以荣《猛郎街温泉记》："距云州城六十里有猛郎街，为往来孔道。街后温泉涌出于石丛中，区为男浴塘、女浴塘、回人浴塘，并建屋于上。炎夏洗之，令人遍体清凉；寒冬浴之，令人全身温暖；生疥癞者浴之，立见功效。就浴者无论昼夜，络绎不绝。且泉清流畅，推为胜地，故列云阳八景之中。"

猛氏、困蜂、困业 《续修顺宁府志稿》：云州温泉有四：一在猛郎见上，一在猛氏，一在困蜂，一在困业。

白石崖 李荣陛《云缅山川志》：右甸河合猛佑水为猛佑河，过大雀山右，抱白石崖，过两温汤水，北转，过衔珠箐、猛麽箐。

泸水行政区原系鲁掌、登埂、卯照、六库、老窝五土司地，民国二年改行政区。

鲁表、蛮蚌河、鲁腮田、滴水河、古炭河 《泸水地志稿》：鲁表、蛮蚌河、鲁腮田、滴水河、古炭河各有温泉一处，夷人于每年正月三日以后，九日以前，均来各温泉内洗澡，名曰“澡塘会”。男女咸集，商贾亦来贸易，颇形热闹。

猛卯行政区原系猛卯、腊撒两土司地，民国三年改行政区。

户蚌寨　《猛卯地志稿》：距猛卯城东五里许之户蚌寨，旁有温泉，带臭味，系含硫磺质，可资沐浴。

芒遮板行政区原系芒市、遮放、猛板三土司地，民国元年设芒板及遮卯两弹压委员，民国四年改行政区。

蛮　耗　地属遮放，有温泉，在治所西南四十里。

姐户猛　地属遮放，有温泉，在治所西南七十里。

蛮　蚌　地属遮放，有温泉，在治所西南八十里。

蛮　牛　地属芒市，有温泉，在治所东北三十里。

法　帕　地属芒市，有温泉，在治所东北四十五里。

藻按：右五处温泉，据《芒遮板地志》所载，均在平地，土人就以洗浴，能除风湿、癣疥等疾。每届夏历正、二两月，远处之人来此洗浴者亦络绎不绝。惟夏秋二季，瘴毒甚厉，只有本地人入浴。距离较远者，则为瘴所阻，裹足不前。

普洱道

新平县

六祖山　《新平县志》：温泉在新化六祖山，其水温热，人竞浴之。

扬武关　《新平县志》：温泉在扬武关庙旁。

郭树棋《鲁奎山温泉记》：“新平城东八十八里许，有温泉焉，位扬武与大开门之间，鲁奎山支脉之麓，大小六、七，温度颇高，附近男妇之往沐浴者绵延不绝。夏秋两季，往者尤夥。沐浴规则，昔今莫违，女昼男夜，秩序井然。考此泉富于硫磺质，沐浴其中，可以疗疾，故凡行人之经其地者，多就浴焉。又染疮癞等之皮肤病，沐浴亦颇见效。”

藻按：《新平县志》温泉有二，一即六祖山，一在扬武关庙旁。郭《记》谓此温泉位扬武与大开门之间，或即《志》载扬武关庙旁之温泉。惟记称鲁奎山，虽与《新平县乡土志》同，而《县志》作鲁魁山，以明土蛮鲁魁居此故名，是则山以人名，仍当以《县志》为正。

元江县原系元江直隶州，民国二年四月改县。

温玉泉　《清一统志》：在州城西北十五里。《名胜志》：石间迸出，其色清碧，其沸如汤。

瓦纳山　《元江州志草本》：温泉一在城西八十里瓦纳山下，其沸如汤，可燖羊豕。

孙寿昌《瓦纳温泉记》：城西南四十里有瓦纳温泉，水热，能去猪羊毛，并可煮鸡卵。其地有炕床，人工所成，撄旧疾者，赴此处蒸炕即愈。开塘之期，正月二十日至三月二十日，届期游人往来，络绎不绝。

藻按：是泉能去猪羊毛，并可煮鸡卵，其热度之高，固与澂江、石屏之热水塘，云龙茶亭寺，鹤庆火焰山之温泉相等，以视邓川下山口温泉投腥蔬可熟，美利坚之南握乾疏省温泉可泡熟肉物者，尚稍逊焉。

礼社江　《元江州志草本》：温泉三处，皆在城东北礼社江边。石罅迸出，泉暖澄澈，无硫磺气。

单世《温玉泉》诗："匹马危峰下，驰驱礼社边。方塘沈碧玉，照穴泻温泉。肌浸知尘涤，容舒觉体便。登舟闲泛泛，瞥目白鸥眠。"

藻按：《元江州志草本》之图，城东北十里，至热水塘。其温泉三处均在礼社江之东，距热水塘不远。

漫林村　《元江州志草本》：温泉在城南十里漫林村旁。《元江志稿》：旧《州志》在城东南十里之漫林村旁，今涸。

西腊河　《元江志稿》：在城北五十里沫龙租村下西腊河滨。由石罅涌出，泉水之大，冠于元地各温泉，惟温度视瓦纳温泉为稍逊耳。

缅宁县缅宁原驻通判，隶顺宁府，民国二年四月改县。

南丁河　李荣陛《云缅山川志》：南丁河经昔本里，左过南本水、温汤水。汤在积峡间，四无人径，高岩为扃，深树为帐，为㖞泉声，清奏盈耳。圆方二井，相承剂水，凉热入之，夏冬盎盎，长如春暮。奉氏有土时，逃暑之地。其水东注南丁河。

宁洱县原系普洱府附郭首县，民国二年四月裁府留县，并改用府名，三年六月，仍复原名。

西　岭　《普洱府志》："西岭温泉"为宁洱八景之一。《普洱府志稿》引旧《志》：在城西南隅十二里，泉从山腹出，大而清澈，温暖得宜。黑块者入浴，皮肤变雪白色，垢腻自褪，不待以手搓擦也。疥癞者浸其中二三刻，不药而愈。

清郑绍谦《西岭温泉》诗："不必春风咏浴沂，温泉随地见天机。清凉居士世人识，试问谁能执热归?"

单乾元诗："寥泬洪炉静，天心热地藏。将兹温气息，洗彼冷肝肠。山映清波净，花飞流水香。春沂归浴后，吟啸若为狂。"

牛稔文诗："传说温泉水，丹砂地底藏。堪医俗气骨，好助热心肋。脱去长年疾，时流竟体香。临风意缥渺，非敢慕贤狂。"

杨溥诗："岭外流泉古洞旁，蒸蒸暖意却清凉。凭将地底丹砂气，洗尽人间冰雪肠。风静波澄摇扇影，花飞镜展满衣香。春沂浴后归吟晚，几树轻烟问夕阳。"

滚　泉　《普洱府志稿》引旧《志》：在城西北二十里。隆冬之间，泉水滚热，近者流汗，燖鸡毛无不脱落者，人不敢入其中浴。

思茅县原系思茅厅，民国二年四月改县。

东　涧　《普洱府志》：思茅八景，"东涧温泉"为第一。

陆葆《东涧温泉》诗："在山可比出山清，触石无端寄此名。若洗人间尘垢想，是中冷暖最分明。"

车瑛《东涧温泉》诗："曲折流泉注涧东，沙晴水暖宛春融。是谁巧爇阴阳炭?绝胜泉温列炬中。"

景谷县原系威远厅，民国二年四月改县，三年一月改名。

南　涧　《普洱府志》：周诵芬《威属四景》四首，其二《南涧温泉》诗："梅花报信赋言旋，道路崎岖马不前。远岭遥瞻寒雪积，灵岩近过暖泉潺。溶溶一似茶铛沸，勃勃差同宝鼎煎。欲访前人沂水浴，斯时已是朔风天。"

澜沧县原系镇边直隶厅，民国二年四月改县，三年一月改名。

哈卜尔　澜沧县属猛连土司所辖哈卜尔地方有温泉一，泉水稍带硫磺气。

藻按：是泉滇省地志及其他载籍均未著录，湘潭周杏隝先生声汉曾摄是邑篆，旋省时，余从而访得之。周君并言是泉在澜沧近边之处，距缅甸艮董约四五十里。

普思沿边行政总局原系车里宣慰司辖地，清仍之，民国二年一月改总局。

蛮柯松 总局南蛮柯松西三里余有温泉，自平地涌出，温度尚平。

流沙河 总局西三十余里，当流沙河北有温泉，含有硫气。

猛　阿 第二区猛阿西二里有温泉，亦涌自平地。

猛　混 第三区猛混东南五里有温泉，出于地隙，可供洗浴。

热水塘 第四区大猛笼北十余里蛮蚌有热水塘，温度颇高，堪焊鸡毛，并富硫气。附近人民时来入浴。

藻按：上列温泉五处，《普思沿边志略》及《地志稿》均未载，系晤总局长柯绩臣先生树勋访得之。

跋

《云南温泉志补》一书，系于民国六年十一月搜集资料，七年四月从事编纂，八月脱稿。十月，云南学会成立，余被选任幹事长，因会中史地部应按章搜印关于本省史地之著述，会中同人闻余脱此稿，征印之，遂将初稿检付印行。迨印成，逐加检核，体例疏舛及事实讹漏处颇为不少，复将体例略为董理，其事实讹者正之，漏者就会中征获各属地志稿及各属新出之志书撷补之。计增温泉二十九处，共达二百零四处，视初稿为稍完备。如异日耳目所及，温泉续有发见，仍增益焉。

时民国十二年三月，振藻再识于滇垣寓庐。

〔据李春龙、刘景毛点校《正续云南备征志精选点校》（云南民族出版社2002年版）第633－657页辑录。有关云南温泉记载的著述，“昆明李李山太史之《云南温泉志》，淮安童仲华先生之《云南温泉志补》二书，均蒐罗宏富，考据详明，藉资参证”。（刘庆福辑，童振藻整理《云南之河湖泉》，1992年杭州图书馆影印本）。《云南温泉志补》四卷，民国八年印行，记载温泉175处，其中卷一《滇中道》分列昆明等二十二县温泉共46处；卷二《蒙自道》分列弥勒等十四县温泉共25处；卷三《腾越道》分列盐丰等二十三县温泉共87处；卷四《普洱道》分列新平等八县温泉共17处。民国十二年，此书又经作者重加补订，以征获各属地志稿及各属新出之志书补之，计新增温泉29处，共204处，体例序次，亦有变更。卷末附民国十二年三月童振藻跋，叙述该书成稿时间及增补情况。此篇即据重订本收录。《云南温泉志补》原分四卷，《续云南备征志》收录，合为一卷。〕

省　志

（景泰）云南图经志书·井泉

卷一　云南布政司　云南府

清侯井　在布政司内。段思廉封高智昇为鄯阐演习，号清侯，凿井得泉，因而名之。

阐西井　在城隍庙内。土人取之濯丝以织土锦，其色鲜明。

石岩井　在圆通寺内石岩之下。以之烹茶，则其味甘美，非他泉可及。

四　井　一曰白石井，在布政司之西；一曰石井，在今贡院之东；一曰阿泥井，去城北四里江头村；一曰青石井，去城西七里团山下。皆渊深清冽，四时不竭，足以赡居民、樵牧、商旅之日汲焉。

龙　泉　有二处：一出郡城北商山之麓，有灵湫，阔三丈余，周围树木阴翳，湫中有鱼，大小不时出没，投以糗饵，则群然相逐。土人云，捕其鱼食者，多致病且死，未知的否。然湫之傍有祠，祠之西有亭，翼然临于其上，扁曰“第一泉”。东则龙泉观也。一出郡城西勒甸村山内，有湫似鱼形，水分青、白二色，正统十三年嗣黔国公沐斌始立祠，与商山并名祀之。遇有亢旱，有司辄率县之父老于二处祷焉，无不应者。

乔坚《陪省官游商山龙泉》诗：

城居厌喧俗，经年抱官囚。使君率僚吏，税驾东城游。城东夫何如？山水清而修。龙宫压海岛，金碧凝双眸。石梯连木杪，登览穷冥搜。道人为我言，于焉有龙湫。蜿蜒抱明月，风雷閟深幽。群鱼跃晴波，碧藻扬芳柔。洋洋掉鳞鬣，潜跃无时休。使君有仁心，不忍垂其钩。脱巾憩林樾，停杯俯清流。鱼我两相忘，乐意方与周。岂曰恣游旷，省俗聊淹留。白云翳玄关，夕阳戒鸣驺。徘徊下山去，黄尘满衣裘。

冷　泉　源亦出商山之麓，其冷透骨，土人云，浴此泉可去风疾。

瀑布泉　在宝珠寺后有翠岩，高数十丈，泉自岩顶注于溪，喷珠溅沫，清澈可爱。

郭进诚诗：

不作人间九夏霖，一泓高泻此岩阴。清锵环珮风生壑，冷浸玻璃月在林。流尽废兴千古恨，洗空势利一生心。出山便与群流合，且缓须臾伴醉吟。

温　泉　有二处，一在宜良县汤池驿边，一在富民县南三里许。其沸如汤，人多浴之。

晋宁州

黑龙潭　在州治西南一十余里。其源出新兴界，北流经州之永宁乡，居民赖以溉田数十顷。

安宁州

安宁盐井　其井有四：曰大井，在盐课司；曰考才井，在提举司；曰石井，在善政坊；曰大界井，即阿宁取土得之者。其泉皆卤煮以为盐，今置司课之。

象池井　在州治之东五里许。俗传唐时有僧于西番取经，用象负之过此，象热，卧于池井，而水湿其经，乃于井边石台上晒之，名曰晒经石，至今存焉。

洛阳泉　在州治之东十里。源出洛阳山之麓，经波罗村过东桥巡检司，溉田三千余亩。

昆阳州

里仁井　在河西乡官道傍。其泉满井，行旅渴者饮之，虽多亦不伤腹。偶为不洁者触之，即涸渗矣，久之而后复旧。

石洞泉　在平定乡石山下，有三洞，广各二尺许，出泉会而为潭。中有青白大鱼，俗呼为随龙鱼，莫之敢捕。其泉自西徂东，溉田甚多。

嵩明州

对　泉　在州之西中和里。两泉对出，百步余，始合为一流。

卷二　澂江府

空谷泉　在府治东北缺摩村。渟而为池，春秀颇温，俗云浴之可去痒疴，好事者称为“空谷灵境”。

北坡泉　去府之北二里许，缺摩山麓有灵湫焉，石窍沉深，时有小鱼出游，或投以糗饵，则巨鱼群然而出，若告报然，食毕复潜，莫知其处。土人传云：昔有捕其鱼以釜烹之，皆化为红水，由是无敢取之者。

西浦泉　去府之西十里许赤麦地村奇石崖下，中突平基，有龙王祠像，左右潭湫二所，双泉夹出，合流成溪入海，其灌溉之利，民多赖之。

双井温泉　在江川县海西村。两井出泉而四时常温，人皆浴之，其流入星云湖。

新兴州

龙　井　在州西。深不可测，其流四时不绝，州人皆汲之。

白龙泉　在石崖山下。其泉沸涌，萦回九折而南，溉田甚多，而归于大溪。

路南州

黑龙泉　在州东落台旧村。周围十五丈，深不可测，溉田千亩。

温　泉　在邑市县北。

冷　泉　在县之东。

曲靖军民府

温　泉　距府南二十余里。阔二丈许，其沸如汤，人多浴之。

霑益州

陆凉州

马龙州

灵　泉　在州西南三里中政隅。阔七丈，有泉濆涌而出，其色清碧，四时不竭。

罗雄州

寻甸军民府

温　泉　俗呼为热水塘，去府东南五十余里，人多浴之。传云浴者可以愈疾，未知的否。

矣步坞泉　俗呼为冷水塘。又有隐毒泉，在府之西。

倘郎泉　在府之北四里。澄澈不竭，足以供民之日汲焉。

武定军民府

香水泉　在府治之南二里。其泉遇春则香，土人于二三月携酒餟祭之，然后日汲焉。

和曲州

州前井　其水清洌，官民共汲之。

香　泉　有二处，一在州治西十五里，一在南甸县南三里，皆气味馨洌。土人用酸枣、蔗浆、盐梅和饮之，谓能去疾。

冷热泉　冷泉在州西五里，饮之其寒彻骨。热泉在元谋县法纳河村，其沸如汤。

禄劝州

乌龙泉　在绛云露山上，分流二派，皆入普渡河。

甘龙泉　在州西一里许。自石崖流出，抵州治，民日汲之。

卷三　临安府

玉洁井　在府治之东。其味甘洌，四时涌溢与栏平，其色莹洁如玉，故名。

白龙泉　一名白龙潭，在府西北板桥铺。阔三丈许，其泉灌溉之利甚博。土人立龙王祠其上，遇旱祷上，无不应者。

定边伯诗：

古甸龙潭已有年，清流滚滚出平川。滋余远野千章木，灌尽平畴万倾田。屡见方人诚致祷，曾知灵物久蜿蜒。新题赋得聊堪咏，何日携樽列绮筵。

温　泉　在府西北三十五里南床铺。其水温暖，人皆浴之。所属四县亦皆有温泉，未若此之胜焉。

建水州

溥博泉　在城西门外。其泉清洁，无卤而甘，日汲不竭，以之酿酒，味胜他泉。

温　泉　在州北曲江村。阔四丈许，其泉如汤，人皆浴之。

石屏州

大小龙井　去州西二里许，二井相邻，混流清洁，注于杨柳坝，俱入异龙湖焉。

温　泉　在州南五十里崇德乡。水热如汤，注为五塘，每岁春月，士民皆浴其间。

宁　州

温　泉　在州南二十里他招村，有一岩洞，阔约二寻，一石覆顶而垂于前，两傍有窦，若左右门，浴者出入其间。下有细白沙石布底，挠之不浊，其热如汤。

瀑布泉　在州东北五里茶部充村，有泉自峰顶飞泻如虹垂，故名。

阿迷州

火　井　在州东北三十里部乍村。其水溢出于田，而井内常有烟气不绝，或投以竹木而火即燃，夜则有光。其井傍之石亦常热，盖莫究其然也。

灵　泉　在州治之西。其深莫测，俗云有灵物潜焉，故名。

广西府

师宗州

弥勒州

温　泉　在阿欲山下。阔三丈许，深三尺余，水色青碧，土人时浴其中。

维摩州

广南府

富　州

元江军民府

温玉泉　在府西北十五里地珰村。其泉自石间迸出，热如沸汤，民多浴之。

镇沅府

盐　井　其井有六，皆在波弄山之上下。土人掘地为坑，深三尺许，以薪纳其中焚之，俟成炭，取井中之卤浇于上，次日，视炭与灰则皆为盐矣。其色黑白相杂而味颇苦，俗呼之曰鸡粪盐，交易亦用之。

马龙他郎甸长官司

温　泉　去司之西一百里彻崇山中。其温如汤，人多浴之。

卷四　楚雄府

黑盐井　其井有四：曰黑井、曰琅井，在定远县宝泉乡；曰阿陋井、曰猴井，在广通县舍资村。皆出卤泉，煮以为盐，今置司课之。

三　井　一曰青石井，在府治正厅之前；二曰西明井，在府东南半里；三曰玄坛井，在德胜门外。皆清洌，人咸汲之。

石羊井　在定远县北五里，有石似羊，人不敢动，动则井水泛溢。

温　泉　有二处，一在广通县南六十里，一在定边县东二里。其水皆温，人多浴之。

南果罗泉　在碍嘉县西四里。

镇南州

古　井　在州东一里。其水甚佳，人多汲之。

龙　泉　在州南三十里。泓深莫测，岁旱辄祷之。

热　泉　在州西六十里。其水如汤，人多浴之。

南安州

玉　泉　在州东二里。其泉温暖可浴，兼有灌溉之利。

姚安军民府

姚　州

白盐井　距州之北一百二十里新江里，产白盐。土人相传，本百羊井也。蒙氏时，洞庭爱女牧百羊于此，有羝舐土，驱之不去，因尝其土，味咸，遂掘而得卤泉，大小一十六眼，后立庙其上。今置盐课提举司以收其税。永乐间，井卤乱渗，课亏民难，时毗陵吴润为姚安知府，闻黑盐井亦有此害，乃并辞奏允而闭其渗，民甚感悦。

教授张通述民词为《闭井谣》：

白井黑井多渗卤，柴薪如桂盐如土。鹾丁偿课鬻儿孙，平民代纳情难吐。姚安太守才且贤，质诸元戎与藩府。一封书奏九重天，九重遣使询民苦。大井仍开小井封，灶户欢呼商贾舞。丈夫得志能尔为，芳名会见流千古。

金龟井　在州西十里。其水清洌，人皆重之。

西岭泉　在仙景山之西麓。土人相传云，昔有一老人尝于此磨铁杵，后莫知其所终，谓成仙也，今其石犹存。傍有赤甲、龟祥、妙光三泉，其水皆清洌。

景东府

笕　泉　其源发无量山。卫城旧无井泉，指挥袁贤乃制竹笕引其泉入城中，凿池以潴之，而覆以亭，人咸汲之，好事者题为“笕池漱玉”。

顺宁府

温　泉　有二处，一在府西北八十里阿柱村，一在府之西北五十里西添村，其水皆沸如汤。

永宁府

温　泉　在府东北一十五里瓦都寨傍。

澜沧卫军民指挥使司

蒗蕖州

北胜州

春水泉　在州治西北五里许。其水清白，每岁三月，居民不分贵贱，皆携酒馔赴泉畔为燕乐，汲其泉和以盐梅等物而饮之，谓之吃春水。

温　泉　有二处，一在州西南一百三十里枯木村，一在州南一百四十里小沙田村。其水俱温，土人常浴其中。

者乐甸长官司

毒　泉　在蒙乐山间。其水甚毒，人畜饮之即死。

卷五　大理府

药师井　在城西门外一塔寺之左。其泉冬温夏凉，郡人用此水造纸，其色洁白。城内有莫竭、黑龙二泉，其水皆清洌，而黑龙泉尤甘，传云蒙氏居此，专汲之，而外人不与焉。

救疫井　在点苍山下保和乡。其水清洌，俗传有疫疠者，饮之即愈。

瀑布泉　在点苍山应乐、雪人二峰之间有石涧。其泉飞流千尺，宛如素练。

赵　州

玉泉井　在州治之西十五里许。元世祖平云南，驻师于此，时天旱水涸，军士皆渴，世祖拔剑插地，须臾泉涌，因号玉泉。

温　泉　有二处，一在州之东六十里余白崖石孔邑村，一在州之西四十五里炼场铺之傍。二水俱温，民多浴之。

邓川州

五井盐井　一曰诺邓井，在提举司之左；二曰大井，在司西南十五里；三曰山井，在司西南二十五里；四曰师井，则去司百里；五曰顺荡井，则又去司百八十里。其泉皆卤，煮以为盐，今置司课之。

温　泉　有三处：一在州北三里，从巨石下涌出，深可三尺；一在州北十里，亦出岩下，滀而为池；一在浪穹县东南三营山下。其泉皆温，土人四时往浴之。

云龙州

蒙化府

泮　井　在府学中。其水清洌，暑月城中诸井皆涸，而此井则汲之不竭。

温　泉　在府南十里甸尾山麓。清澈而暖，无间春冬，郡人不分贵贱，咸往浴焉。

鹤庆军民府

温　泉　有三处，一在府东南一百三十里大梦村，二在观音山驿之南。其水皆澄澈而温，土人常浴其中。

剑川州

弥沙盐井 在州西南一百五十里弥沙浪乡，出卤泉，煮为盐块，形如马蹄，今置司课之。

桥后井 去州西南一百四十里亦有卤泉，煮以为盐，附于弥沙井课之。

灵 泉 去州西南四十余里。其泉寒冽，州人有患疫者，取其水盛以竹筒而悬之于门，其患自息，号曰灵泉。

温 泉 去州西一百里求仁甸乡。温暖如汤，人常浴之。

顺 州

丽江军民府

通安州

温 泉 去州八十余里阿失村。其泉温暖，夷民春冬浴之。

苦 泉 有二处，一出吴烈山涧内，一出州西剌沙里。其味皆微苦，夷人每往饮之，谓能除病。

宝山州

兰 州

盐 井 有六处，曰二欠井在汤甸村，曰上日欠井，曰下日欠井，曰罗摩井，曰温泉井，曰伍井，俱在雪盘山西南。其卤皆咸，煮为盐，纳课。

巨津州

金齿军民指挥使司

天 井 在哀牢山之绝顶。土人于春首往视井水之盈涸，以占岁之丰凶。

法明寺井 在本寺内。其泉清冽，汲之烹茶甚香。

玉 泉 在哀牢山下。有一石如鼻状，左右流出二泉，一温一凉，人以为异，号曰玉泉。

龙 泉 有二处：一在城北郎义村，析为三派；一在城北上丛村，地中涌出。其流虽大小而皆有灌溉之利。

腾冲军民指挥使司

分水泉 在高黎共山之顶，水极清冽。土人传说，昔有神僧见行者至此无水解渴，以锡杖卓之而泉涌焉，至今往来者咸掬饮之。

温 泉 有四处，一在城北马邑村，一在城东南大洞村，一在城南罗左冲村，一在城西缅箐村。皆水沸如汤，人多浴之。

〔据陈文修景泰《云南图经志书》（李春龙、刘景毛校注，云南民族出版社 2002 年版）卷一至六《井泉》辑录。〕

（民国）新纂云南通志·地理考·湖泽泉潭

卷二十八　地理考八　湖泽

本省湖泽之多，为本国西部各省冠。有鱼蒲之利，有舟楫之便，有灌溉之益，有风景之美，较诸河流尤重要焉。

全省五大湖

滇　池　以居全国之巅得名，跨昆明、呈贡、晋宁、昆阳四州县境，而距昆阳城最近，故一名昆阳湖。为盘龙江及桃源、海源、宝象、马料、洛龙、捞鱼、梁王、大坝、渠滥诸小河所汇。盘龙江，发源嵩明属邵甸黑龙潭。南流，右会自朵革东南来之牧养河，为盘龙江。又南流，入昆明境，至龙头村，左分一支为金棱河（以古时堤上遍植黄花得名，现改称金汁河）。其正支西南流，右纳银棱河（发源城东北二十五里黑龙潭。以古时堤上遍植白花得名，今改称银汁河）。又西南流，至会城南，与金棱河皆分为数岔，西入滇池。桃源河，一名沙河，发源昆明县北桃源村。南流至会城西，左会翠湖水，入滇池。海源河，发源昆明西聚仙山，南流至马街子，入滇池。宝象河，发源嵩明岘屾山小龙潭，西南流入昆明境，至板桥右纳板桥龙湫水，又西南至官渡，入滇池。马料河，发源呈贡七甸水海子，西流入昆明境，折西南流入滇池。洛龙河，有三源，均出呈贡东境. 曰黑龙潭，西南流；曰黄龙潭，西流；曰白龙潭，西北流。三源会于城东南，为洛龙河，又西流，分数岔入滇池。捞鱼河，发源宜良西北宝洪山，西南流入呈贡境，又西流入滇池。梁王河，发源呈贡梁王山，西流入滇池。大坝河，发源江川县北关索岭，北流入晋宁境，至石碑村左会由新兴北来之大堡河，又北流至小寨，右纳自盘龙西来之石子河，又北流，分为多岔，北入滇池。渠滥川，发源昆阳西南境，名清水河。东流纳数小水为渠滥川，东北流至城东南入滇池。周三百余里，东西狭而南北长。碧鸡山之罗汉岩斜入湖中，分湖为二部：北部曰草湖，小而清；南部曰大湖，阔而浊。湖中饶鱼类，以金线鱼为著名。小汽船由省会通昆阳，帆船兼通晋宁。灌溉、交通、发电，均资其利。碧鸡山今名西山。在其西岸，大观楼在其北岸，并称名胜。吐口在西，名石龙坝，历代疏浚，今并用以发电。下流西北入安宁境，为螳螂川，见河流普渡河。归于金沙江。

洱　海　在太和县，今大理县东。以南北长而东西狭，形如人耳得名。古所谓叶榆水、西洱河、昆明池，皆属此水，汉武帝凿其形于长安，以习水战者也。今人以滇池为古昆明池者，误。全祖望《昆明池考》，辨之甚析。为瀰苴、闷地、罗时、波罗诸河及点苍山十八溪之水所汇。瀰苴河，二源：东源出鹤庆西南境，名梅茨河，南流入浪穹（今洱源），为大营河，与西源会；西源出浪穹罢谷山，汇为巨潭，名宁湖，有花似莲而小，名曰茈碧，故湖一名茈碧湖，南流右纳罗凤溪（浪穹城北东南流小水），与东源会。折西南流，右岸有东南流之小水曰闷江，东北流之小水曰凤羽河，合而东流，经县城南而来会。折东南流，入邓川境，注于洱海。闷地江，源出邓川北焦石洞。南流，汇为东湖，复自湖泻出，南入洱海。罗时江源出邓川城北八里钟山，为唐人罗时所开，泄绿玉池水。南流为西湖，复自湖泄出为江，东南流入洱海。波罗江，源出赵州城南四十里定西岭，北流，经州城外折东，又北，入于洱海。点苍山十八溪，曰霞移溪、阳溪、万花溪、芒涌溪、锦溪、灵泉溪、白石溪、双鸳溪、隐仙溪、梅溪、桃溪、中溪、绿玉溪、龙溪、青碧溪、莫残溪、葶溟溪、阳南溪，皆山椒积雪融化下泻，瀑布悬空，有银河落天之势，入十九峰之谷，为十八溪。东流，注于洱海。跨太和、邓川、宾川、赵州四县境，周三百里，深达五十余寻，水色清绿。中有金梭、赤文、玉几三岛及青莎、大贯、鸳鸯、马廉四洲，风景奇胜，甲于西南。龙首、龙尾二关扼其南北，自古称险要之地。湖鱼以弓鱼为著名。帆船通附近乡镇。滨湖名胜有西岸之点苍山及浩然阁。吐口在南西，流会漾濞江，同入于澜沧江。

抚仙湖　以湖畔抚仙石得名，跨宁州、今华宁。河阳、今澂江县。江川三州县境，而距河阳城为近，故一称澂江湖。澂江府治河阳，故河阳一称澂江。西南受星云湖水，北纳立马、罗藏、玕札三溪，均河阳城附近南流小水。周二百余里，深达三十余丈，湖水深青，与天同色。中有一岛孤峙，名曰孤山。但风景虽佳，而水产甚少，所产康郎（𩼊𩼠）鱼销行省会，惟身小味劣，获利甚微。舟楫缺乏，惟星云湖船间往来于其中。其与星云湖相通处，两山夹束，渠长三里，有一石笋高数丈，屹立渠中，上镌“界鱼石”三字，石东所渔皆抚仙湖之康郎（𩼊𩼠）鱼，石西所渔皆星云湖之大头鱼，殆水味有咸淡之别，鱼过界即不适生存欤？吐口在东南，下流入于南盘江。

异龙湖　一名石屏湖，在石屏城东一里. 其成因由地震陷落后，北岸莱玉、乾阳两山清泉数十注入其中，成为周一百五十里之大发源湖，虽每岁七八月间城河即宝秀湖之委，惟七八月有水。宝秀湖，在石屏城西二十里，以居宝、秀二山之间得名。康雍间，某巨绅迷信祥瑞，强改为赤瑞湖，然舆论不顺，至今仍称宝秀湖。古时周二十余里，遍植芙蕖，风景绝佳，近为乡人开放城田，面积大减，荷花亦绝种矣。及南沙河石屏成南小沙河，惟七八月间有水。之潦水亦入其中，然皆非湖之源也。昔人误以宝秀湖为湖之源，故特为辨正。惟其为发源湖，故深虽仅达三丈，而水极清。西部有小屿三，曰大水城、曰小水城、俗并改为瑞城。曰浮石舫。以形如舟浮水面得名，俗称马抱龙，谓如一马抱于龙湖之上也。南部有湖湾九，曰大湾、曰高家湾、曰杨家湾、曰马房湾、曰豆地湾、曰罗色湾、曰柿子湾、曰青鱼湾、曰白浪湾。盖南山之支脉伸入湖中，为五爪、木鱼等山。而此等山又分为若干支，故划湖之南部为九，与西部三小屿合称九曲三岛焉。昔年渔业颇盛，乾鱼遍销邻近州县，远至思、普茶山。近数十年来，渔家多入箇旧，改营矿业，渔业顿衰。鱼以花鱼为最美，惜所产甚少。湖中有浮水蒲，可以移动，俗称草筏，湖民刈以织席，柔软可叠折，用途甚广，惟所出亦不多。莲花盛于明代，皆巨朵锦边，惜近多改种菱。民船通附近乡镇，行驶笨拙，不求改良。湖中名胜有海潮寺、后乐亭、一名来鹤亭。水月寺，湖畔名胜有广印寺、乾阳山，皆明代乡绅所营，近因无人修理，楼阁渐就倾颓。吐口在东，称湖口河，东流至建水境，左会旷野河，为泸江。灌溉区域甚广，入于南盘江。

泸沽湖　一作鲁窟湖，在永北直隶厅今永胜县。属永宁土府境。周一百五十里，中有三岛，高可百丈。吐口在北，左会勒汲河为打冲河，入四川省境，归鸦龙江。此湖上无河流，盖亦一发源湖云。

以上五湖，皆周百里以上，可称本省五大湖，故特摘列于前，其余数十里以下之小湖甚多，分府载之。

各府湖泽

云南府

翠　湖　本名九龙池，以九泉所汇得名。在府城内西北隅，周二里有余。明时为沐氏所有，称柳营，后归公。中为放生池，荷塘柳堤，四面环绕，殊有城市山林之妙。碧漪亭、一名湖心亭。莲笑楼、图书馆及钱南园先生祠堂在焉。水由西城墙下出，入于滇池。此湖甚小，于水利无关，因在会城之中，有人工点缀，风景佳胜，游客所集，故载之。此外，数里小湖无关大利害者，从略。

明　湖　一名阳宗湖，在旧阳宗县。县废后，分属宜良、河阳二县。汇河阳北境溪涧之水，周七十余里，岸高水深，南口复狭隘而当西南风之冲，故风浪甚大，渔船殊少，有穷湖之称。现滇越铁路经过其旁。吐口在东北宜良境，下流为大城江，由汤池东流，经宜良县城南，入于南盘江。

嘉利泽　在嵩明，一名杨林湖。古时甚大，今为邑人放乾。源委见《河流》“牛栏江”。

大理府

青龙湖　在云南县东南。周二十里，源委见河流一泡江。

周官湖及品甸湖　均在云南县东北。周官较大，灌溉海坝村、千官屯、水大村一带田亩。品甸较小，溉灌东北十三村田亩。明初曾于此屯田。源委均见《河流》“一泡江”。

茈碧湖　在浪穹县东北十五里。面积虽不甚大，而水清深，中产茈碧花，似莲而小，其叶可食。源委见洱海。

东湖、西湖　在邓川城东、西，为邑人游赏之地。源委均见洱海。

天　池　在云龙西北六十里，高据山巅，渟泓十里。

临安府

杞麓湖　以杞麓山得名，在通海城北一里，而分属于宁州、河西。西受河西碌溪河及普应溪之水，均河西境内东流小水。南纳通海黄龙、白马、东华诸山水，周八十里，帆船通通海、河西二县城及附近乡镇。湖无吐口，由东岸平地上一石穴下坠，谓之落水洞。附近名胜有通海之秀山。

鲤　湖　一名大屯湖，在蒙自西大屯坝。周二十余里，中产鲤鱼，供给蒙自、箇旧两地。其下游有长桥、波黑、三脚、学海四湖，均甚小，今并放乾。

楚雄府

七　湖　在姚州城西南。方言称陂堰为湖，其数凡七，皆前代所筑，潴水灌田，民皆赖之。

澂江府

星云湖　一名江川湖，在江川县城南十里，而分属于宁州，受东、中、西三小河之水。东河出江川县北关索岭，中河出江川县北叠翠山，西河出江川县西二十里，均南流汇星云湖。周六十里，水清鱼美，大头鱼、青鱼均有名，湖小鱼大，与下流抚仙湖之湖大鱼小恰相反。东南岸有螺蛳山，高数十丈，山顶皆螺壳，不可以数计，而他山则无之，足征地壳因地震而变动之遗迹。吐口在东北，束为一渠，流入抚仙湖，以界鱼石分两湖之界。

曲靖府

东　湖　在南宁城东五里，周五十余里。

陆凉湖　一名东湖，在陆凉城东三十里中延泽之东北。夏秋水涨，与泽混合为一，极目汪洋，冬春则缩小。

中延泽　一名云崖泽，在陆凉城东南三十里。夏秋水涨，周达百里，冬春缩小。源委见河流南盘江。

车　湖　一名清水湖，在寻甸城西三十里，为四面山水所潴，有灌溉之利，水色澄碧，中产嘉鱼。

丽江府

剑　湖　在剑川城东南五里。有二源，西源出州西北七十里老君山，东南流，为石莱河；东源出丽江南五十里九和山，西入州境，为乾木河。两河会合南流，左纳螳螂川，一名清水河，剑川东北境小水。又南流，合州城附近诸小水，汇而为泽，周四十里，是曰剑湖。菰荷蔽渚，鱼鸟亲人，水产既饶，风景亦胜。吐口在西南，曲折如川字，号为剑川，邑以此得名。下流会漾濞江，归于澜沧江。

开化府

老乌湖　在文山西北境。周数十里，中有岛，曰九峰山。

永北直隶厅

程　湖　在永北城南四十里。相传旧本陆地，有程姓居此，一夕沉而为湖。审此，则当作沉湖，曰程姓居此者，传闻之误耳。按：阮《志》谓陆沉之说为荒唐，盖当时未知陷落湖之理。湖昔周八十里，今已渐小，下流为三道河，入于金沙江。

广西直隶州

矣邦池　在州城南三十三里。为东、西两河南流所汇，周三十余里，下流为支酾塘，入于地中。按：此池最近为邑人放乾。

泉　潭

本省泉水，多甃为池，谓之龙潭，皆供饮料及灌溉之用，非徒快游观而已。考其著名者载之。温泉，可以治病，亦并载焉。

云南府

板桥龙湫　昆明东四十里板桥驿，山皆奇石，石窦中两湫叠出，灌溉板桥一带田亩。

黑龙潭　在昆明东北廿五里，灌溉昆明东北一带田亩。明亡，诸生薛尔望全家投潭中以殉国，今潭侧有尔望墓及龙泉观，称名胜之地。

觉江寺龙池　一名红莲沼，在富民县东南五里，灌溉县东南一带田亩。

汤　池　在宜良西三十五里。水沸如汤，浴之可以治疮疥，兼饶灌溉之利。

九龙池　在宜良西五里岩泉山，灌溉县西一带田亩。

黑箐龙潭　在罗次县西四十里。深邃多云雾，灌溉附近田亩。

黑、白龙潭　在晋宁南六十里。两潭相望，灌溉附近田亩，余水合流入大堡河。

黑、黄、白三龙潭　均在呈贡县东。灌溉县东部田亩，余水合为洛龙河。

碧玉泉　在安宁北十里，温泉也。明杨慎题为“天下第一汤”，往浴者四时不绝。

大龙泉　在易门西五里。水自石洞流出，灌溉甚溥，故又名普济龙潭。

响水泉　在嵩明城西三十里。飞湍瀑流，声闻数里。

大理府

环龙山泉　在赵州东北环龙山下。九泉涌出，渟蓄成潭，附近田亩赖其灌溉。一名东晋湖。

冯氏义泉　在赵州西门外。城中无井，里人冯廉掘地得泉，引入城，居民便之。

赵州温泉　有四，一在龙尾关，一在白崖覆釜山下，一在白崖之东村，一在弥渡东南五里。

云南县温泉　有二，一在和甸，一在云南驿。

绿玉池　在邓川城北钟山之下。水映山光，色如碧玉，与东、西二湖同为邑人游赏之地。

邓川温泉　有四，一曰上塘，在城西北十四里；一曰波罗湾，在城西十五里；一曰龙马洞，在城北二十五里；一曰脱尘泉，在城北十二里。大石坪引冷、暖二水同人一塘，最适于浴。

九龙泉　在浪穹县东佛光山下。其泉有九，俱自石窍涌出，灌溉颇广。

金龙湫　在宾川西百余里洱源东岸。古木丛生，潭水深靓，灌溉附近田亩。

宾川温泉　有五，一在城西十五里石马坪，一在分山峡，一在城东北十八里松明，一在小寨，一在罗陋。

云龙温泉　在城东北五里雒马山。

云龙龙潭　有二，一在城东南八十五里箭杆场，一在城西一里德龙山，均灌溉田亩。

临安府

泮　池　在建水城内府学宫。周一里，焕文山倒影其中，又有荷花杨柳，颇饶胜概。

溥博泉　在建水城西半里，俗呼大板井。水洁味甘，供全城之饮。

渊　泉　在建水城西一里，俗呼小板井。与溥博泉同，供全城之饮。

黄龙潭　在建水西十五里黄龙寺。出水极盛，溉田甚多，下流入于泸江。

冷水沟　在建水北四十里。清流不竭，灌田甚多。

过山泉　在石屏城东五里东准提阁侧。灌溉作家、吴家庄等村寨田亩，余水入于异龙湖。

大、小龙井及傍海龙潭　均在石屏东异龙湖北岸。出水极盛，为异龙湖源泉之大者。

白龙潭　在石屏南二十里，溉田甚多。

喜客泉 一名喷珠泉，在石屏西北一里西准提阁前。方塘半亩，趵突如万颗明珠，但水微不能外溢，仅供赏玩而已。按：今圈入中学校内。

大松树龙潭 在石屏城西七里大松树村石林寺前。形如半月，中产五色鱼，潭上建二亭，为观鱼之所。潭水灌溉附近田亩外，汇为大松树塘，周数里，中植莲花。

北山龙泉 在石屏东北三里乾阳山西麓。出水甚大，灌溉城东北各村寨田亩。泉畔旧有龙泉书院，邑人多读书其中，咸同之乱被毁，遂不复设。

石屏温泉 在城南三十五里五塘沟，俗呼热水塘。

南洞泉 在阿迷南十五里。水由南洞中流出，可以泛舟。旧《志》以为蒙自鸡街河伏流至此复出云。

火 井 在阿迷东北三十里部沼村。其水溢出于田，常有烟气，投以竹木则燃。

海眼泉 在宁州城南六里恩永山麓。自石洞中涌出，灌附近田亩。

七犀潭 在宁州东七十里婆兮乡，一名大龙潭。周八十丈，溉田甚多。

青龙潭 在宁州城北。流泉喷涌，为浣江之源。

通海龙泉 有五，一曰白马泉，在城东二里白马山；一曰乌龙潭，在城东十五里东华山；一曰大龙潭，在小新庄；一曰中龙潭，在金家渡；一曰小龙潭，在姚家湾。均有灌溉之利。

九龙泉 在河西城西南十里，灌溉甚广。

龙山泉 在嶍峨城东南二里龙山麓，四时不竭。

落龙泉 在蒙自城东八里。自洞中流出，灌溉附近田亩。

宝华山泉 在蒙自西七十里箇旧厂宝华山，水洁味甘，供箇旧全市之饮。

蒙自温泉 有二，一在城东南五里，一在倘甸。

楚雄府

捣练溪 在楚雄县西三里。流泉三叠，清澈如镜。

荄蕨厂龙潭 在镇南城东十五里。灌溉附近田亩，下流为清水河。

见性山龙潭 在镇南城北十五里。灌溉山下田亩，下流为响水河。此外，镇南著名龙潭尚有三，一在城南三十五里力戈村，一在城南二百里七村，一在城西北三十里双甸村，均有灌溉之利。

黑龙潭 在南安城东七里，灌溉附近田亩。

赤石山泉 在定远县西二十里赤石山东，其下流为零川。

回蹬山泉 在广通县西十五里回蹬山之东。灌溉山下田亩，下流为开山河。

阿陋雄山泉 在广通县东北十五里阿陋雄山。泉水分流，西为罗申河，南为阿陋河。

广通县温泉 在城东南八十里。

姚州温泉 有二，一在城西六十里黑泥芷村，一在城北一百二十里交摩村。

金秀山泉 在姚州西八里金秀山。灌溉山下田亩，下流为阳派河。

铁索箐龙潭 在大姚县西一百五十里。灌溉箐中田亩，下流为蛟龙江。

澂江府

黑龙潭 在河阳东十五里，灌溉县东一带田亩。

西浦泉 一名西岩泉，在河阳西七里。双泉并出，左清右浊，合流灌溉县西一带田亩，下流入于抚仙湖。

七古泉 在河阳北境旧阳宗县西北七里。灌溉北斗村一带田亩，下流入明湖。

白龙潭 在江川北十里，灌溉县北一带田亩。

双井温泉 在江川西南十里。两水皆温，流入星云湖。

九龙池 在新兴西南十里。灌溉甚广，兼为邑人游赏之地。

叠　水 在路南西南三十里。岩高百丈，瀑布飞流，响声如雷霆。

路南温泉 在城西北五十里民和乡。

广南府

玉　泉 在富州厅西北七十里玉泉山。自山顶飞下如练，落于石池，清碧可爱，下流入于西洋江。

楠木溪源 在宝宁东南八十里花架山，其水常温。

顺宁府

顺宁温泉 有十，一在城东六十里罗锅寨，一在城东八十里澜沧江外，一在城南八十里大兴寺，一在城西七十里锡铅，一在城西一百二十里右甸，一在城西一百二十里南糯河，一在城西一百三十里鸡飞，一在城北九十里小桥塘，一在城北一百六十里阿贝寨，一在城北二百里东木屯。

云州温泉 有四，一在城东八十里困业，一在城东一百二十里猛氏寨，一在城东南五十里困蚌，一在城北五十里猛郎。

曲靖府

龙　泉 在南宁县南十里，灌溉南郊田亩。

珍珠泉 在南宁北门外。水色澄澈，浮泡如珠，可供赏玩。

南宁温泉 在城西南十里分秦山下。

老马沟龙潭 在霑益西老马沟。出水极盛，灌溉甚广。

大龙潭 在陆凉东南三十里。灌溉附近田亩，下流入于南盘江。

龙　井 在马龙州东三里。下流为东河，颇资灌溉。

瑞霞泉 在罗平东五十里瑞霞山。喷薄林麓，映日如霞。

三龙泉 在寻甸城南卧云山。均有灌溉之利，下流合为归龙河。

寻甸温泉 有二，一在城西南三十里来风山，一在北境乞曲里。

鲤鱼潭 在平彝城西二里清溪洞。雨则浊，晴则清。

白水龙潭 在平彝县西白水铺。

犀牛潭 在宣威南四十里。

丽江府

老君潭 在丽江西二百五十里老君山。水流入剑川境，注入剑湖，沿岸田亩资其灌溉。

丽江温泉　有四，一在城东一百里无上村，一在城西南旧兰州七坪村，一在城西一百六十里金沙江滨，一在城东北八十里阿失村。水俱清洁，无磺气，浴之可已风湿。

剌是里潭　在丽江西二十里剌是里，汇玉龙山水及木别、戟子两小河为巨潭，泄入地下，不知何往，俗称海眼。

诸葛泉　在鹤庆南一百四十里罗陋村，相传为武侯驻军之地，故名。泉分二流，利民甚溥。

鹤庆龙潭　凡十五，在城东者曰水渼，南者曰黑龙，西南者曰龙宝、曰吸钟、曰宣化，西者曰青龙、曰西龙，西北者曰石墩、曰香米、曰北渼，东北者曰柳树、曰小柳场、曰赤土和，俱入漾工江，曰龙公、曰大龙，俱入金沙江。以上各潭，均有灌溉之利。

鹤庆温泉　有三，一在城东南一百二十里炼场岩，一在城西一百二十里观音山上，一在观音山下。鹤庆又有春水三，一在城东南二十里石碑坪，一在城南三十里龙珠山麓，一在城东北三十里五老山下。春水盈时，有硫磺气，邑人于二三月间和盐梅椒末饮之，谓能祛疾。

剑川龙潭　凡九，曰老君、曰易堤坪、曰仙女炼、曰隔汉、曰建和、曰白难陀，俱流入剑湖，曰花丛、曰白龙、曰青龙，俱流会湖尾。并有灌溉之利。

剑川温泉　有三，一在城南三里田，一在城南一百里，一在城西一百三十里。浴之俱可疗疾。

普洱府

昆池潭　在宁洱城东五里。

掌乃潭　在宁洱城南十里。

坤戛龙潭　在宁洱城南十里。

双龙潭　在宁洱城西七十里南圈。以上各潭，均有灌溉之利。

黑龙池　在他郎南十五里笔架铁山下。渊澄映澈，寒气侵人，灌溉附近田亩。

永昌府

易罗池　在保山城西南龙泉门外。泉喷九窦，为九隆渠之源，灌溉甚广。

黑龙潭　在保山城北四十里，灌溉附近田亩。

半月池　在腾越北七里，周五十丈。

澄镜池　在腾越州十五里上干峨山。周五百丈，环以花草，风景甚佳。

宝峰泉　在永平东四十里。

开化府

绿水塘　在文山东北二十里江那里。水如碧玉，可鉴毛发。

异龙潭　在文山城南十五里逢春里，诸流多汇于此。

马洒龙潭　在安平厅马洒。出水极大，灌溉甚溥。

东川府

会泽龙潭　有三，一在城东六十里南山下，一在城西五里，一在城西二百里，名黑龙潭。均有灌溉之利。

犀牛潭　在会泽东南八十里者海。周里许，汇山溪水，深不可测，沿岸田亩资其灌溉。

会泽温泉　在城西三十五里。水自石窦中出，热如沸汤，清澈如鉴。

巧家龙潭　有三，以博潭在城东南三家村，为以博溪之源；玉碑地龙潭，在集义乡；六里村龙潭，在米粮坝。

昭通府

恩安龙潭　二，一在城西四十里，澄澈净碧，泻流不竭；一在城东北龙洞山，为淄泥河源。均有灌溉之利。

绿荫塘　一名龙塘，在镇雄西二百七十里。周百丈，其深莫测，中产细鱼。塘口有圆山，建龙祠，塘中有岛，建八角亭，灌田之外，兼供游玩。下流入于戈魁河。

九龙潭　在大关西北一百九十里，灌溉附近田亩。

鲁甸龙潭　二，一在城西十里，自石穴出，颇资灌溉；一在城南三十里大黑山下，流为黑山河，入擦拉河。

景东直隶厅

景东龙潭　二，一在城西无量山，潭凡三级，有第一龙门、第二龙门、第三龙门之称，下流为大坝河；一在城北九十里。颇资灌溉。

蒙化直隶厅

蒙化温泉　在城南十五里封川山麓。

永北直隶厅

九龙潭　在城西北十五里。泉有九眼，下流入金沙江。

大龙潭　在城南一百四十里，小龙潭在城南二百三十里，均有灌溉之利。

永北温泉　有三，一在城南枯木村，一在沙田村，一在城西北瓦部寨。浴之咸能去疾。

春水泉　在城西北五里赤石岩。水清味甘，每岁二月，居民游乐，和盐梅饮之，谓之吃春水，布谷一鸣，其味即易。

广西直隶州

龙　泉　在州西北十里江头村。灌溉附近田亩，下流入矣邦池。

温　泉　在州西南九十里兴集村，泉水香美。

落龙洞泉　在师宗东南十五里。水从洞出，东流至大河口，会通元洞水入罗平界，沿岸田亩资其灌溉。

阿渠温泉　在师宗城南三十里。

山　湖　在弥勒西南四十里。湖虽小，产巨鱼。

弥勒温泉　有三，一曰梅花温泉，在城西八里梅花崖；一曰翠微温泉，在城南二百里翠微山；一曰步阙温泉，在城北三十里步阙寨。

盘龙寺龙潭　在丘北县旧城盘龙山。广五丈余，深莫测其底，水色黝绿，潭中时有烟雾濛濛，为清水江之源。

武定直隶州

洗马池　在州北十里佐邱山，广五亩。又有大龙潭，在州西南二十里。

元谋温泉　在县北二十五里法纳禾村。其沸如汤，可燖羊豕。

惠娲湖　在禄劝东北二百里绛云露山上。周五里，水色清碧，茂林掩映。

甘龙泉　在禄劝城内。自石崖流出，居人汲饮所资。

禄劝温泉　有二，一在普渡河内，一在掌鸠河内。

哑　泉　在禄劝东北六十里鹦哥嘴坡下。误饮之令人哑。

元江直隶州

温玉泉　在州东北八里。石罅迸出，其色清碧，热如沸汤。

洪本泉　在新平城西一里，西郊田亩资其灌溉。

黑盐井

菖蒲潭　在治西十五里。周二十丈，井卤发源其中，下流为龙沟，民资汲饮。

白盐井

龙泉溪　在治西南三里。水出峡中，甚清洌。

琅盐井

龙　潭　有二，俱在治南五里笔架山麓。

〔据龙云等修，周钟嶽等纂《新纂云南通志》（民国三十八年排印本）卷二十八《地理考八·湖泽》第1－17页辑录。〕

府州县志

昆明市

（康熙）宜良县志·舆图志·井

卷一　舆图志　井

法明寺井

白水井[①]

养济院井

河塍井[②]

〔据黄澍纂康熙《宜良县志》（郑祖荣点校，云南民族出版社2011年版）卷一《舆图志·井》第15页辑录。宜良地下水旺，有“百井之城”美誉。明初迁徙县境之汉族先民讲究饮水卫生，引入江南生活习俗，掘井最多。但康熙时期凿井不多，现知县城水井，多由乾嘉间所挖掘者也。〕

玉溪市

（民国）元江志稿·地舆志·山川温泉附

卷二　地舆志三　山川温泉附

温玉泉　《清一统志》：在州城西北十五里。《名胜志》：水自石间迸出，其色清碧，其沸如汤。旧《州志》：城东北礼社江边温泉三处，均从石罅迸出，温暖澄澈，无硫磺气。《云南温泉志补》：城东北十里至热水塘，其温泉三处，均在礼社江之东，距热水塘不远。按：旧《州志》载温泉凡五处，首瓦纳，次漫林，其余三处但言在礼社江边，不详地名。今以地望及各志载考之，则《清一统志》与《名胜志》所称之温玉泉，当即旧《州志》所谓之礼社江边三处矣，故类系之，庶嘉名胜地有归丽焉。

知府单世《温玉泉》诗曰：“匹马危峰下，驱驰礼社边。方塘沉碧玉，照穴泻漫泉。肌侵知尘涤，容舒觉体便。登舟闻泛泛，瞥目白鸥眠。”

知府章履成《浴温泉》诗曰：“山池清澈气融融，冬夏常温夺化工。岂是火龙吹雪浪，还疑坎位寄离宫。尘埃尽付波流外，须发全归鉴照中。欲把此心同一洗，湛然明镜

---

① 此井至今沿用不废，在清远小学隔河东岸。

② 此井迄今仍在，文公河东岸，县城河埂之中段。井池为方而大，其上之汲水井口为二，各有石凿圆形井栏，俗名双眼井。

等虚空。”

瓦纳温泉　旧《州志》：在城西八十里之瓦纳山下，其沸如汤，可燖羊豕。《云南温泉志补》：是泉能去猪羊毛，并可煮鸡卵，其热度之高，固与澂江、石屏之热水塘，云龙茶亭寺，鹤庆火焰山之温泉相等，以视邓川下山口温泉，投腥蔬可熟，美利坚之南握乾蔬省温泉可炮熟肉物者尚稍逊焉。

西腊河温泉　《采访》：在城北五十里沫龙租村下西腊河滨。由石罅涌出，泉水之大，冠于元地各温泉，惟温度较瓦纳温泉为稍逊耳。

漫林温泉　旧《州志》：在城东南十里之漫林村旁。《采访》：今涸。

〔据黄元直修，刘达武等纂民国《元江志稿》（民国十一年排印本）卷二《地舆志三・山川》第18页辑录。〕

曲靖市

（民国）霑益县志稿・乡镇志・泽泉

霑益县凤翔镇志料・潭泉

凤翔井有二，一曰月牙井，在村北，出水较盛，灌溉亦多；一曰大水井，在村东，其水极清，纤维毕现。

海家哨，有乌龙潭。

关羊洞，水出较盛，澄清碧绿，产鱼。

小下坡龙潭，不涸不溢，相传内有神物。

霑益县志炎方镇志料・潭泉

水　营俗名浑水塘。在炎方西北二十五里，潭广五方里，深不知所底，中起土峰，咸丰回叛，扎营于此，故名。姜应楷建楼房二十余间于上，潭水澄清碧绿，四时不涸，中有犀牛，产鱼极多，鸥鹭凌烟，锦鳞映日，湖光山色，金波荡漾，仿佛天在水中，若加人工点染，真名胜耳。

大深坑　在炎方西北二十里，山麓陷落大坑，深五丈许，水由坑则泻下，奔腾澎湃，声应数里，水帘飞洒，其景幽邃。坑底槽状，水由河坝塘出涌，高丈许，入迤谷海，产鱼。雨季水量犹甚，经时不澄，鲜红似血。

熊洞、龙洞　在迤谷汲浪河村西南里许二洞相距里余，仅容人身，极深暗黑，观者不敢入，水由山腹涌出，清洌可口，尘埃毕现，终年不涸，系汲浪河河源，汲饮灌溉颇广。

大小韩井　在炎方城南门外半里，数井相连，泉甘美可烹茶，往汲者颇重之。

倮倮井　在炎方城北门外半里许，量大澄清，邑人戴海清于民国二十九年捐资建石洞门遮蔽，底亦以石堆砌。

炎方东麦地头与沙石岭之间山巅有积水塘，终年不涸。

迤谷大井　在迤谷海西岸山麓村侧，泉涌不息，终年不涸。

王家井 在新屯村前，水量甚大，味甘可口，以之磨豆腐、熬糖尤佳。相传内有龙，往祈立应。辄碾街于此。

八王潭 在迤谷八王山麓，不涸不溢，相传内有龙。

霑益县松韶乡志资料·潭泉

花山洞 在松韶关南十里。水由山腹涌出，即盘江源见《州志》。

老乌龙潭 在刘麦地村西二里山巅。地势极高，水量浩大。三潭相连，水声潺湲盈耳，四时不涸，为境内奇观。据中央派员考查，此系盘江源头。每年近三月，选择吉日，不论旱雨，远近居民辄杀猪祭奠，往祷立应。

来远铺村中有小井，不溢不涸，居民汲饮称便。

小白龙潭 在来远铺村东四里白木冲，相传内有白龙。每年四月初八日，全村居民以猪鸡各一，并以斋、茶、酒、礼祭奠之。二月二做白龙会，相沿成俗。

丫巴龙潭 在刘麦地村东北二里许山巅，泉甘量大。相传内居恶龙，屡降冰雹，伤残田禾，村民恐惧。每年四月八日，均以白鸡、白羊祭奠，冀免害耳，迄今相沿成俗。

青龙泉 在大树屯村西青龙寺前河岸。二泉相连，腾涌不息，清澈见底，游鱼可数，供该村居民汲饮。下流城（陈）方桥一带，亢旱之年，灌溉是赖。

黄龙潭 在大兴所村东北里许。四时不涸，水量浩大，城（陈）方桥一带水田资以灌溉。

霑益县德威乡志料·温泉

秧田冲村东半里路边，有温泉一个，冬天温度高，水量小，周丈余，深二尺余，惜未修葺。

双河村南二里有热龙潭，水由岩上涌出，无积水处，温度较高，未修理。

霑益县乐泽乡志料·温泉

德泽北三里有热水塘，纵横二丈余，终年出温水，热度甚高，含硫磺，可洗疮毒，惜无修理。

霑益县亮泉乡志料·龙潭附水塘

老马沟龙潭 在红瓦房村北十一里。水由山腹中涌出，其山若卵，水量大，灌溉颇广。经半个箐、石沟河、莲花洞、威格至石羊汇入双河。其水极清，纤维微毕现。亢旱之年，往祷立应。四周三十里内，曲、霑二属居民多以旗锣伞盖往祷于此，每年均在数百人以上。

老乌龙潭 在红瓦房村东里许。水量小，仅供饮水、灌溉秧田之用。相传此龙上天行雨，必由乌云山红瓦房村后。起辄，括大风，势猛吹折树木。其水经高家寺清水河汇入双河。

傅家龙潭 在石羊东里许之山麓。其水量大，极清。传说，原在傅家房后，龙上天必经住房上空，辄损瓦片甚多。继经傅拔贡宰黑狗污秽之此，此龙即徙于此山麓，自此后，傅家遂衰弱颓败焉。

小白龙潭 在石羊村北白坡山上，周深均丈余，其水浑浊，不涸不溢。相传内有孽龙，每年春秋二季三十里内居民，辄遭冰雹摧残田禾之灾，清明日，居民必以宰鸡往祭，此灾即免，称曰回子龙。村民昔年曾挖于侧，欲毁此潭，深五尺许，见鸡毛、蚱蚂等物，惧而止。

亲龙潭 在青山村南二里，周围三十丈许。水清见底，游鱼可数，灌溉青山区麦地秧田。

青山村北三里，有水塘位田家大山巅，广五亩，其水不涸不溢，四时澄清碧绿，山光树景，宛在水中。塘北半里，有立马石古迹，相传田姓占红瓦房地，一马至此，立此石为据，与清水沟交界。

霑益县仁和乡志料·名山附名泉

白沙龙潭 在连二坡西一里，水从银白沙中涌出，遇人参观，忽沙高尺余，水清冰寒，碧草蒙茸，幽静雅致。天旱少雨之年，远近居民祷告祈雨于此者，年匀上数百人，潭围二丈余。

霑益县地志资料·河湖泉

霑益中部大水为交河，一名黑河。系南盘江之上游。发源县属北境花山，南流七十余里环绕县城之东，又东南流三十余里经曲靖、陆凉、宜良、澂江复折而东，入广西境。河道之宽由五十尺至六十尺，其间可行帆船。县城附近两岸之田土籍资灌溉，若秋际淫雨，禾苗多受其害。西部大水为腊溪，发源秀峰山下，东南流八十余里至梅家闸下，与交河会。东南部大水为迤勒黑河，一名营山河。发源清溪洞，经本县八十余里入罗平境。北部则迤谷海，产鳅鱼极肥，每斤价额在千余元，出售邻县，近来亦有运至省垣者。

云南霑益县川河形势表

名称	全长里数	经遇本治里数	源委	极宽处尺数	水利	水害	附记
交河	二百里	一百里	白花山起至陆凉止	五十尺达六十尺	沿岸灌溉田亩	间有淫雨溃堤伤禾	

〔据民国《霑益县志稿》（霑益县文献委员会编纂，霑益县档案馆整理，昆明市五华区教委印刷厂2012年内部印刷）第288－420页辑录。〕

（民国）宣威县志稿·舆地志·湖泉

卷三 舆地志下 湖泉

宣中湖泊，交与者多此落彼喷，水硐为过，有时淤塞则害田禾，疑能容受而实殊科。

三塘水 在城东南五十里。原有塘三，今合为一。纵长十余里，横广七八里。在昔起落有时，冬季可种二麦，收获恒数千石，清末水势渐大，日有增益，一片汪洋，与农争地，房屋之折毁者众，所产仅小鱼及虾黾耳。前任孙嗣煌曾议开泄，旋卸任去。水中有小岛五，村人依以避寇，民一八水渐落，而可耕之壤未尽涸，复能察其落水之所，而去其淤塞，则一方之利也。

二官营海子 在三塘水西南二十里，所隔实只一山。论者谓两水相通，盈涸往往同时，民一三斯水骤涨时，则三塘水之水涨十余年矣。近亦渐涸，惟其势不若三塘水之速。水所占地长十里，广半之。中产鱼，大者重七八斤，水深浪阔，得之不易，沿海之田园庐墓，被其淹没者则殊不少。该处父老云每六十年海水辄涨一次，涨时淹没漂荡，为害虽多，而及其涸，复岁收恒至倍蓰，盖天下之最肥者莫若水云。

热水塘 在二官营海子西。其水热，灌溉之利颇厚，近则与海子连成一片矣。

块所海子 见《水道》“鲁东河”条。

迤谷海子 在城西南六十里。半属霑益，四面高山，无泄水处，听其自起自落，落时所占地面纵横不过三里，土人于其四周遍种豆、麦、油菜之属，所获无算。及其大涨，长亘二十里，广至五六里，汪洋浩淼，人迹所不能至。间有施网罟捕鱼虾者，所得特指大游鳞，虽肥甚不足珍也。清光绪中，霑属人士议由宣境之鸦扒箐导海水入西河，谓可涸出良田千亩，然而以邻为壑，昔贤所讥，故当其冲之各村及其下游咸怀恐惧事，终不就。

格宜海子 勺之谷、下海子。在城东北八十里。水所占地，纵横约五六里，环而居者十余小村，四面之水归之，然无灌溉之利。其西数里，有勺之谷，亦纳众山之水，而少出路，议者谓引入格宜，可得沃田千亩。格宜之东，又有下海子，近宝山，其水皆有害而无利。

案：此等水似可称为容受湖，究之时有起落，泄归他处则亦交与之类耳。

清水塘 在城东南七十里。四季清冽，传其间不生杂草，秽物亦所弗积，其水落于恰得姑南，而喷出于下游数十里之山硐。清光绪间，喷硐壅塞，激湍为灾，湮坏数村田庐，地壳受其鼓荡，亦往往震撼，七年始涸。

鲁雅龙潭 在城东六十里兴振保之鲁雅。长约三丈，横仅丈许，所灌田约百余亩。

邪法着龙潭 在城东六十里兴振保之邪法着。由村后石穴中涌出，久晴欲雨，或久雨欲晴，其水必浊，村人历候不爽，灌田约百余亩。

瓦路洼龙潭洼一作凹。在城东六十里兴泰保之瓦路洼。东有石盆梁子水，自山麓之石罅中涌出，灌田千余亩。

打磨冲龙潭 在城东一百二十里和时保之打磨冲。其山曰打磨冲梁子，水自山麓平地涌出，灌田一百余亩。

沙卡龙潭 在城东一百二十里和时保之沙卡。其山曰小白龙，水自山麓平地涌出，灌田五百余亩。

大梨树龙潭 在城东八十里和融保之大梨树。水量极大，注入大松树小河，可灌田千余亩，惟其流甚下，激行非易，故现时尚无利益之可言。

兔场龙潭 在城东南九十里和睦保之兔场。其山曰龙头，水自山麓石罅中涌出，异常清冽。

龙津沟龙潭 在城南三十五里宣化保之龙津沟村，供村人饮料及灌田之用。

鸭子塘龙潭 在城南三十五里宣怀保之鸭子塘，潭水流入板桥东河。

诺姑龙潭 在城南四十五里宣哲保之诺姑。其山曰猪那挪，水自山麓平地涌出，灌溉之利颇厚，为东河之源。

阿宗歹龙潭 大小四十余个，在城东南八十里。地隶和协保，其下游即兔场河。

和孚保龙潭 在茨营者二，在膘草滩者一。水量均大，可资灌溉。

龙 塘 在城西二十里兴启保之马街子。水所出处，曰箐脚村，周围五十余丈，无涨无泄，四季清冽。

仙人硐龙潭 在城西七十里益裕保之西泽。其山曰仙人硐，水出自山下，石穴中涌出，周围约三丈余，流不数武即入西泽河。

太极潭 太极潭在西泽之东岸，潭之中央有土阜，状如太极。水周其外，土人种菜于阜上，以木槽为舟而渡，距仙人硐八九里。其水时浊时清，藉占晴雨，不差毫发。

喜雀龙潭 去太极潭约里许，其西岸有清水龙潭一。太极潭有清有浊，而喜雀龙潭则长清。水由岩下急涌而出，高三尺有余，远望之形若喜雀，出洞即入西泽河中，与农田无关也。

温 泉 在城南十里小耿屯左侧。其水虽冬不寒，夏亦不热。旧《志》援此及西来宛水，谓汉之置县，以二水为名。州《志》“宣中八景”，其一为“温泉浴畅”，亦谓此也。村人以灌田，禾苗较易成长。

九龙潭 州《志》：在城东普陀崖顶上，中有金蝉赤蛇，每出入，金光闪爍。

案：此近于神话，参看《山系》“东山”条。

龙潭泉 在城东北八里刘官屯村后。周围约十丈，附近数百亩良田资其灌溉。每岁旱，县中士女辄祷雨于斯，有结队而往，怀石以投者，谓龙怒则雨，亦迷信中之不可解者。

案：东山上下潭水甚多，不可纪极，盖山腹皆水，有孔即泄，而世人辄神其说，谓有灵物在内。至谓省城之黑龙潭，其龙系由宣城北门外迁往，何其不经之甚也。

案：科学未发明时，谓雨之降自龙，有潭水处皆指为神龙之窟，崇而奉之。旱与潦，一听自然之征服，而不求所以征服自然，神权时期之经过，往往如是。吾辑湖泉，意在著其利，而审其害，共图所以扩大之方，补救之策，仍龙潭之名者，沿袭已久，骤改之则转淆观听也。

瀑布泉 源出东山寺之九龙潭，流至雨珠崖，倾泻而下，壁高千寻，遇风起则倒卷而上，点点珠玑附着崖端，故名其崖曰“雨珠”。又其倒洒之时，上而复下，西照射之，若金钱散地，故又名为“倒洒金钱”。山脚人引灌田园，颇获其利。乡先辈题咏东山风景，此又为山中八景之一。

跌水崖瀑布泉 见《山系》“跌水崖”条。

葡萄泉 以涌出之状若葡萄，故名。在城西南宣扬保之二官营，泉周围约二丈，可为饮料及灌田之用。

钱眼泉 以涌出之状若钱眼，故名。在城北兴华保之徐屯，味甘美，可作饮料及灌田之用。

樱桃泉 亦出徐屯东南之葫芦坡麓，泉始流出，夹岸多樱桃，故名。村人赖以灌田约百余亩。

珍珠泉 在城南宣化保之龙津沟，小地名为龙眼冲。其涌出之状，累累若贯珠，村人引以灌田。

花鱼硐泉 在城西南宣勤保之花鱼硐村。以硐名，硐以所产之鱼名，鱼以其身之状况名。此种花鱼，东北区之定见保中、北区之定化保内皆产之，故定化保亦有花鱼硐村，定见保则并有大花鱼硐、小花鱼硐之别。其水入马白河，势颇盛。

〔据缪果章编辑民国《宣威县志稿》（民国二十三年排印本）卷三《舆地志下·湖泉》第16－20页辑录。〕

昭通市

（宣统）恩安县志·城池志附井

卷三 城池志附井

南门井 在节孝街。

龙王井 在怀远街江西庙对门。

街头井 在大井卡吴琨铺右。

北门井 在县署前。

〔据汪炳谦纂修宣统《恩安县志》（《中国地方志集成·云南府县志辑5》，凤凰出版社2009年据清宣统三年钞本影印）卷三《城池志附井》第156页辑录。〕

（民国）昭通志稿·方舆志·城池附井

卷一 方舆志 城池附井

南门井 在节孝街。

龙王井 在怀远街江西庙对门。

街头井 在大井卡吴琨铺右。

北门井 在县署前，近城。

以上四井，均见旧《志》。今惟南门井易名“来龙井”，余俱废。

文渊井 在圣庙斯文坊东首。民国四年新凿，水性涩，不可食用，但供洗濯之用。

万寿井 在江西会馆后。水咸，近已填废。

西岳井 在西岳庙内。水性咸，近已填废。

双眼井 在南关外迎凤桥，近已填废。

〔据符廷铨、蒋应澍总纂，杨履乾编辑民国《昭通志稿》（民国十三年排印本）卷一《方舆志·城池附井》第37页辑录。〕

（民国）昭通县志稿·舆地志·池塘井

卷二　舆地志　池塘井

案：旧《志》城内池井甚多，有头堰塘、二道池、四五六道池等，历年既久，诸多填塞，或有不知其处者，仅就现存者记之如左。

利济池　在城西附郭。先年凿土成渠，乾隆二十八年，知县胡泉用石镶砌，以资城中汲饮。周围共计三十八丈八尺，深七尺，面积五千七百七十方尺另八寸，俗呼下堰塘。

头堰塘　在川主庙前城脚。乾隆三十八年，知府[illegible]翮虑昭城人众，利济池难供汲饮，复建此塘。周围共计三十三丈六尺五寸，深六尺，面积五千二百另四方尺九寸，即上水塘。

月牙塘　在南城外数武。乾隆二十四年，知县沈生遴开凿。

来龙井　在南门城脚。民国初年修浚，易今名。

文渊井　在圣庙门口。民国四年新凿，水性涩，不可食，但供用洗濯。

西岳井　在西城外，今实业公司内，水性咸。

双眼井　在南城外迎风桥上，已废。

万寿井　在江西会馆后。水咸，近以填废。

〔据卢金锡总纂，杨履乾、包鸣泉编辑民国《昭通县志稿》（民国二十七年排印本）卷二《舆地志·池塘井》第16页辑录。〕

楚雄州

（宣统）楚雄县志述辑·杂著述辑·岩泉井塘

卷十　杂著述辑　岩泉井塘

涧溪岩壑，瀑布智井，于楚邑《地理志·山水篇》曾略记之。然山水以脉络支派为主，于岩泉井塘之著名者，尚未详晰言之。兹采辑此篇，庶后之游观者有所考核云。

龙潭泉　在西城外四十里薇溪山麓。潭阔丈余，深不可测，浸田万亩，祷雨立应。详《地理·山水篇》。

象岩泉　在东城外四十五里象头山下。岩不甚高，下有大龙潭，深二十余丈，流泉混混，昼夜不舍，居民灌田千亩，利赖无穷。详《地理·山水篇》。

大龙箐泉　在城外西南三十五里。泉水四溢，灌卜鲁、竹园、六宜、兆吉四村田亩。

龙　泉　在城内龙神祠碧霞井。泉水甘洌，称为郡中第一泉，涓涓细流入学海，与东城外凤泉相对。

凤　泉　在东城外东青坝上。泉水清凉，一泓澄鲜，谚云：“龙泉汇凤泉，三年出状元。”

清　泉　详八景中“莎涧清泉”。

塔井泉　在西城外三里许塔凹山后，上建龙王庙。

云泉井　在云泉寺，旧名“云泉胜境”。泉出院内，止一泓，煨水则气喷五色，故曰“云泉”，后涸。乾隆初，邑人汪涛建寺，就泉涸处掘井四丈有奇，出水无多，竟成智井。近年来，泉忽自满。

四方井　在小东门城内。井形四方，深二尺余，泉水清凉可爱。

碧霞井　一名三眼井。详“龙泉”。

天生井　在县城隍庙照壁后。非人力掘甃所成，与城隍神案前进水相通。

波罗涧　在城外西南八里。《志》云其麓有夜合榆，榆下有卤水，元至正间设官开井，煎盐输课，后不知何故废弛。

自满井　在城外西南三十五里樱桃村大坝中。高处坝水放干，而井水常满。

黄水井　在城外西南三十五里寺登村小河边。井水经年不清，其色金黄。

节烈塘　在城内三清观后，古名灌塘。方圆七八丈，深数丈。前明吾贼陷楚，沙贼困楚，妇女扑水塘死者无数。国朝咸丰十年庚申，马贼陷城，妇女扑塘水死者，吾母亦在其数。次年冬，城克复，请于官，派夫役车水六日，塘水始涸，捡出人骨八挑，合葬忠义冢。

莲花池　在北城外四里许。佳花美水，僻静幽雅，为邑绅谢长清别墅，今毁。

〔据崇谦修，沈宗舜纂宣统《楚雄县志述辑》（《中国地方志集成·云南府县志辑60》，凤凰出版社2009年影印本）卷十《杂著述辑·岩泉井塘》第11－13页辑录。〕

（康熙）定远县志·建置志·井泉

卷二　建置志　井泉

文　井　文庙殿后。

武　井　所治厅前。

北门井　城北门外张大濬家，清洌甘美。

石羊井　城西北四里，有石如羊，动之则水溢。

琅　井　邑东三十里。

黑　井　邑东六十里。二井产盐，设提举各一署。全省课饷所出，宝泉乡名因此。

冷　泉　邑南会基山。清洌甘美，胜于他泉，为邑泉中第一品。

温　泉　邑东地杂村。能去痼疾，每季春，远近赴浴者甚众。明侍御骆公问礼有诗。

瀑布泉　邑西化佛山旃檀林左侧，有水自悬崖而下，如珠掩映，观者上下。

李贤者泉　邑东六十里。相传有老人李贤者，尝丐豆腐于凤山坊。居民乏水，贤者以杖叩地，泉即涌出。

〔据张彦绅纂修康熙《定远县志》（卜其明校注，杨成彪主编《楚雄彝族自治州旧方志全书·牟定卷》，云南人民出版社2005年版）卷二《建置志·井泉》第19页辑录。〕

（道光）定远县志·水利志井泉附

卷三　水利志井泉附

文　井　文庙殿后。

武　井　所治厅前。

大成井　学署外。

东门外井　三。

南门外井　一。

西门外井　二。

北门外井　张大濬家，清洌甘美。

石羊井　邑西北四里，有石如羊，人动之则水溢。

琅　井　邑东四十里。

黑　井　邑东七十里。二井产盐，设提举各一员。全省课饷所出，宝泉乡名因此。

冷　泉　邑南会基山。清洌甘美，胜于他泉，为邑中第一品。

温　泉　邑东猛冈河。能去痼疾，每岁季春，远近赴浴者甚众。明侍御骆公问礼有诗。

瀑布泉　邑西化佛山旃檀林左侧，有水自悬崖而下，如珠箔掩映，莹净射人。

李贤者泉　邑东六十里。相传有老人李贤者，尝丐豆腐于凤山坊。居民乏水，贤者以杖叩地，泉即涌出。

滚水塘　邑东九十里蟠龙村。初为温泉，后变为冷泉，自下涌出，连络不绝，如珠贯串。内有鱼，长寸余，经久不大，春跃冬潜，不可食，俟出塘外，方可取食。水可溉田百亩。

〔据李德生修，李庆元纂道光《定远县志》（清道光十五年刻本）卷三《水利志井泉附》第23页辑录。〕

（康熙）大姚县志·井泉

醉翁井　在县城东门外。昔晓汲者尝见醉翁卧其处，逼视之，即入井中，故名。

观音井　在县城南一里。在观音寺中，水味甘洌。

南关井　在县城南门外，一名凤仪井。

饮马池　在县治北门外。

救火池　在城南门内。

龙马泉　在县治北五十里，泉出龙马山下。

摩些泉　在县治西三十里。

冷水冲泉　在县治西一里。

温　泉　在县治东一百里，泉出秀水河边。一在苏海冲河中，在县治东五里。

〔据陆应砚修，吴殿弼纂康熙《大姚县志》（张海平校注，杨成彪主编《楚雄彝族自治州旧方志全书·大姚卷上》，云南人民出版社2005年版）第7页辑录。〕

（道光）大姚县志·地理志·井泉

卷一　地理志上　井泉

醉翁井　在城东门外。昔晓汲者尝见一醉翁卧井上，逼视之，即跃入井，盖龙神也。

凤仪井　在城南门外。

观音井　在永庆寺内，泉极甘冽。

桂花井　在城西南隅，久废。

冷水冲泉　在城西二里许。循西山之麓，乔柯插云，树阴有路，如绳芳草，芊绵中忽横略彴过，此即灵泉井。井如洼尊，深不及尺，而四时不涸，任汲不竭，盖泉之侧出者，井上有石乳倒垂，瞰于井眉。石上苍藤螾蜒，蛟攫螭蟠，叶如兔目，凌冬结子累累，与珊瑚妒色。岩上苍松万株，浓绿无缝，虽无风而涛自谡谡，溽暑偶息，真能健人。井之东为观获亭，井以西为灵泉寺，岁时祭龙于此。岸下有泉，自远涧来，蜿蜒十数里，始至亭下流出前溪。

龙马泉　旧《志》：在城北十五里，即小龙王箐。

饮马泉　旧《志》：在城西北七十里龙山下，水内有钱形。

饮马池　在城北门外。

摩些泉　旧《志》：在城西三十里，能愈疾。

救火池　在城南门内。

甘泉井　在苴却街南一里，水味甘冽。

双沟瀑布　在城北六十里。受蜻蛉河、大姚河诸水，潴为深潭，峭石巑岏，四周如垣，古木乱簪，阴森蔽日。水由潭底激涌而出，喷空欲湿，砰訇有声，如万鼓齐鸣，昕霄靡息。下则怪石巑岏，碎珠垒雪，七八里间，不啻吕梁之百步洪，令人惊心骇目。再下则入于苴跛江矣。

温　泉　一在城东北五里之苏海冲河中，一在城东一百二十里之秀水河边。

他克山龙潭　自峰顶东下百余步，石罅泉源四出，流经里许，汇为深潭。潭上古木阴森，藤萝悬绕，潺湲渟滀，景象幽深。潭前数里，石壁高十余丈，水作瀑布奔泻而下，流归溪涧。近潭地皆沮洳陷足，人不能行。或遥掷小石于潭内，风雨立至，村民神之，恒以岁时祭祀。

〔据黎恂修，刘荣黼纂道光《大姚县志》（清光绪三十年刻本）卷一《地理志上·井泉》第30页辑录。〕

（民国）大姚县地志·河湖泉·湖泉

河湖泉

湖　泉

本县湖泉绝少，灌溉田亩，或掘塘注蓄，或拦河闸坝而已。其最著者湖，惟北界之朱家湖、南界之赤草淜，然深阔不甚宏大，水库亦少，特征不过可资灌溉而已。

朱家湖　在城北十里。面积约三里，周围约九里。山深林密，溪壑纷纭，注水不下数百派，其闸口之启闭，有时为一方之巨浸，实灌北陌之禾麦，且鱼利亦厚，附近村民以之为利源。

赤草淜　在县南二十五里。面积约三里许，周围约十里余。汇黑箐小河之水，潴而为淜。其间之蒹葭蔽沚，芦荻绕汀，席草经霜色赤，与朝暾夕照相掩映。茅檐渔舍隐约其间，时有凫鹭成群游翔洲渚，小艇鸣榔往来梭织，咸谓天然图画。其灌溉四围之田亩，以千数记，亦邑中之巨薮也。

泉

本县之泉，仅有淡水泉及温泉两种。淡水如城里二里许之冷水冲泉、城北十五里之龙马泉，水味极佳，烹茶造馔，不亚省会之吴井水也。

摩些泉　在城西三十里。其水微含药水，饮之能愈疾。

温　泉　有二，一在城东北十五里苏海冲河，一在城东百二十里之秀水河边。然少培植，置之无用，殊觉可惜。

〔据大姚县署纂修民国《大姚县地志》（张海平、卜其明校注，杨成彪主编《楚雄彝族自治州旧方志全书·大姚卷下》，云南人民出版社2005年版）《河湖泉》第1691页辑录。〕

（光绪）镇南州志略·杂载略·岩洞井泉

卷十一　杂载略　岩洞井泉

古　井　在城东门外。水清而甘，汲者甚众。相传凿自元时，井旁旧有亭，贡士鲍毓英题曰“南州第一泉”。经乱倾圮，今复重建。

氿　井　在城东南五里观音洞侧，水清洌。

半月池　在州署内，知州陈元凿。

温　泉　详《地理略·山川》，并详《胜景》。

寒　泉　详《胜景》。

丹桂泉　即桂花井，详《胜景》。

玉　泉　即金珠河，详《地理略·山川》。

〔据李毓兰修，甘孟贤纂光绪《镇南州志略》（清光绪十八年刻本）卷十一《杂载略·岩洞井泉》第8页辑录。〕

（民国）镇南县志·古迹志·岩洞瀑泉

卷三　古迹志三　岩洞瀑泉

半月池　旧在州署内。康熙中，知州陈元凿。

飞瀑泉　在县南阿雄区。大德朗、老陈坟两山之间，谷深岩悬，有石壁高三十余丈，水流至顶，直冲而下，状如悬布，浪花飞溅，若珠玉然。夏秋间溪水猛涨，汹涌澎湃，响应山谷，五里以外，即闻其响，故名为大乡水云。

温　泉　在县西南英武区大黑泥山。最高者曰鹦哥潭，在山绝顶，人迹罕到。次曰天蓬潭，潭上石擎如华盖，旁穿一小孔，亦莹洁可爱。又次曰象鼻潭，奔泻如瀑布。最下曰马槽潭，则递注汇流之所也。

寒　泉　在县西五里。西山绝顶有寺，正殿前有泉水，极清，每月初三以后，一弯初月恰映其中，为南州八景之一，今此泉已竭矣。

南　泉　在县西凤山镇南山寺下，故又名南泉寺。

白沙泉　在南乡第三高等小学校之南泉水上。出味甘洌，有时跳珠，白沙见底，可名白沙泉。

丹桂井　在县东五里。井上旧有丹桂二株，故县之东界古名丹桂乡，亦南州八景之一。

古　井　在城东门外，相传凿自元时。井上旧有亭，贡士鲍毓英题曰“南州第一泉”，经乱倾圮，今重建之。

大园井　在城内鲍家巷后郭姓大菜园边。水味甘，因名之为大园井。

福田井　在城内三层楼之东。水味亦甘，古时广福寺地也，故命名曰福田井。

普济井　在城外堡自山村外，旧之井泉也。民国二十一年村人童应荣、陈开喜、石万才、张饮翰率群力拓为大井，上覆瓦屋，梯石阶而下即可取水，以汲者多，遂名普济云。朱茂才崇正为之记。

回龙泉　凤山镇之北鸣凤山中，古有龙潭水。民国十三年，县长敖英贤、县佐王慎修倡修一水路，沟通水源，以供饮料。率民众用沟砖衔接二里许，引水至古公馆遗址之前，凿一石池盛水。池旁勒碑，王县佐记，拔贡夏育荷书，已著成效矣，越一二年复废。

东　井　在佛教会大门前，当街东人胥取饮马。

〔据郭燮熙编辑民国《镇南县志》（曹晓宏、周琼校注，杨成彪主编《楚雄彝族自治州旧方志全书·南华卷》，云南人民出版社2005年版）卷三《古迹志三·岩洞瀑泉》第557页辑录。〕

（民国）摩刍县地志·河湖泉·泉

河湖泉　泉

白沙泉　在城东一里。泉水涌溢，井底遍出，状如葡萄，故名为葡萄井。城东田亩，咸赖此水灌溉。

黑龙潭　在城东七里乌龙寺左。祷雨立应，相传龙穴其中，邑人建祠，春秋祀之。楚雄庠生陈天斗题诗云：

崒嵂南山耸，森阴古殿开。岩松晴带雨，涧水日闻雷。神物先天闷，灵物震世摧。岂惟九里润，不数百川回。澄鉴溪宫静，枯崖渊泽培。领珠明月抱，飧玉水晶煨。喷珠风雨冽，吟声霹雳摧。象乾能变化，潜坎却寄该。甘澍随时至，涔霖应祷来。年丰宣帝德，岁岁合陈罍。

石　井　在城东三里。

果罗泉　在碍嘉旧县四里。

马蹄泉　在城东七十里。井边有青石一块，石上有马嘴、马蹄之迹。相传谓张果老过此，适口渴，祝而出之。其水清凉异常，行旅往来，纵口不渴，亦必饮之，以畅精神。

〔据王国栋编辑民国《摩刍县地志》（杨壬林校注，杨成彪主编《楚雄彝族自治州旧方志全书·双柏卷》，云南人民出版社2005年版）《河湖泉》第295页辑录。〕

（民国）姚安县地志·湖泉·泉

泉　附

种　类	名　称	位　置	作　用
泉	康郎泉	城北二十里	灌溉
	烟萝泉	城西一百二十里、城东十里	饮料
溪水	东、西沟溪	城东、西	灌溉
	小关口水	城东北	
坝	阳派	城东北	灌溉
	流海	城西七里	
	弥兴	城西四十里	
	观音	城西三十里	

〔据段世琿纂修民国《姚安县地志》（卜其明校注，杨成彪主编《楚雄彝族自治州旧方志全书·姚安卷上》，云南人民出版社2005年版）《河湖泉》第898页辑录。〕

（民国）盐丰县志·地理志·泉

卷一　地理志十　泉

飞瀑泉　《采访》：源出龙王箐，在绿萝、龙泉两山之间沟通，至龙泉山麓，从危崖而下成飞瀑。旧名“龙泉溪”，而鲜有知之者。今县知事郭燮熙因呈报省地志资料，定名为“飞瀑泉”。泉味甘洌，资观、旧、乔三井人汲饮焉。

羊郡甘泉　《采访》：界井圣泉寺有上、下二泉，味皆甘。下一泉涌出石罅，味更清洌。清乾隆间，提举郭存庄凿甃深广，建亭其上，题曰“羊郡甘泉”。今泉存亭废，汲饮者亦多。

滴雨泉　《采访》：在尾井武侯祠旁。泉味清洌，煮茶最胜。县知事郭燮熙新名之为“滴雨泉”，并志以诗，见《艺文志》。

小青龙泉　《采访》：昙华山之半有地名“小青龙”，乃一石山突然而起，高可十余丈。山顶有潭，清泉涌出，云树苍秀，石色皆青，颇极山水之幽胜。其泉旁溢，从赤石崖西下，出小井河。

论曰：以盐丰五井产卤水之地，而造物者乃特生飞瀑泉、甘泉，以供生民饮料，斯亦奇矣。如滴雨泉，涓涓不竭，水仅一勺之多，而小青龙泉，又远在山中无所用。安得有如柳柳州之笔，为小品文以记之。

〔据郭燮熙纂修民国《盐丰县志》（民国十三年排印本）卷一《地理志十·泉》第35页辑录。〕

大理州

（康熙）定边县志·山川志井泉附

山川志井泉附

石羊井　县北五里。上有石似羊，人不敢动，动则井水泛溢。

大水井　邑东山顶。清冷芳洁，烹茶最美。

白沙井　县西南二十里岗上。止此一泉，往来饮之，以解烦渴。其水清洁，烹茶极佳。井泉俱白沙。

麯　泉　县治后。泉水香甘，可以造麯，因名。今已乾涸，仅存遗址。

温　泉　县治东。详在八景之内。

〔据杨书纂康熙《定边县志·山川志》（云南民族社会历史调查组1960年钞本）第10页辑录。〕

（隆武）重修邓川州志·山川志·井泉

卷二　山川志　井泉

通和泉　旧州门左。取“政通人和”之意。

洗心泉　旧州北麓。杨御史筑，刻“洗心”字警俗。

脱尘泉　旧州北麓。分冷、暖二水，为男、女塘。

起疴泉　州北。汤泉有三，一曰上塘，一曰波罗湾，一曰龙马洞。若此塘，有疾者以桃柳铺地，卧上薰汗如水，疾愈。

大涧场泉　旧州之南。灌溉利多。

上登泉　旧州西北。上、下登村，灌溉利多。

龙马泉　龙首关北麓。水涌灌多。

香　泉　旧州西南界。水自石窦中出，香洌可浥。

丰　泉　旧州西熊涧。俗传水多出，则年丰。

园　井　旧州北界。清可饮，灌溉亦多。

〔据敖浤贞修，艾自修纂隆武《重修邓川州志》（《云南大理文史资料选辑·地方志之三》，大理白族自治州文化局1983年据云南省图书馆传钞本整理点校）卷二《山川志·井泉》第12页辑录。〕

（咸丰）邓川州志·地舆志·井泉

卷二　地舆志　井泉

香　泉　在州西岩硐。嵚嵌石窦中悬乳淅沥，盛以盆石，味洌而香。

丰　泉　在州西三十里。一名熊涧，俗谓泉多则年丰。

歉　泉　在州西三十里腊坪场路侧。俗谓泉多则岁歉。

洗心泉　在州西十五里许山麓。两依先生镌诸碑曰“洗心”。

孝感泉　在州东北二十五里东山之麓。明艾雪苍先生尝庐亲墓，久之侧生甘泉，人以为孝感所致，故名。

十分水　在州南十五里大路下。水由山坡汭洑而出，漾于沙际，极清冷，经暑尤洌，行人渴饮如得醍醐之润。

龙马水　在十分水北里许。一潭渊黝，阴森可怖，潭边古木蛟攫，螭蟠枝柯，阻日谡谡然，无风而栗，如有物焉凭之。村民疾病，每祷焉。潭水东出，壹垅秔畦普资灌溉。

瀑布泉　在莲花箐。由山半飞流而下，崩涛舞雪，摇荡林峦，观者骇目惊心，不可凑泊。其水下注羊塘里上游，利灌万亩。

永春池　在州西北十余里弥勒山下。清洁香温，与安宁之碧玉泉埒。提督讷公甃以文石，题曰“永春池”。《丹铅总录》载东坡诗纪所经天下温泉七处，今南中所见，已不止七处，邓川其一云。

澡　塘　在州西二十里罗旆山下。水从石罅迸出，下汇为塘，左热右温，浴者惟便有疯疾者，藉以桃柳，使汗薰蒸如水出，则顿痊。

热水井　在州北二十八里，地名下山口。井底如汤腾沸，投以腥蔬，顷刻能熟。村人汲饮无少间，远者瓶贮之，归以瀹茗，能醒宿酒，宽胸膈胀闷。《煮泉小品》云温泉下有石硫黄者，非食品，然则兹井可食，殆类黄山丹砂泉耶。

花葩龙泉　在兆邑南园渔港中。清泓喷沫，如联珠，如梅萼，有滚雪飞花之态，盖地脉真气之所鼓荡也。所望村人爱惜而培护之，不致为田园侵占填塞，则幸矣。

螺蛳井　在隆易村观音寺后。溪箐中一石纽洼如海蛳，深如巨釜，不见泉脉所自，而清流浸积，挹之不竭也，盖泉之侧出者。

论曰：井之养泉之润，利济靡穷，殆难悉纪，纪其表著者而已。昔范柏年自谓家居在廉泉让水间，夫水乌能廉让哉？人之廉让为之耳，观吴隐之《贪泉》诗可知矣。物不自珍，因人而重，每令后人游钓所及，流连不置也。

〔据钮方图修，侯允钦纂咸丰《邓川州志》（清咸丰五年刻本）卷二《地舆志·井泉》第10页辑录。〕

保山市

（乾隆）腾越州志·山水志·温泉

卷三　山水志　温泉

大洞温泉　在大董练。其山即罗苴冲山，下有大洞温泉之胜，暖气郁然，四时可浴。

硫黄塘温泉　在城东南三十里明朗练。产硫黄，今已严禁采取。有水一泓，长逾半里，滚水掀浪，高出丈许，真奇景也。遍地皆可引流，有浴室一间，引凉泉合之，可浴。

热水塘温泉　在阿幸。其热水所出甚异。坞中本有小水，自东峡而来，为冷泉。小水左右，泉孔随地而喷，其大如管，作鼓沸状，跃跃有声。跃出水面二三寸，其热如沸。有数孔突出一处者，有从石隙中斜喷者。其热殊甚，土人就其下流作一圆池而露浴之。此冷泉南坡之热水也。其北倚东坡之下，复有数处，或出于砂孔，或出于石窨。其前亦作圆池，热亦如之，两池相望，溢孔不啻百也。

缅箐温泉　临河，随地皆是。往浴者须携帐房掩映，凿地即可浴。

曩宋温泉　离关八里，山足有浴池数处。

陇川温泉　一在铁壁关，一在蛮陇对山。

卷四　城署志　井邑

三眼井　在学宫左。一井三幕，宛如品字，周汲不竭。

白鹤井　即香泉，在五显庙前。相传井气上腾有鹤形。

龙泉井　在西门外。清洌。

〔据屠述濂纂修乾隆《腾越州志》（《中国地方志集成·云南府县志辑39》，凤凰出版社2009年影印本）卷三《山水志·温泉》第16页、卷四《城署志·井邑》第14页辑录。〕

（民国）腾冲县志稿·舆地·温泉

卷七（上）　舆地一　温泉

腾冲境内温泉甚多，如第一区之九保及下北乡之三家村、马蚁窝；第二区大洞乡之黄坡、名大洞温泉。猛连、蒲川乡；第三区之明朗及缅箐之下村，又小河底下之热水塘，清水乡之热海、李根源《热海》诗云：“热海翻波起怒潮，熊熊活火地中烧。阴阳鼓荡皆春意，流汇盈江润稼苗。”又云：“自是惊人霞客记，来游更有赵王诗。伤心张督长眠地，滚水翻腾吊岂知。”张督事详《大事记》。黄瓜箐，河西乡之炳赛、名回蚌泉。缦隆；名破山。第四区古永之硝水塘，大西凤仪小甸、后甸、阿幸、河头村；第五区瓦甸之喇塘口、名蟠溪温泉。混泥甲等处俱有，多系硫磺泉，能除筋骨疼痛、风瘫、半身不遂等症，以黄瓜箐、热海二泉沐浴者络绎不绝，惜其地之旅店尚未改良，于清洁卫生多不适宜。其温度则以热海、炳赛二泉为最高，滚水翻波，蒸气上腾，热若探汤，沐浴者携食物就温泉煮之，顷刻烂熟矣。

〔据李根源、刘楚湘总纂民国《腾冲县志稿》（许秋芳主编，李光信等点校，云南美术出版社2004年版）卷七《舆地一·温泉》第102页辑录。〕

坝塘堤闸

省 志

（万历）云南通志·地理志·堤闸

卷二　地理志第一之二

云南府

松花（华）坝　在府城东北，为滇池上流。诸水皆经于此，后分而为二，以注于滇池，盖水之总会也，故此处雨大则诸河皆涨。赛典赤增修二堰，灌田万顷，至今赖之，立庙以祀。

南坝闸　在府城南。东北所出诸泉咸会于盘龙江，至松花（华）坝由银稜河以入滇池，恐其泛滥，故筑此以障之。元平章赛典赤增修，国朝沐璘、巡抚郑颙甃石为闸，设以守者，因水之盈缩而时其启闭，民甚便之。弘治、正德间，又置西坝四到闸，而功利于民与南坝闸同。有知政陈文《记》[①]：

云南，古滇国，其城濒于滇池。乘高而望之，则商山在北，左金马，右碧鸡，支垅蜿蜒，相属环抱，方数百里。其间远村近落，良畴沃壤，弥望而不可极，惟窊其南而池浸焉。

南坝，池[②]之上流，距城五里许，其源出东北之屈偿、昧祥、邵甸诸山，凡九十九泉，或濆而流，或潜而潴，或激而波，或浍注而溪焉，或山夹而涧焉、湫[③]焉、汩焉，会于盘龙江。

至松花（华）坝，则岐为二河，一由金马之麓过春登里，一由商山之麓过云津桥，皆趋于滇池。蒙段氏时，过春登者堤上多种黄花，名绕道金稜河；过云津者堤上多种白花，名萦城银稜河。尝筑土石为二堰于河之要处，障其流以灌田，凡数十万亩。元时，云南行省平章政事赛典赤复增修之，民甚赖焉。今所谓南坝，即萦城银稜河之所流也。然前此为堰，不过兴一时之利，而于经久之计则未闻也。

惟我皇明混一区宇，云南恃远弗庭。洪武壬戌，黔宁昭靖王时为西平侯，奉命率师平之，留镇其地，定以经制，昭以威信，厚以惠利，俾兵民并力于田亩，以耕以获，不违其时。而南坝之修，岁有恒役。后定边伯继领镇事，思以

---

① 此记，景泰《云南图经志书》卷十《今朝文·记》题作“新建南坝闸记”；陈文名前“知政”，景泰《云南图经志书》作“云南右布政使”。

② “池”字前，景泰《云南图经志书》有“据”字。

③ 湫　原本作“愀”，景泰《云南图经志书》、正德《云南志》皆作“湫”。湫，水流貌，据改。

弘黔宁之绪，谋造石闸以蓄泄其水，为经久利。方储材命工，值边境多事，未就其志。景泰癸酉，今总戎继轩沐公乃图成于参赞思庵郑公，议定而后会焉，时镇守都知监左监丞罗公、右监丞黎公、布政司左布政使贾公、按察司按察使李公暨二三同志皆力相之。既而上其事于朝，亦不易其初议。乃计旧储之材增以十倍，而凡富人之乐助者亦不拒之，仍择将校之有智计者田凯、李振、郭进三人董其役。其条画之出、用度之宜，则沐、郑二公自主之。于是甃石为闸而扃以木，视水之大小而时其闭纵。又因其余材，相闸之西为庙，以祀神之主此闸者。其东为亭，与庙相直，而春秋劝省耕获，则休于其中。以景泰甲戌八月十有三日始役，而以明年三月一日卒事。其所用之工力，合之凡八万二千九百有奇。既成，云南之兵民无少长老幼皆悦曰："自今以始，田不病于旱潦而吾农得以足食者，诚二公之赐也。愿纪其事于石，置诸亭以传悠久。"二公皆不能止也。乃以记丐于余。

余谓沐公为定边[①]之孙、黔宁之曾孙也，学兼文武，崇德象贤，拜右军都督同知，握征南将军印以总戎事。郑公以经纶之才，弘达之识，廉方公正之操，参赞其事，累升至佥都御史兼巡抚之寄。相济同道，以绥靖此方，又能兴历代之遗利，以成累世欲为之志，使兵民蒙惠于无穷，实君子之事也，乌可以不记？然余于是而知二公之所为，当于古人中求之。昔晋羊叔子、杜元凯，二子继守襄阳，皆能修政立事以成晋业，宋欧阳文忠公称其功名盖当世，而流风余韵，蔼然被于江汉之间，至今人犹思之。盖思元凯以其功，叔子以其仁，故二子之所为虽不同，然皆足以垂于不朽，此乃异时同道而得人心者也。今二公以道相济，而同时出治，余窃以谓沐公以孝，郑公以德欤！盖善继人之志者，孝之大；善成人之美者，德之推。行仁始于孝，立功本于德，视古人奚远哉？余虽欧阳公之乡人，而言不足以永二公之孝之德，若羊、杜二子之功与仁者，盖云南兵民少长之心，实欲纪以传也，余岂得已哉？若夫匠氏之良、富人之助，亦君子所不弃，乃以其名氏列于碑阴云。

汤池渠　在宜良县之西南。有国朝平显《记》[②]：

汤池渠，肇始于洪武之丙子，时西平惠襄侯沐公在镇，以云南师旅之众，仰给饷馈，固[③]备攻守，用广开[④]屯田为悠久计。宜良在滇东南，当陆凉、路南喉襟，既置兵守，必谋其食。公相度原野，旧有沟塍，广不盈尺，流注弗远，汤池在傍，人不知用，底平[⑤]膴膴，弃为荒隙，不尽地产。是年冬，发卒万五千，荷畚锸，董以云南都指挥同知王俊，因山障堤，凿石刊木，别疏大渠，道

① 边　原本作“远”，景泰《云南图经志书》、正德《云南志》、天启《滇志》皆作“边”，按：主持修南坝闸者继轩沐公，即沐璘，继轩其号也。据天启《滇志》卷十《总部宦贤·总兵官》，沐璘为沐僖之子，沐昂之孙，沐昂卒时，“赠定边伯”，作“边”是，据改。

② 平显此记，正德《云南志》卷三十《文章八》题作“汤池渠记”。

③ 固　正德《云南志》、天启《滇志》同，景泰《云南图经志书》作“因”，乾隆《宜良县志》作“同”。

④ 开　正德《云南志》同，景泰《云南图经志书》、乾隆《宜良县志》皆作“辟”。

⑤ 底平　乾隆《宜良县志》作“原田”。

泄于铁池之窾而洑[1]，其袤三十六里，阔丈有二尺，深称之。逾月功竣，引流分灌，得腴田若干顷。春种秋获，实颖实栗，岁获其饶，军民赖之。

越二年，公薨。壬午夏，既芒种，雨不时降，人方为忧，独宜良水利不竭，首毕农事。将校黎老益追慕公德，咸愿镌石以纪，颂于不朽，丐铭于平显。铭曰："汤池之渠，宜良之利；人食以生，维公所施。我公伊谁？黔宁冢嗣；善继厥志，奚啻一事。渠流沄沄，浸[2]彼田稚；勿罹勿勩，冬有敛穧。公虽云逝，我思无替；穹石斯砺，宪于万世。"

大理府

穿城三渠 南曰白塔江，中曰卫前江，北曰大马江。此三渠者，穿城而东出，一以备火灾，一以灌溉城东之田，经年久不浚，往往壅塞，坐令百顷膏腴变为斥卤，司民社者所不忍见。

御患堤 在府城西，即城濠也，面阔丈五尺。暴流沙石，再岁不浚，则与堤平。弘治间，大雨五日，溪潦横至，大水入城，庐舍半坏，府卫共谋作堤，于农隙特令军筑三之二，县民之为土军者筑三之一。每岁以十一月二十五日兴工，加高一尺为常规。

水　缺 在一塔之后，天台寺之前。弘治间，玉溪水涨，决啮而北，直射大纸房，排西门而入，城中人庐覆没。正德间，大纸房人亲被其患，故每年于缺处堆垛大石，以杀水势。今老者已死，少者不知，前功遂辍。为今计，不但大纸房，凡城中之人，皆宜役之，为一劳永佚之计可也。

麻黄涧 在府西。此水旧道由教场北入大马江，近年故道壅塞，大雨时行，涨潦射决，却由教场大路而下，迳射西门，识者忧之。往岁议罢操一月，以其力浚复故渠。诚为有见，惜哉空言耳。

城北渠堤 在府城北，有数处。昔因居民坏塔，以致蛟变，如豏崀、头铺诸村，良田覆没，鞠为茂草。尝闻府议欲渠之、堤之，募民开垦，卒以惮费中止。惜哉，地有遗利，民有饥色也。

河　尾[3] 在府城南三十里德胜关之西。例以三年一浚，则滨河之田不至淹没，过期不浚，必有水患。

东晋湖闸 在赵州东北。湖有闸，以时启闭，灌溉湖外之田，然湖中水乾，其田可耕，故闭久则失湖田插秧之期，启早则妨湖外刈麦之候，前此五月五日启闸，九月九日闭闸，然雨旸早晚，难为定准，宜以湖中稻谷割尽之日闭闸，湖外牟麦割尽之日启闸。

双　塘 在州治东八里。洪武初年，军民以砖甃堤，其利甚溥。岁久堤圮，潴水不多，岁旱，田畴半为茂草。嘉靖二十五年，分巡安如山议令每岁暑月，使得利之家量亩出力，预为修筑，民甚便之。

甘陶水塘 旧有堤防，然用水无法，利为豪右所专。知州潘大武议夹石为渠，穿孔分水，其利始均。

---

① 窾而洑　乾隆《宜良县志》作"窾而壮"。

② 浸　原本作"侵"，据景泰《云南图经志书》、正德《云南志》改。

③ 河尾　嘉靖《大理府志》卷二《堤坝》作"癸河尾"。

城西堤 在州城西三耳山。旧有夹流，因无潴堰，散漫渗泄，不为民利。议[1]筑堤潴水，以备岁旱，非直田畴蒙其灌溉，而饮汲有甘冽之利矣。

品甸湾 在云南县东北十里。旧制：引宝泉山水蓄于周关、品甸二陂，以备农事。岁久，沟道湮塞，嘉靖二十二年，知县宋希文开通故道，以时潴蓄，军民利焉。

宝泉坝 在县北二十里。积水御旱，景泰间，宪副周鉴、参政赵雍重修。大学士彭时《碑记[2]》略：

> 宝泉坝距云南县西北二十里，乃云南宪副麻城周公鉴与参政连江赵公雍之所倡而为之者也。二公行部至县，进文武诸司，询民所利害而罢行之。于是，洱海卫镇抚孙谦进曰："民事莫重于农，而农之所忧，惟旱为甚，不可无以备之。县境有地曰游峰场，四山环列而中为巨浸者三，俗呼为海子。其源深以长，其流散漫而广衍，非筑坝堰以时启闭，则水不为利。"二公愕然相顾曰："此急务也。"因集文武官属，激之以义，命指挥同知张磐[3]、县令赵彦亨辈庀材，指挥佥事吴瑆、千户丁晟董役。垒石为坝，高三十尺，长二百五十尺，广半其长之数，中为斗门，视水之大小以节启闭。又作亭、立祠，名之曰宝泉，因宝泉山之名也。然水之所注，可以灌田万顷，而利民于无穷，其实与名亦克称矣。

段家坝 在白塔村。去县治二十五里，东接镜湖，段思平所筑。成化十九年，黔国公命都指挥马玄修。

新兴坝 在县治南山下。旧为旷地，知县宋希文筑坝蓄水，周广八里。

荒田陂渠 在云南驿前东南。平壤千顷而阙水利，大雨则获，雨少则枯，然土性粘腻如胶，可作塘堰蓄水，自昔无人倡之。嘉靖间，分守参政石简倡议于前，刘伯跃勘审于后，陂之渠之，今且变荒原为沃壤矣，缉熙增拓，责在后人。

横江堤 在邓川州后大邑、新生、上登三里。水利沟也，灌溉官路西一带田地。永乐间，同知李福筑堤。正德十三年，署州县丞祁伦重修。

濔苴佉江堤 在州前平川之中。旧规：东堤，军屯修筑；西堤，里民修筑。剑川、浪穹、凤羽诸水皆由此入西洱河。

罗时江堤 在州前。弘治间，知州阿骥分为界至，行令各里村长自领火夫开挖修筑，每年二月一次，其法已废。

上下登堤 在州西一里。每秋水泛涨，覆没田庐。正德三年，州人杨南金倡众筑石为堤，水患始息。

大水长堤 在州南。初，因豪舍各立水磨在堤之南，以致秋潦横流，向北为害。嘉靖三年，兵备副使姜龙令移水磨于堤北，又修筑旧堤二百余丈，潦始南趋，民患用弭。

庙后堤 在州北城隍庙背。二涧合流，姜公龙重筑。

圆井堤 在州西北。

---

① 议 嘉靖《大理府志》卷二《堤坝》作"州议"。

② 此记，正德《云南志》卷三十二《文章十》题作"宝泉坝记"，光绪《云南县志》卷十一作"游峰坝碑记"。又，正德《云南志》所载详于此，可参。

③ 磐 正德《云南志》、光绪《云南县志》皆作"盘"。

罗甸渠 其源出东山，居人引水成渠，垦田自给，然必在官揭[①]之，其工始集。

溪登渠 在浪穹县西山中路。初，县治及小果、圌头、乾桥等村，止有大涧水灌溉，田多水少，不足以供数村之用。嘉靖戊子，巡抚檄州修筑，中止；丙午，知县门俊用父老计，造溯堤二十六丈，功竟不就。

三水陂 曰南江、通宁、通济三水，淤没军民田地三百余亩，嘉靖壬寅，浚导。

山根渠 在县南七里。可灌田三千余亩，每岁三四月起，得利人夫开挖一次，决去淤沙，以通泉道。

红山渠 在县东北十二里，名三营川。

三江口渠 在县东南九里。有三水，一自宁河，一自三营，一自凤羽。惟凤羽之水，其势驶疾，横射二水，沙泥淤涌，致使二水不得顺行，湖田三万余亩鞠为茂草。分巡王惟贤议筑石堤，会迁官，不果。

大场曲堤 在宾川州西北。旧有陂池，蓄水备旱，后有豪右利陂底土肥可田，遂酾水别流，陂外之田半为废壤。嘉靖二十三年，知州朱官改水筑堤而复之。

新　渠 在龟山之东。州父老旧传乾龙、红雀二潭俱下，趋倚江浪，不为民利，决乾龙可入钟良溪，决红雀可入杨梅谷，如此则可垦之田当至数百顷，但其地皆属总府，费且数百金，非当道主张，莫能为也。

炼洞、甸头、甸尾诸渠 炼洞诸山田皆有灌溉，或自山脊分泉，或横山腰引水，其凹凸硗确之处，凿石为坝，不使断续，古渠痕迹仿佛俱存。先因铁索箐、赤石崖诸夷为盗，民不安业，弃田而去。嘉靖二年，兵备副使姜龙以宾川地行令土官府同知高崙督捕，盗乃屏息，流徙之民渐复旧业，独古渠工费颇钜，官不为倡，田犹荒阪。二十五年，知州朱官察知其实，方拟作渠，会迁官，不果。

乌龙坝 在乌龙山顶。居民潴水灌田，坝上有庙，祷雨屡应。

萂村坝 居民所筑，蓄水灌溉。

临安府

冷水沟 在府东北四十里。清流不竭，灌溉甚多。

马蝗沟 在府西北五里。

五塘沟 在石屏州南。水有五处，俱热如汤。

杨柳坝 在石屏州西五里。以障宝秀、弥勒，沟水蓄泄灌溉，军民田多资之。

弥勒沟 在石屏州西南十五里。

东渠乡龙潭 在河西县，出自九街山麓。灌溉甸心、沙罗、东城等三村田地，虽遇熯旱之年，民亦得种。

窑　沟 源自小关山，会临泸水。

东　堰 在阿迷州。水自通灵洞经东山庄义来村，乡官王廷表率众为石坝。

西　堰 在阿迷州。水自乐蒙河，民赵儒筑堰通之，经桃川庄至甸尾。王廷表云："郡田千余亩，设东、西堰灌之。立二堰长供水事，自春至夏，疏淤塞，御冲塌，巡朝暮，分多寡，所至饮食之，谓之'鸡酒'；秋获，照亩与谷，使祭坝燕众，谓之'堰谷'。嘉靖庚子，夫役繁多，议收谷量给堰长，余充夫费，后则私矣，夫役仍出于民，民

① 官揭　嘉靖《大理府志》卷二"堤坝"作"官倡"。

多怨之。制为法令，可也。”

石　堰　在阿迷州南。有小河，巡抚邹应龙为石堰，一方赖之。

永昌军民府

易罗池渠　在府城南，泉沸九窦，又名九龙池。池方而广，周遭二百余丈，甃其堤以砖石，洪武间，度田分水为四十一号，岁以武官一员司之。

沙　河　在九隆、法宝二山两崖间。水势盈涸无常，初，郡人未知所自，嘉靖二十九年，兵备郭春震始募土人溯流穷源而得之。

诸葛堰　有三，大堰在府城南十五里，其东为中堰，又其东为小堰，以其视众水为广，故俗皆呼曰海子，岁仲秋则障之，仲春则开之。

石花堰　在府城南十二里，源出山后响石洞。

甸尾海　在府城南三十里，源出梅子沟。

黄泥坝　在甸尾海南二里。

纪广坝　在府城南十里，堤周三百五十丈。

平安坝　在府城南四十里，源出芭蕉洞。初，水势冲流，未有堤防，正德间，兵备汪标创筑，未久而颓。嘉靖间，分巡佥事安如山、兵备副使郭春震先后重筑。

丁杨坝　源出水眼龙洞，堤周二百五十丈。

官市堰　在府城南四十五里，源出青松山下。

卧佛池渠　在府城北二十五里云岩山下。泉出石窦中，而汇于寺前之地，四时不竭。

阿凤坝　去城四十里，源出天井山之深谷中。瀑布四流，度甸头巡检司之北，折而南下，分为四沟，流经达达营、木瓜村、光尊寺而入于西河。

莲花坝　在哀牢山西，即玉泉池，方而小。正德间，兵备副使汪标筑。

打莺山龙泉　在腾越州治西三十里。流于古矛山下，灌溉城西田亩。

龙王塘　有三，一在观音寺，一在大宽邑，一在侍郎坝，俱利灌溉。

荆竹寨陂　在州东四里。

侍郎坝　在州西北五里。昔侍郎杨宁征麓川时所筑，至今人享其利，遂以名之。

宝峰泉　在永平县东四十里许，泉流足资灌溉。

卷三　地理志第一之三

楚雄府

梁王坝　在府治东平山门外三十五里。梁王柏匝剌瓦尔密所筑，年久堤决，弘治十三年重修。

城南堰　在县城南三里许。

西、南二堰　一在镇南州西，一在州南。

曲靖军民府

西湖坝　在府城东北十里。洪武间凿，有坝闸积水以灌田，军民利之，后为富人所占。弘治十二年，同知胡光具其事陈当道，始核出。

交水坝　在霑益州南一百七十里平蛮乡，块步、腊溪二水相合，又名交水河。先是以土堰水，每岁随筑随决。宣德十年，曲靖卫千户梅用凿石为坝，启闭以时，足利灌溉。

大　坝　水出木容箐。洪武初，指挥刘璧筑坝，酾渠为三，造闸以蓄泄水利。于是东南三乡四堡之田，咸受灌溉。

小　坝　在州治西五里。

阿龙沟　在州东三里。河东诸田，赖以灌溉。

澂江府

漱玉泉　发源重珠山下，灌溉附郭田亩，知府王良臣筑堤障水。

庄镜泉　出碌碕山麓，与玗北溪合流灌溉。知府王良臣围筑石堤，民赖其利。

北坡沼堤　出缺摩山麓，知府张顺昌谕有田者，周筑石堤闸水，以时蓄泄。郡人席大宾于旧堤下增拓一堤，汇水灌溉田亩。督学何俊《重修记略》："太守蜀夹江张君裕之，因父老请，捐俸兴筑，劝助于富家，借力于闲民，以成化癸卯正月肇工，迄四月落成。"

立马闸　在西街北一里许。知府徐可久建，用防龙清庙一带山水冲决之患。

太平闸　在太平桥下半里许。知府徐可久建，用蓄梁王冲一带溪水，使入新河，以达于海。

西碧泉堰　在蟠龙冈石岩下。双湫夹出，灌溉甚溥。

玗劄溪　在州东北二十里。自宝鼎山发源，流经玗劄山下，抵郡城南门外，入抚仙湖。水势太急，每值霖潦，岸辄冲决，多为民患。隆庆三年，知府蒋弘德开筑，为渠三百七十余丈，始利灌溉。

西浦龙泉　旧传自地中接昆明池，双涌于西山之麓，流不百武，即南折于海，故西民每苦淹没之患，东民弗沾灌溉之利。隆庆五年，知府徐可久开河二道，导泉入海，仍立闸坝四处，以时蓄泄。即今舟楫通行，商民称便。

清溪坝　在关索岭下。石坝二座，分构六处，灌溉田亩。

上、中、下三河　在江川县，上河发源于阿化冲，分流于前、广二卫；中河亦发源于阿化冲，抵乌鸦村；下河、中河之分流，抵左卫营。俱利灌溉。

普济堰塘　在县馆驿左。隆庆四年，知县杜鸣阳买民田筑堤，高一丈许，佥立坝长一名巡守。

弥勒石溪　在阳宗县西。发源于罗藏山西麓，流经于县治之东北，入明湖。

日角溪　在县西北八里。发源于觉卜山下，伏流天生桥，复出为溪。

大冲河　在县南五里罗藏山麓，会诸涧为河。隆庆二年，霖潦泛涨，河埂崩塌。知县文嘉谟开浚，自后，军民获灌溉之利。

陇邱冲河　在县西北十二里。发源本冲，流入明湖。

堰　塘　在县沙甸上官村。正德四年，知县郭翰修筑，年久倒塌。嘉靖四十五年，知县文嘉谟修筑。

濯缨泉　在县西一里。泉甚清澈，上有龙祠。季春，官民祀之以祈水。

罗木箐坝　在新兴州，有坝三座，分沟灌溉。

九龙池坝　在州，有坝一十七座。

大　河　在州，有坝六座。

白龙潭　在州，有坝四座。

龙井泉　在州，有坝三座。

红庙堰塘 在州，周围半里。

蜜罗冲口 在州，有坝三座。

桅杆营坝 在州，有坝三座，俱皆灌溉田地。

黑龙潭坝 在路南州东。

鱼池堰 在州东八里，发源黑龙潭。筑坝障水，支引以灌田，岁久坝圮。嘉靖四十五年，知州邹国玺修筑。

兴宁溪坝 在州东二里。绕州东而下至南，与铁池河会，流入盘江。

蒙化府

东溪渠 有十六，曰龙王庙，曰五道，曰白塔，曰教场，曰寄马桩，灌附郭之田；曰冯广，曰南庄，曰桥头，曰盟石，曰铺边，曰双桥，灌川中之田；曰甸中，曰捉马郎，曰白地场，曰甸头，曰土主庙，灌甸中及甸头之田。

西溪渠 有十二，曰三古盘，曰挖钟冲，曰小冲，曰大冲，曰乌保郎，曰贝忙，曰赖郎，曰西葵，曰天摩牙，曰天耳山，曰龙濩寺，曰麻沽冲，各灌及溪所及之处。北之东溪，其利十之一，皆活流也。

甸头大圩 在府治北六十里。

龙圩大塘 在府城西北三十五里。益增其高，厥利益多。又有郑家塘、淑人塘、南庄塘、团山塘，远近不一，皆利灌溉。

鹤庆军民府

龙宝堤 在龙宝潭下。周四百余丈，有坝。

桃树渠 在府治南二十五里。源出天马山下，村人赖之。

南供渠 给事中太和杨士云《记》[①]：

南供河，在府治西南二十里。发源山神哨，流且劣，至白杨场，俗称龙泉者。三穴啮涧喷出，潦旱弗缩，下流恒用，泓演东入漾工江，南甸田咸仰溉焉，故名。盖濒河左为大沟，引水而北者四；右为大沟，引水而南者二。因各为支沟以注田者，不计焉。田为亩余五万，赋为石余五百，户为百有五十，居为千余室。河之利溥矣，而恃以为利者，此泉耳。泉以南为高阜，旷土可若干亩。势豪关利，欲横截泉水而用之。在正统中，为土酋，成化中，为守御，弘治中，为豪民某某。长康民以遏我上流，辄讼之，乃弗得逞。正德庚辰，有豪民者踵故智，纠同谋诡辞于府，乞垦田输赋。里中老承勘得赂，报可，遂给印帖，发版册。民泣诉者相属也。前守吴君以征入，弗及改判，豪民者复诡辞于藩司，诬众倾己，下府覆之。新守王君甫下车，得其情，叹曰："此地此水，果可以利，昔人当先为之矣，奚俟今日哉！夫以数家之利而亢千万亩之良，恣一夫之奸而贻千万众之戚，何心哉？"乃追帖削册，咸服其辜。民欢呼相谓曰："微我公，南甸其莱矣。夫人之效尤者，亦永有惩哉？"谋于乡贡士赵德宏、国子生杨

① 此记，《弘山先生文集》卷十一、《滇南文略》卷二十七皆题作"鹤庆府南供河记"，天启《滇志》卷十九《艺文志二》题作"南供渠记"。

怀玉、府学生李绍伦、杨文秀辈，纪事于石，请予记。

於戏！民非谷弗生，谷非土弗殖，土非水弗滋，故《禹谟·六府》《洪范·五行》，皆水居先，而后世河渠之书、沟洫之志加详矣。盖善为民者，所以兴水利也。涸也，为之畜引；溢也，为之分泄；废也，为之修复。又患民之争也，则为禁令，所以禁其争也，抑豪强而已矣。昔关中仰郑、白二渠溉田，而豪戚壅上游，取硙利，夺农用。李栖筠请皆澈[①]毁。《唐史》书之，辉映简策，非表其为民者耶？南供之利，白[②]渠之类也；龙泉之遏，上游之壅也；旷土之利，百硙之类耳，恶可以小而妨大耶？王公之意，固李若也，是宜书。然李以高才擢给事，方挺不屈，出刺常州，治行卓最。君亦以给事言事补外，稍迁台省，兹守鹤，多善政，其风节治绩，亦李君也，又宜书。君名昂，字仲颙，四川广安人，起弘治乙丑进士。玉屏，其别号也。

小柳场闸　知府马卿筑，嘉靖间，知府周集增筑，高百尺。

大水潭　在府治东九里。出东山麓，周二百余丈，灌溉石朵、水美、南河等村田。

青龙潭　在府东北四十里。知府马卿《记》：

予既开龙宝之潭，浚丰利之渠。民杨圭等上状曰："惟兹青龙潭之水，灌新生邑等五村屯，近被豪右侵潭为田，水鲜潴蓄，溉恒之且未均，敢乞修治之。"予曰："时方农，其俟。"又咸曰："惧公之迁，则无及矣。吾民自攻，不敢烦于官，惟乞定规制，一役董之。"予乃往视其宜，乃命耆民杨寿延总其事，侵者复，宥而不治；役者劝，任而不督。未几而告成。为四渠：南为南刊渠，闸阔三尺五寸，灌新生邑、阮百户屯田四百九十五亩；东为萦碧渠，闸阔八寸，灌上城南等田五十亩；东北为采芹渠，闸阔五尺，灌寺西北桥头、上城南田七百三十二亩；西北为北新渠，闸阔三尺，灌里城秀邑、府西北桥头田四百三十五亩。又因磐石为闸，以泄秋潦，曰石固闸。又曰："东南障水之堤卑薄，其增修，东北隙地，宜为堤以畜水。后其勿废、勿侵、勿争，违者讼言于公治之。"

西龙潭　在府西七里。知府马卿《记》[③]：

鹤庆有水曰西龙潭，出郡西覆盆山，或曰龙潜焉，故名。东溉诸村屯。岁七月九日，郡守率吏民祀潭神，遍望境内山川，筑室于南山之椒，修祀所也。府治前故艰水，正德元年，耆民杨寿延议开渠引水，知府刘珏允其议。乃于潭之东南开二渠，一至府前，曰南清渠，一至坡头邑，曰北清渠，民利之。然东灌诸村者水犹艰，农时上流专其利，而下流后时弗蓺。嘉靖四年，予谪守鹤庆。明年秋，率故事礼神毕，佥以乏水告。予乃陟降原隰，视潭之下，山势环抱，曰："是可因筑堤以潴水。"又顾山形，顿而复起三台，隐然临于潭许，曰："兹

---

① 澈　天启《滇志》作"撤"，《滇南文略》作"徹"。

② 白　天启《滇志》同，《滇南文略》作"郑白"。

③ 此记，天启《滇志》卷十九《艺文志二》题作"西龙潭记"。

惟山水之交，风气攸萃，可以祠。”询于众，二三耆旧外，盗种其地及上流者交沮之。予曰：“疑事无成，吾计决矣。”乃令计亩程工，筑堤障水。以千户李璝、百户王翰、王镇、驿丞周寅、耆民杨寿延、张定董其役，以十一月辛巳始事，正月戊戌告成。故西龙潭为上潭，东北为石闸以通流，曰普利闸，分一小闸为涓流闸。别出新开之潭为下潭，名曰龙宝，深二丈余，周五百余丈。堤曰万年，高一丈有五尺，阔二丈，长六十有一丈。为石闸以蓄泄，曰永固，阔五尺。下为石池，池下之闸曰会济，东分一小闸曰波流。山故为金灯，改曰秀台。建祠于中台，曰礼神。移故室于南台，曰斋明。建亭于北台，曰偕乐。守御指挥赵增建亭于又北小台，曰观澜。山下为坊，曰：“秀台龙宝，右神利民。”

既成，明年春夏之交，莳秧者水具足。古所谓“民不可与虑始，而可与乐成”，信夫！予惧后之有争也，因定畜泄之法、溉田之次，以示后云。

黑龙潭　在府西南。知府陆栋《记》[①]：

予家山中，喜农事，有薄田数十亩，相度土宜，树蓺稼穑，竟不惮劳。凡水泉可及远者，率乡中子弟浚源导流无遗焉。盖虽劳，而发生畅茂之趣，亦自有可乐者。尝以为苟得子民之职，亦当如此矣。

初知河间，河间为古九河下流，水聚而土松，既筑堤以障狂澜，复分流以灌滨河之田数百顷。既而移知鹤庆，乃询郡人之在都下者，佥曰：“郡有东山河，河东田资以灌溉，河西田则唯龙泉是赖。龙泉凡十余所，而黑龙泉之利物居多。泉出郡之西南宣化山下，经行溪涧，皆有泉迸出，处高则泽可以及远迩。”至郡，将首图之，二守张君君用已命百户刘仪辈与[②]此役矣。因督之亟，日授以成算。再阅月，来告成，遂偕君用，命驾溯流而上。沟开广五尺、深三尺许，绕山之曲二十有四，约三十余里。跋涉险阻，摄衣攀崖，艰涩万状，而后至潭所。是日，惠风拂面，丽日当空。命从者斧朽木，薙秽草，驱乱石，而潭之景益奇。盖戊寅三月九日也。有父老进曰：“凡达官至此，辙[③]风雨，若靳其景者，今独不然，岂神物亦有意耶！”予应之曰：“是非我所知也。”庠生赵汝询等请曰：“是水下流，析为十余沟，惟迎揖、何邑一沟阻三涧。涧上旧架木为槽以过水，补槽木之朽析，开泥沙之壅填，岁勤数百人，迨泉方流，又夺于强暴，视他沟每力多而功半，农之病夫水也如此。正德乙亥[④]，汝询暨董华省祭、王学章谒张君，指以南坡，可凿水道。张君审其宜于民，出令示众，檄千户李贵监工。始于三月甲子，毕于四月甲寅，农之不病于水盖三年矣。今公之来，水利聿兴，与张君省耕，躬历沟道，深而广之，泉之流殆遍，而豪夺者自远。

---

① 此记，天启《滇志》卷十九《艺文志二》题作“黑龙潭记”，有删节。

② 与　天启《滇志》作“兴”。

③ 辙　不词，似应作“辄”。

④ 正德乙亥　乙亥，原作“己亥”，正德中无“己亥”年，康熙《鹤庆府志》卷七《水利》“黑龙潭”条云：“正德十一年（丙子），通判（天启《滇志》卷十三《官师志·郡县题名·鹤庆府》列张廷俊于“同知”，上文亦云：“二守张君”，作“同知”是）张廷俊沿山开导”，本书下文云：“始于三月甲子，毕于四月甲寅”，据《中国史历日和中西历日对照表》，“三月甲子”为正德十年（乙亥）三月七日，“四月甲寅”为四月二十七日，作“乙亥”是，据改。

若百户薄秀等屯田均得沾足，岂特迎邑、何邑二村而已！是郡昔畏于土酋，政之苛，民之病，不暇论矣，厥后守郡者不知其几，更无一言及此。二公为民之心，亦至矣，吾侪其忍忘之？请一言勒石，以垂永图，利均而分定，豪右其敢有复窥者乎？”

於戏！古人有言：“驱民南亩，而后民可使富。”然雨旸不能以时，旱涝不可无备，于斯而不为之处，虽有爱民之心，亦为徒善而已矣。昔安定胡先生教授弟子，即设水利斋，议者以为有用之学，况夫有子民之责者，独可不念及此耶？今吾辈坐啸一堂，而吾民不免于饥寒，其心乐乎？不乐也。然则兹役也，将以利乎民也；兹行也，将以乐其利乎民也。是为记。

去府北四十里，又有黑龙潭，西北三十里，有香米潭。俱筑有堤，灌溉逢密等村田地。

白龙潭　在府西北八里，灌溉罗尾邑等村田地。又有南渼潭、北渼潭、大小渼潭、石寨子龙潭、龙公潭，俱利灌溉，军民赖之。

漾工江坝　灌溉西墩、逢密、大福、西亨、义溯、双水槽、城满和、辛官屯、思笫墩、大龙溪、赤土和、小柳场，人至栽插时，相率作坝障水，栽毕则去坝。

温水河渠　灌溉鹤羝、孝廉、前蒿三村田地。

西墩泉堤　旧有坝，坏，同知张廷俊修筑。旧堤高数尺，水入旧沟旁，两岸开广，经流约三十里，西墩、新生、大福、小柳场村屯利之。

石莱渠　在剑川州治南，灌溉甚溥。

老君水坝　在剑川州治西。旧有上、下二坝，今废不修。

连汉墩水塘、甸头和水塘　俱剑川州，军民注水灌田。

姚安军民府

七　溯　在府城西南。土人称陂堰为“溯”。在平川凡七，曰大石，曰地摩，曰乌鲁，曰阳派，曰塔镜，曰小巴，曰长寿。其在府西者曰当坡院，在府北者曰地角，曰香索岭，曰赤额坪，曰黑坝，曰摩苴邑。皆前代所筑，潴水灌田，民甚赖之。

黄连箐坝　在府治东南九里。

石峡口坝　在府治南二十五里。

右所冲坝　在府西南六里。

阳派坝　在府治西北七里。

上闸、下闸　上闸在大姚县东二里，下闸去上闸三里。弘治间，军民筑之，以蓄泄大姚河之水，备旱涝焉。

金家闸　在大姚县南一里。

土桥闸　在县东南五里。

新坝闸　在县东二里。

晏公闸　在县东南五里。

张家闸　在县东南三里。

白塔闸　在县西三里。

高家闸　在县北十里。

杨家闸　在县北二十五里。

广西府

卷四　地理志第一之四

寻甸府

龙洞渠　在府城北五里。郡之田亩，多资灌溉。

冷水塘坝　在府城东北五里。嘉靖二十一年，知府林斌筑，今为水冲圮。

武定军民府

者吉村渠　有二，一在禄劝州东北陀的掌鸠河，一在州前列岫之后。二渠襟合，州右皆利灌溉。

源桃村渠　自南甸河筑堤，引至桃源村。

永平村渠　自南甸河筑堤，引至永平村。

纳吉村渠　自禄劝州前列岫之后筑堤，引至纳吉村。

大缉麻屯渠　自冷村河筑堤，引至屯中。

景东府

水寨渠　在府治东十五里。

者干渠　在府治南七十五里。

者孟渠　在府治南五十五里。

元江军民府

仲夷渠　在府城西四十里。分溉田亩，东流入礼社江。

丽江军民府

清溪渠　源出东山雪山，流经府治，灌溉之利甚溥。

广南府

顺宁府

天泽塘　在乐平山椒。其麓有田亩，艰于灌溉，知府猛寅凿塘注水，自是农人不复熯旱之忧矣。塘周围半里许。

蜡门河　在府治北十里。灌溉田禾，民资其利。南流与顺宁河合。

永宁府

镇沅府

北胜州

九龙潭堤　在州治西北三十里，灌田万余亩。

盟庄坝　在州治西三十五里，民资其利。

河草坝　在州治西南三里。
长沟坝　在州治北三十里。
观音箐坝　在州治东三里，居民便之。
海　闸　在州治南七十里。
包家闸　在州治南八里，居民畜物称便。

新化州

六嫡塘、渺剌塘　俱在屼嘌乡。
邦那圩、登竜渠　俱在禄库乡，可以备旱潦，资耕稼。
龙王庙堤　隆庆六年，知州麦天惠导溪水，甃石堤，以灌近州归召等乡田地。

者乐甸长官司

车里军民宣慰使司

木邦军民宣慰使司

孟养军民宣慰使司

缅甸军民宣慰使司

八百大甸军民宣慰使司

老挝军民宣慰使司

孟定府

孟艮府

南甸宣抚司

干崖宣抚司

陇川宣抚司

威远州

湾甸州

镇康州

大侯州

钮兀长官司

芒市长官司

〔据邹应龙修，李元阳纂万历《云南通志》（刘景毛、江燕等点校，中国文联出版社2013年版）卷二至卷四《地理志第一之二至第一之四》辑录。〕

（天启）滇志·地理志·堤闸

卷三　地理志第一之三　堤闸

甚哉，水之为利害也！为之堤，以防旁支泛滥（溢）之为害；为之闸，以防杂流冲激之为害。由是，而三农百亩，以种以获。溥哉，其利乎！滇非泽国，而水患不免焉。张立道疏导而后，池上皆为良田。今沧桑之变，日异月殊，有力者取而圳之，若江南所谓湖田，严法弗能禁也。浚海口有成议矣，而委任弗效，堙塞之患亦复不少。至所谓牌水，则牌所由与，有力之家先得之。近上坝之闸成，而万口称焉。举一郡，他郡可知也。见前志。他郡于水利处每每不（下）转，语曰："得如此为坝，如此为闸，乃可。"大都皆想象瞻望之语。则掩卷而思曰："此必瘠土也，不然，何不裒众工而自为之乎？虽然，冉有用田赋。"夫子非之曰："周公之兴（典），在夫周公之于沟洫，其用力岂让伯禹乎？"季路为宰，夫子见其沟渠而三善之。二子皆以政事名者也，而自相甲乙矣。司政者，其审诸！

云南府

松花（华）坝　在府城东北，滇池上流。元赛典赤赡思丁增修为坝，分水以溉东菑万顷。立有石将军庙，即赡公像也。万历四十六年，管水利道按察副使朱芹条议大修，虽裒金不一，而水利频年，节缩之费取给为多；月再三躬往，省试不倦，鸠工庀材，无不精坚。民不劳而久逸，官经费而永宁。厥功茂哉！

南坝闸　在府城南，盘龙江所经，亦赛典赤修。总兵沐璘、巡抚郑颙甃石为闸，添设守者，因水盈缩，时其启闭，民甚便之。

西坝闸　在南坝右。

四道坝闸　亦在盘龙江下，弘治间置。

戴金闸、大韩冕闸、小韩冕闸、小坝闸、桑园闸、金稜闸、燕尾闸　俱在府东金汁河。

王公堰闸、文殊寺闸　俱在银汁河。

漾田小北闸、堕直闸　俱在盘龙江上。

庄科闸、前所闸、大营闸　俱在崛峄河。

大响水闸、小响水闸　俱在宝潒（象）河，新建，功利于民，与南坝同。

小西门闸　在桥下，启闭濠水。

汤池渠　在宜良县西南三十五里。洪武丙子，惠襄侯沐春檄都指挥王俊董修。

清水闸　在昆阳州治北。

石　坝　在富民县西十里。自此分为二流，田亩胥赖，民便之。

黑龙潭坝 在禄丰县东。坝原筑于潭下流，今改建潭上流，灌溉甚溥。

好义村坝 在三泊县西，万历十三年修。

大理府

穿城三渠 南曰白塔江，中曰卫前江，北曰大马江。三渠穿城东出，一以备火，一以灌田。

御患堤 在府城西，即城濠也，面阔丈五尺。暴流沙石，再岁不浚，则与堤平。弘治间，大水入城，庐舍半坏。府卫共谋作堤，特令官军筑三之二，土军筑三之一，每岁以十一月兴工，加高一尺以为常。今废。

水　缺 在天台寺前。玉溪水决，排西门而入城中，庐舍覆没。每年于缺处堆大石，以杀其势。

麻黄涧 在府西。水源由教场北入大马江，自古道壅塞，大雨涨潦，迳至西门。议者欲罢操军一月，以其力浚复故渠。

城北渠堤 在府〔城〕北，有数处。昔因居民坏塔，以致蛟变，如峨崀诸村，良田覆没。尝议浚渠筑堤，未就。

东晋湖闸 在赵州东北。湖中水干，其田可耕。先是，每岁以五月五日启闸，九月九日闭闸，然雨旸不定，率至愆期。议者谓以湖中稻谷尽收之日闭，湖外牟麦尽收之日启为便。

双　塘 在州治东八里。洪武初年，军民以砖甃堤，其利甚溥。岁久堤溃。嘉靖二十五年，分巡副使安如山议，令每岁暑月，使濒堤田家量亩出力，预为修筑，民甚便之。

甘陶水塘 旧有堤防，利为豪右所专。知州潘大武议夹石为渠，穿孔分水，其利始均。

城西堤 在州西三耳山。

品甸湾 在云南县东北十里。旧引宝泉山水，蓄于周关、品甸二陂，以备农事，岁久沟塞。嘉靖二十二年，知县宋希文开故道，以时潴蓄，军民利焉。

宝泉坝 在县北二十里。积水御旱，景泰间，分巡副使周鉴、分守参政赵雍重修。

段家坝 在北（白）塔村。去县治二十五里，东接镜湖，段思平所筑。成化十九年，世镇檄都指挥马玄重修。

新兴坝 在县治南山下。旧为旷地，知县宋希文筑。

荒田陂渠 在云南驿前。东南平壤千顷，而阙水利。嘉靖间，右参政石简倡议，刘伯跃相继修举，今为沃壤。

横江堤 在邓川州后大邑、新生、上登三里。州西一带，阙（厥）田赖焉。永乐间，同知李福筑堤。正德十三年，署州县丞祁伦重修。

瀰苴佉江堤 在州前平川。堤之东，军屯修之；堤之西，里民修之。剑川、浪穹、凤羽诸水皆由此入西洱河。

罗时江堤 在州前。

上下登堤 在州西一里。每秋水泛涨，覆没田庐。正德三年，州人杨南金倡众筑石为堤，而从前湮没患息。

大水长提 在州南。以水磨在堤南，致秋潦为害。嘉靖三年，兵备副使姜龙令移水磨堤北，又修筑旧堤二百余丈，水趋南流而患息。

庙后堤　在州北城隍庙后。二涧合流，姜龙重筑。

圆井堤　在州西北。

罗甸渠　源出东山，居人引水成渠，垦田自给。

溪登渠　在浪穹县西山中路。

三水陂　曰南江、通宁、通济。三水淤没军民田地三百余亩，嘉靖壬寅浚导。

山根渠　在县南七里，可灌田三千余亩。每岁春夏之交，一淘汰之。

红山渠　在县东北十二里，名三营川。

三江口渠　在县东南九里。有三水，一自宁河，一自三营，一自凤羽。惟凤羽之水，其势横射二水，沙泥淤塞湖口，日为茂草。分巡副使王惟贤议筑石堤以备灾。

大场曲堤　在宾川州西北。旧有陂池，蓄水备旱，后以豪右利陂底土肥可田，遂断水别流，陂外之田半为废壤。嘉靖二十三年，知州朱官改水筑堤而复之。

新　渠　在龟山东。旧传以乾龙、红雀二潭不为民利，今议决乾龙入钟良溪，决红雀入杨梅谷，则垦田当至数百顷，亦万世利也。

炼洞、甸头、甸尾诸渠　在炼洞诸山下。其田或山脊分泉，或山腰引水，其硗确之处，凿石为坝，后因夷患，民有弃田而去者。嘉靖二年，兵备姜龙行令土同知高仑督捕，盗屏息，民渐复业。二十五年，知州朱官作诸渠，自是荒芜皆耕地也。

乌龙坝　在白塔山下，居民潴水。坝上有庙，祷雨有应。

莿村坝、上苍渠　俱居民蓄水处。

梁王坝　在团山下。凿石筑堤，以导梁王山泉灌田。年远渐圮，水利壅塞。天启四年，知县杨起云捐俸重修，民甚便之。

临安府

泸江堤　在府治一里。源自异龙湖，流经府城南，折而东，灌田更（甚）广。隆庆间，因三河之口增坝，沙泥日壅，岁决为患。万历四年，兵备副使许宗谥（镒）躬亲修浚，置田征租，以备疏筑之费。士民感之，曰“许公堤”。二十七年兵备副使漆文昌、二十八年知府张守纲（刚）相继筑堤改河，然河坝未撤，河决犹故。

大　坝　在府城六里，坝南北受水者自行修筑。

马蝗沟　在府西北五里。

五塘沟　在石屏州南。水有五，俱热如汤。

杨柳坝　在州西五里，以障保（宝）秀、弥勒。沟水蓄泄，灌军民田。

弥勒沟　在州西南十五里。

东　堰　在阿迷州。嘉靖间，乡绅王廷表率众为石坝。

西　堰　在州。水源自乐蒙河，民赵儒筑堰通之，经桃川庄至甸尾。王廷表云：“郡田千余亩，设东、西堰灌之，立二堰长供水事，自春至夏，疏淤塞，御冲塌，巡朝暮，分多寡，所至饮食之，谓之‘鸡酒’。秋获，照亩与谷，使祭坝燕众，谓之‘堰谷’。嘉靖庚子，夫役繁（烦）多，议收谷量给堰长，余充夫费，后则私矣。夫役仍出于民，民多怨之，制为法令，可也。”

石　堰　在州南。有小河，巡抚邹应龙为石堰，至今赖之。

六婻塘、渺剌塘　俱在新化州岘嘌乡。

邦那圩、登龙渠　俱在州禄库乡。可备旱潦，资耕稼。

龙王庙堤 在州归召乡。隆庆六年，知府麦天惠筑。

东渠乡龙潭 在河西县，出自九街山麓。灌溉甸心、沙罗、东城等三村，虽遇熯旱，播种无忧。

西 堤 在河西县。万历二十二年，知县周邦举筑石闸，引泉水为灌池。

大石坝 在嶍峨县西北。

新龙堰、角池堰、大罗河堰、砥柱堰、普龙堰 俱在新平县。万历二十年，知县李先芬修。

永昌府

九龙渠 在府城南，旧名易罗池。觱沸有九窦，方广二百余丈，砖石为堤。自洪武间度田，分水为四十一号，岁选能官司之。

沙 河 在九隆、法宝二山两崖间，水势盈涸无常。嘉靖二十九年，兵备副使郭春震始募土人溯流而得其源。

诸葛堰 有三，大堰在城南十五里，其东为中堰，又其东为小堰。视众水为广，俗呼曰海子。岁仲秋障之，仲春开之。

纪黄（广）坝 在城南十里，堤周三百五十丈。

石花堰 在城南十二里，源出山后响石洞。又三十里为甸尾海，源出梅子沟。有黄泥坝，在海南二里。

平安坝 在城南四十里，源出芭蕉洞。初，水势冲流，未有堤防。正德间，兵备副使汪标创筑。嘉靖间，分巡佥事安如山、兵备副使郭春震先后重筑。

官市堰 在城南四十五里，源出青松山下。

丁杨坝 源出水眼龙洞，堤周二百五十丈。

卧佛池渠 在城北二十五里云岩山下。泉出石窦，汇于池，四时不竭。

阿凤坝 去城四十里。源出天井山深谷中，瀑布四（西）流，度甸头巡检司之北，折而南下，分为四沟，流经达达营、木瓜村、光尊寺，入于西河。

莲花坝 在安乐山西，即玉泉。正德间，兵备副使汪标筑。

打莺山龙泉 在腾越州治西三十里，流于古矛山下，入城西田亩。

龙王潭 有三，一在观音寺，一在大宽邑，一在侍郎坝，俱利田亩。

荆竹寨陂 在州东四里。

侍郎坝 在州西北五里。昔侍郎杨宁征麓川时所筑，人享其利，遂以名。

宝峰泉 在永平县东四十里许。

楚雄府

梁王坝 在府治东三十五里，梁王所筑。年久堤决，弘治十三年重修。

城南堰 在府城南三里许。

西南二堰 一在镇南州西，一在州南。

曲靖府

北沼提（堤） 在府城北门外，蓄水灌田。郡以北沼荷风为景。

西湖坝 在城东北十里，洪武间作。有闸潴水，启闭以时。

交水坝 在霑益州南一百七十里平蛮乡。块步、腊溪二水相合，又名交水河。宣德十年，千户梅用凿石为坝以行水。

大 坝 水出木容箐。洪武初，指挥刘璧筑坝，酾渠为三，造闸以蓄泄水道，以灌东南三乡四堡之田。

小 坝 在州治西五里。

阿龙沟 在州东三里，水灌河东诸田。

杨柳坝 在马龙州东七里，水灌西鹤楼田。

石桥坝 在州北十五里。

史家闸 在城东三里，积潇湘江水。

梅家闸 在城东二十里，积太平桥水。

土 坝 在城东一里，潴潇湘、北沼二水。

龚家坝 在城东三十里，入南海圩田。

澂江府

漱玉泉堤 水源自重珠山下，入附郭田亩。庄镜泉石堤，水源自碌碕山，合圩北溪。俱知府王良臣筑。

北波沼堤 水出阙摩山麓，知府张顺倡谕，有田者筑以积水。郡人席大宾复于旧址增拓一堤。

立马闸 在西街北一里。知府徐可久建，以防龙清庙一带冲决之患。

太平闸 在太平桥下半里。知府徐可久建，用疏梁王冲一带溪水，入新河，达于海。

西碧泉堰 在蟠龙冈石岩下。双湫夹出，溉田甚溥。万历二十九年，知府程子侃重筑。

圩劄溪 在府东北二十里。自宝鼎山发源，流经圩劄山，下抵郡城，南入抚仙湖，每岁霖雨，冲决为患。隆庆三年，知府蒋弘德开渠筑堤三百七十余丈，旋为水啮崩圮。万历三十年，知府程子侃复筑焉。

西浦龙泉坝 旧传自地中暗与滇池通，双涌于西山之麓，流不百武，即南折于湖。隆庆五年，知府徐可久开二河引泉入海，又立闸坝共四所，启闭蓄泄，且舟楫通行，商民称便。

清溪坝 在关索岭下。石坝二，分水之沟六，溉田亩为多。

普济堰塘 在江川县馆驿左。隆庆四年，知县杜鸣阳买民田筑，堤高一丈许，佥立坝长一名守之。

大冲河坝 在县南五里罗藏山麓，会诸涧为河。隆庆二年倾坏，知县文嘉谟开浚，民屯之田俱赖焉。

堰 塘 在县沙甸上官村。正德四年，知县郭翰筑。年久倾塌，嘉靖四十五年，知县文嘉谟重修。

罗木箐坝 在新兴州。凡三所，均分沟水。

又有九龙池坝一十七，大河坝、白龙潭坝各四，龙井坝、密罗坝各三，桅杆营坝一，各照界分水，入于田。

红庙堰塘 在州，广半里。

黑龙潭坝 在路南州东。

鱼池堰 在州东八里，发源黑龙潭。嘉靖四十五年，知州郑国玺修筑。

兴宁溪坝 在州东二里。绕州东而南，与铁池河会，流入于盘江。

蒙化府

东溪渠 有十六，曰龙王庙，曰五道，曰白塔，曰教场，曰寄马桩，灌附郭之田。曰冯广，曰南庄，曰桥头，曰盟石，曰铺边，曰双桥，灌川中之田。曰甸中，曰捉马郎，曰白地场，曰甸头，曰土主庙。灌甸中及甸头之田。

西溪渠 有十二，曰三古盘，曰挖钟冲，曰小冲，曰大冲，曰乌保郎，曰贝忙，曰赖郎，曰西葵，曰天摩牙，曰天耳山，曰龙护寺，曰麻沽冲。各灌其溪所及之处，其利比东溪十之一，皆泉流也。

甸头大圩 在府治北六十里。

龙圩大塘 在府城西北三十五里。益增其高，厥利益多。

又有郑家塘、淑人塘、南庄塘、团山塘，远近不一，分流及田。

鹤庆府

龙宝堤 在龙宝潭下。周四百余丈，有坝。

桃树渠 在府治南二十五里。源出天马山下，村人赖之。

南供渠 在府治西南二十里。发源山神哨，至白杨场。俗称龙泉者三穴，啮涧喷出，东入漾工江。南甸田咸仰给焉。

小柳场闸 知府马卿筑，嘉靖间，知府周集增筑，高百尺。

漾工江坝 凡西墩、逢密、大福、西亭、义淜、双水槽、城满和、辛官屯、思地墩、大龙溪、赤土和、小柳场居人，至播种时相率作坝障水，农工毕而坝去。

温水河渠 以溉鹤戕、孝廉、前蒿三村田地。

西墩泉堤 旧有坝，圮，同知张廷俊修筑。旧堤高数丈（尺），水入旧沟旁，两岸开广，经流约三十里，西墩、新生、大福、小柳场村屯利之。

石莱渠 在剑川州南，渠水以滋田。

连汉墩水塘、甸头和水塘 军民注水灌田。

姚安府

七　淜 在府城西南。土人称陂堰为“淜”。在平川凡七，曰大石，曰地摩，曰乌鲁，曰阳派，曰塔镜，曰小巴，曰长寿。其在府西者曰当陂院，在府北者曰地角，曰香索岭，曰赤额坪，曰黑坝，曰摩苴邑。皆前代所筑。

黄连箐坝 在府治东南九里。

石夹口坝 在府治南二十五里。

右所冲坝 在府西南六里。

上下二闸 上闸在大姚县东二里，下闸离三里。弘治间，军民所筑。

金家闸 在县南一里。

新坝闸 在县东二里。

晏公闸、土桥闸 俱在县东南五里。

赵家闸 在县东南三里。

白塔闸 在县西三里。

叶家闸 在县北十里。

杨家闸 在县北二十五里。

冷水闸 在县西门外。

广西府

广利坝 在治东七里。万历二（三）十八年，知府张光宇筑。

永惠坝 在治西四里。万历二十一年，知府陈忠筑。

矣龙坝 在治西三十里，知府辜用琥筑。

有石闸 开东西两河，灌近城田。

寻甸府

归龙堤 在府南二里归龙寺。万历十四年，河水泛溢，淹没民田，知府李遇春砌石堤三十余丈，民德之，名“李公堤”。

龙潭闸 在府北四里马街。引水为学宫襟带，亦灌田亩。

龙洞渠 在府北五里，郡田亩多资之。

武定府

者吉村渠 有二，一在禄劝州东北陀的掌鸠河，一在州前列岫之后。二渠襟合州右，皆利阡陌。

源桃村渠、永平村渠 俱自南甸河筑堤，引至两村。

纳吉村渠 自禄劝州前列岫之后，筑堤引而入。

大缉麻屯渠 由冷村河筑堤，引至屯中。

景东府

水寨渠 在治东十五里。

者孟渠 在治南五十五里。

者干渠 在治南七十五里。

元江府

仲夷渠 在府城西四十里，源自仲夷溪，与西山长桥相表里，土人呼为清水沟。

双沟渠 源出马笼山，一清一浊，土人堰之，江东田亩赖以有秋。

丽江府

清源渠 源出东山雪山，流经府治，以溉田。

顺宁府

天泽塘 在乐平山椒。土官猛寅凿塘注水，塘周半里许。

洪　塘 在镇夷山下，云州治后。原议建学，浚为泮池。

北胜州

观音箐坝 在州治东三里。

盟庄坝 在治西三十五里。

包家闸 在治南八里。

海　闸 在治南七十里。

河草坝 在治西南二里。

长沟坝 在治北三十里。

九龙堤 在治西北三十里。

〔据刘文征撰天启《滇志》（古永继校点，云南教育出版社 1991 年版）卷三《地理志第一之三·堤闸》第 121－127 页辑录。同时，以王云编辑《滇志校考》改补之。〕

（康熙）云南通志·城池志闸坝堰塘附

卷八　城池志闸坝堰塘附

云南府

松花（华）坝 在府城东北山下。元赛典赤赡思丁经画水利，筑坝分水，一为盘龙江，一为金汁河，并修建六河诸闸，以溉东菑万顷，郡人感之，为立石将军庙，祀公像。明万历四十六年，水利道朱芹条议大修，虽裒金不一，而水利频年节缩之费取给为多，月加省试，鸠工庀材，无不精坚。民不劳而永逸，官经费而永宁，功甚懋焉。本朝康熙五年以来，屡次水泛堤决，巡抚袁懋功、李天浴题请岁支盐课银葺之，名曰岁修。二十年，大兵平滇，坝已倾毁。二十二年，巡抚王继文会同总督蔡毓荣题请捐修，并浚六河，修筑各闸，以复水利。

南坝闸 在府城南。盘龙江水所经，亦元赛典赤修。明总兵沐璘、巡抚郑颙甃石为闸，添设守者，因水盈缩，时其启闭，民甚便之。

西坝闸 在摆渡村河中。

四道坝闸 亦在盘龙江下，明弘治间置。

永昌河闸 本朝康熙二十三年，水利道孔兴诏置。

堕苴闸

王公闸

小西门闸

以上七闸，均盘龙江水所经。

戴金箔闸、大韩冕闸、小韩冕闸、小坝闸、桑园闸、金稜闸、燕尾闸 以上七闸，均金汁河水所经，亦元赛典赤建筑。两岸石堤亘数里，束水于中，以资灌溉。

倮㑩闸、王公堰闸、白龙潭闸、小营闸、文殊寺闸、王俊闸 以上六闸，均银汁河水所经，源发于府城正北山下黑龙潭。

左闸、右闸、中闸、鸡舌尖 以上均海源河水所经，源发于府城正西山下黄龙潭。

石坝闸、杨柳沟闸、响水闸、矣龙村闸、土桥闸、牛舌尖 以上均宝象河水所经，源发省城东南山下。

猪圈坝三闸、光村闸、新村闸、秧草坝闸 以上均马料河水所经，源发于府城东南白土村。按：省城近郊之田，悉资溉于六河诸闸，旧同松花（华）坝，题有岁修之例。平逆后，因河坝尽圮．本朝康熙二十二年，巡抚王继文会同总督蔡毓荣题与松花（华）坝重修。

横山水洞　在府城西三十里龙院村西。明隆庆间，布政陈善令民凿横山为阴沟洞，引白崖水溉田四万余亩，民甚利之。罗元祯、徐中行有记。

文公堤　在宜良县北十五里，水自汤池入大赤江。明嘉靖中，临元佥事文衡檄知县伍多庆、指挥汪玺修筑，浚水硐七十二口，灌溉田地，邑人德之。

大　闸　在县东，障九龙池水。

小　闸　在大闸南，北障白龙潭水。

唐家闸　县东三里。障上二闸水，溉田万顷。

汤池渠　在县西南三十五里。明洪武丙子，惠襄侯沐春檄都指挥王俊筑。

清水塘　县东十五里。尖山一带田亩，资其灌溉。

潢水塘　县东十五里。塘低田高，民用水车灌田。

小禄丰坝　在罗次县南。本朝康熙九年，知县马光筑石堤，秋冬蓄水，春夏灌田，民甚便之。

旧县坝　县南二十五里，坝周一里。蓄泄以时，甚利阡陌。

分水石闸　在晋宁州。日久圮坏，本朝康熙十年，阖州里民呈请重修，比旧闸完固，州西北田亩均沾其利泽。

堰　塘　在印山左。岁久不治，知州张慎行谕塘下田户新修，山田资灌溉焉。

大　坝　呈贡县东五里。其水来自黑白龙潭，溉田千亩，久废。本朝康熙十一年，署县印经历何清重修。

黑龙潭坝　禄丰县东。坝原筑于潭下流，后改筑上流，灌溉甚溥。

清水坝　昆阳州北。

好义村坝　旧三泊。

嘉利泽　在嵩明州。周围百余〔里〕，汇水灌田。

石　坝　在富民县西。分二渠灌田，久淤，本朝顺治十八年修。

曲靖府

北沼堤　在府城北门外。

西湖坝　在城东北十里。明洪武间，作闸潴水，启闭以时。

天生坝　有二，一在城南潇湘水上，一在城北四十里，灌溉之利甚溥。

暗洞堤　在府东十里。

交水坝　在霑益州南一百七十里平蛮乡，块步、腊溪二水相合，又名交水河。明宣德间，千户梅用凿石为坝，以行水。

大　坝　水出木容箐。明洪武初，指挥刘璧筑坝，釃渠为三闸，以蓄泄水道，灌东南三乡四堡之田。

小　坝　在州治西五里。

阿龙沟　在州东三里，灌河东诸田。

杨柳坝　在马龙州东七里，灌西鹤楼田。

石桥坝　在州北十五里。

史家闸　在城东三里，积潇湘江水。

梅家闸 在城东二十里，积太平桥水。

土　坝 在城东一里，积潇湘、北沼二水。

恭家坝 在城东三十里，入南海圩田。

归龙坝 在寻甸州南二里。明万历间，知府李遇春砌石堤三十余丈，民德之，名李公堤。

龙潭闸 在州北四里马街。引水为学宫襟带，亦灌田亩。

杨福村坝 在陆凉州东三里，知州陈文著建。

临安府

泸江堤 在府治一里，灌田甚广。明隆庆间，因三河之口增坝，沙泥日壅，岁决为患。万历四年，兵备副使许宗鉴修浚，置田征租，以备疏筑之费，民感之，曰“许公堤”。二十七年，兵备副使漆文昌、知府张守刚相继筑堤改河，然河坝未撤，未几复决，至今为患。

大　坝 在府城六里，民自筑。

马蝗沟 在府西北五里。

冯家山塘 在小寨后坡顶。宽二里许，阔半里许，旱涝赖以蓄泄。

酸水塘 在石屏州西，阔三里许。

老　湖 在州南三十里。广阔五里许，筑堤蓄水备旱。

西　堤 州西一里，即杨柳坝。本朝康熙八年，知州刘维世凿堰长八十余丈，因时启闭，灌田数千亩。

化龙桥堤 在石屏州异龙湖边。康熙七年，知州刘维世增筑甃石，湖水不能犯。

九天观闸 州西三里。明万历间，知州曾所能移筑旧堤，潴水灌溉，中为石闸，以时启闭，民利之。

东　堰 在阿迷州东，自南洞经东山庄至义来村。郡人王廷表率众为石坝。

西　堰 在州西，出乐蒙河。州民赵儒筑堰通之，经桃川庄至甸尾。

石　堰 在州南，有小河。明巡抚邹应龙为石堰，民赖之。

东湖池 有二：一在通海县东三里白马山谷内，长四里许，宽二十余丈，遇雨时蓄水灌田；一在河西县南二十里，延四百步，袤三百步，蓄水济塘下一带田亩。明成化间，知县朱光正立二石柱于塘左右，刻四至。

西湖池 有二：一在通海县西一里，蓄温泉水灌田；一在河西县北二里戴家屯上，延百步。明弘治十年，知县萧济始筑堤蓄水，以济塘下田亩。

秀山沟 在河西县西北。田赖灌溉，每遇山水泛涨，多被冲没，宜时加修筑。

窑　沟 在县东北。

碌碌塘 在县北胜郎村上。延八百步，袤五十步，蓄水以济交罗布等村田亩。

山后川 在县西李家庄。延二百步，袤一百步。

东渠乡龙潭 在县西，出自九街子山麓。灌溉甸心、沙罗、车城等村田。

西　堤 在县西。明万历三十二年，知县周邦举筑石闸。

大石坝 在嶍峨县西北。

新龙堰、角池堰、大罗河堰、砥柱堰、普龙堰 俱在嶍峨。明万历二十年，知县李先芳修。

鹦哥塘 有二，俱在蒙自县鹦鹉山下。其一可资灌溉。

六婻塘、渺剌塘 俱在旧新化州岷嘌乡。

龙王庙堤　在州归召乡。明隆庆六年，知州麦天惠筑。

邦那玗、登龙渠　俱在州禄库乡，可备旱涝。

澂江府

漱玉泉堤　源出重珠山下，入附郭田亩。

庄镜泉石堤　源出碌碕山，合玗劄溪。俱明知府王良臣筑。

北坡沼堤　水出阏摩山，明知府张顺倡谕有田亩者筑堤积水，郡人席大宾增拓一堤。

立马闸　在西街北一里。知府徐可久建，以防龙青一带冲决之患。

太平闸　在太平桥下。明知府徐可久建，疏梁王冲一带溪水，入新河。

西礐泉堰　在蟠龙冈石岩下。明万历间，知府程子侃重筑。

玗劄溪　在府东北二十里。每水潦冲决为患，明隆庆三年，知府蒋弘德开渠筑堤三百七十余丈。万历间，知府程子侃重筑。

西浦龙泉堰　明隆庆五年，知府徐可久开二河，引泉入海，又立闸坝四，启闭蓄泄，舟楫通行，商民称便。

清溪坝　在关索岭下。石坝二，分水之沟六，溉田甚多。

普济堰　在江川县馆驿左。明隆庆四年，知府杜鸣阳买民田筑堤，高一丈许，佥立坝长一名守之。

大冲河坝　在旧阳宗县南五里。明隆庆二年，知县文嘉谟开浚，民屯赖焉。

堰　塘　在县沙甸土官村。明正德四年，知县郭翰筑。嘉靖四十五年，知县文嘉谟重修。

罗木箐坝　在新兴州。凡三所，均分沟水。

九龙池坝　一十七。

大河坝、白龙潭坝　各四。

龙井坝、密罗坝　各三。

桅杆营坝　各照界分水。

红庙堰　广半里，俱在州。

黑龙潭坝　在路南州东。

鱼池堰　在州东八里。明嘉靖间，知府郑国玺修筑。

兴宁溪坝　在州东二里。

武定府

者吉村渠　有二，一在禄劝州东北陀的掌鸠河，一在州前。

桃源村渠、永平村渠、纳吉村渠　俱在禄劝州。

大缉麻屯渠　由冷村河筑堤，引至屯中。

广西府

广利坝　在治东七里。明万历间，知府张光宇筑。

永惠坝　在治西四里。明万历间，知府陈忠筑。

矣竜坝　在治西三十里，明知府辜用琥筑。

有石闸　开东西两河，灌近城田。

元江府

仲彝渠 在府西四十里。

双沟渠 源出马笼山，一清一浊。土人筑堰，江东田亩赖之。

开化府

岐　渠 在城西。本朝康熙十年，知府刘䜣开，灌田利民。

大理府

穿城三渠 南曰白塔江，中曰卫前江，北曰大马江。三渠穿城东出，一以备火，一以灌田。

御患堤 在府城西，即城濠。暴流沙石，再岁不浚，则与堤平。明弘治间，大水入城，坏庐舍，因筑为堤。岁仲冬兴工加筑，以为常，今废。

水　缺 在天台寺前。水决辄排西门入，每岁于缺处堆大石，杀其势。

麻黄涧 在府城西北。旧由教场北入大马江，自古道壅塞，大雨涨潦，直冲大路至西门前，人议浚复故道，不果。

城北渠堤 府城北有数处，昔因居民坏塔，以致蛟变，莪岜诸村田地覆没，尝议浚筑，未就。

东晋湖闸 赵州东北。湖中水干，其田可耕，岁以五月五日启闸，九月九日闭闸。然雨旸无定，率至愆期，议于湖中谷收日闭，湖外麦收日启为便。

双　塘 州治东八里。明洪武初，民以砖甃堤，利甚溥，岁久溃。嘉靖间，分巡副使安如山岁令濒田人家量亩出力修筑，民甚便之。

甘陶水塘 旧有堤防，利为豪右所专。明知州潘大武议夹石为渠，穿孔分水，其利始均。

城西堤 在州西三耳山。

品甸湾 在云南县东北十里。旧引宝泉山水蓄于周关、品甸二陂，岁久沟塞。明嘉靖间，知县宋希文开古道，以时潴蓄，军民利焉。

宝泉坝 在县北二十里，积水御旱。明景泰间，分巡副使周鉴、分守参政赵雍重修。

段家坝 在白塔村，去县二十五里，东接镜湖。段思平所筑，明成化间，黔国公檄都指挥马铉重修。

新兴坝 在县南山下。明嘉靖间，知县宋希文筑，周八里。

荒田陂渠 在云南驿前，东南平壤千顷，久缺水利。明嘉靖间，右参政石简倡议，刘伯耀相继修举，民甚利之。

横江堤 在邓川州后大邑、新生、上登三里，州西之田赖之。明永乐间，同知李福筑堤。正德间，署印县丞祁伦修。

瀰苴佉江堤 在州前平川。堤高二丈，宽四丈，绵亘四十余里，障浪穹湖水，灌溉阖州田地。堤东军屯修之，堤西里民修之，其利甚溥，水为西洱河源。

罗时江堤 在州前。

上下登堤 在州西一里。每秋涨多没田庐，明正德间，郡人杨南金倡众筑石为堤，其患始息。

大水长堤 在州南。旧以水磨在堤南，致秋潦为害。明嘉靖间，兵备副使姜龙令移水磨堤北，又修筑旧堤二百余丈，水因南趋，不复为害。

庙后堤 在州北。二涧合流，姜龙修。

圆井堤 在州西北。

罗甸渠 出东山，居人引溉田亩。

溪登渠 在浪穹县西。

三水陂 曰南江、通宁、通济。三水淤没军民田地三百余亩，明嘉靖壬寅浚导。

山根渠 在县南七里。灌田三千余亩，春夏之交，一淘汰之。

红山渠 在县东北十二里，名三营川。

三江口渠 在县东南九里，有三水，一自宁河，一自三营，一自凤羽。明嘉靖间，佥事王惟贤议筑石堤，未果。按：浪之罢谷山，洱源出焉，是为宁海下注邓川。嘉靖初，西涧水泛，流沙壅塞江口，淹没民田若干亩，竟成大湖，其粮摊入里甲，今时修时壅，非大为浚治不可。

大场曲堤 在宾川西北。旧为豪右利，坡底土肥可田，断水别流，坡外之田半为废坏。明嘉靖间，知州朱官改水筑堤而复之，岁乃收。

新　渠 在龟山东。旧以乾龙、红雀二潭不为民利，议决乾龙入钟良溪，决红雀入杨梅谷，垦田当至数百顷，亦万世利也。

炼洞、甸头、甸尾诸渠 在炼洞诸山下。旧多盗，民有弃田而去者。明嘉靖二年，兵道姜龙令土同知高崙督捕，盗屏息，民渐复业。二十五年，知州朱官作诸渠，自是荒土皆耕地也。

乌龙坝 在白塔山下。

莉村坝、上苍渠 俱居民蓄水处。

梁王坝 在团山下。日久圮坏壅塞，明天启间，知州杨起云重修。

观音箐坝 在北胜州治东三里。

盟庄坝 在治西三十五里。

包家闸 在治南八里。

海　闸 在治南七十里。

河草坝 在治西南三里。

长沟坝 在治北三十里。

九龙堤 在治西北三十里。

永昌府

九龙渠 在府城南，旧名易罗池。方广二百余丈，砖石为堤。明洪武间，度田分水，为四十一号，岁选官司之。

沙　河 在九隆、法宝二山间。

诸葛堰 有三，在府城南十五里曰大堰，其东曰中堰，又东曰小堰。

纪黄堰 在城南十里，堤周三百五十丈。

石花堰 在府南十二里。源出山后响石洞，又三十里为甸尾海，源出梅子沟，有黄泥坝，在海南二里。

平安坝 在城南四十里。明正德间，兵备副使汪标创筑。嘉靖间，分巡佥事安如山、兵备副使郭春震重筑。

官市堰 在城南四十五里，源出青松山下。

丁杨坝 源出水眼龙洞，堤周二百五十丈。

卧佛池渠 在城北二十五里。

阿凤坝 去城四十里。

莲花坝 在安乐山西，即玉泉。明正德间，兵备副使汪标筑。

打莺山龙泉 在腾越州西三十里。

龙王塘 有三，一在观音寺，一在大宽邑，一在侍郎坝。

荆竹寨陂 在州东四里。

侍郎坝 在州西北五里。昔侍郎杨宁征麓川时所筑，人享其利，遂以名。

宝峰泉 在永平县东四十里许。

楚雄府

梁王坝 在府治东三十五里。梁王所筑，明弘治十三年重修。

东清坝 在府城东门外。

城南堰 在府城南三里许。

大琶坝 在城南七十里。

跨直坝 在城南四十里。

五排坝 在城西四十五里。

曲甸坝 在城北三十里许。本朝康熙十年，同知吴闻应重修。

东堡堰 在镇南州东三里。

西南二堰 一在镇南州西，一在州南。

两旗坝 在州北二里。

河洞坝 在州南十五里，前后二坝。

索场坝 在州西二十里。

黄莲塘 在定远县东三里。

金鸡塘 在县西七里。

万斛塘 在县南四里。

马粪坝 在县南二里。

贾旗塘 在县北五里。

姚安府

七　淜 在府城西南。土人称陂堰为“淜”。在平川凡七，曰大石，曰地摩，曰乌鲁，曰阳派，曰塔镜，曰小邑，曰长寿。其在府西者曰当坡院，在府北者曰地角，曰香索岭，曰赤额坪，曰黑坝，曰摩苴邑。皆前代所筑。

黄连箐坝 在府治东南九里。

石峡口坝 在府治南二十五里。

右所冲坝 在府西南六里。

上下二闸 上闸在大姚县东二里，下闸离县三里。明弘治筑。

金家闸 在县南一里。

新坝闸 在县东二里。

晏公闸、土桥闸 俱在县东南五里。

赵家闸 在县东南三里。
白塔闸 在县西三里。
杨家闸 在县北二十五里。
叶家闸 在县北十里。
冷水闸 在县西门外。

鹤庆府

龙宝堤 在龙宝潭下。堤周围百余丈，明知府马卿筑以备旱。
桃树渠 在府治南二十五里。
南供渠 在府治西南二十里，灌南甸诸田。
小柳场闸 明知府马卿筑，嘉靖间，知府周集增筑，高百尺。
漾工江坝 播种时作坝障水，工毕而坝去。
温水河渠 溉鹤戕、孝廉、前蒿三村田。
西墩泉堤 同知张廷俊修，民甚利之。
石菜渠 在剑川州南，利田亩。

顺宁府

天泽塘 在乐平山椒。土官猛寅凿塘注水，周半里许。
洪　塘 在镇彝山下，云州治。

蒙化府

东溪渠 有十六，曰龙王庙，曰五道河，曰白塔，曰教场，曰寄马桩[①]，灌附郭之田；曰冯广，曰南庄，曰桥头，曰盟石，曰铺边，曰双桥，灌川中之田；曰甸中，曰捉马郎，曰白地场，曰甸头，曰土主庙，灌甸中及甸头之田。

西溪渠 有十二，曰三古盘，曰挖钟冲，曰小冲，曰大冲，曰乌保郎，曰贝忙，曰赖郎，曰西葵，曰天摩牙，曰天耳山，曰龙护寺，曰麻姑冲。

甸头大圩 在府治北六十里，今废。
龙圩大塘 在府城西北三十五里。
郭家塘、淑人塘、南庄塘、团山塘 远近不一，分流及田各溪陂池甚多，今废，宜修。

景东府

水寨渠 在治东十五里。
者孟渠 在治南五十五里。
者干渠 在治南七十五里。

丽江府

清源渠 源出东山雪山，流经府治以灌田。

〔据范承勋等修，吴自肃等纂康熙《云南通志》（日本京都大学藏清康熙三十年刻本）卷八《城池闸坝堰塘附》第11－22页辑录。〕

---

① 寄马桩 康熙《蒙化府志》卷二《建设志·沟洫》“东溪渠”条下作“系马桩”。

府州县志

昆明市

（康熙）云南府志·建设志·堤塘堰闸

卷四　建设志五　堤塘堰闸

云南府昆明县附郭

松华坝　在城东北山下。元平章赛典赤赡思丁经画水利，筑坝分水，一为盘龙江，一为金汁河，并修建六河诸闸，以溉东菑万顷，郡人感之，为立石将军庙，祀公像。明万历四十六年，水利道朱芹条议大修，虽裒金不一，而水利频年节缩之费取给为多，月加省试，鸠工庀材，无不精坚。民不劳而永逸，官经费而永宁，功甚懋焉。本朝康熙五年以来，屡次水泛堤决，巡抚袁懋功、李天浴题请岁支盐课银葺之，名曰岁修。二十年，大兵平滇，坝已倾毁。二十二年，巡抚王继文会同总督蔡毓荣题请捐修，并浚六河，修筑各闸，以复水利。有碑记载《艺文志》。

南坝闸　在府城南。盘龙江水所经，元平章赛典赤修。明总兵沐璘、巡抚郑颙甃石为闸，添设守者，因水盈缩，时其启闭，民甚便之。有碑记载《艺文志》。

西坝闸　在摆渡村河中。

四道坝闸　在盘龙江下，明弘治年置。

永昌河闸　在城南土桥外，康熙二十三年重建。

堕苴闸　在城南土桥外，俗名堕多闸。

王公闸　在城南小泽口。

小西门闸　在城小西门外。

以上七闸，均盘龙江水所经。

戴金箔闸　在城北二十五里桃园村。

大韩冕闸　在城东北十五里任旗营。

小韩冕闸　在城东北十五里任旗营，与大韩冕闸相去一箭许。

小坝闸　在城东十里小坝村。

新建闸　在城东五里小坝闸下。康熙二十七年，总督范承勋重建，蓄水灌溉，民甚利之。

桑园闸　在城东八里白龙寺。

金稜闸　在城东南五里佴家湾。

燕尾闸　在城南八里南村界。

以上八闸，均金汁河水所经，亦元平章赛典赤建筑。两岸石堤长亘数里，束水于中，以资灌溉。

倮㑩闸　在城北左卫营。

王公堰闸　在城北涌泉寺下。

白龙潭闸　在城北上庄村。

小营闸　在城北小营村。

文殊寺闸　在城西北文殊寺。

王俊闸　在城北马村后。

以上六闸，均银汁河水所经，源发于府城正北山下黑龙潭。

左　闸　在城西梁家河左沟。

右　闸　在城西梁家河右沟。

中　闸　在城西梁家河中沟。

鸡舌尖　在城西海源寺。

以上四闸，均海源河水所经，源发于府城正西山下黄龙潭。

石坝闸　在城东三碗村。

杨柳沟闸　在城东和甸营。

响水闸　在城东过路村下。

矣龙村闸　在城东。

土桥闸　在城东临元大路。

牛舌尖　在城东小板桥。

以上六闸，均宝象河水所经，源发于府城东南山下。

猪圈坝三闸　在城东南三十五里宝山冲下。

光村闸　在城东南三十里光村。

新村闸　在城东南三十里左卫营。

秧草坝闸　在城南三十里昆池边。

以上四闸，均马料河水所经，源发于府城东南白土村。按：省城近郊田亩，悉资溉于六河诸闸，旧同松华坝，均有岁修之例。本朝平逆后，河坝尽圮。康熙二十二年，巡抚王继文会同总督蔡毓荣题与松华坝重修。

横山水洞　在府城西三十里龙院村西。明隆庆壬申年，布政陈善令民凿横山为阴沟洞，引白崖水灌田四万余亩，民甚利之。罗元祯、徐中行有记，载《艺文志》。

富民县

石　坝　在县城西十里。分为二流，号东西渠，灌溉田亩，民甚利之。西渠地高壅塞，顺治十八年，官民捐金疏通，至今民享其利。

大营坝　在城东十里。

宜良县

文公堤　在县北十五里江头村，水自汤池入大赤江。明嘉靖间，临元道文衡檄知县伍多庆、指挥汪玺筑堤浚路，导水南流，凿洞七十二口，由江头村至栗者村，东抵乐道村，绕流五十余里，灌溉田地无算。

大　闸　在县东二里，障九龙池水，南流。每岁秋水泛溢，为害田庐，知县高士朗加力开浚，民始安堵焉。

小　闸　在大闸南，北障白龙潭水，南流。

唐家闸　在县东三里龙王庙右。障大、小二闸水，南流，泽田甚广。

汤池渠　在县西南三十五里。明洪武丙子，惠襄侯沐春檄都指挥王俊凿。

冉公渠　在县北十五里。从野鸡箐引龙泉，入靖安哨。

清水塘　在县东十五里。其水常清不浊，尖山一带田亩，资其灌溉。

潢水塘　在县东十五里龙山后。田高于塘，民用水车汲水以灌。

罗次县

小禄丰坝　在县南。本朝康熙九年，知县马光筑石堤，秋冬积水，春夏灌田，民甚便之。

旧县坝　在县南二十五里，坝周一里。泄聚以时，甚利阡陌。

晋宁州

罗藏坝　在龟山下。

紫溪坝　在团山下。

白臼坝　在小塞村下。

杨庆坝　在白臼坝下。

新江坝　在杨庆坝东北，俗名王家坝。

杀蛊坝　在杨庆坝北。

达摩坝　在大幕山下。

分水石闸　在州治四通桥下，分西北之水以灌田亩。日久倾圮，本朝康熙十年，阖州里民公修筑之，固胜旧闸。

堰　塘　在印山左。岁久不治，知州张慎行督塘下田户新修，山田资灌溉焉。

呈贡县

大　坝　在县东五里。其水来自黑白龙潭，溉田千亩，久废。本朝康熙十一年，署县印经历何清重修，民赖焉。

安宁州

石　坝　在州治东南七里许。

浑水塘　俗名天眼溯，在州治东三里许。

禄丰县

黑龙潭坝　在县东北五里。坝原筑于潭下，后改筑上流，灌溉甚溥。

南　坝　在县南七里。

上　坝　在县北二十里。

中　坝　在县北十五里。

前所坝　在县北十里。

麽些坝　在县北三十五里。

昆阳州

玉带堤　在州北。元梁王筑，跨水障潮，由卧龙庄至渠东里，横亘十里。上有螺甲白沙，莹然如玉，环绕东湖，故名。

锁水堤 在州北一里，上建征元阁。

卧龙堤 在州北三里，广阔三十余亩。冬春积水，夏秋开泄，灌溉田亩甚多。

石龙坝 在州北五十里。海口下流，自子母山至甸基，凡五里，中有巨石，绵亘水中，水声如雷，不通舟楫。

老王坝 在州西天马山下。

清水坝 在州北。

好义村坝 在旧三泊县。

铜车坝 在旧三泊县。

官　塘 在州东门内，阔三十余亩，与东湖相通。水涸则分界布种，涨复渰没。

白莲塘 在州北十里仙鹤村。

阿金塘 在州北核桃村。

麽些塘 在州南五里。

郎中沟 在州南一里，郡人李资坤开。

海口闸 凡五，回子闸，去海口一里，年该本州修；铺湾闸，去回子闸二里，年该呈贡县修；清水闸，去铺湾闸二里，年该晋宁州修；新村闸，去清水闸五里，年该昆明县修；新村小闸，去新村闸四里，年该旧归化县修。

海口河滩 凡八，洱淙滩，在河头三里许，年该本州浚；黄泥滩，在河头五里，年该呈贡县浚；黑泥滩，在河头六里，年该晋宁州浚；鸡心滩、牛舌滩、大滩，三滩俱在河心八里许，年该昆明县浚；青鱼滩、石龙滩，二滩俱在河心十里许，年该旧归化县浚。以上滩闸系潴泄滇池之水，昆明、晋宁、呈贡、昆阳环海田亩旱涝半关乎此，每岁按境起夫分定地界，以时修浚。历来所有碑记俱载《艺文志》。

易门县

杨惠坝 在县西五里。

刘官坝 在县西四里。

大　坝 在县北二里。

石　坝 在县北三里。

沙　坝 在县东二里。

庐　塘 在县东五里。

江　渠 在县东五里。有上下江口流绕飞虹桥，南归绿汁江，为县关锁。

嵩明州

嘉利泽 在州东南，周百余里，汇水灌田。

龙济河坝 在州东十里。水源出寻甸，州民筑坝引之，灌其田亩。

白草龙坝 在州北五里。

炼登坝 在炼登村。

罗锦堤 在月丰里。

宽郎堤 在州南三里。障水为备，日足、效古等村田亩，咸资赖之。

清水塘 在州东十五里。

〔据张毓碧修，谢俨纂康熙《云南府志》（清康熙三十五年刻本）卷四《建设志五·堤塘堰闸》第1－9页辑录。〕

（道光）昆明县志·建置志·堤闸渠堰

卷三　建置志　堤闸渠堰

〔……〕

若夫堤闸渠堰，古坊庸之遗制也。始自元平章赡思丁经画水利，于城东北山下筑松花坝分水，一为盘龙江，一为金稜河，并修建六河诸闸，以灌东菑万顷，郡人感之，为立石将军庙，祀公像。厥后，明景泰中，总兵官沐璘言城东有水南流，源发邵甸，会九十九泉为一，抵松花坝分为二支，一绕金马山麓入滇池，一从黑窑村流至云津桥，亦入滇池。旧于下流筑堰，溉军民田数十万顷。霖潦无所泄，请令受利之家，自造石闸，启闭以时，报可。成化十八年，浚云南东西二沟，自松花（华）坝黑龙潭抵西南柳坝南村，灌田数万顷。万历四十六年，水利道朱芹条议大修，取频年节缩之费，月加省试，鸠工庀材，罔不精坚，民不劳而永逸，厥功茂焉。入国朝康熙二十一年，修云南城外金汁诸河及旧废闸坝，从巡抚王继文请也。二十七年，复修六河闸坝，引水资昆明及各县灌溉。雍正十年，浚盘龙、金稜、银稜、宝象、海源、马料、明通、马溺、白沙诸河，增修石岸、闸坝、桥洞。旋议昆明六河定岁修银八百两，海口岁修银二百两，由盐库合秤银支修，用则报销，不用则存贮以备大工。复于乾隆五年、十四年、四十二年、四十八年、四十九年，历经修浚。

海口，为滇池咽隘，地属昆阳，论其在昆明者，则六河为要矣。考六河，其为盘龙江水所经者，为闸七：曰王公，在城南门外小泽口；曰永昌河，在城南三里土桥外，康熙二十三年，水利道孔兴诏重建；曰堕苴，在城南四里土桥外；曰四道坝，在城南五里土桥外，明弘治中建；曰南坝，在城南十里，元平章赛典赤修，明总兵沐璘同巡抚郑容甃石为闸，增设守者，因水盈缩，时其启闭，民甚便之；曰西坝，在城西南五里摆渡村河中；曰小西门，在城小西门外。其为金稜河水所经者，为闸八：曰金稜，在城东南五里佴家湾；曰新建，在城东五里小坝闸下，康熙二十七年，总督范承勋重建；曰桑园，在城东八里白龙寺，导白龙潭水入河；曰小坝，在城东十里小坝村，导杨妈妈河水由过洞灌小坝村田；曰燕尾，在城南八里南村界，分水为西岔河，元平章赛典赤建筑两岸石堤，长亘数里，束水于中，以资灌溉；曰戴金箔，在城北二十五里桃园村；曰大韩冕，曰小韩冕，俱在城东北十五里任旗营，相距百步。其为银稜河水所经者，为闸七：曰文殊寺，在城西北八里小马村；曰小营，在城北八里小营村；曰王俊，在城北十里马村后；曰白龙潭，在城北十里上庄；曰王公堰，在城北十二里涌泉寺下；曰倮㑩，在城北二十左卫营；曰大闸，在城北二十五里蒜村。其为海源河水所经者，为闸四：曰鸡舌尖，在城西十五里海源寺下；曰左曰中曰右，俱在城西二十里梁家河左、右、中三沟。其为宝象河水所经者，为闸六：曰杨柳沟，在城东十里和甸营；曰矣龙村，在城东二十里；曰牛舌尖，在城东二十里小版桥；曰响水，在城东二十四里过路村下；曰石坝，在城东二十五里三椀村；曰土桥，在城东南八里石虎冈。其为马料河水所经者，为闸四：曰秧草坝，在城南三十里滇池滨；曰光村，在城东南三十里；曰新村，在城东南三十里左卫坝；

曰猪圈坝，在城东南三十五里宝山冲下，皆以雍正八年疏浚增修。又城西三十里曰龙院村，明隆庆中，布政使陈善令民凿横山为阴沟洞，引白崖水灌田四万余亩，民甚利之，所谓横山水洞也，鄱阳罗元正有记，猗嗟古之人哉！

〔据戴絅孙纂修道光《昆明县志》（清道光二十七年刻本）卷三《建置志·堤闸渠堰》第12页辑录。〕

（康熙）晋宁州志·坝闸

卷二　坝闸

盘龙坝　在州东三里海溪山下。

山冲坝　在州东南十里大场村。

官庄坝　在十里铺。

大　坝　在大坡下。

子禧坝　一名紫溪坝，在州西南团山麓。

三尖坝　在三尖塘。

新江坝　一名王家坝，水过州城北，至迎恩铺，入草海。

杀虫坝　在河西村大营。

达摩坝　在大幕山下。

分水石闸　在州西北二里四通桥下，州西北田亩均沾其利泽。

〔据杜绍先纂修康熙《晋宁州志》（云南民族社会历史调查组1960年钞本）卷二《坝闸》第42页辑录。〕

（康熙）路南州志·城池志堰坝附

卷一　城池志堰坝附

邹公堰　在州东五里，地名落台旧。明嘉靖间，知州邹国玺筑堰开渠，至天启间，知州唐登第再浚，知州倪垣修枧，济田千顷。

昌乐堰　在州东北五里。康熙四十一年，知州罗之熊筑偃开渠，灌州西北田三千余亩。后圮，知州金廷献复筑浚增枧，民永赖焉。

双龙坝　在州东二里许。知州金廷献于康熙四十六年冬建筑，开渠二十里许，灌溉三千余亩。迨至四十七年夏，两潭泉水涌溢冲缺。

〔据金廷献修，李汝相等纂康熙《路南州志》（民国十七年李秉钧据清康熙五十一年刻本补钞重校石印本）卷一《城池志堰坝附》第29页辑录。乾隆《路南州志》卷一《城池堰坝附》沿引本志，不赘录。〕

（乾隆）重修宜良县志·山川志·堰塘

卷一　山川志　堰塘

永济堰塘　坐落陈所渡村后。

恒济堰塘　坐落南家凹。

化鱼村堰塘

上下任家营堰塘

山上、上五、南大营堰塘　坐落小虎街子。

西村狗街子堰塘

哈喇村堰塘

桥头营堰塘

黑牛村堰塘

木乂村堰塘

山脚营堰塘

樊官营堰塘

九甸营堰塘

沈家营三角塘　坐落一碗水哨。

骆家营堰塘

大山后堰塘

汤池屼岣村堰塘　三个，一在大龙潭，一在竹园箐，一在倮㑩山。乾隆五十一新开。

〔据李淳重修乾隆《宜良县志》（民国年间云南官印局排印本）卷一《山川志·堰塘》第9页辑录。〕

（民国）宜良县志·地理志·堰塘

卷二　地理志　堰塘

屼岣村堰塘　凡三，一在大龙潭，一在竹子园，一在倮㑩山。清乾隆五十一年筑。

梨花村堰塘　凡二，一在村前黑山洼，清道光八年村耆李德生、杨珣筑；一在村外。

曲者村堰塘　凡二，一在白金龙箐，一在村北。清同治年间村耆李瑞筑。

保郎村堰塘

前所堰塘

东山村堰塘

五邑村堰塘

七星村堰塘　凡三，一在村前，名半月塘；一在蝴蝶山；一在小龙潭。

大山后堰塘　名龙洞塘，在城东南三十里，周围约十里，深三四丈。清乾隆四十八年陈锡等筑。民国八年李树生、李文质等重修。

些家庄堰塘　名菱角塘。

新庄子堰塘　坐落接雨坡。

清水塘　在城东南十五里。其水常清，尖山一带田亩资之。

潢水塘　在城东南十五里龙山后。田高塘低，用水车挽水灌注云。

瑞鸡村堰塘　坐落撒堵。

苏家塘　一名永济塘。陈所渡水三分，下任营水一分。

骆家营堰塘　凡四，一曰龙潭塘，一曰周家塘。

化鱼村堰塘　名鸿雁塘。

木义村堰塘

上下任营堰塘

三角塘　坐落一碗水。清乾隆二十四年，山沈营、南大营、上伍营、化鱼村四村同筑。

山沈、上伍、南大营堰塘　坐落小虎街。

南大营堰塘　坐落陡山脚。

马军村堰塘　名永济塘。

中营堰塘　名接济塘。

南湾子堰塘　凡二，一在村前，一在村东北山前。

小里营堰塘

竹瓦仓堰塘

山脚营堰塘　名永公塘，清乾隆年筑。

西村堰塘　名永公塘，清嘉庆十九年筑。

狗街堰塘

沈伍营堰塘　凡三，一曰永济塘，在村东南，清嘉庆八年筑；一曰东塘，与永济塘毗连，中隔一堤；一曰柳堤塘，在南古城北首。

黄家塘　为南古城、黄家庄二村公塘。

河者沟堰塘

义馆庄堰塘

章堡村堰塘　凡三，一曰老董塘，在村之西南；一曰老塘，在村之东南；一曰新塘，在村之西。清嘉庆十九年筑。

黑羊村堰塘。

哈喇村堰塘　凡二，一曰永盛塘，修筑年月失考；一曰永丰塘，清同治六年张文煷、何世经等筑。

胡家营堰塘

桥头营堰塘　名永济塘，清道光二年筑。

南墩子堰塘

樊官营堰塘

九甸营堰塘

左所堰塘

右所堰塘　凡二，一曰利民塘，修筑年月失考；一曰同济塘，民国三年新筑。

苗家营堰塘　名永盛塘。

乐道村堰塘

水赶村堰塘

打卦村堰塘　名永济塘。

高古马堰塘　凡三。

土官村堰塘　名福济塘，清嘉庆八年筑。

化所堰塘　名济众塘，清同治八年筑。

吴家营堰塘　凡二，一曰永公塘，清光绪丁亥年筑；一曰永济塘，清光绪己亥年筑。

太平村堰塘　名普济塘，清宣统二年筑。

白莲村堰塘　凡二，一曰老塘，在村之中，清嘉庆十四年。杨淳筑；一曰新塘，在村之后，清道光三十年李正春筑。

孙家营堰塘　名青龙塘，清光绪十三年筑。

绿阴塘　在城西十里。水色碧绿，经年不乾。

恒济塘　在城西南三里，俗名乌龟塘，为许家洼、万家洼二村公塘。

张官营堰塘

下黄保村堰塘

娄小村堰塘

娄景营堰塘

西左卫营堰塘

栗者村堰塘　凡二，一曰龙门塘，一曰双龙塘。

吕广营堰塘　清咸丰年筑。

曾家营堰塘　清光绪二十六年筑。

北大营堰塘

宋家营堰塘　民国九年筑。

王官营堰塘

大薛营堰塘　凡二，一在村东首二里，名曰梁家塘，清道光年梁卜年筑，光绪六年梁文钊捐入本村公处；一在村东首一里，民国四年梁汝贤筑，系私塘。

瓦仓堰塘

瓦渡村堰塘

城东村堰塘

按：宜良水利，治北自贾龙下西磳十九村，有大赤江水灌溉。东磳十五村，有獐子坝沟水灌溉。北古城下十二村，有安家桥龙沟水灌溉。治西有石牛箐水、九龙池水、白龙潭水灌溉。治西北自江头村至乐道村，有大城江水灌溉。治西南自闸口至黑羊村，名六水分。回回村以上各有涵洞，每夜放水。黑羊村以下，夏、秋季无水分，仅冬、春蓄放堰塘而已。然沧海变迁，马蹄湾既淤，黑羊村以下，老毛沟之水复为桥头营一带之余润矣。南西一乡，龙泉绝少。南东则多有之，有清水塘水灌溉山后一带田亩，有三台山水灌溉小渡口、木义村田亩，有龙冲、龙山水灌溉梅子村、任家营、陈所渡田亩，有老鸦箐水灌溉化鱼村、骆家营田亩，有潢水塘水灌溉陈官营田亩，有三角塘水及大龙洞水灌溉上伍营、山沈营、大营、化鱼村田亩，有小龙洞水灌溉玉龙村及下伍营田亩。下此则马隆乡、毛家营、马军村、程端谷营、中营、南湾子、小里营、山脚营、土官村、沈伍营、化所、白莲村、孙王吴营、吉利村，俱有龙泉箐水，以资灌溉。又有白龙潭水自竺山发源，傍岩开沟凿山腹，由吴家营西面流出，合竺山以东箐水，又西北流，合大山坡箐水二股，名黑泥河，灌溉自吴家营以北至章堡村、狗街十余村田亩，西北流入大池江、铁池河。又各村俱筑堰潭，大小多寡不一，秋冬积水，以供次年春夏之用。秋季酌收水租，以作补租及修沟筑坝公用。汤池一乡，近渠者均资明湖利济。迤北一带，有沙河一道，长流不竭，发源嵩明杨林，南流数十里，至皂角村下合流，东入汤池渠。至大城江沿河田亩，咸利赖之。又各村俱有龙泉、箐水及堰塘，故旱潦无忧。

〔据许实编纂民国《宜良县志》（民国十年云南官印局排印本）卷二《地理志·堰塘》第26－32页辑录。〕

（康熙）嵩明州志·地理志·关坝

卷二　地理志　关坝

矣伴坝　州东五里。

八里营坝　州南三十里。

甸心坝　州东南十里。

王四坝　州东南十二里。

杨马坝　州东南十五里。

庄科坝　州西五十里。

五条沟坝　州东二十五里。

〔据汪熙修，任洵纂康熙《嵩明州志》（民国二十二年钞本）卷二《地理志·关坝》第14页辑录。〕

（光绪）续修嵩明州志·地理志·关坝

卷二　地理志　关坝

兔儿关　州西五十里。

矣伴坝　州东五里。

八里营坝　州南三十里。

甸心坝　州东南十里。

王四坝　州东南十二里。

杨马坝　州东南十五里。

庄科坝　州西五十里。

五条沟坝　州东二十五里。

龙济河坝　在州东十里。源出寻甸，州民筑坝引之灌田。

炼登坝　在城南八里凤溪山下炼登村。

天生桥河坝　在城西。

古城坝、张家坝 古城河左右绕城，一自古城河来，一自张家坝来，交会于城西南而出，灌田无数，入嘉丽泽。

白草龙坝 在州北五里。

宽郎堤 在州南三里。

罗锦堤 在月丰里。

普沙坝 在北门外。

山脚坝 在北门外。

七股坝 在北门外。

卷洞坝 在西门外。

汉人沟坝 在东门外。

南冲总闸 杨林河至南冲村分流为三，旧有总闸，岁久倾圮。河身浅窄，堤梗低薄，夏秋水涨，田畴多被冲没。雍正十二年，布政使陈宏谋檄知州张浩捐俸重建。

谨案：《大清会典事例》雍正十年疏浚嵩明河口，经寻甸、东川，由牛栏江达金沙江，周环川江，复抵昭通，以通舟楫。

〔据胡绪昌等修，王沂渊等纂光绪《续修嵩明州志》（清光绪十三年刻本）卷二《地理志·关坝》第 16 页辑录。〕

（嘉靖）寻甸府志·提封·图分

卷上 提封 图分

塘

洗李关塘 在府南十五里。有鱼课，俗呼为土官塘，岁纳课银贰两。

坝

冷水塘坝 在府东北五里。嘉靖二十一年，知府林斌筑，今为水冲圮。

池

莲花池 在府东三里。张家村民张泰以己田为之，夏有莲花。

〔据王尚用纂修嘉靖《寻甸府志》（上海古籍书店 1963 年据宁波天一阁藏明嘉靖刻本影印）卷上《提封·图分》第 7 页辑录。〕

玉溪市

（乾隆）新兴州志·建设志·塘坝

卷四 建设志 塘坝

罗木箐河坝 三所，一在州北二十三里白云寺山下，行北山等处灌田；一在州北十九里腰子屯，行普舍城等村灌田；一在州东北二十一里袁家屯，行何家等屯灌田。

九龙池坝 十三所，一在州西北十五里袭家屯，行王旗等村灌田；一在州西北十六里摆夷涵洞，行飞家等屯灌田；一在州西北十五里寒冬村，行寒冬等村灌田；一在州西北十五里大村，行大庄等村灌田；一在州西北十五里后屯，行王大户等屯灌田；一在州西北十五里棋盘山下，行大毛等屯灌田；一在州西北十二里官村，行桂家等屯灌田；一在州西北六里小庄，行薛家等屯灌田；一在州西北六里石涵洞，行小庄等屯灌田；一在州西北五里安流桥，行左家等屯灌田；一在州西北五里左家屯，行小毛等屯灌田；一在州西北三里马桥村，行马桥等村灌田；一在州西北三里通年桥，行徐百户屯灌田。

西河坝 六所，一在州北二十五里秦溪，行高桥等屯灌田；一在州北二十四里梅园锁水阁，行前卫等屯灌田；一在州北十九里陈家大厂，行中所等屯灌田；一在州北二十里刘家屯，行陆家等屯灌田；一在州北十九里高桥大涵洞，行麻线等屯灌田；一在州西北十五里徐家屯，行秦谢等屯灌田。

金汁沟坝 四所，一在州东十二里燕子窝，行冯家冲等屯灌田；一在州东十里沙陀村，行左所等屯灌田；一在州东五里右所屯，行中所等屯灌田；一在州东四里小笕槽，行许家湾等屯灌田。

龙井坝 三所，一在州东北五里宁官屯，行中卫屯灌田；一在州东北三里许家湾，行龙井巷等处灌田；一在州西关外龙井巷，灌西关等处田。

白龙潭坝 四所，一在州东北二十三里白龙潭前，行东古城等屯灌田；一在州东北二十二里小土库，行上下山头等屯灌田；一在州东北二十里白塔山下，行任家等屯灌田；一在州东北二十里东古城，行褚家等屯灌田。

密罗坝 三所，一在州西南二十五里凤皇山下，行上下麻栗树等屯灌田；一在州西南十五里排栅屯后，行马官等屯灌田；一在州南十六里永济桥，行壮旗等屯灌田。

桅杆坝 在州西南十三里桅杆屯，灌桅杆屯田。

清溪坝 在州西北二十里莲花池，灌莲花池田。

梁王坝 在州南十二里牟溪冲，灌高仓等屯田。

赵官坝 在州南十五里赵官坝屯，灌赵官坝等屯田。

牟溪冲坝 在州南十五里高仓山下，行高仓等屯灌田。

研和坝 在州南三十七里潢水塘，行南厂等屯灌田。

观音塘 在州东南一里，今作起春堂常住田。

鸳鸯塘 在州南六里。

红庙堰塘 在州东三里。塘周二里，聚水灌田。

鸡窝塘 在州南二十五里研和飞家屯，灌赖家等屯田。

永润沟 在州南三里。康熙三十九年生员王虎臣开。

续　修

仙人坝 在城东十里。为中右所魏家山沟洫之源，地势低，艰于灌溉。乾隆十三年，知州徐正恩甃石为坝，秋冬蓄水，春夏开放。

金汁沟石坝 在州东十二里，由燕子窝直灌北门城濠。先是垒沙为坝，随即冲决。乾隆十四年，知州徐正恩甃石作坝，坝下淤地一块，约有六亩，佃种，成熟永作修坝之费。

〔据任中宜纂修乾隆《新兴州志》（清乾隆十五年刻本）卷四《建设志》第6－8页、第16页辑录。〕

（康熙）通海县志·地理志·潭泉沟洫堰塘堤闸

卷三　地理志

潭泉沟洫

《禹贡》一书，辨水土为最详。水之性，甘涩各别，流行于地，故土之肥薄因之。通海境内东西田畴，横计之仅二十里，直计之不过二里。如西畴负郭素称膏腴，以灌溉之水有秀溪，有温水泉，有冷水塘二潭，总入秀山沟，达于湖。其水性甘美，宜稼，虽天时旱涝，不足为灾。至东畴负郭，亦有窑溪与白马溪灌溉，而白马溪出自大石山，遇山雨涨漫，流入田中，遂为酸泥，不惟损稼，亦且瘦田，农家时患之。白马山有潭，其源小，东山下有潭，其水缁，两水俱由大桥沟入于湖。东负郭之畴，所以不及西也。东之平壤，近新村关洞一带，又取水利于东华山之龙潭，小新村外之大龙潭，金姚两湾之中龙潭、小龙潭，潭出东华者，源大而清，其龙踞幽壑中，间为雹灾。潭出小新村外者，水源次之。潭出金姚两湾者，水性寒冽，近潭之田，必火种而后有收。数潭之水，汇沈家桥沟达于湖，至姜家冲龙潭，经灵宝山，阔杨广而下。若西边较场、十街一带，地非不阔，田非不多，既苦于无潭泉，又苦于山水横溢，一望芜莱，较东为下下。古者循行田野有官，今则令尹之责也，劝民凿堰塘数处，庶几有济乎。若秀山之泉，峰顶后名曰玉龙潭，山半曰洗钵泉，黉宫之上曰香墨泉，明伦堂东曰文明井，皆秀山灵气所发舒者，夏秋不泛，冬春不涸，南郭之禾田蔬圃，咸赖厥潭焉。湖外四军营田多高亢，有邓伍龙泉寺之泉水灌之，此之谓军泉也。欲知水利，不得不分源辨委而载之。谨志《潭泉沟洫》。

白龙潭　在秀山过峡处。潭水虽小，其源甚深，白龙之尊，雄长东迤。

香墨泉　在文庙后。

大龙井　在秀山麓。

秀山之西有温水塘、冷水塘、西龙潭、洗头池，诸水汇秀山沟达于湖。

秀山之东有白马泉，水由大桥沟入湖。此桥易淤，宜浚筑之，以通水道。

县治东山一带，有地藏寺潭、姚家湾小龙潭、金家湾中龙潭、小新村大龙潭，诸水汇沈家桥沟达于湖。又有东华山乌龙潭、江家冲清水泉，其水或由新村沟达于湖，或由杨广沟达于湖。

堰塘堤闸

吾闻天地之利，听不尽而用不竭，其在人力辅相之乎。元平章赛典赤之经理昆明也，从盘龙江与黑龙潭分水，开金汁、银汁两河，环绕省城，分别数派，万顷田畴受灌溉之利，皆为沃壤，迄今四百年，滇人颂其德不衰。赛公固兴大工而计远利也。通海湖山居十之七，田地望若指掌，惟凿堰塘、筑堤闸之工为易就。考旧制，邑右有东湖池，有南湖池，左有西湖池，皆堰塘也。惟东湖池尚潴东华水，其南、西二池，日久无人浚凿指点，仅存空名。倘仍其旧而浚之，虽不必兴大工，则利未尝不远。至秀山沟、大桥沟、沈家沟，每岁疏浚增堤以防之，亦急务也。谨志《堰塘堤闸》。

南湖池 在县东南三里白马山谷内。长一里，宽二十丈，遇雨落时蓄水灌田，军民俱利。今壅为麦地矣。

东湖池 在新村后。积东华山之水，阔数十丈，四时不涸，灌溉田亩，三营军民水利较多，其塘见存。

西湖池 在县西一里。停蓄温泉水灌田。今壅为陆地。

大桥沟至路家塍，宜深浚筑堤。今淤塞不治，山雨涨溢，左右之田半为沙埋矣。秀山沟堤埂不坚厚，宜增筑之。通海水道平直，从不设闸。

〔据魏荩臣修，阚祯兆纂康熙（《通海县志》《中国地方志集成·云南府县志辑27》，凤凰出版社2009年影印本）卷三《地理志》第9页辑录。〕

（咸丰）嶍峨县志·堤防志

卷十一 堤防志

神禹治水，八年而始奏绩。在古昔，圣人几经疏导之劳，乃后世享其成平，此谓中国洪波森瀚而卫民也。逮若山陬遐壤之堤防，又非所论。虽无长江大壑塘岸巨工，而沟洫分流，园田乐利，移卫民之法以利民，易疏凿之工以灌溉，留心民事者，不可缓也。作《堤防志》。

张公堤 县西二里大石坝，壅水灌田。因江水为患，居民苦之，知县张龖鸠工筑堤，士民感颂，有碑记。按：临安府志》张公堤，又名大石坝。

新龙堰 按：《临安府志》新龙堰在县西南五里。

角池堰 按：《临安府志》角池堰在县南四里。

大罗河堰 按：《临安府志》大罗河堰在县西四里。

普龙堰 按：《临安府志》普龙河堰在县北十二里。

松子园石渠 万历二十年修建，绵亘十里，灌溉利焉。

倪家冲堰 在县南一里香柏村之左。

董家庄堰 在县东北二里，聚水灌田。

鱼　塘 在县北四里。

砥柱堰 在县北十里。

〔据陆绍宏修，彭学曾纂，薛祖顺增纂，思愧堂主人续纂咸丰《嶍峨县志》（清咸丰十年钞本）卷十一《堤防志》第1页辑录。〕

（康熙）新平县志·堤防志

卷二 堤防志

天下之大利惟水，大害惟水。堤防之设，尽人力以外天工，思患预防，计甚善也。

新平崇山峻岭，无长江大河，为斯民耕凿计，则又不可无汲引疏蓄之筹焉。作《堤防志》。

阿谢堤 县南三里，大石坝壅水灌田，东南水赖。

青龙坝 县西五里，筑大坝灌溉纳起一带。

土官村堰

阿谢山堰

太平村塘

〔据张云翮续纂康熙《新平县志》（梁耀武主编《玉溪地区旧志丛刊·康熙玉溪地方志五种》，云南人民出版社 1993 年版）卷二《堤防志》第 320 页辑录。〕

（康熙）河西县志·城池志闸坝堰塘附

卷二 城池志闸坝堰塘附

东湖池堤 在治南二十里。延四百步，袤三百步。明成化间，知县朱光正筑堤。按：城南无堤，疑为治北戴文营堤，今长河水淤，或失其旧耳。

西湖池堤 在治东北二里，延四百步。明弘治十年，知县萧济筑，即今碌溪渡堤。

碌碌塘 在治西北胜郎村上。延八百步，袤五十步，明筑。

山后川 在治西李家庄。延二百步，袤一百步。

西　堤 在治西。万历三十二年，知县周邦举筑石闸。

大白邑沟 旧自嶍峨县阿习村引碌碌河水，灌大白邑田，今为嶍峨县阻。

大　沟 自木加沙引碌碌河水，灌永城仓、文沙冲、小白邑田。康熙三十九年县令蔡醻开。

〔据周天任纂修康熙《河西县志》（云南省社会科学院图书馆藏钞本）卷二《城池志闸坝堰塘附》第 58 页辑录。〕

（乾隆）河西县志·地理志·城池闸坝堰塘附

卷一 地理志 城池闸坝堰塘附

西　堤 在县西普应山下。明万历三十二年，知县周邦举筑石闸，田亩之近池者，至今赖之。

东湖池 在县南十五里。延四百步，蓄水济塘下一带田亩。明成化间，知县朱光正立二石柱于塘左右，刻四至，迄今在焉。

西湖池堤 在治东北二里，延四百步。明弘治十年，知县萧济筑，即今碌溪渡堤。

碌碌塘 在县北舍郎村上。延八百步，袤五十步，蓄水以济脚罗布等村田亩。

山后川 在县西李家庄。延二百步，袤一百步，深丈许。每岁三月，士民祭祷于斯。

东渠乡龙潭　在县西北。灌溉甸心村、沙罗、东城等三村，即偶值亢旱，播种无忧。

西　堤　在治西。万历三十二年，知县周邦举筑石闸。

大白邑沟　旧自嶍峨县阿习村引碌碌河水，灌大白邑田，今为嶍峨县阻。

大　沟　自木加沙引碌碌河水，灌永城仓、文沙冲、小白邑田，康熙三十九年县令蔡醻开。

〔据董枢修，罗云禧等纂乾隆《河西县志》（故宫博物院编《故宫珍本丛刊》第227册《云南府州县志》第2册，海南出版社2001年据清乾隆五十三年刻本影印）卷一《地理志·城池闸坝堰塘附》第19页辑录。〕

（康熙）易门县志·塘坝

塘　坝

杨惠坝　在县西五里。

刘官坝　在县西四里。

大　坝　在县北二里。

石　坝　在县北三里。

沙　坝　在县东二里。

芦　塘　在县东五里。

江　渠　在县东十五里。有上下江口，流绕飞虹桥，南归绿汁江，为县关锁。

绿汁江　即星宿河，发源迤西，流归交趾。为易门、南安险界，县北一百里。

〔据康熙《易门县志》（国家图书馆藏钞本）第17页辑录。〕

（道光）澂江府志·城池志堤闸堰塘附

卷六　城池志堤闸堰塘附

河阳县

漱玉泉堤　在城东五里。源出重珠山麓石窦间，一名倚铎塘。明嘉靖间，郡人李坤筑石堤，以时蓄泄。

庄镜泉石堤　涟漪泉在城东北七里碌碕山峡，一名庄镜泉。四时清澈，流灌阜田，合玗劄溪。明知府王良臣筑石堤。

北坡沼堤　东浦泉在城东五里华藏寺下。自石窍中出，清甘无比。明成化间，知府张顺筑堤闸水。嘉靖间，郡人席大宾增筑一堤，汇以为沼，下注镜光池。府治昔在东山沼，距治北三里，因名为北沼。

立马闸　在西街北一里。明知府徐可久建，以防龙青庙一带冲决之患。

太平闸　在太平桥下。明知府徐可久建，疏梁王冲一带溪水入新河，经前所团营直达抚仙湖。

西浦龙泉坝、西礐泉堰 西礐泉在城西七里蟠龙冈石岩下。左右两湫夹出，汇为巨塘，左清右浊。明隆庆五年，知府徐可久开三河引泉南入于湖，又凿上中下三龙沟引泉东流，灌溉郭西南田，达于城内，可以行舟，闸坝蓄泄有法。万历间，知府程子侃重筑。案：《碑记》旧名西浦龙泉，以浦之义不甚协，更名曰西礐龙泉。本朝道光二年，积潦伤禾，知府王厚庆、知县吴绳督令将近湖河身开宽二丈，挖深一丈，自下而上挨次疏浚，沙石俱借急流冲入湖中，水患始平。

清溪坝 在关索岭下。石坝二，分水之沟六，溉田甚多。

海口坝 在城东南三十里。抚仙湖水由此泻入铁池河，每雨多水泛，宣泄不及，又有南北山溪暴涨横冲，摧沙滚石，每将海口堙塞，障水逆流，三州县滨海田亩咸被淤没。明巡按姜思睿于南岸建牛舌坝，北岸建梅子箐石坝，逼遏两溪之水循轨顺行，不使沙石激壅海口，年设浚夫三百三十四名，日久坝圮，旋修旋壅。本朝康熙五十七年后，知府柳正芳董率浚沙砌石。雍正八年，总督鄂尔泰发帑檄知府王铎募夫挑浚，首尾宽深，重建二坝，甃石一百七十六丈，于坝身湾曲冲汕处增筑逼水六礅，以固石坝。

高涧渠 在城东一里。自纳古勺开渠引玗劄溪水，流经蓬莱庵、捕鱼村、大树村，渡高涧桥至东郭，溉田甚多。

玗劄溪堤 在城东北二十里。明隆庆间，知府蒋宏德开渠筑堤三百七十余丈。万历间，知府程子侃重筑。

鲁溪营堰塘 在城南四里。乾隆五十八年筑，深八尺，周二里，聚西浦龙泉之水，灌溉田亩最多。

吉利村堰塘 有二，一在城南五里鲁溪营之下，嘉庆元年筑，周里许，深七尺，引西龙潭之水入焉，虽旱不涸；一在村西，嘉庆十九年筑，周半里，深七尺。

洋潦营堰塘 在城南八里。深五尺，聚西龙潭之水。嘉庆二十五年筑。

洋澜村堰塘 在城南三里。堰塘有二：一嘉庆二十五年筑，纳东山谷芭蕉箐之水；一道光元年筑，宽里许，深七尺。并灌溉田亩甚多。

摆夷村堰塘 在城东三十五里。道光元年公筑，宽里许，深六尺，纳两谷之水以蓄之，灌溉合村田亩。

化石村堰塘 在城西南三十余里。道光五年开，周三里，深丈余，蓄水灌溉南山五村田亩。

大冲河坝 在阳宗五里，会诸涧为河。明隆庆二年倾坏，知县文嘉谟开浚，民屯田亩赖之。

堰　塘 在阳宗炒甸土官村。明正德四年，知县郭翰修筑，年久倾圮。嘉靖四十五年，知县文嘉谟重建。本朝康熙二十九年，知县沈晋初捐金修筑。四十九年，知县翟枚吉复加修浚，奈壅溢不常，徒费无功，附近田地每多受患。长老说此塘穴近龙居，或亦然与。

江川县

东　河 发源关索岭，分流左、广二卫，南入星云湖。

中　河 发源阿化冲，分西河抵乌鸦村，南入星云湖。

西　河 中河之分流，经旧城南入星云湖。

按：三河形如“川”字，俱分流灌田，而中河所灌尤多，后中堤湮塞至废耕。康熙十一年，知县张方起督民夫开浚，仍复旧址。

普济堰　在旧城西南。明隆庆四年，知府杜鸣阳买民田筑。

广济塘　在双龙乡。雍正十二年，知府来鸣谦筑。乾隆二十八年，知县刘携重浚。

立昌堰　旧村民苦乏水，稻麦无收。康熙九年，知县张方起相地势于二十里外，自躲得岩导泉水灌田数十顷，民赖以济。

甸头闸　在城北五里甸头乡。地无活水，惟大村之左旧有水塘一区，三面皆山，独缺西面，因无堤闸不能积水。雍正十二年，知府来鸣谦、知县罗弥素捐筑堤岸，自北而南长一百一十二丈，两旁植柳，并建石闸，因时启闭，灌田数千亩。

张官营堰　在城东北三里。雍正十二年，知府来鸣谦、知县罗弥素筑。上下东西四塘，未竣。乾隆二十五年，知县单乾元终其事。

水　塘　在城东三里白塔营。乾隆二十五年，知县单乾元筑，未成。二十八年，知县刘携续成之。

西山龙洞塘　在城西南三十里双龙乡。地无活水，只有大小塘各一区，岁久淤泄。雍正十二年，知府来鸣谦、知县罗弥素亲督人夫挖深塘底，加高堤埂，又以田土广阔，灌溉不敷，复捐赀于本乡西山半箐，凿开龙洞，水流不竭，引溉上下二乡田地数千亩，皆成沃壤。

北　塘　在城西北五里小石关。乾隆二十五年，知县单乾元筑。

李家营塘　在城东北二里。乾隆二十八年，知县刘携筑。

海　塘　在城东北八里大村。雍正十二年，知府来鸣谦筑。

清水塘　在城北山之东五龙庵顶，周半里许，四围旋塘，凡九十九区，深不可测。内产五色鱼，大水不等，食之辄死。水面尝浮玩好之物，人取之即摄入水，疑有神物司之。

新兴州雍正九年议准疏浚新兴州河道

罗木箐河坝　有三，一在城北二十三里白云寺山下，行北山等处灌田；一在城北十九里腰子屯，行普舍城等村灌田；一在州东北二十一里袁家屯，行何家等屯灌田。

九龙池坝　十有三，一在州西北十五里袭家屯，行王旗等村灌田；一在州西北十六里摆夷涵洞，行飞家等屯灌田；一在州西北十五里寒冬村，行寒冬等村灌田；一在州西北十五里大村，行大庄等村灌田；一在州西北十五里后屯，行王大户等屯灌田；一在州西北十五里棋盘山下，行大毛等屯灌田；一在州西北十二里官村，行桂家等屯灌田；一在州西北六里小庄，行薛家等屯灌田；一在州西北六里石涵洞，行小庄等屯灌田；一在州西北五里安流桥，行左家等屯灌田；一在州西北五里左家屯，行小毛等屯灌田；一在州西北四里马桥村，行马桥等村灌田；一在州西北三里通年桥，行徐百户屯灌田。

西河坝　有六，一在州北二十五里秦溪，行高桥等屯灌田；一在州北二十四里梅园锁水阁，行前卫等屯灌田；一在州北十九里陈家大厂，行中所等屯灌田；一在州北二十里刘家屯，行陆家等屯灌田；一在州北十九里高桥大涵洞，行麻线等屯灌田；一在州西北十五里徐家屯，行秦谢等屯灌田。

金汁沟坝　有四，一在州东十二里燕子窝，行冯家冲等屯灌田；一在州东十里沙陀村，行左所等屯灌田；一在州东五里右所屯，行中所等屯灌田；一在州东四里小枧槽，行许家湾等屯灌田。案：燕子窝直灌北门城濠，垒沙为坝，随即冲决。乾隆十四年，知州徐正恩甃石坝，以淤地五亩佃种，作岁修费。

龙井坝 有三，一在州东北五里宁官屯，行中卫屯灌田；一在州东北三里许家湾，行龙井巷等处灌田；一在州西关外龙井巷，灌西关等处田。

白龙潭坝 有四，一在州东北二十三里白龙潭前，行东古城等屯灌田；一在州东北二十二里小土库，行上下山头等屯灌田；一在州东北二十里白塔山下，行任家等屯灌田；一在州东二十里东古城，行褚家等屯灌田。

密罗坝 有三，一在州西南二十五里凤凰山下，行上下麻栗树等屯灌田；一在州西南十五里排栅屯后，行马官等屯灌田；一在州南十六里永济桥，行壮旗等屯灌田。

桅杆坝 在州西南十三里桅杆屯，灌桅杆屯田。

清溪坝 在州西北二十里莲花池，灌莲花池田。

梁王坝 在州南十二里牟溪冲，灌高仓等屯田。

赵官坝 在州南十五里赵官坝屯，灌赵官坝等屯田。

牟溪冲坝 在州南十五里高仓山下，行高仓等屯灌田。

研和坝 在州南三十七里潢水塘，行南厂等屯灌田。

观音塘 在州东一里，今作起春堂常住田。

鸳鸯塘 在州南六里。

红庙堰 在州东三里。塘周二里，聚水灌田。

鸡窝塘 在州南二十五里研和飞家屯，灌赖家等屯田。

永润沟 在州南三里。康熙三十九年，生员王虎臣开。

魏家山坝 在城东五里。

下康屯坝 在城东五里。

仙人坝 在城东十里，为中右所魏家山沟洫之源，地低，艰于灌溉。乾隆十三年，知州徐正恩甃作石坝，秋冬蓄水，春夏开放。

卢家营坝 在城南五里。

六品村坝 在城南八里。

清涟坝 在城西北二十五里。

中卫屯坝 在城北三里。

路南州雍正十年议准疏浚路南州河道

邹公堰 在州东五里，地名落台旧。明嘉靖间，知州邹国玺筑堰开渠。至天启间，知州唐登第再浚，知州倪垣修枧，济田千顷。本朝雍正九年，知州王臣重修。案：此引黑龙潭水灌田，又名黑龙潭坝。

昌乐堰 在州东北五里。康熙四十一年，知州罗之熊筑堰开渠，灌州西北田三千余亩，后圮，知州金廷献重筑浚增枧。雍正九年，知州王臣续修。

双龙坝 在州东二十里许。知州金廷献于康熙四十六年冬建筑，开渠二十里许，灌田三千余亩，迨至四十七年大水冲圮。乾隆三十五年，知州叶士钰于旧坝下里许重建。

兴凝溪坝 在州东二里。绕州西南，会铁池河，达盘江，有坝蓄灌。

永定坝 在城东十里肇公庄。乾隆三年，知州寇垲修筑，八年，知州李天宠修浚。

润泽坝 在城西北民和乡湾子。乾隆十六年，知州张日旼筑堰开渠，灌溉土官村长麦地田六百余亩。

响水坝 在民和乡。乾隆十七年，知州张日旼筑坝修枧，灌田五百余亩。二十年，知州史进爵重修。

梨花村坝 在民和乡。乾隆十七年，知州郑景筑坝修枧。二十年，知州史进爵续修。

些卜所坝 在城北十五里阿怒山后。山半旧有塘，名绿阴山，民筑堤蓄水，浇灌本村田地，而附近路母矣、北山屯两村隔在山南，流溉不足。雍正十二年，知府来谦鸣、知州于讷于塘之南隅筑土堤十余丈，潴蓄更宽。又于山北些卜所龙潭下捐建石坝一座，并开沟长五里，引水至山南遍灌，三村田亩均得沾足。

双闸石坝 在城北十五里天生桥西。石涧有泉，可凿山开沟，引以灌溉。乾隆三十一年，知州王诵芬率士民建，为双闸石坝。闸分水东流易龙，西注北山，因时启闭，两乡永获其利。

鱼池堰 在城东八里。明嘉靖间，知府邹国玺修筑。

石牛堰 在城西十里。乾隆十七年，知州张日旼筑坝。二十一年，知州史进爵增修。

护城堤 在城外。雍正十二年，知府来谦鸣、知州于讷因土城单薄，每遇夏秋雨潦，濠水骤涨冲塌，可虞，捐赀倡率士民于贴城土垣外加筑护堤，长三百四十余丈。

大河堤 在城西北民和乡大赤江口。河水自曲靖、陆凉流至州境，下入宜良，旧有土堤，岁久倾废，每遇水泛，田亩被淹。雍正十一年，知府来谦鸣与宜良令朱干各劝乡民协力重筑，计长二千五百三十丈，并开水沟，随堤旋绕，堤内路南、陆凉、宜良三州县田四千余亩，均免冲没之虞。又因原开涵洞湮塞成河，倡建小石坝四座、涵洞六口，引灌高田。其堤坝议定，一有损塌，三州县分界不时修补。乾隆二十年，水涌堤溃，知州史进爵重筑，另建石桥一座、水闸门四扇，济水过枧，八村均沾惠泽。

万年坝 在州东北八里大落台旧界。乾隆三年，知州寇垲筑。四年，知州李天宠增修告成，灌田三百余亩。

〔据李熙龄纂修道光《澂江府志》（清道光二十七年刻本）卷六《城池志堤闸堰塘附》第17－24页辑录。〕

曲靖市

（康熙）南宁县志·地舆志·堤坝

卷二 地舆志 堤坝

尽力沟洫，大禹勤民。曲防有禁，齐桓特申。旱蓄涝泄，不亢不淹。阳彼原隰，惠我斯人。

北沼堤 在府城北门外。即旧《志》所谓“北沼荷风”者，今沼废堤存。

西湖坝 在城东北十里。明洪武间，作闸潴水，以时启闭，灌溉之利甚溥，民咸赖之，后为富豪侵占。洪武十二年，府同知胡光具其事呈当道，始核出焉。

大　坝 在城西南五里。潇湘河水，源出木蓉箐。明洪武初，指挥刘璧筑坝建梁，为三闸以蓄泄，于是东南三乡四堡之田咸赖焉。年久闸壅，坝亦倾圮。康熙四十二年，知县胡麟征疏通淤塞，修筑堤坝，康熙五十八年冲崩，知县王樗复竭力修筑。

小石坝 在大坝之下。天生石坝，不用砌筑，亦资灌溉。

史家闸 在城东三里许。旧有闸蓄泄，因水势迅急，易于冲决，今废。

梅家闸 在城东北二十里。以时启闭，民资灌溉，其利甚溥。

恭家坝 城东南尽头一坝，每春修筑。辛丑夏旱，王樏句："望岁于今能济否，悲时无雨奈愁何?"

暗渡堤 在城东十里，俗名十字河。自西而东为白石江之下流，自南而北为新桥河之下流，二水各行，彼此不交，民资灌溉，其利亦广。

沙河新闸 在城南二十里。其地有河无闸，水归无用，田难灌溉。康熙二十六年，知县张为焕创修石闸，以兴水利，民至今德之。

亮子口 在城南二十五里。为曲郡众水尾泄之处，向因山水横冲，沙多淤塞，低田每苦淹没。康熙二十六年，知县张为焕劝民疏浚，下流无阻。

毕家沟古闸 在城东十余里红花海下，其闸久废。康熙二十八年，署府事、顺宁府通判李灿鸠工聚材，另开一闸，上水不涸，下流不滓，农事两利。

土 坝 在城东北隅半里许。蓄南来、泄东注之水，左右田禾，多资其利云。

矣卜村滚水坝 在城东八里许。旧坝单薄，水泛则决，今更加修砌坚固，民甚赖之。

蒋家坝 在城东十余里，新筑聚水。

观音三坝 在城南二十里。灌田千亩，今颓废。

解家坝 在城南里许。分南、北二沟，灌田数百顷，其利甚溥。

尹冯冲新石坝 在城西北七里许。水低田高，难于灌溉，乃新筑坝以蓄之，复凿沟数百余丈。

尹煤冲石闸 在城西五里许。新建，蓄水以灌田。

莱家台兴龙坝 在城南西山下。山水易泛易涸，因筑坝以蓄泄之，民甚便焉。

三岔堡众人坝 在城西十五里。水泛辄决，今更筑之，以资民灌溉。

上 坝 亦在三岔，加工倍筑。

张安屯长安坝 在城西南四十里。两河水会，坝每冲决。近凿石灌灰，更加修筑，灌溉田亩，民受其利。

〔据王樏纂修康熙《南宁县志》（吴乔贵、林文勋、周琮校注，冯绍贤主编《清代南宁县方志校注》，云南人民出版社2014年版）卷二《地舆志·堤坝》第41页辑录。〕

（咸丰）南宁县志·建置志·闸坝

卷二 地理志 闸坝

西湖坝 在城东北十里。明洪武间，筑有闸，积水灌田，军民利之，后为富人所占。弘治十三年，同知胡光具其事陈当道，始核出。

滚水坝 在城东八里矣卜村。旱蓄潦泄，田亩利之。

恭家大坝 在城东南二十里。郡中诸水俱会于此，分灌朗坦十五圩田。

恭家小坝 在大坝下。旧系石闸，引灌瓦子四村田，日久冲塌，后土埂，岁修岁圮。本朝雍正八年，知府佟世荫仍甃以石。

东山坝　在城东南二十里。本朝雍正八年，知府佟世荫新筑。

蒋家坝　在城南三里。本朝雍正八年，知府佟世荫新筑，蓄水资灌。

兴隆坝　在城南十五里西山下，系石坝。蓄山箐之水，灌卧龙寺五村田。

瓦庙石坝　在城南十五里。本朝雍正八年，知府佟世荫蓄山箐之水，引灌何旗乡五村田亩。

观音三坝　在城西南二十里。旧建石坝三，上下相连，蓄水分灌南城等村田。

大　坝　在城西南五里。明洪武初，指挥刘璧筑坝渠为三闸，引潇湘河水分灌东西三乡四堡之田，年久湮废。本朝康熙四十三年，知县胡麟征重修。雍正八年，水冲堤溃，知府佟世荫、知县梁廷彦捐买民地，开沟筑堤。

左所坝　在大坝左。引灌施家庄等八村田，山势逼隘，沙石易淤。本朝雍正八年，知府佟世荫、知县梁廷彦捐买民地，另筑石坝，以防冲决。

天生石坝　在大坝下。天然石堑，堪资蓄泄，引灌官厂院七村田。

解家坝　在大坝下。南北二沟，灌史家闸六村田。本朝雍正二年，总督高其倬捐金重修。

尹煤冲石坝　在城西五里。本朝雍正八年，知府佟世荫新筑，蓄白石江水灌田。

三岔坝　在城西十五里。

众人坝　在三岔。

上　坝　在三岔上。

长安坝　在张安屯。

冯尹冲坝　在城西北十里，引白石江水灌冯、尹二冲田。

土　坝　在城东北一里，引北沼水灌田。

梅家坝　在城东北二十里。《府志》：水泻，夜作笑声不绝，次日即有淹溺之患。

魏家坝　在城西十九里。本朝乾隆三十年，村民筑。

下　坝　在城西十五里。本朝乾隆五十五年，村民筑。

余家坝　在城西十四里。本朝乾隆四十年，村民筑。

陈家石坝　在城西二十里。

竹园坝　在城西十八里。

上星坝　在城西十六里。

下星坝　在城西十五里。

胡家坝　在城西十四里。

陶家坝　在城西南八里，本朝乾隆十年筑。

柳家坝　本朝嘉庆十五年，村民筑。

大石坝　在城西南三十五里升官屯。

莺窝坝　在城西南三十五里徐家坟。

青岩坝　在徐家坟。

湾子坝　在城西南三十里观音洞。

大营坝　在城西南二十五里大营。

中　坝　在大营。

麨儿坝　在城西南十里红庙。

舟上坝 在旧越州城西北五里。

响水坝 在旧越州城南三十里，过此即陆凉界。

丰登圩坝 在城北十里，本朝嘉庆间筑。

黑宝滩龙人坝 在旧越州，本朝道光九年筑。

下 坝 在城西三十里姚家屯。

毕家沟古闸 在城东十里红花海下。本朝康熙二十八年，署知府李灿重筑。

史家闸 在城东三里。

沙河新闸 在城南二十里。本朝康熙二十六年，知县张为焕创修石闸，民利赖之。

马鞍桥闸 在城东北八里柳家屯，今圮。

花篮口闸 在城东十里中和桥上。

许家闸 在中和桥下，本朝道光九年修。

川龙村堤 本朝道光九年筑。

暗洞堤 在城东十里，暗渡阿幢河水。

三圩新堤 在城东乡。郡中潇湘江、白石江、新桥河、黑水河诸水汇流入套子圩，总为一河，复南历白夷圩、恭家圩等处，向因河身窄狭，每遇水发，泛滥无归，田畴多被冲没。本朝雍正十二年，知府佟世荫勘议详请发帑，开浚宽阔，另筑内堤三道：套子圩筑长一百四十五丈五尺。白夷圩筑长二十九丈五尺，恭家圩筑长八十三丈五尺。河流不致旁溢，田亩始保无虞。

北沼堤 在城北门外。

亮子口 在城南二十五里，为曲靖众水尾泄之处。旧《志》云：向因山水横冲，沙石淤塞，低田每苦淹没。本朝康熙二十六年，知县张为焕劝民疏浚，下流无阻。

〔据毛玉成修，张翊辰、喻怀信纂咸丰《南宁县志》（《中国地方志集成·云南府县志辑 11》，凤凰出版社 2009 年据清咸丰二年刻本影印）卷二《建置志·闸坝》第 15 – 20 页辑录。〕

（同治）古越州志·建置志·闸坝

卷三 建置志 闸坝

自枕寨龙潭下，至永安桥下大河交界处，土坝七十有余，民田赖以灌溉。

舟上坝 在城西北五里。

海蔡坝 在城南。雍正八年，知府佟世荫修，以石为之。

响水坝 在城南三十里，过此即陆凉界。

黑宝滩坝、龙吟坝 坝在城南十余里，本朝道光年筑。

郝官营堰塘 在城西十里，黑龙潭水赖此塘蓄之。塘之形，边岸既有一闸，从中复安一闸，以为蓄泄，水涓滴皆为有用，法良意美，流泽孔长。郝官营、张官营、杨官营、洲上等处田亩，均利赖焉。

〔据何暄原纂，何杓朗增订，李家珍重订同治《古越州志》（吴乔贵、林文勋、周琮校注，冯绍贤主编《清代南宁县方志校注》，云南人民出版社 2014 年版）卷三《建置志·坝闸》第 384 页辑录。〕

（雍正）马龙州志·建设志·坝塘

卷四　建设志

坝

新　坝　州西三里。明知州夏暐建，今废，址存。
杨柳坝　州东七里，灌石牛冲田。
解家坝　州北八里。
天生坝　州东南四十里，灌其村中田。
歪嘴坝　州南十里老角寨。
宗家坝　州西十五里，灌本村田。
上　坝　州北二十里，灌本村田。
官　坝　州南五十里大营村。
聊家坝　州北十五里，灌本村田。
湾子坝　州西三十五里，灌车章田。
大石坝　州南十五里新屯。

塘

薰鱼塘　旧城近南处，明时供薰鱼之所。
庄郎塘　州西二十五里，灌本村田。

〔据许日藻纂修雍正《马龙州志》（清雍正元年刻本）卷四《建设志·坝塘》第6页辑录。〕

（民国）续修马龙县志·建设志·坝塘

卷四　建设志

坝

新　坝　县西三里。明知州夏暐建，今废，址尚存。
杨柳坝　县东七里，灌石牛冲田。
解家坝　县北八里。
天生坝　县东南四十里，灌其村中田。
歪嘴坝　县南十里新村对门，灌老角寨一带田。
宗家坝　县西十五里，灌本村田。
上　坝　县北二十里，灌本村田。
官　坝　县南五十里大营村。

聊家坝 县北十五里，灌其村田。

湾子坝 县西三十五里，灌车张[①]田。

大石坝 县南十五里新屯村。

塘

藁鱼塘 旧城近南处，明时供藁鱼之所。

大水塘 县西三十五里，灌王家田。

庄郎塘 县西二十五里，灌本村田。

东 河 城东一里许。民国四年，县知事赵镜潜新开，灌本城东田。

永宁岗塘 县西三十里，灌本村田。

李家庄龙潭堤 光绪十三年知州杜凤保建筑。

大龙井龙潭堤 民国五年县知事王懋昭建筑。

〔据王懋昭纂修民国《续修马龙县志》（《中国地方志集成·云南府县志辑25》，凤凰出版社2009年据钞本影印）卷四《建设志·坝塘》第9页辑录。〕

昭通市

（宣统）恩安县志·城池志池附

卷三 城池志池附

利济池 在西城附郭。先年凿土成渠，乾隆二十八年，知府傅垦委知县胡泉用石镶砌，以资满城汲饮，方圆四十余丈。

月芽池 距南城数武。乾隆二十四年知县沈生遴建。以南居火，离方凿塘于此，取水克火之意。

头堰塘 在川主庙前，近城。乾隆三十八年，知府[illegible]翮虑云昭城人众，利济池不足以供饮，复建此塘以助之。

二道池 在龙王庙十余丈。雍正十年与昭城并建。今轻淤塞，形址尚在，市民未敢侵填。

四道池 在西门左浅水洞城脚，天后宫对错。

五道池 在府门卡巷右城脚下。

六道池 在南门内，去南门井数武。

〔据汪炳谦纂修宣统《恩安县志》（《中国地方志集成·云南府县志辑5》，凤凰出版社2009年据清宣统三年钞本影印）卷三《城池志池附》第152页辑录。〕

---

① 车张 雍正《马龙州志》卷四《建设·塘坝》“湾子坝”条作“车章”。

（民国）昭通志稿·方舆志·城池附池塘

卷一　方舆志　城池附池塘

利济池　在城西附郭。先年凿土成渠，乾隆二十八年，知府胡泉用石镶砌，以资满城汲饮，方圆四十余丈。

头堰塘　在川主庙前，近城。乾隆三十八年，知府[illegible]翩虑昭城人众，利济池不足供汲饮，复建此塘以助之。

按：以上二处，今利济池呼为下水塘，头堰塘呼为上水塘。查旧《艺文志》，知府傅圣《重修龙神庙水塘义学碑记》，今义学之房尚存，可知前龙神祠在城内，后始改建城外西北隅也。

二道池　在龙神庙上三十余丈。雍正十年与城并建。今虽淤塞，形址尚在，市民未敢侵填。

四道池　在西门左浅水洞城脚，天后宫对错。

五道池　在府门卡巷右城脚下。

六道池　在南门内，去南门井数武。

旧《志》：以上四井，规模创于建城时，惜壅塞未能深阔，复经荒废，以致东南市廛军民汲饮甚难。今距乾隆又一百四十五年，早已无人知其所在矣。

月牙塘　在南城外数武。乾隆二十四年，知县沈生遴以南方属火，凿塘于此压之，取水克火之义。

三多塘　亦名清官亭，在城外西北隅，内祀龙神。嘉庆十三年知县王禹甸建，储蓄城中上下堰塘饮料，并灌溉西南菜园。道光中叶，始建戏台、石桥。其抱厅两厢，则光绪己卯，知府吴怡建。过道五间，则邑绅黄道清修，未竣。至甲午年，知府龙文葺而新之，改大门三多塘为“城市山林”，戏台曰“清光亭”，年久渐废。昨岁，官绅集赀修一滤沙塘，改名“卫泉公所”。此地风景极佳，水木清雅，最宜消夏。端午日游人甚众。邑士饶起孝有联云：“者点水无多，一官已留清白去；此间尘不染，何人更踏软红来。”

〔据符廷铨、蒋应澍总纂，杨履乾编辑民国《昭通志稿》（民国十三年排印本）卷一《方舆志·城池》第38页辑录。〕

文山州

（道光）广南府志·山川志堰闸附

卷一　山川志堰闸附

承恩塘　在城内西北隅。时蓄水以备缓急，引流以资灌溉。嘉庆年，建万寿宫于其上，塘因得名，又名古浮。

观音塘 在城内东北隅，旧建观音阁于内，故名。近年渐被淤塞，嘉庆年，知府宋湘率民拓之，仍复古制。

清渠塘 在城北里许，又名龙王塘。

催耕塘 在城东一里。嘉庆二十年，知府宋湘悯东方涸水，率民开凿，汪洋可爱，灌溉实多，又名古劳塘。

洗马池 在城西里许。嘉庆二十一年，知府宋湘率民开掘，清泉涌出，治西之田多受润焉，又名古蚌塘。

东汪塘 在城东三里万寿寺前。

城南石闸 府治四周无泉，惟城南有八达小河，冬春不雨，则民食水涓滴维艰。采石建闸，以时蓄泄，万家生齿，于是乎无渴竭之患矣。

广裕泉头坝、广惠泉二坝、接石沟、富民塘、城东石坝、城南石坝 广裕泉头坝在东北二十里外邑练沟，广惠泉二坝在东北二十里那海沟，由头坝旁导水山腰五里至二坝，由二坝旁导水山腰一里许至接石沟，又二里许至富民塘，又二里许至长倍寨，又四里至坝撇寨，又二里至乾塘子，又一里许至东城外石坝，又三里曲绕至南城外乾菜园，又一里许入八达小河石闸。上建石坝，不独灌东南北一带田亩，并供一郡居民汲饮。以上并道光二十八年冬，署知府李熙龄筹款兴工，次年春工竣。

〔据清李熙龄纂修道光《广南府志》（清光绪三十一年补刻本）卷一《山川志堰闸附》第13页辑录。〕

红河州

（嘉庆）临安府志·山川志附堤堰

卷五 山川志附堤堰

建水大河之滨有泸江堤焉。泸水溉田几七十里，但沙滞泥淤，最易冲决。明万历四年，兵备道许宗鉴修浚，置有桩柞田，以备疏筑之费，士民称之曰许公堤。自后兵备道漆文昌，知府张守刚及本朝知州李湏、杨绪爵、张鼎昌、陈肇奎，总兵王洪仁相继修筑，杂植树木，而两埂尚薄，时修时决。雍正三年，知府栗尔璋加意修筑。七年，知府张无咎清出桩柞田，交建水州经管，买备桩石，复与总镇张应宗、知州祝宏捐俸，以继不足。八年春，奉总督鄂指授，委署石屏州祖承佑、教授夏冕、经历詹任亨①及文武等官分界督修，浚河培埂，密植柳树，复凿岩洞积石，拆洞口鱼床，于是沙不下壅，水得畅流。九年，驿盐道张无咎复详准咨部，每年布政司发银三百两以为修筑之费。河之左有塌冲堤焉，河之右有象冲堤焉。二河俱修堤捍卫，历任修筑旋复溃决。本朝雍正八年，总督鄂筹画发帑重修完固，亘四千三百七十五丈，岁修额银与泸江合。城北大石桥之西有白沙堤焉，详“白沙河”。东门之外有清水塘焉。在城东一里。小寨坡之后有冯家塘焉，延袤二里许，广半里，旱涝赖以蓄泄。东十五里有清沏塘焉，广三里许，居民引灌田亩。南十里有滚沙塘焉，溉回回村一带田亩。十五里有蒲草塘焉。水源洪沛，聚若小湖。李浩寨之下有过泉渠焉。在城北。自南庄十六营以下暨狮子口、葛衣村八处田亩苦无河水，本朝雍正七年，知州祝宏

① 詹任亨 道光《云南通志稿》卷五十三《建置志七之二·水利》临安府下“泸江堤”条、《新纂云南通志》卷一百四十《农业考三·水利二》引《临安府志》“泸江堤”条皆作“张任亨”，有异。嘉庆《临安府志》卷十一《秩官志·经历》第13页：“詹任亨，江西人。”

于附近南庄之李浩寨，察山腹中有过泉一股，水声潺湲不息，而山石嶙峋，疏凿难通。总督鄂令填入谷糠，约三十里始流出于州属之老鼠鲊石空。地势卑洼，水无所用。于上里许穿凿而入，水流涌出，开导成渠，酌定规条，挨次引灌。云龙山之左有冷水沟焉。即冷水河也，详见前。

石屏异龙湖之东有湖口堤焉。两山逼塞，每遇伏秋大雨时行恒苦淤滞。前吏目叶世芳尽心疏浚，沿湖田亩屡庆丰登，后年久渐次阻塞。乾隆三十八年，知州蒋振阅建石堤于回龙山之侧障，修冲关河使东注，名蒋公堤。五十五年，知州台弼续建福田堤。五十六七年，知州漆炳文、傅应奎继之始完工，长三十余丈。异龙湖之西有化龙堤焉。康熙七年，知州刘维世甃石增筑，农田、行旅两受其益。龙坡之隩有西塘焉，康熙八年，知州刘维世筑堤其上，聚上游之水，秋闭春启，分为十二道，南北交流溉田万余亩。山限建三台阁，堤上建偕乐、含清、秋水三亭，颇据湖山之胜。西塘之西有鉴塘焉。明万历六年，知州曾所能就冈陵之隘筑长堤一道，潴西湖下游之水汇成巨浸，中央有屿，九天观在其上。建石闸，设坝长二人，以时启闭，民赖其利。康熙三十七年，知州张毓瑞增修。西山之限有玛璜塘焉。周二里许，灌溉屯田。大西山之阴有碧水塘焉。又名混水塘。符家营之坳有酸水塘焉。广二里许，军民资其水利。新海子之上游有潦海塘焉。周五里许，大寨、梅冲一带田均资灌溉。城西三里有九天观闸焉。受宝秀、高家冲诸水。明万历间，知州曾所能移旧堤于百步之上，就其冈陵之隘而扼塞之，潴水以资灌溉。中为石闸，以时启闭。

阿迷城之南有石堰焉，在城南有小河，巡抚邹应龙为堰，一方赖之。东有东堰焉，源自南洞，分清水河之派以利东郊，至印王庄止。明乡绅王廷表约众为石坝。西有西堰焉，源自冰泉，分浑水河之派以利西郊，至沙田止，约十余里。蜀人赵天保为州牧，后家于阿及三世孙赵昇捐资创造两堰，州民世食其利。雍正九年，知州毛振翧为之建亭，纪其事于碑。东南有新沟焉。距城五里，自冰泉寺对面山脚北流，转东灌溉新田一带田亩。州人王式辂弟兄捐田一分，为每年赶水之费。沙札哨之旁有高家沟焉。在城西九十里，发源沙札哨旁，约长三里，土舍李思敬开。橄榄坡之址有大庄水头焉。自橄榄坡石窍中出，各坝田俱引此水灌溉。

宁州城之东有羊塘焉，在城东三里，长二里，宽十丈，蓄葫芦竜水以灌田亩。城之西有山塘焉。在城西四十里甸苴坝，宽广二里。抚仙湖之南有牛舌坝焉。在城东一百五十里抚仙湖南岸，水由此泻入宁境为河。每雨多水大，宣泄不及，或山水暴发，横冲致沙石填塞海口，海滨田亩咸被淹没。明巡抚姜思睿建造石坝，再经本朝总督鄂增筑逼水六墩，以固石坝，然后山湖之水不为民害。

通海城之南有秀山堤焉，注秀山、黄龙、沙帽诸山之水入于海。有窑沟堤焉。注西山旗带之水入海。小鱼嘴有鱼沟堤焉。在小鱼嘴，注东华山大小中龙潭诸水入海。西屯街有碧溪堤焉。在西屯小街，注木马口诸水入海。诸葛山之麓有香水塘焉，黄龙山之麓有冷水塘焉，大新寨之后有普塘焉。聚冷水洞、乌龙潭诸水，灌本寨及新村、陈匠村、杨广诸处田亩。城之东有李公沟焉，在城东一里，水发泥沙冲决入田，禾多被害，沟隘不能入海。雍正七年，知县李至捐金修之，故名。有刺桐沟焉。注清水泉、灵宝山诸水入于海。

河西西五里有西堤焉，一名西坝，在普应山下。明万历三十二年知县周邦举筑石闸，田之近城隅者赖之。北二里有西湖堤焉，延四百步，即碌溪古渡也。明宏治十年，知县萧济筑堤蓄水。南十五里有东湖堤焉。延四百步，蓄水以济田。明成化五年，知县朱光正立二石柱于其上，刻写四至。胜郎村之上有碌碌塘焉。在城西，延八百步，蓄水以济脚罗布等村田亩。小白邑之上有大沟焉。自木加沙引碌碌河水，灌小白邑等村田。知县蔡麟开。

嶍峨南一里有猊子冲堰焉，在香柏村之左。四里有角池堰焉，西南五里有新龙堰焉，西四里有大罗河堰焉，北十二里有普龙堰焉，东北二里有董家堰焉，十里有砥柱堰焉，西北十里有松子园石渠焉，明万历三十年建，连绵二十里。西二里有大石坝焉。明署县张麓筑，又名张公堤。

蒙自城之南有南湖堤焉。即泮池，一谓之学海。明嘉靖中，湖已淤塞，知府钱邦偁、通判胡文显疏凿为池，垒土仿作三神山。万历十年，县丞车辂复加浚治。本朝雍正七年，知县王廷诤于庄区村分引竜古之水，聚为巨塘，浚深数尺，筑堤潴水，开渠引溉。乾隆八年，知县汪仪建瀛洲亭于三神山前。五十四年，摄县事李焜重修，海身尽去淤塞。鹦鹉山之下有鹦哥塘焉。塘有二，俱在鹦鹉山下。左塘有泉不涸，传有灵物，右塘蓄水甚盛。

〔据江濬源修，罗惠恩等纂嘉庆《临安府志》（《中国地方志集成·云南府县志辑47》，凤凰出版社2009年据清嘉庆四年刻本影印）卷五《山川志附堤堰》第17－20页辑录。〕

（康熙）石屏州志·地理志·堰塘堤闸

卷二　地理志

堰　塘

蚂蝗塘　在城西三里，广阔二里许。秋冬蓄水，春夏开泄，灌溉屯田。

酸水塘　在城西符家营，广阔三里许，军民资其水利。

草　湖　在白浪小寨，去城二十五里，宽五里许。内有田亩，旱则赤地一围，涝则不能栽插，利少害多。

老　湖　在城南三十里，阔五里许。

新　湖　在城南二十五里，阔四里许，俱筑堤蓄水备旱。

堤　闸

九天观闸　在城西三里。明万历六年，知州曾所能移旧堤于百步之上，就其冈陵之隘而扼塞之，蓄水以资灌溉。中为石闸，以时启闭，至今民赖其利。

西　堤　在城里一里黑龙坡旁。康熙八年秋，知州刘维世筑，增高旧堤，新作三闸，聚弥勒沟一带流水。仲秋闭闸，孟春启之，分水为十一分，远近均沾，灌军民田四万余亩。详见《碑记》。

化龙桥堤　在异龙湖边，为东门孔道。每至秋月，湖水涨溢，即淹没堤岸，路不能行，皆由田间小径绕走，北城往来者苦之。康熙七年春，知州刘维世增高五尺，旁镶长条石，中筑坚土，距城五里之路尽为康庄，湖水不能犯焉。

〔据程封纂修康熙《石屏州志》（国家图书馆藏清康熙十二年刻本）卷二《地理志·堰塘堤闸》第8页辑录。〕

（乾隆）石屏州志·地理志·堰塘堤闸

卷一　地理志

堰　塘

蚂蝗塘　在城西三里，阔二里许。冬蓄春泄，灌溉屯田。

酸水塘　在城西符家营，阔三里许，军民资其水利。

草　湖　在白浪小寨，去城二十五里，宽五里许。内有田亩，旱则赤地，涝则难种，利少害多。

老　湖　在城南三十里，阔五里许。

碧瑞塘　在千户王治民祖茔下首。西山田亩乏水，增生王天演①相地形低洼，率族众筑堰塘，得资灌溉。又名混水塘。

新　湖　在城南二十五里，阔四里许，蓄水备旱。

堤　闸

九天观闸　在城西三里。明万历六年，知州曾所能移旧堤于百步之外，就冈陵之隘扼塞之。中为石闸，以时启闭，民赖其利。康熙三十七年知州张毓瑞增修。

西　堤　在城里一里黑龙坡旁。康熙八年，知州刘维世增高旧堤，作三闸，聚弥勒沟一带流水，秋闭春启，分水为十二道，灌溉田万余亩。

化龙桥堤　在异龙湖边，为东门孔道。每秋湖水涨即没，行者苦之。康熙七年，知州刘维世增高三尺，旁城条石，筑坚土，湖水不能犯。乾隆二十一年，知州管学宣重修。

白仓堰　康熙三十一年，知州徐印祖筑，名曰润仓堤。袁家塘、大水池、白仓一带，资其灌溉。又因时亢旱，浚开宝秀河，由五亩、大松树达九天观及刘公堤，西南田亩咸资水利。

东　湖　即异龙湖，湖地最下，久雨苦淹。康熙三十七年，知州张毓瑞清理海口堆沙田亩，捐俸疏通久淹之田，渐次成塍。

东　堤　蜿蜒湖滨数里，为行旅之冲，仅化龙桥一亭孤峙，张毓瑞加建三坊，渐次就圮。乾隆二十年，知州管学宣重修。

海　口　为异湖尾闾，易于淤塞。前吏目叶世芳督工浚之，沿海一带田亩尽得栽种，嗣历年已久，淤塞不堪。乾隆二十三年，知州管学宣详明上宪，捐金为倡州绅士公同修浚，涸出田亩如旧。又增建流砂桥于龙王庙东北山麓下，又另开引砂河，俾回龙山倒流，砂河盛涨之时得藉疏消。

附

石　坎　路险而荒，张毓瑞置栅于此，往来称便。

梅箐坡　号三转湾，路甚崎岖。康熙四十七年，刘承启修石磴甚坚，行人利之。

〔据管学宣纂修乾隆《石屏州志》（清乾隆二十四年刻本）卷一《地理志·堰塘堤闸》第32页辑录。〕

---

① 王天演　民国《石屏县志》卷四《山川志·堰塘》"碧瑞塘"条下作"王文演"，有异。

（民国）石屏县志·山川志·堰塘堤闸

卷四　山川志第四

堰　塘

蚂蝗塘　城西三里，阔二里许。冬蓄春泄，灌溉屯田。

酸水塘　城西符家营，阔三里许，军民资其水利。

草　湖　白浪小寨，城东南二十五里，宽五里许。内有田亩，旱则赤地，涝则难种，利少害多。

老　湖　城南三十里，阔五里许。

碧瑞塘　在王治民祖茔下首。西山田亩乏水，增生王文潢相地形低洼，率族众筑堰塘，得资灌溉。又名混泥水。

黑龙箐塘

龙朋里大龙潭　长十丈，宽五丈。

新　湖　城南二十五里，阔四里许，蓄水备旱。

路南大河

聚水塘　《采访》：在瓦窑头，周围五丈许。

石林寺龙潭　《采访》：周围十四丈许。

杨广城新龙潭　《采访》：周围五丈许。

符家营龙潭　《采访》：周围十五丈许。

郑家湾塘　《采访》：周围数百步。

红塘子　《采访》：在新海子，周围三里。

热水塘　《采访》：在异龙乡。其热如锅中沸水，冬时尤盛，中含火黄之属，又名曰天生黄，能治疾。按：《王先谦文集》石屏五塘，一名热水，一名洗马，其三已弗可识云。

后所塘　旧《云南通志》：在城南火龙山下，广七里，居民筑蓄资溉。

僰东塘　旧《云南通志》：在城南三里钟秀山下，广二里，灌溉资之。

堤　闸

九天观闸　在城西三里，受宝秀、高家冲诸水。明万历六年，知州曾所能移旧堤于百步之外，就冈陵之隘扼塞之，中为石闸，以时启闭，民赖其利。康熙三十七年知州张毓瑞增修。

西　堤　在城西一里黑龙坡旁，即杨柳坝。康熙八年，知州刘维世增高旧堤，作三闸，聚弥勒沟一带流水，秋闭春启，分水为十二道，灌溉田万余亩。《临安府志》：山限建三台阁，堤上建偕乐、含清、秋水三亭，颇据湖山之胜。按：咸丰中三亭均毁，光绪中复建，后毁。

化龙桥堤　在异龙湖边，为东门孔道。每秋湖水涨即没，行者苦之。康熙七年，知州刘维世增高三尺，旁墄条石，筑坚土，湖水不能犯。乾隆二十一年，知州管学宣重修。

按：光绪中累修。

白仓堰　康熙三十一年，知州徐印祖筑，名曰润仓堤。袁家塘、大水池、白仓一带，资其灌溉。又因时亢旱，浚开宝秀河，由五亩、大松树达九天观及刘公堤，西南田亩咸资水利。

东　湖　即异龙湖，湖地最下，久雨苦淹。康熙三十七年，知州张毓瑞清理海口堆沙田亩，捐俸疏通久淹之田，渐次成塍。

东　堤　蜿蜒湖滨数里，为行旅之冲，仅化龙桥一亭孤峙，张毓瑞加建三坊，渐次就圮。乾隆二十年，知州管学宣重修。

海　口　为异湖尾闾，易于淤塞。前吏目叶世芳督工浚之，沿海一带田亩尽得栽种，嗣历年已久，淤塞不堪。乾隆二十三年，知州管学宣详明上宪，捐金为倡州绅士公同修浚，涸出田亩如旧。又增建流砂桥于龙王庙东北山麓下，又另开引砂河，俾回龙山倒流，砂河盛涨之时得藉疏消。按：《临安府志》乾隆三十八年，知州蒋振阅建石堤于回龙山之侧障，修冲关河使东注，名蒋公堤。五十五年，知州台弼续建福田堤。五十六七年，知州漆炳文、傅应奎继之始完工，长三十余丈。

新湖堤　旧《云南通志》：在城南二十五里白家寨后。

老湖堤　旧《云南通志》：在城南三十里大寨山后。

宝秀湖堤　《采访》：在城西。宣泄之口，经行之堤，每岁常为修筑疏浚。

〔据袁嘉穀纂辑民国《石屏县志》（民国二十七年排印本）卷四《山川志第四》第14页辑录。〕

普洱市

（道光）普洱府志·山川志堤堰附

卷六　山川志堤堰附

宁洱县

石桥坝　在城东六里。此天然石坝，勿俟人力。

拦河坝　在城东二十五里，又名拦虎坝。

太平坝　在城南七里太平寨前。

坤戛龙潭坝　在城南十里。

西河坝　有二，一在西城外，一在圆照寺前。

龙潭堤　在城西二里。自乾隆四十四年知府张铭捐修，乾隆四十八年宁洱县陈图捐修，嘉庆十一年知府卢元伟重修。道光四年，阖郡捐修，灌溉西南田亩。

莲花塘　有二，一在城内北隅，一在南城外，为八景之一。

蟠龙洞堤　在城西十五里。道光十九年，迤南道黄士瀛捐修，高二丈，宽七丈，厚一丈，广培水源。当春夏时，引水由天笔山内伏流至虾洞河出，灌溉西南信成里田五百余亩。

思茅厅

莲花塘　在城西北一里。

平　塘　在城南二里。

平　湖　在城南五百六十里。

威远厅

课里坝　在城东南三十里。

木瓜村坝　在城东南六十里。

西萨坝　在城东南二百二十五里。

大海子塘　在城西北三十里。

猛遒坝　在城南一百三十五里，有水车数架。

平寨坝　在城东北七十五里。

青庄坝　在城东北一百五里马鞍山下。灌田较多，居民置水车数架。

他郎厅

赖蚌村坝　有二，一名头坝，一名二坝。在城南二十五里。

窑房坝　在城西一里。

〔据郑绍谦纂，李熙龄续纂道光《普洱府志》（清咸丰元年刻本）卷六《山川志堤堰附》第28页辑录。〕

楚雄州

（康熙）楚雄府志·建设志·坝塘

卷二　建设志　坝塘

楚雄府水分南北流。龙川江发源于镇南沙桥，经吕合，绕郡城出定远、黑井，会广通大河口之水，北流而至金沙江。广通舍资河，南流走南安大江，西会楚雄永盛场河、镇南马龙河，暨磸嘉、定边诸水至元江，出交趾。大抵北流者，由西而东而复北；南流者，自南而西而复南，但山谷崎岖，高者陡落，平者漫衍，坝塘不修，民不蒙水之利，而且受其害矣，是以堤防当预谋耳。

楚雄县

大坝五：东清坝、城东门外。大琶坝、城南五十里。跨苴坝、城南四十里。五排坝、城西四十五里。曲甸坝。城北三十里。

小坝三十七：高孔庄小河闸坝、梁王坝、落苴美河口坝、土坡骑河坝、老羊坝、各邑村拦河坝、毛溪冲官众坝、排喇村坝、长冲村沙坝；右东界共九坝。大坝心拦河坝、以下俱栏河。栗子园坝、白庙屯坝、阜民村坝、东村坝、大琶村石闸坝、莫苴旧坝、以下俱积水。阿成坝、矣口跨坝；右南界共九坝。吴官寺坝、以下俱拦河。清水坝、波歪村沙坝、朵基村小闸坝、日落村坝、木兰村坝、丫力村坝、河东村坝、大石村坝、以下俱积水。观音寺坝；右面界共十坝。旧吕合坝、以下俱拦河。杨官屯坝、土锅村坝、小各邑坝、大屯坝、河北屯坝、东瓜庄坝、大石铺坝、李家冲沙坝。右北界共九坝。

镇南州

大坝二：河洞坝、州南十五里。索厂坝。州西二十里。

小坝十一：官庄坝、大医坝、古矣达坝、白土城坝、姚冲玉王坝、天城坝、大谷堆坝、木瓜村坝、五庄梅坝、苗村坝、双甸坝。

塘二：东堡塘、州东三里。两旗塘。州北二里。

南安州

坝十八：阿力村坝、乌龙寺坝、白沙泉坝、福兴寺坝、以上俱积水。西门外坝、回子路坝、桥边坝、以上俱田坝。上邑村坝、下邑村坝、力摩村坝、溪木崩坝、回子村坝、红土坡坝、苏家屯大小坝、羊旧村坝、密康郎箐沟坝、打草喇坝、紫石冲坝。以上俱拦河。

广通县

坝十五：苏公坝、土官坝、俱习克岭河。甸心坝、赵家坝、俱三场旧河。郭家坝、罗家坝、俱瓦窑冲河。梅家坝、董家坝、俱雀哺河。山旗坝、白土凹河。李家坝、西门河外。马家坝、大甸尾河。金家坝、石头坝、俱南屯河。西屯坝、舍资官坝。俱舍资河。

定远县

坝四：冷家坝、县南三里。清风坝、梁王坝、县北七里。乌鸦坝。

塘五：黄莲塘、县东三里。金鸡塘、县西七里。万斛塘。县南四里。马粪塘、县南二里。贾旗塘。县北五里。

定边县

〔据张嘉颖纂修康熙《楚雄府志》(《中国地方志集成·云南府县志辑 58》，凤凰出版社 2009 年据清康熙五十五年刻本影印) 卷二《建设志·坝塘》第 38－41 页辑录。〕

(嘉庆) 楚雄县志·建设志·闸坝

卷二　建设志　闸坝

天生五材，民并用之，而水之利较普。第水利于人，必人有以兴之，其利始得。楚邑之水，高者陡落，平者漫衍。若闸坝不修，则民不蒙水之利。长民者，当亟为谋也。志《闸坝》。

闸

邑人旧于龙川江下闸为车坝，坝渐高而城渐低。壬寅大水，以水口不能泄耳。若山涧则不知为闸，即知亦苦于无力。前郡守史公积容悯民之瘼，发金数百两分给各界，俾之为闸，民享其利焉。

史公闸、石头塘、马家桥、塔凹箐、鲍家庄。

坝

大坝七：东清坝、城东门外。杨润五坝、城西二十五里，龙江大利。夸苴坝、城南四十里，浸灌二千余亩。曲甸坝、城北三十里。六合坝、城西二十五里，龙江大利。五排坝、城西四十五里。大琶坝。城城南五十里，周三里余。

小坝三十八[1]：高孔庄小河闸坝、梁王坝、落苴美河口坝、土坡骑河坝、老羊坝、织锁坝、各邑村拦河坝、毛溪冲官众坝、排喇村坝、长冲村沙坝；右东界共十坝。大坝心拦河坝、以上俱拦河。栗子园坝、白庙屯坝、阜民村坝、东屯坝、莫苴旧坝、以下俱积水。大琶村石闸坝、以口夸坝、阿成坝；永定街后，四围土山如城。右南界共九坝。吴官寺坝、以下俱拦河。清水坝、波歪村沙坝、朵基村小闸坝、日落村坝、木兰村坝、丫力村坝、河东村坝、大石村坝、以下俱积水。观音寺坝；右西界共十坝。旧吕合坝、以下俱拦河。杨官屯坝、土锅村坝、小各邑坝、大屯坝、河北屯坝、东瓜庄坝、大石铺坝、李家冲沙坝。右北界共九坝。

〔据苏鸣鹤修，陈璜纂嘉庆《楚雄县志》（《中国地方志集成·云南府县志辑59》，凤凰出版社2009年据清嘉庆二十三年刻本影印）卷二《建设志·闸坝》第27－29页辑录。〕

（康熙）广通县志·建设志·塘坝

卷二　建设志　塘坝

广通县水分南北而注之极远，一接郡水以同流，一合众川以共泻，故郡载广水极详，而塘、池无考也。谓府水分南北流，龙川江发源于镇南沙桥，经吕合，绕郡城，出定远、黑井，会通大河口之水，北流而至金沙江，其一也；广通舍资河南流赴南安大江，西会楚雄永盛场河、镇南马龙河暨碍嘉、定边诸水，至元江，出交趾，其一也。大抵北流者由西而东而复北，南流者自南而西而复南，但山谷崎岖，高者陡落，平者漫衍，塘坝不修，民不受水利，且蒙其害，郡书源流并载，以为筑防所不宜缓。

一曰塘

广通县塘无载。

居万峰丛岭中者，非有大江巨浸与之相滨，以得水为难。坝以塞行流，塘以蓄注泉尔。无塘，不惟池鱼莲藻不得其生，且无以滋灌溉，禾蔬无赖，故广宜于河下处浚之。水利之专，惟池为最，民取之更便也。

一曰坝

广通县坝十五：苏公坝习刻岭河[2]、上官坝与上同、甸心坝三常旧河[3]、赵家坝与上同、郭家坝瓦窑冲河、罗家坝与上同、梅家坝雀哺河、董家坝与上同、山旗坝白土凹河、李家坝西门外河、西屯坝舍资河、舍资坝与上同、马家坝大甸尾河、金家坝南屯河、石头坝南屯河。

〔据李铨纂修康熙《广通县志》（清康熙二十九年刻本）卷二《建设志·塘坝》第14页辑录。〕

---

① 三十八　康熙《楚雄府志》卷二《建设志·坝塘》为三十七，缺织锁坝。

② 习刻岭河　康熙《楚雄府志》作“习克岭河”。

③ 三常旧河　康熙《楚雄府志》作“三场旧河”。

（康熙）南安州志·建设志·坝塘

卷二　建设志　坝塘

夫南安，上承诸流而下迫江，其收获之多寡，恒视蓄泄之时不时。亩者，胃也；上流者，咽喉也；江者，尾闾也。故咽喉治，尾闾节，则胃和而精，不则失。咽、尾闾，胃之所由以养者也，余故志《坝塘》于《关梁》之后，司牧者示民以当知所重焉。

阿力村坝、乌龙寺坝、白沙泉坝、福兴寺坝。以上俱积水。

西门外坝、回子营坝、桥边坝。以上俱田坝。

上邑村坝、下邑村坝、力摩村坝、溪木崩坝、回子村坝、红土坡坝、苏家屯大小坝、羊旧村坝、密康郎箐沟坝、草打喇坝。以上俱拦河。

〔据张伦至纂修康熙《南安州志》（杨壬林、张海平校注，杨成彪主编《楚雄彝族自治州旧方志全书·双柏卷》，云南人民出版社2005年版）卷二《建设志·坝塘》第32页辑录。〕

（康熙）武定府志·堤防志

卷二　堤防志

夫水者，农事之大利大害也，而疏瀹障塞，惟人力修救是赖，堤防顾不重欤？武固山国，金沙而外，无大川巨浸，诸河率曲折行山夹中，昔人因山隙广狭而种以布焉，是故雨多则奔腾冲决，而易于为害；雨少则又单弱浅，不足为利。间有山泉支引，亦可溉田，未有不视雨水为盈绌者也。下而雷鸣田，十岁九荒，抑又艰已。浚沟筑坝，均其开放，俾水免于害，旱溥其利，良有司之事也。若用一缓二，哀惮人而载获薪，盖不能不仰于分陕之周、召耳。作《堤防志》。

和曲州

宛家坝　城西北。下[①]怒革、乌龙二水合流，随其高下，修砌石坝。

上　沟　引水进城，入学宫，至和曲州，出水洞，入东河。一沟由保山溪东岳庙下，至悬真山，溉民田，流入南河；一沟分于大小西村；一沟分于西村之下。

香水坝　溉城东南一带。

元谋县原版六行未刊

禄劝州

掌鸠河　自州北经易竜入鹧鸪河，受诸溪涧之水，合流至末竜，设一堤阻中，引入

① 下　光绪《武定直隶州志》卷三《沟洫》“宛家坝”条作“系”。

普渡沟[1]，溉江头暨者声一带。

狮盘龙河 来自和曲，受山溪诸水[2]，于虎跳滩建堤，引水入广济沟，经木国甸，过州城，溉莺子竜一带。

盘龙沟 设堤一道，引河中水溉马家庄并永平、纳吉诸村。

〔据王清贤修，陈淳纂康熙《武定府志》（国家国书馆藏民国年间钞本）卷二《堤防志》第16页辑录。〕

（光绪）武定直隶州志·沟洫

卷三 沟洫

武定州

宛家坝 在城西北。系怒革、乌龙二水合流，随其高下，修砌石坝。

上　沟 在城西和尚度岔河。分乾河水引灌烂枧槽、保山溪、北郭田，由火把村入城，绕州署大门供汲，归泮池，出东河。

下　沟 自红土田分河水至烂枧槽，架木接引东行，绕城折而南，纡回十余里至小营。先是，分沟处以乱石堆砌，河水稍小即难灌溉。雍正九年，知府徐修仁于红土田添建拦水石坝，筑堤疏淤，另砌渡枧，沟水常盈，分灌甚溥。同治十二年，每以雨泽不调，居民争水，私为启闸。知州郭怀礼往勘定章，付水利劝农官照田引水，以免争端。亲为勘势督修，可期永赖。

乌龙沟 在城北十里。源出乌龙硐，引灌水碓房田亩，骑流水碓、水磨，资民利用。

西村沟 自西桥下引河流分灌本村田亩，四时不竭，阖村数百亩一望平衍，均成沃壤。

虎街坝 先有旧坝堵水，由汤郎、米三咱灌上下田一千五百余工，年久坝田俱废芜。光绪二年，知州郭怀礼亲往踏勘，劝令居民照旧修复，给章砌石，近水居民可资其利。

元谋县

流水洞 在城西二十里苴那村后。山形高峻，水流不至，康熙三十二年，县民余得才凿硐三里许，直达村前，旱地俱为水田，人德之。

盐水井坝 在城东十里。

法纳禾坝 在城西十五里。

车良居坝 在城西二十五里。

汉禄坝 在城西北二十里。接翠碧河，引西溪水以灌田禾。

海闹坝 在城西北四十里。

阿那勒坝 在城西北四十五里。

---

[1] 普渡沟　道光《云南通志》卷五十四、光绪《武定州志》卷三皆作“普济沟”。

[2] 水　原本缺，据道光《云南通志》卷五十四补。

苴凝坝 在城西北七十里。

朱补坝 在城北七十五里。

五茂坝 在城北八十里。

大坝塘 在多克河岸西。

元马堤 绕城西，通马街，源出虚仁驿，汇于城下，势甚奔腾。雍正十二年，知府朱源纯、知县金言用篾裹石以捍水患，田舍城垣胥赖保护。

禄劝县

掌鸠河 来自州北，经易竜入鹧鸪河，受诸溪涧之水，合流至末竜，设堤引入普济沟，溉江头村及者声等处之田。

盘龙河 亦来自州，受山溪之水，于虎跳滩设堤，引入广济沟，经木国甸过城，溉莺子竜之田。

盘龙沟 设堤引河水溉马家庄、永平、纳吉等处之田。

广济沟 嘉庆二十年，因居民多于堤外引水，堤多渗漏，典史韩玉璋椎石壁二十余丈，以石为沟，永无渗漏，民咸赖之。光绪三年，知州郭怀礼小憩于旁，窃叹其工之精密，工可不朽，韩公之德亦不朽矣。因令居人改呼为韩公堤，以志不忘所自，人可以微员而不自励乎？

通济沟 由镌字崖设一堤，引鸠水灌拖梯一带田亩。

拖梯沟 引玉峰山泉水灌旋匠村一带军田。

桃源村渠 在城东南。明凤氏古沟，年久圮塞。雍正四年，知州贾秉臣从山腰椎石成渠，复旧沟，分十二节，挨次引灌马家庄田亩。乾隆五十三年，沟圮。至道光二十五年，邑人杨永青、施宗周复疏浚焉。

者言村渠 在城东北，灌其村田亩。

〔据郭怀礼修，孙泽春纂光绪《武定直隶州志》（《中国地方集成·云南府县志辑62》，凤凰出版社2009年影印本）卷三《沟洫》第16页辑录。〕

（康熙）元谋县志·堤防志

卷二　堤防志

司空考绩，重在疏浚。神禹尽力乎沟洫，圣人称之。元治虽无大川巨壑，而山高水迅，亦宜有以障其未然。志《堤防》。

元马堤 在县城北。绕城西下，通马街路。

月臼坡 在西溪河上流。水涨时行人不能渡，石坡汇流，舣舟以济村民。

左那后山流水洞 山形高峻，流水不能灌溉。康熙三十二年，本村耆民余得牙等率众凿洞三里许，直达山前，流波汪瀚，民利其益。滇南之水，由地中行，非直天工，人力亦能为之，洵奇事也。详为之记。

阿郎渡 在西溪河，通定远县。

高岩渡 通姚安府。

班宰渡　通姚安府。
奇柳渡　通姚安府。
多克渡　通姚安府。
那化渡　通姚安府。
盐水井坝
汉禄坝　接翠壁河流，引西溪水灌溉田禾。
法纳禾坝
车良居坝
直宁坝
能海闸坝
午茂坝
朱补坝
阿那勒坝

〔据莫舜鼐修，王弘任续补康熙《元谋县志》（《中国地方志集成·云南府县志辑61》，凤凰出版社2009年影印本）卷二《堤防志》第27页辑录。〕

（康熙）罗次县志·关梁志河防堰坝附

卷一　关梁志河防堰坝附

罗次无河防之患，惟乾旱是忧。各村间设水长，三月初祭龙之辰，水长鸣锣聚众，修浚沟道。知县、典史不时躬往查核。小禄丰堤埂，知县马光修筑，民甚德之，迄今尸祝焉。

〔据王秉煌修，梅盐臣纂康熙《罗次县志》（清康熙五十六年刻本）卷一《关梁志》第35页辑录。另，光绪《罗次县志》卷一《关梁志》第35页“河防堰坝”，沿袭本志，不赘录。〕

（道光）大姚县志·地理志·水利坝闸

卷一　地理志上

水利坝闸

永丰坝　在城西四十五里，西河之坝。
广济坝　在城西八里，西河之坝。
冷水坝　在城西二里，西河之坝。
西门坝　在城西，即申家坝，西河之坝，今废。
赵家坝　在城南三里，西河之坝。
席　坝　在城南三十里，南河之坝。

土桥坝　在城南八里，南河之坝。

晏公坝　在城南七里，南河之坝。

新　坝　在城东六里，西南两河合流之坝。

曹家坝　在城东北八里，西南两河之坝。

天生坝　在苴却街南十里。苴水平流至此，巨石横拦，高三丈余，水由石壁泻下，两岸引水溉田数千亩，不假人力。按：旧《志》尚有杨家坝、瓜子坝、高家坝、叶家坝，今无考。

陂　塘

赤草湖俗称陂堰为湖　在城南二十里，汇溪涧之水，潴而为湖。周围十里，蒹葭蔽沚，芦荻环汀，席草经霜色赤，与朝暾夕照相掩映。茅檐渔舍，隐约其间。时有凫鹭成群游翔于洲渚，小艇鸣榔，往来梭织，咸谓天然图画。四周原田资以灌溉者，盖数百亩，亦邑中巨薮也。旧《志》谓“赤浦渔舟”。

菱角坝　在城南五里四奇山侧，积诸水以灌田。水多产菱，故名。

浑水坝　在治南四里几山之阳，风激浪卷，作黄金色。有时澄清，则必有登科甲者，邑人每以此占之。

朱家海　在治北十里。山深林密，溪壑纷纭，注水不下数千派。闸口启闭，有时为一方巨浸。近城塘堰，以此为大，所润甚远，而灌溉插秧，较四郊为早。

官　塘　在治北，距城一百二十里。

莲花池　在治北，距城一百六十里。

论曰：山之脉络，即水之道路也。姚邑诸水，俱自邑之西北、西南流入东北，以归金沙江。故向来堪舆家皆以来脉当从普淜北折大哨，分支由仙景山出黎武入境起，龙山东南行以结县治。水则西河龙蛟江界之西。北界诸山由平凤山起，昙华逦迤至他克，又曲折起，方山支脉分布北界及苴却十六里之境。水则白水、金沙、卧马喇、大田、苴却，各大小水界之东南界。山自姚州入境，突起妙峰、玉屏，由哨顶分布庙山营、紫邱、红山、黑而、天井、白慈诸山，逦迤尽东北界。水则蜻蛉、龙蛟、五屯、猛冈，各大小水界之脉络，昭然无所疑异。且据史秉信《滇南山水冈脊辨》，冈以南之水入南海，冈以北之水入东海。自老君山发脉，而大理，而楚雄，以至迤东，未尝或舛。则邑之山脉，皆由南幹大龙分支而入，更无可疑。惟前县叶君凤立以大姚实发脉于蜀之岷峨，自东北来，渡金沙江，结方山，又穿苴跛江，起顶延亘起伏，向西南以结县治。叶君精于堪舆，其说如此，故并载之，以质知者。

〔据黎恂修，刘荣黼纂道光《大姚县志》（清光绪三十年刻本）卷一《地理志上·水利坝闸》第32页辑录。〕

（康熙）镇南州志·建设志·坝塘

卷二　建设志　坝塘

河洞坝　在州治南十五里。共二座，军民二田皆溉焉。

索厂坝　在州治西二十里，溉上下二村千余亩。

东堡塘　在州治东三里。溉张合屯、土城一带军民田亩，俗名东堡海。

两旗坝　在州治北五里。灌溉金珠河、麦地坪、古城坝一带田地。昔设两旗官，又名两旗海。

天城河坝　在州治东三十里，灌溉民堡田亩。

〔据陈元、李犹龙纂修康熙《镇南州志》（曹晓宏、周琼校注，杨成彪主编《楚雄彝族自治州旧方志全书·南华卷》，云南人民出版社2005年版）卷二《建设志·坝塘》第26页辑录。〕

（咸丰）镇南州志·建设志·坝塘

卷二　建设志　坝塘

河洞坝　在州治南十五里。共二座，军民二田皆溉焉。

索厂坝　在州治西二十里，溉上下二村田千余亩。

两旗坝　在州治北五里。灌溉金珠河、马呼屯、古城坝一带田地。昔设两旗官，又名两旗海。

天城河坝　在州治东三十里，灌溉民堡田亩。

千工坝　在州治北六里许，北城田亩皆溉焉。

东堡塘　在州治东三里。溉张合屯、土城一带军民田亩，俗名东堡海。

〔据华国清修，刘阶等纂咸丰《镇南州志》（曹晓宏、周琼校注，杨成彪主编《楚雄彝族自治州旧方志全书·南华卷》，云南人民出版社2005年版）卷二《建设志·坝塘》第145页辑录。〕

大理州

（嘉靖）大理府志·地理志·沟洫堤坝

卷二　地理志

沟　洫

府城北四里沟　此沟灌溉十余顷，大雨时行，则覆没田畴，宜及冬浚之。

塔桥沟　此沟覆没田地，岁复一岁，所没渐多，若及冬月疏浚，犹可救也。

上阳沟　此沟宜及早浚。

湾桥沟　此沟覆没田地已久，若每岁及冬浚之，可免后患。

喜洲沟　此沟覆没田地甚多，若每岁及冬浚之，可救什一。

峩崀沟　此沟所没既不可垦，亦宜浚之，使水田地中，犹可耕种。

周城沟　此沟覆没田地已不可救，若令居民别开一渠，尚有可垦之地，惜无人董之于上耳。

府城南十里沟　每岁宜一浚，不然则沙石泛漫，为田畴患。

鹤桥沟　每岁宜一浚，此必在位者董率居民，方克济事，不然则泛漫之患，日益甚矣。

论曰：府西为点苍山，东为叶榆泽，山之十八溪东注于泽，灌溉之利，他县所不及。百年之内，沃土变为沙石，人民大窘，水利不讲之故也。

堤坝陂塘附

府城西御患堤　即城濠也，面阔丈五尺，暴流沙石，再发不浚，则与堤平。弘治间，五日溪潦横流，大水入城，庐舍半坏，府卫共谋作堤，于农隙特令军筑三之二，县民之为上军者筑三之一，每岁以十一月二十五日兴工，加高一尺为常规云。

浚河尾　在府城南三十里下关德胜驿之西。例以三年一浚，导沙泥之淤塞，改山潦之冲射，则滨河之田不至渰没，过期不浚，必有水患。疏浚之法，以草荐木栏栅水不流，乃可畚锸。正德间，通判喻河处置有方，用力少而成功多，至今德之。

城北渠堤　在府城北，有数处。昔因居民坏塔，以致蛟变，如峩崀头铺诸村，良田覆没，鞠为茂草，尝开府议欲渠之，募民开垦，卒以惮费中止。惜哉！地有遗利，人有饥色也。

穿城三渠　北曰大马江，中曰卫前江，南曰白塔江。此三渠者，穿城而东出，一以防备火灾，一以灌溉城东之田。经年久不浚，往往壅塞，坐令百顷膏腴为斥卤，司民社者所不忍见。

麻黄涧　在府城西，旧道由教场北入大马江，近来故道壅塞，大雨时行，涨潦射决，却由教场大略而下，迳射西门。识者忧之，往岁议罢操一月，以其力浚复故渠，诚为有见，惜哉空言耳。

水　缺　在一塔之后，天台寺之前。弘治间，玉溪水涨，决啮而北，直射大纸房，排西门而入，城中人庐覆没。正德间，大纸房人亲被其患，故每年于缺处堆垛大石，以杀水势。今老者已死，少者不知，前功遂辍。为今计，不但大纸房，凡城中之人皆宜役之，为一劳永佚之计可也。

赵　州

东晋湖闸　湖有闸，以时启闭，灌溉湖外之田，然湖中水乾，其田可耕，故闭久则失湖田插秧之期，启早则妨湖外刈麦之候。前此五月五日启，九月九日闭，然雨旸早晚，难为定准，宜以湖中稻谷割尽之日闭闸，湖外牟麦割尽之日启闸，敢有擅自启闭，乃受私者，许诸人赴赵州□治，乃不妨农。

双　塘　在州治东八里。洪武初年，军民以砖甃堤，其利甚溥，岁久堤圮，潴水不多，岁旱田畴半为茂草。嘉靖二十五年，巡安如山[①]议令每岁暑月使得利之家，量亩出力，预为修筑，民甚便之。

甘陶水塘　旧有堤防，然用水无法，利为豪右所专。是年知州潘大武议夹石为渠，穿孔分水，其利始均。

城西堤　在州城西三耳山，旧有夹流，因无潴堰，散漫渗泄，不为民利。州议筑堤潴水，以备水旱，非直田畴蒙其灌溉，而饮汲有甘冽之利矣。

---

① 巡安如山　安如山，南直隶无锡人，嘉靖八年进士，时为云南佥事，“巡”疑误。康熙《大理府志·山川》作“分巡副使”。

云南县

品甸湾陂　在县东北十里，旧制引宝泉山水蓄于周关、品甸二陂，以俦农事，岁久沟道湮塞。嘉靖二十二年，知县宋希文开通故道，以时潴蓄，军民利焉。

宝泉坝　在县北二十里，积水御旱。景泰间，宪副麻城周公鉴、参政连江赵公雍重修。有大学士彭时《碑记》，其略曰：

> 宝泉坝，在距云南县西北二十里，乃云南宪副麻城周公鉴与参政连江赵公雍之所倡而为之者也。盖二公行部至县，守法勤政，协德一心，进文武诸司，询民所利害而罢行之。于是，洱海卫镇抚孙谦进曰：民事莫重于农，而农之所忧惟旱为甚，不可无以备之。县境有地曰游蜂场，四山环列，而中为巨浸者三，俗呼为海子。其源深以长，其流散漫而广衍，非筑坝堰，以时启闭，则水不为利。二公愕然相顾曰：此急务也。因集文武官属，激之以义，命指挥同知张磐、县令赵彦亨鸠庀材，指挥佥事吴瑾、千户丁晟董役，垒石为坝，高三十尺，长二百五十尺，广半其长之数，中为斗门，视水之大小以节启闭。又作亭石立祠，名之曰宝泉，山之名也。然水之所注，可以灌田万顷，而利民于无穷，其实与民亦足称矣。时监察御史荣昌王公骥适奉玺书谳狱，至而见之，喜为赋诗，以纪其盛。而指挥陈腾、曹宏等乃合词言于公曰：是役之兴，石以层考二十有四，木以校敷者五百八十有奇，用人之力，以工计之三万六千一百二十有五。经始于景泰六年二月丁丑，而卒事于四月辛丑，为日八十有六，可谓费且劳矣。然人不以为费且劳者，以佚道使之也，愿伐石刻辞，以无忘二公之德，且告来者，俾无坏焉。公曰：诺。乃命训导张衡具始末，而以书走京师属予记。予惟自三代沟洫之法废，而民始以旱为忧，故有水利之政，所以代天施而长地力，若孙叔敖立芍陂、马臻理镜湖之类是也。御史公成人之美，欲昭示将来，其量可也。遂为之记云。

今岁久渐坏，民有修复之望。

段家坝　在白塔村，去县治二十五里，东接镜湖，段思平所筑也。成化十九年，黔国公命都指挥马玄修。

新兴坝　在县治南山下，旧为旷地，知县宋希文筑坝蓄水，周广八里。

云南驿前荒田　在县东南，平壤千顷，而阙水利，大雨则获，雨少则枯，然土性粘腻如胶，可作塘堰蓄水，自昔无人倡之。嘉靖间，分守参政石简倡议于前，刘伯勘划于后，陂之渠之，今且变荒原为沃壤矣，缉熙增拓，责在后人。

邓川州

横江堤　在州背大邑、新生、上登二里，水利沟也，灌溉官路西一带田地。永乐间，同知李福修筑，堤阔可容牛一架为准，近年豪右侵占，仅容水流而已。署州县丞山西人祁伦，于正德十三年重修，深阔各三尺。

瀰苴佉江堤　在州前平川之中。旧规东堤军屯修筑，西堤里民修筑，剑川、浪穹、凤羽诸水，皆由此入西洱河。永乐间，同知李福修筑，高阔各□丈□，栽竹木责人□守。

同知杨琛继修不辍。于时田尽□攘，农民富□，后为附近军民侵占。弘治间知州阿与正德间同知曾奇瑞重修，今三十年无人讲求，圮坏殆尽。议者拟令照田起夫，分界立限，刻石标记，永为定规，以每年正月乡饮次日，不待督率，各自赴工，培土种木，违迟一日者众议告罚，岁以为常。嘉靖三十一年，堤决大水，渰没田禾千顷，告蒙鲍巡抚檄分巡转委通判舒魁、州同周鲁疏筑，议处始定，江堤长若干丈，泄水龙洞若干孔，拨军民夫力，分界疏筑若干处，其水势峻急处所，视旧加详，其中文载如吏牍，括其总曰东堤西堤，各计大数五千丈，合计几有万丈而少，其泄水龙洞二十五孔，军夫疏筑六处，共计三千六百二十三丈。余工皆州民作之，募力取其易辨，守渠取其可久，此则目前弭患之良策也。若求一劳永逸，有利无害，非改弦易辙不可也。盖此地田土肥饶，使其常年成熟，则一州富庶可坐而至。今之军困民贫，非地力不足，乃水利不足也，议者拟改此江依东山脚以行水，而以东西二堤之地售为田畴，则田介之入即可以补东山之弃田，所谓惠而不费也。况频年修筑，人工几何，捏木几何，土石几何，挖土伤田几何，有田或得买免，无田或致强役，斑白不休，妇子不宁，急则撤篱壁以补决堤，缓则盗捏木以供私炊，看守者不胜其烦，修筑者已厌其苦，甚有东堤田主盗决堤西，西堤田主盗决堤东，伐欲富饶，以邻为壑，利之所在，嫁祸于人，官府觉察，或及无辜，立案追赔，有如故纸，然则任理民之责，盍兼思所以惠而不费乎？

罗时江堤　在州前。弘治间，知州阿骥分为界至行。今各里树长自领火夫开挖修筑，每年二月一次，其法已废。

上下登堤　在州西一里。每秋水泛涨，走石如牛，覆没田庐，困敝人畜。明正德三年，州人杨南金倡众筑石为堤，长二十丈，高阔各一丈，由故道，此患始息。

大水长堤　在州南。初因豪家各立水磨在堤之南，以致秋潦横流向北，为害已百余年。嘉靖三年，兵备副使姜龙临州亲视，令移水磨于堤北，计一十八座，又修筑旧堤二百余丈，潦始南趋，民患用弭。

庙后堤　在州别城隍庙背，二涧合流，姜公龙重筑。

圆井堤　在州西北。

罗甸堤　其源出东山，居人引水成渠，垦田自给，然必在官倡之，其工始集。嘉靖间，通判许魁行、千户刘钥疏浚，军民便之。

浪穹县

溪登渠　在县西山中路。初县治及小来、犁头、乾桥、神州巷、神充等村田园，止有大涧水灌溉，田多水少，不足以供数村之用。嘉靖戊子，呈巡抚批邓川州修筑中止。丙午，知县门俊用父老计造溯堤二十六丈，功竟不就。

三水陂　曰南江、通宁、通济三水，淤没军民田地百亩。嘉靖壬寅浚道。

山根渠　在县南七里，可灌田三十余田。每岁三四月起，得利人夫开挖一次，决去淤沙，以通泉道。

红山渠　在县东北十二里，名三营川。每岁大雨时行，渠多壅塞，伤坏屯亩，每岁三四月间合起，附近屯军开挖，管屯指挥千户所宜究心。

三江口渠　在县东南九里，有三水，一自宁河，一自三营，一自凤羽。其二水顺行，惟凤羽之水，其势驶疾，横射二水，沙泥淤涌，致使二水不得顺行，湖田三万余亩鞠为蒲草，屯田民田递年陪粮，分巡王惟贤令知县门俊，议将走沙之处以石为堤，会迁官不果。今父老拟每亩出吧四索，该县征收，买石作堤，每岁二三月水乾时，每亩仍出吧一索疏浚一次。督屯副使谯孟龙深以为然。

宾川州

大场曲堤　在州西北大场曲村。其地旧有陂池蓄水备旱，后有豪右利陂底土肥可耕，遂酾水别流，决堤不潴，陂外之田半为废壤。嘉靖二十三年，知州朱官历其地，因改水筑堤，□陂之岁乃收。

新　渠　在龟山之东。州父老旧传乾龙、红雀二潭俱下，趁倚江浪不为民利，决乾龙可入钟良溪，决红雀可入杨梅谷，如此则可垦之田当至数百顷，但其地皆属总府，费且数百金，非当道主张，莫能为也。

炼洞、甸头、甸尾诸渠　炼洞诸山田皆有灌溉，或自山□分泉，或横山腰引水，其凸凹硗确之处，凿石为坝，不使断续，古渠痕迹，仿佛具存。先因铁索箐、赤石崖诸夷为盗，民不安业，弃田而去。嘉靖二年，兵备副使姜龙以宾川地行令土官府同知高崙督捕，盗乃屏息，流徙之民渐复旧业，独古渠工费颇巨，官不为倡，田犹荒芜。二十五年，知州朱官察知其实，方拟作渠，会迁官，不果。

乌龙坝　在乌龙山顶。居民潴水灌田，坝上有庙，祷雨屡应。

菏村坝[①]　居民所筑，蓄水灌溉。

〔据李元阳纂嘉靖《大理府志》（《云南大理文史资料选辑·地方志之一》，1983 年大理白族自治州文化局录自云南省图书馆藏钞本）卷二《地理志·沟洫渠堤》第 101 页辑录。〕

（康熙）大理府志·山川志沟洫附

卷五　山川志沟洫附

太和县

穿城三渠　北曰大马江，中曰卫前江，南曰白塔江。此三渠者，穿城而东出，一以防火灾，一以灌溉城东之田。岁久淤雍，每遇大雨，街巷如溪，急宜深浚，俾城之内外俱收其利。

三板闸　中和峰马蝗涧之水流注西城濠，自北而下过狮子桥至千家村后，分五分之一灌溉千家、车邑诸村。余四分流至城东北城角下，筑此闸停水分为两半，一半北流灌溉柴村正甸，一半南流灌溉夜梦得及柴村南、瓦村北诸甸，并接济大马江不足之水，旱固滋益，涝亦分散，不至为害。辛未秋，河水大涨，冲没田地，并损城脚，知县张泰交重修，较前此为更坚云。

城北四里沟、塔桥沟、上阳沟、湾桥沟、喜洲沟、峩崀沟、周城沟　以上七沟，自北门至周城，凡六十余里之田尽寄命于七沟。山涧淫雨，沙石奔流，沃壤良畴，在在淤澱，而峩崀、周城为尤甚。始初淹没，原易为力，一年不浚，年年因循，其水弥高，其

① 菏村坝　万历《云南通志》、天启《滇志》、康熙《云南通志》皆作“莿村坝”。

田弥下，今淤淀百余年矣。欲彻底疏浚，势必不能，惟即目前可以用力者，力为开导，使溪涨归壑，不致遂年增高，则犹可收其利也。

城南十里沟、鹤桥沟 二水最大，宜一年一浚，庶可免患，要自上人董之。

城西御患堤 即城濠也。明弘治间，大雨五日，溪涨横流，大水入城，冲坏庐舍，于是府卫共谋筑堤，每岁以农隙修之，加高一尺，率以为常。今堤已废，濠身又浅，暴涨突来，即为城患，宜循旧修治，预杜之。

麻黄涧 府城西。此水旧由教场北入大马江，比来道塞，一遇雨涨，辄射西门，识者忧之，疏浚故渠，于今为急。

水 缺 一塔之后，天台寺之前。弘治间，玉溪水涨，直射大纸房，排西门而入。正德间，大纸房居民复漂没，里人侍御高崶言于直指，率操军以大石塞之，患遂止，今宜堤防。

河 尾 即下关也。例以三年一浚，过期不浚，则滨河之田必至淹没。疏浚之法：先以草荐木栅闸水不流，乃事畚锸。正德间，通判喻河处置有方，用能成功，至今德之。今议疏浚，宜于城外二桥之水，先行栅闭，彻底深浚，再放急流淘之，然后栅闭，城内桥下之水，次第疏浚，则人夫尤易为力，若将水之三道一时尽闸，则水势逆流，河滨庐舍有鱼鳖之忧矣。从事者宜留意焉。

总之，太和田亩尽于两关之间，自北而南所资灌溉者，惟十八溪之水耳。力田者悉听其自然，非独无桔槔之劳，并无水车之用，一遇荒旱，水涸难周，辄束手矣。今诚于田之高处，令为陂塘，雨则蓄之，旱则车之，其低者即以车挽洱河之水轮递逆灌，如此则有荒年无荒民矣。

赵 州

东晋湖闸 州北十里。其闸例以湖中谷尽日闭之，以湖外麦尽日启之。如草甸上下、犁头湾、高仓、班庄、千户营、却下村、只羊、下庄等处田地，皆资其灌溉。

双 塘 州东八里。灌溉甚溥，岁久堤坏，蓄水不多。嘉靖间，分巡副使安如山议以得利之家，岁量出力修筑，人甚便之。

甘陶水塘 旧有堤防，利为豪右所专，后知州潘大武筑石为渠，穿孔分水，其利始均。

城西堤 在三耳山下。旧有夹流，因无堤堰，散漫不能为利，自筑堤潴水，非独田资灌溉，而饮汲亦均赖之。

大 河 即大江，见《山川志》。源发定西岭三子，至赤佛后黑龙潭，灌溉通州之田。

自定西岭北至下关，沟坝二十有五：白马庙坝、猢狲嘴沟、汤巅冲沟、白塔冲箐、只摩冲沟、牧牛冲沟、老虎山沟、耳场箐沟、罗和冲沟、水碓沟坝、华藏寺沟、水碾桥沟、城南冲沟、城西冲沟、城北冲沟、牧棕村沟、梁王坝沟、红山沟坝、老鸦寨泉、金星涧水、山西塘水、小羊场沟、沙锅冲沟、旧铺涧、地石曲。以上沟坝，或灌本村，或灌及数村，上之分流者足以各给而不病于旱，下之合流者悉归洱河而不病于潦，北流诸水诚有利无害者。

自定西岭南至迷（弥）渡、大庄、苴力村，为江三，为沟坝二十有四：赤水江、源出水磨坪。昆雌江、源出蒙化隆庆山。礼社江、源出巍山蒙舍川。定西岭箐、谷鸟寺龙泉、黄草坝、圣母塘、谷鸟寺箐、嘉乐涧、水磨坪龙泉、马鞍山泉、五福山石房箐沟、桑木箐溪沟、九子龙泉、马料河、黄草坝箐沟、大红箐沟、菖蒲沟、即天桥下水。弥只箐沟、龙王庙珠泉、天子庙小箐沟、北箐沟、南箐沟、马桑箐沟、黄草岭塘、密者郎河、水患坝、花鱼洞潭。以上三江，总纳各箐沟之水以为大泽。二十四箐沟，以各处灌溉之余，条分其委，而注于三江，以为归墟。迷（弥）渡以上水有利而无害，迷（弥）渡至大庄，水势与地平，利害交半。大庄而下，或水高于田，遇涨则有冲扫之忧，或田高于水，遇旱则无浇灌之利，利不能三四而害常居其六七，策非高筑坚堤不可。堤坚且高则水之平于田，高于田者既不能以内侵，即其低于田者，又可从上流作沟甽引入堤内，渐次分灌，则高洼田土均收其利矣。奚害之难除，在司牧者加意而力行之耳。

云南县

梁王宝泉、山下龙泉　从石穴中喷涌而出，出有二口，上又有各箐之水合马蝗箐、三眼井、五福山诸水，南流至九鼎山下次平村前，筑坝而三分之，即团山坝也。

团山坝　即宝泉坝。水分为三：一入溪沟，同九子龙水下迷渡；一绕县南，分数沟灌近县西南诸田，而入青龙海；一绕县后而贮于品甸湾。

青龙海　即团山坝水三分之一，县东南之田赖之。

品甸湾陂　即县后所分团山坝之水，贮于坡中，以灌城北之田，仍归青龙海。

炼厂海子　即青龙、品甸之水合流而南出板桥，过段家坝，东接叶镜湖渟蓄以出炼厂。自西而南而北，以灌云南驿前远近平陆之田。段家坝筑于段思平，修于黔国公。

荒田陂渠　云南驿前。四面平壤，一望数十里，中无潴水之陂。嘉靖间，分守参政石简倡之，刘伯跃继之，以塘以渠，遂成膏腴。今复芜塞，拓开之责正在今日。

大波那龙泉　县东北。

东山明角龙王龙泉　县东和甸川。

莲花渠堰塘　县东和甸川积水。

七百庄坝　县东南。

小城村坝　县东南。

龙马箐胭脂坝、黑箐尾泉　俱县东。

小坡犬村坝　县西南。

新兴坝　县南七十里。又名丰乐坝。知县朱希文筑，周广八里，今塞，宜修之。

荞甸川、你甸川　县北四十里，水泽甚微。

云南县水利，总源于宝泉山下，虽合各箐之水，其出无穷，然平壤周回百余里，以百余里之田取给于一沟之水，其不能普济也明矣。苟无陂塘以蓄之，旱则束手无灌溉之泽，淫雨则又漶漫而有沉溺之忧，牧民者当尽心焉。

邓川州

横江堤　大邑、新生、上登三里，资其灌溉官路以西之田。明永乐间，同知李福筑。正德间，署州县丞祁伦重修，阔之。

瀰苴佉江堤　鹤庆、凤羽诸水会浪穹之宁湖，倒泻平川，州之大利大害系之。旧规，东堤军筑，西堤民筑，高阔各二丈，东西各五千丈，泄水龙洞二十五处。康熙二年河决，总兵马宁率兵塞之。三十年又决，知州梁大禄修筑，然数决数修，终是目前补苴之术，议者谓宜改水从东山麓以行，取旧堤之地改为田而售之，以补东山所弃之田，事可为而利可久，今日宜举而力行之。

罗时江堤 在新州城北。蓄西湖之水，以灌就近之田。又引湖水南行，过玉案山，会瀰苴佉江以注于洱河，州东南田土赖之。

上下登堤 旧州西一里。每秋涨，田庐多没。明正德间，郡人杨南金倡众筑石为堤，其患始息。

大水长堤 旧以水磨在堤南，致秋潦为害。明嘉靖间，副使姜龙令移水磨堤北，又修筑旧堤二百余丈，水因南趋，不复为害。

庙后堤 旧州城隍庙后。二涧合流，副使姜龙修筑。

圆井堤 旧州北麓，水势汹涌，亦姜龙修筑。

罗甸堤 源出东山，明嘉靖间，通判舒魁、千户刘錀疏筑，军民便之。

东 湖 俗谓漫地河，青索鼻土巡检前一带田土赖之，会瀰苴江，出桥入于洱。

邓川水利，总以瀰苴佉江为经，西湖挟于右，即绿玉池罗时江水。东湖带于左，俗谓漫地河。皆会于青索鼻赵邑村以入于洱河，然瀰苴江自下山口至赵邑村三十余里，河身渐高，水与地平，沿江之堤，半皆沙筑，幸无淫潦，则各堤安堵。东西二湖，亦皆帖然效命，苟一旦暴涨，从堤间泄水之龙口排突而决，则通州之田皆没矣。为今之策，深浚河身，坚筑河堤，俾正流归壑，则傍流不溢，而田亩岁收丰盈之利矣。

浪穹县

溪登渠 县西十里，源出溪登村下，顺涧而北则圜头、小果二村之田赖之。前人作溯堤贮水，从山腰作沟分水南行至城之北麓，以灌乾桥、颖洲之田园，迨后沟废而水之利，惟圜头专之。今宜复筑沟堤，从昔人分水之说，二分归南，一分归北，则其利均矣。

山根渠 县南七里，水可灌田三十余顷。先年每三四月开浚淤沙，以通水道。近年边山沃壤尽成沙坝，所余东北一带之田已无几矣，居民赔粮，由此困敝。

红山渠 县东十二里，即三营河。流沙易淤，一年一浚，庶免淹没。

三江口渠 县东南九里，宁湖之水南出，三营、凤羽二河横冲左右，沙淤口塞，宁水逆流，田尽淹没，惟每年以二三月挑浚，俾无壅积，则三江顺流，田无水患，水患去即水利兴矣。然今之议者谓宜导凤羽、三营二水尽入于湖，合出一口，高筑堤岸，则左右无横冲之患，每年免挑浚之劳，水且沛然，田亦无恙。苟行其说，洵为一劳永逸之计。

大波渠 县东大波坚村，苦难致水。明万历间，知县王镁作渠，引大营河水经其界，居民利之。

九龙泉沟 水见《胜览》。其泉自九龙山下随处涌出，汇于一池，野鸡等村田地数十顷，皆资其利。北又有黄龙泉沟，足灌黄龙等村一带之田。

白汉新渠 县东南十五里。此水旧沿山直下，载沙石而行，淤填蒲陀崆江口，故三江之水不能下泄于尾闾，以致田地年年淹没。本朝康熙三十一年，通判黄元治另开一渠，导白汉厂之水逆折而北，至平川中开一口，并引炼城村之积水入新渠，出于大河、炼城之田地可耕，而蒲陀之口可以不塞，惟新渠必须一年一浚，然亦易用力矣。此去水害，以收利也。

安民沟 在南山水坡。知县杜翺自南桥开沟，引水灌溉官路东西之田，为利甚溥。

东原沟 即三营河。自大营分流而西，转南灌溉大营、江幹二村之田。

山关沟 即大松甸沟水，灌溉山南一带田地。

清源洞　凤羽河之源，自凤羽至县三十里，尽资其利。

浪穹县诸水，总视三江口、巡检司二处之通塞，以为一县之利害。三江口腹心也，腹心不涨则两腋之田可保，尾闾不淤则上游之波直泄，一年一浚，庶免其灾，然经久之计，已详于“三江口渠”之下，牧民者宜留意焉。

宾川州

大场曲堤　州之西北。其地旧有陂池潴水备旱，后为豪右利陂底之土美肥，遂决堤泄水欲以为田，而陂外之田尽涸。明嘉靖间，知州朱官复堤之，至今为利。

上苍湖　周可十里，滨湖之田为清明上下二洞及白荡坪用水车逆灌。由湖而下注为下苍，为三家村，为千古一带之田，计粮二百石，皆赖此水以为利。今好事者欲决此水为田，水既泄则上下皆石田矣，即湖中之田又岂得为利乎？舍现在之田而异，将来不可必之利，其害莫大焉，司牧者宜慎之。

炼洞、甸头、甸尾诸渠　即丰乐溪。源出鸡足山各涧，汇于炼洞，流为丰乐溪。初因铁索箐、赤石崖积寇为患，民因弃田而去。殆后寇平，民复旧业，今为沃壤矣。

六　溪　钟良溪、银溪、石窦溪、通洱溪、赤龙溪、寒玉溪，州西南平川之田，尽赖浇灌。

乌龙坝　乌龙山顶。水源甚微，居民潴之，以济一村之田。

新　渠　在龟山之东。旧《志》谓决乾龙潭可入钟良溪，决红雀潭可入杨梅谷，当得水田数百顷。今乾龙久涸，即红雀亦为龙别徙，万难引之为利矣。

宾川水利，皆在大河之西，故上川、下川田土，皆赖各箐、各溪自西流灌，而人民庐舍亦于西焉聚之。州治在东，东山左右溪涧既浅，水源因稀，如钟英山下钟良溪，淫雨则涨，雨止则涸，故自南迄北，边东之地旷，然而未垦者，水竭而人不聚也。

云龙州

崇山溪　旧州南，灌梭罗甸田地。

骨銮溪　州南，灌古吉田地。

峨眉溪　灌汤邓田地。

青鱼溪　灌汤沟田地。

崇麓溪　灌北寨田地。

丹戛溪　旧州北，灌下坞田地千亩。

北冈溪　旧州北，灌上下北冈田地。

松牧溪　旧州北，灌松牧村田地。

云龙，山深谷奥，可耕之土寥寥无几，溪河之水足以灌溉而有余。澜沧为壑，众水视以为归，又无冲堤突岸之患，事耕耘者，诚可高枕矣。

〔据傅天祥等修，黄元治等纂康熙《大理府志》（故宫博物院编《故宫珍本丛刊》第230册《云南府州县志》第5册，海南出版社2001年据清康熙三十三年刻本影印）卷五《山川志沟洫附》第16－26页辑录。〕

（万历）赵州志·地理志·沟洫附堤闸塘坝

卷一　地理志　沟洫附堤闸塘坝

赵州东晋湖闸　知州潘大武建，以时启闭，灌溉湖外之田，然湖中水乾，其田可耕，故闭久则失湖田插秧之期，启早则防湖外获麦之候，所以五月五日启闸，九月九日闭闸。敢有擅自启闭者，即受私者，许诸人赴告治罪。

湖塘水利定议，本州勒石碑记云：

> 湖塘田丈量得玖佰贰拾亩柒分叁厘。本州民种一半，计肆佰柒拾柒亩贰分贰厘。事故田事百壹拾柒亩捌分，先年民已起科壹百陆拾陆亩贰分。大理卫后所官田叁拾叁亩伍分，拨还城基田壹拾捌亩壹分，实有田贰百伍拾玫亩肆分贰厘。每亩租谷伍斗，本州上纳大理卫后所军粮一半，计肆佰肆拾伍亩伍分壹厘。事故田壹百肆拾叁亩，拨作官马草场壹佰亩，又拨还城基田肆拾叁亩半分，实存田叁百壹拾捌分壹厘，每亩年追租谷伍斗，本卫上纳。又自嘉靖四十三年内，有州民住军田民、田彰、何杨保告，经抚按详允，批据依拟水利照旧军人民灌溉，仍钞详立石于本州大门后，永为遵守定例。

本湖水例流灌上下军甸、犁头湾、高仓、班庄、千户营、脚下村、红山、只羊、下庄等处，军民田地，俱有次序。

双　塘　在州东八里。洪武初年，军民人建。

甘陶水利塘　知州潘大武议夹石为渠，穿孔分水，利始均。

城西堤　在州城西三耳山下。

冯氏议泉[①]　在州城内，西乡官冯濂建。

河尾关洱水西流，点苍之麓，东临大泽，南为赵州，水北下为洱水，滨田庐相望以万计，去治北一里许。

大　洱　《山川志》旧名大江，其源自定西岭三子龙发，次至赤佛后黑龙潭，环流入海，灌溉军民田地，通州共赖。

白马庙坝　灌溉汤颠铺村军民田地。

猢孙嘴坝　灌溉汤颠、江西、照庄、曲别等军民田地。

汤颠冲坝　涧水，流狮子山下，灌溉同前四村田地。

白塔冲箐　河水，灌溉五里、江西村军民田地。

只摩冲　河水，灌溉小江西村、本村军民田地。

牧牛冲　箐水，灌溉五里、本村上下、锦长三村军民田地。

老虎山沟　灌溉白桥、华藏村、大营军民田地。

---

① 冯氏议泉　康熙《大理府志》作“冯氏义泉”。又，“冯濂”作“冯廉”。

罗和冲沟　灌溉本村军民田地。

耳场箐　灌溉本村并羊耿军民田地。

水碚沟坝　灌溉罗和、东山、羡树登村、庄科军民田地。

华藏寺沟　灌溉本村、大营，流入城南泮池中。

水碾桥坝　灌溉河东、庄科、邹官桥等军民田地。

城南冲　灌溉本冲军民田地。

城西冲　即高五水塘也。灌溉本冲，流入西城，循至州左铺田。又自西城流入双水洞，灌溉左前所等军民田地。

城北冲　赤子龙水，灌溉本冲并州城北外军民田地。

牧棕村　灌溉本村、甘陀、敬天、东山等军民田地。

梁王坝沟　灌溉北门外莲花池、四家神庄、石鼻千户营田地。

红山沟坝　灌溉本村、飞来寺、只羊、下庄、马加邑军民田地。

老鸦寨泉　灌溉麻地、许长洞、鼻沙墩子、赦荡、高仓等军民田地。

金星涧水　自深长次巷大坝三岔沟出水，以立夏起沟灌溉左前、中右二所，下关堡，四十、瓦窑二里，次巷、西窑、马奴荡①等军民田地。

山西塘水　灌溉本村田地。

夕羊场沟　原无定例，上流下灌。

沙锅冲　灌溉天井洞后山西村军民田地。

旧铺涧　灌溉本村田地。

地石曲涧　灌溉本村田地。

以上自定西岭至下关水利。

定西岭箐　内箐底南流于桥头哨，灌溉白崖一川军民田地。

谷鸟寺龙泉　灌溉古城村、前所、柳邑、红土仓、观音村、曾营、罗营军民田地。

黄草坝圣母塘　箐水，流灌溉土仓、柳邑、罗家营三村军民田地，轮放。

谷鸟寺箐　灌溉本箐田地。

嘉乐坝　自桑木箐出二十里，流灌加买铺、蔡家营、总府庄、加买村、牛宗村邑、张家营、马房营等军民田地。

马料河　水流仙女庄田地。

黄草坝箐沟　流灌豹韬卫营、北山营上下军民田地。

天子庙箐沟　流灌大理卫、景东卫、观音地、总府庄、蒙化卫军民田地。

北箐沟　灌溉广南营、豹韬卫、小西庄、冷官营、蒙化厂、高仓营、大仓营、官家营、董家营、张刚厂、双树小村、犁头村、赵村、总府庄、青土坡、枧槽营、滥泥庄、北桐树庄、景东厂、杨家营、王家营、白马庙军民田地，有铜碑轮次。

南箐沟　发源罗武村山后龙塘，流灌大西庄、邢官、许官营、小西庄、张旗营、张总营、赵州、景东二处军民田地。

马桑箐、黄草岭二塘　灌溉小西庄、蒙化厂、后所营、上马台村、桐树庄等军民

---

①　马奴荡　乾隆《赵州志》卷二《水利志》第3页作“马双、凉荡”（见后）。据是书卷一《城池志》第22页“州东门之村七”中有“赦荡”，第23页“下川村六”中有“马凉”，作“马凉、赦荡”是。

田地。

西　河　在迷（弥）渡巡检西。《迷（弥）渡桥志》云：原系白箐、定西岭箐、底果园箐、天生桥五处溪涧水道总归，灌溉总府庄、蒙化、洱海、景东卫等处及本州村屯军民田地。水利各有定规。

水患坝　在迷（弥）渡城北。旧筑水堤，水亦流入西河。

以上自定西岭南至迷渡大庄水利。

〔据庄诚修，王利宾纂万历《赵州志》（国家图书馆藏钞本）卷一《地理志·沟洫》第32页辑录。〕

（康熙）蒙化府志·建设志·沟洫

卷二　建设志　沟洫

东溪渠　有十六：龙王庙、五道河、白塔、教场、系马桩、冯广、南庄、桥头、盟石、铺边、双桥、甸中、捉马郎、白地场、甸头、土主庙。以上灌甸中及甸头之田。

西溪渠　有十二：三古盘、挖钟冲、小冲、大冲、乌保郎、贝忙、赖郎、西葵、天摩牙、天耳山、龙护寺、麻姑冲。以上诸水，灌溉西山麓附近田地。

甸头大圩、巄圩大塘、郭家塘、淑人塘、南庄塘、团山塘　以上远近不一，分流及田各溪陂池甚多，今废。

云南县属二龙潭附。

水磨坪、芭蕉冲　以上二水，古制蒙化、赵州、云南县三属分用灌溉。设立三坝，上、中坝属大理，下坝属蒙化。康熙三十五年，赵州刁民云天瑞等忿争，邻郡建议欲专其利，同知蒋旭据理为民力请七次通详，始立碑，按日分定。

其山外江外崑崙各里，皆有涧溪之水资其灌溉，然或田多水少，或天旱则竭。其田亩谓之雷鸣，但民多火种刀耕，树蓺杂粮，以资宿饱，故水无定例。惟蒙山之背，各峪分流，而景东、赵州、云南县、定边县俱受其利焉。

〔据蒋旭修，陈金珏纂康熙《蒙化府志》（《中国地方志集成·云南府县志辑79》，凤凰出版社2009年据清康熙三十七年刻本影印）卷二《建设志·沟洫》第37页辑录。〕

（康熙）云南县志·地理志·沟洫

地理志　沟洫

《周礼·遂人》言沟洫之制详矣。大率十遂而通一沟，十沟而通一洫，十洫而通一浍，十浍而通大川。凡水溢则可以泄害，旱乾则可以潴利而已。县之名川已载于《山川志》，然沟渠塘堰之利，尤民之所最急者，故复表而出之，以俟后之为郑、白者。夫天时之乾溢不常，而地利之潴泻有节，农人之所恃以无恐者，其在此欤？郑、白不恒于天下，则沟洫不可不志也。

品甸湾陂　在县东北十里。旧制引宝泉山水，蓄于周官、品甸二陂，以备农事。岁久沟道湮塞，嘉靖二十二年，知县宋希文开通。后于万历年间，兵备李公先著设五孔桥，以通水道，至今利赖。其所灌溉村屯，各有定例，载在石碑。

周官些陂　在县北。

宝泉坝　在县北二十里，积水御旱。景泰间，兵宪周公鉴、参政赵公雍重修，有大学士彭时《碑记》。后又壅塞，于崇祯年间有兵宪何公闳中修葺，凿石开攒，至今军民有赖。

团山坝　在县北。

青黑底　在县东和甸川境内。

莲花曲堰塘　在县东。

七百庄坝　在县东南。

小城村坝　在县东南。

黑箐尾坝　在县东。

小波亩村坝　在县西南。

青龙坝　在县南。

段家坝　在北塔村，去县治二十五里。东接镜湖，系段思平所筑也。

新兴坝　在南山下，去城七十里，又名南丰坝。壅为平地，今改为田。

云南驿前荒田　在县东南。平壤千顷而缺水利。

〔据伍青莲纂修康熙《云南县志·地理志·沟洫》（国家图书馆藏民国年间钞本）第14页辑录。〕

保山市

（乾隆）腾越州志·山水志·渠堰

卷三　山水志　渠堰十有三

侍郎坝　明侍郎侯公琎驻腾时，见西郊多顷亩形，乃穷源所自，至集鹰山麓，有龙王塘，水泉涌出，公命筑长堤，开渠数百丈，原野成田者几半，名曰侍郎坝。后下流居民盗决失业，嘉靖二十一年，分巡王维贤复议筑之。

鹅笼坝、野猪坡坝　旧有二坝，皆分巡王维贤委员所筑，惜未终其事。或议二坝水源高，下流田亩便之，若于农隙时以堤堰蓄之，则上用所蓄，下用所泄，足以兼济。不然，此水虚注谷中，而膏腴变为燥壤，可不惜哉！

缅箐坝　田多高原，待雨乃稼，而滨河者又苦于潦。或欲筑坝，地多石窾，水易漏泄。宜自山脊导之，高原为堰，则无石窾矣。病涝者，宜相地势高下而坚为之堤，计亩之多寡而均出其力，庶旱涝均有备也。

玉璧坡下泉　多灵湫，亦无陂堰。秋冬恣其下注，春耕互争涓滴，至有斗讼，尽昼夜守视，防其溃越者。如有堰塘，更为沃壤。

黄坡泉　在城东吴邑村。田皆腴而水少，如潴此泉，可以灌溉。

董库塘　在袁家庄。泉颇洪衍，见有堤塍，更崇之，可溉高田。

马场清池　古有堤，蓄可及高田，后堤坏田芜。今虽修复，不能如故。

观音塘　此塘无益于灌溉，而有激碓、蓄鱼之利。议者谓堤岸更起数尺，水可及迦罗庙高田，而碓轮亦可引水而上。

姜家塘　在富矣村，亦有灌溉之利。

大宽邑塘　有清潭十余，澄碧可爱。俱有堤，惜不甚大，资润秧田而已。属申家塘者稍大。

乾峨海坝、海尾堤　可以灌注中、下二峨等处田，其海坝一带芦苇丛生，淤陷颇深，牛不能犁。若疏浚其水，可开田亩百顷。又海水势下，而本村田高，无所济用。须并力作躐水车，其水循沟而上，灌溉本村。又或于山麓筑一二堤，以蓄冬水，庶秧苗有赖，栽插及时。

绮罗、新生邑、满金邑三乡在城东南，其田虽有长沟，然溪流湾下，灌溉不及。民乃高为堤塍，四注输灌，但皆泥沙壅起，无完石、无坚土，水涨善崩，即激射冲决，俄顷数千亩尽没，无从疏浚。雨不止，禾即弥月不见。复有窃侵沟塍者，沟益窄狭，势难容受。且河尾下处名叠水河，城甸诸水咸奔注，徇利者壅塞大石，激水作碓。尾闾既滞，将何泄哉？今乡人申诉，当道准令议展堤岸，禁侵越，去壅石，以永式之，免民数怨。

右渠堰，有三自野猪坡而下，皆旧《志》所称可为渠堰者，记存以有待。

〔据屠述濂纂修乾隆《腾越州志》(《中国地方志集成·云南府县志辑 39》，凤凰出版社 2009 年影印本）卷三《山水志·渠堰》第 51 页辑录。〕

临沧市

（康熙）顺宁府志·建设志·沟洫

卷二　建设志　沟洫

李家坝

桃园河

水礶沟

三岔沟

和尚坝

石岩潭

〔据董永芰纂修康熙《顺宁府志》（云南民族社会历史调查组 1960 年钞本）卷二《建设志·沟洫》第 15 页辑录。〕

水利工程

专著专论

云南省城六河图说

黄士杰

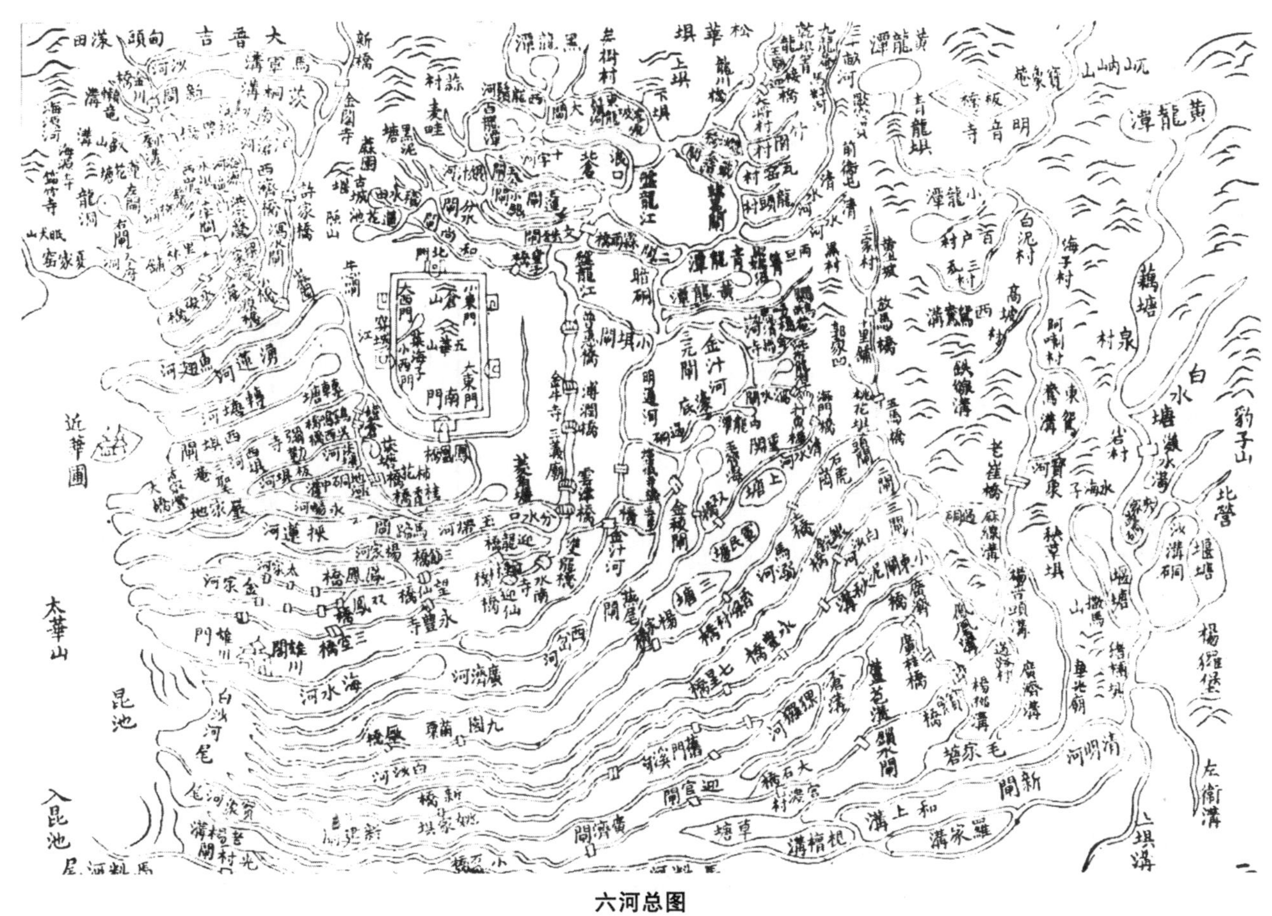

六河总图

六河总图说

会城六河，虽各有源，但其源甚小，其流无多。除盘龙江水势稍大，原成河形，来自嵩明州邵甸里。至小东门以上，河低田高，不用江水灌溉，东岸田亩系用金汁河水，西岸田亩系用银汁河水。至分水岭以下，河高田低，方用江水涵洞灌溉。每遇春时，雨水缺乏，竟成乾河，雨水沾足，方能有水，稍润田亩。若夏秋间，雨水盛行，山水涨发，流入河内，不能容纳，或致冲决漫溢，淹坏民居，利害相因，势使然也。

议者于夏秋间冲溢时查勘，辄以创始之时，立法未善，河底太浅，河身太窄，非挖深开宽，难以畅流，其说近理。盖以盘龙一江环护城市，所最要紧者，专防水害，弗论水利。其余诸河，如金汁、银汁、马料、海源、宝象等河，分支最多，俱资灌溉。时值栽插，滴水如金，若将河挖深则水低田高，若将河身开宽则水散流浅，以防水害则得，以收水利则失矣。且历年以来，相度情形，夏秋间充溢害不及一，春夏间灌溉利不及百，深且宽则为利少，浅且窄则为利多。古人于利害之间，权度轻重，备极苦心，垂为良法，勿庸漫为更张者也。

夫水利既不可失，而水害又不可不防。除河堤加高培厚，并疏通河尾外，非开子河，别无长策。查各河应开子河之处，有原有河形，日久淤塞，渐被耕占；有原无河形，今应改修，关系民田者，是宜彻底清查，耕占退出，民田给价。所开子河，大者建闸坝，小者修涵洞，可闭可启，可蓄可泻，可收水利，可防水害，方为长策。至昆阳海口，原泻昆海水势，宜以疏通为要，除大修开挖海口河身外，其岁修开挖塘子，留住沙泥，虽不能一劳永逸，而子河少入一分之泥，则大河少受一分之淤塞，补偏救弊，大概如斯已。

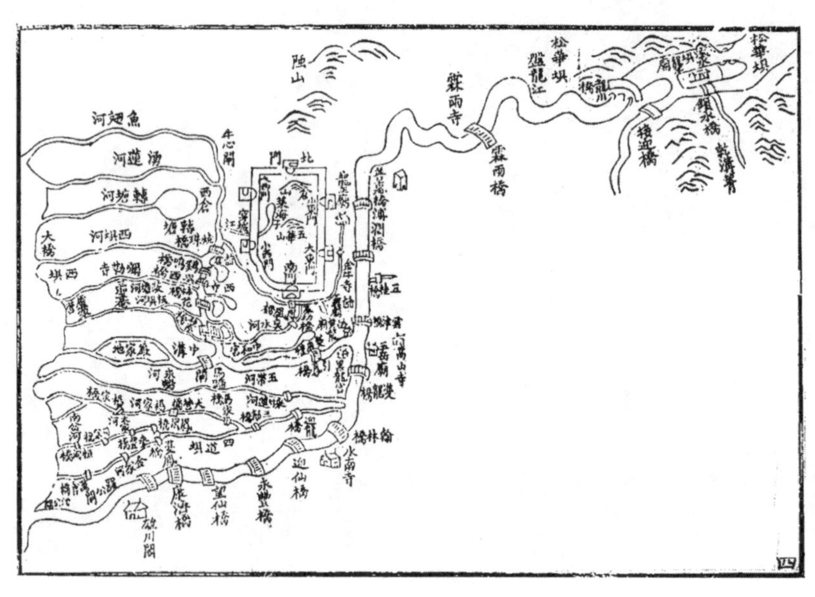

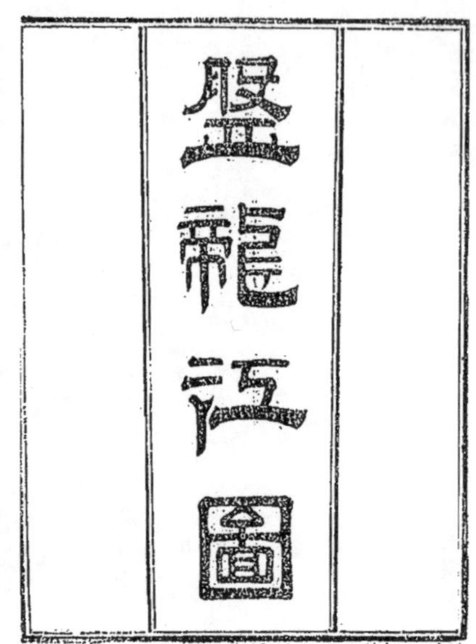

盘龙江图说

盘龙江，在会城东北。来自嵩明州邵甸里，其源有三：一自黄龙洞流百里，一自黑龙潭，一自冷水洞。各流二十里，至三家村入石峡，合流三十里，至松华坝。此坝建自元时，咸阳王赛典赤于凤岭、莲峰二山箐口，水出川原之间，建松华坝，以时启闭。自松华坝由莲峰山麓，会城东门南坝一带，至雄川阁，共计七十里许，由罗公闸，入昆海。又自松华坝莲峰山麓，凿开一河，名金汁河，此盘龙江之分支也。其盘龙江自松华坝流三十里许，至分水岭分为二支：一支向南流里许，又分一支名采莲河，向西流入草海，又流里许至南坝闸。西流里许，分三支：一名金家河，向南流入草海；一名太家河；一名杨家河，俱向西流入草海。又自分水岭，一支向西流里许，又分二支：一向西流出马蹄闸，名永畅河，西流入草海；一向北流里许至柿花桥，又分一支名板坝河，向西流入草海。其正支流里许至小泽口下，又分一支名西坝河，流由兜底闸入草海。又自小泽口下向北流入护城河，向西流里许至小西门外牛心闸，流半里许，又分一支名涌莲河，向西流入草海。又一支自涌莲河向西北流至红庙名鱼翅河，向西流至土堆转向南流，入草海，此盘龙江之源流也。

此河情形，自分水岭以上，东岸田畎系用金汁河水，西岸田畎系用银汁河水，俱不藉盘龙江灌溉。自分水岭以下，正河、支河各派，均属田高河低，俱用水车车入田中。

至修理事宜，自小东门至分水岭，由马蹄闸、桂香桥转小泽口、鸡鸣桥，入护城河。两岸关系民居者，民自修理；关系田畎者，官管修理。又自分水岭下正河、支河各堤岸俱系田畎，官管修理。如石工、桩木官为动项买备，其土工人夫，各按田畎派出。此河规模已定，无可更易，惟杨家河头水势不顺，沙泥壅塞，水流纡缓，不利灌溉，应将河头改顺，修分水鸡嘴一座，以均分金、太、杨三河水，庶沙泥不致壅塞，灌溉亦属便利。又小西门外另有转塘河，系省城运粮之道，居民耕占洒（撒）秧及半水涸时，舟行不利，应禁止河内洒（撒）秧，开通河道，以资挽运。

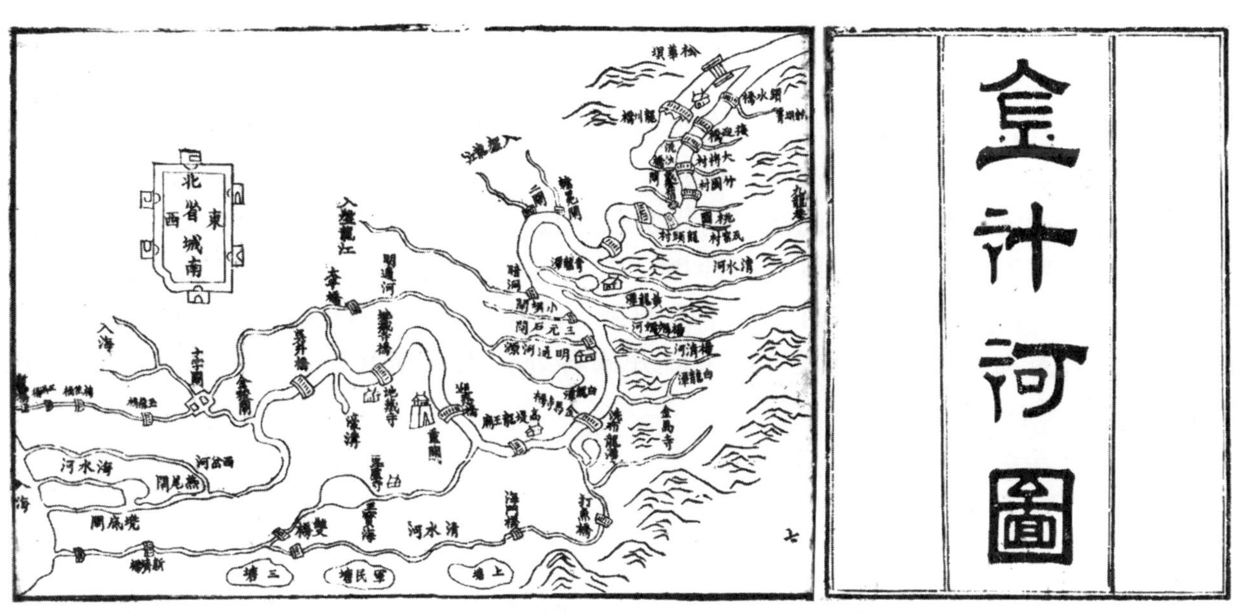

金汁河图说

金汁河，在会城东北。自松花坝分注盘龙江，水由莲峰山麓向西流，坝旁设撇水大闸，送水入盘龙江，以防水大，漫溢河堤，又撇水闸下设锁水闸，以平水势，水小则开闸枋注水入金汁河，以收水利，水大则闭闸枋送水入盘龙江，以防水害。又锁水闸上面即系留沙桥，以防水发时送莲峰山箐沙泥送入盘龙江，免致壅塞金汁河身。又留沙桥下数丈，设撇水小闸，又数丈，设泻水小闸，自泻水小闸至接迎桥西流里许，至大将村下转南，由东山麓流三里许，设戴金箔闸，又流七里许，设漫水闸，又流五里许，设大、小韩冕二闸。以上各闸，水大则开闸枋将水送盘龙江以免漫溢，水小则闭闸枋将水收入金汁河以资灌溉。又自韩冕闸十五里许设小坝闸，闸下流开成小河，以时启闭，灌溉东门一带田亩，并泻河水流入盘龙江。又自小坝闸南流里许，设三元闸，闸下流即明通河，以时启闭，灌溉东门一带田亩，并泻河水入海。又自三元闸南流五里许，自金马山转西南流，设漫水闸，分泻河水入王宝海。又自漫水闸流里许，设广南卫沟，灌溉田亩，沟水入王宝海。又自广南卫沟头迎恩桥转北流二里许，又转西流至地藏寺，又转南流二里许至吴井桥，流里许设金棱闸，分河水向西流，由明通河十字闸送水入盘龙江。又自金棱闸南流七里，设民军沟洞引水入下五排、三塘、九围，乃积水堰塘。每年自正月起至三月初旬，沿河田亩不需河水之时，将水收入堰塘之内，以资灌溉。又军民沟头南流三里许设燕尾闸，正河分为二支：一支东南流入三塘下游向南入海，一支西南流入海。金汁河自松华坝起，共计七十里许，入昆海。又三元闸下汇为明通河，自东门一带，由塘子巷直向南流，夹于盘龙、金汁二河之间，流三十里许，入昆海，此金汁河之源流也。

此河情形，自松华坝起，系就山开河，东岸田高水低，近者间用车戽，灌溉甚少。西岸水高田低，沿河俱修涵洞，放水入田，水足封闭，灌溉甚多。至放水次第，分为五排：自松华坝起至韩冕闸为头排，自韩冕闸起至波罗村为二排，自波罗村起至小坝闸为三排，自小坝闸起至地藏寺为四排，自地藏寺起至燕尾闸为五排。先自五排轮起，五排放水五日，四排放水四日，三排三日，二排二日，头排一日。半月一周，周而复始。其松华坝大闸，每年系于腊下旬封闸逼水入金汁河，以资灌溉，至次年栽插毕，开闸放水，入盘龙江，以泻水势。

至修理事宜，石工、桩木官为动项买备，其土工、人夫各按田头派出。再查此河上游杨梅一箐山水入河沙泥壅塞河身，应建十字流沙桥送水入盘龙江，以免冲塞。又大波村马料河沙泥冲入河内，河身已浅，河岸甚低，应开深河身，培高河堤。又三元闸有杨妈妈河沙泥冲塞河身，应于河口建逼沙坝，免入河内，并开深河身，培高河堤。又广南卫沟头涵洞底下沟身窄小，数村田亩不敷灌溉，应修高涵洞，开宽河身。又燕尾闸下河尾窄小，应开宽河身，培厚河堤。以上宜开修各处，内有须开挖民田者，宜彻底查明，方可动工。

银汁河图说

银汁河，在会城东北。源发黑龙潭，由省城东北山麓，回环纡流，灌溉城东北一带田亩。潭口东开一沟名东龙须，向南流里许入盘龙江，西开一沟名西龙须，向西流里许入盘龙江。又正河设一大闸，因时启闭，以资灌溉，并泻水入盘龙江。又西流数十丈设一过洞，由河底泻水入盘龙江。又西流半里许设十字流沙闸，泄五老山箐水入盘龙江，以免沙泥壅塞河身。又西流半里许开一沟，名一瓦水。又西流半里许开一沟，名牛吃水。二沟俱向南流灌溉田亩，水入盘龙江。又正河西流里许，开一堰塘，名王公堰，每年春分积水以资灌溉。又西流里许，河西岸有白龙潭潭水，东南流半里许入正河，设白龙潭闸。又正河西南流二里许，有王俊闸。又西流二里许，设小营闸。又西南流半里许开一堰塘，名龙王娘娘堰。又西流数十丈开一堰塘，名惊蛰堰。又西南流里许，设文殊闸。又南流二里许，设分水闸。又南流半里许开一堰塘，名古城堰。又自古城堰东向西流，汇入莲花池，泻水入盘龙江。银汁河自黑龙潭起，共计二十里许，入盘龙江，此银汁河之源流也。

此河情形，水高田低，开沟灌溉，分为三排：自黑龙潭起至王公堰，为上一排；自王公堰起至龙王娘娘堰，为中四排；自龙王娘娘堰起至童子桥下，入盘龙江，为下六排。每年于腊月初一日，封闭黑龙、白龙两潭闸口，收水入银汁河，以资灌溉。次年惊蛰日放河水半月入惊蛰堰，春分日放河水三日入王公堰，嗣后昼夜长流，沿河秧水已足，余水尽放在古城堰，其龙王娘娘堰蓄积冬水。又东龙须沟上水低田高，沟水不能入田，建龙潭箐闸，蓄水灌溉。又正河下六排，地居河尾，排水、塘水均不能用，于文殊闸上建三箐坝，又于杨宣坡箐口开莲花池，又于北教场上开黑泥塘，积秋冬雨水灌溉下六排田亩。

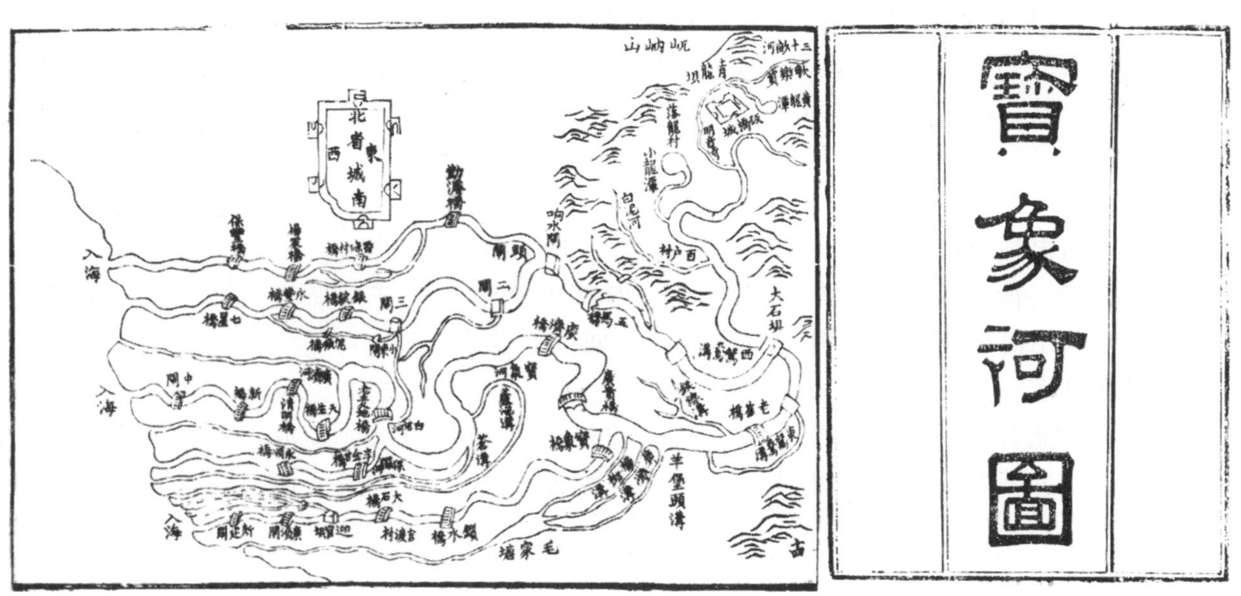

至修理事宜，石工、桩木官为动项买备，土工、人夫各按田头派出。再查此河中四排黑、白二龙潭水合流之处，白龙潭水流下沙泥冲塞河身，应建送水鸡舌石岸一，堵逼送沙石下白龙潭闸，入盘龙江。又老张箐沟口沙泥流下冲塞河身，应于沟口建逼沙闸一座，免致冲塞。又北门外一带，地势低洼，东受盘龙江涨水为患，西受北教场一带雨水为患，应将莲花池右和尚闸河身开挖宽长至童子桥下会正河尾，入盘龙江，以免水患。

宝象河图说

宝象河，在会城东。其源有三：一自板桥驿城东岍岣山泉水西南流六十里许，至板桥驿城东南转西门；一自驿城北黄龙潭流五里许合三十亩箐泉水，一自驿城西北分水岭向南流三十里许；至黄龙潭前与潭水会为一河流，五里许至驿城西门明音寺前，会合岍岣山源水向南回环流十五里许，西有小龙潭水及高坡山水，俱汇入正河。又正河西流十余里许至祭虫山，又流里许至大石坝，分西鸳鸯沟，又名铁索沟，向北流十数里许，汇白沙河头，又正河头，又正河流半里许至小石坝，分东鸳鸯沟向西南流六七里许，水仍归正河。其正河入蹊山中，向南流四五里许，转西流里许，出老崔桥，向西流里许，分蔴线沟，向西北流十里许，入旧门河。又正河流十里许，分羊堡头沟，又流半里许，分广济沟，又流半里许，分杨柳沟，俱向西南流入昆海。又正河自杨柳沟流半里许至小板桥街之广济桥，分为二河，一名官渡河向西南流，一名旧门河向西流。官渡河自广济桥向西南纡回流六七里许至迎官坝，转西南流五六里许至龙石桥，又西南流七八里许至龙化桥，入昆海。又迎官坝北分一沟流半里许转西流，又分为三支：一支西南流名余家河，一支正西流名姜家河，一支西北流名小村河，俱入昆海。旧门河自宝象桥与官渡河分流至宝阳桥，向西流半里许，开芦包湾、开沧沟俱向西流入昆海，又流数十丈，分一支名倮倮河，向南流十里许，入昆海。旧门河自倮倮河闸口向西北流，分清水沟转西流二十余里，入昆海。又旧门河分泥鳅沟于北岸，向西北流六七里，又转西流十里许，入昆海。又南门河自泥鳅沟向西流半里至天生桥，又半里许清明桥，又流五六里许至中闸，又流二十里许入昆海。又宝象河大石坝分西鸳鸯沟，由祭虫山下出老崔桥，向西北流十里许至响水闸，汇白沙河头流三里许至五马桥下设头闸，又流半里许设第二闸，又分一支名岔沟，向西南三四里许，水入旧门河。又白沙河自第二闸流半里许设第三闸，又分一支名小白沙河，其白沙正河俱向西南流三里许至七星桥。二河仍合为一，向西南流十六七里许入昆海。又响水闸上有桃园坝，流三里许至五马桥头闸，会合白沙河，由闸北分一支名马溺河，向西北流六里许至杨家桥，转南流六里许至下苜蓿厂，向西南流十里许入昆海。宝象河自板桥驿起，共计七十里入昆海，此宝象河之源流也。

此河情形，自三河黄龙潭下合流之处，俱系田低河高，开沟灌溉，流至板桥驿城西北一带，河低田高，用车戽灌溉，例不轮排，听其长流，上下均分。

至修理事宜，石工、桩木官为动项买备，土工、人夫各按田夫派出。再查此河雨水泛涨，河内不能容纳，宜开支河以泻水势。查杨柳沟涵洞当水势顶冲，迎水送水，应增修石工，开为上下两洞，下洞流清水，上洞作漫水闸流浑水。洞上修过桥，桥两旁值石岸以限水势，勿使过泄，有损沿沟田畴。沟身开宽挖深，令其畅流，再将芦包湾开宽挖深，改修涵洞，栽插后禁止阻塞洞口。再将香条村前沟形一道改修涵洞，上设漫水闸，沟身开宽挖深，以泻水势，至此河分流各处。近来坍塌甚多，其中或应照旧修理，或应改修，以及宜用土工，宜用石工，图内难以悉载，在人因地制宜。

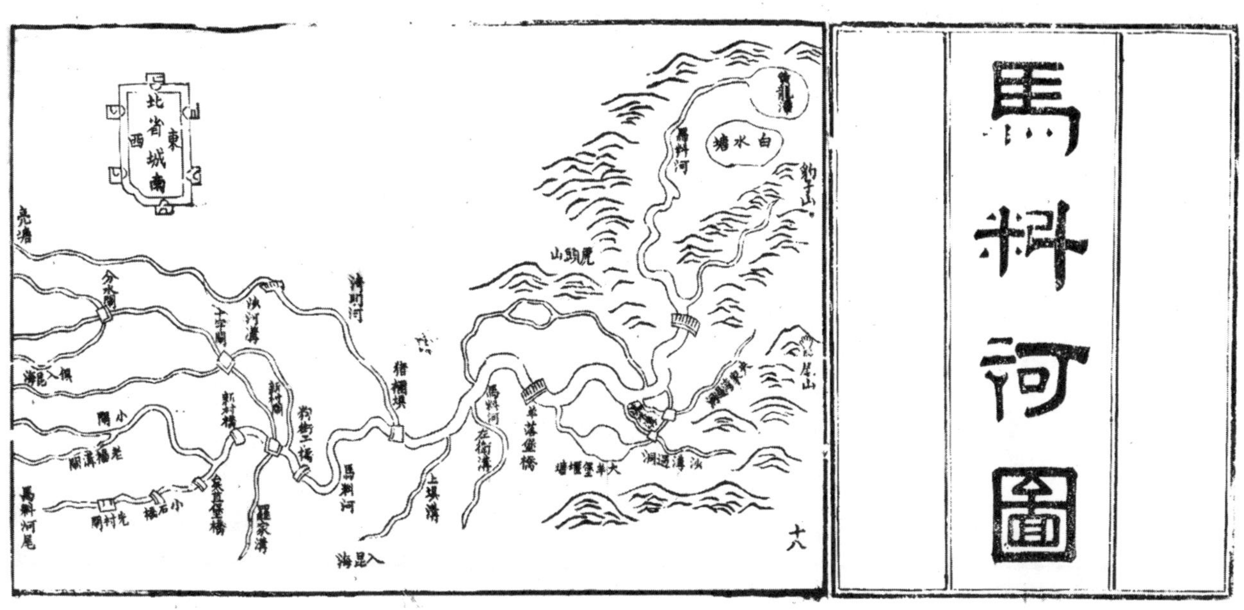

马料河图说

马料河，在会城东南。源发黄龙潭，经昆明、呈贡两县境内。自潭南流四里许至白水塘水海子，转西南流二十里许，南分一沟名漾水沟，流二里许入羊落堡堰塘，转西北流三里许，仍入堰河堰塘。东有山涧二道，建流沙桥，过洞二座，送山涧沙泥入马料河，免致壅塞沟身。又正河西流六七里许，入万朔村堰塘，转西流里许，建猪圈闸，分为四闸，中闸系正河，南二闸一名上坝沟，一名左卫沟，俱向南流十余里入昆海、右闸名清明沟，向北流十余里入亮塘，又中闸正河西流里许，北分一支名河沙沟，流六七里许，水由亮塘向北流入昆海，又正河流二里许，南分一支名罗家沟，北分一支名枧槽沟，俱向西流入昆海。又正河流五六里许，建新村闸，北分一支名老杨沟，向西流四里许，建一小闸，又为二支，一名木龙村沟，一名渔村沟，俱向西流三里许入昆海。又正河自新村闸西流三四里许至矣苴堡，转西南流三四里许至光村闸，流里许至回龙村，转南流入昆海。马料河自黄龙潭起，共计五十里许，入昆海，此马料河之源流也。

此河情形，田多水少，不敷灌溉，田高水低，素少冲决。上游水尚充足，下游水渐艰难。头排地居水源闸沟灌溉，二排南岸由水沟注水入羊落堡堰塘灌溉，北岸由万朔村沟注水入万朔堰塘灌溉，二处水仍归正河。至猪圈坝设中、左、右闸，左二闸二沟灌溉，三排右一沟一闸灌溉，四排中闸分三沟灌溉，五排、六排每年自腊月十五日轮排起至立夏日止，中、左、右闸均分河水，长流灌溉。

至修理事宜，石工、桩木官为动项买备，其土工、人夫各按田头派出。再查下游有沿河三十六村，因得水艰难，请于河头白水塘水海子修理堰塘，又蓄冬水以备春日灌溉。又河尾光村闸下里许，应建兜底闸一座，将低水逼高，以资灌溉，以利宣泄。

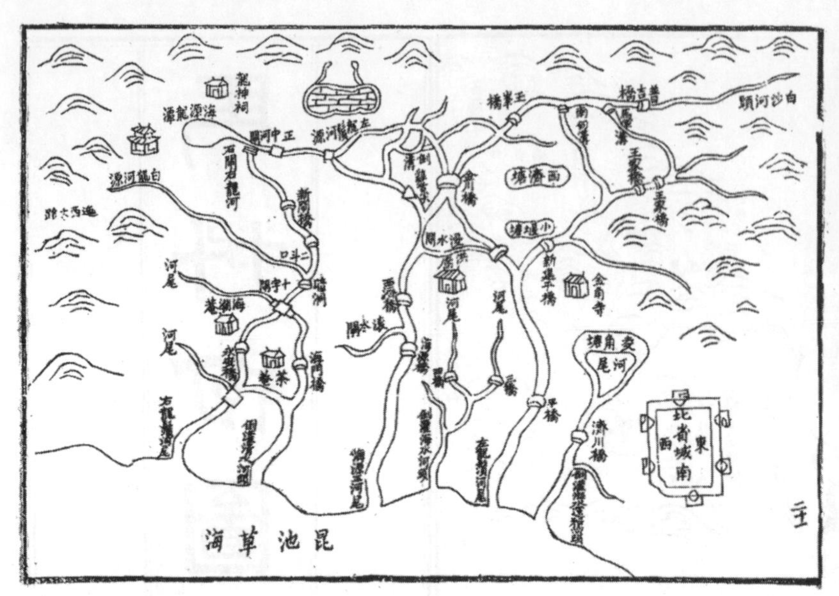

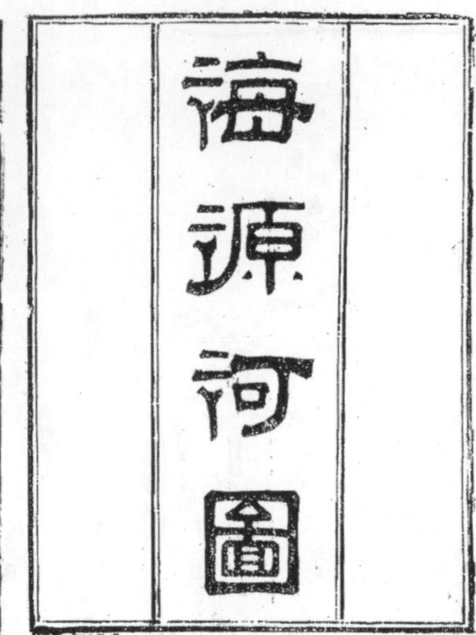

海源河图说

海源河，在会城西北。发源海源寺龙潭，潭前建中、左、右三闸。左闸名东龙须，向北流灌溉莲花池秧田，流里许转东流出十字闸，东流三四里许，名江沧河，汇马军、南甸、茨桐新闸、玉峰各沟水，东南流二里许，由许家闸下二里许入草海。右闸系向西南流，名西龙须，灌溉班庄等村田亩，自闸东南流四里许至筇竹河口明桥，向南流十五里至十字闸，转西南流三里许入草海。中闸向东流五里许至板桥关，设漫水闸，向东流三里许，西分一支，设梁家营闸，又流四五里许至海源桥，又流五六里许入草海，灌溉沿河两岸田亩。又正河自闸东南流半里许，有东北沙河汇普吉、漾田、钗村三山箐之水至鸡舌尖，汇入正河。水发时一河不能容两河之水，因于金川桥旁开南甸、茨桐二沟，各设漫水闸，又于玉峰桥上设漫水新闸，闸下开新河，又改玉峰桥旁涵洞以分沙河水势，免致冲决。正河海源河自海源寺起，共计二十里许，入草海，此海源河之源流也。

此河情形，水高田低，开沟灌溉，定为一十二排。每年春水随时通融，至四月初一日为始，轮排分放，除初一、初二两日系巡河老人分放外，初三以后，一日一排，周而复始，头、二、三排灌溉班庄、明桥一带田亩，四、五、六、七、八排灌溉板桥关、黄土坡一带田亩，九、十、十一、十二排灌溉洪家营、梁家营、许家闸一带田亩。

至修理事宜，石工、桩木官为动项修理，土工、人夫各按田头派出。再查此河受沙河水患，马军、南甸、茨桐三沟及新闸、新河漫水闸五处，虽能分泄水势，终恐水大为患，应于玉峰桥下半里许，沙河尾东流里许，入江沧河，以泻沙河水势，免致冲决正河。

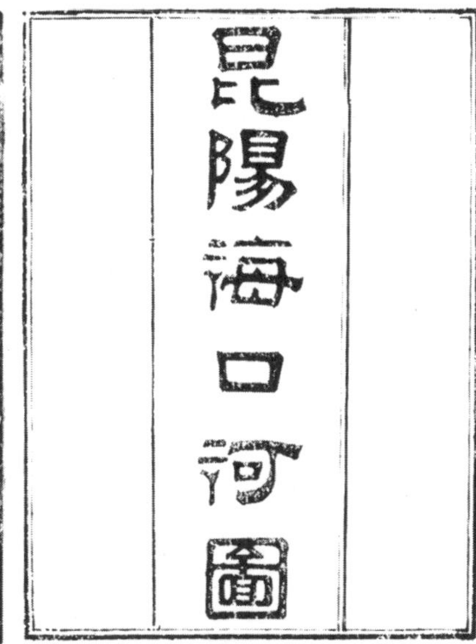

昆阳海口图说

昆阳海口，在会城之南。昆明、呈贡、晋宁、昆阳四属之水汇而入海，海水流出为河，海河之交，名为海口。口较下游稍宽，向西流，中有牛舌滩，又有老虎滩，滩高于水，将河分为三支，流里许合而为一，又流里许至六街子下，沿河两岸有山箐数道，名为子河，流入大河。其北岸有小渡村，一沟向南流入大河，又大河流里许有洱㟎箐，至巳封、洱㟎箐闸，向西南流半里许入大河。又南岸六街子后有尖山箐水，向北流里许，转西流四五里许，与瓦泥箐水合流二里许至巳封之普安闸，向西流三里许，会罗武箐水，流三四里许，会地藏寺箐水，并龙潭水流里许，由清水河闸流五里许，有天自箐水流里许，会芭蕉箐水，向北流三里许，会达家箐流出新村闸入大河。又大河自新村闸流四五里许，有云龙箐水向北流六七里许至归化闸入大河。又大河自归化闸转西北流三里许至桃树村前石龙坝，向西流三里许至黄螳村，入安宁州界，经过富民县界，流至武定州界，入金沙江，共计五百里许，此昆阳海口之源流也。

此河情形，原泻昆海之水，河低田高，水势平浅，难资灌溉。河之南岸，皆有子河俱自山箐流出，沙泥横入大河，冲淤成滩，阻塞河流，四属沿河田亩，便受淹没。向例系四属分界修挖，内尖山箐、瓦泥箐二子河出普安闸，螣龙箐、洱㟎箐二子河出洱㟎闸，并小渡村沟五处，系昆阳州修挖；罗武箐、地藏寺箐二子河出清水闸，系晋宁州修挖；天自、芭蕉、达家三箐子河出新村闸，乱石、鸡心、牛舌三滩，系昆明县修挖；新村下滩及云龙箐子河出归化闸者，系呈贡县修挖。至各子河横入大河便冲淤成滩，阻塞大河，故改修子河最为要务。前黄陛道将尖山箐、瓦泥箐二子河改通会罗武箐，出清水闸，入大河。封闭普安闸，少一闸口，即少一滩头，大河内普安闸已无阻塞。又北岸洱㟎河沙泥横入大河，阻塞河流。前黄陛道于上游山脚下向西南另开子河，今水势纡缓，流入大河，将大河内洱㟎旧滩挖深，已无阻塞。此外尚有应行改修之处，但为地势所限，难以施工。至大河内之石龙坝，议者以为阻塞河流，在此前屡经踏勘，大河流至石龙坝，形势已低，沙泥顺流而下，并无阻塞，且上游各滩之水已经停住，而石龙坝之水仍然流走，是海口之阻塞在各子河闸下滩头，而不在石龙坝，明甚。石龙坝之说，毋庸置议。

至修理事宜，石料、桩木官为动项买备，至土工、人夫四属照例派出，前据水利同知杨讳文浤以四属派夫多滋扰累，详明岁修雇夫给以工价，大修派夫给以食米盐菜，积年以为成例。再查此河向日俱系挖大河滩井子河身，今相度情形，每年春月应于子河将入大河之处开出塘子，令子河沙石留入塘内，免致冲塞大河，而工程又较挖河节省。又天自箐子河一道水势陡急，河内应多作塘子数个，两堤砓修，五面石岸，方无溃决。又云龙箐下游河身逼窄且无埂岸，应将河身开宽，河堤培厚，以防漫溢。

六河图说跋

尝考《周官》之制，十夫有沟，百夫有洫，千夫有浍，万夫有川。蓄泄以时，旱潦有备。《月令》季春之月，命司空循行国邑，有道达沟渎之事，实为后世言水利者之权舆。

滇处万山之巅，省会附郭，膏腴数十万顷，皆藉六河之水，以资灌溉。然地势建瓴，河带泥沙，苟无闸坝修浚诸法，水急则一泻无存，水缓则沙停可虑。定例云南府同知专管水利粮储道之职，亦兼水利屯田，顾名思义，所当于陂泽川渠堤堰悉心讲求者也。粮储道署有旧存《六河图说》一册，备载修河事宜，系前粮道黄公士杰所撰。考黄公于雍正八九年间任督粮水利副使时，制府鄂文端公、中丞张文和公兴修水利，委任甚专，其于六河、海口诸水，穷源溯委，考核精详，而疏浚、修筑、启闭闸坝，一切规条，法良意美。第此册虽存，而每年派委挑河之员，均未克见，其所修治，或不如法。夫沟洫浍川深广各有法度，凿空求之，百无一当，即前人无成法，犹将博考参稽，以求其是。若夫经营筹度，行之当时，既有明效，绘为图说，以示方来，而或视为陈迹，束之高阁，坐令前人之苦心硕画，久而就湮，师心自用，虽每岁修浚而终鲜裨益，为可惜也。兰生莅任二载，深喜是编之周详，亟与水利同知刘校正讹误，以付剞劂，俾有遵守。其海口河尾今昔异宜，或应因势利导，或应尽力开通，尚当随时擘画办理。而手是编者，不至贸贸焉失所依据，率由旧章泽被生民，使万里遐陬长享熙朝耕凿之乐，是则区区之意也夫。

道光十五年仲冬中浣兼署云南按察使事云南粮储水利道平湖沈兰生跋。

水利同知平阿刘人选校正。

光绪六年岁次庚辰嘉平月上浣云南粮储水利道太平崔尊彝重刊。

〔据黄士杰撰《云南省城六河图说》（清光绪六年重刻本）辑录。黄士杰，字希庵，福建长泰县人，雍正四年（1726年），由马龙州知州以贤能擢东川府，练达政事，惠受闾阎，六年（1728年），升云南粮储道，督粮水利副使。元初建云南行省，昆明城初具规模，但水患频仍，虽经云南行省平章赛典赤赡思丁整修松华坝，但元初至明末，大水不断，据《新纂云南通志·地理考》记载河水往往“冒城垣，荡民居”，造成昆明城郊的严重损失。该书对滇池主要六条支流盘龙江、金汁河、银汁河、宝象河、马料河、海源河之源流，支脉、堤闸、沿河田亩、水排及修浚工程规划、各河大修及岁修等均作一一论述，凡五千余言，颇为翔实，为有明确勘查记录及有参考价值的农田水利专著。按《六河图说》文末沈兰生《跋》言，此书始由前粮道黄公士杰所撰，粮储道署有旧存。考黄公于雍正八九年间任督粮水利副使时，制府鄂文端公、中丞张文和公兴修水利，委任甚专，其于六河、海口诸水，穷源溯委，考核精详，而疏浚、修筑、启闭闸坝，一切规条，法良意美。此书尚有清道光十五年（1835年）刻本，分别藏于云南省图书馆和天津市图书馆。〕

盘龙江水利图说

孙髯翁

尝思水利之道，上关国计，下济民生，为泽至渥，而功垂不朽者也。但其经画之始，最宜得古人行所无事□[1]智，顺水性，因其势，而利导之意，然后功可成焉，泽可永焉。

滇会有盘龙江者，发源于嵩明州之邵甸，蟠曲迤逦，经嵩（松）华，度云津，迳双龙，过南坝，遂南注而入滇池，此正派也。而有支派焉，近城处分出二大支：一支自城南五里许，南坝翰林闸上流，西分一支，为金、太、杨三河之源，三河终始详载于图，今不多赘。又自城南二里许，双龙桥分水口，西分一支，环城如带，与城河会，名曰玉带河。此河为永昌、板坝、西坝、鱼翅诸河之源。玉带河自分水龙王庙，西过凤翥桥，又西迳里许至西岳庙，其迳西者为永昌河，有马蹄闸以关之。又玉带河又北走明月桥，过地涵洞，北经堕苴闸至南重关，过桂香桥，西注里许至柿花桥，又北走数武至板坝河。此坝今废为涵洞。玉带河又北迳北岳庙，抵鸡鸣桥，桥北数武，西分一河为西坝河。玉带河自鸡鸣桥，北经省盐店，西又北过明远桥，与城河会，即池为河。西北顺城走瓦草庄，至小西门外，过假溪桥，九龙池之水穿城东来注之。玉带河北过潘家湾，于是西注官厅南，自西注处名鱼翅河。河水西迳七八里至土堆，遂西南而入积波池。积波池者，滇池上流也。鱼翅河北岸，即迤西大道。此盘龙江因地而异其名。

夫盘龙江其源委虽不过三百余里，不若迤西浪沧诸江发源于千里之外，然领六河为重池，灌畎亩，通舟楫，固西南诸村落要津也。但江势北高南下，每骤雨而水便发，若遇积雨，立见沸腾。又况昔深今浅，水一平江，重沿北岳堤岸皆溢，竟至水入人家，坏垣破壁，十余年间，或褰裳至六七次，且又有引水入内，为害之堕苴闸小河及臭水河也。每令东寺五华，丹墀水锁，同仁张画，板户泉流。昔者盘龙江本一源十委，故势分而患少，今废其二，惟存八委，迷失二委，河渐浅而尾又差，此水患渐急之源也。又况诸支河，将达昆池二三里处，悉皆浅隘，咸至水锁为患。予尝读书江上，系目江流，思祠山公之开导，究赛典赤之鸿猷，更羡康熙癸亥年王抚军讳继文重补闸坝，因怀雍正庚戌岁鄂太傅讳尔泰深浚河沟，为中流砥柱，为济世仙丹。于是闲披《禹贡》以及桑《经》、郦《注》之书，搜一源十委之弊，穷岁月之跋涉，极耳目之勤搜。盖自东门而上，溯流至嵩华（明），抵邵甸，无可议处，惟东门而下，弊患百出，于是乃有水利之说焉。自知粗浅不文，经画固漏，然刍荛管见，或有一得，惟后之君子择采焉。

夫盘龙江水利之道有五：其一曰疏壅畅流；其二曰分势防隘；其三曰闭引水为害；其四曰改一水锁群流，免没人稼穑；其五曰因时得所。此五者，仿佛古人行其所无事之智，顺水性，因其势利导之意，未敢挟私智于其间也。

何谓疏壅畅流？曰：夫水壅因河浅，不畅流缘尾塞。尝闻父老言曰：江比三十年前已浅五六尺余。当年云津桥下，可通载货立樯之舟，甘蔗店东，今埋缘梯取雀之穴，此浅之征也。是故河浅一尺，则水上一尺，河浅五六尺，水能不上五六尺乎？夫如是昆明

[1] □ 原本脱一字，按上下文意，疑为“之”字。

不为鱼者幸也。夫何异崩岸溢堤，浮梁漂瓦也耶？昔康熙丁亥岁，江坏新城，雍正庚戌年，太傅鄂公制滇时，胸涵胞与，洞悉民艰，思江水为患，实由河浅尾隘。援凿海口例，凡农夫之附江者，示令出力凿之。于是壅疏流畅，故十余年来得以无虞者，皆鄂公之赐也。迩来江复淤浅，故乾隆戊辰岁久雨江沸，举凡环江之屋，倾坏者十之四五，致使老少男女，失所飘零，婴童处子，负携巷哭，涉水褰裳，泥途襟肘，竟至釜甑无存，寄栖萧寺，而观者于兹无不酸心楚鼻也。况禾又大伤，人无宁宇，其何以堪乎？究其由来，何莫非水利之未讲耶。今者宜法鄂公旧典，疏江自小东门起，环明远桥与城河会处，约六七里，大集民夫，各分村落，别里标号，负锄荷箕，踊跃出力，深凿三尺为则，设再深则土无运处，限日为程，督率无荒，此虽暂劳而获久逸也。勒石五载一疏为例，盖土下三尺，则水亦下三尺，去岁戊辰之水，不过出岸一尺二寸耳，今深三尺，纵令再遇，亦不能为害矣。其环城以外诸支河，又各有田头，例有常则，严令水委率各河老人，分雇烟户，均疏三尺。河尾浅隘处，金、太二河为甚，而杨家河尾更不足以容一叶之舟，毕家庄下宽不三尺，而深又何有三尺耶？如此浅小，欲不锁水壅江者，则吾未尝前闻也。宜饬令开宽一丈，深四五尺，令可通舟，往来无碍。凡应兴工之处，皆多与尺寸之标，使不能欺弊，违者责之，草草塞责者亦责之。务令上下宣通，允协不碍为定法。谓之疏壅者，此也。

所谓分势防隘者，何？曰：坎水刚中而柔外，离火内柔而外刚，故火分则炎蔓而势更烈，水分则柔减而刚亦衰。故河水惟中流为最急，两岸上下较为缓焉，设边如中，遇土堤处其能当乎？以故求分水势之法，则金汁河泻水之闸可师也。昔咸阳王之开创也，自嵩（松）华坝与盘龙江，分委西流南注，而入滇池。河宽不过二丈，不比盘龙江宽十余丈也。其狭处不过七八尺，就地筑堤，未尝凿地，堤高丈许，而又河高田下，宜乎大水发时，溢堤崩岸，相继续坏屋败稼或不免。夫何数百年来，竟不多遇者，以有泻水闸故也。其建造之法，远近不一，惟因地势，或五里、十里，或里许，或数武，上分河势，下济阡陌，无往而不令人深思而叹服之，可以为后世法也。今者虽得深疏，一若宜无所患矣，然饮水忧陶，安不可以忘危。倘江源猛雨，而水泛三秋，更有洞名冷水，居邵甸之东北，一时洪波瀑发，加以九十九泉之齐涌奔流，必有难容之势。亦尝闻之遗老曰：十余年间必暴发一次。设或遇此，将何以御之哉？他如江尾，已落平原，虽害犹小。至附近城廓有六七里，中围二十四铺，逼近城池，烟户万家，最为紧要。又况鸡鸣桥小，锁噎难流，即非大水，凡遇水一平江，每令北岳水、德岸水过膝，或外溢不过伤稼。假使不幸而内决，人其堪乎？此泻水闸不可不预也。但此桥昔造坚固，改造为难，且桥畔人烟稠密，有碍民居，更张不便。不若于其上流半里许，柿花桥畔西北隅有一沟，名摆渡河。其沟甚大，源开涵洞，下达积波池，其沟约宽四五尺，外深二三尺，倍加疏凿，可造一泻水闸。况在鸡鸣桥之上流，分水西注，而桥亦不噎矣。且此沟即昔日之板坝河也，与采莲河为盘龙江一源十委之二，见记于王氏《江水说》中，遗老犹能言之，不知因何废之，侵占为田，无怪水患之多也。然古道虽废，而故址显然存矣，与采莲河并举而兴，得复古道，其利济溥哉！又若盐店后西南角西岸及顺城街外西岸采莲河，源虽小大不同，与板坝等耳，皆可造一泻水闸。又有明通河者，发源于东门外福德桥西，东流而南注，至东门享堂桥，金汁河分水沟东来注之，自此河宽二丈余，不似福德桥西，仅宽二三尺。明通河自享堂桥迤逦南注，过太平桥，自太平桥南注，穿金棱闸，过蒲草塘一带，其岸高不过二三尺，倾塌残缺有一二里，宜令辟其源，深其河，培其岸，扩其涵洞，量度其可容，以为龙江左腋泻水之紧要。又有城河者，自东门而南，环抱城南，过凤凰桥，其自东门南下处，与龙江相间不过六七丈，度其何处允妥，开一泻水石沟，覆以厚大石条，其沟可宽五六尺，深止二尺。若太深则水势难容，设此以防平江大水，如水七八分，听其固流可也。如水盈江，分流下泻达鱼翅河，夫池水接江，最喜东高西下，趋就无难，使池亦经疏锄而深之，其出鱼翅河也，有如倾者。然惟南教场北一带里许，池岸残塌，宜加修培二尺，以防水南溢，此龙江右腋分水之法也。夫以环城一水，七派分流，虽有大水，其能为害乎？所谓分势防溢者，此也。

引水入内，为害者何？曰：夫江水四围之内，为省会重地，人家林立，市廛官路皆在其中。昔人曾开一河于南关桂香桥外数武东岸，名曰臭水，又号龙须河，即堕苴闸河也。东注香海庵东寺塔，南回而北注，过通济桥，又北过珠市桥，与城河会约里余，开之以为分江计。不知江水与城池两相抵敌，遇水盛时互为迎逆，往往壅而溢岸，故戊辰岁近此河者，倾屋为最多，将不下数千户，乡人患之，以石闭其上流，而仍其尾，亦以泻檐水也。然池水盛时，逆流满溢，其害亦复如是，然则可废与？曰河仍其旧，独宜亦闭其尾，不与池会。照原日有一闭尾闸，在炉神宫傍分水口处，名曰王公闸，为闭潢流清，今已废之。使江水涨漫城河，逆撞省城，关厢内外受害，因此闸之废也。不此之图，水患有更甚者在后也，曰塞委信善矣。然则檐水何自而下泻欤？曰不难也，可泻兰花沟。夫兰花沟者，泻臭水外东南隅诸小水者，其源起自菱角塘。此塘有水不大，南而西注为阴沟，穿盘龙江底西出注海河，其阴沟名地涵洞，洞宽二尺许，约高四尺许，荷锸微俯，人可出入而疏凿之。洞大如此，何患檐水之不出乎！况龙须河与兰花沟之相间，不过三尺，引而穿之，上造平石桥一小座，使龙须之水自此分流，何患檐水之停淤乎！又况行潦无根，朝发暮涸，虽有集雨，亦不能为大患也。为之闭害者，此也。

所谓一水锁而群流壅者，何也？曰：盘龙正江尾是也。盖昆明有六河，曰金汁，曰明通，曰马料，曰白沙，曰宝象，曰海源，除海源外，余河至尾皆相比，西南注而入滇池。夫龙江一河居北，宝象在南，一北一南，中间相去不过一里之遥，乃四河比逼，攒集于一里之内，而龙江之尾，复引向东南而兜之。况江强河弱，小不敌大，遇水大时，锁而不泄，壅没人稼，害至二十余里。曰必何如而不锁？曰雄川以下，岸不过三四尺，其岸北箭余亦昆池也。相其可开处，自西北而开之，既不锁而复不壅，且有环城之势。此间田价尚廉，以废河尾三之一，补新开之价而有余，且不需石而功可成。一水改而群流不壅者，此也。

曰因时得所，奈何？曰：不因时，功可成而怨必多；不得所，河虽导而贻流弊。故兴工宜水涸，民力宜农隙，导引宜得地，故自十一月至花朝，水涸之时也；十一月至花朝，农隙之时也。如泻水等闸，皆已相度大势，考究高低，不碍屋，不伤稼，又非不得所者可比也。所谓因时得所者，此也。

此五者龙江水利之大端也，其于古人所行无事之智，顺水性，因其势而利导之意，虽未能得，然一源十委，疏防利弊之间，亦思过半矣。聊为《图说》，并附节目，以俟后之君子云尔。

附近城廓受害紧要

盖盘龙江自小东门起，至南门外鸣远桥城河止，不过三四里之遥，其紧要之处，不尚半里，环城围绕如带，关系省城重地。中围二十四铺，每年江水漫岸三四次不等，若无分水之河，利势之沟，何能免崩岸溢堤之患。今照现在原有古制，分水利势之河沟，俱为后人更变闭塞，不得分流，所以滇中长受水害之灾也。

自双龙桥分水口至鸡鸣桥，又名玉带河。其鸡鸣桥窄小，锁水，若江水七八分，听其涸流；若江水平岸，锁噎难流。故漫两傍河岸上一二尺，遍流各处，民间受害，故古制于鸡鸣桥上流，半箭余水德庵傍，连造右龙须河，分江水往庵后流出西坝大河。今将此河填为平地，若照旧制恐难。现在有小沟尚存，或将此沟开宽深，加高沟埂，埂顺田沟下流海沟，而分水入滇池焉。

又上至柿花桥傍，有板坝河，又名摆渡河，即三圣庵之河头。原通大船往来之所，乃分鸡鸣桥之上流，泻江入海之要津也。不知何故，今亦废之，变为涵洞，其害非小。原旧闸迹尚存，或照旧规建造，亦或照金汁河泻大树营，撇水闸式，不过去岸上一二尺。若江水漫岸之时，撇去一二，如此分泻，两不相伤。如金汁河撇大树营，乃一小田沟，尚且分泻，又不伤田亩。况此大河，不得分水下海，使江水涨漫箭余之地，最为要害。若能分撇，又不费大力，又得大济。

又上至西岳庙傍，有永畅河，乃玉带河之正身，分江水大半入海之要津也。桥下安一石闸，名曰马蹄闸。后人到冬春二季，江水少时，加木枋二疋在闸上，闭水江中，为舟船往来，以备洒秧苗水。若到夏秋二季，江水大时，即将木枋抽去，泻水入海，所为首尾相顾。今因道光三年间河岸崩倒，水大难修，又新加木枋三疋在上，闭水修堤。后堤岸修好，新旧木枋俱不去，永为闭水之例。但桥口不过高四五尺，今长用五疋木枋闭之。此分水之大河，岂当闭塞，不得畅流。其水一平江漫岸一二尺，遍淹各处，民间受害。但观西岳庙一带民居，年年各铺门口，堤上加土堤二三尺，以闭其水，此人人共见。若低凹之处，人不能见，尚忍言乎？现在木枋不去者，为因怕水溢岸之故，不知反伤堤岸，原日去其木枋，其水平流，水势慢行，数年间无倒堤岸之说。今木枋扎住，江水从板头桥上倒灌下河，势急如箭，前后相雇，大石尚且充动，其堤岸薄窄之处，不无崩倒，近来年年长有一二次溢岸之患。古人建造此闸，无不精详，怕后人误用颠倒，其害不浅，故原有告示，勒碑垂石于西岳庙内。每年于五月初一日，将木枋朽尽行取起，存在庙内，请封条封住，不得妄动，到冬春二季，方准上闸枋二疋，以垂永久。今人不遵古示，误听偏僻之见，反古之制，其害难言也。更能再请告示，垂石遵依，方不遗害后世，方无更变之端。

自双龙桥起，至马路福来庵，有十余分水小沟，到水大之时，田家怕伤田亩，俱皆闭塞，不得流通。可将沟埂加高，培厚开深，顺田沟下流海沟而出。如此分泻，又不伤田亩，两得其济，不容闭塞。况龙江西岸外之田沟，皆通大海，故江水漫淹，不过数时即退下海，田亩不多有伤。若海水大旺之时，返逆撞上河岸之傍，要月余其水方退，将高下一切海田秧苗，俱皆受害。总要大挖海口，得其畅流，方保苗稼之无害也。

以上乃分环城，外水下海之势，方免内决之忧，还有引水入内，淹遍省城内外之要害也。龙江一过鸡鸣桥，又名西坝大河，直下大海，外分一支，往炉神宫傍，过鸣远桥，灌入城河，会二水同出小西门外假溪桥。此桥窄小，乃单泻城河之水。今有龙江大水，仝城河二水出之，锁噎难流，一时不能泻出。其江水返撞入臭水河，以及南较场，遍淹各处，城廓受害。其臭水河，又名左龙须河，河头在桂香桥，虽有石板闭其上，若江水平岸，上下相灌，又有各街雨水，从左右俱归入此河。其河尾乃通城河泻水而出，若江水涨漫城河，二水俱返撞入臭水河内。所谓前后左右，俱皆灌入此河，又不就田亩，毫无有泻出处，要等江水退回，方得退出城河。况臭水河一带地方，地势又低，人烟稠密，贫民最多，每年常常受此水灾三四次不等，以致倾倒房屋，奔逃寺宇，惨苦难言。不惟城外如此受害，但观城内亦然。城内雨水，从城沟流出外城河，若江水涨漫，从外城河返撞入城内，所以大东门内小西门一带地方，俱有数尺之水，淹倒房屋之惨，此人人共见，何况城外乎？昔古人建造，俱有分利防闭之端，故昔日于炉神宫傍分水口处，原有一石闸，名曰王公闸，上用石坂闸其潢水一时之涨漫，下流涵洞，常通清水之往来，为后人尽将此闸废之，使龙江大水灌入城河，二水并出，又被假溪桥锁住，不能流通，故江水逆遍省城内外，皆由王公闸废而不用之害。若照古制建造此闸，不过用石坂仍闭其上截，防江水一时之漫岸，闭其一二，若江水七八，下有涵洞，听其涸流，两无所害，又不费大力。况此水不就田亩，白白引入城河逆遍，仍转鱼翅河下海，故假溪桥上傍原有一分水小河，后打猪巷分出，今皆闭塞，河迹尚存。

以上皆照古制，非今意见，又不费大力，不用多工，又非利于此，而害于彼之端。惟望高明仁者精详裁制，长有为国忧民之心，目睹情形，观察水势，方不误听私臆之惑、偏僻之见，遗误后世，其功德永垂不朽者也。

乾隆乙未、丁酉二年，江水大泛，漫高堤岸一二尺，又加黄龙庙傍，堤岸内崩，其水淹高伏魔寺戏台之上，将山门外石狮充倒，及各处宫观、庙宇尽皆倾倒，惟存台阁高殿，民间房屋片瓦无存，东南西三城竟成汪洋，二十四铺皆为大海，三市街撑船往来，城门口俱用大木枋闸之。如此水势，可叹万民遭飘零之苦，受破家荡产之灾，其中惨苦，言之不尽。后蒙南园钱公、薛邱岩先生同各位绅耆，禀官捐措经费，修培河岸。从得胜桥起，俱用大方石修培西岸，加高堤埂，培厚河岸，修至柿花桥止。自柿花桥下，至天王庙巷口，约有一箭之堤尚未修石，仍是土堤。原日此岸两傍树木林立，以固堤岸，今树木渐渐高大，恐有大风摇动之患，近来长有倒树之端。况此河堤又薄窄，埂傍又挖坑以堆粪草，难免内决之忧，稍有不测，又照乙未、丁酉二年之灾难也。此亦小段，若能培补，免其内崩之患，乃滇中之幸也。夫何故自东门至鸣远桥，内堤俱是石岸，惟此小段皆土堤也，仁人鉴之。自从石岸修好之后，数十年来，俱皆无内决之患，皆受各上宪之恩膏，诸绅耆之德泽，感载无既矣。

黑龙庙前之分水，往双龙桥原分六七，乃龙江之正身也。玉带河应分三四，乃龙江分支子河也。今双龙桥止分三四，玉带河返分六七，所以江水长涨漫于西岳庙一代地方，实由五岳庙傍沙土、树木堆积，将原旧堤岸埋没数尺，阻住江水，不得直灌桥口，水势俱往玉带西行，其沙土多撇漾于东岸。此处最易积聚沙泥，才挖即漾，总要将原旧桥傍石岸分出，再接石堤一小段至分水处，使江水直流通灌桥口，方不积聚沙土。况且又是石头之堤，泥土又不能留积，以免壅塞，水势平分，河堤坚固。

后　跋

滇云水利，较之三江，似乎易悉，然非胸怀经济，时思利物者，亦未必究心于其间。吾邑宿儒孙颐庵先生，博通古今，诗赋名家，以不求闻达，布衣终老，品诚高矣。然亦未尝不念斯民之利病焉，故于诗赋艺文外，著有《盘龙江水利图说》一册，家藏已久。

戊子岁绅耆有新修六河之议，因得之友人张子，披览之余。自源至委，防利之所在，害之所积，言之最详，及疏之何方，导之何术，亦靡不筹之最当。谁谓无志功名者，即无心世故哉！然其书虽存，其人往矣，既得其书，又必得其人，而河之患乃可除，利可兴也，是所望于当路者。

道光己丑春三月，后学林松玉田氏谨跋。

〔据孙髯翁撰《盘龙江水利图说》（云南省图书馆藏清道光年间钞本）辑录。孙髯翁（1685—1774），字颐庵，原籍陕西三原，因父亲来云南任武官，遂流寓昆明。孙髯翁自幼喜习诗文，乡试时因见对士子搜身，愤然离去，不求闻达，自号“万树梅花一布衣”，以寒士终老。曾纂修《云南县志》，惜散失。清初写下一百八十字的大观楼对联，被誉为“古今第一长联”。孙髯翁不仅以诗文见长，还是一位经世致用，关心滇池水利的学者。他曾溯流而上，考察金沙江，提出“引金济滇”的设想。元代昆明城初具规模，但滇池水患频仍，虽经云南平章政事赛典赤赡思丁修建松华坝水闸，分盘龙江水入金汁河，但水患并未杜绝。从元泰定元年（1324 年）至明万历四十八年（1620 年）间，多次暴发大水。清初六河年久失修，泥沙石块淤塞填河，稍遇大雨，上游河水无所宣泄，就泛滥成灾。孙髯翁深感盘龙江水患对滇池地区人民造成的危害，乃“穷岁月之跋涉”，进行实地考察，并“闲披《禹贡》桑《经》郦《注》之书”，参阅有关历史地理资料，于乾隆十四年（1749 年）撰成水利著作《盘龙江水利图说》，不仅弄清盘龙江江流之源委，而且对盘龙江东、西两大支流，也作了翔实考察。指出滇池水患频仍的原因，系江势北高南下，每骤雨而水便发，若遇积雨，立见沸腾，甚至水入人家，坏垣破壁，使昆明街头出现“老少男女，失所飘零，婴童处子，负携巷哭，涉水褰裳，泥途襟肘，竟至釜甑无存，寄栖萧寺”的悲惨景象。最后提出根治盘龙江之五条措施。此《图说》成书未刊，现仅存一部道光年间钞本，且有“说”无“图”，题名为《孙颐庵拟盘龙江水利图说》。道光年间，昆明林松（字玉田，学者）从友人张氏家中得此传钞本，认为“自源至委，对利之所在，害之所积，言之最详，及疏之何方，导之何术，亦靡不筹之最当”。遂作跋于书后。此书对我们今天规划滇池水利，建立排灌系统，进行综合开发利用，仍有借鉴参考之用。《图说》后附录《附近城廓受害紧要》。李孝友《〈盘龙江水利图说〉校释》（载云南省社科院文献所编《云南文献》，1992 年合刊本）谓系后人补入，非孙髯翁原著。今录之并存。〕

查勘南盘江上游水利工程初次计划书附概要

秦光第

目　次

办法期限第四

甲　办法

一　筹备

二　除害

三　兴利

乙　期间

一　疏筑三年

二　开凿三年

三　善后三年

工程利益第五

甲　工程

一　疏筑

1. 宜良新修时家渡石闸支河子沟及滩口
2. 陆良滩口江底及牛马车路
3. 曲靖滩口江底圩脚并择要疏浚白石潇湘两支河
4. 霑益重修梅家石闸支河及子沟

二　开凿

1. 宜良陈家渡石闸及葫芦口以上石滩江底
2. 陆良石江底沙江底新开支河及修复石桥石闸及新建旧州石闸
3. 曲靖石江底沙江底新开支河凿深白石潇湘两支河及修复石桥石闸新建越州石闸
4. 霑益松林石闸支河及子沟

三　善后

1. 一二两期未完工程
2. 一二两期防护工程
3. 经营涸出永荒公田
4. 补救四县水利工程

乙　利益

一　疏筑期间

成效甫见缓计

二　开凿期间

1. 水利补助费
2. 航路船捐
3. 淹田免灾费
4. 暂荒补助费

三　善后期间

1. 闸费船捐补助费同前
2. 永荒田亩租息或变价

款项约估第六

甲　工程用款约二百万

乙　有效收款约一千一百余万

丙　假定借款约一百八十万

丁　借款抵押

　　一　石闸及支河子沟

　　二　航路

　　三　永荒田工

戊　分期付息约八十余万

己　定期还本约二百万

庚　收支比较余七百余万

择要工作第七

甲　工程

乙　用款

丙　利益

结论第八

甲　办法上之研究

乙　事实上之讨论

丙　吾滇民食之将来

序　言

第世居滇池之滨，间尝关心农业，见向之言吾滇农事者曰刀耨火耕，曰忧旱喜潦，慨然曰星邑弥望田原不无荒芜者，水利不兴也。讲求农业，其筑塘坝，修沟渠，以救济之。

光绪之季，清政维新，水利农田，亦为当轴注重。岁辛丑，第奉大府命，测勘滇池及海口河。此举为浚河深川，用款无多，可辟多数田亩。惟池水低落，沿岸民田，半成高原，乏水灌溉，先须设法救济，始可从事工作，大府重视民田，遂止。阅三载，甲辰，复命测勘洱海，因建议者不明测绘，不谙工程，拟凿马鞍山，改洱海水由枯木河经邓川属达永北境，入金沙江。计稍左。

第主仍疏浚洱河故道，由合江入漾鼻江，因势利导，事顺而易，大府议可，因绌于款项，复辍。经两度测勘，益信吾滇水利事属可为。民国八年，吾邑之安江置吸水机引滇池水灌田，成效果著。十一年壬戌，第由蒙自差次因公至江黎所属之双龙、宁海等处，见多数沃壤，悉付汪洋，与夙昔所闻忧旱喜潦之言，适得其反。为之查勘形式，始悉星云、抚仙两湖相连，分隶黎、江、澂三县，上下湖仅一出口，地属澂江，名曰海口，海口一部之通塞，三县农田利害与共，言及工作，牵掣殊多，海口之壅塞久，致喜潦者病为患潦矣。乃呈请政府拨款疏凿，自十二年开始，先后四年，涸出民田数万工，开辟公田万余工，沿湖农田，多年被淹，经疏凿后，得免水患者称是。当未疏浚前，江宁食米，常仰给于邻县，迨开凿后，两属谷米，多出境者。现善后工程，正待筹备，善后事竣，开辟公田，尚可倍之。十四年乙丑，滇省米价奇昂，东路尤甚，有以开凿滇池口，涸沿岸田进者，议未定。

十五年丙寅，霑、曲、陆、宜四县绅民为备荒故，亦请愿修南盘江。政府从四县绅民之请，责第兼总其成。窃维仙、云两湖湖泽也，南盘江上游江河也，湖泽之与江河，不惟流域有广袤之殊，即工作亦有难易之别。兹事体大，非经查勘测量，估计筹备，四种阶级，不能遽言工作。乃拟定概要，制备略图，于十月初偕鲁君佩之、黄君相予、季君子幹、朱君恒生、岳君国屏、卢君鼎丞，自宜良抵霑益，沿途邀集四县官绅，共同查勘，觉南盘江上游流域，远胜于仙、云两湖工作之困难，利益之闳大过之。探厥病源，殊不一致，大要不外高地无水、低洼苦淹及旱潦不均，有需调剂，急治则害除而利兴，缓图则患深而害剧，至工作前途，非通盘筹划，难期见效，一再研议，众论佥同。适华洋义赈，北京总会美总工程师塔君德、云南分会工程师彭君禄炳，应由夔举先生之请，视察罗平水利工程之便，绕道至曲，由霑益之梅家闸起至宜良之五眼硐止，复为查勘一周，彼此译谈，所见大略相同，惟临别表示此项工程流域过长，必测准水平后，始可从事工作。第尝心焉识之。

古者河渠有书，沟洫有志，以一沟渠之末，史家不殚，特创先例，详为记述者，得毋以河道通塞于民生民食，关系綦重欤！后世国中大河所经，设官督理者无论矣。滇居天南，省外各县水利事宜，在前清统归粮储道兼理，又南关同知专司昆明六河水利，古制灿然。民国以还，全省水利设专局以董治之，列为地方福利行政之一，其重视为何如。

第识本浅陋，年近衰颓，对此国利民福之水利，曷敢妄参末议，不过事切民生，已承其乏，聊将足迹所经，见闻所及者，勉强铺叙，敷衍成章，冠以《图说》，名曰《初次计划》。因迫于付议，仓猝成书，计议未当，筹划未周之处，当亦不少。覆念提倡农业在振兴水利，水利振兴贵调节干湿。先民已先我言之，且干湿既调于吾滇农业，事半功倍，验之呈属之安江有然，验之江川宁海亦然，后之视今，犹今之视昔。霑、曲、陆、宜农业关键，其仍在防备旱潦，调匀干湿间，加之意乎！惜需款甚钜，期限亦长，能否成为事实，未敢臆断，勉为付印，籍以聊贡所得，备将来讲求民食关心水利者之一助云，尔如蒙惠以教言匡其未逮则幸甚！

民国十六年岁次丁卯孟春之吉，呈贡秦光第少元序。

略 图

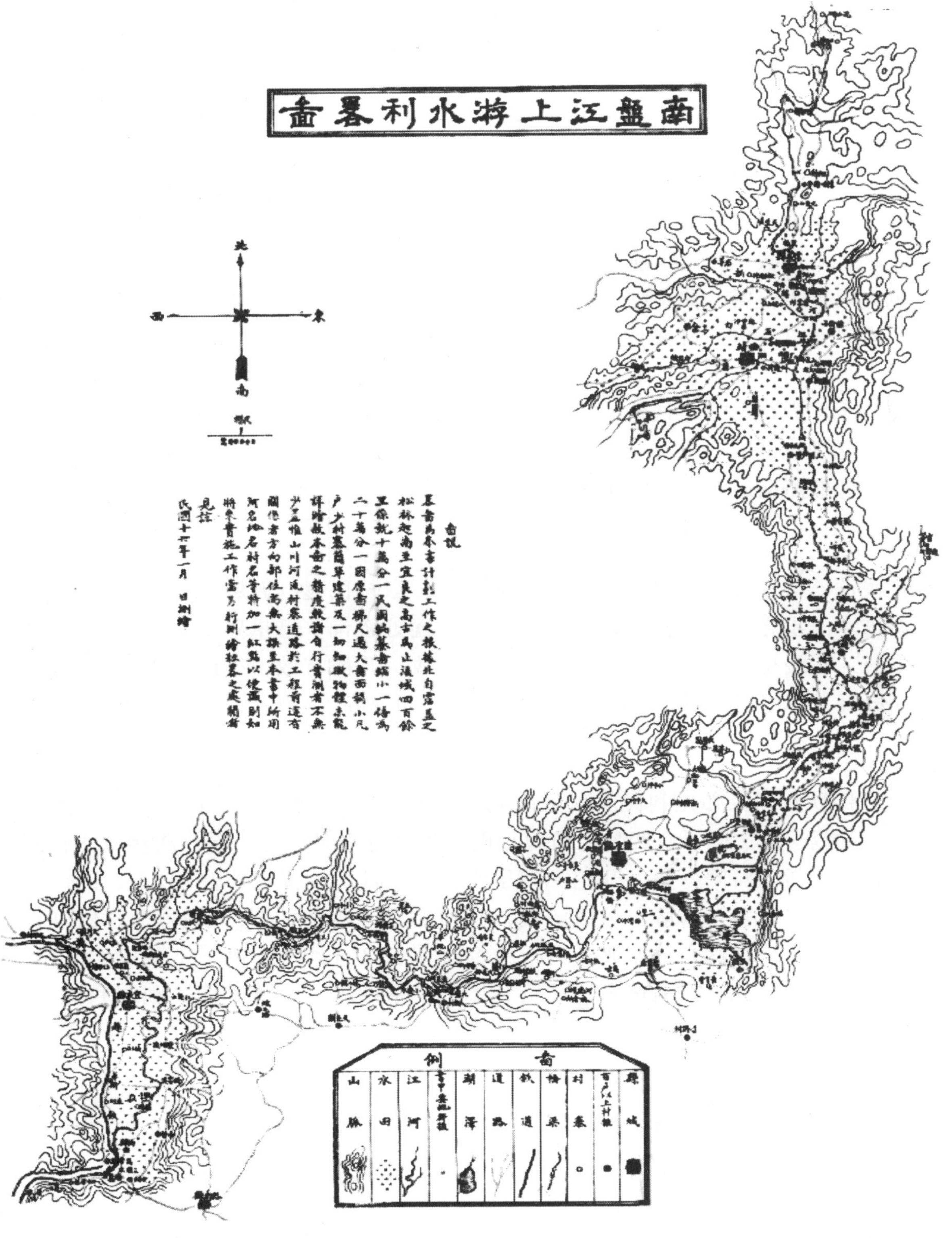
南盤江上游水利畧圖
北
東
西
南
縮尺
圖說
是圖為本處計劃工作之根據北自霑益之
松林起南至宜良之高古馬止流域四百餘
里係就十萬分一民國軍事圖縮小一倍為
二十萬分一因原圖縮尺過大圖面稍小凡
戶少村落簡單建築及一切細微物體未能
詳繪故本圖之精度較諸自行實測者不無
少差惟山川河流村落道路於工程有逕有
關係者方向部位尚無大誤至本書中所用
河名地名村名等特加一紅點以便識別如
將來實施工作當另行測繪較善之處闢圖
見註
民國十六年一月 日測繪
圖例
縣城
百戶以上村鎮
村落
橋梁
鐵道
道路
湖澤
江河
水田
山脈

查勘南盘江上游水利工程初次计划书

原起第一

民国甲子、乙丑，滇东旱潦不均，霜灾复伤豆麦，人民苦饿，群起觅食，逃荒来省者难以数计，以致省会米价日益奇昂，升米涨至三元有余。政府体恤民艰，采办越米，籍资救济。阅丙寅，雨旸时若，民号有秋，米价仍未大减，百物因之。以今例昔，民生不无困惫。有心时事者，谓滇虽农国，向少积蓄，数十年来，人口日有增加，田亩未甚开辟，即无水旱灾祲，民食一项，已属可虞，乃者偏灾，偶见荒象迭呈，不亟于根本上求补救之法，再历数年，民生前途，不堪设想。欲求根本解决，近省州县开辟大宗田亩，其先务也。丙寅夏，霑、曲、陆、宜四县绅民，以江患日深，不堪其苦，请愿政府设法修治，政府以兼总办等，开辟仙、云两湖农田，不无见效，令总其成。以事切民生，未便固辞。十月下旬，偕重要各职员往勘，自宜良之高古马溯流而上，至霑益北门外之黑桥，遍历江干，周查形势，估计地积，考求病源，归而互相讨论，虽规模未具，而条理粗成。窃谓此项工程，现蒙政府加意提倡，将来次第兴办，果抵于成，不惟农田水利，裨益民生，即航路交通，关系民业亦不小云，试言其要。

甲　农田

欲正民德，必厚民生；欲厚民生，必裕民食；欲裕民食，开辟农田，刻不可缓。南盘江上游被水淹没之田，四县合计约百余万工，逐处咨询，已垦熟田占十之七，未辟生地居十之三。疏浚得法，被淹熟田三年后可望双收，开凿有效，被淹生地六年后定获全种。田亩既辟，米量必增，米量既增，米价之平，可操左券，利一。

乙　水利

语有之将欲利国，必先利民。与民以利，何若因民所利之为大且溥也。洼地苦淹，高地无水，为霑、曲、陆、宜四县之通病。现拟于宜良之时家渡，霑、曲接壤之梅家闸，或金龙沟，先修活动石闸一座，开挖支河子沟，引正江低水灌两岸高田，三县合计约十余万工。水闸一修，多年瘠区，尽成沃壤，利何如之。两闸见效，霑益之松林，曲靖之越州，陆良之旧州，宜良之陈家渡，再行继续添建。又查此项石闸，不独有益农田，将来疏浚江身，开凿江底，拦河堵水，尤资利用，一举两得，莫善于斯，利国利民，此其急务，利二。

丙　航路

滇本山国，向称山富水饶，数千年来，耕于山者，何以未富？滨于水者，何以未饶？因交通之不便故也。南盘江上游，自霑益之黑桥至宜良之高古马，水程四百余里，上下江流，均可行舟。按：现在航业，洪水天上流由霑益黑桥至陆良西桥及天生桥，下流由高古马至花鱼滩，可行民船，载重约三千斤。枯水天滩口毕现，载重民船，稍碍通行，惟简便渔船，上下流均可通行。中阻陆良之天生桥至花鱼滩一段，水程约十余里，江行山谷间，岸高而陡，流狭而急，加以怪石嶙峋，或起伏岸侧，或横亘江底，重者成滩，叠者成瀑。瀑布滩口倾斜，由数尺至数丈不等，舟行不便，航路断歇，商旅苦之。兹拟由花鱼滩至天生桥，循水依山，开辟牛马车路一条，从事转运，使下游之船，由高古马抵花鱼滩上流之船，由黑桥达天生桥，转运少许。四县航路，即已通行，航路既通，将来驾驶得法，商贾便利，粮运攸资，既便交通，复裨粮运。东路富源，此其肇端，省会粮源，敢云不匮，利三。

以上三端，均就查勘所得者择要言之，如果见诸施行四县之利，而又不仅四县之利也。曷言之，滇省水利，脍炙人口者，莫如昆明之金汁河，昆阳之海口河。考《滇志》，金汁河为前元咸阳王赛典赤兴修，海口河又前元劝农使张立道兴治。因地近省垣，历明清两朝，代有培修，万民利赖。省外水利，经具体规画，见诸施行者，元明两朝，未之或闻，遍稽志乘，仅前清雍正间鄂文端督滇举行一次。

按：文端督滇六年，水利之明且著者，为建水之泸江，嵩明之嘉丽泽，澂江之抚仙湖，会泽之蔓海，大理之洱海口，至曲靖之潇湘江，按：潇湘江，由西而东，绕曲域之南，俗呼南河，曲人有以南盘江经过曲属，概名为潇湘江者。罗平之西北河，则计划疏凿，未成事实。民国以来，嘉丽泽、抚仙湖重行壅淤，已蒙政府提倡，修复见效。近则曲靖、罗平将有事工作，虽时会所趋，大利所在，而一事之兴举，与古人不谋而合，所谓会归有极者非欤？从来水利兴废，为民食丰歉攸关，甚愿三迤父老，对此民食攸关之水利，各有兴作，使斗米数元，复现于云南全省，尚何荒歉之足忧云。

流域形势第二

南盘江上游水利工程，袤长数百里，连跨四县，设一处之审查未当，即一县之计划未周，作始也简，将毕也钜，安可忽视？况流域短长，为工作多寡攸关，形势平颇，为工作难易所系，分别记载，不厌求详。

甲　流域

江源发于霑益城西九十里之花山硐。东南流经曲靖、陆良、宜良、路南、婆兮、阿迷，复转入竹园、泸西，绕邱北、广南、富县，由剥隘入广西境。其名不一，以其曲折环绕，多向南流，故统名曰南盘江。此全江流域也。查盘江有二：曰南盘，曰北盘，俱发源于霑益之花山硐，向北流经宣威等属入黔者，曰北盘江，向南流经曲靖等属入桂者，即此江也。其与上游工程有关系者，为霑益城北之黑桥至宜良高古马下之葫芦口一段，长约四百余里，中经四县：一自黑桥至崔家圩，水程四十里，属霑；二自崔家圩至石嘴山，水程一百里，属曲；三自石嘴山至车田，水程一百八十里，属陆；四自车田至葫芦口，水程一百里，属宜。此上游所经也，工作部分应分正江、支河两项。

一　正江

霑益流域在工作上应先造闸开沟，余俟确查后再拟。曲靖流域工作要点集中于石嘴山、亮子桥、石喇大圩三段。陆良工作主要者为五眼洞至西桥石江底，西桥至沙沟口坝脚及沙江底，其次焉。宜良工作时家渡、陈家渡、石闸及支河为当务之急，次则葫芦口以上至狗街江底，亦工程所有事，开通航路，沿江滩口，不容缓焉。

二　支河

霑、宜两属，虽有支河，于江流尚无重大关系，应俟开工，再行分别详查，议拟办法。惟曲靖之白石、潇湘两江，陆良之芳华、阎芳两河，或为农田攸关，或为航路所系，劈宽浚深，决不可少。

乙　形势

四县流域，江水同出一源。审度形势，四县利害相关，合为一段，每县情形各别，分为三部：大段自霑益黑桥至曲靖石嘴为上，霑曲属之；自石嘴至车田为中，陆良属之；自车田至葫芦口为下，宜良属之。小部霑、曲合为一段，以黑桥为咽喉，崔家圩至亮子口为胸腹，潦浒石至石嘴为尾闾。陆、宜各为一段，陆以响水坝为咽喉，旧州至西桥为胸腹，西桥至五眼洞其尾闾也。宜良咽喉应断自陈家渡，因陈家渡上至车田略有倾斜，不阻水也，小渡口至狗街为胸腹，葫芦口上下其尾闾也。大段形势，病在上而不在下。小部形势，曲、霑腹尾受病，既遍且溥。陆、宜病在尾闾，胸腹虽有积滞，患尤未深，曷以知之，三区江流，自咽喉至尾闾，长各百里，约计倾斜，不及二丈，原亩之平衍可知，江面之壅塞概见矣，分述如左：

一　原亩

四县江身，类皆自北偏东而南，仅陆良西桥以下至入宜良境一段，系由东而西。因四县中部，均属平原沃壤，西北略高，东南低下，水性就下，故三区江身，回环迂绕，如出一辙。每夏秋两季，西北尚苦无水，东南已患淹田，虽江流阻滞，实地势使然。

二　江流

江流行平原间，随地形之高下为转移，理也，亦势也。四县江流，数百年来，皆任水之性，东西横流，沿途江身，所有建筑，如桥、闸、坝、圩，类皆宽深未当，曲折失宜，因一处之不当，累及一节，因一节之失宜，害及全身。或沙砾填塞，或台基阻滞，致洪水之季，行水变为积水，顺流转而逆流，江流病状，曷可胜道。数十年来，四县绅民，局部之疏导，偶有工作，因短于款项，未得要领，而通体开凿，未之或闻，逐段考查，虽缺于人事，实限于天工。探厥病原，江身之难治有四：一面平而阔，二底阻而硬，三江身曲折太多，四江岸宽窄不一。

流域袤长，形势散漫，上游不治之总因也。二百年前，遇有水患，辄籍圈筑圩堤，作防御之资。近则四山树木，砍伐殆尽，溪流偶涨，尝夹泥沙，历年壅淤，逐段阻滞，遂致江底日高，江流日缓，江水高过圩水，圩田变为圩塘。霑、宜[①]、曲、陆江流之患害始成。

江流患害第三

沿江田亩，开辟数百年矣，昔之日何以免灾？曰江身匀配均，流量速。今之日何以受害？曰江身匀配弛，流量缓，且今日之江身，曲、陆两区不惟难言匀配也，支河横冲，转折过锐之处，沙石填塞江底，甚或壅为倒高。按江河原则，其尾闾必有斜度适宜，匀配均匀之一段消除洪水，而后近江平原得免淹没，稍习农田水利者，类能言之。南盘江上游，仅宜良之葫芦口、陆良之天生桥，庶几近是，曲靖仅石嘴山附近略有倾斜，证以

① 宜　原本作“益”，据上下文意改。

实在情形，宜良尾闾流速最急，田亩之筑圩最少，陆良速度渐缓，田亩之筑圩渐多，曲靖仅有流量，流速无多，故圩而成田者十之七，不圩而种稻者十之三。有识者周巡圩堤，江流情形，见一斑矣，且不独圩堤有然也，验之江岸，亦莫不然。丙寅十月，曲区江水高于圩水五尺，陆良则江面距岸已三四尺，宜良则江岸高于江面七八尺矣，无他江身之斜与不斜，江流之速与不速系之也。审是欲消除水患，涸出淹田，做斜江底，有断然者试将受害情形列左：

甲　受害区域

一、霑益南区

二、曲靖全坝

三、陆良东北东南两区

四、宜良东南西南两区

乙　受害田亩

一、被淹约三十万工

1. 霑益约三万工
2. 曲靖约十八万工
3. 陆良约六万工
4. 宜良约三万工

二、暂荒约五十四万工

1. 霑益约六万工
2. 曲靖约二十四万工
3. 陆良约十八万工
4. 宜良约六万工

三、永荒约三十万工

1. 曲靖约十八万工
2. 陆良约十二万工

丙　受害原因

一、天然的

1. 地势平衍
2. 河身曲折
3. 横亘石龙
4. 波状起伏
5. 泥沙填塞江底
6. 石滩阻滞江面
7. 支流与江流正交
8. 下底比上底高凸

二、人为的

1. 石桥不良

2. 石闸不良
3. 石坝不良
4. 桥基闸台阻水
5. 土坝土埂积沙
6. 圩堤圩脚
7. 天车坝埂
8. 支河泥沙

三、显明的与暗藏的

上述天然、人为二种，因工作难易之关系，又当以明、暗两种包括之。石坝、石埂、硚基、闸台等，目力所及者属于显明的，利害既明，施工自易，波状起伏，横亘石龙，无理曲折倒高江底。目力不到者为暗藏的，为害最大，修治甚难。故显明的又可名为单独的，此等弊病，据勘查所及，不过数丈，或数十丈而一见，治之也易。暗藏的又可名为普遍的，为查勘所不及，以意揣之，此种弊端，沿江上下，随处皆是，如果发现施工甚难，不但此也，暗藏弊端，关系水平，如治之不得其法，今年挑深，明年埋浅，困难状态，匪可言喻。有事工作者，其三致意焉。

上述三端，四县农田危险殊甚。宜、陆两属，比较曲、霑，受害略有浅深者，厥有原因。曲、霑农田，大小一百零八圩，近数年来，被淹殆遍，一再考查，可种者仅十之二三成，灾者已十之七八。各圩人民，以庐墓所在，衣食攸关，每岁春冬，按亩出夫两次，曰修圩，曰撤圩。修圩者修治圩堤，以御江水，并疏通圩渠，冀江水低落，圩水得以宣泄。撤圩则撤出圩中积水，涸出圩田，按时耕种，每值夏秋霖雨之际，不分老幼，均须携锄负笼昼夜严防，名曰守圩。耕作之难，已达极点。迩来水患加剧，修圩未获成功，耕圩尝忧不给，失今不治，一旦曲民懈弛，或迁移他乡，洪水之季，不幸崩圩溃堤，一圩崩溃，他圩继之。洪水夹泥沙而下，陆良首当其冲，宜良地居下流，其患有不堪设想者，非杞人之忧，过甚之词。事有必至，理有或然者。

办法期限第四

削除滩口，劈宽江岸，凿深江底，增加流量、流速，使各县暂荒、永荒田亩，次第涸出，此上游不易之工程也。何期期于办法为？虽然工程事务，一日言之不足，十年为之有余，法则尚焉，时期不可或忽也，法则物理也，时期事理也，不言办法，何以窥本末？不定期限，何以善终？始将向之视为百年美利者，不免有初鲜终浅尝辄止，计画伊始，特先虑及。

甲　办法

一、筹备

此项工作，头绪纷繁，统筹设备，见端宜早，一再思维，大要有五：工作根本，首重水平，欲求水平，须加测量，此其一；工作开始，贵得要领，欲得要领，勘查宜细，洪水勘查，仅属大端，枯水勘查，纤微罔遗，此其二；轻便铁道，搜沙机件，破石炸药，拦水大坝，及铁器工具等，为工作所必需，均须仰给外人，派员购置，似不可缓，其次三；淹田荒田，收费攸分，路工闸工，性质各别，专任兼任，责有攸归，应各选专员，庶纲举目张，众擎易举，此其四；测量水平，宜定基点，调查淹田，应分界限，基点非验标不真，界限非立石不确，工作开始，栽标立石，既便测量，复清界限，此其五。

二、除害

四县人民，痛深水患，开办主旨，以疏浚江身，消除积潦，涸出民田，为第一义，亦非专为俯顺舆情，不过先其所急。

三、兴利

圩田汪洋，闾阎盼除积水，道途梗塞，商贾渴望航行。工作程序，以削平滩口，开通航路，为宣泄圩水之准备，非故为迂缓，害除而后利兴，虽工作步凑，亦事理当然。

乙　期间

一、第一期疏筑，假定三年。

二、第二期开凿，假定三年。

三、第三期善后，假定三年。

办法分明，期间聿定工程之事实肇端，工作之利益开始矣。

工程利益第五

水利，国家事业；航行，社会事业；农田，民生事业，而国计系焉。如果工作完成，明效聿著，政府以美利利人民，不言所利可也。惟是一事经始，克期举效，计日课功，为古人所不废。本处工作，时期定为九年，范围涉及四县，需款至数百万，费已不赀，如不将工程事务缕晰条分，工作利益钩元提要，鲜有不目为空谈，斥为好事者。故每期工作之后，以所获利益继之，非侈谈功利，欲促进实益也。

甲　工程

一、疏筑

1. 宜良时家渡及陈家渡，各修活动石闸一座，并开挖东西两岸长数里至数十里支河及子沟，又由陈家渡起，上至陆良之花鱼滩止，所有滩口，一律削平。

2. 陆良由天生桥上至西桥，滩口一律削平，又由西桥上至沙沟口新旧石闸桥台、大小沙洲，及阻水江底，设法疏浚，因开通航路，由天生桥至花鱼滩，新开长十余里牛马车路一条。

3. 曲靖自石嘴山至丁家桥，大小滩口，一律削平。又石喇大圩及丁家圩埂脚，概行劈宽。自石嘴至石喇江底有阻水处，择尤修治，此正江工程也。白石、潇湘两支流，河尾入江，及中段夹水处，关系农田，先行劈宽，有大阻滞处，酌量疏浚。

4. 霑益重修梅家闸或金龙沟，修活动石闸一座，并开挖长数里支河及子沟。

二、开凿

1. 宜良葫芦口以上之三股水石滩，及狗街上、下江底。

2. 陆良五眼洞至西桥约二十里之石江底，又西桥至沙沟口约十余里之沙江底，并由青山至西桥，新开长十余里，宽二丈不等之支河一条，其第一期疏浚时，取消之石桥及石闸等，完全改良修复。旧州修活动石闸一座，开挖支河及子沟。

3. 曲靖由石嘴山至潦浒石约二十余里之石江底，又由潦浒石至丁家圩约八九里之石夹沙泥江底，石喇大圩迤东，新开十里许之泄水支河一条。白石、潇湘两支河，中段夹水处挑深。越州上下新修活动石闸一二座，开挖支河及子沟。第一期疏浚取消之石桥、石闸、石坝，完全改良修复。

4. 雩益于松林附近，新修活动石闸一座，并开挖支河及子沟，引江水灌溉李喇海子田亩。

三、善后

1. 接办一二两期未完工程。

2. 接补一二两期已竣及应行防护工程。

3. 经营雩、曲、陆、宜四县永荒公田。

4. 补救雩、曲、陆、宜因一二两期工作后，受损失之水利工程。

乙　利益

一、疏筑期间

工作开始，有无利益，暂缓计数。

二、开凿期间

1. 雩益、宜良石闸完成，收补助费。

2. 雩、曲、陆、宜四县，航路通行，酌收船捐。

3. 雩、曲、陆、宜四县，淹田免灾，收免灾费。

4. 雩、曲、陆、宜四县，暂荒田亩退出，收补助费。

三、善后期间

1. 石闸补助费、船捐、暂荒补助费，同前。

2. 永荒田亩退出，如收租，从事招佃，如需款酌量变价。

工程既定，成效可期，款项问题，试一借箸。

款项约估第六

因出计入，国家财政之常经；量入为出，理财经济之通例。南盘工程，其办法界乎政务、业务之间，其筹款采取以公济公之制，用一款有一款之抵押，办一事计一事之成绩。筹款方式，用款来源，或期诸垫拨，或期诸借拨，性质虽殊，办法则一，垫拨者事竣归款，借拨者定期偿还，政务也而业务寓焉。

甲　工程用款约计二百万元

一、开办及购置费，约需二十万元。

以上一项，拟请政府拨垫。

二、第一期工程费，八十万元。

三、第二期工程费，一百万元。

以上二项，拟请政府令知富行照官息拨借。

四、第三期工程费，约需银一百余万元，拟由收获利益，自行拨支，不再借款。

乙　有效收款约计一千一百一十余万元

一、宜良、雩益石闸补助费，收银七十万元。

上列收数，系第一期工作告竣，石闸修成，灌溉宜良田亩约六万工、雩益田亩约一万工。每工年收银二元，每年合收银十四万元，五年应收上数。五年后补助费停止。此项闸利，完全归诸人民，善后办法，届时拟定。

二、曲、霑、陆、宜航路船捐，收银九万元。

上列收数，系第一期工作告竣，航路通行，曲、霑、陆、宜各县商船，酌收船捐，每年假定一万五千元，六年应收上数。六年后办法如何，届时另行拟定。

三、霑、曲、陆、宜淹田免灾费，收银一百二十万元。

上列收数，系第一期工作有效，霑、曲、陆、宜四县，涸出淹田约三十万工，每工共收免灾费四元，应收上数。

四、霑、曲、陆、宜暂荒田工补助费，收银四百三十二万元。

上列收数，系第一、第二两期工作有效。霑、曲、陆、宜四县，涸出暂荒田约五十四万工，每工共收补助费八元，应收上数。

五、曲、陆永荒田工变价，收银四百八十万元。

上列收数，系第二、第三两期工作有效，曲、陆两属涸出永荒田三十万工，归公变价，每工约收银十六元，应收上数。

丙　假定借款约一百八十万元

一、第一期八十万元。

上列数目，系工作开始，第一年借银二十万元，第二年借银三十万元，第三年借银三十万元，共借上数。

二、第二期一百万元。

上列数目，系工作接续，第四年借银三十五万元，第五年借银三十五万元，第六年借银三十万元，共借上数。

丁　借款抵押

一、第一期借款，以霑、宜石闸及新开支河子沟、四县航路作抵。

二、第二期借款，以曲、陆两属暂荒、永荒田工作抵。

戊　分期付息预计八十七万四千八百元

一、第一期，缓付。

二、第二期，付息银二十八万零八百元。

三、第三期，付息银四十九万三千二百元。

四、第三期，补付一期息银十万零八百元。

上列数目，系照借款银数，每元以官息六厘计算，按年递加，先后九年，应付上数。

己　定期还本

一、第三期，还开办及购置费二十万元。

二、第三期，还一、二两期借款银一百八十万元。

上列数目，系工程见效，第三期第九年年终，收束工程将拨垫及拨借之款，完全归还，应付上数。

庚　收支比较

一、收款约一千一百一十余万元。

二、支款约三百九十余万元。

上列收支各款，系归还第一、二两期借项本息，共银约二百八十七万零。第三期工程用款，系由各种收入内提拨一百万零，应支上数。

三、比较约余银七百余万元。

上列收支款项，以及还本付息各数目，均系事前假定，作为计事程功之标准，虽未敢泥为必有，亦未便疑为或无，因收支两项，均系根据事实。惟年限太长，银数过钜，兼总办等一再研议，不假定一数，或疑为没字之碑，必拘执一词，有类于添足之蛇。以事前稍着痕迹，将来动惹窒碍，折衷至再，所列数目，刻鹄类鹜事或有之，画饼充饥理所必无，区区愚忱，尚希见谅。至将来实行开办，每事需款若干、每年开支几何及某事年收若干、某项年收几何，届时当别类分门，据实册报，又未可执假定之数，概括将来也。

摘要工作第七

图难于易，为大于细，事理明征，可与谋成，难与虑始，民情通病。上游工程，其主旨在开辟农田，其目的在和平米价，事业之大，利益之溥，遐迩周知，妇孺能辨。刻经通盘筹画，其间约需九年，具体计除，用款达三百万。此项费用，将来工作完毕，或取诸农田，或取诸航运，事属创举，利有常经，兼总办等一再筹维，不惟时间延长，而且需费甚钜，或以规模太大，奢愿难偿进者，语虽无因，事将搁浅。复经妥为议拟，交通航运，利切民生，水利农田，动关国计，化高瞻远瞩，为矩步绳趋，缩小范围，减少用款，就用力寡而成功多之水利航路，试办一期，历时不过三年，用款未及百万，择要以图，亦陈大略。

甲　工程

一、石闸

宜良时家渡、霑益梅家闸，工作详前。

二、航路

霑益黑桥至宜良高古马，工作详前。

三、农田

择尤疏浚江底，工作详前。

乙　用款

一、开办及购置费二十万元，拟拨垫。

二、工程费六十万元，拟拨借。

丙　利益

一、石闸成，收水利补助费。

二、航路通，收船捐。

三、淹田涸出，收免灾费。

以上三项，均属工作后应有利益，惟此项工作，既云择要，一度以后四县水害，能否完全消除，或消除未久仍复故态，殊难逆料。且第六章所列各数，系通盘合计，接办三期，注重以地方之款，办地方之事。如果只办一期，闸费、船捐两项，尚可如拟，淹田捐一项，或免或减，应俟工作完毕，再行妥拟办法，呈请核定。

上述三事，虽系工作较简，期限不长，用款无多，获益亦溥之件，查勘以还，经本处同人开会研议，认为不无把握，克期见效者，惟航路工作，为开凿江底之准备，淹田收费，可提助涸出荒田之工资。通盘合计，一期毕事，接办二期，二期完工，筹备善后，势较顺而费较省，事半功倍，莫善于此。或以工作事项，时期不宜延长工作前途，款项不宜加钜。迨一期事竣，成效能如预期，用款并不逾额，暂行中止，先行结束，以所获利益，归还借款，此又事之无可如何者。一得之愚，聊备采择。

结论第八

疏筑开凿，善后南盘江上游工程也。农田水利航路，南盘江上游事业也。除害兴利，为事业主旨。垫拨归款，为工程前提。其他审查流域，明定期限，分配工作，预计利益等，计划书中已分别备举，择要略陈。因此项工作，既关国计民生，并系农工商业，如蒙政府视为筹划适当，计议得宜，旋见附诸政纲，采入政策，举而措之，将有日矣。奚必諰諰然徒事辩论为，惟是此项工作，用款至数百万之钜，需时至八九年之多，虽曰农田水利事切民生，兼总办等固尝矢以毅力，未敢掉以轻心。计画伊始，于办法事实，与吾滇民食前途有无关系，不殚详加讨论，广为研求，占往察来，理近诸虚，慎终于始，事其有济，分述如左：

甲　办法上之研究

或一期，或三期，时间上之关系也。或择要，或接办，工作上之关系也。以时间言，必此期终结，而后另议他期。以工作言，必此项完毕，而后接办他项。此办事不易之程序也。讵知一期之与三期，择要之与接办，所应研究者，非期限长短、工作难易问题，择办一期，效果有二：曰水利，曰航路。至淹田一项，是否永久免灾，未敢预期其范围也狭，其利益也简。仅属局部公益，接办三期水利航路外，四县淹田荒田，已完全涸出，增加税源，利一；救济民食，利二；促进农业，减少游惰，利三；所获余利，提作铁路基金，利四。其范围也广，其利益也溥，实为全省政策，此宜研究者一。

乙　事实上之讨论

因人口增加，致民生困惫，因民生困惫，而开辟农田，此本处工程主要目的也。目的既在农田，曷创办伊始，不云农田而先之以水利航路，不知开凿农田为本处唯一目的，水利航路又本处农田之先导也。查一期工作有效，所收闸费船捐，拟提作二期开凿、三期善后之资，且霑、曲、陆、宜被淹田亩，非疏浚之后，继办开凿，继办善后，不易见效，是二三两期，为主要工作，第一期则预备工作也，此宜讨论者一。

丙　吾滇民食之将来

西哲有言，中国民族，富于模仿性。学术有之，事业亦然。斯言也，不啻为近日农工商业写照矣。吾滇数十年来，工商各界未闻有特创之事业，一事见利，大都此仿彼效，辙迹相寻。值此民食维艰，未闻地方父老，对此民食攸关之农田水利，群起兴作。此项工作，如果开办，吾滇人民，咸晓然于水利农田，大利所在，政府且不惜钜款，一再提倡，或共同组合，或单独创办，不过数年，滇省民食，允克有济，此将来事实，而现在可推定者，此足供论究者又一。

窃尝论之，滇省米价，近来高昂极矣，非独省会昂也，省外各县莫不与之俱昂。政府盼米价之平，军米设专司，公米设专局，而奇昂如故。论者谓米价之昂，由于运输不便，地方不宁者有之；由于旱潦不均，收成歉薄者有之；谓币制不一，价格靡定，犯经济上货币加多，物价上腾之定例者有之；谓人口加增，田亩未辟，符经济上供不给求，价格陡涨之原则者有之。甚有倡米之昂，系受省会及箇、蒙之影响者，莫不持之有故，言之成理。平心以思，米价之昂，原因至为复杂，揆以经济学供不给求一语，庶几近是。欲和平米价，舍开辟农田，无所措手也。自滇越铁道开通，滇省社会情状，为之一变，因交通利便，省外物价悉视省会、箇、蒙为衡，米价其一宗也。尝闻经济学家言，社会进步之公例，经济程度增加，生活程度亦与之俱加，吾滇情状则反是，经济程度未见增加，生活程度时有增长，他姑不论，试就与生活有关之人口、民食两项言之。

省会人口，前清季年，由四万余增加至八万余。民国以来，由八万而十三四万，复由十三四万增至十八九万。三数年来，附省各县地方未靖，迁移入省者，时有所闻，有谓省会人口，已达二十余万之说，较二十年前，骤增至五六倍。箇、蒙则厂情发达，人口有增无已，迩来尤甚，人口加增，田亩未闻与之俱增，所需食米，势必由近及远，辗转贩运，价高之由，此其总因。况人口增加，不独省会、箇、蒙为然，惟此外各县增加之率，与增加之数，断难如省会、箇、蒙之骤且遽。惜吾滇户口调查，未甚切实，殊难统计，惟食米一项，需要之数，已超常率，供给之源，仍只此数。即无币制、交通、荒歉、匪患等原因，人民生活原则，亦将超出常例，况乎岁荒、银荒诸险象，各有消长，递为乘除。吾民生活最切之民食问题，遂怵目悸心，成为社会上、经济上，较有关系，较有价值之一大问题，欲解决此种问题，非筹划大宗粮源不可，欲开辟大宗粮源，南盘江上游水利工程，实今日急务也。

南盘江上游，为霑、曲、陆、宜四县，向称余米之区，尝闻耆老有言，六十年前，汉回之役，省城粮台，全恃迤东，东路粮源，曲、陆运送宜良及嵩明，转运晋省者，实居多数。以四县擅江流之利也。近则霑、曲、陆、宜未受江流之利，转受江流之害，偶遇岁歉，民食即已不济，尝仰给于路、宜等属。乙丑之秋，甚至由宜转运越米，籍资救济。吾滇米价日久不平，亦一原因。

此次实行查勘，从权估计，数十年来，四属被水淹没，暂荒永荒之田，约三十八万亩田，合一百一十余万工。此等淹田，强半均系十年二十年前，得种得收者。今则付诸汪洋，潴为泽国，利弃于地，农困于屋，人民苦之。如蒙政府提倡，拨款修治，不过数年，此等泽国，悉成良田。从减约计，每田一亩，年产中米五斗，辟田三十八万亩，年产米十九万石，以五成作为农民耕获及地方粮赋消耗之资，尚余五成，数约九万石有奇，每年以三百六十日计，每日所余之米，得二百五十石。省会人口，以二十余万计，男妇老幼，平均食量，每省米一石，可食千人。此项工作见效，省会食米取给于霑、曲、陆、宜，新增之数，尚属有余。原供省会者，可移资箇、蒙。粮源增加，供求相济，省会、箇、蒙米价，有不日趋于平者，吾不信也。

查乙丑之春，省中荒象已成，政府采办越米，数约万石，危局即解。箇、蒙所需食米，每年亦不过万石，至若云、武、澂二十余县，数十年来，所产粮米，向系运省及个、蒙一带行销，一旦霑、曲、陆、宜新增大宗米量，均望出境。云、武、澂属之米，势难另辟销场，人数只此，粮源骤增，与昔日米贵情形，成一反比例，内而省会，外而箇、蒙，米价必趋于平，需米较多之区，米价日平，其他各县，而不与之俱平者，有是理乎？

南盘江上游工程，谓之云南全省永久民食救济会也，可谓之云南全省固定公米平价所也亦可，实事求是之言，未审有心时事者以为然否？

附：筹备南盘江上游水利工程概要

甲　成立机关

一、总工程处拟设于省城，并附设一议事会，为四县水利工程讨论机关，至江流所经之霑益、曲靖、陆良、宜良等四县，俟工作达到该境时，各设一工程分处。

乙　请发关防

二、总处成立拟请省署颁发关防一颗，文曰“南盘江上游水利总工程处”之关防，以昭信守分处关防，俟机关成立再行呈请颁发。

丙　设置人员

三、总工程处人员设置如左：

（1）名誉总办

（2）总办

（3）名誉会办

（4）会办

（5）坐办

（6）工程主任及工程员

（7）调查委员及调查员

（8）会计庶务文牍员

（9）参议及评议员

四、工程分处设处长、副处长各一员。处长以各该县知事兼充，副处长由地方公正绅董中资望较深者择尤委充，分处于工作期间应设稽查、监工、招工及其他办事职员。

丁　权限责任

五、名誉总会办。总会办总理全体事务，并负工程上计画实施、指挥监督之责。

六、坐办二员。一员秉承总会办办理全体事务，并负稽核总分各处会计出入暨经理公田与人民争执，及因公田发生人民与人民争执等完全责任；一员秉承总会办商同工程人员，负工程上计画实施、指导督促完全责任。

七、工程人员秉承总会办，商同坐办，负工程及公田上测勘丈量、计画实施及指导督促专责。

八、参议及评议员，每县设置若干员，由总处函聘，遇有特别或重要情事时，由总办召集讨论。如参议及评议员对于水利公田等认为有利害关系，经三人以上同意，亦得提出意见请求，开会讨论，一经议决，即可按照实行。

九、调查委员由总处遴委，调查员由总处于各县绅董中选委，均秉承总会、坐办、分处长调查各县历年被淹之公私田亩，某处官荒者若干，民荒者若干，以及受水患之田，应分别轻重，假定等级，详细列表，呈报总处。

十、分处长秉承总会办，商同坐办，办理本分处一切事宜。至公田与人民争执，及因公田发生人民与人民争执，应随时商承坐办，负责办理，凡分处长应办事宜，得责成副处长补助进行。

戊 薪公津贴

十一、名誉总会办、总办，既系兼差，不支薪津。其余职员专任者，支给月薪，兼任者酌给津贴。

十二、所需人员多由地方公正绅士中选充，所有工人按照各该地方情形给价招雇，概不摊派。

己 分配利益

十三、霑益、曲靖、陆良等属，除公家未经开辟之田亩不计外，历年被淹私田约数十万亩。将来工作见效，假定每亩仅收补助费若干元，为数已属不赀，所获利益，无论多寡，均应留作基本金，暂行维持，富滇银行俟有成数，即兴修滇桂铁道。至此项基本金，虽不得挪用分厘，而将来利益，亦不得不早有计画。其银行及全省教育实业，与该四县暨各出力人员如何分配，拟俟调查后，再行议拟呈请核定。

庚 筹拨款项

十四、筹办之初，拟请由富滇银行提拨开办费若干元，为购备搜沙机、轻便铁道、炸药及工作器具费用。

查南盘江流域较长，工作处所亦多，所需工作器具，除由仙、云两湖工程处提用外，一再核计，不敷甚钜，且关系均属重要，极应提前购备，开办费一项，应请早日提拨。

十五、工程费用，第一、二年应由银行拨借若干，拟俟查勘结果，切实估计，再行呈请核定。至三四年以后，工作已渐次见效，所收款项，足敷工程开支，即不再呈请由银行拨款。

辛 定期查勘

十六、南盘江上游历年被淹田亩，及江流所经应施工作处所，务于江水盛涨之时，前往查勘，始得真像。兼总办等拟指调工程人员并熟悉河工情形人员，统率亲往查勘，所需夫马旅费，由仙、云两湖工程款项暂垫，事竣，实报实销。

十七、查勘时，四县知事亦应同往，并由兼总办等选委各该县熟悉江流利害情形之公正绅董一二员，并同前往查勘。

壬 附则

十八、此项工程，约需几年完工，工作日期应于何时开始，俟查勘事竣即行着计画，俟呈奉核准，再行拟定简章，呈请核定。

〔据秦光第撰《查勘南盘江上游水利工程初次计划书》（国家图书馆藏民国十六年石印本）辑录。秦光第（1871—1940），秦光玉弟。字少元，别号六余居士，云南呈贡人，清光绪廪生。入云南武备学堂学习军事，毕业后留任学长。参加辛亥革命和护国首义。历任陆军第三十七协执事官、陆军学堂提调、被服厂厂长、军需局长、警务处长、警察厅厅长、蒙自道尹、昆明市政公所会办等职。性严正，有文武才略，出入军政界三十年，奉公守职，以勤慎称，开辟护国门及南校场市区，以便利交通。民国三年（1914 年），任云南巡按使署政务厅长，兼任云南全省水利总局总办。十三年（1924 年），兼任仙、云两湖湖口工程处名誉总办。十五年（1926 年），改兼南盘江上流水利名誉总办，主持修浚南盘江水利及抚仙、星云两湖，政绩卓卓。次年，将足迹所经，见闻所及，汇编而成，冠以图说，名曰《查勘南盘江上游水利工程初次计划书附概要》，附南盘江上游水利略图 2 幅，1927 年石印发行，是南盘江流域水利工程治理重要文献。〕

疏凿仙云两湖口碑文汇录

由云龙

弁　言

仙、云两湖口疏凿工程，先后十三寒暑，其间地方多故，时作时辍，不无遗憾，而董其事者，复因时率多他徙。云龙等幸始终其事，良以省府期许之厚，地方喁望之殷，上承领导，下喜协恭，得竭愚宪以赴之，兹当收束例须，实纪其事，以作纪念。爰分叙疏浚开凿桥记暨将在事人名泐之于石，并省府善后碑记筑壁，分置海口、海门桥两地，非自炫也。按：各碑文内有称黎县，有称华宁者，系同一县名，华宁为近所改，疏浚桥记人名各碑先成，开凿善后在后，故地名从当时耳。

夫滇居边徼，资富惟农，觇水利之废兴，即可卜农事之枯菀，挽近沟渠不治，膏腴变为洼潦者，比比皆然。其能捍水患以兴水利者，曾不多觏，惟赈灾免粮，岁不绝书。问其故，辄曰工事浩大，地方之力不举。不知大扣大鸣，小扣小鸣，以坚定之意志，运经济之方法，则如斯者，固未尝苦闾阎也，抑有进者。是役也，刷沙导水，畚土锸泥，靡不多方研几，三县士绅，躬与协助，见闻既多，不乏心得，此后两湖工程，当能驾轻就熟，殊可喜也。

省府本嘉惠人民之意，始议疏凿，故于金君铸九请以公田归地方，概然允许，美利德泽，有加无已，是又宜勿忘也。至于云龙等获睹人民乐利，已符私愿，向之纯尽义务，未避辛苦，亦区区不足论耳。今者工程处裁撤，云龙等解除责任，特汇印碑文，略弁于首，幸邦人士察鉴焉。

民国二十四年五月，由云龙、张邦翰、董泽、秦光第同识。

目　录

善后碑记

云南省政府为勒石永饬遵守事。查疏凿抚仙、星云两湖工程，经本府督饬工程处惨淡经营十载有余，已观厥成，一切情形详见疏凿两湖口及重建海门、海晏两桥各碑记，勿待赘述。

兹者江、华、澂三县水患既除，田地增加，已昭然在目。而所有公田，应收公租十七年份、廿一年份，均因雨水过多影响收成，完全减免。十四年至十九年份止，所有欠租共计贰千柒百玖拾陆石玖斗余，又念人民穷困，概行豁免。廿年份，江川、双龙两乡，夏雨失时，秋收歉薄，亦减租七賟，嗣复豁免，禁烟局借款捌万元，准金树德堂捐出旧币拾万元，即将江、华两属境内田滩让归该堂捐办，两属教育实业诸公益，并饬实业、教育两厅切实监督。至于澂江境内田滩，则划归澂江办理教育之用，体恤三县人民至斯已极。此后本可永享幸福，但堤坝虽坚，年久或溃，河道虽通，砂石日积，恐坝溃河塞，泛溢仍难幸免。为永庆安澜计，能不厘订办法以善其后耶！善后办法，首重岁修，其危害堤坝各项亦应严禁，必须逐年修补，防患未然，时时保之护之，乃可永享幸福，庶免蚁穴溃堤之虞矣。本府有见及此，特将办法勒石，仰各永远遵守勿违。切切。此示。

兹将岁修办法附严禁事项分条列后：

甲　岁修责任审度情势并就利害关系分上、下湖口各别担任

一、下湖口及清水河牛舌坝、梅子箐两河，与华、江、澂三县利害相关，由江、华金树德堂捐田兴学办事处商请三县县长委员办理。

二、上湖口及隔河于江、华两县涸出田滩尤有关系，兹所有田滩既归金树德堂捐田兴学办事处，为便利该处起见，岁修责任划归该处负担。

三、上、下两湖口就近各举资望较深者一二人，专负巡守湖河及保管新旧各项碑记之责。担任上湖口者酌给津贴，担任下湖口者即以原有坝长田之租息作酧，若遇临时发生倒塌壅塞，立即报告捐田兴学办事处，分别缓急，酌量赶修，或商请三县县长委员修理，遇有违犯后开禁例者，即呈送县府依法办理，不得私行处罚。

四、不论上、下湖口，如遇发生重要事件，其责任及经费等项，均由捐田兴学办事处商请三县县长，共同担负委员办理。

乙　岁修经费

五、岁修经费即以工程处所建海口楼房铺面二十间及拨留空地三块之租金如数担任，上、下湖口各分一半，每年工竣，取据报请实业厅核销。

六、岁修经费如有余存，归并下年岁修费内，尚有不敷，应由捐田兴学办事处或三县县长临时筹划。

七、海口铺房及空地概归三县保管委员会经理，所收租金专供岁修之用，上、下湖口平均分配，他事不得移挪侵占。

丙　岁修器具

八、工程处所余轻便铁道铁兜及各项工作器具，列册发交三县委员会共同保管，专

供岁修、大修之用，不得散失。如华、江、澂三县遇有公益借用，须呈实业厅核办，但每县不得借过三份之一，并须自限归还日期，担负赔偿责任，以重公物而免遗失。

丁　岁修日期

九、每年岁修务于春初，乘湖水乾涸之际，照章认真举行，不得敷衍塞责。

戊　两湖严禁事项

一、湖口两岸，严禁开挖田地及侵占坝长田。

二、两湖口及清水河隔河，严禁在岸撒网、搬（扳）罾捕鱼。

三、各河岸，严禁纵放牛马等物及砍伐树木苦刺。

四、各河内，严禁抛掷砂石、泥土、渣滓、竹木及有碍河流物件。

五、严禁河内横拦大绳有碍交通。

六、严禁毁坏河岸桥梁石坝及一切碑记。

以上各条，如有违犯，由巡守专员呈送县府重惩不贷。

开凿抚仙、星云两湖口碑记

呈贡秦光第少元

抚仙、星云两湖，界华宁、江川、澂江三县间，为患久矣。明巡按姜思睿、清总督鄂尔泰曾两次疏浚。嘉庆九年，淫雨为灾，沿湖各村，又成泽国。江川知县许亨会邻封大加疏浚，并规定岁修，分地段立碑记，由三县永远遵守。日久玩生，石砂积累，湖口壅狭，河身填塞。近数十年来，洪水一至，泛滥成灾，不特田地淹没，沿湖八十余村亦被其流荡，因而江、宁边境，田少人多，民食不足，且县治距远，政令难周，盗匪匿迹，民不聊生。

民国十一年九月，奉令查办江、宁军民冲突案，目击惨状，始实施疏浚、开凿两法，疏浚另详碑记，兹不赘。开凿工程有鉴于前之随疏随壅，故筹款购轻便铁道及各种器具，轰炸药料，彻底工作，以期一劳永逸。自十二年冬起，地方多故，屡停屡办。至二十二年夏止，计上湖口及隔河较前凿深四五尺至六七尺，其天然石底凿为现在河床者，约深三四尺，下湖口及清水河较上湖口及隔河凿深约加二分之一，其石底亦凿为石床，使上、下湖口河身内数百年填积之砂砾巨石铲除净尽，或炸或凿，无不辟宽攻深，勾配合度，两湖流量，缓急适宜。牛舌坝、梅子箐两河，距入清水河里许，成川字形，向来发生大患，多在牛舌坝河，次即梅子箐河，而防其患者，全赖牛舌、梅子两坝。兹清水河骤深一丈三四尺，牛舌坝河水势向急，此后尤急数倍，河底冲深，事所必然。两河骤深，中间牛舌坝之倒塌，指日可待。故此次善后工程，首注意于牛舌坝河，其河身原积沙石不能不完全挑去，顺山一面亦不能不再凿深一二尺，以利宣泄，顺坝一面则叠高一二尺，以护坝脚，并择要修砌鱼鳞坝四五道，以保河底。新修护壁二十余丈，深其脚以固坝埂。官庄象鼻岭之尖，凿去锐角二三丈，以顺水势，入清水河处，向来阻水之大惊怪石，一概炸除。次于梅子箐新开河道二里有余，以通清水河，其入河处之大山嘴，亦施工凿去，并延长牛、梅两坝各七八丈，引两河之水于流度最速处方贯入清水河，根本大患，庶可免除矣。临时之患，更望岁修预防，随时经营耳。此外，又补助三县修筑堰塘十余处，以增水利，重建海门、海晏两大石桥，以利交通。又于海口修建楼房铺面二十间，空地三块，按年收租，以作岁修经费。

各处工作，迥非昔比，先后历时十载，用石土各工十六万名，耗款四十余万元，未向人民捐一钱、借一米，仅由财政厅借一万、禁烟公所八万、富滇银行七万、殖边银行一万，共拾柒万元，其余由收获租押补助费开支拨借，各款已由应收田租、田价补助费偿还，仅欠禁烟公所八万及收束工程三万。因江、宁久遭匪患，民生凋敝，应纳公租积欠至二千七百九十余石，蒙省府轸念民瘼，概准豁免，俾筹偿稽时，然综计涸出公田沙滩，置办铺房、轻便铁道暨各项铁件等所值亦颇不赀。正拟筹偿欠款，约集三县代表在省开会，适金铸九先生游宦归来，眷怀桑梓，独肩义举，出滇币十万元，供本处分益提奖收束工程之需。

江川涸出公田一千二百余亩，华宁一千余亩，悉数即作两县应分利益，永归两县办理教育、水利、交通、森林诸公益事。至澂江境内，已垦未垦沙滩八百余亩，即作抵该县应分利益，亦不再出款项。经三县代表议决，实符本处开凿宗旨，呈准省府造册移交。其禁烟公所八万，亦呈准豁免，而捐款数目即照原定章程，东陆大学分四万，实业、建设两厅各一万，提奖各职员一万，收束工程三万。

开凿之役，竟于此矣。惟念开凿以来，蒙省府随时维持，承同人不畏艰险，不辞劳怨，民众亦热诚赞助，上下一心，使数百年大患，一举而廓清之，于地方复无所忧，不可谓非幸事也。自兹以往，尤望三县士绅，先其所急，讲求水利于江川双龙乡及华宁墟予乡，再择要增筑堰塘，以谋厚生之道。至教育、交通、实业诸端，审势度力，次第毕举，树风声而资楷模，将拭目俟之。所余铁器及铺面等，如三县代表议决案留作地方公用，余载《善后碑记》。在事人员，另行泐石，爰叙颠末，用志不忘云。

重建海晏桥碑记

呈贡秦光第少元

澂江县南五六里有抚仙湖，湖周三百余里，北及东北、西北属澂江，西南界江川，纳诸山水并接隔河，纳星云湖水，东南界黎县、海口，下流即清水河，纳牛舌坝、梅子箐水，绕入南盘江。

清水河者，即别牛、梅两河洪水而命名者也。前明巡按姜君思睿疏通此河时，于澂江属海口、黎县属官庄两村之间，搭木为桥，以利行人，惟水涨则没，行人苦之。至清乾隆五年，地方官绅改建石桥，题曰“海晏”，殆以河名“清水”，籍颂海晏河清之意乎！桥虽狭隘，然往来均利赖焉，惜工程简陋，桥基为流水冲激，百数十年，已渐剥蚀，桥面久失修葺，破坏尤甚。

民国十二年，曾于疏浚两湖口时，桥基鳞露，行见圮坍，饬工镶砌，勉维交通。追继续开凿，河底挖深，桥竟倾毁，大道中断，影响于地方者甚大。欲募款复修，而工程浩大，民力不逮，乃邀集同人议决，由两湖公田租款项下提拨重建，仍沿旧名。

十四年仲冬兴工，十五年首夏告竣。计役土石工六千有奇，开支款项三万有余。前辙之鉴，桥基深至丈余，再事开凿，桥乃无碍，桥面较前坚实，巍峨平坦，内容巩固，而外观亦复堂皇，且成功迅速，耗款不多，更为预算所未及。究厥原因，良由物价适中，时局无甚妨碍，得以尽力工作，而督役催租诸员绅之勤劳将事，亦与有力焉。

落成之日，绅民齐集，咸相庆幸。余以为此桥之堪庆幸者，不在目前，而在将来。夫海口一隅，水陆通达，水通两湖沿边三县，陆则上通澂、呈、晋、宜，直抵省垣，下通黎县通河间及玉、曲、建、石，且东达滇越铁路，距徐家渡、禄丰村两车站，不过卅余里，较黎县之通婆兮，澂江之通徐家渡，直接间接，便捷极矣。只缘黎、江、澂三县人民，农商为本，向以两湖未开，水患频仍，屡岁不丰，饥寒驱逼，兼以处置不当，无识者竟流为盗匪，匪势猖獗，交通梗塞，百业凋敝，商旅裹足，往来此桥者，仅零星小贩、附近村民而已。

兹者两湖次第疏凿，水患免除，昔日泽国，今成沃壤，有田可耕，匪易肃清，将来大局平静，民气回复，实业振兴，商务发达，各方旅客，群趋捷径，桥上行人，络绎不绝，最堪庆幸者，应在此时。故曰不再目前，而在将来者此也。总之，此桥之建，利在人民，而卒未向人民捐一钱、摊一米，耿耿此心，差堪自慰。爰述颠末，并将在事人员另石勒名，用志不忘云。

重建海门桥碑记

呈贡秦光第少元

星云、抚仙两湖，潴水相通，潆洄于江、黎、澂三县间，下流绕入南盘江。两湖间有隔河，长约三里，西接星云，东泻抚仙。两岸崇山对峙，巉岩峭壁，一水中流，俗所谓“两水相交鱼不往”者是也。河之西端，有桥名曰“海门”，距江川县城十里强，南通临、蒙、开、广，北达省垣。曩昔往来两粤者，恒取道于此。滇越铁道成，乃趋捷径，而通河、玉溪商旅，仍不绝于道。虽曰两湖门户，洵江城锁钥，迤南要津也。桥初系横木为梁，水涨则没，有明天顺庚辰，邑侯张公俊捐款改造石桥，工虽简陋，面虽狭隘，然往来利赖，垂四百六十余载矣，惟代远年湮，流水冲激，风雨剥蚀，已朽坏不堪。前于民国十二年疏浚两湖时，桥基鳞露，瞬见坍圮。因保存先贤遗惠，饬工补砌。不意仅越三年，桥仍倾毁，行人至此，望洋兴叹，倡言重修工程浩大，际兹民穷财尽，筹措巨款，殊非易易。虽然同人办理两湖工程，举凡有益于三县者，莫不竭力为之。矧大道中断，交通梗塞，百业停顿，影响所及，关系匪轻，忍听其长此倾圮乎？爰议决由两湖公田租款拨支。

十六年春，仅砌桥墩。十八年冬，继续工作。本年夏，桥工始竣。先后役土石工五千五百有奇，开支款项共四万三千有余，工料之坚实，远胜于昔。其局势之矞皇，技术之精致，特余事耳。

落成之日，数县绅民，咸相庆幸。然余以为此桥之极可庆幸者，不在落成之日，而在兴工之时也。回忆兴工时，两经政变，江、黎一带沦为战区，当时桥基甫理，挖深二丈余，土壁徒立，原议的款因地方多故，田租滞纳，一切用款，已难接济。且有重重障碍，阻力横生，倘小有意见稍事停顿，立见土壁坍塌，非但前功尽弃，而海水一决，江、宁等处，必成泽国。是所以利民者，转以害民，又岂同人等惨淡经营之初意哉！乃罄所私，以垫公用，激励员工，并日而图，赶砌石基，嗣桥墩将竣，战事逼迫，始行停工。延至今日，赓续告成，足征此桥之差堪庆幸者，在此不再彼，且利属人民，而卒未向人民捐一钱，究其所以？端赖督役催租诸员绅，不辞劳瘁，不避艰险，始有如是之成功也。欣幸之余，用志厓略，并将在事员工另名勒石，庶与此桥同不朽云。

疏浚抚仙、星云两湖口碑记

呈贡秦光第少元

民国十一年秋，黎属宁海、江属普妙各乡军团误会，酿成巨案。光第奉命会同近卫团长鲁琼查办，频往来于星云湖岸，嗣设官招抚赈恤，奖惩善后。各事就绪，集宁海绅民谕之曰："若乡田肥美，民朴质，农产丰裕沃区也。十数年来，胡多匪患？"则曰："诚如公言，虽然宁民向皆男耕女织，本业农商，惟田腴而狭，频遭水患，累岁不登，失业游民，致流为匪，此匪患所由来，公其谅之。"备询其故，始悉澂、黎、江三县之间，有潴水之湖二，曰抚仙，曰星云。湖口之通塞，三县利害与共。自前清雍正间鄂文端督滇时曾一疏浚，后之从事者仅注意牛舌坝、梅子箐，而湖口河身毫未议及，迄今二百余年，岁修、大修均奉行故事，敷衍塞责，以致河口壅淤，人民苦之。近复继长增高，沿湖人民，未受湖水利，转受湖水害矣。问："何不设法疏浚?"则曰："工艰且钜，所费不赀。"复询所以，则曰："仙、云两湖，上下相连，星云湖水由海门桥经隔河宣泄于抚仙，复由抚仙之海口河流数十里泻入铁池河。欲浚星云，必先浚抚仙，因两湖水面倾斜无多，盈则俱盈，涸则俱涸，故也。惟海口河沙石冲击有年，一旦施工，已非易易，加以隔河自界鱼石至海门桥，半属石底，又自海门桥至星云湖口，左右两山，过峡石龙，一片横亘，挖之不可，凿之不能，历年三县官绅，屡集议而未克举行者以此。"

光第悉闻其说，而未识疏浚之难，果如该绅所述焉否也。因思宁海善后，此其要端，且两口疏浚，受其利者，讵只宁海一隅。适便道经海门桥，集江川绅民与议，旋至海口河视察一周，与绅民所言同，惟审度情势，尚非无可施工者。乃取道澂江，又集官绅征求意见，与宁海绅民无异。

光第知两湖水患，与三县关系甚钜也。于是拟具疏浚、开凿两步办法。第一步疏浚，其利在民，请于省署假款二万元，从事兴修，工竣，由两湖沿岸被淹田亩调查水患浅深，分别甲乙捐欵，两年缴还，不敷由三县循旧例平均摊配。省署允可，付省务会议议决。十一月，光第再赴宁海，召集三县官绅特开会议，于组织机关、厘定章程、推举职员、酌派工人、定期工作等事，不厌求详。凡三日，而议甫定，乃于十二年阴历正月十六日开工，五月初七日告竣。

是役也，历时三月有余。自抚仙湖口起至三盘水碾止，修理河身七百余丈，浚深河底三尺至五尺。又自星云湖口起至抚仙湖边止，修理河身约六百丈，浚深河底约四五尺。凡石底均用椎凿，石龙一段，或炸而后凿，或凿而又炸，计役土石工五万九千有奇，合薪公等费都银二万一千八百余元。假款不敷，由三县各筹垫银六百元，继测验两湖水面均低落二尺余，调查两湖沿岸积年受害村乡共八十余人户，凡三千九百余被淹田亩，得四千五百余。照滇省村人惯习，一亩三工，合一万三千余工，计甲等九千余工，乙等四千余工。本年田禾俱获有秋，于是按所获田亩，甲田每工捐银二元，乙田每工捐银一元，应收捐款银二万四千有奇，各绅董请以一次完缴。

光第俯顺舆情，允之收支比较，约余银三千元。凡征收费用、职员奖金皆出于此，余作办理两口善后款。事将蒇，濒湖人民，一致欢忭，对光第个人且加颂辞。窃维是役，款项则财政、实业两司假垫，工程则澂、黎、江三县分担，光第不过与同事员绅提倡计议，敢谓佚道使民劳苦弗怨？尝觉因公力役，抚慰未周，幸同人和衷共济，成此盛举。闻有以至诚所动，金石为开之说相勖者，光第滋愧矣。事竣，三县官绅丐记勒石，光第不文，爰核实叙述。在事职名，另石刊载。至第二步开凿办法，应赓续计画，俾竟全功云。

兹将疏浚、开凿抚仙、星云两湖口工程，及桥工公田在事出力人员职衔姓名，分别开列于左，计开：

疏浚工程出力人员：

总办蒙自道尹秦光第

会办近卫第七团长鲁琼

坐办江川县长陆亚夫

帮办澂江县长孙天辅

帮办黎县长黄宝森

特派员蒙自道署秘书季绍伯

筹办员澂江杨欣荣

稽查澂江纳鸿恩、江川周镜清、黎县孙嗣贤

会计澂江鲁开勋、江川官培恩、黎县李荫恩

庶务澂江段世学、江川蔡秉忠、黎县何国钧

监工澂江李昂、李恩尧、王鸿烈

监工江川邹学忠、宋光辉、靳培明

监工黎县汪以礼、杨宪章、李文成

开凿工程及桥工公田出力人员：

实业厅长缪嘉铭

总办实业司长由云龙

总办建设厅长张邦翰

总办蒙自道尹陈钧

总办禁烟局长李鸿纶

总办教育司长董泽

总办内务司长秦光第

会办团务监督汤希禹

坐办江川县长孙天辅、蔡臻、彭商贤

坐办澂江县长季绍伯、李培天、杜宗琼

帮办黎县长李上理、熊鸿钧、刘名昭

帮办杜国斌

筹办员宁海县佐杨欣荣、蒋大兴、刘毓崧、谢炳炎
文牍员黎县张知名、张廷选，昆明魏文彬、张希江
工程员朱成基、张应科
测绘员施以敏、段丕昆、铁世熙
名誉稽核黎县金凤彩、澂江李家珍
稽核黎县杨沛泽、平彝李文桢
会计澂江李彦、张天叙，江川陈天德
庶务澂江王鸿烈、江川官培恩、黎县何国钧
稽查黎县陈荣章、江川宋光辉、澂江戴如洋
监工澂江李本寿、刘耀，江川苗自诚、罗中茂、邹绍鲁
公田经理蔡臻、傅宅安、张楷荫
公田会计兼庶务澂江赵琦
公田名誉助理江川王廷璋、黎县赵应选
公田助理蒋幼生、贺耀祖、杨绍震

〔据秦光第撰，由云龙辑《疏凿仙云两湖口碑文汇录》（云南省图书馆馆藏民国石印本）辑录。仙、云两湖，即今云南省玉溪市辖属抚仙湖、星云湖简称。抚仙、星云两湖，界华宁、江川、澂江三县间，水患久矣。明代云南巡按姜思睿、清总督鄂尔泰曾两次疏浚。嘉庆九年，江川知县许亨又加疏浚，并规定岁修，分地段立碑记，由三县永远遵守。日久湖口壅狭，河身填塞，近数十年来，洪水一至，泛滥成灾，盗匪匿迹，民不聊生。民国十一年（1922 年）九月，秦光第奉令查办江、宁军民冲突案，始实施疏浚、开凿两法，疏凿工程，自民国十一年至二十四年（1935 年）止，其间地方多故，时作时辍，不无遗憾，而董其事者，复因时率多他徙，经上下多方协力齐成，事竣后，秦光第据实分叙疏浚、开凿桥碑记，以作纪念。由云龙汇录成册，名曰《疏凿仙云两湖口碑文汇录》。〕

中国水利问题

李书田等

序　言

中国水利问题，为国内当前亟要问题之一，尤以中国素称以农立国，举凡防洪、灌溉、排水、放淤，莫不直接影响农业之盛衰，即航运、水力亦关系腹部农产之运输，与“农业之工业化”。

十七年南北统一后，以迄二十二年，政府注意民生，重视水利，先后组设华北水利委员会、扬子江水道整理委员会、太湖流域水利委员会、导淮委员会、广东治河委员会、黄河水利委员会等，从事测验设计与施工。其他只关系一省区之水利会局处等，尚不与焉。是为中国水利建设发皇之时期。

二十年四月，中国水利工程学会成立于南京，首树研究水利工程学术与促进水利工程建设等宏旨。鉴于中国水政之不统一，再四建议于中政会、国府行政院、内政部等，亟谋统一全国水利。二十三年十一月，全国经济委员会因中政会之决议，统一全国水利

机关之管辖，于是测验之统筹，设计研究之进行，工款之分配，工程实施之考核，愈集中化与系统化。是为中国水利行政之一大迈进。

顾年来水旱偏灾，益屡见不鲜，防灾兴利，不特为政府职责所在，专家之探讨，人民之注意，亦偕与俱来。关于中国水利问题之旧藉新刊，固不胜枚举，然而纯粹以客观的资料及各家之意见提要钩玄，使研究本问题者于短时期内可得鸟瞰之印象，并可藉其导引，渐进于本问题之全领域之书籍，尚未之闻。

商务印书馆计划就国内及世界当前之问题，各编专书一种，名之为《现代问题丛书》。总经理王云五先生鉴于中国水利问题之重要，于二十三年十一月底委托书田编撰本书，因事先已尝有编著极类似的一书之私愿，遂毅然允之。越月半，自思与其独撰斯书，莫如与我水利工程界同志分工共撰之为愈益精粹而发挥尽致也。乃自任撰著本书第一编《中国水利问题概论》，分请华北水利委员会委员兼总工程师徐世大先生撰著第二编《华北水利问题》，黄河水利委员会委员兼总工程师张含英先生撰著第三编《黄河问题》，吾国水利工程先进中国水利工程学会会长现任陕西省水利局局长兼总工程师李仪祉先生撰著第四编《西北水利问题》，导淮委员会总工程师须恺先生撰著第五编《导淮问题》，前扬子江水道整理委员会委员兼工务处长宋希尚先生撰著第六编《扬子江水利问题》，前太湖流域水利委员会常务委员兼技术长孙辅世先生撰著第七编《太湖流域水利问题》，前整理运河讨论会总工程师汪胡桢先生撰著第八编《整理运河问题》，广东治河委员会工程科长黄谦益先生撰著第九编《珠江流域水利问题》，全国经济委员会水利处处长郑肇经先生撰著第十编《中国水利行政问题》。以上皆关系数省之重要江河流域水利问题，其他仅在一省区内之局部流域水利问题，姑均从略。计虽定，以国立北洋工学院院务及华北水利委员会会务，未遑函洽，再越半年，长江、黄河相继溃堤决口，防水复堤之不暇，未便以撰著各编分请。迨二十四年十二月，始照议分别函商或面洽，均即慨允积极从事，阅三月至二十五年四月初相继脱稿，遂汇编，并自撰第一编《中国水利问题概论》，于是全书告成焉。

本书各编著者，皆为中国现代水利名家，而且负责从事于所著各流域水利问题之研究，已历有年所，实皆各流域水利问题之权威学者。

中国各流域水利问题，以其气候、地理、地形、地质、水文之各殊，大异其趣，故各编之组织内容，亦略不同。然所罗列之资料，则力求正确，所撰述之意见，则务期忠实之分析。尤有进者，即撰著各编之专家，莫不力避主观的见解，俾以纯粹的客观资料，供给于本问题研究者。

中国各流域水利问题，因其雨量有在全年二千公厘以上者，甚有在全年二百公厘以下者，有流经崇山峻岭者，有纡回沙漠黄壤者，益以四千余年来之堤防闸坝，分疏合并，夺流冲湮，其问题之复杂，有非密西西比、尼罗、印度、恒河等之所可同日语者。中国水利问题全领域之彻底解决，实我今后水利工程界最有兴趣之问题，亦关系吾全体民族最重要问题之一。本书不只为专家供献一部有系统而赅括之叙述，且更为一般读者供献全国水利问题之鸟瞰印象。

尤愿附述于此者，中国水利问题中，为适应特殊环境，许多设计问题有非全凭过去人类经验及水利工程学术所可极度适当解决者。此非赖水工试验所之试验研究不为功。所幸中国第一水工试验所既由十学术及水利机关合作创设于天津，业于二十四年十一月开始试验，中央水工试验所亦正由全国经济委员会用中荷庚款继设于首都。他如中国水利工程学会之分组努力从事研究中国水利各问题，亦促进中国水利工程学术之大动力也。

本书仓促完成，疏漏难免，尚希海内水利专家学术贤达，不吝指正，俾于再版时校订补充。

中华民国二十五年五月十五日昌黎李书田序于天津。

第一编　中国水利问题概论

李书田

中国水利事业，肇自唐虞。神禹伟绩，炳耀千载。而沟洫之制，至周世亦粲然大备，实为灌溉排水之先河。及乎航运，虽载在《禹贡》，然以人力为之者，当以吴王夫差沟通江淮始，至隋世而贯通南北之大运河方告完成。惟水力一项，倡始最晚，发展最迟，而其收效也亦最少。晋之王戎，虽有水碓之设，但多为有权势者之私有，未能统筹全河之利弊，颇为当世所诟病，故唐有毁禁之举。虽至今日之陇蜀，以水车溉田，仍费多而效少，除种植贵重农作物外，尚未能尽蒙其利。此乃因缺乏技术上之研究使然，盖亦因墨守抱瓮而灌之意故也。

从事水利事业者，虽代有名人，然其成功也，专恃长期之经验与缜密之观察，偶一不慎，则毁弃随之。近数年来，始从事于气象水象及地文地质之调查观测，以为规划之依据。洎至今日，尚觉材料缺乏，详细计划，仍感无从着手。且以前治水机关，系统紊乱，各不相谋，甚者或以邻为壑，益滋纷扰。自二十三年全国经济委员会总管全国水利机关后，水利行政始告统一焉。

我国水利区域，约可分为八区：最北者曰华北区，其范围为黄河以北注入渤海之河湖流域；在黄河流域者曰黄河区，附于该区者曰西北区，其范围为陕西及其西北之地带；在淮河流域者曰淮河区；在扬子江流域者曰长江区；而附于该区之太湖流域曰太湖区；至于纵贯南北之运河曰运河区；而我国最南部之珠江流域曰珠江区。诸区内之河流情状，各具特性，故其整治之术，亦未尽同。谨先将各河之水利概况，约略述之。

华北区域内，有辽河、大小凌河、滦河、蓟运河及白河，而以白河为最大。全区面积约为六十二万平方公里，主持研究规划者，为华北水利委员会。区内之西部及北部，均为高山峻岭，再上即为黄土高原，诸水之所从出也。东南行，降为平原，距离甚促，且山岭地带，向为暴雨集中之所，故水之下趋也急，而含沙也重。及其注入平原，坡度骤减，流势既缓，挟沙遂停，致令河北平原上之淀泊，渐就湮灭而失其停潴荡漾之所。故综观华北各河灾害之因，一为全年雨量分配不均，一为含沙量过大，以雨量言，夏秋间之雨量，占全年雨量百分之七十至八十，而潦年之夏季雨量，为旱年之四倍至十一倍。以含沙言，永定河之最大含沙量，几近百分之四十，可与黄河抗衡。至于流量，大小之差尤甚，春夏之交，时即乾涸，夏秋之际，复患洪流。其流量之最大与最小比，常在千倍以上，故水患多而水利少。惟各河之涨落，历时甚短，约均不过三日，洪水之总量，并不甚钜，苟能节之有道，令其徐徐下行，则下游水患，必可俾免。往昔对于迫近畿辅各河之治理，致力最勤，但多以堤防为主，辅以减洪之闸坝，及蓄洪之淀泊，于上游水量及含沙之节制，未能顾及。惟近年来，往日设施，率就淤毁，大半尽失其效，故上游偶患暴雨，即可危及下游。现在拟定之计划，关于拦洪者，有各河上游水库及下游造湖工程；关于泄洪者，有河道之整理及疏浚工程；关于减洪者，有减坝及减河工程；关于除沙者，有上游之拦沙及下游之放淤工程。至于灌溉事业，自战国引漳溉邺后，历代均有设施，惟以水量之难恃，常就荒废，改进之道，在乎增辟水源，或应蓄水，或应引用潜水，视各地情形而异。现在拟定之淤灌计划，乃又利用肥美之洪水以溉田也。关于航运问题，在昔首推运河，自轮轨畅通后，遂无人注意及之，故日趋淤塞，迫待整理。天津至海之航道整理工作，向归外人主持之海河工程局办理，以浚淤为主，裁湾为辅，但仍不能解决淤积之患，故复由前整理海河委员会举办放淤工程。然放淤之区域有限，泥沙之来路无穷，治本之道，仍须在河流之上游求之也。

黄河为我国第二巨川，流域面积约为七十万方公里，黄壤区域，约达四分之一以上。该河洪流飘忽，含沙最多，向为极难治导之水。昔时在冀、鲁、豫境内，薮泽甚多，足以容纳洪水，且有调和雨量之效，惟近代已尽夷为平陆，遇有泛滥，灾患最深。查是河自发源青海以来，至甘肃境合洮、湟二水，东北行，经约一千公里宁绥长槽之含蓄纡屈，其流量（已）小，且势（已）大杀，本不足为下游之患。无如在山、陕之间，汾、洛、泾、渭，相继来会，汜水附近，再合洛沁，遂令二十万方公里面积以上之水，在此较短之距离内，尽泄入河，其势之汹涌，可想而知。且孟津之下，地势平衍，流速锐减，洲渚丛生，河槽既不能容，而仅惟千里长堤是赖，虽防守如何严密，势不能永庆安澜，而冀、鲁、苏、豫之平原，遂为其奔腾驰突之场矣。

考自大禹治水以后，大徙之道凡六，而其它溃决，更仆难数。治之之道，应首在除沙。上游区域之不适于耕者，应提倡造林；可耕者，应辟为阶田；坡度之最陡者，应建谷坊；黄土之壁岸，应加保护。如是则水势既弱，沙量亦减。至于流量，以其面积论，本不甚大，且涨水时间，亦甚短促，拦洪水库之法，颇可采用，但须先解决淤塞问题，始可不致失败。下游之整理，应以固定河槽为主，再法九河分泄之策，下游河患，当可大减。而河槽既定，航运可期。至于灌溉水力诸问题，大部均在西北区域内，下游仅在鲁境有局部之虹吸法灌田而已。

西北区域踞黄河之上游，除河套附近，偶有泛滥外，水灾甚少。惟其大部面积，为极厚之黄壤所掩覆，潜水甚深，而河流多行经崖谷间，水面低于两岸，且林木缺乏，湖泊甚少，遂形成一特殊之乾旱区域。故最重要者，应推灌溉问题。黄河上游，水流湍急，山峡壁立，洮河口以下，始有用水车提水灌溉者，然以需费甚钜，未能普及，而其制造方法，亦墨守成规，不特效率甚低，且对于水位涨落亦缺少适应性。如能改进设计，再发展当地之水电事业，以为灌溉动力之源，则瘠土荒田，大可尽成沃壤矣。宁夏之灌溉，倡始最早，秦汉之渠，尚著实效，但多因无排水之路，积潦成湖，渐至化为斥卤，良田荒废于此者甚多，宜妥筹改进之道。黄河在绥远境内，地势平衍，宜于种植，河流宽缓，涨落尚微，故后套之灌溉事业，久著盛名，遂有“黄河千里惟富一套”之谚。然亦患排水不畅之弊。且因地势较低，易遭洪水，民生渠之淤废，即此因也。秦晋之间，黄河两岸，逼近山岭，并无广大之原野，故多在其支流上引水溉田。最著者，为泾惠、洛惠、渭惠三渠，均为新兴事业，尚未全数竣工。此外在甘肃尚有通惠、洮惠二渠之计划。西北境内，除引用河水外，尚有以雪水灌溉者，计有祈（祁）连以北，青海以西，及天山南北诸地。至于航运问题，洮河口以上，几无交通，西宁、皋兰、宁夏间，仅通皮筏及木筏舟楫之利，始自宁夏，而以宁夏、包头间为最盛。在其支流者，仅渭河由潼关至咸阳，及洛河由三河口至大荔而已。发展航运之法，如由整理河道起，恐需费过多，其易行者，当于造船设计中着手也。

淮水古为四渎之一，源出河南桐柏山北麓。会豫、皖及鲁南山中诸水而东注于海。为江河间平原上最大之水，面积约二十八万方公里。昔日入海之道，本甚通畅。宋神宗时，河决檀州，南夺淮道，淮水遂失其下趋之路，余水潴集而成今日之洪泽湖。清咸丰五年，河再北徙，故道愈堙，大部流量南下经高宝诸湖以入江，小部穿运河东堤漫流以入海。但洪水时，不能尽量宣泄，仍泛滥于沿湖各地，一遇湖水过高，甚或溃运东下，向以产米著称之裹下河全境，遂遭陆沉之劫。此纯由于泄洪水道不畅所致也。该河之最大流量，约为一万五千秒立方公尺，以其流域面积而论，殊感较大。揆其故约有天时及地势二因：以天时言，该流域内每月最大雨量约由三百至七百公厘，一日之最大雨量，可达二百公厘，且其一月内降雨日数，可有十五日至二十日之多；以地势言，各支流约均向一处集中，而鲁南之沂、沭二河，流短坡剧，无含蓄纡回之效，而有泥沙淤积之危。下游排泄迟滞，而上游来水凶猛，常令幹支各流，同告泛滥而易生淤塞。故现在各支流，亦均有容量不足之患。洪杨变后，曾有倡议导淮者，当时大难初平，励精图治者颇不乏人，故赞助者甚众，但终以无具体规划，而未果行。嗣后几经研讨，或主东趋入海，或拟南下入江，分歧庞杂，无所适从。至民国十八年始有导淮委员会之设，而决定江海分疏之总纲，以防洪、航运、灌溉为目的，而进行治导工作。现已逐步举办，将来全部告成，则苏、皖、豫大平原上，将为农业之重心，足补我国民食之不足。且航路已畅，益利农产品之运输焉。

扬子江亦称长江，为我国第一大川。源出青海，东流经康、滇、川、鄂、湘、赣、皖、苏诸省而入海，长约五千余公里，流域面积约为黄河之三倍。其支流系沿途由南北两方，相继来会。流量较为匀称，其最大与最小比，约为十倍。故灾患较少，而航运尚佳。惟年来失于治理，渐感淤塞，前值民国二十年之特殊大雨，遂演成百年来未有之奇灾。查长江自宜昌以上，多流经山岭间，受峡谷之束范，鲜有溃决之患。故以防洪言，应自宜昌始。江出宜昌，至于平地，纡回屈折，流缓沙停，遂为江流之病。东至城陵矶，洞庭诸水，自南来会，下达夏口，复北合汉水，流量骤增。幸汉江与湘境诸水，发源之地，分位南北，距离几近十度，雨季之前后不同，故常不能同告狂涨，武汉水患，尚不甚频数。查湘鄂之交，向为薮泽之区，现在之洞庭，固可节制湘、资、沅、澧四水之入江，而昔日之云、梦二泽，实分踞大江南北，包括安陆以南、枝江以东各地，幅员辽阔，足为湘汉诸水含蓄之所。惟其大部，已夷为平陆，从事垦植。为今之计，势不能令膏腴之田，复沦为湖沼。故治之之道，宜在汉水上游举办拦洪工程，而对湘境诸水，以疏浚洞庭，增其停蓄之量。虽湘、汉诸流，同时盛涨，亦可不致危及三镇之安全。江再东行，至于湖口，鄱阳湖诸水注入。虽江水不易入湖，而亦有滞留赣境诸水之功。此湖亦应加之浚治，以增其效。湖口以下，已无重要支流注入，导淮完成后，在三江营可会淮水。故下游之防洪工作，仅以整理河道，培筑堤防，使其水安全入海而已。以航运言，宜昌以下，以浚渫沙洲为主，务令全溜归一，自免淤积。宜昌以上，流急滩险，如仅以航运为目的，而进行渠化或炸礁等工作，殊感过费，但若与水电问题，合而为一，筑坝遏水，以增水位，则坡平而流自缓，水深而险自夷矣。

太湖为江、浙间之巨浸。源为浙、皖交界北部诸山之水，北以通江之河港，与江水相吞吐。流域面积约为四万方公里，而河川湖泊，约占十分之一。故水路交通，冠于全国。境内地势平衍，土质肥沃，为东南最富之区。昔日国家财用，半赖于此，故其水利问题，久为政府所注意。此流域之雨量，年约一千至一千五百公厘，略当华北之二倍，而六七月间之霉雨，几占全年三分之一，故其水道稍失疏治，即有水灾之虞。且亦以蓄水减少之故，偶遇特殊之年，雨泽稀少亦可致旱。有史以来，水患多于旱灾，而治理以疏浚为主，即是因也。民国以来，居民感于水患频数，请愿设局治理。十八年后，改组为太湖流域水利委员会。二十四年，复并于扬子江水利委员会。现在拟定之整理方案，仍以疏浚为主，辅之以节制及蓄水工程，如于通江各口建闸，及上游建筑水库等计划，若仅恃疏浚，湖涨固可以泄诸江，然江涨亦能倒灌于湖；湖旱固可以取诸江，江旱亦能影响于湖，必也节制与蓄水兼施，庶可使潦有所出，旱有所恃，潴泄得宜，则全区将永无水旱之患，而航运亦不致有阻矣。

运河北起北平，南达杭县，长约一千七百公里，纵贯冀、鲁、苏、浙四省，及五湖四渎诸水。元、明、清三朝，均为漕运要路，昔日曾设专官，以司其事。嗣因海运大开，辽渐荒废。再经铜瓦箱决后，黄河北徙，运道中绝。至于今日，虽其一部尚勉可通航，但仍时有胶阻之患。年来国人渐感于水运价廉，适于农产之输送，为复兴农村计，著者于二十二年倡议整理运河，嗣联合有关之各水利委员会及所经各省之建设厅，合组整理运河讨论会，藉筹规复运道之计。现已估计竣事，约需三千万元。查运河为沟通南北诸水之道，故其病在乎与其相交之各水，其最甚者，首推黄河。黄河北可以出章武，南可以薄淮阴，故运河之大半，处处均有截断之虞。苟无术以底定河水，则运道必无长治久安之策，虽淮河之洪水亦能病运，但亦因受黄河夺道之赐，非其本性然也。现在之整理计划，约可分为三部，一曰引水，一曰节水，三曰泄水。引水工程，包括浚渫及改道二项，冀得通畅之河槽，引清水以济运。节水工程，包括沿途船闸及蓄水库二项，以节制流量，维持适当之水深。泄水工程，除其相交各水之宣泄外，尚有沿途之减河工程，以减低洪水时之水位，藉免危及堤防。此外尚有可讨论者，为穿黄地点问题，各工程家虽主张不一，而以船闸分设凹岸之原则，最为适当。以其有维持闸口深度之利，而无影响洪流之害，然必须河槽固定，始克有济也。现在由淮至江之一段，已因导淮关系，船闸工程及入江之道，已随导淮工程先行举办。如将来运河全线联络告成，则华北黄河、淮水、长江及太湖诸流域，均可相互沟通，而形成最大之内地航运网，其关系重要，自不待言。此乃仅由航运而论，然黄河以北各地，春夏之交，每易苦旱，故多引用运河之水以溉田。若将运道整理后，沿途灌溉，当必更多，此亦附带发展之水利事业也。

珠江为我国南部最大之水。在广州附近，合东、西、北三江而南经三角洲以入海。因其地当热带，雨泽颇丰，平均年计雨量约由一千六百至二千公厘以上。三江汇五岭以南、云南高原以东诸水，故上游所经多属山谷，坡度斜陡，流势甚急。及其出于平原，河床散漫，恃以防洪者，只堤而已。无如堤之建筑，毫无统系，高低不同，位置失当，应据技术上之理论，统筹整理。及其上游，童山濯濯，林木缺少，已无留滞雨水之功，现虽订有取缔伐木及烧山诸法令，亦非短期内所可收效。如以各江分论，东江全境，三分之二为山岭区，故水量来去骤急，宜建闸节流，以备旱期灌溉之用。而其两旁略低之地，亦应建闸，以阻潦水之倒灌。西江流域，面积最大，故流量亦最多，幸沿途有山峡之约束，以缓和下趋之势。然峡上之平畴，有时亦因水位逼高，致遭淹没，亦应相度地势，筑闸障流，藉以减轻灾害。北江因地形之关系，涨落甚速，一日之内可涨六七公尺，宜疏浚积淤，以泄洪水。现在司治理珠江之责者，为广东治河委员会。各江之防潦工程已逐渐完成，其它计划仍在筹备实施中。

综观全国各河之性，黄河及其以北之水，多患流量不均，及含沙过重，宜筹拦沙及节流之道；江淮以南各水，患在雨量过大，宜谋蓄水及通畅水道之方。而水灾未已、水利未兴之因，虽云技术不良，然亦人事有未尽也。慨自有清之季，变乱相寻，民国初年，内战迭起，政治既失常规，孰能注意及此哉！今幸对于水利建设努力推行，若能假以时日，其成绩定可昭示于国人也。

第二编至第八编（略）

第九编　珠江流域之水利问题

黄谦益

第一章　珠江流域之统系及地势

（一）珠江流域统系

五岭脉与苗岭脉南麓之水，大概可分为三大幹流，而汇合于广州附近，曰珠江。其三大幹流，即东江、西江、北江是也。

（二）东江流域及地势

东江幹流，源出于江西与粤毗连之安远县南，流经粤之东北丛山中，蜿蜒向西南，流入惠州以下之平原，而入三角洲与珠江合，其平原面积，约三〇〇平方公里。在此平原内，水流涣散，分为数河汊，将水力分薄，故下游一带，因而淤塞，于低水时，能航行小轮者，仅一幹流耳。

东江长约四百五十公里，与珠江汇流后，约三〇公里而入海。

东江上游，既流经峻峭山岭，区域内且类多童山，其流甚速，直至惠州下始渐入平原，于此平原内，河面渐广，而有堤基筑于两岸，以防山洪。

石龙为东江下游一砂积岛，为东江最冲要之市镇，在石龙之河面阔度，北支流为二四一·四公尺，南支流为三〇九·七公尺，两者均有广九路之桥梁贯过之。此两桥梁桥趸标高，离平均低水位提高五公尺。

石龙居东江下游，平原之中心。平原至此，其宽度为八三四·三公尺，即以石龙北望之罗浮山脚起，至石龙南望之山岗脚止。在此平原中，河汊纷歧，虽有堤基及涵洞或桥梁之设备，仅足以防御普通潦水，及为交通上一种应付，一当洪潦倾泄，则全失其效用。

东江之支流，虽属无甚重要者，在旱季内，仅容纳少量之水，而当潦季，则澎湃而下，其最著者曰新丰江，由惠州上约九十公里之河源县流入幹河，长约一五〇公里。秋香江，由幹河之东南来，于河源与惠州间灌入，发源于紫金县，长约八十公里。

西江，由幹河之东南来，与秋香江同出一山脉，秋香江出于山之阴，而西江则出于山之阳，其长约九十公里，流向彷佛平行，至惠州与幹河汇流。

增江，长约一三五公里，在惠州下之平原内东江口之上约二五公里处流入，源出龙门县山岭间，此支流排水面积颇广，其上游河涧极多。

东江河床，上游夹流于山岭间，多属浅狭，至河源县以下，始渐觉开展，平均约六百公尺，及至惠州，虽经缩窄至二百九十公尺，系为山石所阻成峡。过此峡后，则出平原，漫无所阻矣。于是坦积及岛屿等，处处皆是。河床深度，至是渐渐淤积，而河床于入海处，淤浅更甚。夹河两岸，多冲积层，其上层多属细砂，细砂之下，则为土质，或粗砂互异，此项冲积，土质缺乏黏性，每遇山洪，受水冲擎，则随流倾泄而下。据十年内之观察，河床之变更，竟有浸入至百五十公尺者。而此项冲积地点之对岸下游，则同时积成极大之坦积矣。在惠州以下，高水与低水之横剖面阔，相差颇远，间有在低水时，河面仅百公尺，而两岸筑堤基以防御潦水之距离，竟达千二百公尺者。其河床深度，于低水时，则由一·五公尺至十五公尺；高水时则由七公尺至二十二公尺不等。其容纳潦水之面积，于此可见。下游沙积颇缓，按历年观察，河深与沙积增高甚微，潮涨于此，或有关系焉。

（三）西江流域及地势

西江幹流，源出于云南省之东北密迩曲靖城，向东南流，经黔、桂两省以入于粤之三水，再折而南向，入南中国海，长凡一七九〇公里。支流甚多，上游多滩石、隘狭、沙坦，舟楫往来，极形困难。惟下游则河面辽阔，航业甚盛。

西江各支流所经区域，峰峦峻峭，且因山谷陡斜，故遇降雨时，其水倾泄而下，极为急剧，瞬息间水位即行飞涨，田野既为所淹，山岭之土，且为所冲刷，民国三年水患，梧州水位，于二十四小时内涨高六·七公尺，此其明证也。沿江各山岭，多半为童山。柳江上游，虽有林木，然土人任意取伐，绝无限制，继续如此，不久将尽见其濯濯矣！政府方面，应定禁例以限制之。梧州以下诸山，其峻峭稍逊，青草松木，丛生其上。至流域以内地质，系以石灰石与砂石构成，在桂境内者，更杂以云斑石及小粒石等，而在粤境者，则杂以云斑石及花岗石等。南宁以北，花岗石亦甚夥，桂省之西部，且多泥层石。

梧州至都城一段，河面较宽，最宽之处，为一千五百公尺，于万山中，间现小平原，而沙坦频见，都城以下，有二隘峡，一为小湘峡，长五公里，最狭之处，仅三七〇公尺，惟是处甚深，几及五七公尺。经此后，河面渐开展，及抵肇庆前，其宽为一八五〇公尺，过此复入羚羊峡，长七公里，最狭之处，为三六〇公尺，深七七公尺，沿岸多冲积层，泥土浮松，大雨时倾入河中，下游遂淤积成坦。

自肇庆上之大湾至西江口，河幹两旁洼地，全恃筑基以障洪流，所筑之基，高于地面约五公尺。在思贤滘汇合点，折向南，水道渐缩窄，抵马口，为两孤山所夹，宽仅五二〇公尺。数十年来之最大洪水涨时，即民国四年，因此处收束水势，致令水位增高几及一公尺，速率则每秒钟达二·八〇公尺。自此而下，河面复展，既而复敛，迨抵富湾下十三公里处，缩窄至六九〇公尺。过此以至甘竹滩，河面甚宽，两岸均筑堤围护。至此水道虽觉纷歧，数支流斜向东流入三角洲，惟西江正幹，仍向南注，经江门埠始出崖门入海。

（四）北江流域及地势

北江发源于大庾岭南麓，向西南流而抵韶州，折向南流而至三水河口，即改趋东南，入广州之三角洲，再分析为两支流，与珠江下游汇合，而直流入海，长凡五百公里。

北江幹流，又名浈水。流域面积约九七〇〇平方公里，沿途容纳支流甚多，其所经之地，泰半山谷，因之河面狭窄，河流湍急。惟当雨季时，河底几尽涸，一遇雨季，则汹涌而下，致令幹流水面猝尔高涨，惟宣泄亦速，故其骤涨期间，历时甚暂。河之两岸，多为高山巨岭所夹，于开展处，每现小平原，其宽亦不过五公里，且山多岩石，因成隘峡，其著者，如盲仔峡、飞来峡是也。飞来峡以下，则入平原，间亦有小冈陵，迫近河幹。

连州江为北江一大支流，流域面积，约八五〇〇平方公里，与北江汇合于盲仔峡口，源出粤之西北连县境内，其流向由西北而至东南。离江口约四七公里处，即浛洸口，北江商务繁盛之区也。浛洸以上，滩石浅沙甚多，舟航不易。

翁江源出翁山，与北江汇于英德，流域面积约五二〇〇平方公里，雨季期中，水势颇大。

武水为北江支流中之最大者，由右岸来汇于韶州，源出湖南省之临武县境五岭脉中，流域面积约六六〇〇平方公里，旱季期中，浅水民船均可通航。

琶江与北江汇于飞来峡口上之左岸，流域辽阔，全长约六十公里，距连州江口约四十三公里。源发于观音岭与琶洞岭之北麓，于江口上一公里许，一支流灌入，名源潭水，过飞来峡之南，又复与北江汇。其下游之支流如龙塘水及大燕水等，北江东岸一带耕植地，皆藉以灌溉。琶江各支流两岸，所筑之基围均非完善，故每当圯潦高涨时，附近一带，尽遭淹没。

绥江源出于桂省怀集县境之山岭间，其流向由西北而东南，与北江汇合于清远县，约距三水河口上十公里，惟亦可经青歧涌流入西江，全长约一三〇公里。

在三角洲范围内之芦苞涌、西南涌、佛山涌三水道，皆流入珠江者，惟其流向靡定，遇潦涨时，则均流入珠江，于潮汐之涨退，及雨量增减时，其流向亦因之而呈异状。若在旱季时期，芦苞及西南两涌之水，其上游则迥与珠江隔绝，浅沙积坦，横亘其间，河面间断，类似池沼矣。下游两岸基围，亦不完善，当水位高至广东治河会水准一一〇公尺时，一带田围，俱罹浸没。

飞来峡上，两岸石山如壁，潦涨时，流水为石壁所激，势甚湍急，舟楫往来，甚属危险。沿江石质，多属石灰石，而煤矿及他种矿物亦夥。江干田地，当低水位时，从事种植，每获丰收。河床中沙坦密布，水深约一公尺，旱季更浅。沉淀河底之沙泥，其重量较西江大。

盲仔峡，长约四公里，最窄之处约一百公尺，低水位时，平均水深为九公尺，高水位时，平均增至二七公尺。

北江上游，向无围基，而岸边之坡度，又皆从河床陡峭而起。下游两岸均筑堤围护，河面渐广，流速锐减，致令积淤成坦。

距清远城下约三公里处，有一支流灌入，曰飞水，清远以西耕地，皆获其灌溉之利。

三水以下，两岸所筑防潦围基，可称完善。惟河道颇浅，河面宽度，约二百公尺。顺德水道，至紫洞一带，水道甚浅，两岸虽有巩固之围基，然位置失当。龙江以下，两岸围基，秩序零乱。至下游则围基缺如，故在两水道汇合处，地势渐拓至海，潦潮一涨，田地即遭淹没，水中所含泥滓，乃沉淀于其间，坦积因亦逐渐增高。

北江基围之建筑，大都各自为政，不能统一，为最大缺憾。苟有一部分基身动摇，则坚固者亦不免同受其损，此种恶现象，尤以西、北两江混合处为最显。

广州三角洲面积，约九三〇〇平方公里，为东、西、北三江合力所成之大平原，其泥土盖数千百年积淤所致，此段面积，三分之二为种植地，三分之一为山岭及水道。当潦至时，上游所含泥滓，随流而下，因流速关系，虽略有沉淀，然大量之泥滓，仍随流出海，致海口两岸，冲积线延长展阔之率，非常迅速，磨刀门之积淤，逐年增加，足为明证。由此至澳门一带，亦为泥滓淤积，阻碍航行，若不设法排除，诚恐将来终必为所闭塞。据民四广东治河处调查七宝莲至贝水间，其淤积之数之巨，颇足惊人，于二十四小时内，积淤竟达二十万吨。其沉淀泥滓之淤塞河底，诚为吾人应注意考查及登记之事也。

三角洲既有一带围基保障，而仍不免频遭水患者。其原因为不择地势而筑围基，欠信仰技术性，更有私自占筑者，至有重叠基之建筑，及占据河床内坦地等现象。此不独失却经济原则，且令水流缓滞无纪，政府于此，亟宜注意！

第二章　各江排水区域

（一）东江及各支流排水区域

东江分水界，大概北以五岭脉之东南部，即江西南端安远县之北与信丰县间之分水岭分水；东与韩江西部各支流之源，沿粤之和平、五华、紫金等县之分水岭分水；南以沿南海海岸一带山脉为分水界；西则与北江东南各支流之源，沿粤之连平、新丰、从化、增城等县之山岭为分水界。于此排水区域内，约三分之二之面积，为山岭所占。上游山岭既多，河道窄狭，水流迅速，而山岭间森林缺乏，每遇大雨，砂石泥土，随流倾卸（泄）而下，以致冲积日渐增加。下游日浅，实基于此。

东江及其支流排水面积约分如下：

东江幹河石龙下至江口　三八，〇〇〇平方公里
石龙上至河源　三一，〇〇〇平方公里
河源以上　一二，〇〇〇平方公里
增江　四，八〇〇平方公里
西江　二，七〇〇平方公里
秋香江　一，六〇〇平方公里
新丰江　八，四〇〇平方公里

（二）西江及各支流排水区域

西江排水区域，为珠江三幹流之最大最广阔者，其排水面积，包括滇、黔、桂、粤四省，范围极广，北沿乌蒙山脉以东，连苗岭山脉与扬子江之乌江、沅水、资水等之源分水；东以衡山山脉之南部，经粤之连县、连山县，桂之怀集县，南达粤之肇庆，与北江支流连州江及绥江分水；南面则以句漏及云浮两山脉为之屏障，而使西江之水，不能流向海岸；西因有云南高原，致令西江流域与安南、缅甸诸水隔绝。

西江及其支流排水面积约分如下：

三水以下之西江　三三九，〇〇〇平方公里

梧州以下之西江　三一三，〇〇〇平方公里
桂江　一七，〇〇〇平方公里
右江　一五三，〇〇〇平方公里
红水江　一一二，〇〇〇平方公里

（三）北江及各支流排水区域

北江东面，以大庾岭南行之罗浮山脉，沿赣之虔南，粤之新丰、增城、翁源等县之分水岭为分水界；北面则以五岭之南，及湘、赣边境之山岭为分水界；西以衡山山脉之南部，经粤之连县、连山县，桂之怀集县再入粤境，至直达肇庆为分水界；南则流入三角洲而出海。

北江及各支流排水面积约分如下：

三水以上之北江　七八，〇〇〇平方公里
三水以下之北江　四九，〇〇〇平方公里
绥江　七，二〇〇平方公里
琶江　二，〇〇〇平方公里
连州江　八，五〇〇平方公里
翁江　五，二〇〇平方公里
武水　六，六〇〇平方公里
湞水　九，七〇〇平方公里

第三章　各江流域雨量概要

东江。沿幹流而上，共设三雨量站：一在石龙，约离江口三十五公里；一在河源县，约居全长度之中；一在龙川县，距离河源县约六十五公里。此三雨量站，设于民国九年，因其地点之分配得宜，故各支流虽未设雨量站，而距离不远，得此已足见其大概矣。

东江雨水期，在四月至八月之间，以石龙站论，则八月为最多雨，其平均雨量为三五七公厘。河源站则以五月为最多雨，其平均雨量，达四四四公厘。而龙川雨量，亦以五月为最多，平均雨量为三三二公厘。石龙旱期为十月，平均雨量为一九公厘，其它两站，均在十二月，河源平均雨量为三一公厘，而龙川为四〇公厘。据历年观察，东江雨量，或因其排水区域近海关系，其雨量较诸西、北两江为多也。

附东江流域雨量比较表。

西江。云南高原之雨季，系由五月至十月，平均雨量，约占全年雨量百分之六十，全年雨量则为九七〇公厘，极大雨量之月，是为八月。红水江上游之洪水，亦在此时期发生。谅山、高平、龙州、南宁等处，每年雨量平均，约一，二九〇公厘。最多雨为六七月，平均计之，每月约二〇〇公厘。雨季时之总量，约占全年百分之七九。右江洪水时期，多在六、七、八月。桂江雨量极多，梧州方面，若就最近十六年平均计之，总数每年平均为一，三七六公厘。三水则为一，八一三公厘。二十四小时内，其最大雨量，有达至一六六公厘者。西江下游，如肇庆、三水一带，其雨量之多寡，与潦水无甚关系。盖因分水岭迫近河幹，且因地势平衍，宣泄极迟，而基围之内，禾田鱼沼所需之水，又消纳雨水一部分故也。

附西江上下游流域雨量比较表。

北江。流域内雨量，远在西历一九〇〇年，三水海关已有纪载，及后广东治河会，复在南雄、韶州、乐昌、英德、连州各处，设置雨量站。北江雨水期，系在五月至八月之间，各站雨量最多之月，则为五月，计南雄站雨量，平均为五〇五公厘，韶州站四三七公厘，乐昌站为五三三公厘，英德站为五六六公厘，连州站为四二九公厘。各站旱期为十二月，南雄雨量平均为二三公厘，韶州为一九公厘，乐昌、英德为二〇公厘，连州为二二公厘。据历年观察，各站雨量，大抵匀称，惟较近三角洲各站，则雨量稍多耳。

附北江流域雨量比较表。

广州三角洲上游。其雨季大概由四月至十月，而雨量则以八月为最多，平均雨量为五六八公厘。旱季则在十二月，平均雨量为一三公厘。

附广州三角洲上游雨量比较表。

附各江各站全年雨量比较表。

第四章　各江历年水位概要

东江。下游平原，围基全无统系，故每当寻常潦涨时，即水准高度为一一二公尺，已泛滥全区，尤以石龙以下为底洼，围基更觉零乱，不独于潦涨时一片汪洋，即于潮汛盛涨时，一部分亦难免潮水淹浸。据潮水实测之观察，于潦涨期内，骤增骤减之率极微，于二十四小时内，增至一·三二公尺为最多。下游河汊若非如是纷歧，则其增加必不止此数也。在马嘶水闸未建筑前，一部分之水量由此排出。经石龙北较低之平原滥流，复于石龙之下流入河中，至该闸完成，及相连之围基整理后，石龙水尺高度与流速，均有增加，足以证明。在最高水度时，其排水每秒钟为六，〇七〇立方公尺；在低水度时，每秒钟为四三一立方公尺。

附东江各站水位比较表。

西江。梧州以上各支流，皆夹流于丛山峻岭间，滩石甚多，河底斜度颇大，且多童山，故水之涨落，漫无稽考。其差每达数十公尺者。梧州以下，河道狭窄，至肇庆则略阔，渐而至二千公尺者，至峡口复缩至四百公尺，故于潦涨时，此处即收束水势，峡上水度虽增高，而与下游相比较，则其所差甚微。据历年观察，当峡上高水时，水准为一二三·五五公尺，而峡下亦已达至一二二·四五公尺，其相差仅一·一〇公尺耳。此种原因，大抵受潮涨之影响，及北江下游潦涨时各支河之水同时流入三角洲，有以致之也。在最高水位时，其排水每秒平均为一一，三〇〇立方公尺。在低水位时，每秒平均为七〇〇立方公尺。

附西江各站水位比较表。

北江。流域所经之地，泰半山谷，多为隘峡，因之河面狭窄，水流湍急，上游流速变更极大，在潦涨时期，二十四小时内，竟有高至六七公尺者，而一带低洼之田地，常遭淹没。若非有盲仔峡、飞来峡收束水势，则下游之水患，亦在所常见。峡口之下，多属平原，河面辽阔，水量宣泄极速。根据清远水站历年观察：最高水位时，每秒为一三，〇〇〇立方公尺，当水面低至一一〇·九四公尺时，每秒仅为二〇〇立方公尺。最小流量，约占最大流量百分之一·五。在芦江桥与江口之两站，因水之流向靡定，北江之水向内流时，在江口则每秒为七〇〇立方公尺；水向外流时，芦江桥则每秒为二五五立方公尺。兹将青杭海及芦苞、西南三站纪载之水位，分别如下：

青杭海　每秒一，〇〇〇立方公尺
芦苞　　每秒二，一〇〇立方公尺
西南　　每秒一，五〇〇立方公尺

北江流域内每年平均流量分列如下：

绍州以上　每秒四〇〇立方公尺
武水　　　每秒二七〇立方公尺
翁江　　　每秒二一〇立方公尺
连州江　　每秒三五〇立方公尺
琶江　　　每秒八〇立方公尺
绥江　　　每秒二九〇立方公尺
芦苞以上　每秒一，六五〇立方公尺

设以芦苞之最大流量，作为每秒一五，五〇〇立方公尺，最小者作为二二〇立方公尺，流域面积作为四一，一〇〇平方公里，则每平方公里，每秒所宣泄之最大流量，以立方公尺计，应为〇·三七七，最小流量，应为〇·〇〇五三，平均流量，应为〇·〇四〇。

附北江各站水位比较表。

第五章　各江治理计划

东江。本流域潦水，于每年二月，即开始高涨，其水面高度，即浸没低洼部分之地面，此项低洼田地，多属长期被浸，迄至十月中旬，东江水面低落时为止。被浸禾田及受潦水影响之村落，区域辽阔，居民之损失，实不胜计。石龙以北一带平原，沿江北岸围基，全无统系，而基身亦薄弱不堪，且高度不足，每年当潦至时，被淹田亩数达一百七十平方公里。民国八年，广东治河处整理东江潦患，乃先由马嘶着手建筑水闸，调节水流，以备旱期灌溉之用，并将关系各基围。全数整理，以捍卫北岸一带平原。江之南，围系零乱，各自为政，亦应亟求统一。惟以经费问题，决非一朝一夕可能办到，乃将其患重而扼要者，施以实测，拟定计划，乡民科费，及政府补助兼施，逐渐完成。其下游应注意者，则在离东莞桥之下约三公里之峡口涌。

峡口涌流域，大部分系在广九铁路之西南，面积约六一九平方公里，其小部分则在石龙以南，广九铁路之东北，计面积约为一〇一平方公里。此集水区域，至潦涨时虽有龙头村之水闸以阻洪流，然于雨季期内之雨量，亦为该水闸所限，而不能宣泄，涌之容量有限，大量之积水，于是越涌而向低洼之田地上冲流，以至一片汪洋，其损失虽未如潦灾之惨，然亦不赀矣。对此区域之整理，应于韩溪建筑水闸，于潦期前关闭，阻止潦之浸入，泰半田地，已可免浸，其他最低洼者仍被不能排出之雨水浸没，则可设置抽水机，以排积水。而现在荒芜不治之地，皆可利用以耕种，将见岁中可获两造丰收，而一方农民安居乐业矣。更于大河上游，将菉兰口堵塞，加厚沿岸基围，务令潦水从干河宣泄，则此区域之捍卫，可称美满。

广东治河委员会对于东江流域防潦工程费预算如下：

围基水闸　四，六〇〇，〇〇〇元

西江。下游低洼之地，皆筑基围以资防御，然其高低各不相同，建筑地位既未尽为合宜，且有靡资过钜者，复因工程失度，或因陋就简，其已遭患冲决者，复因修缮无方，或只限于一隅，殊不统筹全局，于再遇大潦时，难免此崩彼决，无所措手足也。

西江绵长，地势倾斜，排水面积广阔，每当潦季，水势之汹涌，实难抵御，幸分段间以窄峡约束水流，不致尽量同时倒下，虽每峡之上，略加高涨，然皆属山谷，不为大患。至肇庆峡上之小平原，乃感受潦患之苦。当高潦盛涨，峡之宣泄不及时，则于峡南稍低之平阳，夺路奔出，侵入高明河。而沿高明河一带田地，素属低洼，便皆受其害矣。计其面积，约为四一〇平方公里，可耕之地，约一三五平方公里，虽有思霖、大榄两围以资捍卫，然该围土基均高度不足，且多属建筑薄弱，故一遇较大潦水，即不能抵御。民国三、四、七、十三、十五等年大水，该两围非为潦水冲成决口，则潦水浸过基顶，一方均遭淹没之患。最高潦水时，全部耕种地之早造田禾，受损失者百分之九十六。就平常夏潦，早造田禾之受损失者，亦达百分之六十一。若秋季仍潦涨，则不独早造受损失，即晚造亦遭百分之三十八以上之损失也。其它农作品及民房、鱼塘等，更蒙重大之惨祸。于是广东治河委员会西江水患之整理，首先建筑宋隆活闸及修筑思霖、大榄两围，肇庆峡上之水患，因而消弭矣。

水出肇庆峡后，流急渐减，而其流量仍大，虽沿江均筑围基防潦，而每年此崩彼陷，处处发见。此为全粤水患问题之最重大者，在此问题研究之下，若欲使全江不致患潦，根本救济办法，则在幹河或支流建筑蓄水池，或藉大湖蓄水，以减少流量。然从经济方面着想，似不适用于西江，盖恐得不偿失矣。至于植林，政府鼓励人民，规定烧山、伐木取缔章程，虽收效或当俟诸数十年后，然于防止潦患，根本上此亦一重要之条件也。

计西江之治理，除根本方法外，亦当从直接防御水患方面筹划，以收事半而功倍之效。故整理围基系统，以坚固防御，建筑水闸，以节制水流，皆属要图也。

广东治河委员会对于西江流域防潦工程费预算如下：

围基水闸　一一，三六九，〇〇〇元

开阔河床　六，〇〇〇，〇〇〇元

管理　二，一三一，〇〇〇元

共计　一九，五〇〇，〇〇〇元

北江。潦涨期始于三月下旬，加以夏季飓风而益甚。在此时期内，上游水位消长极速，当水面高涨时危及基围，其中因潦涨无度，故防御围基高度不足者多，以致潦水超越基顶而泛滥于平原之上者；有因基身薄弱，不能抵抗潦流，以致崩决者；更有因基身冲陷，潦水从此侵入者，以尽淹所捍卫之田地。苟欲免除此项潦患，须设法将雨量全部宣泄入海而后可，此亦在事实上不可能之事也。

广植林木，以求减杀潦势，他若蓄水池与遏流池，亦极适用。惜水流夏滥冬涸，难以利用，纵财力能从事建筑，专作蓄水之用，颇不经济，且日久仍有淤塞之患，而失其储水容量之能力。故今日所需之治理北江计划，以能速救潦患，如整理围基系统，堵塞危害河汊，及能于短促期间内，见诸实行者为尚。

由飞来峡以至半浦之幹围，应加高培厚，以抗拒潦水之最大压方，而于各支流中，亦应建筑适当之水闸或活闸以堵塞之，则广州西南一方，受此连亘不绝之基围捍护，不特包围之田地可免潦患，即广州、佛山、陈村、三水等重要市镇，亦可免遭潦浸之患也。此围计长一百三十公里，即二百三十三华里，倘护养得宜，则于此范围内，沿各小支流两岸之子围，无虑崩决，子围岁修之款，汇而为幹围护养之用而有余。兹仅就北江及广州西南一带核计，其可撤去各围基，共长不下一百六十五公里，即二百九十五华里。幹围一经整理后，此种围基，形同虚设，失其效用矣。

其下游之左岸，宜有一连亘不绝之围基，由飞来峡口以至紫洞口止。又由紫洞起，沿潭洲水道之左岸，以至半浦之山脚止。江之右岸，亦宜有一连亘不断之围基，以至紫洞口止。复由紫洞口起，沿顺德水道之右岸，经龙江、勒楼、黄连以至大洲之下止。凡两岸之各小支流，其能将各幹围隔断者，宜堵塞之。支流之大者，宜建活坝，令所注入之水量，有一定之次序。应筑活坝之支流，如芦苞涌、西南涌、佛山滘是也。至于寻常水位时，舟楫往来所必经之小支流，则宜筑水闸以便航行，并筑多数水窦或水管以为灌溉之用，大洲以下，政府方面应严行取缔建筑围基，因下游一带坦地，农民占筑，殊无统系，阻碍水流，危害原有围基，此为目下西、北两江出海处之通病，而政府亦亟应为农民解决之问题也。

勒楼附近，有通连顺德及甘竹之水道，此为广州与西江最近之通航线，交通重要，若按水流系统论，则仍应建闸分水，以免西北两江混流。惟当潦水高涨时，广州与西江之水路交通，须改道别行，航线略远，仍于航业无大碍，即经陈村及容奇水道是也。勒楼水道，一经间断，可免西江之水注入顺德水道，而潭洲水道与顺德水道，现时已有完全围基，只须加筑数水闸，及加高基顶，已获安全矣。

堵塞各河道专注潦水于一水道，则潦水高度自必加高，惟能利用流急冲刷之力，则可收河底加深之效也。于此河道中，潦水加高之抵御方法有二：一削顺不适合之围基，疏浚积淤，以扩大容量；二则加高围基。

广东治河委员会对于北江流域防潦工程费预算如下：

围基水闸	八，六五〇，〇〇〇元
开阔河床	七一七，九〇〇元
管理	九六七，〇〇〇元
其它工程费	五六五，〇〇〇元
共计	一〇，九〇〇，〇〇〇元

广东治河会对于整理东、西、北三江防潦工程费用预算共三五，〇〇〇，〇〇〇元。

查粤省各江，高水位时之流量，与低水位时之流量，相差甚远，苟欲防范潦患，而同时又欲兼获航业利益，则又势所不能，将来如须求航业利便，则宜整饬一二低水位之河流，以应所需。

第六章　已完成各江水利计划

广东治河委员会，已完成各江计划如左：

东江防潦工程。建筑马嘶水闸，及冈下、赤岭、东岸、山尾、下南各基围，约长三十公里，经用工程费港币四十七万九千元，因此东江流域大部分得免除水患，而改善耕地，不下二百四十三平方公里。至民二十年水灾，沿江基围决口，当经先后拨款完全修复，五乡、独洲、冈头等围，及修理马嘶水闸，用款亦不下三万余元。下游之韩溪水闸工程，经用工程费一十八万余元筑成，而峡口以内七百二十平方公里之田地，亦半可耕种矣。

西江防潦工程。建筑宋隆水闸，并改筑思霖、大榄及景福等围，共长六公里，计用工程费港币六十二万一千元，因之得免水患，改善耕地不下一百五十平方公里，复将泰和、秀丽、三洲、银江、罗秀、庞村、大湾、东村等八围修复，计用工程费十三万余元。

北江防潦工程。建筑芦苞水闸，经用工程费港币九十五万四千二百元，因此水流可严密调节，在北江口一带流域，固受其益，即广州市、佛山各镇，亦莫不得此屏障，而免除水患也。此外更藉以改良耕地，亦不下二百平方公里，至民二十夏秋间，水灾奇重，而经改善之各围基，损失极微。

陈村水道。为广州与西江交通之水道，亦经疏浚。

第七章　施工中之各江水利计划

广东治河委员会，对于整理各江流域之水利工程计划，现正在施工中者，计有下列各处：

西江流域

金西与金东围。此两围虽颇完整，除再加高外，又有一部分之外基坡，加铺碎石，以培固之，计围身长度为一六，〇〇〇公尺，预算修筑费二〇六，〇〇〇元。

秀丽围。此围由苏村以北之山脚至阮水涌全段，培固基身，基顶加高一·五公尺，及修筑原有旧闸、护墙等，计围身长度为一五，〇〇〇公尺，预算费用八六九，〇〇〇元。

阮涌水闸。此闸之闸孔阔七·四〇公尺，闸趸全为三合土所筑，另配以铁闸，以备冬季舟航之便，预算建筑费一一二，五〇〇元。

泰和围。此围用泥加高培厚，并在外基坡加筑护墙，修理现有之水闸，装设抽水机，以改善围内耕地，计围身长度为六，五〇〇公尺，预算费三七三，〇〇〇元。

西窦涌水闸。此水闸之工程设备，与阮涌水闸相同，其费用预算，为一一六，五〇〇元。

北江流域

堵塞琶江。北江潦涨期内，北江之水，从琶江注入，至沿岸地带，俱遭淹没。广东治河委员会为欲使粤汉铁路以西，至飞来峡之南诸地，避免水患起见，已开始实施堵塞琶江计划，将来完成，则流域内之雨量，可经石角附近之龙塘水以入北江。至该项工程，现已在施工中，计预算工程费为一，二五七，一〇〇元。

第十编　中国水利行政问题

郑肇经

第一章　中国历代之水利行政

自黄帝经土设井，立步制亩，灌溉之事始于此，水政之兴亦肇于兹。舜摄帝位，命伯禹作司空，平水土。夏以契之子冥为司空，殷汤以咎单为司空。《周礼》冬官大司空，掌水土。又地官川衡掌巡川泽之禁令，泽虞掌国泽之政令，遂人掌邦之野，均有关水政之官也。

秦设都水长丞，主陂塘灌溉，保守河渠。汉列水衡都尉，于九卿之末，秩比二千石。

其属有都水长丞。汉武帝以都水官多，乃置左右使者以领之。后汉置司空，掌水土事。凡营城起邑，浚沟洫，修坟防之事，则议其利，建其功，凡四方水土功课，岁尽则奏其殿最，而行赏罚。魏晋以下，司空为三公崇阶，无关水利。魏置水衡都尉、都水使者、河堤谒者。晋武帝置都水使者一人，以河堤谒者为都水官属，诸州置都水从事各一人。宋孝武帝复立都水台，置都水使者官。齐有都水台使者一人。梁初置都水台使者，天监七年（公元五〇八年）改大舟卿，位视中书郎，主舟航堤渠。陈承梁，循其制。北魏、北齐有水部曹，掌舟船津梁之事，亦置都水台，掌诸津桥，有使者二人，参军十人。后周有司水中大夫，其属有小司水、小司舟。隋初有水部侍郎，属工部。仁寿元年（公元六〇一年），改都水台为监，更名使者亦为监。炀帝又改为使者，寻又为监，加置少监，又改监为令，少监为少令，领舟楫、河渠二署。

唐工部尚书，掌天下百工屯田山泽之政令，其属有四，四曰水部。龙朔二年（公元六六二年），改水部曰司川。咸亨元年（公元六七〇年）复故。天宝十一载（公元七五二年），改水部曰司水，设郎中员外郎各一人，掌天下川渎陂池之政令，以导达沟洫堰决河渠，凡舟楫灌溉之利，咸总而举之。凡天下水泉三亿二万三千五百五十有九，其在遐荒绝域，殆不可得而知。其江河自西极达于东溟，中国之大川也。其余百三十有五水，是为中川。其又千二百五十有二水，斯为小川。若渭、洛、汾、济、漳、淇、淮、汉皆亘达方域，通济舳舻，徒有之无，利于生人者也。凡水有溉灌者，碾硙不得与争其利，溉灌者又不得浸人庐合，坏人坟隧。仲春乃命通沟渎，立堤防，孟冬而毕。若秋夏霖潦泛溢冲坏者，则不待时而修葺。又设都水监使者二人，总河渠诸津监署，署设令丞。下迄五代，职官皆沿唐制。

宋工部尚书，掌百工水土之政令，稽其功绪，以诏赏罚，侍郎为之贰。其属有三：曰屯田，曰虞部，曰水部。水部郎中员外郎掌沟洫、津梁、舟楫、漕运之事。凡堤防决溢，疏导壅底，以时约束，而计度其岁用之物，修治不如法者罚之，规画措置为民利者赏之。都水监旧隶三司河渠，嘉祐三年（公元一〇五八年），始专置监以领之，判监事一人，以员外郎以上充。同判监事一人，以朝官以上充。丞二人，主簿一人，并以京朝官充。轮遣丞一人，出外治河埽之事。或一岁再岁而罢，其有谙知水政，或至三年。置局于澶州，号曰外监。元丰正名，置使者一人，丞二人，主簿一人，使者掌中外川泽河渠津梁堤堰疏凿浚治之事，丞参领之。凡治水之法，以防止水，以沟荡水，以浍泻水，以陂池潴水。凡江淮河所经都邑，皆颁其禁令，视汴、洛水势涨涸增损而调节之。凡河防谨其法禁，岁计茭楗之数，前期储积，以时颁用，各随其所治地，而任其责。兴役以后，月至十月止，民功则随其先后毋过一月。若导水溉田，及疏治壅积为民利者，定其赏罚。凡修堤岸，植榆柳，则视其勤惰多寡以为殿最。南北外都水丞各一人，都提举官八人，监埽官百三十有五人，皆分职莅事，即干机速，非外丞所能治，则使者行视河渠事。元丰八年（公元一〇八五年），诏提举汴河堤岸司，隶本监。先是导洛入汴，专置堤岸司，至是亦归之。元祐四年（公元一〇八九年），复置外都水使者。五年（公元一〇九〇年），诏南北外都水丞，以三年为任。七年（公元一〇九二年），方议回河东流，乃诏河北东西漕臣，及开封府界提点，各兼南北外都水事。绍圣元年（公元一〇九四年）罢。元符三年（公元一一〇〇年），诏罢北外都水丞，以河事委之漕臣，旋复置。重和元年（公元一一一八年），工部尚书王诏言，乞选差曾任水官谙练者，为南北两外丞，从之。

宣和三年（公元一一二一年），诏罢南北外都水丞司。建炎三年（公元一一二九年），诏都水监置使者一员。绍兴九年（公元一一三九年），复诏南北外都水丞各一员，南丞于应天府，北丞于东京置司。十年（公元一一四〇年），诏都水事归于工部，不复置官。又淳化二年（公元九九一年），诏长吏以下，及巡河主埽使臣，经度行视河防，勿致坏隳，违者当置于法。咸平三年（公元一〇〇〇年），诏缘河官吏，虽秩满，须水落受代。知州通判两月一巡堤，县令佐迭巡堤防。

辽宣徽北南二院视工部，南面官有工部尚书、侍郎、郎中、员外郎等官。都水监有太监、少监及丞。金工部尚书，掌修造工匠屯田山林川泽之禁，江河堤岸道路桥梁之事。都水监，街道司隶焉，分治监，专规措黄沁河，卫州置司，监、掌川泽津梁舟楫河渠之事。兴定五年（公元一二二一年），兼管勾沿河漕运事。都巡河官，掌巡视河道，修完堤堰，栽植榆柳。金世宗大定二十七年（公元一一八七年），命沿河京府州县长贰官，并带管勾河防事。

元工部尚书，掌天下营造百工之政令，凡城池之修浚，土木之缮葺，材物之给受，工匠之程序，悉以任之，并以为总治河防使。都水监置监二人，少监一人，掌治河渠，并堤防水利桥梁牐闸之事。至正六年（公元一三四六年）以连年河决为患，置河南、山东都水监，以专疏塞之任。八年（公元一三四八年），河水为患，诏于济宁、郓城，立行都水监。九年（公元一三四九年），又立山东、河南等处行都水监。十一年（公元一三五一年），立河防提举司，隶行都水监，掌巡视河道。顺帝至元二年（公元一三三六年），置都水庸田使司庸田使二人，副使二人，佥事一人。

明工部尚书左右侍郎，掌天下百工营作、山泽采捕、窑冶屯种、榷税河渠织造之政令。属有水部，后改水部为都水清吏司，设郎中员外郎主事，典川泽陂池，桥道舟车，织造券契量衡之事。曰水利，曰转漕，曰灌田，岁储其金石竹木卷埽，以时修其闸坝洪浅，堰圩堤防，谨蓄泄以备旱涝，无使坏田庐坟隧禾稼舟楫。硙碾者不得与灌田争利，灌田者不得与转漕争利。凡诸水要会，遣京朝官专理，以督有司。役民必以农隙，不能至农隙，则僝功成之。明世河官之制，运河重于黄河。明永乐时，令漕臣兼理河道。此后总理河道常兼理漕运。万历三十年（公元一六〇二年）后始分河臣、漕臣为二，终明之世，不复合一。先是黄河溃决，则专遣总河大臣一员，治浚事还京，不常设。后遇有水患，遂以为定员，其职专管黄河。按永乐十二年（公元一四一四年），议罢海运，令工部尚书一员，及提督一员，疏浚运河。十五年（公元一四一七年），令伯一员，充总兵官，创行漕事。又遣都督侍郎各一员，及尚书一员，伯二员，往来提督，以本部员外郎主事二员分理。又遣侍郎、提督、监察御史、锦衣卫、千户等官巡视。正统四年（公元一四三九年），定巡视河道部属官六员，提督侍郎都御史各一员，以济宁为界，南属侍郎，北属都御史。又以提督一员递相督察。景泰元年（公元一四五〇年），令提督河道专属都御史。六年（公元一四五五年），令总督漕运都督兼理河道。成化七年（公元一四五六年），始分河道为三节，北自通州至德州，南自沛县至仪真，各属郎中一员，中自德州至济宁，属山东按察司，又以侍郎一员总理。嘉靖二年（公元一五二三年），令山东、河南、南北直隶巡抚三司等官，俱听总理河道节制。仍添注郎中员外郎各一员分理。万历五年（公元一五七七年），革提督河道、都御史，其事务并归各该巡抚，照地管理。七年（公元一五七九年），议准山东、河南、南北直隶各巡抚衔内，添“兼管河道”四字，给与专勅。关于各省水利，于弘治八年（公元一四九五年），令浙江按察司管屯田官，带浙西七府水利，仍设主事，或郎中一员专管，三年更代。正德九年（公元一五一四年），设郎中一员，专管苏松等府水利。十二年（公元一五一七年），遣都御史一员专管苏松等七府水利。十六年（公元一五二一年），遣工部尚书一员，巡抚应天等府地方，兴修苏松等七府水利，浙江管水利佥事，听其节制，仍设郎中二员于白茆吴淞江，分理疏浚。嘉靖三年（公元一五二四年），罢苏松等府管水利郎中，仍行浙江管水利佥事带管。四年（公元一五二五年），奏准贵州水利，委管屯田佥事带管，年终具所疏浚陂塘坝堰丈尺，造册送部查考。五年（公元一五二六年），奏准云贵水利委管屯田副使带管，年终具所修浚圩岸陂塘坝堰闸洞沟渠丈尺，造册送部查考。六年（公元一五二七年），令巡抚官督同水利佥事，用心整理苏松水利，毋得虚应故事。十三年（公元一五三四年），令各处按察司屯田官兼管水利。四十五年（公元一五六六年），题准东南水利，不必专设御史，令两浙巡盐御史兼管。隆庆元年（公元一五六七年），题准四川水利茶法屯盐，并归一道。六年（公元一五七二年），特降勅书，以东南水利专责成巡抚。万历三年（公元一五七五年），令巡江御史督理江南水利。四年（公元一五七六年），添设淮安水利佥事一员，于河南按察司带衔。

明代督责地方官吏兴修水利，亦有足述者。正统二年（公元一四三七年），令有司秋成时修筑圩岸，疏浚陂塘，以便农作。仍具疏缴报，俟考满以凭黜陟。弘治十八年（公元一五〇五年），令各府州县治农官，不得别项差占，年终具所辖水道通塞浚否缘由，造册奏缴，考核黜陟。嘉靖七年（公元一五二八年），令陕西、河南、山东抚按等官，严督守令疏浚河水，设法堤防，以备旱潦。能修举者，照例旌擢。又令各处抚按守巡官，严督所属，以时修浚圩岸坝堰陂塘沟渠之在境内者。二十五年（公元一五四六年），命南直隶巡抚都御史，督属修浚太仓州、常熟、崑山等县，七浦、白茆、新泾等河，盐铁、浒浦等塘，仍合巡按御史验勘。二十六年（公元一五四七年），题准琉璃、胡良、滹沱等河，下流壅塞，渰没民田，令顺天、保定各巡抚官，亲诣查勘，作速开浚。隆庆三年（公元一五六九年），题准凡河南等处霸占源野，阻绝河道者，各该巡抚衙门，查照故决泉源条律，为首者发边卫充军，著为例。

清工部尚书，满、汉各一人，掌天下工虞器用，辨物庀料，以饬邦事。所属有营缮、虞衡、都水、屯田四清吏司，都水清吏司郎中、员外郎，均满五人、汉一人。主事满四人、汉二人，掌河防海塘及直省河淀泊川泽陂池水利之政令。凡道路之平治，桥梁之营葺，舟楫之制度，咸总而举之。

凡河道工程，黄、淮二渎为大，运河次之，永定河又次之，及南北诸川湖淀流入海，分流济运者，咸受治焉。设置江南河道总督一人，掌黄、淮会流入海，洪泽湖汕黄济运，南北运河泄水行漕，及瓜州江工，支河湖港疏浚堤防之事。所属河库道一人，掌出纳河帑，淮徐河道一人，淮扬河道一人。山东、河南河道总督一人，掌黄河南下，汶水分流，运河蓄泄，及支河湖港疏浚堤防之事。所属山东运河道一人，衮沂曹兼管黄河道一人，河南开归陈道一人，漳卫怀道一人。直隶总督兼河道总督一人。掌漳卫入运归海，永定河归淀，疏浚堤防之事。所属永定河道一人，通永河道一人，天津河道一人，清河道一人，大广顺河道一人。咸丰五年（公元一八五五年），黄河北徙，乃于十一年（公元一八六一年）裁南河总督缺，以漕督兼管河务。光绪二十八年（公元一九〇二年）冬，裁河东河道总督缺，河工归巡抚兼管。运河道亦裁，改设运河工程局。三十年（公元一九〇四年）冬，裁漕运总督缺，改为江淮巡抚。三十一年（公元一九〇五年），裁江淮巡抚缺，改以淮扬镇总兵为江北提督，仍循例兼管河务。

凡疏浚河道，面必广，底必深，运土必于堤内，无堤者以去河百丈为率。运河岁小浚，间岁大浚。黄河无定期，遇沙停淤积，即为浚治。凡保固，黄南工程限一年，运河限三年，江南、河东同。直隶南运河限三年，北运河限二年，永定诸河险工限一年，平易工程并限三年，均以报竣之日起限。限内冲决，责成修官暨督修官赔修，不修治之罪。限外冲决，守汛官弁暨该管文武官，沿河州县，皆分别议处。凡水利，直省河湖淀泊川泽沟渠，有益于民生者，以时修治，务令蓄泄随宜，旱潦有备，以府州县丞倅佐贰董其役，各给以管理水利职衔。凡海塘，江南以苏松太道，浙江北塘，以杭嘉湖道，南塘以宁绍台道，掌其修防之政，承以府丞倅，分理以州县佐贰等官，事关题奏，均由督抚。凡塘工，皆以石，其非潮汐冲撼之所，间用土工，南用柴工，均如式建置，限年保固。物材价值，率与江南河工同。凡江防，四川以成都府同知，湖广以武汉黄德道、上荆南道、下荆南道，江西以九江府同知，掌其修理，均无定期。如所属堤岸工程，偶被冲刷，该管道厅，即履勘计费，以申于督抚，督抚核实，具题兴工，工竣报销。

第二章　民国以来之水利行政

民国成立以后，中央主管水利事宜，最初分属内务及农商两部，在内务部则属土木司，在农商部则属农林司。迨至民国三年，虽有全国水利局之组织，但其职权仍未专一，依照当时大总统命令，亦仅云关于水利事项，应由各该部咨会全国水利局遇事协商而已。迨民国十六年，国民政府成立后，水灾防御，属内政部；水利建设，属建设委员会；农田水利，属实业部；河道疏浚，属交通部。二十年，建设委员会经办之水利事业，又改归内政部主管。是年江淮流域，大水为灾，国民政府特设救济水灾委员会，办理各省复堤工程。二十二年，国民政府全国经济委员会成立，救济水灾委员会结束，未完事项移交全国经济委员会办理。其重要河流特设机关办理工程，亦有直隶国民政府者。此乃中央主管水利机关之概况也。

各河流域，中央特设之水利机关，其职掌与组织经过情形，分述如左：

（一）华北方面。民国六年，华北大水，天津商埠，亦遭波及。七年，遂成立顺直水利委员会，其组织以直隶省长、全国水利局，及督办京畿一带水灾河工善后事宜处，各派代表一人，另加海河工程局所荐举之三外人，为该会会员，直属国务院。十七年九月，由建设委员会接收，改组为华北水利委员会。二十四年四月，改隶内政部。其管辖区域以黄河以北注入渤海之各河湖流域及沿海区域为范围。会址设天津。

（二）黄河方面。民初黄河无专管机关，迨民国十八年，国民政府始制定黄河水利委员会组织条例公布，惟未实行组织。十九年，建设委员会以修治西北河流与黄河水利委员会职权，不无抵触，呈请明令废止黄河水利委员会组织条例，所有计画治理黄河事宜，由建设委员会统筹办理。二十年四月，建设委员会经办之水利事业，移交内政部主办。黄河事宜，并经行政院国务会议决议计划归内政部主管。二十二年四月，复经中央政治会议议决改组黄河水利委员会。五月，国民政府公布该会组织法。是年九月，该会正式成立，直属国民政府。会址设于开封。

（三）运河方面。民初中央特设治运机关有二，一为督办运河工程总局，于七年成立。该局根据与美国广益公司订立之运河金币借款合同，专办河北、山东两省运河工程事宜，设总局于天津，并于山东济宁设立分局。后因借款用罄，十一年以后，即无形停顿。一为督办江苏运河工程局，先是，民国元年，江苏省署于运河设有上下游堤工事务所，管理运河修防事宜。三年，成立筹浚运河工程局。九年，改组为督办江苏运河工程局。迄十六年改组为江北运河局，属江苏建设厅。十八年，改为江北运河工程处，属于江苏省水利局。二十年，运堤溃决后，改设江北运河工程善后委员会，办理堵口复堤事宜。二十一年，又改为江北运河工程局，属江苏省政府。又国府救济水灾委员会于二十年在运河方面设立工赈局三所，办理善后工程。二十一年，改设为裹下河工程局，属全国经济委员会，工竣结束。

（四）淮河方面。民初，江苏省设有江淮水利测量局，后改为导淮测量处，属全国水利局。十八年，特设导淮委员会，直属国民政府，掌理治导淮河事务，会址设在南京。国民二十年大水，国府救济水灾委员会在淮河方面，设工赈局四所，办理善后工程。二十一年，改设皖淮工程局，属全国经济委员会，工竣结束。

（五）太湖方面。民国九年，设立督办苏浙太湖水利工程局。十六年六月，改为太湖流域水利工程处，直属国府。十八年一月，改组为太湖流域水利委员会，属建设委员会。二十年四月，改隶内政部，管辖太湖、东西苕溪、荆溪、黄浦江、吴淞江、娄江、七浦、白茆、杭镇运河，以及与太湖有关系之湖泊河流。会址设在苏州。

（六）扬子江方面。民国十一年，江水为患，鄂、赣、皖、苏同受其灾，旅华外侨亦以航运艰阻，议请疏治，遂成立扬子江水道讨论委员会，复于其下组织技术委员会，专司测绘事务。十七年，经交通部接收，改组为扬子江水道整理委员会，会址设南京。又民国二十年大水，国府救济水灾委员会，在扬子江方面设工赈局十所。二十一年，改设江汉工程局及江赣工程局，属全国经济委员会，江赣工程局旋于工竣后结束。

（七）湘鄂湖江方面。民国十九年，建设委员会鉴于湘鄂水灾之频，仍其病由于荆江与洞庭互为因果，兼筹则交受其利，偏治则互受其害，拟会同湘鄂两省政府特设湘鄂湖江水利委员会，从事测量计划。嗣以各方经费未能如期划拨，致稽成立，遂先设湘鄂湖江水文站，测量水文。二十年，改隶内政部，继续办理。总站设于内政部，分站设岳阳。

（八）珠江方面。民国四年，设督办广东治河事宜处，十八年，改组为广东治河委员会，直属国府，掌理广东全省河海之疏浚、筑堤、建港、开埠，以及一切预防水患、发展水利、筹款施工事项。会址设广州。

（九）黄浦方面。浚浦局原名修治黄浦河道局，系根据《辛丑条约》第十一条第二项之规定，于清光绪二十七年成立。《条约》载明该局各工及经管经费，每年支用海关银四十六万两，中外各半负担，以二十年为限。嗣以有碍主权，于光绪三十一年，外务部奏归自办，缩短工程期限为四年。旋因限满而工程未竣，乃改该局为善后养工局，辞退洋员，由华人自主。辛亥革命后，又设立浚浦局，民国十二年，前内务部提出国务会议，组设淞沪港务局，拟将浚浦事宜收回归该局接办，辗转会商，迄未得有结果。该局现隶外交部，局址设于上海。

（十）海河方面。清光绪二十三年，王文韶为北洋大臣，鉴于海河淤塞，亟待疏浚，遂与英法领事、海关税务司及外侨商会协定成立海河工程局。至庚子拳乱，由各国之临时政治组织接管。辛丑和约成立，海河工程局重行改组，分为两部，一董事部，董事五人：一领袖领事，一津海关监督，一津海关税务司，一商会会长，一轮船公司代表，华人仅占一席。二仲裁部，董事九人，三人选自外侨商会，三人选自各国航业公司，其余三人即董事部之董事。此外设秘书长总工程师各一人，办理一切事务。局址设天津。

又海河整理委员会，系民国十八年成立，由河北省政府、天津市政府内政、外交、财政三部，建设委员会，各派代表二人，及海河工程局领团代表董事一人，总工程师一人，为委员合组而成，办理海河治标工程。至二十一年四月，预定各工程全数告竣，该会复呈请行政院增办放淤引水工程，延至二十二年年底结束。嗣由内政部、河北省政府合组整理海河善后工程处，接办海河治标未了工程。处址设天津。

至各省水利机关，变迁亦属甚多，兹摘要分述如左：

（1）河北

（甲）黄河河务局。民国二年，裁前清东明河防同知，设东明河务局，及河防营，掌南堤，隶冀南观察使。七年，设北岸河务局及河防营，掌北堤。八年，改组为直隶黄河河务局，以大名道尹兼任之，改两岸河务局为分局。十八年，改为河北省黄河河务局，属建设厅。

（乙）永定河河务局。民国三年，设永定河河务局，归京兆尹管辖。国民政府成立后，改隶河北省建设厅。

（丙）子牙河河务局。民国二年，设工巡长，七年，改组工警长，均隶于天津河务局。八年改组，设分局长，隶直隶河务局。十八年，改组为子牙河河务局，隶河北省建设厅。

（丁）北运河河务局。北运河之管理，清季由通永道兼辖。民国成立后，归直隶河务局管辖。京兆区域成立后，与直隶省划分界限，武清县界以下之河流，归天津河务局管辖，设立北运河下游分局管理之。武清县以上之河流，归京兆尹管辖，设北运河河防局管理。九年，改组为河务局，十七年，上下游并为一局，改组为河北省北运河河务局，属河北省建设厅。

（戊）大清河河务局。清代设清河道，民国以还，改设工警长、工巡长，隶天津河务局。八年，改设大清河分局，属河北河务局。十八年，改组为大清河河务局，属河北省建设厅。

（己）南运河河务局。民初为直隶河务局南运河分局，十八年，改组为河北省南运河河务局，属河北省建设厅。

（二）山东

（甲）山东河务局。自清咸丰五年，铜瓦厢决口，黄河北徙，夺大清河由利津入海以后，光绪十年即设有上中下三游河防局。民国元年，各局总办改称局长，六年，三游河防局裁撤，另组河工局于济南，统辖三游。七年，改称河务局，属山东省政府。

（乙）山东运河工程局。民国二年，设立南运湖河筹备处，兼办山东全省水利事务，旋改为山东运河工程局。

（丙）山东小清河工程局。小清河水利事宜，原隶于山东水利局，设有测量小清河事务所。十年，设疏浚小清河工赈局，旋并入运河工程局。十六年，另设小清河疏浚工程局，属警察厅。十九年，由建设厅将运工局中关于小清河事务，划出专管，定名为小清河工程局，属山东省建设厅。

（三）河南[①]

（甲）河南河务局。豫省河工，清季由河东河道总督专管，嗣后河督缺裁，归河南巡抚兼理，宣统二年，设有河防公所，即以南北两道为总会办。民国二年，改设河防局，八年，改名为河务局，属河南省政府。

（乙）各河水利局。豫省各河水利，原系按县设立水利局。至十八年改组，按河流系统规画，分为区域，即以该区域内最大河流为分局名称。至十九年五月，河南水利局取消后，复将分局分字裁去，定为某河水利局。已经成立者，计有淮河、汝洪、汝颍、贾鲁、惠济、丹卫、沙河、沁河、漳淇等水利局。二十二年，合并为四水利局，分设于开封、信阳、洛阳、新乡等处，均属于河南省建设厅。近又裁撤四局，改于建设厅内设水利工程处。

（四）江苏

（甲）江北运河工程局。江苏运河机关沿革，已详于前。自民国二十一年江北运河工程善后委员会办理堵口复堤事宜完竣后，即改设江北运河工程局，属江苏省政府。

（乙）江南水利工程处。民国三年，江苏省设有江南水利局，主管江宁等二十八县河湖海塘浚治修筑事宜。十六年五月，国民政府组织太湖流域水利工程处，该局乃即裁撤。是年十二月，江苏建设厅复设江南水利局，未几仍裁撤，最近又设江南水利工程处，属建设厅。滨海各县海塘岁修，本属江南水利局，民国十八年，合并宝山、太仓、常熟、松江四县塘工岁修局为江南塘工事务所，二十年改组，分设江南海塘常太、宝山、松江三段工务所，均直隶建设厅，现隶江南水利工程处。

（五）浙江

浙江省水利局。民国十六年，成立浙江省钱塘江工程局，下设杭海、盐平、绍萧段等海塘工程处。十七年，改组为浙江省水利局，属浙江省建设厅。

（六）福建

（甲）福建水利局。民国二年，成立治水筹备处，属福建巡按使公署。三年，改为福建全省水利局。十五年，并入福建政务委员会，十六年，仍恢复水利局，属建设厅，旋又裁撤。

（乙）闽江工程总局。民国七年，闽省署及各国领事华洋商团各派代表组织修复闽江局。十六年，收回管理权，属福建建设厅。十八年，改为闽江工程总局，直属福建省政府，旋又改为水利工程总处，属建设厅。

（七）安徽

皖省曾设有安徽省水利测量局，为导淮之准备。十八年，改设安徽水利局。十九年，因经费困难结束，所有水利事项，归建设厅直接办理，其下设有水利工程处，及管理三河坝工局。

（八）江西

江西水利局。民初立有水利筹备处，属省署。十六年，改设水利局，未久归并农林局，旋并入建设厅。十七年，复设江西水利局，隶江西省建设厅。

---

① （三）河南　原本缺，据上下文意补。

（九）湖北

湖北省水利局。民国成立后，即设有水利局。十五年，又成立湖北水利专局，十七年，并入建设厅，设立水利工程处。十八年，仍成立水利局，隶省政府，二十一年，移交全国经济委员会江汉工程局接收办理。

（十）湖南

湖南向无水利专管机关，迨二十年，始成立水利委员会，属建设厅。

（十一）四川

四川向无水利专管机关，仅设有成都水利知事，及新彭、眉水水利常驻委员，均属四川建设厅。最近设四川省水利局，属四川省建设厅。

（十二）陕西

陕西水利局。民国六年，设水利分局，国民政府成立后，归并建设厅。二十一年，复设水利局，属陕西省政府。

（十三）山西

民国二年，成立山西水利总局，三年，改名为山西水利局，旋裁并于巡按使公署。六年，复成立水利分局。

（十四）宁夏

宁夏各县分设汉渠、美利渠、七星渠、唐徕渠、昌润渠、汗延渠、大清渠兼天水渠、惠农渠、秦渠等九局，均属宁夏省建设厅。

（十五）其它各省市

其余各省市多未设有水利专局，有关水利事宜，由各该省建设厅或各该市工务局直接办理。

第三章　最近之统一水利行政

国民政府成立以来，锐意于水利建设，国内主要河流，靡不设置水利机关，俾司兴利防患之事，已于上章叙述甚详。顾历时已久，绩效未彰，考其所由，虽非一端，而水利行政之未臻统一，实为主要原因。盖治水之道，利在统筹，若事权不一，职责不专，则难收兼筹并顾之功，而易起曲防壑邻之争也。中央委员蒋中正、黄绍竑两氏首鉴及此，故于民国二十一年七月提议于中央政治会议，改组全国水利行政机关，提案原文如下：

理由。查吾国以农立国，已数千年，水利行政，关系民生，至为重要。是以历代对于水政，非常重视。自舜命禹作司空，以平水土，是为水政设专官之始。司空之职，至周未改。秦汉置都水，晋魏设都水使者，北齐置二使者，后周置司水大夫，隋设都水监，唐置都水台、都水监及都水使者，宋金元均设都水监，明设总督河道、总河都御史、河道侍郎及河道尚书，清设河道总督。民国成立后，北京政府设有全国水利局，其所以不惜国帑，特设专署者，取其权重可以胜钜也。国民政府成立后，以内忧外患之迭乘，于水政之整理，未暇计及。乃致机关林立，系统纷歧。以中央机关言，内政部有主管水利之名主，而农田水利属实业部，航路疏浚属交通部，治理黄浦属外交部，导淮、治黄及广东治河，又均设有专会，直属国府。以各省机关言，同一黄河也，冀、鲁、豫各设河务局。同一运河也，冀、鲁、苏各设工程局。同一永定河也，主管机关有华北水利委员会、河北永定河河务局、整理海河委员会，其下游复有海河工程局。同一扬子江下游也，吴、淞、汉口段则由扬子江水道整理委员会规画，通州至海口则由海道测量局施测。最近神滩之疏浚，更由上海浚浦局主持。系统既形庞杂，职权自难专一。水利经费，多糜于机关开支，水利设施，更无从通盘规画。历年以来，日言兴水利而利卒未兴，日言防水灾而灾迄未减者，职此之故。为今之计，非将现有水政机关，改弦更张，彻底整理，殊不足以专责成而课事功。

办法。应仿照历代成规，于中央设立全国水利局，为主持全国水利最高机关。所有水利事业，无论为防潦、利运、溉田、排水及水力发电，均应由该局提纲挈领，统筹规画，以免顾此失彼，畸轻畸重。各部组织法涉及水利者，加以修正。各水利机关之骈枝虚设者，从事归并，集中人才，集中经济，集中事权，既具整齐划一之规，必收事半功倍之效。其次应就全国各河流之形势，划分为若干水利区，由主管最高水利机关，特设专局，从事治理。除省区之限制，作全盘之规划。就我国现状论，于必要时，得分设华北、黄河、淮河、运河、扬子江及华南六大局。（一）华北水利局办理滦河、蓟运、北运、永定、大清、子牙、卫河等河水利工程。（二）黄河水利局办理黄河流域水利工程。（三）淮河水利局办理淮河流域水利工程。（四）运河水利局办理自天津以至杭州之运河水利工程。（五）扬子江水利局办理扬子江流域水利工程。（六）华南水利局办理珠江流域水利工程。其河流范围，在一省以内者，仍由各省建设厅或水利局办理，惟须受全国水利局之监督指导。以上六大局，得权衡事实之需要，分期设立，以各该流域水利机关分别改组归并之。其经费暂以所改组及所合并各水利机关原有之经费拨充，俟筹有专款，再重新支配。庶于国家及人民之担负，无丝毫之增加，而水利事业得以全局统筹，指挥如意。又因办理水利系专门事业，非技术人员莫办，而水性靡常，技术人员又非久于其位，殊不足以明变化而长历练，故水利机关技术部分，应规定一律采用工程师制，并将工程师任用期间，于聘约中特别裁明，以免更动而资保障。

上列提案，经中央政治会议决议，于二十二年十月，交行政院拟具整理办法原则草案。行政院复以事关经济建设，函送全国经济委员会审议。经委会准函后，即经提出该会第三次常务委员会讨论，议决提议于中央政治会议，请将全国水利机关归全国经济委员会统筹办理，并拟具方案，提出中政会议。

正进行间，适第四届第四次中央执行委员会全体会议，于二十三年一月开会。黄委员绍竑提《统一水利行政以利建设》一案，经大会决议，“全国水利机关应行统一，原则通过，其组织职权及实施办法，交政治会议妥行规画”。黄委员提案原文如左：

理由。水道犹脉络也，一部不通，则全体阻滞。是以治水之道，贵在统筹，事权固应专一，疆域尤忌划分。往昔水政，多设专官。国民政府成立后，以内忧外患之迭乘，于水政之整理，未暇计及，以致机关重叠，政出多门。同一运也，鲁欲泄而苏欲潴，运其可治乎？同一黄也，豫溃而鲁庆，黄其可治乎？航行灌溉，本属水利之一端，今则强为分割，各就局部之职掌，谋畸形之发展，行政系统，于以紊乱。水利事业，本属水利行政之一端，绝对不容划分，今则事业机关林立，行政机关不能过问，行政权能，于以丧失。凡此均为水利建设最大之妨碍。是以年来水旱交侵，几无虚岁。自十七年至十九年三年之内，各大河流未告决口，而长江、黄河、华北各河流域积水成灾之损失，统计已达一万七千五百二十八万余元之钜。二十年江淮暴涨，灾区广至二十六万五千平方里，罹灾人口约五千万。中央特设救济水灾委员会，从事救济，用款达数千万元。创痕未平，而去年黄河复告决口，灾及豫、冀、鲁、苏四省。迄今堵口尚未告成，数十万灾民，犹栖息于风天雪地之中。自大禹奠定川泽以后，水灾未有若是之频且暴也。谁为为之，孰令致之，是不能不叹息于过去水政之错误。若犹不厉行改革，积极图治，则河床益高，水系益紊，黄河及永定河之改道，必难倖免，江淮决口之惨剧，亦随时可以复见。隐祸潜伏，至堪焦忧，为惩前毖后计，当先从统一水政入手。盖水政统一，优点甚多，略举其要，有下列数端：

（一）集中事权。水利事业，概由水利主管机关统筹，自可按实地情形，社会需要，权衡轻重缓急，为合理化之发展。一切无谓之纠纷可免。

（二）集中人才。吾国水利人才甚少，待举之事业甚多。如以水利门类繁多，水利人才各有专长，若依目下情形，分别为局部水利机关罗致，实属供不应求。水政统一后，人才集中，各尽所长。通力合作，其成绩表现之效率较大。

（三）集中经费。各水利机关裁并后，行政经费，大为节省，以之举办测验事宜，效率可较前增大数倍。又水利工程，以经费集中之故，亦较易举办。

办法。本席前与蒋委员所拟统一全国水政办法，经呈中央政治会议鉴核在案。惟事关重大，讨论应不厌求详，复由内政部召集水利专门会议，对于水政系统、水利范围，详加咨询，兹将前拟办法，略加修正，拟具水利机关改组原则，及水利经费筹划支配计划，提请讨论，并拟具中央水利机关组织法草案，以备参考。

中央政治会议第三九四次会议，综合统一水政各案，决议："全国水利机关归全国经济委员会统筹办理，黄委员绍竑提议案，交全国经济委员会，由该会拟具统一方案，呈候本会议核定。"全国经济委员会奉到国民政府行知前项决议后，遵经拟具《统一水利行政及事业办法纲要》，呈复国民政府，并函送政治会议秘书处转陈核办。嗣经中央政治会议第四一三次会议决议："修正通过，交行政院与全国经济委员会会拟进行办法。"行政院与经委会遵再会同商定，以全国经济委员会为全国水利总机关，并拟具进行办法，送由中央政治会议于第四一五次会议决议修正通过。兹将前项办法纲要及进行办法分录如左：

统一水利行政及事业办法纲要

（一）中央设立水利总机关，主办全国水利行政事宜。

（二）各流域不设水利总机关，其原有各机关，一律由中央水利总机关接收后，统筹支配，分别办理。

（三）各省水利行政，由建设厅主管，各县水利行政，由县政府主管，受中央水利总机关之指挥监督。水利关涉两省以上者，由中央水利总机关统筹办理，水利关涉两县以上者，由建设厅统筹办理。

（四）各部会组织法涉及水利者修改。

（五）水利计画统由中央水利总机关集中办理。

（六）地形测量、水文测验、水利调查事项，由中央水利总机关直接办理。

（七）治导工程之计划完成，工费有着者，设局办理之。工程已完者得设局所仍归某河管理处统辖之。

（八）岁修防泛，由各修防机关办理，一律改称某河管理处，受中央水利总机关指挥监督。

（九）原由国库负担之经费，拨归中央水利总机关支配，大宗工款，并由中央水利总机关筹画。

（十）各海关水利附加税，除已特定用途者外，一律拨归中央水利总机关，作水利建设基金，并另借拨英庚款为材料专款。

（十一）技术人员及仪器设备等，由中央水利总机关集中支配。

统一水利行政事业进行办法

（一）以全国经济委员会为全国水利总机关。

（二）各部会有关水利事项之职掌，统归全国经济委员会办理。

（三）由全国经济委员会延聘现在有关统一水利人员，组织水利委员会。

（四）现有各流域水利机关如何改组归并，由全国经济委员会交水利委员会，遵照中央议定《统一水利行政及事业办法纲要》（二）（七）（八）各条，拟订方案，核转中央核准施行。

（五》各省县水利机关，由各省政府遵照中央议定《统一水利行政及事业办法纲要》（三条），拟具整理方案，送由全国经济委员会核定施行。

（六）各项水利计画如何集中办理，由全国经济委员会交水利委员会拟订办法，核转中央核准施行。

（七）各项水利计画，先经国民政府核准者，仍照案进行。

（八）地形测量、水文测验、水利调查事项，由全国经济委员会交水利委员会拟订大纲，核交水利处办理。

（九）原由国库负担之各水利机关经费，按照预算所列总数，统由全国经济委员会总领，统筹转发。

（十）中央总预算内自二十三年度起，年列中央水利事业费六百万元，准由全国经济委员会按月请领五十万元，统筹支配。

（十一）各省县水利事业经费，应由各省县自筹。备省原有修防费等，仍由各省照旧负担。

（十二）各水利机关经中央指定之款，或经筹集之款项，及已办之工程，仍应按照原定程序，积极进行。

二十三年十二月一日，全国经济委员会派员接收内政部有关水利之卷宗图表。自该日起，凡关水利事宜，即统由该会办理。该会并呈准国府将导淮委员会、黄河水利委员会、广东治河委员会、太湖流域水利委员会、扬子江水道整理委员会、华北水利委员会、整理海河善后工程处、永定河河务局、永定河工款保管委员会、内政部湘鄂湖江水文总站等水利机关，自二十三年十二月一日起，一律移归该会管辖。各部会有关水利之职掌，并已于二十三年十一月经行政院分令内政、交通、实业三部遵照修改。

全国经济委员会自统一水利行政后，一面依照该会组织条例，于会内设水利委员会，掌理审议水利专门事项，并将原有主办水利建设之水利处加以充实，掌理水利建设事务。一面对于直辖各流域水利机关，依照《统一水利行政及事业办法纲要》第二、第七、第八各条，及《进行办法》第四条之规定，拟订初步整理方案，呈由国民政府转送中央政治会议核定。原方案列表如下：

原有机关	一导淮委员会	二广东治河委员会	三黄河水利委员会	四交通部扬子江水道整理委员会	五内政部湘鄂湖江水文总站	六华北水利委员会	七永定河河务局	永定河工款保管委员会	八内政部太湖流域水利委员会	九整理海河善后工程处
拟订名称	仍用旧名	仍用旧名	仍用旧名	扬子江水利委员会		华北水利委员会			太湖水利委员会	整理海河善后工程处
应有印信	仍用原关防	仍用原关防	仍用原关防	呈国府另颁防文曰扬子江水利委员会关防		呈国府另颁关防文曰华北水利委员会关防			呈国府另颁关防文曰太湖水利委员会关防	仍用原关防
组织办法	仍照原组织办理。该会委员长、副委员长原经国府特派，委员原经国府简派。现在本机关既非改组，所有委员长、副委员长及委员不必再办特派、简派手续	仍照原组织办理。该会常务委员三人，原经国府任命，不必再办任命手续	仍照原组织办理。该会委员长、副委员长原经国府特派，委员原经国府简派，不必再办特派、简派手续	该会原设委员长系经国府任命，委员系出交通部派充，现拟仍设委员长，请国府简任。委员由全国经济委员会聘任。又湘鄂湖江水文总站，拟并入该会办理		该会原设委员长、常务委员、委员均由内政部聘任，现拟将委员长请国府简任，委员由全国经济委员会聘任，照其他各水利机关办法，不设常务委员，余照原组织办理	交河北省政府办理	撤	该会原设委员长、常务委员，委员均由内政部聘任。现拟将委员长请国府简任，委员由全国经济委员会聘任，照其他各水利机关办法，不设常务委员，余照原组织办理	仍照原组织办理。该处原系由内政部与河北省政府合办之机关。现拟由本会与该省政府合办。所有正副处长即由会府双方再行加委

续 表

附注	导淮工程多已着手举办，为一切设施仍得赓续进行起见，所有该会组织拟免更动	该会为主管珠江流域之水利机关，职责重要，拟免更动	黄河为中国心腹之患，对于各大河流均有密切之关系，其根本治导方策该会现在着手规画进行拟免更动	该会今后职权拟不仅限于整理水道，故名称拟订如上。至湘鄂湖江水文测量，原为扬子江水利测量之一部分，故拟归并该会办理	拟并入扬子江水利委员会，理由见前	该会已拟有永定河治本计画，并已指定海关附加税办理官厅水库，其与河北省政府合办各项工程亦正在依照原定计画分别施行，拟免多所更动惟该会名称则拟订如上	查该局修防工程仅涉河北一省，依照《统一水利行政及事业办法纲要》之规定，拟即将该局交河北省政府办理，至修防经费仍可援照成例由中央予以补助	如河北省政府认有需要，可由河北省政府另行组织	太湖流域水利关系江浙两省富源，且该会具有悠久历史，自应继续进行	该处系临时机关，俟工竣结束

前项方案，经中央政治会议第四四四次会议决议通过后，即由国府训令经委会遵照。经委会遵即依照方案，分别办理。嗣以太湖水利为扬子江流域之一部，实与扬子江水利有密切联带关系，为统一事权，节省经费，并增进整理效率起见，将太湖流域水利委员会原办事务并由扬子江水利委员会办理，经呈奉国民政府令准备案，二十四年五月间实行归并。整理海河善后工程处旋亦裁撤，归并华北水利委员会办理。现在直隶于经委会之各流域中央水利机关，计有：

（一）导惟委员会掌理导治淮河一切事务。

（二）广东治河委员会掌理广东全省河海之疏浚、筑堤、建港、开埠，以及一切预防水患发展水利筹款施工事项。

（三）黄河水利委员会掌理黄河及渭、洛等支流一切兴利防患事务。

（四）扬子江水利委员会掌理扬子江流域一切兴利防患事务。

（五）华北水利委员会掌理黄河以北注入渤海之各河湖流域及沿海区域一切兴利防患事务。

其余机关，均已分别归并改组。先是中央曾设东方大港、北方大港两筹备委员会，现亦一律裁撤。至各省县水利行政，依照《统一水利行政事业办法纲要》第三条之规定，应由各省建设厅及各县政府分别主管，受中央水利总机关之指挥监督，其现有各省县水利机关，依照《统一水利行政事业进行办法》第五条，应由各省政府拟具整理方案，送由全国经济委员会核定施行。以上各项，经委会已于二十三年十月十一日函请行政院分令各省政府遵照办理。嗣经各省政府陆续拟送，均由经委会分别指示核定施行。水利行政之统一，乃告一段落。

第四章　将来水利行政之推进

我国近数年来，水旱频仍，饥馑洊至，生产衰落，国势日危。号称以农立国之国家，而主要农产不能自给，转须仰给外洋。依据海关统计，自民国二十年至二十二年，贸易入超年达七八万万元之巨。其中价值最大者，竟为米、谷、棉花三项，进口价值，每年均各在一万万元左右。至其进口数量，米、谷两项，自民国十年起，已在一千万担以上，民国十二、十六、二十一各年，均达二千一百余万担，二十二年为二千万担，价值一万五千万元，占我国是年进口货之第一位。棉花一项，民国二十年为四百六十万担，价值二万七千余万元，二十一年为三百七十万担，价值一万八千余万元，二十二年为一百九十余万担，价值九千八百余万元。小麦进口数量，十一年至十九年，每年犹不过五百余万担，至二十年则突增至二千二百万担，二十二年为一千七百余万担，价值八千八百余万元。夷考其故，凡此农产品进口量之激增，实由于国内产量之锐减，而国内产量之锐减，又由于农田水利之不修，内河运输之不便。古代灌溉航运之设施，既已久任毁坏，而重要河流，又复久失治导，以致蓄泄无方，旱潦无备，生产减少，分配维艰。吾国农村之崩溃，盖不得不归咎于水利之不兴。今日朝野上下，已咸知为救亡图存之计，莫亟于复兴农村，而欲求复兴农村，必先发展水利。顾往者水利行政，系统紊乱，事权不专，以言发展水利，难免动多掣肘。兹当水利行政，已告统一，则此后之水利行政，欲求其顺利进展，尤应进一步讲求各水利机关之联络，水利计划之统筹，经费之确定，人才之训练，以及民众力量之利用，严订官吏之考成数端。此项问题，如能切实施行，统一水利之实效，始可昭著，水利建设前途，庶乎有豸。兹分述如左：

（一）水利机关之联络。水利行政系统，虽经统一，而各水利机关事业之推行，尚应求其贯通联络，以期行政效率之增进。例如黄河之治导，其职掌属于黄河水利委员会，而黄河修防事项，现由冀、鲁、豫三省分别负责，各设河务局办理，原意盖以修防事务，每须借重地方行政力量，利用保甲制度，故水利统一大纲，规定修防仍由地方负责。惟是修防事务，属诸各省，则畛域攸分，难免各自为政，或则互相观望，甚且以邻为壑。欲求改进，必须各水利机关间有充分之联络，而各流域之中央水利机关，应负有统筹督察之责，庶几可收分工合作之效。是以统一水利行政，以后最重要之问题，在使中央水利机关，与地方水利机关，以及地方水利机关相互间之关系，力谋充分联络。统一之实效，始能显著。此关于水利机关之亟应联络者一也。

（二）水利计划之统筹。一国之水道，犹之人身之脉络，利害互相关连。治水者贵在兼筹并顾，不可顾此失彼。首应确定建设之方针，对于全国水利为通盘之筹画。即治百里之河者，亦必具有千里之眼光，始能免于偾事。按近年以来，我国迭遭旱潦，以致主要农产，不足自给，遂造成农村崩溃，民生日蹙之局面。为今之计，以言复兴农村，必先发展灌溉，诚使农田灌溉得时，无忧旱潦，则农产增加，必能自给。其次则农产运输，端赖航运，运价既较低廉，且可遍及内地。联络南北之运河，昔日以为飞刍挽粟之需，今则久任淤塞，亟宜乘时疏浚，加以整理。俾与江、淮、河、汉悉相贯通，而成水道交通之网，则航运发达，其利至溥。至若各重要河流，如淮，如黄，如江，如汉，等等，亦均宜迅谋治本，勿专为枝节防灾之工作，以期兴利除害。凡此种种，对于国计民生，所关甚钜。居今日而言水利建设，其方针要不外是。本此方针，则统筹当今水利之建设，其亟应进行者，有如下述：

（甲）关于灌溉者

（一）关中泾惠、洛惠、渭惠、郿惠、耀惠、汧惠、沣惠、灞惠之兴办。

（二）宁夏水渠之整理。

（三）绥远后套水渠之整理。

（四）汉江上游灌溉之整理。

（五）四川岷江水利之整理。

（六）洮河、大夏河、湟河水利之扩充。

（七）无定河、神木河、延河灌溉之扩充。

（八）桑乾河、汾河、洋河灌溉之扩充及整理。

（九）伊、洛、瀍、涧、沁诸河灌溉之扩充。

（十）黄河上游水轮灌溉之改善及扩充。

（十一）绥远黑河灌溉之整理。

（乙）关于航运者

（一）临清至杭州运河之整理。

（二）小清河航运工程之实施。

（三）石津渠、汴渠、汉江航道及浙东运河之整理。

（丙）关于淮河水利者

（一）导淮入江工程之实施。

（二）两淮新运河之开辟。

（三）淮河中上游及支流之整理。

（四）沂、沭、泗尾闾之整理。

（丁）关于黄河水利者

（一）黄河河槽之整理。

（二）黄河两岸堤防之改善。

（三）上游拦洪及防止冲刷工程之实施。

（四）减河工程之实施。

（戊）关于扬子江水利者

（一）扬子江水道之整理。

（二）扬子江与洞庭湖间水流调节工程之实施。

（三）襄河减河之规画。

（四）扬子江中下游干堤之培修。

（五）扬子江中游蓄水湖泊之增辟。

（己）关于太湖水利者

（一）太湖通江各闸之完成。

（二）东西苕溪蓄水库之建筑。

（三）太湖流域主要河道之疏浚。

（庚）关于华北水利者

（一）永定河治本工程之完成。

（二）独流入海减河工程之实施。

（三）漳、卫河工程之整理。

（辛）关于西南水利者

（一）滃江水电之发展。

（二）灵渠之整理。

以上所述，仅列大要，至若设施先后，则更当斟酌国情，分别缓急，然后循序渐进，方可计日程功，此关于水利建设计画之亟宜统筹者二也。

（三）水利经费之确定。我国历代办理河工，向系不惜巨帑，可见我国对于水利建设之重要，早有深切之认识。诚以航运灌溉，全为兴利事业，所得之利，足偿所费而有余，即就防灾而言，以视灾馑之年，农产之损失，赈济之耗费，与夫善后工事之所需，其数动逾巨万者，孰轻孰重，至为明显。且与其耗巨额之金钱，为灾后之补救，曷若慎防于事先，庶可消患于未形。故不言水利建设则已，如欲谋水利建设，自不能不宽筹经费。吾国幅员广大，河流众多，水利建设，百端待举，其所需经费，非求确定，不足以资应付。《统一水利行政事业进行办法》所定中央总预算内年列中央水利事业费六百万元，此仅为平时应付补偏救敝之需，故二十四年江河水患，中央曾另筹堵口复堤工款数逾千万。将来各项水利建设，依次举办，则需款更巨，自应另辟财源，以资挹注。筹款之法，不外三端，一曰发行公偿，一曰利用外资，一曰增加捐税。水利建设之所费，不患无所取偿，则筹款之法，三者均无不可。然必求其确定，源源接济，工程建设，始可循序渐进，不致中辍，此关于水利经费之亟待确定者三也。

（四）水利人才之训练。水利建设为专门之事业，必须专门之人才。吾国水利技术人才，为数尚少，每逢举办水利事业，辄感才难之叹。民国二十一年，国民政府救济水灾委员会办理工赈，对于江、淮、河、汉之堤防，大举培修，当时需要水利技术人才甚多，多方罗致，仍感不敷。水利技术人才之亟应培养造就，于斯可见。然十年树木，百年树人，人才之造就，又决非一朝一夕之功。将来吾国水利建设，经纬万端，同时并举，需人尤众，诚不可不预为之备也。训练办法，首应责成各大学，注重水利工程学科，次之为考选大学卒业，并在水利方面服务有年者，出国实习某项专门水利工程，以期增进水利技术之学识经验。一面由各水利机关对于员工，平日即须分类训练，俾其各有专长。如不预为储才，则虽有经费，将来水利建设实施之际，必感人才不敷，或用非其人，而易致偾事，此关于水利技术人才之亟待训练者四也。

（五）民众力量之利用。水利事业之推进，必须利用民众之力量，始可希望水利事业之推广，与收效之伟大。盖兴办水利，身受其利者即为民众，水政不修，身受其害者亦为民众。水利机关果能将利害情形，家喻而户晓，则未有不一呼百应，群起尽力者也。吾国古时力役之征，即为利用民众力量之先例，现代征工之制，亦师古意。上年黄河在董庄决口，溃水南注，浸及苏北，当时江苏徐属一带，首当其冲，危险情形，朝不保暮。于是徐属地方官吏，拟在微山湖西，及不牢河两岸，赶筑堤防，以资捍御。乃以当前利害，晓谕民众，民众怵于大祸之临，踊跃从事，群起服役，每日到工者十余万人，不及两旬，而二百余里之长堤，竟告完成。民众力量之伟大，洵不可侮。吾国水利建设，为民众谋百世之利，果能由中央及地方水利机关予以提倡，使民众乐于服役，则于水利建设之成功，必可收事半功倍之效，此关于利用民众力量者五也。

（六）严订官吏之考成。水利事业，范围甚广，欲期普遍之发展，全赖地方官吏之努力提倡，此地方官吏之所以应与水利官吏，一律严加考成者也。盖水利为地方自治事业之一部分，穷乡僻壤，陂塘川泽，以致于一堤一桥，一堰一闸，均属有关水利，此类范围较小之事业，全赖地方官吏指导民众，以时修整。合乡镇而为市县，合市县而为省国，果使各乡各镇之水利，皆能发展，则一市一县，亦即一省一国之水利，皆臻发展矣。宋真宗时，尝诏州长吏令佐，能劝民修陂池沟洫之久废者，及垦辟荒田，增税二十万以上者议赏。清顺治朝明定督抚道府州县开垦荒田若干顷以上，得分别议叙。康熙朝又定凡二年内全无开垦者题参。以上皆为地方官吏提倡水利，列入考成之先例。民国以来，对于兴办水利，已经定有给奖章程，水利官员办理水利，亦经订有考绩条例，并于县长奖惩条例中，定有水利一项，盖亦有见及此。惜世人往往忽视，条文遂等虚设。现当全国上下，怵于近年水旱之迭乘，群谋水利建设之发展，似宜于地方官吏及水利官吏考成办法，严厉执行，以儆疲玩而励有功。此于水利建设前途，关系至为密切，诚不可不加以注意，此关于严订官吏考成者六也。

以上六项，均为现在推进水利行政之重要问题，换言之，即欲求水利建设之进展，必先有贯通联络之机关，整个确定之计画，充裕之经费，适当之人才，而加以地方官吏之勤于提倡，民众之乐于服役，乃能得水之利而祛水之害也。

〔据李书田等著《中国水利问题》（王云五主编《万有文库》第二集《现代问题丛书》，上海商务印书馆1937年版）辑录《中国水利问题概论》《珠江流域水利问题》《中国水利行政问题》等与云南有关的水利文献。卷首《序言》叙述中国水利工程学会成立缘由、时间、地点、职能等情况，虽未涉及云南，但因事关全国水利管理与建设，今特辑出，以便从宏观层面了解民国时期全国之水利问题。〕

昭鲁水利工程志

张本钧等

目　次

序

夫河渠有书，沟洫有志。农事为立国之本，水利乃务稼之源。是以凿礁、浚淤、穿峡、建闸，俾蓄泄之有备，遇旱潦而无虞。古设专司，今为要政，岂偶然哉。昭通、鲁甸者，皆滇东首善之区，天然河流，蜿蜒其间，幹流一曰昭鲁大河，支流五：曰所乐，曰小龙洞，曰中箐，曰利济，曰龙公，皆会注于昭鲁大河。惟利道久疏，灾患频仍。前清雍、乾、道、咸、同、光、宣诸朝及民国八年，历次小有治理，然咸为补苴暂时之策，故遇旱则涸泓涓滴，壅滞砂碛，值涝则洪流汪洋，泛滥田畴，穑者苦之。

民国十三年，余因丁内艰还昭，集议乡党，由簸箕湾起，经自发村、刁家围、小梨园、篆濠等地，接珠珙围，开凿三十余里，迳入大河，以宣泄旧碑天河沿先生湾之积水，即所谓龙公河者是也。十九年秋，复思从长计议，彻底启浚事，决委命于安君恩溥、陈君坦以董其事，经之营之。始于二十年春，迄二十五年冬，凡六年而蒇其事。综其工程，盖先凿老鸦岩石峡，以资泄水，继浚大河床，藉用蓄流，费二十九万余金。向之所谓低洼汪洋者，悉易为平畴；向之所谓隆壅涸泓者，悉易为良田；向之所谓荒漫废播者，悉易为耕耘之域。溉田达万数千亩，收谷增万数千石。休哉！吾人之所谓水利钜功，国家要图，宁非是欤？工既竣，绅士张君本钧等编其始末为书，问序于余。余读之书，凡一卷，析以十二目，凿峡工程、浚河原委，纲目张而条理晰，文实并茂。故乐为之序，以告后之览者。

中华民国二十八年一月二十一日，昭通龙云。

序

昭通居滇之东北高原，气候严寒，土地硗瘠，因之人民苦寒，野多伏莽。复以地当川、黔孔道，商贾云集，历来为驻兵重镇。人口之增加既多，食物之需要尤钜，岁稔年丰，尚无若何问题，一遇荒歉，则薪桂米珠，民生之困难立见。是则食物生产量之不可不增加也，已为时势所趋，然而高亢则水源缺乏，低洼则淤积不消。地未能尽其利，农未能尽其材，此水利之所必兴，抑水利工程处所由成立也。

民国十九年，今六十军军长安公恩溥驻节昭通，奉云南省政府任命昭鲁水利工程处督办。余适由鲁甸县调署昭通县县长，奉命兼任会办之职，得勷助水利工程事宜，兴革讨论，忝列议席，工程地段，悉皆亲履。故凡高鲁河幹、支各流间向日之大小工程，以及各河利病，距今十年，犹复能记忆梗概，以其历时久而印象深也。缅怀往昔，历历如昨。今兹旧地重游，复长昭邑，适又有水利委员会之组织，余复厕身其间，秉承军政长官及与地方各绅耆共事。何先后两役之相契合也若此，殆天假以缘欤！张绅伯衡，地方耆宿也，以所编《昭鲁水利工程志》见示，并嘱序言。余以前事之不忘，后事之师也。昭鲁水利工程距今十年，得此《志》赖以不忘。今地方正从事于水利，得此《志》可谓导师，其有关于地方水利也大矣。聊缀数语，藉书所怀。抑此《志》记载翔实，词语朴茂，非仅以备史乘，抑即作文学观可也。

民国三十二年夏月，署理昭通县县长昆明汤祚序。

序

治河之书，有专载文告而工程毫不阑入者，如赈务委员龙文以修河代赈之《云南昭通工赈记》是；有专载工程而文告毫不阑入者，如江苏省政府主办之《苏导淮入海工程经过实况》是。

民国二十年，安君恩溥奉委督办修治昭鲁大河，推杨君履乾编辑《工程志》三卷，文告、章则、工程兼收，督办以其未在河中亲身经历，对于事实间有隔膜。二十一年续修，先通令各段纪录工程实施经过，备编志之用。属钧继续编辑，务与事实相符合，使后来者有所借鉴。钧固任老鸦岩石工段经理两年，复承乏工程处总务课长职，但各段实施记录，屡催弗得，无从著手。二十二年，工程处改组，奉委总经理职，嗣督办奉调北上作战，由所属第三团团长阎君旭代督办。

工竣，召集幹、支河各有关系人会议，制定《岁修章程》及《保护河堤植树条例》，又为实业公司聘任垦殖部主任，遂阁置者久之。二十四年，督办奉令率师剿匪，留其政治训练处主任卓君立与钧督促岁修，改良沟坝。叠奉函电交催，从速编辑，益感事过境迁，实施纪录，更无从讨取，不得已根据二十年编辑原稿，并遍查历年卷宗，凡有利害关系之点，一一拉杂，编成二卷，分为十目。呈省府交秘书处秘书前工程处坐办陈君坦审核，将《沿革》一目修改为《缘起》《河流概况》《水患情形及治河近史》三目，并翦发《大公报》发表之《苏导淮入海工程经过实况》以为蓝本，殊遭家不造，弟故妻亡，事务繁冗，阁置者又久之。

兹承伍兴鉴、包鸣泉、张希鲁、刘常星四君勷助，由原书检出各目资料，俾钧得按次编辑，注重工程实况，文告、章则概从割爱，仅附《岁修章程》及《保护河堤植树条例》以资遵守，成书一卷，分目十二。各目中记载事实多系亲身经历，毫无虚伪。《此后工作》一目关系重要，尤有足为后来治河及复闸堰者之采择。所可惜者，在施工当中，承李君君范摄影十数张，曾加说明呈省，遗失底片，已不能寻获，洵属憾事。至幹、支河流域形势，未能精密测绘全图，亦是缺点，惟有俟诸异日耳。

中华民国三十年十二月二十五日，昭通张本钧谨序。

一　缘起

距云南省会东北七百里昭通县，为滇、川、黔交通咽喉，政府常驻重兵于此。产米不丰，人民以玉蜀黍为主要食品，复不耐收藏，经年即败，常苦荒歉，而军粮更感不便。然昭通及其邻县鲁甸固有沃壤，适于种稻，以河道不治，没于水患。

民国十三年，今省政府主席龙公，在前滇中镇守使任内回昭营葬太夫人之丧，曾一度修治开除泻水河一条，以宣蓄水，涸出簸箕湾、自发村……一带良田数千亩，人民感戴，因名曰龙公河。民国十九年春，现任陆军第六十军军长安恩溥君，任云南暂编第一团团长，奉令驻防昭通，负昭十属剿匪责任。鉴于昭邑荒歉频仍，闾阎穷困，盗匪由此而生。治本之方，莫善于开发生产事业。深悉昭鲁两县农业不兴，由于昭鲁大河下游淤塞，老鸦岩石峡横亘数里，洪水发时，沙泥壅塞，横流泛滥，两岸田亩，多被淹没。即于是年在昭城李家祠集合官绅开会，提议修治。拟具根本治河计画，呈奉省政府核准成立昭鲁水利工程处，委安君兼充督办，督率昭通、鲁甸两县官绅于二十年二月开工修治，开凿老鸦岩石峡，疏浚幹河及支河积沙，整理桥梁涵洞。积数年之力，成效大著，水患十去七八，新增耕地数万亩，就中尤以开发观音寺荒地，新辟新民村，具有模范村之雏形。昔日一片荒凉，鸢飞鱼游、蓼花满眼之地，今则男耕女织，房屋整洁，禾麦盈畴，牛羊在山，非复旧观矣！

二　河流概况

（甲）昭鲁大河幹流

昭通、鲁甸境界毗连，所受水患相同。所谓昭鲁水利工程者，即指昭鲁大河流域及其支流之一切疏凿堤闸、垦殖等项而言。昭鲁大河发源于鲁甸，其源有二：一自鲁甸西都噜山之箐口及西南之马鹿沟至牛头寨合流，汇于昭、鲁交界之得胜塘又名斯仁塘；一自鲁甸西南之汉冲、落水洞、冒沙井三处至铁家湾合流，汇于昭、鲁交界之丁家湾、老鸦屯。两源复汇于查拏闸，由闸流出，以下即称昭鲁大河。在前本无此名，随地异称。民国十九年，设立昭鲁水利工程处，始定今名。由查拏闸起，北流经过新民村、簸箕湾、黑泥地、绿荫塘、高鲁、三善塘、高家营……老鸦岩、葡萄井至黄家坝，流入昭属西二区之洒渔河汇流，经大关县属，而入金沙江。

（乙）流入昭鲁大河之支河计有五条，均在昭通县境。

1. 所乐河　发源于县南之汉河，历大水塘、高松树，经所乐地方，因以得名。又由迎水出永丰闸，入查箐闸，汇入大河，蜿蜒二十余里，水势汹涌，泥沙壅积，闸河均被淤塞。光绪十九年，赈务委员龙文以工代赈，修治各河，改由闸右中海子直下，至乾坝桥始入大河，约长三里，因水涨时，其色似银，呼为银汁河。民国二十三年，昭通民众实业公司开垦新民村荒地，乃改道由各自洞斜插入大河，长仅六十余丈。因系第二旅第三团十一连士兵开凿，名曰士河。现在田地既不受淹，河流亦不淤塞，银汁河已无水流，其名遂废。

2. 小龙洞河　发源于县东之小龙洞。上段名广东河，至花鹿圈有黑龙洞水来合，流入芦柴冲、葫芦坪、八仙营等地。中段名乾河，经篆角楼、青草坪、杨家湾、荒冲等地。下段历红山口、补坞、新民村等地，汇入大河。上、中、下三段共长四十余里。

3. 中箐河　发源于县东北之中箐。出博禄闸又名波罗闸口，分为东西二流：东流水份曰三轮半，属永安坪等地，曰五轮半，属柳树闸、七家寨等地，经元宝山有沙子坡、龙洞汛等处之水来会，别名元宝河，至双院子合流，名曰虹桥河；西流水份分十六轮，按地均放，经永丰桥、双院子，名曰中沟河。二河复会流为一，其近凤凰山者曰凤凰河，经黑泥地而入大河者曰秃尾河，又由秃尾河首分流，经簸箕湾前而入大河者曰老新河，全长四十余里。

4. 利济河　发源于县北之大龙洞。由闸心场、喜歌寨、梅家营……等地，至高鲁桥而入大河，全长四十余里。沿河分十八道坝，灌溉田亩最广。

5. 龙公河　无发源地，系宣泄围水之河。在昔仅由旧碑天河沿先生湾、珠琪围开沟至高家营下入大河。光绪中，又由郡绅杨夑吉议改河尾，再下里许，下段围水虽宣泄较易，然上段各围积水不能宣泄，屡被淹没。民国十三年，今省政府主席龙倡议由簸箕湾起，经自发村、黑泥地、刁家围、欧家营、周家庄、小梨园、篆壕等地，接珠琪围，并将河尾改下数里，蜿蜒三十余里，中间钻镶老新河、秃尾河、利济河三道阴涵洞。即于秃尾河等河底下用石镶成暗沟，龙公河之水即由此暗沟泻出，因龙公河低于秃尾等河也。至是各围之水皆能宣泄。

三　水患情形及治河近史

昭、鲁水患，原因在于昭鲁大河下流将与洒渔河汇流处经过一石峡，曰老鸦岩者，地势较高，水流不能畅通，遂泛滥而成灾。若就一般情形而论，受灾区域当在接近老鸦岩之中下流村落，何以远在上流之鲁甸得胜塘、丁家湾等处亦成汪洋巨泊？盖由昔年昭通之受水患者，归咎于鲁甸人以邻为壑，放水入昭，淹其田庐，特于昭通境得胜塘下建一石桥，名曰得胜桥。桥洞高三公尺，宽四公尺，环以长堤，以束水势，使鲁甸之水于雨水发涨时，不得急推直下，昭通之患稍减，而鲁甸上游遂浸积为沼泊。于是昭、鲁两县之言水利者，訚訚于得胜桥之存废及桥洞大小、高低问题，而于两县利害相共之老鸦岩石峡，因其石坚工钜，虽明知其害，而无可如何。幹流之宣泄既不畅，则支流亦受壅阻之弊，水患区域，因而日广。此昭鲁水利工程处未成立前之水患情形也。迨此次水利工程处成立，则以攻凿老鸦岩石峡为中心工程，其于沿河挑浚积砂，则定为常年工作。自此而后，昭、鲁两属之水患十去七八。至于历年修治工作，其有记载可查者，自清雍正始，以迄于今，谨择其要者分述于次：

雍正十三年，议准开凿恩安、前清时昭通府首县，名恩安，入民国始称昭通县。鲁甸查箐诸河，并建闸以资蓄泄。查箐河地势低洼，每遇洪水即汇为湖泽，淹没良田，于得胜塘下筑有大堤及石桥一道，以束水势，使塘水由桥缓流，以免洪水暴发时淹没下段田亩。

乾隆二十三年，鲁人以水涨漫田，纠众毁堤，折去桥梁，昭人恐以邻为壑而阻之，廪生李周被鲁人王安太戳毙讼累，迄嘉庆二十一年省宪檄昭通府及恩安、鲁甸两属官绅会勘，饬令修复堤埂、石桥，流配王安太于广西，定案。上、下河流，昭、鲁人民分段岁修，至二十五年始将堤、桥修复，立碑志之。

道光三十年，恩安县知县傅公失名访知河道水患，即捐廉修治。咸丰元年，复捐廉开凿天生坝又名石龙坝石峡，改何家冲沙沟由天生坝流出，名曰官沟。定为章程，上自查箐闸，下至马厂围东西受淹之田，每亩出工二个修治。然其力仅及上层沙土，而石峡竟未能损其毫厘。

咸丰十年，知县孙廷仪除委河工经管四人照傅公旧章修治外，又查知旧圃街后海子河为全河大患，谕令每田一亩出银一钱购买大沙坝民田为积沙围，于河口建滚水坝一道，以免沙石冲下阻塞大河，并于都济开新河一节防止沙石，害始稍减。

同治四年，知府王栋禀请重修，每田一亩出工一个，河东加工半个修赶马大路。范、李、冯、双合甲农民抗不到工，镇军杨盛宗亲往踏勘，命提二甲首人重究，继续施工，始将全河疏通，较傅公时为愈。

光绪五年，知县荣昭又从事修治于老鸦岩石峡。曾由川省购井油燃烧，亦未见效。但建碑禁开山场，凡高岩深谷，一律封禁，永远不准开挖，以免沙泥冲下淤塞河流，比较得修河治本之方。然日久弊生，在上者无督察之明，在下者无远大之识，不事培植森林以期后效，只图开种山场贪获近利，于是河流数被沙泥淤塞。

光绪十八、九年，岁大饥，大府放赈，赈务委员龙文以工代赈，复兴河工。据《工赈记》云：老鸦岩石龙过江上游沙泥高至丈余，并非石龙作梗，故仅将沿河沙泥挑除而已。足见当时河工之废弛，积沙丈余，虽石峡作梗亦不复觉。

及宣统三年，知府陈先沅、知县姚佐清亦以积谷贷民，挑治沿河沙泥。

民国八年，岁饥，郡绅李湛阳与地方人士采工赈成法，亦曾一度挑除沙泥，增修闸坝，老鸦岩虽仍未损其毫厘，但因关系全部流河至为重要，颇引起地方人士之注意，而知症结之所在。

民国十三年，今云南省政府主席龙公志舟，在滇中镇守使任内回籍，营葬太夫人之丧，开泄水河一条，邑人称为龙公河。任事者为昭通县知事符廷铨、警务长龙龄九，维持最力者为龙志桢女士，地方绅粮如崔际春、易世廷、张成五等咸与有力。

民国十九年，奉省政府令成立昭鲁水利工程处，委暂编第一团安团长恩溥兼督办。至二十四年间，昭通、鲁甸两县工程均由安督办负责，其工作情形分列于后。

四　测量工程

修治昭鲁大河之测量，时在工程处未组织以前，负责者为东昭段工路处技监段伟。先是暂编第一团团长安君恩溥驻防昭十属剿匪，每讯匪盗，辄因饥寒所迫，心哀悯之。爰集昭、鲁士绅谋兴两县水利，增加农业生产，以拯饥溺，预函建厅遴员相助。适段君以技监勘路来昭，属代测量。遂于民国十九年十一月，率东昭段工路处人员数十前往工作，自下流黄家坝起，迄上流得胜塘及老鸦屯两处止，共长二万九千八百八十余公尺，每四十公尺置一桩号，共置桩七百四十七号。起落点高标差二十二公尺，流度千分之十五，河面宽十八公尺，河底则当掘下一至四公尺不等。沙土石峡皆如之。测量经月，估定土方、石工，制成精图，备施工时用作准则，后以实际经阅而稍有损益焉。

五　工处组织

昭鲁水利工程处，于民国十九年冬呈奉省政府核准，委暂编第一团团长安恩溥兼督办，昭、鲁两县长汤祚、窦家骅为会办，卸昭通县长陈坦为坐办，于二十年一月一日在团部正式组织成立。内设总务、工务两课，总务课设文书、事务两股，工务课设计工、派工、督工三股。课设课长一人，股设主任一人及办事员、技术员若干人，外设各办事分处。昭县幹河自查拏闸中王家门首起，至下流黄家坝止，分为五段，设第一段……第五段办事分处。老鸦岩石峡作梗，特设石工段办事分处。各段办事分处设经理一人，办事员一人，督工员若干人。支河五条，办事分处及人员皆如幹河设置。鲁县设工程分处，自王家门首起，至上流得胜塘及丁家湾两处止，依旧例归鲁县人民担负修理，责成鲁甸县长组织之。旋复增设各区段田亩征工调查委员及经济委员会。各区段田亩征工调查委员各设主任委员一人，补助调查委员若干人。经济委员会设委员长一人，委员六人，下设总务、出纳、审核三股，各设股主任一人，以委员兼任之。各股之下设会计员、稽核员、办事员若干人。又设参议随时陈述意见，参事临时指派事务。各项人员皆由督办委任，呈请省府备案。

附职员表

督办：安恩溥

会办：汤祚、窦家骅

坐办：陈坦

总务课长：何本仁、张本钧

工务课长：李国彬、吕家林

文牍主任：孙开湝、阮有信

庶务主任：刘道煊

计工主任：蒋源钊

派工主任：陈国宝

督工主任：周英

办事员：孙俊、顾应祥、余万锺

技术员：臧道忠

幹河支河各段经理：刘昌纯、何本智、李东甫、涂孝芬、刘大海、马世泽、田兴虞、曹勋培、李旭阳、李吉阳、张本钧、蒋源钊、马开品、黄中达、唐桢福、江鸿猷

幹支河各段办事员：赵声昌、王文孝、陈国栋、曹星五、陈汉柏、陶仲达、王荣章、李复、王春芳、刘文汉、蒋正樑、季正纲、曹珍五、李善卿、张仰之、翟世杰、周之先、罗光宗、陶伯鸣、徐开华

幹支河各段督工员：金声亮、金声荣、臧道正、金声礼、张世能、蒋兴斋、杜吉海、金泰显、臧道恕、李仲平、邱凤池、王礼祥、赵声文、王开仁、马世发、余运泉、梅祝三、岳昌有、丁永丰、丁永珍、范毓珍、张凤仪、蒋文英、金朝相、道文奎、李绍山、李嘉谟、钟正良、贺家纲、雷明安、邓盛荣、陈国才、王正忠、雷明昌、李绍章、王正

直、雷明光、杨裕让、雷明富、陈国正、高大声、刘照良、杨伯阶、杨吉仁、何正恒、熊继尚、巨培轩、陶丕丞、陈忠普、曹复昌、杨焕文、夏敬三、史开云、陈元清、张天畏、孙开任、李寿根、黄炳和、杨耀章、赵文典、马鸿图、李松柏、李启明、李如繁、王敏颂、马三品、马明有、马应荣、马贵友、赵家柱、杨幼舫、刘勋臣、胡禹钧、陈佐卿、高国祥、郭培先、杨锡蕃、赵廷章、丁正恩、施光汉、丁永全、易世廷、刘兆洪、张成五、吕明章、雷明科、秦少卿、秦培敬、邱萼祺、王祥、张叙初、高清松、刘登林、李学文、李成宾、陈国美、赵正清、李绍纪、何树荣、杨维选、伍全安、伍启贤、陈德祥、赵明荣、李德昌、唐开理、胡相臣、李士贵、虎万青、黄忠贞、高国臣、赵因贤、吴毓臣、何朝显、刘家灿、潘克己、李镜清、刘兆选、黄恩承、韩永庆、沈泽沛、秦静如、杨文麟、童朝弼、谢开鸿、孔繁敏、李智明、李德厚、段鸿恩、赵家言、夏云俊、赵东平、孔令香、道绍忠、陈廷英、辛国纲、马周荣、韩伯玉、秦仲才、李兆荣、龙正邦、程炳兴、王应宽、祖秀章、杨登云

各区段田亩征工调查委员各主任委员：廖阳生、彭勤、龙步衢、田福五、熊启嵩、涂孝芬

各区段田亩征工补助调查员：夏运寿、何从龙、蒋正樑、丁辅才、罗嘉猷、张家元、于希之、郑秀富、侯济川、刘道焜、朱廷镛、贺体贤、张传玺、李又石、冯开琪、刘大海、季正纲

经济委员会委员长：汤祚

常务委员：胡祥樾

总务主任委员：姜思让

出纳主任委员：萧炳富、高玉清

审核主任委员：阮有信、黄永安

稽查员：陈朝恒

会计员：王筱先、饶和羹、杨灿如、张集中、萧仁文

办事员：陈云涛、赵陞敏、李必仁

参议：李石甫、姜孺真、杨筱云、胡荫枫、杨幹臣

参事：李旭阳、高玉清、唐开礼、邵鸿钧、李约翰、戴文衡、杨家盛、姜思纶

六　工程实施

工程处组织就绪，委定各项人员及幹、支河各段经理、办事、督工等员各赴办事分处筹备一切。筹备期间，由各田亩征工调查委员会同计工主任商制“壮丁应役表”发交各段，派工主任照表分配于各派工员，督工主任会同经理分配各组督工员界址。于民国二十年二月七日，督办统率全体人员在高鲁大庙举行开工典礼，实际施工经历三年，始先后竣事。幹、支各河工程分述于后。

（甲）幹河工程

第一段　自王家门首起至旧祖家坝止。右有所乐河、小龙洞河，左有腊鸡块等处沙沟流入，潴水甚多，积沙甚厚，有积至二公尺以上者，加以年久失修，积沙坚硬，锄不能入。正、副经理刘昌纯、何本智指导从下截起，先开侧沟泄去潴水，用牛将沙犁松，然后挖挑，逐层犁松，逐层挑除，进展较速。挑至与海口桥底石齐平，水能畅流始已。

正工作间，祖家坝附近发见石峡阻碍河流，由老鸦岩石工段派石工一排用炮轰炸，旬日竣工。惟河面宽度不及测量标准，奉令仍旧勿辟，盖恐去坚实之旧堤，而成松软之新堤，有溃圮之虞也。

第二段　自祖家坝起至高鲁桥止。右有老新河、秃尾河，左有绿阴塘、二甲等沙沟流入，积沙与潴水均属不少。经理涂孝芬、刘大海仍如上段，先开侧沟泄去潴水，然后督导挖挑积砂，照预定工程标准，将河身挑平。

第三段　自高鲁桥起至高家坝止。右有利济河，左有高鲁三、四两甲七条沙沟总汇之子河流入，淤砂甚厚，潴水尤丰。经理马世泽亦先开侧沟泄水，后督工挑砂。其高家坝系明桥暗坝，海底石较高，夏季关水栽秧，一遇洪水暴发，不能撤去坝枋，即泛滥淹没成灾，甚至酿成人命。此次将桥中墩石拆去二墩，并降低海底石，废去闸坝，另由东岸老石坝镶一涵洞，引水灌溉周家庄一带田亩。西岸镶三涵洞，引水灌溉四甲大围、罗家小围、官围、高家营等处田亩，水患纷争，由是平息。

第四段　自高家坝起至大沙坝止。因年久失修，砂砾堆积甚厚，洼塘蓄水极多且积压砂砾已成水成岩质，锄不易入，施工困难。经理曹勋培初督工于壅阻处沟通水道，继开侧沟泄水，并由工程处制发尖嘴条锄三百把，先由底脚搜空，再由上面锄辟，即得大堵塌下，然后挑除，颇收速效。

第五段　自大沙坝起至黄家坝止。因老鸦岩石、擦耳岩两岩脚均有大水数股流入，其他细流浸入复多，且大沙坝冲积沙台甚厚。经理李旭阳、李吉阳先督工从沙台挖挑，以开水道。殊挖挑尺许，水即涌出，直在水里捞沙，不似前数段可开侧沟泄水，于是思得消纳之法三种：（一）制活动坝，用两面打槽，石桩十余斜置于河中，顺水势处再用三面打槽，石桩一二，便于河身湾曲处湾转，一端抵河堤，一端抵新开沟口，中嵌木板，勒水入沟，现出沙台工作。（二）多挖沙塘，将河中浸水及流水引聚塘中，用水车车出，无水处亦可工作。（三）利用沙台，就台上挖沟，用坝枋撇水进沟，即露出河身工作。本此三法，尚见实效。又二道桥底石过高，此次改修反捲，河水较前畅流，已无兜水之患。

老鸦岩石工段　原属于第五段范围，因老鸦岩一带石峡作梗，阻塞全河咽喉，特设本段专攻。经理张本钧召集石工二百余人，编制八组，指挥工作。石峡软硬不同，有宜炮炸者，有宜钻拆者，有宜啄（凿）子条锄以挖者。先由左岸凿通侧沟排水，着炮炸须用炮杆、浆勺、引针、筑条、火药等。排水须用水瓢、水车、竹龙等。除钻、锤由石工自备，水车由民间借用外，工程处购发八稜钢四十根，浆勺、引针、筑条十余套，定造加磺火药千余斤，啄子、条锄数十把，水瓢、竹龙若干件备用。炮杆须淬口圆头，石工风箱小，火力弱，爰雇铁工设置高炉代为淬励炮杆，兼修啄子、条锄。水车之龙骨、水板，竹龙之龙兜、龙箍须随时修理，又雇熟练工人以专责成。部署既定，配当各组。于河心之松软处，每组凿开一石塘分向两端进行，先寻开头为工作起点，次搜底脚到标准深度，再找炮路定两边宽度，然后围打数眼，筑药轰炸，裂下渣块最多，每炮有至数十车者，且底平边齐成一椰瓢底形。此为用炮轰炸之工作。若夫石质稍松而钻能拆，稍软而啄子、条锄可挖者，则按规定标准督促拆挖。当二十一年工程开始时，因冬春降雪，河水甚大，不能工作，乃于老河口右侧开一小河撇水，由已竣工之天生坝流出，始克施工。卒将石塘沟通成槽，浅在一公尺以上，深在四公尺以下，宽约十余公尺，全河咽喉大开，无由作梗阻塞，水患从此消除。至裂下石块，则将天生坝右岸大路及擦耳岩侧河堤培宽加高，车马畅行，无复如前之翻倾矣。其他炸破石块，或用以镶猪嘴，或用以补河堤，石渣则两岸成山，亦可见工程浩大之一斑。

（乙）支河工程

所乐河　自汉冲起至永丰闸止。水源不大，仅沿河井泉聚流，若遇天旱，涸可立待。但泄水面极宽，降雨涨水时，势甚汹涌，泥沙淤塞。经理马开品督率附近保甲挑除全河沙泥，永丰闸出口之银汁河由民众实业公司负责修治，后改道由各自洞斜插入大河，易名士河。水流甚畅，不复壅积泥砂，亦未从事修理。

小龙洞河　自小龙洞起至海口桥止。上游经广东河至花鹿圈，系谷地乱石，无修理必要。花鹿圈以下，砂砾杂积，较为坚硬。经理黄中达、唐祯福指导分两段修治，上段挑除一尺以上，下段挑除二尺以上。次年因大雨涨水，上游河堤冲破甚多，继续培补破堤，挑除淤沙。

中箐河　自博绿闸起至秃尾河止。上游地势较高，河身甚宽，水流甚急，且石砾极多，从未兴修，中下游积沙亦厚。经理蒋源钊督导沿河保甲，由下游秃尾河至中游虹桥、中沟两河分段疏浚，但因挑除过深，后经大水，倒塌不少。次年复自月牙塘起至大河止，两岸均由田取土，将河堤培高加厚。

利济河　自龙洞闸口起至高鲁桥止。上游河面甚宽，两岸地高，河内所积砂砾尤多，非少数工作可以解决。下游堤高而固，因有折湾且宽狭不同，积沙亦厚，虽认真督促，仅能去其阻塞障碍。经理涂孝芬、刘大海、李东甫等分段修治，上下段均按照规定划成土方挑除，而下段培补两岸河堤较为坚固齐整。

龙公河　自簸箕湾起至毕家桥出口止，蜿蜒三十余里，皆系宣泄肥沃田亩之水。经三年修治，费工较其他支河为多。二十年，经理刘昌纯督率施工，时已届农忙，仅将河底挖深一尺，两岸各辟宽尺许，费工已属不少。二十一年，经理李吉阳、江鸿猷又督工辟宽河身，增高河堤。孙家房前取湾就直，改道一百五十余丈。田中积水，土极柔软。先查照河面宽度，栽植木桩，然后作数次取土，沿桩置放，须以手团聚投上，费工极多。尤其甚者，入大河口处展长六十余丈，宽数丈，深二丈余，且泥沙夹层，底脚较软，不能稳固，愈挑愈塌，甚至完全塌下，挑不胜挑，更为费工。后乃将老河口挖开泄水。二十二年，经理李吉阳、祖秀章初犹奉令将改直展长之新河口修复，嗣经两次查勘无修复之可能，故仍将老河口水向改与大河成一锐角，孙家房前改道处亦工作达到标准，但因堤软河深，两端尚未开口。现大河已修治成槽，水有消路，患可免矣。

附工程错误及经验所得

工程开始，错误颇多，嗣因经验不无所得，节录事实于后。

（甲）土工

（一）最初人多密集，未经训练，概属单独挖挑，去来一路，往往冲突，费时且投工凌乱。不培河堤缺处，若遇泥沙夹石之坚硬，土方仅由表面层层剥削而下，土方每不能挑足。后经训练团体工作，假定分配河身十五丈长，须挑深五尺，面宽一丈六尺，底宽一丈，有土方十个，以十人从头挖至规定程度，成一刀截齐之式样，由底脚平挖前进，则此五尺之厚土可应锄挖而倒。此十人中，如土松软则用二人挖，二人盛土，六人挑运。如土坚硬，则用三人挖，二人盛，五人运，去来分两路，鱼贯而行。松软土方完工较早，坚硬者亦能挑足。

（二）二道桥下左侧新积砂砾厚至尺余，原拟以千工挑除。后经考虑桥下河面宽而且平，易于积沙，因上年挑除尽净，故水涨时即从新壅积。此时挑除，异日水涨又复壅积，挑不胜挑，况水由石岩脚低洼处畅流，宽达数丈，任何大水均能容纳，遂未挑除。

（三）天生坝侧之官沟，原拟进坝身五十公尺，镶坝一道。后经考虑官沟口已有天然生成之坝，高低最为合度，若镶坝愈高，积沙愈多，水必愈浇漫淹没田地，为害不少，乃止。

（四）大沙坝原拟派有关系甲份挑除，并于距坝身四百公尺处挖积砂塘一个，以备山水发时屯积沙泥。后经考虑大沙坝既长且宽，挑除颇难，即挑松置于两旁，山水发时，尤易冲刷入河，反为有害。积砂塘今年屯积，明年又须挑除，逐年挑高，将无置沙之处，更非根本解决。仅将沙沟水道理开，坝之左侧镶猪嘴拦堵而已。

（五）陈家冲、范家冲、冷卡冲三处，已规划修筑拦山闸，冷卡冲费工较多。后经考虑闸拦山水，山水暴发，难免决堤之患，是以中正。

（乙）石工

（一）兴工时，经理者既非专门石工，亦未施过此种工程，见石即打，一若以石为仇者。嗣经多方考虑，乃将石工编制成组，分配于河心松软处，各凿开一石塘工作。但打炮眼须有一定位置，一定方向，一定深度，未经训练，往往有钻山、谓打深也。挖黄，谓打厚也。或飘谓打薄也。或夹谓打偏斜，两眼相穿也。之弊。又指定炮眼，施工遇稍难者，石工即曰：“磕了！磕了！”谓石质损破，不可施工也。炮眼未到深度，而遇石质较硬或位置不易工作处，欲令达到一定目的，石工亦曰：“硛了！硛了！”谓炮眼中遇水缝将炮杆卡住，不能圆转钻入也。诸如此类，难以枚举。幸督工员黄炳和富有经验，以身作则，督作兼施，乃将种种弊端除去。

（二）筑炮石工每多争火药，不知分量，筑泥头尤多，敷衍塞责，不求紧深，引线药只用竹装，不用纸裹，均为不当。盖火药多，不但虚耗且生危险。泥头松浅，则向上暴发，下炸无力。引线用竹，工、资两费。后经多方经验，每炮之装药量，以占炮眼三分之一容积为最合度。泥头则以占炮眼三分之二容积为宜，并用炮眼中舀出之石浆相拌石砾泥沙筑紧为好。盖紧则向内之力强，炸破石块有多至数十车者。引线药用纸裹，工、资兼省，无论放炮若干，供皆足以济求。照此推行，亦屡经训练，始克指挥如意。

七　征工办法

修治昭鲁大河之工役，系按力役与田亩役两种征用。力役，每户壮丁服义务工七日。田亩役，分自行工作、雇夫工作及折缴工价三种办法。此二十年度事。至次年，每户壮丁服义务工五日后即作雇工给资，田亩役仅收上年吊欠者。又次年，分公部、局部两种。公部指定保甲抽调给资，局部由附近河身有关系之田地主负责，不给工资。第三段及龙公河下段属于公部，其他一、二两段及各支河属于局部。近河之地主及较远之地主仍平均出力，系依照旧例里帮外之规定。征用民夫规则节略于下。

（甲）按力役征用

（一）凡住居与昭鲁大河有利害关系村落之人民，所有壮丁对于疏浚大河，每人有服工七日之义务。

（二）壮丁自十六岁以上五十岁以下，手足无残疾者皆是。

（三）壮丁不论贫富及有无田亩，一经派定，何日动工，应先事自备挑挖器具，听候派工员、督工员指挥挑挖，不得以出外负贩等事推委。但曾经负贩在外者，俟归家时补工。

（乙）按田亩征用

（一）凡与昭鲁大河流域有利害关系田亩之田主，均应遵照规定，计亩出夫，挑挖大河。

（二）田亩一经计亩派定，不论自己或命佃或雇夫工作，均须先备器具，听候定期，一起动工，不得先后参差。

八　工役分类

征用工役，虽有力役与田亩役两种。田亩役又分自己应役、命佃代役、缴价雇役三种。实而按之，不外义务工与雇工两类。三年工役，略有不同，列表于后：

工役表（注：原本表格内数字为汉字数字）

<table>
<tr><th rowspan="2">河　别</th><th rowspan="2">年度
工别
段别</th><th colspan="2">民国二十年</th><th colspan="2">二十一年</th><th colspan="2">二十二年</th></tr>
<tr><th>义务工</th><th>雇工</th><th>义务工</th><th>雇工</th><th>义务工</th><th>雇工</th></tr>
<tr><td rowspan="6">幹　河</td><td>第一段</td><td>7496</td><td>14424</td><td rowspan="2">7171</td><td rowspan="2">470</td><td>—</td><td>—</td></tr>
<tr><td>第二段</td><td>7750</td><td>7463</td><td>—</td><td>—</td></tr>
<tr><td>第三段</td><td>11000</td><td>3728</td><td>5700</td><td>—</td><td>—</td><td>—</td></tr>
<tr><td>第四段</td><td>9690</td><td>9310</td><td rowspan="2">—</td><td>—</td><td>—</td><td>—</td></tr>
<tr><td>第五段</td><td>1940</td><td>42460</td><td>9452</td><td>—</td><td rowspan="2">6260</td></tr>
<tr><td>石工段</td><td>1520</td><td>14567</td><td>—</td><td>4430</td><td>—</td></tr>
<tr><td rowspan="5">支　河</td><td>所乐河</td><td>4815</td><td>—</td><td>—</td><td>—</td><td>—</td><td>—</td></tr>
<tr><td>小龙洞河</td><td>9450</td><td>—</td><td>8915</td><td>1982</td><td>—</td><td>—</td></tr>
<tr><td>中箐河</td><td>3935</td><td>2410</td><td>9194</td><td>5792</td><td>—</td><td>—</td></tr>
<tr><td>利济河</td><td>5450</td><td>423</td><td>18275</td><td>2143</td><td>—</td><td>—</td></tr>
<tr><td>龙公河</td><td>—</td><td>6116</td><td>4369</td><td>10911</td><td>—</td><td>1700</td></tr>
<tr><td rowspan="2">合　计</td><td>合　计</td><td>62746</td><td>100901</td><td>57216</td><td>35180</td><td>—</td><td>7960</td></tr>
<tr><td>总　计</td><td colspan="6">贰拾陆万肆仟双零叁工</td></tr>
<tr><td>附　记</td><td colspan="7">（一）本表幹河在二十年系分六段，二十一年则并一、二段为第一段，改第三段为第二段，并四、五两段为第三段，合石工段共为四段。二十二年又并第三段土工与石工段为第一段，共为三段，则与向来之三段河工相符。
（二）本表支河中箐河前无是名，下段秃尾、凤凰两河相连，中段虹桥、中沟两河相并，上段发源于中箐，故改称是名。
（三）本表二十二年工役系分公部、局部两种。幹河第三段及支河龙公河下段工程较大，雇用有关系保甲之壮丁给资修治，属于公部。其幹河一、二两段及各支河，则由有关系之田地主负责，不给工资，即为以后岁修之张本，属于局部，故未列工役数。</td></tr>
</table>

九　土方数量及雇工价值

土方数量　昭鲁大河在未兴工前，据段技监测量预定，河面一律开宽十八公尺，河底深者开至四公尺，浅者开至一公尺，计长二万九千八百八十余公尺，应有土方六十六万立方公尺。以每工挖挑二立方公尺，约需工三十三万，各支河尚未计。及迨工程开始，有已定挖挑之处后经考虑无须施工者，有未在计画挑除之列竟因必要费工修治者，增减情形与原定土方数量大有出入，似难核定确数。尤有异者，如老鸦岩石峡，软硬、隐露、深浅不一，有数人之力日难凿开二立方尺者，又有一日之工即已炸裂数立方尺者，职是之故，更不能明确核算。兹统计前后三年幹、支各河工程，共需工二十六万四千余工，较预定所减甚多。盖豫定既有损益，二十二年局部工役又未列数也（参看工役表）。

雇工价值 雇工分土工、石工两种。土工每工旧滇币一元。石工因工役有强弱之别，责任有轻重之殊，分为组长、什长、伍长、上等工、中等工、老弱工五等支给，计组长每工旧滇币三元，什长、伍长每工旧滇币二元四角，上等工每工旧滇币二元，中等工每工旧滇币一元六角，老弱工每工旧滇币一元二角。

十 经费收支

疏浚昭鲁幹、支各河，经费除就沿河人丁征用义务工外，并征收沿河普通田亩捐及特别受益田亩捐作雇工开支，不敷再由地方筹拨公款，或请求政府补助，概归工程处组织之经济委员会管理，由出纳股制就各种账簿交会计员于各段办事分处，收入、支出之由审核股派稽查员随时稽查，收支情况由总务股造册报销，均制定严密之规则。其收支详细项目列表于后：

收入表（注：原本表格内数字为汉字数字，下表同）

类　别	数　目	备　考
普通田亩捐	112611.3元	南、西、北三区，西二区，第十保暨城附郭田亩
特别受益田亩捐	24065.0元	南、西两区沿河一带田亩
八一四水灾会拨款	91908.0元	两次拨交以工代赈
龙主席捐款	20400.0元	捐款二万元，存商生息四百元
岁修基金	5000.0元	安督办捐存实业公司
水利基金	30000.0元	建设委员会拨存实业公司
罚金	3238.0元	隐瞒田亩、估抗工作及顽皮不力者，前后三年处罚
杂款	1119.0元	售器物及残钢等
建设委员会拨款	5000.0元	二十五年拨以改良各处沙沟、滚水坝
合计	293341.3元	概以旧滇币计算

支出表

机关	种类＼项目＼年度	民国二十年 物价或工资（元）	民国二十年 津贴伙食（元）	民国二十一年 物价或工资（元）	民国二十一年 津贴伙食（元）	民国二十二年 物价或工资（元）	民国二十二年 津贴伙食（元）	民国二十五年 现款或工资（元）
工程处	经委会	—	4961.8	—	2907.8	—	—	—
	总务课	—	3398.2	—	3404.0	—	—	—
	工务课	—	3952.2	—	3423.0	—	3086.8	—
	八棱钢	2131.4	—	—	—	—	—	—
	火药	3630.4	—	2087.0	—	76.0	—	—

续 表

机关	种类 \ 项目 \ 年度	民国二十年		民国二十一年		民国二十二年		民国二十五年
		物价或工资（元）	津贴伙食（元）	物价或工资（元）	津贴伙食（元）	物价或工资（元）	津贴伙食（元）	现款或工资（元）
工程处	文具	428.5	—	268.0	—	60. 0	—	—
	购置	2325.3	—	204.0	—	—	—	—
	印刷	1341.0	—	600.0	—	50.0	—	—
	邮费	788.6	—	—	—	120.0	—	—
	消耗	543.6	—	644.8	—	428.0	—	—
	旅费	—	1021.8	—	771.2	—	350.0	—
	编辑	—	360.0	—	480.0	—	—	—
	桥梁涵洞	—	—	5132.0	—	—	—	—
	摄影	—	—	—	—	195.0	—	—
	利息	—	—	—	—	2836.6	—	—
	存款	—	—	—	—	—	—	4516.7
幹河	第一段	14424.0	1942.0	470.0	1505.0	—	—	—
	第二段	7463.0	1774.0	—	—	—	—	—
	第三段	3728.0	1322.0	—	2246.0	—	—	—
	第四段	9310.0	1574.0	—	—	—	—	—
	第五段	42460.0	4267.0	9452.0	2708.0	8724.0	1400.0	—
	石工段	26779.0	1260.0	8230.0	1789.0	—	—	—
	所乐河	—	—	—	—	—	—	—
	小龙洞河		78.0	1982.0	1034.0	130.0	—	—
	中箐河	2410.0	350.0	5932.0	2566.0	—	390.0	—
	利济河	423.0	466.0	2263.0	3343.0	—	260.0	—
	龙公河	6116.0	396.0	1092.0	1610.0	2060.	1010.0	—
	合　计	124301.8	27123.0	48173.8	27787.0	14550.2	6886.8	9516.7
	总　计	258341.3元，概以旧滇币计算						
附记	（一）本表总数与收入表总数核对，相差三万五千元。因收入表中岁修基金与水利基金三万五千元概交存实业公司，未经转拨之故。 （二）本表工程处所列利息一类，系历欠实业公司款项甚多，略拨此以作报酬。存款一类，系余款交实业公司作印刷工程志之用。 （三）本表工程处在二十二年系缩小范围，裁去总务、工务两课，但设总副经理及数办事员，以期开支樽节。二十五年，仅改良各处沙沟、滚水坝开支款项，岁修则由幹、支各河有关系之田地主负责，未有开支。							

十一　受益田亩

关于修治昭鲁河之受益田亩，可分两点说明：

（一）普通受益田亩

幹、支各河，年久失修，泥沙淤塞，兼有老鸦岩石峡梗阻，一遇洪水横流，田亩多被冲刷。经三年大举修治，老鸦岩石峡凿开，水有归道，不至散漫，普通田亩皆可避免洪水，受益不少。

（二）特别受益田亩

幹河两岸田亩之低洼者不下万数千亩，昔年概成荒海，不能栽插。即遇旱幹得以栽插浅处，但洪水暴发，又复照常淹没，十年九歉。现在河水畅流，荒海多数涸出，增谷万数千石，受益特别优厚。若再加以工作，水患全消，受益更不可限量。

十二　此后工作

按修治昭鲁大河原计画，定为两县分工合作，以图两县农业生产之增益。昭县患在老鸦岩石峡梗阻，鲁县患在得胜桥高狭勒水而河面皆过于狭窄，不能容纳宽广之泄水，故沃壤淹没而成荒海。现老鸦岩石峡虽经凿开，不过全工程中之一部分，欲收全效，尚有多数部分立待工作。兹择其重要者分述于后。

（甲）河桥沟坝急应改良

（一）昭鲁大河之支河出口多与大河成直角，利济河口尤甚，正在高鲁桥上端，涨水时两流相争，堆沙塞桥，阻碍上流，为害匪轻。宜如已改良之士河口，由桥下数十丈斜插入大河，易直角为锐角，使两流水向相并而行，当无泥沙淤积之害。惟须改道建桥，工程较大。

（二）得胜桥底高面窄，亦应降低展宽，另行建桥。

（三）大河两岸，沙沟甚多，历代亦注重修治，或直接在河堤高建滚水坝，或开沟逆流而上至数十丈远始高建滚水坝，多与大河成直角，或购田地作积沙围，或提倡挖挑积沙塘，要皆欲除砂沟之害，不知砂随水走，塘围积满，仍要流出淤河。水性就下，不顺其势，两流对争，更易冲积砂堆。所有沙沟应如已改良腊鸡块及三甲之两砂沟改良之。凡砂沟来源较低无冲坏之虞者，即不建滚水坝，来源高者则择适宜之地建筑滚水坝，坝之高低以地势为断，坝之宽狭以水量为衡。总之，坝身距大河宜稍远，沙沟近大河处宜成一水平，沙沟水向与大河水向宜成一锐角，则两流水向并行不争，泥沙即顺流而去矣。

（四）沿河闸坝甚多，须精密测量高低修合流度。涨水期间尤须早撤坝枋，勿使临时不能撤去，贻害无穷。

（五）河面宜取湾就直，一律辟宽。查拏闸以下至黄家坝由十五公尺渐增至十八公尺，查拏闸以上至得胜塘及丁家湾两处交鲁甸界，由十五公尺渐减至十二公尺，俾能容纳泄水，昭鲁两县之荒海必完全涸出，同享无限之利益。

（乙）公私闸塘急宜修复

昭鲁幹、支各河，无大水源流入，雨水调匀，自敷应用，反之即遭旱灾，闸塘尚矣。在昔昭属闸塘本多，如西北之龙洞、西南之查拏、东北之博禄、东南之葫芦，称为四大皇闸。其他一乡一村，或公或私，莫不各有闸塘，蓄泄灌溉，故无缺水之虞。洎鸦片盛行，田多改地，以为无取于水也，闸塘逐渐废弛。今烟禁既绝，急宜修复，以资救济。

（一）龙洞一闸，面积宽广，水自大龙洞流入，为昭通第一佳泉。全城饮料仰赖，灌溉田亩甚多。曾于民国八年修复，旋被左侧沙沟冲入淤平。宜由山脚开沟引沙入河，再将闸中沙泥除去，即永无淤积之患。盖水源距闸最近，既无洪涛怒发，又将砂沟撇开，自然无砂冲入，唯引砂沟底，须于小闸口下镶一阴涵洞，放水灌溉旧有田亩。

（二）查箐一闸，面积亦宽，昭鲁大河由内穿过，无改良可能。现虽蓄水应用，但闸底淤高，所蓄有限，只宜将河堤及下埂加高。

（三）博禄一闸，面积窄狭，林抚宪绍年于清光绪中在昭通府任内，曾提倡挑除，并捐廉重建闸口。殊中箐河水由内穿过，且底系砂石，浸漏难蓄。次年，闸口即被洪水冲坏，以其面狭底漏，又时遭洪水，已失皇闸资格。现已择得杨家院子地址，买修皇闸，最为适当。拟由有水份之人民，按水份集资收买兴建，不敷则请求政府补助。然嗤嗤者氓，可与乐成，不可与虑始，是所望于政府长官有以主持之也。

（四）葫芦一闸，面积尤宽，闸口修建极善。小龙洞河水由内穿过，砂泥淤高，已无关水可能。应将河改由左侧山脚直下，闸中淤积泥沙由人民挑运肥地，从上截开沟引水入闸，洪水时闭塞灌口，即无泥沙冲淤，而成一最良好之闸塘。

（五）各乡村之公私闸塘废弛者甚多，存用者亦淤积沙泥过厚，均有修复之必要。经费则就各闸塘有关系田亩筹集开支，然亦非政府长官主持督促不能成为事实。

（丙）幹、支各河注重岁修

昭鲁幹、支各河，虽经三年大举修治，老鸦岩石峡凿开，均得畅流，遇洪水亦不至有泛滥之患。然当急流水力强时，沙泥自完全冲去，缓流水力弱时，砂泥必不无存留，折湾及较宽处尤甚，此水沙去留之真理，最为显明。若不规定修治，淤积数年，又复阻塞，不能宣泄，泛滥没田，势所不免。岁修所宜注重也。

岁修之法：在秋季涨水期间，须从事拉沙，折湾及较宽处尤须用力，使之远流，迨来年春季，视砂泥淤积之多少，查河堤倒塌之有无，如河堤无倒塌，砂泥少淤积，即可免除本季工作，否则仍按照岁修章程实行修理。如此不但减轻工作，且可永消水患，有责任关系者，切宜注重。至河堤植树，尤须遵照制定条例加意保护。《岁修章程》及《保护河堤植树条例》附载于后，俾有责任者知所遵守。

昭鲁两县幹、支各河岁修章程

第一章　总　则

第一条　昭鲁水利工程处谋永久解除昭、鲁两县水患，特制定《岁修章程》，呈请省政府核准，转令两县政府永久遵守。

第二条　本章程系集众会议，由近河有关系田地主依据旧日习惯成法修理之。

第三条　本章程于每岁春季，由县政府定期命令乡镇长召集修理，以挑除河底淤沙，培补河堤倒塌，务使水涨不至泛溢，仅国历四月十五日以前完毕，逾期分别议处。至秋季涨水时，须从事拉砂，折湾及较宽处尤须用力拉动，使之远流，庶能减轻来年工作或竟免除，事半功倍，切宜注意。其幹、支河涵洞闸坝各处情形不同，各宜妥慎定规，按时启闭，以免贻误。

第二章　幹　河

第四条　本幹河自丁家湾、得胜塘两河会流，于查箐闸中王家门首止，归鲁属担负修理，其办法由鲁甸县另定之。以下尽归昭属担负修理。

第五条 自王家门首起至祖家坝下止，由第三区迎水乡、海边乡、望鲁镇、林泉乡、荐元乡修理。

第六条 自祖家坝下起至高鲁桥下止，由第三区庆云乡、南翔镇、凤仪乡、双鹿乡及第四区高鲁乡、土城乡一部分修理。

第七条 自高鲁桥下起至三善塘大桥止，由第四区天梯乡、土城乡一部分，嘉谷乡、三善乡修理。

第八条 自三善塘大桥起至观音庙止，由第四区天梯乡、土城乡、嘉谷乡、三善乡、锦屏乡、红泥乡修理。

第九条 自观音庙起至黄家坝止，由第五区龙泉乡修理。

第三章 支 河

第十条 所乐河上段至永丰闸止，由第三区白石乡一部分及迎水乡修理。闸以下及士河由新民村及教育局修理。

第十一条 小龙洞河自上流河头起至石捲槽止，由第二区花鹿乡、八仙乡、乾河乡修理。石捲槽以下至乾坝桥止，由第三区荐元乡、林泉乡修理。

第十二条 中箐河之中沟河及虹桥河上流，由第二区博禄乡、永发乡、诸葛乡修理。自瓦窖河及永丰河起至下虹桥陆家沟止，由第一区平城乡一部分修理。自下虹桥及陆家沟起均至高闸口止，由第三区双鹿乡一部分修理。自高闸口起经魏家坝、陈家坝至秃尾河出口止，由第三区双鹿乡、凤仪乡、南翔镇修理。

第十三条 利济河自大闸口起至官坝桥止，由第七区闸心镇、护龙乡、喜歌乡、利泽乡、瑞马乡一部分，扑窝乡、鼎阜乡大部分修理。自官坝桥起至三孔桥止，由第一区上达镇一部分、卫泉乡一部分、阜城乡、挹爽镇一部分及第四区望城乡一部分修理。自三孔桥至大石桥止，由第一区挹爽镇修理。自大石桥起至姜家坝止，由第四区学庄乡修理。自姜家坝起至潘家桥止，由第三区双鹿乡修理。自潘家桥起至高鲁桥出口止，由第四区天梯乡、土城乡修理。

第十四条 龙公河自簸箕湾起至赶马大路止，由第三区庆云乡、南翔镇修理。自赶马大路起至三棵树止，由第四区天梯乡、土城乡修理。自三棵树起至出口止，由第四区天梯乡、土城乡一部分、三善乡一部分、锦屏乡、红泥乡修理。

第四章 责 任

第十五条 地方官不力行监督，致河流发现淤阻，河堤发生溃决，如已成重灾时，则立予撤职，并扣留修复。如灾情较轻，则酌予罚俸充作修费。如仅淤阻或溃决而未成灾者，则酌予记过。

第十六条 地方承办机关提倡不力，致河流淤阻，河堤溃决，如已成重灾时，则立予撤换，或分别情形定徒刑，并责令修复。如灾情较轻，则酌予罚金补充修费。如仅淤阻或溃决而未成灾者，则酌予记过。

第十七条 干、支河各段乡镇长指导不力，致河流淤阻，河堤溃决，如已成重灾时，则立予撤换、拘押、定徒刑，并责令修复。如灾情较轻，则酌予罚金补充修费。如仅淤阻或溃决而未成灾者，则酌量议处。

第十八条 田地主不听指导尽力修治，致河流淤阻，河堤溃决时，则斟酌情形，或将田地充公，或罚金，或予以相当之处罚。

第五章 附 则

第十九条 幹、支各段河堤须照规定留出八尺不许种粮，以免泥沙入河，且利通行。

第二十条 本章程有未竟事宜，得随时提请增删之。

第二十一条 本章程自呈奉省政府核准之日实行。

昭鲁水利工程处保护河堤植树条例

第一条 本处疏浚幹、支各河，沿河均通令植树，以图河堤之坚固，特订保护条例以资遵守。

第二条 沿河所植之树及三善塘、凤凰山、后海子三处所种松树皆与河道有关，除列表责成县政府建设局暨各乡镇、保甲认真保护外，并呈报省政府备案。

第三条 县长责成建设局督促各乡镇、保甲遵照规定条例实行。

第四条 各乡镇、保甲须负随时巡查之责，所植各树有无枯死及牲畜践踏情事，如发现此项情事，其处罚照下二项之规定办理。

（一）枯死者，责令地主即时补植。

（二）故意损坏者，照第五条之规定核算赔偿。

第五条 枯死、损坏之树木不补种者，一经县政府或建设局查觉时，每树一株，即处该地主银币三角之罚金，或一日之拘役，乡镇、保甲均连带议处。

第六条 幹、支各河堤均不准纵放牲畜践踏损伤植树，如故意纵放践踏致树枯死、损坏或河堤崩溃者，照前条之罪加倍处罚。

第七条 乡镇、保甲保护不力致树枯死、损坏者，其罪与故意纵放牲畜者等。

第八条 幹、支各河堤均应留宽八尺，不准开种，以免伤害植树及河堤崩溃。

第九条 各河堤已活之树系属公物，勿论何人不得任意砍伐，倘有砍伐，即以损坏公物者论罪。

第十条 凡乡镇、保甲查觉践踏或砍伐树木，即行制止而报告主管机关者，即以上项罚金酌提充奖，以资鼓励。

第十一条 本条例自公布日实行。

跋

除水患、兴水利二事也，未可混为一谈。盖一则消横流之洪水，俾免泛滥，而一则开闸堰以蓄泄，俾资灌溉，此其大较也。

吾昭地势，西南低洼，水多渊渟，一遇山洪暴发，俨成泽国，民咸忧之。今六十军军长安公恩溥于前任暂编第一团团长驻昭时，忧民之忧，倡修昭鲁大河，经营擘画，躬亲督办，地方人士，亦黾勉从事，因势利导，将回龙湾一带积水倾泄无遗，并凿老鸦岩石峡，引两县山洪畅流无阻。水患已除，沧海顿成桑田，人民利赖，歌颂功德。然境内河流，水量不丰，复以闸堰淤塞，水无储蓄，每届农期，常苦水歉，若遇旱乾，河床断流，驯至栽插愆期，酿成荒象，是水患虽除，而水利有待于兴也尤迫。

民国三十年春，安公因假回里，敦促张伯衡先生编纂《水利工程志》，余为臂助。获睹先生所编《此后工作》目中条举各事，不特可补水患未竟之功，抑且可为水利振兴之准。先生潜心农田水利有年，经验所知，著为此编，以供将来振兴水利者之采择。盖亦安公嘱为编志之本意也。特缀数语，以告来哲，取而行之，庶其有豸。

中华民国三十二年仲夏月，昭通包鸣泉跋。

〔据张本钧、杨履乾、伍兴鉴、包鸣泉、张希鲁、刘常星编辑《昭鲁水利工程志》（昭通新民书局民国三十二年铅印本）辑录。该书系民国时期云南地方水利志书，分别按缘起、河流概况、水患情形及治河近史、测量工程、工处组织、工程实施、征工办法、工役分类、土方数量及雇工价值、经费收支、受益田亩、此后工作等十二目，细述凿河原委，条理清晰，图文并茂。末附《昭鲁两县幹支各河岁修章程》《昭鲁水利工程处保护河堤植树条例》，以资遵守。昭通历史地理位置重要，当川黔孔道，又历来为驻兵重镇，随着人口剧增，兴建水利，提高粮食产量迫在眉睫，也为时势所趋。昭通、鲁甸境界毗连，所受水患相同。昭鲁水利工程即指昭鲁大河流域及其支流之一切疏凿堤闸、垦殖等项而言。昭鲁水利工程处成立于民国十九年（1930 年），时任六十军军长安恩溥奉省政府主席龙云之命，就任水利工程处督办。昭通县县长汤祚兼任会办之职，其间凡工程地段，悉皆亲自查勘，对昭鲁河幹、支各流间之大小工程及各河利病，熟悉了解，印象深刻。工程经始于民国二十年春，完于二十五年。历时六年，费金二十余九万余，辟出良田万余亩，增产万余石。民国二十年安恩溥修治昭鲁大河时，推杨履乾编辑工程志三卷，“文告”“章则”“工程”兼收。二十四年张本钧根据二十年编辑初稿，遍查历年卷宗，编成二卷十目。后由伍兴鉴、包鸣泉、张希鲁、刘常星四人检出各目资料，按次编辑，注重工程实况，“文告”“章则”删略，附《岁修章程》《保护河堤植树条例》以资遵守，成书一卷十二目。卷端有安恩溥题词：“经营缔造，惠农利民。抚成规于无坠，望继起之有人。”龙云、汤祚、张本钧作序。卷末有包鸣泉跋。〕

龙公渠纪事

宜良龙公渠纪事目录[①]

卷　首

① 本篇原本存卷首目录及总目录，但总目与正文未完全一一对应，此次辑录时以正文所收录文献篇章重新编辑，以求目录与正文一一对应。

三、建厅批复指令
四、河工处组织完成后咨路南县府转饬古城绅首协助进行文
五、路南县府咨复之河工委员人数
六、路南县呈报民厅令下之参差情形
七、奉省府核定之两县委员人数
八、拟定河工处开会日期咨请路南县酌派代表到会参加文
九、因呈报组织河工处一案奉到之建厅指令
十、快邮代电
十一、省府规定权责训令
十二、省府核定河工处组织简章令
十三、呈请省政府令催路南县长选定河工委员咨复过县以便组织报请给委文
十四、河工处致路南县府请选定河工委员以便报请给委函
十五、河工处第一次临时会会议纪录
十六、路南县政府复河工处函并附送委员表
十七、经组织机关办理东河水利事宜情形呈请民厅备案并请委任河工处常务委员及各股股长文
十八、呈省府请核委河工处正副处长并颁发关防文
十九、民建两厅会衔批复宜良县政府呈报办理东河水利情形指令
二十、省政府颁发正副处长委令及河工处关防指令
二十一、河工处呈报正副处长奉委到差及启用关防日期文
二十二、以河工处正副处长奉委到差及启用关防日期呈报民建两厅备案文
二十三、以正副处长到差及启用关防日期通知路南县政府函
二十四、正副处长到差及启用关防布告民众周知文

第三章　河工处历次会议决案

一、第一次会议
二、第二次会议
三、第三次会议
四、第四次会议
五、第五次会议
六、第六次会议
七、第七次会议
八、第八次会议

第四章　开河工程借款案

一、呈请省政府请转农民银行轻利贷款文
二、省政府批复前呈指令
三、段兼处长为东河借款事面商缪行长后答复王县长函
四、呈农工银行基金委员会请准贷给新滇币肆万元以作开河经费文
五、农工银行基金委员会覆函
六、富滇新银行对于借款手续之指示

七、以遵令派员赴省办理东河借款手续等情呈覆富滇新银行文
八、因贷款骤难得手通知认款先将认筹款项筹缴半数以应急需文
九、呈请省府转饬农工银行续借河工处新滇币壹万贰仟元以资接济而竞全功文
十、省政府对二次借款批复令
十一、为借款案迳呈农工银行文
第五章　各月份工作概况呈报案
一、呈报四月份工作概况文
二、呈报五月份河工处工作概况文
三、呈报六月份工作情形及河工处第四次会议纪录文
四、建设厅批复前呈指令
五、呈报河工处七月份至十二月份工作概况文
六、根据建厅指令转饬区公所及督工员切实注意文
七、建厅对呈报七月至十二月工作概况之批复
八、各月份工作报告表
九、县政府饬区公所加派夫役令
十、各乡镇实出夫役名数总表
十一、训令各乡镇保长查对实出夫役名数表倘有错落限期呈报以凭核办文
第六章　上段河道粗通咨商路南当局引水测验案
一、致北古城金区长商榷试水函
二、路南县府咨覆宜方请勿引水测验东河文
三、为试水一案咨覆路南县政府文
四、路南县政府咨覆宜方俟农事稍闲再为试水文
五、建厅根据路南县长呈请制止宜方试水一案令饬宜良县长照办文
六、咨路南县说明宜方试水无碍古城栽插文
七、为试水一案呈覆建厅请派员查明核示维持文
八、建厅根据路南十机关呈请飞令宜良县暂缓试水一案令饬宜方照办文附路南十机关原呈
九、奉令抄发路南县参议会等十机关公呈请飞令宜良县暂缓试水一案呈覆建设厅文
十、省府批复路南县对试水一案勿藉故刁难并训令宜良县长知照文
十一、建厅奉省府训令后准许宜良试水指令
十二、建厅据宜良县长陈明试水理由批复照省令办理指令
十三、路南县咨覆宜良允许试水文
十四、河工处训令二四两区区长转饬放水工人勿生枝节文
十五、河工处致路南县政府请派员会同测量龙公河占用北古城等村耕地函（缺）
第七章　东河水利实现案
一、河工处以实行放水日期通知路南县政府函
二、请李玉田疏通两县情谊函
三、河工处以定期放水事布告北古城一带民众知悉文

核示文

八、宜良县府对上件呈文批复令

九、县府核准水利协会行文用令并转饬乡保长知照令

十、水利会造具职员履历表及经费预算表呈请核转备案文

第四章　北古城等十二村对渠道改线之讹误

一、宜良县政府奉建厅令发十二村请制止开渠原呈

二、张厅长西林莅临北古城调解渠道改线纠纷训词

三、张厅长召集宜路官绅讨论龙公渠改线问题会议纪录

四、张厅长回省后函嘱宋县长办理事件

五、宜路两县长会衔呈报张厅长亲莅古城解决开渠纠纷情形文

六、水利协会遵张厅长面谕补偿旧渠占用田亩地价尾数办理完毕后具册呈县请转呈建厅备案文

七、对旧渠占用田亩报请免税之办理情形

第五章　沈家营、南大营、上下伍营四村退出水份案

一、沈家营、南大营、上下伍营四村再陈苦况请求免除负担文

二、段处长据南大营等四村请求履勘免除负担一案致宋县长请核办函

三、宜良县府令饬水利协会解决南大营等四村请求案文

四、南大营等四村代表第三次呈请查勘免除负担文

五、南大营等四村保长公民续呈前案请求核示文

六、宜良县府饬龙公渠水利协会解决南大营等四村请求案令

七、龙公渠水利协会解决南大营等四村退出水份一案呈覆县府文

八、下伍营退出龙公渠水份切结

第六章　龙公渠工程处规划组织案

一、工程发动之最初电令

二、水利协会呈报贷款申请书暨贷款借约请核转示遵文

三、宜良县府呈转贷款申请书及贷款借约请农贷会核示施行文

四、水利协会呈请县府转呈省农贷会从速组织工程处继续整理龙公渠以利灌溉文

五、宜良县府据水利协会呈请速组工程处转呈农贷会核办文

六、农贷会复宜良县府代电

七、农贷会成立龙公渠工程处饬宜良府知照电文

八、农贷会令县府转饬水利协会选派工程处助理会计电文

九、宜良县政府转饬水利协会选派助理会计令

十、水利协会选派助理会计致工程处转报核委函

第七章　工程处成立后办理渠道改线之工作概况

一、工程处派员勘测新渠路线通知宜良县府函

二、宋县长致古城李镇长岐山函

三、测量到达古城宋县长再致李岐山函

四、工程处对新渠路线测量完竣后通知宜良县府转饬附近居民保护桩号函

五、宜良县政府致古城镇公所请保护新渠测定标桩函

六、宜良县政府饬凤来乡乡长保护新渠测定标桩令
七、工程处测毕新渠路线后致宜良县府请派员出席商讨新渠占用地田亩补价问题函
八、对新渠道占用田地补偿地价及青苗价出款总计
九、出包各部工程之重要记述
十、新渠工程进行中采石取土经过之困难情形
第八章　工程进行中贷款数额之迭次变动
一、龙公渠水利协会第一次申请增加贷款呈请县府转核文
二、上篇呈文经宜良县府转呈后奉农贷会电覆
三、原具伍拾万元借约及申请书奉电发还作废
四、第二次变更贷款额数奉农贷会饬知代电
五、龙公水利协会办就增加贷款申请书呈请县府核转文
六、第二次追加贷款批覆令
七、工程处第三次变更预算请水利协会办理增贷手续函
八、龙公渠水利协会照工程处预算追加额数办就贷款申请书呈请县府核转文
九、宜良县府呈转前呈及申请书后奉农贷会核准代电
十、龙公渠工程处第三次请求追加工程费预算书
十一、改线后之新渠形势
第九章　古城段渠道改线各项工程结束案
一、省农贷会通知文龙两渠举行放水典礼代电
二、龙公渠水利协会陈副会长呈请辞职奉农贷会慰留电
三、文龙两渠水利协会申请增贷放水典礼招待费奉准代电
四、龙公渠工程处因奉举行放水典礼请县府转饬凤来筹借器物函
五、农贷会饬宜良县政府转饬文龙公渠水利协会接管各该渠工程处一切公物代电
六、龙公渠工程处将届结束，拟将建筑渠首办公房事交由水利协会办理，经农贷会核准可行，转饬照办电文
七、验收第一标工程之实证
八、验收第三标工程之实证
九、验收第四标工程之实证
十、古城渠道改线工程贷款本息之总结
第十章　大坝决口护坡移动重行修复案
一、龙公渠水利协会临时茶话会议事纪录
二、附录有关重修大坝及加高渠堤整理渠道之会议议决案
第十一章　临时管理处奉令成立案
一、建厅委派临时管理处正副主任令县知照文
二、农贷会饬临时管理处接管工程处移交物品代电
三、建厅加派傅瀛为临时管理处副主任训令
四、龙公渠临时管理处正副主任呈报到职日期文

龙公渠纪事卷首

第一编　纪事要略

第一章　卷首语

一、沿革

龙公渠共有三名：一名东河，系明代文公衡倡议开凿时所定名称①，直至民国二十七年初步通水以前，皆呼此名。一名龙公河，系自二十七年五月人民初得水利时所定名称，直至三十一年，古城段渠道改线以前，皆呼此名。一名龙公渠，系自三十一年古城段渠道另谋改善时所定名称，此为永久名称，以后不论如何整理如何改善，当不致再有变更也。

二、本纪事编辑例言

本纪事编辑纲领，计分四大部分。每大部分，编为一卷，亦即命为一编。第一卷称为卷首，即第一编，系略述开渠前后之历史及在事兴作之人物，与渠道成功后应具备之一切事件。以下根据工程兴作之段落，编为上中下三卷：上卷称第二编，系记载第一度工程兴作所经过之事迹。中卷称为第三编，系记载第二度工程兴作所经过之事迹。即由水门桥起，开凿渠道，以接上段旧渠余水之一段事迹。下卷称第四编，系记载第三度工程兴作所经过之事迹，即古城段渠道另谋改善，获得单沟独坝之一段事迹。

本纪事有提及渠道名称处，规定书例如下：

（一）凡叙述开渠历史，及记载渠道上应具备之各种事件，有提及名称处，通称为渠，或龙公渠。

（二）凡记载未改名以前之开凿档案，有提及名称处，通称为河，或东河。

（三）凡记载改称龙公河以后，至改称龙公渠以前之开凿档案，有提及名称处，通称为河，或龙公河。

（四）凡记载改称龙公渠后之开凿档案，及其他共通事件，有提及名称处，亦通称为渠，或龙公渠。

第二章　开渠史略

一、开渠言论之发端

龙公渠初称东河，自明代嘉靖年间（1522—1566），临沅道文公衡开凿西河（河道成功民沾实惠，追念文公提倡之力，故改称文公河以资纪念。民国三十一年经省农贷会续加整理又改称文公渠）成功，即倡议继续开凿。因河线在大池江东岸，故称东河，此东河得名之由也。彼时社会，虽乏科学头脑，无精密之测量技术，然以文公之精明，又有大池江自北而南，足资参证，即凭肉眼观察，所选河道路线，当亦不至讹误。惜不曾绘制图样，遂使后代人士，无从稽考。且文公计划虽定，尚未兴工，历时未久，公即奉调他往，开河之议，遂致搁置。

---

① 文衡，明嘉靖临沅道佥事。宜良汤池渠引阳宗海水下注宜良坝子，仅至江头村，利济不广，因檄知县伍多庆、指挥汪玺，筑堤障水南流，上自江头村，下至乐道村，绕溉四十余里，灌田数万亩，宜川遂成锦绣，“滇中粮仓”因是得名。人民德之，名文公堤，又名文公河。因位于宜良坝子西侧，又称西河。而今次所凿龙公渠，则位于宜良坝子东侧，文公亦倡凿之未果，故有此次之兴凿也。

二、开渠言论之继起

清代乾隆五十年（1785 年），有南屯杨士举、高师古、方盈廷诸人，亦宜邑热心士绅，倡议继文公美意，续开此渠。因北古城一带村落居地洼下，该境民众仅凭肉眼观察，远见驼螺山[①]横亘于南，遂以为南高北低。若由该境北面开渠引水，流向南方，不特不能成功，反因开此一渠，截断山水，一旦山洪暴涨，或且引水北流，酿成该境水患。因此呈恳上峰，制止开凿。当时云南督部堂富，据该境绅耆之呈请，委派当时粮道永[②]，莅境踏勘。该粮道莅临之后，并未曾循江而下切实观察，仅就北古城一带，伫立南望，见驼螺山横阻眼前，遂贸然呈覆，亦略谓南高北低，无引水南流之可能。并请督部堂明令制止，且饬刻石立碑，悬为历禁，永不许再议开凿。彼时官吏之识见卑陋，头脑昏庸，盖缘科学知识，全付阙如耳。历禁碑文，尚存于古城弥勒寺中。倘非时代变迁，科学昌明，则所谓公门成案，即明知铸成大错，亦将无法更正也。

三、开渠言论之再起及一度之施工

民国二十一年（1932 年），董钜[③]、陈禄[④]、傅瀛、陈永德、马负图诸绅，又继前人遗志，倡议开凿东河。此时最难关键，即因北古城一段，系属路南辖境。该境人民，祖辈相传，皆误认东河路线，南高北低，若一开河，必成逆沟导水，酿成该境水患。故一闻开凿东河之议，立即人心惶惶，若大难之将至。以此群起遏阻，情势激昂。加以弥勒寺[⑤]碑载有清代粮道查报成案，更属有可依凭。虽明知前人误谬，亦不愿循人之请，打消旧说。故此度提倡开凿，对于河道路线，经两度慎重测量，又对人事方面，经上峰委派专员，一再会勘，并加调解，均未获得协议。旋经呈奉建厅核准，由小渡口至北古城一段，沿公路东面开挖侧沟一条，作为东河，一面修路，一面开河，而北古城各村，仍不同意。延至二十三年（1934 年）四月十八日，经一度争执，开河工程，遂因之暂行停止。（事实详载后编）

四、省府督开东河水利初得实现

民国二十六年（1937 年），我滇省主席龙公，念及民生艰窘，根据原报成案，将宜良东河列入全省水利工程计划中，以省府命令，提倡开凿。令饬宜、路两县，合组开河负责机关，主持办理。对于河道路线，又聘技术人员，再度勘测。人事方面，得军需局长段公筱峰，周旋其间，尽力调和，结果以承接旧河尾水办法，获得协议。从此顺利进

---

① 驼螺山，实名驼骆山。《宜良县志》：“驼骆山，在城东南十里。以形得名，其地产古怪岩。”按此山在龙公渠渠首之南，远眺高出地平线，故民众误其阻水不能开渠也。后经科学实测，于开渠无碍也。

② 此“并未曾循江而下切实观察，仅就北古城一带，伫立南望”，便认为“无引水南流之可能”的官僚主义者粮道永，《宜良县志》无此项记载，唯《艺文志》有粮宪永慧其人所撰《岩泉寺宜亭记》一文，考其时限，为与移建我县文庙的良吏李淳（清乾隆五十年任职）同时或稍前，因李淳又有《山脚营永公堂记》一文，所记即此“宪永”，亦证该永慧事，其路勘果在 1785 年，与本书所载时间为吻合也。

③ 董钜（1987—1951），字开先，什么仓人。青年时毕业于保定军官学校，加入同盟会。辛亥在上海参加起义，后随蔡锷往北京任事，因反袁被囚，被救回滇，在滇军任职，授陆军中校。1931 年由南京解甲回籍，任县总团副职，与陈禄合作创办宜良县民众教育馆，为首任馆长。捐资倡导，将其父办之三竹里初等小学扩升为高级小学，推动了全县添增高等小学热潮。1934 年，在陈禄、许树松等合力创办的山竹里（南荣）中学，任校董主任。与此同时，又与陈禄等倡导并主持开挖龙公渠，修筑成功，省府奖给“河务宣勤”匾额，并出任该渠水利协会会长。

④ 陈禄（1893—1951），字士耕，狗街镇陈所渡村人。北伐时任营长职，后为第五集团军司令部少将参议。为宜良县著名乡绅，与董钜等创造民众教育馆、南薰中学等，并任第二区（狗街）区长。1932 年南盘江水暴涨，与陈永德率众挑木桩沿河勘察钉桩，以实测否定前人南高北低，打破不宜修渠讹见，由此推动龙公渠开凿，而立首功。渠成，省府授予“田竣宣勤”匾额。此下傅瀛、陈永德与马负图等并为龙公渠开凿之在事出力之有功人员也。

⑤ 弥勒寺，在古城镇古城村委会旁。建于明末，香火鼎盛。后遭残毁，今仅存后殿。邑人郑祖荣 2001 年撰有《弥勒寺后殿重修碑记》，载《宜良碑刻》一书中，所云粮道永公阻开东河之碑今已不存。

行，一年期间，即使水门桥以下直达南狗之新凿河，初步完成。对水门桥以上之旧有河道，只将河身加大，河岸增高，使其流量加大，足以分惠下游。此度工程，计自二十六年四月四日开工，至当年六月下旬，即能引水到达陈所渡一带，是岁受益田亩，已达三千余亩。工程进展，所以如此迅速者，盖因小渡口至水门桥一段，已有前度所开之河道雏形，此度不过略加修浚，便可通水。人民既沾实惠，工作愈加努力，又得在事人员督导有方，规划得宜。至翌年三月，即使全部河道粗告完成，引水达南狗街，从此涸田有收，民情欢忭，河工处根据民间舆论，乃呈请上峰备案，改定东河之名为龙公河云。

第三章　各度工程兴作概况

一、负责机关之组织

斯渠在称东河时代，工程兴作，计分两度。连同更名以后，又加古城段渠道改线，以谋沟坝独立，水量充分，其工程之起止，共经三度。故负责机关，亦经过三度组织。兹将各度组织情形，分述如下：

第一度兴作，初步仅由宜良县府委任董钜、陈禄、傅瀛、陈永德、马负图六人为筹备委员，组织“开凿宜良东河筹备委员会”，筹备进行。当时县长张仁怀[①]，主持倡导，亦具热心。惟对北古城各村，几度周旋，未成协议，以致计划难定，无法施工。旋奉建厅核准，于汽车路旁加大侧沟，作为东河河道。古城各村仍恐危害该境，于是纠集民众，群起阻遏，几度发生斗殴，工程因以停顿。

第二度兴作，系由主座龙公，倡导于上，令饬宜路两县官绅，宜方选委员三分之二，路方选委员三分之一，合组河工委员会协商办理。更就委员会中，选定总务、工务、财务三股股长各一人，暨常务委员九人，又就委员会外，公推军需局段局长筱峰[②]为处长，宜良县王县长炎培[③]为副处长，合组“云南省政府督开宜良东河河工处”，为直接负责机关，负责办理河工进行事宜。此度工程，既得贤明政府毅力主持，措施有方，又得两属官绅和衷共济，共襄盛举。加以有关民众摊款出夫，不避艰难，以故期年之间，即使全部工程，大体就绪。

第三度兴作，系出于陈禄、傅瀛、马负图、陈永德诸人之协商建议。自水门桥以上，取弓弦路径新辟渠道，并由旧龙口上游另开龙口。对拦河大坝及引河小坝，一并另行新修。主要目的为谋沟坝独立，俾免需水之时，易起纠纷，复多掣肘。且原有之乱石滚水坝，经实测结果，平均高度仅合一·六〇公尺。此次新修，较原坝高度增加〇·六一公尺，合共变为二·二一公尺之高度。此等计划经呈奉核准后，随即组织本渠水利协会，为民众代表机关主办一切事宜，兼负贷款责任。关于工程上之规定设施，则呈请省农贷会委派工程人员，组织“龙公渠工程处”主持办理。惟水门桥以下原开渠道之改善部分，仍由水利协会照工程处规定自行改善之。此度新辟渠道，由龙口至水门桥，计长三公里。

---

① 张仁怀，蒙自人。民国十九年任宜良县长，任职三年。为民国时期第18任宜良县长。今县内尚存其所书文庙“大同门”石刻匾额。

② 段筱峰，宜良县大渡口村人，名克昌，筱峰其字，中华书局版《宜良县志》有传。1939年任军政部驻滇军粮局局长，年底接任昆明行营兵站总监。滇西抗战，大军军粮供应，全赖其力。有功，升中将。后去台，任国民党中央监察委员。其在滇任职期间，于地方建设出资出力，名行善事，又创办光德小学，有益社会。

③ 王县长炎培，名丕，炎培其字。为民国第20任宜良县长，于龙公渠开凿最注心力，得省府嘉奖。任职期间，借岩泉寺县长别墅给西南联大教授钱穆先生寓住撰著《国史大纲》，而载名于钱穆回忆录中。

自三十一年（1942 年）三月兴工，至三十二年三月底，全部完成。并定期于四月二十四日，举行放水典礼。

二、开渠经费之筹措

开渠工程，既分为三度完成，故开渠经费，亦经过三度筹措。第一度自民国二十一年（1932 年）筹备进行。因对北古城各村几度周旋未成协议，故对各项重要工程，尚未曾着手设施。其间虽有以修路附带开河之计划，然而施工未久，即生枝节，工程因以停顿。所以此度经费仅于测量河线及办公方面，略有消耗。全河开凿经费，以彼时标准计算，约需款百余万元，先呈请建厅由省款项发给补助费贰拾万元，未蒙允准。嗣乃由地方绅良十八人，出具认款切结十八张，共计认款陆拾壹万贰仟元，各人认定款额，分头筹措，旋因与北古城民众发生纠纷，工程停顿，上项认款亦未成为事实。故此度用款，仅将高古马治河捐暂行挪用一部，计肆仟叁佰元，议定治河工程再度开工时，如数筹还。后因治河事件亦未继续办理，故挪用之款亦竟未实际归还。

第三度系以省府命令，发动开凿。训令中指示要点："人力不足，准呈建厅派员补助。财力不足，准由农民银行轻利借贷。"此度工程，计自二十六年（1937 年）四月兴工，至二十七年（1938 年）三月，大体完成。先后向农民银行贷款拾陆万元，以作修建桥梁涵洞等各项重要工程之费。惟当贷款尚未得手以前，先已按照旧日保份，合共摊筹拾万元，于开工后，即已陆续收用。此外又照受益田亩，按亩摊派，每亩派洋拾元，收齐之后，亦得拾余万元。故此度工程，约共用款叁拾陆万元之谱，即使河道粗通，水利实现，亦可谓至幸矣。厥后加以疏浚旧河，补偿地价，用款百贰拾万〔元〕，皆由得水田亩，纳水租以补充之。合计此度兴作，用款达壹佰陆拾伍万元，经借贷与筹集者，共为叁拾陆万元。余皆得自水租矣。

第三度主要工程，为水门桥至龙口一段之渠道改线。用经费陆佰万元，皆由省农贷会贷用。至水门桥以下，有应行改善之部分，乃系地方民众派夫工作。其间开支经费，皆由水利协会就地摊筹，未曾牵及贷款。故此度工程贷款，只有上述之陆佰万元。

三、各度开渠在事出力人员表

称为东河时代初度开凿筹备人员一览表

职　别	姓　名	籍　贯	住　址	资　格	任职时期
筹备员	董钜	宜良	竹瓦仓	宜良民众教育馆长	民国二十一年至二十六年
筹备员	陈禄	宜良	陈所渡	宜良第二区区长	同前
筹备员	傅瀛	宜良	南古城	宜良第二区副区长	同前
筹备员	马负图	宜良	南狗街	宜良建设局局长	同前
筹备员	陈永德	宜良	化鱼村	宜良第二区助理员	同前
筹备员	张树德①	宜良	桃花村	宜良教育局局长	同前

① 张树德，历任宜良县图书馆馆长、宜良中学校长、宜良县教育局长。能员幹吏，贡献尤多。今存有其于民国十九年编著之《宜中校刊》（石印本）。

称为东河时代次度用开凿在事出力人员一览表

职　别	姓　名	籍　贯	住　址	资　格	任职时期
处长	段克昌	宜良	治城	云南省军需局局长	民国二十六年至二十七年
副处长	王丕	祥云		宜良县县长	民国二十六年至二十八年
河工处总务股长	张树德	宜良	桃花村	宜良文献委员会主任委员	民国二十六年至二十八年
河工处财务股长	董钜	宜良	竹瓦仓	宜良副总团长	民国二十六年至二十九年
河工处工务股长	马负图	宜良	南狗街	宜良建设局局长	民国二十六年至二十九年
河工处常务委员	陈禄	宜良	陈所渡	宜良县立中学校长	民国二十六年至二十九年
河工处常务委员	傅瀛	宜良	南古城	宜良第二区区长	民国二十六年至二十九年
河工处常务委员	曾子俊	宜良	中营	宜良参议会议长	民国二十六年至二十九年
河工处常务委员	何学友	河西		宜良党务特派员	同前
河工处常务委员	李玉田	路南	北古城	路南第五区区长	同前
河工处常务委员	段祥云	宜良	城东村	邑绅	同前
河工委员	何廷柱	宜良	哈拉村	宜良第三区区长	同前
河工委员	陈毓桂	宜良	陈家渡	宜良第四区区长	同前
河工委员	许作善	宜良	治城	宜良第一区区长	同前
河工委员	张钰	宜良	治城	前任第一区区长	同前
河工委员	李绍虞	宜良	化鱼村	邑绅	同前
河工委员	梁汝荣	宜良		邑绅	同前
河工委员	陈炘	宜良	治城	前任第一区区长	同前
河工委员	段玉林①	宜良		邑绅	同前
河工委员	陈道中	路南	北古城	古城民众代表	同前
河工委员	杨欣荣	路南	北古城	古城民众代表	同前
河工委员	杨涧	路南	北古城	古城民众代表	同前
河工委员	汪祥麟	宜良	李广营	邑绅	同前
河工委员	欧永复	安宁		宜良县政府秘书	同前
河工委员	彭永寿	宜良		前任第三区区长	同前
督工员	李光华	宜良	小渡口	水云乡乡长	同前
督工员	杨国安	宜良	大木兴村	木兴乡乡长	同前
督工员	陈绍虞	宜良	小木兴村	木兴乡乡长	同前
督工员	何维康	宜良	下任营	仁和乡乡长	民国二十六、七年
督工员	官勤	宜良	大梅子村	梅子乡乡长	同前
督工员	陈永龄	宜良	陈所渡	龙华镇镇长	同前
督工员	张智	宜良	小梅子村	梅子乡乡长	同前
督工员	骆鸿祯	宜良	骆家营	许骆乡乡长	同前
督工员	许汝荣	宜良	许家营	许骆乡乡长	同前
督工员	李家柏	宜良	化鱼村	慈云乡乡长	同前
督工员	孙珩	宜良	化鱼村	慈云乡乡长	同前

① 段玉林，段克昌之父。

续 表

职 别	姓 名	籍 贯	住 址	资 格	任职时期
督工员	李嶍	宜良	玉龙村	玉龙镇镇长	同前
督工员	李鹏光	宜良	马隆乡		同前
督工员	毛兴荣	宜良	东毛营	三民镇镇长	同前
督工员	王家政、李正	宜良	马军村	三民镇镇长	同前
督工员	端文彩	宜良	端家营	万寿镇镇长	同前
督工员	谷宗澍	宜良	谷家营	万寿镇镇长	同前
督工员	陈尚廉	宜良	中营	三民镇镇长	同前
督工员	杨国权	宜良	湾子	温泉乡乡长	同前
督工员	余春膏	宜良	小里营	温泉乡乡长	同前
督工员	何增龄	宜良	山脚营	温泉乡乡长	同前
督工员	董丕丞	宜良	竹瓦仓	西竹乡乡长	同前
督工员	杨德选	宜良	西村	西竹乡乡长	同前
督工员	马朝荣	宜良	狗街	铁池镇镇长	同前
督工员	李守仁	宜良	章堡村	章黄乡乡长	同前
督工员	洪体廉	宜良	义馆庄	章黄乡乡长	同前
督工员	黄林	宜良	黄家庄	章黄乡乡长	同前
督工员		宜良	河者沟		同前
督工员	毕士才	宜良	南古城	金城乡乡长	同前
督工员	阮文彬	宜良	沈伍营	沈营乡乡长	同前
督工员	王家兰	宜良	浑水塘	大山乡乡长	同前
督工员	侯开府	宜良	旱滩	大山乡乡长	同前

第三度另谋古城沟坝独立在事出力人员表

职 别	姓 名	籍 贯	住 址	资 格	任职时期
龙公渠水利协会会长	董钜	宜良	竹瓦仓	南薰中学校长	民国三十年至三十四年
副会长	陈禄	宜良	陈所渡	前度河工委员会常委	同前
初任副会长	陈永德	宜良	化鱼村	同前	同前
继任副会长	傅瀛	宜良	南古城	同前	同前
征工队长	董纯	宜良	竹瓦仓	曾任县财政局长	同前
事务员	李镜	宜良	玉龙村	曾任高初级小学教员及县参议员	同前
事务员	谷春芳	宜良	谷家营	曾任高初级小学教员	同前
工务员	黄棫	宜良		曾任民众自卫军中队长	同前

第四章 渠道概况

一、渠道长度

（甲）承接余水以前之全渠长度 民国二十九年（1940年），经经济部第六水利设计测量队实测结果，自水门桥以上至龙口之旧有渠道，计长六·三公里。自水门桥至南狗街，系二十六年（1937 年）后开凿成之渠道，计长二十四公里。故承接余水以前之全渠长度，应为三〇・三公里。

（乙）沟坝独立以后之全渠长度　民国三十一年（1942 年），自水门桥以上，取弓弦路径，新辟渠道，经工程处实际测量，仅长二・八九公里。约以三公〔里〕计算，加水门桥至南狗街之二十四公里，共为二十七公里。

二、渠道宽度

（甲）由龙口至水门桥长度三公里之新辟渠道

（一）渠身　底面宽一公尺。两侧内护坡，均为一比一之坡度。预定之水深尺度，为一・四二公尺。故至水面渠身内容，宽度为三・八四公尺。自水面至岸顶，深度约〇・五公尺，两面护坡，仍为一比一之坡度，则渠身之口面宽度，应为四・八四公尺。自渠底至岸顶之垂直深度，应为一・九二公尺。

〔附注〕上述渠道深度，系就填方部分言之。至于挖方部分，则视地面之高低，或深或浅，不能确定尺度。

（二）渠岸　凡属填方部分，两岸岸顶，各宽二公尺。其中筑有挡土墙处，墙顶宽〇・五公尺，加岸顶二公尺，合计为二・五公尺。挡土墙外之护坡，为 1∶1/4 之坡度，则墙高二公尺处，其墙脚宽度为一公尺。故两岸皆有挡土墙之部分，自东墙脚至西墙脚之横断面，应为一〇・八四公尺。其中有一岸设挡土墙，他岸为斜坡者，坡面斜度为 1∶1.5 之坡度，则岸高二公尺处，自此岸之挡土墙脚，至他岸坡脚之横断面，应为一二・八四公尺。更有两岸外侧皆为斜坡者，若岸高二公尺，则自东岸外脚至西岸外脚之横断面，应为一四・八四公尺。至于挖方部分，则视地面之高低，其横断面或宽或窄，殊难以数字记述也。惟岸顶宽二公尺，系属规定尺度。

〔附注〕上述数字，系根据当日龙公渠工程处所制之渠道断面图推算而得。

（乙）由水门桥至南狗街长度二十四公里之原开渠道

（一）渠身　底面平均宽二・五公尺。口面平均宽五公尺。深度除特别部分不计外，至于普通部分，平均约深二・五公尺。

上述特别部分，一为许家营一段，深度达十一公尺；二为汇东桥东面一段，深度达八公尺；三为任家营一段，深度达四公尺；四为毛家营村前一段，深度达四・五公尺。

（二）渠岸　岸顶平均宽度二公尺。内斜坡约为 1∶1/2 之坡度，则渠深二・五公尺，两岸对内伸出尺之和应为二・五公尺。加渠宽二・五公尺，故渠口宽度为五公尺。外斜坡多为1∶1之坡度，则岸高若干，伸出尺度亦为若干。但渠道深度，平均虽为二・五公尺，而两岸外侧高度，平均只约合一・五公尺，故对外伸出尺度亦为一・五公尺。两岸伸出尺度之和为三公尺。加两岸顶宽各二公尺，又加渠口宽五公尺，故东岸外脚至西岸外脚之横断面，约为十二公尺。

〔附注〕此段渠道，系半挖半填之部分居多，故渠岸之外侧高度，多较内则为小。

三、渠道占用地积

（甲）水门桥以上新辟渠道，长度三公里，共占用公私地面七十六市亩，地价照时价加二成补给，共付洋叁拾壹万伍仟零玖拾壹元贰角。

（乙）在承接旧渠余水以前，对水门桥以上至安家桥旧渠，因加宽渠身，占用田地五七・九九八市亩，按照时值，共付地价拾肆万元。

（丙）自水门桥至时家渡一段，系民国二十六年（1937年）新开渠道，所经路线，有为良田屋基或村墟，经补偿地价者，计□□市亩，共付地价□□元。余皆为荒闲地面，未经给价。

（丁）自时家渡至南狗一段，系沿用先年开凿之旧渠路线，且渠道两旁，旱地居多，以故未付地价。其中有占用良田之处，均由河工处照国家征用土地规定标准补给之。

四、渠底比降度

（甲）自水门桥至龙口，长约三公里之新成渠道，渠底比降度经当日本渠工程处实测结果，平均为1/4000。

（乙）自水门桥至南狗，长二十四公里之先开渠道，渠底比降度经当日本渠工程处实测结果，平均为1/1500。

五、需用水量之测算

照本渠所定水规，对栽秧有关之水量，为第一二两时期引放之水。在水规碑上，第一时期引放之水，称为蓄堰塘水。第二时期引放之水，称为栽秧水。兹为测算时求语意分明起见，对第一时期引放之水，定名为“先期储蓄水”。对第二时期引放之水，定名为“临时灌溉水”。此两期水，均为栽秧时期需用之水量，兹分别计算如下：

（甲）先期储蓄水

照水规先期储蓄水，定自清明节日起，每水份轮五日夜。七个水份，共放三十五日夜。开渠时间，经实际测算，渠中水面，高至一·四二公尺，其流量为一·六秒公方。惟渠道渗漏，依北美灌溉区实测结果，每公里损失水量，为全水量之2.6%，即千分之二十六。本渠虽长二十七公里，然需水田亩系分布于沿渠各部，水在上游，损失极少。流至水尾，损失极多。故渠道中渗漏损失，理应根据渠道长度，折中计算。

故流至用水处之损失量=0.026×27〔公〕里×1/2=0.702×1/2=0.351

渠首流量，已知为一·六公方，则流至需水地点所余之流量，应为一·六秒公方，减去损失量后所余之量：

需水处所余流量=1.6秒公方×（1－0.351）=1.6×0.649=1.0384秒公方

上数约以一秒公方计算，则三十五日蓄水总量应得下数：

即先期储蓄水=1公方×60×60×24×35=3024000公方

三十五日内，空中蒸发及地下渗漏，最大限度以耗去一半计算，至栽秧时，尚可余存上数之二分之一，即一五一二〇〇〇公方。田中水深以半公尺计算，则一公方水，可灌田二平方公尺。一五一二〇〇〇公方水，可灌田三〇二四〇〇〇平方公尺。每亩面积为六六七平方公尺，则3024000÷667=4518亩，即先期储蓄水，除渗漏蒸发各种消耗后，至少尚可灌田四千五百一十八亩有奇。

（乙）临时灌溉水

照水规临时灌溉水，定自清明节后第三十六日起，每水份二日夜，得轮两次，共计二十八昼夜。按照前面测算结果，流至用水地点，除沿途渗漏损失外，所余流量，约计为一秒公方。此期水系直接放入田中，无有他项损失。则二十八日灌入水量，总计如下：

临时灌溉水=1公方×60×60×24×28=2419200公方

二十八日入水总量为二四一九二〇〇〇公方。田中水深，以半公尺计算，则每公方水，可灌溉田二平方公尺。故上列水量所灌之田土面积为：

临时灌溉亩数 $=\frac{2419200\times2}{667}=\frac{4838400}{667}=7254$ 亩

即临时灌溉水所灌之亩积，约为七千二百五十四亩。加先期储蓄水灌溉之四千五百一十八亩，时期为五十三日，共能灌溉之亩积如下：

4518 亩 + 7254 亩 = 11772 亩

查七水份用龙公渠水灌溉之田亩，尽量开辟后，共计不过壹万贰千亩之谱，以现时流量，固已足敷灌溉。日后若田亩增多，势非加高大小两坝，并扩展渠身不可。此沿渠民众所宜注意之要端也。

上述两种水，皆系对栽秧直接有关之水量。放水时期，共计五十三日，亦为一年中最重要之时期。水量之敷用与否，亦只能就此两时期引放水量而言。在栽秧期间，将积水与现水合并使用。灌溉能周，即为敷用；灌溉不周，即为不敷用。故此五十三日引放之水，亦可统称之曰栽秧水。

（丙）添苗水之预算

照水规第三期引放水，称为添苗水，每水份一日夜，得周而复始，轮放多次。照前述一秒公方之流量，一昼夜可放水八万六千四百公方。禾田水深的，以二公寸计算，则一公方水，可灌禾田五平方公尺。照此标准，则一昼夜引放水，可灌禾田亩数为：

灌田亩积 $=\frac{86400\times5}{667}=\frac{432000}{667}=648$ 亩

即每昼夜约可灌禾田六百四十八亩。倘遇旱年，尚有苗槁之患。

六、渠道上之桥梁涵洞

龙公渠桥梁涵洞记载表

号数	类别	名称	形势	地点	宽度	建筑时期	备考
壹号	木平桥	头道进水闸	平形	大坝外	一公尺	民国三十年一月	
贰号	石拱人行桥	龙公闸	拱形	横围外	二公尺	民国三十年一月	
叁号	石拱人行桥	三道桥	拱形	北狗街	二公尺	民国三十年一月	
肆号	石拱渡水桥	一渡桥	拱形	北狗街下	二公尺	民国三十年一月	
伍号	石拱人行桥	四道桥	拱形	卖椿巷	二公尺	民国三十年二月	
陆号	石拱渡水桥	二渡桥	拱形	十字路	二公尺	民国三十年二月	
柒号	石拱人行桥	五道桥	拱形	弥勒寺南	二公尺	民国三十年一月	
捌号	石拱人行桥	六道桥	拱形	老古城	二公尺	民国三十年一月	
玖号	石拱渡水桥	三渡桥	拱形	五棵树	二公尺	民国三十四年二月	
拾号	石拱人行桥	瀛仙桥	拱形	圆宝山	二公尺	民国三十年一月	
拾壹号	石拱渡水桥	四渡桥	拱形	干龙潭	二公尺	民国三十四年二月	
拾贰号	石拱渡水桥	瑞星桥	拱形	汇东桥	二公尺	民国三十年二月	
拾叁号	石拱渡水桥	永汇桥	拱形	段家坟	二公尺	民国三十年三月	
拾肆号	石拱汽车路	润民桥	拱形	小渡口北面	二公尺	民国三十年三月	
拾伍号	石拱人行桥	开济桥	拱形	小渡口前	二公尺	民国三十年三月	
拾陆号	石拱渡水桥	禄桥	拱形	小渡口南面	二公尺	民国二十六年	

续 表

号 数	类 别	名 称	形 势	地 点	宽 度	建筑时期	备 考
拾柒号	石拱渡水桥	中兴桥	拱形	小木兴村北	二公尺	民国二十六年	系小木兴村公建
拾捌号	石拱渡水桥	树心桥	拱形	小木兴村西	二公尺	民国二十六年	
拾玖号	石拱渡水桥		拱形	小木兴村南	二公尺	民国二十七年	
贰拾号	石拱渡水桥		拱形	大木兴村西	二公尺	民国二十七年	
贰壹号	石拱人行桥		拱形	下任营北	二公尺	民国二十七年	
贰贰号	石拱渡水桥		拱形	下任营南	二公尺	民国二十七年	
贰叁号	石拱人行桥	瑞星桥	拱形	陈所渡学校门首	二公尺	民国二十七年	
贰肆号	石拱渡水桥	昌兴桥	拱形	许家营	二公尺	民国二十七年	许家营公建
贰伍号	石拱渡水桥	明德桥	拱形	许家营窑旁	二公尺	民国二十七年	
贰陆号	石拱人行桥	正义桥	拱形	化鱼村西面	二公尺	民国二十七年	
贰柒号	石拱渡水桥	锁水桥	拱形	锁水阁	二公尺	民国二十七年	化鱼村公建
贰捌号	石拱渡水桥		拱形	张鱼滩	二公尺	民国二十七年	
贰玖号	石拱渡水桥		拱形	张鱼滩下	二公尺	民国二十七年	
叁拾号	石拱渡水桥		拱形	张鱼滩下	二公尺	民国二十七年	
叁壹号	石拱渡水桥		拱形	南大营龙船滩	二公尺	民国二十七年	
叁贰号	石拱渡水桥		拱形	下任营南	二公尺	民国二十七年	
叁叁号	石拱渡水桥		拱形	玉龙村西北	二公尺	民国二十七年	
叁肆号	石拱渡水桥		拱形	玉龙村南	二公尺	民国二十七年	
叁伍号	石座石平桥		平形	时家渡	二公尺	民国二十七年	
叁陆号	石拱渡水桥		拱形	毛家营西面	二公尺	民国二十七年	
叁柒号	石拱渡水桥		拱形	毛家营西南	二公尺	民国二十八年	

七、全渠受益田亩数

龙公渠沿渠各村受益田亩一览表此表系以三十三年度（1944 年）为标准

水 份	村 落	各村受益田亩数	得渠水后省出之堰塘	备 注
第一水份	小木兴村	玖百柒拾肆亩肆分伍厘		
	大木兴村	肆百亩玖分肆厘叁毛		
	下任营	伍百零壹亩捌分柒厘玖毛		
第二水份	陈所渡	陆百肆拾叁亩陆分肆厘		
	上任营			
	大梅子村			
	小梅子村	伍拾柒亩伍分捌厘肆毛		
	许家营	贰百零柒亩		
	骆家营	玖拾亩零贰分		

续 表

水　份	村　落	各村受益田亩数	得渠水后省出之堰塘	备　注
第三水份	城东村	贰百陆拾叁亩伍分壹厘玖毛		
	城北村	伍拾贰亩柒分		
	小渡口	贰百肆拾亩零捌分		
	化鱼村	陆百贰拾陆亩柒分		
	玉龙村	肆百亩		
	马隆乡	捌拾贰亩零伍厘捌毛		
第四水份	东毛营	贰百贰拾亩零陆分叁厘贰毛		
	马军村	上甲壹百柒拾贰亩柒分壹厘叁毛		
		下甲四百零柒亩叁分贰厘	省出堰塘壹个	
	端家营	壹百捌拾壹亩零肆厘贰毛		
	马房	叁拾壹亩零叁厘肆毛		
	谷家营	陆百柒拾伍亩零玖厘		
第五份水	中营	壹仟伍百壹拾伍亩壹分叁厘陆毛		
	小里营	陆拾玖亩肆分陆厘陆毛		
	湾子	贰佰玖拾贰亩捌分伍厘陆毛		
第六份水	西村	壹仟壹百陆拾捌亩陆分肆厘玖毛	省出积水草海渐变良田	
	竹瓦仓	壹百贰拾贰亩零陆厘贰毛	省出积水草海渐变良田	
第七份水	狗街	壹仟叁佰叁拾伍亩零壹厘	省出积水草海一个	
合计		壹万零柒百叁拾陆亩伍分捌厘		

第五章　渠道落成后之重要碑记

一、龙公渠记一[①]　邑人段克昌制文　徐自立[②]书丹

宜良东河议修久矣。以宜路两邑利害迥别，明清两代屡议兴修，俱不果。民廿六年春，省主席龙公关怀各县生产，毅力主持开凿，命克昌董其事。昌以乡人对于地方生产建设义不容辞，遂协商两邑父老共襄斯举。爰于是岁二月兴工，翌春竣事。北自安家桥起，疏浚河身，增筑河堤，需民工二十六万名，补占用地价十四万元。建涵洞三十有六，双渡槽一，费财十二万元。水门桥以下，桥涵河身咸为新凿，全长六十华里，灌田二万余亩。工竣，父老以斯举发自今主席龙公，易名曰龙公渠，志善政垂久远也。第上游通而下游涸，利犹未溥，于是乡人陈禄、马负图、傅瀛建议，由水门桥达三龙潭，另开新渠，向农贷会贷款为之。虽工程困难，负责者持以毅力，经始于三十年，越岁而观厥成，两渠贯通，为利溥矣。建设厅长张公西林记之綦详，不赘。始修其事者，乡人董钜、陈禄、张树德、傅瀛、马负图、陈永德、陈旭，监修者县令王君丕，而陈禄、傅瀛、马负图计划督导，寒暑无间，尤为难能。旧渠疏凿为工四十有六万，用币百五十有六万元。凡事经始为难，而众擎易举，使斯渠而不决策于上，尽力于下，则日就湮淤，胥受厥害。

① 此碑现仍存立于宜良古城镇龙公渠首处，为县级文物保护单位。

② 徐自立，继董锷之后任宜良县民众教育馆馆长。为民国时期宜良县著名文化人。擅书法绘画诗文。其时所立碑刻，多其书丹篆额。

今得早观厥成，两邑咸获其利，功不可没，故记之。

云南省政府督开龙公河河工处处长段克昌，副处长王丕，委员张树德、马负图、陈禄、董钜、傅瀛、陈永德、陈旭，绅耆段祥云、陈绍德、马朝栋、谷钟英、陈国佐、陈建中、陈永安、陈尚廉、李绍虞、刘润、杨思贤、李如坤、杨金培、李占科、李进、李凤章、杨瑾、杨向斋、杨阔、李彬、李培基、马维骐、许树荣、沈文明、陈培桂、孙永寿、宋正炳、陈文蔚、杨正昌、朱从坤，督工员董纯、李家培、朱绍坤、陈锐、杨德显，乡镇保长陈永龄、李赓尧、李嶍、马朝荣、李成、陈绍虞、段正芳、李光清、侯开辅、杨国安、何桂芳、任廷润、官勤、骆鸿祯、余泽、陈纯、官尚忠、毛兴荣、王家政、杨雨时、端彩文、谷宗树、高明中、李克昌、刘兴荣、许汝昌、董丕丞、何增龄、杨华林、傅济、李守仁、黄琳、洪体廉、普耀、张智同建。

二、龙公渠记二①

自安家桥北起，而南讫于南狗街，有渠焉。绵亘三十余公里，引南盘江水入其中，深潴以灌下游旁田约二万亩者，龙公渠也。众感本省政府主席龙公倡浚此渠也最力，故请以此名。先是，明嘉靖时临沅佥事道文衡浚西河，思正东河而渠焉。东河者，今此渠也。终为古城人士地域之见，阻不果浚。迨清乾嘉间，开河议复起，仍被梗阻。由是遂垂为永禁，而见成愈坚，不可回矣。方龙公倡浚此渠之始，知昔事之艰也如彼，顾邦翰承治渠命，敢畏不往？乃诣古城，集宜良、路南两县官绅，晓譬疏解。当议纷且烈之际，众中有昌言者曰：均是人也，闻厅长词，宁不动于中耶？然果屈于今日之所言，其奈吾侪祖宗反对开河耻辱之原议何？历二日夕，反覆剖晰公私利害备至，卒得释怨，寝其事。今邑士之贤也又若此，特表而出之。于是，量度经营既久，三十一年春三月兴工，至三十二年三月而渠成。是渠也，乃合上下游新旧水道而贯通者，由南盘江别辟口导水入，延三公里余，而达水门桥，曰上游新浚渠道。自水门桥而下为二十六年段君小峰董其事，知宜良县事王君丕，督县绅首董钜、陈禄、傅瀛、马负图、陈永德等，掘以成之者，是曰下游旧渠道。计渠所设，有拦河大坝一，引河小坝一，进水闸门二，片石渠基四千公方尺，石护坡一千余公尺，石拱桥六，涵洞十，挡土墙三，土方六万余公方，占用田地九十亩五分二厘，补价三十七万四千九百九十三元七角，其所费为六百万元云。一渠之成，用力也众，费财也巨，成功也亦非易，后之人其可忽乎哉！凡今之役于渠者，又曷可忘也。故汇其姓名，别勒石后。

中华民国三十二年夏四月　日，云南省建设厅长兼农田水利贷款委员会主任委员张邦翰，兼副主任委员蒋震扬，兼委员缪嘉铭、陆崇仁、马镇国、黄家骥、王振芳、吴仕沧，兼总工程师朱光彩，秘书兼技术室主任马耀先，工程师兼技术室副主任揭曾祐，工务课长赵本务，会计课长刘景寿，总务课长王执中，工程师赵鉴培、张连荣、冯钟豫、王炳章、张建德，工程员宋彧淅、高德亮、莘耘尊，宜良县长王丕、路南县长罗人吉，工程处主任尤瑞霖，工程师李傅基、王海波、张锷、李开勤、张济时，监工员曹扬凯、任绍美、辛云峰、李佩圳、张汝淮，会计员王民兴，会计助理员马良图，事务员谈子余、张述文，书记李庆颐、陈淑慈，水利协会会长董钜，副会长陈禄、傅瀛，总务股长马负图，工务股长陈永德，兼会计马良图，事务员李镜、谷春芳，征工队长董钺、陈旭，征

① 此碑今亦立存于古城镇龙公渠首，为县级文化保护单位。

工副队长董纯、杨德显，督工员李家培、朱绍坤、卢松年、赵富，古城绅首李占科、杨思贤、李进、李凤章、杨瑾①。

三、呈报水规修正表请建厅鉴核备案并祈准予刻石立碑以资遵守文三十四年八月

呈为呈请备案示遵事。窃查宜良龙公渠，原名东河。自明代嘉靖年间文公衡开凿西河即有开凿之议，其后文公去任，地方人士亦常提倡开凿，终因协议未妥，不能实现。民国二十六年，蒙云南省主席龙公倡导于上，并命军需局长段公筱峰主持。其间，上游沿用安家桥等村旧渠，将渠身扩大，渠岸增高；下游自水门桥起，沿续旧渠水尾，新开渠道达南狗街，全长六十华里，以接旧渠余水，引灌下游农田。后因同一沟渠，常感上溢下涸，灌溉不周。民国二十八年，复由龙公渠水利协会呈请中央农田水利贷款委员会贷款六百万元，即由水利协会主持其事，自水门桥以上至拦河大坝止，另辟龙口，新筑沟坝占用田地，先补价而后兴工。又蒙前建设厅长张公西林、中央水利专员朱公华舫亲临踏勘，劳心规划，自民国三十一年兴工，三十二年竣事，沟坝完善，水量充分，万伍百亩旱地尽变良田。水规草案，经试办三年，灌溉圆满，有利无弊。农贷款亦已还清。前经第十四次全渠会员代表大会议决“将水规草案略加修正，呈请上峰备案，并准刻石立碑，以垂永久”等语，纪录在卷。为此，根据议案，缮具水规草案修正表备文呈请钧厅衡核备案，并祈准予刻石立碑，以垂永久，而昭信守。谨呈云南省建设厅长杨（并呈宜良县政府）。附呈水规草案修正表暨第十四次会议纪录各一份。

宜良县龙公渠管理处/水利协会正副处/会长董　钜　陈　禄　傅　瀛

四、建厅批复令

云南省建设厅指令总字第九十五号　民国三十四年八月二十二日

令宜良龙公渠管理处/水利协会正副处/会长董　钜　陈　禄　傅　瀛

会呈一件：为订立水规，经试办圆满，请备案刻石立碑，抄呈水规修正表暨第十四次会议纪录，请鉴核示遵由呈及附件均悉。查所呈水规表，厘订尚属周详，且经试办三年，灌溉圆满，应准如请备案，并刻石立碑，以资遵守。其执行办法，应查遵前颁各渠灌溉管理暂行章程之规定，发动人民，组织水老斗夫渠保等，以便协助办理。至所呈第十四次会议纪录，核查亦无不合，并准备案，仰即遵照。附件存。

此令

厅长　杨文清

五、宜良县府批复令

宜良县政府指令建龙水字第三八二号　民国三十四年六月九日

令龙公渠水利协会正副会长董　钜　陈　禄　傅　瀛

一件：据呈报水规草案请查核备案，并祈准予刻石立碑，以资遵守由呈悉。查此项

① 杨瑾，历任宜路陆三库中学校长，古城镇镇长。邑人郑祖荣撰有《故宜路陆联之三库中学校长杨公墓志铭》，载《宜良碑刻》中。

水规草案，既经试三年，水量有盈无缺，应准刻石立碑，以资遵守。仰即遵照。附件存。

此令

县长　邱名栋①

龙公渠水规及水份分配表

<table>
<tr><td>水　份</td><td>时期
期限
村落</td><td>第一
时期</td><td>第二
时期</td><td>第三
时期</td><td>第四
时期</td></tr>
<tr><td>第一份水</td><td>小木兴村、大木兴村、下任营</td><td>五日夜</td><td>二日夜</td><td>一日夜</td><td rowspan="8">本期为闲水可泳豆麦，由上而下，自寒露节日起，至次年雨水节末日止，倘需水人多，则可照添苗水规则，仍由头淋轮起，每水份一昼夜，周而复始。
说明：（一）冬春季为闲水，各水份村营，有须泳豆麦，或蓄堰塘者，须事前报管水机关，以泳完放足为止，俾免互相纠纷，而杜争吵。（二）在闲水时期，全渠有碎修之必要，自立冬日，各水份各村营，按照受益田亩之多寡，分段工作。至小雪节止，全渠修理完竣。惟自化鱼村锁水阁以上，至许家营汗滩之段，以及汇东桥以上起，至进水闸之段，并包括大小坝，列为特别工程，由七水份共同负责修理。以上各段工程碎修，务须在规定期内修理完善，经验收后，方能卸责</td></tr>
<tr><td>第二份水</td><td>陈所渡、上任营、大小梅子村、许家营、骆家营</td><td>五日夜</td><td>二日夜</td><td>一日夜</td></tr>
<tr><td>第三份水</td><td>城东村、城北村、小渡口村、化鱼村、玉龙村、马隆乡</td><td>五日夜</td><td>二日夜</td><td>一日夜</td></tr>
<tr><td>第四份水</td><td>东毛营、马军村、端家营、谷家营</td><td>五日夜</td><td>二日夜</td><td>一日夜</td></tr>
<tr><td>第五份水</td><td>中营、小里营、湾子</td><td>五日夜</td><td>二日夜</td><td>一日夜</td></tr>
<tr><td>第六份水</td><td>西村、竹瓦苍</td><td>五日夜</td><td>二日夜</td><td>一日夜</td></tr>
<tr><td>第七份水</td><td>狗街</td><td>五日夜</td><td>二日夜</td><td>一日夜</td></tr>
<tr><td colspan="2">备注</td><td></td><td></td><td></td></tr>
</table>

龙公渠水份及水规碑记

甲　水份分配

一、龙公渠共分为七个水份、四个时期，每水份灌田壹千五百亩。第一水份：大小木兴村、下任营；第二水份：陈所渡、上任营、大小梅子村、许骆营；第三水份：城东村、城北村、小渡口、化鱼村、玉龙村、马隆乡；第四水份：东毛营、马军村、端家营、谷家营；第五水份：中营、湾子、小里营；第六水份：西村、竹瓦仓；第七水份：狗街。

二、第一时期，为春季蓄堰塘水。自清明节日晨起，每水份五日夜，接水时间以日照西山顶为准，共计三十五昼夜。今后永久由此类推轮放。

三、第二时期，为栽秧水。每水份二日夜，自清明节后第三十六日晨日照西山顶为准，为本期轮放开始时间，仍由轮当头淋者接放，周而复始，共二次，计二十八日夜。

四、第三时期，为夏季添苗水。自清明节后第陆拾肆日晨日照西山顶，为头淋接放时间。每水份壹日夜，周而复始，至秋分末日止。

五、第四时期，为闲水。自寒露节日起，可泳豆麦。仍自头淋轮起，每水份一昼夜，周而复始，至次年雨水节末日止。

---

① 邱名栋（1913—2005），字子静，浙江省温州市瓯海区人。1942 年毕业于交通大学北平铁路管理学院，1945 年初任宜良县长，善政多端，离任后邑和乡（今宜良马街镇）建子静楼以表去思。后去台，著有《边城旧事》一书，叙其在宜任县长及后任大理县长事甚详。20 世纪 90 年代仍回宜良捐款助学，善德堪嘉。

乙　水规

一、每年每个水份，在蓄堰塘、栽秧、添苗、泳豆麦等时期，均得轮当一次。头淋自民国三十三年起，系第一水份，为头淋。三十四年第二水份、三十五年第三水份、三十六年第四水份、三十七年第五次水份、三十八年第六水份、三十九年第七水份，为头淋。每七年内，各水份轮周一次，以后照此类推，周而复始，不得争论。

二、各水份轮放时期，沿渠各村除放小秧水外，不得藉故泡田及放禾苗水。倘有偷放渠水情事，一经拿获，罚谷壹市石。不认罚者，绑抬进村示众。若有破坏渠堤，偷开涵洞者，实触犯水规，罚猪羊各一头（猪重一百斤，羊重三十斤），外加罚谷子二市石，作为筑坝开会等正用。设偷水人家境赤贫不能负担者，由所住村营公众负担。

三、各水份各村营积蓄之堰塘水，于栽秧时得不分畛域，引取灌溉。余水应听其顺流而下，不得擅自泻入赤江，并不得私行售卖他村。若有违反情事，一经查获，应受最严重之处分。

四、大小木兴村、上下任营、陈所渡等村蓄水地点，即在大小木兴村堰塘内。塘内田亩，于每年豆麦成熟时，务须提前赶收，以便积水。塘埂即由上列各村负责加高。又西村前面海子，为湾子、小里营、竹瓦仓、西村、狗街蓄水地点。而西村新路即由上列村落负责加高。

丙　附记

一、龙公渠岁修时间，定自立冬日起，各水份、各村营按照受益田亩之多寡分段工作，限至小雪节止，全渠修理完竣。惟自化鱼村锁水阁以上，至许家营汗滩之段，以及汇东桥以上起，至进水闸之段，并包括大小坝在内，列为特别工程，由七水份共同负责修理。以上各段工程，务须在规定期内修理完善，经验收后方能卸责。

二、龙公渠例会日期，每年两次。春季定于夏历正月十六日，秋季七月七日。某水份轮当头淋，集会即在该水份适中地点举行。

三、各村营田地已登记水权者，经发有三联单为证。今后凡未领获三联单者，均不得享受同等待遇。又全渠各村受益田亩，历年水租谷，永远采取属人主义。何村耕种，即由何村收管，违者严惩。

龙公渠所属各村营出夫出款及做古城段土方一览表

村　名	出夫数	出款数	古城段土方	村　名	出夫数	出款数	古城段土方
城北村	九五八	八〇〇〇	四八〇	小木兴村	五八〇一	四〇〇〇	二四〇〇
城东村	七六七	六〇〇〇	三六	大木兴村	四一六〇	一七五〇	一〇五〇
小渡口	二五一七	一五〇〇	九〇〇	下任营	四三四六	二五〇〇	一二〇〇
上任营	一〇八六	四〇〇	二四〇	马军村	四八〇〇	—	四七八
陈所渡	一五六四五	五五〇〇	三三〇〇	端家营	一四六〇	—	四二〇
大梅子村	七一三	六五	三九〇	谷家营	七〇四三	—	二〇一〇
小梅子村	二九五二	二八五	一七一	中营	一〇〇三二	—	三六〇〇
骆家营	六五二一	—	四八〇	湾子	二五三八	—	七二〇
许家营	二五四〇	—	六〇〇	狗街	一〇五四一	—	三九〇〇
化鱼村	二五九九	—	一八〇	竹瓦仓	一一五〇	—	二四〇

续 表

村 名	出夫数	出款数	古城段土方	村 名	出夫数	出款数	古城段土方
玉龙村	四四四六	—	一二〇〇	西村	一〇二〇〇	—	二四〇〇
马隆乡	一二〇〇	—	二四六	小里营	一二六七	—	—
东毛营	一五〇〇	—	六六〇	南古城	六三九六	—	—
黄家庄	八五四	—	—	麦冲	四二〇	—	—
小河者流	八八〇	—	—	北庄	三〇二	—	—
义馆庄	一二五〇	—	—	白连凹	三〇〇	—	—
章堡村	三二五〇	—	—	老深坑	三〇二	—	—
沈伍营	二九〇四	—	—	陈官营	二〇七六	—	—
山脚营	一二六六	—	—	湆	五〇三	—	—
大山后	一六〇〇	—	—	汗滩	四〇九	—	—
大志武	四一〇	—	—	雄军阱	七〇八	—	—
唐家湾	五〇〇	—	—	段之凹	四二〇	—	—
横水塘	四〇五	—	—	十字坡	二一〇	—	—
灯笼山	三一〇	—	—	狗街车站	九七〇	—	—

沿渠民众代表马负图、陈永德、陈旭、段纯之、李绍先、李镜、谷春芳、李栋、杨德选、董纯、李廷珍、李绍明、段永福、段经邦、段正芳、曹廷义、曹廷铨、曹廷材、陈占荣、曹和、杨国安、吴家兴、杨国材、赵怀智、何培、王炳仁、任廷润、官尚忠、赵永泉、张智、骆鸿祯、陈缄、杨开基、许汝荣、李赓尧、陈永安、陈庆和、陈执中、陈致中、夏崇新、刘桂荣、赵富、史君惠、史煜、李嵋、李德昌、李克昌、杨正昌、唐继舜、毛兴荣、毛明伦、朱从义、杨雨时、王家政、李镇、端彩文、端国祯、谷春和、谷凌云、陈尚廉、陈以恕、李茂春、杨永坤、杨金荣、杨国楠、余泽、何明昌、李成、葛汝宝、杨嘉桧、石家钰、马朝荣、马维骃、周天成、马良图、马腾云、陈钰、黄琳、普耀、毕士才、杨瑞林、阮文彬、何增龄、张尽忠、王家兰、陈萃、赏泽、刘祥、陈彰猷、赵致中、黄金恩、张召南、杨金昌、周天祺同订。

第六章 三庠中学建筑水碾案

宜、路、陆三县联立三庠初级中学校长杨瑾，因感于校款拮据，拟于龙公渠所筑之引河小坝下建筑水碾二盘，以期征收碾租补充学校经费。计划既定，当即呈报宜良县府，请求核示。宜良县府除派县督学郭彬履勘呈覆外，并令饬龙公渠水利协会当局会同杨校长查复核办。旋经呈覆原则五条，请县府转饬该校，若能照办，即可建碾。旋经该杨校长续呈第二计划，并谓“无论任何时节，总以不妨害水利为原则”。续呈之后，随即兴工建造，不日完成。自是龙渠水位，忽然降低。迨至实际勘查，则小坝西端，已被该校刻一缺口，宽五公寸，深四公寸，已属既往不救（咎）矣。因此一事，致使下游民众议论纷呶。自今以后，欲求水碾水利两不相妨，除加高大小坝，或定期停碾外，实无他法以补之。

一、宜良县政府据三岸中学呈报建碾计划后转饬水利协会呈复核办令

宜良县政府训令教中学第七九号
民国三十三年十月二十八日

令龙公渠水利协会会长董　钜　陈　禄　傅　瀛

案据宜路陆三县联立三岸初级中学校长杨瑾呈称：

“为呈报建碾计划，请予备案事。窃以三岸中学草创伊始，仅赖三岸文会租谷维持现状，势难坐待垂成，尚须经营筹划，开财源以裕经费，乃克日新月异，发展前途。查古城坝子，村庄密集，鸡鸣犬吠相闻，而食米多事杵臼，间有以旱碾代之者。然碾少租重，供不给求，民生大感不便。历代均有建水碾之议，苦董事者与设计者，终以利害纷扰，旋议旋止，不克见诸事实。职以菲材，谬蒙长官之信任，父老之推荐，身负两校重任，日处艰困之境，时思生财之道，详度地形，拟定计划，于赤江支流龙公渠古城小河滚水坝之右，设闸凿沟，引水于枣园，建碾二盘，以资附近数十村碾米之用。每年每盘约可收米百余公石。碾房西面，职校管有旱地七十余亩，即可因之改作良田，假冲碾余水灌溉之，每年亦可增加租谷百余公石，诚一劳永逸，一举数得之事宜。刻已由古城附村落筹集基金，并经工程师设计详图，预算工程，秋收后即可兴工。理合备文呈请钧长鉴核备案，指令示遵。”等因，附呈计划图式各一份。据此查该校建筑水碾为学校生产，颇属正大，惟于龙公渠水利有无妨碍，仰即会同该杨校长查复核办。

此令

县长　关汝贤[①]

二、水利协会对三岸中学建筑水碾案提出原则五项呈覆宜良县府文三十四年十二月十日

案奉钧府卅三年十月廿八日教中字第七九号训令转下三岸中学议拟建筑水碾一案，后开：

“查该校建筑水碾为学校生产，颇属正大，惟于龙公渠水利有无妨碍，仰即会同该杨校长查覆核办。此令。”等因。奉此，职遵于四月廿八日亲到北古城大小坝会同杨校长切实踏勘，兹将应请该校负责之原则五项分述如下：（一）查大小坝系在一水平线上，只能向上面伸出，按原来坡度加高。惟将来若有损坏及补修情事，当由学校永远完全负责。（二）龙公渠放水时期原定水深一·四二公尺，流量为一·六秒立方，应由学校随时保持原有水位及流量。（三）大小坝增高，赤江水位亦随之提高，而引河北岸系一沙洲，江水提高，若遇洪水暴涨，水势汹涌，沙洲若有冲溃及倒倾情事，应由学校永远负责保障。（四）加高大小坝引水冲碾，只能向原坝上利用水力，不得拆毁原来坝基、坝高、坝身等情事。（五）三岸中学所拟建碾，只要以不妨害龙公渠水利为原则，即可办理。奉令前因，特提出上列五项原则备文，呈请钧长俯赐鉴核转饬该校查照办理，并祈示遵！

谨呈宜良县县长关

龙公渠水利协会会长　董　钜

副会长　陈　禄　傅　瀛

---

① 关汝贤　云南永胜人。民国宜良县第12任县长。

三、宜良县政府据三庠中学续呈建碾第二计划后饬水利协会迅予会勘呈报令

宜良县政府训令教中字第八五号
民国三十四年一月三十日

令龙公渠水利协会会长董　钜　陈　禄　傅　瀛

案据三属联中校长杨瑾续呈称：

“为续呈建碾计划，恳祈备案，迅予示遵事。窃职校为充实经费而倡议建碾，迭经呈报各情在案。兹为避免訾议及减少基金、缩短期限计，改用第二计划。地址测定小坝脚之西北角，办法系用余水，对灌溉毫无问题。工程依照图案，于坝面满铺六寸厚之担沟石一层，以资保险。碾房一间，跨河二间，据路由坝之西角筑石埂、镶石沟，引水以冲激之。无论任何时节，总不妨害水利为原则。理合备文，呈请钧长鉴核备案，指令示遵。”等情，附图式一份。据此，仰即迅予会勘呈报，以便核示！

此令

附发图式一份

县长　关汝贤

此次奉令后，仍照前案所提五项原则呈覆。

四、水利协会奉宜良县府令转三庠中学续呈建碾计划后呈复核办文三十四年六月廿七日

为呈覆事。案奉钧府教中字第八五号训令转下三庠中学续呈建碾计划饬迅予会勘呈覆一案，除原文有案不录外，后开：

“仰即迅予会勘呈报以凭核示，此令。”等因，附发图式一份。奉此，查此于去岁十一月间，该校呈报第一次建碾计划，钧府令职会同杨校长履勘后，已将该校建碾对龙公渠关系各点，条列五项原则呈覆在案。兹奉令转该校第二计划，职遵即再往查勘，当中利害各点，与前无异。兹再原提五项原则，缕陈如下（照前案逐分列）：

奉令前因，理合将查勘情形备文呈覆，恳祈钧长俯赐鉴核，转该校逐项答覆，并祈批令祗遵！

谨呈宜良县县长关

龙公渠水利协会正副会长

五、宜良县府对前呈批复令

宜良县政府指令教中字第一〇九号
民国三十四年七月廿日

令龙公渠水利协会会长董　钜　陈　禄　傅　瀛

呈一件：据呈覆宜路陆三属联中建碾计划对龙公渠关系各点，请转饬该校答覆由呈悉。如请准转饬该校逐一呈覆，除分令外，仰即知照！

此令

县长　关汝贤

六、宜良县政府三庠中学拟议建碾一案经指派县督学郭彬履勘呈覆后训令水利协会知照文

宜良县政府训令教中字第一一四号
民国三十四年十月四日

令龙公渠水利会会长董　钜　陈　禄　傅　瀛

案据宜路陆联立三庠中学呈覆新建水碾对龙公渠水量水利无有妨碍一案，当即指派

督学郭彬查覆。去后，兹据该员签称：

“遵于九月五日前往北古城，约集杨校长及下四甲事务员郭天庆等，会同往勘引水河道暨建碾地址，详加研询，其情形均与该校呈报各节相符。兹将勘查所得大概，呈覆如下：查龙公渠所引用之水，系于大赤江内横筑石坝，将水位提高，引流而进，约二十余丈之处，即分流为二：一由原有河道向西直下，即系灌溉安家桥、陈家渡等十三村之农田；一则入龙公渠。在分流之处，水势稍急，而两面入渠之水量，似能平均分流，且河底多夹石质，亦不会冲深淤塞。该校建碾之地，离分流处约数百余丈，全系截此灌溉十三村之河水使用，与龙公渠之水两不相涉，似无妨碍”等情。据此，除令该校长外，合行令仰该会长即便知照！

此令

县长　关汝贤

编者评：查县督学郭彬虽经亲临勘查，然对大小两坝同一水平，及新旧两渠进口之高低度数，漠然不知。对事体观察不明，即敢质然签覆曰“与龙公渠之水两不相涉，似无妨碍”，殊属谬妄。

七、水利协会呈覆宜良县府请转饬三庠中学校长杨瑾履行原案各点，以维水利而免纠纷文三十四年十一月十七日

呈为呈请核转饬遵事。案奉钧府卅四年十月四日教中字第一一四号训令开：

“案据宜路陆联立三庠中学呈覆新建水碾对龙公渠水量水利无有妨害一案，当即指派县督学郭彬查复。去后，兹据该员签称‘遵于九月五日前往云云，……与龙公渠水两不相涉，似无妨碍’等情。据此，除分令该校长外，合行令仰该会长即便知照。此令。”等因。奉此，查三庠中学新建水碾，对龙公渠有碍各点，前经呈覆在案。乃县督学郭彬，不谙水利，不明工程，不知从中是何原因，竟措词东吱西唔，妄谓该碾所用之水，与龙公渠两不相涉，似无妨碍。因此一言，遂将龙公渠水利，送诸九霄。刻下小坝西端，已被杨瑾凿一缺口，深约七公寸，宽约五公寸，将来放水栽秧，水位降低，流量减少，前此受益良田又将重罹旱灾，复成荒地，受害之大，何堪设想！窃思南东民众，昔日开凿此渠，无异精卫衔石、愚公移山。摊款出夫，汗血俱尽，至今余痛犹存。正望涸田有收，以资慰解，何期享利未久，又复旁遭打击。坐使渠道空存，流量不充，栽插期间，安望其按期得水，灌溉周遍。奉令前因，理合将妨害水各情，据实呈复，恳祈钧长俯赐鉴核，转饬该校长杨瑾，将所凿小坝缺口及坝脚冲坏之处，从速修复，并履行职会原呈各点，以维水利而全民生！

谨呈宜良县县长关

龙公渠水利协会会长　董　钜

副会长　陈　禄　傅　瀛

八、为三庠中学校长杨瑾擅毁龙公渠小坝贻害无穷，由玉龙、莲池两乡公民代表主席等联名恳请建厅及宜良县府转饬修复电三十五年六月廿五日

建设厅厅长陇
宜良县县长邱 钧鉴

窃查宜路陆联立三庠中学校长杨瑾擅自破坏龙公渠小坝修建水碾，呈县核备。经前任县长关于卅四年一月五日及同月卅日以“有无妨害水利情事，仰该会长迅予会勘呈覆，

以便核示”等语，令饬水利协会会勘呈覆。遵即于会勘后呈覆主张五点：（一）查大小两坝原系同一水平，该校引水冲碾，只能按原来坡度增高坝面。惟将来大小坝若有损坏及修补情事，应由该校永远完全负责。（二）龙公渠水原定水深一·四二公尺，流量为一·六秒公方，应由该校永远保持此水位及流量。（三）大小坝增高，赤江水位亦随之提高，而引河北岸系一沙洲，若遇江水暴涨，水势汹涌，沙滩恐有冲溃或倒塌情形，应由该校永远负责保障。（四）加高大小坝引水冲碾，只能由原坝上利用水力，不得有拆毁原来坝基、坝身、坝高等情事。（五）该中学所拟建之水碾，只要以不妨碍龙公渠水位、水量为原则，即可办理。上述条件，经关前县长转饬该校长逐项答覆，而杨校长竟自置之不理。厥后呈覆县府，谓于坝面满铺六寸厚之担沟石一层，并称无论任何时节，总以不妨害水利为原则。果能实践斯言，亦尚差可相安。殊该杨校长自食其言，变更计划，于水碾落成后，秘将小坝西端凿一缺口，深约七公寸，宽约五公寸，引水冲激水碾，不顾农民利益。自有此缺以来，水位因之降低，水量减少甚巨，致已受益之田影响荒废，损失利益者约有三分之一。查国家利民政策，以农田水利为先，工业及其他利用居次。该杨瑾身为校长，何竟昧于此义，不知顾惜，表面则声称不妨害水利为原则，而实际则置万众之生计于不顾。窃思沿渠民众，昔日开凿此渠，无异精卫衔石、愚公移山，摊款出夫，汗血俱尽，至今余痛犹存。幸赖涸田有收，聊资慰解。何期享利未久，又因建此一碾，障碍突生。一线之生命源泉，横遭打击；万众之苦心劳力，付诸流水。言念及此，泪随声下。迩来众议沸腾，人情汹汹，除电呈宜良县长外，为此电呈钧座，恳祈严饬该校长将小坝破坏缺口，迅予修复，以免演成严重事态，实深感荷！

宜良县莲池乡乡民代表主席葛毓琳，玉龙乡乡民代表主席陈增，玉龙乡乡长陈禧、副乡长曹廷铨，莲池乡乡长董纯、副乡长罗鸿儒，两乡受益之水利协会会员□□□等谨叩。

第七章　水利协会对开渠偿债有关之历次会议议决案

龙公渠水利协会系于渠道改线期间，专为负贷款责任而设。迨至渠道成功，地方民众以为水利上一切事务，亦须组设机关，负责管理，因此开会议决，请求上峰核准，仍令水利协会继续存在，作为龙渠管理机关，办理渠道上一切事件。年开例会二次，均有会议纪录。本纪事中，若将所有议案备悉纪载，则将连篇累牍，永无绝笔时期。若欲全不记载，又恐开渠时之有关案件，无从稽考。兹特以开渠及偿债两事为目标，将水利协会成立以来，至债款未清以前之历次议案，编载于下，以备参阅。

一、第一次会议纪录

民国二十九年十二月十日，自正午十二时起，在玉龙村小学校内召开第一次会员代表大会。出席人员为董钜、陈旭、朱绍坤、傅瀛、陈永德、李为栋、陈建中、赵怀智、陈占元、朱从坤、陆松年、杨德显、沈兆森、陈尚廉、孙其明、杨嘉惠、陈宣猷、沈序连、孙永寿、端国祯、端彩文、陈汝贵、李勋、李成、何克勤、史君聘、杨国安、杨国恩、吴家兴、许中富、端家德、唐继舜、毕登云、王家政、李政、保家顺、毕映昇、何光灿、谷占甲、谷宗淮、谷宗济、谷凌云、谷春和、陈铨、陈直中、毛现彩、毕登弟、杨相、鲁增玺、张华、杨速、李治东、曹子彪、孙其智、余家林、方正举、杨国祥、李克昌、陈纯、李茂春、黄林、许汝荣、杨国权、沈家珍、孙学义、许汝昌、张开华、陈培桂、朱从仁、杨雨时、钱家富、杨开来、刘兴荣、何天顺、冯春荣、唐子明、杨玉奉、高明中、曹子汉、李超、陈为仁、沈世卿、张集贤、何培、王炳仁、官绍清、任美坤、葛有名等八十八人。

主席：陈禄

纪录：李万钟

提议事项：

（一）龙公河（渠）近两年来失修，各村愿修与否，请公决案。

议决：1. 限两星期完成。2. 宽度暂定为六中尺。3. 深度由许家营至南大营一段须挖下二中尺。4. 各村所修地段由副会长同督工员，按照受益田亩多寡分定后，不得紊乱。若有紊乱，以违背功令论，呈请处罚之。

（二）治河款每亩派洋伍元。各村所欠究应如何追缴，请公决案。

议决：狗街缴国币壹千伍百元，西村缴壹千元，湾子缴叁百元，小里营缴贰百肆拾元，中营缴玖百元，化鱼村缴伍百元。未录各村有欠者，亦按照四成标准，统限一星期内缴会。如有插花田，亦限一星期内由各村自行调查清楚，列册呈会核办。

（三）经济部所属之云南农会对龙公渠另开龙口准贷国币伍拾万元，各村能否承认公决案。

议决：另开龙口贷款国币伍拾万元，一致表决承认。办理手续，须由各村保长先将受益田亩及业主调查实在，具结盖章负责，又由乡长、保长盖章后交会汇转。其切结，由会规定油印，分发填报。

（四）县府发下准军需局长段函，据上下伍营、南大营、沈家营四村保长绅首，呈请免除龙公渠一切负担，并将破坏之沟道桥梁修复，以利灌溉，而附原案等情，奉批“由水利协会开会解决”。究应如何办理，请公决案。

议决：由董会长定期邀请县长亲临踏勘，根据原案，会同该四村绅首处理。

（五）下伍营保长绅首等，请求发给该村修理背水桥涵洞款国币壹千柒百壹拾元。是否补发，请公决案。

议决：俟由会中踏勘后再为发给。

二、第二次会议纪录

民国三十年六月廿一日，在玉龙村小学校内召开第二次会员代表大会。出席人员为陈禄、马负图、傅瀛、陈永德等五十四人，姓名与前次略同。

主席：董钜

纪录：谷春芳

提议事项：

（一）龙公渠目前需用经费如何筹措，请公决案。

议决：龙公渠目前需用经费，由各村公谷项下，由水利协会按各村受益田亩之多寡派定各村负担之。

（二）龙公渠渠道阻塞处应否继续修理，请公决案。

议决：由水利协会按照各村受益田亩之多寡分定段落，务令在旧历后六月农暇期间修理完成。各村出夫名数及日期，由水利协会以命令指派之。

（三）龙公渠受益各村保长，拟规定为各村水利协会员代表，请公决案。

议决：照案通过。

（四）龙公渠各村受益面积田亩所需涵洞如何修理，请公决案。

议决：各村田亩所需涵洞，每村至多不得超过三座。其地点由水利协会派员，会同各村保长等指定修理。所需修理经费，由各村自行负担。

（五）陈副会长永德外出抗日，请辞副会长职。应否选人接充，请公决案。

议决：水利协会事务繁多，经众表决，推选傅瀛接任。

三、第三次会议纪录

民国三十年十月廿四日，在玉龙村小学校内召开第三次会员代表大会。出席人员为董钜、傅瀛、马负图、李为栋、朱从坤①、李建珍暨各村会员代表共计陆拾肆人。特推宋县长光焘②主席，纪录为谷春芳。

主席报告及训词从略。

提议事项：

（一）水门桥以上至龙口新开渠道，拟请由农贷会全权负责办理案。

议决：照提案全体通过。

（二）水门桥以下未竣土方工，应如何管理案。

议决：由受益田亩收土方款，每亩负担土方款三个，合作国币拾元。由各村保长按照受益田亩数负责经收，以收得之款，征雇强壮民夫修理。民夫伙食，由各村统筹办理供给。每夫每日工资定为国币贰元。各村保长不得有浮收田款，或侵蚀工人工资情事。

（三）各村水租谷，根据规定标准，收得若干，当众统计案。

议决：小渡口二五〇亩，着谷拾石。小木兴村六〇〇亩，着谷贰拾肆石。大木兴村三二〇亩，着谷壹拾贰石捌斗。下任营四五〇亩，着谷壹拾捌石。陈所渡三五〇亩，着谷拾肆石。许家营二三〇亩，着谷玖石贰斗。化鱼村四五〇亩，着谷拾捌石。小梅子村六〇亩，着谷贰石肆斗。玉龙村四〇〇亩，着谷拾陆石。马隆乡三〇亩，着谷壹石。东毛营二〇〇亩，着谷捌石。马军村五〇〇亩，着谷贰拾石。谷家营五〇〇亩，着谷壹拾陆石。中营九〇〇亩，着谷叁拾石。湾子五〇〇亩，着谷叁石。西村五〇〇亩，着谷拾肆石。狗街八〇〇亩，着谷贰拾肆石。

以上所规定之各村谷数如有疑，限三日内呈报，过期即为有效。

（四）汇东桥③以下旧渠道，占用田亩尚未补价。如何办理，请公决案。

议决：由水利协会根据原案筹款补发之。

（五）未受益各村营前日出夫帮助开渠，应如何酬劳案。

议决：每仟名夫酬劳谷子肆市斗。由水利协会按照各该村出夫数目，以命令分派之。

（六）陡坡寺④各租户，每届收租时迟延因循，拟由本会布告另行招租案。

议决：照案全体通过。俟明年春正月，统盘另行布告，定期招租。

（七）陡坡寺场一块、小花园一个、铺子三间，拟由水利协会收回，以便维持名胜，请公决案。

---

① 朱从坤，中华书局版《宜良县志》有传。狗街下马金村人，民国时期曾任莲池乡乡长。民国三十七年沦为土匪，假借地下党游击队之名抓夫派款，鱼肉乡民，后接受国民政府招安，队伍解散，潜逃而被抓回，处决。

② 宋县长光焘，石屏人，民国时期宜良县第二十一任县长，继王丕之后任。

③ 汇东桥，在宜良县城东，为南盘江上一座永久性石拱桥。民国二十一年（1932 年）4 月开工，二十五年（1936 年）6 月建成。桥十孔，长 131.6 米，宽 7.2 米，高 9.4 米。工竣，省主席龙云题名“汇东桥”。为县级文物保护单位。

④ 陡坡寺，为俗称，法名云泉寺。始建于元代，为庵，沐府改庵为寺。在狗街镇玉龙村东云泉山上。为县级文物保护单位。

议决：专案呈请县府准予收回。

邓委员训词从略。

礼成，散会。

四、第四次会议纪录

民国三十一年三月四日，在玉龙村小学校内召开第四次会员代表大会。出席人员为傅瀛、马负图、陈永德、董钺等五十六人。由董钜主席，谷春芳纪录。议决案件如下：

提议事项：

（一）此次奉令办理新渠道土方工程，征工办法如何，请公决案。

议决：按照受益田亩，每亩分担土方五个。若工程未完，再行分配。限旧历四月初十日以前完工。各村能提前完者从优奖励。逾期者从重处罚。并请工程处代为分配，俟将地段分妥后，由水利协会以命令通知。各乡保〔长〕按各村受益田亩，每拾亩每日派夫壹石，不得短少。倘有抗工情事，即报请提押。

（二）土方款如何分发，请公决案。

议决：土方款除提百分之十作征工处事务费外，其百分之九十按各村受益田亩数平均分配。由各村保长领取，转发各业户后造册具报。动工时统筹全村民工集团开伙食。

（三）征工负责人员如何规定，请公决案。

议决：应组织征工处，请县长兼征工主任，建设科长、水利协会会长兼副主任，每员每月支夫马费国币壹百元。铁池、玉龙两乡乡长兼征工队长，每员每月支夫马费国币伍拾元。每乡设副队长一员，协助两乡长专负征工责任。每员每月支薪公费国币叁百元。保长兼征工小队长，每员每月支津贴国币伍拾元。每保设保督工员一人，由各保推定，呈报水利协会，每员每月支薪洋国币贰佰元。工役二人，每人每月各给工食国币壹百捌拾元。所有应设人员，由水利协会呈报核委之。

（四）典契田、客籍田、租种田如何负担土方，请公决案。

议决：客田租田由佃户出夫，其土方款不敷之数，由业主负担。典契田由典主负责出夫，三年内取赎者由业主照数补偿。典主三年以外取赎者，不在此列。

（五）插花田亩如何负担出夫，请公决案。

议决：取属人呈义，何村栽之田，何村出夫。

（六）今年龙公渠水如何分放，请公决案。

议决：由水利协会照原案列表分配之。

（七）各村欠缴三十年度之龙公渠水租谷如何办理，请公决案。

议决：由水利协会清查欠数，勒令限期缴清。倘有蒂欠不清者，呈报县府押缴。

礼成，散会。

七、第七次会议记录

民国三十二年二月十五日，在玉龙村小学校内召开第七次会员代表大会。出席人员为陈禄、傅瀛、马负图、陈永德、董纯、李为栋、董钺、陈旭、杨德显、李幹材、周天祺、葛汝保、张智、赵怀智、谷占甲、端国安、官定忠、杨国楠、李茂坤、陈执中、黄元、王炳仁、毛兴萃等七十八人。

主席：董钜

纪录：谷春芳

提议事项：

（一）新旧渠未竣工程如何办理，请公决案。

议决：（甲）新渠方面：1. 水门桥以上新渠道，各村原日分得地段，如有修挖未尽妥善者，统限十天内赶修完竣。2. 新渠道定旧历二月一日闸水。对于特别工程，由受益各村按户口平均分派，每伍拾户出夫壹名，限旧历正月十五日派足，集中北古城，由陈明斋为督工队长，至月底赶修完竣。每夫须带伙食十五天，及锄头、粪箕、水桶、木瓢、木夯、铁链、木杠之类。

（乙）旧渠方面：水门桥以下旧渠道，根据水利协会前日分日分定地段，限旧历正月底赶修完竣。至于催夫督工，统由该段督工员负责办理，倘有因循贻误者，由督工员呈报协会，转请提押重惩。

（二）土方款挪垫于桥涵护坡工程内暂用，如何筹还，请公决案。

议决：桥涵护坡两部工程，虽系寿山公司承包，将来款项不敷，由水利协会负责（即各受益田亩）照揽约内土方工程，包括填土四八二六三·〇八立公方，每立公方单价国币拾元，合国币肆拾捌万贰千陆百叁拾捌元捌角。挖土一六三五五·五六立公方，每公方单价国币捌元，合国币叁拾万零捌百肆拾肆元肆角捌分，总计合国币陆拾壹万叁千肆百柒拾伍元贰角捌分。经实地收方后，共领国币陆拾万元，除提百分之十六万元为事务费外，每受益田壹亩，应做土方〔伍〕个，每个土方平均发给国币捌元，每亩应领国币肆拾元。除每亩已发国币拾伍元，总共发出拾玖万壹千壹百肆拾玖元。嗣因桥涵护坡两部工程，自承办开工后，物价日趋高涨，方价亦随之激增，照原定之桥涵方价，共领款拾柒万零肆百壹拾肆元柒角捌分。竣工后，总共用出贰拾陆万肆千壹百叁拾壹元，亏去玖万叁千柒百壹拾陆元贰角贰分。照原定之护坡方价，共领款贰拾玖万肆千玖百陆拾贰元。竣工后，总共用出肆拾玖万壹千壹百贰拾玖元，又亏去拾玖万陆千壹百陆拾柒元。以上两部工程，总共亏去贰拾捌万玖千捌百捌拾叁元贰角贰分。外加收买取土地盘费及闸水费，垫办马房土方款等用去伍万玖千元。在工程推进中，已将未发之土方款，陆续挪垫在内，此刻若要发给土方款，当由受益田亩筹还归垫，经众会员议决，纯系以公济公，自筹自领，仍等于不筹不领。土方款既经垫办，于桥涵护坡等工程内开支，已属实在，所短发之土方款，一致通过，免予发给。

（三）三十一年度各项经费，请审核后，报请核销案。

议决：三十一年度经费已经各会员审核符合，应呈请备案核销。

八、第八次会议纪录

民国三十二年七月廿三日，在玉龙村小学校内召开第八次会员代表大会。出席人员为陈禄、傅瀛、陈永德、董钺、朱从坤、陈旭、李为栋、董纯、杨嘉桧等六十三人。

主席：董钜

纪录：陈以恕

提议事项：

（一）龙公渠已经落成，自本年二月起至六月底止，所费资财，请审核案。

议决：此次公布帐目，如有疑问，仅一星期内向各经手人询问，逾期即作默认，并呈报核销。

（二）龙公渠善后办法如何，请公决案。

议决：1. 龙公渠善后办法，由地方自行成立管理委员会办理。2. 管理委员会，决定以九人组织之。3. 选举董钜、陈禄、傅瀛、陈永德、李为栋、陈旭、马负图、董钺、朱从坤等为委员，并选举董钜为主任委员，陈永德、马负图、陈禄、傅瀛为常务委员。每月轮派一人住会办公。

（三）拦河大坝北首沙滩，被洪水冲去半数，应否速加修理案。

议决：应急速修理，经费以伍市石谷子为限。其谷由小木兴村公众借出贰石，化鱼村借出贰石，玉龙村借出壹石，俟秋收后由水租项下拨还。

（四）赔还农贷会贷款本息，根据原案应抽收水租谷，如何收法，请公决案。

议决：预定以三年赔清。其水租谷，先栽者每亩收陆市升，后栽者收肆市升，除自耕农不计外，如系佃农，则由佃户与田主平均负担。各村收谷采属人主义。无水份之各村业户，由田所在之村落收纳。客田应纳之一半，得由佃户扣租代纳。

（五）大桥附近山洪，如何排除案。

议决：俟秋收后再办。

（六）义务夫本年如何酬劳案。

议决：仍暂照三十年度发给。

完结，散会。

九、第九次会议纪录

民国三十三年一月廿九日，在玉龙村小学校内召开第九次会员代表大会。出席人员为陈禄、傅瀛、马负图、陈永德、董纯、马良图、杨德显、李家培、董钺、陈旭、朱从坤等壹百壹拾贰人。

主席：董钜

纪录：李树芬

提议案件：

（一）龙公渠水份及水规如何办理，请公决案。

议决：龙公渠水，照原案分为七个水份：小木兴村、大木兴村、下任营三村为第一水份。上任营、陈所渡、大小梅子村、许家营、骆家营六村为第二水份。城东、城北、小渡口、化鱼村、玉龙村、马隆乡六村为第三水份。东毛营、马军村、端家营、谷家营、马房五村为第四水份。中营、湾子二村为第五水份。小里营、竹瓦仓、西村三村为第六水份。狗街为第七水份。放水时期分为三期：第一期为春季储蓄水，自清明节日起每水份轮放五日夜，注蓄堰塘。惟小渡口、城东、城北三村无蓄水处，俟七个水份轮周后，得放一昼夜。第二期为夏季添苗水，每水份轮放二日夜，以天明为接水时第三期为冬季灌豆麦及积堰塘水，分放时由水利协会另表规定分配之。但第一、二两期轮水时间，每个水份顺序为头淋一次，七年轮周，方昭平允。

〔附注〕1. 大小木兴村堰，塘自本年春季起，所有堰内四周豆麦至成熟时，务必提前赶收清楚，以便大小木兴村、上下任营、陈所渡等村积蓄余水。塘埂即由上列各村负责加高二中尺。

2. 南薰中学[①]前面草海，为湾子、小里营、竹瓦仓、西村、狗街蓄水堰塘，西村新路即由上列各村负

① 南薰中学，由董钜倡捐而建成。今存《山竹里三村小学校碑记》包括南薰中学校史略历在内，为狗街镇最重要的教育事业碑记。抗战时期，同济大学附中曾迁往该地，李公朴曾到该校演讲。陈布雷之女陈琏亦曾到该校任教。现编次为宜良县第六中学。

责加高三中尺。又城东、城北、小渡口三村于春季蓄水时，另列日期，不在第三水份内分放。添放禾苗水时，即归第三水份内第一日的白昼分放，惟不得滥废下河。所有各期水份，一律自第一水份起轮，周而复始，不得擅自紊乱。又七水份之落河水，归狗街、西村分放。自中营以上之村落，不得擅自乱放，倘有偷放情事，即照水规惩处。本规则自三十三年实行，以后如有变更时，得召集开会修改之。

3. 水规办法：各水份轮放时期，应各雇工认真闸放，各村除放小秧水外，不得有藉放泡田及添放禾苗水情事。如有违者，应照下列各条处罚之。(1) 沿渠不着水份之村落，如有偷放渠水一小部分情事，一经拿获，或水流入田内者，罚谷壹县市石入会，为修河筑坝之用。不认罚者，杠抬游村示众。(2) 沿渠不着水份之村落，倘有将涵洞扯开，及挖开渠埂，或开闸盗水行为，实有破坏水规之咎。一切拿获，罚猪羊各一头（猪重壹百斤，羊重叁拾斤），外加谷贰县市石，作为开会正用。如盗水人家事贫寒，不能负担时，由住在之村落负担。又各村轮放之水如有剩余，须听其沿渠流下，不得擅自泻入河中。如有不遵办者，按照水规处罚。

（二）农贷款陆百万元外加利息约共合柒百万元如何赔还，请公决案。

议决：1. 农贷款本息，按照受益田亩平均负担。限定卅三年六月底以（一）次还清。2. 全数受益田亩，按照工程处分配土方标准，共壹万零伍百亩，每个水份计壹千伍百亩，应负担款项壹百万元。每亩分担柒百元，由田主筹交，保长送本会转缴农代会了清手续。倘田主暂时无力筹措，可由各村保长设法垫缴，秋收后抽谷归还。倘各花户因循估抗，得呈请县府票提押追。3. 各水份中若因循延误，致使上峰派员设局管制，此项经常费即由欠款之村落负责。

（三）大坝决口需石料肆千伍百余公方，合国币贰百参拾余万元，现已完成三分之二，是否继续修理。又水门桥以上渠埂，高宽不足规定标准，应否急速修足，使达原定水量，请公决案。

议决：1. 仍照南北端原坝脚继续修理。2. 已修理之工程，既需款壹百伍拾余万元，系卖卅二年水租谷办理未完工程，仍卖卅二年水租办理，务须实出实报，一切出入帐目，俟工程完结后，开会审查核销。3. 自南鼓楼以上渠埂，高宽均未达到工程处原定尺度，有加高加宽之必要。统自夏历正月初十日，各村按照原分定地段赶速修理，限月底完成，俾便加大水量。倘有因循违抗情事，定予处罚水份一次，以作公用。4. 南鼓楼以下至小渡口之段阻塞之处，仍归许家营以上村落出夫修理，由谷春和分配工作。许家营以下至南大营之段，仍归化鱼村以下村落出夫修理，由李幹材分配工作，统限十天内做完，以便通水。催夫仍照前令，归董子精、杨举卿坐催，派夫表另发。

（四）三十一年前水租及三十二年水租是否须要彻底平均？又三十三年水租如何办理？请公决案。

议决：卅一年前水租各村欠数不多，免议。卅一年度水租谷因修护坡时完全出售，各村所有欠数，须一律缴清。卅二年水租谷根据调查委员呈报数目，约计肆百余石，全数收讫，除发不受益各村义务夫酬劳谷外，勉强可敷修理大坝决口之用。究竟收用若干，俟工程完毕开会审核，列表公布，呈请核销。各村若有短少迟延情形事，呈请县府票提保长押缴。卅三年度水租谷，俟下次开会时再为决定。

附决：狗街海子石桥东面之荒滩草海，前经议决收归水利协会管有，今后一律不准开垦。

（五）龙公渠将来善后管理如何处置，请公决案。

议决：1. 龙公渠系民众自动开凿，当由民众自行组织委员会负责处理之。2. 每水份推定委员五人，呈报本会。再推定主任委员一人、副主任委员四人，每年开例会二次。遇有特殊情事时，得随时召集临时会议。3. 委员会主任以下委员任期暂定一年。改选时，连被选者得连任之。概系义务职，遇有工作时，得酌给津贴伙食。

（六）龙公渠渠堤是否需要植树保护之，请公决案。

议决：汇东桥以上由本会列表指派各村出夫栽植。限夏历正月廿五日以前一律栽植完毕，由谷春和、刘桂荣指导办理，白杨树秧由陈所渡、小渡口两处采取，惟不得砍伐正树头。

保护办法：由本会雇长工看守及灌水。

汇东桥以下至南狗街各村界内，归各村自行选择树秧栽培之。

（七）原第二区高级小学校学谷，原定为各校经常费。卅二年度之租谷如何分配，请公决案。

议决：1. 仍照原案依班数多寡分配之。2. 本区共计拾叁班，共收得租谷叁拾贰小石，除征购征实外，每班应分租谷贰小石，由各校基金保管委员具领，正当开支。3. 各校领谷日期，自正月十六日起，至廿五日止，由经理员杨文述照数分发。4. 卅一年陡坡寺借用学校谷款，由经理员负责赔还，以重学产，免致学校倒闭。

十、第十次会议纪录

民国三十三年四月八日，在玉龙村小学校内召开第十次会员代表大会。出席人员为傅瀛、陈永德、董纯、陈旭、董钺、朱从坤、李为栋、史昱、沈家珍、陈文达，暨受益各村保甲长，绅耆代表等共九十九人。

主席：陈禄

纪录：谷春芳

提议事项：

（一）修理栏河大坝决口，五棵树桥梁护坡及建造。

议决：每水份公推清算员一人，无水份各村得推二人，会同清算，以短时间清算完毕。一水份公推赵怀智，第二水份公推许汝荣，第三水份公推李平章，第四水份公推谷现云，第五水份公推杨永芳，第六水份公推葛琼山，第七水份公推马光勤。无水份各村公推阮文灿、洪炳清二人，共九人。在水利协会内，自四月九日起至十二日止，清算完毕，俾便公布呈报核销。现已审核完毕，应请核销。

（二）三十二年水租谷，因修坝预先出售与采运处及商号伍百叁拾捌石，按调查所得数肆百柒拾捌石外，尚不敷伍拾玖石陆斗玖升玖合，请公决案。

议决：各村应纳水租谷，照原案调查所得数目，无论如何困难，务须在一星期内缴纳清楚。其不敷伍拾玖石陆斗玖升玖合，以七个水份平均分担，每水份负担九石。至每个水份内某村应担若干，由协会斟酌分配，以命令行之。务须在最短期内筹出，俾便交采运处及商号驼运，以清手续。

（三）三十一、二年前水租谷有抗不缴纳者，如何办理，请公决案。

议决：三十一、二年前业经出售完竣，各村务须按数缴纳清楚。倘有抗缴情事，即由会呈请县府提押代表及保长追缴。

（四）农贷款上峰催还卅二年第一期本息共叁百壹拾贰万元，如何办理，请公决案。

议决：每村公推会员代表一员，与保长会同负责。狗街马光勤，西村李成，竹瓦仓黄元，中营陈介卿，湾子阮鸿光，端家营端彩文，马军村上甲杨雨时，下甲朱从坤，东毛营毛天佑，马隆乡唐继舜，玉龙村李镜，化鱼村李平章，许家营许汝荣，小梅子村张智，陈所渡陈静先，骆家营骆天俊，大梅子村赵永全，下任营村王炳仁，上任营任廷润，大木兴村吴家兴，小木兴村曹廷铨，小渡口□□。农贷款每亩摊逗国币贰百伍拾元。限两星期，由会员代表保长缴交来会，以偿贷款本息。此款交经理李为栋即收即送金库保管。

（五）会员代表葛琼山先生提议：上次水规不知被何人更改有彻底推翻之必要等语，恳请此次大会以至公至正之理由更正，请公决案。

议决：上次水份分配，经协会多方修正，并非个人私意。实际上每个水轮当头淋一次，以昭公允。至于水规，系千万年大计，创办之初暂为试行之。如有欠妥处，得随时召集会员大会修正之。

（六）据报程谷营、西村打坝不慎，致大量蓄水流入赤江，是否应加惩处，请公决案。

议决：程端谷营[①]、西村收水放入赤江[②]，系属实在，理应照原案惩处。惟事出无心，并非有意放下赤江。傅会长提议，着罚谷壹县市石。程端谷营负担六成，西村负担四成，以示薄惩。倘在需水时期通漏下河，或有偷水情事，即照原定水规惩处，决不变更。全体一致附意通过。

（七）散会。

十一、第十一次会议纪录

民国三十三年五月廿七日，在玉龙村小学校内召开第十一次会员代表大会。出席人员详载签到簿。

主席：董钜

纪录：谷春芳

提议事项：

（一）化鱼村公众及花户赵家璧、陈永龄、李家祥、陈兆熙，中营花户陈尚贤，不遵水规，擅自把放，应否照第九次会议规则办理，请公决案。

议决：大公众处罚国币贰万伍仟元，花户五家每家罚国币陆仟元，限一星期内缴清。倘若不清，即以第九次议案最后办法处治之。此系第一次处罚，以后不论任何情形，均照规则实行，决不从宽。

（二）各村对第一期农贷款迟至今日不缴清者，如何办理，请公决案。

议决：各村贷款，只有少数不清，限四天内（即五月底）一律缴清。倘若不清，即照案将欠款田亩列为特别区域，每亩永收水租壹县市石。

（三）各村对卅二年所欠水租谷应如何办理，请公决案。

议决：由保长负责，在五月底缴清。倘若不清，即呈请提押保长，由水利协会以命

---

① 程端谷营，今有端家营、谷家营。因丁口增殖而扣设其村矣。

② 赤江，即南盘江在县内之俗称，古称大池江。赤江本指南盘支流贾龙江，《县志》载称“大赤江”，因属同一水系，又“赤”“池”音近，故颇混称。而宜良代称亦有“赤水”“匡山”之号。

令拘提。

（四）开会规定时间迟到者，如何办理，请公决案。

议决：遇有水利会议通知某时间到会，有误限者，罚上白米伍市升。即使保长因事不能到会时，亦须托能代替之人参加开会（惟不受益村落不在此限）。

（五）各水份及各村落如有私自卖水与他村或他人者，如何办理案。

议决：分公私两方面办理。公家私卖者，罚谷叁石至拾石；私人卖者，罚壹斗至壹石。视情节之轻重办理之。

（六）陡坡寺森林近被大量砍伐，如何办理，请公决案。

议决：由各村保甲长认真查拿，一经拿获，立即报告本会，转请县府究办之。

（七）散会。

十二、第十二次会议纪录

民国三十三年九月十二日，在玉龙村小学校内召开第十二次会员代表大会。出席人员为关县长、水利协会全体职员、玉龙铁池两乡正副乡长、受益各村保甲长及会员代表绅耆等，计壹百叁拾柒人（姓名详载签到簿）。

主席：董钜

纪录：谷春芳

提议事项：

（一）经理人报告经办处会经费收支情况，请公决案。

议决：各经手人经费收支清册，已油印公布。由各村绅首保长等切实审核，若有疑问或浮报情事，在一星期内提出质问，过期即为通过，由全会呈报县府备案核销。

（二）赔还二、三两期贷款本息约计国币肆百伍拾余万元，约需谷叁百县石，如何赔偿，请公决案。

议决：由本年受益田亩征收水租，作一次偿还清楚。

（三）龙渠未竣工程及渠埂低落部分有整理之必要，应如何筹款修理，请公决案。

议决：1. 石料工程部分，由李工程员规划，估计约需谷壹百叁拾石，由本年征得水租项下承包修理。2. 渠埂低的部分，俟本年秋收后农闲，由受益田亩出夫，分段修理。

（四）管理处经临各费，每年预算约合谷壹百县石，如何筹出，请公决案。

议决：由经办人员遵照预算，由本年征得水租拨用。务须力求樽节，款归正用。

（五）赔还旧年向各村借谷本息约合壹百县石，应如何赔还，请公决案。

议决：由本年收得水租赔还。

（六）本年受益田亩，经调查确实约计壹万亩，应征水租谷若干，请公决案。

议决：按照调查所得，不分早栽、迟栽，每亩征收水租谷陆县升，以叁升作为赔还贷款之用，由田主负担。若系租出，由佃户扣租缴纳，以叁升作为工程费、经临费及赔还旧欠等费。若系租种，由租户负担缴纳。若系自耕，陆升概由田主缴纳。本年水租，由各村经收员负责经收（仍用三联单，由各村自备），保甲长负责催收，并由本会指派各段监收员监收。

（七）龙公渠第一期赔还贷款及三十二年度水租谷，所有欠缴村落应否照原案规定处罚，请公决案。

议决：欠缴贷款者，照原案每亩罚谷壹县市斗。欠缴水租者，应于本年秋收时照数交清。

（八）荣二师[1]欲砍陡坡寺森林，如何办理，请公决案。

议决：此案经县长向荣二师交涉，已停止砍伐。惟以后各村保甲长，均应随时保护之。

（九）散会。

十三、第十三次会议纪录

民国三十三年十二月七月，在玉龙村小学校内召开第十三次会员代表大会。出席人员为水利协会全体职员及各村保甲长会员代表绅耆等共壹百零贰人（姓名详载签到簿）。

主席：董钜

纪录：李树芬

提议事项：

（一）出售水租谷赔还农贷款谷价如何决定，请公决案。

议决：每县市石暂定国币壹万伍千元。买主先交款，随即交谷，统限十日内双方交付清楚，过期即作无效。买主谷款，可交宜良县金库交通银行或昆明农民银行，以求稳当，而免流弊。

（二）龙公渠水规有无改订之处，请公决案。

议决：1. 水规仍照第十次议定原则办理，惟细部稍加修整。2. 放水共分四个时期：第一为蓄水时期，自清明日起，每水份五昼夜，以轮流一周为限，共计三十五昼夜。第二为栽秧水，自立夏节后第六日起，每水份二昼夜，以轮两周为限，共计二十八昼夜。第三为添苗水，每水份一昼夜，自进芒种节后第四日起，直至秋分节末日止。可以周而复始，轮流多次。第四为闲水时期，自寒露节日起至翌年清明前一日止。在此期内，各水份有泳豆麦或蓄堰塘者，须事前呈报本会，再为另表规定分放之。3. 各水份轮放间内，若有盈余水量，须听其沿渠流下以济下游，不得泻下赤江，或私卖与他村或个人，违者以破坏水规论罚。

（三）未受益各村出夫慰劳谷，如何规定，请公决案。

议决：按照原日出夫多寡而定。出夫壹仟名，发谷伍县斗，不论多寡，均照此标准配发之。

（四）龙公渠沿渠涵洞之大小，应否详细规定，以杜分争案。

决议：俟由工程股计划涵洞位置及抄平后，再为兴工修理。

（五）各村受益田亩前经议定标准数额，若有隐瞒情事，经查出者，永久水租如何办理，请公决案。

议决：1. 各村受益田亩，前经第十次会员大会议决，每水份定为壹千伍百亩，每亩赔还农贷款国币贰佰伍拾元。迟至今日，尚有多数未清，显见是自甘放弃水利，所以不愿列入受之数，应一律永远停止放水，以维持水规正义。2. 各村落、各水份、各会员之田地，每亩赔还农贷三分之一，合国币贰百伍拾元。经本处、会印有三联收据，各会员田地已缴过贷款者，必须取得收据，方算取得放水权利，否则无放水资格。若有估放情

① 抗战时期驻宜之国民党中央军部队，番号“荣誉二师”，民间简称为“荣二师”，军纪松弛，民间口碑极差。

事，经本处、会查觉，即以破坏水规惩罚之。3. 各村落、各水份、各会员之田地，未遵照议案依限缴款，取得本处、会三联单正式收据，将来若须要放水时，须事呈报本会，经派员查勘后，每年每亩须永远上纳水租谷壹县市斗（重五十公斤），作为修补沟坝之用。

（六）议毕，散会。

十四、第十四次会议纪录

民国三十四年五月三日，在玉龙村小学校内召开第十四次会议代表大会。出席人员为关县长、水利协会会长及职员、玉龙铁池两乡乡长、各村保甲长暨会员代表绅耆等共九十人。

主席：陈禄

纪录：李树芬

提议事项：

（一）三十三年度水租谷各村多有拖欠，如何办理案。

议决：1. 三十三年度水租，前经第十二次大会议决，每亩收水租谷陆升，就中以叁升赔还贷款，以叁升为工程费及机关费。未交清者，限一星期内交清。2. 此项水租欠数，若系人民短欠，由保长及征收员呈报来会，以便转请县府票提押缴。3. 若人民业已交清，倘被地方当事人挪移拉用，经查明后，由本会呈请县府提押追缴，并照挪移条例，予以处罚。

（二）民国二十六年提倡开河，曾经大会议决，由全区共同出夫开凿，此时同尽义务，将来同享权利。迄今工程告竣，贷款已还，水流畅通，以后如何办理，请公决案。

议决：1. 不受益各村，当日共同出夫开凿。现刻渠道成功，应照三十一年大会议决成案，每出夫壹千名，暂酬劳净谷陆县斗之标准酬劳之。2. 三十二、三年仍照上述标准酬劳。但三十二年因大坝决口，将全数水租谷移作工程费，以致颗粒未酬。三十三年因还贷款陆百万元，亦仍颗粒未酬。以上两年应酬谷数统归三十四年内抽收水租，一次酬劳清楚。3. 自三十四年以后，每千名夫历年由水租项下酬劳净谷壹县市石，以后本会有力量时，得购田产抵偿，以垂永久而杜未来纠纷。

（三）自民国二十六年第二区全体提倡开凿东河，既成，更名为龙公渠，时历十载。至今渠道完成，渠水畅流，农贷款亦已还清。以后如何时办理，请公决案。

〔说明〕查龙公渠原名东河，自明代嘉靖年间文公衡开凿西河之后，即倡议继续开凿。后因文公去任，遂致不果。厥后，地方人士亦曾屡次提倡，终未成事。民国二十六年，省主席龙公以前方抗战，毅然主持开凿。命段公克昌主持其事，沿北古城龙口将经过安家桥、陈家渡、大小唐营等村之旧有渠道加宽加大，由水门桥起，接开渠道全长六十华里。因同一进水沟渠，常感上溢下涸，水量不敷。民国二十八年，复呈请中央农田水利贷款委员会贷款陆百万元，由水门桥以上至大坝止，另开龙口，新辟渠道，全长约三公里。占用田地先补偿而后兴工。经建设厅长张公西林、中央水利专员朱公华舫亲临北古城，召集宜路两县官绅会议，解除一切障碍，遂得顺利进行。民国三十二年，全部工程卒告成功，民沾水利，实惠无疆矣。

议决：民国二十六年开凿东河时，省政〔府〕颁发关防文曰“云南省政府督开宜良东河河工处”，命段局长克昌兼处长，县长王丕兼副处长，下设总务、财务、工务三股，办理河工上一切事宜。又于处内组织委员会，作为言论机构，凡河工上一切进行事件，均由委员会通过，咨交各股照议施行。民国三十年，又自水门桥以上至第一道闸门之段，另辟新渠。奉令组织水利协会，为贷款负责机关，另设工程处，专负工程责任。三十二年工程告竣，复奉令组织临时管理处，继又改组为正式管理处。于三十三年八月，建设厅长兼主任委员杨公召集四渠管理处正副主任及水利协会会长开会，略谓：各渠需要设置管理处之原因，盖因各渠均向政府贷款甚钜，人民恐不易赔还，将来各渠贷款还清，即交人民自行管理。龙公渠共贷款陆百万元，已于三十四年一月以前将本息如数还清，应交由人民遵照政府法规，组织管理机构，自行管理水规，专案呈报备案。

（四）龙公渠水规草案已试验三年，水量敷用，有盈无缺，拟呈请上峰备案，准予刻石立碑，以垂永久，请公决案。

议决：沿渠轮放渠水共分为七个水份、四个时期。第一期为蓄堰塘水，自清明节日起，每水份五昼夜，共计三十五日夜。惟查原议案规定，城东、城北、小渡口三村，因无蓄水处，得于七水份轮周后加放一昼夜，经试验后，无加放之必要，应行取销。各水份在七年当中，每水份得轮充头淋一次，以昭平允。第二期为栽秧水，自清明节后第三十六日起，每水份二昼夜，以轮放二周为限，共计贰拾捌昼夜。第三期为添苗水，每水份一昼夜。自第二期两次轮周后之次日起，得周而复始，轮放多次。第四期为闲水，自寒露节日起由上而下，可泳豆麦，以泳毕为止。水份规定，早经油印分发，并报政府备案。现已试验三年，水量敷用，有盈无缺，应照原日拟定之水规草〔案〕，呈请上峰备案，并准刻石立碑，以垂永久，而昭信守。

（五）三十三年水租谷共收若干石，因还农贷款及修理大小坝，并渠道护坡暨负担四渠管理委员会经临费肆百壹拾陆万余元。不敷之谷，如何筹措，请公决案。

议决：由本会经理及会计切实计算，将收入支出谷数及变价数目列表公布。不敷之谷，由七水份平均摊逗，量交商人，了清手续。

（六）议毕，散会。

龙公渠纪事卷上

第二编　称为东河时代之初度开凿及工程之中断

第一章　开河议案之通过与呈核

此度河工兴作，系由地方绅首董开先、陈士耕、傅蓬仙、陈明斋、马瑞义五人，首先动议。旋于全区团务会议中提出讨论，亦得到会绅耆一致赞同。其后为慎重其事起见，复于五月五日，召集全区二十四乡镇绅耆及民众代表，在玉龙村小学校内，特开水利会议详加商讨，当经出席人员一致可决。并以当保份为单位，每保推定筹备员一人，请县府委任，合组筹备会，筹备进行。从此，开河事宜皆以筹备会为首脑机关，负责办理。以当时筹备计划，本拟续设工程处为工程负责机关，专办河工上一切事务。其上更拟呈请政府委任大员为督办，以宜路两县县长为会办，指挥工程处及下属人员实施工作。惜计划尚未实现，即与北古城民众发生轇轕，遂使工程中断，筹备事务亦即因之停止。

一、开河议案通过后呈请县府转呈上峰核示文二十一年五月八日

具呈人南东区绅民董钜、陈禄等，为拟具开凿东河办法请祈核转示遵事。缘本区农

田，向无河流灌溉，每遇雨量缺乏，则沃壤变为石田。虽间有堰塘，而水无来源，获益有限，近来迭遭乾旱，收成大减，兼值建设时期，公路募兵、团防教育等等，需款浩繁，负担重大，浸致十室九空，哀鸿遍野，全区人民苦不胜言，特于前次开团防会议时，筹商补救办法。佥谓本区原有东河路线一道，自明代文衡开凿文公河时，即已勘定。嗣因文公离任，遂未实行开凿。民国以来，亦屡经有人建议政府，因款项无着，终属托诸空谈。兹欲免除乾旱之苦，除开东河而外，另无善策等语。绅民等以事体重大，非全区人民一致赞同，不能贸然从事。复于五月五日，召集全区各乡村绅耆民众，在玉龙村开会，将各种办法详加商讨，各出席人员均踊跃赞成，列为议案。查此河自北古城北端，引大池江水，经北古城、小渡口，直达南狗街，流贯五十余里，成功之后，可灌涸田五万余工，关系重要，与文公河情形相埒。惟预算开凿工程，需款在百万元以上，非本区人民所及，拟请政府贷给补助费贰拾万元，以资筹办。俟河工告成，即由水租项下按年摊还。至河道占用田亩，拟照政府规定之公路占用田亩办法，先行发给股票，将来抽收水租本利一并摊还。现值嵩远汽车路线经过北古城、小渡口一带，河道即依公路东边开凿，一面修路，一面开河，公路河道即可同时成功，一举两利，机会殊不易得。我钧长视民如伤，饥溺关怀，对于民生大计，谅能鼎力提倡，以观厥成。所有拟议各节，是否有当，理合照抄议决案，随文呈请钧府鉴核转呈，如蒙俯准，即请派员测勘，并给示晓谕，俾便遵循。

再，此项河道与汽车路关系甚大，拟请函商嵩远路总工程处会同测勘，以期两无妨碍。

谨呈宜良县县长张

计呈会议纪录二份

董钜、陈禄、张树德、高祺、马负图、马维骐、沈兴邦、杨正昌、史君召、陈芥、陈瑞星、沈世卿、谷钟英、陈建中、陈尚质、陈尚廉、许光岳、余家林、陈锐、陈明泰、曹国辅、骆藩周、杨开来、端彩文、赵怀智、李为栋、李树森、韩兴荣、董镒、李家培、陈增、史体仁、史君聘、史嘉谷、史明、黄樾、李守仁、周天祥、何顺德、陈国栋、骆佩瑶、杨国楠、陈旭、孟怀德、陈国佐、陈培桂、孙珩、陈永德、任体恕、杨国泰、王庚霖、孙其才、阮豫、董纯、曹子俊、傅瀛、杨嘉桧、杨正铭、苗发春、王癸霖、杨家荣、李增华

宜良南东全区讨论开东河会议纪录

日期：二十一年五月五日

地点：玉龙村小学校

主席：董钜

出席：陈禄、张树德、高祺、马负图、傅瀛、陈永德、阮豫、曹子俊等，即前面呈文所载之六十二人。

纪录：马维骐

行礼如仪。

主席报告　略

提议事项：

（一）本区东河应否开凿案。

议决：全体一致通过决定，决定筹划开凿。

（二）开凿东河经费如何筹措，请公决案。

议决：除请政府补助外，由受益田亩每工先筹出票洋拾元，倘不敷用，再为增筹。

（三）按田亩负担之款，将来本息如何偿还案。

议决：将来抽收水租，按年付息其利率及还本年限，俟呈准后再为开会商讨。

（四）开河夫役应如何负担案。

议决：甲、按受益田亩分配负担。乙、他区人民在本区置有田产者，按照田亩多寡折作集款，加一倍征收。

（五）河道占用田亩如何处置案。

议决：甲、呈请政府核定，照公路占用田地办法办理之。乙、河道经过之田园庐墓，无论何村何户不得阻挠，但占用或毁坏之建筑物得按照建筑物之价值，估计赔偿。

（六）河道成功后，水租如何征收，利益如何分配案。

议决：得享东河水利之田亩，不分等则，每工抽收水租谷五市升，作为赔还开河股款本息之用。至所得利益之分配，俟河道完成后，再为开会商讨。

（七）推定开河筹备人员案。

议决：以保份为单位，每保推定一人：第一保沈钟昌，第二保陈禄，第三保史君召，第四保杨正昌，第五保陈尚廉，第六保董钜。

（八）完结，散会。

二、宜良县府转呈上峰核示文二十一年五月　日

呈为转呈核示事。案据南东区绅民董钜、陈禄、史君召等六十二人呈称："为拟具开凿东河办法，请祈核转示遵……云云，计呈议决案二份。"等情。据此，查此案，昨经面商嵩远路高工程师，颇为有开凿之可能，兹据呈称各情暨议决案各项均属切要，应准分别照办。惟查北古城系属路南辖境，应请钧府分令路南县转令该处人民，勿得阻挠。又，该绅等拟请贷给补助费贰拾万元，以示提倡。而资筹办之处，亦应请祈核示，除将议决案抽存一份，暨呈农矿建设两厅，并分别函令嵩远路建设局，同时录案布告，及令委董钜、陈禄、杨正昌、史君召、沈钟昌、陈尚廉六人为筹备员，筹备进行外，理合检同议决案转呈钧府、厅鉴核示遵。

谨呈云南省政府主席龙、云南省建设厅厅长张①、云南省农矿厅厅长缪②。

计各呈议决案一份

宜良县县长　张仁怀

三、委任筹备人员

宜良县政府委任令 第七〇一号
民国二十一年六月四日

① 此建设厅厅长张，即张邦翰。

② 此农矿厅厅长缪，即下文之缪嘉铭也。缪字云台，云南昆明人。生于1894年，卒于1988年。1913年留学美国，1920年回国。时任云南省政府委员兼农矿厅厅长。1942年任民国政府行政院政务委员、国大代表、立法委员。1950年赴美。1979年回国定居，1983—1988任全国政协副主席，出版有《缪云台回忆录》，因开河之事涉及勘测，故宜良县有报告上呈农矿厅缪厅长，以兹事为龙云主席所倡导，故得厅长前后数次批示办理，可谓关怀备至。可知兹龙公渠之开凿，颇得民国云南省政府之多方关注与支持，非特一邑之大事，固亦一省之大事也。

委任沈钟昌、董钜、陈禄、陈尚廉、史君召、杨正昌为开凿东河筹备员。

此令

县长　张仁怀

四、开凿宜良东河事务进行计划书

（一）开凿东河事体重大，拟请政府委托大员为督办，以宜路两县长为会办，指挥所属人员实施工作。

（二）就县政府设工程处，专办开凿东河事务。

（三）工程处之设置，分为工程、会计、总务三股，每股设主任一人，办事员若干人。各股分任职责如下：

甲、工程股之职责

1. 计划河堤河道之高宽及桥梁涵洞之设置。
2. 计算工程难易分配工作。
3. 测量河道占用地段，分别登记。
4. 督促及指导工人实施工作。
5. 各项工程之计划设施。

乙、会计股之职责

1. 计算受益田亩，分配经费负担。
2. 保管开河经费，册报出纳数目。
3. 购置工作器具、设备、建筑材料。
4. 各项费用之收支统计。

丙、总务股之职责

1. 保管一切物品，规划工程设施。
2. 办理往来文件，保管卷宗图籍。
3. 办理人事上之招待应酬，及交际交涉等各项事务。
4. 召集各项会议，并处理文书及庶务事宜。

（四）工程、会计两股主任，呈请政府，委派专门人才充任。总务股主任，由县府遴员充任。

（五）各股主任秉承督办、会办，指挥下属人各负其责。

（六）各股办事人员，视事务之繁简，酌量设置。

（七）石工照市给价，土工由受益田亩负担。

（八）河道占用田亩，先行议价值，上纳租息，俟河道完工后，尽三年内照价收买。

（九）各乡村应摊款项，于开工后筹缴三分之一，以后分期缴解，均由会计股负责收存。

（十）开工时期，自二十二年十月起至二十三年三月止，为第一期。自二十三年十月起，自二十四年三月止，为第二期。自二十四十月起至二十五年三月止，为第三期。尽三年内开凿完成。

（十一）河道沿线，依照清丈处测定图形，分期工作。第一期，由起点开凿至二十四点。第二期，自二十四点至五十四点。第三期，自五十四点开凿至八十八点止。

（十二）政府补助之款，于工程处成立时，即由县政府领取，交会计股收存备用。

（十三）北古城交涉，请政府主持，于开工前委派专员，会同宜路两属县长解决清楚。

（十四）工程处办事细则，依据本计划，另行规定。

（十五）本计划依据原报开凿东河议决案订定之。

（十六）本计划自呈奉核准之日实行。

宜良开凿东河筹备处订拟

第二章　河道路线勘测案

此度河工兴作，对于河道路线，既往筹备员等呈请县府转咨清丈分处，派员代为测勘。后因北古城民众代表，以南高北低之说，呈请上峰制止开凿。又由实业厅特委清丈分处长朱文炳兼充厅委之东河测量专员，再加一度测量，俾宜路两方各执一词之请，得以秉公衡断。故尔河道路线，在二十一年内，即经两度勘测，所谓南高北低之说，自难淆惑观（视）听矣。

一、筹备员呈请县府转咨清丈分处派员代测东河路线文

呈为呈请转咨派员测勘东河路线事。窃职等南东一区，地居赤江东岸。沿江涸田甚多，而且土质肥沃，只因江水低流，无法引用，以致农产不丰，民生枯竭，故对于开凿东河一事，势难再缓。既经呈奉核准，自当积极筹备，规划进行。惟河道所经路线，不能不预先测定，以备施工开凿。拟请转咨请丈分处，酌派测量人员，代为勘测。是否有当，理合备文呈请钧府核准施行。

谨呈宜良县县长张

开凿东河筹备员　董　钜　杨正昌　史君召　陈　禄　沈钟昌　陈尚廉

民国二十一年七月六日

二、宜良县府致清丈分处公函

宜良县政府公函第三〇六号
民国二十一年七月九日

迳启者：案据开凿东河筹备员董钜、陈禄、沈钟昌、史君召、杨正昌、陈尚廉等，以筹备开凿东河诸事略有端绪，对于河道路线，必须先行测定，以备实际施工。拟请转咨清丈分处，酌派测量人员，代为测勘等情，具呈前来，相应函转贵处，请烦查酌办理，并冀见覆为荷。

此致

宜良县清丈分处

县长　张仁怀

三、清丈分处覆函

云南省财政厅宜良清丈分处公函第七〇号
民国二十一年七月十五日

迳覆者：顷准贵县府转请派员测勘宜良东河路线，以便计划开凿一案到处。查开凿河渠，事关水利。兹已令调本分处外业组检查主任杨育才克日回处，并派一等技士朱石生，定于月之十八日，会同前往测勘。请转知该开河筹备员董钜等，届期同往指导，以利进行为盼。相应函覆，希即查照。

此致

宜良县政府

分处长　朱文炳

县府既准函覆，当即令饬筹备员等知照，妥为准备招待，并于是日同往会勘。讵料届期河水暴涨，北古城一带地面尽被淹没，故又函禀县长，告以水势退后，再请杨组长前往测勘。此函无关重要，故尔略去不录。

此度测勘之后，曾经绘具略图，检同事务进行计划书，呈请建设、实业厅衡核备案。本可按图开凿，决无劳费空掷之虞矣。嗣因北古城民众，又以南高北低，逆流远导等情具呈上峰，详述此河不能开凿之种种理由，有若大难临头，声嘶呼救也者。实业厅为慎重其事起见，故又委派当时宜良清丈分处长朱文炳兼充厅委之宜良东河测量专员，再加以精密之测勘，俾衡断此案，得有正确之依据。此再度测量之原因也。

四、实厅对东河路线再度派员测勘令

云南省实业厅指令第二十二号
民国二十一年九月二十六日

令宜良县长张仁怀

呈一件：为呈报会议开凿东河情形，附具略图及计划书，请鉴核示遵由呈及略图计划书均悉。查该县议拟开挖东河，先后来呈均称地势相宜，易于施工。而路南县属北古城人民又称北低南高，逆流远导。究竟孰是孰非，应委派测量人员精密测勘，方能确定。兹特令委朱文炳兼任本厅测量该河专员，前往实地测量呈覆，再凭核夺。至该测量专员着手测量时，应由该县长切实负责保护，勿得疏虞。是为至要，除分令路南县长遵照并分委外，仰即遵照办理。切切。此令。略图及计划书暂存。

兼厅长　缪嘉铭

五、测量专员咨宜良县府文

云南省财政厅宜良县清丈分处咨

为咨请会商事。案奉云南省实业厅第十一号委令开为令委事。前据宜良县长张仁怀呈请开挖东河以利农田一案到厅。当经令委本厅杨课长惠到县会商办理在案，及经过路南县属北古城一段，该处绅民又称北低南高，逆流远导，不惟不能冀其成功，甚至为害田庐，使北古城被其灾害。究竟孰是孰非，高差如何，自非切实测量，不足以定行止。兹特令委该员兼充本厅测量宜良东河专员，克日前往该河流应经过之处，详为精密测量绘图，加具说明，呈候核夺。除指令并分令路南县长负责保护外，合行令委该员即便遵照办理。切切。此令。等因。奉此，当即遵照，派敝分处组长王泽民、技士朱石生，于月之十日，由炳率领往古城会商测勘办法。惟查宜良东河应开与否，而政府现在毫无把握，且事关重要，对于测勘办法，非从慎重着手不可。届期即请贵县长特派专员，会同两县官绅，妥协会商指导踏勘，以资测量而便呈报。相应咨请贵县长查照办理，实纫公谊。

此致

宜良县长张

兼东河测量专员　朱文炳

六、县府根据上述来咨令筹备员等知照文

宜良县政府训令第三四〇号
民国二十一年十一月五日

令开凿东河筹备员董　钜　陈　禄等

案准宜良清丈分处兼东河测量专员咨开："案奉云南省实业厅第十一号委令开：为令委事云云……相应咨请贵县长查照办理……"等由。准此，合行令仰该筹备员等遵照，届期前往会勘。切切！

此令

县长　张仁怀

第三章　关于调和北古城民意的经过情形

北古城民众，狃于弥勒寺碑载有清大吏南高北低之说，成见相沿，牢不可破。若由宜邑官绅与之协商，则虽善为说辞，亦属无效。非由上峰查明事实，秉公衡断，决难望其俯就万一也。最初呈报开凿东河办法，农矿厅不悉内情，尚有下述之第一九二一号指令，谓"北古城地段，既属路南所辖，应饬先行会同路南官绅，切实勘查筹议，拟具施工办法，一并呈报来厅，听候查核"等语，嗣经陈明实况，始奉改称实业厅后之第二号指令（盖自二十一年七月起由农矿厅改名为实业厅），委派厅中杨科长惠，专负协商此案之责，前来参加协商，期望调和意见，免生轇轕。不意于八月五日，由筹备员等，会同杨科长前往北古城，与彼方绅耆一度协商，对彼方所抱成见，依然不能化除。杨科长无法调处，只好将协商无效等情呈覆到厅。延至二十三年七月，又由民政、建设、实业三厅会委缪致和为查办宜良东河专案委员，命会同宜路两县长共同查勘具覆。缪委员到达之后，经两度周旋，仍成悬案，此开河工作所以因之中断也。

一、农矿厅命两县会勘之初次指令

云南省农矿厅指令第一九二一号
民国二十一年六月二十日

令宜良县县长张仁怀

呈一件：为呈报开凿东河办法请核示由呈及附件均悉，并奉省政府发下据该县长呈同前情。查开凿东河，救济该县东南区一带农田，自属切急之图。惟北古城地段，既属路南县所辖，应饬先行会同路南县官绅，切实查勘筹议，拟具施工办法，一并呈报来厅，听候查核。如果可行，自应力予维持。仰即遵照办理，并转饬该绅民等知照。

此令

兼厅长　缪嘉铭

二、续呈农矿厅声明对路南官绅无法协商文二十一年六月二十四日

呈为呈请衡核示遵事。案奉钧厅第一九二一号指令，内开："……查开凿东河，救济该县东南区一带农田，自属切急之图。惟北古城一段既属路南所辖，应饬先行会同路南县官绅，切实勘查筹议，拟具施工办法，一并呈报来厅，听候查核。如果可行，自应力予维持，仰即遵照办理……"等因。奉此，查此东河，系对职县江东一带水利有（攸）关，以前迭次提倡开凿，均因河道应由北古城经过，而北古城系属路南辖境，该处不需此水，自不肯惠及邻封。故与该县官绅屡次磋商，均不得其同意。而职县江东一带，涸田近二万亩，待泽孔殷，拟乘此修筑公路顺路开河，阻力较少，挖河填路，又省工费，

所以积极筹备，期于最短期间，公路河道同时完成。然路南方面，既已屡梗于前，此时若与协商，不啻与虎谋皮，万难生效。所以掬诚呼吁，惟有恳求钧府、厅毅力主持，派员测勘之后，即照测勘桩线，着手兴修。至对彼方有害之处，亦同时详加考察，设法避免，迨至事功告成，于彼毫无妨害，则传统成见自然消于无形。查该处为公路所必经，此河道不过于公路之外，多占数尺地面，尽可补偿地价，以符定章。惟路南方面，抱定狭隘思想，不予丝毫牵就。职以开凿此河，实属上关国计、下系民生，而人民期望之殷，实不啻大旱之望云霓。为此竭尽绵力，为之倡导，仰祈钧府、厅俯念民生，毅力主持，将来河道有成，民沾实惠，不啻钧府、厅所赐也。奉令前因，理合陈明实况，恳祈钧长鉴核示遵，不胜迫切待命之至。

谨呈云南省农矿厅厅长缪

宜良县县长　张仁怀

三、实业厅（*原称农矿厅*）批复并饬知派员到县参加协商令

云南省实业厅指令第二号
民国二十一年七月十一日

令宜良县长张仁怀

呈一件：为开凿东河，与路南县关系地段恐难协商，请毅力主持由呈悉。查兴修水利，自属当务之急。惟关系各处，应先妥为协商，以免横生阻力。该路南县北古城村，于协商时，若能提出充分理由，自当酌予采纳。如仅因不需水份，而有妨害振兴水利行为，定即依法处理，完成事功，并委派本厅科长杨惠前来参加协商，以昭慎重而利进行。除令委暨分令路南县长会同商办外，仰该县长即便遵照办理，并将办理情形会同呈覆核夺。切切！

此令

兼厅长　缪嘉铭

四、县府转饬筹备员对厅派委员妥为招待并同往古城协商令

宜良县政府训令第一三三号
民国二十一年七月十三日

令开凿东河筹备员董　钜　沈钟昌　杨正昌　陈　禄　史君召　陈尚廉

为令饬知照事。案奉云南省实业厅第二号指令开："为兴修东河云云……并委派本厅科长杨惠前来参加协商，以昭慎重而利进行。除令委暨分令路南县长会同商办外，仰该县长即便遵照办理，并将办理情形会同呈覆核夺。切切。此令。"等因。奉此，合亟令仰该筹备员等知照。俟杨委员到时，妥为招待，并由该筹备会同前往协商具报。

此令

县长　张仁怀

五、协商无效禀复张县长函

县长钧鉴：

八月五日，会同杨科长前往北古城协商，无得结果。业将其中情形及大体计划，报请杨科长带省转呈。兹拟就钧座呈实业、建设两厅文二件，是否可行，请核稿示遵，以便遵办。又北山陈有德、陈茂德，在白莲洼一带杀人放火，暴戾非常。此次天夺其魄，被押案下，请讯明依法重惩。

专此禀复，敬候钧安

职董　钜　陈　禄谨禀　八月十一日

六、北古城民众代表呈宜良县府请制止开河文二十一年八月　日

呈为逆流远导，以邻为壑，蒙混上聪，移灾害民，恳请钧鉴，以免灾祸，而杜争端事。缘代表等数十村民众，分居赤江左右，常受水涨之灾。因赤江发源于霑益，经曲靖、陆良山谷间，纡延而入路宜两属。每值大雨，江水陡涨，因沿流溪壑之水，会入其中。曲、陆二属，地势居高，江水居下，水虽涨，只能平岸，不致为灾。惟流入古城后，地势低而江水高，顺流而下，万源汇集，故田连阡陌之区，一刹那间竟成汪洋荡漫之境。旧虽筑有土堤，逐年均须加修，耗费亦颇不菲。如此灾害情形，附近各县民众，皆目睹耳闻者也。因此，赤江只加民以灾害，而乏灌溉之益。是以于堤内开沟一条，自龙口引水分灌数十村田亩，至永津桥会入赤江，是古城附近已有一江一沟环绕也。然逐年水淹之期，均在半月以上，故数十村民众对于水灾二字，如石梗胸，刻不忘怀。而又系天造地设，难为避免者也。本年七月，陡闻陈所渡士绅陈士耕砌词蒙混，倡开东河。本其丧心病狂之野心，作此倒行逆施之伎俩，不揣始末，徒逞己欲。上峰被其欺蒙，民众被其暗杀。改良田为泽国，天良何在？杀万人以邀功，功乎何有？且赤江流于西，已成灾害。今东河开于东，又加巨灾。一之为甚，其可再乎？数十村民众一闻此言，无不抚膺切齿，欲牺牲各个之生命，与此土劣作孤注之一掷。与其被伊暗杀于无形，曷若就死于正义。公愤激动，势不可遏。即欲奋然前往，经代表等再三劝阻，详加训导，何若息血气之愤争，作情理之讨论。何况处此青天白日之下，民权伸张之时，苟情形确实、理由正大，则政府必能俯顺舆情，采纳众议。该陈士耕虽神手遮天，巧词蒙蔽，一经破其鬼蜮奸计，则必自投于网罗。有法律在，岂容其无故兴波？欲利己者，反成损己。伏查东河之名，乃文公发起。当文公未修西河之先，即欲开此东河。因文公踩勘地势，北低南高，自起点至终点，迥别数十丈，逆流远导，万难达到目的。后遂改修西河，水顺其流，民获其利，故称文公河。至今庙祀颂德，千古流芳。又至前清乾隆五十年，南屯杨士举倡开此河，蒙督部堂富委粮道永查勘，卒以南高北低，为害太重，勒令永禁开沟。碑文尚在，安能任伊之簧惑耶？其后高师古、方盈廷辈，亦先后倡修，亦因益少害多而止。民国以来，何幹臣[①]、龙济光[②]、秦光第[③]、唐继虞[④]诸公亦欲倡修，及至派测量员确实测查，因地势渐南渐高，以水性就下而论，相差颇大。若欲强开此河，则古城附近之良田屋宇，将尽没入泽国。岂能损现有之田，而益彼新辟之田，安有损十救一之理？故亦停止。证诸往事，则此河能开与否，昭然若揭矣。该陈士耕岂独具只眼耶？实蛙饮天池之谬见，兼欲藉此以自肥耳。惟有恳祈钧长俯念民瘼，迅予核转，俾该陈士耕痛改前非，勿抚背塞口之事。若仍执意孤行，使他日江水暴涨，则田园庐墓之被淹，犹其余事，而逃生之路亦无矣。物极必反，何况人乎！斯时开河之事，始见于言，而民众之愤激若此。苟强欲实行，则民情如何，亦难预料。衣食关乎性命，虽至愚亦能辨之。且挖新沟于新路之侧，难免倒塌之忧，则公私交困矣。所有代表等数十村民众，恳请制止陈士耕开凿东河

① 何幹臣，即何国钧，宜良县人，民国中将。留学日本，重九起义元勋。

② 龙济光（1868—1925），云南蒙自人，彝族，陆军上将。

③ 秦光第，见前《查勘南盘江上游水利工程初次计划书》题解。

④ 唐继虞（1891—1939），会泽人，唐继尧胞弟。曾任贵州省省长，抗战中因积劳成疾而逝。

灾害情形，理合具文，伏祈核转示遵。

谨呈宜良县县长张

北古城民众代表张维英、李春元、李琛、陈道中、杨思贤、杨润、李占科、杨正昌、杨欣荣、李正阳、李森、安康等二十七人。

七、宜良县府以上述呈文转请杨委员并案核办函

宜良县政府公函第三一七号 民国二十一年九月四日

迳启者：案据北古城民众代表张维英、李春元等二十七人，联名呈称云云等情。据此，除将原呈饬知开凿东河筹备员外，相应函请省委员查照，并案核办。

此致

云南实业厅委查开凿东河委员杨

县长　张仁怀

八、缪致和奉民政建设实业三厅会委为查办东河案委员到县后通知杨县长函

迳启者：顷奉民政、建设、实业三厅委令开："会委缪致和为查办宜良东河案委员，仰该员驰往，会同宜路两县县长，会同查勘具覆。"等因。奉此，遵于七月七日，由省赴宜，除先期函约路南县县长来会外，相应函请贵县长查照，即日召集开挖东河代表陈禄、董钜等六人，于明日（四号）正午，齐集县府，以便会同路南官绅，共同前往勘查为盼。

此致

宜良县县长杨

缪致和　七月三日

宜良县政府通知单七月三日

为通知事。顷准缪委员会函开：云云（如前）等由。准此，除分行通知外，着该员等准时到府集议，勿稍延误为要。

特此通知

开凿东河筹备员董钜、杨正昌、史君召、陈禄、陈尚廉、沈钟昌。

九、缪委员通知两县官绅再度会勘函二十三年七月二十八日

杨县长勋鉴：昨会勘东河案，因路南县长未到，绅耆发言无纪，恐虚耗时光，无补事实，特转回南盘江上游，差次报告当日情况，向三厅请示进止。现奉令仍应会同双方官绅，再行切实查勘。兹预定八月一号为会勘期。勘毕，在古城弥勒寺开会，征求双方意见。参加人员，除两县长外，各选代表四人，并邀请党部派员与会。会议场所及纪录人员，并由宜良方面预备。敝委准于七月三十一日号来宜，请预令地方选举代表，届时参加。除函路南县长外，相应函请台端查照办理为盼。

专此布达，即颂政绥，不另。

缪致和

十、〔县府聘党务特派员 派查勘东河代表往北古城会勘函 令〕

宜良县政府公函 训令第三六七号二十三年七月二十九日

令建设局长马负图

令查勘东河代表董　钜　马负图　张树德　梁开纪

径启者：为令知事。案准云南实业厅委员缪函开：昨会勘东河案云云（如前），相应函请查照办理等由，准此。兹选派董钜、马负图、张树德、梁开纪四人为代表，其会议场所，着由建设局先时准备，并函请韦特派员参加，及请李总干事俊辅为纪录。统于本月三十一日午后二时，齐集本府会商。除分令并分函外，相应函请，合行令仰该局长、代表等遵照办理，勿得违误。切切！

此令

贵特派员、总干事查照，届时参加为盼。

此致

宜良县党务特派员韦、处总干事李

县长　杨天理

十一、民建实三厅据缪委员请示进止后令宜良县长文

云南省民政建设实业厅训令　水字第三十七号　民国三十三年七月二十六日

令宜良县长杨天理

案据委员缪致和微日代电，呈报奉令会勘开挖东河一案，经过情形，请示进止等情到厅。查本案系遵奉省府训令，会委该员前往会勘办理。现该员既已到达，自应由该宜良、路南两县县长遵照前往会勘办理。除指令暨分令路南县长遵照外，合行令仰该县长即便遵照前令，约定日期，前往会勘办理，具报候核。切速！

此令

厅　长　丁兆冠

兼厅长　张邦翰

兼厅长　缪嘉铭

此案虽经缪委员两度查勘，并召集宜、路两县官绅开会商讨，因在会议场中，有路属士绅杨阔与宜良杨县长言语冲突，以致中途罢会，遂使开河之议仍成悬案未决。

十二、民建实三厅据路南县长张卓元呈转古城等十数村民众呈请制止开河一案，抄发原呈令宜良县长会勘办理具覆文

云南省民政建设实业厅训令　第四十九号　民国二十三年九月十五日

令宜良县长杨天理

案据路南县长张卓元呈：路宜陆三属附近古城数十村民众杨含宝等呈为欺上蒙下，估开东河，恳请制止，以救民命等情一案到厅。查所呈各节是否属实，除指令暨分令外，合将原呈抄发，令仰该县长遵照，并同前案会勘办理具覆，以凭核夺。切速！

此令

计抄发原呈一份

厅　长　丁兆冠

兼厅长　张邦翰

兼厅长　缪嘉铭

路南张县长呈转古城等十数村民众原呈民国二十三年七月十三日

为据情转呈，仰祈鉴核事。案据路宜陆三属附近古城十数村公民杨含宝等四十八人联名公呈称：为欺上蒙下，估开东河。屈中有屈，冤外生冤，恳祈鉴核转呈制止，以救民命而息争端事。缘公民等十数村，世居赤江左右。因江高田低，常受水淹之害。忆此赤江，自古以来，只加民以灾害，毫无利益之可言。经先辈人之苦心筹划，始筑坝一道于赤江中，开沟一条，以灌农田。由安家桥东首开一龙口，引水而下，直流至水门桥上，乃汇会入赤江。公民等十数村，田多水少，每至栽插之时，自小满以至夏至，因水力不及，尚未栽完，恒发生争水事件。以本年论，即可见矣。不料前年内有陈所渡土劣陈禄者，为私利驱使，中饱起见，遂欺官愚民，倡开东河。公民等以生命财产攸关受害起见，曾分呈于上峰，蒙令清丈处长朱躬同沿村测量，直至南狗街之北。因南高北低相差三丈有余，且引水于六十里，万难逆引，何况益少害多。各情呈覆在案。该陈禄自知阴谋已破，遂改弦别图，乘修嵩远公路之机会，即派民夫蒙蔽开河。明则修路，实则开河，并占霸开挖自小渡口至水门桥一段。此河宽约丈余，深八九尺，所过之处，侵占田亩无数。延至四月十八日，各村民众闻听要接沟尾之言，彼此相传，咸往观查，则属实情。惟修河民夫，见观者陆续而至，遂自惊溃散。该陈禄天良丧尽，虚捏大题，即以阻挠公路，打伤民夫。各情，具控在案。幸蒙上峰明鉴秋毫，委令缪委员下邑，会同路宜官绅，实地勘查。缪委员倏于四日亲到古城区公所，未发表踏勘事件，即返宜良。次日亦未通知，又同杨县长及宜属绅首骆耀祖、董钜等十余人，共到古城镇公所内休息开筵。公民等以为如此要案，必须两县官绅到达，会同查勘，方得真相办法。讵意该等筵后，缪委员传言，邀十数村民众，共同到水门桥游行一转。公民等闻此言后，以为实地踏勘，必得水落石出，谅不致发生异言。及到水门桥时，公民等面请缪委员查明公路与东河相差数里，是否公民等阻止公路等语。杨县长立挺身而言云：勿论如何，非强制执行不可。且开东河是我的命令，在我的界内开挖，与别人何干？公民即指出：某界系路南所辖，有田粮可凭，又有山麓坟茔可考。该杨县长不分皂白，事事思中伤之，并大发雷霆，假威挟众。公民等不避危险，略言受害三数端。查开此东河，该等必将大坝加高，想公民等赤江大坝，照旧日形势，偶遇水涨，犹沿村横流，田园冲成沙丘，房廊倒塌无算。若再增加，江水一涨，必由安家桥、狗街子直冲而下，必致泛滥乱流，其他村落概成泽国。二水交加，公民等十数民众，必葬鱼腹。生命如此，遑论财产。此公民等之大害一也。又将龙口抬高，河道撑宽，顺河两岸田亩，受侵占不少。公民等十数村，人多田少，生活难谋。此公民等之大害二也。又栽秧之时，南栽北亦栽，今日十数村人民，犹常争水，则他日争水械斗势所难免。此公民等之大害三也。公民等有此大害，缪委员身受政府使命，亦应明白指导。今竟置民害于不顾，公民等行思坐筹，竟致有冤莫白，有害莫伸。总之，东河之开，对于公民等之生命财产，切肤攸关，惟有誓死抵抗而已。谨将下情缕晰陈明，伏祈钧长法政施仁，俯念民瘼，以解倒悬之苦。并祈赐文转呈，则公民等十数村民众存殁，均感宏德殊恩于无涯矣。”等情。据此，查此案缪委员莅临宜良时，未奉函知。嗣奉函知，会勘系定初四日，而函亦于是日十二句钟始到。中间相距六十余里，势有不及，仍准备前往。同日，又接古城李玉田[①]呈报，内称缪委员已于三日前来踏勘，再三挽留，

① 李玉田，古城绅士。古城民谣云：“一九五一年，枪毙李玉田。“

不允小住，已回宜良去讫等语。复思委员既已踏勘，自必胸有成竹，无俟会商。孰料越日又接该区长等呈报，内称委员又于五日会同宜良县官绅复来会勘各等情。因不曾会勘之故，是以不明会勘真象，兹复据呈各情，案关水利民生，不敢壅于上闻。理合具文转呈，请祈俯赐衡核施行。

民政　　丁
谨呈云南省 建设 厅长 张
实业　　缪

路南县长　张卓元

第四章　开河款项之筹措及开河计划书呈核案

此次提倡开河，第一次召集地方绅民开会讨论，对于全部工程费，经众大略估计，预定为壹百万元，除地方自筹捌拾万元外，拟请政府补助贰拾万元，以示提倡。嗣经具呈建厅，未蒙允准。后经筹备员陈士耕，会同张县长仁怀，谒见实业厅长缪，陈述东河应开之各种理由，经厅长概然赞许后，随即对开凿经费予以估计，另预定为捌拾万元，并面允由省款项下补助贰拾万元。下余陆拾万元，饬由需水民众自行筹集。陈士耕回县，召集绅民开会，转述厅长面示各节。地方绅民咸皆欢欣鼓舞，对于自筹经费一层，当即有殷实绅良一十八人，出具认款切结一十八张，共计认款陆拾壹万贰仟元。只须政府负责主持，使开河事件得以实际开工，立即分头筹缴，以资开用。

在摊认款项未曾筹缴，及政府补助费尚未得手以前，公议将高古马治河捐，暂行移用，以应急需。容俟治河事件重行开工时，如数归还，俾振兴水利及防止水患两种工程，得以同时并进，共观厥成。

后因与北古城等村迭次商讨，未成协议，甚且愈演愈烈，酿成纠纷，致使开河工程，中途停顿。民间认款遂未筹缴，政府补助费亦未成为事实。而高古马治河事件，水落之后亦未继续兴工，因此挪用之款竟未归还。

一、筹备员呈报民间认款切结并请发给补助费及派员主办文民国二十一年一月二十日

呈为呈请核转示遵事。窃查宜良东河，亟应开凿种种理由，业经钧座及职等面陈厅长缪，荷蒙赞许，并预定经费八十万元，由民间自筹六十万元，政府补助贰拾万元等语，面谕在案。兹对民间自筹部分，已由殷实绅良出具认款切结，承认分头筹缴。理合检具切结，呈请钧府转呈云南省实业厅鉴核备案，发给补助费贰拾万元，并派干员下县主办一切，俾得排除障碍，以便早日兴工。

谨呈宜良县县张

计呈认款切结一十八张，共认款六十一万二千元。

开凿东河筹备员董钜、史君召、陈尚廉、陈禄、杨正昌、沈钟昌。

二、县府转呈实业厅文民国二十二年二月八日

呈为转呈事。案据开凿东河筹备员董钜、陈禄、杨正昌等呈称："窃查宜良东河亟应开凿云云（如前文），……以便早日兴工。"等情。计呈认款切结一十八张，共认款六十一万二千元。据此，查所请由钧厅派员主办一层，因事涉邻封，尤属必要。今将认款切结随文转呈钧厅鉴核备案，令示祗遵。

谨呈云南省实业厅厅长缪

计呈认款切结十八张，共认款六十一万二千元。

宜良县长　张仁怀

三、县府呈转认款切结后奉到之实厅指令

云南省实业厅指令第八七号
民国二十二年三月二十四日

令宜良县长杨天理

呈一件：据该县前县长张仁怀转报该县开凿东河筹备员董钜、陈禄等所呈民众认款情形，附具切结，请备案示遵由呈悉。查开挖东河，系为振兴该县水利，现在民众已认款至六十一万二千元之多，进行自较顺利。惟工程如何实施，款项如何收支保管，事务之进行如何规定，北古城之争议如何解决，实行机关之如何设置等项，均应由该县长详细妥拟呈候核夺，仰即遵照办理。切结暂存。

此令

兼厅长　缪嘉铭

四、宜良县府根据前项指令转饬筹备员遵照拟办文

宜良县政府训令第二三四号
民国二十二年三月二十九日

令开凿东河筹备员等

为令饬拟办事。案奉云南省实业厅第八七号指令云云（如前文）。此令。等因。奉此，合行令仰该筹备员等迅即遵照指示各点拟呈，以凭核转。切切！

此令

县长　杨天理

五、筹备员等遵照实厅指示各点拟具开凿东河事务进行计划书呈请县府核转示遵文二十二年四月十日

呈为呈请鉴核转报事。案奉钧府第二三四号训令开："为令饬拟办事。案奉云南省实业厅第八七号指令，开：'据该县前县长张仁怀转报该县开凿东河筹备员董钜、陈禄等所呈民众认款情形，附具切结，请备案示遵由呈悉。查开挖东河，系为该县振兴水利，现在民众已认至六十一万二千元之多，进行自较顺利，惟工程如何实施，款项如何收支保管，事务之进行如何规定，北古城之争议如何解决，实行机关之如何设置等项，均应由该县长详细妥拟呈候核夺，仰即遵照办理。切结暂存。此令。'等因。奉此，合行令仰该筹备员等迅即遵照指示各节拟呈，以凭核转。切切！此令。"等因。奉此，谨遵令饬各节呈覆如下：（一）工程实施，拟分为土工、石工两种。石工照市给价，土工由受益田亩负担。（二）款项之收支保管，拟省府或实业厅委派会计专门人材通盘筹计，按照会计方法收支保管。（三）事务进行，拟俟奉令批准后，开挖东河成为事实，再为切实规定。（四）北古城争议之解决，拟请省府于开工前，委派专员会同宜路两县县长解决之。（五）实行机关之设置，拟就宜良成立开凿东河事务所。所内设督办一员，拟由省府委派大员充任，宜路两县县长兼充会办。下设工程、会计、总务三股，每股设主任一员，股员若干员。所拟各节是否有当，理合呈请钧鉴核转施行。

谨呈宜良县县长杨

计呈开凿宜良东河事务进行计划书一份（计划书载在前面第一章第四节）

六、宜良县政府转呈开凿东河事务进行计划书请实厅鉴核示遵文二十二年五月四日

呈为呈转事。案据开凿东河筹备员董钜、陈禄等呈称："为呈请鉴核转报事……所拟各节是否有当，理合呈请钧鉴核转施行。"等情，计呈开凿东河事务进行计划书一份。据此，县长复查该筹备员等所呈各点，系根据原报之开凿东河事务进行计划书，仍嫌仅具纲要，略而不详。惟开挖东河最大阻力，即为北古城之反对。该地既属路南，若非钧厅毅力主持，欲望宜路两属官绅自行解决，实忧忧为难。在县长愚见，以为根据初次测量之结果，东河开凿，既非逆流远导，事属可能。而第二步工作，则为解决北古城之争议。第三步工作，则为派遣测量员再度精密测量，作为精密施工计划，以为施工之根据，然后组织机关，筹款鸠工，克期蒇事，自易为力。惟二三两步工作，均非仰赖钧厅主持不为功。盖古城绅民，既狃于成见，不愿为此惠而不费之义举，而路南县长亦以立场不同，难为过拂民意，作竭力赞助之表示。如此一任宜路两县官绅，与古城绅民，自行交涉，纵使百端迁就，亦必讫无成议。拟请钧厅派遣委员莅宜实地考查，衡量双方利害，为公平坚决之主持，其争议自然解决。然后委派技术专员再度测量，作成精密计划，余如设机关、筹款项、派民夫等事，自可根据原报之开凿东河计划书，制定条规，分别实行，必能不负钧望，如期蒇事。奉令前因，理将该筹备员等所拟开凿东河事务进行计划书，附具意见，转呈钧厅，敬祈衡核示遵，实为公便！

谨呈云南省实业厅厅长缪

计呈开凿宜良东河事务进行计划书一份（载在前面兹不赘录）

宜良县县长　杨天理

七、宜良县政府转呈计划书后奉到之实厅指令

云南省实业厅指令第一三二号
民国二十二年九月九日

令宜良县长杨天理

呈一件：为转呈开凿宜良东河事务进行计划书，祈鉴核示遵由呈及计划书均悉。查开发水利，审慎不厌求详，而利害关系，尤应顾全周妥。前据路南县长王肇云呈报，内称：该北古城民众，闻将开挖东河，惶惶然以为大难将至，恐怖之情，登峰造极。又据北古城民众公呈，内称：民等对开凿东河，非利益之争，乃生死所系等语。足见该古城绅民，亦未必尽狃于成见，而不为此惠而不费之义举。该县长为亲民之官，亟应查其症结之所在，深思熟筹，如何始可防止水患，如何始可以使反对者所争议而昭折服。该东河所经之地，约长六十余里，全河倾斜，自须有一定之比例。新开河道，何处须掘深，何处须筑堤。他如防洪工程如何设备，桥闸涵洞如何安置。该县长对于实地情形，较为明瞭，应饬切实勘查，如果于实施确有把握，本厅自可派员到县，会同举办，以免劳力虚掷，徒耗时间。至经费一项，前据该县绅首陈士耕等到厅面称：约需款八十万元，均可由受益田主筹集。惟于事前应请政府备给叁拾万元，以资提倡开办等语。查该绅等所陈不无理由，惟查本厅前以整治明通河，呈请发款补助，旋奉省令"地方事业，应由地方自行筹款办理"。以省会首善之区，请款补助，尚未蒙准。该县开挖东河，亦属地方事业，自与整治明通河无异，应需经费，仍应由该县长就地筹集，具报核办。仰即遵照办理。事务进行计划书暂存。

此令

兼厅长　缪嘉铭

〔附注〕县府以一一二二号训令转知筹备员等，不再赘录。

龙公渠纪事卷中

第三编　称为东河时代之次度开凿

第一章　东河成功之重要关键

开凿东河之议，倡之久矣，过去几度提倡，未成事实。民国二十一年，曾有一度兴工作，不久亦即停顿。二十六年，蒙省主席龙公关心民食，以省府命令倡导开凿，令饬宜路两属合组负责机关，主持其事。路属官绅，深知政府德意，上关国计，下系民生，故亦协力同心，共襄盛举。两县奉令之下，当即合组“开凿宜良东河河工委员会”为言论机关，商讨河工上一切进行事宜。又由委员会推举河工处正副处长暨各股股长，组织“云南省政府督开宜良东河河工处”为办事机关，实际办理委员会中商讨决定之各种事项。机构既已健全，办事当然顺利，结果遂于期年之间，即使河道粗成，民沾实惠。推原其故，实由龙公倡导于上有以致之。故此次发动开河之省府训令，实斯河成功之重要关键也。

一、民厅奉转省府发动开凿东河训令

云南省民政厅训令 肆工字第一〇六一号
民国二十六年二月十日

令宜良县县长王　丕

为令饬遵办事。案奉省政府秘二建水字第四六四号训令开：“查宜良东河地方旱田太多，须水灌溉田约在四万余亩。往昔因县界问题，古城人民迭持异议，以致水利事业迄今阻碍未行。昨派段局长从中予以疏通，双方已得协议。着由民厅令饬宜良县长，召集该县有关绅民，迅速组织机关负责办理。商定工程实施办法，重要负责人员推定后，准呈民政厅加委以资保障。此后进行工程方面，如人才不逮，准呈建厅派员补助。财力不及，准向农民银行轻利借贷。奉令后，即照县政三年实施方案第三期所规定，积极进行，统限二十六、七两年完成。如遵限竣事，出力官绅从优奖叙，否则议处。再，军需局长段克昌对于此项水利，曾经制有图说，可迳往取阅。除分令建设厅遵照外，合行令仰该厅即便遵照办理，仍将办理情形具报查核。切切！此令。”等因。奉此，除呈报外，合行令仰该县长即便遵照办理，并将办理情形分报查核。切切！

此令

厅长　丁兆冠

第二章　负责机关组织案

第一节　筹备委员会之组织及其办事经过

查前章所载之省府训令，其中第一要点，即系“令饬宜良县长召集有关绅民，迅速组织机关负责办理，商定工程实施办法……”等语。王县长奉令后，当即委任地方员绅董钜、陈禄、傅瀛、张树德、马负图、陈毓桂、许作善、何廷柱、曹子俊等为筹备委员，又函聘张丽生、李际臣、梁华堂、陈光焘、段吉斋、段秀峰、李玉田、陈一权、杨相斋、杨月波、汪瑞庵、欧永福诸人参加组织筹备委员会，筹备进行。于是开河事宜，始因之逐步实现。而筹备委员会经三度会议，将正式负责机关“开凿宜良东河河工委员会”及“云南省政府督开宜良东河河工处”组织就绪后，该会即宣布撤销。

一、筹备委员会第一次会议纪录

日期：民国二十六年二月四日

地点：县政府会议厅

出席：王丕、曹子俊、马负图、何廷柱、董钜、张树德、段祥云、李绍虞、段汝斌、傅瀛、陈毓桂、陈炘、许作善、许光岳、彭永寿、陈禄、陈永德

主席：王丕

纪录：王从周

报告事项　略

提议事项：

（一）东河应否开凿，请公决案。

议决：应遵照主席倡导德意，即时开凿，以利农田。

（二）关于东河经北古城之争议如何解决案。

议决：恐路属人民有所误会，公推第四区段祥云先生、李绍虞及陈区长毓柱，代表筹备会，将会内对于开凿意见，前往古城，与首事交换意见，并磋商进行事宜。古城绅首有何意见，俟答复后，再为商酌办理。

（三）开凿东河，其路线由何处起点，究竟接开水门沟，或另行筑坝开沟，请公决案。

议决：先向北古城绅首交涉，决定由烧人场起，另行筑坝开沟。

（四）东河由水门沟起，对于北古城之河坝争执，如何解决案。

议决：1. 不妨害北古城水利水规。2. 占用民田，照政府规定补价。3. 每年修理沟坝，须共同负责。

（五）河道所经路线，是否应再经一度测量案。

议决：应再经一度测量，以求精确。

（六）经费如何筹备分配案。

议决：1. 经费来源，由受益田工摊筹。

2. 机关经费：

（甲）委员每月送夫马费叁拾元。

（乙）常委兼股长每月每员送伙食津贴壹百元。

（丙）雇员每月每人支薪水壹百元。

（七）施工步骤如何决定案。

议决：分两年完成。第一年，将河道土及必要之桥洞闸坝先行完成。第二年，将应修之桥梁洞一律完成。其施工步骤，应由河道起点，顺测定河路推进。

（八）征调民工，应如何办理案。

议决：按受益田工，出夫修筑。

二、筹备委员会第二次会议纪录

日期：民国二十六年二月二十七日

地点：县政府会议厅

出席：路南代表李玉田、陈道中、杨向斋

宜良官绅王丕、段克昌、张树德、许光岳、李绍虞、张钰、曾子俊、陈炘、彭永寿、段祥云、段汝斌、石家钰、陈毓桂、何廷柱、许作善、陈永德、马负图、何学友

主席：王县长

纪录：王从周

报告事项　略

提议事项：

（一）东河应由何处起点，请公决案。

议决：由水门沟接引余水。自水门沟以上，就原有之沟道整理之。

（二）开凿东河，对于古城方面，认为有妨害处，如何办理。

议决：俟宜路两县代表会勘后，对古城方面认为确有妨害之处，应由河工处负责设法避免，或补救之。

（三）古城方面委员应如何决定。

议决：古城方面推定李玉田、陈道中、杨欣荣、杨逵四代表为东河河工委员会委员，由宜良县府呈请民厅委任之。

三、筹备委员会第三次开会组织河工处会议纪录

日期：民国二十六年三月七日

地点：宜良县政府会议厅

出席：路南代表第五区区长李凤章、绅首陈道中

宜良官绅宜良县长王丕、绅首段玉林、绅首段祥云、建设局长马负图、县立中学校长陈禄、卫生院院长张树德、总副团长董钜、第一区区长陈炘、第四区区团副段汝斌、第三区区长何廷柱、保卫团中队长朱绍坤、第二区助理员马维骐、绅首梁汝荣

主席：王丕

纪录：王从周

报告事项　略

提议事项：

（一）此次奉令组织开凿宜良东河负责机关，其名称如何决定，请公决案。

议决：定名为“云南省政府督开宜良东河河工处”。

（二）宜良县政府拟定开凿东河河工处组织简章，有无应行修正之处，请公决案。

议决：照拟定各条修正通过。

（三）河工处何日成立，何日开始办公，请公决案。

议决：以三月十日为成立日期，即于是日开始办公。

（四）推定处长及各项职员案。

议决：处长及各项职员，由本日到会人员商酌推定。

（甲）公推军需局段局长筱峰为处长，王县长炎培为副处长。

（乙）公推卫生院张院长树德、总团部董副团长钜、县党部何特派员学友、建设局马

局长负图、县立中学陈校长禄、第二区傅区长瀛、陈副区长永德、段吉斋先生、路南李玉田先生九人为河工委员会常务委员。

（丙）由常务委员又推定：

张委员树德为总务股长。

董委员钜为财务股长。

马委员负图为工务股长。

临时动议：

（一）主席提议，拟由河工处函聘县党部何特派员学友及县政府欧秘书永复为河工委员会委员，是否可行，请公决案。

议决：照提案一致通过。

第二节　河工处组织完成筹备委员会宣告撤销

筹备委员会所办事件，至此即为完结。迨至三月十七日，正式负责机关“开凿宜良东河河工委员会”暨“云南省政府督开宜良东河河工处”宣告成立，并自同日起开始办公。此后一切事宜，皆由会、处中负责办理，而筹备委员会，亦即于是日宣告撤销。

一、河工处关防未奉颁发以前之办事情形

河工处虽于二十六年三月十日宣布成立，并自成立之日起开始办公。然因组织简章之核定，及宜路两方委员人数之分配，在文件方面经过许多周折，始行定夺。而关防任状，亦经久延时日，始奉颁发。在关防未发以前，河工上一切事宜，不论对内对外，均暂以宜良县府名义行之。是年八月二十六日，正副处长任状暨河工处关防，奉发到县。正副处长，乃自九月三日祗领到差，并于同日启用关防。此后河工事务，始由河工处负责办理。然而宜良县府，仍随尽力襄助，视同一体，以故事功进展，异常敏速，毫无牵掣稽延之弊。盖县府与河工处，虽属机关各别，而事权则不分彼此，河工之进行顺利，实由两机关之和衷共济有以致之。

二、河工处组织完成后呈省府暨民建财三厅备案文二十六年三月十三日

呈为呈报东河水利筹备进行情形，请祈备案示遵事。民国二十六年二月十四日，案奉云南省民政厅以四工字第一〇六一号训令，令转钧府秘二建水字第四六四号训令饬县长召集县属有关绅民迅速组织机关，负责办理开河事宜，商定工程实施办法……等因一案，后开：“合行令仰该县长即便遵照办理，并将办理情形分报查核。此令。”等因。奉此，查此案县长前奉钧座面谕，到县后，遵即积极进行。咨请路南县长于北古城附近，定期开会商讨一切办法。并分别委聘筹备委员二十一人，于本月七日开第三次筹备委员会，议决组织“云南省政府督开宜良东河河工处”为实行负责机关，经一致表决推请钧座担任河工总监督暨民厅丁厅长、财厅陆厅长、建厅张厅长为河工监督，以董其成。军需局段局长为河工处处长，县长兼河工处副处长，以总其事。处内设河工委员一十九人，并就十九人中推定常务委员九人，再就九人中推定总务、财务、工务三股股长各一人，分别负责办理，以利进行。奉令前因，除继续积极筹备，将河工处正式组织成立，实行施工，另案呈请民政厅核委重要职员，暨分呈各有关上级机关外，理合缮具会议纪录，并检同东河图说备文，呈请钧府俯赐查核备案，令饬祗遵。

谨呈云南省政府主席龙（并呈民建财三厅）

计呈会议纪录一份（如前）暨东河图说一张

署理宜良县县长　王丕

三、建厅批复指令

云南省建设厅指令水字第四八〇号
民国二十六年三月十五日

令宜良县县长王　丕

民国二十六年三月八日呈一件：呈报该县东河水利筹备进行情形，请核示由呈及附件均悉。并准民厅签送该县长呈省政府发办之件过厅，核同前由。查此案，昨奉省政府秘二建水字第四六四号训令，与该县奉到民政厅之令相同，当由厅查明呈覆在案。兹据呈报进行各情，既已咨商路南，仰即查照办理。至请派员到县指导一节，并候另案饬遵！

此令

厅长　张邦翰

附注：民财两厅指令大议略同，故不赘录。

四、河工处组织完成后，咨路南县府转饬古城绅首协助进行文

宜良县政府咨第　号
民国二十六年三月八日

为咨请转饬遵照事。案奉云南省民政厅四工字第一〇六一号训令，开：

“为令饬遵办事。案奉省政府秘二建水字第四六号训令开：‘查宜良东河地方旱田太多，需水灌溉之田约在贰万余亩。以往因县界问题，古城人民迭持异议，以致水利事业迄今阻碍未行。昨派段局长从中予以疏通，双方已得协议。着由民厅令饬宜良县长召集该县有关绅民迅速组织机关，负责办理。商定工程实施办法，重要负责人员推定后，准呈民厅加委以资保障。此后进行工程方面，如人才不逮，准由建厅派员补助。财力不及，准向农民银行轻利借贷。奉令后，即照县政三年实施方案第三期所规定，积极进行，统限二十六、七两年完成。如遵限竣事，出力官绅从优奖叙，否则议处。再，军需局长段克昌对于此项水利，曾经制有图说，可迳往取阅。除分令建设厅遵照外，合行令仰该厅即便遵照办理，仍将遵办情形具报查核。切切！此令。’等因。奉此，除呈报外，合行令仰该县长即便遵照办理，并将办理情形分报查核。切切！此令。”等因。奉此，查此案，敝县长前奉主座特召，谆谆面谕，到县后，遵即积极筹备进行，并咨请贵府于北古城附近，订期开会，以便商讨一切办法，讫未准复。兹奉前因，除将筹备及最近着手施工情形，并检印就图说各一份，分别呈报备案外，相应检同图说一份，具文咨请贵府查照。并烦转饬古城绅首，一体遵照协助进行。仍冀见复为荷！

此咨，路南县县长许

附开凿宜良东河图说一份

王　丕

五、路南县政府咨复之河工委员人数二十六年三月十日

路南县政府咨

为咨请事。查贵县开挖东河一案，此次系由政府主持办理，复迭准大咨会商过县等由。准此，自应照办。当于本月九日正午十二时，在敝府召集全县各机关员绅会议，当

以上关国计，下系民生，敝县自应赞同，何敢后人。惟事体重大，关系匪轻，非一二次会议即可收圆满之效果。应由贵治及敝属，以同样人数，组织开挖东河河工委会一机关，俾得筹维审虑，集思广益。复经公推党部委员高树勋，参议会议员黄用砺、姜建周，建设局长杨立道，财政局副局长赵文德，商会会长杨含华，北古城警察分局长万云程，第五区区长金用品，北古城民众代表李玉田、徐迎宽、杨欣荣等十一人为河工委员会委员等因，议决纪录在案。相应咨请贵县长查照！烦将开会地点及成立日期见示，以便分别由县聘委呈报，并通知各该委员按期前往，共同集会，商榷办理，实纫公谊！

此咨，宜良县县长王

许端毅[①]

六、路南县呈报报厅令下之参差情形

云南省民政厅训令 肆工字第二一四七号
民国二十六年三月二十五日

令宜良县县长王　丕

为令饬遵办事。案据路南县县长许端毅呈称：

“为呈请鉴核示遵事。查职县前准宜良县咨商开挖东河一案，当将办理情形呈报钧厅暨建设厅在案。窃以此案系政府主持办理，复迭准宜良县咨商过县，自应照办。当于本月九日正午十二时，在职府会议室内。召集全县各机关员绅开会讨论，以上关国计，下系民生，路邑官绅自应一律赞同，何敢后人。惟事体重大，关系匪轻，非一二次会议即可收圆满之效果。应由路宜两县人士，以同样人数，共组开挖东河河工委员会一机关，俾得筹维审虑，集思广益复经公推县党部委员高树勋，参议会议员姜建周、黄用砺，建设局长杨立道，财政局副局长赵文德，商会会长杨含华，北古城警察分局长万云程，第五区区长金用品，北古城民众代表李玉田、徐迎宽、杨欣荣等十六人为河工委员会委员等因，议决纪录在案。除备文咨请宜良县政府查照，将该会地点及成立日期咨复，以便分别由县聘委呈报，并通知各该委员按期到会，商榷办理，暨分呈建设厅外，所有办理各缘由，是否有当。理合具文呈请钧厅俯赐鉴核示遵。”等情。据此，正核办间，又据该县长呈报遵令组织机关，办理东河水利事宜情形，请鉴核备案，并祈委任河工处常务委员及兼任各股股长，以资保障一案到厅。查此案本应遵照省令，由厅加委。惟查该路南县长所呈由路宜两县人士，以同样人数，共组开挖东河河工委员会一机关，俾得筹维审虑，集思广益。并公推县党部委员高树勋等十一人为河工委员会委员一层，据称曾经咨请该县长查照办理有案。核查该路南县呈报之文，系三月十四日印发。该县呈报之文，系三月十三日印发。自系路南县咨文该县尚未接到。两县主张，既不一致，究竟委员人数，应如何分配，始臻妥协，应饬该县长迅将两县应委人员，会同路南县长商酌同意决定后，再为专案会衔呈请给委，以免纷争而利进行。合行令仰该县长即便遵照办理，并转咨路南县长遵照。附件暂存。

此令

厅长　丁兆冠

---

① 此路南县长许端毅，字良安，后因在县劣迹斑斑，被县民赴省告状，媒体攻讦去职。路南县民为立遗臭碑以辱之。

七、奉省府核定之两县委员人数

云南省政府指令秘二建水字第六〇一号
民国二十六年三月二十七日

令宜良县县长王　丕

二十六年三月真日代电及八日函呈各一件：为遵办开凿宜良东河水利会议经过情形，祈迅予俯准各该代表等主张办法，分别衡断施行，暨函呈进行困难各情，请准予派员到县主持动工，并附呈组织简章、会议纪录等，祈核示由、真代电暨函件均悉。查来呈第一项涉及划界问题，应照勘界条例候另案办理。第二项即令宜路两县县长组织委员会，从事工作，限文到后至迟十五天即须开工。如逾限不见实行，若因宜良延误，即由宜良负责；若因路南抗阻，即由路南负责，定予分别惩处。至委员人选，准路南参加三分之一，以期和衷共济。其他一切，即由委员协同商洽办理。简章发民建两厅审核具覆再夺。第三项应由委员会查酌实在情形，秉公处理可也。除检同原附各件令发民建两厅及路南县外，仰即遵照办理，具报查核。切切！

此令

主席　龙　云

八、拟定河工处开会日期咨请路南县酌派代表到会参加文

宜良县政府咨第　号
民国二十六年四月七日

为咨请查照事。案查敝县奉令开凿东河一案，曾经遵令拟具河工处组织简章，并缕述筹备经过情形，呈请上峰核示并咨请贵县转饬古城绅首协助进行。去后，旋于三月十二日，准贵县咨开："推定党部委员高树勋等十一人为河工委员，烦将该会地点及成立日期见示，以便分别由县聘委。"等由过县。正办理间，适奉云南省政府秘二建水字第六〇一号指令，饬令宜路两县组织委员会从事工作，限文到后十五天即须开工。委员人选，准路南参加三分之一。除原文既经分令不再详述外，后开"仰即遵照办理，具报查核"等因。奉此，自应遵办。敝县以事机迫促，开工日期，遵照建设厅令，曾于四月四日开始工作，经分别函达并报在案。至委员人数因前报简章，尚未奉核到县，究竟委员人数应设若干，无从悬揣。刻因赵技正已经到县实行勘测，开挖工作亦已进行，此后关于筹款征工测量等事项，急待商讨办法。兹定期于四月十三日正午十二时，就敝县政府开第三次委员会议，除召集前由敝县函聘委任各员届时莅会外，相应咨请贵县长烦为查照，希即指派代表到会参加为荷！

此咨，路南县县长许

王　丕

九、因呈报组织河工处一案奉到之建厅指令

云南省建设厅指令水字第五八八号
民国二十六年三月二十七日

令宜良县县长王　丕

二十六年三月十四日呈一件：据呈报组织开凿宜良东河河工处经过情形，请鉴核备案由呈表及简章暨会议纪录均悉。查组织河工处，对工作实行负责，自系正当办法。惟据称业报各机关有案，仰即静候省政府及各机关核夺示遵可也。

此令

兼厅长　张邦翰

十、快邮代电二十六年四月九日

说明：因省府指令内有“令宜路两县县长组织委员会从事工作”等语，深恐事权分歧，办事掣肘，故以此电声明，请求核示。

急！云南省政府主席龙钧鉴查职县奉令开凿宜良东河一案，曾经将筹备发生障碍及主张三项办法情形，呈奉钧府秘二建水字第六〇一号指令关于第二项即令宜路两县县长组织委员会员负责办理，委员人数准路南参加三分之一等因。奉此，自应遵照办理。惟查职县在未奉令前即已召集负责人员商定筹款征工办法，并于四月一日开始，先由宜属地界动工，款项亦经有关区乡镇先行负责筹集拾万元，办理尚属顺利。现奉钧令，由宜路两县县长组织委员会所负责，负责人员及地方绅民均极惶惑。日来突将工人撤退多数，每日到开凿地点工作者，只七八百人，分认之款亦籍故观望不缴，当即召集筹备人员会议，佥以宜路两县县长组织委员会办理，则对于征工筹款势两难平均负担，且呈报及令行文件亦须两县行文，往返咨商副署，设任何一县不协意时，必致影响业务进行。此项工程关系全在宜方，倘或延宕时日，贻误事机，将来受惩。依照令示第三项，则又单独由宜方负责，以理势而论，宜方遵令办理，请路方派员参加委员三分之一，组织委员会协商，对于功令事实，已属两不违悖。且关系全在古城，路方必多派古城绅首参加，方足昭公允而餍众情。若由两县县长共同组织，则事权分歧，窒碍实多，应据陈明政府核示施行，以速事功而利进行等议纪录在案，复经县长一再疏解，终鲜效果。现情势已呈消极之象，自未便壅于上闻。奉令前因，理合电恳钧座，迅赐衡核施行，训示祇遵。

宜良县县长　王丕　佳印

经此电声明之后，省府始以下列训令，划定权责，以宜良为责任主体，路南方面仅立于协助地位。自是河工事务，得由宜良方面径意施行，处事无待咨商，行文不必连署。且县府与河工处，表面虽机关各别，办事则不分彼此。一事当前，只求措施得宜，并不拘文牵义。此度兴作，所以能迅速成功，此其一大关键也。

十一、省府规定权责训令

云南省政府训令秘二建水字第七七六号
民国二十六年五月十八日

令宜良县县长王　丕

查宜良东河工程，应由宜良县长完全负责，路南只遵照前令派绅参加，人数以三分之一为限。除分令外，合行令仰该县长即便遵照！

此令

主席　龙　云

十二、省府核定河工处组织简章令

云南省政府训令秘贰建水字第八八一号
民国二十六年六月二十四日

令宜良县县长王　丕

案据民政建设两厅会呈称：

“案奉钧府秘贰建水字第六〇一号训令，据宜良县长王丕真日代电呈报，开凿宜良东河水利，附呈简章会议录，祈核示等情。奉将原呈各一件，令发下厅，并饬将简章会同审核具覆再夺。”等因。奉此，自应遵照办理。查该县所呈定名为“云南省政府督开宜良东河河工处组织简章”，计十六条，当即逐条会同加以审查。谨将审查意见分陈如下：

（一）查该县此次修挖东河，虽系政府提倡，惟将收益仍在地方，核其性质，系民营事业。政府自有扶导督促之责，且钧府秘贰建水字四六四号训令内，明谓照县政三年实施方案第三期所规定，积极进行。查方案内第三期所规定之特殊事项，各县均有，不仅宜良修东河一事也。令内又有古城人民迭持异议，昨派段局从中疏通，双方已得协议。此次第六〇一号训令内，复有委员人选，准路南参加三分之一，以期和衷共济各等因。是皆简章第三条所以拟之名称，似不如根据迭令，查照事实，名为“宜良路南两县协修东河工程处”较为适宜。

（二）简章第四条有河工处得以正副处长名义命令，召集宜良、路南、陆良三县官绅之规定。查河工处系一临时机关，修河利益系在宜良。前此因理此河路，宜两县即已发生冲突，兹既疏通协商办理，似应仍取协商态度较为适宜。故此项规定，在宜良一县，自属不成问题，而路陆两县能否接受，似不能不加以考虑。不然，恐因表面上之文字，返有碍于事实上之进行。就事论事，殊有失钧府此次积极提倡之德意。

（三）简章第六条规定，以总监督监督正副处长及河工委员十五人至十九人，暨常务委员五人至九人，共组为河工处。其后项又声明河委员应组委员会，隶属河工处。第七条又有河工处正副处长及各委员、各股长，由委员会推定，呈请政府分别任命等语。译其语意，是先有委员会，而后产生委员。在委员未产生以前，委员会由谁组织，殊无根据。又正副处长既定为由委员推定后呈请政府加委，是委员会为产生正副处长之机关，何以忽又反隶属河工处而居正副处长之下？似此规定，似嫌颠倒失宜。

（四）简章对于河工处正副处长职权各条文内，尚可寻绎得出至委员会之职权如何，讫未规定，似嫌疏漏。

（五）简章第六条之四、五两项，河工委员定为十五人至十九人，常务委员定为五人至九人。究竟常委之五人至九人，在委员十五人至十九人之额内，抑额外，未经定明，似欠明瞭。窃以为委员及常委额数，应行订明，不必留伸缩余地，为数亦不宜过多，以免意见参差，责任不专，反碍进行。

（六）简章第十条委员人选标准，应遵照钧府明令修正为：宜良占全数三分之二，路南占三分之一。

上列审查意见，本不难代为逐条修正。惟三四五各条格于事实，恐修正后，于地方情形有不适宜，反碍进行。拟请饬令该县照审查各点，另行妥为拟定呈候再夺。抑此次宜良修挖东河，系一种临时事业，其河工处系一种临时机关，俟将来工程结束，即当解散。是其简章亦系一种临时性质，可否姑予通融准行，以期敏速之处，亦祈钧核，所有奉令会同审核宜良东河河工处组织简章各缘由，是否有当，理合检缴奉发各件备文呈，敬请钧俯赐鉴核施行，并恳指令示遵等情。计呈缴电函各一件，简章纪录各一份。据此，除以“呈及缴件均悉。为敏速计，姑予照准。其应修正之点，俟成立后，再为针对事实，另行妥拟。除分令宜良县长遵照外，仰即遵照。缴件存。此令。”等语指令外，合行令仰该县长即便遵照！

此令

主席　龙　云

〔附注〕民建两厅对此案有会衔训令一件，并抄发上述呈省府原呈一件，因内容与此相同，故略去不再赘录。

十三、呈请省府令催路南县长选定河工委员咨复过县以便报请给委文二十六年七月三十日

案查开凿宜良东河河工处组织简章，曾经职县遵令拟具备文呈报核示。于六月廿七日，奉到钧府秘贰建水字第八八一号训令核准备案，并核定委员人数，准宜良参加三分之二，路南参加三分之一各等因。奉此，当经遵照于六月廿九日，召集河工处原聘委员，开第四次河工会议，议定河工委员总数，依照简章定为十九人。路南参加三分之一，应推出委员七人。宜良参加三分之二，应推出委员十二人等语。经众表决，随于次日以河工处名义，函请路南政府照案选定委员七人，开具略历函复，以便连同宜良选定委员报请给委在案。迄今日久，尚未准复。现在河工处加紧工作，此项委员会亟应健全组织，以期进行顺利。奉令前因，理合备文呈请钧府，令催路南县长迅速选定咨复，以便报请给委，实为公便！

谨呈云南省政府主席龙

宜良县县长　王　丕

十四、河工处致路南县府请选定河工委员以便报请给委函

云南省政府督开宜良东河河工处公函总字第壹号
民国二十六年六月三十日

迳启者：查开凿宜良东河一案，前由宜良县政府遵令拟河工处组织简章，呈经云南省政府发交民政、建设两厅会同审查在案。兹由宜良县政府奉到云南省政府秘贰建水字第八八一号，略开："案据民政、建设两厅拟具审查该项河工处组织简章意见，连同函呈简章纪录，会呈到府。除以呈及缴件均悉。为敏速计，姑予照准。其应修正之处，一俟该处成立后，再为针对事实，另行妥拟。除分令宜良县长遵照外，仰即遵照。缴件存。此令。等语指令外，合行令仰该县长即便遵照！此令。"等因签送到处。当于六月廿九日召开第一次临时会议，议决河工委员人数。依照简章，定为一十九人。由各委员推常务委员九人，并遵照省政府第六〇一号训令，路南参加三分之一，应选出委员七人，内推常务委员三人。宜良参加三分之二，应选出委员十二人，内推常务委员六人等语，纪录在案。现在开工日久，亟应将本处健全组织，以期策进。相应检同会议纪录，函请查照，希即迅速选定委员七人，并就中推定常务三人，开具履历，函送来处，以便报请给委为盼。

此致，路南县县长许

附送会议纪录一份

处　长　段克昌

副处长　王　丕

十五、河工处第一次临时会会议纪录

日期：民国二十六年六月廿九日正午十二时

地点：宜良县政府会议厅

出席：段克昌、王丕、何学友、曾子俊、陈炘、董钜、陈锡恩、段祥云、张树德、张钰、陈毓桂、李绍虞、李正阳、李士廉、杨正昌、王翰馨、彭永寿、傅瀛、马负图

主席：段克昌

纪录：王从周

提议事项：

（一）东河河工委员须设几人，请公决案。

议决：1. 照核定简章设委员一十九人，内推九人为常委。2. 两县委员人数照省府规定，路南占三分之一，应选出委员七人，又由七人中推出常委三人。宜良占三分之二，应选出委员十二人，又由十二人中推出常委六人。统由河工处函请路宜两县县政府选定函复，以便报请民厅分别委任。

（二）北古城等十二村民众谓过涧涵洞沟埂等项有妨害处，究应如何补救，请公决案。

议决：1. 为整个补救水害起见，由第二区与北古城方面有关村落共同出夫修理外围埂，以加高加厚为原则。如需用毛石桩木，由河工处负责购备。至于培植树木及以后之保护修理，由各地段所在村落自行负责。2. 修理外围堤，由古城方面有关村落推出二人，再由河工处指派二人，会同勘测监修其应修之范围及标准，于勘测后报请河工处核定实施。3. 关于水门沟以上之沟埂，如稍减低，恐水量太少，不敷灌溉，有负政府兴修水利之意旨。现在为整个补救起见，已决定以外围加高加厚，以防不虞。所请将沟堤减低一层，应勿庸议。4. 对于水门沟之过涧石墩，如古城方面认为确有妨害，俟本年试办后，到冬季水涸时，另行改修为铁筋水泥过涧，将石墩取消，以免有碍。5. 水门沟以上，现修涵洞之高度，系以高低田亩之水平为准则，妨害不大，勿庸减低。如数量不敷，应由古城方面及河工处派员，会同勘查增修。

（三）东河占用及受益田亩，应否即时调查，请公决案。

议决：由总务股张股长负责，即时着手办理调查事宜。

（四）东河子沟应如何开凿，请公决案。

议决：子沟之宽深度及经过路线，由工务段马股长先行会同有关地方勘查后，拟定计划，呈由河工处核定施行。其所需民力财，由受益田亩负担。

（五）河工处在未奉颁发关防以前，对外行文如何办理，请公决案。

议决：暂由宜良县政府借盖县印。

十六、路南县政府复河工处函并附送委员表

路南县政府公函第七〇七号
民国二十六年九月十七日

迳启者：案查前准贵处函送第四次会议纪录一份，嘱即选定委员七人，并就中推定常务委员三人，以便报请给委等由过府。当即于二十六年七月六日午时，在敝府会议室召集全县各机关员绅到会，当场推定第五区区长及士绅杨阔、杨欣荣等三人为委员兼常委，并推定财政副局长赵文德、商会执行委员李光新、建设局技术员李本然、参议会议员姜建周等四人为委员，均经纪录在案。除分别通知外，相应取具各该员等略历备文函送贵处，即请查照，转请给委为荷！

此致，云南省政府督开宜良东河河工处处长段
副处长王

计送委员略历表一份

许端毅

开凿宜良东河河工处路南县参加委员略历表

职别	姓名	行号	年龄	籍贯	资格	备注
委员兼常委	李凤章	岐山	四六	路南	曾任营连长及北区团首大队长，现任第五区区长	
委员兼常委	杨阔	月波	四〇	路南	曾任营长及路南第五区助理员等职	
委员兼常委	杨欣荣	向斋	五〇	路南	县立师范讲习所毕业，曾任小学教员、财政局委员，现任第五区乡长	
委员	赵文德	润生	四五	路南	云南法政学校及陆军讲武学校曾任营长、团防队长，现任财政局副局长	
委员	李光新	克明	四二	路南	县立师范讲习所毕业，曾任小学教员，现充商会执行委员	
委员	李本然	性斋	五〇	路南	县立师范讲习所毕业，曾充小学教员、议会教局文牍，现任建设局技术员	
委员	姜建周	树勋	六〇	路南	前清文生，历届县参议会议员	

十七、以组织机关办理东河水利事宜情形呈请民厅备案，并请委任河工处常务委员及兼各股股长文二十六年三月

案查职县奉省政府训令组织机关，办理东河水利事宜一案，遵经积极筹备进行，暨将筹备经过情形，连同会议录、图说，分别呈报在案。惟查此项工程进行，事体重大，加以过去古城方面，又复迭持异议，自非得一健全有力之机关，实行负责，不足以资策进而收实效。当于三月七日，邀请军需局段局长克昌到县，并召集各筹备委员暨有关绅首，开会组织河工处。依照筹备会议决议，拟定河工处组织简章，由各筹备委员，推定正式河工委员，及段局长克昌为河工处处长，县长为副处长。开凿宜良东河河工处，即于是日正式成立。筹备委员会，亦同时宣告撤销。并就此次会议，决定机关名称，通过河工处组织简章十六条。又依照简章加聘宜良党务特派员何学友、县政府秘书欧永复、县绅汪祥龄等三人为河工委员会委员。同时公推张树德、董钜、马负图、陈禄、傅瀛、曹子俊、何学友、李玉田、段祥云等九人为常务委员。并指定张树德兼充总务股股长，董钜兼充财务股股长，马负图兼充工务股股长，于三月十日开始办公。复查职县东河水利，既经规定于县政建设三年实施方案中，暨列入省政府施政计划特别水利工程事项。其利益之宏溥，早在××政府洞察之中，勿待赘述。兹为增进办事效率，俾河工进行顺利起见，除正副处长呈请省政府给委，并须发关防，以昭郑重而资信守外，至河工常务委员张树德、董钜、马负图、陈禄、傅瀛、何学友、李玉田、段祥云、曹子俊等九人，暨兼河工处总务股股长张树德、财务股股长董钜、工务股股长马负图等三人，应依简章第七条之规定，并遵照省府原令，恳请钧厅分别委任，以资保障而专责成。所有遵令组织机关情形，暨请委任常务委员及兼各股股长各缘由，除呈报省政府暨有关各上级机关备案办理外，理合缮具河工处负责人员一览表，检同组织简章，暨会议纪录，一并备文呈请钧厅鉴核备案，分别给委示遵！

谨呈云南省民政厅厅长丁（呈建厅一件与此相同，不再赘录）

计呈河工处负责人员一览表一张，河工处组织简章一份，筹备委员会会议纪录二份（会议纪录已载在前面）。

署理宜良县县长　王　丕

云南省政府督开宜良东河河工处负责人员一览表

职　别	姓　名	年　龄	籍　贯	资　格	备　注
处　长	段克昌	四十五岁	宜良	现任云南军需局局长	
副处长	王　丕	三十九岁	祥云	现任宜良县县长	
常委兼总务股股长	张树德	五十岁	宜良	前任宜良教育局长，现任文献委员会主任委员	
常委兼财务股股长	董　钜	五十二岁	宜良	现任宜良副总团长	
常委兼工务股股长	马负图	三十六岁	宜良	现任宜良建设局长	
常　委	陈　禄	四十岁	宜良	现任宜良县立中学校长	
常　委	傅　瀛	四十二岁	宜良	现任宜良第二区区长	
常　委	曹子俊	四十一岁	宜良	现任宜良参议会议长	
常　委	何学友	三十一岁	河西	现任宜良党务特派员	
常　委	李玉田	四十三岁	路南	现任路南第五区区长	
常　委	段祥云	七十四岁	宜良	邑绅	
委　员	何廷柱	五十六岁	宜良	现任宜良第三区区长	
委　员	陈毓桂	四十一岁	宜良	现任第四区区长	
委　员	许作善	四十二岁	宜良	现任第一区区长	
委　员	张　钰	三十五岁	宜良	前任第一区区长	
委　员	李绍虞	五十七岁	宜良	邑绅	
委　员	梁汝荣	六十九岁	宜良	邑绅	
委　员	陈　炘	五十七岁	宜良	前任第一区区长	
委　员	段玉林	六十八岁	宜良	邑绅	
委　员	陈道中	四十岁	路南	古城代表	
委　员	杨欣荣	三十九岁	路南	古城代表	
委　员	杨　阔	四十七岁	路南	古城代表	
委　员	汪祥麟	四十八岁	宜良	邑绅	
委　员	欧永复	五十一岁	安宁	现任宜良县政府秘书	
委　员	彭永寿	四十一岁	宜良	前任第三区区长	
附　注	1. 河工处经常费照筹备委员会第一次议决案每月新币陆百元。 2. 委员月送夫马费新币陆元。 3. 常委兼股长月送伙食津贴新币贰拾元。 4. 雇员月送薪水新币贰拾元。 5. 工程事业费俟设计后另案预算筹集支发。				

十八、呈省政府请核委河工处正副处长并颁发关防文廿六年七月二日

呈为呈请事。案查开凿宜良东河河工处组织简章，已奉钧府秘贰建水字第八八一号训令核准备案在案。兹依据简章第二条之定名，恳请钧府须发“云南省政府督开宜良东河河工处”木质关防一颗，以昭郑重而资信守。又查简章第七条内载：“河工处正副处长及各委员各股长，由委员会推定，呈请政府分别任命及委任……”等语。再查筹备委员会第三次会议议决：“河工处长请现任军需局段局长克昌担任，副处长请现任宜良县王县

长丕担任”等语。现在河工处简章，既已奉令核准，而且开工日久，前此一切文件、事务，概系遵令权由县政府负责办理，对于河工处名义职权，未便行使。关于督促指导，及对外行文，均有窒碍。应恳钧府先行颁发关防，核委河工处正副处长，以专成而速事功。一俟宜路两方委员资历送报齐全，再为查遵前令，报请民政厅核委。是否有当，理合备文呈请钧府鉴核办理，令饬祇遵！

谨呈云南省政府主席龙

署理宜良县县长　王　丕

十九、民建两厅会衔批复宜良县政府呈报办理东河水利情形指令

云南民政建设厅指令字第一一一八号
民国二十六年六月十九日

令宜良县县长王　丕

呈一件：为呈报遵令办理开凿宜良东河经过情形，并请核定简章，颁发关防任状由呈及会议纪录均悉。查该县修挖东河，其派工、筹款及计划等情形，应予备案。惟河工委员会议，其委员名额，应遵照省政府第六〇一号训令，该县占三分之二，路南参加三分之一，以重功令。至请核定简章等情，前奉省政府将该县长所呈河工处组织简章，发厅会同核议，经将审查意见，会呈有案。现尚未奉指令。其关防、任状等，必俟简章确定，乃能依据颁发。在此时间，关于东河进行事宜，着由该县以县长名义暂时负责进行，勿稍疏懈。仰即遵照！附件存。

此令

民政厅长　丁兆冠
建设厅长　张邦翰

二十、省政府颁发正副处长委令及河工处关防指令

云南省政府指令秘贰建水字第一〇二四号
民国二十六年八月二十六日

令宜良县

二十六年七月三日呈一件：请核委河工处正副处长兼颁发关防，以资信守而专责成等情，祈核示由呈悉。应一并照准。除将关防暨委令随发，并分令民政、建设两厅知照外，仰即查收，具报查考。

此令

计发木质关防一颗，文曰“宜良县东河河工处关防”。并委令二件。

主席　龙　云

二十一、河工处呈报正副处长奉委到差及启用关防日期文二十六年九月三日

案查宜良县东河河工处，前经遵令组织成立，呈请核委正副处长并颁发关防，以资信守在案。兹奉钧府秘贰建水字第一〇二四号指令，开：

“呈悉。应一并照准。除将关防暨委令随发，并分令民政、建设两厅知照外，仰即查收，具报查考。此令。”等因。计发木质关防一颗，文曰“宜良县东河河工处关防”。委令二件。奉此，遵即将奉到委令于九月三日祇领到差，及分别呈报函咨令行外，理合将奉委到差及启用关防日期，检同拓具印模，一并备文呈覆。请祈钧府鉴核备案。

谨呈云南省政府主席龙

计呈“宜良县东河河工处关防”模式一纸

宜良县东河河工处处长　段克昌

副处长　王　丕

二十二、以河工处正副处长奉委到差及启用关防日期呈报民建两厅备案文二十六年九月三日

案查宜良东河河工处，前经遵照核定简章，组织成立，呈请颁发关防，并核委正副处长在案。兹奉云南省政府秘贰建水字第一〇二四号指令，开：

“呈悉。应一并照准。除将关防暨委令随发，并分令民政、建设两厅知照外，仰即查收，具报查考。此令。”等因。计发木质关防一颗，文曰“宜良县东河河工处关防”。委任令二件：系秘字第一〇二四号，内开“委任段克昌为宜良东河河工处处长”。又同号一件，内开“委任王丕为宜良东河河工处副处长”。奉此，当即遵于九月三日分别祗领到差，并即于是日启用关防。除将奉委到差及启用关防日期，分别呈报备案，并函令知照外，理合印具关防模式，一并备文，呈请钧厅鉴核备案。

谨呈云南民政厅厅长丁
云南建设厅厅长张

计呈“宜良东河河工处关防”模式一份

宜良东河河工处处长　段克昌

副处长　王　丕

二十三、以正副处长到差及启用关防日期通知路南县政府函

云南省政府督开宜良东河河工处公函第　号
民国二十六年九月三日

迳启者：案查宜良东河河工处，前经遵照核定简章，组织成立，呈请颁发关防并核委正副处长在案。兹奉云南省政府秘贰建水字第一〇二四号指令，开：

“呈悉。应一并照准。除将关防暨委令随发，并分令民政、建设两厅知照外，仰即查收，具报查考。此令。”等因。计发木质关防一颗，文曰“宜良县东河河工处关防”。委任令二件：系秘字第一〇二四号，内开“委任段克昌为宜良东河河工处处长。”又同号一件，内开“委任王丕为宜良东河河工处副处长。”奉此，当即遵于九月三日祗领到差，并即于是日启用关防。除呈报暨办令布告外，相应备文函请贵府查照，并希转行北古城区公所，饬属一体知照为荷！

此致，路南县政府

处　长　段克昌

副处长　王　丕

二十四、正副处长到差及启用关防布告民众周知文二十六年九月三日

云南省政府督开宜良东河河工处布告

为布告事。查本处前经遵照核定简章，组织成立，呈请颁发关防，并核委正副处长在案。令奉云南省政府秘贰建水字第一〇二四号指令，开：

“呈悉。应一并照准。除将关防暨委令随发，并分令民政、建设两厅知照外，仰即查收，具报查考。此令。”等因。计发木质关防一颗，文曰“宜良县东河河工处关防”。委任令二件：系秘字第一〇二四号，内开“委任段克昌为宜良东河河工处处长。”又同号一

件，内开“委任王丕为宜良东河河工处副处长。”奉此，当即遵于九月三日衹领到差，并即于是日启用关防。除呈报暨分别函令知照外，合行布告，仰即一体周知！

此布

处　长　段克昌

副处长　王　丕

中华民国二十六年九月三日

第三章　河工处历次会议决案

一、第一次会议

二十六年三月十七日，在宜良县政府开第一次常务委员会。出席人员为何委员益三，董委员开先，张委员心田，段委员吉斋，陈委员士耕，马委员瑞曦。列席人员为陈副区长明斋，马助理员玉生。由王兼副处长炎培主席，王从周纪录。其议决案件如下：

（一）河工处根据几次筹备组织，已经开始办公。经费究竟如何筹措计划，请公决案。

议决：1. 由第二区学谷项下先行垫用一部。2. 董开先负责筹壹万元。3. 陈士耕负责由旧第二保筹贰万元。4. 陈明斋负责由旧第三保筹壹万元。5. 陈尚廉负责由旧第五保筹贰万元。6. 马瑞曦负责由旧第六保筹贰万元。7. 第四保筹壹万元。8. 于必要时，款不敷用，得用第二区公产抵押借贷。

（二）测量河道人员到达后，如何测法，请公决案。

议决：先由葫芦口起点沿线测其高宽度数。并将占用田地及应行建筑之桥梁、涵洞，附带用表册登记明白。

（三）征工办法如何规定，请公决案。

议决：以各村每户出夫一名为标准。由第二区公所负责督催。最低限度，不得少至七成。

散会。

二、第二次会议

二十六年四月十三日正午，在宜良县政府会议厅召开第二次全体委员会。出席人员为段祥云、董钜、张雨辰、金用光、李玉田、何廷柱、赵之清、张福庆、陈禄、高树勋、何学友、陈道中、金用品、张树德、万云程、杨欣荣、徐迎宽、傅瀛、段玉林、陈毓桂、李绍虞、曹子俊、陈炘、马负图、许作善、汪祥麟、彭永寿、夏敏、罗清宇等二十九员。

主席：王副处长丕

纪录：王从周

其议决案件如下：

（一）东河全长约五十余里，拟分为三大段开凿，请公决案。

议决：暂缓提议。

（二）河头大坝及龙口应否增修改造，请公决案。

议决：大坝不加高，只填塞下脚漏孔。龙口不更动，如以后水不敷用，再为提议改修，总以不妨害附近居民田亩及东河水利为原则。

（三）开凿东河是否由宜路两县出夫出款，以后权利即归两县同享，请公决案。

议决：路南方面自愿放弃对于派夫出款，完全由宜良第二区负担，以后受益权利亦归第二区享受。

（四）东河开通以后灌溉第二区田亩，对于上段沟坝之建筑修理应如何补助，请公决案。

议决：关于上段河堤之修理保护，由水门沟以下受益田亩负责。至于补助修理及建筑沟坝一层，暂从缓议。

（五）河底河堤之高宽尺度如何规定，请公决案。

议决：河幅宽壹丈。河岸宽度，照建设厅规定标准办理。

（六）上段放水涵洞尺度如何规定，请公决案。

议决：各涵洞宽度、高度，均照原有尺寸修理。

三、第三次会议

二十六年四月二十一日正午，在宜良县政府会议厅召开第三次常务委员会。出席人员为董钜、陈禄、张树德、曹子俊、马负图、陈永德、何学友七员。由王兼副处长丕主席，纪录王从周。

其议决案件如下：

（一）提议向农民银行借款办法。

议决：1. 借款数目定为新滇币肆万元。

2. 抵押品：

甲、山竹里中学田产执照，约值新币壹万陆仟元。

乙、陡坡寺田产执照，约值新币叁万元。

丙、第二区公有之高小校学产执照，约值新币壹万元。

丁、陈士耕家产执照，约值新币伍仟元。

戊、陈所渡公产执照，约值新币伍仟元。

己、竹瓦仓董族及大公处执照，约值新币壹万元。

庚、中营公产及曹公才私产执照，约值新币壹万元。

以上八项共合新币捌万陆仟元。

3. 缴照期限：限三天检交河工处总务股长张心田登记保管。

（二）借款手续如何办理。

议决：借款手续由财务股负责办理。

（三）归还期限。

议决：暂定自二十八年起，每年推还三分之一，以三年还清。

（四）负责人员。

议决：公推旅省段局长筱峰、鲁团长佩之二人负责归还，并推财务股长董开先共同负责。

关于工程进行事项之临时建议：

（一）水门沟平拱桥两座，宽八中尺，深六中尺，长一中丈四尺。上面河底宽八中尺，河堤每边宽三中尺，高五中尺，包价柒仟元，保固年限定为拾年，是否妥协，请公决案。

议决：照案通过。

（二）由龙口至水门沟之涵洞约贰拾余个，由工务股向石工头直接包修，事后实报实销。自包定之日起，限贰拾日完成。可否？请公决案。

议决：照案通过。现已决定，每个包价叁百贰拾元。

（三）安家桥村内河堤，两岸加高叁中尺，长约壹百中丈。由工务股派员监修，限一月包修完竣。可否？请公决案。

议决：照案通过。但须取具保固年限，现已包与石工头谭德连，每丈定包价肆拾元。其修建情形，另立揽约，照约实行。

四、第四次会议

二十六年六月二十九日，在宜良县政府会议厅召开第四次委员会。出席人员为王丕、何学友、曹子俊、陈炘、董钜、陈锡恩、段祥云、张树德、张钰、陈毓桂、李绍虞、李正阳、李士廉、杨正昌、王翰馨、彭永寿、傅瀛、马负图等十八员。

主席：段兼处长克昌

纪录：王从周

其议决案件如下：

（一）东河河工委员人数如何决定，请公决案。

议决：1. 照核定简章设委员一十九人，内推九人为常委。2. 照省政府规定之委员人数，路南方面参加三分之一，应选出委员七人，又由七人中推出常委三人。宜良方面参加三分之二，应选出委员十二人，又由十二人中推出常委六人。统由河工处函请宜路两县县政府选定函复，以便报请民厅分别委任。

（二）北古城等十二村民众请求对于水门沟过涧及安家桥以下涵洞沟埂，有不适宜处应加改良。究应如何办理，请公决案。

议决：1. 为整个补救水害起见，由第二区与古城方面有关村落共同出夫，将安家桥以下外围埂加高加厚，如有需用毛石桩木处，由河工处负责购备。至于围埂栽培护堤树木，及以后之保护修理，由地段所在村落自行负责。2. 修理外围堤，由古城方面有关村落推出二人，由河工处指派二人，会同勘明督修其应修之范围及标准，于勘明后报请河工处核定实施。3. 水门沟以上之河堤，如稍减低，恐水量太少，不能灌溉受益田亩，有负政府兴修水利之意旨。现在为整个补救起见，已决定将外围加高加厚，以防不虞。所请减低河堤一层，应勿庸议。4. 对水门沟之过涧石墩，如古城方面认为确有妨害，俟本试验后，到冬季水涸时另行改修为铁筋红毛泥过涧，将石墩取消，以免有碍。5. 水门沟以上现修之涵洞高度，系以高低田亩之水平为准则，妨害不大，勿庸减低。如数量不敷，应〔由〕古城方面及河工处派员会同勘查增修。

（三）测量河底高差及河身经过路线，拟由河工处函请呈罗段工程处何主任派员代为测量。是否可行，请公决案。

议决：如拟照案通过。但经何主任测定河线，不得任意变更。

（四）东河占用及受益田亩，应否即时调查，请公决案。

议决：由总务股张股长负责，即时着手办理调查事宜。

（五）东河子沟应如何开凿，请公决案。

议决：子沟之宽深度，经过路线，由工务股马股长先会同有关地方勘查后，拟定计划，呈由河工处核定施行。其所需之财力人力，由受益田亩负担。

（六）河工处关防在未奉颁发以前，对外行文如何办理，请公决案。

议决：暂借用宜良县政府印信，于加盖时批注明白。

五、第五次会议

二十七年一月三日午后一时，在宜良县政府会议厅召开第五次委员会。出席人员为许作善、李绍虞、何学友、陈炘、马负图、段祥云、王丕、曹子俊、彭永寿、朱定国、董钜、段玉林等十二员。由王兼副处长丕主席，王从周纪录。

其议决案件如下：

（一）河工处委员，奉令宜良占三分之二，计十二人。应如何照案推选，请公决案。

议决：除前推常委八人外，再推李继臣、陈惠卿、陈明斋、段汝斌等四人，以符定额。

（二）建筑小渡口之过水暗洞及大小木兴乡下任营美女山之水涧槽，现已设计绘图。是否按照设计图案招标，请公决案。

议决：过水暗洞，为目前节省经费计，暂照原议安设石闸。至于水涧槽，亟应修理，均照计划图案办理。

（三）河道现已修通至陈所渡，对受益田亩之涵洞如何修建，请公决案。

议决：受益田亩所需涵洞，由受益农户自行修建。惟涵洞之大小尺度，应先报请河工处派员勘定，令行遵照兴修。

（四）大桥以上河道，概系石砌。去年虽已修通，但宽深尺度与规定标准不符。现拟招工另凿，究应采用包工或点工，请公决案。

议决：应采包工，以期省事。但须拟办法招标办理，由工务股切实调查，究有石砌若干，报由河工处派员估勘后，再为核定照办。

（五）城北城东二村田亩业已受益。其夫役应如何摊拍，请公决案。

议决：两村应出夫役仍照每亩出夫十名之标准，尽旧历腊月内派出。其出夫名数，由督工员发给夫票，报由河工处查考。

（六）沿河受益田亩分担款项，前经议决，按照旧保制分担在案。现在已交者固多，未交者亦不少。应否按照原案催收，请公决案。

议决：仍照原案，令行各保催收，由河工处令行第二区转饬各保筹缴，以济急需。

（七）水门沟以上之东河河道，前因附近村民声称有害，经勘明为整个补救水害，应修筑外围。经议决在案，是否照案办理，请公决案。

议决：由工务股函达路南第五区公所及本属第四区公所，查明何时动工，方于农作无害，函复河工处，以便派夫补助。

六、第六次会议

二十七年五月三日午后一时至四时，在宜良县政府会议厅召开第六次会议。出席人员为路属李凤章、郭良臣、何宝生、李占科、杨欣荣、李开来、郭天庆、李玉田、夏克勤、杨琛、李占元、周正中十二员，及宜良段玉林、王翰馨、苗润、段祥云、王镇乾、孙光宇、张自新、张祺、徐自立、张树德、许作善、王丕、董钜、李希贤、马负图、陈毓桂、甘铭、王家模、季绍虞十九员。由王兼副处长丕主席，王从周纪录。

其议决案件如下：

（一）确定东河名称，请公决案。

议决：查宜良西部有人工河一条，初名西河。因明代嘉靖年间，临沅道文衡巡按至宜勘查水利，檄令邑宰伍多庆，凿引明湖之水，上自江头村起，下至乐道村止，长约四十余里，灌溉良田数万亩，宜人德之，呼为“文公河”，以资表彰，并建专祠，春秋鼎祀，历久弥笃。今主席龙公，鉴于宜良东部水利之重要，饬令组织机关负责开凿。东河自古城龙口起，引南盘江水下流至狗街止，长六十余里，足灌农田约二万亩。人民饮惠食德，应照西河成例，改定名称为“龙公河”，以资纪念而表崇敬，并报政府备案。

（二）东河占用田亩，应如何补价及减免地税，请公决案。

议决：此案应分为两部分决定。上段自水门沟以上，占用田亩，由河工处先行筹洋伍仟元交古城区公所保存，或转发各业户。一俟丈量清楚，实占若干，再为照价补清，并报请政府永远豁免地税。自水门沟以下，占用田亩，多系今年新筑河堤所占，应俟河工处筹有的款，再为查明补给。

（三）调查受益田亩及占用田亩，应如何办理，并限至何时调查完竣，请公决案。

议决：查现在河身、河堤，多数段落均未照规定尺度修筑。应俟照规定整理完竣，再为调查实占若干，以期确实。

（四）现在河道已通，水量甚为充足。惟在立夏后，北古城须放水栽插，宜良受益田亩应如何规定用水，请公决案。

议决：在立夏后，为民众栽插期间，民食所关，上下游均极重要。关于放水事宜，因水量甚大，上游田土窄狭，需水无不必加以限制。但须由宜良第二区需水人民，联合雇人寻放，使剩余河水畅流而下，不得故意耗费，溢下大河，或泻于无用之地，妨碍下游农事，惹起恶感，有悖宜路官亲善合作之旨。

（五）紮大小河坝，修理葫芦口沟道及洪水暴发堵截龙口，应如何分担案。

议决：每年紮堵大小坝及疏通葫芦口等处工作，由宜良受益农户负责截堵疏通。至洪水暴发截堵龙口，需用工人不多，且为偶然现象，非熟习情形之人，不易塞堵。仍应照旧由安家桥绅管负责，妥觅扎堵工人，负责紮堵。由宜良受益村落，每年筹给工辛古城市石叁石。若紮水人疏于防范，或不尽责任，致使洪水泛溢为灾，即由安家桥绅管及紮水人负责，听凭上游村众议处，与宜方下游村落无干，以清界限而明责任。

（六）水河经过陈所渡一段，河身甚低，水势稍大，河埂即行倒塌，拟改高一线，以固堤埂，并提高水位，使下段田亩多得救济，请公决案。

议决：照案通过。

（七）宜良下游方拟于冬春两季，由龙口引水积蓄堰塘，对于上游方面有无妨害，请酌议案。

议决：冬春两季，为闲水期间。上游村落，并不需水，应听宜良下游村落，尽量引放，以资储蓄。此乃化无用为有用，在下游村落得此积水，获益实多。而于上游村落，并无丝毫妨害。古城及安家桥一带村落，不得阻止，致生隔阂。

（八）整理水门沟以上沟埂案。

议决：由水门沟以上至安家桥河堤，两岸须沿河堤外脚各开泄水小沟一条，以排泄河中浸漏之水，俾免妨害两旁农田。但沿河田主，不得有挪挖或侵削河堤，及小沟侧埂情事，致受渗漏浸湿之害，藉口别生枝节，引起事端，是为至要。

七、第七次会议

二十七年八月十七日午饭三时，在宜良民众教育馆召开第七次委员会。出席人员为杨欣荣、段祥云、许光岳、许正宽、彭永寿、朱绍坤、李为栋、陈尚廉、陈旭、马负图、许经武、徐萱、董钜、傅瀛、汪祥麟、段汝斌、张树德、孙光宇、王丕、许作善、徐自立、甘铭等二十二员。由王兼副处长主席，王从周纪录。

其议决案件如下：

（一）河工处前日筹借之款，现已用尽，应如何筹增？又向农民银行贷用之款，须于今、明两年筹还本息三分之一。究应如何筹还，请公决案。

议决：继续向农民银行及本省银行接洽借款，以资接济。若本省机关无望，可向中央驻省各银行商借。一面仍照原议决案，由第二区各保催收前认之款。一经收获，即陆续归还借项。又于本年秋收时，由受益田亩，每亩抽收水租谷五县升，不分等则，一律平均抽收。其收谷办法，由河工处印发单据，交由各乡镇保甲人等负责抽收，列册具报，并由各村公布周知。其收得之谷，仍堆存于各村，听候河工处筹划应用。

（二）据小渡口居民何绍尧报称，典得刘淑水田叁工，田价壹仟叁百元，被河工处改修箐河，将此田完全占用，请求补给典价。究应如何办理，请公决案。

议决：何绍尧请求发给典价，准予照发，但须俟河工处筹有的款再为履行。即由何绍尧将典契执照检齐，交由河工处收管。发价以后，由河工处照契管业。若原业主刘姓情愿取赎，可直接向河工处缴价赎取。

（三）东河河道流经陈所渡两级小学门首，被河水淹倒刘起文草房二间。瓦耳平房一间，如何办理，请公决案。

议决：照原契价目，每银壹两作旧滇币壹拾伍元补给买价。

八、第八次会议

二十八年十二月十七日午后一时，在宜良县政府会议厅召开第八次河务会议。出席人员为陈锡恩、许光岳、段汝斌、陈旭、李绍虞、陈永德、傅瀛、段祥云、段克良、杨光兴、陈在中、李进、祝宝明、萧继彬、李正阳、吕镛、李春元、李正祥、李正华、谢云峰、李占科、杨廷栋、张树德、陈国佐、李为栋、陈旿、陈禄、董钜、朱从坤、韩国钧、杨正昌、王家模、郭天庆、何宝森、郭家顺、聂炳炘、韩国义、陈绍虞、周吉、马负图、何廷柱、洪体廉、李岐山、宋光泰、黄天华、余家林、余家福等四十七员。

主席：宋县长光泰

纪录：王从周

其议决案件如下：

（一）龙公河占用田亩，如何补给田价，请公决案。

议决：龙公河占用宜属田亩，分为两等补价。上则定为每亩补国币贰百伍拾元，中则每亩补贰百贰拾元。至于被水浸害之田亩，应竭力设法避免。如确实不能避免，再由河工处切实勘查补给受害田亩之损失费，作为一次补给清楚。

第四章　开河工程借款案

一、呈省政府请转农民银行轻利贷款文二十六年三月二十日

事由：为遵令办理东河水利，呈请转饬农民银行轻利贷给新滇币肆万元，俾便进行由。

呈为呈请事。窃查职县遵奉钧府训令，筹备开凿东河一案，业将办理经过及组织河工处情形，先后呈报，并请委任河工处正副处长暨颁发关防各在案。惟办理斯事，工程浩大，所需不赀，尤以建筑桥梁涵洞，给补占用田价，需款更钜。兹经切实估计，约需新币捌万余元。此项钜款，若由受益田亩征收，则在河道未通，农民未得水利之先，实属不易办理。即便强令摊筹，亦恐缓不济急，贻误建筑工程。况当此农村破产，民生窘迫之际，欲于最短期间，筹集数万钜款，尤为势所难。兹于本月十七日，召开河工处常务委员会议，关于款项筹措问题，经出席各委员多方研议，佥谓“遵照省府原令，向农民银行轻利借贷新币肆万元，以资办理。俟河道修通，农民沾受实惠，即由受益田亩按等征收偿还”等语。经众一致表决，纪录在案。除积极进行准备施工外，理合备文呈请钧府俯赐鉴核，令饬农民银行，按照“轻利借贷救济农民办法”，迅予贷给职县新滇币肆万元，俾得顺利进行，以谋速效。并请指示借款手续，俾便遵循，实沾德便！

谨呈云南省政府主席龙

署理宜良县县长　王丕

二、省政府批复前呈指令

云南省政府指令秘二建水字第七〇五号
民国二十六年四月十三日

令宜良县县长王　丕

二十六年三月二十二日呈一件：为遵令办理东河水利呈请转饬农民银行轻利贷给新滇币肆万元，俾便进行，并请指示借款手续，俾便遵循由呈悉。应予照准。至借贷手续如何办理，应迳向农民银行接洽办理可也。除分令农民银行遵办，暨民建两厅知照外，仰即遵照办理，具报查核。

此令

主席　龙　云

三、段兼处长为东河借款事面商缪行长后答复王县长函

炎培县长仁兄政席：昨函谅达。农民银行借款，前日已面商缪行长，询明办法：（一）须相当抵押品。（二）地方负责人。（三）偿还年限。（四）偿还次数，每次能偿还若干。以上四项，统由县政府呈报，经基金保委会审查，认为合法，即可取用，请查照办理。

专复，并颂政祺

治弟段克昌二十六年五月廿八日

四、呈农工银行基金委员会请准贷给新滇币肆万元以作开河经费文民国二十六年五月三十日

呈为呈请核示事。案查职县前以开凿东河，经费暂难筹措，呈请省府转饬农民银行轻利贷给新滇币肆万元，俾便进行一案。嗣奉云南省政府秘二建水字第七〇五号指令，开：

“呈悉。应予照准。至借款手续如何办理，应迳向农民银行接洽办理可也。……”等因。奉此，当经召集河工处常委及与东河水利有关人员开会研议，佥谓“东河受益田亩，以第二区为数最多，此项借款负责人及抵押品，均应由第二区担任”等语。随即推定第二区现任区长傅瀛，现任县立中学校长陈禄，现任总副团长董钜等三人，共负完全责任。

并议定以各该员私产及所在地公产田亩陆百伍拾余亩、清丈执照叁百零贰张，作为抵押。自借款后第三年（即民国二十九年）秋后起，每年偿还本息三分之一，尽三年内，作为三次还清。亦经各该员共同承认，自信不致爽约。现在工作紧张，需款甚急，上述抵押执照，业经各该员检送来府。是否有当，理合查照执照，造具田产清册，一并备文呈请钧会鉴核示遵！

谨呈云南省农工银行基金保管委员会

附呈耕地执照清册一本

宜良县县长　王　丕

五、农工银行基金委员会覆函

云南农工银行基金委员会公函农字第七号
民国二十六年六月七日

案准贵政府呈以办理东河水利借款一案，经开会议决，推定负责人员，检具抵押执照，请予查照借给，以凭办理等语到会。查此案前奉省政府令转到会，当经提付第二次委员会议决："查该县此项借款，系用以兴办水利，尚与农工银行扶植地方生产事业宗旨相符，应准酌予借给。惟本行基金有限，而各县地方类此事件正多，若均援例请求，诚恐难以为继。拟准借给新币贰万元，利息每百元每月以捌角计算，限期至多不得超过三年。至关于抵押产业之调查保管，暨到期时本利之收回等事项，应按照代办合同，概归富滇新银行负责办理。"决议纪录并分别呈复省政府转饬遵照，暨函请富滇新银行查照办理在案。兹准呈前由，相应录案函复，希即查照！检同抵押契照，迳向富滇新银行商洽办理可也！

此致宜良县政府

六、富滇新银行对于借款手续之指示

云南富滇新银行总行训令总字第五八一号
民国二十六年六月十日

令宜良县县长

案查昨奉省府训令，据该县长呈：为奉令筹备开凿东河，工程浩大，请饬农工银行轻利借给新币肆万元，以利进行，饬行查照办理等因。奉此，当以此款是否可借，利率如何决定，函请农工银行基金委员会核定见复。去后，兹准函开：

"此案业经提付第二次委员会议决：'查该县借款兴办水利，尚与农工银行扶植地方生产事业宗旨相符，既经省政府核准，自可酌予借放。惟农工银行基金有限，而各县类此情形甚多，恐日后纷纷援例请求，难以为继。且如期限过长，即易使基金陷于呆滞，而难于周转。此次宜良县借款金额，应定为新币贰万元，期限最多不能超过三年，每百元每月以捌角计息。至关于抵押产业之调查管理，及到期本息之收回等事项，均由富行主持办理。'等语，决议纪录在卷。正拟复间，又准贵行一〇三〇号函，催迅予决定见覆，以凭办理等由到会。相应并案函复，即烦查照办理。"等由。准此，查此项借款负责人及抵押品，未经明白指定，合行令仰该县长遵照，将指定借款负责人，携带该县证明文件及抵押品证件，来省办理手续为要！

此令

行长　缪嘉铭

七、以遵令派员赴省办理东河借款手续等情呈覆富滇新银行文二十六年六月十三日

为呈覆事。案奉钧行总字第五八一号训令，开：

“案查昨奉省府训令，据该县长呈：为奉令开凿东河，工程浩大，请饬由农工银行轻利借给新币肆万元，以利进行云云。（录上件原文）来省办理手续为要！此令。”等因。奉此，亟应遵照办理。兹指定职县总副长董钜，第二区区长傅瀛，县立中学校长陈禄，建设局长马负图，第二区区团副长陈永德等五人，为此项借款负责人。即以各负责人所在地之公产及其本人私产，清丈执照三百零三张，共计耕地六百五十亩有奇，作为借款抵押品，并邀请兴源煤矿股分有限公司经理李锡光担保。除饬该负责人等填具借款证书，交由总副团长董钜携带抵押契照，赴省办理手续，并请保人李锡光具单担保，暨还款限期，请准自二十八年开始，每年抽还三分之一，至三十年本息扫数还清，以恤民力外，理合备文呈覆，恳祈钧行俯赐鉴核，照案借贷以应急需！

谨呈云南省滇新银行总行长缪

署理宜良县县长　王丕

八、因贷款骤难到手通知认款先将认筹款项筹缴半数以应急需文二十六年五月二十一日

为通知事。查开凿东河费用浩大，前经议决：由第二区旧日保份第二、三、四、五、六各保，共筹拾万元，由省借贷贰拾万元。在省款未借到以前，先由旧二保认筹之款，提前缴用。现在虽有少数未清，而款额早已用尽。旧三保认筹之款，亦经陆续筹缴，仍难接济。望四、五、六各保，将认款数额，尽半月内，先行筹缴半数，以应急需，而免工程停顿，是为至要！

此致第×保筹款负责人×××先生台照

河工处财务股股长董钜谨启

九、呈请省府转饬农工银行续借河工处新滇币壹万贰仟元以资接济而竟全功文二十七年五月二十七日

呈为呈请核转饬遵事。案查职县前因开凿东河，工程浩大，地方财力不济，曾经呈奉钧府秘二建水字第七〇五号指令，准转饬农民银行轻利贷给新滇币肆万元，以利进行。嗣又奉钧府秘二建水字第八七七号训令：据农工银行基金委员会呈称基金有限，订为借放新滇币贰万元各等因。奉此，遵即转饬河工处委员董钜等，查照手续，检同抵押契照，借获新滇币贰万元，承领开支去讫。惟查东河工程，需款甚钜，今河道虽已粗通，然各部背水桥梁，以及涵洞过涧，多未修建。日前山洪暴涨，因之河堤河身，多被冲毁淤塞。此类建筑工程，所需工人石料，为数不少，本拟由受益田亩，按等摊筹，顾以遭受旱灾，收成顿减，兼以抗战军兴，征调频繁，人民苦累已甚，势难摊担钜款。经召集河工委员开会讨论，佥以“民间财力枯竭，工程势难再缓，应再呈请核转，饬由银行续借给新滇币壹万贰仟元，以济急需”等语，经众一致表决。所有拟议借款各情，是否有当？理合备文呈请钧府俯赐鉴核转饬施行，实沾德便！

谨呈云南省政府主席龙

署理宜良县县长　王　丕

十、省政府对二次借款批复令

云南省政府指令秘二建水字第四六一号
民国二十七年六月八日

令宜良县县长王丕

二十七年五月二十七日呈一件：为呈请准予饬由银行再借给新币壹万贰仟元，以作东河工程经费等情，祈核示由呈悉。能否再借，应由该县长迳与银行直接商洽。仰即遵照！

此令

主席　龙　云

十一、为借款案迳呈农工银行文二十七年八月六日

事由：为呈请核准续借东河河工处富滇新币壹万贰仟元，以资接济而竟全功由。

案查职县因开凿东河，工程浩大，地方财力不及，经呈省府鉴核，恳祈饬由银行续借新滇币壹万贰仟元以资接济一案。嗣奉省政府秘二建水字第四六一号指令，开：“呈悉。应由该县长迳与银行直接商洽。仰即遵照！此令。”等因。奉此，县长遵即转饬东河河工处财务股长董钜，检取抵押契照，亲身赴省，商洽借放办法。恳祈俯赐鉴核，准予继续借给，以资接济而竟全功。奉令前因，理合备文呈请钧长俯鉴下情，准予借给领用！并祈指令祗遵！

谨呈农工银行总行行长缪

署理宜良县县长　王　丕

此次借款幸蒙核准，连前借数额，共计旧币拾陆万元。

第五章　各月份工作概况呈报案

一、呈报四月份工作概况文二十六年五月十日

呈为呈报工作概况事。职县奉令开凿宜良东河，系于四月一日举行开工典礼，四月四日遵令正式开工。凿河夫役，由第二区完全担负。工程用款，由农工银行借贷，均经呈报有案。自开工以后，即遵照云南兴办水利征工规则，并依照前次呈报之河工处第三次会议纪录，逐步设施。每日工作概况，由督工员朱绍坤等填具日报表，按日呈报。县长与河工处各常委，随时前往视查指导。现在水门沟以上涵洞，及安家桥村内所筑石堤，已完成十分之四。水门桥过涧下脚，修造双洞拱桥，业已大体完成。昨日试行放水，各部尚能畅流，惟汇东桥东面一段，概系层岩隔阻，工程浩大。近日雇石工轰炸，深度已达一丈有奇，约再两星期后，可以开通。疏浚工作，已由小渡口进展至陈所渡（由龙口至陈所渡约计二十华里），河幅河床均已粗具规模。预计旧历端阳节前，上段田亩即可引水灌溉。除再饬测量人员，速绘断面图说送府另案呈报外，理合将四月份工作情况，连同工作日报表，一并备文呈请钧厅鉴核示遵！

谨呈云南建设厅厅长张

计呈河工处工作月报表一份各月月报表汇列于后

署理宜良县县长　王　丕

二、呈报五月份河工处工作概况文二十六年六月十日

呈为呈报事。查开凿宜良东河河工处四月份工作概况，业经呈报在案。今该处续将五月份工作日报表汇送到府。核查表列各项情事，均尚实在。理合检同原表，一并备文呈请钧厅鉴核备案！

谨呈云南建设厅厅长张

计呈河工处五月份工作月报表一份各表汇列于后

署理宜良县县长　王　丕

三、呈报六月份工作情形及河工处第四次会议纪录文二十六年七月一日

呈为呈报事。查开凿宜良东河河工处工作情形，曾经呈报在案。自六月一日以后，正值栽种时期，工人甚少。惟陈所渡以上各村，因需水关系，较为努力。截至六月底止，已将龙口至许家营一段粗告完成，涵洞修好二十四座。于六月三十日，引水到达陈所渡。本年栽插时期，约可灌溉涸田三千余亩。其工作情形，由各督工员按日填具日报表，送呈到府。县长随时到工作地点视查，均尚符合。至关于工程进行事项，曾于六月二十七日，由县长与河工处各委员，随同段处长克昌，前往北古城，会同该处十二村代表，将水门沟以上河道围堤，详细勘查。因知北古城方面，在前间有受害情事，系因外围堤过于低薄，每遇江水暴涨，不能防止，遂呈泛滥之状，故恐河堤太高，有所滞碍。于勘查后，即就北狗街小学校内，由段处长向各民众代表，将受害原因及防止办法，略为叙述，各代表均认为满意。至二十九日，就职县县政府内，召集河工处宜方各委员开第四次会议，依照古城民众要求，将一切避免水患办法及以后进行事件，逐项议决，列入议案。所有工作情形及议决办法，是否有当，理合检同日报表及会议纪录，一并备文呈请钧厅鉴核备案，令示祇遵！

谨呈云南建设厅厅长张

计呈六月份工作月报表暨会议纪录各一份

署理宜良县长　王　丕

〔附注〕各月份工作日报表因篇幅过多，故略去不录。此中所载者，只各月份工作月报总表。各表汇列于后。

四、建设厅批复前呈指令

云南建设厅指令水字第一六八六号
民国二十六年九月四日

令宜良县县长王　丕

八月三日呈一件：据呈报河工处六月份工作情形及会议纪录，请鉴核由呈及工作报告表均悉。查该县修河工作，已将龙口至许家营一段粗告完成，并修涵洞四十二座，能引水到达陈所渡，本年约可灌溉涸田三千余亩，应准备案。至允北古城方面之要求，将避免水患办法列入议案议决，亦无不合，尤应切实注意，免滋纠纷。仰即遵照！表存。

此令

兼厅长　张邦翰

五、呈报河工处七月份至十二月份工作概况文二十七年一月十八日

查河工处四、五、六月工程概况，前经按月呈报在案。自七月以后，既因农事忙迫，又因公路工作同时紧张，以致各村夫役，不易催派，工程进行，甚为迟缓。且许家营一段，坡度太高，工程浩大。水门桥至陈所渡一段，因桥梁涵洞未经修建，前因山洪暴涨，又复坍塌淤塞。现在重要之桥梁涵洞，业已招工包定，拟自一月下旬，加派夫役，严厉督促，至废历二月底，将河道全部疏通，重要桥洞一律修建完毕，即可引水灌溉下游田亩，以资利济。理合将七月至十二月工作情形，检同工作日报，一并备文，呈请钧厅鉴核备案。

谨呈云南建设厅厅长张

计呈七月至十二月工作报告表一本，总表一份

云南省政府督开宜良东河河工处处长　段克昌

副处长　王　丕

六、根据建厅指令转饬区公所及督工员切实注意文

云南省政府督开宜良东河河工处训令 工字第　号
民国二十六年九月十三日

令宜良第二区区长傅瀛，本处督工员朱绍坤、李家培、陈敬先

案查本处六月份工作情形及第四次会议纪录，前经呈报在案。兹奉云南建设厅水字第一六八六号指令，开：

“呈及报告表均悉。查该县修河工作，已将龙口至许家营一段粗告完成，并修成涵洞四十二个，能引水到达陈所渡，本年约可灌溉涸田三千余亩，应准备案。至允北古城方面之要求，将避免水患办法列入议案，亦无不合，尤应切实注意，免滋纠纷。仰即遵照！表存。此令。”等因。奉此，查河工处第四次会议纪录，前经令发在案。兹奉前因，合行令仰该区长、员等即便遵照，以后对于工程进行事项，务须查照上述议案，切实注意，认真办理，勿稍疏忽，致滋纷扰。切切！

此令

处　长　段克昌
副处长　王　丕

七、建厅对呈报七月至十二月工作概况之批复

云南建设厅指令 水字第二七三号
民国二十七年二月九日

令宜良东河河工处处长段克昌、副处长王丕

民国二十七年一月二十日呈一件：呈报开凿东河七月份至十二月份工作报告表，请鉴核由呈及工作报告表均悉。查该处开凿东河，前据报称已可引水到达陈所渡灌溉涸田，兹复称山洪暴涨，又复坍塌淤塞。似此甫见成效，即行倒塌淤塞，大为可惜。而工程方面，是否未臻完善。亟应详切查明，设法补救。是后并须督饬认真办理，以免一再有失，致滋劳费。至所报工作情形，多属含糊不明。究竟土石各工程完成若干，应以具体尺度，分别叙明。所谓特别工程系何情形，又招工包修之桥梁涵洞究有若干，其工程计划及做法如何规定，应饬补呈明白，以凭查核。仰即遵照！附件存。

此令

兼厅长　张邦翰

河工处拟定之桥梁涵洞工程计划表

类别	名称	位置	形式	高度	宽度	长度	承包人	包价	完成期限	备考
说明	(一) 位置　须载明所在地点及河之某一方面。 (二) 备考　须注明用以泻水或放水。若系泻水，应叙明泻某种水（如积水、河水或箐水）。									

八、各月份工作报告表

开凿宜良东河河工处二十六年四月份工作概况报告表二十六年五月十日填报

出伕乡镇	水云乡	七星镇	瑞星乡	清水乡	梅子乡	大山乡	龙华镇	木兴乡	仁和乡	许骆乡	慈云乡	沈家乡	南上乡	陈官乡	玉龙镇	三民乡	中山乡	万寿镇	温泉乡	铁池镇	西竹乡	沈营乡	金城乡	章黄乡
工人数	1027	566	405	570	853	135	1822	1617	930	1661	1542	852	872	462	1234	1015	497	959	527	1533	1086	215	427	458
工人总数	共计贰万贰仟贰佰陆拾伍名																							
施工地点	由龙口至陈所渡约计二十五华里之地段																							
工作情形	1. 民夫：修整龙口至水门桥一段原有河道，开凿水门桥至陈所渡一段新河，每日工作八小时 2. 石工：由龙口至水门桥修涵洞二十四座，并筑安家桥石堤及水门桥过洞，其余涵洞择要修建																							
工作成绩	由龙口至汇东桥一段已完成全工程十分之七。由汇东桥至陈所渡一段开凿工程，约计十分之三。涵洞已完成一座，河幅宽度由八尺至一丈。河堤高度约计五尺																							
附记	测量工作已达陈所渡，现正赶绘图样，俟上段断面图呈报后，再为继续测量。其已测出之比降度数，由龙口至小渡口约降五公尺零																							

开凿宜良东河河工处二十六年五月份工作概况报告表二十六年六月十日填报

出夫乡镇	水云乡	七星镇	瑞星乡	清水乡	梅子乡	大山乡	龙华镇	木兴乡	仁和乡	许骆乡	慈云乡	沈家乡	南上乡	玉龙镇	陈官乡	三民镇	中山乡	万寿镇	温泉乡	铁池镇	西竹乡	沈营乡	金城乡	章黄乡
工人数	506	—	—	628	346	100	716	884	267	539	375	368	214	1389	199	716	766	924	793	1137	2475	1575	987	978
工人总数	共计壹万陆仟柒百玖拾贰名																							
施工地点	由龙口至陈所渡一带约计二十六华里之范围内																							
工作情形	由龙口至水门桥一段修补河堤，并修建涵洞。由小渡口至陈所渡一段，开凿河身。大桥东首一段，开凿河底																							
工作成绩	由龙口至小渡口一段，河身已全部修通。水洞修毕十九个。由小渡口至陈所渡一段，河身粗告完成。惟河堤尚须增修，桥梁涵洞尚未修建																							
附记	陈所渡以上田亩，俟北古城方面栽插完毕，即可引水灌溉。现因农事正忙，自六月五日起，暂时停工，俟农事稍竣再行开工																							

开凿宜良东河河工处二十六年六月份工作概况报告表二十六年七月一日填报

出夫乡镇	水云乡	清水乡	梅子乡	龙华镇	木兴乡	仁和乡	许骆乡	沈家乡	南上乡	陈官乡	玉龙镇	三民乡	万寿镇	温泉乡	铁池镇	西竹乡	沈营乡	金城乡
工人数	16	87	235	1868	2523	363	748	14	150	14	274	290	653	146	124	152	13	2
工人总数	共计壹万壹仟陆百肆拾伍名																	
施工地点	由大唐营起至许家营止，计长二十华里之范围内																	
工作情形	由大唐营至水门沟一段修补河堤。由小渡口至许家营一段，开挖河身。大桥东首一段，开凿河底。均由各乡镇分段工作																	
工作成绩	由小渡口至安家桥水洞修好四十二个。大桥东首河底深度已达一丈七尺。由龙口至许家营河幅粗告完成。引水到达任家营。若北古城方面不生阻碍，则陈所渡以上涸田均可全数栽完																	
附记	本月份因值农忙时期，工人不易催派。惟龙华镇、木兴乡等村因涸田较多，望水迫切，出夫尚属踊跃。以后进行事项，已于二十九日开会逐项议决，呈报在案																	

开凿宜良东河河工处二十六年七月份至十二月份工作概况报告表二十七年一月十八日填报

出夫乡镇	水云乡	梅子乡	龙华镇	木兴乡	仁和乡	南上乡	玉龙镇	万寿镇	铁池镇	三民乡	西竹乡	金城乡	温泉乡	章黄乡	慈云乡	沈营乡	中山乡	清水乡	大山乡	许骆乡	沈家乡	陈官乡
工人数	267	225	4064	1048	1262	392	1045	604	2456	1264	1368	496	1373	918	1112	636	1280	519	166	712	761	198
工人总数	共计贰万贰仟零柒拾陆名																					
施工地点	自水门桥至时家渡一带																					
工作情形	疏浚由水门桥至陈所渡一段淤塞河道，测量及开凿陈所渡至下伍营一段河道，修建小渡口前面水洞																					
工作成绩	许家营一段特别工程已完成十分之三。其余河道约完成十分之五。桥梁涵洞完成十分之二																					
附记	七八两月因穷民太多，各顾生活，以致夫役不易催派。九十两月因值收获时期，放给农假。十月以后，又因公路工作紧张，各乡镇夫役不敷分配，工程迟滞，实由于上述情形																					

九、县政府饬区公所加派夫役令

宜良县政府训令第　号
民国二十六年五月十日

令第二区区长傅　瀛

为令饬遵办事。查开凿东河夫役，原定每户出夫十五名。现在各户夫役已将做足，而工程差欠尚多。应每户再增派十名，继续工作，其有原派之十五名尚未足者，即由该区长认真追究，以期平允。除分令河工处督工员遵照外，合行令仰该区长即便遵照办理，勿违。切切！

此令

县长　王　丕

十、各乡镇实出夫役名数总表

开凿宜良东河河工处公布二十六、七两年各乡实出夫役名数表二十七年六月

年份	月份＼出夫乡镇	水云乡	七星乡	瑞星乡	清水乡	梅子乡	大山乡	龙华镇	木兴乡	仁和乡	许骆乡	慈云乡	沈家乡	南上乡	陈官乡	玉龙乡	三民乡	中山乡	万寿镇	温泉乡	铁池镇	西竹乡	沈营乡	金城乡	章黄乡
二十六年	四月	1027	566	405	570	853	135	1822	1617	930	1661	1542	852	872	462	1234	1015	1497	959	527	1533	1086	215	427	458
	五月	506	—	—	628	346	100	716	884	267	539	375	368	214	199	1389	716	766	924	793	1137	2475	1575	987	978
	六月	16	—	—	87	235	—	1868	2523	363	748	—	14	150	14	274	290	—	653	146	124	152	13	2	—
	七月	24	—	—	—	25	—	3416	40	624	—	—	—	131	—	311	—	—	18	—	190	—	—	—	—
	八月	—	—	—	—	—	—	—	—	—	—	198	—	—	—	—	173	—	—	15	559	19	—	9	4
	九月	—	—	—	—	—	—	—	—	—	—	228	—	—	—	—	357	278	—	607	372	775	200	398	119
	十月	—	—	停	工	—	—	—	—	—	—	—	—	—	—	—	—	—	—	—	—	—	—	—	—
	十一月	128	—	—	—	53	—	354	312	278	117	—	28	—	—	—	85	241	89	6	149	172	28	—	—
	十二月	132	—	—	773	100	—	7	698	335	773	908	864	289	230	870	887	863	503	763	1451	665	630	221	806
	合计	1833	566	405	2058	1612	401	8183	6074	2777	3838	3251	2131	1641	905	4078	3523	3645	3146	3857	5515	5344	2661	2044	2365
二十七年	一月	149	—	—	163	—	80	—	303	74	544	882	128	307	204	509	955	501	293	93	859	2766	16	19	135
	二月	75	213	146	—	147	296	542	156	102	504	2674	331	282	72	510	716	1366	592	222	1675	1115	411	—	614
	三月	—	26	33	358	93	23	41	15	28	645	1789	624	1060	491	668	1694	2055	1602	768	662	2090	863	176	212
	四月	43	—	—	—	49	—	31	246	118	259	1329	—	—	—	558	761	1395	67	147	869	550	502	9	—
	五月	19	—	—	21	27	—	100	85	41	103	93	—	3	17	90	104	21	49	70	65	131	12	—	—
	合计	288	—	—	542	310	399	683	805	363	2056	6767	1083	1652	784	2333	4230	5338	2603	1300	4130	4162	1804	204	1021
两年合计数		2119	805	584	—	—	—	—	—	—	—	—	—	—	—	—	—	—	—	—	—	—	—	—	—

十一、训令各乡镇保长查对实出夫役名数表，倘有错落，限期呈报以凭核办文

云南省政府督开宜良龙公河河工处训令 工字第　号
民国二十七年八月二日

令第二区各乡镇保长

为令遵事。查本处自去年四月奉令着手征调民夫开凿龙公河，迄今已一年有余，所有各乡镇实出开河夫役名数，现已由工务股根据各督工员所之报工作月报表，查核统计，列表报告。但开凿龙公河，工程浩大，此征调各乡镇民夫参加工作，因分段动工，故督工员等考查登记民工数目，与各乡镇所报之民工日报表，手续麻烦，督导难周，遗漏错误，恐在所难免。本处为体察民情，并使负担平均起见，特将该工务股所报夫役名数表，照印令发。除分令外，合行令仰该乡镇保长等，即便遵照！切实查对表内所载各该乡镇夫役名数，与各该乡镇实出之夫役名数，是否符合？倘有错落，限奉文后一星期内，详切查明，据实开报各督工员转报来处，以凭汇办。如逾期不报，以后即有错落，亦不准补行更正，以示限制。且查报数目，务须核实，如有以少报多，希图蒙混，一经查觉，

定即重予处罚，决不姑宽！仰即遵照！切切！

此令

计发第二区各乡镇实出夫役名数表一张

副处长　王　丕

第六章　上段河道粗通咨商路南当局引水测验案

二十六年五月二十四日，宜良县政府据河工处工务股长马负图报称：“东河河道，由龙口至陈所渡一段，已粗具规模，惟能否通水，尚难预知。且对涵洞过涧，底板盖板之高低度数，殊难定夺。拟自五月二十五日上午七时起，至二十九日下午六时止，引水试放四日，以资测验……”等语。因此咨商路南县政府，并致函第五区金区长，请转饬乡镇长及民众知照。商咨去后，遂引出彼此两方许多辩论：

路方根据古城民众代表之报告，谓忙种栽插之际，滴水如金，倘使坝堰一空，势难再蓄，万难以宝贵之水量，引作测验之消耗。

宜方则谓开凿东河，系引用南盘江水（宜邑界内称大池江），即遇天时亢旱，依然取之不尽，用之不竭，安能与普通缺水现象视同一例？所谓坝堰一空，势难再蓄，此乃无源之水，一经枯涸，必迨长期积蓄，始能恢复原状。滚滚江流，绝无此类情景。

双方文件往返，咨商辩论，已非一次，并经迭呈上峰，请祈查核。旋奉省府训令，略谓“东河既已开沟，即当放水……”，谕令路南官绅勿再固执。试水一事，由此始得实现。今日河道成功，双方均沾利益，当日在事争辩人员，抚今追昔，回思往事，或将粲然失笑也。

一、致北古城金区长商榷试水函

宜良县政府公函第　号
民国二十六年五月二十二日

案据开凿宜良东河河工处工务股报称：

“东河河道，由龙口至小渡口一段，已完全开通。由小渡口至陈所渡一段，河身河堤，亦已粗具规模。惟河道甚长，水到时能否畅流，殊难预知。现拟修建水门桥至小渡口一段涵洞过涧，关于河底水平线，及盖板底板之高低度数，难以定夺。拟请通知北古城方面，引水试放数日，以资测验而利进行。”等情。据此，查所陈均属实在，其所拟引水测验一节，亦系必要之举。兹定自五月二十五日上午七时起，至二十九日下午六时止，为该河引水测验时间。在此时间以内，所有上段沟道涵洞，暂行停止放水，由河工处派员巡视，引水下流。若大坝龙口有阻塞处，即由河工处负责，派夫修理。除分令外，相应函请贵区长查照，请烦转饬所属各乡镇长通知各村人民一体知照为荷！

此致路南县第五区区长金

县长　王　丕

二、路南县政府咨覆宜方请勿引水测验东河文二十六年五月二十五日

路南县政府咨为据情转咨事。民国二十六年五月二十五日，案据敝属第五区区长金用品呈称：“窃职所于本月二十四日，奉宜良县政府公函开：‘据开凿宜良东河河工处工务股报称：东河河道由龙口至陈所渡一段，已粗具规模。关于涵洞过涧及河底水平线并盖板底板之高低度数，难以定夺。请转知北古城方面，引水试放四日，以资测验等情。据此……相应函请贵区长查照，请烦转饬所属各乡镇长通知各村人民一体知照为荷！’等因。奉此，区长当即通知所属乡镇长及各村民众。去后，旋据附近古城十二村民众代表

杨欣荣、徐迎宽等具文报称：查此次开凿东河，于试水一层，前在宜良县府开会时曾经提出，系在立夏前试放。言犹在耳，曷敢违误？若在此时期，则为十二村人民生活关键，正日夜奔忙于放水栽插之工作。况本年久旱不雨，赤日如蒸，在此最近期间，始赶栽得大半，而附近赤江一带，又系漏田，一插秧后，必须日夜放水，始能成活，以生以长，以至收获。若雨旸时若之年，尚可隔日一放。本年久旱不雨，顿呈恐怖状态。若停放四日，则已栽之禾苗，必致枯萎而死，则十二村民众生活无望，必随之而为饿殍矣。此乃势所必然，非巧词设辩者也。查此次开凿东河，既由建厅委派技术人员，根据学理逐步测量而下，一切高低度数，当必不爽分毫。何待水试始利进行哉！钧长为人民导师，一切利害，必能权其轻重得失。在此数日之内，以民众如浆如乳之水，而作试放之消耗，在时势逼迫之下，万难允准也。若过此栽插期间，则试放事件自当乐从。迫切陈词，伏祈垂鉴等情。据此，查此事关系重大，不敢刻延。职拟报脱稿时，各村民众纷纷到所，言动激昂。恳请转咨宜良县政府，对放水测验一事，稍假时日，暂从缓议。不然，以智识固陋之民众，虽经一再训导，窃恐激怒之下，致酿事端，有背政府提倡水利之苦心也。”等情。据此，查该区长所呈各节，自系实情。

贵县引水测验，事前未准咨商。值此忙种栽插之际，又因天时亢旱，滴水如金。若将坝塘积水倾放测验，则已插田亩无水接济，秧苗枯死，民生无着。似于上峰及贵县开辟水利之旨，不无违背。请俟农事稍闲，放水无碍之时，再行测验。并希事前见示，俾便令属知照，以免民众惶惑而杜纷扰。不胜企盼之至，相应据情咨请查照，并希见覆。

此咨宜良县县长王

许端毅

又准金区长咨呈一件，内容同前，故不重录。

三、为试水一案咨覆路南县政府文二十六年五月二十九日

宜良县政府咨第　号

为咨覆事。五月二十五日，准贵县第五区区长金用品咨呈称：奉钧府函谕，东河河道拟引水试放四日，以资测验一案，立即通知所属各乡镇长。去后，旋据各乡镇民众代表到所声称：本年久旱不雨，在此栽插期间，试放事件万难允准等语。言动激昂，诚恐发生不测，须请从宽计议，俾得彼此兼顾等由到府。正拟行文咨商，复准贵县政府咨同前由，请俟农事稍闲，放水无碍之时，再行测验。并希事前见示，俾便令属知照，以免民众惶惑而杜纷扰等由。准此，查东河试水，实因负担夫役之各乡镇人民意见复杂，谓宜良大桥一段地面，高过水门沟数丈。将来引水，万难逆流通过，妄造蜚语谰言，煽动群疑，以致征工筹款障碍横生。因而安家桥附近占用田亩应补之价，未能提前办理。而省政府核准借用之款，亦经屡次赴省接洽，未得实现。处此困难环境中，欲证明此等蜚语谰言，解释群疑，以期进行顺利，惟有引水实验之一法。此河工处负责人员之微意也。近来大桥附近一带，河底已就平整。特于五月二十三日函商第五区区长，请让引水数日，以资测验而息谣啄。又查新凿河道，恐与水平不符，亦须引水实验，以定标的。既该十二村民众顾虑栽插有碍，即请于夜间引放二三夜，以期两全。准咨前由，相应咨覆查照。请酌定试放时间，起于何夜，止于何夜，希即见覆，并希转饬知照为荷。

此咨路南县县长许

王　丕

四、路南县政府咨覆宜方俟农事稍闲再为试水文二十六年六月二日

为咨覆事。民国二十六年五月三十一日，案准贵府五月二十九日咨请让水试放二三夜，以期两全，并嘱为查照，酌定试放起于何夜，止于何夜，见覆并转饬知照等事。准此，本应如咨照办。惟查蓄水一经开放，逝不能复。值此亢旱栽插正殷期间，滴水为重。问题在能放与不能放之争，而不在昼夜之别。准咨前由，相应备文咨覆，即请查照。体念民生，顾全邻谊，俟农事稍闲，灌溉而外水量有余时，再为试放为盼。

此咨宜良县县长王

许端毅

五、建厅根据路南县长呈请制止宜方试水一案令饬宜良县长照办文

云南省建设厅训令水字第六三六号
民国二十六年六月五日

令宜良县县长王丕

案据路南县长许端毅五月二十五日呈称：

“呈为据情呈请鉴核饬遵事。民国二十六年五月二十五日，案据县属第五区区长金用品呈称：‘呈为呈报请祈鉴核事。窃职所于本月二十四日午后五时，案奉宜良县政府公函开，据开凿东河河工处工务股报称：东河河道由龙口至陈所渡，已粗具规模，其涵洞过涧河底水平线及盖板底板之高低度数，难以定夺，拟引水试放四日，以资测验。并饬自五月二十五日午前七时起至二十九日下午六时止，上段停止放水各等因。奉此，立即通知所属各乡镇长及各村民众。去后，旋据附近古城十二村民众代表杨欣荣、徐迎宽等具文报称：查此次开凿东河，于试水一层，前在宜良县府开会曾经提出，系在立夏前试放。言犹在耳，曷敢违误？若在此时期，则为十二村人民之生活关键，正日夜奔忙于放水栽插之工作。况本年久旱不雨，赤日如蒸，在此最近期间，始赶栽得大半，而附近赤江之田亩，又系漏田，一插之后，必须日夜放水，始能成活，以生以长，以至收获。若雨旸时若之年，尚可隔日一放。本年久旱不雨，顿呈恐怖状态。若停放四日，则已栽之禾苗，必致枯萎而死。禾苗一死，则十二村民众生活无望，必随之而为饿殍矣。此乃势所必然，非巧词设辩者也。查此次开凿东河，既由建厅委派技术人员，根据学理逐步测量而下，一切高低度数，当必不爽分毫。何待水试始利进行哉！钧长为人民之导师，一切利害，必能权其轻重得失。在此数日内，夺取民众如浆如乳之水，而作试放之消耗，在时势逼迫之下，万难允准也。若过此栽插期间，测试放事件自当乐从。迫切陈词，伏祈垂鉴等情。据此，查此事关系重大，不敢刻延。职拟报脱稿时，各村民众纷纷到所，言动激昂，对放水测验一节，请稍假时日，暂从缓议。不然，以智识固陋之村民，虽然一再制止与训导，窃恐积怒之下，发生不测事件，以致违背政府兴水利，济民众之苦心也。’迫于实情，难顾渎乱，恳祈俯念民瘼，飞咨宜良从宽计议，俾得彼此兼顾，则民众幸甚。时机迫促，除星复呈宜良县长，暂从缓议外，是否有当，仰祈示遵。”等情。据此，窃以主座兴办水利，饬开东河，原在使未沾水利田亩，得沾灌溉之利益，则原来已有水利之田亩，当继续维持其利益，一视同仁，无所偏畸。查路属十二村，向恃此水以利民食。今年雨泽稀少，亢旱为灾，水量大减，值兹忙种栽插之际，点滴护惜，尚虞不足，而以之试测新挖河道，一泄之后，不可再蓄。水性就下，岂能收转？十二村之田亩，已插者无水救济，未插者不能栽插。一年之生计无着，八口之事畜焉赖？仁者存心，当不应尔。

昨奉主座二建水字第七七六号训令，东河工程由宜良县长负责等因。意在一事权而策明效。然于职县有关之件，自宜咨商办理，方合行政手续。兹宜方事，前并不向属县咨明，突于二十四日午后五时，饬知属县第五区区长，将于二十五日放水测验，致使区长无呈县请示之时间，属县无咨商请缓之余地，相逼如此，未免过甚。且水利一项，人民生活所关，衣食所系，往往以生命相拼。故因争水械斗杀伤，酿成巨案者，数见不鲜。宜方既未事先知会，由县饬知区乡闾邻遵照，一旦激成众忿，愚民无知，发生事变，咎将谁尸？再查本年三月内，准宜良县函附具开挖东河，路宜两属代表第一次会议纪录，曾有宜方代表李绍虞报告，内开：以宜方计划，由水门桥搭涧渡，放以接余水。又一计划，每冬春两季，接放余水，储蓄围内，夏秋季尽十二村灌溉田亩，尽上不尽下，仍照旧规，绝不乱挖乱放，如有违反规约情事，尽可将涧槽抬去，使水流入赤江内等语。对十二村原有水利之保障，甚为明瞭。议决纪录，当然有效。据呈前情，除派专足飞咨宜良县查照，暂缓放水试验，以维栽插，并指令该第五区区长开导制止人民，勿得滋生事端外，所有宜良县向县属第五区借水试测，须俟农事稍竣，水量有余，再行放测各缘由。是否有当，除分呈省政府暨民政厅外，理合据情呈请钧长俯赐鉴核，指令饬遵。再，宜良县是否如咨缓办，尚未可知。如蒙核准，并祈速令制止，实叨德便等情。据此，查该县修挖东河，引水测验河道水平线及高低度数一事，既经古城代表杨欣荣等提会议，应在立夏前试放。为维持双方农作利益起见，自应照案办理。兹该县既未试放于立夏之前，当此栽秧及时，民食所关，万不能在此时期再行试验，致碍农作而酿重大纠纷。所请制止试水各情，应予照准，除指令路南县外，合行令仰该县长即便遵照办理，勿稍违误！仍将办理情形呈候核查为要。切速！

特令

兼厅长　张邦翰

六、咨路南县说明宜方试水无碍古城栽插文

宜良县政府咨第　号
民国二十六年六月十三日

为咨请事。案查敝县东河意拟试水一案，前准大咨内开："须俟农事稍闲，放水无碍之时，再行测验，以免民众惶惑……"等由，过府。当经转饬河工负责人员暂缓试测，并即咨覆各在案。兹查古城附近各村，业已栽插完毕，该处水源系自大赤江闸坝引入，流量甚大，取之不尽，用之不竭。除古城附近农田，尽量引用外，随时皆有余水数十车，由水门桥泻入大河。此种天然河流，源源而来，非同蓄积坝堰，一经泻放，即不能再蓄者可比。敝县现拟引用古城各村用余之水，灌溉田亩，对于各该村农作，绝无丝毫妨碍，相应咨请贵县政府烦为查照！并饬所属第五区金区长，转知各村绅民，一体协助，勿使有用之水，泻入大河，实纫公谊！至一切扎坝放水工作，敝县自当派人负责。自龙口引入之水，经过水门桥以上一段，任由古城各村尽量使用，救济禾苗。合并咨明。尚希迅予见覆为荷！

此咨路南县县长许

王　丕

七、为试水一案呈覆建厅请派员查明核示维持文二十六年六月十一日

呈为呈覆事。案奉钧厅第六三六号训令，因路南县长许端毅呈转路属第五区区长金

用品呈报宜良东河引水测验，妨碍农事，十二村民众言动昂，恐发生不测，万难允准等情一案。除原文有案，邀免冗录外，后开“合行令仰该县长即便遵照办理，勿稍违误，仍将办理情形呈候核查为要。切速！特令”等因。奉此，亟应遵办。惟原呈各节，实属虚构理由，藉事兴波，张大其词，耸人听闻。不得不为钧厅缕晰陈之：

（一）查原呈所指之水，系由南盘江（宜邑呼大江）引入，流量甚大，取之不尽，用之不竭。除北古城各村灌溉农田，尽量使用外，随时尚有余水数十车，由水门桥泻入江内。事实如此，安能掩饰？乃许县长不加考查，竟谓“一泄之后，不可再蓄”。误认浩大之江流，比为有限之堰塘，足见其轻信浮言，不明真相。

（二）查职县奉令开凿东河，仰赖政府德威，顺利进行。自兴工以来，修挖河道，耗民工四万余名。建筑桥洞，费款项四万余元。迩来上段河道粗成，一般无知愚民，仅凭肉眼观察，惑于大桥上面一段，地势特高，不能引水通过，妄造蜚语谰言，煽动群疑，致令征工筹款，横生障碍。河工处为解释浮言，促进工程起见，乃有引水测验，藉资证明之计划。且职县兴凿河道，事属创举，被征夫役不明学理物理，所挖土方恐未尽合水平，亦须引水测验，方能观察高低。

（三）计划试水之前，曾经多方考虑，引用浩大江流，无论何时，对古城各村水利均无妨碍。因由龙口向北数百武之遥，有石坝一座，系用乱石围成，只须填塞漏，即能大量引水，古城各村田亩，三数日内，即可灌溉周遍。即遇亢旱之年，亦未闻各该村有乏水灌溉之说，似不能以普通筑堰水规，勉强比附，淆惑上聪。况职县试水一事，曾于河工处提出会议，经路属出席代表面允。职县为敦睦邻谊及避免误会起见，特将引水试验日期，就近函知金区长，初不料其藉事兴波，危词耸听也！设如呈词所云“滴水如金，一泄之后，不可再蓄”，则职县东河修通，又从何处引水？岂不有负政府提倡督导兴水利之本旨，及枉耗地方无数之民力财力乎？况路南辖境，仅有古城部分，其余附近各村，均非该县人民。乃原呈竟借十二村代表名义，冀图扩大声势，耸赫听闻，宁使余剩之水泻入赤江，决不让下游涸田得沾实惠。其处心积虑，无非欲坚持成见，欲使东河开通，仍归无用耳。

（四）又原呈内载：“试水一层，曾经古城代表杨欣荣等提出会议，系在立夏前试放。”又载：“宜路两属代表第一次会议纪录，宜方计划，系由水门桥搭涧渡放，以接余水。又一计划，每年冬春接放余水，储蓄围内，夏秋季尽十二村灌溉田亩，尽上不仅下，仍照旧规，绝不乱挖乱放，如有违反规约情事，尽可将涧槽抬去，使余水流入赤江。”各等语。查河工处历次议案，均经通呈各上级机关，及咨路南县备查，有案可稽。此等偏激之论，专顾彼方利益，全无大公态度，而亦称之曰会议纪录，不知何所据而云然。即以本年而论，古城各村田亩，均已栽插完毕，禾苗秀秀，弥望青葱，滔滔余水，终日由水门桥泻入江内。宜方一言引用，立即群起抗议，不让分毫。南东居民，睹此情况，强横者誓欲以死相拼，柔懦者为之唏嘘掩涕。经职一再令饬区乡镇长明白开导，听候呈报上峰处理，始暂相安无事。再查东河试水一案，尚在函商期间，该县既不应允，职县亦未曾勉强引用，致生无谓轇轕。惟一般出夫民众，闻此消息，佥谓试水且不可能，放水更属无望。自动一律撤退，停止工作，推派代表，逐日到县环问，前此所做夫役、所用款项如何办理？尔后即政府强令开凿，而路属古城不准放水，则所耗之人力财力，究归何处负责？虽经剀切开导，但以乡民罔识，多未可以理喻。此等公愤情绪，似未便过事抑制。究竟如何办理，以平群情，并得早日复工，仰副钧厅关怀民瘼，注重生产建设，及对宜良东河，列为“中心工作”之至意。职县应付术穷，不得不据实呈覆，恳祈迅赐衡核，并特派公正人员，到县勘查，以期揭破真相，伸张公理。奉令前因，除遵令暂缓实验，听候解决外，理合备文呈请钧厅鉴核施行，令示祗遵！

谨呈云南省建设厅厅长张

宜良县县长　王　丕

八、建厅根据路南十机关呈请飞令宜良县暂缓试水一案令饬宜方照办文

云南建设厅训令水字第六八一号
民国二十六年六月十五日

令宜良县县长王　丕

案据路南县参议会县党部等十机关合词公呈，为据情呈请飞令宜良县政府暂缓试验东河水道，以恤人民生命等情到厅。查此案，昨据路南县长许端毅呈，略同前情前来，当以水字第六三六号训令，饬该县长遵照在案。兹复据呈前情，除指令外，合再抄同原呈，令仰该县长即便遵照前令办理，勿稍疏误，致滋纠纷为要。切切！

此令

计抄发原呈一件

兼厅长　张邦翰

附路南十机关原呈

呈为据情呈请飞令宜良县政府暂缓试验东河水道，以恤人民生命事。二十六年五月二十五日，案据路南县第五区区长金用品及全县民众代表杨欣荣等报称：“本月二十四日午后五时准，宜良县政府函开：案据开凿东河河工处工务股报称，东河河道由龙口至陈所渡，已粗具规模，其涵洞过涧河底水平线及盖板底板之高低度数，难以定夺，拟引水试放四日，以资测验。并饬自五月二十五日午前七时起，至二十九日下午六时止，上段停止放各等因。奉此，立即通知所属各乡镇长及各村民众。去后，旋据附近古城十二村民众代表杨欣荣、徐迎宽等具文请愿。查此次开凿东河于试水一层，前在宜府开会时曾经提出，系在立夏前试放，言犹在耳。曷敢违误？若在此时期，则为十二村人民之生活关键，正日夜奔忙于放水栽插之工作。况本年久旱不雨，赤日如蒸，在此最近期间，犹赶栽不及一半，而附近赤江之田亩，又系漏田，一插之后，必须日夜放水，始能成活，以生以长，以至收获。遇雨旸时若之年，尚可隔日一放。本年久旱不雨，顿呈恐怖状态。若停放四日，则已栽之禾苗，必致枯萎而死。禾苗既死，则十二村民众生活无望，必随之为饿殍矣。此乃势所必然，非巧词设辩者也。查此次开凿东河，既由建厅委派技术人员，根据学理逐步测量而下，一切高低度数，当必不爽分毫。何待水试始利进行哉！贵会局为民众之导师，一切利害，必能权其轻重得失。在此数日内，夺民众如浆如乳之水，而作试放之消耗，在时势逼迫之下，万难允准也。若过此栽插期间，则试放测验自当乐从。迫切陈词，恳请贵会等据情呈请省政府，飞令宜良县府从宽计议，俾得兼顾，则民众幸甚。”等情。据此，职等窃以宜良开凿东河试验水道，前在宜良县会议决议，仅于立夏前试放测验，过此则十二村农民播种栽秧，刻刻需水，不能停顿水源，有案可稽。兹借试验之名，断绝栽秧之水，何异断绝人民生命？兼之宜良县府直函路南第五区长办理，置路南县府于不顾，假设十二村民众不识大体，聚众抵抗，酿成巨案，试问第五区长能

担其任否？案查开凿东河系接龙口以下之余水，以不妨害龙口以上十二村向来之水利为原则，故龙口如果加高，则山洪时间十二村有泛滥之虞；龙口如低，则水下田高，十二村不足以资灌溉。其间利害，既有矛盾参差，则办理之时，不能不兼筹并顾。

伏维钧座关心民瘼，兴办水利一视同仁，无有偏陂。宜良民众，仰沾恩泽；路南百姓，亦属赤子。承办者应如何仰体德意，公平处理，方为不负所期。乃宜方畛域之见，横亘胸中，每值会议，路方代表以利害之故，不得不据实陈述。稍不如意，即指为捣乱，指为横蛮，甚且加以阻碍要政之罪名。有时更迁怒于路南县府，翻阅宜迭次电文，可见一斑。殊不知己所不欲，无施于人。宜良希望得水耕田，路民仍是靠水吃饭。苟能平心静气，两面兼筹，不存贪功之心，不生彼此之见，于宜有益，对路无损。西哲所谓“最大幸福乃最大多数之利益”，路南全民将赞成不暇，更何争论之足云。兹乃乘此天干水缺之际，忙种栽插之时，事前不知会路南县府，不召集两属代表会议，突以命令式饬知隔属区公所，禁止放水四日，移作测验河道之用。二十四日午后五时通知，二十五日便须实行放水。迅雷不及掩耳，呼救不得旋踵。颐指气使，一意孤行，在往年尚且不宜，何况滴水如金之际？夫水性就下，一决而不可收拾。坝堰一空，源水断绝。十二村之田亩将何所赖以栽插乎？以王县长之精明，岂不能预见其害？预见之而故为之，以激起路民之愤，又徐而指为阻碍要政乎？总之，忠信笃敬，可行于蛮貊之邦；高压横蛮，难掩夫民众之口。兹据第五区区长金用〔品〕暨十二村民代表杨欣荣、徐迎宽等报称各情，均系实情实理，除召集各机关议决一致，先请县府咨请宜良县府，应俟水量有余再行放测外，理合据情呈请，伏乞钧衡飞令宜良县政府，试验水道一节，暂行从缓，以恤民众生命，并照统系，勿再蒙混，则顶礼无既矣。

除呈省政府暨民政厅外，谨呈建设厅长张。

路南县参议会议长潘允端　副议长杨才英
县党部指导委员赵子衡　建设局长杨立道
财政局长赵文德　教育局长杨立道
警察局长杨自莹　总团附赵之屏
商会会长杨含华　教育会长李光炽
农会会长杨立道

九、奉令抄发路南县参议会等十机关公呈请飞令宜良县暂缓试水一案呈覆建设厅文二十六年六月二十二日

呈为呈请核饬遵办事。案奉钧厅水字第六八一号训令开：

“案据路南县参议会议党部等十机关合词公呈，为据情呈请飞令宜良县政府暂缓试验东河水道，以恤人民生命等情到厅。查此案，昨据路南县长许端毅呈，略同前情前来，当以水字第六三六号饬该县长遵照在案。兹复据呈前情，除指令外，合再抄同原呈，令仰该县长即便遵照前令办理，勿稍疏误，致滋纠纷为要。切切！此令。”等因。计抄发原呈一件。奉此，查东河水源，系就原有龙口，引用南盘江水，取之不尽，用之不竭。该县官绅呈词，均谓“坝堰一空，水源断绝”。混浩浩之江流，为有限之堰塘，希图蒙蔽上聪，阻窒东河通水。居心狡狯，莫此为甚。缘职县试水一事，盖因出夫民众，谓东河路线经汇东桥一带，地势特高，水至之时，万难通过，妄造蜚语谰言，摇惑人心，以致征夫筹款，感受困难。特于该段河道开通后，先行派夫数百，疏浚龙口，压塞大坝，使水

量增加。又查古城一带田亩，业已栽插完毕。乃致函当地金区长，请转知所属乡镇，让其引水测验，以定人心。并咨请路南县许县长转饬遵照在案。旋准该县咨复，假普通缺水现象，为阻挠试水理由，巧言设辩，异议横生，借事兴波，小题大作。惟是滚滚江源，流量甚大，任彼古城各村，尽量灌溉旱田及救济禾苗而外，依然余水尚多，绝难卷诸箧笥，密秘盖藏。经职县一再虚心，咨商路南县府，又准咨复略开："查此案已呈请建厅核示，须俟令行到县，始能遵办。"等语。是该县理屈词穷，无可置辩，特藉转报核示，故延时日，务使东河下游，得水愆期，纵有栽插种，亦无收获，以后年年如是，演为成例，纵使东河开通，永无夏季水份。此种狡狯伎俩，若不据实陈明，则宜方民力财力，不啻付诸流水，毫无代价，将何以副我钧长督开东河，利济农田之至意。月来宜良南东一带，洪荒遍野，已呈旱灾景象，正所谓农田望水，如浆如乳之时也。

恳祈钧厅令饬路南县府，转饬所属第五区区长，传谕各乡镇人民。对于上述江水，除救济田禾，尽量引用外，任其沿河而下，勿再决诸江中，则下游涸田，便可得沾润泽。至于筑坝闸水夫役，概由东河下游用水人民负担，决不使古城各村稍有妨害，或稍受损失也。事关救济旱灾，不忍令滚滚源泉，泻入无用之地。奉令前因，理合据实呈覆，恳祈钧厅俯赐鉴核，分饬施行，不胜迫切待命之至！

谨呈云南建设厅厅长张

署理宜良县长　王　丕

十、省府批复路南县对试水一案勿藉故刁难并训令宜良县长知照文

云南省政府训令秘二建水字第　号
民国二十六年六月二十三日

令宜良县长王丕

案据路南县县长许端毅呈，为宜良县致函路属第五区引水测验河道，须俟农事稍竣，水量有余，再行放测，祈核示等情。据此，除以"呈悉。正核办间，并据该县参议会暨各局局长等呈同前情前来。查宜良东河工程，既已开沟，即应放水。所呈显系藉故刁难，须思妨碍工程事小，关系栽插大事。况只试放，应勿固执。除分令民建两厅暨宜良县外，仰即遵照，并转饬各会局长一体遵照！此令。"等因，指令并原呈已据分呈暨咨覆不再抄发外，合行令仰该县即便知照。

此令

主席　龙　云

十一、建厅奉省府训令后准许宜良试水指令

云南建设厅指令水字第一二六八号
民国二十六年七月五日

令宜良县县长王　丕

六月十五日呈一件：为呈覆东河试水一案经过实情，请派员查明，核示维持由呈悉。查此案，昨据路南县长分呈奉省政府第八八〇号训令开："案据路南县长许端毅呈，为宜良县致函路属第五区引水测验河道，须俟农事稍竣，水量有余，再行放测，祈核示等情。据此，除以'呈悉。正核办间，并据该县参议会暨各局局长等呈同前情前来。查宜良东河工程，既已开河，即应放水。所呈显系藉故刁难，须思妨碍工程事小，关系栽插事大。况只试放，应勿固执。除分令民建两厅暨宜良县外，仰即遵照，并转饬各会局长等一体

遵照！此令’等因。指令暨分令，并原呈已据分呈不再抄发外，合行令仰该厅即便知照。此令。”等因。奉此，仰即遵照省令办理，以免纠纷，是为至要！

此令

兼厅长　张邦翰

十二、建厅据宜良县长陈明试水理由批复照省令办理指令

云南建设厅指令水字第一二九八号
民国二十六年七月十日

令宜良县县长王　丕

二十六年六月廿三日呈一件：为呈覆令发路南县参议会等十机关公呈，请飞令暂缓测验东河水道一案，陈明试水理由，请鉴核分饬施行由呈悉。查此案，昨据路南县长分呈，奉省政府第八八〇号训令到厅，经以水字第一二六八号指令转行饬遵省令办理在案。兹据呈覆各情，仰仍遵照前令办理可也！

此令

兼厅长　张邦翰

十三、路南县咨覆宜良允许试水文

路南县政府咨第五九七号
民国二十六年六月二十一日

为咨行事。查民国二十六年六月十五日，案准大咨以现拟引用古城各村用余之水，灌溉田亩，对于各该村农作决无丝毫妨碍，嘱即查照转饬所属第五区金区长转知各村绅民一体协助各等由。准此，当时因久旱无雨，恐惹起民间纠纷，曾以俟呈报请示候上会办理等情咨覆在案。幸自六月十八日后，连得甘霖，东河水量，除栽插泳苗之外，当有余裕。除令知敝属第五区区长转饬古城各村人民遵照外，相应备文咨请贵县查照，尽于六月二十四五数日内，于夜间放水，以供测验。一面仍请以不妨农事，顾全双方，是所至盼。

此咨宜良县县长王

许端毅

十四、河工处训令二四两区区长转饬放水工人勿生枝节文

云南省政府督开宜良东河河工处训令第　号
民国二十六年六月三十日

令宜良二四区区长傅　瀛
陈毓桂

为令饬遵办事。案据宜良县政府签送奉到云南省政府秘二建水字第八八〇号训令开：“案据路南县长许端毅呈，为宜良县致函路属第五区引水测验河道，须俟农事稍竣，水量有余，再行放测，祈核示等情。据此，除以‘呈悉。正核办间，并据该县参议会暨各局局长等呈同前情前来。查宜良东河工程，既已开沟，即应放水。所呈显系藉故刁难，须思妨碍工程事小，关系栽插事大。况只试放，应勿固执。除分令民建两厅暨宜良县外，仰即遵照，并转饬各会局长等一体遵照！此令’等因。指令暨分令，并原呈已据分呈暨咨覆不再抄发外，合行令仰该县即便知照。此令。”等因。奉此，查北古城一带田亩，早经栽插完毕。所有余水，应任其流入新河，俾宜良第二区涸田，得资灌溉。惟该区所派放水工人，务与上段人民联络情感，彼此互商协助，不得横生异议，釀启枝节。除分令

外，合行令仰该县长即便遵照，并转饬所属各乡镇长一体遵照！

此令

处　长　段克昌

副处长　王　丕

十五、河工处致路南县政府请派员会同测量龙公河占用北古城等村耕地函（缺）

第七章　东河水利实现案

东河上游地段，陈所渡以上，因有前度开凿之河道雏形，故二十六年自四月四日兴工，至是年栽插时期，而陈所渡以上村落即得稍沾水利。二十七年三月，全部河道，业已大体疏通。河工处为利济涸田起见，定自是年三月二十日起，实行放水，俾沿河有水围或堰塘处，得以预先蓄水，以作夏季插秧之用。故全河水利之实现，系始于二十七年三月二十日。

一、河工处以实行放水日期通知路南县政府函

云南省政府督开宜良东河河工处公函 第　号

民国二十七年三月八日

迳启者：查宜良东河河道，截至三月十五日以前，计可完全疏通。兹定自三月二十日起，实行放水，注蓄下游堰塘，以备将来灌溉。至北古城一带插秧时期，即行停止，以不妨害农田灌溉为准则。事关水利要政，相应函请贵县长查照！烦为转饬贵属第五区区长通知所属各乡镇民众，一体协助为荷！

此致路南县政府

处　长　段克昌

副处长　王　丕

二、请李玉田疏通两县情谊函

玉田仁兄台鉴：

宜良东河，赖兄鼎力调停，使宜路两县意见融洽，得以顺利进行，缅怀雅意，实深铭感。现在开凿工程，业已大体告竣，拟于清明谷雨两节内，引水灌注下游堰塘，以作将来插秧之用。惟人口繁多，品类不齐，恐有少数人士，对于河工处奉令承办之苦衷不加谅解，或故意捏造黑白，鼓动风波，或暗地破坏沟坝，阻碍水利，引起无谓纠纷，致伤两县情感，殊为可虑。吾兄名望素孚，深得人众信仰，且对斯事经过情形，尤为稔悉。务祈曲为疏通，使平素猜嫌涣然冰释，永敦友谊，协同进行，则感荷无既矣！

专此，便候台祉

愚弟段克昌　王　丕　同启

三月十六日

三、河工处以定期放水事件布告北古城一带民众知悉文

为布告事。查东河河道，截至三月十五日以前，计可完全疏通。兹定自三月二十日起，实行放水，注蓄堰塘，以备灌溉。至于北古城下四乡，大小唐营、安家桥、陈家渡、狗街子等村，需要秧水蒲草水时，仍得随时引放，惟不得将有用之水，泻诸无用之地，致使东河水少，不能畅流。俟上述各村需水插秧时，则东河引水，即行停止。倘有用余水量，仍听其沿河南流，不可再由水门沟泻入赤江，以期利己利人，两无妨害。合行布告，仰北古城一带绅民人等，一体知悉！切切！

此布

处　长　段克昌
副处长　王　丕
中华民国二十七年三月十六日

四、训令第二区区长及各乡镇长负责保管河堤文

云南省政府督开宜良东河河工处训令总字第　号
民国二十七年三月十日

令第二区区长及各乡镇长

为令饬遵办事。查东河开挖工程，现已大体告竣。兹定于清明、谷雨期间，引水灌注下游堰塘，以备将来插秧之用。各乡镇分修之地段以内，倘有河幅宽深不足，或堤岸太低者，限文到五日内，一律修筑完竣。至放水期间，凡在各乡镇地界以内之河道，即由各该乡镇负责保管，于水到时，由乡镇长或协助员，率领工役，前往巡视，遇有堤岸疏松处，立即锤筑坚实，勿使渗漏。倘有坍塌破坏，亦须立刻修复，以免阻滞水流，妨碍公众利益。若有疏虞，即惟各该乡镇长是问。除分令外，合行令仰该区、乡、镇长遵照办理，并转饬所属，一体遵照勿违！切切！

此令

处　长　段克昌
副处长　王　丕

五、河工处饬各乡镇保护河堤并速查报受益田亩令

云南省政府督开宜良东河河工处训令总字第　号
民国二十七年八月　日

令第二区各乡镇长

为令遵事。查开凿龙公河（即东河），虽已初步成功，然河堤基础，多未坚固，坍塌梭破，势所难免，务须随倒随修，以臻巩固。至沿堤外脚，更不得铲截，或挖堤面以种杂粮蔬菜，或纵放牛马践踏。各乡镇保长，均负有保护之责，应鸣锣宣布，严加禁止。须知该河堤筑成匪易，保护不可不周。倘有上项情事，不服制止者，准予罚工修理，或捆送来处，以凭究治。又各村受益田亩，业经饬由该区有关人员，召开区务会议议决，限五日内，详明查报来处，以凭办理。乃迄今日久，因循未报者，为数尚多，殊有碍于汇办。因该河灌溉水量之分配，民工经费之负担，均须根据受益田亩之多寡，以为衡断之准则。兹为督促事功，以期早日完成起见，特抡（轮）派本处委员陈禄、傅瀛、马负图三员，分赴各乡镇督导办理。限一星期调查结束，呈报来处，以凭核办。该委员等到时，各该乡镇保长，务须督饬所属，确实调查，漏夜赶办！勿得仍前因循，致干议处！至各民户受益田亩数，尤须力求确实，幸勿遗漏隐瞒！若图减轻负担，以多报少，则将隐漏田亩，没收归公。或望多享水利，以少报多，则应按照亩数，出夫摊款，并照原议每亩处罚金拾元，决不宽贷。除分令外，合行令仰该乡、镇、保长即便遵照，妥为详确办理，勿稍率忽干咎，是为至要！切切！

此令

处　长　段克昌
副处长　王　丕

六、水利实现后加紧督促河工进行之命令二十七年十二月六日于河工处

（一）本处为统一事权，促进工作效率，便于指挥督导起见，除调任傅委员瀛为本处总务股长兼全河征工主任外，并指派许区长树松[①]负许家营河道工程指挥督导之责，派陈委员旭负许家营以上河工指挥督导之责。除分令外，仰各区乡镇长，一体知照，以后务须绝对服从该员等之指挥督导，切勿违拗干咎为要！

（二）现值秋收已毕，冬季农隙之时，本处开河工程，亟应加紧努力，以期早日完成。仰各该区乡镇长等，从速加派民夫，到段工作，以副事功。勿得违误干咎！

（三）龙公河受益田亩，昨经令饬各村调查完竣在案。以后水利轮放份数，完全根据所报受益田亩数目分配，决不变更。仰该区乡镇长等，迅予转饬所属各民户，将漏报亩积，克日报由该乡镇长转报来处，并上纳本年水租，勿得稍有隐瞒，致贻以后无穷之悔！事关永久利益，切勿疏忽误会！切切！

此令

送达第二区区长及各乡镇长、保长等一体遵照！

县长兼处长　王　丕

第八[②]章　东河名称改定案

东河，赖主席龙公之倡导，自民国二十六年四月兴工开凿，至二十七年四月，即将全长六十华里之河道，大体疏通。引水灌溉旱田，农民欣沾实惠。因而追念恩德，乃公呈河工处转呈上峰，改定河名为龙公河。

一、河工处根据民众公论，改定河名为龙公河，呈请上峰备案文

呈为呈请准将宜良东河，定名为龙公河，以资纪念事。窃查宜良东河，自明代文公开凿西河之后，即经选定路线，拟议开凿。其后文公去任，地方人士亦常继续提倡。顾以北古城一段，系属路南辖境。该境人民，狃于弥勒寺碑，载有清大吏南高北低之说，深恐此河一开，反致引水逆流，酿成该境水患。以此历次议开，均被遏阻。仰仗钧座关心民食，倡导于上。职克昌迭蒙耳提面命，责以桑梓义务，主持其间，并奉嘱秉承钧旨，转向古城民众，多方解释。职丕赴任之始，亦蒙训令谆谆，嘱以履职之后，务宜重视兹事，努力进行。奉命以来，当即仰体德意，协力筹划，而路南官绅暨所属古城民众，受钧座精诚之感召，亦共知开河计划，上关国计，下系民生，咸愿协力同心，共襄盛举。由是工作进行，颇称顺利。故自上年四月兴工开凿，至本年四月，即将全长六十华里之河道，大体疏通。本年所蓄水量，足敷灌田万亩。农民饮惠食德，咸皆镂骨铭心。为此公呈职处，请定河名为龙公河。爰于本月三日，召开河工处第六次会议，提付讨论。是日宜路两属委员绅首，列席参加者，共计四十余人。佥谓："西河开自文公，人民沾惠之后，既以文公二字名河，又建文公专祠，千秋鼎祀。意义所在，无非崇德报功。今东河倡自主座龙公，亦应追循先例，以龙公二字名河，俾民间口碑千载，藉知水源木本，追念不忘。"等语，经众一致表决纪录在案。是否有当？除分呈民政、建设、财政三厅衡核备案，暨工程费用，另案报请核销外，理合呈请钧府俯赐鉴核，准予备案，并祈指令祗遵，实沾德便！

---

① 许区长树松，即纂修民国十年（1921年）《宜良县志》之邑贤许实先生之子也。

② 此章目之"八"字原书空缺，兹据本书各章顺序补之。

谨呈云南省政府主席龙（并呈民建财三厅）

宜良东河河工处处长　段克昌
副处长　王　丕

二、关于改定河名一案奉到省府暨各厅指令

云南省政府指令秘二建水字第一六三六号
民国二十七年五月二十八日

令宜良县东河河工处

本月二十日呈一件：据呈请准将该县东河定名为龙公河一案，祈核示由呈悉。仰候令饬建设厅并案核办饬遵！

此令

主席　龙　云

云南省民政厅指令肆工字第三五二四号
民国二十七年五月二十八日

令宜良东河河工处正副处长段克昌、王丕

二十七年五月二十日呈一件：据呈请准将宜良东河定名为龙公河，以资纪念由呈悉。所请将宜良东河定名为龙公河各情，是否妥协，既据分呈，应候省政府暨建设厅核示。仰即遵照！

此令

厅长　丁兆冠

云南省财政厅指令征字第二五三二号
民国二十七年五月三十日

宜良县东河河工处处长段克昌
副处长王丕

呈一件：呈请准将宜良东河定名为龙公河，以资纪念，祈鉴核备案由呈悉。查该处长等请将东河定名为龙公河，名实相副，洵足以资纪念。既据分呈，仍候各机关核示，仰即知照！

此令

厅长　陆崇仁

云南建设厅指令水字第一〇〇七号
民国二十七年六月九日

令宜良东河河工处正副处长段克昌、王丕

民国二十七年五月二十三日呈一件：为报东河河工大致完成，请定河名为龙公河，以资纪念由呈悉。查所请妥洽可行。除转请省政府核准照办，一俟奉令，再行饬知外，仰即遵照！

此令

厅长　张邦翰

三、改定河名后呈请省府另颁河工处关防文二十七年八月二十八日

案查职处奉令开凿宜良东河，经将全长河身，大体疏通，涸田得沾润泽，人民深感德惠。曾公呈职处提会议决，改定河名为龙公河，藉表崇敬而资纪念。当经据情报经钧府转饬建厅核明呈复，奉令准予备案。并由职处分行地方各机关，暨布告通知各在案。

窃思河道名称，既奉准改定新名，则前颁之宜良东河河工处关防，现已名实不符。拟请查照新名，另颁“开凿宜良龙公河河工处关防”一颗，以资启用而正观听。是否有当？除奉到新颁关防，再为截角缴销旧关防外，理合备文呈请钧府鉴核，令示祇遵！

谨呈云南省政府主席龙

兼宜良龙公河河工处副处长　王　丕

四、省府刊发龙公河河工处关防指令

云南省政府指令秘一铨字第五五七号
民国二十七年九月九日

令宜良龙公河河工处

二十七年八月二十六日呈一件：请另刊关防，祈核示由呈悉。应予如呈照准，刊发木质“开凿宜良龙公河河工处关防”一颗。仰即祇领，启用报查！

此令

计发“开凿宜良龙公河河工处关防”一颗

主席　龙　云

五、呈报缴销旧关防及启用新关防请鉴核备案文二十七年九月十四日

呈为呈请鉴核备案事。案查职处原用之“宜良东河河工处关防”，因河名改变，名实不符，前经报请作废，并祈按照新名，另颁“开凿宜良龙公河河工处关防”一颗，以正观听等因各在案。兹奉钧府秘一铨字第五五七号指令，开：“呈悉。应予如呈照准，刊发木质‘开凿宜良龙公河河工处关防’一颗。仰即祇领，启用报查！此令。”等因，计发“开凿宜良龙公河河工处关防”一颗。奉此，查新关防系于九月十四日奉到，即以是日为启用日期。理合印具模式，检同截角旧关防，一并呈请钧府鉴核备案！

谨呈云南省政府主席龙

兼宜良东河河工处副处长　王　丕

第九章　省政府择优奖叙开河有功人员案

一、段处长呈请省政府奖叙河工处勋绩丕著官绅文二十七年五月　日

呈为呈请奖叙事。案查修凿宜良东河，前蒙钧座主持，并得地方官绅协力赞助，自动工以还，工作尚称顺利。职于五月二日，前往视查，现在水流已能通达狗街。沿河田亩，本年可望受其灌溉。初步工程，大体完成。惟以此次在事官绅，异常尽责，勋绩丕著。尤以宜良县长兼河工处副处长王丕，督率有方，因应得宜，拟请记大功一次，并请准予留任。其河工处委员，现任宜良总副团长董钜，县立中学校长陈禄，文献委员委员长张树德，建设局局长马负图，第二区区长傅瀛，均能不惮烦难，始终协力襄助，自应择优奖叙，以昭激劝。拟请钧座各饬匾额一方。其余各在事出力人员，但请饬由河工处查明，分别拟办，以免向隅。是否有当？理合备文呈请钧座鉴核示遵！

谨呈云南省政府主席龙

兼宜良东河河工处处长　段克昌

二、省政府核准奖叙河工处勋绩丕著官绅指令

云南省政府指令秘二建水字第一六〇一号
民国二十七年五月十二日

令兼宜良东河河工处处长段克昌

五月未填日呈一件：据呈请奖叙宜良东河河工处勋绩丕著官绅，祈核示由呈悉。当于本月十日，提经本府第五四八次会议议决："准如所请，将宜良县县长王丕记大功一次。董钜、陈禄、张树德、马负图、傅瀛等五员，各题给匾额一方，以资激劝。匾字由建设厅拟定呈核。至请将县长留任一节，现在本省县长并无任期规定，若该县长能胜任厥职，自当予以久任也。"等因，纪录在案。除分令民政、建设两厅遵照外，仰即知照！

此令

主席　龙　云

三、省府据建厅拟呈匾字后转发河工处遵办训令

云南省政府训令秘二建水字第一六五〇号
民国二十七年六月三日

令宜良县东河河工处

案据建设厅呈称："五月十四日，案奉钧府秘二建水字第一六〇一号训令，据宜良县东河河工处长段克昌呈请奖叙在事出力官绅一案。除原文有案，邀免冗录外，后开：'当于本月十日，提经本府五四八次会议议决：准如所请，将宜良县县长记大功一次，董钜、陈禄、张树德、马负图、傅瀛等五员，各题给匾额一方，以资激劝。匾字由建设厅拟定呈核。至请将县长留任一节，现在本省县长并无任期规定，若该县长能胜任厥职，自当予以久任也等因，纪录在案。除指令外，合行令仰该厅即便遵照办理。此令。'等因。奉此，自应遵照。理合将奖给该绅等匾字，分别拟定，另纸缮呈，备文呈请钧府俯赐鉴核施行。"等情。附呈匾字一纸到府。查所拟匾字，尚属允当，准予照发。除指令知照外，合将匾字印花，随文令发，仰即遵照转给该绅等制悬具报！

此令

计发匾字印花五纸

主席　龙　云

四、河工处勋绩丕著官绅受奖情形记载表

受奖人员			受奖情形	
姓　名	河工处职务	原任本职	正　件	附　件
王　丕	副处长	宜良县长	记大功一次	准予久任
董　钜	财务股长	宜良总副团长	匾额：河务宣劝	
陈　禄	常务委员	县立中学校长	匾额：田畯至喜	对联：功竣河渠劳心劳力 惠贻梓里利国利民
张树德	总务股长	文献委员会委员长		
马负图	工务股长	宜良县建设局局长		
傅　瀛	常务委员	宜良第二区区长		

五、段兼处长呈省政府请求辞去河工处兼职文二十七年五月十日

呈为呈请准予辞退兼职事。窃职前奉委宜良东河河工处处长，自处务开始以来，蒙钧座主持及地方官绅襄助，积极兴修，现已初步完成。以后整理工作，较易办理。职局务纷繁，河工处职务势难兼顾。拟请准予解除处长兼职，并请以副处长现任宜良县长王

丕委兼，以资继续。其所遗副处长一职，拟请不再设置。理合备文呈请钧府鉴核示遵！

谨呈云南省政府主席龙

兼宜良东河河工处处长　段克昌

六、省府核准段兼处长辞职指令

云南省政府指令秘一铨字一三〇号
民国二十七年五月二十一日

令兼宜良东河河工处处长段克昌

呈一件：呈请辞去宜良东河河工处处长兼职由呈悉。照准辞去兼职。其河工事务，即以副处负责办理，不必再委。仰即遵照！

此令

主席　龙　云

七、宜良县政府呈请省府收回成命仍以段处长继续负责以竟全功文二十七年六月二十三日

案奉钧府秘一铨字第一三〇号指令：据兼宜良东河河工处处长段克昌呈请辞去处长兼职一案，内开："呈悉。照准辞去兼职。其河工事务，即以副处长负责办理，不必再委。仰即遵照！此令。"等因。奉此，县长遵查宜良开凿东河，原系宜路两县官绅协商办理。惟对于工程之进行，民夫之分配，经费之筹划，以及占用田亩之抬粮补价，受益田亩之摊款出夫，种种事务，皆由官方主持办理。此类重大事体，非有资望素著者，出而领导，实难期群情翕服，举措顺利。念自处务开始以来，赖钧座主持于上，段处长策应于中，地方人士努力于下，始将初步工程，告厥成功。今后整理河道，定立水规，疏解两县绅民意见，在在藉重长才，从中周旋擘划。现刻事届中途，段处长忽卸仔肩，顷闻奉令核准，群情为之惶惑。深恐处务前途，从此失去重心，是则今后工程能否如愿以偿，尤滋疑虑。兹经河工委员环请转呈挽留，并经公推代表晋省谒段处长，坚请继续负责，已蒙面允，打消辞意。为此仰恳钧座俯鉴下情，准予收回段处长辞职成命，俾仍继续负责，居中领导，以副众望而竟全功，不胜感恩戴德之至！

谨呈云南省政府主席龙

署理宜良县县长　王　丕

龙公渠纪事卷下

第四编　古城段沟坝之另行改善

第一章　改善古城段沟坝之动机

是渠至二十八年，虽已大体完成，然因承接旧渠尾水之故，既感于渠身狭小，流量有限，又感于渠道纡曲，流速太缓。且其灌溉区域，北起安家桥，南达南狗街，田达二万余亩，仅以一渠引水，终觉水少田多，供不给求。河工处常务委员陈禄、傅瀛、马负图、陈永德四人，有鉴及此，乃签呈县府，详述利害关系，同时加具意见，谓宜设法改善，另谋单沟独坝，方为长治久安、一劳永逸之策。是时适值经济部第六水利测量队队长李国彦，奉省农贷会令，率队赴宜，测量西河，因即签请县府转呈省农贷会，将龙公渠未完工程，就便指派该队代为测量，并为切实计划，指导施工。县府据此转呈，农贷会亦即如呈照准，并令饬组织龙公渠水利协会，为贷款负责机关，即由农贷会贷款陆百

万元，作为工程费用。于是另辟龙口，新修栏河大坝及引河小坝，并新筑水门桥以上长约三公里之一段新渠。此段工程完毕后，龙公渠道，可称为大告成功矣。

一、宜良县政府据陈禄、傅瀛、马负图、陈永德四人签呈改善古城段沟坝意见转呈农贷会核示文二十八年十二月

呈为呈请事。案据职县龙公河河工处常务委员陈禄、傅瀛、马负图、陈永德四员签呈称：

“查本县龙公河，自开凿以来，于兹两载有余，现已大体完成，全河贯通。沿河万亩涸田，得以引水灌溉。工程虽称艰巨，效益良非浅鲜。惜乎开凿此河，缺乏技术人材从中指导，以致河底比降不确，河身宽度不足，桥梁涵洞之设计建筑以及泻水要求，亦未完善。因此水流未畅，实为美中不足。且自龙口至水门桥一段，系沿用路属旧有河道，成弓背形势。河道路线既长，经过田亩又多，放水堵水，种种纷繁，尤足引起无谓纠纷，殊非长治久安、一劳永逸之计。若能改取弓弦路线，则河道直捷，长度缩短（由弓背合六·三公里，弓弦只三公里），既可减少无数劳力，又可避免无谓纠纷。现刻全部工程仅达十分之六，改正修理，尚未为晚。兹值经济部第六水利测量队李队长国彦，率队到宜测量西河，龙公河负责人员，曾商得地方同意，拟将未完工程，请其代为测量。事关地方水利，拟恳钧长转呈农贷会，就便指派该队协同测量计划，指导施工，以利农田而裕民生。想农贷会以爱护农村，改善农业为职志，必能俯允所求也。谨呈……”等情。据此，查该委员等所呈各情，尚属切要，理合备文转呈钧会俯赐鉴核，指令施行。

谨呈云南省农田水利贷款委员会

宜良县县长　宋光焘

二、测量队致宜良县政府函二十九年一月十八日

敬启者：案准云南省农田水利贷款委员会函，略开：“据宜良县政府呈请协助改善该县东河一案，业经呈准经济部由贵队就近办理，即希查照前往查勘后，代为测量计划为荷。”等由。兹决定于文公渠灌溉工程测量设计完竣后，即行办理东河改善工程。惟在施测以前，必须详细查勘，方能着手进行。拟请贵府指派熟习东河情形人员，会同敝队前往查勘，以利进行。即希查照见覆为荷。

此致宜良县政府

经济部第六水利设计测量队启　一月十八日

三、测量队于实施测量前致宜良县政府函二十九年三月五日

敬启者：敝队奉令测量东河，定于三月六日左右开始工作，拟请贵府派员会同敝队事务员王执中，前往大渡口一带勘定员工住处，并令饬该管区乡长代借桌凳、床板等项，以利进行为祷！

此致宜良县政府

经济部第六水利设计测量队启　三月五日测字第七三号

四、宜良县政府令饬第二区区长陈永德代测量队准备用具令

宜良县政府训令水字第　号
民国二十九年三月五日

令第二区区长陈永德

为令饬遵办事。案准经济部第六水利设计测量队测六字第七三号函开：

“敬启者：敝队奉令测量东河，定于三月六日左右开始工作。拟请贵府派员会同敝队事务员王执中，前往大渡口一带勘定员工住处，并令饬该管区乡长代借桌凳、床板等项，以利进行为祷！此致。”等由。准此，自应照办。除就建设科指派科丁领前往勘定，筹备住处外，合行令仰该区长即便遵照！俟该员到达时，务须协助代借桌凳、床板、炊具等项用具，以利测量，并随时予以保护为要。

此令

县长　宋光焘

五、县府委任陈永德代理河工处工务股长令

宜良县政府训令水字第三号
民国二十九年一月六日

令第二区区长陈永德

为令遵事。案据河工处工务股长马负图报告称：“窃职奉钧府令：委充宜良协修叙昆铁路征工副处长，日内即当到段驻守督导。对于原任河工处工务股长一职，在修路期间，因距离太远，难以兼顾。兹有第二区区长陈永德，对于工务情形，比较熟习，堪以代替。拟请钧府令饬该员暂为代理，以免贻误。是否有当？理合报请鉴核施行！”等情。据此，查协修叙昆铁路，本县民工，既已到段工作，该员为本县征工副处长，自当前往督导。所请应予照准。除指令知照外，合行令仰该区长即便遵照！对该员所任工务股长一职，暂予兼代，以免贻误。切切！

此令

县长　宋光焘

第二章　测量后之工程计划

一、测量队之原始计划

（甲）对大小两坝之改善计划：该队为节省工程费用起见，对于渠首之桥河大坝及引河小坝，不欲彻底变更，拟仍沿用路属旧有之乱石滚水坝，仅将两坝坝身各加高〇·六一公尺，便可逼水入渠，而达到新渠需要之水位。

（乙）新渠路线之选定：该队测得路属旧有渠道，因路线迂回之故，由龙口至水门桥，长达六·三公里。而且渠身狭小，高度不足，不能容纳下游渠道所需要之水位。欲予改善，又有水阁一道，不易变更。故实测结果，认为有另开新渠之必要。该队意想中之新渠路线，计有两线：第一线，由旧渠龙口上游三〇〇公尺处，另辟龙口，接开新渠，若取直线进行，则至水门桥之路线仅长二·八五公里。惟北古城及下四甲外，有蒲草塘一段，地势低洼终年积水，新渠若穿塘而过，必须修筑石堤，方克稳固。该队以为工程太大，不敢采用。第二线，龙口位置，仍取上述地点。惟渠道则由北狗街北古城绕过蒲草塘而达水门桥，路线长度为三·九一四公里，占地九十二市亩。填土九二二五五·一六公方，挖土计五九八八·七〇公方，二共约十万公方。该队经多方比较，经此线较为适宜，故于计划书中，拟定采用此线。

（丙）建筑物之预算：该队计划在新渠龙口处，应建进水闸门一座，以防雨季洪水灌入渠内，致使附近地带泛滥成灾。同时并于该处连建石桥一拱，以利交通。其余有小沟穿过各处，共须建筑涵洞七座，以期灌溉泻水，两无阻碍。又于大路穿过处，添设石桥，俾成过洞，以免阻碍交通。

二、农贷会对测量队计划之采用与变更

农贷会对测量队所拟计划，有采用者，有变更者，亦有折衷使用者，兹将其终结计划分述如下：

（甲）对大小两坝之改筑：农贷会对于大小两坝，决定彻底变更：将原有之乱石滚水坝，改筑为印度式坝，其高度则仍照该队计划，各加高〇·六一公尺，且于大坝体内，用浆砌隔水石墙三道，并用水泥抹缝，以期致密。

（乙）对渠道路线之采择：农贷会对渠道路线，仍采用测量队所拟之第一路线，惟尽量移近村边，以能缩短渠线及避免填方为原则。对于经过蒲草塘一段，仍决定穿塘而过，惟对测量队所谓须建石堤处，改为由底部填以一公尺深之片石，上则筑土成堤，以为渠道，并以片石浆砌护堤，以防渗漏。渠长仅三公里，占地仅七十六市亩。

（丙）对龙口位置之决定：农贷会对龙口位置，仍采用测量队所选地点，在旧渠龙口上游三〇〇公尺处。

（丁）建筑物之决定：农贷会决定之建筑物，系于新龙口处建进水闸门一道。再于防洪堤上，建节制闸门一道，并石桥一拱。再下更于道路及沟渠通过处，以次建石拱桥六座，石涵洞拾座，以便村人交通，并以排泻山洪。

（戊）工程上之土方统计：上述工程之土方数，计填土四万八千公方，挖土二万六千公方。因渠道路线变为直线进行，长度缩短，故土方数亦因之减少数万也。

三、施工时之责任分担

经农贷会审核决定后，对于渠道改线，与大小两坝之改筑及桥梁涵洞之修建等等，凡属于工程方面之事项，概由农贷会全权主持，委派工程人员组织“龙公渠工程处”，负责办理。至于工程上一切费用，则由本渠有关员绅，组织本渠水利协会，为本渠之负责主体，对农贷会即为贷款负责机关，代表地方向农贷会负责贷款，以应工程上一切开支。

又水门桥以下，有应行改善之部分，统由水利协会自行负责办理。其工程费用，亦由地方自行筹措。

第三章　水利协会组织呈报案

一、组织水利协会之动机

经济部第六水利设计测量队，对于龙公渠古城段沟坝，测量计划之后，认为有另行改善之必要。测量队长李国彦，因向农贷会建议，请其令饬地方组织水利协会，负担贷款责任，以便贷款兴修。此斯会组织之第一动机也。

龙公渠自二十六年兴工开凿，至二十八年，全渠业已贯通，涸田得沾水利。沿渠民众，洒却无数汗血，至此稍获慰安。以后碎修防护，继续工作，固所愿也。惟河工处各项职员，经两年之劳苦，渠道既大体完成，理应解除责任，息肩休养。故对河工处一机关，此时实有结束之必要。然此后贷款之筹还，渠道之管理，水规之厘定，水份之划分，渠身渠堤之修理防护，桥梁涵洞之规划建筑，事体源源而来，工作仍复不少，势非另立机关，为此类事件之责任主体，将无以作首脑而表倡率。前此出力员绅，言念及此，故拟组织水利协会，以负河工处瓜代之责。此斯会组织之第二动机也。

适奉政府通令：废区立乡。第二区经民众决议，分为玉龙、铁池两乡。全区共有之寺庙公产，倘分乡之后，按照属地主义，则地界属于何乡，即归何乡管有。地方民众深恐年深日久，历史湮灭，渐将区有之物，变为乡有，各乡或有或无，权利不均。因念龙公渠道，系全区公有之物，若设水利协会，为全区共有之水利机关，除管理渠道之外，并将全区共有之寺庙公产，收归会中管制，庶不致限于地界，流于偏枯。此斯会组织之第三动机也。

有上述三种动机，故“龙公渠水利协会”遂于二十九年八月九日组织成立。从此河工处一切事件，皆由水利协会负责办理矣。

二、水利协会组织完成后呈请县府刊发图记以昭信守文二十九年十一月十二日

呈为呈请刊发图记以昭信守事。窃查龙公渠道，蒙云南省农田水利贷款委员会，指派经济部第六水利设计测量队，精密勘测，对于水门桥以上一段，认为有彻底改善之必要，饬由地方组织水利协会，为贷款负责机关，以便贷款兴作，期于改善等因。已遵令于本年八月九日，在玉龙村召集沿渠民众，将本会组织完成。又于十一月十日，召集沿渠各村代表，商讨贷款事宜，当经一致通过，随即填具贷款申请书，呈请钧府转呈农贷会，请祈核示在案。惟本会成立至今，为时已久，对会中应有图记，未奉颁发，前办各种文件，均以私章代用，殊不适宜。理合备文呈请钧府俯赐鉴核，刊发“宜良龙公渠水利协会图记”一颗，以昭信守而利办公，实为公便！

谨呈宜良县县长宋

宜良龙公渠水利协会会　长董　钜
副会长陈　禄
陈永德

三、宜良县政府照农贷会代电指示先例刊发水利协会图记训令

宜良县政府训令四水字第一四三号
民国三十年六月五日

令宜良龙公渠水利协会会　长董　钜
副会长陈　禄
陈永德

案据该会五月二十六日呈请刊发图记以昭信守一案到府。卷查水利协会图，前文公渠水利协会组织成立时，呈请刊发前来，业经转呈云南省农田水利贷款委员会刊发在案。旋奉农总字一六四号删代电，略开：“图记一项，应由该县政府刊发备用，呈报备案”等因。奉此，自应援照前例，刊发该会木质篆文图记一颗，文曰“宜良县龙公渠水利协会图记”，仰即祗领启用，并印具图记模式，连同启用日期，呈报来府，以凭转报。勿违。切切！

此令

计发图记一颗

县长　宋光焘

四、水利协会印具图记模式连同启用日期呈报县府备案文六月廿日

呈为呈报事。案奉钧府四水字第一四三号训令，尾开：

“自应援照前例，刊发该会木质图记一颗，文曰‘宜良县龙公渠水利协会图记’，仰即祗领启用，并印具图记模式，连同启用日期，呈报来府，以凭转报备案。勿违。切切！此令。”等因，计发图记一颗。奉此，遵即于六月十二日敬谨启用。除通知龙公渠有关各村外，理合印具图记模式，连同启用日期，备文呈请钧府核转备案示遵，实沾公便！

谨呈宜良县县长宋

附呈龙公渠水利协会图记模式二纸

宜良龙公渠水利协会会　长董　钜
副会长陈　禄
陈永德

五、宜良县政府呈转龙公渠水利协会图记模式及启用日期请农贷会备案文三十年七月一日

案查职县前为县属文公渠水利协会转请刊发图记一案，曾奉钧会农总字第一六四号删代电，略开："图记一项，应由该县政府刊发备用，呈报备案。"等因。今县属龙公渠水利协会，亦呈请刊发图记前来，当经援照前例，由职府刊发木质图记一颗，文曰"宜良龙公渠水利协会图记"。令发祗领启用，并饬印具模式，连同启用日期，呈报来府，以凭转报备案。去后，兹据该会正副会长董钜、陈禄、陈永德呈报称："遵于六月十二日敬谨启用。除通知龙公渠有关各村外，理合印具图记模式，连同启用日期备文呈报。"等语前来，除将模式抽存一份备查外，理合检同模式一份，备文呈请钧会鉴核备案。

谨呈

云南省农田水利贷款委员会

计呈图记模式一份

宜良县县长　宋光焘

六、宜良县政府因转呈图记模式及启用日期一案奉到指令

云南省农田水利贷款委员会指令农总字第七八七号
民国三十年八月二十日

令宜良县县长宋光焘

呈一件：据转报宜良龙公渠水利协会图记模式及启用日期请备案由呈暨附件均悉。准予备案。除分呈外，仰即转饬知照为要！

此令

附注：县府转饬令不再重录

七、水利协会为办事敏速计拟对玉龙铁池两乡乡长及各村保长行文用令呈请县府核示文三十年六月二十三日

呈为呈请核示事。窃职会奉令成立多月，前因图记未奉颁发，关于渠道事务，对玉龙、铁池两乡乡长、保长等，所行公文，概用通知，以致办事迟滞，贻误实多。今图记已奉令刊发，并将模式及启用日期呈报在案。现值渠道工程，正当加紧工作之际，非有权责，难以办理。以后职会对玉龙、铁池两乡乡长及各村保长行文时，拟请准予用令，以便督责而速事功。是否有当，理合呈请钧府衡核示遵！

谨呈宜良县县长宋

宜良龙公渠水利协会会　长董　钜
副会长陈　禄
陈永德

八、宜良县府对上件呈文批复令

宜良县政府指令四水字第一三三号
民国三十年七月一日

令龙公渠水利协会正副会长董　钜　陈　禄　陈永德

呈一件：据呈该会对玉龙、铁池两乡乡长及各村保长行文拟请准予用令，以便督责而速事功由呈悉。如呈照准，以期办事敏速而利进行。除分令外，合行令仰知照！

此令

县长　宋光焘

九、县府核准水利协会行文用令并转饬乡保长知照令

宜良县政府训令四水字第一五三号
民国三十年七月一日

令玉龙、铁池乡乡长陈　旭、董　钺

案据龙公渠水利协会会长呈称：

“……现值渠道工程，正当加紧工作之际，非有权责，难以办理。以后职会对玉龙、铁池两乡乡长及各村保长行文，拟请准予用令，以便督责而速事功。是否有当，理合呈请衡核示遵！”等情。据此，除以“如呈照准，以期办事敏速而利进行……”等语指令暨分令外，合行令仰该乡长遵照，并转饬所属各保长一体遵照！

此令

县长　宋光焘

十、水利协会造具职员履历表及经费预算表呈请核转备案文民国三十年八月三十日

呈为呈请核转事。窃职会自奉令组织以来，迄今将近一年，前此会内开支经费，系以奉颁之水利协会章则为标准。刻下奉令改善龙公渠道，会内事务，较前繁多。会内职员，亦须酌量增设，呈请核委，方足以专责成而资应付。且因百物腾涨，生活日高，开支经费，亦须较前扩大。兹根据“云南各县水利协会组织规则”第十条之规定，针对会内需要，酌设事务员二员，工务员一员，并工友二名。每月经常临时各费，拟定为捌百元。理合造具职员履历表，及经费预算书各三份，一并备文呈请钧府核转备案。表列职员三员，并祈衡核给委，转呈备案示遵！

谨呈宜良县县长宋

附呈龙公渠水利协会职员履历表及经费预算书各三份

宜良龙公渠水利协会正副会长董　钜　陈　禄　陈永德

第四章　北古城等十二村对渠道改线之讹误

北古城一带村落，因居地洼下，常恐多开一渠，引水入境，酿成境内水灾。故对往日开凿东河（后改称龙公渠），历持异议。民国二十六年，蒙省主席龙公，转托当时军需局段局长筱峰，从中调处，结果使宜路两方互相牵就，对开凿东河之议，始定为由水门桥起，新凿渠道，以渡槽十三座，承接十二村旧渠尾水，引灌下游农田，自水门桥至龙口一段，仅将旧渠渠身扩大，渠岸增高，使其多纳水量，足以分惠下游。关于改修旧渠之工程费用，概由宜方负担，占用田土，亦由宜方补价。此承接尾水以前之协定办法也。

十二村民众，咸知过去开渠，倡自陈禄、董钜、傅瀛、马负图、陈永德诸人。其间经营擘划，以陈禄之用心较多，董钜等亦周旋其间，鼎力主持。故对此次渠道改线，各该村民众，即以陈董二人为主动，谓为违反原议，移灾害民。联名具呈建厅，请求明令制止。不知改线工程，系由经济部第六水利设计测量队，测勘计划后，报请省农贷会主持办理。该队以至公无私之态度，勘测斯渠。其所计划，不特对宜方水利大有裨益，同

时对十二村水患，亦经周详计划，设法避免，故各该村之非议陈董，实由于印相不良，观念讹误。旋经建厅张厅长西林，亲临北古城，召集宜路官绅及十二村民众代表，剀切训示，并继续开会，解决各种问题后，顿使过去嫌隙，涣然冰释。从此宜路官绅，以诚相见，而十二村民众对于开渠事件，亦不发生异议矣。迨至渠道成功，近渠各村常有一堤如带，绕过村旁，而且沿渠植树，久已成阴。渠水滔滔，昕夕长流。气候为之调和，风水因而加胜。游息有登临之便，浣濯无汲井之劳。回思张公训词，所谓“渠道成功，利益同享”，夫岂虚语也哉？

一、宜良县政府奉建厅令发十二村请制止开渠原呈

云南建设厅训令水字第一〇三一号
民国二十九年九月十七日

令宜良县县长宋光焘

案据路宜陆三属附近十二村民众代表李耀廷等呈报：“宜良县民陈禄违反原议，另开河道，移灾祸民，请派员彻查制止。”等情到厅。除以“呈悉。查宜良县开挖东河一案，前经迭酿纷争，嗣经有关地方合组工程处，妥为计划，实施办理在案。兹据前情，应候令饬宜良县长详确查明，秉公处理，附具图说，呈凭核夺。仰即遵照！此批”等语批示外，合将原呈抄发，令仰该县长即便遵照办理。切切！

此令

计抄发原呈一件

兼厅长　张邦翰

具公呈人：路宜陆三属附近古城十二村民众代表李耀廷、韩国荣、李正馨等，为违反原议，移灾祸民，恳请迅予彻查制止，以拯群黎而免纷争事。缘代表等十二村，居住于大赤江弧形环境之内，三面临水，一面靠山，因地势过低，恒受水淹之灾，故十二村内之老古城、南崔哨、夏家屯、洛阳巷、王家桥、中营、皮子店等村，不惟田亩受淹，即居住之村落，亦在低陷区内。是以各村房屋之石脚，其高度均在一丈以上，事实昭然，远近咸知。又因赤江之水，只加民以灾害，从无利于农田。先辈人士，始开挖圩沟一条，以资灌溉，由河头营侧面，打大石坝一座，横亘于赤江中央，从龙口洞引水，纡回于十二村田亩之间，至永津桥仍汇入大赤江。然此赤江水流，虽加民以灾害，但系天造地设，莫可避免者也。代表等十二村居民二千余户，人口二万以上，衣食所资之田一万余亩，因土地肥沃，农产丰富，故虽有水淹之灾，人民在可能范围内，分头设法避免，始得以安居乐业，各遂其生。不料民国二十三四年内，宜良第二区土劣陈禄、董开先等，因利忘害，倡开东河，代表等为生命衣食所驱使，不得不誓死反对，分别呈诉。蒙上峰委员勘查，洞悉民瘼，深知代表等十二村所受水灾。若再开一河道，则引入之水加倍，必葬十二村于鱼腹。又经清丈处王组长率带技术人员，由该陈禄所拟之河道起点至终点，逐步测量，结果地势南高北低，由起点至终点相差二丈以上，始知目的难达，罢另开河道之议。继后该陈禄等又种种设法，代表等为切肤之害，亦竭力反对。延至民国二十六年，军需局段局长关心民生，始有接余水之提议。代表等素钦段局长之人格伟大，威望早孚。始在下列三项原则下，分别商讨，逐步进行。又在宜良县府召集开会，代表等信其久守不渝，始欣然应允，并加协助，以期早收实利。今将三项原则详陈之：（一）水源系接永津桥余水；（二）被占用田亩抬粮补价；（三）对于十二村灾害，设法避免与救济。代表

等十二村民众秉性忠实，以为十二村之余水，与其下河而无用，何如畅流而下，以救涸田。所谓引无用之余水，灌有用之农田，使南北民众之情感，因此一流而永系。对十二村之灾害，又可依其救济，南北民众互受其惠。若永遵此三项原则，从今以后，尔无我诈，我无尔虞，世代子孙均沾互惠。各条件之利益，凡有知识及天良者，谁不乐从而赞助之？殊知人心不古，得寸进尺，该陈禄之野心计划，亦如倭寇之侵略，始则进据东四省，继则进及华中，再及西南。该陈禄等接着余水之后，原议三项原则完全违反，所谓被占田亩抬粮补价一层，亦只敷衍从事。田亩被占，衣食无着，而犹负担耕地税者，尚有十之八九。此其违反原议者一也。避免灾害一项，则更全无人道。该等急于求利，两旁圩堤七通八漏，附近田亩均受水淹。每年小春所得之豆麦，淹死十之七八。昨今两年，已受同样之灾，则救济灾害之原议，不惟不避免，反从而增加之。因十二村前受之水灾，是在六七月间栽插之后，使十二村人民在豆麦收获之二三月又受水灾，已演成上下两发，均受水灾之大害。此其违反原议者二也。对接余水一项，今更派使技术人员另测河道，在大坝上游要另开河道一条，而不接余水。最初该陈禄等即使人暗地宣传，不久要另开河道。若敢异言及阻止者，格杀无（勿）论。代表等初闻，犹半信半疑，及此次技术人员之测丈钉桩号，始知其言之非妄，惟尚未动工耳。查该陈禄等所引十二村之余水，昨年已达到目的，惟因下段有三四处地势太高，以致缓流而不畅通。该陈禄不实地考查下段，而向上游侵蚀。揆其居心，亦不外藉此自肥。代表等实地考查下段高点阻水处，一为独房子，一为乾龙潭，一为大桥头起，一为小渡口南头箐门口。上列四处，实乃阻水不得畅流之最大关键。该陈禄不作对症投药之想，只作向上侵占之谋，欲借另开河道之名，而作掠财自肥之举。劳民伤财，天理何在？代表等圩沟引入之水，足以灌溉三万亩之田。若畅流而下，则南头之涸田，足资灌溉而有余。查陈禄等开河引下之水，受其实利者，不过一万五六千亩。其他之田，原先即有水源，虽无此水，亦可栽插。不然在过去数百年中，将何以为生乎？该陈禄故意捏报亩数，亦掩饰人民耳目，而遂自肥计划。又陈禄等开河后，受益之村落，不过十一村，总计其受益之田亩，与代表等村之田亩相比，只有代表等二分之一。当此提倡民生，救济农村之紧要时期，损一救十之事件，尚须设法维护，万不许加以摧残。今该陈禄之计划，乃损二救一之毒谋，代表等为生命衣食计，誓必打倒其侵略野心，而恢复三项原议。又因此东河河道，系顺山脚由北而南，若听其另开河道，则引入之水必加倍于前。倘雨水下降，山洪暴发，则山洪之水顺山而下，东河河道适当其冲。万流山水尽入东河，加以赤江水涨，则各处之水必向低而北聚。嗟嗟！代表等十二村之田亩房舍，尽必淹没矣。且河道所经之地段，乃肥沃良田，并非荆棘纵横、荒凉满目之旷野，何得任意摧残之、灾害之？该陈禄蒙上欺下之粉饰，不外兴水利而救农村。夫以未有之利，犹倡兴之，则吾十二村已成之利，岂宜危害之、掠夺之？损人利已，天道何存？法理何在？倒行逆施，莫此为甚。果使该陈禄另开河道之毒计成功，则十二村民众，分隶路宜陆三属，一闻其另开河道之言，即不啻投吾民于饥溺之中，如死难之降临。今为生命计，为衣食计，誓必以死相拼。民众之愤急情形，笔楮难详。夫国以民为本，民以食为天。对衣食之危害，即生命之危害也。任何庸愚，决无束手忍受之理。代表等情迫水火，是以详陈下情，伏乞钧长俯赐垂怜，为民保障，迅予委派干员莅临勘查，速转饬该陈禄等实行最初之三项原议，取消另开河道之野心，俾代表等十二村民众，不致被陈禄暗杀于无形。所谓杨枝一洒，万众庆生，则代表等十二村民众，世世子孙，永沾德赐不忘矣。

谨呈云南省建设厅长张

具公呈人十二村民众代表李耀廷、韩国荣、李正馨、杨欣荣、杨凤光、毛瑞彩、安渭之、韩国粹、杨光兴、王纲、杨济文、杨崇光、杨钧培、王家荣、李琛、吕镛、郭天庆、萧其铭、萧继斌、沈荣修、夏芝兰、王家模、郭家训、杨廷栋、陈永裕、陈宝寿、游观泉、张琼林、杨家宝、谢云峰、杨茂昌、唐兴义、杨正昌、何连芳、李士文。

二、张厅长西林莅临北古城调解渠道改线纠纷训词三十年八月三十日

各位父老、各位同胞：今天自己来到古城这地方，承大家这样热心热肠的来欢迎，自己是很感谢的。又承年高齿迈的杨老先生也很精神的来参加，更使我非常欣慰！我今天和宜路陆三属的同胞，用和平诚恳的态度，平心静气的情绪，根据事实，融洽地方舆情，好好地商量，详密的来讨论我们国家很迫切重要的问题。这问题是什么呢？就是国家的健全和人民生活的问题，简单说就是国计民生的大问题。

我们自从和日本打仗，到现在已是整整的四年了。而打仗所必要的资本，就是粮食。前方抗战的军人，受粮食缺乏的影响，已是饥饿得无力气打仗了。我们不是常常听见说“前方抗战，后方生产”的口号吗？为何要这样说呢？因为前方的将士，辛苦而拼命的打日本人，为的是争民族的生存。在后方的民众，必须增加生产，以充实抗战的国力。所以我们主席龙公，锐意的振兴农田水利，一百亩至三百亩的荒田，由地方自行开发，如经济力量困难，政府可尽借贷。五百亩至一千亩的，由政府开发。所以我这次来到这里，本着我的天理良心，诚意的要望大家也本着天理良心，和和气气的一致通力合作，来做这振兴水利，开发农田，增加生产的工作。这个提倡农田水利，并不是宜良一县的事，也不是我们云南省的事，乃是全中国整个国家、整个民族的事。我有一点声明：我今天来做这开发水利的事，不是宜良的人民和我很好，更不是我和路南的人有仇，要来害路属的人。宜路两县的人，都是同胞。所谓手心也是肉，手背也是肉，绝对保障古城十二村的民众不会遭受什么损害的，绝对保障你们的生命财产不会危险的。

现在我要说开河的问题了。这次开渠，是有科学性的。工程人员是有计划的。管理这渠，由地方组织管理水利的机关，使民情上达，而可得着切实应解决的问题。将来渠道占用的田，从优的发给地价。我说话是负责任的。并且将来还可享受渠道上永久的利益。关于享权利的分配，在以前的古规，有日水份及夜水份的分别。现在不然了。是要用科学的方法，先测量灌溉的田亩要多少水，就可安一个涵洞随时可放。这水洞对于水量是有限定的，使我们绝对不会有争水的事。

这新开的渠道，照工程师的测量计划，是由古城西面的蒲草田中经过，其长只有三公里，占用的田亩甚少。统计不过五六十亩。这与大家要求少占良田的原则完全相合了。

我平生做事，都是本着良心的驱策，用忠诚的态度，希望大家谅解。要知道开渠是国家要增加生产，不是个人的以及宜良一县的。而是抗战时期，整个国家为图民族生存的问题。我今天和各位谈话，大家有什么意见，尽可以尽量的说，不要暗中生事。总要商得一个尽善尽美的解决办法，对古城十二村人民有何害处，可以提出来说。我们平心静气，大家本着天理良心，开诚布公的好好商量，我是很愿意虚心接受的。

三、张厅长召集宜路官绅讨论龙公渠改线问题会议纪录

时间：民国三十年八月三十一日午前八时至午后二时

地点：古城镇公所

出席人员：张厅长、朱专员、罗县长、宋县长、黄天华、段吉斋、古城十二村代表李耀廷、杨炯等及民众五百余人

主席：张厅长

纪录：陈　锟

讲演：张厅长讲演“开凿龙公渠之意义及抗战期间应有之认识”。其讲词即前面所录之训词。

讨论事项：

（一）沿用旧渠增加其高宽度数及另辟新渠，何者较为完美，请公决案。

议决：同意另辟新渠，惟新渠利益，古城十二村人民应共同享受。

（二）另辟新渠，难免有种种危险，应如何设法避免案。

议决：（甲）关于另辟新渠之危险，应由技术人员妥为计划，先事预防。

（乙）各处山洪暴发之水，应设暗沟，使其直通原排水沟，勿使发生危险。

（丙）新渠浸水有害农田者，应由技术员切实计划，避免危害。

（三）新渠占用人民田地，应如何补价案。

议决：（甲）新渠征用之田，如业主要求以田还田者，应根据其田之生产量，拨生产相等之田亩补偿之。

（乙）如征用之田，业主要求给价者，须公同会商拟定，照市价加二成给补。

（四）管理水闸，应由政府设置机关，并加入地方人员，以便参加意见案。

议决：呈请建设厅拟具办法，转呈省政府核准施行。

（五）此次另辟新渠，以兴水利，实由路属古城民众深明大义，牺牲地方意见，以利抗建。将来渠道完成，应立碑以资表彰案。

议决：照案通过。由建设厅转知农田水利机关，俟工程完结后，拟定碑式图案照办，以资表扬。

（六）龙公渠水利成功，将来所受利益，应酌定若干，逐年收送古城，作为教育补助费案。

议决：由建设厅拟定办法，令饬宜路两县遵照办理。

临时动议：

（一）古城绅首李耀廷提：旧渠占用田地，应请免税案。

议决：旧渠接尾沟所占田亩，应克日取消。由宜路两县县长调查，呈请施行。

（二）古城绅首陈华甫提：新渠取土应如何指定案。

议决：新渠取用之土，交由工程处商同地方人员取用。

（三）罗县长提：新渠告成，如遇水源缺乏，应优先引用案。

议决：交由管理机关，会同两县当事人员妥为商拟使用办法，呈候核准施行。

（四）新开渠道名称如何决定案。

议决：只用“龙公渠”，不再冠县份名称。

四、张厅长回省后函嘱宋县长办理事件

光焘县长仁兄青鉴：

此次东河问题，吾兄跋涉辛勤，而我路南民众深明大义，宜良民众亦能了解现状，

尽情容纳，使数百年纠纷片刻调整，世代冤仇一旦冰释，颇足欣慰。惟尚有数事，希即偏劳处理：（一）此案既经弟调解，则此后宜良民众，凡偏激之语，揶揄之言，均不宜再出于口，以免激起反感。（二）征收田亩之款，应克日照发，以免再生枝节。（三）此次会商结果，希会同路南县长详呈来厅，以便转呈省府。此布，臆即希迅速办理。

顺颂政祺

弟张邦翰手肃　三十年九月六日

五、宜路两县长会衔呈报张厅长亲莅古城解决开渠纠纷情形文

为会衔呈报事。窃职等前奉云南省农田水利贷款委员会电知："张建设厅长于八月卅日，亲莅商讨龙公渠开工事宜……"等因，职等遵即分别令知所属有关两县绅首民众，届期出席参加聆训。八月卅日午前九时，厅座及朱专员乘车莅宜，即率同宜邑官绅，驰赴路南属古城镇公所，时将午后二时。职路南县已召集所属官绅及古城十二村民众静候，厅座于绅民热烈欢迎声中，登台讲述国家抗建大计，及开发农田水利，增加生产之重要问题，语语肫诚，和蔼可亲，剀切训示，历三小时。官绅民众，莫不感动。至午后五时，始宣布休息。次日（卅一日），厅座晨兴，继续召集宜路两县官绅及古城十二村民众代表数百人，正式开会，即席训示开渠办法，暨兴工计划，历三时许。餐后，继续讨论提案，厅座主席，每提一案，均先作详切之解释。民众代表，亦均各本真诚，切实讨论。结果，共议决提案六件，临时动议案四件。宜路两县，各推定一人纪录。所有议决事项，备载会议纪录，均关重要。所有会议经过情形，理合缮具会议录二份，会呈钧厅鉴核，分别转呈施行，并祈示遵！

敬附呈者：本案纠纷，历时已数百年，此次仰赖厅座不辞辛劳，亲临训示，本至公无私之赤诚，及政府兴利增产，爱护民众之德意，精神所召，使两县积怨一朝冰释，开渠事宜得以进行顺利。我厅座功在国家，恩洽茆屋，其功绩自与龙公渠永垂不朽。而路属绅民，亦咸能以国家大计，人民福利为前提，蠲弃前嫌，共襄盛举，此其热心盛意，亦足嘉尚。将来渠道工竣，尚应列叙事实，勒诸祯珉，永志感戴之忱于无既。此案系职光焘主稿，职人吉会核，合并陈明。

谨呈云南省建设厅厅长张

计呈会议纪录二份如前

路南县县长　罗人吉

宜良县县长　宋光焘

中华民国三十年九月十日呈

六、水利协会遵张厅长面谕，补偿旧渠占用田亩地价尾数，办理完毕后，具册呈县请转呈建厅备案文三十年九月

呈为呈请核转备案示遵事。窃查龙公渠于民国二十六年三月奉令兴工开凿，由路南属之北古城龙口起，至宜良之汇东桥止，所有渠道经过北古城等村路线，占用民田，已派技术人员会同各该村绅首测量完竣，共占田二百零四号，计合伍拾柒市亩玖分玖厘捌毫。于民国二十九年十二月，曾经钧长召集宜路两县有关士绅在县府开会，共商占用田亩补价标准，议决：上等每亩给价伍百元，中等每亩给价肆百肆拾元，经纪录在卷。随即携款前往北古城区公所，照数发补，已经发给壹百柒拾肆号，计伍拾亩柒分陆厘捌毫，合计补去国币贰万肆千陆百贰拾肆元肆角贰分。其余迭次催促，不愿领价者，于本年九

月一日，蒙建设厅长张公亲临古城会议后，另照时价，酌定标准，凡前次未领者，照原定价额加一倍补发。职会当即遵令办理，于九月五日派员携款前往北古城镇公所，查照册载亩积，如数发请，共补发叁拾号，计柒亩贰分叁厘，补去国币柒千零玖拾贰元。前后两次共发足占用田亩贰百零肆号，计伍拾柒市亩玖分玖厘捌毫，总共发去国币叁万壹千柒百壹拾陆元肆角贰分。理合连同前次补价亩数，一并造具清册，备文呈请钧府鉴核备案，并转呈云南省建设厅备案示遵，实沾公便。

谨呈宜良县县长宋

计呈龙公渠原开渠道占用北古城各村田亩补偿地价清册二份

宜良龙公渠水利协会正副会长董　钜　陈　禄　陈永德

〔附注〕民国二十九年以前，物价未曾膨胀，币价亦未降低。至三十年，物价约高涨一倍，币价亦约降低一倍。自三十年以后，物价币价，便有相反之剧烈波动，一升一降，月异而岁不同。至三十四年，因抗战胜利，战事告终，始有一度回头，然未及一年，又回复为战时状况。上述田亩补价，每亩虽只补国币伍百元，然以当时谷价计算，约可买谷叁拾公石矣。故以当时田价而论，此种补价标准，诚可谓格外从优。编者识。

七、对旧渠占用田亩报请免税之办理情形

水利协会对旧渠占用田亩，补价完毕，随即造具占用田亩补价清册，呈请宜良县府转呈备案。旋奉宜良县府指令照准。并令该会再将此项占用田亩，分别地号、亩积等则及业主姓名等项，造具清册三份，呈报到府，以便转请豁免地税。是时水利协会，因有办理补价之田亩清册，当然易于办理。故奉令后，立即遵照指令项目，造具请免地税之占用田亩清册三份，呈报到县，请求转报核免。故此案亦即于最短期间，办理结束。因其手续简便，故对呈报文件，不再赘录。

第五章　沈家营、南大营、上下伍营四村退出水份案

沈家营、南大营及上下伍营四村，恃有三角塘水，对于原有农田，强敷灌溉。又有一线龙泉，昕夕长流。转念开龙公渠路线迢遥，工程浩大，摊款出夫，何时得已。且过去原议，系接旧渠尾水，田多水少，灌溉难周。二十九年，又计划北古城段，另改渠道，以后工程益大，责任益多，言念及此，遂图一时苟安，情愿退出水份。各该村民众，曾迭次呈文县府，要求履勘解决，情词极为迫切。最后乃由水利协会召集各该村民众代表，订立规约。各该村对过去开渠所出之款项夫役，甘愿作为义务。对以后龙公渠水，甘愿放弃，决不牵动分毫。并由当时四村首人，出具永远放弃水份切结，连同所订规约，一并呈县备案。兹将该四村退出水份案件，备录于后。

一、沈家营、南大营及上下伍营四村再陈苦况请求免除负担文

呈为再陈苦况，恳请亲勘以明利害而免负担事。窃民等四村对于东河，客岁曾以有害无益，民不能堪，恳请亲予复勘，免除一切负担等情，具呈在案。本应静候解决，惟顷奉河工处征收河租公文，略开：本年放河水栽种者，每亩收谷贰市升。本年虽未放河水，而向在受益界内者，每亩收谷壹市升。若是，则民等四村向来未受点水之益，且无受益之可能，亦无需水必要，何以摊派如故。四村受此追呼，至再至三，小民实所难堪，特将各种理由，谨再缕晰陈之：（一）查开河原议，谓开凿时所用土工，须本互助之义，全区通力合作，迨河道通后，无论出夫出款，即由受益田亩负担。此议至公至正，人所乐从。故数年来，四村所出开河夫役，不下数万，民等毫无推诿。又历次会议及所行公

文，对于一切担负，均以受益田亩为定则。民等四村有害无益，似应不在征收之列。今反催收甚急，实与原议及公文不符。此应陈明者一。（二）查开河时被破坏之沟道，全河上下早已修复。独民等被破坏者，尚有幹沟一条，支沟四条，竟自置之不理。回思未开河时，民等水量充足，沟道四达，自沟道被破坏后，河下田亩完全不能灌溉，所受损失，不可胜计。而四村有用之水，反截入东河，以济下游。客岁虽蒙修复幹沟二条，而余沟未修，故多数田亩，依然受害。是民等未受东河之益，反受东河之害。东河无水以济四村，而民等具有余水以利东河，如此而令民等担负款项，揆之理法，讵得谓平？此应陈明者二。（三）查开河实为缺水之村落起见，民等水自足用，何俟他求？今因其他村落之故，致民等受种种损害，田地听其占用，沟洫道路听其挖毁，夫役听其催派。且开河之初，四村亦曾补助数千之款，二十余石之谷。今占用之田地，不予补价，破坏之沟道，不为修复，反向民等征收河租，似于情理未合。此应陈明者三。民等据此种种理由，而受此不平待遇，譬诸奴隶牛马，受人苛虐，亦应呼号求救。矧民等四村数百户，均属无辜赤子，若此事一日不决，则四村一日不安。村民既不得安，欲其不呼吁而不能。况田地能否受益，自有天然形势可查，非同狡猾一流，徒以笔舌争辩。

钧长公同天地，明并日月。除详情及其他理由前经陈明外，兹特撮要再呈，仰祈鉴核亲予复勘，并予解决，以免四村小民再受追呼之苦。至民等被破坏之沟道，请令即行修复，被占用之田亩，即行补价，以符原议而昭公允，则沾感宏恩无既矣。以上各缘由，是否有当，除呈河工处长外，理合具呈钧长鉴核示遵。

谨呈宜良县县长宋

具呈人：南大营保长汪雨膏、公民史君聘、宋正柄、史复仁、汪建章；沈家营保长沈序廉、公民沈家珍、沈兆芳、沈兴仁、沈序明；上伍营保长冯春荣、公民陈祯、陈楼、陈培桂、陈载崑；下伍营保长孙其明、公民孙永寿、陈永泰、张文、张家礼。

中华民国二十九年十一月　日

二、段处长据南大营等四村请求履勘免除负担一案致宋县长请核办函二十九年十一月二十日

正函覆间，接南大营、沈家营、上下伍营等四村保长公民汪雨膏、史君聘等请亲临查勘免除河租负担等语。查该绅等所陈，不无理由，既经分呈贵府，即请吾兄召集河工处有关人员暨四村绅首等，秉公处理，以息纠纷。并请督饬河工处经手人员，务须将历次收支帐目随时公布，庶免民众生疑。弟因兼办军粮，事务纷繁，万难抽身。劳神之处，容后面感。

又及钞送原呈一件

治弟段克昌　顿

三、宜良县府令饬水利协〔会〕解决南大营等四村请求案文

宜良县政府训令四水字第五四号
民国二十九年十一月廿七日

令龙公渠水利协会会长董　钜　陈　禄　陈永德

案准前兼龙公河河工处长段十一月廿日抄送本县南大营、沈家营、上下伍营保长，公民汪雨膏、史君聘等二十人联名呈请亲临查勘免除河租负担等情，原呈一件附函，内开：“……查该绅等所陈，不无理由，既经分呈贵府，即请召集河工处有关人员暨四村绅

首等，秉公处理，以息纠纷。并请督饬河工处经手人员，务须将历次经手帐目随时公布，俾免民众生疑……”等由。准此，查此前据该保长民众具呈到府，当经令饬该会长等遵照，定期开会，切实商讨解决，以期妥善，并饬将办理情形报各在案。兹准前由，令将抄送原呈，随文令发，仰该会长即便遵照，限奉文后五日内，定期开会，召集各有关人员，切实商讨合理办法，并将河工处经手人员帐目，明白公布，以释众疑而免纠纷。仍将遵办情形具报查核，勿延。切切！

此令

计发原钞呈一件

县长　宋光焘

此案，水利协会奉令后，已于十二月十日召开第一次会议时，附带提出，请众商讨。经议决：“由董会长定期请县长亲临踏勘，根据原案，会同该四村绅首处理。”故又因搁置日久，始有解决。

四、南大营等四村代表第三次呈请查勘免除负担文三十年十二月十八日

呈为呈请核示履勘日期，以便迎候而期解决事。窃民等四村对于东河，前曾以再陈苦况恳请亲勘等情具呈。业蒙批示，略开：“所呈尚具理由，候令龙公渠水利协会召集有关人员开会，本府亦派员参加，或亲临商讨解决，仰即静候召集可也。”等因。奉此，嗣于本月十日，蒙召集到会，虽经附带提议，因钧长未曾莅临，本案毫无结果。今四村商议，请亲临查勘解决，并核示日期，俾便遵令祗候，是否之处，理合具文续呈，仰祈钧长鉴核示遵！

谨呈宜良县县长宋

南大营村民代表　史君聘　沈家营村民代表　沈序廉

上伍营村民代表　冯春荣　下伍营村民代表　孙永寿

县府批示：俟定期再为通知十二月二十七日。

五、南大营等四村保长公民续呈前案请求核示文三十年三月二十日

呈为呈请核示事。窃维民等四村对于龙公河一案，前曾以有害无益，民不能堪，恳请免除一切负担，四村情愿出具甘结，永不要水。至从前所出之夫役、款项、河租，四村甘愿作为义务。惟被破坏之沟道，请予修复，被占用之田地，请予补偿等情，具呈在案。旋奉批示，略开：所呈尚具理由，仰候令饬该河水利协会召集有关人员，本府亦派员参加，筹商解决等因，亦在案。嗣虽开会，提议仍无结果。民等又复呈报，并请核示履勘日期，俾便迎候等情。至今未奉批示，近闻水利协会诸公传言，谓民等果肯具结，永不要水，定即准如所请等语。因未奉明令，未敢擅便。是否之处，理合续呈钧长鉴核示遵。

谨呈宜良县县长宋

南大营保长宋正柄　公民史君聘　沈家营保长沈序廉　公民沈家珍

上伍营保长冯春荣　公民陈培桂　下伍营保长孙其明　公民孙永寿

六、宜良县府饬龙公渠水利协会解决南大营等四村请求案令

宜良县政府训令 四水字第一二一号
民国三十年四月十七日

令龙公渠水利协会会长董　钜　陈　禄　陈永德

案据南大营、沈家营、上下伍营各村保长宋正炳、沈家珍等联名呈称“呈为呈请核

示事云云（如前），……理合续呈钧长鉴核示遵”等情前来。查核四村保长、公民等于上年十一月十三日，曾以东河有害无益，请予履勘，免除一切负担等情具呈到府。业经本府以四水字第五四号训令，饬该会长等迅即召集有关人员，定期开会，切实商讨解决，以期尽善在案。嗣据该会签呈，并附会议纪录到府。核阅关于该四村请求之案，仅议决“由董会长定期请县长亲临踏勘，根据原案会同该四村绅首处理”等语，是本案仍未得合理解决。兹复据呈前情，除指令外，合行令仰该会长即便遵照，迅予召集该四村绅首会商，彻底解决，以息争端。切切！

此令

县长　宋光焘

七、龙公渠水利协会解决南大营等四村退出水份一案呈覆县府文三十年五月四日

呈为呈覆事．案奉钧府四水字第五四号暨第一二一号训令，略开：“案据南大营、沈家营、上下伍营四村保长暨民众代表等联名呈称：‘呈为呈请核示事。窃民等四村以龙公河有害无益，恳请免除一切负担一案，四村情愿出具甘结，永不要水。从前所出之款项、夫役、水租，甘愿作为义务。惟破坏之沟道、桥梁、涵洞等请予修复，占用田地请予补价……’等情。据此，查所呈尚具理，除指令外，合行令仰该会长即便遵照，迅予召集该四村绅首，定期会商，彻底解决，以息争端。切切！此令。”等因。奉此，遵即定期于五月三日，召集该四村代表到会，逐项商讨解决。对各该村要求条件，业已解决妥善，议定规约三条，纪录在卷。双方同意盖章，作为永远约规，互相遵守。就中下伍营一村并由保长代表出具永不要水切结，对于龙公河水甘愿永远放弃。奉令前因，理合将议定规约，检同下伍营切结，一并备文呈请钧府鉴核，备案示遵。

谨呈宜良县县长宋

计呈解决南大营、沈家营、上下伍营四村退出水份案所定规约一纸，暨下伍营保长代表切结一张。

龙公渠水利协会会长　董　钜

副会长　陈　禄　陈永德

龙公渠水利协会解决南大营、沈家营、上下伍营四村退出水份一案议定规约

日期：民国三十年五月二日

地点：龙公渠水利协会

四村到会代表：沈家营沈文鸿、沈兴仁，南大营宋正柄、史君聘，上伍营冯春荣，下五营孙其明未到

议定规约：

（一）据到会代表声称：四村民众曾迭次开会议决，谓四村既有龙潭，又有堰塘，水量充足，已敷灌溉。对于龙公渠水，甘愿放弃水份，永不要水。从前所出之夫役、款项、水租，愿以同区关系，作为义务。惟以后修凿渠道，对于出夫、摊款及其他一切责任，不再负担。龙公渠经过四村地界，四村民众决不凿洞开沟，引用点滴渠水。如有违犯情事，愿照龙公渠所定水规，受最严厉之处罚等语。因此双方通过，即以各代表所述言词，定为永远规约。

（二）开凿龙公渠，对四村地界内破坏之沟道、桥梁、涵洞，俟本年秋收，水利协会有款，即行逐步修复，以符原案。

（三）龙公渠占用之四村田亩，由水利协会测量统计，俟以后有款，即照二十九年议决之田地补价标准，如数补发。

负责解决人：龙公渠水利协会会长董钜、傅瀛、陈永德。

是日，下伍营方面因代表孙其明未到，故该村另具切结，以作规约。

八、下伍营退出龙公渠水份切结民国三十年五月二十五日

具切结人：下伍营保长孙其明，公民代表孙永寿、张华、孙其珍、孙其智，今于龙公渠水利协会，为投具切事。缘民等下伍营，因原有水量向已充足，经村民公议，对于龙公渠水，甘愿放弃水份，永不要水。从前所出之款项、夫役、水租，愿以同区关系，作为义务。惟渠道占用田地，请予补价，因开渠破坏之沟道、桥梁、涵洞，请予修复。自今以后，龙公渠道倘若再有工程摊款、派夫及其他一切责任，均与民村无涉。渠道经过民村地界，村内人民亦决不凿洞开沟，引用渠水。如有偷用渠水情事，愿照龙公渠公定水规，受最严厉之处罚。中间不虚，所具切结是实。

谨呈龙公渠水利协会会长董、陈

具切结人：下伍营保长孙其明，公民代表孙永寿、张华、孙其珍、孙其智。

宜良县政府指令水字第一〇二号
民国三十年七月　日

令水利协会会长董　钜　陈　禄　陈永德

一件：据呈报，该会解决南大营等四村对龙公渠权利义务条件请备案由呈及附件均悉。查该会长所呈规约切结，既经双方同意，应准备案。仰即知照！规约及切结存。

此令

县长　宋光焘

第六章　龙公渠工程处规划组织案

龙公渠上段沟坝（水门桥以上）既经第六水利设计测量队测勘完毕，当经拟具计划书，并绘具图表，报经农贷会核定后，亦认为有彻底改善之必要。于是检发计划图表及贷款细则，电令宜良县府转饬水利协会，令其遵循细则，办理贷款手续，按照计划实行兴工改善。从此，工程事件遂因之逐步实现矣。

一、工程发动之最初电令

云南省农田水利贷款委员会代电农总字第二七八号
中华民国二十九年九月二十五日

事由：检发龙公渠计划图表及贷款细则，仰即转饬水利协会办理贷款申请书，由宜良县宋县长光焘览。案查该县龙公渠水利工程，业经经济部第六水利设计测量队勘测完毕，计水门桥以上新辟引水渠，长约四公里，建筑进水闸门，俾龙公渠完全独立，不与路南属旧渠毗连，致滋纷扰。一面将已开辟龙公渠之不合规定部分，如横断面纵坡度以及一切附属工程，分别加以改良整理，似此计划，计估需国币伍拾余万元，可灌溉农田壹万市亩，实有兴办之价值。现以开工在即，合将该处计划图表随电附发，仰该县长即便遵照转饬该水利协会，速将贷款申请书，照章办理妥善，呈报来会，以凭核夺为要！

云南省农田水利贷款委员会有印外，附发龙公渠计划图表二份，贷款及贷款偿还细则各两份。

〔附注〕县府以四水字第四二号训令录电令转到会，不再重录。

二、水利协会呈报贷款申请书暨贷款借约请核转示遵文三十年一月十七日

呈为呈覆事。案奉钧府四水字第四二号训令：奉转云南省农田水利贷款委员会有日代电，饬职会速办贷款申请书，呈报到会，以凭核夺一案。除原文有案邀免备录外，后开："合将奉发图表细则随文令发，仰该会长等即便遵照！从速办理贷款申请书及借约等，呈府核转，勿得延误为要。切切！此令。"等因。附发龙公渠计划图表一份，贷款及贷款偿还细则各一份。奉此，已召集龙公渠受益各村、营、乡保长、绅首、会员代表等，于旧岁十二月十日，就玉龙村开会议决，并签呈钧府备案各在案。奉令前因，理合备具贷款申请书，暨贷款借约，一并备文呈请钧府核转示遵，实沾公便！

谨呈宜良县县长宋

计呈贷款申请书暨贷款借约各一份

龙公渠水利协会会长　董　钜

副会长　陈　禄　陈永德

三、宜良县府呈转贷款申请书及贷款借约请农贷会核示施行文三十年一月二十一日

呈为呈请鉴核示遵事。案据龙公渠水利协会正副会长董钜、陈禄、陈永德呈报，该会兴修渠道，奉令办理贷款手续，已照核定款额，填就贷款申请书及贷款借约，呈请转呈鉴核施行等情，附呈贷款申请书及贷款借约各一份。据此，查龙公渠道，虽经大体完成，引水达南狗街。惟因渠身狭小，比降不确，以致引水未能畅流，灌溉难望周遍。前经经济部第六水利设计测量队勘测计划，认为上游一段，有另行改善之必要。嗣报经钧会核定，亦认为有贷款兴修之价值。今该水利协会，遵照指示各节，备具贷款申请书及贷款借约，呈请核转前来。县长复查所填款额，与案相符，理合备文检同申请书及借约等呈请钧会俯赐鉴核，会饬祗遵！

谨呈云南省农田水利贷款委员会

附呈贷款申请书及贷款借约各一份

宜良县县长　宋光焘

四、水利协会呈请县府转呈省农贷会从速组织工程处继续整理龙公渠以利灌溉文民国三十年五月二十四日

呈为呈请转呈核办事。窃职会前奉钧府四水字第四二号训令开："案奉云南省农田水利贷款委员会有日代电开：'案查该县龙公渠水利工程，业经经济部第六水利设计测量队勘测完毕，计水门桥以上，新辟引水渠，长约四公里，建筑进水闸门，俾龙公渠完全独立，不与路南属旧渠毗连，致滋纷扰。一面将龙公渠之不合规定部分，分别加以改良整理。似此计划，计估需国币伍拾余万元，可灌溉农田壹万市亩，实有兴办之价值。现以开工在即，合将该处图表随电附发，仰该县长即便遵照转饬水利协会，将贷款申请书照章办理妥善，呈报来会，以凭核夺为要。'等因。奉此，合将各项图表随文附发，仰该会长即便遵照！速将贷款申请书照章办理妥善，呈府核转，勿得延误为要！此令。"等因。奉此，已遵令于一月十八日将贷款申请书照章办理妥善，呈请钧府转呈农贷会核示去后，迄今数月，尚未奉示。现刻已届夏令栽种之期，天气亢阳，久无霖雨，龙公渠水又被路属北古城从上截堵，不能下流，下游万亩农田，尚为一片赤土，无水灌溉，眼观滔滔不绝之赤江水源，无法引用（新辟渠道即计划引用此水），农民叫苦，撞地呼天。窃思提倡

水利，解决民生，当此抗战时期，实为急切要政。为此，不揣冒昧，沥陈下情，恳祈钧长仰体政府意旨，俯念民间苦况，转请省农贷会，从速组织工程处，对于上述渠道，克日开工整理，以期早观厥成而利灌溉，不胜迫切待命之至！

谨呈宜良县县长宋

龙公渠水利协会会长董　钜　陈　禄　陈永德

五、宜良县府据水利协会呈请速组工程处转呈农贷会核办文三十年五月三十一日

呈为据情转呈，恳祈俯赐鉴核，迅予核办事。案据龙公渠水利协会会长董钜，副会长陈禄、陈永德呈称："呈为呈请转呈核办云云（照录前面原呈）……以期早观厥成而利灌溉，不胜迫切待命之至！"等情。据此，查该会贷款申请书暨贷款借约，于本年一月十八日呈报前来，当经转呈钧会鉴核在案。至所称时届夏令栽种之期，渠水不能下流，下游万亩农田，尚为一片赤土，农民需水迫切，委属实情。据呈前情，理合备文转呈钧会俯赐鉴核，迅予组织工程处，俾对上述渠道，早得开工整理，以期早日完成而利灌溉，则沿渠民众，感戴宏恩于无既矣！

谨呈云南省农田水利贷款委员会

宜良县县长　宋光焘

六、农贷会复宜良县府代电

云南省农田水利贷款委员会代电农总字第六六七号
民国三十年六月十三日

事由：电知龙公渠工程处正筹组中，仰知照由。宜良县宋县长览。三十年六月四日转呈龙公渠水利协会会长等，呈请速组龙公渠工程处，以便开工而利灌溉等情已悉。查龙公渠工程处本会正筹划组织中，除前呈各节，候另案饬知外，仰即知照并转饬知照。

云南省农田水利贷款委员会元印①。

〔附注〕宜良县政府以四水字第一四五号训令录电令转到会，不再赘录。

七、农贷会成立龙公渠工程处饬宜良县府知照电文

云南省农田水利贷款委员会代电农总字第七九五号
民国三十年八月二十二日

事由：电知本会"宜良县龙公渠工程处"即日成立，已任命尤瑞霖为该处工程师兼主任，仰即该县长妥为协助保护，以利工事进行由。宜良县政府览。查该县龙公渠工程，经本会调查勘测设计，业已更改，岁时刻决定成立"宜良县龙公渠工程处"，并任命尤瑞霖为该处工程师兼主任，积极策划开工，所有该工程处一应工作，统由该县长领导。有关水利协会随时分工合作，勤求群策群力之方，期收事半功倍之效。至于员工人等，尤应切实予以保护，以策安全而利进行。除分令路南县政府外，合即电仰知照。

云南省农田水利贷款委员会养印②。

〔附注〕宜良县政府以四水字第一七三号训令录电令转到会，不再赘录。

八、农贷会令县府转饬水利协会选派工程处助理会计电文

云南省农田水利贷款委员会代电农总字第八一五号
民国三十年八月二十三日

---

① 此"元印"之"元"为"十三元"，表示发电报日期为"十三日"。

② 此"养印"之"养"为"二十二养"，表示发电报日期为"二十二日"。

事由：电饬该县长转饬龙公渠水利协会选派助理会计由。宜良县政府宋县长览。查宜良县龙公渠工程处成立伊始，会计事务至关重要。除着文公渠工程处会计员田建中暂时兼办该处会计事务外，合行电仰该县长即便转饬龙公渠水利协会，选派助理会计员前来襄助，以符定案而利进行，是为至要！

云南省农田水利贷款委员会梗印[①]

九、宜良县政府转饬水利协会选派助理会计令

宜良县政府训令 四水字第一七四号
民国三十年八月二十八日

令龙公渠水利协会会长董　钜　陈　禄　陈永德

案奉云南省农田水利贷款委员会总字第八一五号梗代电开：“衔略。查宜良县龙公渠工程处成立伊始云云，以符定案而利进行，是为至要……等因。奉此，合行令仰该会长迅速选派助理会计员一员，克日前往龙公渠工程处，襄助办理会计事务，并由该会迳函工程处转报，仰即遵照办理！

此令

县长　宋光焘

十、水利协会选派助理会计致工程处转报核委函

宜良县龙公渠水利协会公函 第　号
民国三十年八月三十日

迳启者：案奉宜良县政府四水字第一七四号训令开：“案奉云南省农田水利贷款委员会农总字第八一五号梗代电开：‘衔略。查宜良县龙公渠工程处成立伊始，会计事务至关重要，除着文公渠工程处会计员田建中暂时兼办该处会计事务外，合行电仰该县长即便转饬龙公渠水利协会，选派助理会计员前来襄助，以符定案而利进行，是为至要！’等因。奉此，合行令仰该会长迅速选派助理会计员一员，克日前往龙公渠工程处，襄助办理会计事务，并由该会迳函工程处转报，仰遵照办理！此令。”等因。奉此，兹选派宜良县建设科长马负图，兼充贵处助理会计员职。除函知该迅速到职，襄助办理外，相应造具该员履历表，函送贵处，请烦转报请委，以专责成而利进行，至纫公谊！

此致宜良县龙公渠工程处主任尤

龙公渠水利协会会长　董　钜
副会长　陈　禄　陈永德

第七章　工程处成立后办理渠道改线之工作概况

龙公渠工程处，自民国三十年八月十六日正式成立，随即开始办公，对古城段渠道改线事宜，逐步规划进行。

第一步：派李工程师传基，率同技术人员，于三十年十月十六日前往北古城重行勘测，决定新渠路线。同时对各部工程设计绘制图样，准备施工。并将新渠占用地积，测量登记，以为将来补偿地价之根据。

第二步：于三十年十一月十日，邀请宜路两属有关绅耆及乡镇保长等，就工程处开会，商讨新渠占用土地补价案。会后随即呈奉农贷会核准，继续请领贷款，办理补价事宜。

---

① 此“梗印”之“梗”为“二十三梗”，表示发电报日期为“二十三日”。

第三步：对上述事项办理完结，继续用投票办法，分为四标，出包各部重要工程。第一标乃翻修大坝及建造两道闸门，系渤海公司承作。第二标第一部填蒲草塘内石基，归天兴建筑公司承作。第二标第二部为片石护渠，连同标第三部之桥梁、涵洞工程及第三标土方工程，统归寿山建筑公司承作。第四标翻修小坝，归渤海公司承作。

一、工程处派员勘测新渠路线通知宜良县府函三十年九月廿日

迳启者：敝处订于本年十月六日，派李工程师传基率队前往北古城，勘测龙公渠改线路径。除分函外，相应函达，请烦查照协助保护为荷！

此致宜良县县长宋

主任　尤瑞霖　九月廿日

二、宋县长致古城李镇长岐山函

岐山仁兄台鉴：

顷准龙公渠工程处来函，订于十月六日，派李工程师传基率队赴北古城，勘测龙公渠改线路径，请协助保护等由。准此，自应照办。为此先函奉托，俟该队到达时，请烦就近协助保护，并予以便利，无任感荷！

专此，顺颂台祺

弟宋光焘手启　九月廿一日

三、测量到达古城宋县长再致李岐山函

岐山仁兄台鉴：

前上一函，请协助保护测量员工，并予以便利等情，谅蒙台览。刻测量队已到达贵属工作，须先测定土石方工程，暨占用田亩，始便于公同会商，拟定田价标准，照市加二成补偿。此次开渠工程，政府已拨有专款，存银行保管支用。手续办妥，即可贷发，弟可负全责担保也。恐地方不明此意，暗地拔毁桩木，妨碍测量工作，贻工程人员以口实，烦吾兄详为解释，并予维护，免生枝节，是为至祷！

专此，顺颂公安

弟宋光焘手启　十月六日

四、工程处对新渠路线测量完竣后通知宜良县府转饬附近居民保护桩号函三十年十月九日

迳启者：查龙公渠新渠道，经北狗街古城镇下四甲以至水门桥止。渠长约三公里余，现已测定中线桩，并钉立占用地亩之边界桩，请令饬凤来乡，布告附近居民，妥为保护，不得擅自拔掷，妨碍工作进行。除分函外，相应函达，请烦查照办理为荷！

此致宜良县县长宋

主任　尤瑞霖

五、宜良县政府致古城镇公所请保护新渠测定标桩函

宜良县政府公函 四水字第一九七号
民国三十年十月二十日

迳启者：案准龙公渠工程处十月十九日函开："查龙公渠新渠道，现已测定，由大池江起，经北狗街古城镇下四甲以至水门桥，沿线均钉有标桩，请转饬当地人民妥为保护，不得擅自拔掷，妨碍工作进行……"等由。准此，自应照办。查该地系属两县交界，自应由双方查照办理。除饬凤来乡公所转知该管人民不得擅拔标桩外，相应函请贵公所烦

为查照，鸣锣通告民众，认真保护为荷！

此致路南县古城镇公所

县长　宋光焘

六、宜良县政府饬凤来乡乡长保护新渠测定标桩令

宜良县政府训令四水字第一九七号
民国三十年十月二十日

令凤来乡乡长官佩琨

为令饬遵办事。案准龙公渠工程处十月十九日函开："查龙公渠新渠道，现已测定，由大池江起，经北狗街古城镇下四甲以至水门桥，沿线均钉有标桩，请转饬当地人民妥为保护，不得擅自拔掷，妨碍工作进行……"等由。准此，自应照办。除函古城镇公所查照保护外，合行令仰该乡镇长转饬该乡下四甲保长，鸣锣通告地方人民，勿得擅拔或移动标桩，致干重究。切切！

此令

县长　宋光焘

〔附注〕上述测定桩号，较现在之渠道路线，稍形迂曲，经本渠水利协会会长陈士耕等，商同当地首人，暗加修正，始得今日之渠道路线。

七、工程处测毕新渠路线后致宜良县府请派员出席商讨新渠占用地田亩补价问题函

宜良龙公渠工程处公函龙字第二十九号
民国三十年十一月三日

迳启者：龙公渠改线工作早已完毕，占用地亩已测绘完竣。关于地价一节，应由各方集议决定。敝处兹定于十一月十日正午十二时在本处开会，商讨龙渠渠线占用地亩补价一案。请贵县长选派人员，并转知凤来乡古城镇长、乡长、保长等届时出席，会同商讨议决，以便先补地价，然后施工。事关重要，届时务望驾临出席，而利进行。除分函外，相应函达，请烦查照办理为荷！

此致宜良县县长宋

主任　尤瑞霖

〔附注〕上函当即由宜良县府转致古城镇李镇长并令凤来乡乡长查照办理。函令不再赘录。

龙公渠工程处召集宜路官绅及古城十二村代表商讨龙公渠新线占用地亩补偿地价一案会议纪录

地点：龙公渠工程处会客厅

时间：民国三十年十一月十日午后三时

主席：尤瑞霖

纪录：谈子余　张述文

出席：李司令官永和、路南代表赵树德、宋县长光焘、王秘书从周、官乡长佩琨、李镇长进、陈会长禄、傅会长瀛、段祥云、李占科、董钺、窦家栻、李谦、陈畋、周宝成、于天禄、李开来、王家模、陈允中、徐茂昌、杨清谷、萧继斌、周炳荣、李恒珍、杨树权、杨永安、王刚、周正中、韩国精、陈朝琨、夏克勷、沈荣修、李绍先、童恩焯、李传基、田建中

主席致开会词即席提议：

查龙公渠新渠线，由大池江边起，经北狗街古城镇下四甲至水门桥，正长三・〇九

四公里。现已测定中线桩，本处正赶制图呈上峰核准后生效。但渠线所经过占用之田亩，已经本处测绘完竣。关于补偿地价一案，亟应确定，以利进行。特邀地方长官，宜良、路南两县绅耆及各有关乡长、镇长、保长前来本处开会，商讨占用田亩如何补偿地价一案。现在分为三项，逐项讨论之。

（1）稻田

李镇长提议：龙公渠占用田亩以地段分为上中下三等。凡在规定段落内之田亩，不再分等级，一律按照议定价值加二成补偿。由北狗街横围起，至弥勒寺止。此段稻田为上等田，每市亩国币叁千伍百元。由弥勒寺至南鼓楼止，此段稻田或蒲草田均属中等，每市亩国币叁千元。由南鼓楼至水门桥，由江边至横围，此二段均属下等，每市亩国币贰千肆百元，原议案二成均不在内。

议决：照提议表决通过。

（2）园地、晒场、荒地、山地

李占科提议：由南鼓楼至北狗街横围一段内之园地、晒场、荒地、山地，等级好坏，均照每市亩国币柒千元补偿。由南鼓楼至水门桥一段荒地，每市亩壹千贰百元。山地每市亩捌百元，外加二成。

议决：照提议表决通过。

（3）青苗

李镇长提议：蚕豆、麦子，每市亩贰百叁拾元。蒲草，每市亩肆百叁拾元。果树，每株壹百元（以现能出产果实者）。竹子、柏树及其他杂树，均不给价。自动迁移，而青苗费不加二成。

议决：照提议表决通过。

主席提议：本议案由工程处备文呈上峰核准后，方为有效。

议决：照提议表决通过。

主席致闭会词后，即席宣布散会。

八、对新渠道占用田地补偿地价及青苗价出款总计

（甲）地价　新渠线占用地积：计有稻田五二・五三市亩，蒲草田八・五八市亩，园地三・七四市亩，荒地七・五一市亩，晒场一・六二市亩，池塘一・四三市亩，山地一・六二市亩，公地一三・四九市亩。照议案分为上中下三等给价，共补去国币叁拾壹万伍千零玖拾壹元贰角。

（乙）青苗价　新渠占用地面之青苗，计分蚕豆、麦子、蒲草、菜子、草烟、果树等，共补去国币壹万零贰百肆拾元玖角。

九、出包各部工程之重要记述

新渠自龙口起，至水门桥止，长约三公里。此段范围内之土石工程，由工程处主办，分为四个标出包。

第一标，内分三部：第一部为拦河大坝，二三两部为龙口处两道闸门，系渤海公司承包。标面总价，共计国币壹百壹拾玖万柒千壹百捌拾贰元柒角伍分。米贴运费在外。定自三十一年七月一日开始备料，十一月一日开始筑坝及修闸。限至三十二年四月三十日以前，全部工程一律完工。

第二标，内分三部：第一部为蒲草塘内铺填基础片石，系天兴建筑公司承包。该公

司所投之标单，定为每公方肆拾伍元。距离以贰百伍拾公尺计算，每公方定运费伍元捌角。若距离增加达伍拾公尺时，运费得按比例增加，不满伍拾公尺者不计。揽约内又规定，米价涨落百分之十，单价亦随涨落百分之五，涨落不达百分之五者不计。水利协会以该公司标价过高，呈文否认，嗣经宜良县府转呈省农贷会，请求另行招标，旋奉批复，改为由寿山公司以较低标价，继续承作。第二部为片石护渠，初系天兴公司承包，标价亦较高昂。嗣由寿山建筑公司，愿以较低单价向农贷会请求顶包，经农代会准许照办后，旋又由寿山公司照包价转让与瑞昌公司承作。一切规约，均照原承揽书办理。包价连运费在内，定为每公方壹百叁拾伍元，约计贰千叁百公方，共合国币叁拾壹万零伍百元。此部工程于三十一年五月四日包定，规定五月二十日以前开始工作，限本年十一月底以前全部完工。第三部为渠首三公里内之桥梁、涵洞，系寿山公司承包。总包价为壹拾贰万玖千捌百贰拾元零伍分。本工程规定三十一年四月二十七日开工。涵洞部分，统限同年五月底以前全部完成。桥梁部分，统限同年七月半以前全部完成。

第三标，为水门桥以上全段新渠之土方工程，共约陆万肆仟公方。其中有填土四八二六三・〇八公方，每公方单价国币拾元。挖土一六三五五・五六公方，每公方单价国币捌元。前者合国币肆拾捌万贰千陆百叁拾元捌角，后者合国币壹拾叁万零捌百肆拾肆元肆角，二共合国币陆拾壹万叁千肆百柒拾伍元贰角捌分。本系寿山公司经理唐鸣山承作。自三十一年三月一日订立揽约，定五日内开工，半月内须招足壹千伍百人实施工作。限同年五月底全部完成。嗣因物价飞涨，生活程度大为变迁，该公司以原日得标单价，不易招工，加以期限迫促，无法赶办，乃呈报水利协会，声明困难情形，请求另行招标。水利协会为迅副事机起见，乃召集沿渠民众开会商讨，于会中组织征工处，就本渠受益各村，征工代作，将该公司所得总价，除提留一部作工程人员之事务费外，余数照受益田亩之多寡，分发各村业主，补偿雇夫工资。各村民众，因需水迫切，亦愿踊跃出夫。关于土方分配，定为每受益田一亩，负担土方五个。每个土方，由征工处发给工资捌元，不敷之数，由业主自行增加。每公方约须加洋肆元，始敷当时雇工之用。除当地田主，自行出夫工作外，至于客籍田主，则照分定土方，每方加洋肆元，由征工处征工代作。故新渠落成，早沾水利，皆地方民夫之力也。

第四标，为翻修引河中小坝工程，系由渤海公司承包。标面总价为国币壹拾柒万贰千零壹拾柒元伍角伍分，米贴及运费在外。本工程于三十一年十二月十二日订立包约，限同月二十日开工，至三十二年三月底全部完成。

除上述四标外，尚有挡土墙一部，系议价出包与段官村人李增润承作。全部工程，约需浆砌片石五十公方，每方单价壹百叁拾伍元，计合国币陆千柒百伍拾元。基础挖土约十五公方，每方单价拾元，计合国币壹百伍拾元。二共合国币陆千玖百元，运费及米贴均不另计。系三十一年五月十二日立约，限同月底以前完工。

十、新渠工程进行中采石取土经过之困难情形

我国普通人民，因迷信心理未尽打消，故各人脑海中，尚存有地脉龙气等之风水观念，因此新渠开工后，关于采石取土两事，遂不免发生困难。最初，当地人民因阻挠居室附近破石挖土，曾与工程处监工人员迭起纠纷。工程处无可如何，乃函商路南县政府，派员到古城镇公所，会同古城士绅，开会解决。结果经县府来人及工程处尤主任会同古城镇长暨保甲人员实地履勘，指定地点，从此采石取土，始无纠纷。

路南县政府会同龙公渠工程处到古城镇公所解决采石取土会议纪录

日期：民国三十年三月二十四日

时间：正午十二时

地点：古城镇公所

主席：孙秘书光祖

纪录：李茂昌

出席：尤主任瑞霖、李工程师传基、尹庆仓、李镇长进、印局长茂荣、杨校长瑾、李耀廷、李琛、李占先、李保长谦、杨镇长琛、杨保长永安、杨保长树、杨保长自茂、苏主任明光、李主任继程

提议事项：

龙公渠工程处在古城后山采石取土，地点及办法如何规定，请公决案。

议决：（一）由路南县府孙秘书会同龙公渠工程处尤主任及古城镇长与地方保甲人员实地履勘指定采石取土地点。

1. 古城后山北栅子山坡；2. 镇公所后山南首至箐为止；3. 戏台南首；4. 马家山脚及杨家山北首；5. 其余弥勒寺以南至东山，系宜良辖境，与路南无关。

（二）对于后山采石取土，以整齐平正为原则，对人民房屋、坟墓不可损坏。至于损坏核桃林场，以后由龙公渠工程处负责保护。

（三）对于后山采石取土指定地点，如人民阻挠，由镇公所负责转报县府究办。

（四）龙公渠工人，若不照指定地点开挖，由工程处负责处治。

（五）指定地点之土石不敷应用时，由工程处会同古城镇公所商酌办理。

（六）古城镇人民杨家荣阻止工程处采石取土，当经会同查明事实，确系私人行动，古城镇长及地方人士并未参与，特录证明。

散会。

第八章　工程进行中贷款数额之迭次变动

查古城段渠道改线，于二十九年内，经经济部第六水利设计测量队测量计划后，估计工程费用，只需国币伍拾万元，业经省农贷会核准照贷。迨至三十年三月，实际开工后，物价逐渐腾涨，生活日形变迁，原预算之伍拾万元，照是时生活程度，已不敷用。乃于是年十二月，另由工程处切实估计，改定额数为壹百陆拾陆万元，由龙公渠水利协会呈明实情，请求省农贷会如数借贷。延至三十一年，物价高涨无已，壹百陆拾陆万元之预算数额，仍不敷用。于是年六月，复由工程处另行估计，又改定预算额数为肆百叁拾伍万元。此次预算，经工程处估计后，即由省农贷会电知宜良县府转饬水利协会另办贷款手续，申请照贷。然而生活程度，继长增高，物价变迁，仍未稳定，不数月间，仍觉肆百叁拾伍万元工程预算，不敷支配。又于同年十二月，增定预算额数壹百陆拾叁万元，函商水利协会申请追加借贷。故此段渠道之工程费用，自初至终，经过三度变更，由伍拾万元之预算底数，变至伍百玖拾捌万元，工程始告完成。兹将历次变更预算之有关文件，记载于后，以备参考。

一、龙公渠水利协会第一次申请增加贷款呈请县府核转文三十年十二月十八日

呈为呈请转呈事。查龙公渠自水门桥以上，计划渠道改线，前经经济部第六水利设计测量队测勘估计，需工程费国币伍拾万元。已蒙省农贷会核准照贷。现因物价高涨，

不敷应用，复经工程处另行估计，约需国币壹百陆拾陆万元，当经本会召集会员代表，开会决议，仍拟由农贷会全数贷给，俾便补偿占用地价及出包各部工程，早日兴工，以期来岁春耕，实现水利等语纪录在卷。理合另具贷款申请书及贷款借约，备文呈请钧府俯赐鉴核，转呈省农贷会核示祇遵！

谨呈宜良县县长宋

附呈贷款申请书及贷款借约各一份

龙公渠水利协会会长　董　钜

二、上篇呈文经宜良县府转呈后奉农贷会电覆

云南省农田水利贷款委员会代电 农总字九三九号
民国三十一年二月十四日

事由：发还核准该县转请龙公渠水门桥以上三公里新辟渠道贷款申请书两联，仰分别存转由。宜良县政府宋县长览。本年二月四日呈暨附件均悉。查龙公渠水利协会出具贷款申请书及借约，申请贷款国币壹百陆拾陆万元，以举办龙口至水门桥一段新开渠道一切工程之费，请鉴核准予贷放，以利工程等情前来，经核尚属需要，应准照贷。除将借约及申请书第三联截留存证，并分呈备案外，合将第一、二两联随电附发，仰即分别存转为要。

云南省农田水利贷款委员会寒印①

附申请书第一、二两联

〔附注〕县府以四水字第二六二号训令录电转知文，不再赘录。

三、原具伍拾万元借约及申请书奉电发还作废

云南省农田水利贷款委员会代电 农总字第九四七号
民国三十一年二月十八日

事由：将龙公渠水利协会前具伍拾万元之贷款申请书及借约随电发还，仰即查收，转发作废由。宜良县政府宋县长览。查龙公渠水利协会已将一六六万元之贷款申请书及借约呈送来会，所有前呈之五十万申请书及借约，兹即随电附发，着即查收转发作废为要。

云南省农田水利贷款委员会巧印②

附二件

四、第二次变更贷款额数奉农贷会饬知代电

云南省农田水利贷款委员会代电 农总字一二九七号
民国三十一年七月一日

事由：电饬赶办该县水利工程增加贷款手续，限文到七日内办竣，呈候核办由。宜良县宋县长览。查该县文公渠、龙公渠两工程原定工程费为文公渠二〇〇万元，龙公渠一六六万元。嗣以米价一再高涨，及工程单位之加多，驯致原工程预算相差甚钜。兹经工程处另行估计，文公渠工程费须增至三百八十万元，龙公渠工程费须增至四百三十五万元。经核尚属核实，惟工程进展不容间断，工款增贷手续极繁。刻本会原有基金出贷将罄，呈请上峰增贷刻不容缓。该县文公、龙公两渠工程费之申请增加，务须限期呈会

① 此“寒印”之“寒”为“十四寒”，表示发电报日期为“十四日”。

② 此“巧印”之“巧”为“十八巧”，表示发电报日期为“十八日”。

核定，以便顺序推进工程。仰该县长转饬该县水利协会，于文到七日内，赶将增加贷款文公渠一八〇万元、龙公渠二六九万元申请书呈报到会，以凭核办。切勿迁延，至滋贻误。关于增加贷款预算详情，可就近商询工程处，并仰遵照。

云南省农田水利贷款委员会东印①

宜良县政府训令 四水字五二六号
民国三十二年七月六日

令龙公渠水利协会会长董　钜

案奉云南省农田水利贷款委员会农总字第一二九七号东代电开："（衔略）查该县文公渠龙公渠两工程云云……就近商询工程处并仰遵照……"等因。奉此，除分令外，合行令仰该会长即便遵照。限文到五日内，赶将增加贷款申请书呈报到府，以凭转报，万勿延误为要。切速！

此令

县长　宋光焘

五、龙公渠水利协会办就增加贷款申请书呈请县府核转文三十一年七月三十日

呈为呈请核转事。案准龙公渠工程处龙字第二〇五号公函开："径启者：案奉云南省农田水利贷款委员会渠字第一九五号代电开：'竹园坝马主任、文公渠尤兼主任、龙公渠尤主任、松林坝戚主任览。查近据竹文龙三工程处先后呈请追加工程费，细绎缘由，一因米价之高涨，米贴之激增；二因工程单价之增加，工程费之自然添增。理由充足，事实昭然，自应予以照准。惟本会基金已由二百万元增为一千四百五十万元，迄今仍感不敷。拟得水利面积，不过十万余亩。近已转请上峰，增贷为二千九百万元，为期已过四年。增贷数逾十倍，虽非常时期之影响，亦煞费上下苦心。自兹增贷成功之后，希望我内外人员益加努力，积极推进工程，务须于最短期间完成责任。早成功一日，早得一日之利益；迟成功一日，即增加一日之负担。凡我同仁，务各注意为要。兹将各工程处此次拟请增加预算之款额列后：（一）竹园坝一五七〇万元；（二）文公渠三八〇万元；（三）龙公渠四三五万元。望各该主任在预算范围内，撙节计划进行，并通知水利协会办理增贷手续可也。除分呈外，仰即知照。'等因。奉此，除遵办外，相应检同预算表二纸附函送达，即希查照办理增贷手续为荷。"等由，附工程预算表二纸，准此。查近因米价高涨，各费随之增加。核阅工程预算表，各项单价总价均属核实，理合照章办理。贷款申请书及借约各一份，备文呈请钧府鉴核转报，祈示祇遵。

谨呈宜良县县长宋

附呈贷款申请书及借约各一份

龙公渠水利协会会长董　钜　陈　禄　傅　瀛

六、第二次追加贷款批覆令

宜良县政府训令 建龙水字第九号
民国三十一年十一月三十日

令龙公渠水利协会会长董　钜　陈　禄　傅　瀛

案奉云南省农田水利贷款委员会农总字第一六五六号佳代电开："宜良县政府览。查前据该县政府转呈龙公渠水利协会贷款申请书及借约，请追加贷款以利工程一案，曾于

① 此"东印"之"东"为"一东"，表示发电报日期为"一日"。

八月十二日农总字第一四三三号代电，应俟本会新增贷款办妥，再行核办，饬知在案。兹查前项新增贷款，业已呈奉核准，该协会所请追加贷款一百六十万元，连前借总计四百三十五万元一节，应准予照贷，合行检同申请案第一、二两联，随电发还，仰即遵照，分别存转具报为要！云南省农田水利贷款委员会。佳印①。附发还申请书第一二两联。”等因。奉此，除将原申请书第二联抽存备查外，合行检同第一联申请书随文附发，仰该会长即便收存具报。切切！

此令

附发贷款申请书第一联

县长　关汝贤

七、工程处第三次变更预算请水利协会办理增贷手续函

云南省农田水利贷款委员会宜良县龙公渠工程处公函 龙字第三六一号
民国三十一年十二月三日

迳启者：查非常时期，物价难趋稳定，变迁最速，以致本处第二次申请追加各项工程费预算数，仍不敷需用。亟应继续申请追加，以备需用而利工程进行。兹由本处按现时生活及物价水准，另行编制第三次申请追加工程费预算壹百陆拾叁万元。兹将该预算表附函送达，即希贵会查照迅予办理追加手续，送由县政府转呈农贷会增贷为荷！

此致龙公渠水利协会

附空白贷款申请书及借约各二份

主任　尤瑞霖

〔附注〕工程处第三次预算之全部工程费，共系五百九十八万。水利协会为求数额整齐起见，故于申请书内填为一百六十五万元，连前数共为六百万元。

八、龙公渠水利协会照工程处预算追加额数办就贷款申请书呈请县府核转文三十一年十二月　日

呈为呈请核转事。案准龙公渠工程处龙字第三六一号公函开：

“迳启者：查非常时期，物价难趋稳定，变迁甚速云云（如前文）。即希贵会查照迅予办理追加手续，送由县政府转呈农贷会增贷为荷！”等由。附追加贷款预算表一份。准此，查非常时期，百物昂贵，工程费随之激增，确系自然趋势。所请追加贷款，实属情非获已，自应如函照办，以利工程进行，理合照章办理。贷款申请书及借约各一纸，备文呈请钧府鉴核转呈农贷会核示祇遵！

谨呈宜良县县长关

附呈贷款申请书及借约各一纸

龙公渠水利协会正副会长董　钜　陈　禄　傅　瀛

九、宜良县府呈转前呈及申请书后奉农贷会核准代电

云南省农田水利贷款委员会代电 农总字第二二一九号
民国三十二年六月二十四日

事由：据转呈该县龙公渠水利协会申请追加贷款壹百陆拾伍万元申请书及借约，请核示等情，应准照贷，检发申请书第一、二联，仰即分别存转由。宜良县政府览。五月六日，建龙水字第二四号呈暨附件均悉，准予照贷。兹将申请书第一、二联随电发还，

① 此“佳印”之“佳”为“九佳”，表示发电报日期为“九日”。

仰即知照，并分别存转为要！附件存。

云南省农田水利贷款委员会回印①

附发还申请书第一、二联各一纸。

〔附注〕宜良县府以建龙水字第四七号训令转饬知照，不再赘录。

十、龙公渠工程处第三次请求追加工程费预算书

科目	名称	数量	单位	单价	预算金额		
					目	项	款
第一款							五九八〇〇〇〇〇〇
第一项	渠首工程					二六七〇〇〇〇〇〇	
第一目	拦河大坝	一	座		二一九〇〇〇〇〇〇		
第二目	进水闸	二	座		一八〇〇〇〇〇〇		
第三目	小坝	一	座		三〇〇〇〇〇〇〇		
第二项	开渠工程					六二〇〇〇〇〇〇	
第一目	填土方	四八二六三·〇八公方			四八八〇〇〇〇〇		
第二目	挖土方	一六三五五·六六公方			一三二〇〇〇〇〇		
第三项	渠道建筑物					一一五一五〇〇〇〇	
第一目	蒲草田段基础坝片石	三九六九·七六公方			四五〇〇〇〇〇〇		
第二目	一比三浆砌片石护坡	二三〇五·三一公方			五〇〇〇〇〇〇〇		
第三目	桥涵	一七	座		一九五〇〇〇〇〇		
第四目	挡土墙	二	处		六五〇〇〇〇		
第四项	地价、青苗补偿费					三三二〇〇〇〇〇	
第一目	地价费				三二〇〇〇〇〇〇		
第二目	青苗费				一二〇〇〇〇〇		
第五项	预备费					三〇六五〇〇〇〇	
第一目	预备费				三〇六五〇〇〇〇		
第六项	工程管理费					五〇〇〇〇〇〇〇	
第一目	工程处开办费				九六九五五〇		

① 此“回印”之“回”为“十回”，表明发电报日期为“十日”。

续 表

科　目	名　称	数　量	单位	单　价	预算金额		
					目	项	款
第二目	工程处经临费				四三九九〇四五〇		
第三目	水利协会开办费				四〇〇〇〇		
第四目	水利协会经临费				五〇〇〇〇〇〇		
第七项	借入款利息					二〇〇〇〇〇〇〇	
第一目	借入款利息				二〇〇〇〇〇〇〇		
第八项	农贷会经费					二〇〇〇〇〇〇〇	
第一目	农贷会经费				二〇〇〇〇〇〇〇		
合计					五九八〇〇〇〇〇〇	五九八〇〇〇〇〇〇	五九八〇〇〇〇〇〇

制表者
审核者 云南省农田水利贷款委员会宜良龙公渠工程处主任　尤瑞霖

十一、改线后之新渠形势

此段渠道，关于渠身渠岸之高宽度数，以及渠底比降，均甚规律。惟两岸内侧之石砌护坡，概定为1∶1之坡度，致使底狭口宽，流水通过其中，其水头之横断面成▽形。故水面虽高至一·四二公尺，而流量仅为一·六秒公方。关于此点，当时水利协会曾致函建议，拟将石砌护坡改为1∶0.8之坡度，如此则渠口宽度不变，渠底宽度每边可增加三公寸八。流水引入其中，水位不待增高，流量可以加大。惜工程处固执成见，未曾采纳，以致今日噬脐无及，难以更改。是则为美中不足之点。兹将斯渠各部之横断面图，缩绘于下（图略），以备参阅。

第九章　古城段渠道改线各项工程结束案

古城渠道改线工程，系包括另开龙口，新辟渠道及改修大小坝各项工程在内。此段工程，自三十一年三月六日兴工，至三十二年三月以后，各部工程次第结束。当工程未尽结束以前，渠道已可通水。故放水典礼，能与文公渠同定于是年四月二十四日举行。其间虽有部分未曾完工处，于举行放水典礼后，仍继续加紧工作，直至是年冬季，始获全部完工。

一、省农贷会通知文龙两渠举行放水典礼代电

云南省农田水利贷款委员会代电 农总字第二〇二七号
民国三十二年四月三日

事由：电知该县文龙两渠举行放水典礼日期仰即知照，届期妥予协助，并转饬水利

协会，会同工程处，准备一切由。宜良县政府览。查该县文龙两渠放水典礼日期，已于本年三月三十一日，经本会第四次委员会议决定，于四月二十四日在该县工地举行。除已呈请省主席龙公、农行总经理顾公，及水利委员会主任委员薛公莅临训示并分令外，合行电仰知照即时协助工程处妥为筹备，并转饬水利协会，会同办理，务期周密为要！

云南省农田水利贷款委员会江印①

〔附注〕县府录电照转训令，不再赘录。

二、龙公渠水利协会陈副会长呈请辞职奉农贷会慰留电

云南省农田水利贷款委员会代电 农总字一九九八号
民国三十一年六月二十四日

事由：据该县龙公渠水利协会副会长陈禄呈请辞职，未便照准，仰即转饬知照由。宜良县政府览。据该县龙公渠水利协会副会长陈禄，呈以办事困难，恳请准予辞去副会长职务等情。据此，查该副会长自二十九年供职龙渠，迄今已历数载。其间对于调解古城纠纷，及督促民夫等工作，颇著劳绩，深臂助。所请辞去副会长职务一节，未便照准，合行电仰该县政府知照，并即转饬该副会长陈禄遵照，务仰勉为其难，继续负责到底，以全始终，是为至要！

云南省农田水利贷款委员会回印②

〔附注〕县府转知训令，不再赘录。

三、文龙两渠水利协会申请增贷放水典礼招待费奉准代电

云南省农田水利贷款委员会代电 农总字第二一一五号
民国三十二年五月十七日

事由：电仰转饬文、龙公渠水利协会编制伍万元放水典礼招待经费预算书呈核由。宜良县政府览。前据该县文、龙公渠水利协会申请增贷放水典礼招待经费各伍万元，当经分饬工程处照数垫发在案。惟查该项增加经费系属原预算之外，自应另编预算呈核，方合手续。合亟电仰转饬该协会迅编伍万元招待费预算书各四份，呈会以凭核转为要！

云南省农田水利贷款委员会筱印③

〔附注〕县府分令不再赘录。

四、龙公渠工程处因奉举行放水典礼请县府转饬凤来筹借器物函

云南省农田水利贷款委员会宜良县龙公渠工程处公函 龙字第四七〇号
三十二年四月八日

迳启者：查本处古城监工处，兹因举行放水典礼，需要方桌叁拾张，椅子贰拾把，马杌或条凳贰百条，茶杯壹百伍拾个，大瓷茶壶拾把。因此项用具系属暂时需要，请贵府转饬凤来乡公所，照数筹借，尽四月二十二日以前送到弥勒寺内，交本处监工处查收备用。相应函达，即希查照办理为荷。

此致宜良县政府

主任　尤瑞霖

① 此“江印”之“江”为“三江”，表示发电报日期为“三日”。

② 回印：见前。

③ 此“筱印”之“筱”为“十七筱”，表示发电报日期为“十七日”。

五、农贷会饬宜良县政府转饬文、龙公渠水利协会接管各该渠工程处一切公物代电

云南省农田水利贷款委员会代电 农总字第二二三九号
民国三十二年七月三日

事由：电仰转饬文、龙公渠水利协会，接收各该渠工程处一切公物，并自七月一日起，自筹经费，继续存在，以利公务由。宜良县政府览。查文、龙公渠两处工程均已完成，并定于六月底，将各该工程处全部结束各节，业经电饬知照在案。兹将工程处结束后，各该水利协会应行遵办各事，分示如次：（一）文龙两处所置公物，除测绘仪器、公务用品缴会分配使用外，其他各物概由水利协会接收保管。（二）自七月一日起，水利协会经费，应各自设法筹措，继续存在，以利公务。以上两点，关系重要，除分令外，合亟电仰转饬遵照办理，具报为要。

云南省农田水利贷款委员会江印①

〔附注〕县府录电转饬训令，不再赘录。

六、龙公渠工程处将届结束，拟将建筑渠首办公房事交由水利协会办理，经农贷会核准可行，转饬照办电文

云南省农田水利贷款委员会代电 农总字第二一五一号
民国三十二年五月二十五日

事由：据龙公渠工程处呈以该处结束在即，拟将渠道办公室房交由水利协会办理，经核尚属可行，已予照准。仰即知照，并转饬遵照由。宜良县政府览。据龙公渠工程处呈称，前奉发本处渠首办公房屋图一张，会商后协会认为该图设计耗款较钜，以事实着想，似不需要。兹由本处设计，采用当地式样，改为五架梁平房三间，按现市价，估计约需款陆万元，即可建筑完整。兹因本处结束在即，不便招商办理，拟请钧会核发陆万元，交由水利协会全权办理。是否可行，并检同另自设计渠首办公室房屋图底一张，附电呈送，请鉴核示遵为祷等情。据此，查所呈各节，尚属可行，除指令照办，并令编送预工料估计表外，合亟电仰转饬水利协会遵照，克日会同工程处办理，订约发包等手续，具报为要。

云南省农田水利贷款委员会有印②

七、验收第一标工程之实证

云南省农田水利贷款委员会代电 农总字第二四六九号
民国三十二年九月二十九日

事由：奉云南省政府令，该县龙公渠第一标渠首工程已派技士黄曾祚验收，准予备案一案，电仰转饬水利协会知照由。宜良县政府览。案奉云南省政府审总字二二一〇号训令，略以“该县龙公渠第一标渠首工程既经派黄技士曾祚验收，符合开支工程总费，共国币一四八一五四三·四四元，尚无浮冒，应准备案”，等因。奉此，查所列该工程费一四八一五四三·四四元，为出包之工料款。若连同本会供给洋灰款五九八六九·六六元及奖金十五万元，合计工程总费应为国币一六九一四一三·一〇元。除呈复备案外，

① 江印：见前。
② 此“有印”之“有”为“二十五有”，表示发电报日期为“二十五日”。

合行电仰该县政府转饬水利协会知照为要。

云南省农田水利贷款委员会艳印①

八、验收第三标工程之实证

云南省农田水利贷款委员会代电 农总字第二四七一号
民国三十二年九月三十日

事由：奉云南省政府令，该县龙公渠第三标工程已派技士黄曾祚验收符合，准予备案一案，电仰知照，并转知水利协会由。宜良县政府览。案奉云南省政府审总字第二二二二号训令开："案查前据该会铣代电，呈请派员验收龙公渠第三、四两标工程，祈核示一案到府，当经令饬本府技士黄曾祚前往切实验收具报，再凭核办。去后，兹据该派员签覆称：遵经前往，会同昆明中国农民银行所派人员及该会总工程师朱光彩、龙公渠工程处主任尤瑞霖、宜良水利协会会长董钜等，按照竣工图表，详晰查验，其中除第四标小坝工程，业已另案呈覆外，所验第三标土方工程，位于安家桥古城一带，全部均系疏浚渠道工程，计长三公里零九十四公尺，共合挖填土方陆万肆千玖百陆拾立方公尺零三立方公寸。其中，除渤海公司代作方数四百五十九公尺二十立方公寸不计外，实合作土方陆万肆千五百立方公尺九十三立方公寸，数量大致不差，工程做法尚属相符，工作堪称认真，开支工程费共国币陆拾壹万叁千贰百贰拾元零壹角陆仙，尚无浮冒，拟请准予备案等情。据此覆，此项工程既经该派员验收，符合开支工程费，尚无浮冒，准予备案。"等因。奉此，合行令仰该县知照，并转知水利协会为要。

云南省农田水利贷款委员会陷印②

九、验收第四标工程之实证

云南省农田水利贷款委员会代电 农总字第二四六七号
民国三十二年九月二十五日

事由：奉云南省政府令，该县龙公渠第四标工程已派技士黄曾祚验收，准予备案一案，电仰知照，并转知水利协会由。宜良县政府览：案奉云南省政府审总字六一七六号训令开："案查前据该会灰代电，呈请派员验收修筑宜良县龙公渠第四标小坝工程，祈核示一案到府，当经令饬本府技士黄曾祚前往切实验收具报，再凭核办。去后，兹据该员呈覆称：当查此项工程，位于安家桥引河末端，用乱石砌滚水坝一座，工程做法，尚与图表相符，工料堪称认真，开支工程费共国币贰拾万零柒千肆百肆拾元肆角。经详细核计，亦无浮冒，拟请准予备案等情，前来覆核。此案既经该员验收，符合开支，价款亦无浮冒，应准备案。"等因。奉此，合行令仰知照，并转知水利协会要。

云南省农田水利贷款委员会有印③

十、古城段渠道改线工程贷款本息之总结

云南省农田水利贷款委员会代电 农总字第二六六九号
民国三十三年四月三十日

事由：为龙公渠水利协会结欠三十三年下期借款息，已转作该会借款，仰即转饬知照由。宜良县政府关县长览。查龙公渠水利协会结欠本会三十三年度下期借款息三一一

① 此"艳印"之"艳"为"二十九艳"，表示发电报日期为"二十九日"。
② 此"陷印"之"陷"为"三十陷"，表示发电报日期为"三十日"。
③ 此"有印"之"有"为"二十五有"，表示发电报日期为"二十五日"。

九九八·〇五元，迭经通知，延不缴解，殊属非是。为便于本会结束起见，业将上项欠息，转作该会末批借款，并照规定摊付百分之四经费一二四七九·九二元，两共三二四四七七·九七元，连前借之六〇〇万元，共借六三二四四七七·九七元，并分呈外，仰即知照，并转饬知照为要！

云南省农田水利贷款委员会陷印[①]

〔附注〕贷款本息结至三十三年下期止，共着洋六百三十二万四行四百七十七元九角七分。

第十章　大坝决口护坡移动重行修复案

三十二年秋，阴雨绵绵，江水暴涨，加以地水淫溢，地软土松，故于同一时期中，大坝溃决，护坡移动。为赶速修复起见，乃由陈会长士耕，召集地方绅耆，在西村公所，开临时茶话会，讨论修复办法，同时推定负责人员，着手办理。限定是年十一月十日开工，十二月十日修理完竣。后果如期落成云。

一、龙公渠水利协会临时茶话会议事纪录

日期：三十二年十一月七日

地点：西村公所（本会暂时会址）

主席：陈士耕

纪录：谷春芳

出席人：陈晓晖、李松如、陈树棠、李鉴三、杨鸿芳、高云泽、马子泉、马瑞仙

主席报告开会理由　略

讨论事项：

（一）大坝溃决，护坡移动，渠道阻，是否兴工修理，请公决案。

议决：准于十一月十日开工修理，限于十二月十日以前修理完竣。

（二）经费约需百万元以上，如何筹措，请公决案。

议决：在农贷会贷款未领获以前，得陆续变卖三十二年度水租谷应用。

（三）工地人员，如何分配，请公决案。

议决：将水利协会全部职员移至北古城办事处，全权负责办理。并推陈明斋、李鉴三两员为工地临时正副主任，负专责办理工程上一切事宜。李松如为经费总管理，总管经费出纳。谷香圃为临时事务员，负零星经费出纳及发薪工火食等责任。杨鸿芳专负收料、称石灰等责任，须会同正副主任办理。

（四）护坡工程，如何办理，请公决案。

议决：由李鉴三酌量情形议价出包。

（五）南鼓桥至水门桥及小渡口以下渠道，如何修理，请公决案。

议决：南鼓楼至水门桥及小渡口以下，土方工程，由杨德选催工，李松如督工。许家营以下工程，由董子精催工，李幹材督工。按受益田亩每拾亩每日出夫壹名之标准，限两星期工作完竣。

（六）工地人员薪饷，如何支给，请公决案。

议决：工地职员，不分等级，每员月支薪贰仟元（伙食在内），公杂费月支伍仟元，不得超过此数。

---

① 陷印：见前。

（七）石方单价，如何规定，请公决案。

议决：石方包运到工地交，每方贰佰肆拾元。石灰包运到工地交，每佰斤壹百陆拾元（秤系平称）。

（八）引河木桥，如何修建，请公决案。

议决：引河木桥，由办事处雇工包建。

（九）块口支石及打防水坝，如何办理，请公决案。

议决：块口支石及打防水坝，俟正副会长到时决定之。

二、附录有关重修大坝及加高渠堤整理渠道之会议议决案

对重修大坝及加高渠堤整理渠道三事，于三十三年一月廿九日，水利协会召开第九次代表大会中，曾经提付讨论。兹将议决事项，摘录于下：

大坝决口需石料四千五百余方，合国币贰佰叁拾余万元，现已完成三分之二，是否继续修理。又水门桥以上渠堤高宽不足规定标准，应否急速修足，使达原定水量，请公决案。

议决：1. 仍照南北端原坝脚继续修理。2. 已修理之工程既用款壹佰伍拾余万，系卖三十二年水租谷办理，未完工程仍继续卖卅二年水租谷照办。务须实出实报，一切出入帐目，俟工程完竣后，开会审查核销。3. 南鼓楼以上渠堤，高宽均未达到工程处原定尺度，统自夏历正月初十日起，各村应按照原分地段，赶速理限月底完成，俾便加大水量，倘有因循抗玩情事，定予处罚水份一次，以作公用。4. 南鼓楼以下至小渡口之段阻塞之处，仍归许家营以上村落出夫修理，由谷春和分段工作。许家营以下至南大营之段，仍归化鱼村以下村落出夫修理，由李幹材分段工作。统限十天内做完，以便通水。催夫仍照前令，由董子精、杨纪卿坐催，派夫表另发。

第十一章　临时管理处奉令成立案

一、建厅委派临时管理处正副主任令县知照文

云南省建设厅派令 总人字第一号
民国三十三年二月二十九日

令宜良县县长关汝贤

兹派董钜暂充龙公渠临时管理处主任，陈禄为副主任。除分令外，合行令仰该县长知照！

此令

厅长　杨文清

二、农贷会饬临时管理处接管工程处移交物品代电

云南省农田水利贷款委员会代电 农总字二六四一号
民国三十三年三月十六日

事由：令县府转饬水利协会，将龙公渠工移交该会保管之物品，交龙公渠临时管理处接收具报由。宜良县政府览。案准云南省建设厅本年二月二十九日公函内开："迳启者：案查前准贵会三十三年一月十四日农总字第一二二八号公函，略以四渠水利工程均已先后完竣通水，请予查照原案，早日成立各渠管理机构，或即选派大员，分赴各渠临时接管，以利农田需水，兼免争水纠纷一案。当经整个拟具临时管理简章草案一份，函请贵会查照见复。并请将贷款总额余款及工程上扣回余款，先行酌拨若干，以备应用。

去后，迄未获复。兹为即时管理起见，暂行令派张源为甸惠渠临时管理处主任，董钜为龙公渠主任、陈禄为副主任，张伟为华惠渠主任、毕谨为副主任，并饬于三月一日到差接管。除令派外，相应函请查照，并转饬该渠工程处遵照交代为荷！”等由。准此，查龙公渠工程处之公用物品，业经该处造具清册，移交水利协会保管，呈报在案。准函前由，合亟令仰该县政府转饬水利协会，将龙公渠工程处移交该协会保管之物品，仍照原册所列各物，另造清册点交龙公渠临时管理处接收，并具报为要。

云南省农田水利贷款委员会铣印①

〔附注〕宜良县政府转会训令，不再赘录。

三、建厅加派傅瀛为临时管理处副主任训令

云南省建设厅训令 总人字第七〇三号
民国三十三年五月九日

令宜良县县长关汝贤

案据龙公渠临时管理处主任董钜呈称：“查龙公渠全长三十余公里，工程浩大，事务繁多，原有正副主任各一员，感觉应付难周，请再增设副主任一员，并请准以现任龙公渠水利协会副会长傅瀛委充，以资协助。”等情。据此，除以“呈悉。准如所请，令派傅瀛为该处副主任，每月准领支夫马费，不另给予薪俸。除分别令派外，合将派令随发，仰即遵照！转发祗领，并饬到职具报。”等因指令外，合行令仰该县长知照！

此令

厅长　杨文清

四、龙公渠临时管理处正副主任呈报到职日期文

为呈报事。案奉云南省建设厅总人字第二三九号训令开：“兹派董钜暂充龙公渠临时管理处主任，陈禄为副主任，后又奉派傅瀛兼副主任。除饬科登记并分别令派外，合将派令随发，仰即遵照祗领到职！并刊发印信二个，文曰‘云南省建设厅龙公渠临时管理处’。仰即遵照，一并具报查核！此令。”等因。计发派令三件，印信二个。奉此，遵于六月一日先后到职，以玉龙村陡坡寺仓房为处址，启用印信，开始办公。除呈报并分函外，理合呈请钧府鉴核备案！

谨呈宜良县县长关

龙公渠临时管理处主任　董　钜

副主任　陈　禄　傅　瀛

① 此“铣印”之“铣”为“十六铣”，表示发电报日期为“十六日”。

云南省宜良县公职候选人申请检核履历书

- 姓名：张雨辰
- 出生年月：光绪二十一年七月
- 年龄：五一
- 性别：男
- 籍贯：宜良县 匡山乡镇
- 住址：永久 宜良县匡山镇第五保；现在通讯处 宜良县匡山镇第六保甲东门街醒世书店
- 三代：曾祖父 明　曾祖母 李氏；祖父 培祐　祖母 苗氏；父 凤翔　母 沈氏
- 党籍：隶属党部　入党年月　党证字号
- 学历：云南省立旧制中学毕业
- 拟应何种候选人之检核：甲种公职候选人
- 经历：曾任 陆军中校历充二等军需正军法正贵州锦屏筹响分局长三江厘金总办宜良县商会会长县参议员等职；现任 宜良县文公渠水利协会会长
- 贴相片处
- 呈验各件：公民证或公民资格证书 一张；毕业证书 件；任职及卸职证明文件 件；其他证明文件 件；保证书 一张；相片 张；证书费印花税费邮费 元角
- 申请人 署名 盖章：张雨辰
- 申请日期
- 检核结果：
  - 检核：检核资格 合格条款；不及格 理由；审查会 次及 月 日；审查人署名盖章
  - 检核委员会第次会议决议
  - 县审查会第 次会议通过　县审查会委员关汝贤　条款　及格种类
  - 省审查会第 次通过　省审查会主任委员　条款　及格种类
  - 考选委员会第 次大会议决　检核 年 月 日　条款　及格种类

收文 字 号　　证书 字 号

(1)呈验各件应依规定呈验齐全，否则不予检核。(2)检核结果栏申请人不得填写。(3)仿制格式纸张大小均应照此式样一律完全相同，不得任意出入，否则发还重填。(4)经历栏内应填现任职务。(5)籍贯栏内应详填乡镇名称。(6)年龄栏必须确实填注清楚。

〔据《龙公渠纪事》（昆明市宜良县档案馆藏民国年间稿本）辑录。原档四册，不署编撰者姓名。毛笔直行书写，每页10行，行约30字不等，虽有标点而不全欠妥。据内容推断，实为宜良县龙公渠河工处职员根据其工程推进实况及上下来往公文电函会议纪录统计表册等实时编撰而成，为藏于宜良县档案馆重点保存的民国文献资料。全书翔实细致地记载了该水利河道修建过程的主体事件和若干细节，为云南省水利工程全面实录的范例，从动议决策到实施过程均有完整记录，使后世可对当时社会历史文化背景下的该项历史事件有较为系统全面的认识，对研究云南民国期间的国民社会史、云南水利史、抗战后勤保障史、宜良农耕发展史等方面均有特殊价值，是云南省在抗战期间后勤保障方面全力支援抗战的典型个案。该文献全面记录了宜良县自1937年至1943年间，在县域内兴修龙公渠（也称东河）水利工程的历史实录。该条河流工程的开凿修建，是在抗日战争历史背景下，于1937年被省政府列为省水利计划，由省政府组建“云南省政府督开宜良东河河工处”负责督建。鉴于宜良当时作为滇中粮食主产区的特殊地位，该水利工程具有全省战略意义，工程完成后，宜良县作为“滇中粮仓”的产粮职能更加突出，为云南省的战略部署提供了稳固的后勤保障，也为抗战期间的民生保障、社会发展及教育文化事业等方面做出了贡献。今据原档辑录，完善其标点，订正其笔误，并酌加注释而成。原档四册中，第一、二、四册为全辑录，因第三册中内容大多已见于其余三册，显系重复，为省篇幅，不赘录。另，本篇所涉及数字，存在大小写与阿拉伯数字混用的情况，为保持原貌，辑录时未作统一。〕

总志

明史·河渠志·直省水利

卷八十八　河渠志六

直省水利

〔……〕

〔正统〕十三年，云南邓川州言："本州民田与大理卫屯田接壤湖畔，每岁雨水沙土壅淤，禾苗淹没。乞命州卫军民疏治。"并从之。

〔景泰〕四年，云南总兵官沐璘言："城东有水南流，源发邵甸，会九十九泉为一，抵松花（华）坝分为二支：一绕金马山麓，入滇池；一从黑窑村流至云泽桥，亦入滇池。旧于下流筑堰，溉军民田数十万顷，霖潦无所泄。请令受利之家，自造石闸，启闭以时。"报可。

〔成化〕十八年，浚云南东西二沟，自松华坝黑龙潭抵西南柳坝南村，灌田数万顷。

〔……〕

〔据张廷玉等撰《明史》（中华书局1974年版）卷八十八《河渠志六·直省水利》第2157页辑录。〕

省　志

（雍正）云南通志·水利志

卷十三　水利志

水曰润下，自然之性，畎浍堤防，则圣人因而节宣之，以利用厚民生者也。滇中自元世赛典赤筑陂池以备水旱，张立道求泉原得壤地万顷，始兴水利矣。然万山奔流而下，冲击沙石，时多填淤，而又地高势迅，涸可立待，讲水利者较他省地形为难，而其经营为尤急，又安得竟视为山农之区而不与，遂沟洫浍同其利耶？于是或分浚以杀其汹涌，或约束以制其汗漫，或相其壅障而排刷之，或时其盈缩而蓄泄之。镇斯土者，率属励翼，无远弗周，庶推广圣天子讲求水利，粒我蒸民至意，后之人按籍而考兴废之由，因时而妙通塞之用，斯万世永赖而大庇民乎！志《水利》。

云南府

昆明县附郭

滇　池　在城南。周围三百余里，受盘龙江、黄龙潭、海源、宝象河诸水，会为巨津，土人呼之为海。环海田亩，资以灌溉者数十万顷。

海口大河　在城西南八十里。泄滇池之水，自龙王庙、螺壳、乱石、鸡心、青鱼诸滩至石龙坝，而达安宁。两岸皆山，各有子河流入滨海，州县即其流入之界，各司一河，以专责成，故有昆阳、呈贡、晋宁、昆明、归化子河等名。北则白塔、腊龙二箐水，于昆阳之洱宗闸入；南则瓦泥箐、邢家园水于呈贡之普安闸入，又罗武箐水于晋宁之清水闸入，天自、芭蕉二箐水于昆明之新村大闸入，云龙箐水于归化之平定哨闸入。诸水皆横入大河，沙石填壅，每雨水暴涨，宣泄不及，沿海田禾半遭淹没。明弘治时，巡抚陈金自螺壳滩至青鱼滩，修浚二十余里，通畅河流，定有大修、岁修之例。然海口外，尚有老埂一道横阻河身，埂外龙王庙前又有牛舌滩、牛舌洲，各长五十余丈，三重埂塞。万历初，布政使方良曙于牛舌洲左豹子山下竭力疏浚。本朝康熙四十八年，总督贝和诺、巡抚郭瑮委员重加开挖修浚。雍正三年，总督高其倬相继大修，未几复壅。雍正八九年，总督鄂尔泰会同巡抚张允随，专委水利道副使黄士杰，咨度形势，通浚河流，铲平老埂、牛舌洲滩，复以晋宁河水陡急，横阻新河，每至倒流，并建逼水坝，使新河得以畅入大河。又于石龙坝下，另开引河一道，诸水畅流，涸出腴田甚广，责成监司丞尉不时查勘疏通，题定岁修银二百两。

松华坝　在城东北三十里松华山下。元平章赛典赤赡思丁经画水利，乃于此筑坝，分盘龙江水为金稜河，并建盘龙、金稜、银稜、宝象、海源、马料六河诸闸，溉田万顷，历加修浚。本朝康熙五年以来，水泛堤决，先后巡抚袁懋功、李天浴疏请岁支盐课葺之。

二十年，大兵平滇，坝已倾毁。二十二年，巡抚王继文会同总督蔡毓荣题请捐修，历年相继疏浚，未几复壅。雍正八年，总督鄂尔泰会同巡抚张允随委员分修六河，并明通等河及诸坝闸，题定岁修银八百两。

盘龙江 在城东。源出嵩明州牧羊水，南流六十余里至甸南，汇旧邵甸县龙潭河，蜿蜒二十余里至松华山，盘绕于城之东南西三面，南入滇池，故曰盘龙。其支流则自松华坝，初分为金稜河至城南，分水龙王庙，一分为采莲河，再分为永昌河，过马蹄闸，折而北行半里，东分一渠，逆入城濠西，分为板坝河，半里，又分为西坝河，至小西门，又分为仓后河、鱼池河。其正流南至窑湾，纳金铃闸泻水至望城桥，又分为杨、太、金三河。以上俱西入草海正流，历南坝、晏公庙，汇于滇池。其蓄泄之闸七：王公闸、在城南门外小泽口。永昌河闸、在城南三里土桥外。本朝康熙二十三年，水利道孔兴诏置。堕苴闸、在城南四里土桥外。四道坝闸、在城南五里土桥外，明弘治间置。南坝闸、在城南十里。元赛典赤建，明总兵沐璘、巡抚郑颙甃石为闸，添设巡守。西坝闸、在城西南五里摆渡村河中。小西闸。在城小西门外。以上诸闸，多有淤圮，本朝雍正八年，疏导深通，砌石岸坝闸，增开子河，新筑堤埂。

金稜河 在城东十里，俗称金汁河。自松华坝分水，经金马山麓，绕春登里东乡至海约六十里，两岸俱石堤盘亘，高丈许，束水于中，分砌涵洞，以均引灌。其蓄泄之闸八：桑园闸、在城东八里白龙寺，导白龙潭水入河。小坝闸、在城东十里，导杨妈河水，由过洞灌小坝村田。本朝康熙二十七年，总督范承勋于小坝闸下再建一闸。三元石闸、在城东十里，分水为明通河。金稜闸、在城东南五里佴家湾，水盛泄入盘龙江，以防堤溃。燕尾闸、在城南八里南村界，分水为西岔河。戴金箔闸、在城北二十五里桃园村。大韩冕闸、小韩冕闸。俱在城东北十五里任旗营，相距百步。以上闸岸，多有淤圮，本朝雍正八年疏浚添修石岸，并新开泄水石闸二处。

银稜河 在城北，俗称银汁河。源出龙泉山黑龙潭，由落锁坡至童子桥，蜿蜒二十余里，流过沙浪里，南入盘龙江，达滇池。其蓄泄之闸七：文殊寺闸、在城西北八里小马村。小营闸、在城北八里小营村。白龙潭闸、在城北十里上庄。王俊闸、在城北十里马村后。王公堰闸、在城北十二里涌泉寺下。倮㑩闸、在城北二十里左卫营。大闸。在城北二十五里蒜村。以上闸堤，多有淤圮，本朝雍正八年，疏浚子河，引水入江，并于古堆童子桥增高石路，堵御江水，不使漫溢。

宝象河 在城南二十里。源有二，一自岘岣山小龙潭至板桥驿东，一自黄龙潭至板桥驿西，于明阴寺前合流而西，经老崔桥至小板桥，又分为三：一名官渡河，西流十五里入海；北分一河名倮㑩，西流十五里；又北分一河名旧门溪，西流三十里。俱入海，东南田亩，咸资分溉。其蓄泄之闸六：杨柳坝闸、在城东十里和甸营。矣龙村闸、在城东二十里。牛舌尖闸、在城东二十里小板桥。响水闸、在城东二十四里过路村下。石坝闸、在城东二十五里三碗村。土桥闸。在城东南八里石虎岗。以上闸堤，本朝雍正八年重经修筑。

海源河 在城西二十里，一名鸳鸯池。源出聚仙山下黄龙潭，流经海源寺里许，建中、左、右三闸，分受沙河水，合流二十里，入草海。中闸淤塞，水从右闸奔注，淹损班庄上下田禾。本朝雍正八年，疏通中闸，水入正流，造十字桥，骑清水上，驾渡涨流，河尾另立暗洞分浑水出青草湖，清水灌田，加筑沙河堤埂，循流建闸，导至鸡舌尖，归于本河，水无旁溢。其蓄泄之闸四：鸡舌尖闸、在城西十五里海源寺下。左闸、中闸、右闸。俱在城西二十里梁家河左、右、中三沟。

马料河 在城东南。源出城东六十里白土村黄龙潭，西入滇池七十里。其蓄泄之闸四：光村闸、在城东南三十里光村。新村闸、在城东南三十里左卫营。猪圈坝三闸、在城东南三十五里宝山冲下。秧草坝闸。在城南三十里昆池边。以上堤闸，本朝雍正八年，疏浚增筑，并建桥梁。自盘龙江至此，名曰六河。

明通河 即金稜河之支流。一由三元石闸引注至焦三桥为明通河，一由北泻水闸引注为白沙河，绕先农坛后，与明通河合流，出太平桥，过塘子巷，入蒲草塘。自白沙桥至海尾约三十里。本朝雍正九年，修浚河身，增高堤埂，并券石桥二、过洞二，通流利溉。

白沙河 在城东北。源出放马桥，经桃源村响水桥、银锭桥，小村七星桥，西入草海。昔人于响水桥连建三闸，相距各里许，头闸分为马溺河，二闸、三闸俱引流南入旧门溪。三闸行至小东村，又分小闸，经阿角村至七星桥，仍入正河。

马溺河 从白沙河头闸分流，北经河甸营香条村西，折过苜蔬厂，入草海。旧多淤狭，本朝雍正九年，增筑堤岸，疏导宽深。

横山水洞 在城西三十里龙院村西。明隆庆间，布政使陈善令民凿横山为阴洞，引白崖水灌田四万余亩。

富民县

仓前河 在城南三里。源自太平村大洞山，流灌仓前一带田亩。河高田低，可省坝闸。

清水河 在城北八里。源出罗次九岳坪，绕山开九渠，曰新沟，曰杜家沟，曰段家沟，曰廖家沟，曰张金沟，曰南渠，曰北渠，曰罗院沟，曰老叶沟，灌田甚广。

夷扎郎水 在城东南五里，一名大营河。筑坝分渠，引灌东郊田亩。

农纳水 在城北五十里。源出和曲州界，流入县境灌田，归于大河。

崖　泉 在城西南七里。水出崖下，四时皆清，团山、西山田亩咸资灌溉。

燕子涡 在城西十里。水从岩洞中出，内有龙池，祷雨辄应，引灌西郊田亩，名潘家沟。

大河石坝 在城西十里。滇池之水，自安宁流入县境，昔人于上流建立石坝，疏为东西二渠，均灌南北田亩，归于大河。岁久壅塞，本朝顺治十八年，官民捐浚。

摆夷沟 在城西渠上，引灌民屯田亩。堙塞已久，本朝康熙四十三年，知县梁国达重浚。

宜良县

大城江 在城北十里。源出旧阳宗县明湖，自汤池流入县境。明初开渠引导，日久堙塞。嘉靖间，临元道文衡檄知县伍多庆、指挥江玺筑堤浚导，凿涵洞七十二，由江头村至栗者村，东抵乐道村，入大池江。绕溉五十余里，民德之，又名文公堤。

黑泥河 在城南五十里竹山下。旧道淤塞，本朝康熙二十三年，知县李煜复加开浚，田畴利赖。

涀桥河 在城西五里。源出土潦冲，会九龙池，水分南北，直泻土桥河，灌溉田亩，东注大池江。

白龙潭 在城西七里黄保村山下。潭仅尺余，水涌如沸，灌溉一方田亩。

大龙洞 在城东南十五里。水出山腰石孔中，其下半里为小龙洞，较大龙洞稍狭，玉龙一带田亩咸赖之。

大　闸 在城东二里。障九龙池水，以资灌溉。

小　闸　在大闸南。障白龙潭水，南流灌溉。

唐家闸　在城东三里龙王庙右。总束大、小二闸之水，南流灌田万顷。

汤池渠　在城西南三十五里。明洪武中，黔国公沐英于云南广开屯田，汤池旧为沟塍，广不盈尺，英令指挥同知王俊因山障堤，凿石刊木，别疏大渠，导明湖水泄于大池江。其袤三十六里，阔丈有二，深称之，灌溉农田，大旱不竭。

冉公渠　在城北十五里。从野鸡箐引龙泉入靖安哨，灌田。

新　渠　本朝雍正七年，总督鄂尔泰以县辖高田缺水，洼田受淹，檄知县邢恭先审度形势，新开子渠，高下皆利。一在城东北五里五百户营之南，长五里；一在城东三里龙王庙北，长四里，以泻积水；一在庙南长十里，宣泄北来诸水，使无漫溢，均下入大池江；一在城南二十里乾墩子，决大池江之水，以灌高田；一在城北二十里，自江头村至前所，开浚深通。

九龙池　在城西五里岩泉寺山后。溉城西田亩甚广，然水势剽急，夏秋每有冲决，堤防为要。

清水塘　在城东十五里。其水常清，尖山一带田亩资之。

潢水塘　在城东十五里龙山后。田高塘低，用水车挽水灌注。

罗次县

北城河　源出城东穹荡山箐中，行数里分为三沟，城内外汲溉咸资之。曲折绕城，入金水河。

金水河　在城西五里。源出上甸分水岭，自南流，北合碧城之水，分溉千顷。复折而南，汇梅子箐水，西入禄丰星宿河。

梅子箐龙潭　在城西北四十里。潭周一亩，东流成河，经乍乌，南折灌溉革里、果子园、古城、白沙、金木邑田，入金水河。

小禄丰坝　在城西南五里。本朝康熙九年，知县马光筑石堤，秋冬蓄水，春夏灌田。

旧县坝　在城南二十五里。坝周一里，蓄泄以时，为阡陌之利。

晋宁州

盘龙河　在城东南一里。源出山涧中，灌海溪山一带田，入大坝河，有盘龙坝。

大坝河　在城东南二里。源出城南关岭之东，经河涧铺，灌溉石碑村一带田，入大堡河，有大坝、石碑坝。

大堡河　在城南五十里。源出江川县之屈颡巅山山畔，泉流三派，东者入抚仙湖，南者入星云湖，西者流灌州辖永宁乡田，入大河。

大　河　在城西二里。总汇盘龙、大坝、大堡三河之水，历东南，绕西北，逶迤入于昆池。旁开子河，东西各五，建闸蓄泄，分灌金沙、下河等田，阖州水利，莫巨于此。

龙　泉　在城东。曲折绕城北，入昆池，灌近郭田。

观音泉　在城西南十里观音山麓。北流灌田，西入大堡河。

达摩坝　在城东三里大幕山下。

山冲坝　在城东南十里大场村。

官庄坝　在城南十里铺。

罗藏坝　在城西南三里龟山下。

分水石坝　在城西四通桥下，灌溉西北田亩。日久淤圮，本朝康熙十年，修浚完固。

白臼坝　在城西二里小寨村下，子河之一。引灌金沙十五村田，旧分河水十之三，其七则归下河七十五村，日久淤废，村农失利，争讼连年。本朝雍正五年，勘定金沙等村，于大河内筑一小坝，仅高闸口一尺，留龙口八尺，冬春水微许，于五日内启闸放水一昼夜，滋润豆麦，余四日则闭之，使水尽入下河。夏秋水涨，则尽启，闸板交官，不许私闭，使各子河分泻洪流，以免旁溢。

杨庆坝　在白臼坝下二里。

新江坝　在杨庆坝东北二里，一名王家坝。水过州城北至迎恩铺，入草海。

杀蛊坝　在城西三里河西村大营。

紫溪坝　在城西五里团山下。

三尖坝　在城西十里三尖塘。

堰　塘　在城东三里印山之左，一名海溪。本朝康熙十一年，知州张慎行修筑，山田资以灌溉。

呈贡县

南冲河　在城东南四十二里之旧归化县北十里。自姚平坝经白云村，与清水河合。雨涨多浸没村田，明知县游一清兴工浚治，田始可耕。

洛龙河　在城东十里。源出黑、白、黄三龙潭，合流成河，分为二，一引入城南，曲折环抱，至斗南村入海；一绕城南而西至江尾村入海，附郭田全资灌溉之利。

马料河　在城北五里。源从板桥流入昆池，县北田亩，资其灌溉。

月角泉　在城南十五里，即莲花洞泉。为雨花、月角、大渔、太平四村灌溉所资。

黄龙潭　在城东八里，与白龙潭合。

白龙潭　在城东十二里石崖下。

金鲤潭　在旧归化县南六里。旧为平原，恒苦亢旱。明隆庆六年，田中忽水涌成深潭，有金鲤游泳其中，遂为一方灌溉之利。

黑龙潭　在城东北八里新册村石崖下。源深流广，阖邑田亩大半资其灌溉，与白龙潭合。

大　坝　在城东五里。引黑、白龙潭之水，溉田千顷。本朝康熙十一年，署县何清重修。五十五年，署县吴宝林续修。

达摩坝　在城南四十里富有村旁。

交七浦　在旧归化县东北二十里，广二百余亩，入滇池。

安宁州

沙　河　在城东南二里。源出清水关，经龙马山，亘百余里，入螳螂川。州东田亩，资其灌溉。

洛阳山龙泉　在城东十里。峰峦峭立，下有龙泉，上有禹碑。泉流经东桥，灌田三千余亩。

兴尼龙潭　在城西四十里。

水跌龙潭、青龙潭　俱在城西北十里葱山之南。

斑鸠村龙潭　在城东北十五里。

大　湖　在城东南九里，俗名马鬃海，土人呼陂堰为泖。

小　湖　在城南六里，俗名洛阳池。

石珠淜 在城南十里。

石　坝 在城东南七里。

中前二所坝 在城南十五里之旧三泊县东三十里。

筒车坝 在旧三泊县南六里。

好义村坝 在旧三泊县西一里。

月子庄坝 在旧三泊县西二里。

郭家坝 在城西二里。

潢水塘 在城东五里，俗名天眼淜。

禄丰县

星宿江 在城西门外。受罗次、和曲之水及东南溪涧，汇为巨河，流入易门。明正德间，知县艾龙筑堤障水，分建黑龙潭等六坝，引流灌溉，水利始兴。

北　河 在城北。源出和曲州河底厂，南流十五里至阿勒，又十五里至法尼，又三十里汇东河，为星宿江，沿流引灌甚溥。

右所龙泉 在城东。水出石崖中，昔有刘令凿山穿孔，引流县之东南，功尚未就。启明桥民自备工力开渠，沿山而下，灌田八九百亩。

下坝、赵里长坝 俱在城东二十里。

南　坝 在城南七里。

土　桥 在城南七十里老鸦关。

前所坝 在城北十里。

中　坝 在城北十五里。

上　坝 在城北二十里。

麽些坝 在城北三十五里。本朝康熙三十七年，知县王毓奇重筑。六十年，邑人唐瑜等改砌石基，障水高丈许，灌溉有加。

大村坝 在城北六十里沐乡。水冲久废，陇亩全荒。本朝康熙三十五年，知县王毓奇重筑招垦，其利渐复。

赛宝坝 在城东北。县城西临大河，三面无池。本朝康熙四十九年，知县刘自唐筑坝引水，环城作濠，亦饶灌溉之利。

黑龙潭坝 在城东北五里。初筑于潭之下流，后改筑上流，其利始溥。

东　渠 源出罗次山涧中。曲折七十余里，至县东南，水流山腰下，灌甚易，且有天然石坝，不须修砌，惟开通无力，灌溉未广。本朝雍正二年，总督高其倬、巡抚杨名时借给帑金，檄知县安鼎和开渠造桥，引灌东南一带高田，悉成沃壤，民受其利。

护城堤 在西门外。星宿江之水，夏秋泛涨，逼近城根，冲刷为害。本朝雍正十一年，布政使陈弘谋详请总督尹继善、巡抚张允随委员勘估，发给帑金，檄知县姚恪建筑石堤，长五十丈，以御水患，保护城垣。

昆阳州

渠滥江 在城东南五里。受清水河、小河口、罗武河、老王坝河、乌龙河诸水，东北流入滇池，灌溉甚广。

三洞泉 在城北平定乡小山下。石洞凡三，水可资灌溉。

白塔龙潭 在城北四十里。泉水渟泓，分注三沟，引灌九村田亩。

翻水洞 在城西三十里石头山下。泉水沸涌而出，深不可测，灌溉甚广。

老王坝 在城西天马山下。

石龙坝 在城北五十里海口下流。自子母山南至甸基五里，中有石埂一道，南北横截，可百余步，水至此奔湍三叠而后安流下，入螳螂川。

清水坝 在城南十里。

郎中沟 在城南一里。

清水沟 在城西南一里。源出灵光寺山箐，流经演武场，入小河。

官　塘 在城东门内。阔三十余亩，与东湖通。

摩些塘 在城南五里。

白莲塘 在城北十里仙鹤村。

阿金塘 在城北核桃村。

卧龙堤 在城北三里。周三十余亩，蓄泄以资灌溉。

易门县

九渡河 在城西北一百二十里，即禄丰县之大溪也。流入县境，分溉田畴，下注元江府界。

大龙泉 在城西五里。水出石洞中，分南、北、中三沟资灌。

黑龙潭 有二：一在城东，水入易江；一在城西六十里，潭水深黝，可以引溉。

普济龙潭 在城南十里。龙洞幽窈，水自洞劈为三股，流灌均溥，不假人力。

沙　坝 在城东二里。

刘官坝 在城西四里南沟。

杨惠坝 在城西五里分水闸下。

西门坝 在中沟。

曾所坝 在北沟。

叶家坝 在北沟。

大　坝 在城北二里。

石　坝 在城北三里。

旧县官坝 在城北三十里。

分水闸 在大龙泉。建闸分水为三，以均灌溉，为万家乐利之源。

江　渠 在城东五里。有上下江口流绕飞虹桥，南归绿汁江，全境皆资灌溉。

芦　塘 在城东五里。

嵩明州

杨梅河 在城东十里。源出州属马厂，灌日足里田，由汪官村入嘉利泽。

邑市屯河 在城东南四十里。河有五，俱出宜良，其经嵩明者，六七村资其灌溉。

宽郎河 在城南三十里。自寻甸之三岔发源，流至吉矣龙，分为二，东灌效古里田，西灌日足里田，俱流入嘉利泽。但日足地低，水直易行，潦则受淹；效古地高，得水甚微，暵则受涸。本朝雍正八年，总督鄂尔泰檄知州苏暻同寻甸知州崔乃镛，相度地势于吉矣龙，分水上流里许，水势均平处另开子河，引流入效古分水旧道，与日足均其水利。

遥岔河 在城南三十里，一名老贾河。流入嘉利泽，灌金马里田。

杨林河 在城南杨林驿，一名玉龙河。源出虮峢山一朵云下，经棂口村渣子沟，过天生桥，直至南冲村，分流为三。南冲旧有总闸，岁久倾圮，兼一带河身浅窄，堤埂低薄，每夏秋水涨，道路田畴，多被冲没。本朝雍正十二年，布政使陈弘谋檄议兴修，知州张浩捐赀重建总闸，分水均流三河，不致偏注。又自南冲至河尾二十五里，将东、西两河开浚宽深，增筑河堤，栽植树木，并于河尾、窑岔河、老贾河疏浚砂砾俾畅流，归入嘉利泽。水无溃溢之虞。

弥良河 在城西五里。源出梁王山，流至金鸡山、白马庙，经万历桥，入嘉利泽。灌崇正、弥良、资善三里田，各有坝蓄泄。

天生桥河 在城西二十里。源出梁王山，由黑倚牌伏入山洞，至覆苓洞复出，过天生桥，入嘉利泽，灌中和、依顺、资善三里田，各有坝蓄泄。

福佑河 在城北三里。源出梁王山白草龙，至常汪冲，两水交合，由丹凤桥入龙济河。灌崇正、月丰两里田，有坝蓄泄。内有大理村，河势湾曲，冲刷民居。本朝雍正八年，知州苏[illegible]改直河身，引循故道。

嘉利泽 在城东南二十五里，一名杨林海。周百余里，纳龙巨、南冲二河，并四面山溪潭泉潴而成淀，自杨高桥流出，历车翁、牛栏，以达金沙江。而出口迂曲，水流微缓，沙石易停，咽喉壅塞，滨海四十八村田亩，每患淹没。本朝雍正六年，总督鄂尔泰檄令知州安鼎和弃迂从直，由丁家屯龙喜村另开子河二里许，直通河口，使新旧两河并泻，水势畅流，田亩涸出。

龙济溪 在城东十里，一名龙巨河。源出寻甸州西南果马山，由罗锦村经龙济桥，至王四坝，入嘉利泽。长流不竭，可以行舟，灌月丰、资善两里田，有堤蓄泄。

牧羊水 在城西五十里。源出阿打龙，南至高仓，灌邵甸内六甲田，由夹岸过洞，流入盘龙江。

对龙泉 在城西南四十里。源出梁王山，由五山分水岭，两泉对出百余步，始合流入嘉利泽。灌中和、依顺、金马三里田，俱有石坝。

冷水洞 在城西旧邵甸县。龙泉百泓，引灌外四甲田，由甸尾而出，合牧羊水，皆盘龙江之源也。

炼登村坝 在城南八里凤溪山下。

清水塘 在城东十五里。

曲靖府

南宁县附郭

潇湘江 在城南。源出马龙州木容箐，绕胜峰山后，经府城妙高山，由天生大坝，会霑益北来诸水，趋东南，径亮子口越州下桥，曲折达于陆凉，远近田亩，咸资灌溉。

东山龙潭河 在城南五十里。本朝雍正八年，知府佟世荫修筑坝闸，开沟引灌吴官冲十余村田。

双　河 在城北三十里。源出崖口，流入阿幢河，引灌多利。

东海子 在城东五里。山泉流注，潴为巨泽，田亩资溉。

龙　泉 在城南十里。泉分两派，一清一浊，引灌资之。

黑龙潭 在城东二十里。潭水渟泓，饶灌溉之利。

滚水坝 在城东八里矣卜村。旱蓄潦泄，田亩利之。

恭家大坝　在城东南二十里。郡中诸水，俱会于此，分灌朗坦十五圩田。

恭家小坝　在大坝下。旧系石闸，引灌瓦子四村田，日久冲塌，后易土埂，岁修岁圮。本朝雍正八年，知府佟世荫仍甃以石。

东山坝　在城东南二十里。本朝雍正八年，知府佟世荫新筑。

蒋家坝　在城南三里。本朝雍正八年，知府佟世荫新筑，蓄水资灌。

兴隆坝　在城南十五里西山下。系石坝，蓄山箐之水，灌卧龙寺五村田。

瓦庙石坝　在城南十五里。本朝雍正八年，知府佟世荫新筑，蓄山箐之水，引溉何旗乡五村田亩。

观音三坝　在城西南二十里。旧建石坝三，上下相连，蓄水分灌南城等村田。

大　坝　在城西南五里。明洪武初，指挥刘璧筑坝，酾渠为三闸，引潇湘河水分灌东南三乡四堡之田。年久湮废，本朝康熙四十二年，知县胡麟征重修。雍正八年，水冲堤溃，知府佟世荫、知县梁廷彦捐买民地，开沟筑堤。

左所坝　在大坝左。引灌施家庄等八村田，山势逼隘，沙石易淤。本朝雍正八年，知府佟世荫、知县梁廷彦捐买民地，另筑石坝，以防冲决。

天生石坝　在大坝下。天然石堑，增培木石，即堪资蓄泄，引灌官厂院七村田。

解家坝　在大坝下。南北二沟，灌史家闸六村田。本朝雍正二年，总督高其倬捐金重修。

尹煤冲石坝　在城西五里。本朝雍正八年，知府佟世荫新筑，蓄白石江水资灌。

三岔坝　在城西十五里。

上　坝　在三岔上。

冯尹冲坝　在城西北十里。引白石江水，灌冯、尹二冲田。

土　坝　在城东北一里。引北沼水灌田。

西湖坝　在城东北十里。明洪武间置。

毕家沟古闸　在城东十里红花海下。本朝康熙二十八年，署知府李灿重筑。

沙河新闸　在城南二十里。本朝康熙二十六年，知县张为焕创修石闸，民利赖之。

暗洞堤　在城东十里。暗渡阿幢河水。

三圩新堤　在城东乡。郡中潇湘口、白石江、新桥河、黑水河诸水汇流入套子圩，总为一河，复南历白夷圩、恭家圩等处，向因河身窄狭，每遇水发，泛滥无归，田畴多被冲没。本朝雍正十二年，知府佟世荫勘议详请发帑，开浚宽阔，另筑内堤三道，套子圩筑长一百四十五丈五尺，白夷圩筑长二十九丈五尺，恭家圩筑长八十三丈五尺，河流不致旁溢，田亩始保无虞。

北沼堤　在城北门外。

霑益州

沙　河　在城东五里。饶灌溉之利，但河高田下，堤塍易圮，岁资修浚。

交　河　在城东十五里。源出花山洞，由白浪三川经松林境北，田亩咸资灌溉。至天生坝，分为东西二渠，东流微弱，至大觉寺而竭，西流则蜿蜒二十余里，北经黑桥，南趋太平桥，纳玉光村溪水，又纳沙河水，环抱城郭，至梅家闸，与腊溪合。城南北三乡八伍二铺田亩，咸资灌溉，阖州水利，莫广于此闸。下五里许，即南宁县界，会白石、潇湘二水，趋桥头，过陆凉，入大池江。

双　河　在城西南二十里，即腊溪上流。一出半个箐，一出烟子冲，会于新桥。

腊　溪　在城西。源出凤凰山，流二十余里，随流引灌为二坝，至城南梅家闸，与交河合流，入南宁县。

扯补龙潭　在城东十五里东山后，水出山腹，引灌十里。

角家乡龙潭　在城东二十五里，引灌三乡田。

海家龙潭　在城东南二十里海家地。二源并出，大雨时，一清一浊，东西资灌。

大龙潭　在城东北五里。旁有小潭，水出较盛，分灌东北田亩。

天生坝　在交河上流，瀑布三叠。明天启间，总兵杨禄开东西二渠。

羊场七坝　在城东南三十里，灌羊场一带田。

西闸坝　在城南十里，引新桥水灌溉十三屯田。本朝康熙二十六年，州民张仲等建，后州民韩继正增修。

黑蛇坝　在城南十五里交河下流。

擦耳石坝　在城西南十里。引灌州西田，流入新桥闸。

交水坝　在城北平蛮乡。

铜车坝　在城北三十里松林驿南，引块步溪水灌田。

来远坝　在城北八十五里，灌来远铺田。

沙河三闸　在城东五里，灌东郊田。

梅家闸　在城东南十里，块步、腊溪二水至此合流入南宁。明宣德间，千户梅用建闸，以时启闭。

新桥闸　在城南十里，双河水会此。

陆凉州

东　湖　在城东。地势洼下，夏秋水泛，一望汪洋，可资灌溉。

中涎泽　在城东南邱雄山下。府境潇湘诸水悉汇于此，州境十八泉与南涧诸水亦注之，为阖州引灌之巨泽，流绕南郭西，入宜良，为大池江。

杨福村坝　在城东三里。明知州陈文著筑，引灌多利。

撒河坝　在城东十里。

龙洞坝　在城北五里。洞名涌珠，水资引灌。

郭家圩坝　在城东北二十里。明崇正间筑，蓄水分灌，岁时加修。

冷水塘闸　在城东北六里。

马龙州

东　河　在城东南二里，旧名潇湘。源有二，一出城东松溪坡山涧，灌西河流等村；一出城东小龙井，灌陆家庄等村，各纡回数十里，于此合流，入缪家河。

龙潭河　在城西八里上二里许。为缪家河东西河水总汇于此，中有龙潭，故名，下经龙洞，资灌土官寨等村田。

西　河　在城西北。源出高坡，经伯刻山下，纡曲西流，与东河汇。

畏雷泉　在城西四十里麻衣村后。土名犀牛洞，水从岩侧地穴中涌出，渐流渐盛，可灌田千亩，或初出闻雷水即涸，经雷数番而出其流更久。泉欲出时，居人先闻穴中有声如雷，若岁旱不出，则于后洞中群相呼吼，击以石，泉亦出，但不能久。其出每以初夏为期，居民于是时祀之。

九股龙潭　在城西五十里香炉山后，即旧通泉县地。潭周二百余步，泉水杂出，约有九股，流成大涧，出中和屯，引灌多利。

扯堵龙潭　在城西北三十里。周百余步，多林木，水自树根涌出，流至土官寨，汇东河水，又汇滥泥坪龙潭涧水，资以分溉。

龙　洞　在城东南四十里山后。有大栗树、汤郎二涧水伏流入洞，砅转如雷，中成巨潭，汹涌而出，以资浸灌。

杨柳坝　在城东七里，灌西河流田。

天生坝　在城东南四十里，灌本村田。

官　坝　在城南五十里大营村。

宗家坝　在城西十五里，灌本村田。

弯子坝　在城西三十五里，灌车章田。

石桥坝　在城北十五里。

上　坝　在城北二十里，灌本村田。

庄郎塘　在城西二十五里，灌本村田。

罗平州

响水坝　在城西五十里。本朝顺治间，邑绅李犹龙凿石筑坝，引灌资之。

太液湖坝　在城北一里。明万历间，知州黄宇以旧多火灾，筑堤聚水制之，近坝田亩，亦资引灌。

鲁沂堤　在城南一里。水低田高，筑堤分水，东西灌溉。

土白勒堤　在城西二十里。水出山岩，分三道流出。本朝康熙三十九年，知州张含章筑堤，引灌康虐村一带田亩。

歹鲁村堤　在城西五十里，即三峡江水。居民甃石筑堤，蓄灌千亩。

寻甸州

寻川河　在城东十里，即牛栏江，又名阿交合溪。源出嘉利泽，南绕州境七十余里，汇新桥、洗马二河及山溪诸水，东北入车翁江。每夏秋积雨，一望汪洋，加以马龙州白蟒河水又会于七星桥下，冲激寻川之水逆流泛滥，附近熟田多被淹没。本朝雍正七年，总督鄂尔泰审度形势，檄知州崔乃镛于木龙村后海泛涨停积处，另开子河七百四十余丈，引之别流，不与马龙争道，下至桥头始合。继委迤东道迟维玺另浚沙河一十五里。

螳螂河　在城北五里，俗名兔儿河。源出白龙洞，会摩浪水，东流，纳虾蟆塘水，经州东南三十里，入阿交合溪，为三岔河，资灌甚溥。

车　湖　在城西三十里。纳四面山溪之水，潴而为池，周广四里，水深碧，故又名清水海。出功山，入金沙江，沿流引灌。

矣部乌泉　在城东五里，即洗马河源也，一名冷水塘。源出凤梧山，入七星桥，至沙林，分二派，下车翁江，沿流分溉。

三龙泉　在城西十里。周回有石如砌，其泉穿山而出，可资灌溉。

冷水塘坝　在城东北四里。旧有石坝二，上下相连，一灌矣卜村、张家村田，一灌下鲁伯村、道院村、马石窝、木龙村田。明万历间，杨、董二生倡修，又名杨福坝。

龙潭闸　在城北四里马街。距白龙洞半里，障水灌新庄下村、矣卜村田。

归龙堤　在城南二里。明万历间，知府李遇春筑石堤三十余丈，溉田数百顷，民德之，又名李公堤。

平彝县

响水河　在城西三十五里。源出白水，有深潭，天生石坝。

大　坝　在城东六里，引灌黄土坡田百余亩。

木枧槽　在城西北三里。于西河架枧，由张家湾入望门，分溉民田数百亩。

宣威州

龙　津　在城南二十里。广数丈，深邃莫测，灌田数百顷，入盘龙河。

双　坝　在城南二十五里。

山桥坝　在城西南二里。

天生坝　在城西南二里。天然石闸，左右开沟，引水灌溉。

宁家坝　在城西南三里。

盘龙坝　在城西一里。

缪家坝　在城西三里。

官　坝　在城西五里。

梁家坝　在城西五里。

小　坝　在城西五里。

阿龙沟　在城南三里，灌河东田。

清水塘　在城东五十里。

温水塘　在城南六里。

犀牛塘　在城南四十里。

临安府

建水县附郭

泸　江　在城南。源出石屏异龙湖，由西庄南折而东，至三河口，汇塌冲、象冲二河及六河九洫，以趋岩洞，伏流十余里，出阿迷州南，为落蒙河，入于盘江。先是洞口洞底石埂十三重阻水，每夏秋雨涨，奔湍四溃，淹没田庐，土人伐石者辄为风霾沙石所伤，称有神物凭据，不敢疏凿。本朝雍正七年，总督鄂尔泰檄知府张无咎凿石疏河，椎凿不能入，强入寸许，风沙炮砾从空而下，断折工人一指。尔泰谓神以庇民，岂以虐民，为文以祭，祭毕复凿，应手而碎，十三重立尽，水势畅流，远近获利。

李浩寨过泉　在城北。自南庄十六营以下暨狮子口、郭衣村八处田亩，苦无活水。本朝雍正七年，知州祝宏于附近南庄之李浩寨，察山腹中有过泉一股，水声潺湲不息，而山石嶙峋，疏凿难通。总督鄂尔泰令填入谷糠，约三十里始流出于州属之老鼠窄石空地，势卑洼水，无所用于上，里许穿凿而入，水流涌出，开导成渠，酌定规条，挨次引灌。

杨公泉　在城北四十里。本朝康熙三十年，知州杨绪爵开凿，溉田四千亩，居民祠祀之。

冷水沟　在城东北四十里。流为南庄河，会青云桥水，北出赛公桥，经中所马军营，入岩洞，引灌资之。

大水塘　在城东一里。

冯家山塘　在城东小寨后坡项。宽二里许，阔半里，旱涝赖以蓄泄。

清泑塘　在城东十五里。有龙泉，溉三寨田。

清水塘　在城东五十里。广阔三里，居民引灌田亩。

王家塘　在城南六里。

滚沙塘　在城南十里。溉回回村一带田。

蒲草塘　在城南十五里。水源洪沛，聚若小湖，灌田甚广。

泸江堤　沿江筑堤，溉田几七十里。江中沙石停壅，年须浚治。明万历四年，兵备道副使许宗鉴躬亲疏浚，置桩柞田，以备岁修，民感之，名许公堤。嗣后相继修筑，难免溃决。本朝雍正八年，总督鄂尔泰发帑募工，分员料理，自谢家湾至岩洞，亘八百一十丈，回环几九十里，浚治宽深，堤岸坚固。题定岁修三河，额银三百两。

象冲河堤　在城南。源出黑龙潭，历拖泥坝，会白水河，合塌冲河，至三江口。

塌冲河堤　在城西南。源出松子园，由鹧鸪村合象冲河至三江口，汇泸江，以入岩洞。

以上二河，俱筑堤捍卫，历任修筑，旋复溃决。本朝雍正八年，总督鄂尔泰发帑重修完固，亘四千三百七十五丈，岁修额银与泸江合。

白沙河堤　在城北二里。源出青山，历碗窑，绕城而东，入泸江，同资灌溉，俗呼窑沟。

石屏州

异龙湖　在城东五里。源出宝秀湖，有九曲五岛，周百五十里，会芦子沟之旷野河，下入泸江。沿湖田亩，咸资灌溉。

新　湖　在城南二十五里白家寨后。阔四里许，筑堤蓄灌。

老　湖　在城南三十里大寨山后。广阔五里许，筑堤蓄溉。

宝秀湖　在城西三十里。源出湖心，夏秋雨涨，汇为巨津，东入异龙湖，资灌甚广。

九天观闸　在城西三里，受宝秀、高家冲诸水。明万历间，知州曾所能移旧堤于百步之上，就其冈陵之隘而扼塞之，潴水以资灌溉，中为石闸，以时启闭，至今民赖其利。

后所塘　在城南火龙山下。广七里，居民筑蓄资溉。

樊东塘　在城南三里钟秀山下。广二里，灌溉资之。

蚂蝗塘　在城西三里。广阔二里许，筑堤蓄灌屯田。

酸水塘　在城西符家营。阔三里许，军民利赖。

化龙桥堤　在异龙湖边。本朝康熙七年，知州刘维世甃石增筑，农田行旅两受其益。

西　堤　在城西一里黑龙坡旁，即杨柳坝。本朝康熙八年，知州刘维世凿堰，长八十余丈，作三闸，聚弥勒沟一带流水，因时启闭，分水为十二分，远近均沾，灌军民田万余亩。

阿迷州

清水河　在城南。源出南洞山，环抱州城，以灌郭田。

小　河　在城外，旧不通舟。本朝雍正七年，总督鄂尔泰檄署州漆扶助疏浚宽深，自冰泉下绕州城，由禄丰乡直达盘江，水路三十二里，滩平水缓，可以行舟，亦资引灌。

西山龙潭　在城西。灌乐云庄田，余入城，利及花木。

部沼龙潭　在城北三十里。土人传有九十九泉，坂田宽广，水充满，无旱忧。

水头洞　在城南四十里。水从洞出，灌溉大庄田亩。

东　堰　在城东。水出南洞，经东山庄至义来村，郡人王廷表率众人为石坝。

石　堰　在城南，有小河。明嘉靖间，巡抚邹应龙建。

西　堰　在城西。水出冰泉，州民赵儒筑堰通之，经桃川庄至甸尾。

高家庄沟　在城西九十里。源出沙札哨旁，长三里，土舍李思敬开浚。

宁　州

浣　江　在城南三里。水从州北青龙潭流下，绕灌州南，会于婆兮江。

龙井河　在城东九十里蛇街落梅村左，引灌甚广。

恩永河　在城西。水出山麓，流为三，一灌西郭田，一灌南郭田，中流则曲折环城，会为爪水。

龙　川　在城东北五十里路居乡。源发甸头山涧中，灌溉甚溥，北流注抚仙湖。

巅岩溪　在城东北十里茶部冲村。泉自山巅下垂如瀑布，引以资溉。

海眼泉　在城南六里恩永山麓。水自石洞中涌出，其源甚深，灌溉田畴，四时不竭，或谓自通海县海门关泻注于此。

七犀潭　在城东七十里婆兮乡，即大龙潭。周围约八十丈，冬春水澄如镜，夏秋浑水出焉，俗传中潜七犀。明正德初，土人筑堤引水，辄为犀败，遇术士取其雄者，患乃息。

必旦龙潭　在城南九十里，灌六寨田。

双龙潭　在城西四十五里，灌马塔田。

羊　塘　在城东三里甸尾。长二里，宽四丈，蓄葫芦箐水灌田。

山　塘　在城西北四十里甸苴坝。广阔二里，蓄水资灌。

通海县

通海湖　在城北三里秀山下，一名杞麓湖。源出河西县之碌溪，东流至县，纳各溪涧之水，潴而为湖，周一百五十里，如环而缺。其东南有落水洞，田亩灌溉，视其通塞以为利害。

东华溪　在城东十五里。源出东华山乌龙潭，受冷水洞诸水，经沈家桥，流入杞湖。东乡田亩，资其灌溉。

白马溪　在城东。源出白马山下，经迎恩桥，流入杞湖。城东屯田，咸资灌溉。若暴涨入田，遂为酸泥，又不免损稼之虞。

九龙溪　在城西庆丰屯。源出九龙池，流入杞湖，西屯资溉。

新生泉　在城东十里，可溉田百亩。

大龙潭　在小新庄。

中龙潭　在金家湾。

小龙潭　在姚家湾。

以上三潭，俱在城东，汇沈家桥沟达于湖，引灌甚溥，但金、姚两潭水，性寒冽，近潭之田，必火种而后有收。

窑　沟　在城东窑山下。夏初雨集，民资其利。

大桥沟　在城东。注东山白马泉水，分灌入湖。明末山水泛溢，民田千亩尽被淤没，改种豆麦，又为暴涨冲埋，沟路堙塞，多年弗葺。其下流入湖处，久成平陆，居民俱已侵垦成田。本朝雍正七年，知县李至倡浚古沟，自大桥至湖六百六十五丈，疏导宽深，较旧制泄水更捷，并多置水车，遇旱则挽湖水而上，三层转注，可达大桥上游，浸灌田亩。

秀山沟 在城西北。汇秀溪温水塘、冷水塘二潭之水，流入杞湖，水甘宜稼，故西畴称为沃壤。

洗钵池 在城南秀山下。自水磨村流灌县境，入湖。

东湖池 在城东三里白马山谷内。长四里，宽二十余丈，久废。

西湖池 在城西一里。广阔一里，蓄温泉水灌田，久废。

新村塘 在城东十里东华山下。广二里，新村、城匡、杨广三村居民，筑蓄以资灌溉。

河西县

大　河 在城南十里。发源九街子山下，东北流灌三里村，入杞湖。

碌碌河 在城西六十里。源出大溪，自新兴流经嶍峨城下，东南入碌碑乡，归通海，东北入曲江，沿流资灌。

舍郎河 在城西六十里。由舍郎村东流，经木加沙，入碌碌河。

长　河 在城北三十里。发源曲陀关下，灌溉东渠诸村，出碌溪三渡，入杞麓湖。淤积日久，雨涨为害。本朝康熙五十一年，知县周天任疏其下流，水归故道。

山后川 在城西李家庄。延二百步，袤一百步，春月官民祭祷。

普应溪 在城北关外。发源螺髻山下，北行东折及于县境，每暴涨山岸当之辄溃。本朝康熙五十年，知县周天任凿琉璃山麓，引水北行，复自普应山下筑长堤捍之入湖，民利之。

白龙潭 在城西五里螺髻山下，灌近城田地。

东渠乡龙潭 在城西九街子山麓。灌溉甸心、沙罗、车城等村田。

水磨村龙潭 在城北二十里。水源洪大，复有长河流出，故邑北常受水害。

白石玉龙潭 在城东北十五里碧山下。水颇温，溉田甚美。

大　沟 在城西五十里。自木加沙引碌碌河水，灌永城仓、文沙冲、小白邑等田。本朝康熙三十九年，知县蔡酬开。

碌碌塘 在城北胜郎村上。延八百步，袤五十步，明时筑灌交罗布等村田。

东湖池堤 旧《志》：在城南二十里。延四百步，袤三百步，蓄水济塘下一带田。明成化间，知县朱光正立二石柱于塘左右，刻四至。按：城南无堤，疑为城北戴文营堤，今长河水淤，或失其旧尔。

西　堤 在城西。明万历三十二年，知县周邦举筑石闸。

西湖池堤 在城北二里戴家屯，上延百步。明弘治十年，知县萧济筑，即今碌溪渡堤。

嶍峨县

合流江 在城东北一里。源有二，一曰猊江，自新兴流至县北；一曰练江，自石屏流经新平至城南，二水汇于东南隅，下入曲江，故曰合流，引灌甚溥。

腊猛河 在城西南怕念乡，流入新平之大开门河，潆洄曲折，灌溉多资。

龙　潭 在城西一百二十里兴衣乡南十里。其水趵突，归入元江，灌溉资之。

大石坝 在城西北二里。明署县张𪏭筑，又名张公堤。

倪家冲堰 在城南一里香柏村之左。

角池堰 在城南四里。

新龙堰 在城西南五里。

大罗河堰 在城西四里。

普龙堰 在城北十二里。

董家堰 在城东北二里。

砥柱堰 在城东北十里。

松子园石渠 在城西北十里。明万历二十年修筑，亘十里，灌溉利焉。

蒙自县

鸡街河 在城西。源出建水，灌溉鸡街一带田亩，下入阿迷州。

倘甸河 在城西北七十里。源出白广寨洞中，并木马冲合流成河，田亩赖其溥灌，经县东南七里，流入梨花江。

南　湖 在城南门外，即学海。盈涸不时，久经淤塞。明嘉靖中，知府钱邦偁、通判胡文显疏凿为池，纵广里许，日久复淤。本朝雍正七年，知县王延诤以城南地势宽衍，因乏水荒弃，而学海据其上流，于庄区寨分引竜古之水聚为巨塘，浚深数尺，筑堤潴水，开渠引溉。

矣波草海 在城西北三十里。

落龙泉 在城东八里。秋冬不竭，土人引以灌溉。

法果泉 在城南十五里。明嘉靖时，浚水为渠，随山穷源，始得洒鸡泉，又得生三岊泉，俱导入法果，汇落龙，注泮池，沿流引灌。

鹦哥塘 有二，俱在鹦鹉山下，可以引灌。

澂江府

河阳县附郭

永济河 在城东北四十里、旧阳宗县东三十里炒甸乡黄泥村旁。日久淤塞，本朝康熙五十七年，知府柳正芳修浚。

大冲河 在旧县南五里罗藏山麓。明隆庆二年，暴涨决堤，知县文嘉谟浚导十余里，深八尺，宽丈余，民受其利。

陇邱冲河 在旧县西北十二里。源出陇邱冲山间，经通衢桥，入明湖，屯田悉资其利。

抚仙湖 在城南十里。河阳、江川、宁州三州县环之，周三百余里。北纳诸溪，西南受星云湖，东南流入铁池河，滨河田亩，惟视海口河通塞以为利害。

明　湖 在旧县北一里。源出罗藏山下，汇境内溪河泉涧诸水，潴而为湖，周七十余里。北泄汤池，东绕宜良，入大池江，水色深黝，两岸陡绝，尾闾狭隘。夏秋霖潦暴涨，淹没湖田，明知县文嘉谟疏浚建桥，民德之。

海　口 在城东南三十里。抚仙湖水由此泻入铁池河，每雨多水泛，宣泄不及，又有南北山溪，暴涨横冲，推沙滚石，每将海口堙塞，障水逆流，三州县滨海田亩，咸被淹没。明巡按姜思睿于南岸建牛舌石坝，北岸建梅子箐石坝，逼遏两溪之水，循轨顺行，不使沙石激壅海口，年设浚夫三百三十四名，日久坝圮，旋修旋壅。本朝雍正八年，总督鄂尔泰发帑檄知府王铎募夫挑浚，首尾宽深，重建二坝，甃石一百七十六丈，于坝身湾曲冲汕处，增筑逼水六墩，以固石坝。

东谷溪 在城东六里。源出东谷之麓，萦绕旧治旁，灌畦陌，注玗劄溪。

立马溪 在城南三十里。发源玉印山之南，经东关至兀峪岭，与剑岭溪水合流，绕竹园坡，西南入西礐大溪。明知府徐可久筑堤，以防龙青河一带冲决之患。

石涧溪 在城西南十里。出虎山两峡间，灌溉平阜，北入西礐。

罗藏溪 在城西十里。源出罗藏山峡，经梁王冲，东汇太平桥下。本朝康熙三十五年，暴雨横流，遂由棕树村南泻，经高楼房、旧街子、前所、团树营、高七营入湖，灌溉、冲没利害相半，历年以时浚治。

白鹤冲溪 在城西十五里。出山峡中，阜田资溉。

玗劄溪 在城东北二十里。源出宝鼎山，经玗劄山下，每水涝冲决为患。明隆庆三年，知府蒋弘德开渠筑堤三百七十余丈。万历间，知府程子侃重筑，东畔田畴咸资灌溉。南至旧治青云桥，受东谷、庄镜、北坡诸水，入抚仙湖。明季河道淤塞，水徙而西，从大人庄右，南经右所入湖，再徙而西流，经梨花村、鲁溪营、杨老营入湖，所经田地，久变沙砾。

九村溪 在城东北二十里。自本村发源流入七江村，会于铁池河，资灌甚广。

七江溪 在城东北四十里，水自九村流灌。

弥勒石溪 在城东北四十里旧县西。源出罗藏山西麓，合涧流出弥勒石口，会锦溪水，入于明湖，灌溉甚溥。

日角溪 在旧县西北八里，一名芭蕉河。源出觉卜山下，伏流至天生桥，复出成溪，利资灌溉，入明湖。

东浦泉 在城东五里华藏寺下，自石窍中出，清甘无比。明成化间，知府张顺筑堤闸水。嘉靖间，郡人席大宾增筑一堤，汇以为沼，下注镜光池。府治昔在东山沼，距治北三里，因名为北沼。

玉冽泉 在城东五里华藏寺金鸡岩下。味甘色莹，流灌阜田，注于镜光池。

漱玉泉 在城东五里。源出重珠山麓石窦间，一名倚铎塘。明嘉靖间，郡人李坤筑石堤，以时蓄泄。

芭蕉箐泉 在城东七里。有泉涌出，可灌田。

西礐泉 在城西七里蟠龙冈石岩下。左右双湫夹出，汇为巨塘，左湫一名燕窠塘，水常清，右则流浊。明隆庆五年，知府徐可久开三河引泉南入于湖，又凿上、中、下三龙沟引泉东流灌溉郭西南田，达于城内，可以行舟，闸坝蓄泄有法。万历间，知府程子侃重筑，阖邑水利，此泉居其大半。

七古泉 在城东北旧阳宗县西北七里。源出麦田，过北斗村，入明湖，民资灌溉。

涟漪泉 在城东北七里碌碕山峡，一名庄镜泉。四时清澈，流灌阜田，合玗劄溪，明知府王良臣筑石堤。

清溪坝 在城西十五里关岭下。石坝二，分水沟六，溉田甚广。

太平闸 在城西二里太平桥下。明知府徐可久建，疏梁王冲一带溪水入新河。

高涧渠 在城东一里。自纳古勺开渠引玗劄溪水，流经蓬莱庵、捕鱼村、大树村，渡高涧桥，至东郭一带，田亩咸资分溉。

镜光池 在城东五里。受东浦泉水，筑石围堤，引灌东畔田亩。明崇正间，知府张同居建石闸于池口，以时蓄泄，闸上竖石坊，额曰“润泽生民”。

堰　塘 在旧县炒甸乡土官村。明正德四年，知县郭翰筑。嘉靖四十五年，知县文嘉谟重修。本朝康熙年间，知县沈晋初、翟枚吉相继修筑，壅溢不常，近村之水利关之。

立马堤 在城西七里西街之北。明知府徐可久建，以防龙青庙一带山水冲决之患。

江川县

下　河 在城西十里。分中河之流，经旧城南入湖。

中　河 在城西十里。源出阿花冲，抵乌鸦村南入湖。

上　河 在城北十五里。源出关岭，分流灌左、广二卫，南入星云湖。

星云湖 在城南十里。周八十余里，受屈颡巅山龙泉及三河诸溪，潴而为池，由海门桥东入抚仙湖，沿湖田亩，资以引溉。

阿件溪 在城西北二十里。源出屈颡巅山之南，流入湖，溉田甚多。

阿化泉 在城北十里。源出绿笼山，分三流灌田。

黑龙潭 在城西十里。西山田亩资灌，其流为冷泉。

西山龙洞 在城西南三十里双龙乡。地无活水，止有大小塘各一区，岁久淤浅。本朝雍正十二年，知府来谦鸣、知县罗弥素亲督人夫挖深塘底，加高堤埂，又以田土广阔，灌溉不敷，复捐资于本乡西山半箐，凿开龙洞，水流不竭，引溉上下二乡田地数千亩，皆成沃壤。

甸头闸 在城北五里甸头乡。地无活水，惟大村之左，旧有水塘一区，三面皆山，独缺西面，因无堤闸，不能积水。本朝雍正十二年，知府来谦鸣、知县罗弥素捐筑堤坝，自北而南，长一百一十二丈，两旁植柳，并建石闸，因时启闭，灌田数千亩。

立昌堰 在城东五十里。本朝康熙九年，知县张方起自躲得岩导泉筑堰，灌田数十顷。

普济堰 在城南四里旧城西南馆驿左。明隆庆四年，知县杜鸣阳筑。

广济塘 在城西南三十里双龙乡。

新兴州

窑沟河 在城东南二里。源出平顶山后，迳州城南至金官屯灌田，西北入大溪。

撒喇河 在城东南八里。源出乾海子北，经灵照山下至灶君坡，会哨河，入大溪。

密罗河 在城西南三十里。北行经密罗村，过禄匡城及大营屯，会牟溪水，西入大溪，有三坝，灌麻栗树等田。

甸苴河 在城西二十里。源出尖山，受甸苴山谷水，北入大溪。

清水河 在城西三十里桤木岭下。源出光山，水清而驶，南入大溪。

大溪河 一名玉溪，在城西北五里。源有二，一出江川兽头山，西经河西夹雄山，北入江川普妙乡，出小矣资；一由香柏河行山谷中，经大矣资西至小矣资。两水合流西行，过王鸣喜，撒喇哨河水注之，至下戴家屯，白龙潭水注之，又南至康阜桥下，罗木箐水注之，至通年桥，奇梨、西河二水注之，至金官屯，窑河水注之，至大营屯，牟溪、密罗二水注之，西下甸尾村入山际，黑龙潭水注之，又南行，甸苴河水注之，又南下，良江、清水二河注之，绵亘几百里，始入嶍峨，以达曲江，阖州灌溉赖之。

良江河 在城西北三十五里良江村。东受两山潦水，南入大溪。

西 河 在城北五十里。源出昆阳州酸水塘，西入铁炉关河，会母猪箐龙潭水，南出刺桐关，经陈家屯，合奇梨溪，入大溪。有六坝，灌高桥等村田。

罗木箐河 在城东北二十里。源出响水，行蒙习山阴，南流过北山白云寺，西经龙门村，南至康阜桥，入大溪。有三坝，均分沟水，灌北山等村田。

香柏河 在城东北七十里。源出蒙习山晋宁分界，经安花芋苗村至小矣资，合大溪河。

牟 溪 在城南十五里。源出和尚湾山左，西流经牟溪冲，西北过梁王坝，经高仓，又西流至大营屯，合密罗水，入大溪，灌高仓等田。

黑龙潭 在城西十五里龙吟寺。窈深莫测，遇旱吐浑水即雨。

白龙潭 在城东北二十五里。历有四坝，灌北古城等田。

金汁沟坝 有四，俱在城东，灌马家冲等田。

研和坝 在城南三十七里潢水塘，灌南厂等村田。

桅杆营坝 在城西南十三里，灌本村田。

龙井坝 有三，俱在城东北，灌中卫屯、龙井巷、西关等村田。

红庙堰 在城东三里，塘周二里。

九龙池 在城西北二十里，一名奇梨溪水。出岩石间，清可鉴发，南至陈家屯，会西河水，东入安流桥，出通年桥，合大溪。有坝十三，灌王旗等村田，日久堙塞。本朝雍正九年，知州许廷佐疏浚深通。

路南州

兴宁溪 在城东二里。绕州西南，会铁池河，达盘江，有坝蓄灌。

白龙潭 在城东北十五里。行十里，与黑龙潭合流。

双龙坝 在城东二里。本朝康熙四十六年，知州金廷献建坝筑渠，亘二十里，溉田三千余亩。

黑龙潭坝 在城东五里，地名落台。明嘉靖间，知州邹国玺筑堰开渠，引龙潭水，济田千顷，民德之，称邹公堤。天启间，知州唐登第再浚，知州倪垣修枧引灌。本朝雍正九年，知州王臣重修。

些卜所坝 在城北十五里阿怒山后。山半旧有塘，名绿阴山，民筑堤蓄水，浇灌本村田地，而附近路母矣、北山屯两村隔在山南，流溉不足。本朝雍正十二年，知府来谦鸣、知州于讷于塘之南隅，筑土堤十余丈，潴蓄更宽。又于山北些卜所龙潭下，捐建石坝一座，并开沟长五里，引水至山南，遍灌三村田亩，均得沾足。

鱼池堰 在城东八里。明嘉靖间，知州郑国玺①修筑。

昌乐堰 在城东北五里。本朝康熙四十一年，知州罗之熊筑堰开渠，引白龙潭水灌州西北田三千余亩，后圮，知州金廷献重筑增枧。雍正九年，知州王臣续修。

护城堤 在城外。本朝雍正十二年，知府来谦鸣、知州于讷因土城单薄，每遇夏秋雨潦，濠水骤涨，冲塌可虞，捐资倡率士民于贴城土垣外，加筑护堤，长三百四十余丈。

大河堤 在城西北民和乡。河水自曲靖、陆凉流至州境下，入宜良，旧有土堤，岁

---

① 郑国玺 道光《云南通志稿》同，光绪《云南通志》作“邹国玺”。

久倾废，每遇水泛，田亩被淹。本朝雍正十一年，知府来谦鸣亲往查勘，与宜良令朱干会商，各劝乡民协力重筑，计长二千五百三十丈，并开水沟，随堤旋绕，堤内路南、陆凉、宜良三州县田四千余亩，均免冲没之虞。又因原开涵洞，湮塞成河，复捐资倡建小石坝四座，涵洞六口，引灌高田，民利赖之。其堤坝议定一有损塌，三州县分界不时修补。

武定府

和曲州附郭

鸠水河 在城东门外。源出罗次县白花山，经九厂六十里至府东，会西境东注之水，入禄劝大河，达金沙江。沿河资溉，但多行山箐中，不如西境诸河之利。

冷村小河 在城东南。源出石版桥罗家庄小龙潭，会各箐水至冷村成河，东历铺西大缉麻，合禄劝大河，入金沙江，沿流资灌。

鹞鹰河 在城西。源出乾河，会鹞鹰、古柏一带箐水成河，至红土田东，绕府城，合鸠水，入禄劝大河，分沟引灌。

高桥大河 在城西北。源出州属之勒品甸，经只苴阿河诸处，凡百五十里至汤郎，会大麦地各箐水，抵高桥成河，过拖木格落木河，东北渐下，历河冲白马口，入金沙江，沿河田亩随流分溉。

乌龙河 在城北五里。源出禄劝州之乌蒙山，溉田数百顷，下流入金沙江。

插甸河 在城北。源出老母坝东北，会各箐之水成小河，经插甸诸处至拖木格，合高桥河水，入白马口，达金沙江，引灌资之。

香水坝 在城东，溉东南一隅。

宛家坝 在城西北。下怒革、乌龙二水合流，随其高下，修砌石坝。

上　沟 在城西。自和尚庄岔河，分乾河水引灌烂枧槽、保山溪北郭田，由火把村入城供汲，归旧泮池。

下　沟 在城西。自红土田分大河水至烂枧槽村，架木接渡，东绕府城，折而南纡回十余里至小营，远近资之。先是，分沟处以乱石堆砌，河水稍浅即难引灌。本朝雍正九年，知州徐修仁于红土田上流建拦水石坝一，使水半流河，半入沟，筑堤疏淤，另砌渡枧马头，沟水常盈，分灌甚溥。

西村沟 自西村桥下，引河流分灌本村田亩。

乌龙沟 在城北十里。源出乌龙，引灌水碓房田亩。

大缉麻屯渠 在城东南。由冷村河筑堤，引至屯中。

元谋县

多克河 在城西六十里。源出白盐井，由大姚流入县境，合西溪河，引灌资之。

元马河 在北门外。清流漪漾，绕城分灌，下达马街有堤。

应元溪 在城东五十里。源出和曲州虚仁驿，流经马头山，灌溉甚溥，下流合西溪河。

西　溪 在城西五十里。源出定远之苴宁山北，入县境，合于应元溪，灌溉郭田，下流注金沙江。

九龙潭 在城西阿郎村龙王庙前，遇旱潦祷之。

流水洞 在城南二十里苴那村山后。本朝康熙三十二年，县民余得才凿洞三里许，直达山前，旱地俱为水田，人德之。

盐水井坝 在城东十里。

法纳禾坝 在城西十五里。

车良居坝 在城西二十五里。

汉禄坝 在城西北二十里。接翠壁[①]河流，引西溪水灌溉田禾。

能海闸坝 在城西北四十里。

阿纳勒坝 在城西北四十五里。

苴宁[②]坝 在城西北七十里。

朱补坝 在城北七十五里。

五茂坝 在城北八十里。

大坝塘 在多克河岸西。

溪河堤 在北门外。河源出和曲之虚仁驿及五骂村，兼各山沟水汇于城下，势甚奔腾，四面皆山，不能分泄，冲没可虞。又地多顽石，难施堤桩，旧用乱石堆砌成堤，岁修费帑。本朝雍正十二年，知府朱源淳、知县金言详请用篾筐盛石，里外牵连，以捍水患，田舍城垣胥赖保护。

禄劝州

掌鸠河 在城东五里废石旧县。源出州北撒甸，流经易竜，名鹧鸪河，纳溪涧诸水，又汇盘龙河水，东南合款庄、乐宰二水，流出狮子口，东入普渡河，以达于江。从末竜筑堤引水，名普济沟，溉江头村者声田。从镌字崖下筑堤引水，名通济沟，灌拖梯一带田。

盘龙河 在城西南。水从府东流绕州境，合掌鸠河流入普渡河，从虎跳滩筑堤引水，名广济沟，经木国甸，溉州郭及莺子竜一带田。又开盘龙沟，引溉马家庄并永平、纳吉诸田。

拖梯水道 在城西北十五里。引玉峰山泉水，凿沟溉镞匠村一带军田。

龙　潭 一在城东十五里纳吉村，一在城东十五里六块，一在城东二十里老悟村，一在城东南六十里大弥陀，田亩悉资灌溉。

桃源村渠、永平村渠、纳吉村渠 俱在城东，田资分灌。

马家庄渠 在城东南。明凤氏古沟，年久圮塞。本朝雍正四年，知州贾秉臣从山腰凿石成渠，汇复旧沟，疏浚深通，分十二节，挨次引灌马家庄等村田亩。

者吉村渠 在城东北陀的掌鸠河。

广西府

江头村河 在城东北五里。龙湫数处汇为河，西流于神皂岛，合西溪入矣邦池，引溉多利。

西泸河 在城西三里，一名西溪。源出阿卢山洞，流灌城西，环抱城南，与东溪合下流入矣邦池。

---

① 壁 道光《云南通志稿》作“碧”。
② 宁 道光《云南通志稿》作“凝”。

竜甸海 在城东南，一名矣邦池。周三十余里，受郡治诸水汇为巨泽，有尾闾从石窍泄出，南入盘江，然易堙塞，一失疏导，则东郭平原便受水患。

龙 泉 在城西三里泸源洞。有东西二泉，流入矣邦池，民资灌溉。

广利坝 在城东七里。明万历间，知府张光宇筑。

永惠坝 在城西三里。明万历二十一年，知府陈忠筑，开东、西两河，建闸蓄泄，灌田千顷。天启间，知府高梁楷易石增修，后山水冲断西河，梁楷复砌石架木以渡，其利不废。东河日久塌圮，本朝康熙三年，知府万裕祚重修。

雨竜坝 在城西三十里，明知府辜用琥筑。

矣厦坝 在城西六十里。

兴集坝 在城西六十里。

宁黑勒坝 在城西北三十里。

摆勒坝 在城西北三十里。

鱼勒黑坝 在城北四十里。

以上俱本朝康熙初筑，均利灌溉。

师宗州

大河口 在城东十里。汇通元、落竜水流入罗平州，引溉资之。

通元洞泉 在城西北一里。纡绕城南灌溉，东入大河。

落竜洞 在城南，流入大河。

大河口坝 在城东十里。

白雾沙坝 在城东十五里。

洋旧坝 在城南三十五里。

额勒哨坝 在城南四十里。

西 坝 在城西一里。

小阿堵坝 在城北十五里。

柳 堤 在南门外。本朝康熙间，知州陈愃、韩维一相继修筑，障通元洞水，使东流。

弥勒州

白马河 在城东五里，纳弥东西溪水合流南灌。

息宰河 在城南九十里。构甸坝龙泉水自石罅中涌出，流漾平川数十里，上中五村田亩，胥润泽焉。

阿当河 在城西十里。源出阿当哨龙潭，从山麓喷薄而出，东经大树村，流灌近郭西北田亩百余顷，至弥西，汇白马河，溉被之广，兹河为最。

山金河 在城北二十里。由蛇花口至弥东，汇白马河。

山 湖 在城西南四十里红石崖，流灌西郭田亩。

八甸溪 在城北。其源有三，一出阿欲山，一出旧村，一出北倾山，至州东合，入盘江，沿流分溉。

竹园村沟甸坝 在城东南六十里。明万历四十三年，知府萧以裕、通判吴稼蹬开渠置坝，溉田五十余里。

朱公坝 在城南六十里甸头界，明州同朱召南筑。

李公坝　在城西二十里阿当村。明万历间，知州李启筑，资灌田亩，引入泮池。

丁家坝　在城西南七十里十八寨东南乡。明万历间，知府陈忠筑，今圮。

邱　北

清水江　在治西。筑堤汇流，民资灌溉。

盘龙寺龙潭　在治西。潭水渟泓，引灌甚溥，东入清水江。

广南府

土黄河　在城东二百六十里土富州界内。其源出府境分水岭，合师宗州及粤西西隆州诸山之水，汇聚成川。自土黄起，经西隆、西林、土富州、土田州诸境，过剥隘而至白色，计七百余里，可以直达两粤，旁通黔楚。旧因滩多水险，舟楫难行。本朝雍正九年，总督鄂尔泰于《汇陈全滇水利疏》内并请勘修。十一年，总督尹继善、巡抚张允随委原任贵州粮驿道王廷琬勘估董理，分檄滇粤两省委员领帑兴修，疏浚沙碛，开凿石滩，全河水势宽平，舟行无阻，通商便民，而解运钱文等事，俱资其利。

楠木溪　在土州东三十里。源出花架山，迤逦东流，其水冬夏常温，近地田亩可资灌溉。

引流塘　在城南关旁。阔数亩，蓄水灌溉，民资其利。

清渠塘　在城北一里，蓄水以资汲灌。

龙　湫　有二，一出城西者马，一出城南冷水沟，引以灌溉，旱则祷雨。

元江府

南淇河　在城北十五里。源出无量山及南北中寨诸山，流入礼社江，灌溉资之。

东　沟　在城东。有五，曰漫林，曰呼遮，曰河湾，曰三家，曰大茶庵。

南　沟　在城南。有十四，曰万喇，曰都峩，曰万钟，曰们岛，曰小燕，曰都郎，曰上乾磨，曰下乾磨，曰纳整，曰者戞，曰龙潭，曰阿萨，曰南洒，曰深沟。

西　沟　在城西。有八，曰新沟，曰龙洞，曰们涌，曰达摩，曰漫漾，曰你叠，曰们线，曰们果。

北　沟　在城北。有二，曰安乐，曰拔乐。

西北沟　在城西北。有五，曰漫费，曰红土坡，曰达探，曰琳琅，曰麻沙树。

以上诸沟，随地引灌。

双沟渠　在城东二十里。源出马笼山，一清一浊，土人筑堰，江东田亩赖之。

仲夷渠　在城西四十里。分溉田亩，东入礼社江，明永乐年间开。

新平县

炼庄河　在城东九十里。源出胜郎山后，经罗吕乡山麓，灌溉炼庄田地。原属河西，后以道远，割归县辖。

洪本泉　在城西一里。流灌郊郭田，为利甚溥。

登龙渠　在城西北旧新化州禄库乡。

六姉塘、渺剌塘　俱在旧州岏嶍乡。

阿谢堤　在城南三里大石坝。壅水灌田，东南利赖。

龙王庙堤　在旧州归召乡。明隆庆六年，知州麦天惠筑。

青龙坎　在城北五里。筑大坝，灌溉纳起一带。

邦那圩　在旧州禄库乡。

开化府

文山县附郭

沟交河　在城南十五里。发源府西南大教化，过小天生桥，绕府治右，流至大沟，交汇盘龙河，沿流引灌。

侬人河　在城北四十余里。源出期乌洞并王弄、汤坝诸水，汇流成河，环抱府城，三面以资灌溉。

盘龙河　即侬人河下流，以其绕城盘曲如龙，故名。下入天生桥。

期乌洞泉　在城西安南里。石峰独立下有洞水溯湃而出，夹涧穿流，为侬河之源。郊郭灌溉，首资于此。

白鱼洞泉　在城西北一百里。石洞中清泉徐流，内产白鱼，水可灌田。

异龙潭　在城南。本朝康熙七年，经历李凤昌引流灌田，民被其利。

岐　渠　在城西。本朝康熙十年，知府刘䜣开以灌田。

孔公堤　在城西门外新街。本朝康熙四十二年，知府孔毓珣以地多火灾，筑堤蓄水，预防其患。

镇沅府

蛮况河　在城东五十里。发源树根坡，与蛮贵、由里二河环绕府治，滋灌田畴，归于府东殷春桥深水台，合流出威远。

新抚河　在城东南一百二十里。发源蒙化，经定边、景东、恩乐，流入新抚里，灌溉新抚、向化、安连、明德四里田亩，复由那戞村东出普洱。

南祝河　在城北五十里。发源分水岭，汇黑龙潭茂庆河之水，流入殷春桥，过府治南山脚，围绕而西，咸资灌溉。

石花溪　在城东一百八十里。源出石花山麓，流而成溪，四时不涸，可资灌溉。

小龙池　在城西三十里，诸流会聚之所。

恩乐县

鲁马河　在城东七十里。源出景东府哈噜噜，流入县，灌乐礼、乐智等乡田。

托写河　在城南。源自府属分水岭，流入县，灌乐附乡田。

浦麻河　在城西北。源自府境大弄河，流入县，灌乐仁乡田。

景东河　在城北，一名景来河。源出景东，经县西北，入镇沅杉木江。两岸田亩，皆资灌溉。

南堆小河　在城东北。源出者岛山，灌近郊田。

威　远

青庄河　在治南二十里。源自抱母、茂蜡两水，流入引灌田亩。

景谷河　在治东南九十里，源出景东。

东川府

会泽县附郭

璧谷江 在城西南。源出寻甸之果马里车湖，汇倘甸苍溪之水，合为一江，流入金沙，沿流资溉。

梅子树河 在城东南十里。本朝雍正七年，知府罗得彦开引箐水，从瓦窑至革舍门首，会于中河，约七里。

以濯河 在城南，夷语谓水交也。源自待补，会沙溪，流至矣里，颇资灌溉，过纳雄山峡前，入金沙江。

矣里河 在城西十里，源出以濯山腹。

马鞍山河 在城西十里。本朝雍正七年，知府罗得彦开，从马鞍山至五竜募约三里，引矣里河水注龙潭，合流出鲁机村，汇左河，建闸蓄聚，灌以扯田地。九年，知府崔乃镛、知县祖承祐加浚宽深。

左　河 在城北一里。源出马五寨山，溪由北门外以舍流入鱼洞，长二十里，宽二三丈不等。

中　河 在城北五里。源出袜腻山，下流至水城，长二十里，宽二三丈不等。

右　河 在城北八里。源出拖落村，由马厂流入鱼洞，长二十里，宽三丈。

蔓　海 在城北，旧名濯缨湖。绵亘二十余里，不通河道，夏秋雨水涨溢，一望汪洋，土人因呼为海。春末尽涸，仅作牧地。本朝雍正四年，总督鄂尔泰巡视审度，檄知府黄士杰新开左、中、右三河，建筑坝闸，汇矣里河鱼洞入金沙江，垦作渐兴。

东山泉 在城东。本朝康熙间，僧真一开东山水道，引涧水入城，资其灌溉。

龙　潭 在城西五里。水自山腹中喷涌而出，引灌左河。

石　闸 有二，一在城西演武厅前，春夏水少，引龙潭水约二里入左河，启闸灌溉以扯一带田地；一在城北水城北，夏秋暴涨，闭闸阻水，不令旁溢，以免小围一带淹没之患。

木　闸 有四，左右河各二，蓄水备旱。

城东沟、城南沟、五龙募新沟 在城南。以上三沟，皆资灌溉。

昭通府

恩安县附郭

擦拉河 在城南二十里。源出鲁甸之黑山箐，至城西擦拉桥，受淄泥、利济二水，达高鲁、旧浦溪、小乌蒙、五那铺，共八十余里，中多巨石横阻。本朝雍正十二年，总督尹继善、巡抚张允随委迤东道黄士杰勘估，给发帑金，檄知府徐德裕开凿兴修，田畴滋溉，舟楫通行，均有利益。

利济河 在城西二里。源出龙洞山，自北绕城西南入擦拉河。旧无闸坝，难于积水，两岸田亩，灌溉不敷。本朝雍正十二年，总督尹继善、巡抚张允随委迤东道黄士杰勘估，给发帑金，檄知府徐德裕建造石闸四座，以资蓄泄。

八仙海 在城东二十里。源出龙洞山后，绕凤凰山阴，入擦拉河。先是，荒烟蔓草，夏秋积雨，沮洳难耕。本朝雍正五年，疏渠开垦，渐有其利。

龙　潭　在城西四十里波罗曲山之麓。澄澈不竭，颇为民利。

西南濠　在城外。本朝雍正十一年，知府徐德裕于城工竣后，详请发帑开修，自西门起至南门，达淄泥沟，汇入凤凰山前，顺流而下，灌溉西南二门及戞补寨、下元村一带新垦田亩。又从利济河引水入城，于西门二涵洞出水，民田咸资蓄泄之利。

水塘坝　在城东十里。源出龙洞山，灌水塘田三百余亩，南入淄泥沟。

新泽坝　在城西二里。引利济河水入城，潴而为池，亦名利济。又析为二沟，分灌西南郭田，城内外咸资其利。

丰乐坝　在城西四十里。源出丰乐村，即铁锅寨，灌本村田三百余亩。

团山坝　在城西四十里。源出小龙潭，引灌波罗曲团山田。

白坡坝　在城西北三里。分利济河水，灌白坡田。

淄泥沟　在城东五里。源出龙洞山，东流折南，绕凤凰山前，入擦拉河。沿流引溉，但中多浅窄漫流之处。本朝雍正十二年，总督尹继善、巡抚张允随委迤东道黄士杰勘估，给发帑金，檄知府徐德裕修浚宽深，民资其利。

分济沟　在城西二里。引利济河水，灌西南田千余亩。

天梯沟　在城西五里。分利济河水，灌凤凰门前田。

天梯二道沟　在城西六里。分利济河水，灌天梯田。

天梯三道沟　在城西八里。分利济河水，导入小天梯五六里，分灌田地，俱入擦拉河。

利济池　在城内西北隅。

镇雄州

托洛河　在城东五里。

直蚪河　在城南三十里。

沱治河　在城西一里。

黄水河　在城北九十里。

以上诸河，疏渠建坝，因地蓄泄，分灌十里田地。其在上东致和里者有七：曰乐利溪，曰木冲沟，曰革斗沟，曰纸槽沟，曰响水沟，曰长流堰，曰陶坝。在中东永丰里者有四：曰天池渠，曰小洛渠，曰花浪沟，曰法溪沟。在下东向化里者有八：曰龙舞溪，曰丛树渠，曰广济沟，曰崖桑沟，曰雷阳沟，曰花龙沟，曰通泉堰，曰蕃民堰。在上南乐善里者有五：曰花鱼洞，曰戞乌沟，曰晋虑沟，曰拖泥坝，曰睹勒坪；在下南靖远里者有五：曰龙滩渠，曰果哈渠，曰木黑沟，曰鲁布沟，曰斑鸠沟。在上西同风里者有三：曰过花溪，曰法着渠，曰高桥沟。在中西归仁里者有五：曰法溪，曰构拖溪，曰多戞渠，曰达溪渠，曰枝比沟。在下西昇平里者有五：曰小米溪，曰苏路渠，曰法乃卧渠，曰普得渠，曰法革沟。在上北迎恩里者有八：曰法乌溪，曰雄阔渠，曰白哈渠，曰古芒部沟，曰阿木故沟，曰盐井沟，曰胄甲沟，曰柳溪沟。在下北长庆里者有三：曰回龙溪，曰麻柳溪，曰花果沟。

普洱府

东　河　在城东。源出五里坡，流经城北海南庄，绕东而南，入三岔河，溥灌郭田。

南蕴河　在城东十里。源出南蕴箐，由土锅寨龙潭入三岔河，资灌田亩。

三岔河 在城南三里。源出天笔山龙潭，汇东西南蕴、金龙等河水，南注追栗河，合威远、小江、猛撒河，归九龙江。

西 河 在城西。源出慢令村龙潭，蜿蜒奔泻，至城南，入三岔河，溉田百顷。

金龙河 在城西三里，又名水碓河。源出天笔山之龙洞，南入三岔河，沿流汲灌。

掌乃龙潭 在城南五里双星山麓。上有古木二，不辨其名，每年六月，土人祀以白豕。潭近河，居民筑堤蓄水，渡以木枧，溉田二百余亩。

坤戛龙潭 在城南十里土锅寨石山下。阔二丈，深丈余，溉田百余亩。

崑池龙潭 在城东北五里，潭广一里。本朝康熙初年，通判张馆筑堤潴水，溉田二百余亩。

丰乐龙潭 在城东北五里蕨蒟坝之左。广亩余，四时不竭，引灌多利。

蕨蒟坝 在城北五里。

小河村沟 在城西南七里。

西城沟 在城西门外。

龙潭沟 在城西一里。

接官亭沟 在城东北十里。

怕董沟 在城东北十里。

拦虎坝沟 在城东北二十里。

惠远渠 在城北十五里。

普济渠 在城北三十里，与各沟塘同其灌溉。

三家塘 在城西十五里。

昆安塘 在城西六十里。

攸 乐

平 湖 在治南。汇纳众流，灌溉郊郭。

龙 潭 在治东北五里。

思 茅

南 涧 在治南。灌溉郭田。

平 塘 在治南。众水所归，引灌田亩。

莲花塘 在治西北。可资灌溉。

大理府

太和县附郭

西洱河 在城东五里。源出罢谷山，至浪穹，潴为巨壑，接宁湖，合弥茨、凤羽二水，出蒲陀崆。又一源出鹤庆府观音山河，会蒲陀崆及邓川之瀰苴佉江，俱南注上洱池，至府东，名西洱河，纳点苍十八溪水，周围三百余里，由天生桥石穴中泄为合江铺河，绕苍山后，历蒙化府界，汇漾濞水，以达兰沧。环河田亩，系于天生桥之通塞，故水利莫急于斯。

合江铺河 在城南三十里。下关河尾洱河水由此泄出，两岸高岩削壁，非人力能开凿，幸地低流急，不能停滞。昔人于清风桥外复开龙关桥，子河二道，分泄大河之流，定有三年、五年大修之议。明正德间，通判喻河疏浚有法，至今德之。本朝顺治八年、康熙二十五年两次兴修。先是，开子河分流，不过二百余丈，仍归大河尾，日久易淤，又有白云桥、叶家桥蒙赵河水横截海尾，总汇于打鱼村，百余丈内，沙石冲激，尤易壅塞，每遇雨水泛溢，宣泄不及，滨海之太和、宾、赵田亩，多被淹没，而邓川距其上流，水壅逆灌，其患尤倍。雍正四年，同知佟世荫详请修浚，自海尾波罗甸至天生桥一千五百八十八丈，龙关子河二百八十六丈，小子河一百四十七丈，悉已深通，筑坝修桥，改白云、叶家二桥水尾驶入大河，沙无停积。

麻黄涧 在城西。旧由教场北入大马渠，今古道堙塞，雨涨辄防横流。

三板闸 在城东北中和峰。马蝗涧之水南注西城濠，过狮子桥至干家村后，分五分之一灌溉干家、车邑诸村，余至城东北角，建闸蓄水。又分为二，一北灌柴村正甸，一南灌夜梦得及柴村之南、瓦村之北诸甸，余则接济大马渠之不足，旱涝均获其利。本朝康熙三十年，知县张泰交重修。

十里沟、鹤桥沟 俱在城南。二水最大，岁宜加浚。

四里沟、塔桥沟、上阳沟、湾桥沟、喜洲沟、峩崀沟、周城沟 自北门至周城，凡六十余里之田，尽赖七沟灌溉，然暴涨横流，所经易淤，而峩崀周城为甚，当时加浚治。

穿城三渠 北曰大马，中曰卫前，南曰白塔。三渠皆引苍山溪水，穿城东出，灌溉郭田，兼御火灾。

御患堤 即城西濠。明弘治时，大水入城，坏庐舍，因筑此堤御之，岁加修治。

水　缺 在城西天台寺前。明弘治间，玉溪水涨，直射大纸房，排西门而入。正德间，大纸房复被淹没，后于缺处塞以大石，患始止。岁宜堤防。

赵　州

大　河 在城南，一名波罗江。源出定西岭三子龙水，至赤佛山后黑龙潭，环州治流入洱河，灌溉通州军民田地。其利甚溥，岁久堤圮。本朝雍正六年，知州徐树闳修浚。

西　河 在城南弥渡之西，即昆雌江。源有五，合而成河，分灌平定、里蒙、洱景三卫及本州军民田。

下比齐河 在城南一百五十里。源出天目山南北两涧，北有龙泉，行十里许交流三岔河，东入赤水江。南流十五里，灌溉三里田地，北流八里，灌溉两里田地。其利甚溥，但暴涨难防，堤埂易决。本朝雍正六年，知州徐树闳分界修筑。

定西岭箐水 在城南四十里。由箐底南流桥头哨，分灌白崖川、前所营、柳邑村、红土仓、观音村、曾家营、罗家营军民田。

城西冲水 在城西，即高五水塘也。灌溉本冲田地，一从西城角流入南濠，一流入西城，循至州左，灌溉铺田。又自天阶桥下流入双水洞，灌溉大定里一带田园。

三天桥水 在城北。上天桥水自东门坝流入锁水阁外，中天桥水亦自东门坝流入老邵园一带，下天桥水自梁王坝流入新村一带，灌溉甚溥。

甘　泉 有二，俱在城南六十里，距白崖五里，二泉相去一里。一在仙女庄之东。本朝雍正七年闰七月，忽从平地迸出一泉，围圆尺许，甘冽异常，西流而下至仙女庄上村，分为三：一北入仙女庄上村约二里，一南入仙女庄下村约十余里，一西流分绕森家庄、宋家营亦十余里，同归大河，村民拓为巨塘，开沟分灌赵州田五六百亩、云南县田四百余亩。一在虾蟆山脚下。旧有泉穴，涸已百年。雍正七年闰七月，离古穴五六丈许，从地迸出一泉，涌沸如珠，村民开掘，围圆丈许。九月，泉左十数步，又迸出泉眼二，汇入珠泉。其味清冽，分为二：夹大路西行约半里路，左一道又分而为二，一南流入小东村，计二里至高地，一西南流入沙沟村，约三里余，由白马庙河入大河；路右一道西流入大东村，计一里许至深箐，共灌赵州属沙沟村、大东村田三百余亩、云南县属小东村田六百余亩。赵州知州徐树闳、云南县知县王璐修筑塘坝，总督鄂尔泰、巡抚沈廷正会题建祠立碑。

东晋湖闸 在城东北十里环龙山下，水出九股。明洪武初，知州潘大武建闸，蓄聚成湖，灌溉上下草甸、红山、千户营、犁头湾、石鼻头、华营、斑庄七村田地。定议立石于湖中，谷尽闭闸，湖外麦尽启闸。

牧棕村沟 在城南。灌溉本村及敬天、甘陀、富乐、东山等村田地。明万历年间，民以争水互讼，水利道断定放水次序，俾民世守，均享其利。

天　池 在城东龙伯山上。四时不涸，下有石穴，出水灌田。

双　塘 在城东十八里。明洪武初，民以砖甃堤，利甚溥，岁久崩溃。嘉靖间，分巡副使安如山岁令濒海人家量亩出力修筑，其利遂永。

甘陶水塘 在城东南。旧有堤防，其利为豪右所专。明知州潘大武议夹石为渠，穿孔分水，其利始均。

城西堤 在城西三耳山。

巧邑水仓 在城南百二十里。灌溉本里田，四山环抱，水聚塘心。

云南县

香果城海 在城东下坝，原系雷鸣旱田。本朝雍正八年，知县王璐率民买田三十一亩五分，开为巨塘，由东中沟引龙泉水蓄灌二村田亩，归于青海。

青龙海 在城南十五里。纳宝泉坝水，三分之一灌东南十五村田。岁久淤塞，本朝雍正八年，知县王璐浚治流通。

宝泉山泉 在城西北二十里。水从石穴中喷出，有二口，会各涧溪及马蝗箐、三眼井、五福山诸水，南流至九峰山下茨平村前，筑坝建闸，旱则蓄灌田亩，涝则泄入溪沟。

水磨坪龙潭、芭蕉冲龙潭 俱在城西南。流经赵州、蒙化境，旧设三坝分灌，上、中坝属云南县赵州，下坝属蒙化。本朝康熙三十五年，赵州民与蒙化民争控水利，同知蒋旭详议按日分定，有碑记。

龙　洞 在城东五十里。叠嶂层峦，中涵巨津，饶灌溉之利。

段家坝 在城东南二十五里白塔村，东接镜湖。石晋时，段思平所筑。青龙、品甸之水合流而南出板桥至此，筑坝渟蓄，以出炼厂，自西而南而北，以灌云南驿前平陆田。明成化间，黔国公沐琮檄都指挥马铉重修。

新兴坝 在城南山下。明嘉靖间，知县宋希文筑，周八里。

宝泉坝 在城北五里，即团山坝。石闸三道，三分宝泉之水，一入溪沟，同九子龙水下溉弥渡；一绕城南，分数渠灌近城西南诸田，入青龙海；一绕城北，潴贮于品甸湾。明景泰间分巡副使周鉴、参政赵雍，崇正间兵备道何闳中，相继重修，久复淤圮。本朝雍正八年，知县王璐加修。

莲花曲堰 在城东四十里，即莲花渠，灌溉亦多。

周官些陂 在城东北十五里，周十五里，亦名海。受山箐之水，蓄灌雷鸣田亩，岁久堙塞。本朝雍正八年，知县王璐修浚。

溪　沟　在城西三里，通接宝泉坝之水。

荒田陂渠　在云南驿前。平衍千顷，久缺水利。明嘉靖间，右参政石简、刘伯耀相继修举，今废。

邓川州

罗陋河　在城东羊塘里界。发于温水，达金沙江。

西　湖　在城北。潋滟潆洄，田畴环绕，流入罗时江。

龙马泉　在城南龙首关北麓，水涌灌多。

丰　泉　在城西，一名熊涧。相传水多则年丰，故名。

大涧场泉　在城北，灌一方田。

南诏潭　在城西二十里。阔十余亩，三山环峙，万木阴森，旱祷辄应。

芭蕉龙潭　在城西大楼桥界。旱祷最灵，州人颂为济旱龙潭。

罗甸渠　在城东。源出东山，引溉近渠田亩。

绿玉池　在城北钟山之下。水色莹碧，引入罗时江。

瀰苴佉江堤　在州前平川。受鹤庆、剑川、浪穹、凤羽诸水，自下山口以迄江尾，绵亘四十五里，流入洱河。两岸筑堤，高二丈，宽四丈，堤东开涵洞十二，西开涵洞十六，闸水入沟，各灌二十余村，诚为两川大利，但河高田低，夏秋暴涨，横流溃决为患。旧例于春初按粮募夫，挑淤培埂。本朝雍正八年，知州施震博咨详审，于下山口东子河内开一闸口，由大凹出东川，历青索，会于洱河，以分水势。于大楼桥西子河内开一闸口，由杨柳村绿玉池，出鸡鸣村城西至西湖，历三道桥、龙桥、兆邑，以入洱河。又于青索子河内开下闸一口，以杀大河之流。每年仍于春初浚筑，设役巡查启闭。

大水长堤　在城南。旧以水磨在堤南，致秋潦为害。明嘉靖间，兵备副使姜龙令移水磨堤北，又修筑旧堤二百余丈，水因南趋，不复为害。

罗时江堤　在城西三道桥界。唐时，罗时兄弟导绿玉池、西湖之水，以归洱河。明天启间，知州周之相另开河尾一道，导水南行，过玉案山，注瀰苴，以入洱河，东南田亩赖之。

横江堤　在州后大邑、新生、上登三里，州西之田赖之。明永乐间，同知李福筑。正德间，署州祁伦修。

庙后堤　在城北二十里旧州城隍庙后。二涧合流，时有水患。明嘉靖间，副使姜龙筑堤百丈，岁宜加修。

上下登堤　在旧州西北一里，灌溉上、下登村。每秋涨，多没田庐。明正德间，郡人杨南金倡筑石堤，其患始息。

圆井堤　在旧州北麓。副使姜龙筑堤百丈，引泉水以溉。

浪穹县

宁　河　在城东。源出罢谷山，为洱河之源，并山溪水潴而为河，周数十里，中隔九气台一堤，由三江口出蒲陀崆。

瀰茨河　在城东北。源出观音山，流三十里至县，引灌三营新村高田，尾出三江口。

罗凤溪　在城北八里。源出凝云山下，流广灌多，入宁河。

九龙泉　在城东二十里佛光山下。泉有九，俱自石窍中涌出，引以资溉。

三水陂　在城东八里，曰通济桥。在城东南三里，曰通宁桥。在城南四里，曰南江桥。水漫溢淤，没军民田地三百余亩，明嘉靖壬寅年浚导。

东原沟 在城东十里。自大营河分而西流，南经大营、江干二村，灌平原一带田地。

安民沟 在城南山水皮[①]。向无沟洫，明正德间，知县杜翱自南桥开沟引水，四达灌溉。

山关沟 在城南。明嘉靖间，知县陈儒开，引凤羽河水自山关核桃涧灌溉城南。万历间，邑人杨莪修，同知李先芬重修。

大波渠 在城东大波坚村。向无水，明万历间，知县王锳作渠，引大营河水灌之，自此沾足。

三江口渠 在城东南九里。宁河、凤羽、三营之水，由此泄入邓川。先是，凤羽水势驶疾，沙石横冲，以致宁水逆灌。又黑白二涧水，沙石随流堵塞蒲陀崆口，率多水患，但崆口下至邓川，低十余丈，上流疏通，自可畅行。明嘉靖初，西涧泛溢，淹没民田，竟成大湖。其粮摊入里甲，议者谓宜导三营、凤羽二水尽入宁河，合出一口，高筑堤岸，俾无左右冲激之患。万历间，署篆永昌同知李先芬广咨审度，先于桥下村开子河一道，出炼城，以杀凤羽之势，于周里营开子河一道，入郭家湖。又开大堂神前子河一道，接湖水，绕山麓而下，以分三营水势。复于黑汉涧砌堤障水，循山而流，挑浚蒲陀拖木江心沙石，田始无患。久复淤塞，本朝雍正四年，知县张坦于炼城村南，另开子河一道，建闸御涨，以杀凤羽之水，凿去抱木厂阻水巨石，河水得以顺流。雍正八年，总督鄂尔泰复檄知县吴士信加功修浚，自郑家庄至邓川界十里，增筑长堤四十余丈，加高三江小堤数尺，置木柜五十，盛石截沙，水流无壅，湖田多利。

白汉新渠 在城东南十五里。水旧沿山直下蒲陀崆，沙石随流，淤塞江口。本朝康熙三十一年，通判黄元治另开一渠，导白汉厂之水逆折而北至平川，中开一口，并引炼城村之积水入新渠，归蒲陀，然后炼城之田得耕。继而白汉涧后山崩塌，砂塞水尾，知县张坦建立水闸，递年加增，使沙土过闸即止，河无堙淤之患。

山根渠 在城南七里，久淤。

溪登渠 在城西十里。源出溪登村下，水源颇盛，向系圞头村开引灌济。明嘉靖间，知县李南桥另作新沟，引溪登下长涧之水，灌溉城北一带田园。又引猢狲涧之水，亦注城北。明万历间，邑民争水，知县王锳定议将猢狲涧水分而为三，城北一分，城南二分。

红山渠 在城东北十二里，名三营川。

宾川州

纳六河 在城北五里。北行九十里，合竹泉、横溪诸水，入金沙江。以其纳六溪之水，故名。又界为三区，上区水微，下区地卑，流不及远。惟中区水大，东南灌水沽堤等七村，东北灌周官营等十三村。水口建闸，有水利碑。按粮定时，以次轮溉，冬春水涸，至三月播种之初，官为致祭，水从麓出，顷刻盈科，最为灵异。

六　溪 在城东五里，曰钟良，源出钟英谷之青龙湫。在城西二十五里，曰通洱，即洱海，伏流出宾居大王庙下。曰赤龙，即宾居三家村黑树龙潭。在城西三十里，曰银溪，源出官坡，自山涧中奔放而行，其地多石，水势冲激甚驶。在城西四十余里，曰石宝，源出炎凉岭。在城西北五十里，曰寒玉，源出崆峒山下。

---

① 山水皮　道光《云南通志》引旧《云南通志》作“山水坡”。

丰乐溪 在城西北一百里。源出鸡足山麓，南流经炼洞、甸头、甸尾。明嘉靖间，知州朱官作诸渠，荒土皆为耕地。东流经牛井川，亦入纳六河，东北注金沙江，故合六溪，而名七溪。

三　潭 一曰乾龙，在乾海子；一曰红雀，在龟山；一曰火龙，在鸡足山石钟寺侧，均资灌溉。

乌龙坝 在城西五十里。源出乌龙山顶，其流不大，居民作坝，潴灌近田。

萂村坝 在城西七十里。源出冷水箐及山涧中，居民潴之，以资灌溉。

梁王坝 在城北团山下。明天启间，知州杨云起重修。

上沧渠 在城西六十里，周十里。濒河之田，为清明洞、白荡坪，用水车挽水逆灌，下注为下沧，三家村干古之田，皆资以为利。

新　渠 在城北十里龟山之东。

石爸山龙渠 在城北四十里周能村之义交川。水从深箐中出，源远流长，资灌甚广。

大场曲堤 在城西百一十里。旧有陂池，潴之备旱。往者豪右利陂底土肥可田，断水别流，陂外之田，半为废壤。明嘉靖间，知州朱官改水筑堤而复之，岁乃收，故又名济民堤。

金龙湫 在城西百余里洱海东岸。潭水深靓，祷雨辄应。

云龙州

沘　江 在城东。源出老君山，经顺荡井，名顺江，纳诸溪涧，环绕雒马，历州境三百余里，入澜沧江。两岸之田，资以灌溉。

雒马河 在城东二里。从十八寨下注沘江，灌箐门口田。

带　河 在城东七十里。自兰州来，经十二关里罗甲村，过箭杆场，入永平县界，灌箭杆里田。

清朗河 在城北。源出清朗山，灌师井里田。

崇山溪 在城西十三里旧州南，灌梭罗甸田。

青鱼溪 在旧州南，灌汤沟田。

骨峦溪 在旧州南，灌古吉田。

蛾眉溪 在旧州南，灌汤邓田。

丹戛溪 在旧州北，灌下坞田地千亩。

北冈溪 在旧州北，灌上下北冈田。

松牧溪 在旧州北，灌松牧村田。

崇麓溪 在旧州北，灌北寨田。

青龙潭 在城东八十五里箭杆场。

龙　潭 在城西一里德龙山巅。潭阔二十余丈，历冬夏不溢不涸，祷雨有应。

天　池 在城西北山顶，一名高海子。渟泓十里，灌白汉登、暑场田，茭蒲茂密，居人资以为利。

楚雄府

楚雄县附郭

席草湖 在城东十里，周五里，引灌资之。

曲甸湖 在城东北三十里。川原平阔，渔者利之，兼资灌溉。

捣练溪 在城西三里。流泉三叠，清冷如镜，引灌郊原。

凤　泉 在城东慈乌山麓，四时不竭。

龙　泉 在城南雁塔山下。水澄洁，应月而潮。

东清坝 在东门外，引凤泉水。

梁王坝 在城东三十五里。元梁王所筑，明弘治十三年重修。

跨苴坝 在城南四十里。

大琶坝 在城南五十里。

五排坝 在城西四十五里。

曲甸坝 在城北三十里。本朝康熙十年，同知吴闾应重修。

小　坝 在城东南北各九，西十，堵积河水，以时蓄泄。

城南堰 在城南三里，灌田千余亩。

镇南州

清水河 在城东十五里。源出荖蕨厂龙潭，南入白龙河。

白龙河 在城南，即苴水也，一名虹江。源出州西北苴力铺，流灌州境，东南汇于府治大河。

龙　潭 有四：一在城南三十五里力戈村，水出高山，溉田甚广；一在城南二百里阿雄乡之七村，潭深不可测，南流一里，入七村，河仅溉山田；一在城西北十五里，水出见性山限，溉田千亩，每岁二月，官民祠祭；一在城西北三十里双甸村。

天城河坝 在城东三十里，溉民堡田。

河洞坝 有二，在城南十五里，溉军民田。

索厂坝 在城西二十里，溉上下二村田千余亩。

两旗坝 在城北五里。溉金珠河、麦地坪、古城坝一带田地。

千家坝 在城北。源出北山龙王庙及岔河、荖蕨厂等泉，两崖壁立，泉源不竭，会流箐口，山势逼合，俨如门阙，基址天成，蓄水成堰，可灌田数十里。明嘉靖二十七年，知州张定泉建有石坝，日久颓圮。本朝雍正八年，总督鄂尔泰檄知州金鉴重建坝闸，疏通渠路。

小坝 十：曰官庄，曰大医，曰古矣达，曰白土城，曰姚冲，曰大谷堆，曰木瓜村，曰五庄梅，曰苗村，曰双甸，灌溉同之。

南　堰 在城南。

西　堰 在城西。

东堡塘 在城东三里，溉张合屯、土城一带军民田。

南安州

妥稍河 在城西四十里。流经府境东，汇沙甸河，达易门县界，入元江。两岸田亩，沿流引溉。

白沙泉 在城东三里。泉水涌溢，灌溉多利，每岁首祀之。

黑龙潭 在城东七里。

白沙泉坝 在城东一里。

福兴寺坝 在城东二里。

乌竜寺坝 在城东五里。

草打喇河坝 在城东八里。

紫石冲坝 在城东南十里。

上邑村坝 在城南二里。

力摩村坝 在城南十里。

下邑村坝 在城西南三里。

西门外坝 在城西一里。

回子村坝 在城西一里。

桥边坝 在城西二里。

溪木崩坝 在城西二里。

红土坡坝 在城西二里。

回子路坝 在城西二里。

阿力村坝 在城西三里。

羊旧村坝 在城北三里。

苏家屯大小坝 在城北四里。

密康郎箐坝 在城东北十里。

定远县

清水河 在城东二十里。又东六十里，有苴苗河。又东七十里，有青场河。南二十里，有木土竜河。西十五里，有紫甸河。东北三十里，有大基河。凡六河，皆支流，灌溉通县田亩，北出会于龙川江。

清风坝 在城东南十里。

冷家坝 在城南三里。

乌鸦坝 在城北五里。

梁王坝 在城北七里。

龙马池 在城西南二里。

黄莲塘 在城东三里。

饮马塘 在城南二里。

万斛塘 在城南四里。

金鸡塘 在城西七里。

贾溪塘 在城北五里。

广通县

罗苴甸河 在城南五十里。四山周环，一水东注，引灌利之，入龙川江。

立龙河 在城西一里。源出马鞍山，流至孤山，绕溉西郭，入元江。

雕龙河 在城东北十里。源出阿纳香山，先年土主薄段时可开渠，引水至县前灌田，入龙川江。

蒙七塔溪 在城东二十里。流绕县治，会于大河。

福山泉 在城北八十里。旧名乾海资，四围皆山，苦无水道。本朝雍正十二年，知县杨登捐资凿通山腹七十丈，引五里外福德山腰之水入硐畅流，沿途皆开沟堑，直达乾海资，灌田二千余亩。详请勒石，易今名，巡抚张允随有记。

马家坝　在城东四里，灌溉李家屯田亩。

舍资官坝　在城东五十里，灌溉舍资田亩。

李家坝　在城南一里，灌溉李家屯田亩。

土官坝　在城南二里，灌溉西门外一带田亩。

甸心坝　在城南三里，灌溉白土凹一带田亩。

山旗坝　在城南四里，灌溉山旗屯田亩。

苏公坝　在城南五里，灌溉三场旧田亩。

梅家坝　在城南六里，灌溉雀哺田亩。

董家坝　在城南七里，灌溉范旗屯、甸心田亩。

赵家坝　在城南八里，灌溉范旗屯一带田亩。

郭家坝　在城南九里，灌溉雀哺屯一带田亩。

罗家坝　在城南十里，灌溉瓦窑冲一带田亩。

石头坝　在城西二里，灌溉张家湾田亩。

金家坝　在城西三里，灌溉南屯田亩。

西屯坝　在城西五里，灌溉西堡屯田亩。

碍　嘉

果罗泉　在治西四里，分灌田亩。

黑盐井

龙门溪　在治北。深阔为一方巨浸，昔多水患，建塔镇焉。

琅盐井

龙　潭　有二，俱在治南笔架山麓。流巨者名曰大龙水，澄泓皎洁，祷雨辄应，因名灵泉。小龙潭在大龙东，出水稍逊，相距里许，皆利润田畴，四时不涸。

姚安府

姚州附郭

香水河　在城北。源出黎武村观音塘，颇资引溉，流注大姚河。

连　水　在城西二十里。源出镇南州之木盘山，经府西之连场西七十里，灌溉郊原，入大姚河。

白马泉　在城东白马山谷。两泉涌沸，东山曰黄龙，曰塔山，曰大康郎，溉田甚广。

乌鲁湖　在城东十里，广五十六亩。

蜻蛉河湖　在城西南四十里。源出三窠山，流至府南，潴为大石湖，广四百余亩，分为东泅溪、西泅溪，引溉郊郭田地，绕府而北，趋大姚河，入金沙江。明万历间，知府周希尹浚治筑堤，甃东西二闸。

阳派河湖　在城西十五里。源出金秀山下，广二百三十三亩，筑坝蓄泄，过西泅溪，会于蜻蛉河。

当波院湖　在城西十五里，广十二亩。

长寿湖　在城西北五里，广六十三亩。

地角湖　在城北十里，广一百一十亩。

香索岭溯　在城北十里，广三十四亩。

赤额坪溯　在城北十里，广四十五亩。

摩苴邑溯　在城北十里，广五十四亩。

黑坝溯　在城北十五里，广十亩。

搭镜溯　在城北二十里，广一百一十二亩。

小邑溯　在城北二十五里，广二百一十四亩。

地摩溯　在城东北，广一百九十三亩。

伍舍邑溯　在城东北三里，明知府周希尹开。

黄连箐坝　在城东南九里。

石峡口坝　在城南二十五里。

右所冲坝　在城西南六里，广二十七亩。

以上溯坝，均资灌溉。

大姚县

大姚河　在城南一里。土桥河与姚州蜻蛉河之水合流，经县东书案山下，又东合龙蛟江之水，东入金沙江，沿河资灌甚广。

土桥河　在城南十五里。源自姚州香水河，流入县境灌溉，东合大姚河，入金沙江。

三窠泉　在城北十里，可引溉。

麽些泉　在城北二十里，四时不竭，可以备旱。

新坝闸　在城东二里?

上　闸　在城东二里，明弘治间筑。

下　闸　在城东三里，明弘治间筑。

赵家闸　在城东南三里。

晏公闸、土桥闸　俱在城东南五里。

金家闸　在城南一里。

冷水闸　在城西门外。

白塔闸　在城西三里。

叶家闸　在城北十里。

杨家闸　在城北二十五里。

白盐井

观音山箐水　在治东南，合姚州之香水河，流入金沙江。

永昌府

保山县附郭

上水河、下水河　俱在城内西南。源出九隆山及宝盖山，合流入城，穿委巷，出升阳门，达东河。

坪市河　在城南。源有二，一出甸头，一出石甸寨，合流经施甸司西，又南合蒲缥寨涧水，经新栅山口，陡崖飞下，入潞江，沿流引溉。

沙　河　在城南七里九隆、法宝二山崖间。源发北冲交椅山及大雪山，初二水合流循山而下，入诸葛堰，达于东河，水势盈涸无常，郡人未知所自。明嘉靖二十九年，兵备副使郭春震募土人溯流始得其源。

施甸河 在城南一百里。源出姚关，由大石桥至老邓桥，引灌田亩，入潞江。

蒲缥河 在城西南。源出冈崖，由双桥、永寨、石木河、象鼻山分溉田亩，入潞江。

西　河 在城西四十里。源出北冲山箐，流经老营，达于板桥河，沿河皆设水车，挽以灌田。

清水河 在城北。源有二，一出北二十里阿隆村，一出北十七里甘松坡。二水合流，东汇凤溪，南汇郎义河，分流灌溉。至城东南，沙河诸水入峡口洞，伏流数里，出为枯柯河，入湾甸州界。

东　河 在城东北二十里。源出易罗池，流经郎义村，又名郎义河，合清水河，南入峡口洞，溉城东田万余亩，内有打鱼村田，艰于远溉，又东西两堰，雨涨易于漫溢。本朝康熙五十四年，知府费金吾由打鱼村另开子河七百八十丈，循田流入大河，始无涸溢之患。雍正八年，知县田榕重浚。

青华海 在城东。汇山涧诸流为池，广二十余里，涸则周遭皆田，涨则成海。

甸尾海 在城南三十里。源出海子沟，黑龙井、青龙洞诸水汇焉，堤周八百余丈，溉田数千亩。

喷珠泉 在城西。广五丈，可引溉。

仁寿泉 在城西北保山、象山两崖间。泉出山麓，分三沟：一由仁寿门入城，汲灌防火、东注、荷池；一由门外绕城，东注青华海；一由纸房北东注青华海，溉田二千余亩。

龙　泉 有二，一在城北郎义村，一在上丛村，皆有灌溉之利。

青石泉 在城北三里。泉出青石山小坡，俗呼为蒲蛮箐，导经五福村、教场屯、纸房村、山脚村，分为四沟，灌田数千亩。

金鸡泉 在城东北三十里金鸡村。泉出二池，一温一凉，灌田数百亩。

莲花坝 在城东安乐山西，即玉泉也。明正德间，副使汪标筑。

纪广坝 在城南十里。周三百五十丈，灌田数千亩。

平安坝 在城南四十里。明正德间，兵备副使汪标筑。嘉靖间，佥事安如山、副使郭春震先后重修，堤周一百六十丈，厚八尺，高一丈，灌田二千余亩。

黄泥坝 在城南石花堰南二里。

连三坝 在城南石花堰北二里。

丁杨坝 在城西南六十里。源出水眼龙口，堤周二百五十丈，灌田数百亩。

阿凤坝 在城东北四十里。源出天井山深谷中，西流北绕，达达营光尊寺，入于西河，灌田千顷。

沙河大堰 在城南。源出北冲，由沙河流至众安桥，引溉田亩。

诸葛堰 有三，武侯所筑，俱在城南十里法宝山下。曰大堰，甃石为堤，厚一丈二尺，高一丈，周九百八十余丈，明成化间，御史朱暟加筑，分水口为三，灌田数千亩；其东曰中堰，源出九龙池三十六号，水并沙河水蓄积为堰，周三百三十七丈，分水口为三，灌田数千亩；又东曰下堰，周二百八十丈，分水口为二，灌田千余亩

石花堰 在城南二十里。源出山后响石洞，堤周百一十五丈，中为一纂，灌田数千亩。土人呼涵洞曰纂。

官市堰 在城南四十五里。源出青松山下，汇龙井水为池，经落龙村，灌田千余亩。

卧狮池 在城南十五里卧狮山麓，一名小龙井。泉流不竭，灌田数百亩。

易罗池 在城西南九隆山下，即龙王泉。自地涌出，凡九窦，汇为大池，可三十亩，池口筑石堤十余里，析为三沟，分溉郊郭，又名九龙渠。明洪武间，度田分水，为四十一号。上沟由龙潭流经郎义村，汇于中沟坝，嘉靖七年，龙潭堤决，知府董雍重修，三十一年复决，兵备副使郭春震甃以砖石。中沟流经瓦罐村，岁久堙圮，本朝康熙初年，知府王家相重修。雍正八年，知县田榕继修二沟，溉田一万二千六十亩。

龙井箐 在城西北一里许。泉出山麓，经纸房屯社稷坛，东流教场，分为三沟，溉田数千亩。

骆驼箐 在城西北二里。泉出山崖穴中，一名石头沟，导分三沟，灌田数千亩。

栖贤箐 在城西北十里栖贤山之南。泉自山箐中涌出，北析西流，灌田千余亩。

石头箐 在城西北十里。泉自石崖中出，分二流，一北一南，溉田千余亩。

银矿箐 在城西北三十里。水出山崖，灌田数百亩。

腾越州

瓦甸河 在城北七藏甸。源出界头马鹿塘，经混沌河，与白石江合，入龙川江，沿流引溉。

大车湖 在城南团坡下，沿湖资以引灌。

龙　泉 在城西三十里。源出打鹰山，流于古矛山下，溉州西田。

玉　泉 在城西玉泉寺下。从平地石罅涌出，味洌而可引灌。

侍郎坝 在城西北五里。明侍郎杨宁征麓川，寓此筑之，民食其利，故名。

半月池 在城北七里。周五十丈，流入大盈江，灌溉资之。

澄镜池 在城北二十五里。源出干峩山，一名清河，周五百丈，资以引灌。

龙王塘 有三，一在观音寺，一在大宽邑，一在侍郎坝，俱利灌溉。

永平县

胜备江 在城东百里。源出大罗山，流灌县境东南田亩，合九渡、双桥二河，达于蒙化，入碧溪江。

银龙江 在城北，一名太平河。有二源，一出阿荒山，一出罗木山，合流而南，受桃源、花桥二水，穿城以出，灌溉郊郭，经顺宁，入澜沧江。

双桥河 在城东八十里。源出上西里，流经黄连堡东二里许，汇诸涧水，分溉田畴，下流入胜备江。

曲洞河 在城西南十里。源出城西和邱山麓，暗流入银龙江。

花桥河 在城西南三十里。源出博南山下，流入银龙江。

桃源河 在城西四里。源出和邱山，东流入银龙江。

木里场河 在城北三里。源出大卓盘山，流至通津桥，入银龙江。

九渡河 在城东北五十里。源出横岭山，流入胜备江，沿山绕流，远近资溉。

宝峰泉 在城东四十里，可引灌。

鹤庆府

漾工江 在城东五里，又名漾弓河，详见《山川》。阔十余丈，两岸有堤，居民于播种时作坝引溉。本朝雍正十一年，知府姚应鹤因岸土浮松，河身淤浅，一遇水发，田亩被淹，详请发帑，修浚加深，并培筑旧堤，疏通涵洞。

长康河 在城南十里。源出城西黑龙潭，府南民田，多资灌溉，入漾工江。

落钟河 在城西南五里。源出府朝霞山之龙湫，截官道而东，分灌郭田，入漾工江。

石洱河 在城西北十里。源出石寨山，汇白龙潭水为河，入漾工江。

罗牧社海 在城西南一百三十里观音山西。周回八里，引灌多利。

大水漾泉 在城东九里，一名大水潭。水出东山麓，周二百余丈，溉田甚溥，入漾工江。

诸葛泉 在城南一百四十里罗陋村。泉分二流，民利赖之。

白石漾泉 在城东北十里。

龙　潭 凡有十五，其流入漾工江者，东曰水渼；南曰黑龙；西南曰龙宝，曰吸钟，曰宣化；西曰青龙，曰西龙；西北曰石墩，曰香米，曰北渼；东北曰柳树，曰小柳场，曰赤土和。流入金沙江者曰龙公。又渟蓄极深者曰大龙，亦名仙女井，水自半子山下，随地衍注，民田资之。

小柳场闸 在城东北十五里。引小柳场泉，明知府马卿筑三闸以分流。又嘉靖间，知府周集增筑百尺。

灵济渠 在城东五里。自丽江引流而下，沿山开渠，深七尺，阔如之，甃石为坝，名曰新城，高丈许，溉三闲和西登二村田亩，明知府马卿开。

温水河渠 在城南十五里。源出宣化山麓，溉鹤�、孝廉、前蒿三村田，合三庄河，入漾工江。

南供河渠 在城南二十里，一名银河。源出山神哨，灌南甸诸田，东入漾工江。

桃树河渠 在城南二十五里。源出豸角山，流入南山岩穴中，引流资灌，入漾工江。

青龙潭四渠 在城西南隅。东曰萦碧，阔八尺；南曰南利，阔三尺五寸；西曰北新，阔三尺；北曰采芹，阔五尺。盘石为闸，计亩分流，俱明知府马卿筑。

龙宝堤 在城西七里龙宝潭下。明知府马卿筑，周四百余丈，并建石闸，计亩分流。

西登泉堤 在城东北三十五里。泉出泓沛，明同知张廷俊筑堤束水，灌西登四村田。本朝康熙五十年，河泛闸圮，土通判高宏改沟筑堤，三闸十八村皆资其利。

剑川州

易堤坪江 在城南三十里。灌溉南郭，流入东湖。

大桥头河 在城东二里，即合惠江尾。灌溉州厢东北田亩，南入剑湖，西南汇漾濞江。

桃江河 在城西南二十五里。源出老君山南，灌溉栗坪上中下羊层，流入湖尾河。

剑　湖 在城东南五里，一名东湖，古名罗鲁。周四十余里，源出丽江老君潭，纳阖境溪潭之水，会西湖水，南流为沙溪河，分资灌溉，又南合弥沙浪河，流入浪穹县界。

西　湖 在城南二里金华山麓。夏秋水涨，与东湖相连，水涸民始播种。

剑湖尾 在城南十五里。本朝康熙五十一年，知州王世贵、副将郑继宽合力疏浚，自湖口下至上小甸，五十六年重浚。

崖场水 在城西五里。源出老君山，流入剑湖，灌溉郭田，有坝蓄泄。

龙　潭 凡九，曰老君，曰易堤坪，曰仙女炼，曰隔渼，曰建和，曰白难陀，俱流入剑湖；曰花丛，曰白龙，曰青龙，俱流会湖尾河，大为阡陌之利。

温水潭 有三，一在河头，一在湖尾村，一在沙溪甸头。其水微温，灌溉沙溪中甸田。

海 堰 在城南。滨湖猪圈场、西庄、汉登等村田亩，每被淹没。本朝康熙二十九年，知州张国卿沿湖筑堤建闸，始不为患。

小马沟 在城东。自合惠江分流，灌庄登、下登、城东北甸田。

龙溯沟 在城北。城厢之水由此而泄，资灌东南甸田。

城北沟 在城北。自甸头石莱江分流北甸。

石莱渠 在城南。源出老君山，灌溉甚溥。又有连汉墩、甸和头二塘，蓄水分溉。

裕丰渠 在城南。引湖尾河水，灌溉溪田，河低渠高，艰于远引，郡人段诏倡于上流挑浚，始得其利。

沙登渠 在城西南。引蕨市坪水，灌沙登、下桥二村田，中为山阻。本朝雍正元年，居民于山脊凿石洞二十余丈，疏通资溉。

百节枧槽 在城南。小甸、江场渡、下登三村，旧无水源，田亩多涸，郡人金吾、段暄买地开沟，远引易堤坪潭水，作木枧三十四丈，横跨大河，渡灌三村，为利甚溥。

顺宁府

顺宁河 在城东一里，亦名东总河。源出甸头村山箐，纳桃源、董永、衢亨诸水，利赖郊原，流入云州界，为孟佑河。

瓮桑河 在城南一里。源出南山，与顺宁河合流，东注灌溉南郭。

洛甸河 在城南三十五里。源出中阿山，入顺宁河，同其引灌。

西添河 在城西北五十里。源出喻甸都瓮村，灌本里田，东入澜沧江。

龙 潭 有二，一在城东三十里山上，五峰交峙，水分二流，一入瓮沙小河，一入阿度吾之黄草坝；一在城西北一百五十里右甸达丙里，又名沧江眼，宋时有段百户筑堤积水，田资其利，久废。

天泽塘 在城西北乐平山椒。明天启间，土官猛寅开凿注水，周半里许。

龙 湫 在城南旧城之龙泉寺。方一亩，澄碧不竭，可以引溉。

云 州

东桥河 在城东五里。源自顺甸下，合猛郎、小猛麻二河水，至州之小水村，入澜沧江。

孟佑河 在城东。由顺宁河分流，绕州之左，西有南谬河，合流于此，入澜沧江。

小猛麻河 在城东六十里。自大猛麻发源，至烟撒村，归东桥河。

小龙河 在城南一里。出府南琼岳山下，与顺甸合。

顺甸河 在城南三里，又名南桥河。河水回环绕州，沿流引溉，下注东桥河，归澜沧。

猛郎河 在城北五十里。自挨箩箐发源，会温崩马四河水，至小蛮着村，归于东桥河。

龙马潭 在城东南一百里。广数亩，漾濞江水清潭亦清，江浊亦浊。

丙票坝 在城南十五里南桥外。

玉　池　在城南一里。周百亩，聚府河水，分灌田亩。

洪　塘　在城西五里镇夷山下。

永北府

清水河　在城西五十里，资灌甚广。

板山河　在城西北四十里。资灌溉，然多泛溢。

灵水河　在城西北四十里双灵寺下。由习甸流入山孔穿出，近屯、马军等村灌溉田地。

沙　河　在城北五里，一名大港子河，饶灌溉。

大　河　在城东北三里，灌溉四郊田亩。

程　湖　在城南五十里。资灌千余亩，下入金沙江。

程　海　在城南四十里。周八十里，中饶水族，引溉多利。

草　海　在城西十五里之旧顺州。水有时涨涸，涨则自山孔暗泄，不知所出。

龙　潭　有三，一在城内北隅，一在城南一百二十里满官山下，一在城南一百四十里陶营山下，均资灌溉。

黑龙潭　在城东三里观音箐。水清而黝，引溉资之。

大龙潭　在城南一百四十里。有泉百眼，赖以灌田。

潢水潭　在城西三刀山下。

九龙潭　在城西北十五里近屯东山之下。泉出九窍，筑堤障水为长沟，分灌甚广。

观音箐坝　在城东三里。灌溉四郊及近屯田亩。

包家坝　在城南八里，又名马家坝。

河草坝　在城西三里金水苍山下。

盟庄坝　在城西三十五里。

长沟坝　在城北三十里。

羊坪闸　在城东二十里。本朝康熙间，永宁府同知陈谟建，知府朱光宗重修，今圮。

海河闸　在城南七十里。明万历间建，蓄灌清水驿、期纳军民田亩，久圮。本朝康熙二十八年，知府申奇猷重修，利始复故，又名申侯闸。

麽些沟　在城东五里。自观音箐走马坪分沟，从山腰而过，灌北山马房田。

丽江府

玉　河　源出城西北象山之麓。数泉涌出，汇流成河，至双石桥分为二，一入八河，一由白马里、剌缥里至东圆桥，合清溪，流入鹤庆，为漾工江。附郭高田，咸资灌溉。

中　海　在城西北十里。潴山溪之水，以资灌溉，周四里。

清　溪　在城东。源有二，一出城西北雪山，一出城东东山至东圆里，合流而南绕府治，汇玉河，滋灌附郭高田，流入鹤庆府。

龙　潭　有三，一在城西南十里木保，广数十亩；一在东和里北山之限，广二十余亩；一在黄山东南麓，广四亩。均资灌溉。

清源渠　在城东。源出东山，流经府治，以灌田亩。

蒙化府

阳　江　在城西二里。源出甸头、花判山诸涧，纳境内东西箐水，南流至蒙舍城，名阳江，经永春桥，又名罗邱厂河，汇锦溪水，东泻定边与迷川、礼社，绕镇南，合舍资、禄丰诸水，下入元江，沿流虽可引溉，但河低为利不溥。

定边河 在城东南一百里旧定边县南。源出府境罗求场，流入县境，会环川、窝接、白崖之水，自东北历西南绵亘七十里，合东涌河入赵州，沿流资溉。

窝接河 在旧县南十里，源出麻栗树，可资灌。

牟苴河 在旧县西十里，名零川。西南合定边河，灌溉资之。

菜园河 在城南一里。源出城东捣衣山之坳，一泓喷涌，神物凭焉，流出成溪，汇大小黄草坝之水至龙王庙，经石龙山、采花村、莲花村，入于阳江，岸多桃李。又名锦溪，亦资灌溉。

五道河 在城南三里。受巍宝、鸡鸣、玉屏三山之水，合流至含春洞下，为鸣珂水，经梅雪岭下，为白塔河，府南田畴咸资其利。

南涧右所河 在城南。源出罗邱厂，会念六、瓦车、阿注等河，至蒲蛮村引灌。

两龙潭下坝 详见云南县。

东溪渠 凡十六，曰龙王庙，曰五道河，曰白塔，曰教场，曰系马桩，灌溉附郭田亩；曰冯广，曰南庄，曰桥头，曰盟石，曰铺边，曰双桥，灌溉甸中田亩；曰甸中，曰捉马郎，曰白地场，曰甸头，曰土主庙，灌溉甸中及甸头田亩。

西溪渠 凡十二，曰三古盘，曰挖钟冲，曰小冲，曰大冲，曰乌保郎，曰贝忙，曰赖郎，曰西葵，曰天摩牙，曰天耳山，曰龙护寺，曰麻姑冲，灌溉西山麓附近田亩。外有甸头大圩、龍屿大塘、郭家塘、淑人塘、南庄塘、团山塘，旧志虽载其名，今已久废。

景东府

大　河 在城东，一名中川河。源自蒙化之南涧，流经府境，纳清水通华河，溥灌郊原，南东入镇沅。

笕　泉 在城北旧卫城内。旧无井泉，明指挥袁贤始治竹笕，引蒙乐山泉水入城，凿池潴之，上覆以亭，民资其利。

龙　潭 在城北九十里，岁旱祷雨有应。

水寨渠 在城东十五里。

者孟渠 在城南五十五里。

者干渠 在城南七十五里。

以上三渠，俱资灌溉。

〔据鄂尔泰修，靖道谟纂雍正《云南通志》（清乾隆元年刻本）卷十三《水利志》第1-47页辑录。该志三十卷，沿袭康熙《云南通志》体例，按府州县分述全省山川、河湖、塘井、津梁，其中卷三《山川志》、卷六《城池志》“附津梁”，无“闸坝”，内容较康熙《云南通志》翔实，新增卷十三《水利》专志。〕

（道光）云南通志稿·建置志·水利

卷五十二　建置志七之一　水利一

三代以上，画井分疆，沟洫畎浍，无往非水利。而稻人掌稼下地，以潴蓄水，以防止水，以及荡水、均水、舍水、泄水诸法，为后世言水利家之祖。秦开阡陌，涂径尽辟，水利更为农家所重，是以历代史，河渠有书，沟洫有志，不得不详言之。滇处万山之巅，江河之水一泻无存，其间蓄泄诸法，较他省尤要。旧志《水利》立有专门，今仍其体，详载修浚沿革，俾后之言水利者有所考云。

历代水利

《后汉书·西南夷传》：以广汉文齐为太守，造起陂池，开通灌溉，垦田二千余顷。

《元史·赛音谔德齐传[①]》：至元十二年，拜平章政事，行省云南。十三年，教民播种，为陂池，以备水旱。

国　朝

《大清会典事例》：雍正十年，议准云南各州县凡有水利之处，将同知、通判、州同、州判、经历、吏目、县丞、典史等官，皆准加水利职衔，境内河道沟渠，责令专理。除云南一府仍归粮道管辖，其各属在迤东者统归迤东道管辖，在迤西者统归迤西道管辖，仍令各该府查勘验报，各该道考查详明，听督抚酌核劝惩。

总督鄂尔泰《兴修水利疏》：

为全滇水利已未兴修汇叙陈明，仰祈睿鉴事。

窃惟地方水利为第一要务，兴废攸系民生，修浚并关国计，故勿论湖海江河以及沟渠川浍，或因势疏导，或尽力开通，大有大利，小有小利，皆未可畏难惜费忽焉不讲者。况云南跬步皆山，田少地多，忧旱喜潦，且并无积蓄，不通舟车，设一遇愆阳，即顿成荒岁，从前市米一石有价值十两、十五两之年，前事后鉴，敢不预筹。

是以臣自莅任以后，仰体我皇上爱民务本之至意，即详饬通查，令凡有水利勿得膜视，并博采舆论，合看绘图，务期矢此恒心，用资绵力，但于治有小补，庶几虑可少宽，志未尝不如此。乃迄今六载，虽亦次第举行，然兴修已竣而获水之利者仅半，已修未竣、已竣未妥，并应修未修、委勘未确者居半，现无成功，何论久远？用深歉仄，切望群材，此应了未了事，所当分晰开明，陈请圣鉴者也。

除昆阳、海口及盘龙江诸河兴修情由，已另疏具报外。查云南府属嵩明州之杨林海，又名嘉丽泽，纳龙巨、南冲二河之水，并受四面山河各水，会聚而成淀。出河口，入车翁江，达金沙江，因河湾迂曲，去水甚缓，停留沙石，壅塞咽喉，每将海边四十八村已成田亩半行淹没，历为民患。臣详加察访，海水深止二三尺，若改疏河道，由丁家屯龙喜村开挖二里许，直通河口，使新旧两河并泻，水势畅流，不独四十八村可永免水涝，而周围五十余里草塘均可开垦成田。随于雍正五年秋委员会勘，并先将历年阻挠之衿棍二人枷示河幹，限以工完释放。于是各士民欢呼踊跃，情愿出夫，仅资给口粮，并未多费，于雍正六年春报竣。从此田亩岁收，并涸出田地一万余亩。

---

① 赛音谔德齐传　《元史》卷一百二十五作“赛典赤赡思丁传”。

再，府属宜良县，洼地多淹，高地无水，旱涝不均，有需调剂。臣先于雍正七年据前任知县邢恭先详禀，饬谕兴修，随于八年春报竣。续复委员覆勘，所开河共五道：一在城东北五里五百户营之南，开长约五里，已通池江；一在城东三里龙王庙北，旧多积水，开长约四里，亦泻于池江；一在龙王庙南，为北来诸水所会，开泻水河约十里，水不为害；一在城南二十里，地名乾墩子，缘地无水池，一望平衍，废为弃土，于池江边决一水门，开河一道，引肥水灌田，现已获济。惟自江头村起所开引河一道，地形渐高，水势难上，殊无益灌溉，徒费人工，复议自胡家营北，接旧河另开一道，约长五六里，甚有裨益。现饬于农隙兴工，约明年春可竣。

又，临安府有泸江一水[①]，来自石屏州之异龙湖，合塌冲、象冲二水及六河九溘皆会于泸江，以赴岩硐伏流十余里，出阿迷州，入盘江。而硐口硐底石埂十三重，阻水不能直泻，每遇夏秋暴雨，奔湍四溃，田庐淹没。土人称有神物凭岩，欲伐岩石，辄有风霾砂石，必中伤人。经委前任知府张无咎凿石疏河，椎凿不能入，强入不寸许，旋果风起砂飞，炮砾从空击下，断工人一指。臣据报，谓神以庇民，岂以虐民？总制奉天子命除患济民，而神弗许，是神不灵，随通以诚，告以正，遣张无咎以文祭毕，复督工凿石，应手而碎，十三重立尽，复将自泸江至岩硐堤岸八百一十丈，自塌冲二河至三河口堤岸四千三百七十五丈，并造桥丁桩[②]挖浅诸件，一并筑修，于雍正八年四月内报竣。现已有利无害，禾稻倍收。

再，府属之建水州，查自南庄十六营以下暨狮子口、郭衣村等八处，田地甚多，苦无活水，但雨泽稍迟，即秋成失望。前任知州祝宏以附近南庄之李浩寨山腹中有过泉一道，细流不息，入地无踪，曾竭力开挖，不能疏通禀报。臣令以谷糠填入，向下寻流约三十里，流出于州属之老鼠窄，知为此泉无疑，遂穿凿地道，伐木为厢，穴中水涌，势甚湍激，随复开沟导水，俨成大渠，并酌定规条，令挨次引灌，而该地田亩皆赖以丰收，于雍正七年四月报竣。府属之阿迷州，离城里许有小河一道，历来不通舟楫。该署州漆扶助遵檄疏浚，自水泉下绕州城，由禄丰乡直达盘江，计三十二里，现可行舟，于雍正七年八月报竣。府属之蒙自县，有县坝一区，围绕城外，平坦宽阔，可成沃壤，因灌溉无资，遂弃为旷土。查有城南学海据坝上流，亦经淤塞，若浚深数尺，建闸筑堤，开沟引水，即可以肥田。虽工程不易举而众愿速成，该知县王廷诤于雍正七年兴修，八年冬报竣。

又，曲靖府属之寻甸州城南，平川沃壤，皆可垦土成田，缘寻川一河，会寻甸、嵩明两州之水，每夏秋积雨，一望汪洋，加以马龙州河水又会于七星桥下，冲激寻川之水，逆流泛滥，即附近熟田，亦岁被淹没。土人谓自古相传，捍御无策。臣熟筹博访，就其山形水势及远近高低，欲使寻川河顺流直泻，必先使马龙河不争水道，欲使马龙河不争水道，必须另开子河，俾寻甸、嵩明之

---

① 一水 光绪《云南通志稿》、《新纂云南通志》皆作“水水”。

② 丁桩 光绪《云南通南》同，《新纂云南通志》作“打桩”。丁，古“钉”字。

水皆得畅流，并可免冲激，不致泛滥。今于雍正七年春，面谕升任知州崔乃镛查勘督修，随于是年十月兴工，八年春报竣，共用工三万七千有零，约可涸出田地二万余亩。但大河中流有整石四十余丈，务须开凿，而施力殊难，复议另浚沙河十五里，以收全功，现委迤东道迟维玺就近督修。

又，澂江府城南之抚仙湖，延袤百余里，中流深处可百余丈，以受各山之水，亦名为海，由宁州入阿迷，注盘江，会流以达粤境。每雨多，水砂宣泄不及，则附郭之河阳并江川、宁州三处，利害共之。惟海口一河，尚堪疏泄，而山溪水涨，推砂滚石，壅积易而通畅难。明巡按姜思睿曾建牛舌、梅子箐二坝，撼两山之冲激，遏砂石之壅淤，今石坝倾颓，更无可恃。据该知府王铎详请兴修，臣随发银委办，计石工一百七十六丈零，首尾宽深，堤坝坚固，又增筑逼水坝六墩，以固石坝，以涤岸砂，于雍正八年兴工，九年六月报竣。河阳田新涸出三千余亩，旧田遍种，现获丰收。

又，楚雄府属之镇南州，旧有水塘，筑堤积水，以资灌溉，名千家坝。因倾废百年，水无停蓄，一遇亢旱，种插并难。臣面谕该知州金鉴确勘详覆，其水来自北山龙王庙及多蕨厂等处，两旁坡岩壁立，四季泉源不竭，会流箐口，两山回环，俨如门扇，基址天成，蓄水成塘，可灌数十里田亩。随发给银两，令筑坝建闸，全用大石，并将外口开挖宽深，毋得省工惜费。于雍正八年六月兴工，掘出千家坝旧碑一版，复指其缺略示以坚完，于九年三月报竣。据称不独可灌千家，并可以周万户矣。

又，东川府虽倚山临川，不通河道，种稻田者无多，余半为荒土。而城北蔓海一区，宽长二十余里，地本肥饶，因积水难消，弃置已久。自割归滇辖，臣经发银数千两，令前任知府黄士杰于雍正五年开河三道：一从马五寨至鱼洞二十里为左河，一从瓦泥寨至水城二十里为中河，一从拖落村至鱼洞二十里为右河，建石闸二座、木桥四座，水消田出，业招民承垦。该守[①]罗得彦又从马鞍山开河一道，约长十里，以济蔓海；从梅子箐开河一道，约长十里，会合中河。及知府崔乃镛接任，于九年正月加修，旋据报竣。

其余如嵩明州之宽郎河，效古、日足二里田亩同资灌溉，因分水不均，里民争控。饬令开子河一道，俾两里均平，九年四月报竣。宣威州旧少水田，仅资荞麦。知州漆扶助于双龙山泉会合处建石闸一座，于戈山河口建石坝一座，左右各开渠一道，于嘉惠落水洞旁建石坝一座，开渠一道，截流引水，均可垦田，俱于九年八月报竣。禄劝州地僻土寒，谷难成熟，惟正东、东南等村可以种稻，内有马家庄等处田高缺水，旧有水沟一道，久经壅塞。前任知州贾秉臣请从山腰纡折凿石成渠，汇复沟水，可灌田数千余亩，于雍正四年八月内，发价饬修，不数月报竣。大理府洱海之海口，为附郭之太和及赵州、邓川三州县水利所关，因壅塞多年，每遇雨水泛滥，海田多伤。据前任同知佟世荫等详明兴修，水得畅流，田禾攸赖，于雍正四年内报竣。

又，云南县有团山一坝，旧立闸三道，引梁王山泉灌溉田亩，岁久倾圮，

---

① 该守 原本作“劝守”，光绪《云南通志》同，据《新纂云南通志》改”。

难资引灌，因开修沟闸并浚清海尾、赤河尾，业经报竣。浪穹县因湖水泛滥，疏浚凤羽河等处，筑堤四十余丈，厢木柜五十架，业经报竣，但补苴一时尚非远计，现复委勘加修。永昌府城外有南北两河，田亩攸赖，因壅塞已久，岁损禾苗。据该镇府等倡率兵民，用夫一万余，亦于雍正四年内报竣。

以上各件，工有小大，时有迟速，或给发承修，或腾挪济事，或奉行官吏加意急工，或本地士民出夫协力，并未动项，皆已完工，内有仍需加修者，亦不过增补。其各属地方，如堤坝、圩埂、沟洞、渠塘等类，随时疏筑，各有禀详，事件零星，俱无庸开叙。

此外如临安之建水、石屏，俱受庐子沟之患；嶍峨之城垣田庐，俱受练江、猊江之患；曲靖之西潇湘、南宁之落水洞、罗平之西北一河[①]、新兴之玉溪、路南之蜡甸、和曲之红土田、赵州之弥渡、云南县之马安、邓川之苴灖、浪穹之宁湖，皆应疏浚开凿，俾有利无害。禄丰县之宜重修废桥，定边县河之宜建石堤，永北府之羊保山宜建石坝，顺宁府河之宜建铁索桥，皆应乘时料理，庶力少功多。至于通粤河道，最关紧要，非止便客商，实欲资粮运。臣于雍正七年春即发银饬修，已由阿迷州以下开至八达，共一千五百里，造船试行，直至土黄，有旱路二站，亦经置备车牛并盖棚店，下船至剥隘，则径达粤江。因委总理之被劾，原任广南府知府贾秉臣草率粉饰，并未彻底开通，故虽勉强行舟，河路尚属危险，现复委员确勘，妥议增修。

又，嵩明州之河口，经寻甸、东川，由牛栏江达金沙江，周环川江，复抵昭通，以通舟楫，虽工程不易，亦人力所能。现委试用知县以下赵世纶等备细估勘，绘图覆夺，若得川粤江河舟通，滇会则片帆可达吴楚，又不止寻常水利事矣。

以上各件，臣已切嘱司道并详谕各官实心措办，所需工费，请于变价银两内酌量动支，敢或藉端侵冒及苟且塞责者，立即揭参，以为膜视公事者戒。惟众志若一，期在必行，庶百务无难，皆克有济，且各为地方贻永远利赖之善迹，以仰副我皇上廑念边方之盛心，亦所以自求福而与有荣幸事也。所有全滇水利已未兴修，汇叙陈明缘由，相应会同云南抚臣张允随合词题明。伏乞皇上睿鉴，敕部查照施行。

乾隆二年谕：自古致治以养民为本，而养民之道必使兴利防患，水旱无虞，方能使盖藏充裕，缓急可资，是以川泽、陂塘、沟渠、堤岸，凡有关于农事，务筹画于平时，斯蓄泄得宜，潦则有疏导之方，旱则资灌溉之利，非诿之天时丰歉之适然，而以赈恤为可塞责也。朕御极以来，宵旰忧勤，惟小民之依，是咨是询，前后谕旨，谆复再三，但化导自在有司，而督率则由大吏，该督抚有司务体朕痌瘝乃身之意，刻刻以民生利赖为先图。一切水旱事宜，悉心讲究，应行修举者即行修举，或劝导百姓自为经理，如工程重大，应须用帑项者，即行奏闻，妥协办理，兴利去害，旱潦不侵，仓箱有庆，以副朕惠爱黎元至意。

---

① 一河　光绪《云南通志》同，《新纂云南通志》作“二河”。

又谕：水利所关农功綦重。云南跬步皆山，不通舟楫，田号雷鸣，民无积蓄，一遇荒歉，米价腾贵，较他省数倍，是水利一事，不可不急讲也。凡有关于民食者，皆当及时兴修，总期因地制宜，事可有成，断不应惜费，如难奏效，亦不必强作。

乾隆三十一年谕：滇省旧有水利地方如应行开渠筑坝之处，小民无力兴修及闲旷地亩艰于开垦者，并令确切查明，酌借公项，俾闾阎工作有资。该督董率所属，悉心经理，尽地力而裕民力，用副朕轸念边农至意。

云南府

昆明县

六　河　《明史·河渠志》：景泰四年，云南总兵官沐璘言城东有水南流，源发邵甸，会九十九泉为一，抵松华坝分为二支，一绕金马山麓入滇池，一从黑窑村流至云泽谨案：当作津。桥，亦入滇池。旧于下流筑堰，溉军民田数十万顷。霖潦无所泄，请令受利之家，自造石闸，启闭以时报可。又，成化十八年，浚云南东西二沟，自松华坝、黑龙潭，抵西南柳坝南村，灌田数万顷。

《大清会典事例》：康熙二十一年，修云南城外金汁诸河及旧废闸坝。

巡抚王继文《请修河坝疏》：

谨照云南省城外东南旧有金汁等河，从松华坝借水于盘龙江，自嵩明州流入昆境，绕城之北，过云津土桥，趋入昆池。两岸筑堤，高二三丈不等，而水流其中，蜿蜒六十余里，有坝有闸，又有过水涵洞，盖以积水灌田，而城外数十万顷，皆借此河之利，民生国赋均有攸赖焉。自变乱之后，沿河之堤埂、坝闸未经修葺，日久倾颓。上年大兵困逆，周围壕堑，不得不拆毁挑挖，以致水利阻塞，灌溉不通，田亩荒芜，居民失业，而昆明额赋莫可征收。自克城至今，臣多方招徕，而流离之众，见此附郭膏腴咸成弃土，未免徙倚他方，越趄不返。哀此残黎欲归则无资生之策，不归则有沟壑之虞，臣不得不早为之计也。夫以滇省军饷取给外省，频经请拨，仰廑宸衷，而昆邑应征之赋，可耕之田，岂可坐视抛荒，听其亏额。臣愚以为，河坝不修则残黎势难归业，荒田不垦则额赋无从征收。臣檄令地方官踏勘，估计需用桩木、闸枋、灰石各项材料并匠作人夫等项，约需银万余两。查《全书》，内开载岁修松华坝额银八百两，每年十一月中起工，至次年三月初止，往例可稽，似当亟议兴修，以复民业，然动支原额银两，万不敷用，值今财用艰难，工程浩费，何敢于额外轻议请动正项钱粮。臣议于通省官员及各属土司，酌行捐助，甫定之区，人方拮据，非有以鼓劝之，恐难必其乐输。伏查捐纳各例，业奉停止，臣不敢复为陈请。惟是纪录一款，既无碍于名器，又可鼓其急公，合无仰吁皇恩，敕部酌议，捐银若干，准以纪录，仍比照各省往例，量减额数，庶众擎易举，便于兴修。至工竣之日，臣造册送部，照例叙录，则河坝固而水利可通，俾四散之民咸图归计，渐次开垦，将见生聚寖昌，而昆邑粮赋可以望其复旧矣。

又，二十七年，修云南金汁等六河闸坝，引水资昆明各县灌溉。又，雍正十年，议准修浚盘龙、金稜、银稜、宝象、海源、马料、明通、马溺、白沙诸河，增修石岸、闸坝、桥洞。又，议准昆明六河酌定岁修银八百两，动支盐道衙门合秤银给发兴修，用则报销，不用则存贮以备大修之需。又，乾隆五年，议准开浚盘龙江、金稜、银稜、海源、宝象、马料诸河，修建桥闸、涵洞、堤岸。又，十四年，议准大修昆明六河堤岸、闸坝、桥梁、河道。又，四十二年，奏准修浚昆明县盘龙等河。又，四十八年，奏准筹筑昆明六河堤工。又，四十九年，奏准筹办昆明河工。

海　口　《元史・张立道传》：至元十年，中书以立道熟于云南，奏授大理等处巡行劝农使，佩金符。其地有昆明池，介碧鸡、金马之间，环五百余里，夏潦暴至，必冒城郭。立道求泉源所自出，役丁夫二千人治之，泄其水，得壤地万余顷，皆为良田。旧《云南通志》：在城西南八十里，泄滇池之水，自龙王庙、螺壳、乱石、鸡心、青鱼诸滩至石龙坝而达安宁，两岸皆山，各有子河流入。滨海州县即其流入之界，各司一河，以专责成，故有昆阳、呈贡、晋宁、昆明、归化子河等名。北则白塔、腊龙二箐水，于昆阳之洱宗闸入；南则瓦泥箐、邢家园水，于呈贡之普安闸入。又罗武箐水，于晋宁之清水闸入；天自、芭蕉二箐水，于昆明之新村大闸入；云龙箐水，于归化之平定哨闸入。诸水皆横入大河，沙石填壅，每雨水暴涨，宣泄不及，沿海田禾半遭淹没。明弘治时，巡抚陈金自螺壳滩至青鱼滩，修浚二十余里，通畅河流，定有大修、岁修之例。明陈金记，载山川。

明杨慎《海口修浚碑》：

谯允南《巴蜀志》云滇池之水出盘龙江，亦名积波，凡九十九窦，汇为昆明池。其水乍深广，乍浅狭，有如倒流，故名曰滇池。汉武帝欲开越嶲、昆明，闻有此池，先于长安凿池象之，以习水战是也。今其名迹可覆，悉如志言，而汉唐历宋，叛服叵恒，屡阖复塞焉。迨明大一统百七十年，九州同轨，四海一家，荒服之区，化比畿甸矣。

昆明池近在云南治城之外，环而列城者，州以安宁、昆阳、晋宁，县以昆明、呈贡、归化，皆边昆池，土人亦称曰海。在昆阳地名曰海口，实此池之咽嗌，盈涸因之，水旱系焉。滨海泽田，或遇涔涝之岁，浮畎没亩，粘藁澹淡，徒饮鸰鸡。弘治中，巡抚都御史应城陈公金，始为开浚之役，有《记》勒于碑。嗣是岁一兴役，谓之小修。正德间，都御史安福王公懋中、副使崑山史公良佐继之，始相[1]子河。乃嘉靖戊申至庚戌，大雨浃旬，水大至，盘澁激而成窟，澌沸潀而为阜，则石龙阻流而成碛，黄泥填淤而象鞭，海田无秋矣。泽甿及滇之仕宦归田者，相率陈于两台。于是巡抚都御史吴兴顾公应祥、巡按御史莆田林公应箕、总戎都督古濠沐公朝弼集议于藩臬诸司，躬往阅视。维时南至届节，东作未起，乃檄命云南府属各官凡二十人有差。经始己酉十有一月望后三日癸未，是时来庀役者夫仅七千余。二十五日庚寅，𢦏[2]肇工子河。至十有二月庚戌，扣子河成。其副水大坝工繁未憖，乃先筑少坝于子河故堤。二十四日己未，为土人星回节，少坝成，乃暂休百工。越今岁庚戌十日乙亥，而庀役丁夫至者

① 相　下文作“扣”，光绪《云南通志》同，《新纂云南通志》作“扣”。

② 𢦏　光绪《云南通志》同，《新纂云南通志》作“裁”。

满万，分委诸末职偕手竞作，乃浚大河。䜣石龙潭，创酾子河，南曰平定铺，至于白沙河，又至于白塔村，又至于䣛䆉，又至于新村，再至于大河南堤之新村，再至于北岸之沙䣛村，各以石致川，浚而潇窞，其中为泄水之坝柁九座，坝各存水窗，俾[illegible]砾漂沙不冲塞焉。

其副水大坝，成于仲春下旬乙卯，乃并启少坝而挖黄泥滩，复自茶卜墩下，汇子河。故滑新筑陡蘽，编篁析篛，囊石壤壤，如蜀之湔堰，升于蛇笼之制，以埽䋍淫波，若黄河软滩嫩堰法，盖其殚栏障泝，迾毂𧝝道，自䒷齿山堨沙水引入子河，以蠲黄泥滩之患。𨐨计始汉厂以逮石龙坝，以丈算者二千二百有余，落成以三月己卯。大坝磆焉放流下安宁、富民，而滨海环滇者泽口出，海心凸矣。风回涟漪，并灵河九里之润；月堕清泚，无浊泾五斗之泥。绿萍葑，若踊跃而来；白沙丹畴，状奋迅而出。

是役也，允如前记所云，不亦劳者不永逸，不暂费者不永宁。嗣是则岁之小修可免，匪惟滨海得佃其田，仿其力，环海卫所州县，皆蹴有息肩之庆矣。役成，当有乐石之锲，以垂久远耳。

明顾应祥《祭海口神文》：

维滇有池，西南巨泽。灌溉群生，一方利益。诸水所归，广大莫测。末流如线，难通易塞。加以淫雨，洪波泛溢。三四年间，陇亩尽没。极望弥漫，蛇龙所窟。吁天无从，民艰粒食。佥曰旧典，匪浚弗克。谋及士人，谋及彝僰。各献其能，限以丈尺。万夫荷锸，诸司效职。疏厥淤沙，还其故迹。复开子河，以防冲突。自冬徂春，厥工始毕。逝波滔滔，海田渐出。是皆神相，匪我人力。日吉时良，洁此醴特。敬报于神，神其来格。尚其默佑，永保无窒。

然海口外尚有老埂一道，横阻河身，埂外龙王庙前，又有牛舌滩、牛舌洲，各长五十余丈，三重埂塞。万历初，布政使方良曙于牛舌洲左豹子山下，竭力疏浚。

明方良曙《重浚海口记》：

粤稽滇池之胜，自战国时属楚，名始载于史册。盖金马、碧鸡东西两山夹护，商山北来而环卫于前，中列一大都会，其下并受邵甸、牧羊山诸泉及黑龙潭、菜海、海源、洛洛河诸水，汇为巨浸。延袤三百余里，军民田庐，环列其旁，而泄于其南稍西一小河，又折而北，不见其去，故又名滇海。云是海口小河，实滇池宣泄咽喉也。疏浚不加，每岁夏秋，雨集水溢，田庐且没，患非渺少。先年，当事诸公，率多裁成，海夫有编，开挖有期，为民之意，亦既殷矣。万历改元癸酉，关中少司马兰谷邹公来抚兹土，偶值淫雨连旬，水泛病民。公用悯恻，檄下阃司，行经历陈子、指挥王子勘议，爰请如前三年大挖例，筑坝闸水，分段兴工开挖，凡廿余里，调集指挥、千百户若干员，夫役万五千有奇，竹木麻铁器具工饩约费帑金五千有奇，而一坝之费递至千金。惟时，邹公复行藩司议。明年，河中养斋郭公按滇，亦谓事关劳费须详议。其秋，余以承乏左辖至，适东西用兵之余，斗米三钱，军民艰食，汹汹惟棘，且两台节财恤民至意，不可不仰体也。冬暇，亲至其地，谋及群吏、士庶、父老而广询之，乃知滇水从出之口，牛舌洲横于前，龙王庙洲塞于中，此全省水口风气攸关，盖奇胜也。土人咸指故道，水由洲左豹山下行十之六七，由海门村旁行十之三四，今左流才一二耳，况下有螺壳、黄泥二滩之淤，冬水落而背露，春水涸而龟昂，故工所可加，而豹山之下犹宜深浚。坝旧筑螺滩上，可勿循。越明年乙亥正月，适同年盱江近溪罗公以屯田宪副巡昆阳，余亟往迎而咨议之，且见二滩经流欲绝，罗公因力赞曰："螺滩之坝不必筑，豹山之下必宜开。"议遂决，复请两台俞允疏浚，一仿捞浅之法，且并龙王庙而新之。爰命右卫指挥孙子永恩董其役，云南府通判劳子日积督之，调各卫所州县夫什之二，乃孙子则固分丈布工，论方验日，工无稍旷焉。逾月而工竣，实三月哉生明也。水复半由豹山下行，而螺壳，而黄泥，无复少阻。工费官饩仅四百金，视陈子、王子循旧三年开挖，不啻省什九矣。孙子请勒石如故事。余曰："嘻！是奚足哉？"他日，请之再三，辞弗获已。因忆是役，非两台之悯恤，孰与肇始？非罗公之明智，孰与赞决？亦非得孙子之勤算而董之，又孰与综理之甚密而讫工之甚速耶？《传》曰"仁者讲功"，两台以之。又曰"智者处物"，罗公及孙子之谓也。众思集而忠益广，用力少而成功多，即此小役，可以概大矣。后人观此，其于兴事考成，当必有划然默会于中焉者，遂书以遗之。邹公名应龙，郭公名庭吾，罗公名汝芳，皆起家进士。余为新安方良曙也。

康熙四十八年，总督贝和诺、巡抚郭瑮委员重加开挖修浚。雍正三年，总督高其倬相继大修，未几复壅。雍正八九年，总督鄂尔泰会同巡抚张允随，专委水利道副使黄士杰咨度形势，通浚河流，铲平老埂、牛舌洲滩，复以晋宁河水陡急，横阻新河，每至倒流，并建逼水坝，使新河得以畅入大河。又于石龙坝下，另开引河一道，诸水畅流，涸出腴田甚广，责成监司、丞尉不时查勘疏通。

《大清会典事例》：雍正十年，议准昆阳州增设水利同知一人，驻扎海口，常川巡察，遇有壅塞，不时疏通，设或冲塌，立即堵筑。又，议准昆阳海口酌定岁修银二百两，动支盐道衙门合秤银给发兴修，用则报销，不用则存贮以备大修之需。又，乾隆五年，议准昆阳海口改建石岸。又，十四年，议准大修昆阳海口堤岸、闸坝、桥梁、河道。又，四十二年，奏准修浚昆阳州海口。

《皇朝文献通考》：五十年，挑挖昆阳海口工程。工部议准云南巡抚刘秉恬奏：滇池在云南省城之南，周围三百余里，受昆明六河之水，会为巨浸。附近昆明、呈贡、晋宁、昆阳四州县环海田畴，资以灌溉者不下数百万顷，所恃以宣泄者惟在昆阳州之海口大河，为滇池出水咽喉，疏通则均受其利，壅遏则即受其害。应自龙王庙至石龙坝，共长二千七百七十五丈，应挖一二尺至四五尺不等，以资宣泄。从之。谨案：海口地属昆阳，修浚则首昆明，且为六河滇池总水口，故载于此。其各滩坝，仍载入昆阳。义各有当，非两歧也。

松华坝　《云南府志》：在城东北山下。元平章赛典赤赡思丁经画水利，筑坝分水，一为盘龙江，一为金汁河，并修建六河诸闸，以溉东菑田万顷，郡人感之，为立石将军庙以祀。明万历四十六年，水利道朱芹条议大修，虽裒金不一，而水利频年节缩之费取给为多，月加省试。鸠工庀材，无不精坚，民不劳而永逸，官经费而永宁，功甚懋焉。

明督学鄱阳江和《新建松华坝石闸记》：

万历戊午岁，滇水利宪副朱公请于御史南海潘公，言："滇城东北郭，故有松华坝，邵甸之水走盘龙江者，使东注于河，河曰金稜，土人呼曰金汁，由金马麓过春登里，七十余里而入海。沿河肢流以数十，递而下，涵洞如级，田以次受灌，不知几万亩也。而是坝独橐钥之，非坝则小暵易涸，而河不任受蓄；小涨易溢，而河亦不任受泻。蓄泻不任，则腴田多芜，而民与粮逋河资坝所从来矣。但坝故支以木，筑以土，而无闸，势若堵墙，遇浸辄败。岁修费，闸司桩钱不赀，有司草草持厥柄，力庞而功暇，仅同筑舍。盖费于坝者，尚付之乌有，况其不至于坝者也，于河奚资焉，而反以病。"予谓："坝而不闸，蓄泻何恃？即木而匪石，终漂梗耳。与其岁縻多钱，而民无利也，孰与合数岁之费，而甃以石，通以闸。自闸以往，若牛舌尖、中马头，皆冲流也，需石乃固，矧地与石邻，夫以亩科至便计也。木桩之额，累岁可问，非他索也。良吏经纪，能吏分劳，功者赏，否者罚，事成，设以守时其翕纵，而周防之如漕闸然，此百世利也。"爰捐助银一百六十余金，潘公遂捐一百金，抚院河源李公亦捐二十金，迨新抚院归安沈公、按院南昌杨公至，申请如前，三公皆如议交给以费。藩司嘉兴施公、闸司金陵尹公，扣征停挖木桩之逋负者，又得四百十九余金，计若巨若细，悉从金出。而世镇沐公，又慨然以近闸石山任其采用。于是，吏人各如檄起程，募役伐坚，创闸口高一丈余，长三丈余，广一丈七尺。牛舌尖、中马头高一丈三尺，长三十六丈六尺，皆选石之坚厚者，长短相制，高下相纽，如犬牙，如鱼贯，而钤以铁，灌以铅。闸仿诸漕，扁以巨枋，启闭如式。东西两涯之间，骈岷壁屹，水龙若控。经始于万历四十六年孟秋，至四十八年仲春告成，仍名曰松华闸。计费凡八百七十七两有零，匠作田夫五万七千余。数力取诸隙，绩底以渐，故功成而人安焉。时与三司诸大夫登坝上，观壁如屹立，地有安流而天不能灾。是岁大稔，诸父老咨嗟叹息曰："朱公再造我也。"归之朱公，朱公不有。某幸睹成事，谬为记略，而申以铭。朱公，名芹，蜀富顺人，进士。政务兴革，利民多若此。杨公，名继统，秦南郑人。其与有劳者书之阴。铭曰："汤汤金稜，邵甸溯源。建瓴忽分，东西决川。坝扠而东，如龙饮泉。爪攫翼张，百道蜿蜒。割流膏野，万畦濡沾。土耶木耶，昔何阙然。萧苇捍冲，岁縻金钱。自公之来，嘉与更始。亦有施尹，悉赋成美。杨公成之，动有经纪。禀成诸台，规兹永利。金石岩岩，当其射激。闸门言言，时其启闭。闭视其沍，水弗外泒。启视其涨，水弗内溃。畚挼于农，农隙乃至。工食于官，官厚其饩。再阅春冬，经始匆亟。乃奏厥功，乃立安既。於乎都哉！河肇咸阳。洪源自公，明德广远。人代天工，匪闸无河。毋恃绝礴，毋易逝波。其流可穿，其坚可磨。蚁穴必窒，如避鼋鼍。有泐必新，毋仍斧柯。百尔君子，保障宏多。庶绵斯泽，砺山带河。"

康熙五年以来，屡次水泛堤决，巡抚袁懋功、李天浴题请岁支盐课银葺之，名曰岁修。二十年，大兵平滇，坝已倾毁。二十二年，巡抚王继文会同总督蔡毓荣题请捐修。

《大清会典事例》：康熙二十七年，修云南松华坝。旧《云南通志》：历年相继疏浚，未几复壅。雍正八年，总督鄂尔泰、巡抚张允随题修。谨案：旧志载盘龙江诸河源流考，诸河源流宜入山川。兹特取其闸坝、堤堰并疏凿事，宜入水利耳。

新建闸　《云南府志》：在城东五里小坝闸下。康熙二十七年，总督范承勋重建。

桑园闸　旧《云南通志》：在城东八里白龙寺，导白龙潭水入河。

小坝闸　《云南府志》：在城东十里小坝村。旧《云南通志》：导杨妈河水，由过洞灌小坝村田。

《府志》：以上三闸，均金汁河水所经。旧《志》：雍正八年疏浚，添修石岸。

杨柳沟闸　旧《云南通志》：在城东十里和甸营。

矣龙村闸　旧《云南通志》：在城东二十里。

牛舌尖闸　旧《云南通志》：在城东二十里小板桥。

响水闸　旧《云南通志》：在城东二十四里过路村下。

石坝闸　旧《云南通志》：在城东二十五里三桅村。

《云南府志》：以上五闸，均宝象河水所经，源发于府城东南山下。旧《志》：雍正八年，重经修筑。

金稜闸　旧《云南通志》：在城东南五里佴家湾，水盛泄入盘龙江，以防堤溃。雍正八年疏浚，添修石岸。

土桥闸　旧《云南通志》：在城东南八里石虎冈。雍正八年，重经修筑。《云南府志》：宝象河水所经。

光村闸　《云南府志》：在城东南三十里光村。

新村闸　《云南府志》：在城东南三十里左卫营。

猪圈坝三闸　《云南府志》：在城东南三十五里宝山冲下。

以上三闸，均马料河水所经，源发于城东南白土村。旧《云南通志》：雍正八年疏浚增筑，并建桥梁。

王公闸　旧《云南通志》：在城南门外小泽口。

永昌河闸　旧《云南通志》：在城南三里土桥外。康熙二十三年，水利道孔兴诏重建。

堕苴闸　旧《云南通志》：在城南四里土桥外。

四道坝闸　旧《云南通志》：在城南五里土桥外，明弘治间建。

南坝闸　《云南府志》：在城南十里。元平章赛典赤修，明总兵沐璘同巡抚郑容甃石为闸，添设守者，因水盈缩，时其启闭，民甚便之。

明布政庐陵陈文《南坝闸记》：

云南，古滇国，其城濒于滇池。乘高而望之，则商山在北，左金马，右碧鸡，支垅蜿蜒，环抱数百里。其间远村近落，良畴沃壤，弥望无极，惟窊其南而池浸焉。南坝，池之上流，距城五里许，其源出东北之屈偿、昧祥、邵甸诸山，凡九十九泉，或沸而流，或营而潴，或激而波，或浛注而溪焉，或山夹而涧焉，攸焉泊焉，会于盘龙江。至松华坝，则歧为二河，一由金马之麓过春登里，一由商山之麓过云津桥，皆趋于滇池。蒙段时，过春登者堤上多种黄花，名绕道金稜河；过云津桥者堤上多种白花，名萦城银稜河。尝筑土，名为二堰，于河之要处，障其流以灌田，凡数十万亩。元时，云南平章政事赛典赤复增修之，民甚赖焉。今所谓南坝，即萦城银稜河之所流也。然则此为堰，不过兴一时之利，而于经久之计则未闻也。惟我有明，混一区宇，云南恃远弗庭。洪武壬戌，黔宁王时为西平侯，奉命帅师平之，留镇其地，定以经制，昭以威信，厚以惠利，俾兵民并力于田亩，耕获不违其时。而南坝之修，岁有恒役。后定边伯继领镇事，思宏前绪，谋造石闸，以蓄泄为经久利，方储材命工，值边境多事，未就其志。景泰癸酉，今总戎继轩公乃图成于参赞思庵郑公，议定而后会焉，时布政司左使贾公、按察司按察使李公暨二三同志皆力相也。既而上其事于朝，亦不易其初议。乃计旧储之材，增以十倍，而凡富人之乐助者亦不拒之，仍择将校之有智计者田凯、李振、郭进董其役，其条画之出，用度之宜，则沐、郑二公自主之。于是甃石为闸而扃以木，视水之大小而时其闭纵。又因其余材，相闸之西为庙，以祀神之主此闸者。其东为亭，与庙相值，而春秋劝省耕获，则休于其中。于景泰甲戌八月十有三日始役，而以明年三月一日卒事。其所用之工力，合之凡八万二千九百有奇。既成，云南之兵民无少长皆悦曰："自今以始，田不病于旱潦而吾农得以足食者，诚二公赐也。愿纪其事于石，置诸亭以传悠久。"二公皆不能止也，乃以记丐于予。予谓沐公为定边之孙、黔宁之曾孙也，学兼文武，崇德象贤，拜右军都督同知，握征南将军印以总戎事。郑公以经纶之才，宏达之识，廉方公正之操，参赞其事，累升至佥都御史兼巡抚之寄。相济同道，以绥靖此方，又能兴历代之遗利，以成累世欲为之志，使兵民蒙惠于无穷，实君子之事也，乌可以不记？然余于是而知二公之所为，当于古人中求之。昔晋羊叔子、杜元凯二子继镇襄阳，皆能修政立事以成晋业，宋欧阳文忠公称其功名盖当世，而流风余韵蔼蔼然被于江汉之间，至今人犹思之。盖思元凯以其功，叔子以其仁，故二子所为虽不同，然皆足以垂不朽，此乃异时同道同得人心者也。今二公以道相济而同时出治，余窃以谓沐公以孝，郑公以德欤！盖善继人之志者，孝之大；善成人之美者，德之推。行仁始于孝，立功本于德，视古人奚远哉！余虽欧阳公之乡人，而言不足以永二公之孝之德，若羊、杜二子之功与仁者，盖兵民少长之心，实欲纪以传也。余岂得已哉！

以上五闸，均盘龙江水所经。旧《云南通志》：多有淤圮。雍正八年，疏浚深通，砌石岸坝闸，增开子河，新筑堤埂。

燕尾闸　旧《云南通志》：在城南八里南村界，分水为西岔河。《云南府志》：金汁河水所经，元平章赛典赤建筑两岸石堤，长亘数里，束水于中，以资灌溉。旧《志》：雍正八年疏浚，添修石岸。

秧草坝闸　《云南府志》：在城南三十里昆池边，马料河水所经，源发于府城东南白土村。旧《云南通志》：雍正八年疏浚增筑，并建桥梁。

西坝闸　旧《云南通志》：在城西南五里摆渡村河中。

小西门闸　《云南府志》：在城小西门外。

以上二闸，均盘龙江水所经。旧《云南通志》：多有淤圮。雍正八年疏导深通，砌石岸坝闸，增开子河，新筑堤埂。

鸡舌尖闸 旧《云南通志》：在城西十五里海源寺下。

左闸、中闸、右闸 旧《云南通志》：俱在城西二十里梁家河左、右、中三沟。

《云南府志》：以上四闸，均海源河水所经，源发于府城正西山下黄龙潭。

文殊寺闸 旧《云南通志》：在城西北八里小马村。

小营闸 旧《云南通志》：在城北八里小营村。

王俊闸 旧《云南通志》：在城北十里马村后。

白龙潭闸 旧《云南通志》：在城北十里上庄。

王公堰闸 旧《云南通志》：在城北十二里涌泉寺下。

倮㑩闸 旧《云南通志》：在城北二十里左卫营。

《云南府志》：以上六闸，均银汁河水所经，源发于府城正北山下黑龙潭。

大　闸 旧《云南通志》：在城北二十五里蒜村。

以上闸堤，多有淤圮，雍正八年疏浚子河，引水入江，并于古堆童子桥增高石路，堵御江水，不使漫溢。

戴金箔闸 《云南府志》：在城北二十五里桃园村。

大韩冕闸、小韩冕闸 旧《云南通志》：俱在城东北十五里任旗营，相距百步。

《云南府志》：以上三闸，均金汁河水所经。旧《志》：雍正八年疏浚，添修石岸。《大清会典事例》：乾隆四十九年，奏准金汁河韩冕闸坝改建滚水石坝。

横山水洞 《云南府志》：在城西三十里龙院村西。明隆庆壬申，布政陈善令民凿横山为阴沟洞，引白崖水灌田四万余亩，民甚利之。

明布政鄱阳罗元正《横山水洞记》：

去会城而西几三十里，为龙院诸村。村凡八，村之田凡若干顷，田税岁输县官凡若干石。村故枕山而带水，水即滇池也。池低村，地势隐起，差具倾倚状，可立上游走丸，以故池水不可逆引而仰灌。村之负山而田者，无论愆阳，即旬日不雨，土脉辄龟裂，岁辄不登。中岁，他境稔而兹境不厌半菽，民苦之。村迤西三十五里，为白石崖，崖故有泉，其山形隐起，则又高龙院诸村什九。度崖泉可引而东以灌，然横山墙立于前，岸然峭阻。先是，议凿山之凹为渠，引泉逾山而东，乃其山石脊而土麓，石坚不可凿，议凿其麓自西以跨于东，五十有八丈，村农合力率作，纷若蚁之营垤。逾岁，讫无成绩。方伯敬亭陈公以省耕至，问焉，众告之故。公曰："兹吾事而以疲若等，吾为若成之。"乃谋诸同寅，计其费可三千金，移议御史台，报可。公檄掾尹德先、何献荣、刘得先后继董兹役，曰："德先，汝往视疏凿，相度规画，以树尔功。"洞高五尺，广二尺，断木如高广之数，以支颠圮。功成，徐易以石。发帑储如议数，授之上下，其工之直以廪焉。曰："献荣，汝往，卒德先功。"曰："得，汝其嗣德先、献荣，以督诸役之力者、不力者。"已，又檄舍人袁应登佐掾以辖群工。应登简工之不习者，请以矿夫代功。可其请，召朱正辈二十人，以属应登。

余时参藩政，同公往视，指授向道，分东西凿，凿几半而道不值。予当入贺，行念前功，恐或弃之者。公请于抚军曹公云山、巡按许公保宇，佥曰："政在利民，勿惜费，勿惮劳。其往督诸掾役，勿隳前功。"各捐赎金佐工，诸掾役竞奋如命，道果值。实隆庆壬申之二月十一日也。溯始事庚午，凡二岁。易掾董役者三，掾以直尽告者五，告即议发，先后五发帑，凡百有十金而讫功。敬亭公曰："吾可休矣。"公与时不甚合，久欲乞归，会水洞未成而未决也。明日，遂谢事去。狮冈陈公继公，愈益振策诸掾役，寻以成功报。灵窍朗辟，洞中可偃蹇行。

公复趣掾寻源，引白石崖沟，山腰连山奄，亘得泉二十二道，蜿蜒萦纡四千一百八十三丈，广盈尺，深逾咫。泉抱山而东赴，若带而绾，若白龙挟雨，偕山势俱来。若玉虹下饮，潜入洞口而东出，喷薄沦涟，堰潴而渠分。村之耕者需濡，稼者需溉，植者需滋，畦者圃者需润，不雨而泽，不祷而免于旱槁。民甚便之，而德诸公之功，乃歌曰："横山之麓，可屋可田。白崖之泉，可引可沿。山麓可凿，伏流潺湲。兹麓既辟，不淤不颠。溉我稼穑，充廪盈廛。我公之绩，亿万斯年。曷俎豆之，以输我虔。"邹公，名应龙，长安人。曹公，名三旸，宜兴人。许公，名大亨，安肃人。皆起家进士。敬亭公，名善，浙江钱塘人。狮冈公，明时范，闽长乐人。同嘉靖辛丑进士。

富民县

摆夷沟　《富民县志》：在县西渠上，多年壅塞。康熙四十三年，县令梁国达、典史叶斌疏浚，民受其利。五十一年，典史施栋重修。又，摆夷沟灌放军民田亩，分为五牌：西庄田亩一牌；李相伍半牌，西邑村半牌，共一牌；王儒五田亩一牌；王儒五换与里仁村张金沟水一牌；东邑村田亩一牌。以上周而复始，轮流均放，如有强行截挖者，罚银十两，作修沟用。公而鲜争，永远遵守。

大营坝　《富民县志》：在县东十里。源出自彝札郎水，灌东郊田亩。

石　坝　《富民县志》：在县西十里。分为二渠，号东、西渠。东渠灌河南田亩，《富民县采访》：南渠大沟，灌放后坝军民田亩。西渠灌河北田亩。《采访》：西渠大沟，灌放军民田亩，分为四牌：西门外大路田亩一牌，小坝田亩一牌，教场坝田亩一牌，东邑村田亩一牌。以上周而复始，每年农隙兴工，以十月初一日为始。设总理二人，每牌水头二人，按亩输工，催差一名，疏通水道，宽五尺，深五尺，期于完固。例与摆夷沟等。此渠地高壅塞，顺治十八年，官民捐金疏通二渠，民今利之。

清水河坝　《富民县志》：在县西北十五里。一疏新沟，灌北邑村田亩。一疏杜家沟，灌清水河、白沙坡、石关哨田亩。一疏段家沟，灌梅和邑、西邑村、和尚庄、王家营四村田亩。一疏廖家沟，灌廖家营、北邑村、土主庙、旧城、九峰山庄田亩。一疏张金沟，所灌田亩分为六牌：梅和邑、西邑村、黄家营一牌，陆芝岱伍一牌，廖家营一牌，李相伍、张浩伍一牌，王儒伍一牌，抵与里仁村换摆夷沟水一牌。一疏南渠，灌梅和邑河里、木阔村田亩。一疏北渠，灌梅和邑河外箐口田亩。一疏罗院沟，灌东邑村、里仁村、木阔村田亩。一疏老叶沟，灌小三竜田亩。一疏上沟，灌梅和邑、小三竜田亩。一疏下沟，灌小三竜、龙马潭田亩。

宜良县

新　渠　旧《云南通志》：雍正七年，总督鄂尔泰以县辖高田缺水，洼田受淹，檄知县邢恭先审度形势，新开子渠，高下皆利。一在城东北五里五百户营之南，长五里；一在城东三里龙王庙北，长四里，以泻积水；一在庙南，长十里，宣泄北来诸水，使无漫溢，均下入大池江；一在城南二十里乾墩子，决大池江之水，以灌高田；一在城北二十里，自江头村至前所，开浚深通。谨案：水利专载堤堰、闸坝及人工开凿之沟渠，若天成非人力者，概入山川，不混入此，与旧《志》体例稍有不同。

汤池渠 《云南府志》：在县西南三十五里。明洪武丙子，惠襄侯沐春檄都指挥王俊凿。

冉公渠 《宜良县志》：在城北十五里。明万历十三年，知县冉维藩开浚，从野鸡箐引龙泉入靖安哨灌田。

大 闸 《云南府志》：在城东二里。障九龙池水南流，每岁秋水泛溢，为害田庐，知县高士朗重加开浚，民始安堵。

小 闸 旧《云南通志》：在大闸南。障白龙潭水，南流灌溉。

唐家闸 旧《云南通志》：在城东三里龙王庙右。总束大、小二闸之水，南流灌田万顷。

堰 塘 《宜良县采访》：一永济塘，在陈所渡村后。一恒济塘，在万家凹。一山上营、上五营、南大营三处，共一堰塘，在小虎街子。一沈家营三角塘，在一椀水哨。一花鱼村、上下任家营、西村、狗街、哈喇村、桥头营、黑羊村、木叉村、山脚营、樊官营、九甸营、骆家营大山后十二处，各有堰塘。一汤池[illegible]屼岣村，堰塘三，一在大龙潭，一在竹子园，一在倮罗坟山，乾隆五十一年新开。一梨花村至公堰塘，在村前黑土凹，道光八年，村耆李德生、杨珣筑。

文公堤 《案册》：河源出汤池明湖。明嘉靖间，临元道文衡筑堤引水南流，自江头以抵乐道，入大池江。环绕五十余里，灌田数十万顷。吴逆滋事后，全河淤塞。国朝康熙二十六年，知县高士朗开挖，仅至中截胡家营堰塘而止。其东向有老毛沟以泄水，后又于东南隅开出牛鼻古沟，引水济田，年久均废。道光九年，汤池河源冲塌，居民另开子河，私为己有，署知县张安涛勘断工费，以子河为公河。十二年，知县吴均访获下游故道，由胡家营堰塘内筑堤，开挖二十余里，旧河全复，并开老毛沟以泄水，开牛鼻古沟以灌东南各村堰塘，由是大池江以西之南屯田，均得救济。

罗次县

旧县坝 《云南府志》：在城南二十五里。

小禄丰坝 旧《云南通志》：在城西南五里。康熙九年，知县马光筑石堤，秋冬蓄水，春夏溉田。

晋宁州

堰塘坝 《晋宁州志》：在城东二里印山之左，一名海溪。康熙十一年，知州张慎行修筑，每年潴水溉田千余亩。碑记犹存，后堤坝坍塌，议修。

达摩坝 旧《云南通志》：在城东三里。《晋宁州志》：在达摩山下。

花涧场坝 《晋宁州志》：在城东象山北。

以上二坝，水自小关哨北首流至达摩坝，与归化分水利。

山冲坝 旧《云南通志》：在城东南十里大场村。

石 坝 《晋宁州志》：在南山麓。

官庄坝 旧《云南通志》：在城南十里铺。

罗藏坝 《晋宁州志》：在城西南三里龟山下。

白臼坝 旧《云南通志》：在城西二里小寨村下，子河之一。引灌金沙十五村田，旧分河水十之三，其七则归下河七十五村，日久淤废，村农失利，争讼连年。雍正五年，勘定金沙等村于大河内筑一小坝，仅高闸口一尺，留龙口八尺，冬春水微，许于五日内启闸放水一昼夜，滋润豆麦，余四日则闭之，使水尽入下河。夏秋水涨，则尽启闸板交官，不许私闭，使各子河分泻洪流，以免旁溢。

映洪坝 《晋宁府志》：在白臼坝下一里。

杨庆坝 旧《云南通志》：在白臼坝下二里。

新江坝 《晋宁州志》：在杨庆坝东北二里，一名王家坝。水过州城北迎恩铺，入草海。

杀虫[①]坝 旧《云南通志》：在城西三里河西村大营。《云南府志》：在杨庆坝北。

新河坝 《晋宁州志》：在杀虫坝东北，过周家营至安江村，入海。

白虫坝 《晋宁州志》：在杀虫坝西北。

河西江尾坝 《晋宁州志》：在白虫坝西，过马房，入海。

河东江尾坝 《晋宁州志》：在白虫坝北。

分水石坝 《晋宁州志》：在城西四通桥下。灌溉西北田亩，日久淤圮。康熙十年，修浚完固。

紫溪坝 《晋宁州志》：在城西五里小团山下。

三尖坝 旧《云南通志》：在城西十里三尖塘。

枧槽坝 《晋宁州志》：在五龙潭前。

马鞍坝 《晋宁州志》：在马鞍山。

大　坝 《晋宁州志》：在长坡下。

石碑坝 《晋宁州志》：在石碑山下。

石美坝 《晋宁州志》：在石美山下。

上龙潭坝、下龙潭坝、乐直坝、新梅坝 《晋宁州志》：俱在段旗村。

甸苴坝 《晋宁州志》：在石头村。

新涧坝 《晋宁州志》：在瓦窑村。

中坝、犁耳坝 《晋宁州志》：俱在向桥村。

牛栏涵洞 《晋宁州采访》：在金砂村北一里。溉金砂一带田亩，道光九年重修。

呈贡县

过山沟 《呈贡县采访》：一名玉带水，在城东十里。明黔宁王开滇，凿山引水，灌溉田亩。源从上马郎下流二十里，筑松隐坝一座，置石坝十七座，设分水石闸一座。东流七分，灌段家营、大小相枝营、吴家营、王家营、白龙潭、洛龙河、渠卜厂、大水塘等村田；西流三分，灌缪家营、郎家营、中庄等村田。

大　坝 旧《云南通志》：在城东五里，引黑、白龙潭之水，溉田千顷。康熙十一年，署县何清重修。五十五年，署县吴宝林续修。

达摩坝 旧《云南通志》：在城南四十里富有村旁。

① 虫　光绪《云南通志》同，康熙《云南府志》、雍正《云南通志》、《新纂云南通志》作“蛊”。

兴隆堰　《呈贡县采访》：在城东十里。乾隆二十九年，士民捐筑。

老李冲堰　《呈贡县采访》：在茁庄村后。乾隆四十七年，知县史褒请帑修筑，三年摊捐归款。

敦化堰　《呈贡县采访》：在旧归化县治后红山后七井甸。嘉庆十年，士民捐资修筑。

界茨堰　《呈贡县采访》：在灵源村左。自梁王山大河开河一道，由关圣宫旁曲流入塘，村民修筑，以资灌溉。

云龙堰　《呈贡县采访》：在白云村南。康熙六十一年修筑，自立冬后，引清水河水积为灌溉。

五　塘　《呈贡县采访》：卜喇塘，在城南二十七里。广济塘，在城南三十七里。沙尾塘，在白沙村。丰乐塘，在伊村上首，又名代泉塘。长济塘，在丰乐村，嘉庆五年重筑。

安宁州

《大清会典事例》：乾隆八年，议准安宁州筑石坝六座，开渠百六十里有奇，以资灌溉。又，十二年，覆准安宁州葡萄桥、石龙坝等处开渠引水，分灌民田。

清水沟　《安宁州志》：在城东南十里。

陷　沟　《安宁州志》：在团山甸心。

洛阳沟　《安宁州志》：在罗白村甸心。宽丈许，深八尺，灌田甚众。

上丰沟　《安宁州采访》：在新邑甸葡萄桥下，长三十余里。乾隆四十一年，里民赵经等建坝开沟，灌溉葡萄桥村、大小桃花村、上的罗村田。又穿山凿洞过水潴积潢水塘，长一百余丈，灌的罗村田。

永丰沟　《安宁州采访》：在小桃花村洋生桥下，长二十余里。乾隆二十九年，里民张天佑等建坝开沟，引水灌下的罗村、罗白村、团山村、永兴庄、上下河东村等处田。

石　坝　《云南府志》：在城东南七里许。

中前二所坝　旧《云南通志》：在城南十五里之旧三泊县东三十里。

简车坝　旧《云南通志》：在旧三泊县南六里。

好义村坝　旧《云南通志》：在旧三泊县西一里。

月子庄坝　旧《云南通志》：在旧三泊县西二里。

郭家坝　旧《云南通志》：在城西二里。

西元村坝、石江村坝、汉营村坝　谨案：三坝并《安宁州志》所载。

摆衣坝、几子坝　《安宁州志》：障斑鸠村龙潭水，以三分水分放上下斑鸠村，七分水直流独树铺，灌溉秧苗。乾隆四年，知州何齐圣详定立案。

大　湖　旧《云南通志》：在城东南九里，俗名马鬃海，土人呼陂堰为湖。

小　湖　旧《云南通志》：在城南六里，俗名洛阳池。

石珠湖　旧《云南通志》：在城南十里。

潢水塘　旧《云南通志》：在城东五里，俗名天眼湖。《安宁州采访》：郡人张灿坤、李球等建。

指挥塘　《安宁州志》：在城南五里。

禄丰县

《大清会典事例》：雍正十二年，议准修禄丰县石堤五十丈。

上水洞 《禄丰县采访》：明李杜轩、高龙泉筑堰，凿山二百余丈，引隔山泉灌溉田亩。后水涨坍，康熙二十五年，施敬治重疏。

源澄洞 《禄丰县采访》：乾隆二年，邑令杜最率乡人张翼、何谦等从罗鸡渡山麓穴洞三百三十余丈，历四年成功。久而源竭，庠生何秀天倡捐，越岭开横渠二十里，引水入洞，灌溉田亩。

筒瓦沟 《禄丰县采访》：在二乡。明万历间，高峰寺僧合村众越九山十四十余里，用筒瓦镶接成沟通水，每年修补，灌田四百余亩。

摆夷坝 《禄丰县志》：城东右所有龙泉一脉。先是，刘侯失其名凿山引流城之东南，功半自画。启明桥民自备工本开渠，沿山而下，灌田八九百亩。《禄丰县采访》：乾隆四十二年，知县胡文英倡捐，改建石坝，凿山开沟，皆令宽深，计长二十余里。五十四年，大水坝废。道光六年，知县江青移建新坝，距旧址十余丈。

下坝、赵里长坝 旧《云南通志》：俱在城东二十里。

南　坝 《云南府志》：在城南七里。

前所坝 《云南府志》：在城北十里。

中　坝 《云南府志》：在城北十五里。

上　坝 《云南府志》：在城北二十里。

麽些坝 旧《云南通志》：在城北三十五里，年久荒废。康熙三十七年，知县王毓奇重筑。六十年，邑人唐瑜等改砌石基障水，高丈许，灌溉有加。

大村坝 旧《云南通志》：在城北六十里沐乡。水冲久废，陇亩全荒。康熙三十五年，知县王毓奇招恳（垦）。《禄丰县志》：士民何如文、赵奎联等修筑渐复。

赛宝坝 旧《云南通志》：在城东北。县城西临大河，三面无池。康熙四十九年，知县刘自唐筑坝引水，环城作濠，亦饶灌溉之利。

黑龙潭坝 旧《云南通志》：在城东北五里。明正德间，知县艾龙筑堤，障星宿江水分建。初筑于潭之下流，后改筑上流，其利始溥。

天成坝 旧《云南通志》：东河有天然石坝，不须修砌，惟开通无力，灌溉未广。《禄丰县采访》：雍正二年，知县安鼎和请帑，率士民何如文、唐联捷等修筑，引水开沟，自北而南一百二十余里，民沾其利。

天生坝 《禄丰县采访》：乾隆十九年，知县金汝梅率士民杨泗堂等修筑开沟，沟引水一百余里。

三乡十一坝 《禄丰县志》：三乡老鸦关河，年筑十一坝，上下流每岁争讼。知县刘自唐每坝分设水长一人，统立水练总一人，断令先济秧母，循次灌田，勒石遵守。

二乡六坝 《禄丰县采访》：一梅子坝，䢼罗邑民捐筑。一窝龙坝，乾隆二年，乡民武中锦、武柔远倡筑。一星月池坝，乾隆五十四年，贡生善如登倡筑。一永兴坝，青龙村民捐筑。一饮和坝，一长安坝，并阿陆庄民捐筑。

护城堤 旧《云南通志》：在城西门外。星宿江水夏秋泛涨，逼近城根，冲刷为害。雍正十一年，布政使陈宏谋详勘给帑，檄知县姚恪筑石堤，长五十丈，以御水患，保护城垣。

昆阳州

海口五闸 《云南府志》：回子闸，去海口一里，年该本州修。铺湾闸，去回子闸二里，年该呈贡县修。清水闸，去铺湾闸二里，年该晋宁州修。新村闸，去清水闸五里，年该昆明县修。新村小闸，去新村闸四里，年该旧归化县修。

海口八滩 《云南府志》：洱淙滩，在河头三里许，年该本州浚。黄泥滩，在河头五里许，年该呈贡县浚。黑泥滩，在河头六里，年该晋宁州浚。鸡心滩、牛舌滩、大滩，三滩俱在河心八里许，年该昆明县浚。青鱼滩、石龙滩，二滩俱在河心十里许，年该旧归化县浚。

明知州许伯衡《海口记》：

> 古称滇池，周五百里许。今高者为平陆，下者为田汙，恐不能一二百里。环池而居者，晋宁、昆阳、昆明、呈贡、归化五州县，为属昆明者最多，故又谓之昆明池。池水上接松花（华）坝，下出昆阳海口。其谓之口者，以其源大而流细，若咽喉然。海口淤则上流不通，夏水盛则会城必漫，故每岁三月，须挖海口。初时，五州县之民，每年一用，既而分昆明、晋宁为一年，昆阳、呈贡、归化为一年，皆昆阳主之，法非不善也，而不得任事之人。余尝观海口之势，自昆阳至安宁百里，两边皆山，每遇大雨，则山上之土皆入河中，安得不塞？故昔人之法，每岁挖海口，先凿子河。子河者，盖于大河之旁别浚一河，以防山土随雨而入于河也。但子河原无几许，则河中所浚之土宜为处置，乃每岁委官惟图了事，不惟子河不治，即浚出之土就堆两岸，旋以充塞，徒劳百姓而已，可恨也。谨案：互详昆明。

郎中沟 《云南府志》：在城南一里，郡人李资坤开。

老王坝 《云南府志》：在城西天马山下。

清水坝 旧《云南通志》：在城北十里。

石龙坝 旧《云南通志》：在城北五十里海口下流。自子母山南至甸基五里，中有石埂一道，南北横截，可百余步。水至北奔湍三叠而后安流，下入螳螂川。

锁水堤 《云南府志》：在城北一里，上建潋元阁。

卧龙堤 《云南府志》：在城北三里。广阔三十余亩，冬春积水，夏秋开泄，灌溉田亩甚多。

玉带堤 《云南府志》：在城北，元梁王筑。跨水障潮，由卧龙庄至渠东里，横亘十里。上有螺甲、白沙，莹然如玉，环绕东湖，故名。

易门县

分水闸 旧《云南通志》：在大龙泉。建闸分水为三，以均灌溉，为万家乐利之源。

南　沟 《易门县志》：分大龙泉水南行，灌县治右一带田亩。明万历二十二年，知县余惟漳创开。

北　沟 《易门县志》：分大龙泉水北行，灌县治左一带田亩。

小北沟 《易门县志》：在大龙泉牌坊外。

沙　坝 《云南府志》：在城东二里。

济川坝　《易门县采访》：在城南四会。乾隆间，邑进士董良材捐修，后被水淤塞，今遗址尚存。

西门坝　旧《云南通志》：在中沟。

刘官坝　旧《云南通志》：在城西四里南沟。

杨惠坝　旧《云南通志》：在城西五里分水闸下。

北门坝　《易门县志》：在北城门外。

大　坝　《云南府志》：在城北二里。

石　坝　《云南府志》：在城北三里。

曾所坝、叶家坝　旧《云南通志》：俱在北沟。

旧县官坝　旧《云南通志》：在城北三十里。

海子营坝塘　《易门县采访》：未详筑自何年，可灌田数百顷。

嵩明州

《大清会典事例》：雍正十年，疏浚嵩明州河口，经寻甸、东川，由牛栏江达金沙江，周环川江，复抵昭通，以通舟楫。

南冲总闸　旧《云南通志》：杨林河至南冲村，分流为三，旧有总闸，岁久倾圮，河身浅窄，堤埂低薄，夏秋水涨，道路田畴多被冲没。雍正十二年，布政使陈宏谋檄知州张浩捐资重建。

矣伴坝　《嵩明州志》：在城东五里。

龙济河坝　《云南府志》：在城东十里。水源出寻甸，州民筑坝，引之灌田。谨案：旧《志》龙降溪在城东十里，至王四坝，入嘉利泽。《嵩明州志》：王四坝在城东南十二里。龙济河坝或即王四坝与？

五条沟坝　《嵩明州志》：在城东二十五里。

甸心坝　《嵩明州志》：在城东南十里。

杨马坝　《嵩明州志》：在城东南十五里。

炼登坝　旧《云南通志》：在城南八里凤溪山下。《云南府志》：在炼登村。

八里营坝　《嵩明州志》：在城南三十里。

古城坝、张家坝　《嵩明州采访》：古城河左右绕城，一自古城坝来，一自张家坝来，交会于城西南而出，灌田无数，入嘉丽泽。

庄科坝　《嵩明州志》：在城西五十里。

天生桥河坝　旧《云南通志》：在城西天生桥。灌中和、依顺、资善三里田，各有坝蓄泄。

白草龙坝　《云南府志》：在城北五里。谨案：旧《志》福佑河源出梁王山白草龙，灌崇正、月丰两里田，有坝蓄泄。白草龙坝其即福佑河坝与？

采访各坝　《嵩明州采访》：新增普沙坝、山脚坝、七股坝、卷洞坝、汉人沟坝。

宽郎堤　《云南府志》：在城南三里。障水为备，日足、效古等村田亩咸资赖之。

罗锦堤　《云南府志》：在月丰里。

卷五十三　建置志七之二　水利二

大理府

太和县

河　尾　《大理府志》：即下关。例以三年一浚，过期不浚，则滨河之田必致淹没。明正德间，通判喻河处置有方，用能成功。《大清会典事例》：乾隆九年，议准疏浚大理府洱海淤沙，以除榆郡水患。嗣后责令地方官就近督修，按田出夫，五年大修一次，仍令该道不时稽查，毋致复淤。

城南十里沟、鹤桥沟　《大理府志》：二水最大，宜一年一浚，庶可免患。

城北四里沟、塔桥沟、上阳桥、湾桥沟、喜洲沟、峩崀沟、周城沟　旧《云南通志》：自北门至周城，凡六十余里之田，尽赖七沟灌溉，然暴涨横流，所经易淤，而峩崀、周城为甚，当时加浚治。

麻黄涧　旧《云南通志》：在城西北。旧由教场北入大马江，自古道壅塞，大雨涨潦，直冲大路，至西门。前人议浚复故道，不果。

水　缺　旧《云南通志》：在城西天台寺前。明弘治间，玉溪水涨，直射大纸房，排西门而入。正德间，大纸房复被淹没，后于缺处塞以大石，患始止，岁宜堤防。

穿城三渠　旧《云南通志》：南曰白塔江，中曰卫前江，北曰大马江。三渠穿城东出，一以备火，一以灌田。

三板闸　旧《云南通志》：在城东北。中和峰马蝗涧之水，南注西城濠，过狮子桥至干家村后，分五分之一灌溉干家、车邑诸村，余至城东北角。建闸蓄水，又分为二，一北灌柴村正甸，一南灌夜梦得及柴村之南、瓦村之北诸甸，余则接济大马渠之不足，旱涝均获其利。康熙三十年，知县张泰交重修。

御患堤　旧《云南通志》：在城西，即城濠。暴流沙石，再岁不浚，则与堤平。明弘治间，大水入城，坏庐舍，因筑为堤，今废。《太和县采访》：道光四年，双鹤涧口冲坍，提督罗思举、迤西道谢崧等捐廉，于西门筑长堤一百五十丈，高五六尺，宽七八尺，水道得疏通。

赵　州

《大清会典事例》：雍正十年，议准疏浚赵州河道。

冯氏义泉　《赵州志》：西城中无水井，明时里人少尹冯濂于城外掘地，作地龙引入城中，至今利之。

牧棕村沟　旧《云南通志》：在城南。灌溉本村及敬天、甘陀、富乐、东山等村田地。明万历年间，民以争水互讼，水利道断定放水次序，俾民世守，均享其利。

北门三天桥　《赵州志》：上天桥水自东门坝流入锁水阁外，中天桥水亦自东门坝流入老邵园一带，下天桥水自梁王坝流入新村一带，灌溉甚溥。康熙五十一年，下天桥以叠安水碓，屡次冲决，知州陈士昂捐俸，仍令按亩输银修治，责成碓主防浚。

东晋湖闸　旧《云南通志》：在城东北十里环龙山下，水出九股。明洪武初，知州潘大武建闸，蓄聚成湖，灌溉上下草甸、红山、千户营、犁头湾、石鼻头、华营、班庄七村田地。定议立石于湖中，谷尽闭闸，湖外麦尽启闸。

水硙沟坝 《赵州志》：灌溉罗和、东山、羡树、登龙、庄科、邹官桥一带田地。

红山沟坝 《赵州志》：灌溉本村、只羊、下庄、马加邑、飞来寺田地。

甘泉坝 《赵州志》：赵州知州徐树闳、云南县知县王璐修筑。

观音山坝 《赵州志》：在弥渡东。深丈余，周里许。

水患坝 《赵州志》：在弥渡城北，旧筑水堤。

白马庙坝 《大理府志》：自定西岭北至下关，沟坝二十有五，或灌本村，或灌及数村。上之分流者足给而不病于旱，下之合流者悉归洱河而不病于潦，北流诸水有利无害。自定西岭南至弥渡、大庄、苴力村，为江三，为沟坝二十有四。弥渡以上，水有利而无害；弥渡至大庄，水势与地平，利害交半。大庄而下，或水高于田，遇涨则有冲扫之忧；或田高于水，遇旱则无浇灌之利，利不能三四，而害常居六七，非高筑坚堤不可。

石虾堰 《赵州志》：在白崖东十里，郡士张雯筑。

双　塘 旧《云南通志》：在城东八里。明洪武初，民以砖甃堤，利甚溥，岁久溃。嘉靖间，分巡副使安如山岁令濒海人家量亩出力修筑，民甚便之。

甘陶水塘 旧《云南通志》：在城东南。旧有堤防，其利为豪右所专。明知州潘大武议夹石为渠，穿孔分水，其利始均。

城西堤 旧《云南通志》：在城西三耳山。《明通志》：旧有夹流，因无潴堰，散漫渗泄，不为民利。议筑堤潴水，以备水旱，非直田畴，蒙其灌溉，而饮汲有甘洌之利矣。

下比齐河堤 《赵州志》：下比齐河，利甚溥。雍正六年，知州徐树闳令分界筑堤，以防冲决。

云南县

《大清会典事例》：雍正十年，议准疏浚云南县河道。

青龙海 旧《云南通志》：在城南十五里。纳宝泉坝水，三分之一灌东南十五村田，岁久淤塞。雍正八年，知县王璐浚治疏通。《云南县采访》：中河海口，为山溪所阻，乾隆二十年，知县谢圣纶详修，有租谷不敷岁修，渐复淤塞。道光七年，举人董齐圣、生员戴万钤等请修复古制。

段家坝 旧《云南通志》：在城东南二十五里白塔村，东接镜湖。石晋时，段思平所筑。青龙、品甸之水合流而南出板桥，至此筑坝渟蓄，以出炼厂，自西而南而北，以灌云南驿前平陆田。明成化间，黔国公沐琮檄都指挥马铉重修。

天泉坝 《云南县采访》：在城东南。沿海七村，计四百余家，纳粮六百余石，苦无活水。明成化十六年，民村、石壁场、军村、青海营于东山箐内合筑二堰，例于霜降后收水，灌溉二麦。

新兴坝 旧《云南通志》：在城南山下。明嘉靖间，知县宋希文筑，周八里。

宝泉坝 旧《云南通志》：在城北五里，即团山坝。石闸三道，三分宝泉之水：一入溪沟，同九子龙水下溉弥渡；一绕城南，分数渠，灌近城西南诸田，入青龙海；一绕城北，潴贮于品甸湾。明景泰间分巡副使周鉴、参政赵雍，崇祯间兵备道何闳中，相继重修，久复淤圮。雍正八年，知县王璐加修。

品甸湾坝 《云南县志》：一名小牧舍海，在城东北十里。分团山坝水贮陂中，灌城北十三村田亩，各有定例。《古今图书集成》：旧引宝泉山水蓄于周关、品甸二陂，岁久沟塞。明嘉靖间，知县宋希文开古道，以时潴蓄，军民利焉。

南丰坝　《云南县志》：在云川胭脂坝旁，收马龙箐水。明知县宋希文筑，周八里。后壅为平地，兵备道何闳中捐金开挖，为义学田。《云南县采访》：今淤塞成地，租民佃种之。

海西庄坝　《云南县志》：在和甸街西，灌海下田亩。

箐黑底坝　《云南县志》：在和甸东。灌新黑底各村田亩，流入你甸。

黑厂箐坝　《云南县志》：在和甸东。灌黑厂各村田亩，流入你甸大河。

小黑坡坝　《云南县志》：在你甸西南。收菉萝箐水，灌溉田数百亩。

龙凤寺海坝　《云南县志》：在荞甸海梢。灌溉各村田亩，岁纳本府鱼课银二两四钱。

周官些陂　《云南县志》：在城东北十五里，亦名海。周十五里，无源，天雨，受各山箐之水，灌雷鸣田亩。雍正五年，知县张汉凿沟十余里，引团山坝水，逾品甸湾山阜注其中，又于下流浚沟浍之淤二十余里。旧《云南通志》：雍正八年，知县王璐修浚。

千亩田陂　旧《云南通志》：在云南驿前。平衍千顷，久缺水利。明嘉靖间，右参政石简、刘伯耀相继修举。今废。

香果城堰塘　《云南县志》：在城东三里，原系雷鸣旱田。雍正八年，知县王璐率民买田三十一亩五分，开为五塘，由东中沟引团山坝水贮其中，灌两村田亩，其下流入青龙海。

孔伍营堰塘　《云南县志》：在城东，灌本村田亩。

杨海村堰塘　《云南县志》：在城东，灌左右田亩。

黄尾洞堰塘　《云南县志》：距城三里，灌本村田。

七百庄堰塘、小城村堰塘　《云南县志》：并在城东南，灌海下田亩。

小波畎堰塘　《云南县志》：在城南，灌小波畎村田亩。

陶官屯堰塘　《云南县志》：灌本村田亩。

李官营堰塘、草场堰塘、小马房堰塘、谢官营堰塘、白石岃堰塘、西冲堰塘、杨官厂堰塘、青龙庄堰塘、花园村堰塘、土官村堰塘、东山脚堰塘、茅草坝堰塘、东山大箐堰塘、二处。**河上村堰塘、五舍邑堰塘、灰窑村堰塘**　《云南县志》：以上堰塘，灌溉各处海下左近田亩。

果城堰塘、练厂堰塘、江头村堰塘、白溯海堰塘、白屯堰塘、刘官厂堰塘、汪旗营堰塘、小波那堰塘、舒官海堰塘、江尾村堰塘、傅旗营堰塘、东甸村堰塘、清风坡堰塘、大海子堰塘　《云南县志》：以上堰塘，灌溉各本村田亩。

裕泽堰塘　《云南县采访》：在乐耕堤下。

双龙堰塘　《云南县采访》：在笔架山下，收左右箐水。

青水堰塘　《云南县采访》：在双龙堰塘下。

天然堰塘　《云南县采访》：在上赤口尾箐头，灌溉本村田亩。

七乔堰塘　《云南县采访》：在七乔山下。

双箐龙泉堰　《云南县志》：在回龙山下。筑有堰堤，灌溉史家营各村田亩。

乐耕堤　《云南县志》：在和甸东，灌黄连树田亩。

邓川州

《大清会典事例》：雍正十年，议准疏浚邓川州河道。

罗甸渠 旧《云南通志》：在城西。源出东山，引溉近渠田亩。

下西闸 《邓川州志》：在青索桥下，㳽河西岸。

旧东闸堤 《邓川州志》：在青索桥下，㳽河东岸。

大水长堤 旧《云南通志》：在城南。旧以水磨在堤南，致秋潦为害。明嘉靖间，兵备副使姜龙令移水磨堤北，又修筑旧堤二百余丈，水因南趋，不复为害。

㳽苴佉江堤 旧《云南通志》：在州前平川。受鹤庆、剑川、浪穹、凤羽诸水，自下山口以迄江尾，绵亘四十五里，流入洱河。两岸筑堤，高二丈，宽四丈，堤东开涵洞十二，西开涵洞十六，闸水入沟，各灌二十余村，诚为两川大利，但河高田低，夏秋暴涨，横流溃决为患。旧例于春初按粮募夫，挑淤培埂。《邓川州志》：浪穹之水，入蒲陀崆，经邓川州平川中六十余里，分为东西两堤，沿堤各开泄水口，名曰龙洞。东堤十八口，西堤十八口，分灌两川之田。因浪穹三江口沙壅，浪人顺水推沙，河日浅，堤日低，夏秋时有溃决。正统中知州李福、万历间署州卢多益、乾隆二年知州俞唐，先后丈定堤弓，按粮分界，民粮每石分堤五弓七尺三寸，军粮减半。自正月上元后，起夫浚河修埂，期一月完工。官为稽其勤惰，核其工程，分别惩劝。仍广植杨柳，禁人斫伐。各里预备防河桩木，设巡河夫往来查考其各龙洞口，六月后，令头人出结保守。雍正八年，知州施震博咨详审，于山下口东子河内开一闸口，由大凹出东川，历青索，会于洱河，以分水势。于大楼桥西子河内开一闸口，由杨柳村绿玉池，出鸡鸣村城西，至西湖，历三道桥、龙桥、兆邑，以入洱河。又于青索子河内开下闸一口，以杀大河之流。每年仍于春初浚筑，设役巡查启闭。《邓川州志》：明万历中，知州常真杰开东西两闸，视河水之消长，随时启闭以分泄，最为防河上策。今闸沟半占为田，闸口久经堵塞，既无分杀水势之处，此长堤难保，所以叠遭水患也。惟修复此举，自然安澜有庆。

《大清会典事例》：乾隆四十七年，奏准官民捐赀修浚邓川㳽苴河身堤坝，涸出粮田万亩。嗣后每岁冬春水涸时，该管府州督率民夫兴修一次，以资蓄泄。

上七里公堤、下七里公堤 《邓川州志》：上七里公堤自下山口至僧户堤止，下七里公堤在元保里。

罗时江堤 旧《云南通志》：在城西三里桥界。唐时，罗时兄弟导绿玉池、西湖之水，以归洱河。《明通志》：弘治间，知州阿骥分为界址，行令各里村长自领水夫开挖修筑，每年二月一次，今废。旧《志》：明天启间，知州周之相另开河尾一道，导水南行，过玉案山，注㳽苴，以入洱河，东南田亩赖之。

横江堤 旧《云南通志》：在州后大邑、新生、上登三里，州西之田赖之。明永乐间，同知李福筑。正德间，署州祈伦修。

上下登堤 旧《云南通志》：在旧州西北一里，灌溉上、下登村。每秋涨，多没田庐。明正德间，郡人杨南金倡筑石堤，其患始息。

庙后堤 旧《云南通志》：在城北二十里旧州城隍庙后。二涧合流，时有水患。明嘉靖间，副使姜龙筑堤百丈，岁宜加修。

圆井堤 旧《云南通志》：在旧州北麓。副使姜龙筑堤百丈，引泉水以溉。

卧虹堤 《邓川州志》：在天洞山东北。先因秋潦横发，沙石冲塞。乾隆四十六年，大理府李春芳、署州王孝治、绅士高上桂等，于青石涧下横筑长堤三百余丈，旁开闸口，使沙留堤内，水由闸出。每岁督民夫量修一次，堤下涸出一区，开垦以作岁修之需。

浪穹县

《大清会典事例》：雍正十年，议准疏浚浪穹县河道。

东原沟 旧《云南通志》：在城东十里。自大营河分而西流，南经大营、江干二村，灌平原一带田地。

山关沟 旧《云南通志》：在城南。明嘉靖间，知县陈儒开，引凤羽河水自山关核桃涧灌溉城南。万历间，邑人杨巽修，同知李先芬重修。

安民沟 旧《云南通志》：在城南山水坡。向无沟洫，明正德间，知县杜翱自南桥开沟引水，四达灌溉。

九龙泉沟 《大理府志》：泉自九龙山下随处涌出，汇于一池，野鸡等村田地数十顷，皆资其利。北又有黄龙泉沟，足灌黄龙等村一带之田。

大波渠 旧《云南通志》：在城东大波坚村。向无水，明万历间，知县王镁作渠，引大营河水灌之，自此沾足。

三江口渠 旧《云南通志》：在城东南九里。宁河、凤羽、三营之水，由此泄入邓川。先是，凤羽水势驶疾，沙石横冲，以致宁水逆灌。又黑白二涧水，沙石随流堵塞蒲陀崆口，率多水患，但崆口下至邓川，低十余丈，上流疏通，自可畅行。明嘉靖初，西涧泛溢，淹没民田，竟成大湖。其粮摊入里甲，议者谓宜导三营、凤羽二水尽入宁河，合出一口，高筑堤岸，俾无左右冲激之患。万历间，署篆永昌同知李先芬广咨审度，先于桥下村开子河一道，出炼城，以杀凤羽之势，于周里营开子河一道，入郭家湖。又开大堂神前子河一道，接湖水，绕山麓而下，以分三营水势。复于黑汉涧砌堤障水，循山而流，挑浚蒲陀拖木江心沙石，田始无患。久复淤塞，雍正四年，知县张坦于炼城村南，另开子河一道，建闸御涨，以杀凤羽之水，凿去抱木厂阻水巨石，河水得以顺流。雍正八年，总督鄂尔泰复檄知县吴士信加功修浚，自郑家庄至邓川界十里，增筑长堤四十余丈，加高三江小堤数尺，置木柜五十，盛石截沙，水流无壅，湖田多利。

《大清会典事例》：乾隆二十七年，奏准浪穹县三江口堵筑坝工，以防水患。《浪穹县采访》：旧《志》所载分杀水势之子河及捍沙堤岸，久已湮没无考。乾隆二十六七年，白汉涧沙石冲入水口，知县林中麟督同土官王芝成，于涧口创筑旱坝数百丈，详准每年小修，于盐余项下领银一百二十两，三年大修，领银三百二十两，又邓川州每年津贴闸坝银五十两。三十六年，知县刘焕章率土官王芝成别开子河，并按粮摊捐，以备岁修之用。嘉庆八年、十一二年，大小坝坍，知县陈炜改筑旱坝，自西而东数千丈，使沙石聚于炼城村前隙地。又以旧河西岸接旱坝，筑埂数千丈，种柳数千株，以遏河泥。

白汉新渠 旧《云南通志》：在城东南十五里。水旧沿山直下蒲陀崆，沙石随流，淤塞江口。康熙三十一年，通判黄元治另开一渠，导白汉厂之水逆折而北至平川，中开一口，并引炼城村之积水入新渠，归蒲陀，然后炼城之田得耕。继而白汉涧后山崩塌，砂塞水尾，知县张坦建立水闸，递年加增，使沙土过闸即止，河无壅淤之患。

山根渠 旧《云南通志》：在城南七里。灌田三千余亩，春夏之交，一淘汰之。

溪登渠 旧《云南通志》：在城西十里。源出溪登村下，水源颇盛，向系剮头村开引灌济。明嘉靖间，知县李南桥另作新沟，引溪登下长涧之水，灌溉城北一带田园。又引猢狲涧之水，亦注城北。万历间，邑民争水，知县王镁定议将猢狲涧水分而为三，城北一分，城南二分。

红山渠 旧《云南通志》：在城东北十二里，名三营川。《大理府志》：流沙易淤，一年一浚，庶免淹没。

三水陂 旧《云南通志》：在城东八里，曰通济桥。在城东南三里，曰通宁桥。在城南四里，曰南江桥。水漫溢淤，没军民田地三百余亩，明嘉靖二十一年浚导。

宾川州

上沧渠 旧《云南通志》：在城西六十里，周十里。濒河之田，为清明洞、白荡坪，用水车挽水逆灌，下注为下沧，三家村干古之田，皆资以为利。

炼洞甸头甸尾诸渠 旧《云南通志》：在城西北一百里炼洞诸山下。丰乐溪源出鸡足山麓，南流，经炼洞甸头、甸尾诸村。旧多盗，民有弃田而去者。明嘉靖二年，兵备道姜龙令土同知高仑督捕，盗屏息，民渐复业。二十五年，知州朱官作诸渠，荒土皆为耕地。

新　渠 旧《云南通志》：在城北龟山之东。《大理府志》：旧《志》谓决乾龙潭可入钟良溪，决红雀潭可入杨梅谷，当得水田数百顷。今乾龙久涸，红雀亦为龙别徙，万难引之为利矣。

乌龙坝 旧《云南通志》：在城西五十里。源出乌龙山顶，其流不大，居民作坝，潴灌近田。

萂村坝 旧《云南通志》：在城西七十里。源出冷水箐及山涧中，居民潴之，以资灌溉。

梁王坝 旧《云南通志》：在城北团山下。明天启间，知州杨云起重修。

大场曲堤 旧《云南通志》：又名济民堤，在城西百一十里。旧有陂池，豪右利陂底土肥可田，断水别流，陂外之田半为废壤。明嘉靖间，知州朱官改水筑堤而复之，岁乃收。

云龙州

《大理府志》：云龙山深谷奥，可耕之土寥寥无几，溪河之水足以灌溉而有余。澜沧为壑，众水视以为归，又无冲堤突岸之患，事耕耘者诚可高枕矣。

临安府

建水县

《大清会典事例》：雍正十年，议准临安三河酌定岁修银三百两，动支盐道衙门合秤银给发兴修，用则报销，不用则存贮以备大修之需。又，议准疏浚临安河道。

杨公泉 旧《云南通志》：在城北四十里。康熙三十年，知州杨绪爵开凿，溉田四千亩，居民祠祀之。

芦子沟麦塘三洞 《建水县采访》：在县西界、石屏州东界，消泄泸江河源之水，后为奸民李鹏等开垦堵塞。乾隆二十七年，临安府双鼎将麦塘三洞开挖宽深，水得疏泄，立有碑记。今已迷失故道，时有冲决之患。

马蝗沟 旧《云南通志》：在城西北五里。

过泉渠 旧《云南通志》：在城北。自南庄十六营以下暨狮子口、郭衣村八处田亩，苦无活水。雍正七年，知州祝宏于附近南庄之李浩寨，察山腹中有过泉一股，水声潺湲不息，而山石嶙峋，疏凿难通。总督鄂尔泰令填入谷糠，约三十里，始流出于州属之老鼠窄石空。地势卑洼，水无所用，于上里许穿凿而入，水流涌出，开导成渠，酌定规条，挨次引灌。

大　坝 旧《云南通志》：距城六里，民自筑。

冯家山塘 旧《云南通志》：在城东小寨后坡顶。宽二里许，阔半里，旱涝赖以蓄泄。

清沕塘 《临安府志》：在城东十五里。广三里许，居民引灌田亩。

王家塘 旧《云南通志》：在城南六里。

滚沙塘 《旧云南府志》：在城南十里，灌回回村一带田。

泸江堤 《临安府志》：泸水溉田几七十里，但沙滞泥淤，最易冲决。明万历四年，兵备道许宗鉴修浚，置有桩柞田，以备疏筑之费，士民称之曰许公堤。自后兵备道漆文昌，知府张守刚及本朝知州李滪、杨绪爵、张鼎昌、陈肇奎，总兵王洪仁相继修筑，杂置树木，而两埂尚薄，时修时决。雍正三年，知府栗尔璋加意修筑。七年，知府张无咎清出桩柞田，交建水州经管，买备桩石，复与总兵张应宗、知州祝宏捐俸以继不足。八年春，总督鄂尔泰委署石屏州祖承佑、教授夏冕、经历张任亨等分界督修，浚河培埂，密植柳树，复凿岩洞积石，拆洞口鱼床，于是沙不下壅，水得畅流。旧《云南通志》：自谢家湾至岩洞亘八百一十丈，回环几九十里，浚治宽深，堤岸坚固。

象冲河堤、塌冲河堤 旧《云南通志》：二河俱筑堤捍卫，历任修筑，旋复溃决。雍正八年，总督鄂尔泰发帑重修完固，亘四千三百七十五丈。

白沙河堤 旧《云南通志》：在城北二里，俗呼窑沟。

石屏州

新　湖 旧《云南通志》：在城南二十五里白家寨后。阔四里许，筑堤蓄灌。

老　湖 旧《云南通志》：在城南三十里大寨山后。广五里许，筑堤蓄溉。

宝秀湖 《石屏州采访》：在城西。宣泄之口，经行之堤，每岁常为修筑疏浚。

九天观闸 旧《云南通志》：在城西三里，受宝秀、高家冲诸水。明万历间，知州曾所能移旧堤于百步之上，就其冈陵之隘而扼塞之，潴水以资灌溉。中为石闸，以时启闭，至今民赖其利。《石屏州志》：康熙三十七年，知州张毓瑞增修。

白仓堰 《石屏州志》：康熙三十一年，知州徐印祖筑，名曰润仓堤，袁家塘、大水池、白仓一带资其灌溉。

后所塘 旧《云南通志》：在城南火龙山下。广七里，居民筑蓄资溉。

僰东塘 旧《云南通志》：在城南三里钟秀山下。广二里，灌溉资之。

蚂蝗塘 旧《云南通志》：在城西三里。广阔二里许，筑堤蓄溉屯田。

酸水塘 旧《云南通志》：在城西符家营。阔三里许，军民利赖。

化龙桥堤 《石屏州志》：在城东异龙湖边，为东门孔道。每秋湖水涨即没，行者苦之。康熙七年，知州刘维世增高三尺，旁墄条石，筑坚土，湖水不能犯。乾隆二十一年，知州管学宣重修。

湖口堤 《临安府志》：在异龙湖之东。两山逼塞，每遇伏秋大雨时行，恒苦于滞。前吏目叶世芳尽心疏浚，沿湖田亩屡庆丰登，后年久渐次阻塞。乾隆三十八年，知州蒋振阅建石堤于回龙山之侧，障修冲关河使东注，名蒋公堤。五十五年，知州台弼续建福田堤。五十六七年，知州漆炳文、傅应奎继之始完工，长三十余丈。

西　堤 旧《云南通志》：在城西一里黑龙坡旁，即杨柳坝。康熙八年，知州刘维世凿堰，长八十余丈，作三闸，聚弥勒沟一带流水，因时启闭，分水为十二分，远近均沾，灌军民田万余亩。《临安府志》：山限建三台阁，堤上建偕乐、含清、秋水三亭，颇据湖山之胜。

阿迷州

《大清会典事例》：雍正十年，议准增修阿迷州至八达通粤河道。

大庄水头　《临安府志》：在橄榄坡址。自石窍中出，各坝田俱引此水灌溉。

高家庄沟　旧《云南通志》：在城西九十里。源出沙札哨旁，长三里，土舍李思敬开浚。

新　沟　《临安府志》：距城五里。自冰泉寺对面山脚北流转东，灌溉新田一带田亩。州人王式辂捐田，为每年修浚之资。

东　堰　旧《云南通志》：在城东。水出南洞，经东山庄至义来村，明郡人王廷表率众人为石坝。《临安府志》：分清水河之派，以利东郊，至印王庄止。

石　堰　旧《云南通志》：在城南，有小河。明嘉靖间，巡抚邹应龙建。

西　堰　旧《云南通志》：在城西。水出冰泉，州民赵儒筑堰通之，经桃川庄至甸尾。《临安府志》：分浑水河之派，以利西郊，至沙田止，约十余里。蜀人赵天保官于此，后即家焉，其三世孙赵昇捐资创造两堰，知州毛振翧纪其事于碑。

宁　州

牛舌坝　《临安府志》：在城东一百五十里抚仙湖南岸。水由此泻入宁境为河，每雨多水大，宣泄不及，或山水暴发横冲，致沙石填塞海口，海滨田亩咸被淹没。明巡抚姜思睿建造石坝，雍正时总督鄂尔泰增筑逼水六墩，以固石坝，然后山湖之水不为民害。

羊　塘　旧《云南通志》：在城东三里甸尾。长二里，宽四丈，蓄葫芦竜水灌田。

山　塘　旧《云南通志》：在城西北四十里甸苴坝。广阔二里，蓄水资灌。

通海县

东湖池　旧《云南通志》：在城东三里白马山谷内。长四里，宽二十余丈，久废。

西湖池　旧《云南通志》：在城西一里。广阔一里，蓄温泉水灌田，久废。《通海县志》：东西二池，日久无人浚凿指点，仅存空名，倘仍其旧而扩清之，利未尝不远。

李公沟　《临安府志》：在城东一里。水发泥沙冲决入田，禾多被害。沟隘不能入海。雍正七年，知县李至捐金修之，故名。

大桥沟　旧《云南通志》：在城东。注东山白马泉水，分灌入湖。明末山水泛溢，民田尽被淤没，改种豆麦，又为暴涨冲埋，沟路堙塞，多年弗葺，其下流入湖处久成平陆，居民侵垦成田。雍正七年，知县李至倡浚古沟，自大桥至湖六百六十五丈，疏导宽深，较旧制泄水更捷。并多置水车，遇旱则挽湖水而上，三层转注，可达大桥上游浸灌田亩。

新村塘　旧《云南通志》：在城东十里东华山下，广二里。新村、城匡、杨广三村居民，筑蓄以资灌溉。

窑沟堤　旧《云南通志》：在城东窑山下。夏初雨集，民资其利。

鱼沟堤　《临安府志》：在小鱼嘴，注东华山大、小、中龙潭诸水入海。

碧溪堤　《临安府志》：在西村小街，注木马口诸水入海。

秀山堤　旧《云南通志》：在城西北。汇秀溪温水塘、冷水塘二潭之水，流入杞湖。水甘宜稼，故西畴称为沃壤。

河西县

普应溪　旧《云南通志》：在城北关外。发源螺髻山下，北行东折及于县境。每暴涨，山岸当之辄溃。康熙五十年，知县周天任凿琉璃山麓，引水北行，复自普应山下筑长堤捍之入湖，民利之。

大　沟　旧《云南通志》：在城西五十里。自木加沙引碌碌河水，灌永城仓、文沙冲、小白邑等田。《临安府志》：知县蔡酬开。

碌碌塘　旧《云南通志》：在城北胜郎村上。延八百步，袤五十步。明时筑，灌交罗布等村田。

东湖池堤　康熙《云南通志》：在城南二十里。延四百步，袤三百步，蓄水济塘下一带田。明成化间，知县朱光正立二石柱于塘左右，刻四至。雍正《云南通志》：城南无堤，疑为城北戴文营堤，今长河水淤，或失其旧尔。

西　堤　《临安府志》：一名西坝，在普应山下。明万历三十二年，知县周邦举筑石闸，田之近城隅者赖之。

西湖池堤　旧《云南通志》：在城北二里戴家屯上，延百步。明弘治十年，知县萧济筑，即今碌溪渡堤。

甸心村埂　《河西县采访》：河右水道自水磨村甲保井发源，经汉邑村至甸心村，被水冲塞，损坏民田。嘉庆二十年，知县黄觐云中立一埂，俾洪水右流，清水左流，至今利赖。

嶍峨县

《大清会典事例》：雍正十年，议准疏浚临安嶍峨县河道。

大白邑沟　旧《云南通志》：旧自嶍峨县阿习村引碌碌河水灌大白邑田，今为嶍峨县阻。

松子园石渠　旧《云南通志》：在城西北十里。明万历二十年修筑，亘十里，灌溉利焉。

倪家冲堰　旧《云南通志》：在城南一里香柏村之左。

角池堰　旧《云南通志》：在城南四里。

新龙堰　旧《云南通志》：在城西南五里。

大罗河堰　旧《云南通志》：在城西四里。

普龙堰　旧《云南通志》：在城北十二里。

以上四堰，并明万历二十年，知县李先芬修。

董家堰　旧《云南通志》：在城东北二里，聚水灌田。

砥柱堰　旧《云南通志》：在城东北十里。明万历二十年，知县李先芬修。

张公堤　《嶍峨县志》：在城西二里大石坝，壅水灌田。因[①]江水为患，居民苦之，明知县张韡筑堤，士民感颂，有《碑记》。

蒙自县

白谦泉　《蒙自县志》：在城东二十里。明万历时，邑令王邈凿山穷源，导水为渠，广一丈，深八尺，长四十余丈，而合流于租革老龙潭之水，高堤坝，以时蓄泄。凡役万人，费千金，历半载而后成，蒙民以为惠政，今废。

法果泉　《蒙自县志》：在城南十五里。水经新安所军田中，军人得壅激之，利己病

① 因　原本作“园”，咸丰《嶍峨县志》卷十一《堤防》“张公堤”条作“因”。据改。

人。明嘉靖中，郡幕周崧及百夫长王昌浚之为渠，导水由山巅行二里始复故道，决其壅塞，分流东注于县，合流于洒鸡、生三岀泉，军民利之。

南湖堤 旧《云南通志》：在城南门外，即学海。盈涸不时，久经淤塞。明嘉靖中，知府钱邦偁、通判胡文显疏凿为池，纵广里许，日久复淤。雍正七年，知县王廷诤以城南地势宽衍，因乏水荒弃，而学海据其上流，于庄区寨分引竜古之水聚为巨塘，浚深数尺，筑堤潴水，开渠引灌。《临安府志》：知县汪仪建瀛洲亭于三神山前。五十四年，摄县事李焜重修海身，尽去淤塞。

鲤海堤 《蒙自县采访》：在城西三十里有草海曰大屯海，旧称鲤海。水道淤塞，随满随溢，居民患之。嘉庆九年，知县会礼率乡众鸠工疏通，俾循故道，筑堤二十余里，计费千金，近水田地，不致淹没。

楚雄府

楚雄县

《大清会典事例》：乾隆四十七年，奏准开挖楚雄府城外龙川江，引河一道，长二百十丈五尺，砌筑石岸，长六十九丈。

史公闸 《楚雄县志》：邑人旧龙川下闸为平坝，坝渐高，而城渐低，以致壬寅大水，水口不能泄若山[①]。不知有闸，即知亦苦于无力。郡守史积容捐金分给为闸，于是石头塘、马家桥、塔凹箐、鲍家庄等处各有闸。

东清坝 旧《云南通志》：在城东门外，引凤泉水。

梁王坝 旧《云南通志》：在城东三十五里。元梁王筑，明弘治十三年重修。

高孔庄小河闸坝、落直美河口坝、土坡骑河坝、老羊坝、织锁坝、各邑村拦河坝、毛溪冲官家坝、排喇村坝、长冲村沙坝 《楚雄府志》：右东界，共九小坝。

跨苴坝 《楚雄府志》：在城南四十里，浸灌二千余亩。

大琶坝 《楚雄府志》：在城南五十里，周三里余。

大坝心拦河坝、以下俱拦河。**栗子园坝、白庙屯坝、阜民村坝、东屯坝、莫苴旧坝、**以下俱积水。**大琶村石闸坝、以口跨坝、阿成坝** 《楚雄府志》：右南界，共九小坝。

杨润五坝、六合坝 《楚雄县志》：并在城西二十五里，龙江大利。

五排坝 旧《云南通志》：在城西四十五里。

吴官寺坝、以下俱拦河。**清水坝、波歪村沙坝、朵基村小闸坝、日落村坝、木兰村坝、丫力村坝、河东村坝、大石村坝、**以下俱积水。**观音寺坝** 《楚雄府志》：右西界，共十小坝。

旧吕合坝、以下俱拦河。**杨官屯坝、土锅村坝、小各邑坝、大屯坝、河北屯坝、东瓜庄坝、大石铺坝、李家冲沙坝** 《楚雄府志》：右北界，共九小坝。

城南堰 旧《云南通志》：在城南三里，灌田千余亩。

镇南州

天城河坝 旧《云南通志》：在城东三十里，溉民堡田。

河洞坝 旧《云南通志》：有二，在城南十五里，溉军民田。

---

① 若山 光绪《云南通志》引《楚雄县志》作“山涧”。

索厂坝 旧《云南通志》：在城西二十里，溉上下二村田千余亩。

两旗坝 旧《云南通志》：在城北五里，溉金珠河、麦地坪、古城坝一带田地。

千家坝 旧《云南通志》：在城北。源出北山龙王庙及岔河、茇蕨厂等泉，两崖壁立，泉源不竭，会流箐口，山势逼合，俨如门阙，基址天成，蓄水成堰，可灌田数十里。明嘉靖二十七年，知州张定泉建有石坝，日久颓圮。雍正八年，总督鄂尔泰檄知州金鉴重建坝闸，疏通渠路。

官庄坝、大医坝、古矣达坝、白土城坝、姚冲坝、大谷堆坝、木瓜村坝、五庄梅坝、苗村坝、双甸坝 旧《云南通志》：右小坝十。

西南二堰 旧《云南通志》：一在城南，一在城西。

东堡塘 旧《云南通志》：在城东三里，溉张合屯、土城一带军民田。

南安州

白沙泉坝 旧《云南通志》：在城东一里。

福兴寺坝 旧《云南通志》：在城东二里。

乌龙寺坝 旧《云南通志》：在城东五里。

草打喇河坝 旧《云南通志》：在城东八里。

紫石冲坝 旧《云南通志》：在城东南十里。

上邑村坝 旧《云南通志》：在城南二里。

力摩村坝 旧《云南通志》：在城南十里。

下邑村坝 旧《云南通志》：在城西南三里。

西门外坝、回子村坝 旧《云南通志》：并在城西一里。

桥边坝、溪木崩坝、红土坡坝、回子路坝 旧《云南通志》：俱在城西二里。

阿力村坝 旧《云南通志》：在城西三里。

羊旧村坝 旧《云南通志》：在城北三里。

苏家屯大小坝 旧《云南通志》：在城北四里。

密康郎箐坝 旧《云南通志》：在城东北十里。

姚　州

乌鲁淜 旧《云南通志》：在城东十里，广五十六亩。

大石淜 《姚州志》：在城西南四十里。土人称陂堰为淜，潴青岭河水，不知筑自何时。广四百余亩。明万历十六年，知府周希尹浚而深之，筑堤数尺，仍于东西二闸，甃以砖石，蓄泄以时。后冬春之际，水多散溢，又于淜之上两山之间，复开一堰，以容水之有余者。

当波院淜 旧《云南通志》：在城西十五里，广十二亩。

阳派河淜 旧《云南通志》：在城西十五里，广二百三十三亩。

长寿淜 旧《云南通志》：在城西北五里，广六十三亩。

地角淜 旧《云南通志》：在城北十里，广一百一十亩。

香索岭淜 旧《云南通志》：在城北十里，广三十四亩。

赤额坪淜 旧《云南通志》：在城北十里，广四十五亩。

摩苴邑淜 旧《云南通志》：在城北十里，广五十四亩。

黑坝淜 旧《云南通志》：在城北十五里，广十亩。

搭镜湖 旧《云南通志》：在城北二十里，广一百一十二亩。

小邑湖 旧《云南通志》：在城北二十五里，广二百一十四亩。

地摩湖 旧《云南通志》：在城东北，广一百九十三亩。

伍舍邑湖 旧《云南通志》：在城东北三里，明知府周希尹开。

黄连箐坝 旧《云南通志》：在城东南九里。

石峡口坝 旧《云南通志》：在城南二十五里。

右所冲坝 旧《云南通志》：在城西南六里，广二十七亩。

大姚县

上下二闸 旧《云南通志》：上闸在城东二里，下闸在城东三里，俱明弘治间筑。

赵家闸 旧《云南通志》：在城东南三里。

晏公闸、土桥闸 旧《云南通志》：并在城东南五里。

金家闸 旧《云南通志》：在城南一里。

冷水闸 旧《云南通志》：在城西门外。

白塔闸 旧《云南通志》：在城西三里。

叶家闸 旧《云南通志》：在城北十里。

杨家闸 旧《云南通志》：在城北二十五里。

广通县

马家坝 旧《云南通志》：在城东四里，灌溉李家屯田亩。《楚雄府志》：在大甸尾河。

舍资官坝 旧《云南通志》：在城东五十里，灌溉舍资田亩。《楚雄府志》：在舍资河。

李家坝 旧《云南通志》：在城南一里，灌溉李家屯田亩。《楚雄府志》：在西门外河。

土官坝 旧《云南通志》：在城南二里，灌溉西门外一带田亩。《楚雄府志》：在习克岭河。

甸心坝 旧《云南通志》：在城南三里，灌溉白土凹一带田亩。《楚雄府志》：在三场旧河。

山旗坝 旧《云南通志》：在城南四里，灌溉山旗屯田亩。《楚雄府志》：在白土凹河。

苏公坝 旧《云南通志》：在城南五里，灌溉三场旧田亩。《楚雄府志》：在习克岭河。

梅家坝 旧《云南通志》：在城南六里，灌溉雀哺田亩。《楚雄府志》：在雀哺河。

董家坝 旧《云南通志》：在城南七里，灌溉范旗屯、甸心田亩。《楚雄府志》：在雀哺河。

赵家坝 旧《云南通志》：在城南八里，灌溉范旗屯一带田亩。《楚雄府志》：在三场旧河。

郭家坝 旧《云南通志》：在城南九里，灌溉雀哺屯一带田亩。《楚雄府志》：在瓦窑冲村。

罗家坝 旧《云南通志》：在城南十里，灌溉瓦窑冲一带田亩。《楚雄府志》：在瓦窑冲河。

石头坝 旧《云南通志》：在城西二里，灌溉张家湾田亩。《楚雄府志》：在南屯河。

金家坝 旧《云南通志》：在城西三里，灌溉南屯田亩。《楚雄府志》：在南屯河。

西屯坝 旧《云南通志》：在城西五里，灌溉西堡屯田亩。《楚雄府志》：在舍资河。

定远县

《大清会典事例》：雍正十年，议准定远县建设石堤。

庆丰闸、安乐闸 《定远县采访》：并在城西二十里。乾隆元年，知县沈堂开，灌溉境内田亩。

清风坝 旧《云南通志》：在城东南十里。

冷家坝 旧《云南通志》：在城南三里。

乌鸦坝 旧《云南通志》：在城北五里。

梁王坝 旧《云南通志》：在城北七里。

黄莲塘 旧《云南通志》：在城东三里。

饮马塘 旧《云南通志》：在城南二里。

万斛塘 旧《云南通志》：在城南四里。

金鸡塘 旧《云南通志》：在城西七里。

贾溪塘 旧《云南通志》：在城北五里。

澂江府

河阳县

太平闸 旧《云南通志》：在城西二里太平桥下。明知府徐可久建，疏梁王冲一带溪水入新河。

高涧渠 旧《云南通志》：在城东一里。自纳古勺开渠，引玗劄溪水，流经蓬莱庵、捕鱼村、大树村渡、高涧桥至东郭，一带田亩咸资灌溉。

海口坝 旧《云南通志》：在城东南三十里。抚仙湖水由此泻入铁池河，每雨多水泛，宣泄不及，又有南北山溪，暴涨横冲，推沙滚石，每将海口湮塞，障水逆流，三州县滨海田亩，咸被淹没。明巡按姜思睿于南岸建牛舌石坝，北岸建梅子箐石坝，逼遏两溪之水，循轨顺行，不使沙石激壅海口，年设浚夫三百三十四名，日久坝圮，旋修旋壅。本朝雍正八年，总督鄂尔泰发帑檄知府王铎募夫挑浚，首尾宽深，重建二坝，甃石一百七十六丈，于坝身湾曲冲汕处，增筑逼水六礅，以固石坝。

西浦龙泉坝 旧《云南通志》：西礐泉在城西七里蟠龙冈石岩下，左右双湫夹出，汇为巨塘，左清右浊。明隆庆五年，知府徐可久开三河，引泉南入于湖，又凿上中下三龙沟，引泉东流，灌溉郭西南田，达于城内，可以行舟，闸坝蓄泄有法。万历间，知府程子侃重筑。《河阳县采访》：道光二年，积潦伤禾，知府王厚庆、知县吴绳督令将近湖河身开宽二丈，挖深一丈，自下而上，挨次疏浚，沙石俱借急流冲入湖中，水患始平。

清溪坝 旧《云南通志》：在城西十五里关岭下。石坝二，分水沟六，溉田甚广。

大冲河坝 旧《云南通志》：在城东北四十里阳宗旧县南五里罗藏山麓。明隆庆二年，暴涨决堤，知县文嘉谟浚导十余里，深八尺，宽丈余，民受其利。

梅玉村堰塘 《河阳县采访》：在城东七里。嘉庆十六年公筑，纳三春池、倚铎塘、东山一带之水，村民之田赖以利济。

摆夷村堰塘 《河阳县采访》：在城东三十五里。道光元年公筑，宽里许，深六尺，纳两谷之水以蓄之，灌溉合村田亩。

洋澜村堰塘 《河阳县采访》：在城南三里。堰塘有二，一嘉庆二十五年筑，纳东山谷芭蕉箐之水；一道光元年筑，宽里许，深七尺，并灌溉田亩甚多。

鲁溪营堰塘 《河阳县采访》：在城南四里。乾隆五十八年筑，深八尺，周二里，聚西浦龙泉之水，灌溉田亩最多。

吉利村堰塘 《河阳县采访》：有二，一在城南五里鲁溪营之下，嘉庆元年筑，周里许，深七尺，引西龙潭之水焉，虽旱不涸；一在村西，嘉庆十九年筑，周半里，深七尺。

洋潦营堰塘 《河阳县采访》：在城南八里。深五尺，聚西龙潭之水。嘉庆二十五年筑。

化石村堰塘 《河阳县采访》：在城西南三十余里。道光五年开，周三里，深丈余，蓄水灌溉南山五村田亩。

阳宗堰塘 旧《云南通志》：在旧县炒甸乡土官村。明正德四年，知县郭翰筑。嘉靖四十五年，知县文嘉谟重修。康熙间，知县沈晋初、翟枚吉相继修筑。

漱玉泉堤 旧《云南通志》：在城东五里。源出重珠山麓石窦间，一名倚铎塘。明嘉靖间，郡人李坤筑石堤，以时蓄泄。

北坡沼堤 旧《云南通志》：东浦泉在城东五里华藏寺下，自石窍中出，清甘无比。明成化间，知府张顺筑堤闸水。嘉靖间，郡人席大宾增筑一堤，汇以为，沼下注镜光池。府治昔在东山，沼距治北三里，因名为北沼。

镜光池堤 旧《云南通志》：在城东五里。受东浦泉水，筑石围堤，引灌东畔田亩。明崇祯间，知府张同居建石闸于池口，以时蓄泄，闸上竖石坊，额曰“润泽生民”。

立马堤 旧《云南通志》：在城西七里西街之北。明知府徐可久建，以防龙青庙一带山水冲决之患。

庄镜泉石堤 旧《云南通志》：涟漪泉在城东北七里碌碕山峡，一名庄镜泉。四时清澈，流灌阜田，合玗劄溪，明知府王良臣筑石堤。

江川县

甸头闸 旧《云南通志》：在城北五里甸头乡。地无活水，惟大村之左旧有水塘一区，三面皆山，独缺西面，因无堤闸，不能积水。雍正十二年，知府来谦鸣、知县罗弥素捐筑堤岸，自北而南，长一百一十二丈，两旁植柳，并建石闸，因时启闭，灌田数千亩。

立昌堰 旧《云南通志》：在城东五十里。康熙九年，知县张方起自躲得岩导泉筑堰，灌田数十顷。

普济堰 旧《云南通志》：在城南四里旧城西南馆驿左。明隆庆四年，知县杜鸣阳筑。

张官营堰 《江川县采访》：在城东北三里。知府来谦鸣、知县罗弥素筑上、下、东、西四塘，未竣。乾隆二十五年，知县单乾元终其事。

水　塘 《江川县采访》：在城东三里白塔营。知县单乾元筑，未成。乾隆二十八年，知县刘携续成之。

广济塘　旧《云南通志》：在城西南三十里双龙乡。《江川县采访》：知府来谦鸣筑，乾隆二十八年，知县刘携重浚。

西山龙洞塘　旧《云南通志》：在城西南三十里双龙乡。地无活水，止有大小塘各一区，岁久淤泄。雍正十二年，知府来谦鸣、知县罗弥素亲督人夫挖深塘底，加高堤埂。又以田土广阔，灌溉不敷，复捐赀于本乡西山半箐凿开龙洞，水流不竭，引溉上下二乡田地数千亩，皆成沃壤。

北　塘　《江川县采访》：在城西北五里小石关，知县单乾元筑。

李家营塘　《江川县采访》：在城东北二里，知县刘携筑。

海　塘　《江川县采访》：在城东北八里大村。雍正十二年，知府来谦鸣筑。

新兴州

《大清会典事例》：雍正十年，议准疏浚新兴州河道。

永润沟　《澂江府志》：在城南三里。康熙三十九年，生员王虎臣开。

魏家山坝　《新兴州采访》：在城东五里。

下康屯坝　《新兴州采访》：在城东五里。

仙人坝　《新兴州采访》：在城东十里。为中右所魏家山沟洫之源，地低艰于灌溉。乾隆十三年，知州徐正恩甃石为坝，秋冬蓄水，春夏开放。

金汁沟坝　《新兴州志》：有四，一在城东十二里燕子窝，行冯家冲等屯灌田；一在城东十里沙陀村，行左所等屯灌田；一在城东五里右所屯，行中所等屯灌田；一在城东四里小枧槽，行许家湾等屯灌田。《新兴州采访》：燕子窝直灌北门城濠，垒沙为坝，随即冲决。乾隆十四年，知州徐正恩甃石作坝，坝下淤地五亩，佃种作修坝之费。

卢家营坝　《新兴州采访》：在城南五里。

六品村坝　《新兴州采访》：在城南八里。

梁王坝　《澂江府志》：在城南十二里牟溪冲，灌高仓等屯田。

赵官坝　《澂江府志》：在城南十五里赵官坝屯，灌赵官屯等屯田。

牟溪冲坝　《新兴州志》：在城南十五里高仓山下，行高仓等屯灌田。

研和坝　《新兴州志》：在城南三十七里潢水塘，行南厂等屯灌田。

桅杆坝　《新兴州志》：在城西南十三里桅杆屯，灌本屯田。

密罗坝　《新兴州志》：有三，一在城西南二十五里凤皇山下，行上下麻栗树等屯灌田；一在城西南十五里排栅屯后，行马官等屯灌田；一在城南十六里永济桥，行壮旗等屯灌田。

九龙池坝　《新兴州志》：十三，一在城西北十五里袭家屯，行王旗等村灌田；一在城西北十六里摆夷涵洞，行飞家等屯灌田；一在城西北十五里寒冬村，行寒冬等村灌田；一在城西北十五里大村，行大庄等村灌田；一在城西北十五里后屯，行王大户等屯灌田；一在城西北十五里棋盘山下，行大毛等屯灌田；一在城西北十二里官村，行桂家等屯灌田；一在城西北六里小庄，行薛家等屯灌田；一在城西北六里石涵洞，行小庄等屯灌田；一在城西北五里安流桥，行左家等屯灌田；一在城西北五里左家屯，行小毛等屯灌田；一在城西北四里马桥村，行马桥等村灌田；一在城西北三里通年桥，行徐百户屯灌田。

清溪坝　《新兴州志》：在城西北二十里莲花池，灌本村田。

清涟坝　《新兴州采访》：在城西北二十五里。

中卫屯坝 《新兴州采访》：在城北三里。

罗木箐河坝 《新兴州志》：有三，一在城北二十三里白云寺山下，行北山等处灌田；一在城北十九里腰子屯，行普舍城等村灌田；一在城东北二十一里袁家屯，行何家等屯灌田。

西河坝 《新兴州志》：有六，一在城北二十五里秦溪，行高桥等屯灌田；一在城北二十四里梅园锁水阁，行前卫等屯灌田；一在城北十九里陈家大厂，行中所等屯灌田；一在城北二十里刘家屯，行陆家等屯灌田；一在城北十九里高桥大涵洞，行麻线等屯灌田；一在城西北十五里徐家屯，行秦谢等屯灌田。

龙井坝 《新兴州志》：有三，一在城东北五里宁官屯，行中卫屯灌田；一在城东北三里许家湾，行龙井巷等处灌田；一在城西关外龙井巷，灌西关等处田。

白龙潭坝 《新兴州志》：有四，一在城东北二十三里白龙潭前，行东古城等屯灌田；一在城东北二十二里小土库，行上下山头等屯灌田；一在城东北二十里白塔山下，行任家等屯灌田；一在城东北二十里东古城，行褚家等屯灌田。

红庙堰塘 《新兴州志》：在城东三里。塘周二里，聚水灌田。

观音塘 《新兴州志》：在城东南一里。

鸳鸯塘 《新兴州志》：在城南六里。

鸡窝塘 《新兴州志》：在城南二十五里研和飞家屯，灌赖家等屯田。

路南州

《大清会典事例》：雍正十年，议准疏浚路南州河道。

兴凝溪坝 旧《云南通志》：在城东二里。绕州西南，会铁池河，达盘江，有坝蓄灌。

双龙坝 旧《云南通志》：在城东二里。康熙四十六年，知州金廷献建坝筑渠，亘二十里，溉田三千余亩。《路南州采访》：四十七年，大水冲圮。乾隆三十五年，知州叶士铨于旧坝下里许重建。

黑龙潭坝 旧《云南通志》：在城东五里，地名落台。明嘉靖间，知州邹国玺筑堰开渠，引龙潭水，济田千顷，民德之，称邹公堤。天启间，知州唐登第再浚，知州倪垣修枧引灌。雍正九年，知州王臣重修。

永定坝 《路南州志》：在城东十里肇公庄。乾隆三年，知州寇垲修筑。八年，知州李天宠修竣。

润泽坝 《路南州志》：在城西北民和乡湾子。乾隆十六年，知州张日旼筑堰开渠，灌溉土官村长麦地田六百余亩。

响水坝 《路南州志》：在民和乡。乾隆十七年，知州张日旼筑坝修枧，灌田五百余亩，知州史进爵重修。

梨花村坝 《路南州志》：在民和乡。乾隆十七年，知州郑景筑坝修枧。二十年，知州史进爵续修。

些卜所坝 旧《云南通志》：在城北十五里阿怒山后。山半旧有塘，名绿阴山，民筑堤蓄水，浇灌本村田地，而附近路母矣、北山屯两村隔在山南，流溉不足。雍正十二年，知府来谦鸣、知州于讷于塘之南隅，筑土堤十余丈，潴蓄更宽，又于山北些卜所龙潭下，捐建石坝一座，并开沟长五里，引水至山南，遍灌三村田亩，均得沾足。

双闸石坝 《路南州采访》：在城北十五里天生桥西。石涧有泉，可凿山开沟，引以灌溉。乾隆三十一年，知州王诵芬率士民建为双闸石坝，闸分水东流易龙，西注北山，因时启闭，两乡永获其利。

鱼池堰 旧《云南通志》：在城东八里。明嘉靖间，知府郑国玺修筑。

石牛堰 《路南州志》：在城西十里。乾隆十七年，知州张日旼筑坝。二十一年，知州史进爵增修。

昌乐堰 旧《云南通志》：在城东北五里。康熙四十一年，知州罗之熊筑堰开渠，引白龙潭水灌州西北田三千余亩。后圮，知州金廷献重筑，增枧。雍正九年，知州王臣续修。

护城堤 旧《云南通志》：在城外。雍正十二年，知府来谦鸣、知州于讷因土城单薄，每遇夏秋雨潦，濠水骤涨，冲塌可虞，捐赀倡率士民于贴城土垣外加筑护堤，长三百四十余丈。

大河堤 旧《云南通志》：在城西北民和乡。河水自曲靖、陆凉流至州境下，入宜良。旧有土堤，岁久倾废，每遇水泛，田亩被淹。雍正十一年，知府来谦鸣与宜良令朱干，各劝乡民协力重筑，计长二千五百三十丈。并开水沟，随堤旋绕，堤内路南、陆凉、宜良三州县田四千余亩，均免冲没之虞。又因原开涵洞，湮塞成河，倡建小石坝四座，涵洞六口，引灌高田。其堤坝议定一有损塌，三州县分界不时修补。《路南州志》：乾隆二十年，水涌堤溃，知州史进爵重筑，另建石桥一座、水闸门四扇，济水过枧，八村均沾惠泽。

卷五十四　建置志七之三　水利三

广南府

宝宁县

土黄河 旧《云南通志》：直达两粤，旁通黔楚，滩多水险，舟楫难行。雍正九年，总督鄂尔泰陈全滇水利，请勘修。十一年，总督尹继善分檄滇粤两省领帑兴修，疏浚宽平，舟行无阻。

府城南石闸 《广南府志》：城南八达小河，冬春则涸。建闸以时蓄泄，万家食水于是不竭。

府城堰塘 《广南府志》：在城内西北隅。

顺宁府

顺宁县

天泽塘 旧《云南通志》：在城西北乐平山椒。明天启间，土官猛寅开凿注水，周半里许。

云　州

水罐沟、三岔沟、李家坝、和尚坝 《古今图书集成》：并在云州。

丙票坝 旧《云南通志》：在城南十五里南桥外。

洪　塘 旧《云南通志》：在城西五里镇夷山下。

曲靖府

南宁县

毕家沟古闸 旧《云南通志》：在城东十里红花海下。康熙二十八年，署知府李灿重筑。

沙河新闸 旧《云南通志》：在城南二十里。康熙二十六年，知县张为焕创修石闸。

柳家坝新闸 《南宁县采访》：白石江下流，向系东行，今改南行。嘉庆十五年，村民于柳家坝南里许，公建此闸。

滚水坝 旧《云南通志》：在城东八里矣卜村。旱蓄潦泄，田亩利之。

恭家大坝 旧《云南通志》：在城东南二十里。郡中诸水俱会于此，分灌朗坦十五圩田。

恭家小坝 旧《云南通志》：在大坝下。旧系石闸，引灌瓦子四村田，日久冲塌，后易土埂，岁修岁圮。雍正八年，知府佟世荫仍甃以石。

东山坝 旧《云南通志》：在城东南二十里。雍正八年，知府佟世荫新筑。

蒋家坝 旧《云南通志》：在城南三里。雍正八年，知府佟世荫新筑，蓄水资灌。

兴隆坝 旧《云南通志》：在城南十五里西山下。系石坝，蓄山箐之水，灌卧龙寺五村田。

瓦庙石坝 旧《云南通志》：在城南十五里。雍正八年，知府佟世荫新筑，蓄山箐之水，引溉何旗乡五村田亩。

观音三坝 旧《云南通志》：在城南二十里。旧建石坝三，上下相连，蓄水分灌南城等村田。

大　坝 旧《云南通志》：在城西南五里。明洪武初，指挥刘璧筑坝，釃渠为三闸，引潇湘河水分灌东南三乡四堡之田，年久湮废。康熙四十二年，知县胡麟征重修。雍正八年，水冲堤溃，知府佟世荫、知县梁廷彦捐买民地，开沟筑堤。

左所坝 旧《云南通志》：在大坝左。引灌施家庄等八村田，山势逼隘，沙石易淤。雍正八年，知府佟世荫、知县梁廷彦捐买民地，另筑石坝，以防冲决。

天生石坝 旧《云南通志》：在大坝下。天然石堑，增培木石，即堪资蓄泄，引灌官厂院七村田。

解家坝 旧《云南通志》：在大坝下。南北二沟，灌史家闸六村田。雍正二年，总督高其倬捐资重修。

陶家坝 《南宁县采访》：在城西南八里龙王庙，乾隆十年新增。

棘儿坝 《南宁县采访》：在城南十里红庙。

中　坝 《南宁县采访》：在城西南二十三里大营。

大营坝 《南宁县采访》：在城西南二十五里大营。

湾子坝 《南宁县采访》：在城西南三十里观音硐。

青岩坝 《南宁县采访》：在城西南三十三里徐家坟。

莺窝坝 《南宁县采访》：在城西南三十五里申家屯。

大石坝 《南宁县采访》：在城西南三十五里申家屯。

以上潇湘江上流，古坝七，年月无考。新坝一。

尹煤冲石坝 旧《云南通志》：在城西五里。雍正八年，知府佟世荫筑，蓄白石江水资灌。

余家坝 《南宁县采访》：在城西十四里三岔河。乾隆四十年，村民公建。

胡家古坝 《南宁县采访》：在城西十四里白石江总河，土坝，年修年圮。

下星古坝 《南宁县采访》：在城西十五里白石江总河，土坝，年修年圮。

三岔坝 旧《云南通志》：在城西十五里西屯河。

下　坝 《南宁县采访》：在城西十五里三岔河。乾隆五十五年，村民公建。

上　坝 《南宁县采访》：在城西十六里三岔河，系古坝。

上星古坝 《南宁县采访》：在城西十六里白石江总河，土坝，年修年圮。

众人坝 《南宁县采访》：在城西十七里西屯河。

竹园古坝 《南宁县采访》：在城西十八里西山河，系土坝，年修年圮。

魏家坝 《南宁县采访》：在城西十九里三岔河。乾隆三十年，村民公建。

陈家古坝 《南宁县采访》：在城西二十里西山河，系石坝。

冯尹冲坝 旧《云南通志》：在城西北十里。引白石江水，灌冯、尹二冲田。

土　坝 旧《云南通志》：在城东北一里，引北沼水灌田。

西湖坝 旧《云南通志》：在城东北十里，明洪武间置。

响水坝 《南宁县采访》：在旧越州城南三十里。灌孔家营数十村田亩，过此即陆凉界。

《大清会典事例》：乾隆十年，议准开凿南宁县亮子口、黑宝滩等处滩河二十余里。

舟上坝 《南宁县采访》：在旧越州城西北五里，灌越州西界一带田亩。

暗洞堤 旧《云南通志》：在城东十里，暗渡阿幢河水。

三圩新堤 旧《云南通志》：在城东乡。郡中潇湘口、白石江、新桥河、黑水河诸水汇流入套子圩，总为一河，复南历白夷圩、恭家圩等处。向因河身窄狭，每遇水发，泛滥无归，田畴多被冲没。雍正十二年，知府佟世荫勘议详请发帑，开浚宽阔。另筑内堤三道，套子圩筑长一百四十五丈五尺，白夷圩筑长二十九丈五尺，恭家圩筑长八十三丈五尺，河流不致旁溢。

北沼堤 旧《云南通志》：在城北门外。

霑益州

沙河三闸 旧《云南通志》：在城东五里，灌东郊田。

梅家闸 旧《云南通志》：在城东南十里，块步、腊溪二水至此合流入南宁。明宣德间，千户梅用建闸。

新桥闸 旧《云南通志》：在城南十里，双河水会于此。

天生坝 旧《云南通志》：在交河上流，瀑布三叠。明天启间，总兵杨禄开东西二渠。

羊场七坝 旧《云南通志》：在城东南三十里，灌羊场一带田。

西闸坝 旧《云南通志》：在城南十里，引新桥水灌溉十三屯。康熙二十六年，州民张仲等建，韩继正等增修。

黑蛇坝 旧《云南通志》：在城南十五里交河下流。

擦耳石坝 旧《云南通志》：在城西南十里。引灌州西田，流入新桥闸。

双河坝 旧《云南通志》：在城西南二十里，即腊溪上流。一出半个箐，一出烟子冲，会于新桥。

腊溪坝 旧《云南通志》：在城西。源出凤皇山，流二十余里，随流引灌为二坝，至城南梅家闸，与交河合流，入南宁县境。

交水坝 旧《云南通志》：在城北平蛮乡。

铜车坝 旧《云南通志》：在城北三十里松林驿南，引块步溪水灌田。

来远坝 旧《云南通志》：在城北八十五里，灌来远铺田。

陆凉州

冷水塘闸 旧《云南通志》：在城东北六里。

杨福村坝 旧《云南通志》：在城东三里。明知州陈文著筑，引灌多利。

撒河坝 旧《云南通志》：在城东十里。

龙洞坝 旧《云南通志》：在城北五里，洞名涌珠。

郭家圩坝 旧《云南通志》：在城东北二十里。明崇祯间筑，蓄水分灌，岁时加修。

马龙州

史家闸 《古今图书集成》：在城东三里，积潇湘江水。

梅家闸 《古今图书集成》：在城东二十里，积太平桥水。

杨柳坝 《古今图书集成》：在城东七里，灌西鹤楼田。《马龙州志》：灌石牛冲田。

天生坝 旧《云南通志》：在城东南四十里，灌本村田。

歪嘴坝 《马龙州志》：在城南十里老角寨。

大石坝 《马龙州志》：在城南十五里新屯。

官　坝 旧《云南通志》：在城南五十里大营村。

新　坝 《马龙州志》：在城西三里。明知州夏暲建，今废。

宗家坝 旧《云南通志》：在城西十五里，灌本村田。

弯子坝 旧《云南通志》：在城西三十五[①]里，灌车章村田。

解家坝 《马龙州志》：在城北八里。

石桥坝 旧《云南通志》：在城北十五里。

聊家坝 《马龙州志》：在城北十五里，灌本村田。

上　坝 旧《云南通志》：在城北二十里，灌本村田。

庄郎塘 旧《云南通志》：在城西二十五里，灌本村田。

罗平州

水车闸 《古今图书集成》：顺江田高水低，于江中浅水之处，安闸制水车，日夜自转，汲水灌溉。

响水坝 旧《云南通志》：在城西五十里。顺治间，邑绅李犹龙凿石筑坝，引灌资之。

太液湖坝 旧《云南通志》：在城北一里。明万历间，知州黄宇以旧多火灾，筑堤聚水制之，近坝田亩亦资引灌。

---

① 五　原本漫漶不清，雍正《云南通志》卷十三作“五”，据补。另，光绪《云南通志》、《新纂云南通志》引作“四”，有异。

鲁沂堤 旧《云南通志》：在城南一里。水低田高，筑堤分水，东西灌溉。

土白勒堤 旧《云南通志》：在城西二十里。水出山岩，分三道流出。康熙三十九年，知州张含章筑堤，引灌康虚村一带田亩。

万鲁村堤 旧《云南通志》：在城西五十里，即三峡江水。居民甃石筑堤，蓄灌千亩。

趋吉堤 《罗平州志》：在城北八里。江水泛涨，济渡维艰。明崇祯七年，庠生周士麟、乡约张戬、贡生吴魁南筑堤，长里余。康熙五十一年，乡耆张宏学倡捐，增高二尺，大水不至淹堤，行人甚便。

寻甸州

寻川子河 旧《云南通志》：寻川之水逆流泛滥，附近熟田岁被淹没。雍正七年，总督鄂尔泰檄知州崔乃镛，于木龙村后海泛涨停积处，另开子河七百四十余丈，引之别流，不与马龙争道，下至桥头始合，继委迤东道迟维玺另浚沙河一十五里。

龙潭闸 旧《云南通志》：在城北四里马街。距白龙洞半里，障水灌新庄下村、矣卜村田。

冷水塘坝 旧《云南通志》：在城东北四里。旧有石坝二，上下相连，一灌矣卜村、张家村田；一灌下鲁伯村、道院村、马石窝、木龙村田。明万历间，杨、董二生倡修，又名杨福坝。

万井堤 《寻甸州采访》：在城东南，又名麦厂堤。通判喻应豸筑，自甸头里一甲周高村起，至大可依、白鹭湾、内子河，灌田万余工。雍正八年夏，水决堤数丈，知州崔乃镛修筑，年久废坏。乾隆三十一年，知州舒瑞龙修，高二丈，厚丈余，长二千丈，两旁种树。又自白鹭湾至石猪嘴，堤长四百余丈，高九尺，厚八尺。

归龙堤 旧《云南通志》：在城南二里。明万历间，知府李遇春筑石堤三十余丈，溉田数百顷，民德之，又名李公堤。

海　堤 《寻甸州采访》：在城南六里。乾隆三十一年，知州舒瑞龙倡修，自土官塘起至海子屯止，筑长堤计一千三百三十八丈，高一丈二尺，脚宽二丈，顶宽八尺，围田三千五百余工，种树两旁固堤。

德公堤 《寻甸州采访》：在城北门外。乾隆三十九年，知州德坤倡修，开挖河底，聚石筑堤，中通水道，上至枧槽箐，下至箐道，计三里许。两旁田亩资灌溉，利赖至今，知州陈心一重修。

平彝县

大　坝 旧《云南通志》：在城东六里，引灌黄土坡田百余亩。

木枧槽 旧《云南通志》：在城西北三里。于西河架枧，由张家湾入望门，分溉民田数百亩。

宣威州

东海子沟 《宣威州采访》：乾隆四十三年，知州绕梦铭倡修东海子中、边二沟。

阿龙坝 《宣威州志》：在城南三里，灌河东诸田。《宣威州采访》：乾隆三十年，知州王锡缙倡修。嘉庆十九年，署知州张槐重修。

双　坝 旧《云南通志》：在城南二十五里。

山桥坝 旧《云南通志》：在城西南二里。

天生坝 旧《云南通志》：在城西南二里。天然石闸，左右开沟，引水灌溉。

宁家坝 旧《云南通志》：在城西南三里。

仙人坝 《宣威州采访》：在城西南六十里。

张家坝 《宣威州采访》：在城西半里。

盘龙坝 旧《云南通志》：在城西一里。

缪家坝 旧《云南通志》：在城西三里。

官　坝 旧《云南通志》：在城西五里。

梁家坝 旧《云南通志》：在城西五里。

小　坝 旧《云南通志》：在城西五里。

清水塘 旧《云南通志》：在城东五十里。

温水塘 旧《云南通志》：在城南六里。

犀牛塘 旧《云南通志》：在城南四十里。

丽江府

丽江县

五村渠 《丽江府志》：在城南三十里七河界，原有古沟，久废。乾隆四年，知府管学宣督村民赵神保、和溥利等修理，灌溉丘塘关脚至南村各村田亩，村民称便。

鹤庆州

灵济渠 旧《云南通志》：在城东五里。自丽江引流而下，沿山开渠，深七尺，阔如之。甃石为坝，名曰新城，高丈许，溉三闲和西登二村田亩，明知府马卿开。《鹤庆府志》：漾共江出自丽江，势处最下，旱不受益，涝则受害。村民洪筹山等言：二村田地与丽江连，惟自丽江筑坝引流而下，庶可灌溉。知府马卿移文丽江，令仓副叶大功会把事和初承，率张、董二老人于漾共江甃石筑坝，高丈许。沿山开渠道，深七尺，阔如之。坝名曰新城，渠名曰灵济。

温水河渠 旧《云南通志》：在城南十五里。源出宣化山麓，溉鹤狱、孝廉、前蒿三村田。

桃树河渠 旧《云南通志》：在城南二十五里。源出豸角山，流入南山岩穴中，引流资灌。

青龙潭四渠 旧《云南通志》：在城西南隅。东曰萦碧，阔八尺；南曰南利，阔三尺五寸；西曰北新，阔三尺；北曰采芹，阔五尺。盘石为闸，计亩分流，俱明知府马卿筑。

北青龙潭闸 《鹤庆府志》：明正德间，同知张廷俊修，为上中下三闸。上闸灌寺庄村屯，中闸灌河畔村屯，下闸灌妙登等三处村屯。

香米逢密龙潭闸 《鹤庆府志》：先时堤坝俱坏，深为民患。明正德十一年，同知张廷俊甃石为堤，伐木为闸，远近俱利。

小柳场坝 旧《云南通志》：在城东北十五里。引小柳场泉，明知府马卿筑三闸以分流。又嘉靖间，知府周集增筑百尺。

黑龙潭堤 《鹤庆府志》：潭在城南二十里宣化山下。一分长康、板桥等处，一分南厢、求平等乡，如迫邑、和邑、湾保诸村屯，皆架木槽以引之。明正德十一年，同知张廷俊沿山开沟，阔三尺，深如之。知府马卿督民高其堤防，水更深阔，江屯、刘屯、新生邑俱受其利。

龙宝堤 旧《云南通志》：在城西七里龙宝潭下。明知府马卿筑，周四百余丈，并建石闸，计亩分流。《鹤庆府志》：即西龙潭，马卿更凿一大潭于其下，名曰龙宝，用石闸蓄泄，计亩分流。

西登泉堤 旧《云南通志》：在城东北三十五里。泉出泓沛，明同知张廷俊筑堤束水，灌西登四村田。康熙五十年，河泛闸圮，土通判高宏改沟筑堤，三闸十八村皆资其利。

剑川州

小马沟 旧《云南通志》：在城东。自合惠江分流，灌庄登、下登、城东北甸田。

龙溯沟 旧《云南通志》：在城北。城厢之水由此而泄，资灌东南甸田。

城北沟 旧《云南通志》：在城北，自甸头石菜江分流北甸。

裕丰渠 旧《云南通志》：在城南。引湖尾河水，灌溉溪田。河低渠高，艰于远引，郡人段诏倡于上流挑浚，始得其利。

沙登渠 旧《云南通志》：在城西南。引蕨市坪水，灌沙登、下桥二村田。中为山阻，雍正元年，居民于山脊凿石洞二十余丈，疏通资溉。

崖场坝 《剑川州志》：在城西十里。乾旱之年，近城赖以灌溉。旧以哨兵守之，遇有渗漏，即行修补，后兵裁，看守无人，遂倾圮。协镇马声捐修，亦久废。

海 堰 旧《云南通志》：在城南。滨湖猪圈场、西庄、汉登等村田亩每被淹没，康熙二十九年，知州张国卿沿湖筑堤建闸，始不为患。《剑川州志》：每村派徭役一人巡守，海防始固。

百节枧槽 旧《云南通志》：在城南。小甸、江场渡、下登三村，旧无水源，田亩多涸。郡人金吾、段暄买地开沟，远引易堤坪潭水，作木枧三十四丈，横跨大河，渡灌三村，为利甚溥。《剑川州志》：河阔三十四丈，枧槽接连，两两相并，长木高撑，水自半空流注。小甸，两槽相附，自东注西；江场渡、下登，四槽合并，自南注北。每岁清明，村人集众伐木修补。

中甸厅

维西厅

普洱府

宁洱县

小河村沟 旧《云南通志》：在城西南七里。

西城沟 旧《云南通志》：在城西门外。

龙潭沟 旧《云南通志》：在城西一里。

接官亭沟、帕董沟 旧《云南通志》：并在城东北十里。

拦虎坝沟 旧《云南通志》：在城东北二十里。

惠远渠 旧《云南通志》：在城北十五里。

普济渠 旧《云南通志》：在城北三十里，与各沟塘同其灌溉。

蕨竘坝 旧《云南通志》：在城北五里。

掌乃潭堤 旧《云南通志》：在城南五里。潭近河，居民筑堤蓄水，渡以木枧，溉田二百余亩。

崑池潭堤 旧《云南通志》：在城东北五里。康熙初，通判张馆筑堤潴水，溉田二百余亩。

威远厅

思茅厅

他郎厅

永昌府

保山县

东河子河 旧《云南通志》：城东北。打鱼村田，艰于远溉，又东河东西两堰，雨涨易于漫溢。康熙五十四年，知府费金吾于东河由打鱼洞另开子河七百八十丈，循田流入大河。雍正八年，知县田榕重浚。

石头沟 旧《云南通志》：在城西北二里，一名骆驼箐。泉出山崖穴中，导分三沟，灌田数千亩。

九龙渠 旧《云南通志》：即城西南易罗池。大三十亩，池口筑石堤十余里，析为三沟，分溉郊郭。

莲花坝 旧《云南通志》：在城东安乐山西，即玉泉也。明正德间，副使汪标筑。

纪广坝 旧《云南通志》：在城南十里。周三百五十丈，灌田数千亩。

平安坝 旧《云南通志》：在城南四十里。明正德间，兵备副使汪标筑。嘉靖间，佥事安如山、副使郭春震先后重修。堤周一百六十丈，厚八尺，高一丈，灌田二千余亩。

黄泥坝 旧《云南通志》：在城南石花堰南二里。

连三坝 旧《云南通志》：在城南石花堰北二里。

丁杨坝 旧《云南通志》：在城西南六十里。源出水眼龙口，堤周二百五十丈，灌田数百亩。

阿凤坝 旧《云南通志》：在城东北四十里。源出天井山深谷中，西流北绕，达达营光尊寺，入西河，灌田千顷。

沙河大堰 旧《云南通志》：在城南。源出北冲，由沙河流至众安桥，引灌田亩。

诸葛堰 旧《云南通志》：有三，武侯所筑，俱在城南十里法宝山下。曰大堰，甃石为堤，厚一丈二尺，高一丈，周九百八十余丈。明成化间，御史朱皑加筑，分水口为三，灌田数千亩。其东曰中堰，源出九龙池三十六号水，并沙河水蓄积为堰，周三百三十七丈，分水口为三，灌田数千亩。又东曰下堰，周二百八十丈，分水口为二，灌田千余亩。

石花堰 旧《云南通志》：在城南二十里。源出山后响石洞，堤周一百一十五丈，中为一纂，灌田数千亩。土人呼涵洞曰纂。

官市堰 旧《云南通志》：在城西南四十五里。源出青松山下，汇龙井水为池，经落龙村，灌田千余亩。

龙王塘 旧《云南通志》：九龙渠。明洪武间，度田分水，为四十一，号三坝，上沟由龙潭流经郎义村，汇于中沟坝。嘉靖七年，龙潭堤决，知府董雍重修。三十一年复决，兵备副使郭春震甃以砖石。中沟流经瓦罐村，岁久堙圮。康熙初年，知府王家相重修。雍正八年，知县田榕继修二沟，溉田一万二千六十亩。

腾越厅

侍郎坝 旧《云南通志》：在城西北五里。明侍郎杨宁征麓川，寓此筑之，民食其利，故名。《腾越州志》：明侍郎侯琎驻腾时，见西郊多顷亩形，乃穷源所自。至集鹰山麓，有龙王塘水泉涌出，公命筑长堤，开渠数百丈，原野成田者几半，名曰侍郎坝。后下流盗决，嘉靖二十一年，分巡王维贤复议筑之。谨案：杨宁、侯琎，《通志》与《府志》不同，俟考。

野猪坡坝、鹅笼坝 《腾越州志》：二坝皆分巡王维贤委员筑，未竟。

缅箐坝、干峩海坝、海尾坝 《腾越州志》：并在境内。

龙王塘 旧《云南通志》：有三，一在观音寺，一在大宽邑，一在侍郎坝，俱利灌溉。

董库塘 《腾越州志》：在袁家庄。泉颇洪衍，见有堤塍，崇之可溉高田。

观音塘 《腾越州志》：此塘无益于灌溉，而有激碓畜鱼之利。堤岸更高数尺，水可及迦罗庙高田，碓轮亦可引水而上。

姜家塘 《腾越州志》：在富矣村，亦有灌溉之利。

马场堤 《腾越州志》：马场清池，古有堤蓄水，可及高田。后堤坏田芜，今虽修复，不能如故。

永平县

黑油关坝 《永昌府志》：在城东南。

玉泉坝 《永昌府志》：在城南七里。

龙陵厅

龙塘沟 《永昌府志》：灌田数十亩。

大　沟 《永昌府志》：灌田数百亩。

开化府

文山县

异龙潭沟 旧《云南通志》：在城南。康熙七年，经历李凤昌引流灌溉田，民被其利。

岐　渠 旧《云南通志》：在城西。康熙十年，知府刘䜣开以灌田。

孔公堤 旧《云南通志》：在城西门外新街。康熙四十二年，知府孔毓珣以地多火灾，筑堤蓄水，预防其患。

安平厅

东川府

会泽县

那姑沟 《东川府志》：知府义宁修，导密树卡龙泉至那姑，筑坝蓄水，开涵洞，资蓄泄。

笔峰山箐 《东川府志》：在者海东三十里。知府义宁挑筑沟坝，引灌箐口塘、犀牛塘、法起戛、上下鲁机等村田亩。

蔓海东石闸 《东川府志》：知府义宁建。

石 闸 旧《云南通志》：有二，一在城西演武厅前，春夏水少，引龙潭水约二里，入左河，启闸灌溉以扯一带田地；一在城北水城北，夏秋暴涨，闭闸阻水，不令旁溢，以免小围一带淹没之患。

鱼洞闸 《东川府志》：在城北十里。乾隆二十一年，知府义宁建，汇三河、义通河水放入以里河，岁加修浚。

小七坝堰 《东川府志》：在苏东河边三岔河，苗小七建。

杨桥坝堰 《东川府志》：在苏东河尾杨桥冲。木多，苗民建木坝。

义通河分水堰 《东川府志》：在马鞍山下。

那姑土堰、者海六处成功堰 《东川府志》：并在县境。

黑路村堤堰 《东川府志》：距那姑四十里。泉流最远，知府义宁筑堤堰，灌溉黑路村田亩。

犀牛塘 《东川府志》：在城东南八十里者海。周里许，受各溪箐水，深不可测，引二十余丈未到底。中有巨石，状类犀牛。有大鱼长丈许，巨口粗鳞，见者多不利。民间沿水筑塘。

乐理塘 《东川府志》：在崇礼乡那姑。乾隆二十一年，知府义宁凿，引密树卡水注其中，灌乐理村田亩，筑塘以护土埂。

义通河堤 《东川府志》：随河曲折，阔六七尺，沿堤栽柳树。

以里石堤 《东川府志》：以里一路为汤丹孔道，贩负驼运，络绎不绝，夏秋雨水泛溢，行人泥泞。雍正十一年，知府崔乃镛筑长堤二百三十丈，宽八尺，高四五尺不等，开水洞七眼、木桥二座，拨厂项成之。

巧家厅

大米粮坝堰 《东川府志》：在城南二十里。

鲁木得塘 《东川府志》：在大米粮坝。周六七十丈，深四五尺，灌溉鲁木得村田亩，筑塘便行路。

小河村堤 《巧家村采访》：在城南五十里。石花河之水源远，距小河村四十里。嘉庆九年，捐资由半山凿洞三十七口，外筑堤埂，疏浚沟道，自石花河源头起至小河村止，共计四千七百余丈。

昭通府

恩安县

分济沟 旧《云南通志》：在城西二里。引利济河水，灌西南田千余亩。

天梯沟 旧《云南通志》：在城西五里。分利济河水，灌凤皇门前田。

天梯二道沟 旧《云南通志》：在城西六里。分利济河水，灌天梯田。

天梯三道沟 旧《云南通志》：在城西八里。分利济河水，导入小天梯五六里，分灌田地，俱入擦拉河。

八仙海渠 旧《云南通志》：在城东二十里。源出龙洞山后，绕凤皇山阴，入擦拉河。夏秋积雨，沮洳难耕。雍正五年，疏渠开垦，渐有其利。

西南濠 《大清会典事例》：雍正十二年，议准修昭通府西门，开濠引水入城，以资灌溉。旧《云南通志》：在城外。雍正十一年，知府徐德裕于城工竣后，详请发帑开修，自西门起至南门，达淄泥沟，汇入凤皇山前，顺流而下，灌溉西南二门及戛补寨、下元村一带新垦田亩。又从利济河引水入城，于西门二涵洞出水，民田咸资蓄泄之利。

象鼻岭闸 《昭通府采访》：在城东五里。乾隆二十四年，知府郑廷建。

元宝山闸 《恩安县志》：在城南三里，灌田三百余亩。

擦拉河闸 旧《云南通志》：在城南二十里。《大清会典事例》：雍正十三年，议准开凿恩安、鲁甸擦拉诸河，建闸以资蓄泄。

利济闸 旧《云南通志》：在城西二里，旧无闸坝，难于积水。雍正十二年，总督尹继善、巡抚张允随发帑，檄知府徐德裕建石闸四座，以资蓄泄。

大龙洞内外二闸 《大清会典事例》：乾隆七年，议准开恩安县砻硐水源，建大坝一座。《昭通府采访》：在城北二十余里，水自小穴流出。乾隆二年，知县俞昇建外闸。二十二年，知县沈生遴建内闸。嘉庆十六年，知县欧阳道瀛重修。

波罗闸 《昭通府采访》：在城东北二十里。乾隆十六年，知县郑景建。

李子湾闸 《大清会典事例》：乾隆七年，议准培修李子湾蓄水堤基，建木闸一座。

卧箐山闸 《大清会典事例》：乾隆七年，议准补卧箐山蓄水堤基，建木闸一座。

水塘坝 旧《云南通志》：在城东十里。源出龙洞山，灌水塘田三百余亩，南入淄泥沟。《大清会典事例》：乾隆七年，议准修建水塘坝。

新泽坝 旧《云南通志》：在城西二里。引利济河水入城，潴而为池，一名利济。又析为二沟，分灌西南郭田，城内外咸资其利。

丰乐坝 旧《云南通志》：在城西四十里。源出丰乐村，即铁锅寨，灌本村田三百余亩。

团山坝 旧《云南通志》：在城西四十里。源出小龙潭，引灌波罗曲、团山田。

白坡坝 旧《云南通志》：在城西北三里。分利济河水，灌白坡田。

洒鱼河坝 《昭通府采访》：在城西北二十五里。《大清会典事例》：乾隆七年，议准洒鱼口河开沟建坝，以资蓄泄，灌溉民田。

诸　塘 《大清会典事例》：乾隆六年，覆准滇省恩安县开塘四区，以济兵民汲饮。

三多塘 《昭通府采访》：在城西北隅，源出大龙洞。嘉庆十三年，知县王禹甸开凿。

镇雄州

拖泥坝沟 《镇雄州志》：在城南三十里。会茅草坪、白人子、磨刀石诸水，行五里至拖泥坝，可灌田三百余亩。乾隆二十六年，居民汪成龙、鲁琏竞讼，知州宋允清令汪成龙等引左源茅草坪水，鲁琏等引右源白人子、磨刀石水，争遂平。

中东永丰里渠沟 《镇雄州志》：天池渠、小落渠、花浪沟、法西沟，共四。

下南靖远里渠沟 《镇雄州志》：龙滩渠、果哈渠、木黑沟、鲁布沟、斑鸠沟，共五。

上西同风里溪渠沟 《镇雄州志》：谷花溪、法著渠、高桥沟，共三。

中西归仁里溪渠沟 《镇雄州志》：法溪沟、拖溪、多戛渠、达溪渠、枝北沟，共五。

下西昇平里溪渠沟　《镇雄州志》：小米溪、苏路渠、法乃卧渠、普得渠、法革沟，共五。

上北迎恩里溪渠沟　《镇雄州志》：法乌溪、雄阔渠、白哈渠、古芒部沟、阿木故沟、盐井沟、甲胄沟、柳溪沟，共八。

下北长庆里溪沟　《镇雄州志》：回龙溪、麻柳溪、花果沟，共三。

李公沟渠　《镇雄州志》：在城东南三十里山箐中。泉流三十里至白鸟坪，居人构讼，知州李至令沟口横置一石，使水分出入于石下，开渠引水，讼遂息。

汜洛河坝　《镇雄州志》：在城东五里。源出乌通山后，流绕上坝、平坝、阿黑关、鲁家沙坝、枧槽田、果家河诸处，筑坝引水，灌田约三千余亩。

上东致和里沟堰坝　《镇雄州志》：木冲沟、纸槽沟、响水沟、长流堰、陶坝、乐利沟、革斗沟，共七。

天一沟堰坝　《镇雄州志》：在城西。源出大关口，居民齐世贤等捐金修堰，引水过大木桥、洒羊荡、走马坝、西门外，绕转教场、南门外、倮居寨、旧府、下坝止，计程三十余里，灌田二百余亩。

黄水河坝　《镇雄州志》：在城北二百里。源出罗汉林，绕革斗、倮俀坝、柴家井、碧坝、关口、三寨、瓦石料、白水，会合四寨河出洛渭，小溪一带居人，或筑坝或水车，灌田约四千余亩。

上南乐善里硐沟坪坝　《镇雄州志》：花鱼硐、戛乌沟、晋虑沟、靓勒坪、枧槽沟、松林坝、卧龙石沟、拖泥坝，共八。今无松林坝、枧槽、卧龙石沟。

下东向化里溪渠沟堰　《镇雄州志》：龙舞溪、丛树渠、广济沟、岩桑沟、雷阳沟、花龙沟、通泉堰、蕃民堰，共八。

永善县

金沙江　《大清会典事例》：乾隆十一年，议准开凿金沙江下游新开滩至黄草坪等滩河，以利舟楫。又，议准开修金沙江两岸陆路。又，十四年，奏准金沙江自四川叙州府城内起至云南小江口止，共计水程一千四百余里。内上游之蜈蚣岭至下游之黄草坪一段工程，实于运铜无益，其自黄草坪以下至新开滩约五百八十余里，亦有数大滩，尚系人力可施，可以直达泸、叙，于运铜有益，应弃其无益，留其有益，仍酌给岁修银，以利挽运。又，十七年，奏准金江下游米贴、小雾基、三堆石、大狮子、溜涌子、大猫等六滩在厂民捐办铜价银内，每年酌留银一千两，为岁修之用。

大关厅

盐井渡　《大清会典事例》：乾隆十二年，议准开通大关盐井渡水陆道路，每年动支运铜节省银三百两，以为岁修之用。

鲁甸厅

高桥闸　《鲁甸厅采访》：在城南十里，水自土库房来。乾隆二十年，通判方綍捐建石闸，聚水灌田。

桃园闸　《鲁甸厅采访》：在城南十二里，中有海眼。乾隆二十年，通判方綍捐建。

长胜寨闸　《鲁甸厅采访》：在城西南五里，水自擦拉来。乾隆二十年，建土闸。五十六年，复建石闸。

陆家闸 《鲁甸厅采访》：在城西十里，龙潭自石穴出。嘉庆十八年，通判魏良弼建石闸，以资灌溉。

景东直隶厅

枧　泉 旧《云南通志》：在城北旧卫城内。旧无井泉，明指挥袁贤始治竹枧，引蒙乐山泉水入城，凿池潴之，上覆以亭，民资其利。

水寨渠 旧《云南通志》：在城东十五里。

者孟渠 旧《云南通志》：在城南五十五里。

者干渠 旧《云南通志》：在城南七十五里。

以上三渠，俱资灌溉。

蒙化直隶厅

东溪渠 旧《云南通志》：凡十六，曰龙王庙，曰五道河，曰白塔，曰教场，曰系马桩，灌溉附郭田亩；曰冯广，曰南庄，曰桥头，曰盟石，曰铺边，曰双桥，灌溉甸中田亩；曰甸中，曰捉马郎，曰白地场，曰甸头，曰土主庙，灌溉甸中及甸头田亩。

西溪渠 旧《云南通志》：凡十二，曰三古盘，曰挖钟冲，曰小冲，曰大冲，曰乌保郎，曰贝忙，曰赖郎，曰西葵，曰天摩牙，曰天耳山，曰龙护寺，曰麻姑冲，灌溉西山麓附近田亩。

水磨坪芭蕉冲龙潭坝 旧《云南通志》：在大理府云南县西南。流经赵州、蒙化，旧设三坝分灌，上、中坝属云南县赵州，下坝属蒙化。康熙三十五年，赵州民与蒙化民争控，水利同知蒋旭详议按日分定，有《碑记》。

甸头大圩、巃岍大塘、郭家塘、淑人塘、南庄塘、团山塘 旧《云南通志》：旧志虽载其名，今已久废。

永北直隶厅

麽些沟 旧《云南通志》：在城东五里。自观音箐分沟，灌北山马房田。

羊坪闸 旧《云南通志》：在城东二十里。康熙间，永宁府同知陈谟建，知府朱光宗重修，今圮。

包家闸 旧《云南通志》：在城南八里，又名马家坝。《永北府志》：即港子河下流，村人筑堤蓄之，以资灌溉。

海河闸 《永北府志》：在城南七十里，源出程海。明万历间建，开有大河一道，春开夏闭，以资灌溉，后渐淤塞。大理府知府李成材捐俸疏浚，闸又倾圮。康熙二十八年，北胜州知州申奇猷重修，年久复圮。雍正十三年，署府江峤孙捐俸浚河建闸，详定岁修，以垂永久。乾隆二十七年，又圮，署府唐扆衡开挖，河窄岸高，知府陈奇典议大挑河面宽阔，继将河底挖深，方可免患。

泥河南北闸 旧《云南通志》：在城西北十五里。《永北府志》：九龙潭立南北二闸，由南即为南泥河，灌上川田地，向西北三折而至杨百户桥，入五浪河，注子里江，秋后水泛，漫溢为害。乾隆二十七年，知府马琪珣议作三年分段岁修，由北闸出为北泥河，灌下川田地。由金官而合于杨百户桥，合五浪河，注子里江，秋后水涨，与南泥河等，知府马琪珣亦议作三年分修。乾隆三十年，知府陈奇典于南闸与桥头河二水交处，浚沟疏泄。

观音箐坝 旧《云南通志》：在城东三里。《永北府志》：分为二坝，头坝为麽些沟，二坝灌溉本城四门田地。

河草坝 旧《云南通志》：在城西三里金水苍山下。

桥头河坝 《永北府志》：观音箐水由红石崖至明川桥，分为六坝，灌溉坡脚、中洲、梁官等处，分班输放。

盟庄坝 旧《云南通志》：在城西三十五里。《永北府志》：坝箐河遇雨即漫溢，以木石为坝，堵水入鸡叫山洞，伏流归程海，计长五十里，详请分作三年疏浚。

板山河坝 《永北府志》：在城西北四十里。板山河遇雨泛溢，雍正七年，知府石去浮筑石坝以捍之，知府袁德达重修。乾隆二十四年，知府马琪珣详请作四年岁修。

长沟坝 旧《云南通志》：在城北三十里。

羊坪河沟坝 《永北府志》：河源出光茅山。分为二，一即观音箐上流，一流他留夷地，旧名杨柳河。知府江峤孙将此水挖归观音箐，从山凹中架厢开洞引水未成而止，监生田永登捐银沿山麓开沟筑坝，搭枧数十里。乾隆十六年，知府岳安详拨海河谷以为岁修之费，随修随圮。二十七年，山崩壅塞无水。

长羊坪河沟坝 《永北府志》：发源労些箐，流季瑞林伍一带，约数十里。山腰挖筑水沟，高低缺陷之处用木枧，知府江峤孙筑沟坝九十余，引水灌田。

西山草海堤 《永北府志》：在近屯西山下，本系平田。明正德六年，地震成湖，历年积水为患。乾隆十一年，知府林绪光开挖河尾一百余丈泄水。十八年，知府汪筠详请岁修。二十八年，署府唐扆衡自海中开挖筑堤至观会桥，长九百余丈。

陈广河堤 《永北府志》：在近屯。发源黑龙潭，入五浪河，注子里江。秋霖岸堤坍塌，乾隆十六年知府岳安捐修，二十七年知府马琪珣详请岁修。

沙河堤 《永北府志》：在城西北。由桥头河而下，向无堤埂，南北分流灌溉，沿河惟插柳护田而已。下至张家桥，河高田低，筑堤防护。乾隆二十七年，知府马琪珣详请分作二年岁修。

广西直隶州

有石闸 旧《云南通志》：开东西两河，灌近城田。

广利坝 《广西府志》：在城东七里江头村。明万历三十八年，知府张光宇筑。康熙间，知府万裕祚重修。

永惠坝 旧《云南通志》：在城西三里。明万历二十一年，知府陈忠筑，开东西两河，建闸蓄泄，灌田千顷。天启间，知府高梁楷易石增修，后山水冲断西河，梁楷复砌石架木以渡，其利不废。东河日久塌圮，康熙三年，知府万裕祚重修。

雨龙坝 《广西府志》：在城西三十里。明知府辜用琥、陈忠相继修筑。康熙九年，知府万裕祚重修。

矣厦坝 《广西府志》：在城西六十里。康熙九年，知府万裕祚重修筑。今旋筑旋圮。

新庄坝 《广西府志》：在城西六十里，旋修旋圮。乾隆元年，复修又圮。

集兴坝 《广西府志》：在城西六十里。康熙九年，知府万裕祚重修。

宁黑勒坝　《广西府志》：在城西北三十里。监生赵株筑，将圮。康熙八年，知府万裕祚重筑。

摆勒坝　旧《云南通志》：在城西北三十里。《广西府志》：康熙八年，知府万裕祚修。

鱼勒黑坝　《广西府志》：在城北四十里。康熙九年，知府万裕祚重筑。

师宗县

大河口坝　旧《云南通志》：在城东十里。

白雾沙坝　旧《云南通志》：在城东十五里。

洋旧坝　旧《云南通志》：在城南三十五里。

额勒哨坝　旧《云南通志》：在城南四十里。

西坝　旧《云南通志》：在城西一里。

小阿堵坝　旧《云南通志》：在城北十五里。

柳　堤　《广西府志》：在城南门外，久圮。康熙四年，知府陈憻复筑，河仍壅滞。十年，知府韩维一重筑，引通源洞水东流入城。

弥勒县

竹园村沟甸坝　旧《云南通志》：在城东南六十里。明万历四十三年，知府萧以裕、通判吴稼蹬开渠置坝，溉田五十余里。《弥勒州志》：雍正元年，贡生杨峥筑石坝，开中沟。十一年，知州张景澍开东西两沟，引水至息宰。十三年，署州王纬捐俸筑东西沟头两处石坝，水源愈大，上中下五村田亩均受其利。

朱公坝　旧《云南通志》：在城南六十里甸头界，明州同朱召南筑。

丁家坝　旧《云南通志》：在城西南七十里十八寨东南乡。明万历间，知府陈忠筑，今圮。

李公坝　旧《云南通志》：在城西二十里阿当村。明万历间，知州李启筑，资灌田亩，引入泮池。

武定直隶州

上　沟　旧《云南通志》：在城西。自和尚庄岔河，分乾河水引灌烂枧槽、保山溪北郭田，由火把村入城供汲，归旧泮池。

下　沟　旧《云南通志》：在城西。自红土田分大河水至烂枧槽村，架木接渡，东绕府城，折而南纡回十余里至小营，远近资之。先是，分沟处以乱石堆砌，河水稍浅即难引灌。雍正九年，知府徐修仁于红土田上流建拦水石坝一，使水半流河，半入沟，筑堤疏淤。另砌渡枧马头，沟水常盈，分灌甚溥。

西村沟　旧《云南通志》：自西村桥下，引河流分灌本村田亩。

乌龙沟　旧《云南通志》：在城北十里。源出乌龙，引灌水碓房田亩。

大缉麻屯渠　旧《云南通志》：在城东南。由冷村河筑堤，引至屯中。

香水坝　旧《云南通志》：在城东，灌东南一隅。

宛家坝　旧《云南通志》：在城西北下。怒革、乌龙二水合流，随其高下，修砌石坝。

元谋县

流水洞 旧《云南通志》：在城南二十里苴那村山后。山形高峻，流水不能灌溉。康熙三十二年，县民余得才凿洞三里许，直达山前，旱地俱为水田，人德之。

盐水井坝 旧《云南通志》：在城东十里。

法纳禾坝 旧《云南通志》：在城西十五里。

车良居坝 旧《云南通志》：在城西二十五里。

汉禄坝 旧《云南通志》：在城西北二十里。接翠碧河流，引西溪水灌溉田禾。

能海闸坝 旧《云南通志》：在城西北四十里。

阿纳勒坝 旧《云南通志》：在城西北四十五里。

苴凝坝 旧《云南通志》：在城西北七十里。

朱补坝 旧《云南通志》：在城北七十五里。

五茂坝 旧《云南通志》：在城北八十里。

大坝塘 旧《云南通志》：在多克河岸西。

溪河堤 《古今图书集成》：元马堤在城北，绕城西下，通马街路。旧《云南通志》：在城北门外。河源出和曲之虚仁驿及五骂村，兼各山沟水汇于城下，势甚奔腾，四面皆山，不能分泄，冲没可虞。又地多顽石，难施堤桩，旧用乱石堆砌成堤，岁修费帑。雍正十二年，知府朱源淳、知县金言详请用篾筐盛石，里外牵连，以捍水患，田舍城垣胥赖保护。

禄劝县

普济沟 《禄劝州志》：在城东。掌鸠河来自州北，经易竜，入鹧鸪河，受诸溪涧之水，合流至末竜，设一堤，引入普济沟，溉江头村暨者老革、旧县、南村一带田亩。

广济沟 《禄劝州志》：在城南。盘龙河来自和曲，受山溪诸水，于虎跳滩建堤引水，入广济沟，经木果甸，过州城，溉城外及莺子竜一带田亩。《禄劝县采访》：沟为崖阻，外即追河，下临无地，昔人于崖外筑堤渡水，堤多渗漏倾圮。嘉庆二十一年，典史韩玉璋椎开石壁二十余丈，凿石为沟，永无渗漏倾圮之患，民咸赖之。

盘龙沟 《禄劝州志》：在城南。设堤引河中水，溉马家庄并永平、纳吉诸村田亩。

通济沟 《禄劝州志》：掌鸠河流至镌字崖，下设一堤，引入通济沟，溉拖梯一带田亩。

拖梯水道 旧《云南通志》：在城西北十五里。引玉峰山泉水，凿沟溉镟匠村一带军田。

桃源村渠、永平村渠①、纳吉村渠 旧《云南通志》：俱在城东，田资分灌。

马家庄渠 旧《云南通志》：在城东南。明凤氏古沟，年久圮塞。雍正四年，知州贾秉臣从山腰凿石成渠，汇复旧沟，疏浚深通，分十二节，挨次引灌马家庄等村田亩。《禄劝县采访》：乾隆五十三年，水涨沟圮。道光五年，邑人杨永青、施宗周等修挖疏浚，永平诸村，得资灌溉。

者吉村渠 旧《云南通志》：在城东北陀的掌鸠河。

---

① 渠 原本作“源”，据康熙《云南通志》、雍正《云南通志》改。

元江直隶州

东　沟　旧《云南通志》：在城东。有五，曰漫林，曰呼遮，曰河湾，曰三家，曰大茶庵。

南　沟　旧《云南通志》：在城南。有十四，曰万喇，曰都峩，曰万钟，曰们岛，曰小燕，曰都郎，曰上乾磨，曰下乾磨，曰纳整，曰者戛，曰龙潭，曰阿萨，曰南洒，曰深沟。

西　沟　旧《云南通志》：在城西。有八，曰新沟，曰龙洞，曰们涌，曰达摩，曰漫漾，曰你叠，曰们线，曰们果。

西北沟　旧《云南通志》：在城西北。有五，曰漫费，曰红土坡，曰达探，曰琳琅，曰麻沙树。

北　沟　旧《云南通志》：在城北。有二，曰安乐，曰拔乐。以上诸沟，随地引灌。

双沟渠　旧《云南通志》：在城东二十里。源出马笼山，一清一浊。土人筑堰，江东田亩赖之。

仲夷渠　旧《云南通志》：在城西四十里。明永乐年间开，分溉[①]田亩，东入礼社江。

新平县

登龙渠　旧《云南通志》：在城西北旧新化州禄库乡。

小河堰坝　《新平县志》：在城西二里永济桥上。障洪本泉，引灌者甸冈高处一带田。

土官村堰　《新平县志》：在城西北一里。障洪本泉，引灌土官村一带田。

六婻塘、渺剌塘　旧《云南通志》：俱在旧州岍嶵乡。

阿谢堤　旧《云南通志》：在城南三里大石坝。壅水灌田，东南利赖。

龙王庙堤　旧《云南通志》：在旧州归召乡。明隆庆六年，知州麦天惠筑。

青龙坎　《新平县志》：在城西南五里。筑大坝，灌溉纳起一带田。

邦那圩　旧《云南通志》：在旧州禄库乡。

水　龙　《新平县志》：在城西南五里。甃石为龙，引团山水，贯平甸河而北下，而复上灌溉城南一带田亩，居民按年修补。

镇沅直隶州

恩乐县

黑盐井直隶提举司

琅盐井直隶提举司

永丰坝　《琅盐井志》：在井西周家庄。旧系木坝，提举李国义捐建石坝，蓄水灌溉陆田。

白盐井直隶提举司

安丰井河坝　《白盐井志》：河源自赤石崖潘家村流至小井，会白盐诸水，由三岔河

---

① 溉　原本漫漶不清，据康熙《云南通志》、雍正《云南通志》补。另，光绪《云南通志》引旧《云南通志》作“灌”。

归金沙江，建坝以备夏秋积水，提举郭存庄更设栅栏堵御。

〔据阮元等修，王崧等纂道光《云南通志稿》卷五十二至卷五十四《建置志七·水利》辑录。又，卷五《地理志·舆图》第17页绘制有“昆明六河图附”，可参。〕

（光绪）云南通志·建置志·水利

卷五十二　建置志七之一　水利一

三代以上，画井分疆，沟洫畎浍，无往非水利。而稻人掌稼下地，以潴畜水，以防止水，以及荡水、均水、舍水、泄水诸法，为后世言水利家之祖。秦开阡陌，涂径尽辟，水利更为农家所重，是以历代史，河渠有书，沟洫有志，不得不详言之。滇处万山之巅，江河之水，一泻无存，其间蓄泄诸法，较他省尤要。旧志《水利》立有专门，今仍其体，详载修浚沿革，俾后之言水利者有所考云。

历代水利

《后汉书·西南夷传》：以广汉文齐为太守，造起陂池，开通灌溉，垦田二千[①]余顷。

《元史·赛音谔德齐传[②]》：至元十二年，拜平章政事，行省云南。十三年，教民播种，为陂池，以备水旱。

国　朝

《大清会典事例》：雍正十年，议准云南各州县凡有水利之处，将同知、通判、州同、州判、经历、吏目、县丞、典史等官，皆准加水利职衔，境内河道沟渠，责令专理。除云南一府仍归粮道管辖，其各属在迤东者统归迤东道管辖，在迤西者统归迤西道管辖，仍令各该府查勘验报，各该道考查详明，听督抚酌核劝惩。

总督鄂尔泰《兴修水利疏》：

为全滇水利已未兴修汇叙陈明，仰祈睿鉴事。

窃惟地方水利为第一要务，兴废攸系民生，修浚并关国计，故勿论湖海江河以及沟渠川浍，或因势疏导，或尽力开通，大有大利，小有小利，皆未可畏难惜费忽焉不讲者。况云南跬步皆山，田少地多，忧旱喜潦，且并无积蓄，不通舟车，设一遇愆阳，即顿成荒岁，从前市米一石有价值十两、十五两之年，前事后鉴，敢不预筹。

是以臣自莅任以后，仰体我皇上爱民务本之至意，即详饬通查，令凡有水利勿得膜视，并博采舆论，合看绘图，务期矢此恒心，用资绵力，但于治有小补，庶几虑可少宽，志未尝不如此。乃迄今六载，虽亦次第举行，然兴修已竣而获水之利者仅半，已修未竣、已竣未妥，并应修未修、委勘未确者居半，现

① 千　原本作“十”，据《后汉书》卷一百一十六《南蛮西南夷传》及《大清一统志》卷三百六十九《名宦·文齐》、道光《云南通志稿》卷五十二《建置志七·水利一》改。

② 赛音谔德齐传　《元史》作“赛典赤赡思丁传”。

无成功，何论久远？用深歉仄，切望群材，此应了未了事，所当分晰开明，陈请圣鉴者也。

除昆阳、海口及盘龙江诸河兴修情由，已另疏具报外。查云南府属嵩明州之杨林海，又名嘉丽泽，纳龙巨、南冲二河之水，并受四面山河各水，会聚而成淀。出河口，入车翁江，达金沙江，因河湾迂曲，去水甚缓，停留沙石，壅塞咽喉，每将海边四十八村已成田亩半行淹没，历为民患。臣详加察访，海水深止二三尺，若改疏河道，由丁家屯龙喜村开挖二里许，直通河口，使新旧两河并泻，水势畅流，不独四十八村可永免水涝，而周围五十余里草塘均可开垦成田。随于雍正五年秋委员会勘，并先将历年阻挠之衿棍二人枷示河干，限以工完释放。于是各士民欢呼踊跃，情愿出夫，仅资给口粮，并未多费，于雍正六年春报竣，从此田亩岁收，并涸出田地一万余亩。

再，府属宜良县，洼地多淹，高地无水，旱涝不均，有需调剂。臣先于雍正七年据前任知县邢恭先详禀，饬谕兴修，随于八年春报竣。续复委员覆勘，所开河共五道：一在城东北五里五百户营之南，开长约五里，已通池江；一在城东三里龙王庙北，旧多积水，开长约四里，亦泻于池江；一在龙王庙南，为北来诸水所会，开泻水河约十里，水不为害；一在城南二十里，地名乾墩子，缘地无水池，一望平衍，废为弃土，于池江边决一水门，开河一道，引肥水灌田，现已获济。惟自江头村起所开引河一道，地形渐高，水势难上，殊无益灌溉，徒费人工，复议自胡家营北，接旧河另开一道，约长五六里，甚有裨益，现饬于农隙兴工，约明年春可竣。

又，临安府有泸江水，水来自石屏州之异龙湖，合塌冲、象冲二水及六河九溢皆会于泸江，以赴岩硐伏流十余里，出阿迷州，入盘江。而硐口硐底石埂十三重，阻水不能直泻，每遇夏秋暴雨，奔湍四溃，田庐淹没。土人称有神物凭岩，欲伐岩石，辄有风霾砂石，必中伤人。经委前任知府张无咎凿石疏河，椎凿不能入，强入不寸许，旋果风起沙飞，炮砾从空击下，断工人一指。臣据报，谓神以庇民，岂以虐民？总制奉天子命除患济民，而神弗许，是神不灵。随通以诚，告以正，遣张无咎以文祭毕，复督工凿石，应手而碎，十三重立尽，复将自泸江至岩硐堤岸八百一十丈，自塌冲二河至三河口堤岸四千三百七十五丈，并造桥丁桩挖浅诸件，一并筑修，于雍正八年四月内报竣。现已有利无害，禾稻倍收。

再，府属之建水州，查自南庄十六营以下暨狮子口、郭衣村等八处，田地甚多，苦无活水，但雨泽稍迟，即秋成失望。前任知州祝宏以附近南庄之李浩寨山腹中有过泉一道，细流不息，入地无踪，曾竭力开挖，不能疏通禀报。臣令以谷糠填入，向下寻流约三十里，流出于州属之老鼠窄，知为此泉无疑，遂穿凿地道，伐木为厢，穴中水涌，势甚湍激，随复开沟导水，俨成大渠，并酌定规条，令挨次引灌，而该地田亩皆赖以丰收，于雍正七年四月报竣。府属之阿迷州，离城里许有小河一道，历来不通舟楫。该署州漆扶助遵檄疏浚，自水泉下绕州城，由禄丰乡直达盘江，计三十二里，现可行舟，于雍正七年八月报竣。府属之蒙自县，有县坝一区，围绕城外，平坦宽阔，可成沃壤，因灌溉无资，遂弃为旷土。查有城南学海据坝上流，亦经淤塞，若浚深数尺，建闸筑堤，开沟引水，即可以肥田。虽工程不易举而众愿速成，该知县王廷诤于雍正七年兴修，八年冬报竣。

又，曲靖府属之寻甸州城南，平川沃壤，皆可恳（垦）土成田，缘寻川一河，会寻甸、嵩明两州之水，每夏秋积雨，一望汪洋，加以马龙州河水又会于七星桥下，冲激寻川之水，逆流泛滥，即附近熟田，亦岁被淹没。土人谓自古相传，捍御无策。臣熟筹博访，就其山形水势及远近高低，欲使寻川河顺流直泻，必先使马龙河不争水道，欲使马龙河不争水道，必须另开子河，俾寻甸、嵩明之水皆得畅流，并可免冲激，不致泛滥。今于雍正七年春，面谕升任知州崔乃镛查勘督修，随于是年十月兴工，八年春报竣，共用工三万七千有零，约可涸出田地二万余亩，但大河中流有整石四十余丈，务须开凿，而施力殊难，复议另浚沙河十五里，以收全功，现委迤东道迟维玺就近督修。

又，澂江府城南之抚仙湖，延袤百余里，中流深处可百余丈，以受各山之水，亦名为海，由宁州入阿迷，注盘江，会流以达粤境。每雨多，水砂宣泄不及，则附郭之河阳并江川、宁州三处，利害共之。惟海口一河，尚堪疏泄，而山溪水涨，推砂滚石，壅积易而通畅难。明巡按姜思睿曾建牛舌、梅子箐二坝，撼两山之冲激，遏砂石之壅淤，今石坝倾颓，更无可恃。据该知府王铎详情兴修，臣随发银委办，计石工一百七十六丈零，首尾宽深，堤坝坚固，又增筑逼水坝六墩，以固石坝，以涤岸砂，于雍正八年兴工，九年六月报竣。河阳田新涸出三千余亩，旧田遍种，现获丰收。

又，楚雄府属之镇南州，旧有水塘，筑堤积水，以资灌溉，名千家坝。因倾废百年，水无停蓄，一遇亢旱，种插并难。臣面谕该知州金鉴确勘详覆，其水来自北山龙王庙及多蕨厂等处，两旁坡岩壁立，四季泉源不竭，会流箐口，两山回环，俨如门扇，基址天成，蓄水成塘，可灌数十里田亩。随发给银两，令筑坝建闸，全用大石，并将外口开挖宽深，毋得省工惜费。于雍正八年六月兴工，掘出千家坝旧碑一版，复指其缺略示以坚完，于九年三月报竣。据称不独可灌千家，并可以周万户矣。

又，东川府虽倚山临川，不通河道，种稻田者无多，余半为荒土。而城北蔓海一区，宽长二十余里，地本肥饶，因积水难消，弃置已久。自割归滇辖，臣经发银数千两，令前任知府黄士杰于雍正五年开河三道：一从马五寨至鱼洞二十里为左河，一从瓦泥寨至水城二十里为中河，一从拖落村至鱼洞二十里为右河，建石闸二座、木桥四座，水消田出，业招民承垦。该守[①]罗得彦又从马鞍山开河一道，约长十里，以济蔓海；从梅子箐开河一道，约长十里，会合中河。及知府崔乃镛接任，于九年正月加修，旋据报竣。

其余如嵩明州之宽郎河，效古、日足二里田亩同资灌溉，因分水不均，里民争控。饬令开子河一道，俾两里均平，九年四月报竣。宣威州旧少水田，仅资荞麦。知州漆扶助于双龙山泉会合处建石闸一座，于戈山河口建石坝一座，

---

① 该守　原本作“劾守”，据《新纂云南通志》改。

左右各开渠一道，于嘉惠落水洞旁建石坝一座，开渠一道，截流引水，均可垦田，俱于九年八月报竣。禄劝州地僻土寒，谷难成熟，惟正东、东南等村可以种稻，内有马家庄等处田高缺水，旧有水沟一道，久经壅塞。前任知州贾秉臣请从山腰纡折凿石成渠，汇复沟水，可灌田数千余亩，于雍正四年八月内，发价饬修，不数月报竣。大理府洱海之海口，为附郭之太和及赵州、邓川三州县水利所关，因壅塞多年，每遇雨水泛滥，海田多伤。据前任同知佟世荫等详明兴修，水得畅流，田禾攸赖，于雍正四年内报竣。

又，云南县有团山一坝，旧立闸三道，引梁王山泉灌溉田亩，岁久倾圮，难资引灌，因开修沟闸并浚清海尾、赤河尾，业经报竣。浪穹县因湖水泛滥，疏浚凤羽河等处，筑堤四十余丈，厢木柜五十架，业经报竣，但补苴一时尚非远计，现复委勘加修。永昌府城外有南北两河，田亩攸赖，因壅塞已久，岁损禾苗。据该镇府等倡率兵民，用夫一万余，亦于雍正四年内报竣。

以上各件，工有小大，时有迟速，或给发承修，或腾挪济事，或奉行官吏加意急工，或本地士民出夫协力，并未动项，皆已完工，内有仍需加修者，亦不过增补。其各属地方，如堤坝、圩埂、沟洞、渠塘等类，随时疏筑，各有禀详，事件零星，俱无庸开叙。

此外如临安之建水、石屏，俱受庐子沟之患；嶍峨之城垣田庐，俱受练江、猊江之患；曲靖之西潇湘、南宁之落水洞、罗平之西北一河、新兴之玉溪、路南之蜡甸、和曲之红土田、赵州之弥渡、云南县之马安、邓川之苴瀰、浪穹之宁湖，皆应疏浚开凿，俾有利无害。禄丰县之宜重修废桥，定边县河之宜建石堤，永北府之羊保山宜建石坝，顺宁府河之宜建铁索桥，皆应乘时料理，庶力少功多。至于通粤河道，最关紧要，非止便客商，实欲资粮运。臣于雍正七年春即发银饬修，已由阿迷州以下开至八达，共一千五百里，造船试行，直至土黄，有旱路二站，亦经置备车牛并盖棚店，下船至剥隘，则径达粤江。因委总理之被劾，原任广南府知府贾秉臣草率粉饰，并未彻底开通，故虽勉强行舟，河路尚属危险，现复委员确勘，妥议增修。

又，嵩明州之河口，经寻甸、东川，由牛栏江达金沙江，周环川江，复抵昭通，以通舟楫，虽工程不易，亦人力所能。现委试用知县以下赵世纶等备细估勘，绘图覆夺，若得川粤江河舟通，滇会则片帆可达吴楚，又不止寻常水利事矣。

以上各件，臣已切嘱司道并详谕各官实心措办，所需工费，请于变价银两内酌量动支，敢或藉端侵冒及苟且塞责者，立即揭参，以为膜视公事者戒。惟众志若一，期在必行，庶百务无难，皆克有济，且各为地方贻永远利赖之善迹，以仰副我皇上廑念边方之盛心，亦所以自求福而与有荣幸事也。所有全滇水利已未兴修，汇叙陈明缘由，相应会同云南抚臣张允随合词题明。伏乞皇上睿鉴，敕部查照施行。

乾隆二年谕：自古致治以养民为本，而养民之道必使兴利防患，水旱无虞，方能使盖藏充裕，缓急可资，是以川泽、陂塘、沟渠、堤岸，凡有关于农事，务筹画于平时，斯蓄泄得宜，潦则有疏导之方，旱则资灌溉之利，非诿之天时丰歉之适然，而以赈恤为可塞责也。朕御极以来，宵旰忧勤，惟小民之依，是咨是询，前后谕旨，谆复再三，但化导自在有司，而督率则由大吏，该督抚有司务体朕痌瘝乃身之意，刻刻以民生利赖为先图。一切水旱事宜，悉心讲究，应行修举者即行修举，或劝导百姓自为经理，如工程重大，应须用帑项者，即行奏闻，妥协办理，兴利去害，旱潦不侵，仓箱有庆，以副朕惠爱黎元至意。

又谕：水利所关农功綦重。云南跬步皆山，不通舟楫，田号雷鸣，民无积蓄，一遇荒歉，米价腾贵，较他省数倍，是水利一事，不可不急讲也。凡有关于民食者，皆当及时兴修，总期因地制宜，事可有成，断不应惜费，如难奏效，亦不必强作。

乾隆三十一年谕：滇省旧有水利地方如应行开渠筑坝之处，小民无力兴修及闲旷地亩艰于开垦者，并令确切查明，酌借公项，俾闾阎工作有资。该督董率所属，悉心经理，尽地力而裕民力，用副朕轸念边农至意。

云南府

昆明县

六　河　《明史·河渠志》：景泰四年，云南总兵官沐璘言城东有水南流，源发邵甸，会九十九泉为一，抵松华坝分为二支，一绕金马山麓入滇池，一从黑窑村流至云泽谨案：当作津。桥，亦入滇池。旧于下流筑堰，溉军民田数十万顷。霖潦无所泄，请令受利之家，自造石闸，启闭以时。报可。又，成化十八年，浚云南东西二沟，自松华坝、黑龙潭，抵西南柳坝南村，灌田数万顷。

《大清会典事例》：康熙二十一年，修云南城外金汁诸河及旧废闸坝。

巡抚王继文《请修河坝疏》：

谨照云南省城外东南旧有金汁等河，从松华坝借水于盘龙江，自嵩明州流入昆境。绕城之北，过云津土桥，趋入昆池。两岸筑堤，高二三丈不等，而水流其中，蜿蜒六十余里，有坝有闸，又有过水涵洞，盖以积水灌田，而城外数十万顷，皆借此河之利，民生国赋均有攸赖焉。自变乱之后，沿河之堤埂、坝闸未经修葺，日久倾颓。上年大兵困逆，周围壕堑，不得不拆毁挑挖，以致水利阻塞，灌溉不通，田亩荒芜，居民失业，而昆明额赋莫可征收。自克城至今，臣多方招徕，而流离之众，见此附郭膏腴咸成弃土，未免徙倚他方，越趄不返。哀此残黎欲归则无资生之策，不归则有沟壑之虞，臣不得不早为之计也。夫以滇省军饷取给外省，频经请拨，仰廑宸衷，而昆邑应征之赋，可耕之田，岂可坐视抛荒，听其亏额。臣愚以为，河坝不修则残黎势难归业，荒田不垦则额赋无从征收。臣檄令地方官踏勘，估计需用桩木、闸枋、灰石各项材料并匠作人夫等项，约需银万余两。查《全书》，内开载岁修松华坝额银八百两，每年十一月中起工，至次年三月初止，往例可稽，似当亟议兴修，以复民业，然动支原额银两，万不敷用，值今财用艰难，工程浩费，何敢于额外轻议请动正项钱粮。臣议于通省官员及各属土司，酌行捐助，甫定之区，人方拮据，非有以鼓劝之，恐难必其乐输。伏查捐纳各例，业奉停止，臣不敢复为陈请。惟是纪录一款，既无碍于名器，又可鼓其急公，合无仰吁皇恩，敕部酌议，捐银若干，准以纪录，仍比照各省往例，量减额数，庶众擎易举，便于兴修。至工竣之日，臣造册送部，照例叙录，则河坝固而水利可通，俾四散之民咸图归计，渐次开垦，将见生聚寝昌，而昆邑粮赋可以望其复旧矣。

又，二十七年，修云南金汁等六河闸坝，引水资昆明各县灌溉。又，雍正十年，议准修浚盘龙、金稜、银稜、宝象、海源、马料、明通、马溺、白沙诸河，增修石岸、闸坝、桥洞。又，议准昆明六河酌定岁修银八百两，动支盐道衙门合秤银给发兴修，用则报销，不用则存贮以备大修之需。又，乾隆五年，议准开浚盘龙江、金稜、银稜、海源、宝象、马料诸河，修建桥闸、涵洞、堤岸。又，十四年，议准大修昆明六河堤岸、闸坝、桥梁、河道。又，四十二年，奏准修浚昆明县盘龙等河。又，四十八年，奏准筹筑昆明六河堤工。又，四十九年，奏准筹办昆明河工。《昆明县采访》：道光十八年，总督伊里布、巡抚颜伯焘筹款修浚六河。《案册》：同治三年，大水冲决各堤岸，巡抚徐之铭督同署粮储道张同寿、署水利同知文光暨绅士王焘等筹款修浚。又，十一年，巡抚岑毓英檄粮储道韩锦云、水利同知朱百梅大修堤岸、闸坝、桥梁、河道。

海　口　《元史·张立道传》：至元十年，中书以立道熟于云南，奏授大理等处巡行劝农使，佩金符。其地有昆明池，介碧鸡、金马之间，环五百余里，夏潦暴至，必冒城郭。立道求泉源所自出，役丁夫二千人治之，泄其水，得壤地万余顷，皆为良田。旧《云南通志》：在城西南八十里，泄滇池之水，自龙王庙、螺壳、乱石、鸡心、青鱼诸滩至石龙坝而达安宁，两岸皆山，各有子河流入。滨海州县即其流入之界，各司一河，以专责成，故有昆阳、呈贡、晋宁、昆明、归化子河等名。北则白塔、腊龙二箐水，于昆阳之洱宗闸入；南则瓦泥箐、邢家园水，于呈贡之普安闸入。又罗武箐水，于晋宁之清水闸入；天自、芭蕉二箐水，于昆明之新村大闸入；云龙箐水，于归化之平定哨闸入。诸水皆横入大河，沙石填壅，每雨水暴涨，宣泄不及，沿海田禾半遭淹没。明弘治时，巡抚陈金自螺壳滩至青鱼滩，修浚二十余里，通畅河流，定有大修、岁修之例。明陈金记，载山川。

明杨慎《海口修浚碑》：

谯允南《巴蜀志》云滇池之水出盘龙江，亦名积波，凡九十九窦，汇为昆明池。其水乍深广，乍浅狭，有如倒流，故名曰滇池。汉武帝欲开越嶲、昆明，闻有此池，先于长安凿池象之，以习水战是也。今其名迹可覆，悉如志言，而汉唐历宋，叛服叵恒，屡阖复塞焉。迨明大一统百七十年，九州同轨，四海一家，荒服之区，化比畿甸矣。

昆明池近在云南治城之外，环而列城者，州以安宁、昆阳、晋宁，县以昆明、呈贡、归化，皆边昆池，土人亦称曰海。在昆阳地名曰海口，实此池之咽嗌，盈涸因之，水旱系焉。滨海泽田，或遇涔涝之岁，浮畎没畲，粘藁澹淡，徒饮鸱䲹。弘治中，巡抚都御史应城陈公金，始为开浚之役，有《记》勒于碑。嗣是岁一兴役，谓之小修。正德间，都御史安福王公懋中、副使崑山史公良佐继之，始相子河。乃嘉靖戊申至庚戌，大雨浃旬，水大至，盘盂激而成窟，淯沸滐而为阜，则石龙阻流而成碕，黄泥填淤而象鞭，海田无秋矣。泽畊及滇之仕宦归田者，相率陈于两台。于是巡抚都御史吴兴顾公应祥、巡按御史莆田林公应箕、总戎都督古濠沐公朝弼集议于藩臬诸司，躬往阅视。维时南至届节，东作未起，乃檄命云南府属各官凡二十人有差。经始己酉十有一月望后三日癸未，是时来庀役者夫仅七千余。二十五日庚寅，肇工子河。至十有二月庚戌，扣子河成。其副水大坝工繁未憖，乃先筑少坝于子河故堤。二十四日己未，为土人星回节，少坝成，乃暂休百工。越今岁庚戌十日乙亥，而庀役丁夫至者满万，分委诸末职偕手竞作，乃浚大河。䟽石龙潭，创酾子河，南曰平定铺，至于白沙河，又至于白塔村，又至于𨰻䆉，又至于新村，再至于大河南堤之新村，再至于北岸之沙𨰻村，各以石致川，浚而濂窴，其中为泄水之坝杙九座，坝各存水窗，俾[illegible]砾漂沙不冲塞焉。

其副水大坝，成于仲春下旬乙卯，乃并启少坝而挖黄泥滩，复自茶卜墩下，汇子河。故滑新筑陒蘗，编篁析[illegible]，囊石壤[1]壤，如蜀之湔堰，升于蛇笼之制，以埽䴇淫波，若黄河软滩嫩堰法，盖其殚栏障汚，迥毁[2]𧙓道，自萉[3]齿山堨沙水引入子河，以蠲黄泥滩之患。𨐃计始汉厂以逮石龙坝，以丈算者二千二百有余，落成以三月己卯。大坝礀焉放流下安宁、富民，而滨海环滇者泽口出，海心凸矣。风回涟漪，并灵河九里之润；月堕清泚，无浊泾五斗之泥。绿萍葑，若踊跃而来；白沙丹畴，状奋迅而出。

是役也，允如前记所云，不亦劳者不永逸，不暂费者不永宁。嗣是则岁之小修可免，匪惟滨海得佃其田，仿其力，环海卫所州县，皆𪭢有息肩之庆矣。役成，当有乐石之锲，以垂久远耳。

明顾应祥《祭海口神文》：

维滇有池，西南巨泽。灌溉群生，一方利益。诸水所归，广大莫测。末流如线，难通易塞。加以淫雨，洪波泛溢。三四年间，陇亩尽没。极望弥漫，蛇龙所窟。吁天无从，民艰粒食。佥曰旧典，匪浚弗克。谋及士人，谋及彝僰。各献其能，限以丈尺。万夫荷锸，诸司效职。疏厥淤沙，还其故迹。复开子河，以防冲突。自冬徂春，厥工始毕。逝波滔滔，海田渐出。是皆神相，匪我人力。日吉时良，洁此醴特。敬报于神，神其来格。尚其默佑，永保无窒。

然海口外尚有老埂一道横阻河身，埂外龙王庙前，又有牛舌滩、牛舌洲，各长五十余丈，三重埂塞。万历初，布政使方良曙于牛舌洲左豹子山下，竭力疏浚。

明方良曙《重浚海口记》：

粤稽滇池之胜，自战国时属楚，名始载于史册。盖金马、碧鸡东西两山夹护，商山北来而环卫于前，中列一大都会，其下并受邵甸、牧羊山诸泉及乌黑

① 壤　道光《云南通志》同，《新纂云南通志》作“坏”。
② 毁　道光《云南通志》同，《新纂云南通志》作“县”。
③ 萉　道光《云南通志》作“秬”，《新纂云南通志》作“杷”。

龙潭、菜海、海源、洛洛河诸水，汇为巨浸。延袤三百余里，军民田庐，环列其旁，而泄于其南稍西一小河，又折而北，不见其去，故又名滇海。云是海口小河，实滇池宣泄咽喉也。疏浚不加，每岁夏秋，雨集水溢，田庐且没，患非渺少。先年，当事诸公，率多裁成，海夫有编，开挖有期，为民之意，亦既殷矣。万历改元癸酉，关中少司马兰谷邹公来抚兹土，偶值淫雨连旬，水泛病民。公用悯恻，檄下闻司，行经历陈子、指挥王子勘议，爰请如前三年大挖例，筑坝闸水，分段兴工开挖，凡廿余里，调集指挥、千百户若干员，夫役万五千有奇，竹木麻铁器具工饩约费帑金五千有奇，而一坝之费递至千金。惟时，邹公复行藩司议。明年，河中养斋郭公按滇，亦谓事关劳费须详议。其秋，余以承乏左辖至，适东西用兵之余，斗米三钱，军民艰食，汹汹惟棘，且两台节财恤民至意，不可不仰体也。冬暇，亲至其地，谋及群吏、士庶、父老而广询之，乃知滇水从出之口，牛舌洲横于前，龙王庙洲塞于中，此全省水口风气攸关，盖奇胜也。土人咸指故道，水由洲左豹山下行十之六七，由海门村旁行十之三四，今左流才一二耳，况下有螺壳、黄泥二滩之淤，冬水落而背露，春水涸而龟昂，故工所可加，而豹山之下犹宜深浚。坝旧筑螺滩上，可勿循。越明年乙亥正月，适同年盱江近溪罗公以屯田宪副巡昆阳，余亟往迎而咨议之，且见二滩经流欲绝，罗公因力赞曰："螺滩之坝不必筑，豹山之下必宜开。"议遂决，复请两台俞允疏浚，一仿捞浅之法，且并龙王庙而新之。爰命右卫指挥孙子永恩董其役，云南府通判劳子日积督之，调各卫所州县夫什之二，乃孙子则固分丈布工，论方验日，工无稍旷焉。逾月而工竣，实三月哉生明也。水复半由豹山下行，而螺壳，而黄泥，无复少阻。工费官饩仅四百金，视陈子、王子循旧三年开挖，不啻省什九矣。孙子请勒石如故事。余曰："嘻！是奚足哉?"他日，请之再三，辞弗获已。因忆是役，非两台之悯恤，孰与肇始？非罗公之明智，孰与赞决？亦非得孙子之勤算而董之，又孰与综理之甚密而迄工之甚速耶？《传》曰"仁者讲功"，两台以之。又曰"智者处物"，罗公及孙子之谓也。众思集而忠益广，用力少而成功多，即此小役，可以概大矣。后人观此，其于兴事考成，当必有划然默会于中焉者，遂书以遗之。邹公名应龙，郭公名庭吾，罗公名汝芳，皆起家进士。余为新安方良曙也。

康熙四十八年，总督贝和诺、巡抚郭瑮委员重加开挖修浚。雍正三年，总督高其倬相继大修，未几复壅。雍正八九年，总督鄂尔泰会同巡抚张允随，专委水利道副使黄士杰咨度形势，通浚河流，铲平老埂、牛舌洲滩，复以晋宁河水陡急，横阻新河，每至倒流，并建逼水坝，使新河得以畅入大河。又于石龙坝下，另开引河一道，诸水畅流，涸出腴田甚广，责成监司、丞尉不时查勘疏通。

《大清会典事例》：雍正十年，议准昆阳州增设水利同知一人驻扎海口，常川巡察，遇有壅塞，不时疏通，设或冲塌，立即堵筑。又，议准昆阳海口酌定岁修银二百两，动支盐道衙门合秤银给发兴修，用则报销，不用则存贮以备大修之需。又，乾隆五年，议准昆阳海口改建石岸。又，十四年，议准大修昆阳海口堤岸、闸坝、桥梁、河道。又，四十二年，奏准修浚昆阳州海口。

《皇朝文献通考》：五十年，挑挖昆阳海口工程。工部议准云南巡抚刘秉恬奏：滇池在云南省城之南，周围三百余里，受昆明六河之水，会为巨浸。附近昆明、呈贡、晋宁、昆阳四州县环海田畴，资以灌溉者不下数百万顷，所恃以宣泄者惟在昆阳州之海口大河，为滇池出水咽喉，疏通则均受其利，壅遏则即受其害。应自龙王庙至石龙坝，共长二千七百七十五丈，应挖一二尺至四五尺不等，以资宣泄。从之。《案册》：道光十六年，总督伊里布、巡抚颜伯焘、粮储道沈兰生率绅民大修海口堤岸、闸坝、河道，并新开桃园箐子河及各漾塘，以泄水势。《昆明县采访》：兵燹后，年久失修。同治十年，大水泛溢。十三年，巡抚岑毓英檄粮储道韩锦云、水利同知朱百梅等大修海口堤岸、闸坝、河道。谨案：海口地属昆阳，修浚则首昆明，且为六河滇池总水口，故载于此。其各滩坝，仍载入昆阳。义各有当，非两歧也。

松华坝　《云南府志》：在城东北山下。元平章赛典赤赡思丁经画水利，筑坝分水，一为盘龙江，一为金汁河，并修建六河诸闸，以溉东菑田万顷，郡人感之，为立石将军庙以祀。明万历四十六年，水利道朱芹条议大修，虽裒金不一，而水利频年节缩之费取给为多，月加省试。鸠工庀材，无不精坚，民不劳而永逸，官经费而永宁，功甚懋焉。

明督学鄱阳江和《新建松华坝石闸记》：

万历戊午岁，滇水利宪副朱公请于御史南海潘公，言：“滇城东北郭，故有松华坝，邵甸之水走盘龙江者，使东注于河，河曰金稜，土人呼曰金汁，由金马麓过春登里，七十余里而入海。沿河肢流以数十，递而下，涵洞如级，田以次受灌，不知几万亩也。而是坝独橐钥之，非坝则小暵易涸，而河不任受蓄；小涨易溢，而河亦不任受泻。蓄泻不任，则腴田多芜，而民与粮逋河资坝所从来矣。但坝故支以木，筑以土，而无闸，势若堵墙，遇浸辄败。岁修费，阃司桩钱不资，有司草草持厥柄，力庞而功暇，仅同筑舍。盖费于坝者，尚付之乌有，况其不至于坝者也，于河奚资焉，而反以病。”予谓：“坝而不闸，蓄泻何恃？即木而匪石，终漂梗耳。与其岁縻多钱，而民无利也，孰与合数岁之费，而甃以石，通以闸。自闸以往，若牛舌尖、中马头，皆冲流也，需石乃固，矧地与石邻，夫以亩科至便计也。木桩之额，累岁可问，非他索也。良吏经纪，能吏分劳，功者赏，否者罚，事成，设以守时其翕纵，而周防之如漕闸然，此百世利也。”爰捐助银一百六十余金，潘公遂捐一百金，抚院河源李公亦捐二十金，迨新抚院归安沈公、按院南昌杨公至，申请如前，三公皆如议交给以费。藩司嘉兴施公、阃司金陵尹公，扣征停挖木桩之通负者，又得四百十九余金，计若巨若细，悉从金出。而世镇沐公，又慨然以近闸石山任其采用。于是，吏人各如檄起程，募役伐坚，创闸口高一丈余，长三丈余，广一丈七尺。牛舌尖、中马头高一丈三尺，长三十六丈六尺，皆选石之坚厚者，长短相制，高下相纽，如犬牙，如鱼贯，而钤以铁，灌以铅。闸仿诸漕，扁以巨枋，启闭如式。东西两涯之间，骈岷壁屹，水龙若控。经始于万历四十六年孟秋，至四十八年仲春告成，仍名曰松华闸。计费凡八百七十七两有零，匠作田夫五万七千余。数力取诸隙，绩底以渐，故功成而人安焉。时与三司诸大夫登坝上，观壁如屹立，地有安流而天不能灾。是岁大稔，诸父老咨嗟叹息曰：“朱公再造我也。”归之朱公，朱公不有。某幸睹成事，谬为记略，而申以铭。朱公，名芹，蜀富顺人，进士。政务兴革，利民多若此。杨公，名继统，秦南郑人。其与有劳者书之阴。铭曰："汤汤金稜，邵甸溯源。建瓴忽分，东西决川。坝扠而东，如龙饮泉。爪攫翼张，百道蜿蜒。割流膏野，万畦濡沾。土耶木耶，昔何阙然。萧苇捍冲，岁糜金钱。自公之来，嘉与更始。亦有施尹，悉赋成美。杨公成之，动有经纪。禀成诸台，规兹永利。金石岩岩，当其射激。闸门言言，时其启闭。闭视其沍，水弗外泒。启视其涨，水弗内溃。畚授于农，农隙乃至。工食于官，官厚其饩。再阅春冬，经始匆亟。乃奏厥功，乃立安既。於乎都哉！河肇咸阳。洪源自公，明德广远。人代天工，匪闸无河。毋恃绝礲，毋易逝波。其流可穿，其坚可磨。蚁穴必窒，如避鼋鼍。有泐必新，毋仍斧柯。百尔君子，保障宏多。庶绵斯泽，砺山带河。"

康熙五年以来，屡次水泛堤决，巡抚袁懋功、李天浴题请岁支盐课银葺之，名曰岁修。二十年，大兵平滇，坝已倾毁。二十二年，巡抚王继文会同总督蔡毓荣题请捐修。

《大清会典事例》：康熙二十七年，修云南松华坝。旧《云南通志》：历年相继疏浚，未几复壅。雍正八年，总督鄂尔泰、巡抚张允随题修。《昆明县采访》：军兴后，墩台渗漏，堤岸坍塌，沿河壅淤太甚，近村田亩多致淹没。同治二年，绅士黄琮筹修，历经三次，未竟厥功。光绪三年，粮储道崔尊彝督同水利同知魏锡经、委员陈勋、绅士张梦龄、张联森筹款重修礅台、闸坝、河道，阅四月而功竣，沿河田亩资灌溉焉。

粮储道崔尊彝《重修松华坝闸开挖盘龙江、金汁河并新建各桥碑记》：

昆明六河，盘龙江为大，分流为金汁河。江之首，有松华闸，二河橐钥也。盘龙江水流低于田，有闸以束之，分水由金汁河循山而行，东菑数万田畴咸资灌溉，利莫大焉。自历朝迄国朝，叠经修葺，蓄泻有制，滇《志》载之详矣。咸丰丙丁以后，昆明祸患频仍，沿河堤埂、闸坝折毁居多，水利全荒，农民失业，国家额赋亦无从征收。迨光绪三年，予权粮储道篆时，军务甫竣，善后之策，农田水利为先。予叠次亲履河源，熟加审视，并访六河利弊，次第兴除，因亟之上宪选派官绅襄理其事。始修松华闸，继修军民塘堤埂长七十五丈，复建新济桥、军民闸，重修沈公闸、大波村桥坝、白龙闸、明月桥、南坝、迎仙桥、前卫营桥、梁家河桥。民忘其劳，尚有余力，重修安澜亭、观音寺、咸阳王陵、万庆塔，开挖转塘河、摆渡河。是役也，费取诸公，夫出于民，诸官绅勤劳襄事，各农民俱踊跃趋公。工既竣，诸父老欢声载道，佥踞而请曰："使君恩泽，再造我民，亟宜勒诸贞珉，以垂永久。"余曰："此官之职也，地方自有之利也。兵燹之余，救其弊，扶其衰，使复其旧，余何功之有？余所廑念者，河道一年不治，即多阻塞；堤埂闸坝数年不修，难免倾颓。有司岁殚民力，奉行故事，弊逾增，而害逾甚。惟冀后之来者，轸[①]念民瘼，不辞劳瘁，尔绅民等随时择要而请，俾弊常除，利常兴，斯百年之利也，余亦与有荣施焉。"遂书以

① 轸　原本作"珍"，据道光《云南通志》、《新纂云南通志》改。

勒诸阴，各官绅与有劳者，水利同知魏锡经，委员陈勋、潘祖恩，绅士张梦龄、张联森等，例得附书。

谨案：旧《志》载盘龙江诸河源流考，诸河源流宜入山川。兹特取其闸坝、堤堰并疏凿事，宜入水利耳。

永定坝　《昆明县采访》：在城北二十里大波村。嘉庆间，侍御钱沣捐资新筑。光绪六年，粮储道崔尊彝重修。

新建闸　《云南府志》：在城东五里小坝闸下。康熙二十七年，总督范承勋重建。

桑园闸　旧《云南通志》：在城东八里白龙寺，导白龙潭水入河。

小坝闸　《云南府志》：在城东十里小坝村。旧《云南通志》：导杨妈河水，由过洞灌小坝村田。

《府志》：以上三闸，均金汁河水所经。旧《志》：雍正八年疏浚，添修石岸。《案册》：光绪七年重修。

拦沙闸　《案册》：在城东十里云山村扬沙河。光绪七年，粮储道崔尊彝督同水利同知骆钫、绅士张梦龄、张联森等新建。

杨柳沟闸　旧《云南通志》：在城东十里和甸营。

矣龙村闸　旧《云南通志》：在城东二十里。

牛舌尖闸　旧《云南通志》：在城东二十里小板桥。

响水闸　旧《云南通志》：在城东二十四里过路村下。

石坝闸　旧《云南通志》：在城东二十五里三椀村。

《云南府志》：以上五闸，均宝象河水所经，源发于府城东南山下。旧《志》：雍正八年，重经修筑。

金稜闸　旧《云南通志》：在城东南五里侢家湾，水盛泄入盘龙江，以防堤溃。雍正八年疏浚，添修石岸。

土桥闸　旧《云南通志》：在城东南八里石虎冈。雍正八年重经修筑。《云南府志》：宝象河水所经。

光村闸　《云南府志》：在城东南三十里光村。

新村闸　《云南府志》：在城东南三十里左卫营。

猪圈坝三闸　《云南府志》：在城东南三十五里宝山冲下。

以上三闸，均马料河水所经，源发于城东南白土村。旧《云南通志》：雍正八年疏浚增筑，并建桥梁。《案册》：同治十一年，巡抚岑毓英檄水利同知朱百梅疏浚修筑。光绪七年，重修杜家营、小古城等村堤岸。

王公闸　旧《云南通志》：在城南门外小泽口。《案册》：光绪八年，重修瓦仓庄一带石堤。

永昌河闸　旧《云南通志》：在城南三里土桥外。康熙二十三年，水利道孔兴诏重建。《案册》：光绪八年，增修石岸。

采莲闸　《案册》：在城南三里采莲河，灌溉老鸦营等十余村田亩。同治间，粮储道张同寿率绅士刘珖、张梦龄新建。光绪十一年，粮储道刘海鼇督同署水利同知赵之圻，绅士潘国元、张联森重经疏浚。

堕苴闸 旧《云南通志》：在城南四里土桥外。

四道坝闸 旧《云南通志》：在城南五里土桥外，明弘治间建。《案册》：光绪九年，重修石岸涵洞。

香炉闸、蜈蚣闸、众关坝闸 《昆明县采访》：并在城南五里许双桥村，海明河水所经。光绪十年，粮储道刘海鼇重修众关坝闸。

南坝闸 《云南府志》：在城南十里。元平章赛典赤修，明总兵沐璘同巡抚郑容甃石为闸，添设守者，因水盈缩，时其启闭，民甚便之。

明布政庐陵陈文《南坝闸记》：

云南，古滇国，其城濒于滇池。乘高而望之，则商山在北，左金马，右碧鸡，支垅蜿蜒，环抱数百里。其间远村近落，良畴沃壤，弥望无极，惟窊其南而池浸焉。南坝，池之上流，距城五里许，其源出东北之屈偿、昧祥、邵甸诸山，凡九十九泉，或沸而流，或营而潴，或激而波，或浍注而溪焉，或山夹而涧焉，攸焉泊焉，会于盘龙江。至松华坝，则歧为二河，一由金马之麓过春登里，一由商山之麓过云津桥，皆趋于滇池。蒙段时，过春登者堤上多种黄花，名绕道金稜河；过云津桥者堤上多种白花，名萦城银稜河。尝筑土，名为二堰，于河之要处，障其流以灌田，凡数十万亩。元时，云南平章政事赛典赤复增修之，民甚赖焉。今所谓南坝，即萦城银稜河之所流也。然则此为堰，不过兴一时之利，而于经久之计则未闻也。惟我有明，混一区宇，云南恃远弗庭。洪武壬戌，黔宁王时为西平侯，奉命帅师平之，留镇其地，定以经制，昭以威信，厚以惠利，俾兵民并力于田亩，耕获不违其时。而南坝之修，岁有恒役。后定边伯继领镇事，思宏前绪，谋造石闸，以蓄泄为经久利，方储材命工，值边境多事，未就其志。景泰癸酉，今总戎继轩公乃图成于参赞思庵郑公，议定而后会焉，时布政司左使贯公、按察司按察使李公暨二三同志皆力相也。既而上其事于朝，亦不易其初议。乃计旧储之材，增以十倍，而凡富人之乐助者亦不拒之，仍择将校之有智计者田凯、李振、郭进董其役，其条画之出，用度之宜，则沐、郑二公自主之。于是甃石为闸而扃以木，视水之大小而时其闭纵。又因其余材，相闸之西为庙，以祀神之主此闸者。其东为亭，与庙相值，而春秋劝省耕获，则休于其中。于景泰甲戌八月十有三日始役，而以明年三月一日卒事。其所用之工力，合之凡八万二千九百有奇。既成，云南之兵民无少长皆悦曰："自今以始，田不病于旱潦而吾农得以足食者，诚二公赐也。愿纪其事于石，置诸亭以传悠久。"二公皆不能止也，乃以记丐于予。予谓沐公为定边之孙、黔宁之曾孙也，学兼文武，崇德象贤，拜右军都督同知，握征南将军印以总戎事。郑公以经纶之才，宏达之识，廉方公正之操，参赞其事，累升至佥都御史兼巡抚之寄。相济同道，以绥靖此方，又能兴历代之遗利，以成累世欲为之志，使兵民蒙惠于无穷，实君子之事也，乌可以不记？然余于是而知二公之所为，当于古人中求之。昔晋羊叔子、杜元凯二子继镇襄阳，皆能修政立事以成晋业，宋欧阳文忠公称其功名盖当世，而流风余韵蔼蔼然被于江汉之间，至今人犹思之。盖思元凯以其功，叔子以其仁，故二子所为虽不同，然皆足以垂不朽，此乃异时同道同得人心者也。今二公以道相济而同时出治，余窃以谓沐公以孝，郑公以德欤！盖善继人之志者，孝之大；善成人之美者，德之推。行仁始于孝，立功本于德，视古人奚远哉！余虽欧阳公之乡人，而言不足以永二公之孝之德，若羊、杜二子之功与仁者，盖兵民少长之心，实欲纪以传也。余岂得已哉！

以上五闸，均盘龙江水所经。旧《云南通志》：多有淤圮。雍正八年，疏浚深通，砌石岸坝闸，增开子河，新筑堤埂。《案册》：沈公闸建后，此闸遂废。光绪四年，以争水致讼，详定准上闸坊三尺五寸，由官启闭，给示遵守。

燕尾闸 旧《云南通志》：在城南八里南村界，分水为西岔河。《云南府志》：金汁河水所经，元平章赛典赤建筑两岸石堤，长亘数里，束水于中，以资灌溉。旧《志》：雍正八年疏浚，添修石岸。

军民闸 《昆明县采访》：在城南十五里。光绪五年，署布政使崔尊彝、署粮储道胡允林督同水利同知魏锡经，委员陈勋，绅士张梦龄、张联森、杨壎等筹修石岸、闸坝、桥梁，蓄水灌溉旧门里、春登里一带田亩。

沈公闸 《案册》：在城南二十里土坝河尾雄川堡。道光间，粮储道沈兰生建，年久失修。光绪七年，粮储道崔尊彝督同水利同知贵端，绅士张梦龄、张联森筹款重修闸坝堤岸。

兜底闸 《案册》：在城南二十里官渡。同治十一年修浚。光绪七年，粮储道崔尊彝重经修筑。又八年，署粮储道崇缮改筑官渡尚义村石堤。

新建闸 《昆明县采访》：在城南三十里宝象河尾。光绪三年，粮储道崔尊彝率水利同知魏锡经，绅士张梦龄、张联森新建，蓄水灌溉马村一带田亩。

秧草坝闸 《云南府志》：在城南三十里昆池边，马料河水所经，源发于府城东南白土村。旧《云南通志》：雍正八年疏浚增筑，并建桥梁。

西坝闸 旧《云南通志》：在城西南五里摆渡村河中。《案册》：光绪七年，粮储道崔尊彝委员潘祖恩修浚。

小西门闸 《云南府志》：在城小西门外。

以上二闸，均盘龙江水所经。旧《云南通志》：多有淤圮。雍正八年疏导深通，砌石岸坝闸，增开子河，新筑堤埂。《案册》：光绪七年修浚。

鸡舌尖闸 旧《云南通志》：在城西十五里海源寺下。

左闸、中闸、右闸 旧《云南通志》：俱在城西二十里梁家河左、右、中三沟。《云南府志》：以上四闸，均海源河水所经，源发于府城正西山下黄龙潭。《案册》：光绪十一年，疏浚右闸河道。

文殊寺闸 旧《云南通志》：在城西北八里小马村。

新沟闸 《昆明县采访》：在小马村。道光间筑，年久失修。光绪八年，署粮储道崇缮、水利同知魏锡经率绅民筹款修浚。

小营闸 旧《云南通志》：在城北八里小营村。

王俊闸 旧《云南通志》：在城北十里马村后。

白龙潭闸 旧《云南通志》：在城北十里上庄。

王公堰闸 旧《云南通志》：在城北十二里涌泉寺下。

倮㑩闸 旧《云南通志》：在城北二十里左卫营。

《云南府志》：以上六闸，均银汁河水所经，源发于府城正北山下黑龙潭。

大 闸 旧《云南通志》：在城北二十五里蒜村。

以上闸堤，多有淤圮，雍正八年疏浚子河，引水入江，并于古堆童子桥增高石路，堵御江水，不使漫溢。

戴金箔闸 《云南府志》：在城北二十五里桃园村。

大韩冕闸、小韩冕闸 旧《云南通志》：俱在城东北十五里任旗营，相距百步。

《云南府志》：以上三闸，均金汁河水所经。旧《志》：雍正八年疏浚，添修石岸。《大清会典事例》：乾隆四十九年，奏准金汁河韩冕闸坝改建滚水石坝。《案册》：同治十一年重修。

横山水洞 《云南府志》：在城西三十里龙院村西。明隆庆壬申，布政陈善令民凿横山为阴沟洞，引白崖水灌田四万余亩，民甚利之。

明布政鄱阳罗元正《横山水洞记》：

去会城而西几三十里，为龙院诸村。村凡八，村之田凡若干顷，田税岁输县官凡若干石。村故枕山而带水，水即滇池也。池低村，地势隐起，差具倾倚状，可立上游走丸，以故池水不可逆引而仰灌。村之负山而田者，无论愆阳，即旬日不雨，土脉辄龟裂，岁辄不登。中岁，他境稔而兹境不厌半菽，民苦之。村迤西三十五里，为白石崖，崖故有泉，其山形隐起，则又高龙院诸村什九。度崖泉可引而东以灌，然横山墙立于前，岸然峭阻。先是，议凿山之凹为渠，引泉逾山而东，乃其山石脊而土麓，石坚不可凿，议凿其麓自西以跨于东，五十有八丈，村农合力率作，纷若蚁之营垤。逾岁，讫无成绩。方伯敬亭陈公以省耕至，问焉，众告之故。公曰："兹吾事而以疲若等，吾为若成之。"乃谋诸同寅，计其费可三千金，移议御史台，报可。公檄掾尹德先、何献荣、刘得先后继董兹役，曰："德先，汝往视疏凿，相度规画，以树尔功。"洞高五尺，广二尺，断木如高广之数，以支颠圮。功成，徐易以石。发帑储如议数，授之上下，其工之直以廪焉。曰："献荣，汝往，卒德先功。"曰："得，汝其嗣德先、献荣，以督诸役之力者、不力者。"已，又檄舍人袁应登佐掾以辖群工。应登简工之不习者，请以矿夫代功。可其请，召朱正辈二十人，以属应登。

余时参藩政，同公往视，指授向道，分东西凿，凿几半而道不值。予当入贺，行念前功，恐或弃之者。公请于抚军曹公云山、巡按许公保宇，佥曰："政在利民，勿惜费，勿惮劳。其往督诸掾役，勿隳前功。"各捐赎金佐工，诸掾役竞奋如命，道果值。实隆庆壬申之二月十一日也。溯始事庚午，凡二岁。易掾董役者三，掾以直尽告者五，告即议发，先后五发帑，凡百有十金而讫功。敬亭公曰："吾可休矣。"公与时不甚合，久欲乞归，会水洞未成而未决也。明日，遂谢事去。狮冈陈公继公，愈益振策诸掾役，寻以成功报。灵窍朗辟，洞中可偃蹇行。

公复趣掾寻源，引白石崖沟，山腰连山奄，亘得泉二十二道，蜿蜒萦纡四千一百八十三丈，广盈尺，深逾咫。泉抱山而东赴，若带而绾，若白龙挟雨，偕山势俱来。若玉虹下饮，潜入洞口而东出，喷薄沦涟，堰潴而渠分。村之耕者需濡，稼者需溉，植者需滋，畦者圃者需润，不雨而泽，不祷而免于旱槁。民甚便之，而德诸公之功，乃歌曰："横山之麓，可屋可田。白崖之泉，可引可沿。山麓可凿，伏流潺湲。兹麓既辟，不淤不颠。溉我稼穑，充廪盈廛。我公之绩，亿万斯年。曷俎豆之，以输我虔。"邹公，名应龙，长安人。曹公，名三旸，宜兴人。许公，名大亨，安肃人。皆起家进士。敬亭公，名善，浙江钱塘人。狮冈公，名时范，闽长乐人。同嘉靖辛丑进士。

顺山沟　《案册》：在城东二十里羊普头，宝象河水所经。同治十一年修浚。

小西门沟　《案册》：在小西门外。引城内翠海之水，溉田分为三沟，一名老君沟，向北绕西流入清水河；一名白龙沟，向西流入鱼翅河，灌溉潘家湾田亩；一名太乙沟，向南流入鱼翅河，灌溉瓦仓庄田亩。光绪七年，修浚并建白龙、太乙沟石闸二道，以避洪水。

苏家堰　《昆明县采访》：在大西门外，灌溉苏家村一带田亩。光绪六年，乡民苏楷请款疏浚。

转塘　《昆明县采访》：在小西门外。为西南水程要津，壅塞已百余年。光绪六年，由善后局发款疏浚。

富民县

谨案：《采访》富邑水利，河防为最，堰坝次之。每值淫雨泛涨，近城田庐多被淹没。道光十七年，知县经悟勤请款修浚。同治十一年，知县朱坦能以连年大水，沙石壅积，复筹款开修，水循故道，阖邑赖以无患。

摆夷沟　《富民县志》：在县西渠上，多年壅塞。康熙四十三年，县令梁国达、典史叶斌疏浚，民受其利。五十一年，典史施栋重修。又，摆夷沟灌放军民田亩，分为五牌：西庄田亩一牌，李相伍半牌，西邑村半牌，共一牌，王儒五田亩一牌，王儒五换与里仁村张金沟水一牌，东邑村田亩一牌。以上周而复始，轮流均放，如有强行截挖者，罚银十两，作修沟用。公而鲜争，永远遵守。

大营坝　《富民县志》：在县东十里。源出自彝札郎水，灌东郊田亩。

石　坝　《富民县志》：在县西十里。分为二渠，号东、西渠。东渠灌河南田亩，《富民县采访》：南渠大沟灌放后坝军民田亩。西渠灌河北田亩。《采访》：西渠大沟，灌放军民田亩，分为四牌：西门外大路田亩一牌，小坝田亩一牌，教场坝田亩一牌，东邑村田亩一牌。以上周而复始，每年农隙兴工，以十月初一日为始。设总理二人，每牌水头二人，按亩输工，催差一名，疏通水道，宽五尺，深五尺，期于完固。例与摆夷沟等。此渠地高壅塞，顺治十八年，官民捐金疏通二渠，民今利之。

清水河坝　《富民县志》：在县西北十五里。一疏新沟，灌北邑村田亩。一疏杜家沟，灌清水河、白沙坡、石关哨田亩。一疏段家沟，灌梅和邑、西邑村、和尚庄、王家营四村田亩。一疏廖家沟，灌廖家营、北邑村、土主庙、旧城、九峰山庄田亩。一疏张金沟，所灌田亩分为六牌：梅和邑、西邑村、黄家营一牌，陆芝岱伍一牌，廖家营一牌，李相伍、张浩伍一牌，王儒伍一牌，抵与里仁村换摆夷沟水一牌。一疏南渠，灌梅和邑河里、木阔村田亩。一疏北渠，灌梅和邑河外箐口田亩。一疏罗院沟，灌东邑村、里仁村、木阔村田亩。一疏老叶沟，灌小三竜田亩。一疏上沟，灌梅和邑、小三竜田亩。一疏下沟，灌小三竜、龙马潭田亩。

宜良县

新　渠　旧《云南通志》：雍正七年，总督鄂尔泰以县辖高田缺水，洼田受淹，檄知县邢恭先审度形势，新开子渠，高下皆利。一在城东北五里五百户营之南，长五里；一在城东三里龙王庙北，长四里，以泻积水；一在庙南，长十里，宣泄北来诸水，使无漫溢，均下入大池江；一在城南二十里乾墩子，决大池江之水，以灌高田；一在城北二十里，自江头村至前所，开浚深通。谨案：水利专载堤堰、闸坝及人工开凿之沟渠，若天成非人力者，概入山川，不混入此，与《旧》志体例稍有不同。

汤池渠　《云南府志》：在县西南三十五里。明洪武丙子，惠襄侯沐春檄都指挥王俊凿。

冉公渠　《宜良县志》：在城北十五里。明万历十三年，知县冉维藩开浚，从野鸡箐引龙泉入靖安哨灌田。

大　闸　《云南府志》：在城东二里。障九龙池水南流，每岁秋水泛溢，为害田庐，知县高士朗重加开浚，民始安堵。

小　闸　旧《云南通志》：在大闸南。障白龙潭水，南流灌溉。

唐家闸　旧《云南通志》：在城东三里龙王庙右。总束大、小二闸之水，南流灌田万顷。

堰　塘　《宜良县采访》：一永济塘，在陈所渡村后。一恒济塘，在万家凹。一山上营、上五营、南大营三处，共一堰塘，在小虎街子。一沈家营三角塘，在一椀水哨。一花鱼村、上下任家营、西村、狗街、哈喇村、桥头营、黑羊村、木义[①]村、山脚营、樊官营、九甸营、骆家营大山后十二处，各有堰塘。一汤池屼岣村，堰塘三，一在大龙潭，一在竹子园，一在倮啰坟山，乾隆五十一年新开。一梨花村至公堰塘，在村前黑土凹，道光八年，村耆李德生、杨珣筑。

文公堤　《案册》：河源出汤池明湖。明嘉靖间，临元道文衡筑堤引水南流，自江头以抵乐道，入大池江。环绕五十余里，灌田数十万顷。吴逆滋事后，全河淤塞。国朝康熙二十六年，知县高士朗开挖，仅至中截胡家营堰塘而止。其东向有老毛沟以泄水，后又于东南隅开出牛鼻古沟，引水济田，年久均废。道光九年，汤池河源冲塌，居民另开子河，私为己有，署知县张安涛勘断工费，以子河为公河。十二年，知县吴均访获下游故道，由胡家营堰塘内筑堤，开挖二十余里，旧河全复，并开老毛沟以泄水，开牛鼻古沟以灌东南各村堰塘，由是大池江以西之南屯田均得救济。《宜良县采访》：每年由村民出夫疏浚。

罗次县

旧县坝　《云南府志》：在城南二十五里。

小禄丰坝　旧《云南通志》：在城西南五里。康熙九年，知县马光筑石堤，秋冬蓄水，春夏溉田。《采访》：年久荒废。

晋宁州

堰塘坝　《晋宁州志》：在城东二里印山之左，一名海溪。康熙十一年，知州张慎行

① 义　《新纂云南通志》同，道光《云南通志稿》作“叉”。

修筑，每年潴水溉田千余亩。碑记犹存，后堤坝坍塌，议修。

达摩坝 旧《云南通志》：在城东三里。《晋宁州志》：在达摩山下。

花涧场坝 《晋宁州志》：在城东象山北。

以上二坝，水自小关哨北首流至达摩坝，与归化分水利。

山冲坝 旧《云南通志》：在城东南十里大场村。

石　坝 《晋宁州志》：在南山麓。

官庄坝 旧《云南通志》：在城南十里铺。

罗藏坝 《晋宁州志》：在城西南三里龟山下。

白臼坝 旧《云南通志》：在城西二里小寨村下，子河之一。引灌金沙十五村田，旧分河水十之三，其七则归下河七十五村，日久淤废，村农失利，争讼连年。雍正五年，勘定金沙等村于大河内筑一小坝，仅高闸口一尺，留龙口八尺，冬春水微许，于五日内启闸放水一昼夜，滋润豆麦，余四日则闭之，使水尽入下河。夏秋水涨，则尽启，闸板交官，不许私闭，使各子河分泻洪流，以免旁溢。《案册》：大河年久失修。光绪元年，大水冲决堤岸，淹没田苗无算，署知州邹国祺请款，以工代赈，修浚完固。

映洪坝 《晋宁府志》：在白臼坝下一里。

杨庆坝 旧《云南通志》：在白臼坝下二里。

新江坝 《晋宁州志》：在杨庆坝东北二里，一名王家坝。水过州城北迎恩铺，入草海。

杀虫坝 旧《云南通志》：在城西三里河西村大营。《云南府志》：在杨庆坝北。

新河坝 《晋宁州志》：在杀虫坝东北，过周家营至安江村，入海。

白虫坝 《晋宁州志》：在杀虫坝西北。

河西江尾坝 《晋宁州志》：在白虫坝西，过马房，入海。

河东江尾坝 《晋宁州志》：在白虫坝北。

分水石坝 《晋宁州志》：在城西四通桥下。灌溉西北田亩，日久淤圮。康熙十年，修浚完固。《采访》：兵燹后失修。光绪十一年，知州胡德镛请款修浚白沙、淤泥两河。

紫溪坝 《晋宁州志》：在城西五里小团山下。

三尖坝 旧《云南通志》：在城西十里三尖塘。

枧槽坝 《晋宁州志》：在五龙潭前。

马鞍坝 《晋宁州志》：在马鞍山。

大　坝 《晋宁州志》：在长坡下。

石碑坝 《晋宁州志》：在石碑山下。

石美坝 《晋宁州志》：在石美山下。

上龙潭坝、下龙潭坝、乐苴坝、新梅坝 《晋宁州志》：俱在段旗村。

甸苴坝 《晋宁州志》：在石头村。

新涧坝 《晋宁州志》：在瓦窑村。

中坝、梨①耳坝 《晋宁州志》：俱在向桥村。

牛栏涵洞 《晋宁州采访》：在金砂村北一里。溉金砂一带田亩，道光九年重修。

---

① 梨 《新纂云南通志》同，道光《云南通志稿》作“犁”。

呈贡县

过山沟 《呈贡县采访》：一名玉带水，在城东十里。明黔宁王开滇，凿山引水，灌溉田亩。源从上马郎下流二十里，筑松隐坝一座，置石坝十七座，设分水石闸一座，东流七分，灌段家营、大小相枝营、吴家营、王家营、白龙潭、洛龙河、渠卜厂、大水塘等村田；西流三分，灌缪家营、郎家营、中庄等村田。

大　坝 旧《云南通志》：在城东五里，引黑、白龙潭之水，溉田千顷。康熙十一年，署县何清重修。五十五年，署县吴宝林续修。《呈贡县采访》：大小坝在城东一里，引黑、白、黄三潭之水，灌田千顷。县治水利，以此为最。道光元年，知县赵怀锷以争水履勘，于两河分界处，砌平水一石，按田亩多寡均分，东河济至乌龙浦，西河济至罗家营，至今遵守。

石龙坝 《呈贡县志》：在城东八里。嘉庆十二年，小新册村、大洛龙河村士民捐筑，以避山水暴发之害。

达摩坝 旧《云南通志》：在城南四十里富有村旁。

兴隆堰 《呈贡县采访》：在城东十里。乾隆二十九年，士民捐筑。

老李冲堰 《呈贡县采访》：在茁庄村后。乾隆四十七年，知县史褒请帑修筑，三年摊捐归款。今废。

敦化堰 《呈贡县采访》：在旧归化县治后红山后七井甸。嘉庆十年，士民捐资修筑。

界茨堰 《呈贡县采访》：在灵源村左。自梁王山大河开河一道，由关圣宫旁曲流入塘，村民修筑，以资灌溉。

云龙堰 《呈贡县采访》：在白云村南。康熙六十一年修筑，自立冬后，引清水河水积为灌溉。

十三塘 《呈贡县志》：中庄塘，在城南十里。兴隆营塘，在城南十五里，光绪元年筑。雨花塘，在城南十五里。左卫塘，在城南二十五里。中卫塘，在城南二十七里，嘉庆间士民捐筑。卜喇塘，在城南二十七里高登村前，村民修筑。安江塘，在城南三十里，天然生成，不假人力，村民环居，沿堤种柳，建玉皇阁于中央，洵胜景也。广济塘，在城南三十七里。碓臼塘，在城北六里，村人捐筑。太平塘，在距城八里，光绪元年，太平关民捐筑。沙尾塘，在白沙村。丰乐塘，在丰乐村上，又名代泉塘。长济塘，在丰乐村，嘉庆五年重筑。

新开河尾 《呈贡县志》：在城西二里江尾村。道光间，海水泛溢，荡坏田亩无算。同治十年，复大水，村民捐资，因势利导，新开河尾一道，长千余丈，以泄水势，附近田亩咸资灌溉。

安宁州

《大清会典事例》：乾隆八年，议准安宁州筑石坝六座，开渠百六十里有奇，以资灌溉。又，十二年，覆准安宁州葡萄桥、石龙坝等处开渠引水，分灌民田。《安宁州采访》：雨水之期，螳琅川水涨，淹没田禾数千亩，城内民居悉受其害。光绪三年，署知州璩韫璞领款疏浚，拆去白塔、羊角村三坝，详定修浚章程，并疏浚城内通心河。

清水沟 《安宁州志》：在城东南十里。

西门外大沟 《安宁州采访》：自傅家坝顺城下流，入螳琅（螂）川。光绪三年，署知州璩韫璞领款修浚。

栗园村沟 《安宁州采访》：在城西七十五里，引龙潭水灌田百余亩。道光十五年，村民捐资开修。

温泉村沟 《安宁州采访》：在城北十五里。同治十一年，村人筑塘积泄入螳琅（螂）川热水，顺山开沟，流五里许入河，灌田数百亩。

陷　沟 《安宁州志》：在团山甸心。

洛阳沟 《安宁州志》：在罗白村甸心。宽丈许，深八尺，灌田甚众。

上丰沟 《安宁州采访》：在新邑甸葡萄桥下，长三十余里。乾隆四十一年，里民赵经等建坝开沟，灌溉葡萄桥村、大小桃花村、上的罗村田。又穿山凿洞，过水潴积潢水塘，长一百余丈，灌的罗村田。

永丰沟 《安宁州采访》：在小桃花村洋生桥下，长二十余里。乾隆二十九年，里民张天佑等建坝开沟，引水灌下的罗村、罗白村、团山村、永兴庄、上下河东村等处田。

石　坝 《云南府志》：在城东南七里许。

中前二所坝 旧《云南通志》：在城南十五里之旧三泊县东三十里。

筒车坝 旧《云南通志》：在旧三泊县南六里。《安宁州采访》：乾隆三年，何成龙倡首开东、西两沟，灌溉七村田亩。

好义村坝 旧《云南通志》：在旧三泊县西一里。

月子庄坝 旧《云南通志》：在旧三泊县西二里。

郭家坝 旧《云南通志》：在城西二里。

西元村坝、石江村坝、汉营村坝 谨案：三坝并《安宁州志》所载。

摆衣坝、几子坝 《安宁州志》：障斑鸠村龙潭水，以三分水分放上下斑鸠村，七分水直流独树铺，灌溉秧苗。乾隆四年，知州何齐圣详定立案。

大　溯 旧《云南通志》：在城东南九里，俗名马鬃海。土人呼陂堰为溯。

小　溯 旧《云南通志》：在城南六里，俗名洛阳池。

石珠溯 旧《云南通志》：在城南十里。

潢水塘 旧《云南通志》：在城东五里，俗名天眼溯。《安宁州采访》：郡人张灿坤、李球等建。

指挥塘 《安宁州志》：在城南五里。

禄丰县

《大清会典事例》：雍正十二年，议准修禄丰县石堤五十丈。

上水洞 《禄丰县采访》：明李杜轩、高龙泉筑堰，凿山二百余丈，引隔山泉灌溉田亩。后水涨坍，康熙二十五年，施敬治重疏。

源澄洞 《禄丰县采访》：乾隆二年，邑令杜最率乡人张翼、何谦等从罗鸡渡山麓穴洞三百三十余丈，历四年成功。久而源竭，庠生何秀天倡捐，越岭开横渠二十里，引水入洞，灌溉田亩。

筒瓦沟 《禄丰县采访》：在二乡。明万历间，高峰寺僧合村众越九山十凹，十余里，用筒瓦镶接成沟通水，每年修补，灌田四百余亩。

摆夷坝 《禄丰县志》：城东右所有龙泉一脉，先是刘侯失其名凿山引流城之东南，功半自画。启明桥民自备工本开渠，沿山而下，灌田八九百亩。《禄丰县采访》：乾隆四十二年，知县胡文英倡捐，改建石坝，凿山开沟，皆令宽深，计长二十余里。五十四年，大水坝废。道光六年，知县江青移建新坝，距旧址十余丈。

下坝、赵里长坝 旧《云南通志》：俱在城东二十里。

南　坝 《云南府志》：在城南七里。

前所坝 《云南府志》：在城北十里。《禄丰县采访》：道光间倾圮，未修。

中　坝 《云南府志》：在城北十五里。

上　坝 《云南府志》：在城北二十里。

麽些坝 旧《云南通志》：在城北三十五里，年久荒废。康熙三十七年，知县王毓奇重筑。六十年，邑人唐瑜等改砌石基障水，高丈许，灌溉有加。《禄丰县采访》：以上三坝，均陆续培修。

大村坝 旧《云南通志》：在城北六十里沐乡。水冲久废，陇亩全荒。康熙三十五年，知县王毓奇招垦。《禄丰县志》：士民何如文、赵奎联等修筑渐复。《禄丰县采访》：同治间，水圮，未修。

赛宝坝 旧《云南通志》：在城东北。县城西临大河，三面无池。康熙四十九年，知县刘自唐筑坝引水，环城作濠，亦饶灌溉之利。《禄丰县采访》：兵燹后倾圮。

黑龙潭坝 旧《云南通志》：在城东北五里。明正德间，知县艾龙筑堤，障星宿江水分建。初筑于潭之下流，后改筑上流，其利始溥。谨案：《采访》黑龙潭坝即赛宝坝，以旧《志》辑入，今仍之。

天成坝 旧《云南通志》：东河有天然石坝，不须修砌，惟开通无力，灌溉未广。《禄丰县采访》：雍正二年，知县安鼎和请帑，率士民何如文、唐联捷等修筑，引水开沟，自北而南一百二十余里，民沾其利。

天生坝 《禄丰县采访》：乾隆十九年，知县金汝梅率士民杨泗堂等修筑开沟，引水一百余里。

三乡十一坝 《禄丰县志》：三乡老鸦关河，年筑十一坝，上下流每岁争讼。知县刘自唐每坝分设水长一人，统立水练总一人，断令先济秧母，循次灌田，勒石遵守。

二乡六坝 《禄丰县采访》：一梅子坝，戕罗邑民捐筑。一窝龙坝，乾隆二年，乡民武中锦、武柔远倡筑。一星月池坝，乾隆五十四年，贡生善如登倡筑。一永兴坝，青龙村民捐筑。一饮和坝，一长安坝，并阿陆庄民捐筑。

护城堤 旧《云南通志》：在城西门外。星宿江水夏秋泛涨，逼近城根，冲刷为害。雍正十一年，布政使陈宏谋详勘给帑，檄知县姚恪筑石堤，长五十丈，以御水患，保护城垣。

昆阳州

海口五闸 《云南府志》：回子闸，去海口一里，年该本州修。铺湾闸，去回子闸二里，年该呈贡县修。清水闸，去铺湾闸二里，年该晋宁州修。新村闸，去清水闸五里，年该昆明县修。新村小闸，去新村闸四里，年该旧归化县修。

海口八滩 《云南府志》：洱淙滩，在河头三里许，年该本州浚。黄泥滩，在河头五里许，年该呈贡县浚。黑泥滩，在河头六里，年该晋宁州浚。鸡心滩、牛舌滩、大滩，三滩俱在河心八里许，年该昆明县浚。青鱼滩、石龙滩，二滩俱在河心十里许，年该旧归化县浚。

明知州许伯衡《海口记》：

古称滇池，周五百里许。今高者为平陆，下者为田汙，恐不能一二百里，环池而居者，晋宁、昆阳、昆明、呈贡、归化五州县，为属昆明者最多，故又谓之昆明池。池水上接松花坝，下出昆阳海口。其谓之口者，以其源大而流细，若咽喉然。海口淤则上流不通，夏水盛则会城必漫，故每岁三月，须挖海口。初时，五州县之民，每年一用，既而分昆明、晋宁为一年，昆阳、呈贡、归化为一年，皆昆阳主之，法非不善也，而不得任事之人。余尝观海口之势，自昆阳至安宁百里，两边皆山，每遇大雨，则山上之土皆入河中，安得不塞？故昔人之法，每岁挖海口，先凿子河。子河者，盖于大河之旁别浚一河，以防山土随雨而入于河也。但子河原无几许，则河中所浚之土宜为处置，乃每岁委官惟图了事，不惟子河不治，即浚出之土就堆两岸，旋以充塞，徒劳百姓而已，可恨也。谨案：互详昆明。

《案册》：光绪二年，署知州赵敬熙重修浚。

郎中沟　《云南府志》：在城南一里，郡人李资坤开。

老王坝　《云南府志》：在城西天马山下。

清水坝　旧《云南通志》：在城北十里。

石龙坝　旧《云南通志》：在城北五十里海口下流。自子母山南至甸基五里，中有石埂一道，南北横截，可百余步。水至北奔湍三叠而后安流，下入螳螂川。

锁水堤　《云南府志》：在城北一里，上建激元阁。

卧龙堤　《云南府志》：在城北三里。广阔三十余亩，冬春积水，夏秋开泄，灌溉田亩甚多。

玉带堤　《云南府志》：在城北，元梁王筑。跨水障潮，由卧龙庄至渠东里。横亘十里，上有螺甲、白沙，莹然如玉，环绕东湖，故名。

易门县

分水闸　旧《云南通志》：在大龙泉。建闸分水为三，以均灌溉，为万家乐利之源。

南　沟　《易门县志》：分大龙泉水南行，灌县治右一带田亩。明万历二十二年，知县余惟漳创开。

北　沟　《易门县志》：分大龙泉水北行，灌县治左一带田亩。

小北沟　《易门县志》：在大龙泉牌坊外。

沙　坝　《云南府志》：在城东二里。

济川坝　《易门县采访》：在城南四会。乾隆间，邑进士董良材捐修，后被水淤塞，今遗址尚存。

西门坝　旧《云南通志》：在中沟。

刘官坝　旧《云南通志》：在城西四里南沟。

杨惠坝　旧《云南通志》：在城西五里分水闸下。

北门坝　《易门县志》：在北城门外。

大　坝　《云南府志》：在城北二里。

石　坝　《云南府志》：在城北三里。

曾所坝、叶家坝　旧《云南通志》：俱在北沟。

旧县官坝　旧《云南通志》：在城北三十里。

海子营坝塘　《易门县采访》：未详筑自何年，可灌田数百顷。

嵩明州

《大清会典事例》：雍正十年，疏浚嵩明州河口，经寻甸、东川，由牛栏江达金沙江，周环川江，复抵昭通，以通舟楫。

南冲总闸　旧《云南通志》：杨林河至南冲村，分流为三，旧有总闸，岁久倾圮，河身浅窄，堤埂低薄，夏秋水涨，道路田畴多被冲没。雍正十二年，布政使陈宏谋檄知州张浩捐资重建。

矣伴坝　《嵩明州志》：在城东五里。

龙济河坝　《云南府志》：在城东十里。水源出寻甸，州民筑坝，引之灌田。谨案：旧《志》龙降溪在城东十里，至王四坝，入嘉利泽。《嵩明州志》：王四坝在城东南十二里。龙济河坝或即王四坝与？

五条沟坝　《嵩明州志》：在城东二十五里。

甸心坝　《嵩明州志》：在城东南十里。

杨马坝　《嵩明州志》：在城东南十五里。

炼登坝　旧《云南通志》：在城南八里凤溪山下。《云南府志》：在炼登村。

八里营坝　《嵩明州志》：在城南三十里。

古城坝、张家坝　《嵩明州采访》：古城河左右绕城，一自古城坝来，一自张家坝来，交会于城西南而出，灌田无数，入嘉丽泽。

庄科坝　《嵩明州志》：在城西五十里。

天生桥河坝　旧《云南通志》：在城西天生桥。灌中和、依顺、资善三里田，各有坝蓄泄。

白草龙坝　《云南府志》：在城北五里。谨案：旧《志》福佑河源出梁王山白草龙，灌崇正、月丰两里田，有坝蓄泄。白草龙坝其即福佑河坝与？

采访各坝　《嵩明州采访》：新增普沙坝、山脚坝、七股坝、卷洞坝、汉人沟坝。

宽郎堤　《云南府志》：在城南三里，障水为备，日足、效古等村田亩咸资赖之。

罗锦堤　《云南府志》：在月丰里。

卷五十三　建置志七之二　水利二

大理府

太和县

河　尾　《大理府志》：即下关。例以三年一浚，过期不浚，则滨河之田必致淹没。明正德间，通判喻河处置有方，用能成功。《大清会典事例》：乾隆九年，议准疏浚大理府洱海淤沙，以除榆郡水患。嗣后责令地方官就近督修，按田出夫，五年大修一次，仍令该道不时稽查，毋致复淤。《太和县采访》：光绪四年，沙泥淤阻，滨海田舍淹没，迤西道熊昭镜、署知府郭怀礼率绅民请款开修。

城南十里沟、鹤桥沟 《大理府志》：二水最大，宜一年一浚，庶可免患。

城北四里沟、塔桥沟、上阳桥、湾桥沟、喜洲沟、峩崀沟、周城沟 旧《云南通志》：自北门至周城，凡六十余里之田，尽赖七沟灌溉，然暴涨横流，所经易淤，而峩崀、周城为甚，当时加浚治。《太和县采访》：道光二十六年，上阳沟溪水夜涨，淹没田庐，死者九十余人。议定章程，一岁两修。

麻黄涧 旧《云南通志》：在城西北。旧由教场北入大马江，自古道壅塞，大雨涨潦，直冲大路，至西门。前人议浚复故道，不果。

水 缺 旧《云南通志》：在城西天台寺前。明弘治间，玉溪水涨，直射大纸房，排西门而入。正德间，大纸房复被淹没，后于缺处塞以大石，患始止，岁宜堤防。《采访》：今废。

穿城三渠 旧《云南通志》：南曰白塔江，中曰卫前江，北曰大马江。三渠穿城东出，一以备火，一以灌田。

三板闸 旧《云南通志》：在城东北。中和峰马蝗涧之水，南注西城濠，过狮子桥至干家村后，分五分之一灌溉干家、车邑诸村，余至城东北角。建闸蓄水，又分为二，一北灌柴村正甸，一南灌夜梦得及柴村之南、瓦村之北诸甸，余则接济大马渠之不足，旱涝均获其利。康熙三十年，知县张泰交重修。

御患堤 旧《云南通志》：在城西，即城濠。暴流沙石，再岁不浚，则与堤平。明弘治间，大水入城，坏庐舍，因筑为堤，今废。《太和县采访》：道光四年，双鹤涧口冲坍，提督罗思举、迤西道谢崧等捐廉，于西门筑长堤一百五十丈，高五六尺，宽七八尺，水道得疏通。《太和县采访》：每年由府税项下拨钱百千，交城守营浚筑。

赵 州

《大清会典事例》：雍正十年，议准疏浚赵州河道。

冯氏义泉 《赵州志》：西城中无水井，明时里人少尹冯濂于城外掘地，作地龙引入城中，至今利之。

牧棕村沟 旧《云南通志》：在城南。灌溉本村及敬天、甘陀、富乐、东山等村田地。明万历年间，民以争水互讼，水利道断定放水次序，俾民世守，均享其利。

北门三天桥 《赵州志》：上天桥水自东门坝流入锁水阁外，中天桥水亦自东门坝流入老邵园一带，下天桥水自梁王坝流入新村一带，灌溉甚溥。康熙五十一年，下天桥以叠安水碓，屡次冲决，知州陈士昂捐俸，仍令按亩输银修治，责成碓主防浚。

东晋湖闸 旧《云南通志》：在城东北十里环龙山下，水出九股。明洪武初，知州潘大武建闸，蓄聚成湖，灌溉上下草甸、红山、千户营、犁头湾、石鼻头、华营、班庄七村田地。定议立石于湖中，谷尽闭闸，湖外麦尽启闸。

水硙沟坝 《赵州志》：灌溉罗和、东山、羡树、登龙、庄科、邹官桥一带田地。

红山沟坝 《赵州志》：灌溉本村、只羊、下庄、马加邑、飞来寺田地。

甘泉坝 《赵州志》：赵州知州徐树闳、云南县知县王璐修筑。

观音山坝 《赵州志》：在弥渡东。深丈余，周里许。

水患坝 《赵州志》：在弥渡城北，旧筑水堤。

白马庙坝 《大理府志》：自定西岭北至下关，沟坝二十有五，或灌本村，或灌及数村。上之分流者足给而不病于旱，下之合流者悉归洱河而不病于潦。北流诸水有利无害，自定西岭南至弥渡、大庄、苴力村，为江三，为沟坝二十有四。弥渡以上，水有利而无害；弥渡至大庄，水势与地平，利害交半。大庄而下，或水高于田，遇涨则有冲扫之忧；或田高于水，遇旱则无浇灌之利，利不能三四，而害常居六七，非高筑坚堤不可。《赵州采访》：光绪间，署知州史建中重经疏浚。

石虾堰　《赵州志》：在白崖东十里，郡士张雯筑。

双　塘　旧《云南通志》：在城东八里。明洪武初，民以砖甃堤，利甚溥，岁久溃。嘉靖间，分巡副使安如山岁令濒海人家量亩出力修筑，民甚便之。

甘陶水塘　旧《云南通志》：在城东南。旧有堤防，其利为豪右所专。明知州潘大武议夹石为渠，穿孔分水，其利始均。

城西堤　旧《云南通志》：在城西三耳山。《明通志》：旧有夹流，因无潴堰，散漫渗泄，不为民利。议筑堤潴水，以备水旱，非直田畴，蒙其灌溉，而饮汲有甘洌之利矣。《赵州采访》：今坍塌未修。

下比齐河堤　《赵州志》：下比齐河，利甚溥。雍正六年，知州徐树闳令分界筑堤，以防冲决。

云南县

《大清会典事例》：雍正十年，议准疏浚云南县河道。

青龙海　旧《云南通志》：在城南十五里。纳宝泉坝水，三分之一灌东南十五村田，岁久淤塞。雍正八年，知县王璐浚治疏通。《云南县采访》：中河海口，为山溪所阻，乾隆二十年，知县谢圣纶详修，有租谷不敷岁修，渐复淤塞。道光七年，举人董齐圣、生员戴万钤等请修，复古制。

段家坝　旧《云南通志》：在城东南二十五里白塔村，东接镜湖。石晋时，段思平所筑。青龙、品甸之水合流而南出板桥，至此筑坝渟蓄，以出炼厂，自西而南而北，以灌云南驿前平陆田。明成化间，黔国公沐琮檄都指挥马铉重修。

天泉坝　《云南县采访》：在城东南。沿海七村，计四百余家，纳粮六百余石，苦无活水。明成化十六年，民村、石壁场、军村、青海营于东山箐内合筑二堰，例于霜降后收水，灌溉二麦。

新兴坝　旧《云南通志》：在城南山下。明嘉靖间，知县宋希文筑，周八里。

宝泉坝　旧《云南通志》：在城北五里，即团山坝。石闸三道，三分宝泉之水：一入溪沟，同九子龙水下溉弥渡；一绕城南，分数渠，灌近城西南诸田，入青龙海；一绕城北，潴贮于品甸湾。明景泰间分巡副使周鉴、参政赵雍，崇祯间兵备道何闳中相继重修，久复淤圮。雍正八年，知县王璐加修。

品甸湾坝　《云南县志》：一名小牧舍海，在城东北十里。分团山坝水贮陂中，灌城北十三村田亩，各有定例。《古今图书集成》：旧引宝泉山水蓄于周关、品甸二陂，岁久沟塞。明嘉靖间，知县宋希文开古道，以时潴蓄，军民利焉。

南丰坝　《云南县志》：在云川胭脂坝旁，收马龙箐水。明知县宋希文筑，周八里。后壅为平地，兵备道何闳中捐金开挖，为义学田。《云南县采访》：今淤塞成地，租民佃种之。

海西庄坝　《云南县志》：在和甸街西，灌海下田亩。

箐黑底坝　《云南县志》：在和甸东。灌新黑底各村田亩，流入你甸。

黑厂箐坝 《云南县志》：在和甸东。灌黑厂各村田亩，流入你甸大河。

小黑坡坝 《云南县志》：在你甸西南。收菉萝箐水，灌溉田数百亩。

龙凤寺海坝 《云南县志》：在荞甸海梢。灌溉各村田亩，岁纳本府鱼课银二两四钱。

周官些陂 《云南县志》：在城东北十五里，亦名海。周十五里，无源，天雨，受各山箐之水，灌雷鸣田亩。雍正五年，知县张汉凿沟十余里，引团山坝水，逾品甸湾山阜注其中，又于下流浚沟浍之淤二十余里。旧《云南通志》：雍正八年，知县王璐修浚。

千亩田陂 旧《云南通志》：在云南驿前。平衍千顷，久缺水利。明嘉靖间，右参政石简、刘伯耀相继修举。今废。

香果城堰塘 《云南县志》：在城东三里，原系雷鸣旱田。雍正八年，知县王璐率民买田三十一亩五分，开为五塘，由东中沟引团山坝水贮其中，灌两村田亩，其下流入青龙海。

孔伍营堰塘 《云南县志》：在城东，灌本村田亩。

杨海村堰塘 《云南县志》：在城东，灌左右田亩。

黄尾洞堰塘 《云南县志》：距城三里，灌本村田。

七百庄堰塘、小城村堰塘 《云南县志》：并在城东南，灌海下田亩。

小波畎堰塘 《云南县志》：在城南，灌小波畎村田亩。

陶官屯堰塘 《云南县志》：灌本村田亩。

李官营堰塘、草场堰塘、小马房堰塘、谢官营堰塘、白石岃堰塘、西冲堰塘、杨官厂堰塘、青龙庄堰塘、花园村堰塘、土官村堰塘、东山脚堰塘、茅草坝堰塘、东山大箐堰塘、二处。**河上村堰塘、五舍邑堰塘、灰窑村堰塘** 《云南县志》：以上堰塘，灌溉各处海下左近田亩。

果城堰塘、练厂堰塘、江头村堰塘、白溯海堰塘、白屯堰塘、刘官厂堰塘、汪旗营堰塘、小波那堰塘、舒官海堰塘、江尾村堰塘、傅旗营堰塘、东甸村堰塘、清风坡堰塘、大海子堰塘 《云南县志》：以上堰塘，灌溉各本村田亩。《云南县采访》：同治六年，耆民邹元茂倡捐，重修刘官厂堰塘。

裕泽堰塘 《云南县采访》：在乐耕堤下。

双龙堰塘 《云南县采访》：在笔架山下，收左右箐水。

青水堰塘 《云南县采访》：在双龙堰塘下。

天然堰塘 《云南县采访》：在上赤口尾箐头，灌溉本村田亩。

七乔堰塘 《云南县采访》：在七乔山下。

双箐龙泉堰 《云南县志》：在回龙山下。筑有堰堤，灌溉史家营各村田亩。

乐耕堤 《云南县志》：在和甸东，灌黄连树田亩。

邓川州

《大清会典事例》：雍正十年，议准疏浚邓川州河道。

罗甸渠 旧《云南通志》：在城西。源出东山，引溉近渠田亩。

下西闸 《邓川州志》：在青索桥下，瀰河西岸。

旧东闸堤 《邓川州志》：在青索桥下，瀰河东岸。

大水长堤 旧《云南通志》：在城南。旧以水磨在堤南，致秋潦为害。明嘉靖间，兵备副使姜龙令移水磨堤北，又修筑旧堤二百余丈，水因南趋，不复为害。

瀰苴佉江堤 旧《云南通志》：在州前平川。受鹤庆、剑川、浪穹、凤羽诸水，自下山口以迄江尾，绵亘四十五里，流入洱河。两岸筑堤，高二丈，宽四丈，堤东开涵洞十二，西开涵洞十六，闸水入沟，各灌二十余村，诚为两川大利，但河高田低，夏秋暴涨，横流溃决为患。旧例于春初，按粮募夫，挑淤培埂。《邓川州志》：浪穹之水，入蒲陀崆，经邓川州平川中六十余里，分为东西两堤，沿堤各开泄水口，名曰龙洞。东堤十八口，西堤十八口，分灌两川之田。因浪穹三江口沙壅，浪人顺水推沙，河日浅，堤日低，夏秋时有溃决。正统中知州李福、万历间署州卢多益、乾隆二年知州俞唐，先后丈定堤弓，按粮分界，民粮每石分堤五弓七尺三寸，军粮减半。自正月上元后，起夫浚河修埂，期一月完工。官为稽其勤惰，核其工程，分别惩劝。仍广植杨柳，禁人斫伐。各里预备防河桩木，设巡河夫往来查考其各龙洞口，六月后，令头人出结保守。雍正八年，知州施震博咨详审，于山下口东子河内开一闸口，由大凹出东川，历青索，会于洱河，以分水势。于大楼桥西子河内开一闸口，由杨柳村绿玉池，出鸡鸣村城西至西湖，历三道桥、龙桥、兆邑，以入洱河。又于青索子河内开下闸一口，以杀大河之流。每年仍于春初浚筑，设役巡查启闭。《邓川州志》：明万历中，知州常真杰开东西两闸，视河水之消长，随时启闭以分泄，最为防河上策。今闸沟半占为田，闸口久经堵塞，既无分杀水势之处，此长堤难保，所以叠遭水患也。惟修复此举，自然安澜有庆。

《大清会典事例》：乾隆四十七年，奏准官民捐赀修浚邓川瀰苴河身堤坝，涸出粮田万亩。嗣后每岁冬春水涸时，该管府州督率民夫兴修一次，以资蓄泄。《案册》：光绪五、六、七年，知州王培心、黄继善请款，相继重修瀰苴河堤，并新开马鞍山渠，除水尾淤塞之患。

上七里公堤、下七里公堤 《邓川州志》：上七里公堤自下山口至僧户堤止，下七里公堤在元保里。道光二十六年，砌石加修。

罗时江堤 旧《云南通志》：在城西三里桥界。唐时，罗时兄弟导绿玉池、西湖之水，以归洱河。《明通志》：弘治间，知州阿骥分为界址，行令各里村长自领水夫开挖修筑，每年二月一次，今废。旧《志》：明天启间，知州周之相另开河尾一道，导水南行，过玉案山，注瀰苴，以入洱河，东南田亩赖之。

横江堤 旧《云南通志》：在州后大邑、新生、上登三里，州西之田赖之。明永乐间，同知李福筑。正德间，署州祈伦修。

上下登堤 旧《云南通志》：在旧州西北一里，灌溉上、下登村。每秋涨，多没田庐。明正德间，郡人杨南金倡筑石堤，其患始息。

庙后堤 旧《云南通志》：在城北二十里旧州城隍庙后。二涧合流，时有水患。明嘉靖间，副使姜龙筑堤百丈，岁宜加修。

圆井堤 旧《云南通志》：在旧州北麓。副使姜龙筑堤百丈，引泉水以溉。

卧虹堤 《邓川州志》：在天洞山东北。先因秋潦横发，沙石冲塞。乾隆四十六年，大理府李春芳、署州王孝治、绅士高上桂等，于青石涧下横筑长堤三百余丈，旁开闸口，使沙留堤内，水由闸出。每岁督民夫量修一次，堤下涸出一区，开垦以作岁修之需。

浪穹县

《大清会典事例》：雍正十年，议准疏浚浪穹县河道。

东原沟 旧《云南通志》：在城东十里。自大营河分而西流，南经大营、江幹二村，灌平原一带田地。《浪穹县采访》：今江幹水波二里，田庐淹没，沟亦无迹。

山关沟 旧《云南通志》：在城南。明嘉靖间，知县陈儒开，引凤羽河水自山关核桃涧灌溉城南。万历间，邑人杨峩修，同知李先芬重修。《浪穹县采访》：乾隆二十五年，堤溃，河由下趋，海口淤塞，频年为患。后议改河北流，环县城东北至鹅墩村，入茈碧湖。水患始平，然河小堤卑，沙泥易淤。同治十年，署知县谢联庆率村民开石闸数道，以资蓄泄，未几复溃。光绪十年，知县陈文锦率绅民分段疏浚，坚筑堤岸，并开通旧河，以杀水势，议定章程，每岁一修。

安民沟　旧《云南通志》：在城南山水坡。向无沟洫，明正德间，知县杜翱自南桥开沟引水，四达灌溉。

九龙泉沟　《大理府志》：泉自九龙山下随处涌出，汇于一池，野鸡等村田地数十顷，皆资其利。北又有黄龙泉沟，足灌黄龙等村一带之田。

大波渠　旧《云南通志》：在城东大波坚村。向无水，明万历间，知县王锳作渠，引大营河水灌之，自此沾足。

三江口渠　旧《云南通志》：在城东南九里。宁河、凤羽、三营之水，由此泄入邓川。先是，凤羽水势驶疾，沙石横冲，以致宁水逆灌。又黑白二涧，水沙石随流堵塞蒲陀崆口，率多水患，但崆口下至邓川，低十余丈，上流疏通，自可畅行。明嘉靖初，西涧泛溢，淹没民田，竟成大湖。其粮摊入里甲，议者谓宜导三营、凤羽二水尽入宁河，合出一口，高筑堤岸，俾无左右冲激之患。万历间，署篆永昌同知李先芬广咨审度，先于桥下村开子河一道，出炼城，以杀凤羽之势，于周里营开子河一道，入郭家湖。又开大堂神前子河一道，接湖水，绕山麓而下，以分三营水势。复于黑汉涧砌堤障水，循山而流，挑浚蒲陀拖木江心沙石，田始无患。久复淤塞，雍正四年，知县张坦于炼城村南，另开子河一道，建闸御涨，以杀凤羽之水，凿去抱木厂阻水巨石，河水得以顺流。雍正八年，总督鄂尔泰复檄知县吴士信加功修浚，自郑家庄至邓川界十里，增筑长堤四十余丈，加高三江小堤数尺，置木柜五十，盛石截沙，水流无壅，湖田多利。

《大清会典事例》：乾隆二十七年，奏准浪穹县三江口堵筑坝工，以防水患。《浪穹县采访》：旧《志》所载分杀水势之子河及捍沙堤岸，久已湮没无考。乾隆二十六七年，白汉涧沙石冲入水口，知县林中麟督同土官王芝成，于涧口创筑旱坝数百丈，详准每年小修，于盐余项下领银一百二十两，三年大修，领银三百二十两，又邓川州每年津贴闸坝银五十两。三十六年，知县刘焕章率土官王芝成别开子河，并按粮摊捐，以备岁修之用。嘉庆八年、十一二年，大小坝坍，知县陈炜改筑旱坝，自西而东数千丈，使沙石聚于炼城村前隙地。又以旧河西岸接旱坝，筑埂数千丈，种柳数千株，以遏河泥。

白汉新渠　旧《云南通志》：在城东南十五里。水旧沿山直下蒲陀崆，沙石随流，淤塞江口。康熙三十一年，通判黄元治另开一渠，导白汉厂之水逆折而北至平川，中开一口，并引炼城村之积水入新渠，归蒲陀，然后炼城之田得耕。继而白汉涧后山崩塌，砂塞水尾，知县张坦建立水闸，递年加增，使沙土过闸即止，河无堙淤之患。

山根渠　旧《云南通志》：在城南七里。灌田三千余亩，春夏之交，一淘汰之。

溪登渠　旧《云南通志》：在城西十里。源出溪登村下，水源颇盛，向系瞖头村开引灌济。明嘉靖间，知县李南桥另作新沟，引溪登下长涧之水，灌溉城北一带田园。又引猢狲涧之水，亦注城北。万历间，邑民争水，知县王锳定议将猢狲涧水分而为三，城北一分，城南二分。

红山渠　旧《云南通志》：在城东北十二里，名三营川。《大理府志》：流沙易淤，一年一浚，庶免淹没。

三水陂 旧《云南通志》：在城东八里，曰通济桥。在城东南三里，曰通宁桥。在城南四里，曰南江桥。水漫溢淤，没军民田地三百余亩，明嘉靖二十一年浚导。

宾川州

上沧渠 旧《云南通志》：在城西六十里，周十里。濒河之田，为清明洞、白荡坪，用水车挽水逆灌，下注为下沧，三家村干古之田，皆资以为利。

炼洞甸头甸尾诸渠 旧《云南通志》：在城西北一百里炼洞诸山下。丰乐溪源出鸡足山麓，南流，经炼洞甸头、甸尾诸村。旧多盗，民有弃田而去者。明嘉靖二年，兵备道姜龙令土同知高仑督捕，盗屏息，民渐复业。二十五年，知州朱官作诸渠，荒土皆为耕地。

新　渠 旧《云南通志》：在城北龟山之东。《大理府志》：旧《志》谓决乾龙潭可入钟良溪，决红雀潭可入杨梅谷，当得水田数百顷。今乾龙久涸，红雀亦为龙别徙，万难引之为利矣。

乌龙坝 旧《云南通志》：在城西五十里。源出乌龙山顶，其流不大，居民作坝，潴灌近田。

莿村坝 旧《云南通志》：在城西七十里。源出冷水箐及山涧中，居民潴之，以资灌溉。

梁王坝 旧《云南通志》：在城北团山下。明天启间，知州杨云起重修。

大场曲堤 旧《云南通志》：又名济民堤，在城西百一十里。旧有陂池，豪右利陂底土肥可田，断水别流，陂外之田半为废壤。明嘉靖间，知州朱官改水筑堤而复之，岁乃收。

云龙州

《大理府志》：云龙山深谷奥，可耕之土寥寥无几，溪河之水足以灌溉而有余。澜沧为壑，众水视以为归，又无冲堤突岸之患，事耕耘者诚可高枕矣。

临安府

建水县

《大清会典事例》：雍正十年，议准临安三河酌定岁修银三百两，动支盐道衙门合秤银给发兴修，用则报销，不用则存贮以备大修之需。又，议准疏浚临安河道。

杨公泉 旧《云南通志》：在城北四十里。康熙三十年，知州杨绪爵开凿，溉田四千亩，居民祠祀之。

芦子沟麦塘三洞 《建水县采访》：在县西界、石屏州东界，消泄泸江河源之水，后为奸民李鹏等开垦堵塞。乾隆二十七年，临安府双鼎将麦塘三洞开挖宽深，水得疏泄，立有碑记。今已迷失故道，时有冲决之患。

冷水沟 《建水县采访》：在城东五十里云龙山左，清流不竭，灌溉甚溥。

马蝗沟 旧《云南通志》：在城西北五里。

九甲沟 《建水县采访》：在城北一百里曲江。道光间，村民开挖，引通海属之困河水，灌田数百亩。

上河沟、下河沟 《建水县采访》：并在城北曲江芦钗冲下。引沟九甲、桥头等村田亩约十数里，每岁按亩抽租，以为岁修之费。

侯家箐沟 《建水县采访》：在城北曲江。引灌右所、阎家坡、龙街等村田，其利甚溥。

破山沟 《建水县采访》：在城北曲江，引灌破山、欧旗营等村田亩。

过泉渠 旧《云南通志》：在城北。自南庄十六营以下暨狮子口、郭衣村八处田亩，苦无活水。雍正七年，知州祝宏于附近南庄之李浩寨，察山腹中有过泉一股，水声潺湲不息，而山石嶙峋，疏凿难通。总督鄂尔泰令填入谷糠，约三十里，始流出于州属之老鼠窄石空。地势卑洼，水无所用，于上里许穿凿而入，水流涌出，开导成渠，酌定规条，挨次引灌。

大　坝 旧《云南通志》：距城六里，民自筑。

冯家山塘 旧《云南通志》：在城东小寨后坡顶。宽二里许，阔半里，旱涝赖以蓄泄。

老鹳塘 《建水县采访》：在城东七里。

清沕塘 《临安府志》：在城东十五里。广三里许，居民引灌田亩。

鉴月塘 《建水县采访》：在城东十五里。

王家塘 旧《云南通志》：在城南六里。

滚沙塘 旧《云南府志》：在城南十里，灌回回村一带田。

蒲草塘 《建水县采访》：在城南十五里。水源洪沛，聚若小湖。

浑水塘 《建水县采访》：有二，一在城南三十里，一在城西四十里。

泸江堤 《临安府志》：泸水溉田几七十里，但沙滞泥淤，最易冲决。明万历四年，兵备道许宗鉴修浚，置有桩柞田，以备疏筑之费，士民称之曰许公堤。自后兵备道漆文昌，知府张守刚及本朝知州李灏、杨绪爵、张鼎昌、陈肇奎，总兵王洪仁相继修筑，杂置树木，而两埂尚薄，时修时决。雍正三年，知府栗尔璋加意修筑。七年，知府张无咎清出桩柞田，交建水州经管，买备桩石，复与总兵张应宗、知州祝宏捐俸以继不足。八年春，总督鄂尔泰委署石屏州祖承佑、教授夏冕、经历张任亨等分界督修，浚河培埂，密植柳树，复凿岩洞积石，拆洞口鱼床，于是沙不下壅，水得畅流。旧《云南通志》：自谢家湾至岩洞亘八百一十丈，回环几九十里，浚治宽深，堤岸坚固。《案册》：道光十一年，知府陈锡熊以山水暴发，堤岸坍塌，请帑重修，未几又塌。三十年，知府嵩崑因旱荒，以工代赈继修。兵燹后，光绪元年，淫雨为灾，泸江三河堤埂冲决。二年，兼署总督云南巡抚岑毓英发款檄署知县李宾重修，后复决。九年，署知县秦述先勘明为阿迷州民人不遵旧制，安枧引龙潭之水灌田，于出水洞口筑坝截水，以致下流壅塞，水势逆溢，横决河堤，禀请发款修复阿迷州枧道，折（拆）毁石坝，并疏浚建水上流河道、石屏异龙湖出水洞口。

象冲河堤、塌冲河堤 旧《云南通志》：二河俱筑堤捍卫，历任修筑，旋复溃决。雍正八年，总督鄂尔泰发帑重修完固，亘四千三百七十五丈。《案册》：光绪二年重修。

白沙河堤 旧《云南通志》：在城北二里，俗呼窑沟。

石屏州

新　湖 旧《云南通志》：在城南二十五里白家寨后。阔四里许，筑堤蓄灌。

老　湖 旧《云南通志》：在城南三十里大寨山后。广五里许，筑堤蓄溉。

宝秀湖　《石屏州采访》：在城西。宣泄之口，经行之堤，每岁常为修筑疏浚。

九天观闸　旧《云南通志》：在城西三里，受宝秀、高家冲诸水。明万历间，知州曾所能移旧堤于百步之上，就其冈陵之隘而扼塞之，潴水以资灌溉。中为石闸，以时启闭，至今民赖其利。《石屏州志》：康熙三十七年，知州张毓瑞增修。《石屏州采访》：先是由闸外分南北两河，抱城环流，南河由西径南，北河由西径北，均东入异龙湖。后人惑于风水，塞北河，毁北河所从出之杨家桥，河遂废。今西北一带田亩无从灌溉，西南一带田亩恒苦溢涝。

白仓堰　《石屏州志》：康熙三十一年，知州徐印祖筑，名曰润仓堤，袁家塘、大水池、白仓一带资其灌溉。

后所塘　旧《云南通志》：在城南火龙山下。广七里，居民筑蓄资溉。

麸东塘　旧《云南通志》：在城南三里钟秀山下。广二里，灌溉资之。

蚂蝗塘　旧《云南通志》：在城西三里。广阔二里许，筑堤蓄溉屯田。

酸水塘　旧《云南通志》：在城西符家营。阔三里许，军民利赖。

化龙桥堤　《石屏州志》：在城东异龙湖边，为东门孔道。每秋湖水涨即没，行者苦之。康熙七年，知州刘维世增高三尺，旁堿条石，筑坚土，湖水不能犯。乾隆二十一年，知州管学宣重修。

湖口堤　《临安府志》：在异龙湖之东。两山逼塞，每遇伏秋大雨时行，恒苦淤滞。前吏目叶世芳尽心疏浚，沿湖田亩屡庆丰登，后年久渐次阻塞。乾隆三十八年，知州蒋振阅建石堤于回龙山之侧，障修冲关河使东注，名蒋公堤。五十五年，知州台弼续建福田堤。五十六七年，知州漆炳文、傅应奎继之始完工，长三十余丈。《石屏州采访》：年久失修，湖口淤塞。光绪七年，署知州顾芸捐廉修浚，未几复塞。十年，署知州王秉鉴重修。

西　堤　旧《云南通志》：在城西一里黑龙坡旁，即杨柳坝。康熙八年，知州刘维世凿堰，长八十余丈，作三闸，聚弥勒沟一带流水，因时启闭，分水为十二分，远近均沾，灌军民田万余亩。《临安府志》：山隈建三台阁，堤上建偕乐、含清、秋水三亭，颇据湖山之胜。

阿迷州

《大清会典事例》：雍正十年，议准增修阿迷州至八达通粤河道。

大庄水头　《临安府志》：在橄榄坡址。自石窍中出，各坝田俱引此水灌溉。

高家庄沟　旧《云南通志》：在城西九十里。源出沙札哨旁，长三里，土舍李思敬开浚。

新　沟　《临安府志》：距城五里。自冰泉寺对面山脚北流转东，灌溉新田一带田亩。州人王式辂捐田，为每年修浚之资。

东　堰　旧《云南通志》：在城东。水出南洞，经东山庄至义来村，明郡人王廷表率众人为石坝。《临安府志》：分清水河之派，以利东郊，至印王庄止。

石　堰　旧《云南通志》：在城南，有小河。明嘉靖间，巡抚邹应龙建。

西　堰　旧《云南通志》：在城西。水出冰泉，州民赵儒筑堰通之，经桃川庄至甸尾。《临安府志》：分浑水河之派，以利西郊，至沙田止，约十余里。蜀人赵天保官于此，后即家焉，其三世孙赵昇捐资创造两堰，知州毛振翧纪其事于碑。

宁 州

牛舌坝 《临安府志》：在城东一百五十里抚仙湖南岸。水由此泻入宁境为河，每雨多水大，宣泄不及，或山水暴发横冲，致沙石填塞海口，海滨田亩咸被淹没。明巡抚姜思睿建造石坝。雍正时，总督鄂尔泰增筑逼水六墩，以固石坝，然后山湖之水不为民害。

背水桥坝 《宁州采访》：在城西北七里。道光初，州绅刘大绅建，近村田亩咸资灌溉。

附城河堤 《宁州采访》：一发源于城西北三十里之甸苴关，径浣江桥入浣江；一发源于城西南十里之恩永泉，径小山桥、郭家营东至迎春桥，与浣江会，附郭田亩咸资灌溉。光绪七年，知州黄翰先率士民请款修浚。

羊 塘 旧《云南通志》：在城东三里甸尾。长二里，宽四丈，蓄葫芦竜水灌田。《宁州采访》：今废。

山 塘 旧《云南通志》：在城西北四十里甸苴坝。广阔二里，蓄水资灌。

通海县

东湖池 旧《云南通志》：在城东三里白马山谷内。长四里，宽二十余丈，久废。

西湖池 旧《云南通志》：在城西一里。广阔一里，蓄温泉水灌田，久废。《通海县志》：东西二池，日久无人浚凿指点，仅存空名，倘仍其旧而扩清之，利未尝不远。

李公沟 《临安府志》：在城东一里。水发泥沙冲决入田，禾多被害，沟隘不能入海。雍正七年，知县李至捐金修之，故名。

大桥沟 旧《云南通志》：在城东。注东山白马泉水，分灌入湖。明末山水泛溢，民田尽被淤没，改种豆麦，又为暴涨冲埋。沟路堙塞，多年弗葺，其下流入湖处久成平陆，居民侵垦成田。雍正七年，知县李至倡浚古沟，自大桥至湖六百六十五丈，疏导宽深，较旧制泄水更捷，并多置水车，遇旱则挽湖水而上，三层转注，可达大桥上游，浸灌田亩。

新村塘 旧《云南通志》：在城东十里东华山下，广二里。新村、城匡、杨广三村居民，筑蓄以资灌溉。

窑沟堤 旧《云南通志》：在城东窑山下。夏初雨集，民资其利。

鱼沟堤 《临安府志》：在小鱼嘴，注东华山大、小、中龙潭诸水入海。

碧溪堤 《临安府志》：在西村小街，注木马口诸水入海。

秀山堤 旧《云南通志》：在城西北。汇秀溪温水塘、冷水塘二潭之水，流入杞湖。水甘宜稼，故西畴称为沃壤。

河西县

普应溪 旧《云南通志》：在城北关外。发源螺髻山下，北行东折及于县境。每暴涨，山岸当之辄溃。康熙五十年，知县周天任凿琉璃山麓，引水北行，复自普应山下筑长堤捍之入湖，民利之。

大 沟 旧《云南通志》：在城西五十里。自木加沙引碌碌河水，灌永城仓、文沙冲、小白邑等田。《临安府志》：知县蔡酬开。

碌碌塘 旧《云南通志》：在城北胜郎村上。延八百步，袤五十步。明时筑，灌交罗布等村田。

东湖池堤 康熙《云南通志》：在城南二十里。延四百步，袤三百步，蓄水济塘下一带田，明成化间，知县朱光正立二石柱于塘左右，刻四至。雍正《云南通志》：城南无堤，疑为城北戴文营堤，今长河水淤，或失其旧尔。

西　堤 《临安府志》：一名西坝，在普应山下。明万历三十二年，知县周邦举筑石闸，田之近城隅者赖之。

西湖池堤 旧《云南通志》：在城北二里戴家屯上，延百步。明弘治十年，知县萧济筑，即今碌溪渡堤。

甸心村埂 《河西县采访》：河右水道自水磨村甲保井发源，经汉邑村至甸心村，被水冲塞，损坏民田。嘉庆二十年，知县黄觐云中立一埂，俾洪水右流，清水左流，至今利赖。

嶍峨县

《大清会典事例》：雍正十年，议准疏浚临安嶍峨县河道。

大白邑沟 旧《云南通志》：旧自嶍峨县阿习村引碌碌河水灌大白邑田，今为嶍峨县阻。

松子园石渠 旧《云南通志》：在城西北十里。明万历二十年修筑，亘十里，灌溉利焉。

倪家冲堰 旧《云南通志》：在城南一里香柏村之左。

角池堰 旧《云南通志》：在城南四里。

新龙堰 旧《云南通志》：在城西南五里。

大罗河堰 旧《云南通志》：在城西四里。

普龙堰 旧《云南通志》：在城北十二里。

以上四堰，并明万历二十年，知县李先芬修。

董家堰 旧《云南通志》：在城东北二里，聚水灌田。

砥柱堰 旧《云南通志》：在城东北十里。明万历二十年，知县李先芬修。

张公堤 《嶍峨县志》：在城西二里大石坝，壅水灌田。因江水为患，居民苦之，明知县张虁筑堤，士民感颂，有《碑记》。《案册》：光绪元年，知县陈宗海重修。

蒙自县

白谦泉 《蒙自县志》：在城东二十里。明万历时，邑令王邈凿山穷源，导水为渠，广一丈，深八尺，长四十余丈，而合流于租革老龙潭之水，高堤坝，以时蓄泄。凡役万人，费千金，历半载而后成，蒙民以为惠政，今废。

法果泉 《蒙自县志》：在城南十五里。水经新安所军田中，军人得壅激之，利己病人。明嘉靖中，郡幕周崧及百夫长王昌浚之为渠，导水由山巅行二里始复故道，决其壅塞，分流东注于县，合流于洒鸡、生三岊泉，军民利之。

南湖堤 旧《云南通志》：在城南门外，即学海。盈涸不时，久经淤塞。明嘉靖中，知府钱邦偁、通判胡文显疏凿为池，纵广里许，日久复淤。雍正七年，知县王廷诤以城南地势宽衍，因乏水荒弃，而学海据其上流，于庄区寨分引竜古之水聚为巨塘，浚深数尺，筑堤潴水，开渠引灌。《临安府志》：知县汪仪建瀛洲亭于三神山前。五十四年，摄县事李焜重修海身，尽去淤塞。

鲤海堤 《蒙自县采访》：在城西三十里有草海曰大屯海，旧称鲤海。水道淤塞，随满随溢，居民患之。嘉庆九年，知县会礼率乡众鸠工疏通，俾循故道，筑堤二十余里，计费千金，近水田地，不致淹没。

楚雄府

楚雄县

《大清会典事例》：乾隆四十七年，奏准开挖楚雄府城外龙川江，引河一道，长二百十丈五尺，砌筑石岸，长六十九丈。

史公闸　《楚雄县志》：邑人旧龙川下闸为平坝，坝渐高，而城渐低，以致壬寅大水，水口不能泄山涧。不知有闸，即知亦苦于无力。郡守史积容捐金分给为闸，于是石头塘、马家桥、塔凹箐、鲍家庄等处各有闸。

东清坝　旧《云南通志》：在城东门外，引凤泉水。

梁王坝　旧《云南通志》：在城东三十五里。元梁王筑，明弘治十三年重修。

高孔庄小河闸坝、落直美河口坝、土坡骑河坝、老羊坝、织锁坝、各邑村栏河坝、毛溪冲官家坝、排喇村坝、长冲村沙坝　《楚雄府志》：右东界，共九小坝。

跨苴坝　《楚雄府志》：在城南四十里，浸灌二千余亩。

大琶坝　《楚雄府志》：在城南五十里，周三里余。

大坝心栏河坝、以下俱拦河。**栗子园坝、白庙屯坝、阜民村坝、东屯坝、莫苴旧坝、**以下俱积水。**大琶村石闸坝、以口跨坝、阿成坝**　《楚雄府志》：右南界，共九小坝。

杨润五坝、六合坝　《楚雄县志》：并在城西二十五里，龙江大利。

五排坝　旧《云南通志》：在城西四十五里。

吴官寺坝、以下俱拦河。**清水坝、波歪村沙坝、朵基村小闸坝、日落村坝、木兰村坝、丫力村坝、河东村坝、大石村坝、**以下俱积水。**观音寺坝**　《楚雄府志》：右西界，共十小坝。

旧吕合坝、以下俱拦河。**杨官屯坝、土锅村坝、小各邑坝、大屯坝、河北屯坝、东瓜庄坝、大石铺坝、李家冲沙坝**　《楚雄府志》：右北界，共九小坝。

城南堰　旧《云南通志》：在城南三里，灌田千余亩。

镇南州

天城河坝　旧《云南通志》：在城东三十里，溉民堡田。

河洞坝　旧《云南通志》：有二，在城南十五里，溉军民田。

新　坝　《镇南州采访》：在城东三里。

下　坝　《镇南州采访》：在城西四里。

麦地坝　《镇南州采访》：在城西五里。

康伍坝　《镇南州采访》：在城西六里。

索厂坝　旧《云南通志》：在城西二十里，溉上下二村田千余亩。

太乙坝　《镇南州采访》：在城西三十二里。

猪嘴坝、石人坝　《镇南州采访》：并在城西三十五里。

两旗坝　旧《云南通志》：在城北五里，溉金珠河、麦地坪、古城坝一带田地。

千家坝　旧《云南通志》：在城北。源出北山龙王庙及岔河、爹蕨厂等泉，两崖壁立，泉源不竭，会流箐口，山势逼合，俨如门阙，基址天成，蓄水成堰，可灌田数十里。

明嘉靖二十七年，知州张定泉建有石坝，日久颓圮。雍正八年，总督鄂尔泰檄知州金鉴重建坝闸，疏通渠路。《镇南州采访》：俗名千工坝，今废。

官庄坝、大医坝、古矣达坝、白土城坝、姚冲坝、大谷堆坝、木瓜村坝、五庄梅坝、苗村坝、双甸坝 旧《云南通志》：右小坝十。

西南二堰 旧《云南通志》：一在城南，一在城西。

东堡塘 旧《云南通志》：在城东三里，溉张合屯、土城一带军民田。

南安州

白沙泉坝 旧《云南通志》：在城东一里。

福兴寺坝 旧《云南通志》：在城东二里。

乌龙寺坝 旧《云南通志》：在城东五里。

草打喇河坝 旧《云南通志》：在城东八里。

紫石冲坝 旧《云南通志》：在城东南十里。

上邑村坝 旧《云南通志》：在城南二里。

力摩村坝 旧《云南通志》：在城南十里。

下邑村坝 旧《云南通志》：在城西南三里。

西门外坝、回子村坝 旧《云南通志》：并在城西一里。

桥边坝、溪木崩坝、红土坡坝、回子路坝 旧《云南通志》：俱在城西二里。

阿力村坝 旧《云南通志》：在城西三里。

羊旧村坝 旧《云南通志》：在城北三里。

苏家屯大小坝 旧《云南通志》：在城北四里。

密康郎箐坝 旧《云南通志》：在城东北十里。《南安州采访》：以上各坝，遇有坍塌，均村民随时修补。

姚　州

乌鲁淜 旧《云南通志》：在城东十里，广五十六亩。《续姚州志》：潴寨子山水。

大石淜 《姚州志》：在城西南四十里。土人称陂堰为淜，潴青蛉河水，不知筑自何时。广四百余亩。明万历十六年，知府周希尹浚而深之，筑堤数尺，仍于东西二闸，甃以砖石，蓄泄以时。后冬春之际，水多散溢，又于淜之上两山之间，复开一堰，以容水之有余者。《续姚州志》：在城南五里。乾隆间，吏目傅昌岩令州人沿堤植柳以固堤。道光元年，知州隆庆增修。十二年，西闸坍决，知州张安涛重修。光绪五年，知州伍兰征增修堤闸。八年，知州程仁栋继修。

当波院淜 旧《云南通志》：在城西十五里，广十二亩。《续姚州志》：潴大龙潭水。

阳派河淜 旧《云南通志》：在城西十五里，广二百三十三亩。《续姚州志》：一名洋片湖，潴阳派河水。

长寿淜 旧《云南通志》：在城西北五里，广六十三亩。

地角淜 旧《云南通志》：在城北十里，广一百一十亩。

香索岭淜 旧《云南通志》：在城北十里，广三十四亩。

赤额坪淜 旧《云南通志》：在城北十里，广四十五亩。《续姚州志》：二淜久废。

摩苴邑淜 旧《云南通志》：在城北十里，广五十四亩。《续姚州志》：潴稻田冲水。

黑坝淜 旧《云南通志》：在城北十五里，广十亩。

塔镜溯[1] 旧《云南通志》：在城北二十里，广一百一十二亩。《续姚州志》：潴白马泉水，溉光禄乡田。溯西有山，山上有塔，溯水澄清，倒影如在镜中，故名。

小邑溯 旧《云南通志》：在城北二十五里，广二百一十四亩。《续姚州志》：潴白马泉水。

地摩溯 旧《云南通志》：在城东北，广一百九十三亩。《续姚州志》：在城东五里，潴蜻蛉河水。

伍舍邑溯 旧《云南通志》：在城东北三里，明知府周希尹开。《续姚州志》：久废。

黄连箐坝 旧《云南通志》：在城东南九里。

石峡口坝 旧《云南通志》：在城南二十五里。《续姚州志》：久废。

右所冲坝 旧《云南通志》：在城西南六里，广二十七亩。《续姚州志》：潴象鼻岭泉水。

阳派坝 《姚州志》：在城西七里。广二十三亩，潴叶家冲泉水。

观音坝 《续姚州志》：在城西三十里观音箐。截河甃石为坝，障连水入渠，灌溉连厂沿河田。

弥兴坝 《续姚州志》：在城西四十里。截河为坝，障连水入渠，溉弥兴田。明总兵官汪馨倡筑。

流海坝 《续姚州志》：在城西五十里。潴小关山泉水，溉弥兴田。

蜻蛉河堤 《续姚州志》：蜻蛉河水多淤泥，日久不浚，必致堤崩水溢，横流为害，故治州境之水者，以修蜻蛉河为急务。道光初，知州方若麟鸠工浚之。二十七年，知州吴嘉思极力疏凿，河深一丈，宽二丈五尺，水患悉平。军兴后，河道壅塞。光绪六年，知州伍兰征集州民修浚。

大姚县

上下二闸 旧《云南通志》：上闸在城东二里，下闸在城东三里，俱明弘治间筑。

赵家闸 旧《云南通志》：在城东南三里。

晏公闸、土桥闸 旧《云南通志》：并在城东南五里。

金家闸 旧《云南通志》：在城南一里。

冷水闸 旧《云南通志》：在城西门外。

白塔闸 旧《云南通志》：在城西三里。

叶家闸 旧《云南通志》：在城北十里。

杨家闸 旧《云南通志》：在城北二十五里。

新　坝 《大姚县采访》：在城东五里，纳西南两河水。军兴后，堤岸坍塌，河道淤塞。光绪五年，知县姜瑞鸿率绅士李宝书筹款修浚。

广通县

马家坝 旧《云南通志》：在城东四里，灌溉李家屯田亩。《楚雄府志》：在大甸尾河。

舍资官坝 旧《云南通志》：在城东五十里，灌溉舍资田亩。《楚雄府志》：在舍资河。

---

① 塔镜溯 雍正《云南通志》、道光《云南通志稿》作“搭境溯”。按“山上有塔……倒影如在镜中”，作“塔镜”是。

李家坝　旧《云南通志》：在城南一里，灌溉李家屯田亩。《楚雄府志》：在西门外河。

土官坝　旧《云南通志》：在城南二里，灌溉西门外一带田亩。《楚雄府志》：在习克岭河。

甸心坝　旧《云南通志》：在城南三里，灌溉白土凹一带田亩。《楚雄府志》：在三场旧河。

山旗坝　旧《云南通志》：在城南四里，灌溉山旗屯田亩。《楚雄府志》：在白土凹河。

苏公坝　旧《云南通志》：在城南五里，灌溉三场旧田亩。《楚雄府志》：在习克岭河。

梅家坝　旧《云南通志》：在城南六里，灌溉雀哺田亩。《楚雄府志》：在雀哺河。

董家坝　旧《云南通志》：在城南七里，灌溉范旗屯、甸心田亩。《楚雄府志》：在雀哺河。

赵家坝　旧《云南通志》：在城南八里，灌溉范旗屯一带田亩。《楚雄府志》：在三场旧河。

郭家坝　旧《云南通志》：在城南九里，灌溉雀哺屯一带田亩。《楚雄府志》：在瓦窑冲村。

罗家坝　旧《云南通志》：在城南十里，灌溉瓦窑冲一带田亩。《楚雄府志》：在瓦窑冲河。

石头坝　旧《云南通志》：在城西二里，灌溉张家湾田亩。《楚雄府志》：在南屯河。

金家坝　旧《云南通志》：在城西三里，灌溉南屯田亩。《楚雄府志》：在南屯河。

西屯坝　旧《云南通志》：在城西五里，灌溉西堡屯田亩。《楚雄府志》：在舍资河。

定远县

《大清会典事例》：雍正十年，议准定远县建设石堤。

庆丰闸、安乐闸　《定远县采访》：并在城西二十里。乾隆元年，知县沈堂开，灌溉境内田亩。兵燹后失修，光绪七年，知县万邦治请款率绅民捐资重修，并添筑石墩四座、石堤十余丈，建龙神庙于闸左。

清风坝　旧《云南通志》：在城东南十里。《定远县采访》：今废。

冷家坝　旧《云南通志》：在城南三里。

西河坝　《定远县采访》：在城南五里。光绪元年，军功刘春荣倡建，阅十年而工竣。

润泽坝　《定远县采访》：在城南二十里。光绪七年，廪生夏昌言倡买荒田十余亩，建坝蓄水，灌田数百亩。

安乐坝　《定远县采访》：在城南二十里。同治九年，文生李迎春、李秀春倡修，光绪三年工竣。

乌鸦坝　旧《云南通志》：在城北五里。《定远县采访》：今废。

梁王坝　旧《云南通志》：在城北七里。《定远县采访》：光绪三年，文生丁绍文倡修堤岸闸坝，沿堤植柳以固堤。十一年，坝口水圮，绅民继修。

永丰坝　《琅盐井志》：在井西周家庄。旧系木坝，提举李国义捐建石坝，蓄水灌溉陆田。

黄莲塘 旧《云南通志》：在城东三里。《定远县采访》：在城南三里。光绪五年，邑人陈光文等倡修堤岸闸坝。

饮马塘 旧《云南通志》：在城南二里。

万斛塘 旧《云南通志》：在城南四里。《定远县采访》：一名万户塘坝。光绪四年，监生夏正荣增修堤岸闸坝。

金鸡塘 旧《云南通志》：在城西七里。

贾溪塘 旧《云南通志》：在城北五里。《定远县采访》：光绪十年，邑人贾连兴倡修。

澄江府

河阳县

太平闸 旧《云南通志》：在城西二里太平桥下。明知府徐可久建，疏梁王冲一带溪水入新河。

高涧渠 旧《云南通志》：在城东一里。自纳古勺开渠，引玗札溪水，流经蓬莱庵、捕鱼村、大树村，渡高涧桥至东郭，一带田亩咸资灌溉。

海口坝 旧《云南通志》：在城东南三十里。抚仙湖水由此泻入铁池河，每雨多水泛，宣泄不及，又有南北山溪，暴涨横冲，推沙滚石，每将海口湮塞，障水逆流，三州县滨海田亩咸被淹没。明巡按姜思睿于南岸建牛舌石坝，北岸建梅子箐石坝，逼遏两溪之水，循轨顺行，不使沙石激壅海口。年设浚夫三百三十四名，日久坝圮，旋修旋壅。本朝雍正八年，总督鄂尔泰发帑檄知府王铎募夫挑浚，首尾宽深，重建二坝，甃石一百七十六丈，于坝身湾曲冲汕处，增筑逼水六礅，以固石坝。

西浦龙泉坝 旧《云南通志》：西磬泉在城西七里蟠龙冈石岩下，左右双湫夹出，汇为巨塘，左清右浊。明隆庆五年，知府徐可久开三河，引泉南入于湖，又凿上中下三龙沟，引泉东流，灌溉郭西南田，达于城内，可以行舟，闸坝蓄泄有法。万历间，知府程子侃重筑。《河阳县采访》：道光二年，积潦伤禾，知府王厚庆、知县吴绳督令将近湖河身开宽二丈，挖深一丈，自下而上，挨次疏浚，沙石俱借急流冲入湖中，水患始平。又，光绪十七年，重修三七分水石闸。旧镶闸坝，变乱时经兵练贼匪折毁，贼平后被左所武绅熊遇春、广南营武举赵廷献恃强估霸，春耕时，上中下龙沟泉水不能东流，西街六十余村及附郭居民控，经知府彭泽春、知县汤锡錡讯断，重修石闸，西街六十余村及附郭西南田亩分水七成，左所以下十一村分水三成，以资灌溉，永为遵守。

清溪坝 旧《云南通志》：在城西十五里关岭下。石坝二，分水沟六，溉田甚广。

鱼鳞坝 《河阳县采访》：在城西六十里施家村。光绪元年，庠生纳永清捐修。

黑龙潭坝 《河阳县采访》：在城西七十里。有二，一流入八家营，一流入大西坡，灌溉附近田亩。

大冲河坝 旧《云南通志》：在城东北四十里阳宗旧县南五里罗藏山麓。明隆庆二年，暴涨决堤，知县文嘉谟浚导十余里，深八尺，宽丈余，民受其利。

梅玉村堰塘 《河阳县采访》：在城东七里。嘉庆十六年公筑，纳三春池、倚铎塘、东山一带之水，村民之田赖以利济。

摆夷村堰塘 《河阳县采访》：在城东三十五里。道光元年公筑，宽里许，深六尺，纳两谷之水以蓄之，灌溉合村田亩。

洋澜村堰塘 《河阳县采访》：在城南三里。堰塘有二，一嘉庆二十五年筑，纳东山谷芭蕉箐之水；一道光元年筑，宽里许，深七尺，并灌溉田亩甚多。

鲁溪营堰塘 《河阳县采访》：在城南四里。乾隆五十八年筑，深八尺，周二里，聚西浦龙泉之水，灌溉田亩最多。

吉利村堰塘 《河阳县采访》：有二，一在城南五里鲁溪营之下，嘉庆元年筑，周里许，深七尺，引西龙潭之水焉，虽旱不涸；一在村西，嘉庆十九年筑，周半里，深七尺。

洋潦营堰塘 《河阳县采访》：在城南八里。深五尺，聚西龙潭之水。嘉庆二十五年筑。

化石村堰塘 《河阳县采访》：在城西南三十余里。道光五年开，周三里，深丈余，蓄水灌溉南山五村田亩。

阳宗堰塘 旧《云南通志》：在旧县炒甸乡土官村。明正德四年，知县郭翰筑。嘉靖四十五年，知县文嘉谟重修。康熙间，知县沈晋初、翟枚吉相继修筑。

东西两河堤 《河阳县采访》：源发于北，南流于湖，郡中水利，以此为最。年久失修，沙石壅积，频年溃决，为害甚钜。光绪八年春，署知府陈灿督同知县马恩荣、绅士郭洪恩等筹款修浚，阅五月而工竣，东西河畔田亩悉资灌溉。

署知府陈灿《条陈东西两河事宜》：

查东西两大河，皆发源于北，南流汇抚仙湖，土人名之为海，下出海口坝，入临安府属之宁州界。承平时，堤树蟠结，岁修有章，犹不免时有奔决。兵燹后，树掘堤毁，遂至乱流冲激，顺田身为河道，重以河源发于北山，山石崩塌。每夏秋暴涨，洪波挟乱石南下，所过辄为石田，除从前册报永荒之田一万数千亩不计外，即丈量时指为成熟之田，亦多有淹没者，若不亟为修浚，将来旋淹旋徙，愈冲愈宽，为害伊于胡底。因与城乡绅耆，往返筹商，并询诸父老，知东西河改道后，旧日河身老淤坚结，高新徙之道至一丈数尺，若欲挽行故道，功钜费侈，民力不逮，现惟就水势所趋，于因势利导之中，行补偏救弊之法。东河河患大约有三：自二家村南至中所，中间水势散漫，不能归槽，任性窜越，冲湮田亩，若不严加防范，则沿河一带及东南附郭成熟之田，势必渐次波及，患一；右所营等处沟槽浅狭，不能翕受洪流，率致泛滥，患二；大人庄等处水势湾曲，往往冲汕土埂以旁溢，停蓄泥沙以成淤，患三。现在随地酌度，拟于水之散者浚沟筑堤以束之，水之浅狭者开浚宽深以纳之，水之湾曲者修直沟道以顺之，此筹修东大河之情形也。

西河决后，初徙于旧街，再徙于西街，水发时，现专由西街奔溢，故西街诸村有请分决口之水半入旧街者。查初徙河道流经旧街等处，率自村中穿过田庐，在在可危。且旧街东二十余村，西引龙潭之水，由沟道东出灌田，若复导北来河水横贯其中，势必将沟道截断，诸多窒碍难行。现拟仍从西街修治。其西街以上十里亭一带田皆冲壅，沙砾弥漫，似不宜与水争地，任游波荡漾，缓其南下之势，以不治治之。西街以下直至万家营等处，河流所经沟道极为浅狭，暴涨一来，万难容纳，两旁成熟田亩悉被冲湮，现拟首尾疏浚，务期一律深阔，并为之沿岸筑堤，逢湾取直，但使沟中流通之水增多一分，即田中冲湮之水减少一分，似可有利无害。惟西街之水，既不能分流旧街，其下流香村等处河水灌其东，立马河注其西，为害较深亦宜筹画。查河自西街北来，中经撒马都，其西南一直沟河流自此径出，正东一横沟支流从此分入。现拟修横沟为直沟，开广挖深西沟之水，流经香村一带至万家营入海，东沟之水流出狮子大桥，由孙家河入海。如此分杀水势，则香村等处水患似可少减，此筹修西大河之情形也。

特是河工重务，非得老练耐劳实心任事之人，不足以襄斯举。查有绅士郭洪恩、张得功、宋朝凯、解联陞等，堪以遴委监修东河，绅士熊遇春、吴鹏、杜联科、郭曦等，堪以遴委监修西河。其修理东河即派近东各村及城内东南门出夫，修理西河即派近西各村及城内西北门出夫，勿论绅士及兵役人等，一例按户出夫，更番递换，务使贵贱同工，贫富齐力，令其按段分修，以专责成，而免推诿。查承平时，澂河岁修率以牛曳沙耙疏浚泥沙，老民犹有识其制者，今拟仿照，以期事半功倍。其经费皆由各村公项垫办，如俟办有成效，拟定岁修章程，由官立案，每岁秋收后，仍按村分埂，责成各绅管督率修浚，并仿老河旧例，沿堤插柳，坚束堤身，从此逐渐培修，即可有备无患。此就地筹画工费将来议设岁修之情形也。至于发源处所，亦宜修治。东河则拟于牛厂下各山箐。西河则拟于梁王冲各山箐，栽桩砌石为栅，只许通水，不令挟带乱石，并续为植树株培山脚，以免奔塌，而期久远。惟河口之疏壅，视海水之涨落，而海水之涨落，视海口之通塞。查海口牛舌、梅子二坝，原定有宁州、河阳、江川三州县岁修章程。乱后，海口失修，不无壅阻，海水遂多涨盛，每南风吹激，海潮倒漾河口，河弱海强，河不能刷沙直下，海返能挟沙逆上，河口辄患淤塞。是治河必宜疏海，亦有不得不虑及者。此拟修上游河源，预筹下流海口之情形也。

漱玉泉堤 旧《云南通志》：在城东五里。源出重珠山麓石窦间，一名倚铎塘。明嘉靖间郡人李坤筑石堤，以时蓄泄。

北坡沼堤 旧《云南通志》：东浦泉在城东五里华藏寺下，自石窍中出，清甘无比。明成化间，知府张顺筑堤闸水。嘉靖间，郡人席大宾增筑一堤，汇以为沼，下注镜光池。府治昔在东山，沼距治北三里，因名为北沼。

镜光池堤 旧《云南通志》：在城东五里。受东浦泉水，筑石围堤，引灌东畔田亩。明崇祯间，知府张同居建石闸于池口，以时蓄泄，闸上竖石坊，额曰“润泽生民”。

立马堤 旧《云南通志》：在城西七里西街之北。明知府徐可久建，以防龙青庙一带山水冲决之患。

庄镜泉石堤 旧《云南通志》：涟漪泉在城东北七里碌碕山峡，一名庄镜泉。四时清澈，流灌阜田，合玗札溪。明知府王良臣筑石堤。

玗札溪堤 《澂江府志》：在城东北二十里。明隆庆间，知府蒋宏德开渠，筑堤三百七十余丈。万历间，知府程子侃重筑。

江川县

甸头闸 旧《云南通志》：在城北五里甸头乡。地无活水，惟大村之左旧有水塘一区，三面皆山，独缺西面，因无堤闸，不能积水。雍正十二年，知府来谦鸣、知县罗弥素捐筑堤岸，自北而南，长一百一十二丈，两旁植柳，并建石闸，因时启闭，灌田数千亩。

立昌堰 旧《云南通志》：在城东五十里。康熙九年，知县张方起自躲得岩导泉筑堰，灌田数十顷。

普济堰 旧《云南通志》：在城南四里旧城西南馆驿左。明隆庆四年，知县杜鸣阳筑。

张官营堰 《江川县采访》：在城东北三里。知府来谦鸣、知县罗弥素筑上、下、东、西四塘，未竣。乾隆二十五年，知县单乾元终其事。

水　塘 《江川县采访》：在城东三里白塔营。知县单乾元筑，未成。乾隆二十八年，知县刘携续成之。

广济塘 旧《云南通志》：在城西南三十里双龙乡。《江川县采访》：知府来谦鸣筑，乾隆二十八年，知县刘携重浚。

西山龙洞塘 旧《云南通志》：在城西南三十里双龙乡。地无活水，止有大小塘各一区，岁久淤泄。雍正十二年，知府来谦鸣、知县罗弥素亲督人夫挖深塘底，加高堤埂。又以田土广阔，灌溉不敷，复捐赀，于本乡西山半箐凿开龙洞，水流不竭，引溉上下二乡田地数千亩，皆成沃壤。

北　塘 《江川县采访》：在城西北五里小石关，知县单乾元筑。

李家营塘 《江川县采访》：在城东北二里，知县刘携筑。

海　塘 《江川县采访》：在城东北八里大村。雍正十二年，知府来谦鸣筑。

新兴州

《大清会典事例》：雍正十年，议准疏浚新兴州河道。

永润沟 《澂江府志》：在城南三里。康熙三十九年，生员王虎臣开。

魏家山坝 《新兴州采访》：在城东五里。

下康屯坝 《新兴州采访》：在城东五里。

仙人坝 《新兴州采访》：在城东十里。为中右所魏家山沟洫之源，地低艰于灌溉。乾隆十三年，知州徐正恩甃石为坝，秋冬蓄水，春夏开放。

金汁沟坝 《新兴州志》：有四，一在城东十二里燕子窝，行冯家冲等屯灌田；一在城东十里沙陀村，行左所等屯灌田；一在城东五里右所屯，行中所等屯灌田；一在城东四里小枧槽，行许家湾等屯灌田。《新兴州采访》：燕子窝直灌北门城濠，垒沙为坝，随即冲决。乾隆十四年，知州徐正恩甃石作坝，坝下淤地五亩，佃种作修坝之费。

卢家营坝 《新兴州采访》：在城南五里。

六品村坝 《新兴州采访》：在城南八里。

梁王坝 《澂江府志》：在城南十二里牟溪冲，灌高仓等屯田。

赵官坝 《澂江府志》：在城南十五里赵官坝屯，灌赵官屯等屯田。

牟溪冲坝 《新兴州志》：在城南十五里高仓山下，行高仓等屯灌田。

研和坝 《新兴州志》：在城南三十七里潢水塘，行南厂等屯灌田。

桅杆坝　《新兴州志》：在城西南十三里桅杆屯，灌本屯田。

密罗坝　《新兴州志》：有三，一在城西南二十五里凤皇山下，行上下麻栗树等屯灌田；一在城西南十五里排栅屯后，行马官等屯灌田；一在城南十六里永济桥，行壮旗等屯灌田。

九龙池坝　《新兴州志》：十三，一在城西北十五里袭家屯，行王旗等村灌田；一在城西北十六里摆彝涵洞，行飞家等屯灌田；一在城西北十五里寒冬村，行寒冬等村灌田；一在城西北十五里大村，行大庄等村灌田；一在城西北十五里后屯，行王大户等屯灌田；一在城西北十五里棋盘山下，行大毛等屯灌田；一在城西北十二里官村，行桂家等屯灌田；一在城西北六里小庄，行薛家等屯灌田；一在城西北六里石涵洞，行小庄等屯灌田；一在城西北五瑞安流桥，行左家等屯灌田；一在城西北五里左家屯，行小毛等屯灌田；一在城西北四里马桥村，行马桥等村灌田；一在城西北三里通年桥，行徐百户屯灌田。

清溪坝　《新兴州志》：在城西北二十里莲花池，灌本村田。

清涟坝　《新兴州采访》：在城西北二十五里。

中卫屯坝　《新兴州采访》：在城北三里。

罗木箐河坝　《新兴州志》：有三，一在城北二十三里白云寺山下，行北山等处灌田；一在城北十九里腰子屯，行普舍城等村灌田；一在城东北二十一里袁家屯，行何家等屯灌田。

西河坝　《新兴州志》：有六，一在城北二十五里秦溪，行高桥等屯灌田；一在城北二十四里梅园锁水阁，行前卫等屯灌田；一在城北十九里陈家大厂，行中所等屯灌田；一在城北二十里刘家屯，行陆家等屯灌田；一在城北十九里高桥大涵洞，行麻线等屯灌田；一在城西北十五里徐家屯，行秦谢等屯灌田。

龙井坝　《新兴州志》：有三，一在城东北五里宁官屯，行中卫屯灌田；一在城东北三里许家湾，行龙井巷等处灌田；一在城西关外龙井巷，灌西关等处田。

白龙潭坝　《新兴州志》：有四，一在城东北二十三里白龙潭前，行东古城等屯灌田；一在城东北二十二里小土库，行上下山头等屯灌田；一在城东北二十里白塔山下，行任家等屯灌田；一在城东北二十里东古城，行褚家等屯灌田。

红庙堰塘　《新兴州志》：在城东三里塘。周二里，聚水灌田。

观音塘　《新兴州志》：在城东南一里。

鸳鸯塘　《新兴州志》：在城南六里。

鸡窝塘　《新兴州志》：在城南二十五里研和飞家屯，灌赖家等屯田。

路南州

《大清会典事例》：雍正十年，议准疏浚路南州河道。

兴凝溪坝　旧《云南通志》：在城东二里。绕州西南，会铁池河，达盘江，有坝蓄灌。

双龙坝　旧《云南通志》：在城东二里。康熙四十六年，知州金廷献建坝筑渠，亘二十里，溉田三千余亩。《路南州采访》：四十七年，大水冲圮。乾隆三十五年，知州叶士铨于旧坝下里许重建。

黑龙潭坝　旧《云南通志》：在城东五里，地名落台。明嘉靖间，知州邹国玺筑堰开渠，引龙潭水，济田千顷，民德之，称邹公堤。天启间，知州唐登第再浚，知州倪垣修枧引灌。雍正九年，知州王臣重修。

永定坝　《路南州志》：在城东十里肇公庄。乾隆三年，知州寇垲修筑。八年，知州李天宠修竣。

润泽坝　《路南州志》：在城西北民和乡湾子。乾隆十六年，知州张日旼筑堰开渠，灌溉土官村长麦地田六百余亩。

响水坝　《路南州志》：在民和乡。乾隆十七年，知州张日旼筑坝修枧，灌田五百余亩，知州史进爵重修。

梨花村坝　《路南州志》：在民和乡。乾隆十七年，知州郑景筑坝修枧。二十年，知州史进爵续修。

些卜所坝　旧《云南通志》：在城北十五里阿怒山后。山半旧有塘，名绿阴山，民筑堤蓄水，浇灌本村田地，而附近路母矣、北山屯两村隔在山南，流溉不足。雍正十二年，知府来谦鸣、知州于讷于塘之南隅，筑土堤十余丈，潴蓄更宽，又于山北些卜所龙潭下，捐建石坝一座，并开沟长五里，引水至山南，遍灌三村田亩，均得沾足。

双闸石坝　《路南州采访》：在城北十五里天生桥西。石涧有泉，可凿山开沟，引以灌溉。乾隆三十一年，知州王诵芬率士民建，为双闸石坝闸，分水东流易龙，西注北山，因时启闭，两乡永获其利。

万年坝　《澂江府志》：在城东北八里大乐台。乾隆三年，知州寇垲筑。四年，知州李天宠增修，灌田三百余亩。

鱼池堰　旧《云南通志》：在城东八里，明嘉靖间，知府郑国玺修筑。

石牛堰　《路南州志》：在城西十里。乾隆十七年，知州张日旼筑坝。二十一年，知州史进爵增修。

昌乐堰　旧《云南通志》：在城东北五里。康熙四十一年，知州罗之熊筑堰开渠，引白龙潭水灌州西北田三千余亩。后圮，知州金廷献重筑，增枧。雍正九年，知州王臣续修。

护城堤　旧《云南通志》：在城外。雍正十二年，知府来谦鸣、知州于讷因土城单薄，每遇夏秋雨潦，濠水骤涨，冲塌可虞，捐赀倡率士民于贴城土垣外加筑护堤，长三百四十余丈。

大河堤　旧《云南通志》：在城西北民和乡。河水自曲靖、陆凉流至州境下，入宜良。旧有土堤，岁久倾废，每遇水泛，田亩被淹。雍正十一年，知府来谦鸣与宜良令朱干，各劝乡民协力重筑，计长二千五百三十丈。并开水沟，随堤旋绕，堤内路南、陆凉、宜良三州县田四千余亩，均免冲没之虞。又因原开涵洞，湮塞成河，倡建小石坝四座，涵洞六口，引灌高田。其堤坝议定一有损塌，三州县分界不时修补。《路南州志》：乾隆二十年，水涌堤溃，知州史进爵重筑，另建石桥一座，水闸门四扇，济水过枧，八村均沾惠泽。

卷五十四　建置志七之三　水利三

广南府

宝宁县

土黄河　旧《云南通志》：直达两粤，旁通黔楚，滩多水险，舟楫难行。雍正九年，总督鄂尔泰陈全滇水利，请勘修。十一年，总督尹继善分檄滇粤两省领帑兴修，疏浚宽平，舟行无阻。

府城南石闸　《广南府志》：城南八达小河，冬春则涸。建闸以时蓄泄，万家食水于是不竭。

府城堰塘　《广南府志》：在城内西北隅。

顺宁府

顺宁县

天泽塘　旧《云南通志》：在城西北乐平山椒。明天启间，土官猛寅开凿注水，周半里许。

云　州

水罐沟、三岔沟、李家坝、和尚坝　《古今图书集成》：并在云州。

丙票坝　旧《云南通志》：在城南十五里南桥外。

洪　塘　旧《云南通志》：在城西五里镇夷山下。

曲靖府

南宁县

毕家沟古闸　旧《云南通志》：在城东十里红花海下。康熙二十八年，署知府李灿重筑。

花篮口闸　《南宁县志》：在城东十里中和桥上。

许家闸　《南宁县志》：在中和桥下，道光九年修。

沙河新闸　旧《云南通志》：在城南二十里。康熙二十六年，知县张为焕创修石闸。

柳家坝新闸　《南宁县采访》：白石江下流，向系东行，今改南行。嘉庆十五年，村民于柳家坝南里许，公建此闸。

滚水坝　旧《云南通志》：在城东八里矣卜村。旱蓄潦泄，田亩利之。

恭家大坝　旧《云南通志》：在城东南二十里。郡中诸水俱会于此，分灌朗坦十五圩田。

恭家小坝　旧《云南通志》：在大坝下。旧系石闸，引灌瓦子四村田，日久冲塌，后易土埂，岁修岁圮。雍正八年，知府佟世荫仍甃以石。

东山坝　旧《云南通志》：在城东南二十里。雍正八年，知府佟世荫新筑。

蒋家坝　旧《云南通志》：在城南三里。雍正八年，知府佟世荫新筑，蓄水资灌。

兴隆坝　旧《云南通志》：在城南十五里西山下。系石坝，蓄山箐之水，灌卧龙寺五村田。

瓦庙石坝　旧《云南通志》：在城南十五里。雍正八年，知府佟世荫新筑，蓄山箐之水，引溉何旗乡五村田亩。

观音三坝　旧《云南通志》：在城南二十里。旧建石坝三，上下相连，蓄水分灌南城等村田。

大　坝　旧《云南通志》：在城西南五里。明洪武初，指挥刘璧筑坝，酾渠为三闸，引潇湘河水分灌东南三乡四堡之田，年久湮废。康熙四十二年，知县胡麟征重修。雍正八年，水冲堤溃，知府佟世荫、知县梁廷彦捐买民地，开沟筑堤。

左所坝 旧《云南通志》：在大坝左。引灌施家庄等八村田，山势逼隘，沙石易淤。雍正八年，知府佟世荫、知县梁廷彦捐买民地，另筑石坝，以防冲决。

天生石坝 旧《云南通志》：在大坝下。天然石堑，增培木石，即堪资蓄泄，引灌官厂院七村田。

解家坝 旧《云南通志》：在大坝下。南北二沟，灌史家闸六村田。雍正二年，总督高其倬捐资重修。《南宁县采访》：今废。

陶家坝 《南宁县采访》：在城西南八里龙王庙，乾隆十年新增。

麸儿坝 《南宁县采访》：在城南十里红庙。

中　坝 《南宁县采访》：在城西南二十三里大营。

大营坝 《南宁县采访》：在城西南二十五里大营。

湾子坝 《南宁县采访》：在城西南三十里观音硐。

青岩坝 《南宁县采访》：在城西南三十三里徐家坟。

莺窝坝 《南宁县采访》：在城西南三十五里申家屯。

大石坝 《南宁县采访》：在城西南三十五里申家屯。

以上潇湘江上流，古坝七，年月无考。新坝一。

尹煤冲石坝 旧《云南通志》：在城西五里。雍正八年，知府佟世荫筑，蓄白石江水资灌。

余家坝 《南宁县采访》：在城西十四里三岔河。乾隆四十年，村民公建。

胡家古坝 《南宁县采访》：在城西十四里白石江总河，土坝，年修年圮。

下星古坝 《南宁县采访》：在城西十五里白石江总河，土坝，年修年圮。

三岔坝 旧《云南通志》：在城西十五里西屯河。

下　坝 《南宁县采访》：在城西十五里三岔河。乾隆五十五年，村民公建。

上　坝 《南宁县采访》：在城西十六里三岔河，系古坝。

上星古坝 《南宁县采访》：在城西十六里白石江总河，土坝，年修年圮。

众人坝 《南宁县采访》：在城西十七里西屯河。

竹园古坝 《南宁县采访》：在城西十八里西山河，系土坝，年修年圮。

魏家坝 《南宁县采访》：在城西十九里三岔河。乾隆三十年，村民公建。

陈家古坝 《南宁县采访》：在城西二十里西山河，系石坝。

冯尹冲坝 旧《云南通志》：在城西北十里。引白石江水，灌冯、尹二冲田。

丰登圩坝 《南宁县志》：在城北十里，嘉庆间筑。

土　坝 旧《云南通志》：在城东北一里，引北沼水灌田。

西湖坝 旧《云南通志》：在城东北十里，明洪武间置。《南宁县志》：有闸积水灌田，军民利之，后为富人所占。弘治十三年，同知胡光具其事陈当道始核出。

响水坝 《南宁县采访》：在旧越州城南三十里。灌孔家营数十村田亩，过此即陆凉界。

《大清会典事例》：乾隆十年，议准开凿南宁县亮子口、黑宝滩等处滩河二十余里。

龙人坝 《南宁县志》：在旧越州黑宝滩，道光九年筑。

舟上坝 《南宁县采访》：在旧越州城西北五里，灌越州西界一带田亩。

暗洞堤　旧《云南通志》：在城东十里，暗渡阿幢河水。

三圩新堤　旧《云南通志》：在城东乡。郡中潇湘口、白石江、新桥河、黑水河诸水汇流，入套子圩，总为一河，复南历白夷圩、恭家圩等处。向因河身窄狭，每遇水发，泛滥无归，田畴多被冲没。雍正十二年，知府佟世荫勘议详请发帑，开浚宽阔。另筑内堤三道，套子圩筑长一百四十五丈五尺，白夷圩筑长二十九丈五尺，恭家圩筑长八十三丈五尺，河流不致旁溢。

北沼堤　旧《云南通志》：在城北门外。

霑益州

沙河三闸　旧《云南通志》：在城东五里，灌东郊田。《霑益州志》：今废。

梅家闸　旧《云南通志》：在城东南十里，块步、腊溪二水至此合流入南宁。明宣德间，千户梅用建闸。《霑益州志》：兵燹毁，未修。

新桥闸　旧《云南通志》：在城南十里，双河水会于此。

沙　坝　《霑益州志》：在城东十二里新屯河上，引灌本村田亩。

石板井坝　《霑益州志》：在城东十五里，引灌小海子田。

大　坝　《霑益州志》：在城东二十里，引灌高寨、哨上二村田亩。

上　坝　《霑益州志》：在城东龙王庙上，引灌沙沟、沈家营等村田亩。

天生坝　旧《云南通志》：在交河上流，瀑布三叠。明天启间，总兵杨禄开东西二渠。《霑益州志》：道光二十八年，邑人曹锟倡修，咸丰间毁于兵。光绪三年，知府陈彝、知州江宝善率绅士李景贤、曹士麟、唐得胜、邓国柱等倡捐重修。

羊场七坝　旧《云南通志》：在城东南三十里，灌羊场一带田。

西闸坝　旧《云南通志》：在城南十里，引新桥水灌溉十三屯。康熙二十六年，州民张仲等建，韩继正等增修。

黑蛇坝　旧《云南通志》：在城南十五里交河下流。

利公坝　《霑益州志》：在城南二十里。光绪四年筑，引灌南沾数村田亩。

擦耳石坝　旧《云南通志》：在城西南十里。引灌州西田，流入新桥闸。

双河坝　旧《云南通志》：在城西南二十里，即腊溪上流。一出半个箐，一出烟子冲，会于新桥。

腊溪坝　旧《云南通志》：在城西。源出凤皇山，流二十余里，随流引灌为二坝，至城南梅家闸，与交河合流，入南宁县境。《霑益州志》：光绪三年，知府陈彝檄邑人丁治齐，会南宁县民人，由沈家桥丰登圩，开河引灌各村田亩，并筑暗硐于龙家塘，分灌庄家屯田。

响水河石坝　《霑益州志》：在城西十余里保家桥上，引灌金觉寺、套家湾一带田亩。

曹家坝　《霑益州志》：在城西十余里响水河上流，引灌钱家坡、仓满村田亩。

石沟河坝　《霑益州志》：在城西。源出老马沟龙潭，水极盛，蜿蜒十余里，与腊溪汇大河边，万绿箐、阮桥等村多筑石坝，引灌田亩。

交水坝　旧《云南通志》：在城北平蛮乡。

铜车坝　旧《云南通志》：在城北三十里松林驿南，引块步溪水灌田。

来远坝　旧《云南通志》：在城北八十五里，灌来远铺田。

萧家营石坝 《霑益州志》：在城东北大龙潭河，引水灌本村及木客山、落脚塘至光村田亩。

陆凉州

冷水塘闸 旧《云南通志》：在城东北六里。

杨福村坝 旧《云南通志》：在城东三里。明知州陈文著筑，引灌多利。

撒河坝 旧《云南通志》：在城东十里。

龙洞坝 旧《云南通志》：在城北五里，洞名涌珠。

郭家圩坝 旧《云南通志》：在城东北二十里。明崇祯间筑，蓄水分灌，岁时加修。

响水坝 《陆凉州采访》：距城五十里。两岸石山相夹，束水中流，不假人力。

马龙州

史家闸 《古今图书集成》：在城东三里，积潇湘江水。

梅家闸 《古今图书集成》：在城东二十里，积太平桥水。

杨柳坝 《古今图书集成》：在城东七里，灌西鹤楼田。《马龙州志》：灌石牛冲田。

天生坝 旧《云南通志》：在城东南四十里，灌本村田。

歪嘴坝 《马龙州志》：在城南十里老角寨。

大石坝 《马龙州志》：在城南十五里新屯。

官　坝 旧《云南通志》：在城南五十里大营村。

新　坝 《马龙州志》：在城西三里。明知州夏暐建，今废。

宗家坝 旧《云南通志》：在城西十五里，灌本村田。

弯子坝 旧《云南通志》：在城西三十四里，灌车章村田。

解家坝 《马龙州志》：在城北八里。

石桥坝 旧《云南通志》：在城北十五里。

聊家坝 《马龙州志》：在城北十五里，灌本村田。

上　坝 旧《云南通志》：在城北二十里，灌本村田。

庄郎塘 旧《云南通志》：在城西二十五里，灌本村田。

罗平州

水车闸 《古今图书集成》：顺江田高水低，于江中浅水之处，安闸制水车，日夜自转，汲水灌溉。

响水坝 旧《云南通志》：在城西五十里。顺治间，邑绅李犹龙凿石筑坝，引灌资之。

太液湖坝 旧《云南通志》：在城北一里。明万历间，知州黄宇以旧多火灾，筑堤聚水制之，近坝田亩亦资引灌。

鲁沂堤 旧《云南通志》：在城南一里。水低田高，筑堤分水，东西灌溉。

土白勒堤 旧《云南通志》：在城西二十里。水出山岩，分三道流出。康熙三十九年，知州张含章筑堤，引灌康虐村一带田亩。

歹鲁村堤 旧《云南通志》：在城西五十里，即三峡江水。居民甃石筑堤，蓄灌千亩。

趋吉堤 《罗平州志》：在城北八里。江水泛涨，济渡维艰。明崇祯七年，庠生周士麟、乡约张戬、贡生吴魁南筑堤，长里余。康熙五十一年，乡耆张宏学倡捐，增高二尺，大水不至淹堤，行人甚便。

寻甸州

寻川子河　旧《云南通志》：寻川之水逆流泛滥，附近熟田岁被淹没。雍正七年，总督鄂尔泰檄知州崔乃镛，于木龙村后海泛涨停积处，另开子河七百四十余丈，引之别流，不与马龙争道，下至桥头始合，继委迤东道迟维玺另浚沙河一十五里。《寻甸州采访》：寻川子河，名灵心河，年久淤塞。距七星桥二里，中有顽石阻水，不能畅流。道光十八年，迤东道朱士达捐廉督士民重修，纵火焚石，穿凿应手，计开河七百四十余丈。

凹水河　《寻甸州采访》：在城东十里。夏秋水涨，田禾多致淹没。道光间，迤东道朱士达新开，以泄水势，兵燹后失修。

崔公渠　《寻甸州采访》：在城南，源出响水河。雍正七年，知州崔乃镛捐修，计长六百七十五丈，引灌田亩，民感其德，名曰崔公渠。

周新闸、曹家闸、大石闸、打水闸、柳树闸　《寻甸州采访》：五闸并在城东三十五里甸头里。

石堰闸　《寻甸州采访》：在城西南百六十里。高一丈二尺，周里许，引灌亦郎里二甲田亩。

龙潭闸　旧《云南通志》：在城北四里马街。距白龙洞半里，障水灌新庄下村、矣卜村田。

千工坝　《寻甸州采访》：在城东南六十里上中和村。康熙三十年，知州黄肇新建，高宽均二丈余，长十数丈，利田甚溥。

古城坝　《寻甸州采访》：在城东南六十里隆丰里，古城堡村民筑。

恋塘坝　《寻甸州采访》：在城东南七十里下中和村。高丈余，长八丈，村民筑。

大河坝　《寻甸州采访》：在城南三十五里塘子屯下，引牛栏江水灌田。

蒋所坝　《寻甸州采访》：在大河坝下。每年村民排木筑土，引灌田亩。

戴家屯坝　《寻甸州采访》：在宣化里戴家屯。村民筑，数十里田亩均资灌溉。

天车坝　《寻甸州采访》：在城西南一百里那鲞里可郎江。水高田低，村民栽桩筑坝，纡其水势，架车引灌，自隆丰里中和村起，至甸头里十甲著乌村，顺河三十八道，润田三万余工。

马家山石坝　《寻甸州采访》：在城西南一百里那鲞里五甲。

中坝、可郎坝　《寻甸州采访》：并在城西南一百一十里那鲞里四甲。

香山龙石坝、水里村尾坝　《寻甸州采访》：并在城西南一百八十里那鲞里二甲。

冷水塘坝　旧《云南通志》：在城东北四里。旧有石坝二，上下相连，一灌矣卜村、张家村田；一灌下鲁伯村、道院村、马石窝、木龙村田。明万历间，杨、董二生倡修，又名杨福坝。《寻甸州采访》：兵燹后失修。

万井堤　《寻甸州采访》：在城东南，又名麦厂堤。通判喻应豸筑，自甸头里一甲周高村起至大可依、白鹭湾、内子河，灌田万余工。雍正八年夏，水决堤数丈，知州崔乃镛修筑，年久废坏。乾隆三十一年，知州舒瑞龙修，高二丈，厚丈余，长二千丈，两旁种树。又自白鹭湾至石猪嘴，堤长四百余丈，高九尺，厚八尺。军兴后，堤岸坍塌。光绪四年，知州吕调阳倡修，新开子河一道，长二里许，宽丈余，环流入牛栏江，以资灌溉，并设巡水二人，每年修浚。

归龙堤 旧《云南通志》：在城南二里。明万历间，知府李遇春筑石堤三十余丈，溉田数百顷，民德之，又名李公堤。《寻甸州采访》：年加疏浚。

海 堤 《寻甸州采访》：在城南六里。乾隆三十一年，知州舒瑞龙倡修，自土官塘起至海子屯止，筑长堤计一千三百三十八丈，高一丈二尺，脚宽二丈，顶宽八尺，围田三千五百余工，种树两旁固堤。后村民陆续培修。

果马堤 《寻甸州采访》：在城南五十里。自尖山起至大刘所，长十五里，溉田甚溥。道光十三年，地震堤陷。同治十年，龙院、尖山两村士民捐修。

洗卡哩堤 《寻甸州采访》：在城西北百里。自洗卡哩村起至沧溪村大河口，长五里许，由南而北，沿流分溉，其利甚溥。咸丰间，水圮未修。

德公堤 《寻甸州采访》：在城北门外。乾隆三十九年，知州德坤倡修，开挖河底，聚石筑堤，中通水道，上至枧槽箐，下至箭道，计三里许。两旁田亩资灌溉，利赖至今，知州陈心一重修。道光间，士民置田，以作岁修之费。

平彝县

东西二沟 《平彝县采访》：道光八年，知县许应元、训导束本敦新开。东沟，源出东堡河，历龙海沟至响水止，计七里许。西沟，源出清溪洞，历盐厂庄至卢家桥止，计八里许，均灌溉民田数百亩。

大 坝 旧《云南通志》：在城东六里，引灌黄土坡田百余亩。《平彝县采访》：引东堡河水行半里许，分上、下二沟，今上沟淤塞，下沟仍旧。

木枧槽 旧《云南通志》：在城西北三里。于西河架枧，由张家湾入望门，分溉民田数百亩。《平彝县采访》：今河渐淤高，不需木枧。咸丰九年，县城戒严，汲饮维艰，绅民捐资于城北凿池蓄水，导出南门，既便汲饮，亦资灌溉，并将余资生息，以作岁修之费。

宣威州

东海子沟 《宣威州采访》：乾隆四十三年，知州绕梦铭倡修东海子中、边二沟。

阿龙坝 《宣威州志》：在城南三里，灌河东诸田。《宣威州采访》：乾隆三十年，知州王锡缙倡修。嘉庆十九年，署知州张槐重修。《宣威州采访》：兵燹后，闸坝淤塞，堤岸坍塌。光绪七年，署知县凌应梧、守备晏国安重经修筑。

双 坝 旧《云南通志》：在城南二十五里。

山桥坝 旧《云南通志》：在城西南二里。

天生坝 旧《云南通志》：在城西南二里。天然石闸，左右开沟，引水灌溉。

宁家坝 旧《云南通志》：在城西南三里。《宣威州采访》：同治间，水圮未修。

仙人坝 《宣威州采访》：在城西南六十里。

张家坝 《宣威州采访》：在城西半里。

盘龙坝 旧《云南通志》：在城西一里。

缪家坝 旧《云南通志》：在城西三里。

官 坝 旧《云南通志》：在城西五里。

梁家坝 旧《云南通志》：在城西五里。

《宣威州采访》：以上三坝，光绪间邑绅李晋堂劝捐修浚。

小　坝　旧《云南通志》：在城西五里。

清水塘　旧《云南通志》：在城东五十里。

温水塘　旧《云南通志》：在城南六里。

犀牛塘　旧《云南通志》：在城南四十里。

丽江府

丽江县

五村渠　《丽江府志》：在城南三十里七河界，原有古沟，久废。乾隆四年，知府管学宣督村民赵神保、和溥利等修理，灌溉丘塘关脚至南村各村田亩，村民称便。

扪水坝　《丽江县采访》：在城西南九十里九河里清水河。旧有闸，被水淹没，田亩久荒。同治四年，郡人开挖，涸出田十之二三。光绪九年，知府积寿捐廉修浚，并建坝拦水，以除水患。

鹤庆州

灵济渠　旧《云南通志》：在城东五里。自丽江引流而下，沿山开渠，深七尺，阔如之。甃石为坝，名曰新城，高丈许，溉三闲和西登二村田亩，明知府马卿开。《鹤庆府志》：漾共江出自丽江，势处最下，旱不受益，涝则受害。村民洪筹山等言：二村田地与丽江连，惟自丽江筑坝引流而下，庶可灌溉。知府马卿移文丽江，令仓副叶大功会把事和初承，率张、董二老人于漾共江甃石筑坝，高丈许。沿山开渠道，深七尺，阔如之。坝名曰新城，渠名曰灵济。《鹤庆州采访》：漾共江下流洞口淤塞，水不能咽，久为邑患，屡经修浚，未竟厥功。同治十二年，总兵杨玉科倡捐开挖新河，未成。光绪三年大水，附近七十余村田庐悉被淹没，总兵朱洪章复会同知州陈乔崧、黄维中先后率绅民倡捐，筑坝凿石，开通新河，计长一百三十余丈，宽二丈余，深丈余。凡役百万，费数万，历九年而后成，郡人以为惠政。

温水河渠　旧《云南通志》：在城南十五里。源出宣化山麓，溉鹤狱、孝廉、前蒿三村田。

桃树河渠　旧《云南通志》：在城南二十五里。源出豸角山，流入南山岩穴中，引流资灌。

青龙潭四渠　旧《云南通志》：在城西南隅。东曰萦碧，阔八尺；南曰南利，阔三尺五寸；西曰北新，阔三尺；北曰采芹，阔五尺。盘石为闸，计亩分流，俱明知府马卿筑。

北青龙潭闸　《鹤庆府志》：明正德间，同知张廷俊修，为上中下三闸。上闸灌寺庄村屯，中闸灌河畔村屯，下闸灌妙登等三处村屯。

香米逢密龙潭闸　《鹤庆府志》：先时堤坝俱坏，深为民患。明正德十一年，同知张廷俊甃石为堤，伐木为闸，远近俱利。

小柳场坝　旧《云南通志》：在城东北十五里。引小柳场泉，明知府马卿筑三闸以分流。又嘉靖间，知府周集增筑百尺。

黑龙潭堤　《鹤庆府志》：潭在城南二十里宣化山下，一分长康、板桥等处，一分南厢、求平等乡，如追邑、和邑、湾保诸村屯，皆架木槽以引之。明正德十一年，同知张廷俊沿山开沟，阔三尺，深如之。知府马卿督民高其堤防，水更深阔，江屯、刘屯、新生邑俱受其利。

龙宝堤　旧《云南通志》：在城西七里龙宝潭下。明知府马卿筑，周四百余丈，并建石闸，计亩分流。《鹤庆府志》：即西龙潭，马卿更凿一大潭于其下，名曰龙宝，用石闸蓄泄，计亩分流。

西登泉堤 旧《云南通志》：在城东北三十五里。泉出泓沛，明同知张廷俊筑堤束水，灌西登四村田。康熙五十年，河泛闸圮，土通判高宏改沟筑堤，三闸十八村皆资其利。

剑川州

小马沟 旧《云南通志》：在城东。自合惠江分流，灌庄登、下登、城东北甸田。

桃羌河四沟 《剑川州采访》：在城南三十里桃羌甸。河低田高，因横建石闸，分沟引流，山田胥利赖焉。

合惠江分沟 《剑川州采访》：在城南六十里沙溪。由甸头禾村至江坪村，计三十里，或立水轮，或筑堤闸，以时蓄泄。

上羊岑河十二沟、中羊岑河四沟、下羊岑南河四沟、北河二沟 《剑川州采访》：并在桃羌河上流。沿河筑堤，分沟灌田。

返流沟 《剑川州采访》：在玉石河。咸丰九年，诸生高以敬募捐新开，由牛魔山东箐分流于此。

求自村六沟 《剑川州采访》：在城南一百三十里乔后求自村。河内分流寨上一沟、崖曲一沟、村北二沟、村南二沟。

浪渡河四沟 《剑川州采访》：在乔后浪渡河。北分同禾村、白衣村二沟，南分段家村、浪渡邑二沟。

龙溯沟 旧《云南通志》：在城北。城厢之水由此而泄，资灌东南甸田。

城北沟 旧《云南通志》：在城北，自甸头石菜江分流北甸。

裕丰渠 旧《云南通志》：在城南。引湖尾河水，灌溉溪田，河低渠高，艰于远引，郡人段诏倡于上流挑浚，始得其利。

沙登渠 旧《云南通志》：在城西南。引蕨市坪水，灌沙登、下桥二村田。中为山阻，雍正元年，居民于山脊凿石洞二十余丈，疏通资溉。

崖场坝 《剑川州志》：在城西十里。干旱之年，近城赖以灌溉。旧以哨兵守之，遇有渗漏，即行修补，后兵裁，看守无人，遂倾圮。协镇马声捐修，亦久废。《采访》：即永丰河，分水南流至西湖，北流至板洞河，东流至中登，东南流至水寨，其利甚溥。自坝废后，旱则无水，雨则溃决，急宜修复。

金龙河堤 《剑川州采访》：在城东。汇石菜、九河二江水，横绕城东，潴为剑湖，溢为西湖，夏旱则水微，秋潦则泥沙俱下，河堤常溃溢为患。军兴后失修，东西两岸民田淹没无算。知州吴其桢禀请巡抚岑毓英发款，率绅民修浚，自同治十二年至光绪二年工竣，河水畅流，得免于患。四年，大雨连旬，西堤复决。

海　堰 旧《云南通志》：在城南。滨湖猪圈场、西庄、汉登等村田亩每被淹没，康熙二十九年，知州张国卿沿湖筑堤建闸，始不为患。《剑川州志》：每村派徭役一人巡守，海防始固。

百节枧槽 旧《云南通志》：在城南。小甸、江场渡、下登三村，旧无水源，田亩多涸。郡人金吾、段暄买地开沟，远引易堤坪潭水，作木枧三十四丈，横跨大河，渡灌三村，为利甚溥。《剑川州志》：河阔三十四丈，枧槽接连，两两相并，长木高撑，水自半空流注。小甸，两槽相附，自东注西；江场渡、下登，四槽合并，自南注北。每岁清明，村人集众伐木修补。

中甸厅

西　坝　《中甸厅采访》：附郭东北诸水，遇雨泽时行，即多泛溢。因势利导，汇入西山之下草湖，由落水洞暗落而下，从通买、吉仁等村泄出，水患始平。

维西厅

永春河堤　《维西厅采访》：在城东一里。其流甚低，本无灌溉之利。道光二十七年，通判顾恩绶竭力修浚，低下之田，稍资灌溉。

普洱府

宁洱县

小河村沟　旧《云南通志》：在城西南七里。

西城沟　旧《云南通志》：在城西门外。

龙潭沟　旧《云南通志》：在城西一里。

接官亭沟、帕董沟　旧《云南通志》：并在城东北十里。

拦虎坝沟　旧《云南通志》：在城东北二十里。

惠远渠　旧《云南通志》：在城北十五里。

普济渠　旧《云南通志》：在城北三十里，与各沟塘同其灌溉。

石桥坝　《宁洱县采访》：在城东六里。河中有石，天然生成，顺东山脚一带开沟灌田。

太平坝　《宁洱县采访》：在城南七里太平寨前。

西河坝　《宁洱县采访》：有二，一在城西一里，一在城西南二里圆照寺前。《案册》：西洱河源发漫令山，自西而下至三岔河，会于东洱河。旧有坝曰西河坝，西南田亩悉资灌溉。光绪五年，迤南道沈寿榕、知府杨凌重经修浚。

蕨竘坝　旧《云南通志》：在城北五里。

掌乃潭堤　旧《云南通志》：在城南五里。潭近河，居民筑堤蓄水，渡以木枧，溉田二百余亩。

坤戛龙潭堤　《宁洱县采访》：在城南十里。

龙潭堤　《宁洱县采访》：在城西二里。乾隆四十四年知府张铭、四十八年知县陈图相继捐修。嘉庆十一年，知府卢元伟重修。道光四年，阖郡捐修，灌西南田亩。

蟠龙洞堤　《宁洱县采访》：在城西十五里。道光十九年，迤南道黄士瀛捐修，高二丈，宽厚丈余，灌信城里田亩。

双龙潭堤　《宁洱县采访》：在城西七十里南圈。

昆池潭堤　旧《云南通志》：在城东北五里。康熙初，通判张馆筑堤潴水，溉田二百余亩。

威远厅

三岔河闸　《威远厅采访》：在猛戛土司。建于河之下流，蓄泄得宜，颇资灌溉。嘉庆元年，倮匪滋扰，闸亦被毁。

青庄坝　《威远厅采访》：在城东一百五里马鞍山下，灌溉甚溥。

课里坝　《威远厅采访》：在城东南三十里。

木瓜村坝　《威远厅采访》：在城东南六十里。

猛乃坝　《威远厅采访》：在城南一百三十五里。

西萨坝　《威远厅采访》：在城西南二百二十五里。

平寨坝　《威远厅采访》：在城东北七十五里。

思茅厅

高家堤　《思茅厅采访》：在城东南五里。

他郎厅

护城大河堤　《他郎厅采访》：发源观音山，经农莪、碧朔、乌哈、赖蚌各村，合班毛、水癸、南谷三河，汇思南河，入布固江。南北田亩悉资灌溉。

护城小河堤　《他郎厅采访》：一发源球香箐头，由东北而达城西；一发源中岳庙山下，由东而达城南，俱汇大河，入布固江。引灌附近田亩，其利甚溥。

永昌府

保山县

东河子河　旧《云南通志》：城东北。打鱼村田，艰于远溉，又东河东西两堰，雨涨易于漫溢。康熙五十四年，知府费金吾于东河由打鱼洞另开子河七百八十丈，循田流入大河。雍正八年，知县田榕重浚。

喷珠泉　《永昌府志》：在城西南易罗池右。

仁寿泉　《永昌府志》：在城西北。泉出保山、象山之间，分三沟引溉田二千余亩。

孝感泉　《永昌府志》：在城西北三里，即孝子韦谦感而出者，引灌田数千亩。

青石泉　《永昌府志》：在城北三里。俗名蒲蛮箐，泉出青石山，导经五福村、教场屯、纸房村、山脚村四沟，灌田数千亩。

龙　泉　《永昌府志》：有二，一在城北郎义村，一在上丛村，分流溉田。

金鸡泉　《永昌府志》：在城东北三十里金鸡村。泉出二池，一温一凉，引灌田数百亩。

石头沟　旧《云南通志》：在城西北二里，一名骆驼箐。泉出山崖穴中，导分三沟，灌田数千亩。《永昌府志》：一在城西北十里，泉自石崖中出，分为南北二沟，溉田千余亩。

龙井箐　《永昌府志》：在城西北里许。泉出山麓，经纸房屯、社稷坛，东流教场，分为三沟，溉田数千亩。

栖贤箐　《永昌府志》：在城西北十里栖贤山之南。泉自山箐中涌出，北折西流，灌田千余亩。

银矿箐　《永昌府志》：在城西北三十里。水出山崖，灌田数百亩。

九龙渠　旧《云南通志》：即城西南易罗池。大三十亩，池口筑石堤十余里，析为三沟，分溉郊郭。

莲花坝　旧《云南通志》：在城东安乐山西，即玉泉也。明正德间，副使汪标筑。

青华坝　《永昌府志》：在城东。广二十余里，居民筑坝，设水车挽以灌田。年久失修，堤岸冲决。光绪十一年，知府刘毓珂、知县秦述先率村民疏浚，仍复旧制，三月筑坝，六月撤毁，以免壅滞冲决之患。

纪广坝 旧《云南通志》：在城南十里。周三百五十丈，灌田数千亩。

平安坝 旧《云南通志》：在城南四十里。明正德间，兵备副使汪标筑。嘉靖间，佥事安如山、副使郭春震先后重修。堤周一百六十丈，厚八尺，高一丈，灌田二千余亩。

黄泥坝 旧《云南通志》：在城南石花堰南二里。

连三坝 旧《云南通志》：在城南石花堰北二里。

丁杨坝 旧《云南通志》：在城西南六十里。源出水眼龙口，堤周二百五十丈，灌田数百亩。

阿凤坝 旧《云南通志》：在城东北四十里。源出天井山深谷中，西流北绕，达达营光尊寺，入西河，灌田千顷。

甸尾堤 《永昌府志》：在城南三十里。源出海子沟，黑龙井、青龙洞诸水汇焉，堤周八百余丈，溉田数千亩。

沙河大堰 旧《云南通志》：在城南。源出北冲，由沙河流至众安桥，引灌田亩。

诸葛堰 旧《云南通志》：有三，武侯所筑，俱在城南十里法宝山下。曰大堰，甃石为堤，厚一丈二尺，高一丈，周九百八十余丈。明成化间，御史朱皑加筑，分水口为三，灌田数千亩。其东曰中堰，源出九龙池三十六号水，并沙河水蓄积为堰，周三百三十七丈，分水口为三，灌田数千亩。又东曰下堰，周二百八十丈，分水口为二，灌田千余亩。

石花堰 旧《云南通志》：在城南二十里。源出山后响石洞，堤周一百一十五丈，中为一纂，灌田数千亩。土人呼涵洞曰纂。

官市堰 旧《云南通志》：在城西南四十五里。源出青松山下，汇龙井水为池，经落龙村，灌田千余亩。

龙王塘 旧《云南通志》：九龙渠。明洪武间，度田分水为四十一，号三坝，上沟由龙潭流经郎义村，汇于中沟坝。嘉靖七年，龙潭堤决，知府董雍重修。三十一年复决，兵备副使郭春震甃以砖石。中沟流经瓦罐村，岁久堙圮。康熙初年，知府王家相重修。雍正八年，知县田榕继修二沟，溉田一万二千六十亩。

腾越厅

侍郎坝 旧《云南通志》：在城西北五里。明侍郎杨宁征麓川，寓此筑之，民食其利，故名。《腾越州志》：明侍郎侯琎驻腾时，见西郊多顷亩形，乃穷源所自，至集鹰山麓，有龙王塘水泉涌出，公命筑长堤，开渠数百丈，原野成田者几半，名曰侍郎坝。后下流盗决，嘉靖二十一年，分巡王维贤复议筑之。谨案：杨宁、侯琎，《通志》与《府志》不同，俟考。

野猪坡坝、鹅笼坝 《腾越州志》：二坝皆分巡王维贤委员筑，未竟。

缅箐坝、干峩海坝、海尾坝 《腾越州志》：并在境内。

龙王塘 旧《云南通志》有三，一在观音寺，一在大宽邑，一在侍郎坝，俱利灌溉。

董库塘 《腾越州志》：在袁家庄。泉颇洪衍，见有堤塍，崇之可溉高田。

观音塘 《腾越州志》：此塘无益于灌溉，而有激碓畜鱼之利。堤岸更高数尺，水可及迦罗庙高田，碓轮亦可引水而上。

姜家塘 《腾越州志》：在富关村，亦有灌溉之利。

响水沟塘 《腾越厅采访》：道光二十七年，署同知彭崧毓筑，以息公坡、蒃傱山民争水之讼。

胡家湾塘 《腾越厅采访》：光绪六年，同知陈宗海因公坡与蒃傱山民争水，捐廉率蒃傱山民修筑，灌溉公坡田亩。

大宽邑塘 《腾越厅采访》：有清潭十余，澄碧可爱。居民筑堤，以资灌溉。

马场堤 《腾越州志》：马场清池，古有堤蓄水，可及高田。后堤坏田芜，今虽修复，不能如故。

永平县

黑油关坝 《永昌府志》：在城东南。

玉泉坝 《永昌府志》：在城南七里。

龙陵厅

龙塘沟 《永昌府志》：灌田数十亩。

大　沟 《永昌府志》：灌田数百亩。

荷花塘 《龙陵厅采访》：在芒市，灌田数百亩。

开化府

文山县

龙潭寨支河 《文山县采访》：开化里上下河沿河三十余里，向用水车汲水灌田，然车多坝密，以致沙泥淤塞，河溢为患。咸丰四年，知府李荣灿勘明河势，由上游龙潭寨新开二支河，顺河两岸，分溉田亩，尽去车坝，使沙不阻滞，水得畅流。功未及半，六年兵乱，遂寝其事，郡人惜之。

异龙潭沟 旧《云南通志》：在城南。康熙七年，经历李凤昌引流灌溉田，民被其利。

岐　渠 旧《云南通志》：在城西。康熙十年，知府刘䜣开以灌田。

孔公堤 旧《云南通志》：在城西门外新街。康熙四十二年，知府孔毓珣以地多火灾，筑堤蓄水，预防其患。

安平厅

东川府

会泽县

那姑沟 《东川府志》：知府义宁修，导密树卡龙泉至那姑，筑坝蓄水，开涵洞，资蓄泄。

笔峰山箐 《东川府志》：在者海东三十里。知府义宁挑筑沟坝，引灌箐口塘、犀牛塘、法起戛、上下鲁机等村田亩。

蔓海东石闸 《东川府志》：知府义宁建。

石　闸 旧《云南通志》：有二，一在城西演武厅前，春夏水少，引龙潭水约二里，入左河，启闸灌溉以扯一带田地；一在城北水城北，夏秋暴涨，闭闸阻水，不令旁溢，以免小围一带淹没之患。

鱼洞闸　《东川府志》：在城北十里。乾隆二十一年，知府义宁建，汇三河、义通河水放入以里河，岁加修浚。

小七坝堰　《东川府志》：在苏东河边三岔河，苗小七建。

杨桥坝堰　《东川府志》：在苏东河尾杨桥冲。木多，苗民建木坝。

义通河分水堰　《东川府志》：在马鞍山下。

那姑土堰、者海六处成功堰　《东川府志》：并在县境。

黑路村堤堰　《东川府志》：距那姑四十里。泉流最远，知府义宁筑堤堰，灌溉黑路村田亩。

犀牛塘　《东川府志》：在城东南八十里者海。周里许，受各溪箐水，深不可测，引二十余丈未到底。中有巨石，状类犀牛。有大鱼长丈许，巨口粗鳞，见者多不利。民间沿水筑塘。

乐理塘　《东川府志》：在崇礼乡那姑。乾隆二十一年，知府义宁凿，引密树卡水注其中，灌乐理村田亩，筑塘以护土埂。《东川府采访》：田多水少，恒苦难周。嘉庆元年，郡人郑荣之续请凿通乐理后山，深十余里，引以濯河水灌溉田亩，是为上水洞。后水大难泄，田复被淹。道光二十五年，其孙郑兴东请于棠梨树山脚凿石穴，由乾海子泄出，咸丰十一年告成，是为下水洞。

常公堤　《东川府采访》：在城东南隅矿神庙后。先是，灵璧诸山之流沿郡城而下，每山水骤涨，城内外均受其害。道光十五年，署知府常明筑石堤以御之，患始息，复倡捐置田以作岁修之费。

义通河堤　《东川府志》：随河曲折，阔六七尺，沿堤栽柳树。

以里石堤　《东川府志》：以里一路为汤丹孔道，贩负驼运，络绎不绝，夏秋雨水泛溢，行人泥泞。雍正十一年，知府崔乃镛筑长堤二百三十丈，宽八尺，高四五尺不等，开水洞七眼、木桥二座，拨厂项成之。

巧家厅

大米粮坝堰　《东川府志》：在城南二十里。

鲁木得塘　《东川府志》：在大米粮坝。周六七十丈，深四五尺，灌溉鲁木得村田亩，筑塘便行路。

小河村堤　《巧家村采访》：在城南五十里。石花河之水源远，距小河村四十里。嘉庆九年，捐资由半山凿洞三十七口，外筑堤埂，疏浚沟道，自石花河源头起至小河村止，共计四千七百余丈。

昭通府

恩安县

分济沟　旧《云南通志》：在城西二里。引利济河水，灌西南田千余亩。

天梯沟　旧《云南通志》：在城西五里。分利济河水，灌凤皇门前田。

天梯二道沟　旧《云南通志》：在城西六里。分利济河水，灌天梯田。

天梯三道沟　旧《云南通志》：在城西八里。分利济河水，导入小天梯五六里，分灌田地，俱入擦拉河。

八仙海渠　旧《云南通志》：在城东二十里。源出龙洞山后，绕凤皇山阴，入擦拉河。夏秋积雨，沮洳难耕。雍正五年，疏渠开垦，渐有其利。

西南濠　《大清会典事例》：雍正十二年，议准修昭通府西门，开濠引水入城，以资灌溉。旧《云南通志》：在城外。雍正十一年，知府徐德裕于城工竣后，详请发帑开修，自西门起至南门，达淄泥沟，汇入凤皇山前，顺流而下，灌溉西南二门及戛补寨、下元村一带新垦田亩。又从利济河引水入城，于西门二涵洞出水，民田咸资蓄泄之利。

象鼻岭闸　《昭通府采访》：在城东五里。乾隆二十四年，知府郑廷建。

元宝山闸　《恩安县志》：在城南三里，灌田三百余亩。

擦拉河闸　旧《云南通志》：在城南二十里。《大清会典事例》：雍正十三年，议准开凿恩安、鲁甸擦拉诸河，建闸以资蓄泄。

利济闸　旧《云南通志》：在城西二里，旧无闸坝，难于积水。雍正十二年，总督尹继善、巡抚张允随发帑，檄知府徐德裕建石闸四座，以资蓄泄。

大龙洞内外二闸　《大清会典事例》：乾隆七年，议准开恩安县砻硐水源，建大坝一座。《昭通府采访》：在城北二十余里，水自小穴流出。乾隆二年，知县俞昇建外闸。二十二年，知县沈生遴建内闸。嘉庆十六年，知县欧阳道瀛重修。

波罗闸　《昭通府采访》：在城东北二十里。乾隆十六年，知县郑景建。

李子湾闸　《大清会典事例》：乾隆七年，议准培修李子湾蓄水堤基，建木闸一座。

卧箐山闸　《大清会典事例》：乾隆七年，议准补卧箐山蓄水堤基，建木闸一座。

水塘坝　旧《云南通志》：在城东十里。源出龙洞山，灌水塘田三百余亩，南入淄泥沟。《大清会典事例》：乾隆七年，议准修建水塘坝。

新泽坝　旧《云南通志》：在城西二里。引利济河水入城，潴而为池，一名利济。又析为二沟，分灌西南郭田，城内外咸资其利。《恩安县采访》：利泽河西南河高田低，水溢为患，居民筑堤保卫，名曰圩田。年久失修，恩鲁毗连之落水洞亦被壅塞，山水暴发，流不能咽。光绪四年，知县荣昭请款率绅士高文朗、杨藻等劝捐修浚，自海口桥起至老鸦岩沿河六十余里，子河三十余条并落水洞，一律修浚，数年圩田，赖以无患。

丰乐坝　旧《云南通志》：在城西四十里。源出丰乐村，即铁锅寨，灌本村田三百余亩。

团山坝　旧《云南通志》：在城西四十里。源出小龙潭，引灌波罗曲、团山田。

白坡坝　旧《云南通志》：在城西北三里。分利济河水，灌白坡田。

洒鱼河坝　《昭通府采访》：在城西北二十五里。《大清会典事例》：乾隆七年，议准洒鱼口河开沟建坝，以资蓄泄，灌溉民田。

诸　塘　《大清会典事例》：乾隆六年，覆准滇省恩安县开塘四区，以济兵民汲饮。

三多塘　《昭通府采访》：在城西北隅，源出大龙洞。嘉庆十三年，知县王禹甸开凿。

镇雄州

拖泥坝沟　《镇雄州志》：在城南三十里。会茅草坪、白人子、磨刀石诸水，行五里至拖泥坝，可灌田三百余亩。乾隆二十六年，居民汪成龙、鲁琏竞讼，知州宋允清令汪成龙等引左源茅草坪水，鲁琏等引右源白人子、磨刀石水，争遂平。

中东永丰里渠沟　《镇雄州志》：天池渠、小落渠、花浪沟、法西沟，共四。

下南靖远里渠沟　《镇雄州志》：龙滩渠、果哈渠、木黑沟、鲁布沟、斑鸠沟，共五。

上西同风里溪渠沟　《镇雄州志》：谷花溪、法著渠、高桥沟，共三。

中西归仁里溪渠沟　《镇雄州志》：法溪沟、拖溪、多戛渠、达溪渠、枝北沟，共五。

下西昇平里溪渠沟　《镇雄州志》：小米溪、苏路渠、法乃卧渠、普得渠、法革沟，共五。

上北迎恩里溪渠沟　《镇雄州志》：法乌溪、雄阔渠、白哈渠、古芒部沟、阿木故沟、盐井沟、甲胄沟、柳溪沟，共八。

下北长庆里溪沟　《镇雄州志》：回龙溪、麻柳溪、花果沟，共三。

李公沟渠　《镇雄州志》：在城东南三十里山箐中。泉流三十里至白乌坪，居人构讼，知州李至令沟口横置一石，使水分出入于石下，开渠引水，讼遂息。

汜洛河沟　《镇雄州志》：在城东五里。源出乌通山后，流绕上坝、平坝、阿黑关、鲁家沙坝、枧槽田、果家河诸处，筑坝引水，灌田约三千余亩。

上东致和里沟堰坝　《镇雄州志》：木冲沟、纸槽沟、响水沟、长流堰、陶坝、乐利沟、革斗沟，共七。

天一沟堰坝　《镇雄州志》：在城西。源出大关口，居民齐世贤等捐金修堰，引水过大木桥、洒羊荡、走马坝、西门外，绕转教场、南门外、倮居寨、旧府、下坝止，计程三十余里，灌田二百余亩。

黄水河坝　《镇雄州志》：在城北二百里，源出罗汉林，绕革斗、倮僇坝、柴家井、碧坝、关口、三寨、瓦石料、白水，会合四寨河出洛渭，小溪一带居人，或筑坝或水车，灌田约四千余亩。

上南乐善里硐沟坪坝　《镇雄州志》：花鱼硐、戛乌沟、晋虑沟、靓勒坪、枧槽沟、松林坝、卧龙石沟、拖泥坝，共八。今无松林坝、枧槽、卧龙石沟。

下东向化里溪渠沟堰　《镇雄州志》：龙舞溪、丛树渠、广济沟、岩桑沟、雷阳沟、花龙沟、通泉堰、蕃民堰，共八。

永善县

金沙江　《大清会典事例》：乾隆十一年，议准开凿金沙江下游新开滩至黄草坪等滩河，以利舟楫。又，议准开修金沙江两岸陆路。又，十四年，奏准金沙江自四川叙州府城内起至云南小江口止，共计水程一千四百余里。内上游之蜈蚣岭至下游之黄草坪一段工程，实于运铜无益，其自黄草坪以下至新开滩约五百八十余里，亦有数大滩，尚系人力可施，可以直达泸、叙，于运铜有益，应弃其无益，留其有益，仍酌给岁修银，以利挽运。又，十七年，奏准金江下游米贴、小雾基、三堆石、大狮子、溜涌子、大猫等六滩在厂民捐办铜价银内，每年酌留银一千两，为岁修之用。

大关厅

盐井渡　《大清会典事例》：乾隆十二年，议准开通大关盐井渡水陆道路，每年动支运铜节省银三百两，以为岁修之用。

鲁甸厅

高桥闸　《鲁甸厅采访》：在城南十里，水自土库房来。乾隆二十年，通判方綍捐建石闸，聚水灌田。

桃园闸 《鲁甸厅采访》：在城南十二里，中有海眼。乾隆二十年，通判方綍捐建。

长胜寨闸 《鲁甸厅采访》：在城西南五里，水自擦拉来。乾隆二十年，建土闸五十六年，复建石闸。

陆家闸 《鲁甸厅采访》：在城西十里，龙潭自石穴出。嘉庆十八年，通判魏良弼建石闸，以资灌溉。

查拿闸 《鲁甸厅采访》：源出大黑山。

景东直隶厅

枧　泉 旧《云南通志》：在城北旧卫城内。旧无井泉，明指挥袁贤始治竹枧，引蒙乐山泉水入城，凿池潴之，上覆以亭，民资其利。

水寨渠 旧《云南通志》：在城东十五里。

者孟渠 旧《云南通志》：在城南五十五里。

者干渠 旧《云南通志》：在城南七十五里。

以上三渠，俱资灌溉。

蒙化直隶厅

东溪渠 旧《云南通志》：凡十六，曰龙王庙，曰五道河，曰白塔，曰教场，曰系马桩，灌溉附郭田亩；曰冯广，曰南庄，曰桥头，曰盟石，曰铺边，曰双桥，灌溉甸中田亩；曰甸中，曰捉马郎，曰白地场，曰甸头，曰土主庙，灌溉甸中及甸头田亩。

西溪渠 旧《云南通志》：凡十二，曰三古盘，曰挖钟冲，曰小冲，曰大冲，曰乌保郎，曰贝忙，曰赖郎，曰西葵，曰天摩牙，曰天耳山，曰龙护寺，曰麻姑冲，灌溉西山麓附近田亩。

水磨坪芭蕉冲龙潭坝 旧《云南通志》：在大理府云南县西南。流经赵州、蒙化，旧设三坝分灌，上、中坝属云南县赵州，下坝属蒙化。康熙三十五年、赵州民与蒙化民争控，水利同知蒋旭详议按日分定，有《碑记》。

甸头大圩、巃[illegible]大塘、郭家塘、淑人塘、南庄塘、团山塘 旧《云南通志》：旧志虽载其名，今已久废。

永北直隶厅

麽些沟 旧《云南通志》：在城东五里。自观音箐分沟，灌北山马房田。

羊坪闸 旧《云南通志》：在城东二十里。康熙间，永宁府同知陈谟建，知府朱光宗重修，今圮。

包家闸 旧《云南通志》：在城南八里，又名马家坝。《永北府志》：即港子河下流，村人筑堤蓄之，以资灌溉。

海河闸 《永北府志》：在城南七十里，源出程海。明万历间建，开有大河一道，春开夏闭，以资灌溉，后渐淤塞。大理府知府李成材捐俸疏浚，闸又倾圮。康熙二十八年，北胜州知州申奇猷重修，年久复圮。雍正十三年，署府江峤孙捐俸浚河建闸，详定岁修，以垂永久。乾隆二十七年，又圮，署府唐扆衡开挖，河窄岸高，知府陈奇典议大挑河面宽阔，继将河底挖深，方可免患。《永北厅采访》：道光初海水渐涸，河道壅塞，久无灌溉之利。

泥河南北闸 旧《云南通志》：在城西北十五里。《永北府志》：九龙潭立南北二闸，由南即为南泥河，灌上川田地，向西北三折而至杨百户桥，入五浪河，注子里江，秋后水泛，漫溢为害。乾隆二十七年，知府马琪珣议作三年分段岁修，由北闸出为北泥河，灌下川田地。由金官而合于杨百户桥，合五浪河，注子里江，秋后水涨，与南泥河等，知府马琪珣亦议作三年分修。乾隆三十年，知府陈奇典于南闸与桥头河二水交处，浚沟疏泄。

观音箐坝 旧《云南通志》：在城东三里。《永北府志》：分为二坝，头坝为麼些沟，二坝灌溉本城四门田地。

河草坝 旧《云南通志》：在城西三里金水苍山下。

桥头河坝 《永北府志》：观音箐水由红石崖至明川桥，分为六坝，灌溉坡脚、中洲、梁官等处，分班输放。

盟庄坝 旧《云南通志》：在城西三十五里。《永北府志》：坝箐河遇雨即漫溢，以木石为坝，堵水入鸡叫山洞，伏流归程海，计长五十里，详请分作三年疏浚。

板山河坝 《永北府志》：在城西北四十里。板山河遇雨泛溢，雍正七年，知府石去浮筑石坝以捍之，知府袁德达重修。乾隆二十四年，知府马琪珣详请作四年岁修。《永北厅采访》：道光二十一年，蛟泛冲没田庐无算。兵燹后，无力修浚，田亩久荒。

长沟坝 旧《云南通志》：在城北三十里。

羊坪河沟坝 《永北府志》：河源出光茅山。分为二，一即观音箐上流，一流他留夷地，旧名杨柳河。知府江峤孙将此水挖归观音箐，从山凹中架厢开洞引水未成而止，监生田永登捐银沿山麓开沟筑坝，搭枧数十里。乾隆十六年，知府岳安详拨海河谷以为岁修之费，随修随圮。二十七年，山崩壅塞无水。《永北厅采访》：道光二十年，同知熊守谦捐廉修浚，未数年又圮。

长羊坪河沟坝 《永北府志》：发源劳些箐，流季瑞林伍一带，约数十里。山腰挖筑水沟，高低缺陷之处用木枧，知府江峤孙筑沟坝九十余，引水灌田。《永北厅采访》：兵燹后，山崩沟阻，河水泛溢，冲坏民田无数。

西山草海堤 《永北府志》：在近屯西山下，本系平田。明正德六年，地震成湖，历年积水为患。乾隆十一年，知府林绪光开挖河尾一百余丈泄水。十八年，知府汪筠详请岁修。二十八年，署府唐扆衡自海中开挖筑堤至观会桥，长九百余丈。

陈广河堤 《永北府志》：在近屯。发源黑龙潭，入五浪河，注子里江。秋霖岸堤坍塌，乾隆十六年知府岳安捐修，二十七年知府马琪珣详请岁修。《永北厅采访》：久圮未修。

沙河堤 《永北府志》：在城西北。由桥头河而下，向无堤埂，南北分流灌溉，沿河惟插柳护田而已。下至张家桥，河高田低，筑堤防护。乾隆二十七年，知府马琪珣详请分作二年岁修。

镇沅直隶厅

瓦巴河渠 《镇沅厅采访》：咸丰间，蛟泛中流，俄阻巨石，水停沙积，甚为民害。光绪八年，迤南道陈廷珍委员率绅民鸠工，凿石成眼，中实火药，火发石破，集众役运石于岸，五阅月而工竣。河中壅塞，一律挑挖尽净，水得畅流，居民赖以无患。

广西直隶州

有石闸 旧《云南通志》：开东西两河，灌近城田。

广利坝 《广西府志》：在城东七里江头村。明万历三十八年，知府张光宇筑。康熙间，知府万裕祚重修。

永惠坝 旧《云南通志》：在城西三里。明万历二十一年，知府陈忠筑，开东西两河，建闸蓄泄，灌田千顷。天启间，知府高梁楷易石增修，后山水冲断西河，梁楷复砌石架木以渡，其利不废。东河日久塌圮，康熙三年，知府万裕祚重修。《广西州采访》：光绪七年，知州王凤池率士民重修。

雨龙坝 《广西府志》：在城西三十里。明知府辜用琥、陈忠相继修筑。康熙九年，知府万裕祚重修。

矣厦坝 《广西府志》：在城西六十里。康熙九年，知府万裕祚重修筑。今旋筑旋圮。

新庄坝 《广西府志》：在城西六十里。旋修旋圮，乾隆元年，复修又圮。

集兴坝 《广西府志》：在城西六十里。康熙九年，知府万裕祚重修。

宁黑勒坝 《广西府志》：在城西北三十里。监生赵株筑，将圮。康熙八年，知府万裕祚重筑。

摆勒坝 旧《云南通志》：在城西北三十里。《广西府志》：康熙八年，知府万裕祚修。

鱼勒黑坝 《广西府志》：在城北四十里。康熙九年，知府万裕祚重筑。

老乾洞 《广西州采访》：为州境泻水洞口之一。旧有知府塘、海眼海门洞、臭鱼洞、老乾洞，每岁农隙，派夫修挖，大水之年，亦不为害，年久失修，沙泥填塞各洞口。惟老乾一洞，流不及咽，每遇夏秋雨集，远近田庐悉被淹没。

师宗县

大河口坝 旧《云南通志》：在城东十里。

白雾沙坝 旧《云南通志》：在城东十五里。

洋旧坝 旧《云南通志》：在城南三十五里。

额勒哨坝 旧《云南通志》：在城南四十里。

西　坝 旧《云南通志》：在城西一里。

小阿堵坝 旧《云南通志》：在城北十五里。

柳　堤 《广西府志》：在城南门外，久圮。康熙四年，知府陈憻复筑，河仍壅滞。十年，知府韩维一重筑，引通源洞水东流入城。

弥勒县

竹园村沟甸坝 旧《云南通志》：在城东南六十里。明万历四十三年，知府萧以裕、通判吴稼竳开渠置坝，溉田五十余里。《弥勒州志》：雍正元年，贡生杨峥筑石坝，开中沟。十一年，知州张景澍开东西两沟，引水至息宰。十三年，署州王纬捐俸筑东西沟头两处石坝，水源愈大，上中下五村田亩均受其利。《弥勒县采访》：兵燹后，东西两沟堤岸坍塌，沙泥淤塞。光绪七年，知县胡以远率贡生张文元、张汝弼等筑。

朱公坝 旧《云南通志》：在城南六十里甸头界，明州同朱召南筑。

丁家坝 旧《云南通志》：在城西南七十里十八寨东南乡。明万历间，知府陈忠筑，今圮。

李公坝 旧《云南通志》：在城西二十里阿当村。明万历间，知州李启筑，资灌田亩，引入泮池。

邱北县

盘龙溪 《邱北县采访》：源出旧城盘龙寺龙潭，经马头山、桥头、水寨流绕城北，灌溉田亩。

阿矣溪 《邱北县采访》：源出阿矣龙潭，由高枧槽上寨流入城南，折东北小团山，与城北一溪合流，入清水。

武定直隶州

上 沟 旧《云南通志》：在城西。自和尚庄岔河，分乾河水引灌烂枧槽、保山溪北郭田，由火把村入城供汲，归旧泮池。

下 沟 旧《云南通志》：在城西。自红土田分大河水至烂枧槽村，架木接渡，东绕府城，折而南纡回十余里至小营，远近资之。先是，分沟处以乱石堆砌，河水稍浅即难引灌。雍正九年，知府徐修仁于红土田上流建拦水石坝一，使水半流河，半入沟，筑堤疏淤。另砌渡枧马头，沟水常盈，分灌甚溥。《武定州志》：同治十二年，居民以雨泽不调，争水启闸，知州郭怀礼往勘定章，照田引灌，以息争端，并督绅民重经修浚。

西村沟 旧《云南通志》：自西村桥下，引河流分灌本村田亩。

乌龙沟 旧《云南通志》：在城北十里。源出乌龙，引灌水碓房田亩。

大缉麻屯渠 旧《云南通志》：在城东南。由冷村河筑堤，引至屯中。

香水坝 旧《云南通志》：在城东，灌东南一隅。

宛家坝 旧《云南通志》：在城西北下。怒革、乌龙二水合流，随其高下，修砌石坝。

虎街坝 《武定州志》：旧有坝，引水由汤郎、米三咱灌田千余工，年久坝毁田芜。光绪二年，知州郭怀礼率居民修复，定章引灌附近田亩。

元谋县

流水洞 旧《云南通志》：在城南二十里苴那村山后。山形高峻，流水不能灌溉。康熙三十二年，县民余得才凿洞三里许，直达山前，旱地俱为水田，人德之。

盐水井坝 旧《云南通志》：在城东十里。

法纳禾坝 旧《云南通志》：在城西十五里。

车良居坝 旧《云南通志》：在城西二十五里。

己保坝 《元谋县采访》：在城西三十里，己保、金刚纂等村田亩赖以灌溉。

普登坝 《元谋县采访》：在己保下流五里。

罗刹坝 《元谋县采访》：在普登下流五里，引灌大、小罗刹村田。

洪诰坝 《元谋县采访》：在罗刹下流三里许。相连二闸，洪诰、五福等村田亩资灌溉焉。

汉禄坝 旧《云南通志》：在城西北二十里。接翠碧河流，引西溪水灌溉田禾。

能海闸坝 旧《云南通志》：在城西北四十里。

阿纳勒坝 旧《云南通志》：在城西北四十五里。《元谋县采访》：以上三坝，均废。

直凝坝 旧《云南通志》：在城西北七十里。《元谋县采访》：旧坝久废，今移建洪诰村外上流。

朱补坝 旧《云南通志》：在城北七十五里。《元谋县采访》：今废。

五茂坝 旧《云南通志》：在城北八十里。

德大坝 《元谋县采访》：在五茂河上流十里。同治九年，多乐村庠生杨翊清新建。

岭徕坝 《元谋县采访》：在多克河上流十里。

那化坝 《元谋县采访》：在多克河下流五里。

大坝塘 旧《云南通志》：在多克河岸西。《元谋县采访》：系阻河上流为坝，俗名天生坝。由河东开渠引灌多克村田，河西开渠引灌罗莫勒村田，其利甚溥，是为元邑第一坝。

溪河堤 《古今图书集成》：元马堤在城北，绕城西下，通马街路。旧《云南通志》：在城北门外。河源出和曲之虚仁驿及五骂村，兼各山沟水汇于城下，势甚奔腾，四面皆山，不能分泄，冲没可虞。又地多顽石，难施堤桩，旧用乱石堆砌成堤，岁修费帑。雍正十二年，知府朱源淳、知县金言详请用篾筐盛石，里外牵连，以捍水患，田舍城垣胥赖保护。《元谋县采访》：今废。

禄劝县

普济沟 《禄劝州志》：在城东。掌鸠河来自州北，经易竜，入鹧鸪河，受诸溪涧之水，合流至末竜，设一堤，引入普济沟，溉江头村暨者老革、旧县、南村一带田亩。

广济沟 《禄劝州志》：在城南。盘龙河来自和曲，受山溪诸水，于虎跳滩建堤引水，入广济沟，经木果甸，过州城，溉城外及莺子竜一带田亩。《禄劝县采访》：沟为崖阻，外即迫河，下临无地，昔人于崖外筑堤渡水，堤多渗漏倾圮。嘉庆二十一年，典史韩玉璋椎开石壁二十余丈，凿石为沟，永无渗漏倾圮之患，民咸赖之。

盘龙沟 《禄劝州志》：在城南。设堤引河中水，溉马家庄并永平、纳吉诸村田亩。

通济沟 《禄劝州志》：掌鸠河流至镌字崖，下设一堤，引入通济沟，溉拖梯一带田亩。

拖梯水道 旧《云南通志》：在城西北十五里。引玉峰山泉水，凿沟溉镟匠村一带军田。

桃源村渠、永平村渠、纳吉村渠 旧《云南通志》：俱在城东，田资分灌。

马家庄渠 旧《云南通志》：在城东南。明凤氏古沟，年久圮塞。雍正四年，知州贾秉臣从山腰凿石成渠，汇复旧沟，疏浚深通，分十二节，挨次引灌马家庄等村田亩。《禄劝县采访》：乾隆五十三年，水涨沟圮。道光五年，邑人杨永青、施宗周等修挖疏浚，永平诸村，得资灌溉。

者吉村渠 旧《云南通志》：在城东北陀的掌鸠河。

元江直隶州

东　沟 旧《云南通志》：在城东。有五，曰漫林，曰呼遮，曰河湾，曰三家，曰大茶庵。《元江州采访》：漫林、大茶庵二沟，坍塌未修。

南　沟 旧《云南通志》：在城南。有十四，曰万喇，曰都莪，曰万钟，曰们岛，曰小燕，曰都郎，曰上乾磨，曰下乾磨，曰纳整，曰者戛，曰龙潭，曰阿萨，曰南洒，曰深沟。

西　沟　旧《云南通志》：在城西。有八，曰新沟，曰龙洞，曰们涌，曰达摩，曰漫漾，曰你叠，曰们线，曰们果。《元江州采访》：光绪八年，龙洞沟坍塌，邑人重修。

西北沟　旧《云南通志》：在城西北。有五，曰漫费，曰红土坡，曰达探，曰琳琅，曰麻沙树。

北　沟　旧《云南通志》：在城北。有二，曰安乐，曰拔乐。

以上诸沟，随地引灌。

双沟渠　旧《云南通志》：在城东二十里。源出马笼山，一清一浊，土人筑堰，江东田亩赖之。

仲夷渠　旧《云南通志》：在城西四十里。明永乐年间开，分灌田亩，东入礼社江。

新平县

罗吕河暗沟　《新平县采访》：在城东南。沙浮于上，水沈于下，里人就高处掘深六七尺，嵌沟引水，伏流灌溉田亩。

登龙渠　旧《云南通志》：在城西北旧新化州禄库乡。

小河堰坝　《新平县志》：在城西二里永济桥上。障洪本泉，引灌者甸冈高处一带田。

清水河坝、他拉河坝　《新平县采访》：在团山西。沿河开沟筑坝，引灌田亩，其利甚溥。

土官村堰　《新平县志》：在城西北一里。障洪本泉，引灌土官村一带田。

六嫡塘、渺剌塘　旧《云南通志》：俱在旧州岏嘌乡。

阿谢堤　旧《云南通志》：在城南三里大石坝。壅水灌田，东南利赖。

龙王庙堤　旧《云南通志》：在旧州归召乡。明隆庆六年，知州麦天惠筑。

青龙坎　《新平县志》：在城西南五里。筑大坝，灌溉纳起一带田。

邦那圩　旧《云南通志》：在旧州禄库乡。

水　龙　《新平县志》：在城西南五里。甃石为龙，引团山水，贯平甸河而北下，而复上灌溉城南一带田亩，居民按年修补。《新平县采访》：年久失修，沙泥壅塞。同治十三年，邑人张桂清、喻学孝、田蕙琳等重修。

黑盐井直隶提举司

龙沟河堤　《黑盐井采访》：河高井低，时虞水患。旧系领款岁修，兵燹后废弛，河道淤塞，堤岸冲决。

白盐井直隶提举司

安丰井河坝　《白盐井志》：河源自赤石崖潘家村流至小井，会白盐诸水，由三岔河归金沙江。建坝以备夏秋积水，提举郭存庄更设栅栏堵御。

〔据岑毓英等修，陈灿等纂光绪《云南通志》（清光绪二十年刻本）卷五十二至五十四《建置志七·水利》辑录。该志在沿袭道光《云南通志稿》基础上，据《案册》及各县采访增补道光、同治、光绪间水利建设之事，而中甸、维西、威远、思茅、他郎等五厅，道光《云南通志稿》皆无记载，该《志》各有增补。另，王文韶等修光绪《续云南通志稿》卷二十一至二十二《地理志·水利》多沿袭道光、光绪两通志，且删略较多，不赘录。〕

（民国）新纂云南通志·农业考·水利

卷一百三十九　农业考二　水利一

云南府

滇省河流多行深谷中，可资灌溉者少，惟湖泽泉池如星罗棋布，所在皆是，农田胥倚赖焉。楚汉以来，鸿陂大堰，载籍缺如。至汉成义侯造起陂池，迄元咸阳王赛典赤始有功德可纪，降及明清，上而督抚司道，下而州牧令长，无不以水利为当务之急。其规模较大者，元代则赛典赤，清代则鄂尔泰，厥功至伟。在前卷屯垦节已略述水利之大概，兹更分别府、州、县地方，详细列举，而于清代雍、乾两朝之措施，关系全省，则列于前云。

清雍正十年，议准云南各州县凡有水利之处，将同知、通判、州同、州判、经历、吏目、县丞、典史等官，皆准加水利职衔，境内河道沟渠，责令专理。除云南一府仍归粮道管辖，其各属在迤东者统归迤东道管辖，在迤西者统归迤西道管辖，仍令各该府查勘验报，各该道考查详明，听督抚酌核劝惩。《清会典事例》。

附总督鄂尔泰《兴修水利疏》：道光《志》。

为全滇水利已未兴修汇叙陈明，仰祈睿鉴事。

窃惟地方水利为第一要务，兴废攸系民生，修浚并关国计，故勿论湖海江河以及沟渠川浍，或因势疏导，或尽力开通，大有大利，小有小利，皆未可畏难惜费忽焉不讲者。况云南跬步皆山，田少地多，忧旱喜潦，且并无积蓄，不通舟车，设一遇愆阳，即顿成荒岁。从前市米一石有价值十两、十五两之年。前事后鉴，敢不预筹。

是以臣自莅任以后，仰体我皇上爱民务本之至意，即详饬通查，令凡有水利勿得膜视，并博采舆论，合看绘图，务期矢此恒心，用资绵力，但于治有小补，庶几虑可少宽，志未尝不如此。乃迄今六载，虽亦次第举行，然兴修已竣而获水之利者仅半，已修未竣、已竣未，妥并应修未修、委勘未确者居半。现无成功，何论久远？用深歉仄，切望群材，此应了未了事①，所当分晰开明，陈请圣鉴者也。

除昆阳、海口及盘龙江诸河兴修情由，已另疏具报外。查云南府属嵩明州之杨林海，又名嘉丽泽，纳龙巨、南冲二河之水，并受四面山河各水，会聚而成淀。出河口，入车翁江，达金沙江，因河湾迂曲，去水甚缓，停留沙石，壅塞咽喉，每将海边四十八村已成田亩半行淹没，历为民患。臣详加察访，海水深止二三尺，若改疏河道，由丁家屯龙喜村开挖二里许，直通河口，使新旧两河并泻，水势畅流，不独四十八村可永免水涝，而周围五十余里草塘均可开垦

① 事　原本脱，据道光《云南通志稿》、光绪《云南通志》补。

成田。随于雍正五年秋委员会勘，并先将历年阻挠之衿棍二人枷示河幹，限以工完释放。于是各士民欢呼踊跃，情愿出夫，仅资给口粮，并未多费，于雍正六年春报竣。从此田亩岁收，涸出田地一万余亩。

再，府属宜良县，洼地多淹，高地无水，旱涝不均，有需调剂。臣先于雍正七年据前任知县邢恭先详禀，饬谕兴修，随于八年春报竣。续复委员覆勘，所开河共五道：一在城东北五里五百户营之南，开长约五里，已通池江；一在城东三里龙王庙北，旧多积水，开长约四里，亦泻于池江；一在龙王庙南，为北来诸水所会，开泻水河约十里，水不为害；一在城南二十里，地名乾墩子，缘地无水池，一望平衍，废为弃土，于池江边决一水门，开河一道，引肥水灌田，现已获济。惟自江头村起所开引河一道，地形渐高，水势难上，殊无益灌溉，徒费人工，复议自胡家营北，接旧河另开一道，约长五六里，甚有裨益，现饬于农隙兴工，约明年春可竣。

又，临安府有泸江水，水来自石屏州之异龙湖[①]，合埸冲、象冲二水及六河九溘皆会于泸江，以赴岩硐伏流十余里，出阿迷州，入盘江。而硐口硐底石埂[②]十三重，阻水不能直泻，每遇夏秋暴雨，奔湍四溃，田庐淹没。土人称有神物凭岩，欲伐岩石，辄有风霾砂石，必中伤人。经委前任知府张无咎凿石疏河，椎凿不能入，强入不寸许，旋果风起砂飞，炮砾从空击下，断工人一指。臣据报，谓神以庇民，岂以虐民？总制奉天子命除患济民，而神弗许，是神不灵。随通以诚，告以正，遣张无咎以文祭毕，复督工凿石，应手而碎，十三重立尽，复将自泸江至岩硐堤岸八百一十丈，自埸冲二河至三河口堤岸四千三百七十五丈，并造桥打桩挖浅诸件，一并筑修。于雍正八年四月内报竣。现已有利无害，禾稻成收。

再，府属之建水州，查自南庄十六营以下暨狮子口、郭衣村等八处，田地甚多，苦无活水，但雨泽稍迟，即秋成失望。前任知州祝宏以附近南庄之李浩寨山腹中有过泉一道，细流不息，入地无踪，曾竭力开挖，不能疏通禀报。臣令以谷糠填入，向下寻流约三十里，流出于州属之老鼠窄，知为此泉无疑，遂穿凿地道，伐木为厢，穴中水涌，势甚湍激，随复开沟导水，俨成大渠。并酌定规条，令挨次引灌，而该地田亩皆赖以丰收，于雍正七年四月报竣。府属之阿迷州，离城里许有小河一道，历来不通舟楫。该署州漆扶助遵檄疏浚，自水泉下绕州城，由禄丰乡直达盘江，计三十二里，现可行舟，于雍正七年八月报竣。府属之蒙自县，有县坝一区，围绕城外，平坦宽阔，可成沃壤，因灌溉无资，遂弃为旷土。查有城南学海，据坝上流，亦经淤塞，若浚深数尺，建闸筑堤，开沟引水，即可以肥田。虽工程不易举而众愿速成，该知县王廷诤于雍正七年兴修，八年冬报竣。

又，曲靖府属之寻甸州城南，平川沃壤，皆可垦土成田，缘寻川一河，会寻甸、嵩明两州之水，每夏、秋积雨，一望汪洋，加以马龙州河水又会于七星

① 湖　原本脱，据道光《云南通志稿》、光绪《云南通志》补。
② 石埂　原本脱，据道光《云南通志稿》、光绪《云南通志》补。

桥下，冲激寻川之水，逆流泛滥，即附近熟田，亦岁被淹没。土人谓，自古相传，捍御无策。臣熟筹博访，就其山形水势及远近高低，欲使寻川河顺流直泻，必先使马龙河不争水道，欲使马龙河不争水道，必先另开子河，俾寻甸、嵩明之水皆得畅流，并可免冲激，不致泛滥。今于雍正七年春，面谕升任知州崔乃镛查勘督修，随于是年十月兴工，八年春报竣，共用工三万七千有零，约可涸出田地二万余亩。但大河中流有整石四十余丈，务须开凿而施力殊难，复议另浚沙河十五里，以收全功，现委迤东道迟维玺就近督修。

又，澂江府城南之抚仙湖，延袤百余里，中流深处可百余丈，以受各山之水，亦名为海，由宁州入阿迷，注盘江会流以达粤境。每雨多，水砂宣泄不及，则附郭之河阳并江川、宁州三处利害共之。惟海口一河，尚堪疏泄，而山溪水涨，推砂滚石，壅积易而通畅难。明巡按姜思睿曾建牛舌、梅子箐二坝，撼两山之冲激，遏砂石之壅淤，今石坝倾颓，更无可恃。据该知府王铎详请兴修，臣随发银委办，计石工一百七十六丈零，首尾宽深，堤坝坚固，又增筑逼水坝六墩，以固石坝，以涤岸砂，于雍正八年兴工，九年六月报竣。河阳田新涸出三千余亩，旧田遍种，现获丰收。

又，楚雄府属之镇南州，旧有水塘，筑堤积水，以资灌溉，名千家坝。因倾废百年，水无停蓄，一遇亢旱，种插并难。臣面谕该知州金鉴，确勘详复，其水来自北山龙王庙及多蕨厂等处，两旁坡岩壁立，四季泉源不竭，会流箐口，两山回环，俨如门扇，基址天成，蓄水成塘，可灌数十里田亩。随发给银两，令筑坝建闸，全用大石，并将外口开挖宽深，毋得省工惜费。于雍正八年六月兴工，掘出千家坝旧碑一版，复指其缺略示以坚完，于九年三月报竣。据称不独可灌千家，并可以周万户矣。

又，东川府虽倚山临川，不通河道，种稻田者无多，余半为荒土。而城北蔓海一区，宽长二十余里，地本肥饶，因积水难消，弃置已久。自割归滇辖，臣经发银数千两，令前任知府黄士杰于雍正五年开河三道：一从马五寨至鱼洞二十里，为左河；一从瓦泥寨至水道二十里，为中河；一从拖落村至鱼洞二十里，为右河。建石闸二座、木桥四座，水消田出，业招民承垦。该守罗得彦又从马鞍山开河一道，约长十里，以济蔓海；从梅子箐开河一道，约长十里，会合中河。及知府崔乃镛接任，于九年正月加修，旋据报竣。

其余如嵩明州之宽郎河，效古、日足二里，田亩同资灌溉，因分水不均，里民争控。饬令开子河一道，俾两里均平，九年四月报竣。宣威州旧少水田，仅资荞麦。知州漆扶助于双龙山泉会合处建石闸一座，于戈山河口建石坝一座，左、右各开渠一道，于嘉惠落水洞另建石坝一座，开渠一道，截流引水，均可垦田，俱于九年八月报竣。禄劝州地僻土寒，谷难成熟，惟正东、东南等村，可以种稻，内有马家庄等处田高缺水，旧有水沟一道，久经壅塞。前任知州贾秉臣请从山腰纡折，凿石成渠，汇复沟水，可灌田数千余亩，于雍正四年八月内发价饬修，不数月报竣。大理府洱海之海口，为附郭之太和及赵州、邓川三州、县水利所关，因壅塞多年，每遇雨水泛滥，海田多伤。据前任同知佟世荫[①]等详明兴修，水得畅流，田禾攸赖，于雍正四年内报竣。

又，云南县有团山一坝，旧立闸三道，引梁王山泉灌溉田亩，岁久倾圮，难资引灌，因开修沟闸并浚清海尾、赤河尾，业经报竣。浪穹县因湖水泛滥，疏浚凤羽河等处，筑堤四十余丈，厢木柜五十架，业经报竣，但补苴一时尚非远计，现复委勘加修。永昌府城外有南北两河，田亩攸赖，因壅塞已久，岁损禾苗。据该镇府等倡率兵民，用夫一万余，亦于雍正四年内报竣。

以上各件，工有大小，时有迟速，或给发承修，或腾挪济事，或奉行官吏加意急公，或本地士民出夫协力，并未动项，皆已完工。内有仍需加修者，亦不过增补。其各属地方，如堤坝、圩埂、沟洞、渠塘等类，随地疏筑，各有禀详，事件零星，俱无庸开叙。

此外如临安之建水、石屏，俱受芦子沟之患；嶍峨之城垣田庐，俱受练江、猊江之患；曲靖之西潇湘、南宁之落水洞，罗平之西北二河、新兴之玉溪、路南之蜡甸、和曲之红土田、赵州之弥渡、云南县之马安、邓川之瀰苴、浪穹之宁湖，皆应疏浚开凿，俾有利无害。禄丰县之宜重修废桥，定边县河之宜建石堤，永北府之羊保山宜建石坝，顺宁府河之宜建铁索桥，皆应乘时料理，庶力少功多。至于通粤河道，最关紧要，非止便客商，实欲资粮运。臣于雍正七年春即发银饬修，已由阿迷州以下开至八达，共一千五百里，造船试行，直至土黄，有旱路二站，亦经置备车牛并盖棚店，下船至剥隘，则经达粤江。因委总理之被劾，原任广南府知府贾秉臣草率粉饰，并未彻底开通，故虽勉强行舟，河路尚属危险，现复委员确勘，妥议增修。

又，嵩明州之河口，经寻甸、东川，由牛栏江达金沙江，周环川江，复抵昭通，以通舟楫，虽工程不易，亦人力所能，现委试用知县以下赵世纶等备细估勘，绘图覆夺，若得川粤江河舟通，滇会则片帆可达吴楚，又不止寻常水利事矣。

以上各件，臣已切嘱司道并详谕各官实心措办，所需工费，请于变价银两内酌量动支，敢或借端侵冒及苟且塞责者，立即揭参，以为膜视公事者戒。惟众志若一，期在必行，庶百务无难，皆克有济。且各为地方贻永远利赖之善迹，以仰副我皇上廑念边方之盛心，亦所以自求福而与有荣幸事也。所有全滇水利已未兴修，汇叙陈明缘由，相应会同云南抚臣张允随合词题明。伏乞皇上睿鉴，敕部查照施行。

乾隆二年谕：自古致治以养民为本，而养民之道必使兴利防患，水旱无虞，方能使盖藏充裕，缓急可资，是以川泽、陂塘、沟渠、堤岸，凡有关于农事，务筹画于平时，斯蓄泄得宜，潦则有疏导之方，旱则资灌溉之利，非诿之天时丰歉之适然，而以赈恤为可塞责也。朕御极以来，宵旰忧勤，惟小民之依，是咨是询，前后谕旨，谆复再三，但化导自在有司，而督率则由大吏，该督抚有司，务体朕痌瘝乃身之意，刻刻以民生利赖

① 佟世荫 原本作“终世荫”，据道光《云南通志稿》、光绪《云南通志》改。

为先图。一切水旱事宜，悉心讲究，应行修举者即行修举，或劝导百姓自为经理，如工程重大，应须用帑项者，即行奏闻，妥协办理，兴利去害，旱潦不侵，仓箱有庆，以副朕惠爱黎元至意。

又谕：水利所关农功綦重。云南跬步皆山，不通舟楫，田号雷鸣，民无积蓄，一遇荒歉，米价腾贵，较他省数倍，是水利一事，不可不急讲也。凡有关于民食者，皆当即时兴修，总期因地制宜，事有可成，断不应惜费，如难奏效，亦不必强作。《清会典事例》。

乾隆三十一年谕：滇省旧有水利地方如应行开渠筑坝之处，小民无力兴修及闲旷地亩艰于开垦者，并令确切查明，酌借公项，俾闾阎工作有资。该督董率所属，悉心经理，尽地力而裕民力，用副朕轸念边农至意。《清会典事例》。

云南府

昆明县

六　河　景泰四年，云南总兵官沐璘言城东有水南流，源发邵甸，会九十九泉为一，抵松华坝分为二支，一绕金马山麓，入滇池，一从黑窑村流至云津桥亦入滇池。旧于下流筑堰，溉军民田数十万顷。霖潦无所泄，请令受利之家，自造石闸，启闭以时。报可。又，成化十八年，浚云南东西二沟，自松华坝、黑龙潭抵西南柳坝、南村，灌田数万顷。《明史·河渠志》。康熙二十一年，修云南城外金汁诸河及旧废闸坝。又，二十七年，修云南金汁等河坝，引水资昆明各县灌溉。又，雍正十年，议准修浚盘龙、金稜、银稜、宝象、海源、马料、明通、马溺、白沙诸河，增修石岸、闸坝、桥洞。又议准昆明六河酌定岁修银八百两，动支盐道衙门合秤银给发兴修，用则报销，不用则存贮以备大修之需。又，乾隆五年，议准开浚盘龙江、金稜、银稜、海源、宝象、马料诸河，修建桥闸、涵洞、堤岸。又，十四年，议准大修昆明六河堤岸、闸坝、桥梁、河道。又，四十二年，奏准修浚昆明盘龙等河。又，四十八年，奏准筹筑昆明六河堤工。又，四十九年，奏准筹办昆明河工。《清会典事例》。道光十八年，总督伊里布、巡抚颜伯焘筹款修浚六河。又，同治三年，大水冲决各堤岸，巡抚徐之铭督同署粮储道张同寿、署水利同知文光暨绅士王焘等筹款修浚。又，十一年，巡抚岑毓英檄粮储道韩锦云、水利同知朱百梅大修堤岸、闸坝、桥梁、河道。光绪《志》。

附巡抚王继文《请修河坝疏》：道光《志》。

谨照云南省城外东南旧有金汁等河，从松华坝借水于盘龙江，自嵩明流入昆境，绕城之①北，过云津土桥，趋入昆池。两岸筑堤，高二三丈不等，而水流其中，蜿蜒六十余里，有坝有闸，又有过水涵洞，盖以积水灌田，而城外数十万顷，皆借此河之利，民生国赋均有攸赖焉。自变乱后，沿河之堤埂、坝闸未经修葺，日久倾颓。上年大兵困逆，周围壕堑，不得不拆毁挑挖，以致水利阻塞，灌溉不通，田亩荒芜，居民失业，而昆明额赋莫可征收。自克城至今，臣多方招徕，而流离之众，见此附郭膏腴咸成弃土，未免徙倚他方，越趄不返。哀此残黎欲归则无资生之策，不归则有沟壑之虞，臣不得不早为之计也。夫以

① 之　原本脱，据道光《云南通志稿》补。

滇省军饷取给外省，频经请拨，仰廑宸衷，而昆邑应征之赋，可耕之田，岂可坐视抛荒，听其亏额。臣愚以为，河坝不修则残黎势难归业，荒田不垦则额赋无从征收。臣檄令地方官踏勘，估计需用桩木、闸枋、灰石各项材料并匠作人夫等项，约需银万余两。查《全书》，内开载岁修松华坝额银八百两，每年十一月中起工，至次年三月初止，往例可稽，似当亟议兴修，以复民业，然动支原额银两，万不敷用，值今财用艰难，工程浩费，何敢于额外轻议请动正项钱粮。臣议于通省官员及各属土司，酌行捐助，甫定之区，人方拮据，非有以鼓劝之，恐难必其乐输。伏查捐纳各例，业奉停止，臣不敢复为陈请。惟是纪录一款，既无碍于名器，又可鼓其急公，合无仰吁皇恩，敕部酌议，捐银若干，准以纪录，仍比照各省往例，量减额数，庶众擎易举，便于兴修。至工竣之日，臣造册送部，照例叙录，则河坝固而水利可通，俾四散之民咸图归计，渐次开垦，将见生聚寝昌，而昆邑粮赋可以望其复旧矣。

海　口　昆明池介碧鸡、金马之间，五百余里，夏潦暴至，必冒城郭，张立道求泉源所自出，役丁夫二千人治之，泄其水，得壤地万余顷，皆为良田。《元史·张立道传》。在城西南八十里，泄滇池之水，自龙王庙、螺壳、乱石、鸡心、青鱼诸滩至石龙坝而达安宁，两岸皆山，各有子河入海。滨海州县即其流入之界，各司一河，以专责成，故有昆阳、呈贡、晋宁、昆明、归化子河等名。北则白塔、腊龙二箐水，于昆阳之洱宗闸入。南则瓦泥箐、邢家园水，于呈贡之普安闸入；又罗武箐水，于晋宁之清水闸入；天自、芭蕉二箐水，于昆明之新村大闸入；云龙箐水，于归化之平定哨闸入。诸水皆横入大河，沙石填壅，每雨暴涨，宣泄不及，沿海田禾半遭淹没。明弘治时，巡抚陈金自螺壳滩至青鱼滩，修浚二十余里，通畅河流，定有大修、岁修之例。然海口外尚有老埂一道，横阻河身，埂外龙王庙前，又有牛舌滩、牛舌洲，各长五十余丈，三重埂塞。万历初，布政使方良曙于牛舌洲左豹子山下，竭力疏浚。清康熙四十八年，总督贝和诺、巡抚郭瑮委员重加开挖修浚。雍正三年，总督高其倬相继大修，未几复壅。雍正八九年，总督鄂尔泰会同巡抚张允随，专委水利道副使黄士杰咨度形势，通浚河流，铲平老埂、牛舌洲滩，复以晋宁河水陡急，横阻新河，每至倒流，并建逼水坝。下另开引河一道，诸水畅流，涸出腴田甚广，责成监司、丞尉不时查勘疏通。雍正《志》。雍正十年，议准昆阳州增设水利同知一人驻扎海口，常川巡察，遇有壅塞，不时疏通，设或冲塌，立即堵筑。又，议准昆阳海口酌定岁修银二百两，动支盐道衙门合秤银给发兴修，用则报销，不用则存贮以备大修之需。又，乾隆五年，议准昆阳海口改建石岸。又，十四年，议准大修昆阳海口堤岸、闸坝、桥梁、河道。又，四十二年，奏准修浚昆阳州海口。《清会典事例》。五十年，挑挖昆阳海口工程。工部议准：云南巡抚刘秉恬奏：滇池在云南省城之南，周围三百余里，受昆明六河之水，会为巨浸。附近昆明、呈贡、晋宁、昆阳四州县环海田畴，资以灌溉者不下数万顷，所恃以宣泄者惟在昆阳州之海口大河，为滇池出水咽喉，疏通则均受其利，壅遏则即受其害。应自龙王庙至石龙坝，共长二千七百七十五丈，应挖一二尺至四五尺不等，以资宣泄。从之。《清朝文献通考》。道光十六年，总督伊里布、巡抚颜伯焘、粮储道沈兰生率绅民大修海口堤岸、闸坝、河道，并新开桃园箐子河及各漾塘，以泻水势。兵燹后，年久失修。同治十年，大水泛溢。十三年，巡抚岑毓英檄粮储道韩锦云、水利同知朱百梅等大修海口堤岸、闸坝、河道。光绪《志》。按：海口地属昆阳，修浚则首昆明，且为六河滇池总水口，故载有[①]此。其各滩坝，仍载入昆阳。义于当[②]，非各两岐也。道光《志》。

附明杨慎《海口修浚碑》：李《志》。

谯允南《巴蜀志》云滇池之水出盘龙江，亦名积波，凡九十九窦，汇为昆明池。其水乍深广，乍浅狭，似[③]如倒流，故名曰滇池。汉武帝欲开嶲、昆明，闻有此池，先于长安凿池象之，以习水战是也。今其名迹可覆，悉如志言。而汉唐历宋，叛服亘恒，娄[④]阏复塞焉。入我皇明大一统百七十年，九州同轨，四海一家，荒服之区，化比畿甸矣。

昆明池近在云南治城之外，环而列城者，州以安宁、昆阳、晋宁，县以昆明、呈贡、归化，皆边昆池，土人亦称曰海。在昆阳州[⑤]地名曰海口，实此地之咽嗌，盈涸因之，水旱俟[⑥]焉。滨海泽田，或遇涔涝之岁，浮甽没畬，秈稾澹淡，徒饫鸧鸹。弘治中，巡抚都御史应城陈公金，始为开浚之役，有《记》勒于碑。嗣是岁一兴役，谓之小修。正德间，巡抚都御史安福王公懋中、副使崑山史公良佐继之，始扣子河。乃嘉靖戊申至庚戌，天[⑦]雨浃旬，水大至，盘涊激而成窟，湔沸滐而为阜，则石龙阻流而成硔，黄泥填淤而象鞭，海田无秋矣。泽甿及滇之仕宦归田者，相率陈于两台。于是巡抚都御史吴兴顾公应祥、巡按御史莆田林公应箕、总戎都督古濠沐公朝弼集议于藩臬诸司，而[⑧]右布政使南昌刘公伯跃总办护其事。刘公与参政南充谯公孟龙、泰和胡公尧时、参议晋江王公时俭、按察副使乌程张公永明、长乐林公恕、佥事泽州孟公霦、内江刘公望之、都指挥佥事重庆耿公尧[⑨]、成都陈公縏，躬往阅视。维时南至届节，东作未起，乃檄命云南府同知孙衣覆给饵饷，通判胡嵩、桂士元、安宁同提举姚文、昆阳州同知詹法、桼乳之，其分役诸末职照磨、典史、驿丞、河泊、巡检、千户、百户、义官而下[⑩]，凡二十人有差。经始于己酉十有一月望后三日癸未，是时来庀役者夫仅七千而余。二十五日庚寅，裁肇工子河。至十有二月庚戌，扣子河成。其副水大坝工繁未憖，乃先筑小坝[⑪]于子河故堤。二十四日己未，为土人星回节，少坝成，乃暂休百工。越今岁庚戌十日乙亥，而庀役丁夫至者满一万五千[⑫]，分委诸末职，受斛赋鼪[⑬]，偕手竞作，乃浚大河。斮石龙潭，创丽子河，南曰平定铺，至于白沙河，又至于白塔村，又至于斛稷，又至于新村，再

① 有　道光《云南通志稿》作“于”。
② 义于当　道光《云南通志稿》作“义各有当”。
③ 似　道光《云南通志稿》、光绪《云南通志》皆作“有”。
④ 娄　道光《云南通志稿》、光绪《云南通志》皆作“屡”。
⑤ 州　道光《云南通志稿》、光绪《云南通志》皆无。
⑥ 俟　道光《云南通志稿》、光绪《云南通志》皆作“系”。
⑦ 天雨　道光《云南通志稿》、光绪《云南通志》皆作“大雨”。
⑧ 而……陈公縏　此段文字，道光《云南通志稿》、光绪《云南通志》皆无。
⑨ 尧　万历《云南通志》作“垚”。
⑩ 云南府……义官而下　此段文字，道光《云南通志稿》、光绪《云南通志》皆作“云南府属各官”。
⑪ 小坝　道光《云南通志稿》、光绪《云南通志》皆作“少坝”。
⑫ 一万五千　道光《云南通志稿》、光绪《云南通志》皆作“万”。
⑬ 受斛赋鼪　道光《云南通志稿》、光绪《云南通志》皆无。

至于大河南堤之新村，再至于北岸之沙嗣村，各以石致川，浚[1]而濂窞，其中为泄水之坝杈九座，坝各存水窗，俾�砾漂沙不冲塞焉。

其副水大坝，成于仲春下旬乙卯，乃并启少坝而挖黄泥滩，复自茶卜墩下，汇子河。故滑新筑陡蘖，编篁折笴，囊石怀壤，如蜀之湔堰，升于蛇笼之制，以埽鞨淫波，若黄河软滩嫩堰法，盖其礌（碑）[2] 栏障沂，迥县禠道，自杷齿山竭沙水引入子河，以蠲黄泥滩之患。韡计始汉厂以逮石龙坝，以丈算者二千二百有余，落成以三月己卯。大坝礴焉放流下安宁、富民，而滨海环滇者泽口出，海心凸矣。风回涟漪，并灵河九里之润；月堕清泚，无浊泾五斗之泥。绿藻葑，若踊跃而来；白沙丹畴，状奋迅而出。

是役也，允如前记所云，不一劳者不永逸，不暂费者不永宁。嗣是则岁之小修可免，匪惟滨海得佃其田、仿其力，环海卫所州县，若云南六卫兜鍪屯戍之籍以及安宁、易门两守御所，若安宁、昆阳、晋宁、嵩明、新兴之五州，若昆明、归化、呈贡、易门、罗次、禄丰、三泊、宜良之八县[3]，皆蠲有息肩之庆矣。箬溪顾公、石海林公，二公之功于是为大，而罗湖刘公经画始终之勚，及诸公同寅协恭大作元吉，不可诬也。先是，总戎都督云楼沐公式遏之暇，尤垂意兹事，偕箬溪公出宿海口，且蠲其膏田若干顷，穿为沟陕而不惜，又和众丰财之盛心也。兵备副使宜宾郝公维嶽、山阴周公浩、万安郭公春震、武昌李公维，提学副使永宁赵公维垣，或届期而适至，或时视而赞襄，皆聿观厥成也[4]。役成，皆有乐石之锲，以垂久远耳。箬溪公猥以属博南戍史杨慎缀辞焉。公蕴纬文大略，开物宏材，而于古人历数如张平子、郭守敬无多让焉。平子之修南阳淯水十二埒流，有阳镌之碣可乱；守敬修北方水利，载在本传。《易》曰："精义入神，以致用也。"慎尝谓不精义不能入神，不入神不能致用，公其有焉。石海公文献世家，激扬雄断，天赞令图，人与成能，易之裁成，右民书之，协心同道，公其有焉。继顾公者雪滩胡公奎，继林公者剑门赵公炳然，期期并逮，克成厥终，宜镂灵陶，铭称无极。易溃艰治，莫水大也。人于其间，鹈鹕载也。万宝千仓，咸水赉也。浮邱沉陇，粤水害也。燮理之方，惟人赖也。惟滇有土，荒甸外也。池以昆明，实襟带也。周环三百，涵漪濑也。田于何所，泽滑派也。岑云波水，则壤壤也。枵腹待哺，盼且眦也。哲匠奠邦，赋以怪也。事不避难，职思届也。役不再籍，润南戒也。行险而信，洊至卦也。函山刊谷，啮彼阂也。我行其野，懿经画也。鬟河酾流，若恭罫也。嘉树则里，锄菅蒯也。脉联膜輵，井嵎艘也。自今以始，三登快也。滮池陆泽，星毕晒也。华黍芳秬，灭杀稗也。霱乃齐榜，欣击汰也。葭贊萑森，逮苏蕤也。左飧右粥，公遗爱也。东阡西陌，咢无餲也。蜗髻鹤髻，欣圣代也。上章阉茂，月采艾也。砻石陟山，碣彼埭也。吮丹馔诗，禁勿沫也[5]。

① 浚　原本作"广"，据道光《云南通志》、光绪《云南通志》改。
② 礌　道光《云南通志》、光绪《云南通南》皆作"殚"。
③ 若云南……宜良之八县　此段文字，道光《云南通志稿》、光绪《云南通志》皆无。
④ 箬溪顾公……皆聿观厥成也　此段文字，道光《云南通志稿》、光绪《云南通志》皆无。
⑤ 箬溪公……禁勿沫也　此段文字，道光《云南通志稿》、光绪《云南通志》皆无。

附明方良曙《重浚海口记》：道光《志》。

粤稽滇池之胜，自战国时属楚，名始载于史册。盖金马、碧鸡东西两山夹护，商山北来环卫于前，中列一大都会，其下并受邵甸、牧羊山诸泉及黑龙潭、菜海、海源、洛洛河诸水，汇为巨浸。延袤三百余里，军民田庐，环列其旁，而泄于其南稍西一小河，又折而北，不见其去，故又名滇海。云是海口小河，实滇池宣泄咽喉也。疏浚不加，每岁夏秋，雨集水溢，田庐且没，患非渺少。先年，当事诸公，率多裁成，海夫有编，开挖有期，为民之意，亦既般矣。万历改元癸酉，关中少司马兰谷邹公来抚兹土，偶值淫雨连旬，水泛病民。公用悯恻，檄下阃司，行经历陈子、指挥王子勘议，爰请如前三年大挖例，筑坝闸水，分段兴工开挖，凡廿余里，调集指挥、千百户若干员，夫役万五千有奇，竹木麻铁器具工饩约费帑金五千有奇，而一坝之费递至千金。惟时，邹公复行藩司议。明年，河中养斋郭公抚滇，亦谓事关劳费须详议。其秋，余以承乏左辖至，适东西用兵之余，斗米三钱，军民艰食，汹汹惟棘，且两台节财恤民至意，不可不仰体也。冬暇，亲至其地，谋及群吏、士庶、父老而广询之，乃知滇水从出之口，牛舌洲横于前，龙王庙洲塞于中，此全省水口风气攸关，盖奇胜也。土人咸指故道，水由洲左豹山下行十之六七，由海门村旁行十之三四，今左流才一二耳。况下有螺壳、黄泥二滩之淤，冬水落而背露，春水涸而龟昂，故工所可加，而豹山之下犹宜深浚。坝旧筑螺滩上，可勿循。越明年乙亥正月，适同年盱江[①]近溪罗公以屯田宪副巡昆阳，余亟往迎而咨议之，且见二滩经流欲绝，罗公因力赞曰："螺滩之坝不必筑，豹山之下必宜开。"议遂决，复请两台俞允[②]疏浚，一仿捞浅之法，且并龙王庙而新之。爰命右卫指挥孙子永恩董其役，云南府通判劳子日积督之，调各卫所州县夫什之二，乃孙子则固分丈布工，论方验日，工无稍旷焉。逾月而工竣，实三月哉生明也。水复半由豹山下行，而螺壳，而黄泥，无复少阻。工费官饩仅四百金，视陈子、王子循旧三年开挖，不啻省什九矣。孙子请勒石如故事，余曰："嘻，是奚足哉！"他日，请之再三，辞弗获已。因忆是役，非两台之悯恤，孰与肇始？弗罗公之明智，孰为赞决？亦非得孙子之勤[③]算而董之，又孰与综理之甚密而讫工之甚速耶？传曰"仁者讲工"，两台以之。又曰"智者处物"，罗公及孙子之谓也。众思集而忠益广，用力少而成功多，即此小役，可以概大矣。后人观此，其于兴事考成，当必有划然默会于中焉者，遂书以遗之。邹公名应龙，郭公名庭吾，罗公名汝芳，皆起家进士。余为新安方良曙也。

松华坝 在城东北山下。元平章赛典赤赡思丁经画水利，筑坝分水，一为盘龙江，一为金汁河，并修建六河诸闸，以溉东菑田万顷。郡人感之，为立石将军庙以祀。明万历四十六年，水利道朱芹条议大修，虽裒金不一，而水利频年节缩之费取给为多，月加

① 盱江 原本作"盰江"，据道光《云南通志稿》、光绪《云南通志》改。

② 允 原本作"云"，据道光《云南通志稿》、光绪《云南通志》改。

③ 勤 原本作"勒"，据道光《云南通志稿》、光绪《云南通志》改。

省试。鸠工庀材，无不精坚，民不劳而永逸，官经费而永宁，功甚懋焉。康熙五年以来，屡次水泛堤决，巡抚袁懋功、李天浴题请岁支盐课葺之，名曰岁修。二十年，大兵平滇，坝已倾毁。二十二年，巡抚王继文会总督蔡毓荣题请捐修。《云南府志》。康熙二十七年，修云南松华坝。《清会典事例》。历年相继疏浚，未几复壅。雍正八年，总督鄂尔泰、巡抚张允随题修。雍正《志》。军兴后，礅台渗漏，堤岸坍塌，沿河壅淤太甚，近村田亩，多致淹没。同治二年，绅士黄琮筹修，历经三次，未竟厥功。光绪三年，粮储道崔尊彝督同水利同知魏锡经，委员陈勋、绅士张梦龄、张联森筹款重修礅台、闸坝、河道，阅四月而功竣，沿河田亩资灌溉焉。光绪《志》。光绪十六年十月，云南粮储水利道督同清军水利府，动支库币重修闸礅。道光《志》。

附明督学鄱阳江和《新建松华坝石闸记》：道光《志》。

万历戊午岁，滇水利宪副朱公请于御史南海潘公，言："滇城东北郭，故有松华坝，邵甸之水走盘龙江者，使东注于河，河曰金稜，土人呼曰金汁，由金马麓过春登里，七十余里而入海。沿河肢（支）流以数十，递而下，涵洞如级，田以次受灌，不知几万亩也。而是坝独橐钥之，非坝则小暵易涸，而河不任受蓄；小涨易溢，而河亦不任受泻。蓄泻[①]不任，则腴田多芜，而民与粮逋河资坝所从来矣。但坝[②]故支以木，筑以土，而无闸，势若堵墙，遇浸辄败。岁修费，阃司桩钱不资，有司草草持厥柄，力庞而功暇，仅同筑舍。盖费于坝者，尚付之乌有，况其不至于坝者也，于河奚资焉，而反以病。"予谓："坝而不闸，蓄泻何恃？即木而匪石，终漂梗耳。与其岁縻多钱，而民无利也，孰与合数岁之费，而甃以石，通以闸。自闸以往，若牛舌尖、中马头，皆冲流也，需石乃固，矧地与石邻，夫以亩科至便计也。木桩之额，累岁可问，非他索也。良吏经纪，能吏分劳，功者赏，否者罚，事成，设以守时其翕纵，而周防之如漕闸然，此百世利也。"爰捐助银一百六十余金，潘公遂捐一百金，抚院河源李公亦捐二十金，迨新抚院归安沈公、按院南昌杨公至，申请如前，三公皆如议交给以费。藩司嘉兴施公、阃司金陵尹公，扣征停挖木桩之通[③]负者，又得四百九十余金，计若巨若细，悉从金出。而世镇沐公，又慨然以近闸[④]石山任其采用。于是，吏人各如檄起程，募役伐坚，创闸口高一丈余，长三丈余，广一丈七尺。牛舌尖、中马头一丈三尺，长三十六丈六尺，皆选石之坚厚者，长短相制，高下相纽，如犬牙，如鱼贯，而钤以铁，灌以铅。闸仿诸漕，扃以巨枋，启闭如式。东西两涯之间，骈岷壁屹，水龙若控。经始于万历四十六年孟秋，至四十八年仲春告成，仍名曰松华闸。计费凡八百七十七两有零，匠作田夫五万七千余。数力取诸隙，绩底以渐，故功成而人安焉。时与三司诸大夫登坝上，观壁如屹立，地有安流而天不能灾。是岁大稔，诸父老咨嗟叹息曰："朱公再造我也。"归之朱公，朱公不有。某幸睹成事，谬为记略，而申以铭。朱公，名芹，蜀富顺人，

---

① 蓄泻　原本脱，据道光《云南通志稿》、光绪《云南通志》补。
② 坝　原本脱，据道光《云南通志稿》、光绪《云南通志》补。
③ 通　原本脱，据道光《云南通志稿》、光绪《云南通志》补。
④ 闸　原本脱，据道光《云南通志稿》、光绪《云南通志》补。

进士。政务兴革，利民多若此。杨公，名继统，秦南郑人。其与有劳者书之阴。铭曰："汤汤金稜，邵甸溯源。建瓴忽分，东西决川。坝枳而东，如龙饮泉。爪攫翼张，百道蜿蜒。割流膏野，万畦濡沾。土耶木耶，昔何阙然。萧苇捍冲，岁糜金钱。自公之来，嘉与更始。亦有施尹，悉赋成美。杨公成之，动有经纪。禀成诸台，规兹永利。金石岩岩，防[①]其射激。闸门言言，时其启闭[②]。闭视为沍，水弗外泒。启视其涨，水弗内溃。畚授于农[③]，农隙乃至。工食于官，官厚其饩。再阅春冬，经始匆亟。乃奏厥功，乃立安既。於乎都哉！河肇咸阳。洪源自公，明德广远。八代天工，匪闸无河。毋视绝礒，毋易逝波。其流可穿，其坚可磨。蚁穴必窒，如避鼋鼍。有泐必新，毋仍斧柯。百尔君子，保障宏多。庶绵斯泽，砺山带河。"

附粮储道崔尊彝《重修松华坝闸开挖盘龙江、金汁河并新建各桥碑记》：光绪《志》。

昆明六河，盘龙江为大，分为金汁河。江之首，有松华闸，二河橐钥也。盘龙江水流低于田，有闸以束之，分水由金汁河循山而行，东菑数万田畴咸资灌溉，利莫大焉。自历朝迄国朝，叠经修葺，蓄泻有制，滇《志》载之详矣。咸丰丙丁以后，昆明祸患频仍，沿河堤埂、闸坝折毁居多，水利全荒，农民失业，国朝额赋亦无从征收。迄光绪三年，予权粮储道篆时，军务甫竣，善后之策，农田水利为先。予叠次亲履河源，熟加审视，并访六河利弊，次第兴除。因亟请之上宪选派官绅襄理其事。始修松华闸，继修军民塘堤埂长七十五丈，复建新济桥、军民闸，重修沈公闸、大波村桥坝、白龙闸、明月桥、南坝、迎仙桥、前卫营桥、梁家河桥。民忘其劳，尚有余力，重修安澜亭、观音寺、咸阳王陵、万庆塔，开挖转塘河、摆渡河。是役也，费取诸公，夫出于民，诸官绅勤劳襄事，各农民俱踊跃趋公。工既竣，诸父老欢声载道，佥跽而请曰："使君恩泽，再造我民，亟宜勒诸贞珉，以垂永久。"余曰："此官之职也，地方自有之利也。兵燹之余，救其弊，扶其衰，使复其旧，余何功之有？余所廑念者，河道一年不治，即多阻塞；堤埂闸坝数年不修，难免倾颓。有司岁殚民力，奉行故事，弊愈增，而害愈甚。惟冀后之来者，轸[④]念民瘼，不辞劳瘁，尔绅民等随时择要而请，俾弊常除，利常兴，斯百年之利也，余亦与有荣施焉。"遂书以勒诸阴，各官绅与有劳者，水利同知魏锡经，委员陈勋、潘祖恩，绅士张梦龄、张联森等，例得附书。

永定坝 在城北二十里大波村。嘉庆间，侍御钱沣捐资新筑。光绪六年，粮储道崔尊彝重修。光绪《志》。

新建坝 在城东五里小坝闸下。康熙二十七年，总督范承勋重建。《云南府志》。

---

① 防 道光《云南通志稿》、光绪《云南通志》作"当"。

② 闭 原本脱，据道光《云南通志稿》、光绪《云南通志》补。

③ 畚授于农 "畚"下原衍"时"字，据道光《云南通志稿》、光绪《云南通志》删。

④ 轸 光绪《云南通志》作"珍"。

桑园闸　在城东八里白龙寺，导白龙潭水入河。雍正《志》。

小坝闸　在城东十里小坝村。《云南府志》。导杨妈河水，由过洞灌小坝村田。雍正《志》。

以上三闸，均金汁河水所经。《云南府志》。雍正八年疏浚，添修石岸。雍正《志》。光绪七年重修。光绪《志》。

拦沙闸　在城东十里云山村扬沙河。光绪七年，粮储道崔尊彝督同水利同知骆钫、绅士张梦龄、张联森等新建。光绪《志》。

杨柳沟闸　在城东十里和甸营。雍正《志》。

矣龙村闸　在城东二十里。雍正《志》。

牛舌尖闸　在城东二十里小板桥。雍正《志》。

响水闸　在城东二十四里过路村下。雍正《志》。

石坝闸　在城东二十五里三椀村。雍正《志》。

以上五闸，均宝象河水所经，源发于府城东南山下。《云南府志》。雍正八年重修。雍正《志》。

金稜闸　在城东南五里佴家湾，水盛泄入盘龙江，以防堤溃。雍正八年疏浚，添修石岸。雍正《志》。

土桥闸　在城东南八里石虎冈，雍正八年重修。雍正《志》。宝象河水所经。《云南府志》。

光村闸　在城东南三十里光村。《云南府志》。

新村闸　在城东南三十里左卫营。《云南府志》。

猪圈坝三闸　在城东南三十五里宝山冲下。

以上三闸，均马料河水所经，源发于府城东南白土村。《云南府志》。雍正八年疏浚增筑，并建桥梁。雍正《志》。同治十一年，巡抚岑毓英檄水利同知朱百梅疏浚修筑。光绪七年，重修杜家营、小古城等村堤岸。光绪《志》。

王公闸　在城南门外小泽口。雍正《志》。光绪八年，重修瓦仓庄一带石堤。光绪《志》。

永昌河闸　在城南三里土桥外。康熙二十三年，水利道孔兴诏重修。雍正《志》。光绪八年，增修石岸。光绪《志》。

采莲闸　在城南三里采莲河，灌溉老鸦营等十余村田亩。同治间，储粮道张同寿率绅士刘珖、张梦龄新建。光绪十一年，粮储道刘海鼇督同署水利同知赵之圻，绅士潘国元、张联森重经疏浚。光绪《志》。

堕苴闸　在城南四里土桥外。雍正《志》。

四道坝闸　在城南五里土桥外，明弘治间建。雍正《志》。光绪九年，重修石岸涵洞。光绪《志》。

香炉闸、蜈蚣闸、众关坝闸　并在城南五里许双桥村，海明河水所经。光绪十年，粮储道刘海鼇重修众关坝闸。光绪《志》。

南坝闸　在城南十里。元平章赛典赤修，明总兵沐璘同巡抚郑容甃石为闸，添设守者，因水盈缩，时其启闭，民甚便之。

以上五闸，均盘龙江水所经，《云南府志》。多有淤圮。雍正八年，疏导深通，砌石岸、坝闸，增开子河，新筑堤埂。光绪《志》。沈公闸建后，此闸遂废。光绪四年，以争水致讼，详定准上闸枋三尺五寸，由官启闭，给示遵守。光绪《志》。

附明布政庐陵陈文《南坝闸记》：李《志》。

云南，古滇国，其城濒于滇池。乘高而望之，则商山在北，左金马，右碧鸡，支垅蜿蜒，环抱数百里。其间远村近落，良畴沃壤，弥望无极，惟窊其南而池浸焉。南坝，池之上流，距城五里许，其源山东北之屈偿、昧祥、邵甸诸山，凡九十九泉，或沸而流，或营而潴，或激而波，或浍注而溪焉，或山夹而涧焉，攸焉泊焉，会于盘龙江。至松华坝，则歧为二河，一由金马之麓过春登里，一由商山之麓过云津桥，皆趋于滇池。蒙段时，过春登里者堤上多种黄花，名绕道金稜河；过云津桥者堤上多种白花，名萦城银稜河。尝筑土，各为二堰，于河之要处，障其流以灌田，凡数十万亩。元时，云南平章政事赛典赤复增修之，民甚赖焉。今所谓南坝，即萦城银稜河之所流也。然则此为堰，不过兴一时之利，而于经久之计则未闻也。惟我皇明，混一区宇，云南恃远弗庭。洪武壬戌，黔宁王时为西平侯，奉命帅师平之，留镇其地，定以经制，昭以威信，厚以惠利，俾兵民并力于田亩，耕获不违其时。而南坝之修，岁有恒役。后定边伯继领镇事，思宏前绪，谋造石闸，以蓄泄为经久利，方储材命工，值边境多事，未就其志。景泰癸酉，今总戎继轩公乃图成于参赞思庵郑公，议定而后会焉。时布政司左使贾公、按察司按察使李公暨二三同志皆力相之。既而上其事于朝，亦不易其初议。乃计旧储之材，增以十倍，而凡富人之乐助者亦不拒之。仍择将校之有智计者田凯、李振、郭进董其役，条画[①]之出，用度之宜，则沐、郑二公自主之。于是甃石为闸而扃以木，视水之大小而时其闭纵。又因其余材，相闸之西为庙，以祀神之主此闸者。其东为亭，与庙相值，而春秋劝省耕获，则休于其中。于景泰甲戌八月十有三日始役，而以明年三月一日卒事。其所用之工力，合之凡八万二千九百有奇。既成，云南之兵民无少长皆悦曰："自今以始，田不病于旱潦而吾农得以足食者，诚二公赐也。愿纪其事于石，置诸亭以传悠久。"二公皆不能止也，乃以记丐于予。予谓沐公为定边之孙、黔宁之曾孙也，学兼文武，崇德象贤，拜右军都督同知，握征南将军印以总戎事。郑公以经论之才，宏达之识，廉方公正之操，参赞其事，累升至佥都御史兼巡抚之寄。相济同道，以绥靖此方，又能兴历代之遗利，以成累世欲为之志，使兵民蒙惠于无穷，实君子之事也，乌可以不记？然予于是而知二公之所为，当于古人中求之。昔晋羊叔子、杜元凯二子继镇襄阳，皆能修政立事以成晋业，宋欧阳文忠公称其功名盖当世，而流风余韵蔼蔼然被于江汉之间，至今人犹思之。盖思元凯以其功，叔子以其仁，故二子所为虽不同，然皆足以垂不朽，此乃异时同道同得人心者也。今二公以道相济而同时出治，予窃以谓沐公以孝、郑公以德欤！盖善继人之志者，孝之大；善成人之美者，德之推。行仁始于孝，立功本于德，视古人奚远哉！予虽欧阳公之乡人，而言之不足以永二公之孝之德，若羊、杜二子之功与仁者，盖兵民少长之心，实欲纪以传也。予岂得已哉！

燕尾闸　在城南八里南村界，分水为西岔河。雍正《志》。金汁河水所经，元平章赛典赤建筑两岸石堤，长亘数里，束水于中，以资灌溉。《云南府志》。雍正八年疏浚，添修石

---

① 条画　二字前，道光《云南通志稿》、光绪《云南通志》有"其"字。

岸。光绪《志》。

军民闸 在城南十五里。光绪五年，署布政使崔尊彝、署粮储道胡允林督同水利同知魏锡经，委员陈勋，绅士张梦龄、张联森、杨壎等筹修石岸、闸坝、桥梁，蓄水灌溉旧门里、春登里一带田亩。光绪《志》。

沈公闸 在城南二十里土坝河尾雄川堡。道光间，粮储道沈兰生建，年久失修。光绪七年，粮储道崔尊彝督同水利同知贵端，绅士张梦龄、张联森筹款重修闸坝堤岸。光绪《志》。

兜底闸 在城南二十里官渡。同治十一年修浚。光绪七年，粮储道崔尊彝重经修筑。又八年，署粮储道崇缮改筑官渡尚义村石堤。光绪《志》。

新建闸 在城南三十里宝象河尾。光绪三年，粮储道崔尊彝率水利同知魏锡经，绅士张梦龄、张联森新建，蓄水灌溉马村一带田亩。光绪《志》。

秧草坝闸 在城南三十里昆池边，马料河水所经，源发于府城东南白土村。《云南府志》。雍正八年疏浚增筑，并建桥梁。雍正《志》。

西坝闸 在城西南五里摆渡村河中。雍正《志》。光绪七年，粮储道崔尊彝委员潘祖恩修浚。光绪《志》。

小西门闸 在城小西门外。

以上二闸，均盘龙江水所经。《云南府志》。多有淤圮，雍正八年疏导深通[1]，砌石岸坝闸，增开子河，新筑堤埂。雍正《志》。光绪七年修浚。光绪《志》。

鸡舌尖闸 在城西十五里海源寺下。雍正《志》。湮没年久，海源河头，亦已壅塞。《采访》。

左闸、中闸、右闸 俱在城西二十里梁家河左、右、中三沟。雍正《志》。

以上四闸，均海源河水所经，源发于府城正西山中黄龙潭。《云南府志》。光绪十一年，疏浚右闸河道。光绪《志》。

文殊寺闸 在城西北八里小马村。雍正《志》。

新沟闸 在小马村。道光间筑，年久失修。光绪八年，署粮储道崇缮、水利同知魏锡经率绅民筹款修浚。光绪《志》。

小营闸 在城北八里小营村。雍正《志》。

王俊闸 在城北十里马村后。雍正《志》。

白龙潭闸 在城北十里上庄。雍正《志》。

王公堰闸 在城北十二里涌泉寺下。雍正《志》。

倮㑩闸 在城北二十里左卫营。雍正《志》。

以上六闸，均银汁河水所经，源发于府城正北山下黑龙潭。《云南府志》。

大　闸 在城北二十五里蒜村。

以上闸堤，多有淤圮。雍正八年疏浚子河，引水入江，并于古堆童子桥增高石路堵御江水，不使漫溢。雍正《志》。

戴金箔闸 在城北二十五里桃园村。《云南府志》。

大韩冕闸、小韩冕闸 俱在城东北十五里任旗营，相距百步。雍正《志》。

---

① 通　原本脱，据雍正《云南通志》补。

以上三闸，均金汁河水所经。《云南府志》。雍正八年疏浚，添修石岸。雍正《志》。乾隆四十九年，奏准金汁河韩冕闸坝改建滚水石坝。《清会典事例》。同治十一年重修。光绪《志》。

横山水洞 在城西三十里龙院村西。明隆庆壬申，布政陈善令民凿横山为阴沟，引白崖水灌田四万余亩，民甚利之。《云南府志》。

附明布政鄱阳罗元正《横山水洞记》：道光《志》。

去会城而西几三十里，为龙院诸村。村凡八，村之田凡若干顷，田税岁输县官凡若干石。村故枕山而带水，水即滇池也。池低村，地势隐起，差具倾倚状，可立上游走丸。以故池水不可逆引而仰灌，村之负山而田者，无论愆阳，即旬日不雨，土脉辄龟裂，岁辄不登。中岁，他境稔而兹境不厌半菽，民苦之。村迤西三十五里，为白石崖，崖故有泉，其山形隐起，则又高龙院诸村什九。度崖泉可引而东以灌，然横山墙立于前，岸然峭阻。先是，议凿山之凹为渠，引泉逾山而东，乃其山石脊而土麓，石坚不可凿，议凿[①]其麓自西以跨于东，五十有八丈，村农合力率作，纷若蚁之营垤。逾岁，讫无成绩。方伯敬亭陈公以省耕至，问焉，众告之故。公曰："兹吾事而以疲若等，吾为若成之。"乃谋诸同寅，计其费可三千金，移议御史台，报可。公檄掾尹德先、何献荣、刘得先后继董兹役，曰："德先，汝往视疏凿，相度规画，以树尔功。"洞高五尺，广二尺，断木如高广之数，以支颠圮。功成，徐易以石。发帑储如议数，授之上下，其工之直以廪焉。曰："献荣，汝往，卒德先功。"曰："得，汝其嗣德先、献荣，以督诸役之力者、不力者。"已，又檄舍人袁应登佐掾以辖群工。应登简工之不习者，请以矿夫代功。可其请，召朱正辈二十人，以属应登。

余时参藩政，同公往视，指授向道，分东西凿，凿几半而道不值。余当入贺，行念前功，恐或弃之者。公请于抚军曹公云山、巡按许公保宇，佥曰："政在利民，勿惜费，勿惮劳。其往督诸掾役，勿隳前功。"各捐赎金佐工，诸掾役竞奋如命，道果值。实隆庆壬申之二月十一日也。溯始事庚午，凡二岁。易掾董役者三，掾以直尽告者五，告即议发，先后五发帑，凡百有十金而讫功。敬亭公曰：'吾可休矣。'公与时不甚合，久欲乞归，会水洞未成而未决也，明日，遂谢事去。狮冈陈公继公，愈益振策诸掾役，寻以成功报。灵窍朗辟，洞中可偃蹇行。

公复趣掾寻源，引白石崖沟，山腰连山奄，亘得泉二十二道，蜿蜒萦纡四千一百八十三丈，广盈尺，深逾咫。泉抱山而东赴，若带而绾，若白龙挟雨，偕山势俱来。若玉虹下饮，潜入洞口而东出，喷薄沦涟，堰潴而渠分。村之耕者需濡，稼者需溉，植者需滋，畦者圃者需润，不雨而泽，不祷而免于旱槁。民甚便之，而德诸公之功，乃歌曰："横山之麓，可屋可田。白崖之泉，可引可沿。山麓可凿，伏流潺湲。兹麓既辟，不淤不颠。溉我稼穑，充廪盈廛。我公之绩，亿万斯年。曷俎豆之，以输我虔。"邹公，名应龙，长安人[②]。曹公，名

---

① 议凿 原本脱，据道光《云南通志稿》补。

② 邹公，名应龙，长安人 原本脱，据道光《云南通志稿》补。

三旸，宜兴人。许公，名大亨，安肃人。皆起家进士。敬亭公，名善，浙江钱塘人。狮冈公，名时范，闽长乐人。同嘉靖辛丑进士。

附徐中行《横山水洞记》：李《志》。

古梁州徼外，禹疆理所不及，滇国属秦，略通五尺道而已。汉时且闭昆明，帝于长安穿池象之，以习水战。后虽为属郡，恃其旁池肥饶，多畜产之富，安知泉流灌寖所以育五谷，为通沟渎以备旱计也。自成义侯造起陂池，迄元咸阳王辈复为陂池及屯田求源泄水，始知蚕桑。明兴，方伯陈公乃开昆明横山水洞。洞在县西乡，源自城西清水关外龙泉，汇为乾海子，东行八里为白石崖，十五里为横山、龙院等八村，军民定垦田四万五千六百余亩。其地高平，比之岐峻缘崖磻石不同，泉流不及，旱为焦土，有可用溉，则沃野也。嘉靖乙未，李文缊等开厓导山七十三曲，为水凡十三条，邸横山，止于石丘。隆庆己巳大旱，杨应春等凿丘为东西洞，约穿三十丈，未穿者如其数。四月，公以右使治道，遇之其徒，累累告疲。公悯而省其山，以请于都御史江陵陈公、御史内江刘公，咸曰："此功一成，为万世利。"乃命官兴工。洞高、广各三尺有咫，仅仅容一人反身屈膝以镌，用二人递畚所镌而出入之，弥坚难而解焉。声冲冲若咫尺，东西竟不相值。初以九旬为期，又九旬，公乞归，人惧弗卒。公曰："噫乎！泰山之霤穿石，渐靡使然也。人而凿空，其弗然乎？"以舍人袁应登视之，乃用易门矿夫二十人。明年三月，公为左使，工周岁，弗给。请于都御史宜兴曹公、御史安肃许公，咸曰："功既垂成，费安惜乎？"给之如初。九旬，又诸公谢事，不以请。右使长乐陈公摄之，又借公帑以给矿夫。马廷弼乃止其西，从东。又明年二月八日，长乐公代为左史，公曰："去志久矣，为此水而止。今未卒业，幸诸大夫图之！"敬诺。越三日，公出，祖数万人，泣留遮道。忽传水洞穿，欢呼若雷而神之。公曰："亦偶然尔。且谓召公将明农，惓惓告周公諴小民，秦汉水工郑国、徐伯之名以传。矿夫系之一年，良苦四乡万夫粒食，二十人汗血耳，其补助之勿缓。官终事者库副使刘偁，应登虽舍人，劳甚，其论赏宜优。"为具奏记，惓惓授长乐公而行。凡用不满三百两，为日六十五旬余。盖费省劳暂，利钜而贻之休者远也。民共立祠横山，属余记之。

徐中行曰：滇之庙祀，自成义始，亦有咸阳，岂非陂池之泽乎？史起论西门豹之未尽，起亦徒利导之者耳。奚有蜀道之难，若冰之凿离堆，世传蜀江神有之，乃冰精诚所致。横山不下离堆，公每旦必斋祷，虽舍人亦然。洞穿与行会，偶然耶？滇田号雷鸣者，匪雷雨罔秋。八村之有龙泉，沛若雷雨矣。允惟岳牧，实代天工，以百世祀，岂成义、咸阳尽之乎？代公治渠股引，尽属长乐公。率土如两公者，可无凶年忧矣！

公名善，钱塘人，长乐名时范，同举嘉靖辛丑进士。先后八年，于滇迭为左右伯，成是水功云。

顺山沟　在城东二十里羊普头，宝象河水所经。同治十一年修浚。光绪《志》。

小四门沟 在小西门外。引城内翠海之水，溉田分为三沟，一名老君沟，向北绕西流入清水河；一名白龙沟，向西流入鱼翅河，灌溉潘家湾田亩；一名太乙沟，向南流入鱼翅河，灌溉瓦仓庄田亩。光绪七年，修浚并建白龙、太乙沟石闸二道，以避洪水。光绪《志》。

苏家堰 在大西门外，灌溉苏家村一带田亩。光绪六年，乡民苏楷请款疏浚。光绪《志》。

转塘 在小西门外。为西南水程要津，壅塞已百余年。光绪六年，由善后局发款疏浚。光绪《志》。

宝和闸 在大板桥。《案册》。

王道堰 在北乡范竹堡王道乡村后山脚小冲。《采访》。

棋盘堰 在多依乡三家村。《采访》。

西华堰 在西华村。《采访》。

富民县

富邑水利，河防为最，堰坝次之。每值淫雨泛涨，近城田屋多被淹没。道光十七年，知县经悟勒请款修浚。同治十一年，知县朱坦能以连年大水，沙石壅积，复筹款开修，水循故道①，阖邑赖以无患。光绪《志》。

僰夷沟 在县西渠上，多年壅塞。康熙四十三年，县令梁国达、典史叶斌疏浚，民受其利。五十一年，典史施栋重修。又，僰夷沟灌放军民田亩，分为五牌：西庄田亩一牌；李相伍半牌，西邑村半牌，共一牌；王儒伍田亩一牌；王儒伍换与里仁村张金沟水一牌；东邑村田亩一牌。以上周而复始，轮流均放，如有强行截挖者，罚银十两，作修沟用。公而鲜争，永远遵守。《富民县志》。

大营坝 在县东十里。源出彝札郎水，灌东郊田亩，《富民县志》。

石　坝 在县西十里。分为二渠，号东、西渠。东渠灌河南田亩。南渠大沟灌放后坝军民田亩。道光《志》。西渠灌河北田亩。西渠大沟灌放军民田亩，分为四牌：西门外大路田亩一牌，小坝田亩一牌，教场坝田亩一牌，东邑村田亩一牌。以上周而复始，每年农隙兴工，以十月初一日为始。设总理二人，每牌水头二人，按亩输工，催差一名，疏通水道，宽五尺，深五尺，期于完固。例与僰夷沟等。道光《志》。此渠地高壅塞，顺治十八年，官民捐金疏通二渠，民今利之。《富民县志》。

清水河坝 在县西北十五里。一疏新沟，灌北邑村田亩。一疏杜家沟，灌清水河、白沙坡、石关哨田亩。一疏段家沟，灌梅和邑、西邑村、和尚庄、王家营四村田亩。一疏廖家沟，灌廖家营、北邑村、土主庙、旧城、九峰山庄田亩。一疏张金沟，所灌田亩分为六牌。梅和邑、西邑村、黄家营一牌，陆芝岱伍一牌，廖家营一牌，李相伍、张浩伍一牌，王儒伍一牌，抵与里仁村换僰夷沟水一牌。一疏南渠，灌梅和邑河里、木阔村田亩。一疏北渠，灌梅和邑河外箐口田亩。一疏罗院沟，灌东邑村、里仁村、木阔村田亩。一疏老叶沟，灌小三竜②田亩。一疏上沟，灌梅和邑、小三竜田亩。一疏下沟，灌小三竜、龙马潭田亩。《富民县志》。

红莲沼 在县城南五里。仓前、旧县两乡田亩，百余年来均受其利。《采访》。

---

① 水循故道　原本脱，据光绪《云南通志》补。

② 竜　原本作“童”，据光绪《云南通志》改。

宜良县

新　渠　雍正七年，总督鄂尔泰以县辖高田缺水，洼田受淹，檄知县邢恭先审度形势，新开子渠，高下皆利。一在城东北五里五百户营之南，长五里；一在城东三里龙王庙北，长四里，以泻积水；一在庙南，长十里，宣泄北来诸水，使无漫溢，均下入大池江；一在城南二十里乾墩子，决大池江之水，以灌高田；一在城北二十里，自江头村至前所，开浚深通。雍正《志》。

汤池渠　在县西南三十五里。明洪武丙子，惠襄侯沐春檄都指挥王俊筑。《云南府志》。

附明平显《记》：李《志》。

> 汤池渠，肇始于洪武之丙子，时西平惠襄侯沐公在镇，以云南师旅之众，仰给饷馈，因备攻守用，广开屯田为悠久计。宜良在滇东南，当陆凉、路南咽襟，既置兵守，必谋其食。公相度原野，旧有沟塍，广不盈尺，注流弗远，汤池在傍，人不知用，底平膴膴，弃为荒隙，不尽地产。是年冬，发卒万五千，荷畚锸，董以云南都指挥同知王俊，因山障堤，凿石刊木，别疏大渠道泄，于铁池之窾而洑，其袤三十六里，阔丈有二尺，深称之。逾月功竣，引流分灌，得腴田若干顷。春种秋获，实颖实粟，岁获其饶，军民赖之。越二年，公薨。壬午夏，既芒种，雨不时降，人方为忧，独宜良水利不竭，首毕农事。将校黎老益追慕公德，咸愿镌石以纪，颂于不朽，丐铭于平显。铭曰："汤池之渠，宜良之利。人食以生，维公所施。我公伊谁？黔宁冢嗣。善继厥志，奚啻一事。渠流沄沄，浸彼田稚。勿罹勿勚，冬有敛穧。公虽云逝，我思无替。穹石斯砺，宪于万世。"

冉公渠　在城北十五里。明万历十三年，知县冉维藩开浚，从野鸡箐引龙泉入靖安哨灌田。《宜良县志》。

大　闸　在城东二里。障九龙池水南流。每岁秋水泛溢，为害田庐①，知县高士朗重加开浚，民始安堵。《云南府志》。

小　闸　在大闸南。障白龙潭水，南流灌溉。雍正《志》。

唐家闸　在城东三里龙王庙右。总束大、小二闸之水，南流灌田万顷。雍正《志》。

堰　塘　一永济塘，在陈所渡村后。一恒济塘，在万家凹。一山上营、上五营、南大营三处，共一堰塘，在小虎街子。一沈家营三角塘，在一椀水哨。一化鱼村、上下任家营、西村、狗街、哈喇村、桥头营、黑羊村、木义村、山脚营、樊官营、九甸营、骆家营大山后十二处，各有堰塘。一汤池岘岭村，堰塘三，一在大龙潭，一在竹子园，一在罗罗坟山，乾隆五十一年新开。一黎花村至公堰塘，在村前黑土凹，道光八年，村耆李德生、杨珦筑。道光《志》。一绿阴塘，在瑞鸡村、潢水塘两村之间，距城十二里，水深丈余，长八十余丈，宽四十丈，积水能溉田千余亩。自清康熙间修筑，至今并无倒毁之虞。《采访》。

文公堤　河源出汤池明湖。明嘉靖间，临元道文衡筑堤引水南流，自江头以抵乐道，

---

① 庐　原本作"屋"，据道光《云南通志稿》、光绪《云南通志》改。

入大池江。环绕五十余里，灌田数十万亩。吴三桂乱后，全河淤塞。清康熙二十六年，知县高士朗开挖，仅至中截胡家营堰塘而止。其东向有老毛沟以泄水，后又于东南隅开出牛鼻古沟，引水济田，年久均废。道光九年，汤池河源冲塌，居民另开子河，私为己有，署知县张安涛勘断工费，以子河为公河。十二年，知县吴均访河下游故道，由胡家营堰塘内筑堤，开挖二十余里，旧河全复，并开老毛沟以泄水，开牛鼻古沟以灌东南各村堰塘，由是大池江以西之南屯田均[1]得救济。道光《志》。每年由村民出夫疏浚。光绪《志》。

白龙潭沟　自路南州属之竹紫山至宜良西竹乡，入铁池镇，堰塘流长约五十里，溉田一万余亩。《采访》。

清泉井沟　在城南三十里土官村外。泉自田畔涌出，村人甃为井，水味甘冽，复凿沟引渠以溉田，村人咸利赖之。《采访》。

罗次县

旧县坝　在城南二十五里。坝周一里，蓄泄以时，为阡陌之利。雍正《志》。

小禄丰坝　在城西南五里。康熙九年，知县马光筑石堤，秋冬蓄水，春夏溉田。雍正《志》。年久荒废。光绪《志》。

马街海闸　距城二十五里，明万历间创修。每年冬至后三日闭闸，至次年小满后三日开上闸，夏至后三日开大闸，放水灌溉，附近田亩均受其利。《采访》。

大坝塘　在城西十五里。明万历间，县民张大富创修。每年冬至闭闸，至小满后三日开上闸，芒种开中闸，夏至开下闸，村民照寸分水。《采访》。

晋宁州

堰塘坝　在城东二里印山之左，一名海溪。康熙十一年，知州张慎行修筑，每年潴水溉田千余亩。碑记犹存，后堤坝坍塌，议修。《晋宁州志》。堰塘占地二十余亩，潴积盘龙河水，溉田二千余亩。每年小满开放，顺次灌溉。《采访》。

附徐䌹《晋宁州水利论》：

水之为利大矣哉！有泄之以为利者，有积之以为利者。当泄不泄，则淹没之患未去，而膏腴之利何由收？当积不积，则渟潴之泽无多，而灌溉之功亦未广。是贵因天时、相地势、尽人力而豫为之所也。

其在晋宁，有泄之以为利者，州西北境夏末秋初之水是也；有积之以为利者，州东南境秋杪三冬之水是也。州治枕山俯海，东南高而西北下，其河源大小不一，而皆出于东南；其河流远近不同，而皆归于西北。每自夏徂秋，滂沱屡降雨水，与龙泉山涧之水会合，其势汪洋，河腹不能容，沟道不能纳，泛溢肆行，必有冲决淹溺之患。势当有以泄之，而宜泄之处不一。其大者，上有疆场之唐钟洞，下有迎恩之淤泥河。人见两处不泄之患各有别，而不知两处不泄之患又常因，盖疆场泛溢之水不泄，则水势强于西，河堤弱于东，东堤一溃，南来之水尽趋甸永，不但为田畴禾苗之患，而且为城郭民居之忧。如昨夏水泛疆场，大桥河决州城北境，直抵安江，尽为泽国。其时淤泥河纵极疏浚泄之，亦不胜泄，此可鉴之覆辙也。若豫于疆场，平其阻滞之新埂，开其消纳之旧洞，

① 田均　原本脱，据道光《云南通志》、光绪《云南通志》补。

则水之归于淤泥河者有限，而泄之自易。

今上峰檄催修理水道，州守加意奉行，各处亲临，加堤决壅，淤泥河之狭者广之，浅者深之，塞者通之，未雨绸缪之计，可谓得矣。独是疆场阻滞之埂未曾平，消纳之洞未曾辟，恐异日泛溢之来，难免从前之患，此又泄之相因而不可不讲者也。自秋末以抵春初，时无大雨，龙泉山涧之水所出无几，有以积之，皆可为涸时灌泡之用。其宜积之处不一，而大者不过于盘龙溪水之堰，此水虽源近流微，而昼夜可灌田地十余亩，所谓盘龙坝水是也。向来其水当冬春之交，则竟为灌泡，及秋冬之际，则任其归海，是以有用之水而置于无用之地，亦大可惜矣。若于应山之北，龙马迹之南，形势可阻扼处，溪中造一石桥，孔广丈余，高亦如之，设闸口桥上，以及两旁采石甃堤，南接应山，北接龙马迹，高与路平，其两旁安石礶涵洞，春夏照前灌泡栽插，汹涌之水任从桥下放出，及收获后，则闭桥孔、塞涵洞、上闸枋，积水平堤，于冬杪开放。从前坝水，分数以存，昔年州守李公云龙均水利，以作《通学两试卷金碑》示，次年三月初辰之后，陆续开堰灌泡栽插，是未雨已有栽插之水。至雷鸣雨集，则已栽之田其水又可分出，是既雨益多栽插之水矣。如此行之，则雨泽及时之年，其栽插必较常更早，即雨泽愆期之岁，其栽插亦较常颇多。康熙癸丑，浙江查公涵来守是邦，精于地理，念切民依，欲积此堰，后以调迁他郡而止。雍正戊申，浙江金公言来司捕务，倜傥多能，留心民瘼。告以积此堰之利，公欣然相度，矢愿为之，又以两次奉差往广，临行惆怅，以不得如愿成此堰为憾。岂时会之未至欤，抑其人之有待也？或曰：此堰一设，堰内之田必淹没难栽。此大非也。盖作堰所积之水，乃收获后无用之水，非栽插时有用之水，其所淹之田，乃收获后无谷之田，非栽插后有谷之田。以今冬无用之水为来春有用之水，以今冬已收获之田为来年早栽插之田，亦复何碍？或又谓：盘龙古刹为迤东一大丛林，凡探奇览胜以及祈福酬愿之人，四时不绝，此堰一设，不便行人。此一非也。堪舆家言：寺门外路，宜由左行。若设此堰，从龙马迹南走堰堤以达应山，由应山转万松以入盘龙胜境，路既左行合法，水复回顾有情，在佛寺莲峰之下添一莲池。在州城，则昔为元武后缠，今为天池，东汇山川，益加秀润，风水愈觉萦回。州治十景，至此当增一二，此又积之相因而不可不讲者也。后之人诚因天时相地势、尽人力，泄所当泄以除水之害，积所当积以广水之利，其泽虽不同于杭州之白堤、苏堤，而有济于晋宁之社稷人民，亦不浅矣。

达摩坝 在城东象山北。

以上二坝，水自小关哨北首流至达摩坝，与归化分水利。《晋宁州志》。

山冲坝 在城东南十里大场村。雍正《志》。

石　坝 在南山麓。《晋宁州志》。

官庄坝 在城南十里铺。雍正《志》。

罗藏坝 在城西南三里龟山下。《晋宁州志》。

白臼坝 在城西二里小寨村下，子河之一。引灌金沙十五村田，旧分河水十之三，其七则归下河七十五村，日久淤废，村农失利，争讼连年。雍正五年，勘定金沙等村于大河内筑一小坝，仅高闸口一尺，留龙口八尺。冬春水微，许于五日内启闸放水一昼夜，滋润豆麦，余四日则闭之，使水尽入下河；夏秋水涨，则尽启闸板交官，不许私闭，使各子河分泻洪流，以免旁溢。雍正《志》。大河年久失修，光绪元年，大水冲决堤岸，淹没田苗无算，署知州邹国祺请款，以工代赈，修浚完固。光绪《志》。

映洪坝　在白臼坝下一里。《晋宁州志》。

杨庆坝　在白臼坝下二里。雍正《志》。

新江坝　在杨庆坝东北二里，一名王家坝。水过州城北迎恩铺，入草海。《晋宁州志》。

杀虫坝　在城西三里河西村大营。雍正《志》。在杨庆坝北。《云南府志》。

新河坝　在杀虫坝东北，过周家营至安江村，入海。《晋宁州志》。

白虫坝　在杀虫坝西北。《晋宁州志》。

河西江尾坝　在白虫坝西，过马房，入海。《晋宁州志》。

河东江尾坝　在白虫坝北。《晋宁州志》。

分水石坝　在城西四通桥下。灌溉西北田亩，日久淤圮。康熙十年，修浚完固。《晋宁州志》。兵燹后失修，光绪十一年，知州胡德镛请款修浚白沙、淤泥两河。光绪《志》。

紫溪坝　在城西五里小团山下。《晋宁州志》。

三尖坝　在城西十里三尖塘。雍正《志》。

枧槽坝　在五龙潭前。《晋宁州志》。

马鞍坝　在马鞍山。《晋宁州志》。

大　坝　在长坡下。《晋宁州志》。

石碑坝　在石碑山下。《晋宁州志》。

石美坝　在石美山下。《晋宁州志》。

上龙潭坝、下龙潭坝、乐直坝、新梅坝　俱在段旗村。《晋宁州志》。

甸直坝　在石头村。《晋宁州志》。

新涧坝　在瓦窑村。《晋宁州志》。

中坝、梨耳坝　俱在向桥村。《晋宁州志》。

牛栏涵洞　在金沙村一里。溉金沙一带田亩，道光九年重修。道光《志》。

湾子坝　在城西三十五里，灌车张田。《晋宁县志》。

大水塘　在城西三十五里，灌王家庄田。《晋宁县志》。

庄郎塘　在城西二十五里，灌本村田。《晋宁县志》。

李家庄龙潭堤　光绪十三年，知州杜凤保修筑。《晋宁县志》。

小海塘　在城东淤泥河之西，为方家营等十三村积水之处。《采访》。

潘家塘　在小海塘附近，为东四保蓄水之处。年久失修，沙泥逐渐壅塞。《采访》。

呈贡县

过山沟　一名玉带水，在城东十里。明黔宁王开滇，凿山引水，灌溉田亩。源从上马郎下流二十里，筑松隐坝一座，置石坝十七座，设分水石闸一座。东流七分，灌段家营、大小柏枝营、吴家营、王家营、白龙潭、洛龙河渠、卜厂大水塘等村田；西流三分，灌缪家营、郎家营、中庄等村田。道光《志》。

大　坝　在城东五里，引黑、白龙潭之水，溉田千顷。康熙十一年，署县何清重修。五十五年，署县吴宝林续修。雍正《志》。大、小坝在城东一里，引黑、白、黄三潭之水，灌田千顷。县治水利，以此为最。道光元年，知县赵怀锷以争水，履勘于两河分界处，砌平水一石，按田亩多寡均分，东河济至乌龙浦，西河济至罗家营，至今遵守。光绪《志》。

石龙坝　在城东八里。嘉庆十二年，小新册村、大洛龙河村士民捐筑，以避山水暴发之害。《呈贡县志》。

达摩坝　在城南四十里富有村旁。雍正《志》。

兴隆坝　在城东十里。乾隆二十九年，士民捐筑。道光《志》。

老李冲坝　在茴庄村后。乾隆四十七年，知县史褒请帑修筑，三年摊捐归款。道光《志》。

敦化堰　在旧归化县治后红山后七井甸。嘉庆十年，士民捐赀修筑。道光《志》。

界茨堰　在灵源村左。自梁王山大河开河一道，由关圣宫旁曲流入塘，村民修筑，以资灌溉。道光《志》。

云龙堰　在白云村南。康熙六十一年修筑，自立冬后，引清水河水积为灌溉。道光《志》。

十三塘　中庄塘，在城南十里。兴隆营塘，在城南十五里，光绪元年筑。雨花塘，在城南十五里。左卫塘，在城南二十五里。中卫塘，在城南二十七里，嘉庆间士民捐筑。卜喇塘，在城南二十七里高登村前，村民修筑。安江塘，在城南三十里，天然生成，不假人力，村民环居，沿堤种柳，建玉皇阁于中央，洵胜景也。广济塘，在城南三十七里。碓臼塘，在城北六里，村人捐筑。太平塘，在距城八里，光绪元年，太平关民捐筑。沙尾塘，在白沙村。丰乐塘，在丰乐村上，又名代泉塘。长济塘，在丰乐村，嘉庆五年重筑。《呈贡县志》。

新开河尾　在城西二里江尾村。道光间，海水泛溢，荡坏田亩无算。同治十年，复大水，村民捐赀，因势利导，新开河尾一道，长千余丈，以泄水势，附近田亩咸资灌溉。《呈贡县志》。

大塘柏枝堰　在县东十里许。明景泰间，村民捐筑。清乾隆三十一年重修，每年八月初一日，积过山沟水，至立冬止。《呈贡县志》。

山头三堰　在县东二十五里。明洪武间，郎、缪二营修筑，积潴箐水，每年夏至，开塘灌溉。《呈贡县志》。

雨露塘　在雨露乡。明崇祯间，村人尹荣倡修，积马料河闲水，溉田二千余亩。《采访》。

万溪堰　在万溪乡，长四十一丈，宽二十二丈，由马鞍、五爪二山放秋冬闲水积蓄，以溉田亩。清同治间，村人修建。《采访》。

化城堰　在化城镇。长九十二丈，宽六十四丈。清乾隆间，由田亩捐赀建筑，积梁王河秋季闲水，溉田一千二百余亩。《采访》。

古城堰　在化古城。长五十二丈，宽十二丈五尺。清同治间，村人修建。每年冬季积梁王河闲水，溉秧苗一百五十余井。《采访》。

灵源堰　在灵源乡，长三百五十二丈。清雍正间创修，每年秋间积梁王河闲水，溉田二千余亩，小满、芒种开塘，他村不得分用。《采访》。

林城堰　在林城乡。清咸丰间创修，积山后井水，灌溉本村田五百余亩。《采访》。

白沙堰　在白沙乡。清光绪间，村人创建，积山箐水溉本乡田五百余亩。《采访》。

环秀堰　在环秀乡。积梁王河水，溉田九百余亩。《采访》。

大渔堰　在大渔乡。清乾隆间创建，积梁王河水，溉田一千八百余亩。《采访》。

中和堰　在中和乡。清同治间创建，由段家乡分水石闸上积过山沟闲水，灌本乡田七百余亩。《采访》。

头甸堰　在七星镇。清乾隆间，王、庞二姓倡修，溉田一千余亩。《采访》。

七甸堰　在七甸镇。清康熙间，村人公建。形势低洼，无烦修整，溉田一千余亩。《采访》。

王家堰　在槐阴乡。清康熙间创修，有碑记。由过山沟放冬季闲水积潴，溉田九百余亩。《采访》。

大水堰　在源塘乡。清雍正间创修，形如锅底。由过山沟放水及秋季洪水积潴，溉田二千余亩。《采访》。

马厂堰　在朝阳乡。长一百六十五丈，宽七十丈。清雍正间，村人创修，每年小满、芒种间，朝阳乡、麦地营两村依势平放，溉田约二千亩。《采访》。

安宁州

乾隆八年，议准安宁州筑石坝六座，开渠百六十里有奇，以资灌溉。又，十二年，复准安宁州葡萄桥、石龙坝等处开渠引水，分灌民田。《清会典事例》。雨水之期，螳琅川水涨，淹没田禾数千亩，城内居民悉受其害。光绪三年，署知州璩韫璞[①]领款疏浚，拆去白塔、羊角村三坝，详定修浚章程，并疏浚城内通心河。光绪《志》。

清水沟　在城东南十里。《安宁州志》。

西门外大沟　自傅家坝顺城下流，入螳琅川。光绪三年，署知州璩韫璞领款修浚。光绪《志》。

栗园村沟　在城西七十五里，引龙潭水灌田百余亩。道光十五年，村民捐赀开修。光绪《志》。

温泉村沟　在城北十五里。同治十一年，村人筑塘积泻人螳琅川热水，顺山开沟，流五里许人河，灌田数百亩。光绪《志》。

陷　沟　在团山甸心。《安宁州志》。

洛阳沟　在罗白村甸心。宽丈许，深八尺，灌田甚众。《安宁州志》。

上丰沟　在新邑甸葡萄桥下，长三十余里。乾隆四十一年，里民赵经等建坝开沟，灌溉葡萄桥村、大小桃花村、上的罗村田。又穿山凿洞，过水潴积潢水塘，长一百余丈，灌的罗村田。道光《志》。

永丰沟　在小桃花村洋生桥下，长二十余里。乾隆二十九年，里民张天佑等建坝开沟，引水灌下的罗村、罗白村、团山村、永兴庄、上下河东村等处田。道光《志》。

石　坝　在城东南七里许。《云南府志》。

中前二所坝　在城南十五里之旧三泊县东三十里。雍正《志》。

筒车坝　在旧三泊县南六里。雍正《志》。乾隆三年，何成龙倡首开东、西两沟，灌溉七村田亩。光绪《志》。

好义村坝　在旧三泊县西一里。雍正《志》。

月子庄坝　在旧三泊县西二里。雍正《志》。

---

① 璞　原本作“瑛”，据光绪《云南通志》改。

郭家坝　在城西二里。雍正《志》。

西元村坝、石江村坝、汉营村坝　三坝并《安宁州志》所载。道光《志》。

摆衣坝、几子坝　障斑鸠村龙潭水，以三分水分放上下斑鸠村，七分水直流独树铺，灌溉秧苗。乾隆四年，知州何齐圣详定立案。《安宁州志》。

大　淜　在城东南九里，俗名马鬃海。土人呼陂堰为淜。雍正《志》。

小　淜　在城南六里，俗名洛阳池。雍正《志》。

石珠淜　在城南十里。雍正《志》。

潢水塘　在城东五里，俗名天眼淜。雍正《志》。郡人张灿坤、李球等建。道光《志》。

指挥塘　在城南五里。《安宁州志》。

禄丰县

雍正十二年，议准修禄丰县石堤五十丈。《清会典事例》。

上水洞　明李杜轩、高龙泉筑堰，凿山二百余丈，引隔山泉灌溉田亩。后水涨坍，康熙二十五年，施敬治重疏。道光《志》。

源澄洞　乾隆二年，邑令杜最率乡人张翼、何谦等从罗鸡渡山麓穴洞三百三十余丈，历四年成功。久而源竭，庠生何秀天倡捐，越岭开横渠二十里，引水入洞，灌溉田亩。道光《志》。

筒瓦沟　在二乡。明万历间，高峰寺僧合村众越九山十凹，凡[①]十余里，用筒瓦镶接成沟通水，每年修补，灌田四百余亩。道光《志》。

僰夷坝　城东右所有龙泉一脉。先是，刘侯失其名凿山引流城之东南，功半自画。启明桥民[②]自备工本开渠，沿山而下，灌田八九百亩。《禄丰县志》。乾隆四十二年，知县胡文英倡捐，改建石坝，凿山开沟，皆令宽深，计长二十余里。五十四年，大水坝废。道光六年，知县江清移建新坝，距旧址十余丈。道光《志》。

下坝、赵里长坝　俱在城东二十里。雍正《志》。

南　坝　在城南七里。雍正《志》。

前所坝　在城东北十里。雍正《志》。道光间倾圮，未修。光绪《志》。

中　坝　在城北十五里。雍正《志》。

上　坝　在城北二十里。雍正《志》。

摩些坝　在城北三十五里，年久荒废。康熙三十七年，知县王毓奇重筑。六十年，邑人唐瑜等改砌石基障水，高丈许，灌溉有加。雍正《志》。以上三坝，均陆续培修。光绪《志》。

大村坝　在城北六十里沐乡。水冲久废，陇亩全荒。康熙三十五年，知县王毓奇重筑招垦。雍正《志》。士民何如文、赵奎联等重筑渐复。《禄丰县志》。同治间，水圮，未修。光绪《志》。

赛宝坝　即黑龙潭坝，在城东北，坝已久没。清康熙四十九年九月，知县刘自唐筑坝引水，环城作濠，至五十年三月而工竣，百姓欢然，勒石纪事，因改名为赛宝坝。《采访》。

天成坝　东河有天然石坝，不须修砌，惟开通无力，灌溉未广。雍正《志》。雍正二年，

---

① 凡　道光《云南通志稿》无。

② 民　原本脱，据道光《云南通志稿》补。

知县安鼎和请帑，率士民何如文、唐联捷等修筑，引水开沟，自北而南一百二十余里，民沾其利。道光《志》。

天生坝　乾隆十九年，知县金汝梅率士民杨泗堂等修筑开沟，引水一百余里。道光《志》。

三乡十一坝　三乡老鸦关河，年筑十一坝，上下流每岁争讼。知县刘自唐每坝分设水长一人，统立水练总一人，断令先济秧母，循次灌田，勒石遵守。《禄丰县志》。

二乡六坝　一梅子坝，峨罗邑民捐筑。一窝龙坝，乾隆二年，乡民武中锦、武柔远倡筑。一星月池坝，乾隆五十四年，贡生善如登倡筑。一永兴坝，青龙村民捐筑。一饮和坝，一长安坝，并阿陆庄民捐筑。道光《志》。

护城堤　在城西门外。星宿江水夏秋泛涨，逼近城根，冲刷为害。雍正十一年，布政使陈宏谋详勘给帑，檄知县姚恪筑石堤，长五十丈，以御水患，保护城垣。雍正《志》。

平安坝　在翠柏乡瓦房村。长二十余丈，宽十六丈余，灌溉附近田亩。清乾隆间创修，咸同兵燹倾圮。《采访》。

长河坝、阿六庄坝、裱罗坝、甸心坝　均在米礵地方。《采访》。

昆阳州

海口五闸　回子闸，去海口一里，年该本州修。铺湾闸，去回子闸二里，年该呈贡县修。清水闸，去铺湾闸二里，年该晋宁州修。新村闸，去清水闸五里，年该昆明县修。新村小闸，去新村闸四里，年该旧归化县修。《云南府志》。

海口八滩　洱淙滩，在河头三里许，年该本州浚。黄泥滩，在河头五里许，年该呈贡县浚。黑泥滩，在河头六里，年该晋宁州浚。鸡心滩、牛舌滩、大滩，三滩俱在河心八里许，年该昆明县浚。青鱼滩、石龙滩，二滩俱在河心十里许，年该旧归化县浚。光绪《志》。光绪二年，署知州赵敬熙重修。光绪《志》。

附明知州许伯衡《海口记》：道光《志》。

古称滇池，周五百里许。今高者为平陆，下者为田汙，恐不能一二百里。环池而居者，晋宁、昆阳、昆明、呈贡、归化五州县，而属昆明者最多，故又谓之昆明池。池水上接松花（华）坝，下出昆阳海口。其谓之口者，以其源大而流细，若咽喉然。海口淤则上流不通，夏水盛则会城必漫，故每岁三月，须挖海口。初时，五州县之民，每年一用，既而分昆明、晋宁为一年，昆阳、呈贡、归化为一年，皆昆阳主之，法非不善也，而不得任事之人。余尝观海口之势，自昆阳至安宁百里，两边皆山，每遇大雨，则山上之土皆入河中，安得不塞？故昔人之法，每岁挖海口，先凿子河。子河者，盖于大河之旁别浚一河，以防山土随雨而入于河也。但子河原无几许，则河中所浚之土宜为处置。乃每岁委官惟图了事，不惟子河不治，即浚出之土就堆两岸，旋以充塞，徒劳百姓而已，可恨也。

郎中沟　在城南一里。郡人李资坤开。《云南府志》。

老王坝　在城西天马山下。《云南府志》。

清水坝　在城北十里。雍正《志》。

石龙坝 在城北五十里海口下流。自子母山南至甸基五里，中有石埂一道，南北横截，可百余步。水至北奔湍三叠而后安流，下入螳螂川。雍正《志》。

锁水堤 在城北一里，上建澂元阁。《云南府志》。

卧龙堤 在城北三里。广阔三十余亩，冬春积水，夏秋开泄，灌溉田亩甚多。《云南府志》。

玉带堤 在城北，元梁王筑。跨水障潮，由卧龙庄至渠东里，横亘十里，上有螺甲、白沙，莹然如玉，环绕东湖，故名。《云南府志》。

白莲塘 在城北十里仙鹤村。《昆阳县志》。

阿金塘 在城北核桃村。《昆阳县志》。

摩些塘 在城南五里。《昆阳县志》。

易门县

分水闸 在大龙泉。建闸分水为三，以均灌溉，为万家乐利之源。雍正《志》。

南　沟 分大龙泉水南行，灌县治右一带田亩。明万历二十二年，知县余惟漳创开。《易门县志》。

北　沟 分大龙泉水北行，灌县治左一带田亩。《易门县志》。

小北沟 在龙泉牌坊外。《易门县志》。

沙　坝 在城东二里。《云南府志》。

济川坝 在城南四会。乾隆间，邑进士董良材捐修，后被水淤塞，今遗址尚存。道光《志》。

西门坝 在中沟。雍正《志》。

刘官坝 在城西四里南沟。雍正《志》。

杨惠坝 在城西五里分水闸下。雍正《志》。

北门坝 在北城门外。《易门县志》。

大　坝 在城北二里。《云南府志》。

石　坝 在城北三里。《云南府志》。

曾所坝、叶家坝 俱在北沟。雍正《志》。

旧县官坝 在城北三十里。雍正《志》。

海子营坝塘 未详筑自何年，可灌田数百顷。道光《志》。

大板桥坝 距城二里。清咸丰间创修，积大龙泉河水，灌田百余亩，村人每年按田亩收捐，以作培修坝口之用。《采访》。

南屯坝 距城二里，清道光间创修。《采访》。

云龙塘 距城八里。清乾隆间创修，积山箐水，灌田二百余亩。《采访》。

嵩明州

雍正十年，疏浚嵩明州河口，经寻甸、东川，由牛栏江达金沙江，周环川江，复抵昭通，以通舟楫。《清会典事例》。

南冲总闸 杨林河至南冲村，分流为三，旧有总闸，岁久倾圮，河身浅窄，堤埂低薄，夏秋水涨，道路田畴多被冲没。雍正十二年，布政使陈宏谋檄知州张浩捐赀重建。雍正《志》。

矣伴坝 在城东五里。《嵩明州志》。

龙济河坝 在城东十里。水源出寻甸，州民筑坝，引之灌田。《云南府志》。案：旧《志》龙降溪在城东十里，至王四坝入嘉丽泽。《嵩明州志》：王四坝，在城东南十二里。龙济河坝或即王四坝与？道光《志》。

五条沟坝 在城东二十五里。《嵩明州志》。

甸心坝 在城东南十里。《嵩明州志》。

杨马坝 在城东南十五里。《嵩明州志》。

炼登坝 在城南八里凤溪山下。雍正《志》。在炼登村。《云南府志》。

八里营坝 在城南三十里。《嵩明州志》。

古城坝、张家坝 古城河左右绕城，一自古城坝来，一自张家坝来，交会于城西南而出，灌田无数，入嘉丽泽。道光《志》。

庄科坝 在城西五十里。《嵩明州志》。

天生桥河坝 在城西天生桥。灌中和、依顺、资善三里田，各有坝蓄泄。雍正《志》。

白草龙坝 在城北五里。《云南府志》。案：旧《志》福佑河源出梁王山白草龙，灌崇正、月丰两里田，有坝蓄泄。白草龙坝其即福佑河坝与？道光《志》。

采访各坝 新增普沙坝、山脚坝、七股坝、卷洞坝、汉人沟坝。道光《志》。

宽郎堤 在城南三里，障水为备，日足、效古等村田亩咸资赖之。《云南府志》。

罗锦堤 在月丰里。《云南府志》。

屡丰堤 在距城三十里杨林乡之西北。堤长一千八百丈，宽十五丈。积诸山箐水及白龙潭泉水，灌田八千余亩。清中叶，邑人陈熙堂倡修。《采访》。

卷一百四十　农业考三　水利二

大理府

太和县

十八溪 源自点苍山椒，悬瀑注为十八溪，各夹于十九峰中，所经皆有灌溉之利，同入于洱河。李《志》。

河　尾 即下关。例以三年一浚，过期不浚，则滨湖之田必致淹没。明正德间，通判喻河处置有方，用能成功。《大理府志》。乾隆九年，议准疏浚大理府洱海淤沙，以除榆郡水患。嗣后责令地方官就近督修，按田出夫，五年大修一次，仍令该道不时稽查，毋致复淤。《清会典事例》。光绪四年，沙泥淤阻，滨海田舍淹没，迤西道熊昭镜、署知府郭怀礼率绅民请款开修。光绪《志》。

城南十里沟、鹤桥沟 二水最大，宜一年一浚，庶可免患。《大理府志》。

城北四里沟、塔桥沟、上阳沟、湾桥沟、喜洲沟、峨崀沟、周城沟 自北门至周城，凡六十余里之田，尽赖七沟灌溉，然暴涨横流，所经易淤，而峨崀、周城为甚，当时加浚治。雍正《志》。道光二十六年，上阳沟溪水夜涨，淹没田庐，死者九十余人。议定章程，一岁两修。光绪《志》。

麻黄涧 在城西。此水旧道由教场北入大马江，近年故道壅塞，大雨时行，涨潦射决，却由教场大路而下，迳射西门，识者忧之。往岁议罢操一月，以其力浚复故渠，诚为有见。惜哉，空言耳！李《志》。

水　缺　在城西天台寺前。明弘治间，玉溪水涨，直射大纸房，排西门而入。正德间，大纸房复被淹没，后于缺处塞以大石，患始止，岁宜堤防。雍正《志》。今废。光绪《志》。

穿城三渠　南曰白塔江，中曰卫前[①]，北曰大马江。此三渠者，穿城而东出，一以备火灾，一以灌城东之田。经年久不浚，往往壅塞，坐令百顷膏腴变为斥卤，司民社者所不忍见。李《志》。

三板闸　在城东北。中和峰马蝗涧之水，南注西城濠，过狮子桥至干家村后，分五分之一灌溉干家、车邑诸村，余至城东北角。建闸蓄水，又分为二，一北灌柴村正甸，一南灌夜梦得及柴村之南、瓦村之北诸甸，余则接济大马渠之不足，旱涝均获其利。康熙三十年，知县张泰交重修。雍正《志》。

御患堤　在城西，即城濠也。面阔丈五尺，暴流沙石，再岁不浚，则与堤平。弘治间，大雨五日，溪潦横至，大水入城，庐舍半坏。府卫共谋作堤于农隙，特令军筑三之二，县民之为土军者筑三之一，每岁以十一月二十五日兴工，加高一尺为常规。李《志》。道光四年，双鹤涧口冲坍，提督罗思举、迤西道谢崧等捐廉，于西门外筑长堤一百五十丈，高五六尺，宽七八尺，水道得疏通。道光《志》。每年由府税项下拨钱百千，交城守营浚筑。光绪《志》。

赵　州

雍正十年，议准疏浚赵州河道。《清会典事例》。

冯氏义泉　西城中无水井，明时里人少尹冯濂于城外掘地，作地龙引入城中，至今利之。《赵州志》。

牧棕村沟　在城南。灌溉本村及敬天、甘陀、富乐、东山等村田地。明万历年间，民以争水互讼，水利道断定放水次序，俾民世守，均享其利。雍正《志》。

北门三天桥　上天桥水自东门坝流入锁水阁外，中天桥水亦自东门坝流入老邵园一带，下天桥水自梁王坝流入新村一带，灌溉甚溥。康熙五十一年，下天桥以叠安水碓，屡次冲决，知州陈士昂捐俸，仍令按亩输银修治，责成碓主防浚。《赵州志》。

东晋湖闸　在城东北十里环龙山下，水出九股。洪武初，知州潘大武建闸，蓄聚成湖，灌溉上下草甸、红山、千户营、犁头湾、石鼻头、华营、班庄七村田地。定议立石于湖中，谷尽闭闸，湖外麦尽启闸。雍正《志》。湖中水乾，其田可耕，故闭久则失湖田插秧之期，启早则妨湖外刈麦之候。李《志》。

水碓沟坝　灌溉罗和、东山、羡树、登龙、庄科、邹官桥一带田地。《赵州志》。

红山沟坝　灌溉本村、只羊、下庄、马加邑、飞来寺田地。《赵州志》。

甘泉坝　赵州知州徐树闳、云南县知县王璐修筑。《赵州志》。

观音山坝　在弥渡东。深丈余，周里许。《赵州志》。

水患坝　在弥渡城北，旧筑水堤。《赵州志》。

白马庙坝　自定西岭北至下关，沟坝二十有五，或灌本村，或灌及数村。上之分流者足给而不病于旱，下之合流者悉归洱河而不病于潦。北流诸水有利无害，自定西岭南至弥渡、大庄、苴力村、为江三，为沟坝二十有四。弥渡以上，水有利而无害，弥渡至大庄，水势与地平，利害交半。大庄而下，或水高于田，遇涨则有冲扫之忧；或田高于

---

① 卫前　道光《云南通志稿》、光绪《云南通志》作“前卫江”。

水，遇旱则无浇灌之利，利不能三四，而害常居六七，非高筑坚堤不可。《大理府志》。光绪间，署知州史建中重经疏浚。光绪《志》。

石虾堰 在白崖东十里，郡士张雯筑。《赵州志》。

双 塘 在城东八里。明洪武初，民以砖甃堤，利甚溥，岁久溃。嘉靖间，分巡副使安如山岁令濒海人家量亩出力修筑，民甚便之。雍正《志》。

甘陶水塘 在城东南，旧有堤防，其利为豪右所专。明知州潘大武议夹石为渠，穿孔分水，其利始均。雍正《志》。

城西堤 在城西三耳山。雍正《志》。旧有夹流，因无潴堰，散漫渗泄，不为民利。议筑堤潴水，以备水旱，非直田畴，蒙其灌溉，而饮汲有甘洌之利矣。《明通志》。今坍塌未修。光绪《志》。

下比齐河堤 下比齐河，利甚溥。雍正六年，知州徐树闳令分界筑堤，以防冲决。《赵州志》。

云南县

雍正十年，议准疏浚云南县河道。《清会典事例》。

青龙海 在城南十五里。纳宝泉坝水，三分之一灌东南十五村田，岁久淤塞。雍正八年，知县王璐浚治疏通。雍正《志》。中河海口，为山溪所阻，乾隆二十年，知县谢圣纶详修，有租谷不敷岁修，渐复淤塞。道光七年，举人董齐圣、生员戴万钤等请修，复古制。道光《志》。

段家坝 在城东南二十五里白塔村，东接晋湖。石晋时，段思平所筑。青龙、品甸之水合流而南出板桥，至此筑坝渟蓄，以出炼厂，自西而南而北，以灌云南驿前平陆田。明成化间，黔国公沐琮檄都指挥马铉重修。雍正《志》。

天泉坝 在城东南。沿海七村，计四百余家，纳粮六百余石，苦无活水。明成化十六年，民村、石壁场、军村、青海营于东山箐内合筑二堰，例于霜降后收水，灌溉二麦。道光《志》。

新兴坝 在城南山下。明嘉靖间，知县宋希文筑，周八里。雍正《志》。

宝泉坝 在城北五里，即团山坝，石闸三道，三分宝泉之水：一入溪沟，同九子龙水下溉弥渡；一绕城南，分数渠，灌近城西南诸田，入青龙海；一绕城北，潴贮于品甸湾。明景泰间分巡副使周鉴、参政赵雍，崇祯间兵备道何闳中相继重修，久复淤圮。雍正八年，知县王璐加修。雍正《志》。

附大学士彭时《碑记略》：李《志》。

宝泉坝，距云南县西北二十里，乃云南宪副麻城周公鉴与参政连江赵公雍之所倡而为之者也。二公行部至县，进文武诸司询民所利害而罢行之。于是洱海卫镇抚孙谦进曰："民事莫重于农，而农之所忧，惟旱为甚，不可无以备之。县境有地曰游蜂场，四山环列，而中为巨浸者三，俗呼为海子。其源深以长，其流散漫而广衍，非筑坝堰，以时启闭，则水不为利。"二公愕然相顾曰："此急务也！"因集文武官属，激之以义，命指挥同知张磐、县令赵彦亨辈庀材指挥，佥事吴瑄、千户丁晟董役，垒石为坝，高三十尺，广半其长之数，中为斗门，视水之大小以节启闭。又作亭立祠，名之曰宝泉，因宝泉山之名也。然水之所注，可以灌田万顷，而利民于无穷，其实与名亦克称矣。

品甸湾坝 一名小牧舍海，在城东北十里。分团山坝水贮陂中，灌城北十三村田亩，各有定例。《云南县志》。旧引宝泉山水蓄于周关、品甸二陂，岁久沟塞。明嘉靖间，知县宋希文开古道，以时潴蓄，军民利焉。《古今图书集成》。

南丰坝 在云川胭脂坝旁，收马龙箐水。明知县宋希文筑，周八里。后壅为平地，兵备道何闳中捐金开挖，为义学田。《云南县志》。今淤塞成地，租民佃种之。道光《志》。

海西庄坝 在和甸街西，灌海下田亩。《云南县志》。

箐黑底坝 在和甸东。灌新黑底各村田亩，流入你甸。《云南县志》。

黑厂箐坝 在和甸东。灌黑厂各村田亩，流入你甸大河。《云南县志》。

小黑坡坝 在你甸西南。收菉萝箐水，灌溉田数百亩。《云南县志》。

龙凤寺海坝 在荞甸海梢。灌溉各村田亩，岁纳本府鱼课银二两四钱。《云南县志》。

周官些陂 在城东北十五里，亦名海。周十五里，无源，天雨，受各山箐之水，灌雷鸣田亩。雍正五年，知县张汉凿沟十余里，引团山坝水，逾品甸湾山阜注其中，又于下流浚沟浍之淤二十余里。《云南县志》。雍正八年，知县王璐修浚。雍正《志》。

千亩田陂 在云南驿前。平衍千顷，久缺水利。明嘉靖间，右参政石简、刘伯耀相继修举。今废。雍正《志》。

香果城堰塘 在城东三里，原系雷鸣旱田。雍正八年，知县王璐率民买田三十一亩五分，开为五塘，由东中沟引团山坝水贮其中，灌两村田亩，其下流入青龙海。《云南县志》。

孔伍营堰塘 在城东，灌本村田亩。《云南县志》。

杨海村堰塘 在城东，灌左右田亩。《云南县志》。

黄尾洞堰塘 距城三里，灌本村田。《云南县志》。

七百庄堰塘、小城村堰塘 并在城东南，灌海下田亩。《云南县志》。

小波畎堰塘 在城南，灌小波畎村田亩。《云南县志》。

陶官屯堰塘 灌本村田亩。《云南县志》。

李官屯堰塘、草场堰塘、小马房堰塘、谢官营堰塘、白石岃堰塘、西冲堰塘、杨官厂堰塘、青龙庄堰塘、花园村堰塘、土官村堰塘、东山脚堰塘、茅草坝堰塘、东山大箐堰塘、二处。**河上村堰塘、五舍邑堰塘、灰窑村堰塘** 以上堰塘，灌溉各处海下左近田亩。《云南县志》。

果城堰塘、练厂堰塘、江头村堰塘、白溯海堰塘、白屯堰塘、刘官厂堰塘、汪旗营堰塘、小波那堰塘、舒官海堰塘、江尾村堰塘、傅旗营堰塘、东甸村堰塘、清风坡堰塘、大海子堰塘 以上堰塘，灌溉各本村田亩。《云南县志》。同治六年，耆民邹元茂倡捐，重修刘官厂堰塘。光绪《志》。

裕泽堰塘 在乐耕堤下。道光《志》。

双龙堰塘 在笔架山下，收左右箐水。道光《志》。

青水堰塘 在双龙堰塘下。道光《志》。

天然堰塘 在上赤口尾箐头，灌溉本村田亩。道光《志》。

七乔堰塘 在七乔山下。道光《志》。

双箐龙泉堰 在回龙山下。筑有堰堤，灌溉史家营各村田亩。《云南县志》。

乐耕堤 在和甸东，灌黄连树田亩。《云南县志》。

邓川州

雍正十年，议准疏浚邓川州河道。《清会典事例》。

罗甸渠 在城东。源出东山，引溉近渠田亩。雍正《志》。

上西闸 在弥河西岸寺一堤内。明万历间，知州常公真杰所开，以分瀰苴河流。今河高闸低，闸口久已堙闭。《邓川州志》。

下西闸 在青索桥下，瀰河西岸。《邓川州志》。

旧东闸堤 在青索桥下，瀰河东岸。《邓川州志》。

大水长堤 在城南。旧以水磨在堤南，致秋潦为害。明嘉靖间，兵备副使姜龙令移水磨堤北，又修筑旧堤二百余丈，水因南趋，不复为害。雍正《志》。

瀰苴佉江堤 在州前平川。受鹤庆、剑川、浪穹、凤羽诸水，自下山口以迄江尾，绵亘四十五里，流入洱河。两岸筑堤，高二丈，宽四丈，堤东开涵洞十二，西开涵洞十六，闸水入沟，各灌二十余村，诚为两川大利。但河高田低，夏秋暴涨，横流溃决为患。旧例于春初，按粮募夫，挑淤培埂。浪穹之水，入蒲陀崆，经邓川州平川中六十余里，分为东西两堤，沿堤各开泄水口，名曰龙洞。东堤十八口，西堤十八口，分灌两川之田。因浪穹三江口沙壅，浪人顺水推沙，河日浅，堤日低，夏秋时有溃决。正统中知州李福、万历间署州卢多益、乾隆二年知州俞唐，先后丈定田弓，按粮分界，民粮每石分堤弓七尺三寸，军粮减半，自正月上元后，起夫浚河修埂，期一月完工。官为稽其勤惰，核其工程，分别惩劝。仍广植杨柳，禁人斫伐。各里预备防河桩木，设巡河夫往来查考其各龙洞口，六月后，令头人出结保守。《邓川州志》。雍正八年，知州施震博咨详审，于下山口东子河内开一闸口，由大凹出东川，历青索，会于洱河，以分水势。于大楼桥西子河内开一闸口，由杨柳村绿玉池，出鸡鸣村城西至西湖，历三道桥、龙桥、兆邑，以入洱河。又于青索子河内开下闸一口，以杀大河之流。每年仍于春初浚筑，设役巡查启闭。雍正《志》：明万历中，知州常真杰开东西两闸，视河水消长，随时启闭以分泄，最为防河上策。今闸沟半占为田，闸口久经堵塞，既无分杀水势之处，此长堤难保，所以叠遭水患也。惟修复此举，自然安澜有庆。《邓川州志》。乾隆四十七年，奏准官民捐赀修浚邓川瀰苴河身堤坝，涸出粮田万亩。嗣后每岁冬春水涸时，该管府州督率民夫兴修一次，以资蓄泄。《清会典事例》。光绪五、六、七年，知州王培心、黄继善请款，相继重修瀰苴河堤，并新开马鞍山渠，除水尾淤塞之患。光绪《志》。

附《瀰苴河通论·纪形第一》：《邓川州志》。

凡水皆行地中，而瀰苴独行地上；凡河俱宜深透，而瀰苴岁有淤填。此大较也，试详言之：河源受浪穹茈碧湖委，清流一泓，汩汩未有害也。自右则一诚庵，左则大坪、乾海子、毛家涧一带，皆破岫恶崭，败溪碎谷，纠纷结聚于三江口，每当西北风起，往往山土扬尘，飞沙扑面。一值夏秋淫霖，则坏冈裂谷，山石涧沙与急溜崩洪，澎湃硇砰而下，四围亢阻无路，仅以蒲陀崆为宣泄。而三江口壅积之沙，浪人岁复以巨爬，顺水推之，于是水石交冲，视邓为壑。瀰苴河受病之源，实在于此。由是而南，则黑蚂涧、蛇涧诸山，又皆身无完肤，戴然直插河底，沙飞石走，益助以填海之势。于是以一道之长河，受百道之砂砾，初犹盘束于峒峡，及至上公沙、僧户、官苏、初韩诸伍则豁然开放，奔腾轰若惊雷，驰如万马，几欲以六十里之平原绣壤，一快其疾扫之势，全河形势，莫险于此。继自王伍而下，西岸因山尽起堤，束水中贯，蜿蜒南走，但觉两岸亘若遥岑，一水危如悬架，而一湾一曲之处，愈觉飞沫喷薄，震撼异常。自来溃决，每在于斯。至于水归堤束，盈科而进，石渐中止，而粗沙细泥，仍各随势之轻重、流之缓急，与浮波漩洑出没，以达于海。试于春冬水涸睇之，则巨石蹲踞于上游，碎石铺列于节次，积沙累碨，累累然，烂烂然，填塞于河身，较以地平，约岁淤高三四尺、五六尺不等。此河身所以高仰，而水行愈以出地也，抑犹有说焉。夏秋河流浑浊，泥沙并下，然淤于河，未尝不入于海，年深日久，海口堙而河尾亦滞，是以三十年前锁水阁下，即系河水入海之处，今已远距五六里许。沧海桑田，固于附近居民有益，而于上流有损，何则？贪淤田之利而不加疏，使河尾窄不容舟，尾闾不畅则胸膈不舒，而涨漫之患作此，又沙石之患受自源，而及于委者也。约而论之，人谓瀰苴仅同沟洫，而不知与黄河酷类。黄河自西域万里挟沙带泥而来，犹之瀰苴河自三江口载石乘沙而下也。黄河上游有崇冈峻岭以为之限，犹之瀰苴河上流有蒲陀崆以为之阻也。黄河自河阴出险就平而驰突之势，遂震荡于冀豫徐兖，犹之瀰苴河自上公沙出山就陆而建瓴之势，遂若俯瞰乎邓邑也。兼之黄河云梯关外横沙拦门，犹之瀰苴河锁水阁外淤泥阻塞，是则大小虽殊，形势则一。窃尝读《清一统志》有“邓川水患不时”一语，仰见圣天子轸念民依，不遗遐迩，然则保护奠定之功，惟于贤司牧引领望之矣。

上七里公堤、下七里公堤 上七里公堤自下山口至僧户堤止，下七里公堤在元保里。道光二十六年，砌石加修。《邓川州志》。

罗时江堤 在城西三道桥界。唐时，罗时兄弟导绿玉池、西湖之水，以归洱河。雍正《志》。弘治间，土知州阿骥分为界址，行令各里村长自领水夫开挖修筑，每年二月一次。今废。《明通志》。明天启间，知州周之相另开河尾一道，导水南行，过玉案山，注瀰苴，以入洱河，东南田亩赖之。雍正《志》。

横江堤 在州后大邑、新生、上登三里，州西之田赖之。明永乐间，同知李福筑。正德间，署州祁伦修。雍正《志》。

上下登堤 在旧州西北一里，灌溉上、下登村。每秋涨，多没田庐。明正德间，郡人杨南金倡筑石堤，其患始息。雍正《志》。

庙后堤 在城北二十里旧州城隍庙后。二涧合流，时有水患。明嘉靖间，副使姜龙筑堤百丈，岁宜加修。雍正《志》。

圆井堤 在旧州北麓。副使姜龙筑堤百丈，引泉水以溉。雍正《志》。

卧虹堤 在天洞山东北。先因秋潦横发，沙石冲塞。乾隆四十六年，大理府李春芳、署州王孝治、绅士高上桂等，于青石涧下横筑长堤三百余丈，旁开闸口，使沙留堤内，水由闸出。每岁督民夫量修一次，堤下涸出一区，开垦以作岁修之需。《邓川州志》。

浪穹县

雍正十年，议准疏浚浪穹县河道。《清会典事例》。

东原沟 在城东十里。自大营河分而西流，南经大营、江幹二村，灌平原一带田地。

雍正《志》。今江幹、水波二里，田庐淹没，沟亦无迹。光绪《志》。

山关沟　在城南。明嘉靖间，知县陈儒开，引凤羽河水自山关核桃涧灌溉城南。万历间邑人杨峨修，同知李先芬重修。雍正《志》。乾隆二十五年，堤溃，河由下趋，海口淤塞，频年为患。后议改河北流，环县城东北至鹅墩村，入茈碧湖。水患始平，然河小堤卑，沙泥易淤。同治十年，署知县谢联庆率村民开石闸数道，以资蓄泄，未几复溃。光绪十年，知县陈文锦率绅民分段疏浚，坚筑堤岸，并开通旧河，以杀水势，议定章程，每岁一修。光绪《志》。

安民沟　在城南山水坡。向无沟洫，明正德间，知县杜翱自南桥开沟引水，四达灌溉。雍正《志》。

九龙泉沟　泉自九龙山下随处涌出，汇于一池，野鸡等村田地数十顷，皆资其利。北又有黄龙泉沟，足灌黄龙等村一带之田。《大理府志》。

大波渠　在城东大波坚村。向无水，明万历间，知县王锳作渠，引大营河水灌之，自此沾足。雍正《志》。

三江口渠　在城东南九里。宁河、凤羽、三营之水，由此泄入邓川。先是，凤羽水势驶疾，沙石横冲，以致宁水逆灌。又黑白二涧水，沙石随流堵塞蒲陀崆口，率多水患。但崆口下至邓川，低十余丈，上流疏通，自可畅行。明嘉靖初，西涧泛溢，淹没民田，竟成大湖。其粮摊入里甲，议者谓宜导三营、凤羽二水尽入宁河，合出一口，高筑堤岸，俾无左右冲激之患。万历间，署篆永昌同知李先芬广谘审度，先于桥下村开子河一道，出炼城，以杀凤羽之势，于周里营开子河一道，入郭家湖。又开大堂神前子河一道，接湖水，绕山麓而下，以分三营水势。复于黑汉涧砌堤障水，循山而流，挑浚蒲拕拖木江心沙石，田始无患。久复淤塞，清雍正四年，知县张坦于炼城村南，另开子河一道，建闸御涨，以杀凤羽之水，凿去拖木厂阻水巨石，河水得以顺流。雍正八年，总督鄂尔泰复檄知县吴士信加功修浚，自郑家庄至邓川界十里，增筑长堤四十余丈，加高三江小堤数尺，置木柜五十，盛石截沙，水流无壅，湖田多利。雍正《志》。乾隆二十七年，奏准浪穹县三江口堵筑坝工，以防水患。《清会典事例》。《旧志》所载分杀水势之子河及捍沙堤岸，久已堙没无考。乾隆二十六七年，白汉涧沙石冲入水口，知县林中麟督同土官王芝成，于涧口创筑旱坝数百丈，详准每年小修，于盐余项下领银一百二十两，三年大修，领银三百二十两，又邓川州每年津贴闸坝银五十两。三十六年，知县刘焕章率土官王芝成别开子河，并按粮摊捐，以备岁修之用。嘉庆八年、十一二年，大小坝坍，知县陈炜改筑旱坝，自西而东数千丈，使沙石聚于炼城村前隙地。又以旧河西岸接旱坝，筑埂数千丈，种柳数千株，以遏河泥。道光《志》。

白汉新渠　在城东南十五里。水旧沿山直下蒲陀崆，沙石随流，淤塞江口。康熙三十一年，通判黄元治另开一渠，导白汉厂之水逆折而北至平川，中开一口，并引炼城村之积水入新渠，归蒲陀，然后炼城之田得耕。继而白汉涧后山崩塌，砂塞水尾，知县张坦建立水闸，递年加增，使沙土过闸即止，河无堙淤之患。雍正《志》。

山根渠　在县南七里。可灌田三千余亩。每岁三四月起，得利人夫开挖一次，决去淤沙，以通泉道。李《志》。

溪登渠　在城西十里。源出溪登村下，水源颇盛，向系剾头村开引灌济。明嘉靖间，知县李南桥另作新沟，引溪登下长涧之水，灌溉城北一带田园。又引猢狲涧之水，亦注城北。万历间，邑民争水，知县王锳定议将猢狲涧水分而为三，城北一分，城南二分。雍正《志》。

红山渠 在县东北十二里，名三营川。李《志》。流沙易淤，一年一浚，庶免淹没。《大理府志》。

三水坡 在城东八里，曰通济桥。在城东南三里，曰通宁桥。在城南四里，曰南江桥。水漫溢，淤没军民田地三百余亩，明嘉靖二十一年浚导。雍正《志》。

宾川州

上沧渠 在城西六十里，周十里。濒河之田，为清明洞、白荡坪，用水车挽水逆灌，下注为下沧，三家村千古之田，皆资以为利。雍正《志》。

炼洞甸头甸尾诸渠 炼洞诸山田，皆有灌溉，或自山脊分泉，或横山腰引水，其凹凸硗确之处，凿石为坝，不使断续，古渠痕迹，仿佛俱存。先因蛮索箐、赤石崖诸夷为盗，民不安业，弃田而去。明嘉靖二年，兵备副使姜龙以宾川地，行令土官府同知高仑督捕，盗乃屏息，流徙之民渐复旧业，独古渠工费颇钜，官不为倡，田犹荒阪。二十五年，知州朱官察知其实，方拟作渠，会迁官不果。李《志》。

新　渠 在城北十里龟山之东。雍正《志》。州父老旧传：乾龙、红雀二潭俱下趋倚江浪，不为民利，决乾龙可入钟良溪，决红雀可入杨梅谷，如此则可垦之田当至数百顷。但其地皆属县府，费且数百金，非当道主张，莫能为也。李《志》。今乾龙久涸，红雀亦别徙，万难引之为利矣。《大理府志》。

乌龙坝 在城西五十里。源出乌龙山顶，其流不大，居民作坝，潴灌近田。雍正《志》。

莿村坝 在城西七十里。源出冷水箐及山涧中，居民潴之，以资灌溉。雍正《志》。

梁王坝 在城北团山下。明天启间，知州杨云起重修。

石爸山龙渠 在城北四十里周能村之义交川。水从深箐中出，源远流长，资灌甚广。雍正《志》。

大场曲堤 又名济民堤，在城西百一十里。旧有陂池，豪右利陂底土肥可田，断水别流，陂外之田半为废壤。明嘉靖间，知州朱官改水筑堤而复之，岁乃收。

云龙州

云龙山深谷奥，可耕之土寥寥无几，溪河之水足以灌溉而有余。澜沧为壑，众水视以为归，又无冲堤突岸之患，事耕耘者诚可高枕矣。《大理府志》。

崇山溪 在城西十三里旧州南，灌梭罗甸田。雍正《志》。

膏鱼溪 在旧州南，灌汤沟田。雍正《志》。

丹戛溪 在旧州北，灌下坞田地千亩。雍正《志》。

天池 在城西北山顶，一名高海子。渟泓十里，灌白汉登、暑场田。雍正《志》。

临安府

建水县

雍正十年，议准临安三河酌定岁修银三百两，动支盐道衙门合秤银给发兴修，用则报销，不用则存贮以备大修之需。又，议准疏浚临安河道。《清会典事例》。

杨公泉 在城北四十里。康熙三十年，知州杨绪爵开凿，溉田四千亩，居民祠祀之。雍正《志》。

芦子沟麦塘三洞　在县西界、石屏州东界，消泄泸江河源之水，后为奸民李鹏等开垦堵塞。乾隆二十七年，临安府双鼎将麦塘三洞开挖宽深，水得疏泄，立有碑记。今已迷失，故道时有冲决之患。道光《志》。

冷水沟　在城北五十里李《志》及雍正《志》均作在城东北四十里。云龙山左，清流不竭，灌溉甚溥。光绪《志》。

马蟥沟　在城西北五里。李《志》。

九甲沟　在城北一百里曲江。道光间，村民开挖，引通海属之困河水，灌田数百亩。光绪《志》。

上河沟、下河沟　并在城北曲江芦钗冲下。引灌九甲沟①、桥头等村田亩约十数里，每岁按亩抽租，以为岁修之费。光绪《志》。

侯家箐沟　在城北曲江。引灌右所、阎家坡、龙街等村田，其利甚溥。光绪《志》。

破山沟　在城北曲江，引灌破山、欧旗营等村田亩。光绪《志》。

过泉渠　在城北。自南庄十六营以下暨狮子口、郭衣村八处田亩，苦无活水。雍正七年，知州祝宏于附近南庄之李浩寨，察山腹中有过泉一股，水声潺湲不息，而山石嶙峋，疏凿难通。总督鄂尔泰令填入谷糠，约三十里，始流出于州属之老鼠窄石空。地势卑洼，水无所用，于上里许穿凿而入，水流涌出，开导成渠，酌定条规，挨次引灌。雍正《志》。

大水塘　在城东一里。雍正《志》。

清水塘　在城东五十里。广阔三里，居民引灌田亩。雍正《志》。

冯家山塘　在城东小寨后坡顶。宽二里许，阔半里，旱涝赖以蓄泄。雍正《志》。

老鹳塘　在城东七里。光绪《志》。

青泑塘　在城东十五里。广三里许，居民引灌田亩。《临安府志》。

鉴月塘　在城东十五里。光绪《志》。

王家塘　在城南六里。雍正《志》。

滚沙塘　在城南十里，溉回回村一带田。雍正《志》。

蒲草塘　在城南十五里。水源洪沛，聚若小湖，灌田甚广。雍正《志》。

浑水塘　有二，一在城南三十里；一在城西四十里。光绪《志》。

泸江堤　泸水溉田几七十里，但沙滞泥淤，最易冲决。明万历四年，兵备道许宗鉴修浚，置有桩柞田，以备疏筑之费，士民称之曰许公堤。自后兵备道漆文昌、知府张守刚及清朝知州李濒、杨绪爵、张鼎昌、陈肇奎，总兵王洪仁相继修筑，杂植树木。而两埂尚薄，时修时决。雍正三年，知府栗尔璋加意修筑。七年，知府张无咎清出桩柞田，交建水州经营，买备桩石，复与总兵张应宗、知州祝宏捐俸以继不足。八年春，总督鄂尔泰委署石屏州祖承佑、教授夏冕、经历张任亨等分界督修，浚河培埂，密植柳树，复凿岩洞积石，折洞口鱼床，于是沙不壅，水得畅流。《临安府志》。自谢家湾至岩洞亘八百一十丈，回环几九十里，浚治宽深，堤岸坚固。雍正《志》。道光十一年，知府陈锡熊以山水暴发，堤岸坍塌，请帑重修，未几又塌。三十年，知府嵩崑因旱荒，以工代赈继修。兵燹后，光绪元年，淫雨为灾，泸江三河堤埂冲决。二年，兼署总督云南巡抚岑毓英发款，

① 引灌九甲沟　光绪《云南通志》作“引沟九甲”。

檄署知县李宾重修，后复决。九年，署知县秦述先勘明为阿迷州民人不遵旧制，安枧引龙潭之水灌田，于出水洞口筑坝截水，以致下流壅塞，水势逆溢，横决河堤，禀请发款修复阿迷州枧道，拆毁石坝，并疏浚建水上流河道、石屏异龙湖出水洞口。光绪《志》。

象冲河堤、塌冲河堤　二河俱筑堤捍卫，历任修筑，旋复溃决。雍正八年，总督鄂尔泰发帑重修完固，亘四千三百七十五丈。雍正《志》。光绪二年重修。光绪《志》。

白沙河堤　在城北二里，俗呼窑沟。雍正《志》。

石屏州

新　湖　在城南二十五里白家寨后。阔四里许，筑堤蓄灌。雍正《志》。

老　湖　在城南三十里大寨山后。广五里许，筑堤蓄溉。雍正《志》。

宝秀湖　在城西三十里。源出湖心，夏秋雨涨，汇为巨津，东入异龙湖，资灌甚广。雍正《志》。宣泄之口，经行之堤，每岁常为修筑疏浚。道光《志》。

异龙湖　在石屏州东。李《志》。

附明陈宣《开石屏水利记》：李《志》。

水生于天一，成于地六，非得人以补抑之。纵其泛滥弥漫，以鱼鳖吾生民，此禹所以忧之心，三过其门而不入也。周公营洛之时，又尝凿石渠，引伊洛水以灌州土，号周阳渠。至汉，张纯犹能复其故迹，以至于今而不废。水岂终能为患而不为利耶？《易》曰："润万物者莫润乎水。"然或止于坎，流于窞，蓄于池，于湖，于泽，性虽润，终莫能以自行。不幸而生在于余墝之地，又不幸遭时大旱，其不为枯槁而凋丧者几希。虽欲润，终莫能以自致，此所以不能不假之吾人焉。人也者，所以补天地不及而所谓参赞焉者，于斯亦或一验与？犹之有一物之仁，有一事之仁，谓之非仁，不可也。

滇南属部临安，予与宪副包公好问实守巡其地，皆有责焉。时弘治癸丑，自春徂夏五月望，尚旱不雨，《春秋》所必书者，人心惊惶，走告无虚日。间有言：去城之西不五十里有石屏湖，俗重之曰海，若假人力开浚，水可上行，性虽润及枯槁，湖落地至，尽膏腴也。宪副王公行之，邀我二人望三日偕至湖，作谋治式，如金如玉，干之百千丈有奇。令郡卫知府王资良、指挥庞松各出民兵共役，令之称畚锸，具糇粮，程土物，明日即事。每丈平处一人至二人，有沙土处倍之，有石处又倍之，凡一千有五百人，每五十丈督一百户，每五百丈督一千户，每五日督一指挥、通判等官，察其勤惰以上下其食事。三旬而成，水通物润，且有地以乡计者四，以亩计者数百万，以程计者抵城下四十里，过此则润及阿迷州，若犹未已也。

天之生水与地成之，而人之所以赞之者，至是皆无遗憾矣。不然则潴于坎窞湖泽，与土石相汩没，卒归之无用之所而已矣。畏天命，悲人穷，周公当先为之，岂欺我哉！南京监察御史王明仲读书于家，感而有请，且曰："吾徒生长于斯，闻有湖在石屏，未尝闻有利如此，不刻之石，何以垂远而传不朽？"包公偕予方走书以白，当道然之。为民事所当急者，又重吴子之请，敬从之。

九天观闸　在城西三里，受宝秀、高家冲诸水。明万历间，知州曾所能移旧堤于百步之上，就其冈陵之隘而扼塞之，潴水以资灌溉。中为石闸，以时启闭，至今民赖其利。雍正《志》。康熙三十七年，知州张毓瑞增修。《石屏州志》。先是，由闸外分南北两河，抱城环流，南河由西径南，北河由西径北，均东入异龙湖。后人惑[①]于风水，塞北河，毁北河所从出之杨家桥，河遂废。今西北一带田亩无从灌溉，西南一带，田亩恒苦溢涝。光绪《志》。

白仓堰 康熙三十一年，知州徐印筑，名润仓堤，袁家塘、大水池、白仓一带资其灌溉。《石屏州志》。

后所塘 在城南火龙山。广七里，居民筑蓄资溉。雍正《志》。

楚东塘 在城南三里钟秀山下。广二里，灌溉资之。雍正《志》。

蚂蝗塘 在城西三里。广阔二里许，筑堤蓄灌屯田。雍正《志》。

酸水塘 在城西符家营。阔三里许，军民利赖。雍正《志》。

化龙桥堤 在城东异龙湖边，为东门孔道。每秋湖水涨即没，行者苦之。康熙七年，知州刘维世增高三尺，旁墄条石，筑坚土，湖水不能犯。乾隆二十一年，知州管学宣重修。《石屏州志》。

湖口堤 在异龙湖之东。两山逼塞，每过伏秋大雨时行，恒苦淤[②]滞。前吏目叶世芳尽心疏浚，沿湖田亩屡庆丰登。后年久渐次阻塞。乾隆三十八年，知州蒋振阅建石堤于回龙山之侧，障修冲关河使东注，名蒋公堤。五十五年，知州台弼续建福田堤。五十六七年，知州漆炳文、傅应奎继之始完工，长三十余丈。《临安府志》。年久失修，湖口淤塞，光绪七年，署知州顾芸捐廉修浚，未几复塞。十年，署知州王秉鉴重修。光绪《志》。

西　堤 在城西一里黑龙坡旁，即杨柳坝。康熙八年，知州刘维世凿堰，长八十余丈，作三闸，聚弥勒沟一带流水，因时启闭，分水为十二分，远近均沾，灌溉军民田万余亩。雍正《志》。山隈建三台阁，堤上建偕乐、含清、秋水三亭，颇据湖山之胜。《临安府志》。

阿迷州

雍正十年，议准增修阿迷州至八达通粤河道。《清会典事例》。

大庄水头 在橄榄坡。水[③]自石窍中出，各坝田俱引此水灌溉。《临安府志》。

高家庄沟 在城西九十里。源出沙札哨旁，长三里，土舍李思敬开浚。雍正《志》。

新　沟 距城五里。自冰泉寺对面山脚北流转东，灌溉新田一带田亩。州人王式辂捐田，为每年修浚之资。《临安府志》。

东　堰 在城东。水出南洞，经东山庄至义来村，明郡人王廷表率众人为石坝。雍正《志》。分清水河之派，以利东郊，至印王庄止。《临安府志》。

石　堰 在城南，有小河。明嘉靖间，巡抚邹应龙建。雍正《志》。

西　堰 在城西。水出冰泉，州民赵儒筑堰通之，经桃川庄至甸尾。雍正《志》。分浑水河之派，以利西郊，至沙田止，约十余里。蜀人赵天保官于此，后即家焉，其三世孙赵昇捐赀创造两堰，知州毛振翧纪其事于碑。《临安府志》。王廷表云：郡田千余亩，设东西堰灌之，立二堰，长供水事。自春至夏，疏淤塞，御冲塌，巡朝暮，分多寡，所至饮食之，谓之鸡酒。秋获，照亩与谷，使祭坝、燕众，谓之堰谷。李《志》。

---

① 惑　原本作“感”，据光绪《云南通志》改。

② 淤　光绪《云南通志》同，道光《云南通志稿》作“於”。

③ 水　嘉庆《临安府志》、道光《云南通志稿》、光绪《云南通志》皆作“址”，接于上句。

宁　州

牛舌坝　在城东一百五十里抚仙湖南岸。水由此泻入宁境为河，每雨多水大，宣泄不及，或山水暴发横冲，致沙石填塞海口，海滨田亩咸被淹没。明巡抚姜思睿建造石坝。雍正时，总督鄂尔泰增筑逼水六墩，以固石坝，然后山湖之水不为民害。《临安府志》。

背水桥坝　在城西北七里。道光初，州绅刘大绅建，近村田亩咸资灌溉。光绪《志》。

附城河堤　一发源于城西北三十里之甸苴关，迳浣江桥入浣江；一发源于城西南十里之恩永泉，迳小山桥、郭家营，东至迎春桥，与浣江会，附郭田亩咸资灌溉。光绪七年，知州黄翰先率士民请款修浚。光绪《志》。

海眼泉　在城南六里恩永山麓。水自石洞中涌出，其源甚广，灌溉田畴，四时不竭。雍正《志》。

羊　塘　在城东三里甸尾。长二里，宽四丈，蓄葫芦竜水灌田。雍正《志》。今废。光绪《志》。

山　塘　在城西北四十里甸苴坝。广阔二里，蓄水资灌。雍正《志》。

通海县

东湖池　在城东三里白马山谷内。长四里，宽二十余丈，久废。雍正《志》。

西湖池　在城西一里。广阔一里，蓄温泉水灌田，久废。雍正《志》。东西二池，日久无人浚凿指点，仅存空名，倘仍其旧而扩清之，利未尝不远。《通海县志》。

李公沟　在城东一里。水发泥沙冲决入田，禾多被害，沟隘不能入海。雍正七年，知县李至捐金修之，故名。《临安府志》。

大桥沟　在城东。注东山白马泉水，分灌入湖。明末山水泛溢，民田千亩尽被淤没，改种豆麦，又为暴涨冲埋。沟路堙塞，多年弗葺，其下流入湖处久成平陆，居民侵垦成田。雍正七年，知县李至倡浚古沟，自大桥至湖六百六十五丈，疏导宽深，较旧制泄水更捷。并多置水车，遇旱则挽湖水而上，三层转注，可达大桥上游浸灌田亩。雍正《志》。

新村塘　在城东十里东华山下，广二里。新村、城匡、杨广三村居民，筑蓄以资灌溉。雍正《志》。

窑　沟　在城东窑山下。夏初雨集，民资其利。雍正《志》。

鱼沟堤　在小鱼嘴，注东华山大、小、中龙潭诸水入海。《临安府志》。

碧溪堤　在西村小街，注木马口诸水入海。《临安府志》。

秀山沟　在城西北。汇秀溪温水塘、冷①水塘二潭之水流入杞湖。水甘宜稼，西畴称为沃壤。雍正《志》。

新生泉　在城东十里，可溉田百亩。雍正《志》。

河西县

普应溪　在城北关外。发源螺髻山下，北行东折及于县境。每暴涨，山岸当之辄溃。康熙五十年，知县周天任凿琉璃山麓，引水北行，复自普应山下筑长堤捍之入湖，民利之。雍正《志》。

大　沟　在城西五十里。自木加沙引碌碌河水，灌永城仓、文沙冲、小白邑等田。

---

①冷　原本作“冰”，据雍正《云南通志》改。

康熙三十九年，知县蔡酬开。雍正《志》。

碌碌塘　在城北胜郎村上。延八百步，袤五十步。明时筑，灌交罗布等村田。雍正《志》。

东湖池堤　在城南二十里。延四百步，袤三百步，蓄水济塘下一带田。明成化间，知县朱光正立二石柱于塘左右，刻四至。康熙《志》。城南无堤，疑为城北戴文营堤，今长河水淤，或失其旧尔。雍正《志》。

西　堤　一名西坝，在普应山下。明万历三十二年，知县周邦举筑石闸，田之近城隅者赖之。《临安府志》。

西湖池堤　在城北二里戴家屯上，延百步。明弘治十年，知县萧济筑，即今碌溪渡堤。雍正《志》。

甸心村埂　河右水道自水磨村甲保井发源，经汉邑村至甸心村，被水冲塞，损坏民田。嘉庆二十年，知县黄觐云中立一埂，俾洪水右流，清水左流，至今利赖。道光《志》。

嶍峨县

雍正十年，议准疏浚临安嶍峨县河道。《清会典事例》。

松子园石渠　在城西北十里。明万历二十年修筑，亘十里，灌溉利焉。雍正《志》。

倪家冲堰　在城南一里香柏村之左。雍正《志》。

角池堰　在城南四里。雍正《志》。

新龙堰　在城西南五里。雍正《志》。

大罗河堰　在城西四里。雍正《志》。

普龙堰　在城北十二里。

以上四堰，并明万历二十年，知县李先芬修。雍正《志》。

董家堰　在城东北二里，聚水灌田。雍正《志》。

砥柱堰　在城东北十里。明万历二十年，知县李先芬修。雍正《志》。

张公堤　在城西二里大石坝。壅水灌田，因江水为患，居民苦之。明知县张龖筑堤，士民感颂，有《碑记》。《嶍峨县志》。《嶍峨县志》：光绪元年，知县陈宗海重修。光绪《志》。

蒙自县

白谦泉　在城东二十里。明万历时，邑令王邈凿山穷源，导水为渠，广一丈，深八尺，长四十余丈，而合流于租革老龙潭之水，高堤坝，以时蓄泄。凡役万人，费千金，历半载而后成，蒙民以为惠政，今废。《蒙自县志》。

法果泉　在城南十五里。水经新安所军田中，军人得壅激之，利己病人。明嘉靖中，郡幕周崧及百夫长王昌浚之为渠，导水由山巅行二里始复故道，决其壅塞，分流东注于县，合流于洒鸡、生三岊泉，军民利之。《蒙自县志》。

附李遇元《疏通水利记略》：李《志》。

临安属县蒙自，旧为僰僚所居。厥田中上，厥地广阔，然县治前后无大川巨泽，所赖潴水灌溉，惟草陂一区，有地曰法果，脉脉出泉，浸流入陂。顽民因盗水决防，前源奔下。岁值熯旱，民用忧惶。嘉靖壬子冬，兵宪蒋公虹泉，按部白诸抚台思庵鲍公、巡台西野黄公，谓宜修浚。遂行郡守邓山章侯择可委任者，得经历周崧及百户王昌，使董其事。于是随山穷源，首得洒鸡得泉一，继又得生三岊泉，遂同法果泉并引入堰，益弘长不浅竭矣。

南湖堤　在城南门外，即学海。盈涸不时，久经淤塞。明嘉靖中，知府钱邦偁、通判胡文显疏凿为池，纵广里许，日久复淤。雍正七年，知县王廷诤以城南地势宽衍，因乏水荒弃，而学海据其上流，于庄区寨分引竜古之水聚为巨塘，浚深数尺，筑堤潴水，开渠引灌。雍正《志》。知县汪仪建瀛洲亭于三神山前。五十四年，摄县事李焜重修海身，尽去淤塞。《临安府志》。

鲤海堤　在城西三十里有草海曰大屯海，旧称鲤海。水道淤塞，随满随溢，居民患之。嘉庆九年，知县会礼率乡众鸠工疏通，俾循故道，筑堤二十余里，计费千金，近水田地，不致淹没。道光《志》。

楚雄府

楚雄县

乾隆四十七年，奏准开挖楚雄府城外龙川江，引河一道，长二百十丈五尺，砌筑石岸，长六十九丈。《清会典事例》。

史公闸　在县治西南城外。乾隆五十七年，知府史积容捐金建塔凹箐、石头塘、马家桥、鲍家庄四处石闸以蓄水。乱后，沧海桑田，半多倒塌。《楚雄县志》。

东清坝　在城东门外，引凤泉水。雍正《志》。

梁王坝　在城东三十五里。元梁王所筑，明弘治十三年重修。雍正《志》。至今里人公修水堰，灌田数千顷。《楚雄县志》。

高孔庄小河闸坝、落直美河口坝、土坡骑河坝、老羊坝、织锁坝、各邑村拦河坝、毛溪冲官家坝、排喇村坝、长冲村沙坝　右东界，共九小坝。《楚雄府志》。

跨苴坝　在城南四十里，浸灌二千余亩。《楚雄府志》。

大琶坝　在城南五十里，周三里余。《楚雄县志》。

大坝心拦河坝、以上俱拦河。**栗子园坝、白庙屯坝、阜民村坝、东屯坝、莫苴旧坝**、以下俱积水。**大琶村石闸坝、以口跨坝、阿成坝**　右南界，共九小坝。《楚雄府志》。

杨润五坝、六合坝　并在城西二十五里，龙江大利。《楚雄县志》。

五排坝　在城西四十五里。雍正《志》。

吴官寺坝、以下俱拦河。**清水坝、波歪村沙坝、朵基村小闸坝、日落村坝、木兰村坝、丫力村坝、河东村坝、大石村坝**、以下俱积水。**观音寺坝**　右西界，共十小坝。《楚雄府志》。

旧吕合坝、以下俱拦河。**杨官屯坝、土锅村坝、小各邑坝、大屯坝、河北屯坝、东（冬）瓜庄坝、大石铺坝、李家冲沙坝**　右北界，共九小坝。《楚雄府志》。

城南堰　在城南三里，灌田千余亩。雍正《志》。

曲甸坝　在城北三十里。康熙十年，同知吴闾应重修。雍正《志》。

镇南州

天城河坝　在城东三十里，溉民堡田。雍正《志》。

河洞坝　有二，在城南十五里，溉军民田。雍正《志》。

新　坝　在城东三里。光绪《志》。

下　坝　在城西四里。光绪《志》。

麦地坝 在城西五里。光绪《志》。

康伍坝 在城西六里。光绪《志》。

索厂坝 在城西二十里，溉上下二村田千余亩。雍正《志》。

太乙坝 在城西三十二里。光绪《志》。

猪嘴坝、石人坝 并在城西三十五里。光绪《志》。

两旗坝 在城北五里，溉金珠河、麦地坪、古城坝一带田地。雍正《志》。

千家坝 在城北。源出北山龙王庙及岔河、蓼蕨厂等泉，两岸壁立，泉源不竭，会流箐口，山势逼合，俨如门阙，基址天成，蓄水成堰，可灌田数十里。明嘉靖二十七年，知州张定泉建有石坝，日久颓圮。雍正八年，总督鄂尔泰檄知州金鉴重建坝闸，疏通渠路，雍正《志》。俗名千工坝，今废。光绪《志》。

官庄坝、大医坝、古矣达坝、白土城坝、姚冲坝、大谷堆坝、木瓜村坝、五庄梅坝、苗村坝、双甸坝 右小坝十。雍正《志》。

西南二堰 一在城南，一在城西。雍正《志》。

东堡塘 在城东三里，溉张合屯、土城一带军民田。雍正《志》。

南安州

白沙泉坝 在城东一里。雍正《志》。

福兴寺坝 在城东二里。雍正《志》。

乌龙寺坝 在城东五里。雍正《志》。

草打喇河坝 在城东八里。雍正《志》。

紫石冲坝 在城东六十里。雍正《志》。

上邑村坝 在城南二里。雍正《志》。

力摩村坝 在城南十里。雍正《志》。

下邑村坝、回子村坝 并在城西一里。雍正《志》。

桥边坝、溪木崩坝、红土坡坝、回子路坝 俱在城西二里。雍正《志》。

阿力村坝 在城西三里。雍正《志》。

羊旧村坝 在城北二里。雍正《志》。

苏家屯大小坝 在城北四里。雍正《志》。

密康郎箐坝 在城东北十里。雍正《志》。

以上各坝，遇有坍塌，均村民随时修补。雍正《志》。

姚 州

乌鲁海 在城东十里，广五十六亩。雍正《志》。潴寨子山水。《续姚州志》。

大石海 在城西南四十里。土人称陂堰为海，潴青蛉河水，不知筑自何时，广四百余亩。明万历十六年，知府周希尹浚而深之，筑堤数尺，仍于东西二闸，甃以砖石，蓄泄以时。后冬春之际，水多散溢，又于海之上两山之间，复开一堰，以容水之有余者。《姚州志》。在城南五里。乾隆间，吏目傅昌岩令州人沿堤植柳以固堤。道光元年，知州隆庆增修。十二年，西闸坍决，知州张安涛重修。光绪五年，知州伍兰征增修堤闸。八年，知州程仁栋继修。《续姚州志》。

当坡院海 在城西十五里，广十二亩。雍正《志》。潴大龙潭水。《续姚州志》。

阳派河海 在城西十五里，广二百三十三亩。雍正《志》。一名洋片湖，潴阳派河水。

《续姚州志》。

长寿淜 在城西北五里，广六十三亩。雍正《志》。

地角淜 在城北十里，广一百一十亩。雍正《志》。二淜潴青蛉河水。《续姚州志》。

香索岭淜 在城北十里，广三十四亩。雍正《志》。

赤额坪淜 在城北十里，广四十五亩。雍正《志》。二淜久废。《续姚州志》。

摩苴邑淜 在城北十里，广五十四亩。雍正《志》。潴稻田冲水。《续姚州志》。

黑坝淜 在城北十五里，广十亩。雍正《志》。

塔镜淜[①] 在城北二十里，广一百一十二亩。雍正《志》。潴白马泉水，溉光禄乡田。淜西有山，山上有塔，淜水澄清，倒影如在，故名。《续姚州志》。

小邑淜 在城北二十五里，广二百一十四亩。雍正《志》。潴白马泉水。《续姚州志》。

地摩淜 在城东北，广一百九十三亩。雍正《志》。在城东五里，潴青蛉河水。《续姚州志》。

伍舍邑淜 在城东北三里，明知府周希尹开。雍正《志》。久废。《续姚州志》。

黄连箐坝 在城东南九里。雍正《志》。

石峡口坝 在城南二十五里。雍正《志》。久废。《续姚州志》。

右所冲坝 在城西南六里，广二十七亩。雍正《志》。潴象鼻岭泉水。《续姚州志》。

以上淜坝，均资灌溉。雍正《志》。

阳派坝 在城西七里。广二十三亩，潴叶家冲泉水。《姚州志》。

观音坝 在城西三十里观音箐。截河甃石为坝，障连水入渠，溉连厂沿河田。《续姚州志》。

弥兴坝 在城西四十里。截河为坝，障连水入渠，溉弥兴田。明总兵官汪馨倡筑。《续姚州志》。

流海坝 在城西五十里。潴小关山泉水，溉弥兴田。《续姚州志》。

青蛉河堤 青蛉河水多淤泥，日久不浚，必致堤崩水溢，横流为害，故治州境之水者，以修青蛉河为急务。道光初，知州方若麟鸠工浚之。二十七年，知州吴嘉思极力疏凿，河深一丈，宽二丈五尺，水患悉平，军兴后，河道壅塞。光绪六年，知州伍兰征集州民修浚。《续姚州志》。

大姚县

上下二闸 上闸，在城东二里。下闸，在城东三里，俱明弘治间筑。雍正《志》。

赵家闸 在城东南三里。雍正《志》。

晏公闸、土桥闸 并在城东南五里。雍正《志》。

金家闸 在城南一里。雍正《志》。

冷水闸 在城西门外。雍正《志》。

白塔闸 在城西三里。雍正《志》。

叶家闸 在城北十里。雍正《志》。

杨家闸 在城口一十五里。雍正《志》。

新　坝 在城东五里，纳西、南两河水，军兴后，堤岸坍塌，河道淤塞。光绪五年，

---

① 塔镜淜　原本作“搭镜淜”，雍正《云南通志》、道光《云南通志稿》同，光绪《云南通志》作“塔镜淜”，意长，据改。

知县姜瑞鸿率绅士李宝书筹款修浚。光绪《志》。

广通县

马家坝 在城东四里，灌溉李家屯田亩。雍正《志》。在大甸尾河。《楚雄府志》。

舍资官坝 在城东五十里，灌溉舍资田亩。雍正《志》。在舍资河。《楚雄府志》。

李家坝 在城南一里，灌溉李家屯田亩。雍正《志》。在西门外河。《楚雄府志》。

土官坝 在城南二里，灌溉西门外一带田亩。雍正《志》。在刁克岭河。《楚雄府志》。

甸心坝 在城南三里，灌溉白土凹一带田亩。雍正《志》。在三场旧河。《楚雄府志》。

山旗坝 在城南四里，灌溉山旗屯田亩。雍正《志》。在白土凹河。《楚雄府志》。

苏公坝 在城南五里，灌溉三场旧田亩。雍正《志》。在刁克岭河。《楚雄府志》。

梅家坝 在城南六里，灌溉雀哺田亩。雍正《志》。在雀哺河。《楚雄府志》。

董家坝 在城南七里，灌溉范旗屯、甸心田亩。雍正《志》。在雀哺河。《楚雄府志》。

赵家坝 在城南八里，灌溉范旗屯一带田亩。雍正《志》。在三场旧河。《楚雄府志》。

郭家坝 在城南九里，灌溉雀哺屯一带田亩。雍正《志》。在瓦窑冲河。《楚雄府志》。

罗家坝 在城南十里，灌溉瓦窑冲一带田亩。雍正《志》。在瓦窑冲河。《楚雄府志》。

石头坝 在城西二里，灌溉张家湾田亩。雍正《志》。在南屯河。《楚雄府志》。

金家坝 在城西三里，灌溉南屯田亩。雍正《志》。在南屯河。《楚雄府志》。

西屯坝 在城西五里，灌溉西屯堡田亩。雍正《志》。在舍资河。《楚雄府志》。

福山泉 在城北八十里，旧名乾海子，四围皆山，苦无水道。雍正十二年，知县杨登捐赀凿通山腹七十丈，引五里外福德山腰之水入硐畅流，沿途皆开沟堑，直达乾海子，灌田二千余亩。雍正《志》。

定远县

雍正十年，议准定远县建设石堤。《清会典事例》。

庆丰闸、安乐闸 并在城西二十里。乾隆元年，知县沈堂开，灌溉境内田亩。道光《志》。兵燹后失修。光绪七年，知县万邦治请款率绅民捐赀重修，并添筑石墩四座、石堤十余丈，建龙神庙于闸左。光绪《志》。

清风坝 在城东南十里。雍正《志》。今废。光绪《志》。

冷家坝 在城南三里。雍正《志》。

西河坝 在城南五里。光绪元年，军功刘春荣倡建，阅十年而工竣。光绪《志》。

润泽坝 在城南二十里。光绪七年，廪生夏昌言倡买荒田十余亩，建坝蓄水，灌田数百亩。光绪《志》。

安乐坝 在城南二十里。同治九年，文生李迎春、李秀春倡修，光绪三年工竣。光绪《志》。

乌鸦坝 在城北五里，雍正《志》。今废。光绪《志》。

梁王坝 在城北七里。雍正《志》。光绪三年，文生丁绍文倡修堤岸闸坝，沿堤植柳以固堤。十一年，坝口水圮，绅民继修。光绪《志》。

永丰坝 在井西周家庄，旧系木坝，提举李国义捐建石坝，蓄水灌陆田。《琅盐井志》。

黄莲塘 在城东三里。雍正《志》。在城南三里。光绪五年，邑人陈光文等倡修堤岸闸坝。光绪《志》。

饮马塘 在城南二里。雍正《志》。

万斛塘 在城南四里，雍正《志》。一名万户塘坝。光绪四年，监生夏正荣增修堤岸闸坝。光绪《志》。

金鸡塘 在城西七里。雍正《志》。

贾溪塘 在城北五里。雍正《志》。光绪十年，邑人贾连兴倡修。雍正《志》。

澂江府

河阳县

太平闸 在城西二里太平桥下。明知府徐可久建，疏梁王冲一带溪水入新河。雍正《志》。

高涧渠 在城东一里。自纳古勺开渠，引玗札溪水，流经蓬莱庵、捕鱼村、大树村，渡高涧桥至东郭，一带田亩咸资灌溉。雍正《志》。

海口坝 在城东南三十里。抚仙湖水由此泻入铁池河，每雨多水泛，宣泄不及，又有南北山溪，暴涨横冲，推沙滚石，每将海口堙塞，障水逆流，三州县滨海田亩咸被淹没。明巡按姜思睿于南岸建牛舌石坝，北岸建梅子箐石坝，逼遏两溪之水，循轨顺行，不使沙石激壅海口。年设浚夫三百三十四名，日久坝圮，旋修旋壅。清雍正八年，总督鄂尔泰发帑檄知府王铎募夫挑浚，首尾宽深，重建二坝，甃石一百七十六丈，于坝身湾曲冲汕处，增筑逼水六墩，以固石坝。雍正《志》。

西浦龙泉坝 西磬泉在城西七里蟠龙冈石岩下，左右双湫夹出，汇为巨塘，左清右浊。明隆庆五年，知府徐可久开三河，引泉南入于湖，又凿上中下三龙沟，引泉东流，灌溉郭西南田，达于城内，可以行舟，闸坝蓄泄有法。万历间，知府程子侃重筑。雍正《志》。道光二年，积潦伤禾，知府王厚庆、知县吴绳督令将近海河身开宽二丈，挖深一丈，自下而上，挨次疏浚，沙石俱借急冲入湖中，水患始平。道光《志》。光绪十七年，重修三七分水石闸。光绪《志》。

旧镶闸坝 变乱时经兵练贼匪拆毁，贼平后被左所武绅熊遇春、广南营武举赵廷献恃强占霸。春耕时，上中下龙沟泉水不能东流，西街六十余村及附郭居民控，经知府彭泽春、知县汤锡锜讯断，重修石闸，西街六十余村及附郭西南田亩分水七成，左所以下十一村分水三成，以资灌溉，永为遵守。光绪《志》。

清溪坝 在城西十五里关岭下。李《志》作“关索岭”。石坝二，分水沟六，溉田甚广。雍正《志》。

鱼鳞坝 在城西六十里施家村。光绪元年，庠生纳永清捐修。光绪《志》。

黑龙潭坝 在城西七十里。有二，一流入八家营，一流入大西坡，灌溉附近田亩。光绪《志》。

大冲河坝 在城东北四十里阳宗旧县南五里罗藏山麓。明隆庆二年，暴涨决堤，知县文嘉谟浚导十余里，深八尺，宽丈余，民受其利。雍正《志》。

梅玉村堰塘 在城东七里。嘉庆十六年公筑，纳三春池、倚铎塘、东山一带之水，村民之田赖以利济。道光《志》。

僰夷村堰塘 在城东三十五里。道光元年公筑，宽里许，深六尺，纳两谷之水以蓄之，灌溉合村田亩。道光《志》。

洋澜村堰塘 在城南三里。堰塘有二，一嘉庆二十五年筑，纳东山谷芭蕉箐之水；一道光元年筑，宽里许，深七尺。并灌溉田亩甚多。道光《志》。

鲁溪营堰塘　在城南四里。乾隆五十八年筑，深八尺，周二里，聚西龙泉之水，灌溉田亩最多。道光《志》。

吉利村堰塘　有二，一在城南五里鲁溪营下，嘉庆元年筑，周里许，深七尺，引西龙潭水入焉，虽旱不涸；一在村西，嘉庆十九年筑，周半里，深七尺。道光《志》。

洋潦营堰塘　在城南八里。深五尺，聚西龙潭之水。嘉庆二十五年筑。道光《志》。

化石村堰塘　在城西南二十余里。道光五年开，周三里，深丈余，蓄水灌溉南山五村田亩。道光《志》。

阳宗堰塘　在旧县炒甸乡土官村。明正德四年，知县郭翰筑。嘉靖四十五年，知县文嘉谟重修。康熙间，知县沈晋初、翟枚吉相继修筑。雍正《志》。

东西两河堤　源发于北，南流于湖，郡中水利，以此为最。年久失修，沙石壅积，频年溃决，为害甚钜。光绪八年春，署知府陈灿督同知县马恩荣、绅士郭洪恩等筹款修浚，阅五月而工竣，东西河畔田亩悉资灌溉。是年冬，知府王堃续修，新开立马湖一道。光绪《志》。

附署知府陈灿《条陈东西两河事宜》：光绪《志》。

查东西两大河，皆发源于北，南流汇抚仙湖，土人名之为海，下出海口坝，入临安府属之宁州界。承平时，堤树蟠结，岁修有章，犹不免时有奔决。兵燹后，树掘堤毁，遂至乱流冲激，顺田身为河道，重以河源发于北山，山石崩塌。每夏秋暴涨，洪波挟乱石南下，所过辄为石田。除从前册报永荒之田一万数千亩不计外，即丈量时指为成熟之田，亦多有淹没者，若不亟为修浚，将来旋淹旋徙，愈冲愈宽，为害伊于胡（湖）底。因与城乡绅耆，往返筹商，并询诸父老，知东西河改道后，旧日河身老淤坚结，高新徙之道至一丈数尺，若欲挽行故道，功钜费侈，民力不逮。现惟就水势所趋，于因势利导之中，行补偏救弊之法。东河河患大约有三：自二家村南至中所，中间水势散漫，不能归槽，任性窜越，冲湮田亩，若不严加防范，则沿河一带及东南附郭成熟之田，势必渐次波及，患一。右所营等处沟槽浅狭，不能翕受洪流，率致泛滥，患二。大人庄等处水势弯曲，往往冲汕土埂以旁溢，停蓄泥沙以成淤，患三。现在随地酌度，拟于水之散者浚沟筑堤以束之，水之浅狭者开浚宽深以纳之，水之弯曲者修直沟道以顺之，此筹修东大河之情形也。

西河决后，初徙于旧街，再徙于西街，水发时。现专由西街奔溢，故西街诸村有请分决口之水半入街者。查初徙河道流经旧街等处，率自村中穿过田庐，在在可危。且旧街东二十余村，西引龙潭之水，由沟道东出灌田，若复导北来河水横贯其中，势必将沟道截断，诸多窒碍难行，现拟仍从西街修治。其西街以上十里亭一带田皆冲壅，沙砾弥漫，似不宜与水争地，任游波荡漾，缓其南下之势，以不治治之。西街以下直至万家营等处，河流所经沟道极为浅狭，暴涨一来，万难容纳，两旁成熟田亩悉被冲湮。现拟首尾疏浚，务期一律深阔，并为之沿岸筑堤，逢湾取直，但使沟中流通之水增多一分，即田中冲湮之水减少一分，似可有利无害。惟西街之水，既不能分流旧街，其下流香村等处河水灌其东，立马河注其西，为害较深亦宜筹画。查河自西街北来，中经撒马都，其西南一直沟河流自此径出，正东一横沟支流从此分入。现拟修横沟为直沟，开广挖深西沟之水，流经香村一带至万家营入海。东沟之水流出狮子大桥，由孙家河入海，如此分杀水势，则香村等处水患似可少减，此筹修西大河之情形也。

特是河工重务，非得老练耐劳实心任事之人，不足以襄斯举。查有绅士郭洪恩、张得功、宋朝凯、解联陞等，堪以遴委监修东河，绅士熊遇春、吴鹏、杜联科、郭曦等，堪以遴委监修西河。其修理东河即派近东各村及城内东南门出夫，修理西河即派近西各村及城内西北门出夫，勿论绅士及兵役人等，一例按户出夫，更番递换，务使贵贱同工，贫富齐力，令其按段分修，以专责成，而免推诿。查承平时，濲河岁修，率以牛曳沙耙疏浚泥沙，老民犹有识其制者，今拟仿照，以期事半功倍。其经费皆由各村公项垫办，如俟办有成效，拟定岁修章程，由官立案，每岁秋收后，仍按村分埂，责成各绅管督率修浚，并仿老河旧例，沿堤插柳，坚束堤身。从此逐渐培修，即可有备无患。此就地筹画工费将来议设岁修之情形也。至于发源处所，亦宜修治。东河则拟于牛厂下各山箐，西河则拟于梁王冲各山箐。栽桩砌石为栅，只许通水，不令挟带乱石，并续为植树株培山脚，以免奔塌，而期久远。惟河口之疏壅，视海水之涨落，而海水之涨落，视海口之通塞。查海口牛舌、梅子二坝，原定有宁州、河阳、江川三州县岁修章程。乱后，海口失修，不无壅阻，海水遂多涨盛，每南风吹激，海潮倒漾河口，河弱海强，河不能刷沙直下，海反能挟沙逆上，河口辄患淤塞。是治河必宜疏海，亦有不得不虑及者。此拟修上游河源，预筹下流海口之情形也。

漱玉泉堤 在城东五里。源出重珠山麓石窦间，一名倚铎塘。明嘉靖间，郡人李坤筑石堤，以时蓄泄。雍正《志》。

北坡沼堤 东蒲泉在城东五里华藏寺下，自石窍中出，清甘无比。明成化间，知府张顺筑堤闸水。嘉靖间，郡人席大宾增筑一堤，汇以为沼，下注镜光池。府治昔在东山，沼距治北三里，因名为北沼。雍正《志》。

附督学何俊《重修记略》：李《志》。

太守蜀夹江张君裕之，因父老请，捐俸兴筑。劝助于富家，借力于闲民。以成化癸卯正月肇工，迄四月落成。

镜光池堤 在城东五里。受东蒲泉水，筑石围堤，引灌东畔田亩。明崇祯间，知府张同居建石闸于池口，以时蓄泄，闸上竖石坊，额曰“润泽生民”。雍正《志》。

立马堤 在城西七里西街之北。明知府徐可久建，以防龙青庙一带山水冲决之患。雍正《志》。

庄镜泉石堤 涟漪泉，在城东北七里碌碕山峡，一名庄镜泉。四时清澈，流灌阜田，合圩札溪，明知府王良臣筑石堤。雍正《志》。

玗札溪堤 在城东北二十里。明隆庆间，知府蒋宏德开渠，筑堤三百七十余丈。万历间，知府程子侃重筑。《澂江府志》。

江川县

甸头闸　在城北五里甸头乡。地无活水，惟大村之左旧有水塘一区，三面皆山，独缺西面，因无堤闸，不能积水。雍正十二年，知府来谦鸣、知县罗弥素捐筑堤岸，自北而南，长一百一十二丈，两旁植柳，并建石闸，因时启闭，灌田数千亩。雍正《志》。

立昌堰　在城东五十里。康熙九年，知县张方起自躲得岩导泉筑堰，灌田数十顷。雍正《志》。

普济堰　在城南四里旧城西南馆驿左。明隆庆四年，知县杜鸣阳筑。雍正《志》。堤高一丈许，佥立坝长一名巡守。李《志》。

张官营堰　在城东北三里。知府来谦鸣、知县罗弥素筑上、下、东、西四塘，未竣。乾隆二十五，年知县单乾元终其事。道光《志》。

水　塘　在城东三里白塔营。知县单乾元筑，未成。乾隆二十八年，知县刘携续成之。道光《志》。

广济塘　在城西南三十里双龙乡。雍正《志》。知府来谦鸣筑，乾隆二十八年，知县刘携重浚。道光《志》。

西山龙洞塘　在城西南三十里双龙乡。地无活水，止有大小塘各一区，岁久淤塞。雍正十二年，知府来谦鸣、知县罗弥素亲督人夫，挖深塘底，加高堤埂。又以田土广阔，灌溉不敷，复捐赀于本乡西山半箐，凿开龙洞，水流不竭，引溉上下二乡田地数千亩，皆成沃壤。雍正《志》。

北　塘　在城西北五里小石关，知县单乾元筑。道光《志》。

李家营塘　在城东北二里，知县刘携筑。道光《志》。

海　塘　在城东北八里大村。雍正十二年，知府来谦鸣筑。道光《志》。

新兴州

雍正十年，议准疏浚新兴州河道。《清会典事例》。

永润沟　在城南三里。康熙三十九年，生员王虎臣开。《澂江府志》。灌翟家屯、小梁屯、郑家屯、独树屯、冯家屯等处田。《续修玉溪县志》。

魏家山坝　在城东五里。道光《志》。

下康屯坝　在城东五里。道光《志》。

仙人坝　在城东十里。为中右所魏家山沟洫之源，地低艰于灌溉。乾隆十三年，知州徐正恩甃石为坝，秋冬蓄水，春夏开放。道光《志》。今圮。《玉溪县志》。

金汁[①]坝沟　有四，一在城东十二里燕子窝，行冯家冲等屯灌田；一在城东十里沙陀村，行左所等屯灌田；一在城东五里右所屯，行中所等屯灌田；一在城东四里小枧槽，行许家湾等灌田。《新兴州志》。燕子窝直灌北门城濠，垒沙为坝，随即冲决。乾隆十四年，知州徐正恩甃石作坝，坝下淤田五亩，佃种作修坝之费。道光《志》。

卢家营坝　在城南五里。道光《志》。

六品村坝　在城南八里。道光《志》。

梁王坝　在城南十二里牟溪冲，灌高仓等屯田。《澂江府志》。

---

① 金汁　原本作“汁金”，据道光《云南通志稿》乙正。

赵官坝 在城南十五里赵官坝屯，灌赵官屯等屯田。《澂江府志》。

牟溪冲坝 在城南十五里高仓山下，行高仓等屯灌田。《新兴州志》。

研和坝 在城南三十七里潢水塘，灌南厂等村田。雍正《志》。

桅杆坝 在城西南十三里桅杆屯，灌本屯田。《新兴州志》。

密罗坝 有三，一在城西南二十五里凤皇山下，行上、下麻栗树等屯灌田；一在城西南十五里排栅屯后，行马官等屯灌田；一在城南十六里永济桥，行壮旗等屯灌田。《新兴州志》。

九龙池坝 十三，一在城西北十五里袭家屯，行王旗等村灌田；一在城西北十六里僰彝涵洞，行飞家等屯灌田；一在城西北十五里寒冬村，行寒冬等村灌田；一在城西北十五里大村，行大庄等村灌田；一在城西北十五里后屯，行王大户等屯灌田；一在城西北十五里棋盘山下，行大毛等屯灌田；一在城西北十二里官村，行桂家等屯灌田；一在城西北六里小庄，行薛家等屯灌田；一在城西北六里石涵洞，行小庄等屯灌田；一在城西北五里安流桥，行左家等屯灌田；一在城西北五里左家屯，行小毛等屯灌田；一在城西北四里马桥村，行马桥等村灌田；一在城西北三里通年桥，行徐百户屯灌田。《新兴州志》。

清溪坝 在城西北二十里莲花池，灌本村田。《新兴州志》。

清涟坝 在城西北二十五里。道光《志》。

中卫屯坝 在城北三里。道光《志》。

罗木箐河坝 有三，一在城北二十三里白云寺山下，行北山等处灌田；一在城北十九里腰子屯，行普舍城等村灌田；一在城东北二十一里袁家屯，行何家等屯灌田。《新兴州志》。

西河坝 有六，一在城北二十五里秦溪，行高桥等屯灌田；一在城北二十四里梅园锁水阁，行前卫等屯灌田；一在城北十九里陈家大厂，行中所等屯灌田；一在城北二十里刘家屯，行陆家等屯灌田；一在城北十九里高桥大涵洞，行麻线等屯灌田；一在城西北十五里徐家屯，行秦谢等屯灌田。《新兴州志》。

龙井坝 有三，一在城东北五里宁官屯，行中卫屯灌田；一在城东北三里许家湾，行龙井巷等处灌田；一在城西关外龙井巷，灌西关等处田。《新兴州志》。

白龙潭坝 有四，一在城东北二十三里白龙潭前，行东古城等屯灌田；一在城东北二十二里小土库，行上下山头等屯灌田；一在城东北二十里白塔山下，行任家等屯灌田；一在城东北二十里东古城，行褚家等屯灌田。《新兴州志》。

红庙堰塘 在城东三里塘。周二里，聚水灌田。《新兴州志》。

鸳鸯塘 在城南六里。《新兴州志》。清乾隆十四年，筑引金汁沟水，注水灌冯、卢二屯田亩。《玉溪县志》。

观音塘 在城东南一里《新兴州志》。

鸡窝塘 在城南二十五里研和飞家屯，灌赖家等屯田。《新兴州志》。

马鹿塘 在城南四十五里。《玉溪县志》。

新　沟 在城南左德乡武当山后。明万历年开，引三家白土村，分水十五，轮行辛家屯、师旗屯、中所屯、西古城、大营街、壮旗屯等处灌田。《玉溪县志》。

汇源坝 在城东五里中所屯下。光绪二十四年，村人陈凤岐、陈绍先等筑。《玉溪县志》。

中兴坝 在城南六里邓家巷。清光绪二十七年，邓凤来等筑。《玉溪县志》。

路南州

雍正十年，议准疏浚路南州河道。《清会典事例》。

兴凝溪坝 在城东二里。绕州西南，会铁池河，达盘江，有坝蓄灌。雍正《志》。

双龙坝 在城东二里。康熙四十六年，知州金廷献建坝筑渠，亘二十里，溉田三千余亩。雍正《志》。四十七年，大水冲圮。乾隆三十五年，知州叶士铨于旧坝下里许重建。道光《志》。

黑龙潭坝 在城东五里，地名落台。明嘉靖间，知州邹国玺筑堰开渠，引龙潭水济田千顷，民德之，称邹公堤。天启间，知州唐登第再浚，知州倪垣修枧引灌。雍正九年，知州王臣重修。雍正《志》。

永定坝 在城东十里肇公庄。乾隆三年，知州寇垲修筑。八年，知州李天宠修竣。《路南州志》。

润泽坝 在城西北民和乡湾子。乾隆十六年，知州张日欧筑堰开渠，灌溉土官村、长麦地田六百余亩。《路南州志》。

响水坝 在民和乡。乾隆十七年，知州张日欧筑坝修枧，灌田五百余亩，知州史进爵重修。《路南州志》。

梨花村坝 在民和乡。乾隆十七年，知州郑景筑坝修枧。二十年，知州史进爵续修。《路南州志》。

些卜所坝 在城北十五里阿怒山后。山半旧有塘，名绿阴山，民筑堤蓄水，浇灌本村田地。而附近路母矣、北山屯两村隔在山南，流溉不足。雍正十二年，知府来谦鸣、知州于讷于塘之南隅，筑土堤十余丈，潴蓄更宽，又于山北些卜所龙潭下，捐建石坝一座，并开沟长五里，引水至山南，遍灌三村田亩，均得沾足。雍正《志》。

双闸石坝 在城北十五里天生桥西。石涧有泉，可凿山开沟引以灌溉。乾隆三十一年，知州王诵芬率士民建，为双闸石坝，闸分水东流易龙，西注北山，因时启闭，两乡永获其利。道光《志》。

万年坝 在城东北八里大乐台。乾隆三年，知州寇垲筑。四年，知州李天宠增修，灌田三百余亩。《澂江府志》。

鱼池堰 在城东八里。明嘉靖间，知府邹国玺修筑。雍正《志》。

石牛堰 在城西十里。乾隆十七年，知州张日旼筑坝。二十一年，知州史进爵增修。《路南州志》。

昌乐堰 在城东北五里。康熙四十一年，知州罗之熊筑堰开渠，引白龙潭水灌州西北田三千余亩。后圮，知州金廷献重筑，增枧。雍正九年，知州王臣续修。雍正《志》。

护城堤 在城外。雍正十二年，知府来谦鸣、知州于讷因土城单薄，每遇夏秋雨潦，濠水骤涨，冲塌可虞，捐赀倡率士民，于贴城土垣外加筑护堤，长三百四十余丈。雍正《志》。

大河堤 在城西北民和乡。河水自曲靖、陆凉流至州境下，入宜良。旧有土堤，岁久倾废，每遇水泛，田亩被淹。雍正十一年，知府来谦鸣与宜良令朱干，各劝乡民协力重筑，计长二千五百三十丈。并开水沟，随堤旋绕，堤内路南、陆凉、宜良三州县田四千余亩，均免冲没之虞。又因原开涵洞湮塞成河，倡建小石坝四座，涵洞六口，引灌高田。其堤坝议定一有损塌，三州县分界不时修补。雍正《志》。乾隆二十年，水涌堤溃，知州史进爵重筑，另建石桥一座，水闸门四扇，济水过枧，八村均沾惠泽。《路南州志》。

卷一百四十一　农业考四　水利三

广南府

宝宁县

土黄河《广南府志》作"同舍河"。在城东二百六十里土富州界内。其源出府境分水岭，合师宗州及粤西西隆州诸山之水汇聚成川。自土黄起，经西隆、西林、土富州、土田州诸境，过剥隘而至百色，计七百余里，可以直达两粤，旁通黔、楚。旧因滩多水险，舟楫难行。雍正九年，总督鄂尔泰陈全滇水利，并请勘修。十一年，总督尹继善、巡抚张允随委原任贵州粮驿道王廷琬勘估董分，檄滇、粤两省领帑兴修，疏浚宽平，舟行无阻。雍正《志》。

引流塘　在城南关旁。阔数亩，蓄水灌溉，民资其利。雍正《志》。

清渠塘　在城北一里，蓄水以资汲灌。雍正《志》。

龙　湫　一出城西者马，一出城南冷水沟，引以灌溉。雍正《志》。

城南石闸　城南八达小河，冬春不雨，则民食水涓滴维艰。建闸以时蓄泄，万家食水于是不竭。《广南府志》。

承恩塘　在城内西北隅。时蓄水以备缓急，引流以资灌溉，嘉庆年建。《广南府志》。

富　州

楠木溪　在州东三十里。源出花架山，迤逦东流，其水冬夏常温，可资灌溉。雍正《志》。

顺宁府

顺宁县

天泽塘　在城西北乐平山椒。明天启间，土官猛寅开筑注水，周半里许。雍正《志》。

龙　潭　一在城东三十里山上，五峰交峙，水分二流；一入瓮沙小河，一入阿度吾之黄草坝；一在城西北一百五十里右甸达丙里，又名沧江眼，宋时有段百户筑堤积水，田资其利，久废。雍正《志》。

腊门河　在府治北十里。灌溉田禾，民资其利，南流与顺宁河合。明李修《通志》。

云　州

水罐沟[①]**、三岔沟、李家坝、和尚坝**　并在云州。《古今图书集成》。

丙票坝　在城南十五里南桥外。雍正《志》。

玉　池　在城南一里。周百亩，聚府河水，分灌田亩。雍正《志》。

洪　塘　在城西五里镇夷山下。雍正《志》。

---

① 沟　原本脱，据道光《云南通志稿》、光绪《云南通志》补。

曲靖府

南宁县

西湖坝　在城东北十里。洪武间筑，有坝闸，积水以灌田，军民利之，后为富人所占。弘治十二年，同知胡光具其事陈当道，始核出。李《志》。

史家闸　在城东三里。《南宁县志》。

毕家沟古闸　在城东十里红花海下。清康熙二十八年，署知府李灿重筑。雍正《志》。

花篮口闸　在城东十里中和桥上。《南宁县志》。

许家闸　在中和桥下，道光九年修。《南宁县志》。

沙河新闸　在城南二十里。康熙二十六年，知县张为焕创修石闸，民利赖之。雍正《志》。

柳家坝新闸　白石江下流，向系东行，今改南行。嘉庆十五年，村民于柳家坝南里许公建此闸。道光《志》。

滚水坝　在城东八里矣卜村。旱蓄潦泄，田亩利之。雍正《志》。

恭家大坝　在城东南二十里。郡中诸水俱会于此，分灌朗坦十五圩田。雍正《志》。

恭家小坝　在大坝下。旧系石闸，引灌瓦子四村田，日久冲塌，后易土埂，岁修岁圮。雍正八年，知府佟世荫仍甃以石。雍正《志》。

东山坝　在城东南二十里。雍正八年，知府佟世荫新筑。雍正《志》。

蒋家坝　在城南三里。雍正八年，知府佟世荫新筑，蓄水资灌。雍正《志》。

兴隆坝　在城南十五里西山下。系石坝，蓄山箐之水，灌卧龙寺五村田。雍正《志》。

瓦庙石坝　在城南十五里。雍正八年，知府佟世荫新筑，蓄山箐之水，引溉何旗乡五村田亩。雍正《志》。

观音三坝　在城西南二十里。旧建石坝三，上下相连，蓄水分灌南城等村田。雍正《志》。

大　坝　在城西南五里。明洪武初，指挥刘璧筑坝，酾渠为三闸，引潇湘河水分灌东南三乡四堡之田，年久湮废。康熙四十二年，知县胡麟征重修。雍正八年，水冲堤溃，知府佟世荫、知县梁廷彦捐买民地，开沟筑堤。雍正《志》。

左所坝　在大坝左。引灌施家庄等八村田，山势逼隘，沙石易淤。雍正八年，知府佟世荫、知县梁廷彦捐买民地，另筑石坝以防冲决。雍正《志》。

天生石坝　在大坝下。天然石堑，增培木石，即堪资蓄泄，引灌官厂院七村田。雍正《志》。

解家坝　在大坝下。南北二沟，灌史家闸六村田。雍正二年，总督高其倬捐金重修。雍正《志》。今废。光绪《志》。

陶家坝　在城西南八里龙王庙，乾隆十年新增。道光《志》。

樊儿坝　在城西南十里红庙。道光《志》。

中　坝　在城西南二十三里大营。道光《志》。

大营坝　在城西南二十五里大营。道光《志》。

湾子坝　在城西南三十里观音硐。道光《志》。

青岩坝　在城西南三十三里徐家坟。道光《志》。

莺窝坝　在城西南三十五里申家屯。

以上潇湘江上流古坝七，年月无考。新坝一。道光《志》。

尹煤冲石坝 在城西五里。雍正八年，知府佟世荫新筑，蓄白石江水资灌。雍正《志》。

余家坝 在城西十四里三岔河。乾隆四十年，村民公建。道光《志》。

胡家古坝 在城西十四里白石江总河，土坝，年修年圮。道光《志》。

下星古坝 在城西十五里白石江总河，土坝，年修年圮。道光《志》。

三岔坝 在城西十五里西屯河。雍正《志》。

下　坝 在城西十五里三岔河。乾隆五十五年，村民公建。道光《志》。

上　坝 在城西十六里三岔河，系古坝。道光《志》。

上星古坝 在城西十六里白石江总河，土坝，年修年圮。道光《志》。

众人坝 在城西十七里西屯河。道光《志》。

竹园古坝 在城西十八里西山河，系土坝，年修年圮。道光《志》。

魏家坝 在城西十九里三岔河。乾隆三十年，村民公建。道光《志》。

陈家古坝 在城西二十里西山河，系石坝。道光《志》。

冯尹冲坝 在城西北十里，引白石江水，灌冯、尹二冲田。雍正《志》。

丰登圩坝 在城北十里，嘉庆间筑。《南宁县志》。

土　坝 在城东北一里，引北沼水灌田。雍正《志》。

响水坝 在旧越州城南三十里。灌孔家营数十村田亩，过此即陆凉界。道光《志》。乾隆十年，议准开凿南宁县亮子口、黑宝滩等处滩河二十余里。《清会典事例》。

龙人坝 在旧越州黑宝滩，道光九年筑。《南宁县志》。

舟上坝 在旧越州城西北五里，灌越州西界一带田亩。道光《志》。

暗硐堤 在城东十里，暗渡阿幢河水。雍正《志》。

三圩新堤 在城东乡。郡中潇湘口、白石江、新桥河、黑水河诸水汇流，入套子圩，总为一河，复南历白夷圩、恭家圩等处。向因河身窄狭，每遇水发，泛滥无归，田畴多被冲没。雍正十二年，知府佟世荫勘议，详请发帑，开浚宽阔。另筑内堤三道，套子圩筑长一百四十五丈五尺，白夷圩筑长二十九丈五尺，恭家圩筑长八十三丈五尺，河流不致旁溢，田亩始保无虞。雍正《志》。

北沼堤 在城北门外。雍正《志》。

霑益州

交水坝 在州南一百七十里平蛮乡，雍正《志》作“城北平蛮乡”。块步、腊溪二水相合，又名交水河。先是以土堰水，每岁随筑随决。宣德十年，曲靖卫千户梅用筑石为坝，启闭以时，足利灌溉。李《志》。

大　坝 水出木容箐，洪武初指挥刘璧筑坝酾泉为三，造闸以蓄泄，水利于是东、南三乡四堡之田，咸受灌溉。李《志》。在城东二十里，引灌高寨、哨上二村田亩。《霑益州志》。

沙河三闸 在城东五里，饶灌溉之利。雍正《志》。今废。《霑益州志》。

梅家闸 在城东南十里，块步、腊溪二水至此合流入南宁。宣德间，千户梅用建闸。《霑益州志》。兵燹毁，未修。《霑益州志》。

按：交水坝、梅家闸同在块步、腊溪二水合流处，则交水坝既远在州南一百七十里，梅家闸不应只近在城东南十里，两者中必有一误，俟考。

新桥闸 在城南十里，双河水会于此。雍正《志》。

沙 坝 在城东十二里新屯河上，引灌本村田亩。《霑益州志》。

石版井坝 在城东十五里，引灌小海子田。《霑益州志》。

上 坝 在城东龙王庙上，引灌沙沟、沈家营等村田亩。《霑益州志》。

天生坝 在交河上流，瀑布三叠。明天启间，总兵杨禄开东、西二渠。雍正《志》。道光二十八年，邑人曹锟倡修，咸丰间毁于兵。光绪三年，知府陈彝、知州江宝善率绅士李景贤、曹士麟、唐得胜、邓国柱等倡捐重修。《霑益州志》。

羊场七坝 在城东南三十里，灌羊场一带田。雍正《志》。

西闸坝 在城南十里。引新桥水灌溉十三屯田。康熙二十六年，州民张仲等建，后州民韩继正增修。雍正《志》。

黑蛇坝 在城南十五里交河下流。雍正《志》。

擦耳石坝 在城西南十里，引灌州西田，流入新桥闸。雍正《志》。

双河坝 在城西南二十里，即腊溪上流。一出半个箐，一出烟子冲，会于新桥。雍正《志》。

腊溪坝 在城西。源出凤凰山，流二十余里，随流引灌为二坝，至①城南梅家闸与交河合流，入南宁县境。雍正《志》。光绪三年，知府陈彝檄邑人丁治齐会南宁县民人，由沈家桥丰登圩开河引灌各村田亩，并筑暗硐于龙家塘，分灌庄家屯田。《霑益州志》。

响水河石坝 在城西十余里保家桥上，引灌金觉寺、套家湾一带田亩。《霑益州志》。

曹家坝 在城西十余里响水河上流，引灌钱家坡、仓满村田亩。《霑益州志》。

石沟河坝 在城西。源出老马沟龙潭，水极盛，蜿蜒十余里，与腊溪汇大河边，万绿箐、阮桥等村多筑石坝，引灌田亩。《霑益州志》。

铜车坝 在城北三十里松林驿南，引块步溪水灌田。雍正《志》。

来远坝 在城北八十五里，灌来远铺田。雍正《志》。

萧家营石坝 在城东北大龙潭河，引水灌本村及木容山、落脚塘至先村田亩。《霑益州志》。

陆凉州

冷水塘闸 在城东北六里。雍正《志》。

杨福村坝 在城东三里。明知州陈文著筑，引灌多利。雍正《志》。

澈河坝 在城东十里。雍正《志》。

龙洞坝 在城北五里，洞名涌珠，水资引灌。雍正《志》。

郭家圩坝 在城东北二十里。明崇祯间筑，蓄水分灌，岁时加修。雍正《志》。

响水坝 距城五十里。两岸石山相夹，束水中流，不假人力。光绪《志》。

新 坝 治东五里许白石江中有大石坝一道。明天启时，舟东村朱冠三修于澈河坝。清雍正时，折移下流十里修筑，推广水利，故有新坝之名。今归公有，置河头村人司闸启闭，灌溉民田。《陆良县志》。

马龙州

史家闸 在城东三里，积潇湘江水。《古今图书集成》。

---

① 至 原本作“正”，据乾隆《霑益州志》、雍正《云南通志》改。

梅家闸 在城东二十里，积太平桥水。《古今图书集成》。

杨柳坝 在城东七里，灌西鹤楼田。《古今图书集成》。灌石牛冲田。《马龙州志》。

天生坝 在城东南四十里，灌本村田。雍正《志》。

歪嘴坝 在城南十里老角寨。《马龙州志》。

大石坝 在城南十五里新屯。《马龙州志》。

官　坝 在城南五十里大营村。雍正《志》。

新　坝 在城西三里，明知州夏暐建，今废。《马龙州志》。

宋家坝 在城西十五里，灌本村田。雍正《志》。

弯子坝 在城西三十四里，灌车章村田。雍正《志》。

解家坝 在城北八里。《马龙州志》。

聊家坝 在城北十五里，灌本村田。《马龙州志》。

上　坝 在城北二十里，灌本村田。雍正《志》。

庄郎坝 在城西二十五里，灌本村田。雍正《志》。

罗平州

水车闸 顺江田高水低，于江中浅水之处安闸制水车，日夜自转，汲水灌溉。《古今图书集成》。

响水坝 在城西五十里。顺治间，邑绅李犹龙凿石筑坝，引灌资之。雍正《志》。

太液湖坝 在城北一里。明万历间，知州黄宇以旧多火灾，筑堤聚水制之，近坝田亩亦资引灌。雍正《志》。

鲁沂堤 在城南一里。水低田高，筑堤分水，东西灌溉。雍正《志》。

土白勒堤 在城西二十里。水出山岩，分三道流出。康熙三十九年，知州张含章筑堤，引灌康虐村一带田亩。雍正《志》。

歹鲁村堤 在城西五十里，即三峡江水。居民甃石筑堤，蓄灌千亩。雍正《志》。

趋吉堤 在城北八里。江水泛涨，济渡维艰。明崇祯七年，庠生周士麟、乡约张戬、贡生吴魁南筑堤，长里余。康熙五十一年，乡耆张宏学倡捐，增高二尺，大水不淹，行人甚便。《罗平州志》。

寻甸州

寻川子河 寻川之水逆流泛滥，附近熟田岁被淹没。雍正七年，总督鄂尔泰檄知州崔乃镛，于木龙村后海泛涨停积处，另开子河七百四十余丈，引之别流，不与马龙争道，下至桥头始合。继委迤东道迟维玺另浚沙河一十五里。雍正《志》。寻川子河，名灵心河，年久淤塞。距七星桥二里，中有顽石阻水，不能畅流。道光十八年，迤东道朱士达捐廉督士民重修，纵火焚石，穿凿应手，计开河七百四十余丈。光绪《志》。

凹水河 在城东十里。夏秋水涨，田禾多致淹没。道光间，迤东道朱士达新开，以泄水势，兵燹后失修。光绪《志》。

崔公渠 在城南，源出响水河。雍正七年，知州崔乃镛捐修，计长六百七十五丈，引灌田亩，民感其德，名曰崔公渠。光绪《志》。

周新闸、曹家闸、大石闸、打水闸、柳树闸 五闸并在城东三十五里甸头里。光绪《志》。

石堰闸 在城西南百六十里。高一丈二尺，周里许，引灌亦郎里二甲田亩。光绪《志》。

龙潭闸　在城北四里马街。距白龙洞半里，障水灌新庄、下村、矣卜村田。雍正《志》。

千工坝　在城东南六十里上中和村。康熙三十年，知州黄肇新建，高、宽均二丈余，长十数丈，利田甚溥。光绪《志》。

古城坝　在城东南六十里隆丰里，古城堡村民筑。光绪《志》。

恋塘坝　在城东南七十里下中和村。高丈余，长八丈，村民筑。光绪《志》。

大河坝　在城南三十五里塘子屯，下引牛栏江水灌田。光绪《志》。

蒋所坝　在大河坝下。每年村民排木筑土，引灌田亩。光绪《志》。

戴家屯坝　在宣化里戴家屯。村民筑，数十里田亩均资灌溉。光绪《志》。

天车坝　在城西南一百里那鳌里可郎江。水高田低，村民栽桩筑坝，纡其水势，架车引灌，自隆丰里中和村起，至甸头里十甲著乌村，顺河三十八道，润田三万余工。光绪《志》。

马家山石坝　在城西南一百里那鳌里五甲。光绪《志》。

中坝、可郎坝　并在城西南一百一十里那鳌里四甲。光绪《志》。

香山龙石坝、水里村尾坝　并在城西南一百八十里那鳌里二甲。光绪《志》。

冷水塘坝　在城东北四里。旧有石坝二，上下相连，一灌矣卜村、张家村田；一灌下鲁伯村、道院村、马石窝、木龙村田。明万历间，杨、董二生倡修，又名杨福坝。雍正《志》。兵燹后失修。光绪《志》。

万井堤　在城东南，又名麦厂堤。通判喻应豸筑，自甸头里一甲周高村起至大可依、白鹭湾、内子河，灌田万余工。雍正八年夏，水决堤数丈，知州崔乃镛修筑，年久废坏。乾隆三十一年，知州舒瑞龙修，高二丈，厚丈余，长二千丈，两旁种树。又自白鹭湾至石猪嘴，堤长四百余丈，高九尺，厚八尺。道光《志》。军兴后，堤岸坍塌。光绪四年，知州吕调阳倡修，新开子河一道，长二里许，宽丈余，入牛栏江，以资灌溉，并设巡水二人，每年修浚。光绪《志》。

归龙堤　在城南二里。明万历间，知府李遇春筑石堤三十余丈，溉田数百顷，民德之，又名李公堤。雍正《志》。年加修浚。光绪《志》。

海　堤　在城南六里。乾隆三十一年，知州舒瑞龙倡修。自土官塘起至海子屯止，筑长堤计一千三百三十八丈，高一丈二尺，脚宽二尺，顶宽八丈，围田三千五百余工，种树两旁固堤。道光《志》。后村民陆续培修。光绪《志》。

果马堤　在城南五十里。自尖山起至大刘所，长十五里，溉田甚溥。道光十三年，地震堤陷。同治十年，龙院、尖山两村士民捐修。光绪《志》。

洗卡哩堤　在城西北百里。自洗卡哩村起至沧溪村大河口，长五里许，由南而北，沿流分溉，其利甚溥。咸丰间，水圮未修。光绪《志》。

德公堤　在城北门。乾隆三十九年，知州德坤倡修。开挖河底，聚石筑堤，中通水道，上自枧槽箐，下至箭道，计三里许。两旁田亩资灌溉，利赖至今。知州陈心一重修。道光《志》。道光间，士民置田以作岁修之费。光绪《志》。

平彝县

大　坝　在城东六里，引灌黄土坡田百余亩。雍正《志》。引东堡河水行半里许，分上、下二沟，今上沟淤塞，下沟仍旧。光绪《志》。

木枧槽　在城西北三里。于西河架枧，由张家湾入望门，分溉民田数百亩。雍正《志》。

今河渐淤高，不需木枧。咸丰九年，县城戒严，汲饮维艰，绅民捐赀于城北凿池蓄水，导出南门，既便汲饮，亦资灌溉，并将余赀生息，以作岁修之费。光绪《志》。

东西二沟 道光八年，知县许应元、训导束本敦新开。东沟，源出东堡河，历龙海沟至响水止，计七里许。西沟，源出清溪洞，历盐厂庄至卢家桥止，计八里许，均灌溉民田数百亩。光绪《志》。

宣威州

东海子沟 乾隆四十三年，知州饶梦铭倡修东海子中、边二沟。道光《志》。

阿龙坝 在城南三里，灌河东诸田。雍正《志》。乾隆三十年，知州王锡缙倡修，嘉庆十九年，署知州张槐重修。道光《志》。兵燹后，闸坝淤塞，堤岸坍塌，光绪七年，署知县凌应梧、守备晏国安重经修筑。光绪《志》。

双　坝 在城南二十五里。雍正《志》。

山桥坝 在城南二里。雍正《志》。

天生坝 在城西南二里。天然石闸，左右开沟，引水灌溉。雍正《志》。

宁家坝 在城西南三里。雍正《志》。同治间，水圮未修。光绪《志》。

仙人坝 在城西南六十里。道光《志》。

张家坝 在城西半里。道光《志》。

盘龙坝 在城西一里。雍正《志》。

缪家坝 在城西三里。雍正《志》。

官　坝 在城西五里。雍正《志》。

梁家坝 在城西五里。雍正《志》。

以上三坝，光绪间邑绅李晋堂劝捐修浚。光绪《志》。

小　坝 在城西五里。雍正《志》。

清水塘 在城东五十里。雍正《志》。

温水塘 在城南六里。雍正《志》。

犀牛塘 在城南四十里。雍正《志》。

丽江府

丽江县

清溪渠 源出东山雪山，流经府治，灌溉之利甚溥。《丽江府志》。

五村渠 在城南三十里七河界，原有古沟，久废。乾隆四年，知府管学宣督村民赵神保、和溥利等修理，灌溉丘塘、关脚至南村各村田亩，村民称便。《丽江府志》。

拦[①]水坝 在城西南九十里九河里。清水河旧有闸，被水淹没，田亩久荒。同治四年，郡人开挖，涸出田十之二三。光绪九年，知府积寿捐廉修浚，并建坝拦水，以除水患。光绪《志》。

鹤庆州

灵济渠 在城东五里。自丽江引流而下，沿山开渠，深七尺，阔如之。甃石为坝，名曰新城，高丈许，溉三闸和西登二村田亩，明知府马卿开。雍正《志》。漾共江出自丽江，势处

---

① 拦　光绪《云南通志》作“扪”。

最下，旱不受益，涝则受害。村民洪筹山等言：二村田地与丽江连，惟自丽江筑坝引流而下，庶可灌溉。知府马卿移文丽江，令仓副叶大功会把事和初承，率张、董二老人于漾共江甃石筑坝，高丈许。沿山开渠道，深七尺，阔如之。坝名曰新城，渠名曰灵济。《鹤庆州志》。漾共江下流洞口淤塞，水不能咽，久为邑患，屡经修浚，未竟厥功。同治十二年，总兵杨玉科倡捐开挖新河，未成。光绪三年大水，附近七十余村田庐悉被淹没。总兵朱洪章复会同知州陈乔崧、黄维中先后率绅民倡捐，筑坝凿石，开通新河，计长一百三十余丈，宽二丈余。深丈余，凡役百万，费数万，历九年而后成，郡人以为惠政。光绪《志》。

温水河渠 在城南十五里。源出宣化山麓，溉鹤狱、孝廉、前蒿三村田。雍正《志》。

桃树河渠 在城南二十五里。源出豸角山，流入南山岩穴中，引流资灌。雍正《志》。

青龙潭四渠 在城西南隅。东曰萦碧，阔八尺；南曰南利，阔三尺五寸；西曰北新，阔三尺；北曰采芹，阔五尺，盘石为闸，计亩分流，俱明知府马卿筑。雍正《志》。

西龙潭 在府西七里。李《志》。

附知府马卿《记》：李《志》。

鹤庆有水曰西龙潭，出郡西覆盆山，或曰龙潜焉，故名。东溉诸村屯。岁七月九日，郡守率吏民祀潭神，遍望境内山川，筑室于南山之椒，修祀所也。府治前故艰水，正德元年，耆民杨寿延议开渠引水，知府刘珏允其议。乃于潭之东南开二渠，一至府前，曰南清渠，一至坡头邑，曰北清渠，民利之。然东灌诸村者水犹艰，农时上流专其利，而下流后时弗蓺。嘉靖四年，予谪守鹤庆。明年秋，率故事礼神毕，佥以乏水告。予乃陟降原隰，视潭之下，山势环抱，曰："是可因筑堤以潴水。"又顾山形，顿而复起三台，隐然临于潭，许曰："兹惟山水之交，风气攸萃，可以祠。"询于众，二三耆旧外，盗种其地及上流者交沮之。予曰："疑事无成，吾计决矣。"乃令计亩程工，筑堤障水，以千户李璜，百户王翰、王镇，驿丞周寅，耆民杨寿延、张定董其役，以十一月辛巳始事，正月戊戌告成。故西龙潭为上潭，东北为石闸以通流，曰普利闸。分一小闸为涓流闸，别出新开之闸为下潭，名曰龙宝，深二丈余，周五百余丈。堤曰万年，高一丈有五尺，阔二丈，长六十有一丈。为石闸以蓄泄，曰永固，阔五尺。下为石池，池下之闸曰会济，东分一小闸曰波流。山故为金灯，改曰秀台，建祠于中台，曰礼神。移故室于南台，曰斋明。建亭于北台，曰偕乐。守御指挥赵增建亭于又北小台，曰观澜。山下为坊，曰"秀台龙宝，右神利民"。既成，明年春夏之交，莳秧者水具足。古所谓民不可与虑始，而可与乐成，信夫！予惧后之有争也，因定蓄泄之法、溉田之次，以示后云。

北青龙潭闸 明正德间，同知张廷俊修，为上中下三闸。上闸灌寺庄村屯，中闸灌河畔村屯，下闸灌沙登等三处村屯。《鹤庆府志》。

香米逢密龙潭闸 先时堤坝俱坏，深为民患。明正德十一年，同知张廷俊甃石为堤，伐木为闸，远近俱利。《鹤庆府志》。

小柳场闸 在城东北十五里。引小柳场泉，明知府马卿筑三闸以分流。又嘉庆间，知府周集增筑百尺。雍正《志》。

黑龙潭堤 潭在城南二十里宣化山下，一分长康、板桥等处，一分南厢、求平等乡，如追邑、和邑、湾保诸村屯，皆架木槽以引之。明正德十一年，同知张廷俊沿山开沟，阔三尺，深如之，知府马卿督民高其堤防，水更深阔，江屯、刘屯、新生邑俱受其利。《鹤庆府志》。

龙宝堤 在城西七里龙宝潭下。明知府马卿筑，周四百余丈，并建石闸，计亩分流，雍正《志》。即西龙潭，马卿更筑一大潭于其下，名曰龙宝，用石闸蓄泄，计亩分流。《鹤庆府志》。

西登泉堤 在城东北二十五里。泉出泓沛，明同知张廷俊筑堤束水，灌西登四村田。康熙五十年，河泛闸圮，土通判高宏改沟筑堤，三闸十八村皆资其利。雍正《志》。

南供河渠 在城南二十里，一名银河。源出山神哨，灌南甸诸田。雍正《志》。

附给事中太和杨士云《南供渠记》：李《志》。

南供河，在府治西南二十里，发源山神哨，流且劣，至白杨场。俗称龙泉者三穴，啮涧喷出，暵旱弗缩，河流恒用泓演，东入漾共江。南甸田咸仰溉焉，故名。盖濒河左为大沟，引水而北者四；右为大沟，引水而南者二。因名为支沟，以注田者不计焉。田为亩余五万，赋为石余五百，户为百有五十，居为千余室，河之利溥矣，而恃以为利者，龙泉耳。龙泉以南为高阜，旷可若干亩。势豪关利，欲横截泉水而田之，在正统中为土酋，成化中为守御，弘治中为豪民某某，长康民以遏我流，辄讼之，诸弗得逞。正德庚辰，有豪民者竟踵故智，纠同谋诡辞于府，乞垦田输赋。里中老承勘得贿，报可，遂给印帖，发版册，民泣愬者相属也，前守吴君以征入，弗及改判，豪民某复诡辞于藩司，诬众倾己，下府覆之。新守王君甫下车，得其情，叹曰："此地此水，果可以利，昔人当先为之矣，奚俟今日哉！夫以数家之利而亢千万亩之良，恣一夫之奸而贻千万众之戚，何心哉?"乃追帖削册，咸服其辜。民欢呼相谓曰："微我公，南甸其莱矣。夫人之效尤者，亦永有惩哉!"谋于乡贡士赵德宏、国子生杨怀玉、府学生李绍伦、杨文秀辈，纪事于石，请予记。

於戏！民非谷弗生，谷非土弗殖，土非水弗滋，故《禹谟》六府，《洪范》五行，皆水居先。而后世《河渠》之书，《沟洫》之志加详矣。盖善为民者，所以兴水利也。涸也，为之蓄引，溢也，为之分泄，废也，为之修复，又患民之争也，则为禁令，所以禁其争也，抑豪强而已矣。昔关中仰郑、白二渠溉田，而豪戚壅上游，取硙利，夺农用。李栖筠请皆彻毁。《唐史》书之，辉映简策，非表其为民者耶？南供之利，白渠之类也；龙泉之遏，上游之壅也；旷土之利，百硙之类耳，恶可以小而妨大耶？王公之意，固李若也，是宜书，然李以高才擢给事，方挺不屈，出刺常州，治行卓最。君亦以给事言事补外，稍迁台省，兹守鹤，多善政，其风节治绩，亦李若也，又宜书。君名昂，字仲颙，四川广安人，起弘治乙丑进士，玉屏其别号也。

剑川州

小马沟 在城东。自合惠江分流，灌庄登、下登、城东北甸田。雍正《志》。

桃羌河四沟 在城南三十里桃羌甸。河低田高，因建石闸，分沟引流，山田胥利赖焉。光绪《志》。

合惠江分沟 在城南六十里沙溪。由甸头、禾村至江坪村，计三十里，或立水轮，或筑堤闸，以时蓄泄。光绪《志》。

上羊岑河十二沟、中羊岑河四沟、下羊岑南河四沟、北河二沟 并在桃羌河上流。沿河筑堤，分沟溉田。光绪《志》。

返流沟 在玉石河。咸丰九年，诸生高以敬募捐新开，由牛魔山东箐分流于此。光绪《志》。

求自村六沟 在城南一百三十里乔后求自村。河内分流寨上一沟、崖曲一沟、村北二沟、村南二沟。光绪《志》。

浪渡河四沟 在乔后浪渡河。北分同禾村、白衣村二沟，南分段家村、浪渡邑二沟。光绪《志》。

龙溯沟 在城北。城厢之水由此而泄，资灌东南甸田。雍正《志》。

城北沟 在城北，自甸头石菜江分流北甸。雍正《志》。

裕丰渠 在城南。引湖尾河水灌溉溪田，河低渠高，艰于远引，郡人段诏倡于上流挑浚，始得其利。雍正《志》。

沙登渠 在城西南。引蕨市坪水，灌沙登、下桥二村田。中为山阻，雍正元年，居民于山脊凿石洞二十余丈，疏通资溉。雍正《志》。

岩场坝 在城西十里，潴山溪之水蓄以为陂，名永丰堰。乾旱之年，近城田亩赖以灌溉。旧以哨兵守之，遇有渗漏，即行修补，后兵裁，看守无人，遂倾圮。协镇马声捐修，亦久废。《剑川州志》。即永丰河，分水南流至西湖，北流至板洞河，东流至中登，东南流至水寨，其利甚溥。自坝废后，旱则无水，雨则溃决，急宜修复。光绪《志》。

金龙河堤 在城东。汇石菜、九河二江水，横绕城东，与东北来之螳螂河水潴为剑湖，溢为西湖。螳螂河两岸皆沙，夏旱则水微，秋潦则泥沙俱下，河堤常溃溢为患，军兴后失修，东西两岸民田淹没无算。知州吴其桢禀请巡抚岑毓英发款，率绅民修浚，自同治十二年至光绪二年工竣，河水畅流，得免于患。四年，大雨连旬，西堤复决。光绪《志》。按：金龙河工于光绪乙未年知州谢怀宣请库帑疏凿，分年还款，尚称得力。其后知州周海清每日亲督工役，杂于男妇老幼之间，民用竞劝，河水顺流。自时厥后，无复有实心任事如两牧者也。

海　堰 在南城。滨湖朱卷场[①]、西庄、汉登等村，田亩每被淹没。康熙二十九年，知州张国卿沿湖筑堤建闸，始不为患。雍正《志》。每村派徭役一人巡守，河防始固。《剑川州志》。

百节枧槽 在城南。小甸、江场渡、下登三村，旧无水源，田亩多涸。郡人金吾、段暄买地开沟，远引易堤坪潭水，作木枧三十四丈，横跨海尾河，渡灌三村，为利甚溥。雍正《志》。河阔三十四丈，枧槽接连，两两相并，长木高撑，水自半空流注。小甸，两槽相附，自东注西；江场渡、下登，四槽合并，自南注北。每岁清明，村人集众伐木修补。《剑川州志》。按：百节枧槽近改用激水法，以越溉三村之田，视旧制尤为便利也。

石菜渠 在州城北，灌溉甚溥。李《志》。

连汉墩水塘及甸头禾水塘 俱在城南，军民注水灌田。李《志》。

---

① 朱卷场 道光《云南通志》、光绪《云南通志》皆作“猪圈场”。

中甸厅

西　坝　附郭东北诸水，遇雨泽时行，即多泛溢。因势利导，汇入西山之下草湖，由落水洞暗落而下，从通买、吉仁等村泻出，水患始平。光绪《志》。

维西厅

永春河堤　在城东一里。其流甚低，本无灌溉之利。道光二十七年，通判顾恩绶竭力修浚，低下之田，稍资灌溉。光绪《志》。

普洱府

宁洱县

小河村沟　在城西南七里。雍正《志》。

西城沟　在城西门外。雍正《志》。

龙潭沟　在城西一里。雍正《志》。

接官亭沟、帕董沟　并在城东北十里。雍正《志》。

拦虎坝沟　在城东北二十里。雍正《志》。

惠远渠　在城北十五里。雍正《志》。

普济渠　在城北三十里，与各沟塘同其灌溉。雍正《志》。

石桥坝　在城东六里。河中有石，天然生成，顺东山脚一带开沟灌田。光绪《志》。

太平坝　在城南七里太平寨前。光绪《志》。

西河坝　有二，一在城西一里，一在城西南二里圆照寺前。西洱河，源发漫令山，自西而下至三岔河，会于东洱河。旧有坝曰西河坝，西南田亩悉资灌溉。光绪五年，迤南道沈寿榕、知府杨凌重经修浚。光绪《志》。

蕨蒟坝　在城北五里。雍正《志》。

掌乃潭堤　在城南五里。潭近河，居民筑堤蓄水，渡以木枧，溉田二百余亩。雍正《志》。

坤戛龙潭堤　在城南十里。光绪《志》。

龙潭堤　在城西二里。乾隆四十四年知府张铭、四十八年知县陈图相继捐修。嘉庆十一年，知府卢元伟重修。道光四年，阖郡捐修，灌西南田亩。光绪《志》。

蟠龙洞堤　在城西十五里。道光十九年，迤南道黄士瀛捐修，高二丈，宽厚丈余，灌信诚里田亩。光绪《志》。

双龙潭堤　在城西七十里南圈。光绪《志》。

昆池潭堤　在城东北五里。康熙初，通判张馆筑堤潴水，溉田二百余亩。雍正《志》。

威远厅

三岔河闸　在猛戛土司。建于河之下流，蓄泄得宜，颇资灌溉。嘉庆元年，夷匪滋扰，闸亦被毁。光绪《志》。

青庄坝　在城东一百五里马鞍山下，灌溉甚溥。光绪《志》。

课里坝　在城东南三十里。光绪《志》。

木瓜村坝　在城东南六十里。光绪《志》。

猛乃坝　在城南一百三十五里。光绪《志》。

西萨坝 在城西南二百二十五里。光绪《志》。

平寨坝 在城东北七十五里。光绪《志》。

思茅厅

高家堤 在城东南五里。光绪《志》。

他郎厅

护城大河堤 发源观音山，经农莪、碧朔、乌哈、赖蚌各村，合班毛、水癸、南谷三河，汇思南河，入布固江。南北田亩悉资灌溉。光绪《志》。

护城小河堤 一发源球箐头，由东北而达城西；一发源中岳庙山下，由东而达城南。俱汇大河，入布固江。引灌附近田亩，其利甚溥。光绪《志》。

永昌府

保山县

东河子河 城东北打鱼村田，艰于远溉；又东河东西两堰，雨涨易于漫溢。康熙五十四年，知府费金吾于东河由打鱼洞另开子河七百八十丈，循田流入大河。雍正八年，知县田榕重浚。雍正《志》。

喷珠泉 在城西南易罗池右。《永昌府志》。

仁寿泉 在城西北。泉出保山、象山之间，分三沟，引溉田二千余亩。《永昌府志》。

孝感泉 在城西北三里，即孝子韦谦感而出者，引灌田数千亩。《永昌府志》。

青石泉 在城北二十里。俗名蒲蛮箐，泉出青石山，导经五福村、教场屯、纸房村、山脚村四沟，灌田数千亩。《永昌府志》。

龙　泉 有二，一在城北郎义村，一在上丛村，分流溉田。《永昌府志》。

金鸡泉 在城东北三十里金鸡村。泉出二池，一温一凉，引灌田数百亩。《永昌府志》。

石头沟 在城西北十里。泉自石崖中出，分二流，一北一南，溉田千余亩。雍正《志》。

龙井箐 在城西北一里许。泉出山麓，经纸房屯、社稷坛，东流教场，分为三沟，溉田数千亩。雍正《志》。

栖贤箐 在城西北十里栖贤山之南。泉自山箐中涌出，北折西流，灌田千余亩。雍正《志》。

银矿箐 在城西北三十里。水出山崖，灌田数百亩。雍正《志》。

九龙渠 即城西南易罗池。大三十亩，池口筑石堤十余里，析为三沟，分溉郊郭。雍正《志》。

莲花坝 在城东安乐山西，即玉泉也。明正德间，副使汪标筑。雍正《志》。

青华坝 在城东。广二十余里，居民筑坝，设水车挽以灌田。年久失修，堤岸冲决。光绪十一年，知府刘毓珂、知县秦述先率村民疏浚，仍复旧制，三月筑坝，六月彻毁，以免壅滞冲决之患。《永昌府志》。

纪广坝 在城南十里。周三百五十丈，灌田数千亩。雍正《志》。

平安坝 在城南四十里。明正德间，兵备副使汪标筑。嘉靖间，佥事安如山、副使郭春震先后重修。堤周一百六十丈，厚八尺，高一丈，灌田二千余亩。《永昌府志》。

黄泥坝 在城南石花堰南二里。雍正《志》。

连三坝 在城南石花堰北二里。雍正《志》。

丁杨坝 在城西南六十里。源出水眼龙口，堤周二百五十丈，灌田数百亩。雍正《志》。

阿凤坝 在城东北四十里。源出天井山深谷中，西流北绕达达营、光尊寺入西河，灌田千顷。雍正《志》。

甸尾堤 在城南三十里。源出海子沟，黑龙井、青龙河诸水汇焉，堤周八百余丈，溉田数千亩。雍正《志》。

沙河大堰 在城南。源出北冲，由沙河流至众安桥，引灌田亩。雍正《志》。

诸葛堰 有三，武侯所筑，俱在城南十里法宝山下。曰大堰，甃石为堤，厚一丈二尺，高一丈，周九百八十余丈。明成化间，御史朱皚加筑，分水口为三，灌田数千亩。其东曰中堰，源出九龙池三十六号水，并沙河水，蓄积为堰，周三百三十七丈，分水口为三，灌田数千亩。又东曰下堰，周二百八十丈，分水口为二，灌田千余亩。雍正《志》。

石花堰 在城南二十里。源出山后响石洞，堤周一百一十五丈，中为一纂，灌田数千亩。土人呼涵洞曰纂。雍正《志》。

官市堰 在城南四十五里。源出青松山下，汇龙井水为池，经落龙村，灌田千余亩。

龙王塘 九龙渠。明洪武间，度田分水，为四十一，号三坝，上沟由龙潭流经郎义村，汇于中沟坝。嘉靖七年，龙潭堤决，知府董雍重修，三十一年复决，兵备副使郭春震甃以砖石。中沟流经瓦罐村，岁久堙圮。康熙初年，知府王家相重修。雍正八年，知县田榕继修二沟，溉田一万二千六十亩。雍正《志》。

腾越厅

侍郎坝 在城西北五里。明侍郎杨宁征麓川，寓此筑之，民食其利，故名。雍正《志》。明侍郎侯琎驻腾时，见西郊多顷亩形，乃穷源所自，至集鹰山麓，有龙王塘水泉涌出，公命筑长堤，开渠数百丈，原野成田者几半，名曰侍郎坝。后下流溃[①]决，嘉靖二十一年，分巡王维贤复议筑之。《腾越州志》。按：杨宁、侯琎，《通志》与《州志》不同，俟考。道光《志》。

野猪坡坝、鹅笼坝 二坝皆分巡王维贤委员筑，未竟。《腾越州志》。

缅箐坝、干峨海坝、海尾坝 并在境内。《腾越州志》。

龙王塘 有三，一在观音寺，一在大宽邑，一在侍郎坝，俱利灌溉。雍正《志》。

董库塘 在袁家庄。泉颇洪衍，见有堤塍，崇之可溉高田。《腾越州志》。

观音塘 此塘无益于灌溉，而有激碓蓄鱼之利。堤岸更高数尺，水可及迦罗庙高田，碓轮亦可引水而上。《腾越州志》。

姜家塘 在富矣村，亦有灌溉之利。《腾越州志》。

响水沟塘 道光二十七年，署同知彭崧毓筑，以息公坡、菉葼山民争水之讼。光绪《志》。

胡家湾塘 光绪六年，同知陈宗海因公坡与菉葼山民争水，捐廉率菉葼山民修筑，灌溉公坡田亩。光绪《志》。

大宽邑塘 有清潭十余，澄碧可爱。居民筑堤以资灌溉。光绪《志》。

马场堤 马场清池，古有堤蓄水，可及高田。后堤坏田芜，今虽修，不能如故。《腾越州志》。

---

① 溃 道光《云南通志稿》、光绪《云南通志》皆作“盗”。

长沟堤 在城东南溪流湾下。灌溉不及，居民筑堤蓄水，引灌绮罗、新生邑、满金邑三乡田亩。光绪《志》。

永平县

宝峰泉 在城东四十里，可引灌。雍正《志》。

黑油关坝 在城东南。《永昌府志》。

玉泉坝 在城南七里。《永昌府志》。

龙陵厅

龙潭沟 灌田数十亩。《永昌府志》。

大沟灌田数百亩。《永昌府志》。

核桃冲沟 源出小尖山，灌田数百亩。光绪《志》。

荷花塘 在芒市，灌田数百亩。光绪《志》。

大龙洞 在石头山，水亦灌田。《龙陵县志》。

开化府

文山县

龙潭寨支河 开化里上下河沿河三十余里，向用水车汲水灌田，然车多坝密，以致沙泥淤塞，河溢为患。咸丰四年，知府李荣灿勘明河势，由上游龙潭寨新开二支河，顺河两岸，分溉田亩，尽去车坝，使沙不阻滞，水得畅流。功[①]未及半，六年兵乱，遂寝其事，郡人惜之。光绪《志》。

异龙潭沟 在城南。康熙七年，经历李凤昌引流灌田，民被其利。雍正《志》。

岐　渠 在城西。康熙十年，知府刘祈开以灌田。雍正《志》。

孔公堤 在城西门外新街。康熙四十二年，知府孔毓珣以地方多火灾，筑堤蓄水，预防其患。雍正《志》。

期乌洞泉 在城西安南里。石峰独立，下有洞，水溯湃而出，夹涧穿流，为依河之源。郊郭灌溉，首资于此。雍正《志》。

安平厅

马洒龙潭 泉水自山麓出，粗于数石瓮，水清味美，不涸不浊，良田万亩，资以灌溉。《马关县志》。

东川府

会泽县

那姑沟 知府义宁修，导密树卡龙泉至那姑，筑坝蓄水，开涵洞，资蓄泄。《东川府志》。

笔峰山箐 在者海东三十里。知府义宁挑筑沟坝，引灌箐口塘、犀牛塘、法起戛、上下鲁机等村田亩。《东川府志》。

蔓海东石闸 知府义宁建。《东川府志》。

---

① 功　原本脱，据光绪《云南通志》补。

石　闸　有二，一在城西演武厅前，春夏水少，引龙潭水约二里，入左河，启闸灌溉以扯一带田地；一在城北水城北，夏秋暴涨，闭闸阻水，不令旁溢，以免小围一带淹没之患。雍正《志》。

鱼洞闸　在城北十里。乾隆二十一年，知府义宁建，汇三河、义通河水放入以里河，岁加修浚。《东川府志》。

小七坝堰　在苏东河边三岔河，苗小七建。《东川府志》。

杨桥坝堰　在苏东河尾杨桥冲。木多，苗民建木坝。《东川府志》。

义通河分水堰　在马鞍山下。《东川府志》。

那姑土堰、者海六处成功堰　并在县境。《东川府志》。

黑路村堤堰　距那姑四十里。泉流最远，知府义宁筑堤堰，灌溉黑路村田亩。《东川府志》。

犀牛塘　在城东南八十里者海。周里许，受各溪箐水，深不可测，引二十余丈未到底。中有巨石，状类犀牛。有大鱼长丈许，巨口粗鳞。民间沿水筑塘。《东川府志》。

乐理塘　在崇礼乡那姑。乾隆二十一年，知府义宁筑，引密树卡水注其中，灌乐理村田亩，筑塘以护土埂。《东川府志》。田多水少，恒苦难周。嘉庆元年，郡人郑荣之续请凿通乐理后山，深十余里，引以濯河灌溉田亩，是为上水洞。后水大难泻，田复被淹。道光二十五年，其孙郑兴东请于棠梨树山脚凿石穴，由乾海子泻出，咸丰十一年告成，是为下水洞。光绪《志》。

常公堤　在城东南隅矿神庙后。先是，灵壁诸山之流沿郡城而下，每山水骤涨，城内外均受其害。道光十五年，署知府常明筑石堤以御之，患始息，复倡捐置田，以作岁修之费。光绪《志》。

义通河堤　随河曲折，阔六七尺，沿堤栽柳树。《东川府志》。

以里石堤　以里一路为汤丹孔道，贩负驼运，络绎不绝，夏秋雨水泛溢，行人泥泞。雍正十一年，知府崔乃镛筑长堤二百三十丈，宽八尺，高四五尺不等，开水洞七眼、木桥二座，拨厂项成之。《东川府志》。

巧家厅

大米粮坝堰　在城南二十里。《东川府志》。

鲁木得塘　在大米粮坝。周六七十丈，深四五尺，灌溉鲁木村田亩，筑塘便行路。《东川府志》。

小河村堤　在城南五十里。石花河之水源远，距小河村四十里。嘉庆九年，捐赀由半山凿洞三十七口，外筑堤埂，疏浚沟道，自石花河源头起至小河村止，共计四千七百余丈。道光《志》。

昭通府

恩安县

分济沟　在城西二里。引利济河水，灌西南田千余亩。雍正《志》。

天梯沟　在城西五里。分利济河水，灌凤凰门前田。雍正《志》。

天梯二道沟　在城西六里。分利济河，水灌天梯田。雍正《志》。

天梯三道沟　在城西八里。分利济河水，导入小天梯五六里，分灌田地，俱入擦拉河。雍正《志》。

八仙海渠 在城东二十里。源出龙洞山后，绕凤凰山阴入擦拉河。夏秋积雨，沮洳难耕。雍正五年，疏渠开垦，渐有其利。雍正《志》。

西南濠 雍正十二年，议准修昭通府西门，开濠引水入城，以资灌溉。《清会典事例》。在城外。雍正十一年，知府徐德裕于城工竣后，详请发帑开修，自西门起至南门，达淄泥沟，汇入凤凰山前，顺流而下，灌溉西南二门及戛补寨、下元村一带新垦田亩。又从利济河引水入城，于西门二涵洞出水，民田咸资蓄泄之利。雍正《志》。

象鼻岭闸 在城东五里。乾隆二十四年，知府郑廷建。道光《志》。

元宝山闸 在城南三里，灌田三百余亩。《恩安县志》。

擦拉河闸 在城南二十里。雍正《志》。雍正十三年，议准开凿恩安、鲁甸擦拉诸河，建闸以资蓄泄。《清会典事例》。

利济闸 在城西二里，旧无闸坝，难于积水。雍正十二年，总督尹继善、巡抚张允随发帑，檄知府徐德裕建石闸四座，以资蓄泄。雍正《志》。

大龙洞内外二闸 乾隆七年，议准开恩安县龙洞水源，建大坝一座。《清会典事例》。在城北二十余里，水自小穴流出。乾隆二年，知县俞昇建外闸。二十二年，知县沈生遴建内闸。嘉庆十六年，知县欧阳道瀛重修。道光《志》。

波罗闸 在城东北二十里。乾隆十六年，知县郑景建。道光《志》。

李子湾闸 乾隆七年，议准培修李子湾蓄水堤基，建木闸一座。《清会典事例》。

卧箐山闸 乾隆七年，议准补卧箐蓄水堤基，建木闸一座。《清会典事例》。

水塘坝 在城东十里。源出龙洞山，灌水塘田三百余亩，南入淄泥沟。雍正《志》。乾隆七年，议准修建水塘坝。《清会典事例》。

新泽坝 在城西二里。引利济河水入城，潴而为池，一名利济。又析为二沟，分灌西南郭田，城内外咸资其利。雍正《志》。利泽河西南河高田低，水溢为患，居民筑堤保卫，名曰圩田。年久失修，恩鲁毗连之落水洞亦被壅塞，山水暴发，流不能咽。光绪四年，知县荣昭请款率绅士高文朗、杨藻等劝捐修浚，自海口桥起至老鸦岩，沿河六十余里，子河三十余条并落水洞一律修浚，数年圩田赖以无患。光绪《志》。

丰乐坝 在城西四十里。源出丰乐村，即铁锅寨，灌本村田三百余亩。雍正《志》。

团山坝 在城西十四里。源出小龙潭，引灌波罗曲、团山田。雍正《志》。

白坡坝 在城西北三里。分利济河水，灌白坡田。雍正《志》。

洒鱼河坝 在城西北二十五里。道光《志》。乾隆七年，议准洒鱼口河开沟建坝，以资蓄泄，灌溉民田。《清会典事例》。

诸　塘 乾隆六年，覆准滇省恩安县开塘四区，以济兵民汲饮。《清会典事例》。

三多塘 在城西北隅，源出大龙洞。嘉庆十三年，知县王禹甸开筑。道光《志》。

镇雄州

拖泥坝沟 在城南三十里。会茅草坪、白人子、磨刀石诸水，行五里至拖泥坝，可灌田三百余亩。乾隆二十六年，居民汪成龙、鲁琏竞讼，知州宋允清令汪成龙等引左源茅草坪水，鲁琏等引右源白人子、磨刀石水，争遂平。《镇雄州志》。

上东致和里沟堰坝 木冲沟、纸槽沟、响水沟、乐利沟、革斗沟、长流堰、陶坝，共七。《镇雄州志》。

中东永丰里渠沟 天地渠、小落渠、花浪沟、法西沟，共四。《镇雄州志》。

下东向化里溪渠沟堰 龙舞溪、丛树渠、广济沟、岩桑沟、雷阳沟、花龙沟、通泉堰、蓄[1]民堰，共八。《镇雄州志》。

上南乐善里硐沟坪坝 花鱼硐、戛乌沟、晋虑沟、枧槽沟、卧龙石沟、靓勒坪、松林坝、拖泥坝，共八。今无松林坝、枧槽沟、卧龙石沟。《镇雄州志》。

下南靖远里渠沟 龙滩渠、果哈渠、木黑沟、鲁布沟、斑鸠沟，共五。《镇雄州志》。

上西同风里溪渠沟 谷花溪、法著渠、高桥沟，共三。《镇雄州志》。

中西归仁里溪渠沟 法溪、施溪、多戛渠、达溪渠、枝沟，共五。《镇雄州志》。

下西升平里溪渠沟 小米溪、苏路渠、法乃卧渠、普得渠、法革沟共五。《镇雄州志》。

上北迎恩里溪渠沟 法乌溪、雄阔渠、白哈渠、古芒部沟、阿木故沟、盐井沟、甲胄沟、柳溪沟，共八。《镇雄州志》。

下北长庆里溪沟 回龙溪、麻柳溪、花果沟，共三。《镇雄州志》。

李公沟渠 在城东南三十里山箐中。泉流三十里至白鸟坪，居人构讼，知州李至令沟口横置一石，使水分出入于石下，开渠引水，讼遂息。《镇雄州志》。

汒洛河沟[2] 在城东五里。源出乌通山后，流绕上坝、平坝、阿黑关、鲁家沙坝、枧槽田、果家河诸处，筑坝引灌田约二千余亩。《镇雄州志》。

天一沟堰坝 在城西。源出大关口，居民齐世贤等捐金修堰，引水过大木桥、洒羊荡、走马坝、西门外，绕转教场、南门外、倮居寨、旧府、下坝止，计程三十余里，灌田二百余亩。《镇雄州志》。

黄水河坝 在城北二百里。源出罗汉林，绕革斗、罗罗坝、柴家井、碧坝、关口、三寨、瓦石料、白水，会合四寨河出洛渭，小溪一带居人，或筑坝或水车，灌田约四千余亩。《镇雄州志》。

永善县

金沙江 乾隆十一年，议准开凿金沙江下游新开滩坪等滩河，以利舟楫。又，议准开修金沙江两岸陆路。又，十四年，奏准金沙江自四川叙州府城内起至云南小江口止，共计水程一千四百余里。内上游之蜈蚣岭至下游之黄草坪一段工程，实于运铜无益。其自黄草坪以下至新开滩约五百八十余里，亦有数大滩，尚系人力可施，可以直达泸、叙，于运铜有益，应弃其无益，留其有益，仍酌给岁修银，以利挽运。又，十七年，奏准金江下游米贴、小雾基、三堆石、大狮子、淄涌子、大猫等六滩在厂民捐办铜价银内，每年酌留银一千两，为岁修之用。《清会典事例》。

大关厅

盐井渡 乾隆十二年，议准开通大关盐井渡水陆道路，每年动支运饷节省银三百两，以为岁修之用。《清会典事例》。

鲁甸厅

高桥闸 在城南十里，水自土库房来。乾隆二十年，通判方綍捐建石闸，聚水灌田。道光《志》。

---

① 蓄 道光《云南通志稿》，光绪《云南通志》皆作“蕃”。
② 沟 光绪《云南通志》同，道光《云南通志稿》作“坝”。

桃园闸 在城南十二里，中有海眼。乾隆二十年，通判方紵捐建。道光《志》。

长胜寨闸 在城西南五里，水自擦拉来。乾隆二十年，建土闸。五十六年，复建石闸。道光《志》。

陆家闸 在城西十里，龙潭自石穴出。嘉庆十八年，通判魏良弼建石闸，以资灌溉。道光《志》。

景东直隶厅

枧　泉 在城北旧卫城内。旧无井泉，明指挥袁贤始治竹枧，引蒙乐山泉水入城，凿石潴之，上覆以亭，民资其利。雍正《志》。

水寨渠 在城东十五里。雍正《志》。

者孟渠 在城南五十里。雍正《志》。

者干渠 在城南七十五里。

以上三渠，俱资灌溉。雍正《志》。

青云渠 在治南门外。《景东县志稿》。

小河桥渠 在治南十里。《景东县志稿》。

蒙化直隶厅

东溪渠 凡十六，曰龙王庙，曰五道河，曰白塔，曰教场，曰系马桩，灌溉附郭田亩；曰冯广，曰南庄，曰桥头，曰盟石，曰铺边，曰双桥，灌溉甸中田亩；曰甸中，曰捉马郎，曰白地场，曰甸头，曰土主庙，灌溉甸中及甸头田亩。雍正《志》。

西溪渠 凡十二，曰三古盘，曰挖钟冲，曰小冲，曰大冲，曰乌保郎，曰贝忙，曰赖郎，曰西葵，曰天摩牙，曰天耳山，曰龙护寺，曰麻姑冲，灌溉西山麓附近田亩。雍正《志》。

水磨坪芭蕉冲龙潭坝 在大理府云南县西南。流经赵州、蒙化，旧设三坝分灌，上、中坝属云南县赵州，下坝属蒙化。康熙三十五年，赵州民与蒙化民争控水利，同知蒋旭详议按日分定，有《碑记》。雍正《志》。

甸头大圩、巄圩大塘、郭家塘、淑人塘、南庄塘、团山塘 旧《志》虽载其名，今已久废。雍正《志》。

永北直隶厅

摩些沟 在城东五里。自观音箐分沟，灌北山马房田。雍正《志》。

羊坪闸 在城东二十里。康熙间，永宁府同知陈谟建，知府朱光宗重修。今圮。雍正《志》。

包家坝 在城南八里，又名马家坝。雍正《志》。即港子河下流，村人筑堤蓄之，以资灌溉。《永北府志》。

海河闸 在城南七十里，源出程海。明万历间建，开有大河一道，春开夏闭，以资灌溉，后渐淤塞，大理府知府李成材捐俸疏浚，闸又倾圮。康熙二十八年，北胜州知州申奇猷重修，年久复圮。雍正十三年，署府江峤孙捐俸浚河建闸，详定岁修，以垂永久。乾隆二十七年，又圮，署府唐扆衡开挖，河窄岸高，知府陈奇典议大挑河面宽阔，继将河底挖深，方可免患。《永北府志》。道光初海水渐涸，河道壅塞，久无灌溉之利。光绪《志》。

泥河南北闸 在城西北十五里。雍正《志》。九龙潭立南北二闸，由南即为南泥河，灌上川田地，向西北三折而至杨百户桥，入五浪河，注子里江，秋后水泛，漫溢为害。乾隆十七①年，知府马琪珣议作三年分段岁修。由北闸出为北泥河，灌下川田地。由金官而合于杨百户桥，合五浪河，注子里江。秋后水涨，与南泥河等，知府马琪珣亦议作三年分修。乾隆三十年，知府陈奇典于南闸与桥头河二水交处，浚沟疏泄。《永北府志》。

观音箐坝 在城东三里。雍正《志》。分为二坝，头坝为摩些沟，二坝灌溉本城四门田地。《永北府志》。

河草坝 在城西三里金水苍山下。雍正《志》。

桥头河坝 观音箐坝水由红石崖至明川桥，分为六坝，灌溉坡脚、中洲、梁官等处，分班轮放。《永北府志》。

盟庄坝 在城西三十五里。雍正《志》。坝箐河遇雨即漫溢，以木石为坝，堵水入鸡叫山洞，伏流归程海，计长五十里，详请分作三年疏浚。《永北府志》。

板山河坝 在城西北四十里。板山河遇雨泛溢，雍正七年，知府袁德达重修。乾隆二十四年，知府马琪珣详请作四年岁修。《永北府志》。道光二十一年，蛟泛冲没田庐无算。兵燹后，无力修浚，田亩久荒。光绪《志》。

羊坪河沟坝 河源出光茅山。分为二，一即观音箐上流，一流他留夷地，旧名杨柳河。知府江峤孙将此水挖归观音箐，从山凹中架厢开洞引水未成而止，监生田永登捐银沿山麓开沟筑坝，搭枧数十里。乾隆十六年，知府岳安详拨海河谷以为岁修之费，随修随圮。二十七年，山崩壅塞无水。《永北府志》。道光二十年，同知熊守谦捐廉修浚，未数年又圮。光绪《志》。

长羊坪河沟坝 发源劳些箐，流季瑞林伍一带，约数十里。山腰挖筑水沟，高低缺陷之处用木枧。知府江峤孙砌筑沟坝九十余，引水灌田。《永北府志》。兵燹后，山崩沟阻，河水泛溢，冲坏民田无数。光绪《志》。

西山草海堤 在近屯西山下，本系平田。明正德六年，地震成湖，历年积水为患。乾隆十一年，知府林绪光开挖河尾一百余丈泄水。十八年，知府汪筠详请岁修。二十八年，署府唐扆衡白海中开挖筑堤至观会桥，长九百余丈。《永北府志》。

陈广河堤 在近屯。发源黑龙潭，入五浪河，注子里江。秋霖岸堤坍塌，乾隆十六年知府岳安捐修，二十七年知府马琪珣详请岁修。《永北府志》。久圮未修。光绪《志》。

沙河堤 在城西北。由桥头河而下，向无堤埂，南北分流灌溉，沿河惟插柳护田而已。下至张家桥，河高田低，筑堤防护。乾隆二十七年，知府马琪珣详请分作二年岁修。《永北府志》。

镇沅直隶厅

瓦巴河渠 咸丰间，蛟泛中流，俄阻巨石，水停沙积，甚为民害。光绪八年，迤南道陈廷珍委员率绅民鸠工，凿石成眼，中实火药，火发石破，集众役运石于岸，五阅月而工竣。河中壅塞一律挑挖尽净，水得畅流，居民赖以无患。光绪《志》。

广西直隶州

广利坝 在城东七里江头村。明万历三十八年，知府张光宇筑。康熙间，知府万裕

① 十七 光绪《云南通志》作“二十七”。

祚重修。《广西府志》。

永惠坝 在城西三里。明万历二十一年，知府陈忠筑，开东西两河，建闸蓄泄，灌田千顷。天启间，知府高梁楷易石增修，后山水冲断西河，梁楷复砌石架木以渡，其利不废。东河日久塌圮，康熙三年，知府万裕祚重修。雍正《志》。光绪七年，知州王凤池率士民重修。光绪《志》。

雨龙坝 在城西三十里。明知府辜用琥、陈忠相继修筑。康熙九年，知府万裕祚重修。《广西府志》。

矣厦坝 在城西六十里。康熙九年，知府万裕祚重修筑。今旋筑旋圮。《广西府志》。

新庄坝 在城西六十里，旋修旋圮，乾隆元年复修又圮。《广西府志》。

集兴坝 在城西六十里。康熙九年，知府万裕祚重修。《广西府志》。

宁黑勒坝 在城西北三十里。监生赵株筑，将圮。康熙八年，知府万裕祚重筑。《广西府志》。

摆勒坝 在城西北三十里。雍正《志》。康熙八年，知府万裕祚修。《广西府志》。按：《广西府志》作“摆来坝”。

鱼勒黑坝 在城北四十里。康熙九年，知府万裕祚重筑。《广西府志》。

老乾洞 为州境泻水洞口之一。旧有知府塘、海眼、海门洞、臭鱼洞、乾洞，每岁农隙，派夫修挖，大水之年亦不为害，年久失修，沙泥填塞各洞口。惟老乾一洞，流不及咽，每遇夏秋雨集，远近田庐悉被淹没。光绪《志》。

师宗县

大河口坝 在城东十里。雍正《志》。

白雾沙坝 在城东十五里。雍正《志》。

洋旧坝 在城南三十五里。雍正《志》。

额勒哨坝 在城南四十里。雍正《志》。

西　坝 在城西一里。雍正《志》。

小阿堵坝 在城北十五里。雍正《志》。

柳　坝 在城南门外，久圮。康熙四年，知府陈憻复筑，河仍壅滞。十年，知府韩维一重筑，引通源洞水东流入城。《广西府志》。

弥勒县

竹园村构甸坝 在城东南六十里。明万历四十三年，知府萧以裕、通判吴稼竳开渠置坝，溉田五十余里。雍正《志》。雍正元年，贡生杨峥筑石坝，开中沟。十一年，知州张景澍开东西两沟，引水至息宰。十三年，署州王纬捐俸筑东西沟头两处石坝，水源愈大，上中下五村田亩均受其利。《弥勒州志》。兵燹后，东西两沟堤岸坍塌，沙泥淤塞。光绪七年，知县胡以远率贡生张文元、张汝弼等筑。光绪《志》。

朱公坝 在城南六十里甸头界，明州同朱召南筑。雍正《志》。

丁家坝 在城西南七十里十八寨东西乡。明万历间，知府陈忠筑。今圮。雍正《志》。

李公坝 在城西二十里阿当村。明万历间，知府李启筑，资灌田亩，引入泮池。雍正《志》。

邱北县

盘龙溪 源出旧城盘龙寺龙潭，经马头山、桥头、水寨，流绕城北，灌溉田亩。光绪

《志》。

阿矣溪 源出阿矣龙潭，由高枧槽上寨流入城南，折东北小团山，与城北一溪合流，入清水。光绪《志》。

武定直隶州

上 沟 在城西。自和尚庄岔河，分乾河水引灌烂枧槽、保山溪北郭田，由火把村入城供汲，归旧泮池。雍正《志》。

下 沟 在城西。自红土田分大河水至烂枧槽村，架木接渡，东绕府城，折而南纡回十余里至小营，远近资之。先是，分沟处以乱石堆砌，河水稍浅即难引灌。雍正九年，知府徐修仁于红土田上流建拦水石坝一，使水半流河，半入沟，筑堤疏淤。另砌渡枧马头，沟水常盈，分灌甚溥。雍正《志》。同治十二年，居民以雨泽不调，争水启闸，知州郭怀礼往勘定章，照田引灌，以息争端，并督绅民重经修浚。《武定州志》。

西村沟 自西村桥下，引河流分灌本村田亩。雍正《志》。

乌龙沟 在城北十里。源出乌龙，引灌水碓房田亩。雍正《志》。

大缉麻屯渠 在城东南。由冷村河筑堤，引至屯中。雍正《志》。

香水坝 在城东，溉东南一隅。雍正《志》。

苑家坝 在城西北下。怒革、乌龙二水合流，随其高下，修砌石坝。雍正《志》。

虎街坝 旧有坝，引水由汤郎米、三咱灌田千余工，年久坝毁田芜。光绪二年，知州郭怀礼率居民修复，定章引灌附近田亩。《武定州志》。

元谋县

流水洞 在城南二十里苴那村山后。山形高峻，流水不能灌溉。康熙三十二年，县民余得才凿洞三里许，直达山前，旱地俱为水田，人德之。雍正《志》。

盐水井坝 在城东十里。雍正《志》。

法纳禾坝 在城西十五里。雍正《志》。

车良居坝 在城西二十五里。雍正《志》。

已保坝 在城西三十里，已保、金刚纂等村田亩赖以灌溉。光绪《志》。

普登坝 在已保下流五里。光绪《志》。

罗刹坝 在普登下流五里，引灌大、小罗刹村田。光绪《志》。

洪诰坝 在罗刹下流三里许，相连二闸，洪诰、五福等村田亩资灌溉焉。光绪《志》。

汉禄坝 在城西北二十里。接翠碧河流，引西溪水灌溉田禾。雍正《志》。

能海闸坝 在城西北四十里。雍正《志》。

阿纳勒坝 在城西北四十五里。雍正《志》。以上三坝，均废。光绪《志》。

苴宁坝 在城西北七十里。雍正《志》。旧坝久废，今移建洪诰村外上流。光绪《志》。

朱补坝 在城北七十五里。雍正《志》。今废。光绪《志》。

五茂坝 在城北八十里。雍正《志》。

德大坝 在五茂河上流十里，同治九年，多乐村庠生杨翊清新建。光绪《志》。

岭徕坝 在多克河上流十里。光绪《志》。

那化坝 在多克河下流五里。光绪《志》。

大坝塘 在多克河岸西。雍正《志》。系阻河上流为坝，俗名天生坝。由河东开渠引灌多克村田，河西开渠引灌罗莫勒村田，其利甚溥，是为元邑第一坝。光绪《志》。

溪河堤 元马堤在城北，绕城西下，通马街路。《古今图书集成》。在城北门外。河源出和曲之虚仁驿及五骂村，兼各山沟水汇于城下，势甚奔腾，四面皆山，不能分泄，冲没可虞。又地多顽石，难施堤桩，旧用乱石堆砌成堤，岁修费帑。雍正十二年，知府朱源淳、知县金言详请用篾筐盛石，里外牵连，以捍水患，田舍城垣胥赖保护。雍正《志》。今废。光绪《志》。

禄劝县

普济沟 在城东。掌鸠河来自州北，经易竜，入鹧鸪河，受诸溪涧之水，合流至末竜，设一堤，引入普济沟，溉江头村暨者老革、旧县、南村一带田亩。《禄劝州志》。

广济沟 在城南。盘龙河来自和曲，受山溪诸水，于虎跳滩建堤引水入广济沟，经木果甸，过州城，溉城外及莺子竜一带田亩。《禄劝州志》。沟为崖阻，外即迫河，下临无地，昔人于崖外筑堤渡水，堤多渗漏倾圮。嘉庆二十七年，典史韩玉璋椎开石壁二十余丈，凿石为沟，永无渗漏倾圮之患，民咸赖之。道光《志》。

盘龙沟 在城南。设堤引河中水，溉马家庄并永平、纳吉诸村田亩。《禄劝州志》。

通济沟 掌鸠河流至镌字崖，下设一堤，引入通济沟，溉拖梯一带田亩。《禄劝州志》。

拖梯水道 在城西北十五里。引玉峰山泉水，凿沟灌镟匠村一带军田。雍正《志》。

桃源村渠、永平村渠、纳吉村渠 俱在城东，田资分灌。雍正《志》。

马家庄渠 在城东南。明凤氏古沟，年久圮塞。雍正四年，知州贾秉臣从山腰凿石成渠，汇复旧沟，疏浚深通，分十二节，挨次引灌马家庄等村田亩。雍正《志》。乾隆五十三年，水涨沟圮。道光五年，邑人阳永青、施宗周等修挖疏浚，永平诸村得资灌溉。道光《志》。

者吉村渠 在城东北陀的掌鸠河。雍正《志》。

元江直隶州

东　沟 在城东。有五，曰漫林，曰呼遮，曰河湾，曰三家，曰大茶庵。雍正《志》。漫林、大茶庵二沟，坍塌未修。光绪《志》。

南　沟 在城南。有十四，曰喇，曰都峨，曰万钟，曰们岛，曰小燕，曰都郎，曰上乾磨，曰下乾磨，曰纳整，曰者戛，曰龙潭，曰阿萨，曰南洒，曰深沟。雍正《志》。

西　沟 在城西。有八，曰新沟，曰龙洞，曰们涌，曰达摩，曰漫漾，曰你叠，曰们线，曰们果。雍正《志》。光绪八年，龙洞沟坍塌，邑人重修。光绪《志》。

西北沟 在城西北。有五，曰漫费，曰红土坡，曰达探，曰琳郎，曰麻沙树。雍正《志》。

北　沟 在城西北，有二，曰安乐，曰拔乐。

以上诸沟，随地引灌。雍正《志》。

双沟渠 在城东二十里。源出马笼山，一清一浊，土人筑堰，江东田亩赖之。雍正《志》。

夷仲渠 在城西四十里。明永乐年间开，分灌田亩，东入礼社江。雍正《志》。按：夷仲，《清一统志》、雍正《志》、道光《志》、光绪《志》均作“仲夷”，误。

新平县

罗吕河暗沟 在城东南。沙浮于上，水沉于下，里人就高处掘深六七尺，嵌沟引水，伏流灌溉田亩。光绪《志》。

登龙渠　在城西北旧新化州禄库乡。雍正《志》。

小河堰坝　在城西二里永济桥上。障洪本泉，引灌者甸冈高处一带田。《新平县志》。

清水河坝、他拉河坝　在团山西。沿河开沟筑坝，引灌田亩，其利甚溥。光绪《志》。

土官村堰　在城西北一里。障洪本泉，引灌土官村一带田。《新平县志》。

六婻塘、渺剌塘　俱在旧州[illegible]嵘乡。雍正《志》。

阿谢堤　在城南三里大石坝。壅水灌田，东南利赖。雍正《志》。

龙王庙堤　在旧州归召乡。明隆庆六年，知州麦天惠筑。雍正《志》。

青龙坎　在城西南五里。筑大坝，灌溉纳溪一带田。《新平县志》。

邦那圩　在旧州禄库乡。雍正《志》。

水　龙　在城西南五里。甃石为龙，引团山水，贯平甸河而北下，而复上灌溉城南一带田亩，居民按年修补。《新平县志》。年久失修，沙泥壅塞。同治十三年，邑人张桂清、喻学孝、田蕙琳等重修。光绪《志》。

黑盐井直隶提举司

龙沟河堤　河高井低，时虞水患。旧系领款岁修，兵燹后废弛，河道淤塞，堤岸冲决。光绪《志》。

琅盐井直隶提举司

永丰坝　在井西周家庄。旧系木坝，提举李国义捐建石坝，蓄水灌溉陆田。《琅盐井志》。

白盐井直隶提举司

安丰井河坝　河源自赤石崖潘家村流至小井，会白盐诸水，由三岔河归金沙江。建坝以备夏秋积水，提举郭存庄更设栅栏堵御。《白盐井志》。

〔据龙云等修，周锺嶽等纂修《新纂云南通志》（民国三十八年排印本）卷一百三十九至卷一百四十一《农业考·水利》辑录。〕

府州县志

昆明市

（雍正）安宁州志·水利志

卷十一　水利志

国家经野之道，水利为先，故川决之使导，潭汇之使盈，沟浚之使通，塘潴之使聚，凡以便蓄泄，备旱潦也。今天子御极，恩诏屡下，田亩之宜，防川渠、通沟浍者，有司贷赀，以次修浚，诚兴利养民之至意也。安宁地瘠山多，田之有待于蓄泄者，较他邑为倍甚，召父之治，民望甚殷。若夫井养不穷，而供朝夕烹饪之用者，亿兆之夷垢系焉。例得附志《水利》。

川　河

堂琅（螳螂）川　自潢塘村经州境百余里，沿河居民树桔槔，筑堤防，引水灌田甚众。

沙　河　自龙马山入州境，经洛阳山下，沿河田亩引水灌溉。

鸣矣河　自龙洞由南而北，与望洋、利资两水合，沿岸筑堤，改水灌田无数。

潭闸附

班（斑）鸠村龙潭　州城东北十五里。其潭有三，左潭灌溉下村田，右潭灌溉上村田，中潭水近摆衣坝、几子坝，以三分水分放上下班（斑）鸠村，七分水直流独树铺，灌溉秧苗。乾隆四年，知州何公详定立案。

兴尼龙潭　州西四十里。

水跌龙潭　葱山西南。

青龙潭　葱山南。

沸珠龙潭　曹溪寺右里许。潭水喷出如百斛明珠，莹彻璀璨，灌田甚众。总督范公题名“沸珠泉”。

洛阳山龙潭　州东十五里洛阳山阴。自石窍涌出，清冷异常，通沟灌田甚众。兼疗诸疾，清明后人多往浴。旁有兰谷，石壁上有瀑布飞流。

大龙潭　州南八十里。

小龙潭　州南六十里。

莲花龙潭　州南七十里，在董家营、贺家营，二村分派灌田。

木厂龙潭　岩泉寺后，灌田甚众。

珍泉寺龙潭　鸣矣河村头，灌田甚众。

惠泽龙潭　耳木村后。水穿石峡流出，灌田千亩，民甚赖之。

堰塘附

潢水塘 州东五里。

大　溯 州东南九里，俗名马鬃塘。

小　溯 州南六里，俗名洛阳池。

石珠溯 州南十里。

指挥塘 州南五里。

沟坝附

清水沟 州东南十里。

陷　沟 团山甸心。

洛阳沟 在罗白村甸心。宽丈许，深八尺，灌田甚众。

石　坝 州东南七里。

郭家坝 州西二里。

叶子庄坝 州南二十里。

筒车坝

好义村坝

西元村坝

石江村坝

汉营村坝

井泉附

文明井 学大门内。

塘昌井 文庙右，水甘洌。

江家井 圭山下。

观音井 罗青山上。

香海井 龙宝山麓，其水一日三潮。

〔据杨若椿修，段昕纂雍正《安宁州志》（清乾隆四年刻本）卷十一《水利志》第49页辑录。〕

（光绪）呈贡县志·续修水利

卷八　续修水利

读《周礼·地官》一书，详言沟洫畎浍及稻人掌稼下地，以潴畜水，以防止水，以及荡水、均水、舍水、泻水诸法，足为后世言水利之祖。呈贡居省之南隅，半适山，半平原，水势就下，非有蓄泄之法，疏浚之功，高者必苦其燥，下者必病其淹，民生不遂，何以上供税课，下养室家，水利其尤要也。旧《志》略而不备，以古昔人心浑朴，一切规模俱有文献可征，不致争端肆起。兹则兵燹之余，官司掌故，荡焉无存，若不急为记载，将来无所稽考，得罪于古之立纪陈纲者，贻后世忧矣。谨案《通志》所纪，为金石所勒之文，确有可据者切而录之，以待后考云。

过山沟 一名玉带水，在县治城东十里。明黔宁王开滇，凿山引水，灌溉田亩。源从上马郎下流二十里，筑松隐坝一座，置石坝十七座，设分水石闸一座。东流七分，灌段家营、大小柏枝营、吴家营、王家营、白龙潭、洛龙河、渠卜厂、大水塘等村田地，西流三分，灌缪家营、郎家营、中庄等村田地。详载金石册。县令宣、赵二公次第奉批，申详《过山沟碑文》。

大小坝 在县治东一里。水自黑、白、黄三潭流注，灌田千顷。呈之水利，大半资此。康熙十一年，署县令何清重修，各村水分俱有定章，载在《碑文》。五十五年，嵩明州知州吴宝林署县篆，见其倾圮，允众禀请，按亩捐银，采石重修，绅士之赞勷者虽众，而杨希孟为最。

达摩坝 在县治南四十里富有村旁。

兴隆堰 在县治东十里。乾隆二十九年，士民捐筑。

石龙坝 在县东八里。嘉庆十二年，小新册村、大洛龙河两村士民捐筑，由是县前古城田禾、民居，乃无山水暴发之害。

大塘堰、柏枝堰 在县东十里许吴杰营、柏枝营前。明景泰间，村民捐筑。乾隆三十一年，士民捐资修筑。每年于八月初一日，积过山沟水，至立冬止。

小塘堰 在吴杰营大塘堰之下。前明天启间，村民捐筑。乾隆三十一年，士民捐资重筑。

山头三堰 在县东二十五里。明洪武间，郎家营、缪家营二村捐资筑。年积箐水，每夏至，两营开塘，灌溉田亩。

丰乐塘 在丰乐村上首，又名代泉塘。

长修塘 在丰乐村，嘉庆五年重筑。

碓臼塘 在县北六里，村人捐筑。

太平塘 在县治八里。光绪元年，太平关民捐筑。

老李冲堰 在县治二十五里茁庄村后。乾隆四十七年，知县史褎请帑修筑，三年摊捐归款，今废。

敦化堰 在县治二十二里旧归化县治后、红山前七井甸。嘉庆十年，士民捐资修筑。

界次堰 在县治二十里灵源左。自梁王山大河开河一道，由关圣宫旁曲流入塘，村民修筑，以资灌溉。

云龙塘 在县治三十里白云村南，康熙六十一年修筑。

卜喇塘 在县治南二十七里高登村前，村民修筑。

广济塘 在县南三十七里。塘宽大，周围计五里，收姚坪坝山箐一路之水，灌溉田亩。

沙尾塘 在白沙村。

左卫塘 在县治南二十五里。积旧归化县治间流之水，以资灌溉。

中卫塘 在县治南二十七里。嘉庆年间，士民捐筑。

安江塘 在县南三十里。天然生成，不假人力。村民环塘而居，沿堤种柳，建玉皇阁于中央，真胜境也。

县西江尾村距城二里，为县中河之尾。在道光年间，海水涌淘，荡坏粮田数顷，河尾亦混而为海。至同治十年辛未，水大涝，村几受害，民粮无归。兵靖后，村民设法捐资，顺水性回流过村，新开河尾一道，长千余丈，保护现存粮田，经费甚浩，今得免害。

李家堰 在县治东十五里。前明万历元年，柏枝营捐筑。积过山沟谷雨水七八日不等。

大小洛龙堰 在县东八里，前明嘉靖二年筑。每年大寒七日、惊蛰九日、清明七日，积过山沟水。

吴家坑堰 在县东十二里，前明天启元年筑。每年清明，积过山沟水十二天。坑外田不敷栽插，仍用大塘堰之水。

赵家堰 在县东十里大王家营。每年立夏，积过山沟水三天，秋收后，箐沟间水听随积之。

大水塘 在县南十里，前明捐筑。每年七月初一日起，积过山沟水共一个月。

八亩河 在县南十五里，由大河口入海。

中庄塘 在县南十里。

兴隆营塘 在县南十五里，光绪元年筑。

雨花塘 在县南十五里。

谨案：塘堰之设，惟是聚积秋收以后无用闲水，若上下流当栽插养苗，或豆麦望济，听凭田间灌溉，点滴不得入塘，独有过山沟之水入塘，各有定期，按季不得紊乱。

署云南府呈贡县正堂宣，为截水害命事。于乾隆三十年七月二十一日奉粮储水利道罗批，据水利府伊丞呈详县民杨沛等具控宋开泰等截水一案。

奉批查呈贡县古沟水利，前于乾隆元、二年间，有三岔口与柏枝营等村控争此沟水分，经云南府郭守勘断，案内详称呈贡县之东南隅有古过山沟一道，由上马郎发源，入松子园，至刘家营下筑坝一道，至段家营下共设石枧一十七道，修沟渡水，至上下柏枝营，设立水坪一座，分为左右两沟，除左沟分水三分，系中庄、缪家营、郎家营三村积塘灌溉，上纳沟粮六升；其右沟分水七分，系段家营、上下柏枝营、白龙潭、吴杰营、王家营、渠卜场、落龙河、大水塘、回子营积塘灌泡豆麦陆地秧苗，公纳沟粮一斗九升，并设水长一人巡查分放。当批如详遵守，久经相安无异。其时并无“兴隆营分水”字样在内，至于明时半截碑文，其中语句不全，本难断章取义，且不在设立水坪左右分水两沟之处，又不在现在分放之普家嘴，乃在兴隆营以下之太平关。自是先年另有南北二沟，其在本地久已变迁，与柏枝营等村现在所争沟水，马牛无涉，未便执为断案。又况完纳沟粮，修挖沟枧，每年皆柏枝营等村承办，兴隆营等村并不出力帮办，尤不应准其水利，何得反有如残碑所载七分者？揆情酌理，天下从无此等不公之事。今该听所议，按粮田之多寡分派，殊属游移于案不合。姑念兴隆营等村向来惟春间分放三分，仍准其照旧，于立春三日后在普家嘴分放三分，以资灌溉。仰呈贡县遵照，另行明白出示晓谕，仍取两造遵依申报立案，缴等因，批行到县。奉此，合亟出示晓谕。为此示，仰柏枝营等十三村暨兴隆营等四村绅士、耆老、水长人等知悉。嗣后分放水分，仍各照旧制，兴隆营等四村于立春三日后分水三分，柏枝营等十三村分水七分。至于冬水，兴隆营等村不得分争紊制，持强侵弱，倘再仍前偷截，许该水长立即禀报，以凭拿究，无违。特示。

乾隆三十年十一日初六日勒石。

详准奉批过山沟九村分水日期文

知县　赵怀锷

过山沟冬春二季之水，因向无一定日期，以致历年争执。据丰乐村士民晋绪等以冬季水少不敷灌溉等情，先后赴宪辕暨卑县衙门具诉，奉批当即亲诣查勘明确。丰乐村地处下流，得水较迟，其冬水仅放七八日，不敷灌泡豆麦。正传案候讯间，该王家营、吴杰营、柏枝营三村民人，又赴宪辕具诉，奉批覆讯谕饬各该村和衷妥议，旋据九村士民杨光昇等议覆具结。

每年冬水，自立冬第三日起至立春第三日止，共九十日。吴杰营、王家营原各放水二十日，柏枝营原放水十日，兹三村情愿各让水一日。王家营放冬水十九日，吴杰营放冬水十九日，柏枝营放九日，段家营田地较少，放水二日，白龙潭放水八日。大水塘放水八日，回子营放水八日，计七十三日。节交大寒，自大寒次日卯时起至立春第三日止，计十七日。大小落龙河放水七日，丰乐村增放水十日。以上冬水共计九十日，各村挨次轮放。其吴杰营、王家营二村，向系每村轮流先放一年，今仍照旧规，按年轮放。又，春水自立春第四日起至雨水节底止，计二十七日。吴杰营放水十日，王家营放水十日，柏枝营放水六日，段家营放水一日。自惊蛰起至春分节底止，计三十日。大小落龙河放水九日，白龙潭放水五日，大水塘放水五日，回子营放水五日，丰乐村放水六日。自清明起至立夏止，计三十日。大小落龙河放水七日，后归上游吴杰营、王家营、柏枝营、白龙潭等村接济秧禾，灌泡水田。

以上春水日期，仍系循照旧规，并未更易。九村各举水长一人巡之，如遇旱年，照期用水，如遇雨多之年，上村灌足，即交下村接放，不必拘泥日期。似此通融，水多则让，水少不争，遵谕公同商酌，如此情愿。除春水日期照旧外，王家营、吴杰营、柏枝营三村，愿各让冬水一日，丰乐村得放冬水十日，俱输服无词。卑职查所议已属平允，除取具各结存案外，具文详请批示，饬遵在案。该九村务须遵照议详日期，不得紊乱，如违重究。

嘉庆二十四年十月初三日示。

永革巡河碑记

安江村距县治南四十五里，与晋宁接壤，而田地临晋之淤泥河边不过百余亩，向来修挖此河，按田近河边者出夫二百九十五名，久经详定，遵守在案。其田少夫多，无非以古人敦睦邻封，宽为帮助起见。论此河纵横晋地数十里，即田之数倍于安江者，亦不必用夫如此之多。

河为晋河，巡河亦晋人当之，历古皆然。忽于乾隆四十九年，州民宋朝举具呈，妄替巡河与安江苏世相充当，士民赴州具呈，经州正堂董批，案查巡河一役，向系本属报充，与邻境无涉，宜照旧章，饬遵在案。乃于乾隆五十三年，州民钱国佐、宋大经又妄替巡河与安江秦玉书充当，士民王鹤龄等呈请免充，复经州正堂萧批，村已隔属，二役难当，向不更替，胆敢捏报，除将报呈注销外，立提重究，以为坏法殃民者戒。出示勒石，以垂永久。

谨案：过山沟流至段家营外，又分南北二沟，南三北七，惟北沟村多水少，连年争控。自嘉庆二十四年，赵令怀锷评定水期，通详在案。但按照节令，日出卯时交水，已为平允。惜节令又有长短，水期因而多寡，前人所计及不到，后人又欲起讼端。兵燹而后，人心返古，九村绅耆士庶公同妥议已定之案，不敢更张。查钦定《宪书》，节令有卯时将十五天而交者，被此交水则不相亏，如遇卯时或辰、巳、午、未时后方交节令，又有节令或十四天而交，或十六、十七天而交者，参差虽有不齐，亏短莫如公摊。接年以来，立冬、小雪、大雪期短一日者，吴杰营、大王家营、柏枝营三村各忍四个时辰；冬至小寒期短一日者，白龙潭、大水塘、回子营三村同忍；又大寒至立春三日期短一日者，大小洛龙河、丰乐村三村同忍。立法多年，众服无异，后人因之。

箐水堰 在柏枝营村南。上下连为三塘，沟路相通，灌溉陆地。

羊落堡堰

大渔堰 大渔、月角二村用之。

曹家潭 大渔村用之。

晏泉潭 小海晏、大渔村用之。

落龙河汇黄、白、黑三潭之水，由大小新册村、大小落龙河地界而来，上流水易入田。惟大小落龙河二村，每年小满三日，具禀捕厅督同东西河水长筑坝一次，经三昼夜，灌满开坝，其不得先小满而筑者，以下流陆地灌种杂粮并秧母之需水也。坝既开，水至龙王庙，分流为东西两河，均顺次灌用，栽尽封闭沟口，以济远村。此皆小满后栽插之水，而其余节令用不同时，均系上满下流，灌足封沟，不使归海无用，致令远村苦乾。通河水规，历古如是。

东河之水，自分河后半里许，建有永济闸一座，以作东河挖河泻水之用。闸上漏水及沿河漏水归于大河者，至观音山下建有观音大闸一座，将水闸归中河。是东河至此，又分为上中两河。其上河历蝙蝠山，绕观音山，由龙街石碑村边，经可乐村头，过乌龙浦村，上直抵倮倮山脚止，灌溉四村所有上河之田地。其流最远，其用最多，中河不得争灌。其中河之水，由车家庄之下、龙市桥之上，前人于龙市桥上修泻水闸一座，以作中河挖河泻水之用。其河自龙市桥上过大湾子高老埂，穿可乐村土主庙后，达埋狗滩，直抵乌龙浦村首止，系灌溉大古、江尾、可乐、乌龙中河之田地。观音闸及东西河漏水归大河者，流至古城会泽宫前，建石坝一座，蓄水以灌溉古城沿大河之田地。又下至江尾村，建闸二座，蓄水以灌溉江尾村沿大河之田。至县前古城江尾之田，有附近东西两河，无水道引用大河者，亦听就近用之。西河之水，由河头之下有小石闸一道，随时启闭，以泻泥沙浊流于大河，而挖河时亦启之。水流至东门外，共子沟二十二条，各有涵洞，由下河分水石西流城外子沟二条。又至南门五孔桥沟、大佛寺沟南，西至礼拜寺沟，正西至西门外大石桥沟、浑水沟、墩子沟，北折关圣庙沟、高沟、阿直沟、阿摆沟、看作沟、紫土沟、顺路沟；此顺路分支甚多，流至斗南土主庙后埋狗坟，大路西乃用水沟，大路东乃泻水沟，用水时闭之，至夏秋雨多开之，泻归清水沟，两堤甚宽，能容车马，不得挖堤为田。正北至头条沟、二条沟、漆树沟、湾沟、茅草沟，呈贡之界止矣。

其余水下流各沟，皆萧、罗二营用之，惟顺路沟头至茅草沟以下，皆萧、罗二营分挖。又由东门外分一股入城，流出至小梅子村，上有石闸二道，宽窄浅深，两处一样。

闸水北流曰上上河，则救练朋、殷家二村；闸水西流曰上河，则救小梅、斗南、彩龙等村，至昆明萧家营止。此西北两水，分定各修各河，各用各水，历古皆然。

调署云南府事永昌府正堂加五级记录六次周，为给示永垂事。案据呈贡县贡生戴崧、赵旭、李景昌等诉称：海口工程，四州县分为四段，其第四段自小闸滩起至归化滩止，系呈贡县挑挖，历来无异，忽有昆阳州工书舞弊，将呈贡应挖尖山箐子河有普安闸之名，遂将普安闸子河旁首段混名为新旧普安二滩，私立石桩，以昆阳应挖之大河移害呈贡挑挖，共计一百九十五丈，士民等赴宪辕具控。奉批由前府黄守札委晋宁州朱牧、昆阳州朱牧、昆明县宫令、呈贡县孙令会勘议详，自大塘口起至归化滩尾止，四州县仍分照四段修理。首段自大塘口界起至洱淙滩东界止，系昆阳州承修。查嘉庆二十四年大修时，此首段河深水满，并无淤积，毋庸挑挖。次段自洱淙滩东界起，历清水滩至乱石滩东界止，系晋宁州承修。嘉庆二十四年，因洱淙、清水二滩淤积，俱有挑挖丈尺工数。三段自乱石滩东界起，历鸡心、牛舌、新村各滩，至小闸滩之小有石犀处截止，系昆明县承修。嘉庆二十四年，因乱石、鸡心、新村三滩淤积，俱报有挑挖丈尺工数。末段自小闸滩之大半截石犀处起，至归化滩尾止，系呈贡县承修。嘉庆二十四年，因小闸、归化二滩淤积，当经挑挖，亦报有丈尺工数。各在案，此修理之旧章也。因上年修挖时，丈尺不清，误立石桩，将昆阳应挖之段以为呈贡应修，并将晋宁应修正河之洱淙滩，饬令呈贡县添夫二百五十名修理，以致纷纷兴讼。

现经勘明，普安、新旧二滩向系昆阳应挖之段，不与呈贡干涉，且呈贡居于末段，工程浩繁，有两倍于昆阳者，何得累上加累？兹更正会详到府，经前陞府核议详，奉藩、粮宪批示如详，由府给示立案。兹据前情，除禀批准外，合亟给示。为此示，仰该士民戴崧、赵旭、郎雯、李景昌、李阳生、李毓春、李仲等遵照。自给示之后，务须遵照详定段落丈尺，合照旧界，按段分挖，勒石永远遵守，不得再有紊乱错误，致干查究不贷，凛遵。特示。

道光十九年七月十一日示。

白龙潭古洞碑记

知县　李登瀛

呈邑白龙潭，万民之利源也。水由山根发源，泉流甚下，一过夏秋，山水瀑发，往往沙泥倒冲入潭，填塞最易。卷查前县曾令应兆于山水交会处，命匠砌一暗洞，俾清水由洞而出，山水浮洞而过，两不相交。复于洞上建一堤，以防浑水冲入，立法甚善。而附近村民希图改地为田，欲令潭水仰出，以便灌溉，任意阻塞填灭古洞，毁绝堤防，并洞外之清水河身一皆侵占，以致泉流渐细，而十三村之资其灌溉者，将来变成陆地。

丁酉秋，予自洱海回任，下车后，询地方利弊，绅耆俱首言白龙潭水利于今为害甚大。予为亲勘数次，求所为曾公之古洞，已填灭殆尽也，洞上之石堤已片石弗留也，洞外之古沟仅占留河尾也。又查《县志》，内载是潭中有矗立异石，俗呼为将军石，高出水面数丈者，俱泥埋无睹也。于是复为详请上宪蒙准兴工，委典吏杨清泰督率县属东西两河人民开挖壅满之沙泥，寻出填毁之古洞，命匠凿石复砌于洞上，仍建立二石堤，以防山水之入，使清浊不相交。一仍曾公之旧，于洞外令伊村人民指出侵占沟界，将沙沟埂下开挖直接河尾，而清水河之通身始畅流如旧也。又于潭口外左右两旁，另砌二小涵洞，使白龙潭新改之田得资灌溉。用水时，禀请用木板闭洞口闸水，灌溉两旁田亩，水满后，仍复拆去，使上下均受其利。至木板刻铸印信，存于公署，届期必伊村乡保协同东西两河水长到官领去，五日为满，无得多闭，仍将木板交官，永为定例。又虑伊村人民与潭附近十三村远难稽查，今十三村捐资择立水长一人，常住潭寺，一以妥神灵之佑庇，一以监愚民之壅阻。倘有玩法不遵，复行淤塞毁绝堤防者，则令水长赴官禀报，以凭严惩，是又以人辅法之一道。

夫以曾公勒石不朽之良法，不数十年，遂以鞠为茂草，又安知予之振兴，于今日不旋复败坏于将来？予今另立闭水之计，准其灌溉之期，以杜填塞之渐，又于潭寺之内设立看守之人，庶可永保曾公古制乎？然亦有望后之官司土者也。每年祭龙之日，齐夫修浚。至黑白二潭，向有观鱼亭，古仁人在此放生。鱼宜畜养，永禁筑坝捕之，庶免戕生阻水。以是为记。

乾隆四十三年岁次戊戌秋月上浣之吉。

〔据朱若功原本，李明鋆续修光绪《呈贡县志》（清光绪十一年刻本）卷八《续修水利》第 35－53 页辑录。〕

（乾隆）晋宁州志·水利志

卷十三　水利志

沟洫者，农田之本，蓄泄得宜而后灌溉有资，国赋民食，于是乎裕。昔人言欧阳氏修《新唐书》，凡一渠之开，一堰之立，无不记之其县之下，可谓详而有体矣。晋宁之水，近者苦其源之细，远者又病其流之纡，田高则必筑坝以障之，土卑则必分沟以泄之，疏瀹引注，经制得宜，可被泽无穷焉。志《水利》。

州属河道，一发源于盘龙山后，为石子河；一发源于河涧铺，为大坝河；一发源于者腻村，为大堡河。三水至小寨合流，至石美坝西分子河一道，又流至白臼坝西分子河一道，流至映洪坝西北分子河一道，流至新江坝东分子河一道，流至杀虫坝东分子河一道，流至孙家坝西分子河一道，流至吕家坝东分子河一道，流至唐家坝西分子河一道，流至白龙坝西分子河一道。以上诸水俱流入滇池，其沿河堵灌田亩所筑各坝，备载于后。

花涧场坝　在象山北。

达摩坝　在达摩山下。

以上二坝，水自小关哨北首流至达摩坝，与归化分水利。

枧槽坝　在五龙潭前。

堰塘坝　在州东二里印山之左，一名海溪。康熙十一年，知州张慎行修筑，每年潴水溉田千余亩，碑记犹存。后因堤坝坍塌，无力兴修，现在议捐鸠工，以收水利。

石　坝　在南山麓。

官庄坝　在城南十里大场村。

马鞍坝　在马鞍山。

山冲坝　在城南十里大场村。

大　坝　在长坡下。

石碑坝　在石碑山下。

石美坝　在石美山下。

罗藏坝　在州城西南三里龟山下。

紫溪坝　在州西五里小团山下。

白臼坝　在州西二里四通桥下，子河之一，引灌金砂十五村田。旧分河水十之三，其七则归下河七十五村。

分水坝　在州西四通桥下，灌溉西北田亩。日久淤圮，康熙十年，修浚完固。

映洪坝　在白臼坝下一里。

新江坝　在杨庆坝东北二里，一名王家坝。水过州城北迎恩铺，入草海。

杀虫坝　在州西三里大营。

新河坝　在杀虫坝东北，过周家营，至安江村入海。

白虫坝　在杀虫坝西北。

河东江尾坝　在白虫坝北。

河西江尾坝　在白虫坝西，过马房入海。

上龙潭坝、下龙潭坝、乐直坝、新梅坝　在段旗村。

甸苴坝　在石头村。

新涧坝　在瓦窑村。

柳坝塘　在城西十五里，有上塘、下塘，潴水灌田。

犁耳坝　在向桥村。

中坝、三尖坝　在城西十五里三尖塘。

〔据毛嶅纂修乾隆《晋宁州志》（故宫博物院编《故宫珍本丛刊》第226册《云南府州县志》第1册，海南出版社2001年清据清乾隆二十七年刻本影印）卷十三《水利志》第70页辑录。〕

（道光）晋宁州志·赋役志·水利

卷五下　赋役志　水利

畎浍浚自《虞书》，而艰鲜无患，奠定详于《禹贡》，而府事孔修，周家不遑，康田基，开稼穑。秦汉渐辟阡陌，志作河渠，蓄水泄水有其时，荡水均水有其法，故遂人重沟洫之营，而水利为农功之首。晋邑地势近乎滇池，利害视夫海口，依山田亩，专赖泉源。东南高燥，前人有筑堰之工；西北低洼，近日多水潦之患。所望当事君子随时补救，则永庆屡丰，常歌乐土矣。志《水利》。

海　口　在州西三十五里。昆明一池，受昆明、晋宁、呈贡、昆阳四州县九十九泉之水，汇为巨浸，周围五百余里。昆明居其北，晋宁位其南，呈贡列其东，昆阳处其西，烟波万顷，苍茫无际，四面群山合围，滴水不溢。惟昆阳之平定乡地方，万峰列峙，一线中通，池水由此委曲折流于岩谷之间，迤逦向西经数十里至石龙坝，跌落数十丈，为安宁之螳螂川，始得畅行，流狭源广，有似倒流，滇之所由名也。唐宋以前，不惟沿池数百万膏腴之壤，尽沉没于洪波巨浪之中，即城郭人民俱时有荡析之患。元至正十年，张立道为云南等处巡行劝农使，役丁夫二千人开凿正河一条，宽六十余丈，长二千七百七十五丈，水得畅流，泻出壤地万余顷，皆为良田。然正河两岸皆山，一遇雨水，沙土冲入河心，淤成滩洲。沿河又有子河四条，亦易冲塞，数年不治，环海四州县田禾俱被淹没。明弘治中，巡抚陈金大加修浚，自螺壳滩起，青鱼滩止，开挖二十余里。因议定岁修，分别正河、子河，于每年冬令水涸，责成昆明、晋宁、呈贡、昆阳四州县分段修挖。万历初，布政使方良曙因牛舌滩、牛舌洲埂塞河身，于豹山下开子河一条。

本朝康熙四十八年，总督贝和诺、巡抚郭瑮委员重加开挖修浚。雍正三年，总督高其倬相继大修，未几复壅。雍正八、九年，总督鄂尔泰会同巡抚张允随，专委水利道副使黄士杰咨度形势，通浚河流，铲平老埂牛舌滩、牛舌洲，复以晋宁河水陡急，横阻新河，每至倒流，并建副水坝，使新河得以畅流，涸出腴田无数，责成监司丞尉不时查勘疏通。雍正十年，议准昆阳增设水利同知一员，驻扎河口，常川巡查，遇有壅塞，不时疏通，设或冲塌，立即堵筑。又议准昆阳海口酌定岁修银二百两，动支盐道衙门合秤银给发，用则报销，不用则存贮，以备大修之用。乾隆五年，议准昆阳海口改建石岸。乾隆十四年，议准大修海口堤岸、闸坝、河道、桥梁。四十二年，奏准大修昆阳海口。五十年，挑挖昆阳海口工程。工部议准云南巡抚刘秉恬奏：滇池在云南省城之南，周围三百余里，受昆明六河之水，汇为巨浸，附近之昆明、晋宁、呈贡、昆阳四州县环海田畴，资以灌溉者不下数百万顷，所恃以宣泄者，惟在昆阳州之海口。大河为滇池出水咽喉，疏通则均受其利，壅遏则即受其害。应自龙王庙起至石龙坝，共长二千七百七十五丈，应挖一二尺至四五尺不等，以资宣泄。从之。道光六年，总督阮元、巡抚伊里布委粮道春庆大修海口，檄令四州县每年各捐廉二十五两，共银一百两，交昆阳州雇备夫船挑挖海口各滩淤积沙泥。十六年，总督伊、巡抚颜倡率官绅捐建屡丰闸，大修海口，增订《岁修条例》及善后事宜。

大河自龙王庙起至草厂尾止，分为南、北、中三河，共名川字河。南河宽三十二丈，长二百八十丈，昆明、呈贡二县修挖。北河宽一十五丈，长二百八十丈，昆阳修挖。中河宽一十八丈，长二百八十丈，晋宁修挖。草厂尾以下，复汇为一河。自草厂尾起至磘石坝，长三百八十四丈，四州县公挖。自磘石坝起至普安闸，长二百八十丈，昆阳修挖。自普安闸起至泙淙滩，长一百九十五丈，呈贡修挖；自泙淙滩起至清水滩，长一百九十五丈。自清水滩起至乱石滩，长七十五丈，皆晋宁修挖。自乱石滩起至鸡心滩，长八十五丈，昆明修挖。自鸡心滩起至牛舌滩，长一百二十丈；自牛舌滩起至新村滩，长三百五十丈；自新村滩起至小闸滩，长五十五丈，皆昆明修挖。自小闸滩起至归化滩，长七百五十六丈，呈贡修挖。共长二千七百七十五丈，分段处俱有石桩为界。

子河五条：尖山箐子河一条，自发源起至闸口，长一千四百七十丈，入正河为清水滩，昆阳、晋宁、呈贡三州县修挖，分段处俱有分段桩为界。芭蕉箐子河一条，自发源起至闸口，长八百六十五丈，入正河为新村滩，昆明、晋宁修挖，分段处有石桩为界。云龙箐子河一条，自发源起至闸口，长二百六十丈，入正河为归化滩，呈贡、昆明修挖，分段处有石桩为界。拉龙箐子河一条，自发源起至闸口，长三百五十丈，入正河为浻淙滩，昆阳修挖。桃园箐子河一条，长一百二十五丈，入尖山箐子河，昆阳、晋宁、呈贡三州县修挖，分段处俱有石桩为界。

正河两岸原系堆沙隙地，所有沿河偏坡窄岸，以后只许栽种树木，不准挖犁。致有倾陷，树株须植岸上，不得栽于水边，希图侵占河面。

各子河决口，向例系平定乡抢修，各处冲决，俱报昆阳州，然后出票赶夫，夫到之时，决口已大，是以难于修筑。今定以有冲决时，准巡河乡约一面报官，一面赶夫，请彼地公正衿耆监督修筑，庶害小易于蒇事。

新开桃园箐子河，最易淤塞，一年不挖，沙土必致填满。着昆阳州每年春间，即动支已所应捐岁修之项，饬役雇夫，挑浚深通，以免冲决尖山箐子河之虞。

豹子山邻近马房一带山场，从前已经封禁，只许种树，不准采石。兹开挖布种，以免沙石流入南河。今石匠等藉该地公事为名，仍旧开采，民人垦种，着一并严禁，如违提究。

三河俱有丈尺，两岸皆属官地，除将军庙、龙王庙后已盖房屋免议外，以后不得再盖房屋致碍往来道路，并大修之日，无地堆放沙泥。

尖山箐子河、芭蕉箐子河、拉龙箐子河、云龙箐子河　以上四河，修防详“海口”。

桃园箐子河　先是，箐无子河，一遇大雨，山水暴发，冲入尖山箐河，河堤每生险工。新街一带素有决口之患，平定乡派夫抢修，年或数次，或十数次不等，乡民颇以为累。道光十六年，知州朱庆椿相度形势，开河一条，长一百二十五丈，数年来尖山箐河永无冲决之患。其开河之地，俱照价贴给业户粮米八斗四升，禀明粮宪拨入晋宁官租项下完纳，每年开征之期，昆阳专差移催，即由晋宁拨解清款，除两州立案外，泐碑为记。修防详“海口”。

屡丰闸　在海口川字河上。南河闸墩十座，闸口九空。北河闸墩五座，闸口四空。中河闸墩七座，闸口六空。道光十六年，阁督伊、巡抚颜倡建。旧制大修海口，先筑土坝于川字河中，副海水涸出河心，然后施工，工完拆坝放水。其筑坝也，先用船载土石抛于河心，俟水势稍杀，乃钉桩络篾实土为坝。其折坝也，坝上石土不能尽去者，仍旧淤塞，事劳而工半。乾隆中，昆明绅耆谋易坝为闸，以工钜费繁，款无所筹，屡议屡寝。道光十六年，阁督伊、巡抚颜倡劝昆明绅耆捐银一万七千余两，云南府黄、昆明县宫复捐给督工绅耆薪水，砌以巨石，联以铁锭，共成闸墩二十有二，墩高二丈一尺，径丈三，上跨石梁，以便行旅。闸口十九空，因水力猛峻，闸板厚数寸，俱鼓断。乃计每口内外用板两层，虚其中，填以土，启闸时，先除土净，然后起板，功乃得就。嗣此大修，既省筑坝之繁劳，更免坝土之淤塞，事半功倍，一劳永逸。工竣，阁督赐名“屡丰”，为《记》以志，并酌订善后事宜。

三河石闸前后各十丈以内，关系闸基，永禁网鱼捞沙及停泊船只，如违拿究。

大船往来须于离闸二三十丈外，即宜先去桅帆，不许临近闸桥始行放卸，致日久撞损闸座，有犯禀究。

石闸上铁柱铁銲，查有附近往来人等故行摇动撬取者，准闸丁扭禀究治。

如有无人照应之船及上流漂下树木横拦闸门者，俱准闸丁等即时击破锯断，顺流放下，以免涨损闸座。

坝长张盛元、张寿才、李元、李顺、李达、李洪、杨有和、杨文起等八名，向例不应杂役，惟大修日照料筑坝守坝。今即改为闸丁，由昆阳州各给执照免役，令其轮流看守三河石闸，并存贮闸枋，不得玩忽。

龙王庙内，向因庙祝携眷住宿，男女秽污亵渎，致遭回禄。今只许庙祝一人独住事奉香火，不准带领女眷，如违究逐。

龙王庙每遇酬神演戏会期，附近村庄武劣地棍恃强横行，往往招引无赖子弟，并卖水烟流娼在内，日则聚赌吹烟，夜则种种作奸。今一概严行禁止，届期由昆阳州出示晓谕，并饬差查拿。

洱淙闸　去海口一里，年该昆明州修。

铺湾闸　去洱淙闸二里，年该呈贡县修。

清水闸　去铺湾闸二里，年该本州修。

新村闸　去清水闸五里，年该昆明县修。

新村小闸　去新村闸四里，年该呈贡县修。

普安闸　岁该昆阳州修。

洱淙滩　在河头三里许，年该昆阳州修。

黄泥滩　在河头五里，年该呈贡县修。

青泥滩　在河头六里，年该本州修。

大　滩　在河心八里许，年该昆明县修。

石龙滩　在河心十里，年该呈贡县修。

鸡心滩　修防，详“海口”。

牛舌滩　修防，详“海口”。

螺壳滩　修防，详“海口”。

清水滩　修防，详“海口”。

乱石滩　修防，详“海口”。

新村滩　修防，详“海口”。

小闸滩　修防，详“海口”。

归化滩　修防，详“海口”。

青鱼滩　修防，详“海口”。

堰塘滩　在城东二里印山之左，一名海溪。康熙十一年，知州张慎行修筑，每年潴水溉田千余亩，碑记犹存。后堤坝坍塌，议修。

达摩坝　在城东三里达摩山下。

花涧场坝 在城东象山北。

以上二坝，水自小关哨北首流至达摩坝，与归化分水利。

山冲坝 在城东南十里大场村。

石 坝 在南山麓。

官庄坝 在城南十里铺。

罗藏坝 在城西南三里龟山下。

白臼坝 在城西二里小寨村下。子河之一，引灌金沙十五村田。旧分河水十之三，其七则归下河七十五村，日久淤废，村农失利，争讼连年。雍正五年，勘定金沙等村于大河内筑一小坝，仅高闸口一尺，留龙口八尺。冬春水微，许于五日内启闸放水一昼夜，滋润豆麦，余四日则闭之，使水尽入下河。夏秋水涨，则尽启闸板，交官不许私闭，使各子河分泻洪流，以免傍溢。

映洪坝 在白臼坝下一里。

杨庆坝 在白臼坝二里。

新江坝 在杨庆坝东北二里，一名王家坝。

杀虫坝 在城西三里大营杨庆坝北。

新河坝 在杀虫坝东北。过周家营至安江村，入海。

白虫坝 在杀虫坝西北。

河西江尾坝 在白虫坝西。

河东江尾坝 在白虫坝北。

分水石坝 在城西四通桥下，灌溉西北田亩。日久淤圮，康熙十年重修。

紫溪坝 在城西五里小团山下。

三尖坝 在城西十里三尖塘。

枧槽坝 在五龙潭前。

马鞍坝 在马鞍山。

大 坝 在长坡下。

石碑坝 在石碑山下。

石美坝 在石美山下。

上龙潭坝、下龙潭坝、乐直坝、新梅坝 以上俱在段奇村。

甸直坝 在石头村。

新涧坝 在瓦窑村。

中坝、犁耳坝 俱在向桥村。

小 坝 在石碑村福德山下。

梭罗坝 在五里铺铜坪山下。

井栏涵洞 在金砂村北一里，溉金砂一带田亩。道光九年重修。

〔据朱庆椿纂修道光《晋宁州志》（《中国地方志集成·云南府县志辑6》，凤凰出版社2009年据民国五年排印本影印）卷五下《赋役志·水利》第1－12页辑录。〕

（道光）昆阳州志·赋役志·水利

卷八　赋役志　水利

昔大禹尽心于沟洫，文王勤力于田功，水利之兴，所由重矣。昆阳，附近省会，处滇池下流，水患孔多，疏瀹是急，且全池之水惟赖海口一线以为宣泄，海口之通塞，不仅昆阳一州丰歉所系，实省会四州县利害攸关。自元以来，地方大吏俱以修浚海口为滇省水利首务，有大修、岁修、抢修之费，泐为宪章，有建闸、建坝、建堤之劳，随时补救。因溯其渊源，详其条款，俾后之勤民者有所考镜。志《水利》。

海　口　在州北三十五里。昆明一池，受昆明、晋宁、呈贡、昆阳四州县九十九泉之水，汇为巨浸，周围五百余里。昆明居其北，晋宁位其南，呈贡列其东，昆阳处其西，烟波万顷，苍茫无际，四面群山合围，滴水不溢。惟昆阳之平定乡地方，万峰列峙，一线中通，池水由此委曲折流于岩谷之间，迤逦向西经数十里至石龙坝，跌落数十丈，为安宁之螳螂川，始得畅行，流狭源广，有似倒流，滇之所由名也。唐宋以前，不惟沿池数百万膏腴之壤，尽沉没于洪波巨浪之中，即城郭人民俱时有荡析之患。元至正十年，张立道为云南等处巡行劝农使，役丁夫二千人开凿正河一条，宽六十余丈，长二千七百七十五丈，水得畅流，泻出壤地万余顷，皆为良田。然正河两岸皆山，一遇雨水，沙土冲入河心，淤成滩洲。沿河又有子河四条，亦易冲塞，数年不治，环海四州县田禾俱被淹没。明弘治中，巡抚陈金大加修浚，自螺壳滩起，青鱼滩止，开挖二十余里。因议定岁修，分别正河、子河，于每年冬令水涸，责成昆明、晋宁、呈贡、昆阳四州县分段修挖。万历初，布政使方良曙因牛舌滩、牛舌洲埂塞河身，于豹山下开子河一条。

本朝康熙四十八年，总督贝和诺、巡抚郭瑮委员重加开挖修浚。雍正三年，总督高其倬相继大修，未几复壅。雍正八、九年，总督鄂尔泰会同巡抚张允随专委水利道副使黄士杰，咨度形势，通浚河流，铲平老埂牛舌滩、牛舌洲，复以晋宁河水陡急，横阻新河，每至倒流，并建黿水坝，使新河得以畅流，涸出腴田无数，责成监司丞尉不时查勘疏通。雍正十年，议准昆阳增设水利同知一员，驻扎河口，常川巡查，遇有壅塞，不时疏通，设或冲塌，立即堵筑。又议准昆阳海口酌定岁修银二百两，动支盐道衙门合秤银给发，用则报销，不用则存贮，以备大修之用。乾隆五年，议准昆阳海口改建石岸。乾隆十四年，议准大修海口堤岸、闸坝、河道、桥梁。四十二年，奏准大修昆阳海口。五十年，挑挖昆阳海口工程。工部议准云南巡抚刘秉恬奏：滇池在云南省城之南，周围三百余里，受昆明六河之水，汇为巨浸，附近之昆明、晋宁、呈贡、昆阳四州县环海田畴，资以灌溉者不下数百万顷，所恃以宣泄者，惟在昆阳州之海口。大河为滇池出水咽喉，疏通则均受其利，壅遏则即受其害。应自龙王庙起至石龙坝，共长二千七百七十五丈，应挖一二尺至四五尺不等，以资宣泄。从之。道光六年，总督阮元、巡抚伊里布委粮道春庆大修海口，檄令四州县每年各捐廉二十五两，共银一百两，交昆阳州雇备夫船挑挖海口各滩淤积沙泥。十六年，总督伊、巡抚颜倡率官绅捐建屡丰闸，大修海口，增订《岁修条例》及善后事宜。

大河自龙王庙起至草厂尾止，分为南、北、中三河，共名川字河。南河宽三十二丈，长二百八十丈，昆明、呈贡二县修挖。北河宽一十五丈，长二百八十丈，昆阳修挖。中河宽一十八丈，长二百八十丈，晋宁修挖。草厂尾以下，复汇为一河。自草厂尾起至磘石坝，长三百八十四丈，四州县公挖。自磘石坝起至普安闸，长二百八十丈，昆阳修挖。自普安闸起至洱淙滩，长一百九十五丈，呈贡修挖。自洱淙滩起至清水滩，长一百九十五丈；自清水滩起至乱石滩，长七十五丈，皆晋宁修挖。自乱石滩起至鸡心滩，长八十五丈，昆明修挖。自鸡心滩起至牛舌滩，长一百二十丈；自牛舌滩起至新村滩，长三百五十丈；自新村滩起至小闸滩，长五十五丈，皆昆明修挖。自小闸滩起至归化滩，长七百五十六丈，呈贡修挖。共长二千七百七十五丈，分段处俱有石桩为界。

子河五条：尖山箐子河一条，自发源起至闸口，长一千四百七十丈，入正河为清水滩，昆阳、晋宁、呈贡三州县修挖，分段处俱有分段桩为界。芭蕉箐子河一条，自发源起至闸口，长八百六十五丈，入正河为新村滩，昆明、晋宁修挖，分段处有石桩为界。云龙箐子河一条，自发源起至闸口，长二百六十丈，入正河为归化滩，呈贡、昆明修挖，分段处有石桩为界。拉龙箐子河一条，自发源起至闸口，长三百五十丈，入正河为洱淙滩，昆阳修挖。桃园箐子河一条，长一百二十五丈，入尖山箐子河，昆阳、晋宁、呈贡三州县修挖，分段处俱有石桩为界。

正河两岸原系堆沙隙地，所有沿河偏坡窄岸，以后只许栽种树木，不准挖犁。致有倾陷，树株须植岸上，不得栽于水边，希图侵占河面。

各子河决口，向例系平定乡抢修，各处冲决，俱报昆阳州，然后出票赶夫，夫到之时，决口已大，是以难于修筑。今定以有冲决时，准巡河乡约一面报官，一面赶夫，请彼地公正衿耆监督修筑，庶害小易于蕆事。

新开桃园箐子河，最易淤塞，一年不挖，沙土必致填满。着昆阳州每年春间，即动支已所应捐岁修之项，饬役雇夫，挑浚深通，以免冲决尖山箐子河之虞。

豹子山邻近马房一带山场，从前已经封禁，只许种树，不准采石。兹开挖布种，以免沙石流入南河。今石匠等藉该地公事为名，仍旧开采，民人垦种，着一并严禁，如违提究。

三河俱有丈尺，两岸皆属官地，除将军庙、龙王庙后已盖房屋免议外，以后不得再盖房屋致碍往来道路，并大修之日，无地堆放沙泥。

尖山箐子河、芭蕉箐子河、拉龙箐子河、云龙箐子河 以上四河，修防详“海口”。

桃园箐子河 先是，箐无子河，一遇大雨，山水暴发，冲入尖山箐河，河堤每生险工。新街一带素有决口之患，平定乡派夫抢修，年或数次，或十数次不等，乡民颇以为累。道光十六年，知州朱庆椿相度形势，开河一条，长一百二十五丈，数年来尖山箐河永无冲决之患。其开河之地，俱照价贴给业户粮米八斗四升，禀明粮宪拨入晋宁官租项下完纳，每年开征之期，昆阳专差移催，即由晋宁拨解清款，除两州立案外，泐碑为记。修防详“海口”。

屡丰闸　在海口川字河上。南河闸墩十座，闸口九空。北河闸墩五座，闸口四空。中河闸墩七座，闸口六空。道光十六年，阁督伊、巡抚颜倡建。旧制大修海口，先筑土坝于川字河中，副海水涸出河心，然后施工，工完折坝放水。其筑坝也，先用船载土石抛于河心，俟水势稍杀，乃钉桩络篾实土为坝。其折坝也，坝上石土不能尽去者，仍旧淤塞，事劳而工半。乾隆中，昆明绅耆谋易坝为闸，以工钜费繁，款无所筹，屡议屡寝。道光十六年，阁督伊、巡抚颜倡劝昆明绅耆捐银一万七千余两，云南府黄、昆明县宫复捐给督工绅耆薪水，砌以巨石，联以铁锭，共成闸墩二十有二，墩高二丈一尺，径丈三，上跨石梁，以便行旅。闸口十九空，因水力猛峻，闸板厚数寸，俱鼓断。乃计每口内外用板两层，虚其中，填以土，启闸时，先除土净，然后起板，功乃得就。嗣此大修，既省筑坝之繁劳，更免坝土之淤塞，事半功倍，一劳永逸。工竣，阁督赐名"屡丰"，为《记》以志，并酌订善后事宜。

三河石闸前后各十丈以内，关系闸基，永禁网鱼捞沙及停泊船只，如违拿究。

大船往来须于离闸二三十丈外，即宜先去桅帆，不许临近闸桥始行放卸，致日久撞损闸座，有犯禀究。

石闸上铁柱铁銲，查有附近往来人等故行摇动撬取者，准闸丁扭禀究治。

如有无人照应之船及上流漂下树木横拦闸门者，俱准闸丁等即时击破锯断，顺流放下，以免涨损闸座。

坝长张盛元、张寿才、李元、李顺、李达、李洪、杨有和、杨文起等八名，向例不应杂役，惟大修日照料筑坝守坝。今即改为闸丁，由昆阳州各给执照免役，令其轮流看守三河石闸，并存贮闸枋，不得玩忽。

龙王庙内，向因庙祝携眷住宿，男女秽污亵渎，致遭回禄。今只许庙祝一人独住事奉香火，不准带领女眷，如违究逐。

龙王庙每遇酬神演戏会期，附近村庄武劣地棍恃强横行，往往招引无赖子弟，并卖水烟流娼在内，日则聚赌吹烟，夜则种种作奸。今一概严行禁止，届期由昆阳州出示晓谕，并饬差查拿。

洱淙闸　去海口一里，年该昆阳州修。

铺湾闸　去洱淙闸二里，年该呈贡县修。

清水闸　去铺湾闸二里，年该晋宁州修。

新村闸　去清水闸五里，年该昆明县修。

新村小闸　去新村闸四里，年该呈贡县修。

普安闸　岁该本州修。

洱淙滩　在河头三里许，年该本州修。

黄泥滩　在河头五里，年该呈贡县修。

青泥滩　在河头六里，年该晋宁州修。

大　滩　在河心八里许，年该昆明县修。

石龙滩　在河心十里，年该呈贡县修。

鸡心滩 修防，详“海口”。

牛舌滩 修防，详“海口”。

螺壳滩 修防，详“海口”。

清水滩 修防，详“海口”。

乱石滩 修防，详“海口”。

新村滩 修防，详“海口”。

小闸滩 修防，详“海口”。

归化滩 修防，详“海口”。

青鱼滩 修防，详“海口”。

玉带堤 在州北二里。元梁王筑，以障海水。

锁水堤 在州北一里，上建征元阁。

石龙坝 在州北五十里海口下流。自子母山南至甸基五里，有石一道，绵亘北来，截河而南，横卧河中如堰，长百余步。滇水至此，奔流而下，为石所激，怒浪腾涌，声若崩雷，壮如叠雪，舟楫不通。从岸俯视，惊心骇目，虽隔山数重，其声尚闻。

清水坝

礌石坝

白莲塘 在州北十里仙鹤村。

阿金塘 在州北核桃村。

摩些塘 在州南五里。

郎中沟 在州南一里，郡人李资坤开。

清水沟 在州西南一里。发源灵光寺箐，经演武场，入小河。

〔据朱庆椿修道光《昆阳州志》（《中国地方志集成·云南府县志辑3》，凤凰出版社2009年据清道光十九年刻本影印）卷八《赋役志·水利》第3－12页辑录。〕

（康熙）宜良县志·政事志·水利

卷五　政事志　水利

冉公堤

文公堤

清水塘

潢水塘

铁池堰

大闸

小闸

唐家闸

〔据黄澍纂康熙《宜良县志》（郑祖荣点校，云南民族出版社2011年版）卷五《政事志·水利》第29页辑录。〕

（乾隆）路南州志·水利志

卷一　续编水利志

护城堤　雍正十二年，知府来谦鸣、知州于讷因土城单薄，雨潦水涨，冲塌可虞，捐资于城垣外加筑护堤。

些卜所坝　在城北十五里阿怒山后。旧有绿阴塘，筑堤蓄水灌田。雍正十二年，知府来谦鸣、知州于讷增筑堤十余丈，潴蓄更宽。又于些卜所龙潭下捐建石坝，引水遍灌田亩。

大河堤　在城西北民和乡大赤江，有土堤，久倾，遇水泛，田亩被淹。雍正十一年，知府来谦鸣与宜良令朱干会商，协力重筑，开沟随堤旋绕，均免冲没。又因原开涵洞淹塞，复捐资倡建石坝四座，涵洞六口，引灌高田，民利赖之。乾隆二十年，水涌堤溃，二十一年，知州史进爵重筑，另建石桥一座，水闸门四扇，济水过枧，八村均沾惠泽。

永济河　在州西北七十里民和乡。乾隆四年，知府来谦鸣捐俸五十两，会同宜良县令张日旼，倡士民开修，委学正刘士玉、吏目卢杰督修，十七年工竣，灌溉路、宜、陆所辖一十三村田三千余亩。士民戴德，建来、张二公祠像祀之。

润泽坝　在民和乡湾子。乾隆十六年，知州张日旼筑堰开渠，灌溉土官村长麦地田六百余亩。

响水坝　在民和乡。乾隆十七年，知州张日旼筑坝修枧，灌田五百余亩。知州史进爵接修。

石牛堰　在州西十里。乾隆十七年，知州张日旼筑坝。二十一年，知州史进爵增修告成，灌田七百余亩。士民德之，建祠崇祀。

万年坝　在州东北八里大落台旧界。乾隆三年，知州寇垲筑。四年，知州李天宠增修告成，灌田三百余亩。

永定坝　在州东十里肇公庄。乾隆三年，知州寇垲详请修筑。八年，知州李天宠接修告竣，济田七百余亩。

梨花村坝　在民和乡。乾隆十七年，知州郑景筑坝修枧。二十年，知州史进爵增修，济田二百余亩。

会通河　自城北绕西南入巴盘江，接年沙壅河窄，田亩受其淹没。乾隆二十二年，知州史进爵委训导吴之良重浚。

永济河　万历年开，以分水势，年久河废。乾隆二十二年，知州史进爵委训导吴之良重开。嗣后，此两河著水利，每年春首，照田出夫疏通一回，以除水患。

〔据史进爵修，郭廷选等纂乾隆《路南州志》（传钞清乾隆二十二年刻本）卷一《续编水利志》第21页辑录。〕

（民国）路南县志·赋役志·水利

卷三　赋役志　水利

黑龙潭　在城东南二十余里，二潭东西相联属。嘉靖二十三年，知州邹国玺浚黑龙潭之水，穿渠数十里，由潭口至大屯，原隰千顷，皆成沃野，其水灌溉东南之田亩不下万余顷。

普家坝　在城东南十余里大乐台村，昔时普姓所筑也。坝成潴黑龙潭之水以济田，上下数村田亩均资灌溉。

邹公堤俗名大坝　在城东南五里。明嘉靖间，知州邹国玺筑，附近东海子、砂地等村田亩咸赖坝水以灌溉。

白龙潭　在城东北二十余里。前知州张日旼筑昌乐堰，引白龙潭水灌东北之田五千余亩。

休柔溪　发源于冒水硐东北之九盘山麓，由西起折而南流，经金马桥下，绕桃溪村后，复经铜车坝而入巴江。溪水泱泱，岸旁之田皆资其利。

永济河　无源河也，盛夏水涨，隆冬水涸，涨时河边田亩颇利赖之。自十里箐南流，经县城西北关外后，东流而汇于巴江。

月牙山河　系弥勒县治恕栖诸山之水汇积，北流经月牙山，交巴盘江而入铁池河，灌溉田亩颇多，开凿年代未详。

小黑龙潭　发源于县治小者乌龙村之东，由山麓石隙中涌出如喷泉然，清而且洁，可灌田百余亩，自村前流经曹家坝而入巴江。坝盖曹姓所筑，壅以灌田者也。

仙子硐　发源于上班庄村后之石硐，自硐南流，萦绕于硐前，流初出颇微。村人三凿其口，水势渐大，可灌田顷许，流抵下班庄之南即汇于巴江。

双龙坝　在城东关外里许，黑白龙潭水汇合南流所经之坝也。康熙四十四年，汉军镶黄旗人金廷献任路南，以湍流急下，势难潴蓄，上流之田受其浸润者颇鲜，乃鸠工集石，创修斯坝。修筑之时，相传有青、红二蛇游于水面，因号双龙坝。坝既成，沿流之田，受其灌溉者殆三千余顷云。

小龙潭　由张、董二庄南行至大石丛，陷入地中，伏流数里，抵半节河后，出地面至猪箐，又入石峡中，仅十余丈，由此流经元兴厂，经天生桥村，即流入于山腹中，至鱼龙坝又复涌出，即曰小龙潭。村人于潭口筑坝开渠，引以灌田，北山村人复凿山引余水，西通以注于围。堰塘俗名围。冬春水涸，则全蓄鱼龙坝口，点滴不漏，惟夏秋水旺，则下溢耳。

路美邑围塘　即鱼龙坝。小龙潭之水西流于此，蓄而成塘，路美邑北山之田，咸赖以灌溉焉。

昌乐堰　在城东北五里。知州罗之熊筑，引白龙潭水灌东北之田。

润泽坝　在城北之大河口下。知州张日旼筑，灌土官村长麦地田千余亩。

银　沟　在城北九十里小兑冲村北，村人李如桐捐资开创。初，村中无水灌溉，拟引涧水，为山崖所阻，如桐向度地势，募匠人自山巅乘筐縋及崖腰凿之，悬崖绝壁，危险万状。即成，大吏奖以“功同磺石”匾额。享其利者，皆相谓曰此银沟也，故名。

〔据马标修，杨中润纂民国《路南县志》（云南官印局民国六年排印本）卷三《赋役志·水利》第6页辑录。〕

（光绪）东川府续志·水利志

卷一　水利志

崇礼乡水硐　一在那姑乐理村后，一在那姑棠梨树丫口。乾隆二十一年，知府义宁凿引树卡水灌乐理村田，然田多水少，仍苦难周。嘉庆元年，郡人郑荣之续请凿通乐理后山，深十余里，引以濯河水灌溉田园，是为上水洞。后水大难泻，田复被淹。道光二十五年，其孙郑兴东禀请于棠梨树山脚凿石通穴，由乾海子泄出，咸丰十一年告成，是为下水洞。

长公堤　在郡城外东南隅矿神庙后。先是，灵壁诸山之流沿郡城而下，每山水骤涨，城内外均受其害。道光十五年，权郡守长明筑石堤以御之，患始息。复倡捐岁修银两，置田八亩，交河工首事人经管，以永其利。

〔据余泽春修，茅紫芳撰，冯誉骢续修光绪《东川府续志》（清光绪二十三年刻本）卷一《水利志》第6页辑录。〕

（道光）寻甸州志·水利志

卷十三　水利志

昔禹顺水之性以治水，而民业安，民生厚，天下之水利以兴。盖欲溥水利于无穷，未有不顺水润下之性者也。滇本岩疆，水利兴自元时，寻甸居滇之末，山形多险，一冲击而砂石胥填，地势少夷，每燥瘠而沟塍易涸，非揆形度势，善为经营，其何以使刀耕火种之区，能收沟洫之利耶。必使迅疾者有所防制而止蓄之，积滞者有所排决而流通之，相地滋培，因时妙用，斯水泽长而民利广也夫，志《水利》。

牛栏江　在城东十里，即寻川河，又名阿交合溪。发源于果马里，受果川诸水，逶迤而南入嵩明界，过秀嵩湖，复自南而北五十里入寻甸界，潆洄曲折又与马龙水合，过七星桥，至著乌村，流入霑益州界。至得扯，流入东川府界，名车洪江，下至郑家村，经威宁色黑界，出火作、火红，由昭通乐马厂出老鸦潭，乃入金沙江。《通志》云此水源出嘉利泽，南绕州境七十余里，汇新桥、洗马二河及山溪诸水，东北入车翁江，每夏秋积雨，一望汪洋，加以马龙州白蟒河水又会于七星桥下，冲激寻川之水，逆流泛滥，附近熟田，岁被淹没。本朝雍正七年，总督鄂尔泰审度形势，檄知州崔乃镛于木龙村后海泛涨停积处另开子河七百四十余丈，引之别流，不与马龙争道，下至桥头始合，继委迤东道迟维玺，另浚沙河一十五里，沿流资灌溉焉。

玉带河 在城东北，即虾蟆塘水，开于明嘉靖年建石城之后。本朝雍正六年，知州崔乃镛重修，后复壅塞。乾隆三十一年，知州舒瑞龙再修。迄今，历年于冬晴农隙之时，州示挑挖，以资灌溉。

洗马河 在城东四里，民田资灌溉焉。

归龙河 在城南三里。出隐毒山洞中，由西而南而东，润田数千顷。明崇祯间，忽直下而东，一无曲折。

螳螂河 在城北五里，俗名兔儿河。源出白龙洞，会摩浪水，东流纳虾蟆塘水，经州东南三十里，又阿交合溪为三岔河，资灌溉焉。

八庆河 在城南二十里。发源于老八箐，自西而东，流入牛栏江，可资灌溉。

三涧河 在宣化里。源本三支，至石头嘴合而为一，八、九、十三甲田亩咸赖焉。

倘甸河 在倘甸里。由块戛自北而南，折而西下出他坡山脚，沿流分济，润田三万余工。

马龙河 在马龙西南。来至龙门硚，入寻甸界，又西北流数十里，交三岔河，至七星桥，入车洪江，灌溉攸赖焉。

车 湖 在城西三十里。纳四面山溪之水，潴而为池，周广四里，水深碧，虽时雨泛涨，不能淆其清，故又名清水海。出功山，入金沙江，沿流灌溉。

老鹳窝水 在城西玉屏山之右。出石峡中，循山腰东流入牛栏江，近城田园咸资灌溉。

白龙洞水 在城北五里，可资灌溉。

磨浪水 在果马里，可资灌溉。

矣部乌泉 在城东五里，即洗马河源也，一名冷水塘。源出凤梧山，入七星桥，至沙林分二派下车翁江，沿流分溉。

三龙泉 在城西十里。周回有石如砌，其泉穿山而出，可资灌溉。

温 泉 有五，其灌溉尤普者在塘子屯，即南谷温泉。

果马泉 在城西南六十里。由果马山出，可资灌溉。

龙 泉 八里皆有，其最著而有利田亩者，亦有十数处。

黑龙潭 在果马里一甲，可资灌溉。

崔公渠 在归龙寺山之西，源出山南六七里之响水河。雍正七年，州守崔乃镛捐俸鸠工，筑堰障泉，随山蜿蜒而北，共计六百七十五丈，济田三百余工。

德公堤 在城北门外。乾隆三十年，知州德坤捐廉倡修，开挖河底，瓮（甃）石筑堤，中通水道，上自笕槽箐，下至箭道，计三里许。两旁田亩资灌数千余工，里人建亭志美，曰德公亭。嘉庆二十五年，知州陈心一重修，改为树德亭。

归龙堤 在城南二里。明万历间，知府李遇春筑石堤三十余丈，溉田数百顷。民德之，又名李公堤。

海 堤 在城南六里，自土官塘起至海子屯止。乾隆三十一年，知州舒瑞龙倡率筑修长堤一道，计一千三百三十八丈，高一丈二尺，脚宽二丈，顶宽八尺，围田三千五百余工，种树两旁固堤。

万井堤 在城东南十五里，又名麦厂堤。明万历通判喻应豸筑，自一甲周高村起至大可依白鹭湾内，子河潆回曲折，灌田万余工。本朝雍正八年夏，水决堤数丈，知州崔乃镛重修，命种树木，年久废坏。乾隆三十一年，知州舒瑞龙命数村合力修筑，随其形势培护，高二丈，厚丈余，长二千丈，种树两旁。又自白鹭湾至石猪嘴，堤长四百余丈，高九尺，厚八尺。

崔公堤 在宣化里八甲玉龙塘前。雍正九年，知州崔乃镛倡修，培土为埂，中通水道。自塘前至上河包湾止，计里许，两旁田亩资灌溉者六百余工。

果马堤 在果马里。自尖山起至大刘所，长十五里，沿流分溉，其利甚普。

洗卡里堤 在乞曲里。自洗卡里至沧溪大河口，长五里许，由南而北，随流灌溉。

龙潭闸 在城北四里马街，距白龙洞半里。障水灌新庄、下村、矣卜村田。

周新闸、柳树闸、曹家闸、大石闸、打水闸 以上五闸，俱在甸头里五甲。大小坝者，每闸润田三百余工。

石堰闸 在亦郎里二甲。高一丈二尺，周围一里许，溉田三千余工。

冷水塘坝 在城东北四里。旧有石坝二，上下相连，一灌矣卜村、张家村田，一灌下鲁伯村、道院村、马石窝、木龙村田。明万历间，杨、董二生倡修，又名杨福坝。

龙福坝 在城南三十五里塘子屯西偏山下。龙泉涌出为潭，方圆五亩，里人以二月上辰祀之，决沟三条，灌田四千余工。

千工坝 在城东南六十里上中和村南。康熙三十年，知州黄肇新造，高二丈一尺，宽二丈四尺，长一十四丈零，润田甚普。

戴家屯坝 在宣化里戴家屯前。自甸头里周高村至大可依，田皆资其利。

大河坝 在塘子屯大桥下。每年春暮排桩筑土，以邀牛栏江水，润田千余工。

蒋所坝 在大河坝下二甲。排木筑土，引灌甚普。

香山龙石坝 在那厘里二甲。

水里村尾石坝 在那厘里二甲，数村田亩资其灌溉。

中　坝 在那厘里四甲。

可郎坝 在那厘里四甲。其水自北而南，随流分溉，里人资之。

马家山石坝 在那厘里五甲。

古城坝 在隆丰里九甲古城堡。高一丈五尺，长三丈余，溉田千余工。

乐塘坝 在隆丰里九甲。高丈余，长八丈余，民田赖之。

天车坝 在可郎江。田高低不能引灌，惟栽桩筑土，纡其水势，架水车以度。自隆丰里中和村起至甸头里十甲着乌村，顺河共计三十八道，润田三万余工。

〔据孙世榕纂修道光《寻甸州志》（国家图书馆藏民国年间钞本）卷十三《水利志》第 36 – 39 页辑录。〕

（民国）禄劝县志·建置志·水利

卷四　建置志　水利

滇南跬步皆山，田少，而水更少，故田号雷鸣，《周礼》所谓山国者，非耶。偶遇荒歉，民无积储，是水利之关系民生也，大矣。禄劝林深箐密，地瘠民贫，然河流浩浩，龙泉时出不穷，果能于沟渠川浍，随时疏浚，因势开通，则人力未始不可以胜天也。兹汇而记之，俾知民为邦本，食为民天，官斯土者宜如何尽力沟洫，以劝农欤！

普渡沟　在城东。掌鸠河来自城北，经易笼，入鹧鸪河，受诸溪涧之水，合流至末龙，设一堤，引入普济沟，灌溉江头村暨者老革、旧县、南村一带田亩。知州谢宗枋有《碑记》。

广济沟　在城南。盘龙河来自和曲，受山溪诸水，于虎跳滩建一堤，引水入广济沟，经木果甸，过县城，灌溉城外及莺子龙一带田亩。沟为岩阻，外即逼河，旧于岩外筑堤，堤多渗漏倾圮。清嘉庆二十七年，典史韩玉璋开石壁二十余丈，凿石为沟，永无渗漏倾圮之患，民咸赖之。

新沙洲　在县治东南三里。旧日盘龙河之水经鲁干渡下，不即向东流入掌鸠河，乃折而之北，里许复倾斜南下，堪舆家谓之反跳水。康熙五十五年九月十九日，大雨陡涨，水从鲁干渡下，向东长流与掌鸠河相会，潆洄曲抱，纡折有情，其旧水渐漾起成洲，可增广陆地数十亩，以为民利。以此洲系李州牧廷宰莅任一年后始漾成之，又谓之李公洲云。

盘龙沟　在城南。设堤引河中水，灌溉马家庄、永平、纳吉诸村田亩。

通济沟　掌鸠河流至镌字岩下，设一堤，引水入通济沟，灌溉拖梯一带田亩。州牧谢宗枋有《碑记》。

拖梯水道　在城西北十五里。凿沟引玉峰山泉水，灌溉镟匠村一带军田。武定守王清贤有《碑记》。

桃源村渠　在城东。引水入渠，灌溉本村田亩。

永平村渠　在城东。引水入渠，灌溉本村田亩。

纳吉村渠　在城东。引水入渠，灌溉本村田亩。

马家庄渠　在城东南。明凤氏古沟，年久圮塞。清雍正四年，知州贾秉臣从山腰凿石成渠，汇复旧沟，疏浚深通，分十二节挨次引灌马家庄等村。乾隆五十三年，水涨沟圮。道光五年，邑人杨永清、施宗周等疏浚，永平诸村，得资灌溉。

者吉村渠　在城东北陀的掌鸠河。按禄劝旧制，每沟设水利二三人，或五六人，疏通补塞。凡二十五处，详列如左：

曰盘龙沟，水利五人。

曰狮盘龙沟，水利二人。

曰掌鸠沟水，利六人。

曰倒流沟水，利三人。

曰观音沟水，利一人。

曰龙潭沟，水利一人。

曰练甸沟，水利三人。

曰缉麻沟，水利二人。

曰第多沟，水利四人。

曰南甸沟，水利一人。

曰鲁那艾沟，水利一人。

曰简槽沟，水利一人。

曰小沟坝，水利一人。

曰罵喇沟，水利一人。

曰法乌沟，水利一人。

曰镌字岩，水利一人。

曰营角沟，水利一人。

曰甲甸沟，水利一人。

曰火者里，沟水利二人。

曰法宜则，沟水利一人。

曰法古沟，水利四人。

曰红石岩沟，水利二人。

曰六块沟，水利二人。

曰白龙潭沟，水利一人。

曰下坝沟，水利二人。

禄劝龙潭凡十，今详列之：

缉麻大龙潭　在城东南十五里角家营之右、悬女岩之左。潭分大小，大龙潭广十余亩，小龙潭广二三亩，内隔一堤，终年水清见底，深三五尺、一丈不等，游鱼最多。近年种荷其中，甚茂，花开时香风徐徐，凉爽清幽，甚可爱也。潭上石壁间有龙王庙，林木丛深，村人恒于此间避暑。潭口二，开沟引水，灌溉角家营田亩，颇获利赖。

六块龙潭　在城东十五里蒋家村左。广十亩，水源颇旺，六块为近城高原，田亩多资其灌溉焉。

大弥拖龙潭　在城东南六十里大弥拖村旁，该村饮水及灌溉田亩均赖之。

老误龙潭　在城东二十里老误村后，该村饮水及灌溉田亩均赖之。

鲁溪龙潭　在城北十里康宜迤家村前。小河中水源最大，鲁溪、南甸二村人于河中筑堤，开沟引水，灌二村田亩千余工。

撒马邑黑龙潭　在城东四十里山脚村右。广三亩，水源颇旺，灌溉田亩一千余工。

撒马邑白龙潭　在城东四十里撒马邑楂拉村下。距黑龙潭里许，广一亩，水源亦旺，灌溉田亩八九百工。

舍资村龙潭　在城北一百二十里第三西半区，距大舍资村五里。其水涌自石罅，四季清洁，舍资二村田亩多赖以灌溉。

动康龙潭　在城北一百二十里第三西半区，名蕨根龙潭。水源最大，动康、海幹、增能三村饮水及灌溉田亩皆赖之。

初皋大龙潭　在城东一百八十里第六下半区，距昔卡哩村五里，名初皋龙潭。水源最大，能灌溉粮田一千四百亩。清光绪七年，邑人李正起、许昌合力经营重筑，有记载《艺文》。

〔据许实纂修民国《禄劝县志》（民国十七年排印本）卷四《建置志·水利》第25－27页辑录。〕

玉溪市

（康熙）通海县志·地理志·湖口

卷三　地理志　湖口

历观各省郡邑富饶之区，其利多在山泽，独通湖利与害兼半，今兹土者不可不知长计也。湖之水，自落水洞伏流地中数十里，汇播溪江而去。其洞门累累离离，怪石参差，有直而峭者，有卧者，有蹲者，似人形，似虎豹，似玉笋，天生灵异，悚人心目。湖水尽从石缝潺涸，岁一多雨，湖盈没石。其门易淤，淤此一迳，周遭濒湖田千余顷，大半问诸水滨矣。斯湖也，河西辖其首，宁州辖其尾，通海辖其腹。旧制设水利老人一名，专司开浚。开浚之工，动宁州夫若干名，协济通海、河西。迩年湖水屡溢，穷民援例控诉，实心实政，引领循良，是疏湖口为一大关键也。谨志《湖口》。

湖　口　湖源出于河西之溶湖，即碌溪也。入通海界，荡漾宽阔，又纳各溪涧之水，湖势渐以洋湃，趋下落水洞一港而流，港中有土岛，若金鱼然。又有桥关锁，落水处怪石嶙峋，古所称神僧李畔富锡杖通之，所谓元窍也。杨仲琼咏："滔滔洪水一方愁，卓锡穿通入海流。在昔若无僧畔富，至今那得秀山幽。"

〔据魏荩臣修，阚祯兆纂康熙《通海县志》（《中国地方志集成·云南府县志辑27》，凤凰出版社2009年影印本）卷三《地理志·湖口》第10页辑录。〕

（乾隆）河西县志·食货志附水利

卷一　食货志附水利

普应溪、窑冲河龙潭、长河、白石玉龙潭、水磨村龙潭、古城龙潭、大龙潭、白龙寺龙潭、石壁村龙潭、九龙池龙潭、西乡白龙箐龙潭、碌溪河。

〔据董枢纂修乾隆《河西县志》（故宫博物院编《故宫珍本丛刊》第227册《云南府州县志》第2册，海南出版社2001年据清乾隆五十三年刻本影印）卷一《食货志附水利》第48页辑录。〕

（嘉庆）江川县志·水利志

卷十三　水利志

水利之兴，厚民生也，而国赋于是乎裕焉。江邑惟西山、海西、普妙之乡腴田最广，以源远流长，资其灌溉耳。其余或苦其源之细而泽不能周，或病其流之迅而涸可立待，非分渠以导之，立堰以蓄之，何以普美利于无穷。莅斯土者既排刷其壅障，复兴修其废坠，无非仰体圣天子讲求水利，粒我蒸民之至意焉尔。志《水利》。

两　河　《通志》名下河，发源不一，皆自古便前乾海子、滥沅箐之水，经鹦哥崖、竹园村一带，斜绕县治南，入星云湖。乾隆三十年，典史陈之瑛奉文开浚，复凿一道，引入城外之东北高处，名通济沟，俗名上沟。资水利者增二千余亩，里人建祠而尸祝焉。又一道名下沟，自黄营复与上沟分派引入城外，而南灌田亦多。又一道名沙沟，自江边村上洞引入城外西南。

东　河　《通志》名上河，发源关索岭，灌溉甚溥。南入星云湖，但水源短细，乾潦不常，下分湾河一道，灌田十数顷。

中　河　无发源水，左分东河之涓滴，右分西河之余派，出左卫，经大摆南，入星云湖。此水灌田无多，后中堤湮塞，几废耕。康熙十一年，知县张方起督民夫开浚，仍复旧址。旧《志》讹为阿花冲。

黑龙潭　在县西十里无洞后。灌溉西山田亩，名小河，流经土主庙等处，倘得筑归西河，其利尤多。《通志》载河花泉、六部溪源出绿龙山，即黑龙潭。小河以下之水。

冷水泉　在县西南六里。源出西山下，傍有冷水庙，流归总沟桥下，西南入星云湖。

温　泉　距城西南八里许。水微温，上巳日，邑人修褉于此。水亦流总沟桥下，西南入星云湖。邑令刘携云水性温，插秧日取旱江川沃壤也。

白龙潭　距城北十里。中有巨石，一人摇则动，众摇之反不动。灌大石关一带田亩，流归东河。

大龙潭　距城东北十里牛摩洞下。绕灌溉，东入抚仙湖。

小龙潭　在大龙潭之西。出泉处大小有五，灌田无几，东入抚仙湖。

息波龙潭　距城东北四十里。资灌溉，东入抚仙湖。

洛黑白龙潭　在九寨。利灌溉，西入新兴州。

华家营口龙潭　在普妙乡，灌田甚广。

大寨龙潭　在普妙乡。资灌溉，西入新兴州。

鸡富龙潭　其水自天生桥洞涌出，灌上截田甚溥。其下有小龙潭，生成名坎三道，水如喷珠，灌下截田，与大龙潭交会而入新兴州。

星云湖　东入抚仙湖，沿湖田亩资以引溉。

海　塘　在城东北大村，距城八里。太守来谦鸣筑，其始末在绘豳亭石碑。

西山龙洞　在城西南三十里双龙乡。地无活水，止有大小塘各区，岁久淤浅。雍正十三年，知府来谦鸣、知县罗弥素亲督人夫挖深塘底，加高堤埂，又以田土广阔，灌溉不数。复捐资于本村西山丰箐凿开龙洞，水流不竭，引灌上下二乡田，数千亩皆成沃壤。

甸头闸　在城北五里甸头乡。地无活水，惟大村之左旧有水塘一区，三面皆山，独缺西南，因堤闸不能积水。雍正十二年，知府来谦鸣、知县罗弥素捐筑堤坝，自北而南，长一百一十二丈，两傍植柳，并造石闸，因时启闭，灌田数千亩。

立昌堰　在城东北三十里。康熙九年，知县张方超自躲得岩导泉筑堰，灌田数十顷。

广济塘　在城西南三十里双龙乡。太守来谦鸣筑，岁久淤浅，知县刘携浚之。

北　塘　在城西北小石关，知县单乾元筑。

腾波坝　在普妙鸡窝。蓄水甚深，世资灌溉。

水　塘　在城东三里白塔营。知县单乾元筑，仅成其半，知县刘携续成之，碑立东山腾龙寺。

李家营塘 在城东三里。多山田，知县刘携拨民筑之。

张官营堰塘 在城东北三里。雍正十二年，知府来谦鸣、知县罗弥素兴筑上下四塘，工未竣。至乾隆二十五年，知县单乾元详请各宪终其事。灌溉田亩，多所裨益，《碑记》在绘豳亭。

〔据张维翰修，葛炜纂嘉庆《江川县志》（清光绪三十三年崔荣达校订本）卷十三《水利志》第1页辑录。〕

（道光）新平县志·水利志·河渠堤堰

卷三 水利志

民事以农桑为要务，而劝农之典，水利其首重也。新立邑于山之陬，凡诸河发源处，小民籍以引灌，行十余里则水势洼下，可耕之田率高而且远，不能资以灌溉，以故水利甚薄，大半都系石田不可耕，亦非人力之所能施。今为略述梗概，庶阅者知新平地广人稀、官民贫窭，厥故盖有由也。志《水利》。

河 渠

炼庄河 在城东九十里。源出胜郎山后，经罗吕乡山麓，灌溉炼庄田地。原属河西，后以道远，割归县辖。

洪本泉 在城西北一里。源出土官箐山顶，下流四引灌溉郊郭田，为利甚薄。乾隆三十三年，知县陈崑蓄泉源树木，以资庇荫，立龙王庙其侧，岁时享祀。

他拉箐 在城南二十里，即平甸河源。灌溉上、中、下他拉田，其下流经团山麓，北出为平甸河，亦曰襟带河。

登龙渠 在城西北禄库乡。

堤 堰

土官村堰 在城西北一里。障洪本泉，引灌土官村一带田。

小河坝 在城西二里永济桥上。障洪本泉，引灌者甸冈高处一带田。

阿谢堤 在城南三里大石坝。壅水灌田，东南利赖。

青龙坎 在城南五里。筑大坝，灌溉纳溪一带田。

水 龙 在城西南五里。甃石为龙，引团山水，由平甸河贯河而北下，而复上，灌溉城南一带田亩，居民按年修补。

龙王庙堤 在旧州归召乡。明隆庆六年，知州麦天惠筑。

六旖塘 在旧州岏嘌乡。

渺剌塘 亦在旧州岏嘌乡。

邦那圩 在旧州禄库乡。

〔据李诚纂修道光《新平县志》（民国三年排印本）卷三《水利志·河渠堤堰》第72页辑录。〕

（民国）新平县志·农政志·水利

卷三 农政志 水利

龙王庙堤 在旧州今为新化乡归兆乡。明隆庆六年，知州麦天惠筑。

六婻塘、渺剌塘 俱在旧州岏嶍乡。

邦那圩、登龙渠 俱在旧州禄库乡。

洪本泉 在城西北一里。源出土官箐一名古箐山顶，引灌四郊田亩，为利甚溥。清乾隆三十三年，知县陈崑于土官箐山蓄树木，以资庇荫。

土官箐堰 在城西北一里。障洪本泉，引灌土官箐一带田地。

小河坝 在城西一里永济桥上。障洪本泉，引灌者甸岗①高处一带田亩。多年被多冲去，至民国二年农会成立，三年由农会提倡重筑。

他拉河 在团山西。沿河开沟筑坝，引灌南宁里一带田亩，利莫大焉。

阿谢堤 在城西三里大石坝。壅水灌田，东南利赖。

青龙坎 在城南五里。筑大坝，灌溉纳溪一带田亩。

水龙沟 在城西南四里。甃石为龙，引团山水由平甸河贯河而北下，而复上灌溉城南一带田亩。年久失修，沙泥壅塞。清同治十三年，邑人张桂清、喻学孝、田蕙琳等重修。以上旧《志》。

大旗山俗名照壁山**水塘** 在城南十三里。上纳龙潭之水，潴满溢出，流灌南山一带田亩。年久沟道淤塞，民国三年由农会重修。

双　沟 在南区谷麻。其源发自帽盒山左箐中，引流灌田，延六十里至双沟街右山龙过峡处，两沟交会，从岩间流入墨江界，流数里后，开沟引流入新界，灌溉田亩无数。

南茂竜河流 在西区戛洒坝。其源四时滚流，坝内田亩藉资灌溉，并无旱乾之虞，其利甚钜。

〔据民国《新平县志》（民国二十二年石印本）卷之三《农政志·水利》第4辑录。〕

（道光）续修易门县志·建置志·水利

卷三 建置志 水利

分水闸 在大龙泉。建闸分水为三，以均灌溉，为万家乐利之源。旧《县志》。

南　沟 分大龙泉水南行，灌县治右一带田亩。明万历二十三年，知县余惟潭创开南沟，利赖无穷。塑像广积寺内祀之。旧《县志》。

北　沟 分大龙泉水北行，灌县治左一带田亩。旧《县志》。

---

① 者甸岗　道光《新平县志》卷三作“者甸冈”。

小北沟 在大龙泉县坊外。旧《县志》。

沙　坝 在城东二里。《云南府志》。

济川坝 在城南四会南较场后。潴小河水为坝，灌溉大小五会田亩，其利甚溥。乾隆间，邑进士董良材捐筑。嘉庆间，为大水倾坏，仅存遗址。旧《县志》。

西门坝 在中沟。旧《通志》。

刘官坝 在县东一里。蓄水御旱，今废。旧《县志》。

案：大龙泉水，人少潴蓄，偶遇亢旱，辄起争端。若于九会、梅花营、回龙寺、湾子、戴所等处相地筑堤，俱可停蓄。更于西会碾房下甃石为闸，每岁冬至前收水，次年立夏后开放。责成水长，专司其事，则旱不为灾，是在留心民瘼者。

杨惠坝 在城西五里分水闸下。旧《通志》。

北门坝 在北门外。旧《县志》。

大　坝 在城北二里。《云南府志》。

石　坝 在城北三里。《云南府志》。

曾所坝、叶家坝 俱在北沟。旧《通志》。

旧县官坝 在城北三十里。旧《通志》。

海子营坝塘 未详筑自何年，可灌田数百顷。《通志》。

〔据严廷珏纂修道光《续修易门县志》（梁耀武主编《玉溪地区旧志丛刊》，云南人民出版社1997年版）卷三《建置志·水利》第62页辑录。〕

（民国）元江志稿·地舆志·山川水利附

卷二　地舆志三　山川水利附

开礼社江 《采访》：礼社江上起磨沙，下抵河口，数百里间大小滩凡一百三十道。其险者三十一道，舟楫上下必须搬运者三道，曰普漂，曰长滩，曰大长滩，舟载重量不能过三千斤，而滩恶水湍，起运维艰，经商者咸深望洋之叹。清宣统三年，知州李荫秾搜罗县属绝产五千余金，乃募广匠购鱼雷开凿普漂、长滩及西劳三处，寻以反正，卒未成功。

清水河 旧《州志》：在南门外，一名香水河。土人筑坝十余处，西南田亩咸资灌溉焉，其利甚溥。

南淇河 旧《州志》：在城北十里，西北田亩赖之。

河　沟 《采访》：由清水河分流灌溉南门外田亩者：一溪腊沟，二绍叶沟，三头道沟，四龙潭沟，五三沟，六那正沟，七乌萨沟，八都朗小燕沟，九茄莫沟，十绿叶园沟，十一那洒沟，十二那乌雷沟。

由清水河分流灌溉西门外田亩者：一你迭沟，二西庄沟，三龙洞沟，四大沟，五中沟。由中沟分流而出者曰下沟。

由南淇河分流灌溉上坝田亩者：一红土坡沟，二漫费沟，三琳耶沟，四羔粮费沟。

由南淇河分流灌溉北门外田亩者：一漫样沟，二起腊沟，三麻子寨沟，四漫章那沟，五团树沟，六们线沟，七们驼沟。

由漫来冲分流灌溉西门外山脚田亩者：一漫来冲沟，二那哈沟。

由者戛冲分流灌溉江下一带田亩者：一者戛沟，二深沟。

由射底冲分流灌溉东门江外田亩者：一三家沟，二玉台寺沟，三哈遮沟，四划船寨沟，五漫林沟。

由二塘箐分流灌溉东门江外田亩者，曰热水塘沟。

夷仲渠　旧《州志》：在城西四十里，分溉田亩，明永乐年间开。《续云南通志稿》：分溉田亩，东至礼江。按：夷仲，《清一统志》《云南通志》均作仲夷，误。

〔据黄元直修，刘达武等纂民国《元江志稿》（民国十一年排印本）卷二《地舆志三·山川》第16页辑录。〕

红河州

（乾隆）弥勒州志·水利志

卷十三　水利志

《书》曰水润下，自然之性也，民生厚利赖之。弥勒水隍润峡，高下势殊，讲水利者较他郡倍难，其经营尤急，安得谓山农之区不与遂沟洫浍同利耶？比年筑堤停畜，浚凿分润，疏排壅障，约束汗漫，石田渐成沃壤，更得官斯土者因势利导，以妙通塞之用，斯恩波与水波共普膏泽，偕川泽俱长，其于圣天子诏兴水利，粒我蒸民，至意庶无负乎！志《水利》。

白马河　源出北倾山，会瀑布河，流东南灌溉。

息宰河　由构甸坝龙潭哨龙泉流漾平川数十里，上中伍村田亩胥赖润泽焉，下伍村山麓龙泉数处资溉。

阿当河　源出阿当哨龙潭，从山麓喷礴而出，东经大树村，流灌近郭西北田亩百余顷。至弥西汇白马河，溉被之广，兹河为最。

山金河　由蛇花口至弥东，汇白马河，牛背村大小路溪资以灌溉。

溯普龙泉　源出西山，灌村西一派田亩，汇息宰河入盘江。

拐甸龙泉　源出甸后山麓，灌甸前一派田亩，流入盘江。

山　湖　由红石岩流灌西郭田亩。

竹园村构甸坝　明万历四十三年，知州萧以裕、通判吴稼证开渠置坝，溉田五十余里。雍正元年，贡生杨峥筑石坝，开中沟。雍正十一年，知州张景澍开东西两沟，引水至息宰。雍正十三年，署州王纬捐俸筑东西沟头两处石坝，水源愈大，上中下伍村田亩均受其利。

朱公坝　城南六十里甸头界。明州同朱召南筑。

李公坝　城西七里阿当哨。明万历间，知州李启筑，资灌田亩，引入泮池。

丁家坝　城西南七十里十八寨东南乡。明万历间，知府陈忠筑。今圮，复修，不无有济。

〔据秦仁等纂修，傅腾蛟等增订乾隆《弥勒州志》（清乾隆四年刻本）卷十三《水利志》第1页辑录。〕

（乾隆）广西府志·水利志

卷十三　水利志

民生自然之利，得人乃兴。郡自先守陈公筑永惠坝，近廓悉成膏腴，渠通京局，厥利甚溥。至雷鸣田土，涧溪山脉，蓄泄得宜，皆可有济。独幅员岁多水患，屡议疏凿，迄无成功。有裁成天地者起，俾数十里平原不为泽国，民将不可胜食矣。志《水利》。

永惠坝　在城西四里。万历二十一年，知府陈忠捐俸修筑，灌田千顷，一郡衣食之源。天启年间，知府高梁楷易石增修。罗合白山水泛涨，西子河冲为两截，公下砌石壁，上接水枧以渡水，而利赖始续。东子河日久崩塌，坝闸多圮。康熙三年，知府万裕祚修堤坝，新开河道，有记。

西龙坝　在城西三十里。知府辜用琥、陈忠相继修筑。康熙九年，知府万裕祚重修。

广利坝　在城东七里江头村。万历三十八年，知府张光宇筑。水源较西差高，知府万裕祚顺其势而利导之，有碣。

宁黑勒坝　在城西北三十里。监生赵株筑，将圮。康熙八年，知府万裕祚重筑。

鱼喇黑坝　在城北四十里。康熙九年，知府万裕祚重筑。

矣厦坝　在城西六十里。康熙九年，知府万裕祚重筑。今旋筑旋圮。

新庄坝　在城西六十里。旋修旋圮，乾隆元年复修，又圮。

集兴坝　在城西六十里。康熙九年，知府万裕祚重修。

摆来坝　在城西三十里。康熙八年，知府万裕祚修。

按：永惠坝筑自明太守陈公忠，为郡之利溥矣。第四面皆山，海水无尾闾之泄，夏秋水泛，桑田成海。涨以旦夕，消以岁月，水之为害，不又大矣哉！故老云：海梢有眼数十，皆以泄水，惟泛涨则不及速干耳。若水落则海眼可寻，集人疏通，前有行之者，开一年可免三年之涝。曾著为功令，每年春间委员督率居民沿海者及各田主，一为淘浚。海眼通鬯，宣泄便利，诚因势利导之方也。又有言：渔户利水养鱼，取木成排，漂塞海眼。令刻期水涨以取渔利，为害甚巨，禁之不可不严。其他凿山开海之说，在昔亦曾试之，无效。想今人之志远胜古人，亦未可量也。

师　宗

柳　堤　在南门外，久圮。康熙四年，知州陈憻复筑，河仍壅滞。十年，知州韩维一、吏目张继茂重筑，引通源洞水，东流入城。

大河口坝

洋旧坝

额勒坝

弥　勒

李公坝　在州西二十里。李启筑，引水入学池。

朱公坝　在州南六十里甸头界。明知州朱召南修筑。

构甸坝　在州南六十里。明万历四十三年，知州萧以裕、通判吴稼登重筑。

十八寨屯坝　知府陈忠重筑。

〔据周埰纂修乾隆《广西府志》（清乾隆四年刻本）卷十三《水利志》第1页辑录。〕

曲靖市

（道光）宣威州志·关津志·水利

卷二　关津志　水利

乾隆三十年，州牧王锡缙重修阿龙坝。四十三年，州牧饶梦铭修东海子中、边二沟。

嘉庆十九年，州牧张槐重修阿龙坝、五福桥、太和桥。二十四年，州牧岳辉文倡修河堤，自板桥迄大屯，六十余里。

〔据刘沛霖修，朱光鼎纂道光《宣威州志》（清道光二十四年刻本）卷二《关津志·水利》第20页辑录。〕

（民国）陆良县志稿·赋税志·水利

卷二　赋税志　水利

新　坝　治东五里许白石江中有大石坝一道，明天启时舟东村朱冠三修于澈河坝，清雍正时折移下流十里修筑，推广水利，故有新坝之名。今归公有，置河头村人司闸启闭，灌溉民田。每年秋收，凡放水处皆宜出租，诚地方水利之大要也。

舟东村水租四斗。小舟东水租四斗。杨家坝水租二斗五升。老埂村虾子沟大村子水租共一石六斗。三七分水租八斗。马路塘水租六斗二升半。沙沟限水租八斗。青堆子水租一斗五升。喇撒沟水租九斗五升。周吴二台子水租三斗六升。保家圩水租二斗五升。河岩上水租六斗二升半。太家坝水租一石二斗五升。赵家沟水租一石六斗。纪家坡水租四斗五升。普济寺水租二斗五升。高庙村水租二斗。酒浆村水租二斗五升。大泼树水租三斗。史家坟水租一斗六升。冯家村水租四升。新发村水租一斗。沟尾坝水租一石二斗五升。

以上二十三村，共水租谷十三石零六升。外有三岔子、郭家圩等村水租十石零一斗五升，系提与河头管坝人等收作工食。

〔据刘润畴修，俞赓唐纂民国《陆良县志稿》（民国四年石印本）卷二《赋税志·水利》第34页辑录。〕

（乾隆）霑益州志·水利志

卷二　水利志

万民之命系于耕，万世之利系于水。大禹自导河积石而力不遗沟洫，盖必源流巨细兼治，而后盛绩可垂于不朽。《书》曰："予决九川，距四海，浚畎浍距川。"涸则资其利，溢则防其害。讲水利者大指不出乎此。霑邑东西北三路多无源之田，南路地卑，往往浸没，欲使无源者享灌溉之益，易浸者免泛滥之虞，因势利导之功，可不讲之于素乎？志《水利》。

沙　河　在城东五里。饶灌溉之利，但河高田下，堤塍易圮，岁资修浚。

交　河　在城东门外。源出花山洞，由白浪三川，经松林境北，田亩咸资灌溉。至天生坝，分为东西二渠，东流微弱，至大觉寺而竭。西流则蜿蜒二十余里，北经黑桥，南趋太平桥，纳玉光村溪水，又纳沙河水，环抱城郭，至梅家闸，与腊溪合，城南北三乡八伍二铺田亩，咸资灌溉。阖州水利，莫广于此。闸下五里许，即南宁县界，会白石、潇湘二水，趋桥头，过陆凉，入大池江。

双河坝　在城西南二十里，即腊溪上流也。一出半个箐，一出烟子冲，会于新桥，灌溉田亩。

腊　溪　在城西。源出凤凰山，流二十余里，随流引灌为二坝。至城南梅家闸，与交河合流，入南宁县界。

扯补龙潭　在城东十五里东山后。水出山腹，引灌十里。

角家乡龙潭　在城东二十五里，引灌三乡田。

海家龙潭　在城东南二十里海家地。二源并出，大雨时，一清一浊，东西资其灌溉。

大龙潭　在城东北五里。旁有小龙潭，水出较盛，分灌东北一带田亩。

天生坝　在交河上流，瀑布三叠。明天启间，总兵杨禄开东西二渠。

羊场七坝　在城东南九十里，灌羊场一带田。

西闸坝　在城南十里，引新桥水灌溉十三屯田。本朝康熙二十六年，州民张仲等建，后州民韩继正增修。

黑蛇坝　在城南十五里交河下流。

擦耳石坝　在城西南十里。引灌州西田，流入新桥闸。

交水坝　在城北平蛮乡。

铜车坝　在城北三十里松林驿南，引块卜溪水灌田。

来远坝　在城北八十五里，灌来远铺田。

沙河三闸　在城东五里，灌东郊田。

梅家闸　在城东南十里，交河、腊溪二水至此合流入南宁。明宣德间，千户梅用建闸，以时启闭，至今无异。

新桥闸　在城南十里，双河水会此。

〔据王秉韬纂修乾隆《霑益州志》（故宫博物院编《故宫珍本丛刊》第227册《云南府州县志》第2册，海南出版社2001年据清乾隆三十五年刻本影印）卷二《水利志》第24页辑录。〕

（民国）霑益县志稿·水利

卷五　水利

曲靖坝串圩排水渠纪要

水利范围至不一也，必须研究各地之山川，考察历年之事实，斟酌尽当，而后工程不虚，公私交利。否则徒糜国帑，耗民力，终无裨于民生。

南盘江之行于曲靖、霑益，其最大之平原，曰曲霑坝。南北长一百二十里，东西宽三十余里，所谓平原澮澮，堪称沃野者也。因其地势平衍，坡度不大，农民于开发之始，民仅就江之两岸随水位高下各筑堤坊，划分田亩，聚族而居。并未经过整个勘测。积年既久，村落繁多，各以地别，更将前之界址并加高，昔日之堤逐渐扩大圈堤为圩，故合坝农村，多居于各圩之中。对于江之正幹，则任其渐次淤垫，不事疏凿。所不利者，东西两山各有山河二三，每岁雨季，常挟砂砾、土壤横冲江中。有时山洪暴发，其奔腾之势往往截阻江流，莫能倾泄。若遇圩堤薄弱者，则泛滥成灾，而田禾被淹。农民因畏洪水为害，不得不取田间泥土增高圩堤，年复一年，江底则渐淤渐高，圩田则渐挖渐低。

及今二年来，政府屡派测量队实地勘测，始知新得结果，江底已高过低田数尺。故在民十八时，曾发动民夫于中段较浅之处，挖深江底之工作。又以江之出口有天车坝等处，多系石龙过江，中流乱石嵯峨，一路横梗，江水常为所阻，故又有轰炸石江底之工作。经此一番，江流较前自易排矣。不意人力之大仍远逊于水力，所有正当山河入江一带，方逾一年，江底又冲淤复原，原江流又被阻而逆之北上，而演成溃圩堤、淹禾苗之灾矣。人民连年报灾，政府亦数次分派员疏导，但仅知照例开河，水害终未得免者，以未悉四大横河之年必淤积，与未察合坝之地势也。

原此平原南稍低，北稍高，相差仅三丈余。较诸嘉利泽与抚仙湖等四周倾斜已不相同，且其他田坝有形似釜者，有形似箕者。其水之停潴，由于出水口被阻耳，只将阻水之地凿之使低，水可顺流，水利即见。此一田坝，形实似舟，不惟大部平坦，而中部田亩尚有反低于江底者，况又圩堤如蛛网，到处可以阻水。迨至近年，江水虽可自由排出，而各圩积水非用人力戽出不可，故至去岁，已有少数以人力维艰而代以抽水机者矣。

三十二年，政府因鉴疏凿嘉利泽成功，曾令南盘江水利工程处先以凿深江底为防洪工程，及建筑石闸为灌溉工程，竟将串圩排水渠计划置之最末。耗费国币数万万，地方未沾利益，议者始知其工程未符地方情实，续请举办串圩。惜于抗战军兴，无暇兼顾，暂时中止。今当胜利，已获百废俱兴，吾曲霑两县人士，欲兴水利当于此，加之意焉。

考此计划之倡，实自前清光绪时，有善人张肇基者，曾邀曲靖之五屯圩与霑之吕家屯绅首合力举办，奈以创自私人，未得官方补助而止。故至三十二年，地方邑人何非择地方之意，编入工程计划中，当道以事属创见，未肯深信，姑准试办。旋经地方送请，乃改派水利工程处长浦某实行勘测，前将其缘由略纪如下：

查合坝圩名约有百余，其沿东西两山者约占半数，地势既高，每年雨季，不惟不受水灾，而其余剩之水，常顺次流入沿江两岸各圩。江岸各圩以其田底低于江底，故积水之害无法排泄。又据历年受灾实情，其为江水淤没者，须二十年偶见一次，而受灾之圩亦只二三年。若夫积水之害，则仅一二年，必有十圩以上田禾被淹，其受灾时间又常在初秋雨多谷将成熟之际，幸而自北而南，各圩相连，甲圩常较乙圩为高，各圩之间仅隔一埂。两圩之间，每有涵洞与水沟，就往常习惯，往往有乙圩乏水，而引甲圩之水以洒秧者，故往时地方父老早有此项计划，拟由北段低田起首，顺次而甲而乙而丙而丁等，递连而下，相其高度，互通涵洞一道，除去江山高田外，约计江东江西应行串通之圩，共五十有三，所置涵洞共五十五道，其口径之差，则居起首者，较小约直径一中尺，居中部者渐大，须直径尺五，推至总出口，不过直径二尺许。此一出口在越州下桥，此处住于盘江下段，江底较之圩田高于五尺以上，江流有声，大异于中段之江底高而田底低也。每年虽在雨季江水涨时，亦只急流而下，决无逆流入圩之患。故此工程告成之后，上圩需水时，自可闭洞以蓄之，上圩水多时，即可启洞以泄水，一年四季常无积水之害，则今之仅可种稻者，更可增种豆之利。此中较为麻烦者，以各圩中虽原有水沟，然据测量之时，有不在一线之上，有须另开新沟，此尚须地方绅首向各田主征购。又上截之沟为交渠，至中截则为干渠，渠所经过有须贯穿山河者，则须就其下方筑成暗洞，工程较大，故此项工程惟各道涵洞须由工匠包办，所购水渠田亩须出价，应先筹定的款。至于开沟工作，尽可就受益田亩轮派。

谚云："清水流一道，浊水流一道。"此渠通后，盘江之水自有旧道可行，各圩积水又有排水渠可行，自此清浊攸分，互不相妨，只须管理得人，启闭以时，自可水害永除，地方永承丰登。此实曲霑两县根本大计，不可不多方倡导，俾人民普遍了解水利之真谛也。

据公路工程石方估计，每直径__涵洞一座，需石__方；以二十道计需石__方。

又直径__一座，需石__方，以十道计，需石__方。

总计所需石料之价格约在__。若以炸石江底，所费加之建闸费用，尚殆尤过之，倘能由银行贷款，劳费一度即可解决百年水害。

曲靖轩家山水利纪要

拖（扯）布龙潭，发源霑属挖耳龙潭村东北之小东山，为曲、霑两属之轩家山等村十余里灌溉水源所出。昔因沟道远而易塞，于潭外筑石坝一以蓄水，沿流架卷槽四十八以通水，灌溉稻未能周。至明洪武二年，有轩曹两先辈见而惜之，乃舍阴阳二宅之象鼻岭，截脉开沟，各村水利得以贯通。

原东山之腹素通阴河（俗名地河），其水自北向东南而去，所有东山百余里山麓，大小龙潭十余之水量，古今识者皆谓系由此地河渗漏而成，并非真有龙在也。行至此间横生石岩高十余丈，于高约三丈处开一石洞，水自洞口喷出，形若素练悬空，故以扯布名之。此处连生三潭，北曰挖耳，其流不大，润其周之田园。西曰估起，只灌宋、王二堡。东曰扯布，流量较大，凡轩家山附近各村同资其利。亦各人之头然，水由口出，天然以达四肢，获利已百余年矣。

近有挖耳龙潭村人，忽将潭口之天棚石用炮炸下，填塞潭口，将水位提高，阻由鼻孔而出，再由两腮开沟，截转脑后，图为水利之用，奈水势趋下，其出口既阻，自须反还阴河而去，不唯水利不兴，而流量反较往日减缩，竟致轩家山几成旱地矣。幸于民国三十年，公请霑益、曲靖县长张、冯会勘，判准开挖三公尺，以通水利，惟以国难方殷，人民力竭，未能即时疏凿。特志大概，以待将来。

〔据霑益县文献委员会编纂民国《霑益县志稿》（霑益县档案馆整理，昆明市五华区教委印刷厂2012年内部印刷）卷五《水利交通邮电》第156页辑录。〕

（民国）霑益县志稿·乡镇志料·水利

（民国）霑益县凤翔镇志料·水利

孙家大坝 在李官坟东二里，长三丈余，高二丈余。民国三十一年，县长杨用和前民众自卫预备大队长张季平借县立中学基金伍千元，组织凤翔镇水利工程处兴筑此坝。是年三月动工，十一月停工，耗民工三千余，凿子沟一条，由坝起经凤翔村至石坝止，引灌十余里。沿岸植柳树三千余株，惟迄今尚未完成。

小下坡、老马场、新马场三村间有荒海一个，长七里，阔二三里，面积数千亩。民国三十五年春初，前任大队长张季平，镇长张肖哲、张学鲁及地方绅民等，遵照中央命令，发动义务劳动，集合全镇民工开垦，经时三月余，子沟落成，但未种植。

石　坝 在石坝村东半里许，长五丈许，高丈余。民国三十一年，张季平倡修，率众加高此坝，引灌十里许，田千余亩，获利甚宏。

霑益县志炎方镇志料·水利

民国三十年冬，霑益县长杨正礼，聘同水文站朱站长莅炎勘测炎方、新屯间之小桥海子，组建炎方镇水利工程处，镇长兼处长，下设工程、文书、会计三组，借县中基金三千元作建闸及一切开支。耗民工千余，海中主河及山麓子沟、石闸完成，收益拟赔县中基金三千元外，提作教育经费。因县长更换，迄未获利，殊堪痛惜。

西河人秦昆于民国三十一年筑石坝一道于村前河中，引灌五十余亩。

民国三十五年，炎方胡天寿倡修村前架河，未成功。

民国三十年，新屯杜开臣倡修村前河道，未成功。

霑益县松韶乡志资料·水利

来远坝 在城北八五里，灌来远铺田。见《州志》。

大河石坝 在松韶关北五里许。长丈许，高八尺。民国三十三年，公民陈礼文、李顺文等发动民工建筑，灌附近水田百余亩。

大海子闸塘 在松韶关东五里。深五尺，长十余丈，周三里许。民国三十三年，陈学槐等率建。积水灌田，获利甚厚。

大树屯、虾子湾石坝 在村东五华里盘江上。长五丈，高二丈，灌附近水田百余亩。自华惠渠成功后，建新坝一座于此坝上流数丈，亢旱之年，水被新坝截堵，致成旱灾。

迤堵石坝 在黑老湾村西半里。长三丈，高一丈，灌溉迤堵附近水田数千亩。此坝系丁星文、丁辅文、丁德普三人倡建。黑老湾时遭此坝堵水成灾。

大、小兴所石坝 在梁王寨村西。长里许，高二丈，工程浩大。灌溉大、小兴所、龙凤村水田千余亩。

白浪河沿河 在下德湾、小川、上白浪、折湾各有古石坝一道。下二道，高各六尺，宽四丈。上二道，高一丈二尺，宽二丈。灌溉沿河一带水田，居民赖以生活。

霑益县方城乡志料·水利

交水坝 在县城北平蛮乡。见《州志》。

铜车坝 在县城北三十里松林村南。见《州志》。

大土坝 在营掌上村前盘江上。每年立夏前后，由城方桥、郭家屯、晏家营、营掌上四村居民同建，高二丈，长七丈。传闻此坝始自天启年间，水够即毁，年年如是。相沿迄今引灌处五村田三千余亩。邑人本年拟建石闸于此。

大兴所村前有石闸一道，建自天启元年，系城方桥、郭家屯、营掌上三村共筑。因水量小，不敷分配，相继每年建大土坝于下流营掌上村前。

华惠渠 由小东湾开渠引水，经本乡施家屯、李家屯、宣化屯、山河坡等村，以河坝未就，尚未获利。

滚水坝 在胡家屯村西盘江上。高一丈，宽五丈，引灌施家屯、松林、李家屯等村水田三千余亩，此坝系以上三村合建。

双石闸 在李家屯村西二里。高一丈，宽一丈六尺，接收滚水坝水，引灌李家屯、松林水田三千余亩，亦由施家屯、李家屯、松林三村合建。灌溉后，退闸放水，由上闸直入大河。

霑益县德威乡志料·水利

耕系万民之命，水系万世之利。大禹治水导河，不遗余力，而功垂永久，盛绩可传。讲水利者，因势利导，无源者，享灌溉之利，易浸者，免泛滥之虞。志本乡《水利》。

德威河，自耕德入境，饶水利，富灌溉。马街子下有响坝二道，一以灌溉块乌田，一以灌溉新庄田。沿河新庄村前有新旧坝二道，灌溉新庄及黑夷村田。秧田冲、春门口、黄龙洞各有坝一道，计坝七道，引灌农田数千亩，水沃田肥，农产特富，为德威乡产米区。

章溪南四里德溪，有坝一道，引灌半里田四十余亩。

本年，耕德村民于村北二里龙谭（潭）冲口筑坝塘，耗工银五十万元，未成功。

其它多系旱坝，妥乐江河身甚低，无法引灌。

霑益县乐泽乡志料·水利

哈盆沟龙潭水流至坝口，马连升于此处凿沟一条，长八里。由半山将水引入村内，灌溉颇广，惜仅遗旧址。今水由山脚凿小沟灌入古沟，曲绕村西南，天旱仅灌溉所有田三分之一。

民国三十三年，桂希荣倡建闸塘二于卡郎村北三里。二塘相连，可灌溉田三百余亩。

德泽小河两岸凿有子沟，灌溉颇广。

霑益县亮泉乡志料·水利附闸坝

布里村土城一带，自摆沙发源小河，流至阿舌箐被谭家坝阻，河身淤高，田低，暴涨时水漫圩而入田，汪洋一片，水田百余亩被害，秧苗无法栽插者二十余矣。

新庄村南二里有闸塘，闸埂高二丈余，长十余丈。四周山水截积塘内，引灌新庄水田四分之三，约三百余亩。

新庄官坝　在村东里许。高长各丈余，引灌水田五十余亩。

新庄秧田坝　在村西半里。高五尺许，长丈余，引灌秧田十余亩。

阿舌箐村前有谭家坝，高长各二丈余，引灌秧田、稻田五十余亩。

兔街子村南里许有新坝，高一丈五尺，长四丈余。道光年建，引灌三里余，田六十余亩。

新　闸　在张安屯村前河中。高二丈，长五丈余，引灌张安屯、河湾、田盆、田官屯、晏官屯、黄家冲等村水田二百余亩。嘉靖年，邑人武庠生张希北、张旺北及乡饮孟希孔、绅士田万荣等倡建。

天生坝　在河湾村左河中。自然生成石埂一道，似坝，稍加人工修理，即可引灌田亩。

潘家坝　在烟子冲村北里许。高丈余，长二丈余，引灌二里余，田十余亩。

戴家坝　在戴家嘴子村南。高三丈余，长二丈许，引灌半里，田八亩余。

坝塘河　在侯家嘴村脚。高一丈五尺，长三丈，引灌里许，田十余亩。

张家坝　在威格村东二里。高一丈五尺，长四丈余，引灌五里余，田三十余亩。

大河坝　在徐家湾。高丈许，长五丈许，引灌六里许，田五十余亩。

龙家坝　在阮桥村东半里。高一丈五尺，长五丈余，引灌二里许。

平阳坝　在平阳地村前。高丈许，长四丈余，引灌里许。

石羊坝　在石羊村前。高丈许，长六丈许，引灌西平镇双河一带田。

打河坝　在红瓦房村东二里。相连二道，第一道属石羊，引灌石羊一带水田。第二道引灌高家寺、扯寨一带水田，二坝引灌均长三里许。亢旱之年，高家寺、石羊居民争水，时起纠纷。

霑益县仁和乡志料·水利

色格石坝　在色格村东六里。民国二十二年，色格王占廷捐资倡建，高丈余，长三丈余，将水截堵灌溉色格田三分之二。水沟长五里余，每年春季均整修一次，其水终年不乾。

蛤蟆洞石坝　在色格村南河上。高二丈余，长七丈余，水沟长十余里，灌溉蛤蟆洞、小洞、小赤章等村一带全部水田。大旱之年，水量稍不敷，终年不涸，每年春季，修坝沟一次。此坝光绪年张鹏九、柯士文倡建。

〔据霑益县文献委员会编纂民国《霑益县志稿》（霑益县档案馆整理，昆明市五华区教委印刷厂 2012 年内部印刷）《乡镇志料·水利》第 285－392 页辑录。〕

文山州

（民国）广南县志·农政志·水利

卷五　农政志　水利

广南附郭无大河流，其资以为灌溉者，只小河数条，春末亢旱，滴水如金。昔人鉴于泉水艰难，故掘塘以蓄水源，筑坝以资灌溉，年久失修，日见阻塞。田畴千顷，专待天雨，雨水稀少之年，辄有歉收之忧，水利之不讲，亦已久矣。农村破败，谁之咎哉？

承恩塘　在县城内西北隅。广数十亩许，蓄水以备缓急，引流以资灌溉。清嘉庆五年建万寿宫于其上，塘因此得名，又名古浮。按：此塘今虽照常蓄水，已无灌溉之益，自拨归建设局经管，租与农人养鱼种茭，年收其利，若非农人取其底泥以为肥料，至今日恐已淤为平地。

观音塘　在县城内东北隅。旧建观音阁于塘中，故名。后渐淤塞，清嘉庆年知府宋湘率士民拓之，仍复古制。近日面积日见缩小，租与民间养鱼，非复昔日蓄水以备旱荒之本意矣。

清渠塘　在县城北里许，又名龙王塘。今已淤塞。

催耕塘　又名古劳塘，在县城东一里。清嘉庆二十年，知府宋湘悯东无水，率民开凿，汪洋可爱，灌溉实多。今已渐就淤塞，蓄水不多，每年春末农民租之为秧田，秧针新绿，已非昔日汪洋可爱之景象。

洗马池　又名古蚌塘，在县城西里许。清嘉庆二十一年，知府宋湘率民开掘，清泉涌出，治西之田多受润焉。近已渐次淤塞，全无灌溉之益。民国七八年间曾经浚淘一次，而施工太少，不能恢复原状，近已变为秧田，与催耕塘一律收秧租。

东注塘　在县城东三里万寿寺前。方广数亩，风景清幽，昔人于塘中建小亭，来往以船，塘中种荷，当荷花开时，为郡人避暑胜地。亭已早圮，塘渐淤塞，今已划分为田租，与农人种稻种茭，而收其租矣。

按：广南岗阜起伏，无天然水源以资灌溉，昔人掘塘蓄水，具有深意。上列各塘，乃多方考究，就地势以兴工，非漫不经心而开掘者。承恩、龙王二塘灌溉北外之田，催耕、东注二塘灌溉东外之田，洗马池则灌溉南外之田，使诸塘仍可蓄水，以备荒旱。广南田畴千顷，何忧于旱魃，乃图锱铢之租息，或泄水以撒秧，或区分以为田，贪小利而受实祸，此之谓也。

城南石闸　县治四周无泉，惟城南有八达小河，冬春不雨，则民食水涓滴维艰。采石建闸，以时蓄泄，万家生齿，于是乎无渴竭之患矣。今圮。

广裕泉头坝

广惠泉二坝

接水沟

富民塘

城东石坝

城南石坝

广裕泉头坝，在县城东北二十里外邑练沟。广惠泉二坝，在东北二十里。那海沟，由头坝旁导水山腰五里至二坝，由二坝旁导水山腰一里许至接石沟，又二里许至富民塘，又二里许至长倍寨，又四里至坝撇寨，又二里至乾塘子，又一里许至东城外石坝，又三里曲绕至南城外官菜园，又一里许入八达小河。石闸上建石坝，不独灌东南北一带田亩，并供一郡居民汲饮。以上并清道光二十八年冬，署知府李熙龄筹款兴工，次年春工竣。今已尽圮。

按：广南地势东北高而西南低，自东北引岜练沟水以达西南，地势尚称适宜，惟岜练沟水源不大，导之行二三十里，沿途多属沙土，容易漏落，未达城南已浸尽。民国初年，曾一度兴修，后以工程浩大，功未尽竣而中辍。又，先辈人对于水利可谓费尽心力，除岜练沟外，又修筑分水岭。分水岭在县城北三十里，其水北流，昔人欲导之使南流经附郭，当时计议以为水源在此，塞其北而凿其南，水自然南向。据故老相传，当修筑时，水已自凿口源源而出，惟其流不大，不足满人意，乃凿之使宽，欲水大量流出，殊知凿口一宽，水量不惟不大，反点滴俱无，仍照旧北流。其出口较旧时更低，至此已无法施治，只归诸天意而已，当时不知空气压力之理，故白劳而无功。

那糯石坝 清光绪年间为王姓所筑，坝筑于那糯河上流，蓄水使深，导之入沟以灌田。需用沟水者，以田之大小而定其息，大约田一里须沟谷五十斤。民国初年圮，后那糯寨民集资重筑。

能达水沟 波妈河自罗汉山南流，两旁尽为田亩外，七棚一带之田概须此河灌溉。农民于上流引河水入沟，引沟水入田，凡须用沟水者仍纳沟谷。

板郎水沟 西洋江自板郎山穿山而出，其地势略高，农民于此处引水入沟。左右各一沟水甚大，终年不涸，沿江而下数十里，灌田数千亩，故克林一带之田，水旱无忧。全县得水利者以此为最。

红坡石坝 八达河有二源，为山溪水所集成。其一自坝东来，其一自拿博右侧，经后红坡而来。农民于后红坡筑坝以蓄水，引来入沟，随河而下，南外之田多数受其灌溉。惟水流不大，蓄水无多，春末往往尽涸，非至雨水发不能得其益。

此外，滨河之地，往往引河水入沟以灌田，如北乡滨土黄河、董任河等处之居民，是惟其沟不长，灌者无多，且不通力合作，故无大效。其有岸高水深，不能引河水以入沟者，则用龙骨车以抽水，或用人力以灌水。其法笨甚，二人共用一桶，双方系以绳，共站于岸上，以桶舀水倒于田中，一起一落，用力多而功少。亦有利用水性，用自动水车者，其车形如纺车而大，周围系以竹筒，水流一冲，其车自转，所系之竹筒即舀水随车而起，竹筒升至顶，水自然倒于田中。此法虽不用人力，而舀水不多，长时间始能灌溉一亩。

〔据佚名纂民国《广南县志》（《中国地方志集成·云南府县志辑44》，凤凰出版社2009年据民国二十三年稿本影印）卷五《农政志·水利》第344－351页辑录。〕

（民国）马关县志·建设志·引水入城

卷二　建设志　引水入城

马白饮水 源出海龙山，距城六里有余，经松毛寨太阳坡流入附郭田中，居民就田汲饮，殊嫌不洁。民国四年，公举刘作樑为经理，以石为槽，接笋合盖，高者台之，低者埋之。水既入街，复砌井蓄之，清洁便用，利莫大焉。计费工银六百余元，乃小卡漏规之所出也。岁久失修，水槽罅漏，不但污秽浸淆，且复槽断流绝，涸渴之苦时所难免。二十年冬，县长张公自明目击民苦，亲勘水源，以为饮水关系卫生，洁污判乎文野，急宜讲求，以符新政。乃拨坝地匪案罚金滇纸三千，复谕县城用水民众捐功德七千余元，以为治水经费，委左进思、李兆成、刘作樑、李家祧、张天源等经理其事，筑滤水池以清其源，烧陶瓦管以固其流，择适当之地分砌五井，以便汲用。功绩期诸永久，设计务求精密，行见马白市上遍涌清流，源源而来，滔滔不绝，饮濯之惠未可忘也。另有碑志，以垂不朽。

〔据张自明纂修民国《马关县志》（民国二十一年石印本）卷二《建设志》第10页辑录。〕

（民国）邱北县志·建置志·水利

第二册　建置志　水利

神禹治洪水，平成克奏，万世永赖其功；隋炀开运河，咨怨时闻，至今犹享其利。大抵浩大工程，非有果毅之力，不足永观厥成。邱北荒芜最多，泉源不少，倘有人起而凌治之，将万顷青畴咸知泽足，千箱玉粒屡庆丰年，易硗旷为膏腴，未始非一邑之幸福耶。

清水江

清水江出旧城龙潭，水分三路，中河出旧州大坝心，经桥头、水寨、阿拐、大新寨、万松山、锁水岛、当水、当古、牛布迭、必宗旧、鲁布桥等寨，流出广南界之纳赛、法白，至邑东之石别小坝，达总名清水江，灌溉万顷良田。左经旧城、新城、象鼻山，水分三派：曰上沟，运横山、大栗树，交矣堵龙潭，灌田数百亩；曰中沟，运马厂、八角山等处，溉田数百亩；曰下沟，渡过石枧，流入对岸阿路白、老虎冲、阿诺等寨，灌田数百亩。右水分涧河外马头山、小新寨，灌田数百亩。

摆落河至打磨山有石坝一道，旁开一沟，运水小湾塘、小龙树、新沟、二道桥、团坡等寨，归落水洞。夏秋水涨，众流自西顺山脚入桥头大河。

正河出茶花沟，交落水洞，灌田数百亩。

腻那革龙潭经村后，出二道沟寨左至坝心。

斗母大山腰龙潭，由二道沟寨右边至坝心，三水交流入山洞，伏流二里许，出大龙潭寨右边流棠梨树，交响水小河，至大勒哨之天生坝，顺河而下。

左大勒哨上寨龙潭，运田数百亩，归正河。

右龙潭坡龙潭，獭猫硐。运田数百亩，交龙王庙龙潭，绕中寨房后，灌数百亩秧田，过黄庄老虎山，溉田千余亩。

正中河流至小箐头岔河，分派经窑辇房及田心、白泥井、宝山营、八达哨等寨，至大龙山，汇那黑龙潭、麦地冲龙潭、白泥井等寨水，下经豹子坡、白脸山、渔坝山，交布宜阿诺河，出老虎冲、阿路白、新城，汇归旧州清水江，流桥头、水寨而下，溉田数千亩。

叶香河在曰者乡，无泉源，惟天雨受各山溪水，沟浍皆盈，由木打白、丫堵淹至街心。乾隆三十八年，邑庠缪绅开改此河，造桥通路，复引坝水入丹山塘一带，长十余里，挹注南亩，名曰雷响田。

桥背水大石坝系竹园张珗、海秀同筑，由新城象鼻山之腹凿通，引水过枧对岸，灌溉数十余寨田亩。全县工程，惟此最大，共用万余金。

兴患坝在打磨山，系竹园人张姓筑。

小黑箐沟水溉秧田数百亩，至小桂革汇滥泥冲龙潭及诸箐水，分溉阿勒卡、新旧老寨、花桂、腊八至必宗，交入清水江，溉田数千余亩。

锅底嶆水头河源出本村，道经光歇、大小文诰、花桂、石磨、石藕、石葵、石硐、六常、六峨、坝达、蚌革、补萝、纳施、坝稿、石别等寨，汇交清水江。

宜必河源出山后，道经雨桃，灌田数百亩，过石葵里许，交入水头河。

得托河源出丁响村，灌纳别、坝郎、干板田、令冲新老寨、纳烘、得托等田，汇交水头河。

以上三河，就其灌溉多而源流远者录之，他若补萝河，源出项纳，道经土库房、补萝两寨。再若坝干河、革王河、弄劳河、南尾河，流源不远，所润无多，从略。

榆柳井在西城内实业所右侧榆柳二树间。其水清冽，烹茶味佳，供西半城饮。

古柏井在东关外龙神祠前。旁有古柏一株，其水最旺，供东半城饮。

落水洞西北尾闾，其水能落，亦能出。当水落时，村人取鱼为业，至五六月水咽不及，由洞涨起，遍地汪洋，渡无舟楫，行人苦之。

普革河发源于大箐，流经小邑、普革、戈必、纳赛、绿湾，至平坦村脚，落入洞中。

者旦河有二源，一在布玉，一在五嶆太平庄，俱向北流，至草皮会折而东行，至坝腊落于洞中。

凤尾河发源于凤尾山麓，其水清碧，北区河水以此为巨。据该处土人传说，谓是普革河与者旦河潜流至此涌出，然此河纵亢旱，水势如故，而普革河每至春夏，河水不绝如缕，者旦河其流亦细，是此河别有来源。河水东流至平寨山后，有支流来汇，折向北流，至师宗地，经红湾、林黑、蚌别，入混水江。平寨河有南北两源，北源发于盐井，南源发于小花桂，流经纸厂、脚家箐，至于平寨，与北流会合，向西北流，交入凤尾河。

白脸山之北下六寨有混水江支流自五嶆来，至矣土，流经补克、渭那底，入师宗界。

旧城等村水坝及上沟、中沟、下沟水利

邱城西旧城龙潭一穴，水泉洋溢，顺流成渠。清乾隆九年，旧城、新城、山北、桥头、水寨、马头山六寨民一百二十户，捐资筑坝，公举乡民张布深充当坝长，专司修筑，坝长二里许。乾隆十三年工竣，将龙潭水横引入沟，由旧城道流入新城一带，地土开垦成田。旋因水尾泄入青龙山旁，灌水洞内，水多田少，弃之无用。当时山北、横山、北门三寨居民三十户，于青龙山嘴，土名象鼻子处开挖小沟，引水绕过山嘴，流横山等处，陆续开垦田亩，藉资灌溉，是为中沟。乾隆三十五年，阿迷州学附生王钺、建水县民王恒等相度地势，可以凿洞引灌，因与山北、矣堵、大栗树三寨居民四十户议定，得水田熟均分。遂向原建坝沟之百二十户恳让余水，原仍就沟增高开阔，由山岩凿洞，水由洞腹流出归中沟，将水分作三分，一分归入横山中沟，二分另开一沟，引至山北等处垦灌田地，是为上沟。乾隆四十一年，王瑶等因见水尚有余，与阿诺、漆田、阿路白三寨居

民五十六户议定，引水开田，复于上中两沟引水，石洞上首另穿一洞，于沟旁开挖支沟，引水入洞穿山，山后架木枧入沟，流归阿诺等处溉田，是为下沟。当王瑶等凿洞修沟之时，曾议帮助上沟王钺等沟费，俟沟枧告成，各得沟水，无庸帮助，则应帮费遂即中止，以致王钺等于乾隆四十四年诉，经前邱北分县钮公勘断，上中下三沟各得沟水，各溉田亩，各沟水道原属无损，惟王瑶等原议帮沟摊费中止，亦不足以服上中两沟众之心，随饬由阿诺、漆田、阿路白五十户公摊，制钱八十千捐助文庙工程。王钺等始遵判无异议。[①] 并断饬于总沟处用石安设水平，将水分作十分，以三分归下沟，由洞引归阿诺、漆田、阿路白等处，其七分断归上中二沟，由洞引过山后，再于分流处安设水平，以二分半入中沟，引归横山，四分半入上沟，引归山北、矣堵、大栗树等处。嗣后老坝并总沟遇有损坏，新旧沟户按照得水分数，摊工公同修理，如用工本一两，老坝百二十户摊银二钱，下沟五十六户摊银二钱四分，上沟八十户摊银三钱六分，中沟三十户摊银二钱。其各沟遇有应修浚时，各照本沟田亩多寡，按亩摊工，各立头人专司其事，两造遵断发给执照。嗣王瑶等下沟木枧年久朽坏，于乾隆五十年王瑶等集股改造石枧，至今名为桥背水。每股捐银五十两，计五十四股，共用银二千八百两。系见乾隆四十四年邱北分县钮给上沟八十户执照，乾隆五十九年修西沟石枧碑记钞文可考。

境内诸水，惟清水江最大，利亦甚溥。经邑丞钮公开浚疏通，由新旧城等寨而下，灌溉数万亩良田，复绘图垂久，功德在民，宜邱人至今尸祝。惜年久游塞，概成陷泥。又开八达哨河，长十余里，功亏一篑，以卸任去。今河道已平当，当夏秋之交，雨多水溢，汪洋泽国，渡无舟楫，行人每兴望洋之叹，虽屡议开疏事辄中止。大水无定性，有利有害，害除利兴，亦在人力有以转移之，当事尚其审诸。

〔据缪云章纂民国《邱北县志》（民国十五年石印本）第二册《建置部·水利》第24－28页辑录。〕

（民国）富州县志·农政志·水利

第十二　农政志　水利

富县地处极边，位居高原，岗峦起伏，山多田少，水利一项，只就其天然形势，稍事引导，便可灌溉农田，此沟洫之利用也。而者桑、剥隘等处，或有田位稍高者，制用水车，以竹制成，形如车轮，以石揠堵小河激水，旋车轮入农田，此工具之利用也。他如湖沼池塘，素不足称，水道河流泉源狭小，只有剥隘小河尚可航驶小舟，往来广西百色运输货物，此交通之利用也。惟沿途滩险甚多，冬乾水竭，时有梗阻。至于因水力而用电器，输新法以培农产，浚河流以利交通，尤待极力整理焉。

〔据甘汝棠纂修民国《富州县志》（民国二十一年油印本）第十二《农政志·水利》第76页辑录。〕

---

① 异议　原本无，据上下文意补。

昭通市

（宣统）恩安县志·城池志附水利

卷三　城池志附水利

《通志》载昭通灌溉，不乏流泉，此就初辟时言之也。夫昭初辟之初，林木荫翳，四野荒芜，在夷人只知刀耕火种，即奉拨居民与自来报垦力者，寥寥数百户，需水无几，稍为蓄泄，可资灌溉。近则地辟民稠，田多水少。查官建之闸坝与民间自凿之堤堰，不为不多，而旱涝无虞者仅十分之六，尤见水利之经营为此地急务，是所望于有心沟洫者。

大龙洞水　昭郡第一源泉也，知县余昇[1]创修外闸于始，历十余年，知县沈生遴复建内闸于后，上下灌田万余亩。

头道沟水　乾隆十六年，知县郑景建闸于美峰下，灌本境田。

波罗闸水　乾隆十六年，知县郑景修置，泄灌南北分沟之田。

龙洞汛箐水　泉流较细，村民二十八户捐资建闸，蓄水成渠，灌沿河之田。

小龙洞水　流入广东河，经芦柴冲注牛角湾大闸，灌上田二千余亩，下济八仙营、乾河、天梯炉、红山口田二千余亩。

八家寨龙潭　乡民就两山夹际凿堰，灌本冲田三百余亩。

荒冲龙潭　发源于冲头，乡民分筑两堰，灌本冲田三百余亩。

自古乐河　源出大水塘，由马龙村西折二道辕门至大闸。

长冲泉水　一水分流东西，乡民相聚挖塘，蓄泄皆有济。

锦屏箐水　源远流长，乡民附山门水，下至皮匠街，归旧圃溪。

漾子沟水　发源六花峰诸山冲内，直下灌山前陆地，改田千余亩。

白石冲水　源出札木林，流入布戛抵落水洞，乡民随河建闸。

擦拉河水　自大闸流出，灌闸下田五百余亩。又会红山口、坌河之水，出永安桥，连灌补乌口、自发村一带田二千余亩。至容津桥，又会利济河水，归旧圃，灌田万余亩。

利济河水　发源大龙洞，流入五马海，下抵天梯，出容津桥，会擦拉河水，灌田万余亩。

八仙海水　无如牛角湾大闸，以为灌溉。

秃委河水　距城南十里，资凤凰山大闸之水灌溉。

元宝山闸水　距城南三里，灌田万余亩。

淄泥沟　来自水塘坝，注凤凰山大闸。

新泽沟　在城外西北隅。引水入城，以供汲饮，并灌西南两角之田。

擦拉岔河　资红山口横闸之水。

团山龙潭　在城西波罗曲闸，灌本村田四百余亩。

洒渔河水　此水仅灌沿河附岸之田，其余高阜之处，乡民迤逦凿塘九十余口，至今

---

① 余昇　民国《昭通志稿》卷二《食货志·水利》作“俞昇”。

高伐得济。

居乐河 原出古寨，会布初小黑箐之水，灌瓜寨田二百余亩，下灌本冲田五百余亩。南、西、北转会洒渔水，出小乌蒙。

冷水河 原出老树箐，流入弓背河，会洒渔河。

新阳门龙潭 发源如龙山凹，村民连建两闸，灌田三百余亩。

二道崖水 源出大火地箐中，西下北转，灌田千余亩。

白脸岩水 出自本山，灌本村五百余亩。

乐丰坝 源出本村，本村田亩资灌溉。

白坡坝 收铁马寨、新阳门之水灌溉。

天梯三道沟 有灌溉。

象鼻岭闸 乾隆二十四年，知府郑廷建修，有灌溉。

恩邑之水有二，其自北顺流而西而南者，出城北龙洞；其自南顺流而西而北者，出鲁甸之大黑山，二水交会于高鲁，归洒渔河，经大关老李渡，出蜀江。查大龙洞尤为乡城灌饮特需之水经，虽前人已于洞下迎建两闸，而局势犹隘，容水有限，更宜开凿深阔。至沿河而下，再择陆地加建数闸，以收闲时散漫细流，即遇旱期，而西北田亩灌溉无忧。且上满则下溢，城南一隅得分余润。引水入城之故，缘城势地属高燥，掘井无水。在建城时，已于城内设立蓄水池六处，分注供汲，至今仅存其二。近来虽设有水长看伺，每遇城内水涸，必差役率众，寻流溯源，疏抉壅塞，直抵龙洞，致有停延二三日，而市廛乏水者。不如于利济河分入官沟处酌建一闸，较定乎水，令其自流入城，昼夜不舍。将城内蓄水四处旧塘，按其基址，仍复开建，俾水之入城者，诸蓄有余，曲西而南，出涵洞会月芽塘，归凤凰闸。不但城内军民多备无患，而郭外田畴亦有济焉。此所谓昭郡第一要策也。

〔据汪炳谦纂修宣统《恩安县志》（《中国地方志集成·云南府县志辑5》，凤凰出版社2009年据清宣统三年钞本影印）卷三《城池志附水利》第158－168页辑录。〕

（民国）昭通志稿·食货志·水利

卷二　食货志　水利

水利为农政之要端，民食之命源。古时洪水既平，即从事于川浍。成周定制，沟洫与井田并重，设匠人以治之，置稻人以掌之，稼穑登而民食乃足。是以史迁有《河渠书》，班固为《沟洫志》，盖以地理为经，水道为纬，且地理有定，水之迁徙无常，班书所以另列沟洫焉，顾河自天设，而渠则人为。大禹尽力于沟洫，稷始得播种五谷。此所谓水利是也。昭境地势平衍，河道纵横，东北水少而常苦旱，西南水多而屡被灾。前人建闸设堰，棋布星罗，法制尽善，故旱潦无虞。迨回乱后，良田悉改种鸦片，遂致闸坝废弛，河道失修，近年灾荒迭见。水利之兴，诚不容缓。兹特载各闸坝修浚沿革，俾有志沟洫者以资考镜云耳。志《水利》。

大龙洞内外二闸 内曰盈济，旧《志》：乾隆九年知县俞昇建。《会典》：乾隆七年，准建龙洞大闸，嘉庆十六年，知县欧阳道瀛重修。外曰广储。旧《志》：乾隆二十二年，知县沈生遴建，嘉庆十三年，知县王禹甸重修大闸及利济河，至道光十四年，知府隆泰倡捐重修。查沈公各闸坝条规载，新增大闸原取储水充足，以济旧闸不敷之义。凡值栽插之际，或雨泽愆期，许头人等赴县禀请开放，始执旗往命闸夫启板，待水下完，即将板全上，再为积聚，以免后来缺乏，致碍秧水也。至于盈济，原取盈满下流。在前旧闸已足分灌，今田亩既多，毋许轻放内闸。倘遇旱年缺水，惟许先开广储。若仍不敷分用，许再开盈济，俾得及时栽插。此乃循环接续之义，凡上下田户俱宜永远遵行。又，若遇大雨时行，山水暴注，则责成闸夫启板二三块，宣泄涨潦。倘非普例，需水田户等若自行开放以便一己之私者，查出罚银十两作修闸费。闸夫不行拦阻及循私者，重责不贷。光绪二十六年，知府张赓飏倡捐重修，宣统元年，知府张鉴清续修，俱有碑记。未竣工而中止，至民国三年，县长洪念江、县绅谢文英、蒋应澍、迟兴周提倡修浚，县绅李劲风、迟兴周各捐银千两为经费，并由十八道坝农田按亩出工，设水利局，以公举蒋绅应澍为局长，并各界人员轮流督工。拟定办事细则呈报省长立案，即于是年冬动工，至四年秋已将闸底挑浚数尺，南北堤埂俱次第补筑，以及正西石堤、马路石堤、滚水坝等石工亦将完竣。蒋绅时膺国会议员赴京，洪公交卸，继任钱良驷县长复委张国樑为局长，继续修理。嗣因军事发生，暂行停止。冬季复开工督修，至七年秋，闸工已完十分之七八，时因昭境歉收，又值军兴，各轮派工之款俱观望不缴，因而辍止。八年，昭郡筹设工赈局，以工代赈，疏浚利济河，乃将北面土堤补筑，及修隄外泻水小沟。十年冬，工赈告竣，公举谢文英、迟兴周为水利局长，杨履谦为坐办，即将闸口及未完工程培补坚实，即行关闸储水，以资利济河十八轮田亩栽插。拟定启闭时间、岁修简章立案，但外闸虽已竣工，内闸尚须修浚。规复沈公旧制，以收循环接济之效，俾乾旱无虞，是所望于我昭之热心公益者。

利济河分为十八道坝，轮流灌溉，每岁农暇时，分段修浚，谨将其顺流者列后：

惠济闸 在城北二十里喜歌寨。乾隆二十二年，知县沈生遴建，储蓄龙洞闸余水，以备五马海、跌马寨[①]等田亩之栽插，取惠及邻田之义。见《条规》。

普济闸 在新衙门，修建年月同上。灌溉小柏坡、鸦姑海等田亩。见《条规》。

三济闸 在双金门，即官坝。总束龙洞以下各闸之水，由河东官沟引水入三多塘、上下堰塘，以备阖城汲饮，并分灌西南菜园与附郭田亩，余则备利济河沿岸田亩之栽插，此为昭郡最重要之水利。雇闸夫一名，居住闸旁，拨给养赡田亩，专司其事，随时巡视，使城内三塘之水无缺。见《条规》。嘉庆十三年，知县王禹甸重修石坝、官沟。光绪二十六年，知府张赓飏续修。民国八年，工赈局培修闸坝、官沟。近归水利局管理。

通济闸 在城西石头塘。下分蓄利济河水，备高墙院、望城坡等田亩之栽插。隄埂系通衢大道，易致损坏，规定每年秋收后，该管田户岁修。见《条规》。

康阜闸 在城西荷花塘。此为腊居寨、天梯等田亩栽插、灌溉之闸。见《条规》。

留余闸 在城南凤凰山下。灌溉凤凰山、母鹿寨、龙山寨、普麦寨等田亩，为附郭众流所归，一郡之关锁。周约十余里，堤埂长一百四十余丈。恩波楼建于堤上，藉以障蔽南方火星，且作蓄水溉田之用，故雇闸夫专管，按年培修堤埂，植柳保护，勿令倒塌。见《条规》。

以上各闸，俱乾隆二三年知县沈生遴建，拟定条规，刊板颁发各乡农民遵守。迄今百七十余年，各闸已多废弛，条规亦无存者，仅凤凰山刘姓收藏一本，借阅传钞，始悉前贤创建经营之善。于公之勤政爱民，尽力农事，可想见也。

斯仁塘 在城南四十里，又名得胜塘，为昭、鲁两属间交界发源。鲁甸之都噜、马鹿沟二水交合于牛头寨，沿大石桥、柳树闸至板板房流入昭通境，出得胜桥至擦拉闸会桃源河，为擦拉河。因地势低洼，汇为湖塘，周三十余里，淹没良田数万亩。先年有落水洞在湖中，水有消泄，故田土肥沃。后被逆回将洞阻塞，水势散漫，遂为南西两乡大

---

① 跌马寨 宣统《恩安县志》卷三《城池志附水利》作“铁马寨”。

害，迨回乱平定，落水洞已无从寻觅矣。先是，湖口、得胜桥上下，在未改流时即筑有大堤一道，以束水势，使塘水由桥下流出，俾免洪水暴涨淹没田地，伤损禾稼。乾隆二十三年，鲁人以水涨漫田，纠众毁堤，拆去桥梁。昭人恐以邻为壑，出面阻之。廪生李周被鲁人王安太戳毙，讼累迄嘉庆二十一年省宪檄府同恩、鲁两属长官、绅粮会勘，饬令修复堤、石桥，流配王安太于广西，定案。上下河道，昭鲁人民分段岁修，至二十五年始将隄、桥修复，立碑志之。至咸同间回乱，桥毁。光绪六年，知县荣昭重建石桥，更名斯仁，并疏浚河道。见《通志》。二十一年，知府龙文以工代赈，修理各河道闸坝，增建石桥一洞以泄水，其害稍减。嗣因上下河道多年未修，良田仍遭淹没，至宣统二年，鲁人欲毁堤，知县姚佐清率同西南乡绅民前往据案力争，始获保全。癸亥春，鲁人约文武官吏会议，即欲毁闸，县长符廷铨察其害甚大，坚执不可，其谋遂阻。姚、符二公之功，皆以斯塘为不朽矣。

擦拉闸 在城南三十里土洞洞。《会典事例》：雍正十三年议准开凿，恩安、鲁甸、擦拉诸河建闸，以资蓄泄。乾隆十六年，知县郑景建石闸一座。道光三十年，知县傅公重修。光绪六年，知府吴怡、知县荣昭重修。至二十一年，知府龙文以工代赈续修，并增建石坝，及鲁甸河、黄消沟增建石桥一洞。该闸现已淤高，其蓄水无多。鲁甸河泄水边沟早已废弛，河水入闸致沙泥逐年淤垫，近刻收归学校管理。

擦拉河 自擦拉闸起至受禄桥，会利济河水为高鲁大河，由老鸦岩入洒渔河，计长五十四里。旧制分三大段岁修，上段自擦拉闸至祖家坝止，中段自祖家坝至高鲁桥止，下段自高鲁桥至老鸦岩止。各甲农田按亩出工，自正月十六日起，同时修浚。傅公于道光三十年署县，察访民间疾苦，于马厂水患尤得其详，即捐廉数百金为之修理。咸丰元年，复捐数十金打河尾天生石坝，河道阻塞，复行修浚，定为章程。上自擦拉闸，下至马厂河，东西受淹田地，令民每亩出工二个以疏通之。咸丰十年，知县孙公委河工经管四人，照傅公旧章修理，以旧圃街后海子河为全河大患，谕令每亩出银一钱，购买大沙坝民田为积沙圩，于河口打滚水石坝一道，以免沙石冲下阻塞大河。并于都吉开新河一节防止沙石，下段之害始除。同治四年，知府王栋莅任，禀请重修。每亩出工一个，河东加半个，土修赶马大路。范李冯、双合甲农民抗不到工，镇军杨盛宗亲往踏勘，命提二甲首人重究，始将全河疏通，较傅公时为愈。是秋，增谷数千石。规定岁修章程，勒碑以记之。光绪五年，知县荣昭重修，有碑，大致："禁开山场，以免沙泥淤塞，有碍河道。凡有高岩深谷，一律封禁，永远不准再行开挖，倘有不遵，仍蹈故辙者，一经查出，定即从严重惩不贷。本县沐雨栉风，心力俱悴，无非为民兴利。该绅粮等各宜凛遵勿违。"光绪二十一年，知府龙文以工代赈，将三段全河修浚。宣统三年，知府陈先沅、知县姚佐清贷积谷于民，全河一律疏浚。

查昭之南乡簸箕湾一带有田数圩，若遇大水涨漫即不能出，盖其地低洼，与武营公田、黑泥地等同受其害。自民国十三年春，县长符廷铨与西南乡绅民提议，另开支河三十里直达老鸦岩，与高鲁大河并行，稍减水势。其年虽遇大雨，亦未漫淹。百年之患，一朝而出，后之人可长享其利也。

以上为昭郡水利之最有关系者，其余闸坝沟渠尚多，谨列表如左：

云南昭通县闸坝、沟渠一览表

名　称	所在地	创修年月	修建人姓名	灌溉亩数	附　记
波罗闸	边箐	乾隆十六年	知县郑景	6000 余亩	已废。光绪二十八年，知府张赓飏委县绅林鹤亭修理，因岁歉停工，急待修理以资灌溉
葫芦闸	葫芦坪	乾隆十六年	知县郑景	4800 余亩	已废。久被该乡农人霸种，尚待清理修复
郑公闸	象鼻岭	乾隆二十四年	知府郑廷建	4500 亩	已废。现归自治讲习所收租经管
李子湾闸	李子湾	乾隆七年		300 余亩	已废。见《大清会典事例》
水塘坝闸	水塘坝	乾隆七年		500 余亩	《会典事例》：乾隆七年建，嘉庆二十年乡人王、毛等姓重修。多年荒废，现归自治传习所经管
元宝闸	元宝山	乾隆十六年	知县郑景建，嘉庆二十五年知县俞公重修	1500 亩	已被锈水浸入荒废。周围均为附近农民侵占种植多年，尚待清理
懒坝闸	白泥井	嘉庆十八年	李姓建	300 余亩	现存
菱角闸	中乾河	嘉庆六十八年	张范两姓建	650 亩	现存。以产菱角得名
马柜闸	下乾河	乾隆十六年	范刘李何周等十姓公建	600 余亩	现存。前被李姓开种，该处农人以公共蓄水之闸具控李姓侵占，判归学校管理
双包闸	海眼池	乾隆四十五年	张姓建	700 余亩	现存
蚂蝗闸	二坪寨	乾隆二十四年	周耿两姓同建	1200 亩	现存。灌溉二坪、寨上、瓦窑等农田
太平闸	太平寨	乾隆二十四年	知府郑廷建	2300 亩	已废。原系夷村，后为中营兵丁屯田之闸，下有洗马塘，在上瓦窑
龙洞汛闸	龙洞汛	乾隆四十五年	村民捐资公建，蓄韭菜坪箐水	2600 亩	已废。闸下水田概改陆地，种苞谷
张家闸	曹家梁子	道光二十六年	县绅张景发捐资建	1200 余亩	现存
七家寨闸	七家寨	道光元年	村民林张两姓同建	1200 亩	光绪初年，县绅林鹤亭捐资重修，现存
红泥闸	西溪噜	嘉庆十六年	知县欧阳道瀛及村民耿张等姓公建	1500 亩	现存。下有井泉、龙王庙
铁龙山闸	石厂	乾隆十六年	知县郑景建	500 余亩	现存
袁家大闸	旧圃场	乾隆三十七年	陈俊英建，后售与袁姓	800 余亩	现已荒废。闸水由旧圃街直下，为大河要害
利济河十八道坝	上起龙洞闸，下至高鲁桥	雍正十二年	知府徐德裕	灌溉沿河田地万余亩	现存。旧《云南通志》：利济河旧无闸坝，难于积水，发帑修建石坝，以资蓄泄
新泽坝	即官坝	雍正十年	知府徐德裕	由新泽沟引水入城，潴为利济池，以供汲饮	现存。见前二济闸

续 表

名 称	所在地	创修年月	修建人姓名	灌溉亩数	附 记
天生坝	老鸦岩二道桥下	乾隆二年 道光三十年	知县俞昇创建 知府傅公续修	灌溉黄家桥、史家硐、么居块等处田3000余亩	该坝建于高鲁河下流两山之中，坚固异常，历百余年如旧，故曰天生。现只岁修东西小沟，利益冠于全县
丰乐坝	下洒渔河铁锅汛	乾隆二年	知县俞昇建	300余亩	现存。在铁锅汛后
柏坡坝	大柏坡	乾隆二十五年	知县沈生遴	600余亩	蓄新衙门、得马寨箐水，灌溉柏塘等田亩
高家坝	高家营	光绪五年	乡人高姓建	2000余亩	该坝系明桥暗坝，为昭鲁大河之害。中下段农民屡讼不已。至民国八年工赈局绅李劲风往勘，始将坝底拆低
大沙坝	旧圃街	咸丰十年	知县孙公建		各甲农民捐资购该处田地为积沙圩，建滚水石坝一道以卫大河，防止后海子砂石入高鲁大河。前因坝倒塌，民国八年工赈局重修
狮子山石坝	袁家闸左	民国八年	工赈局、绅商各界捐资公建		因大沙坝距大河太近，常有沙石阻塞之患，特于狮子山重建石坝一道以防止之，其患始已
冷水河坝	弓背河	雍正十二年	乡民公建	600余亩	源出老林箐，至弓背河，入洒渔河，现存
团山坝	波罗曲	乾隆二年	知县俞昇建	300余亩	蓄小龙潭水，灌波罗曲山田，现存
洒渔河坝	高山寨	乾隆二年	知县俞昇建	15000亩	乾隆七年，议准洒渔河开沟建闸，以资蓄泄，灌溉民田。由高山寨开沟，下至清明谷止，长二十八里
下洒渔官沟	由高山寨起至火烧寨止	乾隆二年 咸丰元年	知县俞昇创建 知府傅公重修		因年久失修，至傅公莅任，亲往督修。沟深八尺，沟口一丈二尺，底宽八尺。规定春初各段岁修，违者重究，其利甚溥
头道沟	美人峰下	乾隆十六年	知县郑景建	450亩	已废
漾子沟	新街〔衙〕门	道光三十年	知县傅公建	1200余亩	蓄六花峰箐水、新衙门龙泉灌溉山田。“回乱”后已废。总兵杨盛宗重修未竣，现待修理
新泽沟	即官沟	雍正十一年 乾隆二十五年	知府徐德裕 知县沈生遴	引入三多塘及上下堰塘，供汲饮，灌西南附郭田。	见《会典事例》
分济沟	即下中沟	乾隆二十五年	知县沈生遴	灌西南附郭田及菜园1600余亩	由大石桥坝达小石桥，转十五户至恩波楼，入凤凰河，现存
天梯沟	腊鸡寨	雍正十一年	知府徐德裕	分利济河水灌凤凰山前田1000余亩	现存。见旧《云南通志》

续 表

名　称	所在地	创修年月	修建人姓名	灌溉亩数	附　记
二道沟	母鹿寨	雍正十一年	知府徐德裕	600 余亩	现存
三道沟	孔家营	雍正十一年	知府徐德裕	1000 余亩	现存
八仙海渠	八仙营	雍正五年	知府陆世宣	1000 余亩	见旧《云南通志》，已废
荒冲渠	又名龙泉冲青草坪	乾隆二十五年	郡人李应元	500 余亩	
省耕塘	城东北隅	雍正十年	总兵徐成贞	2400 亩	旧为营兵屯田之闸，回乱后始归民有。工程坚实，现尚如旧。徐公成贞有《省耕塘序》，及总镇杨旭复建碑
石头塘	西城外	乾隆二十五年	知县沈生遴	600 余亩	现存。闸埂倾塌已甚
荷花塘	望城坡	乾隆二十五年	知县沈生遴	300 余亩	魏也野先生隐居于此，先年产荷最多，近已荒芜
月芽塘	南门外	雍正十二年	知府徐德裕	2000 余亩	旧制南方火星并蓄秧水，现归水利局管理

〔据符廷铨、蒋应澍总纂，杨履乾编辑民国《昭通志稿》（民国十三年排印本）卷二《食货志·水利》第 41－49 页辑录。〕

（民国）昭通县志稿·农政志·水利

卷五　农政志　水利

昔大禹治水，尽力沟洫，以杀九河之势，而奏平成之功，故终夏之世，不闻河水为患，盖即水利之权舆也。昭自改土后，西、南均属泽国，迭经贤有司等先后倡议，设堰置坝，开沟导流，故灌溉便利，农事以兴。事详旧《志》，兹不赘叙。入民国后，地方官绅之开浚塘堰沟洫者不乏其人，且其事功亦不让于前贤，兹分述之，俾后世饮水思源，藉资考镜焉。

龙洞大闸　民国三年，县长洪念江，邑绅蒋应澍、谢文英、迟兴周等，以北一区龙洞大闸经历年淤塞，闸底填高，以致蓄水不丰，遇栽插之际，秧水每苦缺乏，有碍农稼，乃提议筹措经费，从事开浚。得县绅李劲风、迟兴周急公好义，共捐助银二千两，又由利济河经过农田享受水分者，按亩出工。举蒋应澍为局长，设水利局于城隍庙，分派职员，轮流督修。于三年冬初动工，因闸面寥阔，工程浩大，至四年秋末，仅将闸底挑浚二三尺，闸西石堤、马路石堤、滚水坝及南北堤埂各土石工程完成一半，嗣以蒋应澍应国会议员之选赴京，洪念江亦卸职，由继任县长钱良驷委任张国樑为局长，赓续开修。适以五、六两年发生军事，或作或辍，直至七年秋间，始完闸工十分之八，其余未完工程，旋以八年歉收，款无可筹，救荒未暇，延至十年赈济完竣，改举杨履谦为坐办，始将全闸工程完毕。盖时经数年，煞费经营，用费甚钜，均出于民。慨夫当日谋画出力者，如洪、蒋、谢、杨诸公，慨捐钜资者，如李、迟二君，均已先后物故。抚今思昔，既痛逝者，尤念生哲，昭人能不崇德纪功以报之耶！

利济河闸坝 民国八年，大饥，绅士李劲风等请设工赈局筹措巨款，以工代赈，疏浚河道及闸坝，于三月初兴工，分头进行至四月底始告厥功。计疏浚利济河轮水十八道坝，下至高鲁河及小龙洞河后海子大沙坝，袁家山、狮子山石坝一道，俾河水畅流，无溃隄之虞，闸坝坚实，有灌溉之便。虽需费甚钜，能于整顿水利之中，而寓拯救饥民之意，诚一举数善之要策也。

龙公河 民国十三年，西南区河道因荒山沙泥被雨水冲刷，淤塞河身，致河床填高，附近圩田日益低洼，一遇雨水，有入无出。主席龙公志洲（舟）适因事回昭，目击情形，倡议修浚，首捐洋一千元以作兴工经费。自簸箕湾起至老鸦岩止，沿高鲁河另开新河一道，河身宽、深均各六尺，共长约三十里。计自十三年春，县长符公廷铨监督兴工，指导有方，督修得力，甫四阅月而工竣。先是龙公慨捐之款，因工程浩大，所费不赀，复由该区有田土者按工捐洋数角，共捐获洋一千六百余元，始蒇全功。昭人归功龙公，故名曰龙公河焉。

观音寺荒田 民国十九年，驻昭团长安恩溥关心民瘼，以南区观音寺十余里平畴被水淹没，以成巨浸，荒芜可惜，遂倡议筹措经费，创设昭通民众实业股份有限公司。首事筑埂导河，俾水旁泻，继则从事开垦，招佃耕种，共得沃田二千余工。盖安公倡导之功，与地方绅耆赞化之力也。经过事实，另详《垦殖》门。

昭鲁大河 民国十九年，团长安恩溥于开垦观音寺荒田之际，复注意附近河道，以南区查拏河及下流高鲁河，均年久失修，为患甚钜，且昭鲁两县亦因河流关系，彼放此阻，迭兴讼端，争持有年。乃于是年八月召集昭鲁绅民会议，经众表决，赞许修浚。因此举系解除昭鲁两县水患，因统名曰昭鲁大河，会议后即据情呈准主席龙，承委团长安恩溥兼督办，昭鲁两县长汤祚、窦家骅兼会办，当于二十年一月二日召集昭鲁官绅，在昭宣誓就职，设立昭鲁水利工程处于实业公司内，拟定昭鲁两县共同工作计划，分三个步骤：第一步系测量上流水量，及计划下流河道宽深之处，悉照预定计划查照旧日派工成法，挑浚河身；第二步系修浚昭鲁沿河圩田、内河，增加围埂，开挖大沙坝，使圩田之水得以宣泄；第三步系凿深老鸦岩过江石峡，及酌量开放查拏河上段石桥及海底石，使鲁甸之水得以畅泄下流。照此步骤，次第进行。至其昭地实施工作，分为五段修理：第一段自海边起至祖家坝止，委经理何本智督修；第二段自祖家坝至高鲁桥止，委经理涂孝芬督修；第三段自高鲁桥起至高家营止，委经理马世泽督修；第四段自高家营起至杜家桥止，委经理曹勋培督修；第五段自杜家桥起至黄家坝止，委经理李旭阳督修。嗣以四、五两段间有石龙横江，两岸石峡嶙峋，中流大石横阻，厚而且长，开凿甚难，不似他处纯系土岸者可比，特定名为老鸦岩石工段，加委经理张本钧负责开凿。均自二月七日起，先后开始兴工，所需经费来源，除由省政府补助，及地方提拨外，其大宗款项，系由各乡直接、间接享受该河利益者，分别普通、特别二类，按照田亩工数，派捐出工，有资出资，无资出力。其普通受益者，每工折价五角，地每升种折价一元。特别受益者，又分特等、甲等、乙等三项，特等田每工折价五元、甲等三元、乙等一元，约可收入田亩工捐数万元，收费虽多，因工程浩繁，用费亦钜。但在田亩捐未收之先，系由实业公司先行借垫镍洋四万元藉资应用，此项借款至今尚未填还。计自二月经始，历六阅月已告结束。复经去、今两岁修补，工已将竣。其详情另有专书，兹不备载。迄今日，西、南两区一带水淹洼田，悉得栽种，即遇大雨亦无浸漶之虞。造福桑梓，增加农产，厥功匪浅矣。

〔据卢金锡总纂，杨履乾、包鸣泉编辑民国《昭通县志稿》（民国二十七年排印本）卷四《农政志·水利》第5-9页辑录。〕

（光绪）镇雄州志·水利志

卷三　水利志

周官治水，遂人主乡遂，匠人主都鄙，稻人则职田间潴蓄、防止沟荡、遂均浍泻诸事，以故田皆膏腴，旱涝无虞，后世水利之地，泻卤收至亩钟，效可睹也。镇洛甸诸水，或奔腾输泻数道合流，或漫涣逶迤一源独注。大概缘崖触石，出没于山谷间，非能如离堆、白渠之饶，然欧阳永叔作《唐书·地理志》，凡一渠一堰之立无不记之，亦以见农业所系非可忽已。州境土虽鲜衍沃，而缘崖垦亩，随山平田，或筑坝通洫，或转车度枧，支分派衍，畎浍经营渐见，徂隰徂畛，芟柞耕耘之美，顾沟溪细流灌溉难周，则禁曲防专水利为急务矣。志《水利》。

汜洛河　城东五里。源出乌通山，后流绕上坝、平坝、阿黑关、鲁家沙坝、枧槽田、果家河诸处，筑坝引水灌田约三千亩。

白乌河　城东南三十里。源出黑折寨、阿黑寨、阿黑密，凡小平坝平田之田亩悉资灌溉。

苴蚪河　城南三十里。源出浪朵块、墨车，流经沙兔寨、女撒岩、翟底河、头屯诸处，两岸居人制龙骨车汲水，灌田约二百余亩。

雨洒河　城东一百二十里。源出簸卧，流经乐利溪、上五当、下五当、大茶园、小茶园、妥泥诸处，入洛甸河，引水灌田约千余亩。

厂丈河　源出窝洛泥，流经观音塘、黄茅草诸处，引水灌田约千余亩。

板桥河　城北三十里。源出洗白，流经倮倘，灌田百余亩。

黄水河　城北二百里。源出罗汉林，绕革斗、倮倮坝、柴家井、碧坝、关口、三寨、瓦石料、白水，会合四寨河出洛渭，小溪一带居人或筑坝，或水车，灌田约四千余亩。

威洛河　城西二百五十里。流经花桥、戈魁，修堰引水，灌田约二百余亩。

牛卜坎沟　城东一百七十里。水经核桃、比喜、吼西诸处，灌田约五百余亩。

化龙沟　城东二百五十里。水流至威信司，灌田百余亩。

郭家沟　城东二百七十里。水绕威信署前，灌田百余亩。

李公沟　城东南三十里。山箐中涌出一泉，流三十里至白乌坪，居人历年争水构讼不休。州牧李至亲勘形势，令沟口横置一大石，下凿三缺，使水分出，人各于石下开渠引水，自是遂无讼。里人树碑，表之曰李公沟云。

拖泥坝沟　城南三十里。沟会茅草坪、白人子、磨刀石诸水，行五里至拖泥坝，可溉田三百余亩。居民汪成龙、鲁琏相竞不下。乾隆二十七年七月，州牧宋允清勘断汪成龙等引左源茅草坪水，鲁琏等引右源白人子、磨刀石沟水，遂平其争。士人德之，刻碑州署前。

天一沟　城西。源出大关口，居民齐世贤、龚履和等会集居人四十余家，捐金修堰，引水经过大木桥、洒羊荡、走马坝、西门外，绕转教场南门外倮居寨，至旧府下坝止，计程三十余里，灌田二百余亩。

沱治河　《省志》：在城西一里，农人制枧引灌。

以上九河六沟，源远流长，四时不竭，灌溉为多。至如《省志》所载诸塘堰、沟渠，有全无涓滴之利者，有仅堪滋灌二三亩者。今昔之异欤，并列于后。

上东致和里，木冲沟、纸槽沟、响水沟、长流堰、陶坝。《省志》有乐利沟、革斗沟，共七。

中东永丰里，天池渠、小洛渠、花浪渠、法溪沟。共四。

下东向化里，龙舞溪、丛树渠、广济沟、岩桑沟、雷阳沟、花龙沟、通泉堰、蕃民堰。共八。

上南乐善里，花鱼洞、戞乌沟、晋虑沟、靚勒坪、枧槽沟、松林坝、卧龙石沟。有碑记，载《艺文》。《省志》：靚勒坪上有拖泥坝，共五，无枧槽、松林、卧龙石沟。

下南靖远里，龙滩沟、果哈渠、木黑沟、鲁布沟、班鸠沟。共五。

上西同风里，谷花溪、《省志》作过花。法着渠、高桥沟。共三。

中西归仁里，法溪、构拖溪、多戞渠、达溪渠、枝北沟。共五。

下西升平里，小米溪、苏路渠、法乃卧渠、普得渠、法革沟。共五。

上北迎恩里，法乌溪、雄阔渠、白哈渠、古芒部沟、阿木故沟、盐井沟、甲胄沟、《省志》作胄甲沟。柳溪沟。共八。

上北长庆里，回龙溪、麻柳溪、花果沟。共三。

〔据吴光汉修，宋成基等纂光绪《镇雄州志》（清光绪十三年刻本）卷三《水利志》第 37－40 页辑录。〕

（民国）大关县志稿·水利志

卷二　水利志

农田水利，古有专书，诚以国用攸关，不能不特别注重。所以河曲（渠）有书，沟浍有志，大都详列水利，俾得播种五种，厚民生即以固邦本也。大关开辟日浅，加以地势欹斜，河流居下，难于引入陇亩，半山以上绝少良田。此外有水堰，头多系行潦所聚，偶以乾旱，便成鞠草之场，古人谓之为“望天水田”。故五百里之厅治而粮不满千，具见山多田少，亟待修地筑坝，以资蓄泄而备水涝。尚望有心世道者急起而图之，则幸甚矣。志《水利》。

大关境内，举步皆山，无水利可言。农民灌溉田亩，各就水势高下，自辟埌沟引水注入，又无水闸以示限制，城乡人民饮料，取之于井。至光绪二十七八年，陆厅丞长洁，始就南城外龙洞测量，修沟至东南之间，穿城隍入署内，即于考棚前方支置潴水石缸，听人往取。迨陆瓜代，沟亦中断。至光绪三十四年，钟丞鼎铭易为石枧，水来如故，不数年，又废也。

雄魁乡之香车沟居民，引用岩泉，自上而下冲动磨面，上制机器，将制香之木磨成水浆晒干，以供制香之用。

各乡榨油油房，安设转盘，下置水伞，由屋外引水注冲动水伞，则上面石制石滚乘之圆转，以碾油料。

〔据王心田等编辑民国《大关县志稿》（唐洁誉等点校，《昭通旧志汇编》第五册，云南人民出版社2006年版）卷二《水利》第1310页辑录。〕

（民国）大关县志·农业志·水利

卷九　农业志　水利

本县稻田多为梯形，除有山泉作堰以供灌溉者外，多待雨水。沿河之田，亦因河身低下，不能使用水车汲用河水，间有能引河水、溪水以作碾者，为数至少。

河东镇、河西乡、玉碗乡、笔山镇、黄葛镇皆有引溪水以转动碾盘而榨植物油之厂房。黄葛镇香车溪旁，有引溪水作碾，碾木屑以制佛香之家。

〔据周华宗等编辑民国《大关县志》（刘宗伯等点校，《昭通旧志汇编》第五册，云南人民出版社2006年版）卷九《农业志·水利》第1458页辑录。〕

（民国）巧家县志稿·农政志·水利

卷六　农政志　水利

巧家虽有金江、牛栏、小江、小河诸大水流布全境，然流低田高，仅能消纳诸山之洪水，初无与于灌溉农田之利也。其有关于农田灌溉者，厥惟各龙潭及山沟箐水。盖全境皆山，地势倾斜，凡高山之水顺流而下，附近田亩即资灌溉。且山沟龙潭随处多有，故成天然美利，用之不竭。若凿山引水或筑塘蓄堰者，实居少数。兹将全县水利之较著者分列于后。

大龙潭　在县城小东门外百余步。水自山麓流出，蓄而为池，清澄萦洁，供人饮料。再流而分布于城之西、北、南三面，计水三十八分寸半，灌溉田畴约在五千亩以上。复有人藉此水流，安置水碓、水磨，裨益于工业者不少。

以博溪潭　源出于玉屏山坳间。清道光间，由当地农民集资开沟，计水十八分半，约可灌田千亩左右。惟近因天时乾燥，水源枯竭，引用困难。

莲花塘　计大小龙潭十一处，均由本村发源。四时不竭，利济农田约在两千亩以上，余水复供给库着村及发基等处引用。

红路村沟　源出红路街东头沙沟内，名筛子水。四时不竭，分三沟引灌红路全村田亩，利益特厚。

小河镇水　源出四甲石花河。道光初年，由本地绅首发起兴工修沟，经过偏岩脚对岸峭壁岩石，凿成钻洞十余里，工程颇大，历时三载始成。开渠引水，灌溉本镇一带农田约在八百亩以上，裨益农村经济匪浅。

茶棚子堰沟 水由本处山箐中各处渗合而成。筑堰沟引水，系当地住人滕姓合族集资修理，故水利纯为滕姓享用，年可产甘蔗红糖二三万斤之数。惟此水多蛇蝎、蜈蚣等物，误食之必中毒，故行人相诫勿饮。

库着村水 水源有三，一由水口庙沟闸洞引用莲花塘余水，一引用大龙潭余水，一引用可富村小龙潭水。以上之水，灌溉本村田亩，年可产糖七十万斤左右。

牛厂坪河 系引用沟水，工程较小。历时半年沟成，可灌田三百亩以上。

蒙姑镇水 系将本地深山内沟水筑坝积蓄，再开沟引用之。大石岩一带峭壁削立，工程颇大，计沟长十余里，有水二十三公寸半。该区蔗田全资灌溉，年产红糖最丰，亦极著名。

小龙潭 水出可富村，由数源合流而成。灌溉本村田亩之外，余水并利济库着村一带。

七落沟 源出附近老君山，水流尚大。灌溉附近田亩外，余水流入金沙江。

水碾村龙潭 源出水碾村街场后山，计有大小三处，水量极大。分头沟、二沟、三沟，灌溉本村及海溪坝一带水田约在万亩以上，为产米最富之区。惟近年山洪暴发，水田被冲坏者不下二三百亩。

〔据陆崇仁修，汤祚等纂民国《巧家县志稿》（民国三十一年排印本）卷六《农政志·水利》第41－43页辑录。〕

（民国）绥江县县志·农业志·水利

卷三　农业志　水利

分有源、无源、浸冒数种。

黄龙堰 在城西十里外。发源于黄龙溪，长五里，灌溉田坝子一带。

马鹿堰 在城东十五里外。发源中岭，长十余里，灌溉青杠坡、凤池坝一带。

高　堰 在城南十里外。发源于磨刀溪，长五里，灌溉狮立冈、后坝口一带。

琵琶堰 在城西二十里外。发源于琵琶沟，长十里，灌溉三溪口、余家坝一带。

石人堰 在城西南角二十里外。发源于红岩子沟，长五里许，甲子年经山洪崩坏，至今未修复，所灌之田俱改作土。

新滩堰 在一区。发源于银厂坝，长十余里，灌溉银厂坝一带。

石马堰 在三溪口。发源于琵琶沟，长七里许，灌溉大窝背一带。

上堰、下堰 在半边镇。发源于凉浆沟，长三里许。上堰灌溉天池坡上段，下堰灌溉天池坡下段。

三星堰 在三区。发源于盐井坝沟，长十余里，灌溉古楼坝、太平甸一带。

马蝗堰 在一区。发源于马蝗沟，长二里许，灌溉长冈上、青杠坡一带。

康家堰 在一区。发源于猫儿溪，长二里许，灌溉大田口一带。

雷家堰 在三区。发源于绍感溪，长五里许，灌溉雷家坝一带。

高家堰 在二区。发源于莲花山麓，长五里，灌溉高桥、白马坝一带。

小溪沟 在城东半里内。起源于磨刀溪，长二十里，入金沙江。

皂角沟 在城南。起源于后坝口，经治城内入金沙江。

张村沟 在城东十里外。起源大坎，经十余里入金沙江。

马鹿沟 在城东二十里外。起源于中岭，经二十余里入金沙江。

油房沟 即马鹿沟之右上流。起源于凉浆坝，经四十里入金沙江。

琵琶沟 在二区。起源于马刁林，经三溪口十余里入金沙江。

马蝗沟 在一区。起源于楠木坪，至凉浆场合流入金沙江。

大河沟 在一区。起源于红岩子，十里许入大汶溪。

田家沟 在二区。起源于中坪，经二十里并入凉浆场沟，三十里入金沙江。

观音沟 城南五里外。起源于老虎林，入小溪沟。

铜厂沟 在二区。起源于莲花山，经六十里入凉浆沟。

乾溪沟 在三区板栗镇。起源于董家山，经四十里入大汶溪。

大沟、小沟 在三区清水镇，均入乾溪沟。

凉浆沟 在天池坡。起源于马鞍腰，经二十里入金沙江。

李家沟 在四区。起源于猪槽凸，经二十里入金沙江。

以上属有源水。

天生池 在紫霞山顶。纵约三十余丈，横约七八丈。内产五色花鱼、昂头鱼，多毒，不可食。今为沙泥填塞，甚浅。

凤　池 在城东五里凤池坝。相传凿池时，有凤凰一对飞往应山岩不见，故名。

月儿池 在珍珠坝。形似半月又如弓，四围砌石，中有石券之洞三，上能行人，桥头有土一方。相传土司安鳌凿之，以射面山鹰嘴岩者。

沐浴池 在寿丰里瑶湾头。水性温，可沐浴。

犀牛池 在寿丰文昌宫后，池水四季皆浊。

莲花池 在马村乡。

大　池 在兆佳乡。纵横各二十余丈，深三丈许。

毛　池 在兆佳乡。纵横十余丈，深三丈许。

龙　池 在大田乡。系天然生成，长三十余丈，宽二十余丈，深三丈许。相传该地居民谓其中有龙，恐为害，因将池掘乾，今已鞠为茂草矣。

六　池 在兆佳乡。一连六口，故名。长宽各五六丈，深一丈许。

赵家池 在苟茨林。

陈家池 在兆佳乡。

范家池 在兆佳乡。长宽四丈余，深三丈许。

滥　塘 在钟灵镇天堂寺前面。中系浮泥，约一丈厚，下为清水，深不知几许。十年前，有用人力将浮泥割成方式，翻转栽插，因水性过冷，生产不丰，以致荒废。当栽插时，常发现黑色木料，乾后破碎。相传该地不知何时有庙宇沉沦云。

天池塘 在轿顶山上。纵约十里，横三里许，深不知几何。水色青绿，四时不涸。

古时塘 在寿丰乡中坪。形如半池，长宽各丈余，内产鲫鱼。

李家塘 在寿丰中坪，内产鲫鱼。
彭家塘 在寿丰中坪岩头上。
大鱼塘 在寿丰中坪香樟湾。
石桩塘 在寿塞子凸。塘中多石桩，故名。
太平塘 在寿丰太平靖，有上、下二塘。
邓家塘 在寿丰青鸾山下。
以上属无源水。
官水井 二，一在城内县署右侧，供治城饮料；一在寿丰里官衙头。
凉水井 二，一在马村乡，一在大沙乡。
大水井 在马村乡。
六角井 在寿丰中坪。由田中六个源头冒出，故名。
龙眼井 在寿丰坝上。
清泉井 在寿丰仙庐山麓。
双水井 在寿丰古塘内壁。
老水井 在兆佳乡。
小水井 在城东半里内。
天生泉 在寿丰青鸾山庙后，地中冒出。
罗家泉 在寿丰大坪左。由岭脊冒出，四时不涸。
山　泉 在紫霞山顶冒出，四季不涸。
神水泉 在望江岩右观音殿后。由岩石窍中流出，乡人称为神水，饮之可却病延年。
凉水泉 在寿丰仙庐山麓。冬温夏凉，绝甘美，春秋不涸。
以上属浸冒水。

〔据刘承功修，钟灵纂民国《绥江县县志》（民国三十六年石印本）卷三《农业志·水利》第38－41页辑录。〕

楚雄州

（宣统）楚雄县志述辑·建置述辑·水利

卷三　建置述辑　水利

水利之说，本于《禹贡》，后世河渠有《书》，不忘郑国；沟洫有《志》，犹想白公。水利之关于民生者，无论州郡所必纪，即一乡一邑亦所必详也。楚县虽有水源，而城内沟浍惟赖疏通，乡间山高涧曲难资挹注，惟凿堰坝以蓄泉，筑闸堤以潴水。古来积年修建，聊备旱乾，谨考述之，以录于左。

城内坝七：
仓　坝
朱家坝
何家坝

靴子坝

土衙坝

盐店坝

水闸口坝

城外海四：

朱家海 在县治东四十里。其海面周围三里许，而水深不竭，足溉田数千亩。

席草海 在县治南十里。其海面周围五六里，而水深不测，足溉田数千亩。

瓦坞海 在县治西南三十五里。其海面周围七八里，而水源不涸，惜形势太低，难以浸田。惟疏瀹导水，则水泻而田可得耕也，是他处要积水，此处要泻水。

曲甸海 在县治北四十里。其海周围里许，龙川江绕其旁，惟向东北开沟，溉田无数。

东界坝九：

东清坝 在东城外。

老羊坝 在县治东三十里。

高孔庄坝 在县治东四十里。

落苴美坝 在县治东四十里。

郭邑村坝 在县治东南三十里。

土坡坝 在县治东十五里。

毛溪冲坝 在县治东七十里。

摆喇坝 在县治东四十里。

长冲沙坝 在县治东三十里。

南界坝九：

栗子园坝 在县治南八里，一名城南堰。其水足溉田千余亩。

富民村坝 在县治南二十里。

夸苴坝 在县治南四十里，坝水浸田二千余亩。

法邑村坝 在县治南五十里，坝周围三里。

迤口夸坝 在县治四十五里。

大坝心坝 在县治南十五里。

大小东村坝 在县治南十五里。

莫苴臼坝 在县治南三十里。

白庙坝 在县治南十五里。

西界坝十：

丫力村坝 在县治西十五里。

河东村坝 在县治西十五里。

日落村坝 在县治西二十里。

木兰村坝 在县治西二十里。

波歪村坝 在县治西三十里。

朵基村坝 在县治西三十里。

大石村坝 在县治西三十里。

清水坝 在县治西十五里。

观音寺坝 在县治西十三里。

吴官寺坝 在县治西三十里。

北界坝九：

李家冲坝 在县治北十里。

东瓜庄坝 在县治北二十里。

大屯坝 在县治北三十里。

河北屯坝 在县治北五里。

杨官屯坝 在县治北十里。

小各邑坝 在县治北四十里。

旧吕合坝 在县治北五十里。

土锅村坝 在县治北六十里。

大石铺坝 在县治北三十里。

以上楚县水利，照旧录之。其中有年久重修者，有淤填另开者，有更改名目者，如顺龙川江、青龙江、打苴河沿岸，拦河坝极多。又东有铁索坝，南有阿成坝，西有五排坝、六合坝，北有观鱼大坝，以及四方山溪涧水，凿污池砌石闸者，不可胜纪。

梁王堰 在县治东四十里。元顺帝元统五年，云南梁王把匝剌瓦尔密孛罗与大理总管段光分域驻楚，天旱，派兵开之。前明弘治十三年重修，至今里人公修，堰水灌田数千亩。

史公闸 在县治西南城外。乾隆五十七年，知府史积容捐金，建塔凹箐、石头塘、马家桥、鲍家庄四处石闸，以蓄水。乱后，沧海桑田，半多倒塌。

〔据崇谦修，沈宗舜纂宣统《楚雄县志述辑》（《中国地方志集成·云南府县志辑60》，凤凰出版社2009年影印本）卷三《建置述辑·水利》第41－45页辑录。〕

（康熙）黑盐井志·建设志·水道

卷二　建设志　水道

水之有道也，犹人之有口也。传曰：善治民者，宣之使言；善治水者，道之使流。又曰：水者山之贼，浸淫渐渍，以至于土崩山溃，伤人割地者，何所蔑有？然水性就下，能顺其性，疏之以分其势，使不至于中阻，合之以汇其归，使不至于旁溢，则浸淫者通，渐渍者去。即使七八月之间雨集，各归其所当归之处，又何至土崩山溃，伤人割地哉！故治田者先封洫，治河者先堤堰，事虽不同，其实一也。

此地大井出西山下，官署去大井可百步，其形势与大井等。自井口与官署仰望山崖，巉峭险巇，高五七十丈。入秋雨集，山水横行，流之所及，山随以崩，转巨石于千仞之上，目不及瞬，有令人有不可一朝居者。相传，龙祠下岩崩三十余丈，井口为之填塞，司治上岩崩连延百十丈，倒衙舍，没仓库，坏民居无数。询之父老，盖龙祠上有隙地，地有园圃若干处，常以水灌溉，日积月深，水道壅塞之所致也。井司以状闻于上，乃价买其园圃，开除其粮税，浚为沟道，南北分流，不第使雨水行潦不得至其处，即向之引以灌溉园圃者，以弃之龙沟焉。水患乃息，而其崩溃伤割形迹犹有可见者，此明万历二年乃二十八年事也。而井司不是之问，乃咎山之崩无已时，而移官舍以避其险者屡屡。水道之不修，而迁衙改署，以至于避之无可避，又无惑乎？今上三十一年，而又以灾伤告也。《诗》：曰追天之未阴雨，绸缪牖户。有守土之责者，能预备于闲暇，一举手之劳耳。至于仓卒，虽大禹九年、贾让三策，何益也哉？涓涓不息，遂成江河，讵可以小事忽诸？志《水道》。

大井沟道　车三辆，一车在井口上，二车在一车左，三车在二车上。金精门内有大沟，从杨明屋下暗流入河。又一道在大井上，右自大龙王庙下，砌石成沟，至大街，过井门口，转井楼东面，与暗沟会。每年春分，责令看井门子疏通。

西山沟道　自真武洞操演坪后起，北边改入龙沟，南边沿路砌石，流至上凤坊。左一派下丁家巷口，过后街，有大沟暗流至盐仓底入河。右一派从大井龙王庙路流下石岩头，过大巷，入小巷各家灶房门口，流入河。

司治北沟道　自燕子窝白衣庵门口起，流至学宫右，旧有沟，自新建大魁阁台下，有沟入河。又一派自学门口流下大街，至司治左，有大沟向东流入张万潭。

以上沟道，每年春分出示，委盐课司着所在地方修浚，以免雨水淹没大井，山石坍塌损坏衙署。

伏龙井　一在卤池右，一在卤池左。宜不时修治，以免淡水入池，冲坏盐灶。

〔据沈懋价、杨璿纂修康熙《黑盐井志》(《中国地方志集成·云南府县志辑67》，凤凰出版社2009年影印本）卷二《建设志·水道》第34页辑录。〕

(嘉庆) 黑盐井志·疆域志·水道

卷三　疆域志　水道

大井沟道　地势洼下，昼夜车格淡水，用水车三辆蝉联，上达至金精门内，大沟穿赵应祥[①]屋下暗流入河。又一道在大井上，自大龙祠下砌石成沟，经大街，过井门口，转井楼，东与暗沟汇流入河。每岁孟春，责令井役疏通。本朝乾隆四十七年，大水泛溢，大井总沟至新街入河处淤塞，河底渐高于沟矣。

土主庙左水道　自上凤坊大龙树起，下后街，从城隍庙前转中街，由史家巷流入河。又，土主庙后山水，并小井水，下沙卤井街，从民铺暗流入河。

西山沟　自真武洞操演坪后起，北流入龙沟，南流至上凤坊左，从丁家巷口过后街，入大沟，暗流至盐仓底，归河。右从大龙祠下石崖头过大巷，经小巷各灶房门口，流入河。

司治北沟道　自燕子窝白衣庵前起，绕学宫右，寻旧沟，自文星阁下，顺沟入河。一自学门口流入大街，至司治左归大沟，东流入张万潭。

东井沟道　一自德海寺水池起，穿巷转街下，至许又新巷，流归大河。一自宝莲庵

① 赵应祥　康熙《黑盐井志》作“杨明”，有异。

历盐课司署后，直出转南，至凹腰街，流入大河。一自更口巷转街，至桥头雁翅，暗流归大河。

福隆井沟道 一在卤池右，一在卤池左，流入大河。不时修治，以御浸坏池灶。

以上沟道，每春初示期疏通，并时督乡约察湮塞，委盐课大使查勘，饬所在地方修浚。

〔据王定柱纂修嘉庆《黑盐井志》（清嘉庆间刻本）卷三《疆域志·水道》第29页辑录。〕

（乾隆）琅盐井志·桥梁道路水利附

卷一 桥梁道路水利附

永丰坝 在井西河头周家庄，旧系木坝，屡坏。提举李国义捐造石坝，蓄水灌溉陆田，近又冲损，宜加修葺。

〔据孙元相纂修乾隆《琅盐井志》（芮增瑞校注，杨成彪主编《楚雄彝族自治州旧方志全书·禄丰卷下》，云南人民出版社2005年版）卷一《桥梁道路水利附》第1163页辑录。〕

（康熙）定远县志·杂纪志·补遗

卷八 杂纪志 补遗

水 碾 邑城有碓无碾，小民手足不胜劳苦。四十二年，于城西南隅水闸口，捐资赁地盖碾房二间，安水碾一座，以便定民。

〔据张彦绅纂修康熙《定远县志》（卜其明校注，杨成彪主编《楚雄彝族自治州旧方志全书·牟定卷》，云南人民出版社2005年版）卷八《杂纪志·补遗》第85页辑录。〕

（道光）定远县志·水利志

卷三 水利志

《周礼》：稻人，掌稼下地，以潴蓄水，以防止水，以沟荡水，以浍泻水。闸坝之设，其权舆于此欤？定邑田高水远，河流浅狭，桔槔难用，不思所以开水之利，何以备旱涝而溉田畴？所赖择聚水之区，修筑潴蓄，宣泄以时，庶石田可耕，丰年屡庆矣。志《水利》，“闸坝”“井泉”附焉。

坝 堰

庆丰闸、安乐闸 在邑西二十里。乾隆元年，知县沈公堂率士民田户，就赵旗村依山为岸筑庆丰闸，三江口筑安乐闸。其水一源出邑西三十里化佛山，一源出瀑布泉转王通河，一源出大龙箐汇于斗箐河。合为一水，导入二闸，分城河、锦石坪、羊牟尼、纸房屯、镇南御为五沟。设管事坝头，经理沟洫闭塞，闸水滥涸。自春及夏开放，至季秋封闭，西北境田数千亩称沃壤焉。

海塘闸　邑东六十里。

铁龙闸　邑西七里。

黑龙闸　邑西七里。

校场坝　邑东一里。

清水坝　邑东一里。

傅家坝　邑东一里。

清风坝　邑东南十里。

冷家坝　邑南三里。

万斛塘坝　邑南四里。

贾溪塘坝　邑北十里。

乌鸦坝　邑北十里。

梁王坝　邑北十里。

白塔坝　邑北十里。

官　坝　邑北十五里。

黄莲塘　邑东三里。

金鸡塘　邑西七里。

饮马塘　邑南三里，传有神人饮马于此。

龙马池　邑西南二里。旧传池有龙马，率众追之，忽失所在，遂以为名。

七局龙池　邑东六十里七局村。相传有龙潜于池，每天将雨，士人即闻山鸣如雷，中隐隐有鼓吹笙箫之音，云雾中时有灯炬若导引然。春夏水涨，巨石流滚，山谷摇动，居民多以酒禳之，伏腊乡人具香纸致祭。

〔据李德生修，李庆元纂道光《定远县志》（清道光十五年刻本）卷三《水利志》第22页辑录。〕

（民国）牟定乡土地理志初稿·水利

第三十课　水利（一）

境内河源短浅，水利难兴。得诸天然者，惟上小平原及紫甸河、扒毛、朵基、大小古岩、苴尤、苴苗、铁厂、老纳等处。兴自人工者，首称庆丰闸，在邑西十五里之赵旗村，依山兴筑，有二闸口，一深三丈，一深丈余，闸堤迤面，有石堤十余丈，邑中工程之最钜者也。分城河、锦石坪、羊牟尼、纸房、镇南御五沟，计溉田一万三千七百余工，利亦溥矣！

第三十一课　水利（二）

梁王坝，在治北三十里，当塘坝河下游，引老虎箐水。贾溪塘坝，在治北十里，引五道阱水。白塔坝，在治北五里。校场坝，在治东一里。黄莲塘坝，在治东南五里。龙马池坝，在治南二里。饮马塘坝，在治南五里。万户塘坝，在治南六里。东清坝，在治南十里。均人工水利之卓著也。其余无名小坝，不下二百余座。而倒塌未修者，尚居其半，岂今人不及古人欤？何以甘听废弛也！

〔据吴联珠编辑民国《牟定乡土地理志初稿》（卜其明校注，杨成彪主编《楚雄彝族自治州旧方志全书·牟定卷》，云南人民出版社2005年版）第360页辑录。〕

（康熙）姚州志·水利志

卷二　水利志

余读班《志》，曰魏史起为邺令，引漳水溉邺，以富魏之河内。民歌之曰："邺有贤令兮为史公，决漳水兮灌邺旁，终古舄卤兮生稻粱。"至大始二年，赵中大夫白公复奏，穿渠引泾水，首起谷口，尾入栎阳，注渭中，袤二百里[①]，溉田四千五百余顷，因名曰白渠。民得其饶，歌之曰："田于何所，池阳谷口。郑国在前，白渠起后。举臿为云，决渠为雨。"又曰："泾水一石，其泥数斗。且溉且粪，长我禾黍。衣食京师，亿万之口。"甚矣，水利之益民也。

姚土多瘠，民无塘荡陂池之私。前守牧次第建设，潴水有淜。淜从土谚，为淜者十三。障水者有坝，为坝者五。合众力成之，而民共享其利，岁不苦大旱。然修筑以时，浚治惟力，宣泄有期。豪强禁其自利，远近渐次普沾，工役务俾均平，勿徇勿扰，此即得古农政良法矣。志《水利》。

大石淜　在府城西南。土人称陂堰为淜。潴蜻蛉水，不知筑自何时。广四百二十亩三分，岁输谷一百九十九石四斗。郡虽原野，平旷而不通大川，灌溉必资于此，故每岁恒视其盈虚以为丰歉。万历十六年，知府周希尹浚而深之，筑堤数尺，仍于东西二闸甃以砖石，蓄泄以时，利赖至今。数十年来，河日阏，堤日薄，注水日以浅。冬春之际，水多散溢。署府李君、知州杨君建议于淜之上两山之间，复开一堰，以容水之有余者。议上，分守李公、按院潘公允行。淜上山顶有龙王阁，阁前为观海楼。佥事顾养谦题，知府李载贽记。

石峡口坝　府南二十五里。

地摩淜　府东北路。广一百九十三亩二分二厘，亩科三斗，输谷五十五石一斗五升。

乌鲁淜　府东十里。广五十六亩三厘，亩科二斗，输谷一十七石五斗。

黄连箐坝　府东南九里。

右所冲坝　府西南六里。广二十七亩八分，亩科五斗，输谷一十三石五斗。

当波院淜　府西十五里。广十二亩，亩科五斗，输谷六石。

阳派淜　府西北十里。广二百三十九亩七分七厘，亩科五斗，输谷一百三十石。

阳派坝　府西北七里。广二十三亩，亩科五斗，输谷一十一石五斗。

---

① 袤二百里　原本脱，据《汉书》卷二十九《沟洫志》补。

长寿溯　府西北五里。广六十三亩四分，亩科五斗，输谷三十石六斗五升。

地角溯　府北十里。广一百一十亩，亩科三斗，输谷三十三石五斗。

香索岭溯　府北十里。广三十四亩二分，近废，输谷免征。

赤额坪溯　府北十里。广四十五亩十分，亩科三斗，输谷一十三石一斗五升。

塔镜溯　府北二十里。广一百一十二亩一分八厘，亩科五斗，输谷四十八石四斗五升。

摩苴邑溯　府北十里。广五十四亩四分六厘，亩科二斗，输谷一十一石二斗四合。

小邑溯　府北二十五里。广二百一十四亩三分九厘五毫，亩科三斗，输谷六十一石九斗八升。

黑坝溯　府北十五里。广十亩，亩科五斗，输谷五石。

伍舍邑溯　府东北三里，知府周希尹开。

〔据管棆纂修康熙《姚州志》（清康熙五十二年刻本）卷二《水利志》第1－3页辑录。另，乾隆《姚州志》卷一《水利》，沿袭该志，仅个别文字有异，不赘录。〕

（光绪）姚州志·建置志·水利

卷二　建置志　水利

姚州平畴沃野，田半膏腴，而鲜巨川以资灌溉。昔之贤牧守志切利民，陂堰筑而水利以兴，厥名有三，曰溯，曰坝，曰塘。溯潴水以待用，坝障水以入田，而山谷之水，州民亦筑坝以潴之，则呼为坝塘。大抵平田资于溯，滨河之田资于坝，而山谷之田则专恃乎塘也。兹详考州境水利，于旧《志》已载者仍之，未载者增之。至于溉田不过数亩，仅为一二家之私利者，皆略而不录云。

大石溯　雨按：州人呼潴水者为溯。考《集韵》《玉篇》诸书，溯字无潴水义。查《字汇》，潴水灌溉曰堋，然则溯字当作堋字，盖偏旁传写之误耳。管棆《姚州志》：在府城南五里。潴蜻蛉河水，未详筑自何时，广四百二十亩三分。万历十六年，知府周希尹浚之，增高旧堤，甃东西两闸以砖石。姚州旧《志》：乾隆间，吏目傅昌岩令州人沿堤植柳以固堤。道光元年，知州隆庆以砖石增修。十二年，西闸坍决，知州张安涛重修。《采访》：光绪五年，知州伍兰征增修堤闸。八年，知州程仁栋修葺西闸之将坍者。

丰乐溯　姚州旧《志》：在大石溯之上。万历间，大石溯河淤，堤薄，蓄水日浅，知府李敬可、知州杨之彬于大石溯上相度地势，开此溯以收水之有余者。《采访》：后废。州人向殿飏倡修，军兴后复废。

地摩溯　姚州旧《志》：在城东五里，广一百九十三亩二分二厘。《采访》：潴蜻蛉河水。

乌鲁溯　姚州旧《志》：在城东十里，广五十六亩三厘。《采访》：潴寨子山水。

当波院溯　姚州旧《志》：在城西十五里，广十二亩。《采访》：潴大龙潭水。

阳派溯　姚州旧《志》：在城西十里，广二百三十九亩七分七厘。《采访》：潴阳派河水。雨按：《广舆记》所载洋片湖即此。

长寿淜　姚州旧《志》：在城西北五里，广六十三亩四分。《采访》：潴蜻蛉河水。

地角淜　姚州旧《志》：在城北十里，广一百一十亩。《采访》：潴蜻蛉河水。

香索岭淜　姚州旧《志》：在城西北十里，广三十四亩二分。《采访》：久废。

赤额坪淜　姚州旧《志》：在城北十里，广四十五亩二分。《采访》：久废。

摩苴邑淜　姚州旧《志》：在城北十里，广五十四亩四分六厘。《采访》：潴稻田冲水。

小邑淜　姚州旧《志》：在城北二十五里，广二百一十四亩三分九厘五毫。《采访》：潴白马泉水。

黑坝淜　姚州旧《志》：在城北十五里，广十亩。《采访》：潴黑坝泉水。

塔镜淜　州旧《志》：在城北二十里，广一百一十二亩一分八厘。《采访》：潴白马泉水，灌光禄乡田。淜西有山，山上旧有北塔，淜水澄清，塔倒影如在镜中，故名。

伍舍邑淜　姚州旧《志》：在城东北三里，知府周希尹开。《采访》：久废。

右所冲坝　姚州旧《志》：在城西南六里，广二十七亩八分。《采访》：潴象鼻岭泉水。

阳派坝　姚州旧《志》：在城西七里，广二十三亩。《采访》：潴叶家冲泉水。

石峡口坝　姚州旧《志》：在城南二十五里。《采访》：久废。

黄连箐坝　姚州旧《志》：在城东南九里。

流海坝　《采访》：在城西五十里。潴小关山泉水，溉弥兴田。

弥兴坝　《采访》：在城西四十里。截河为坝，障连水入渠，溉弥兴田。明总兵官汪馨倡首筑。

观音坝　《采访》：在城西三十里观音箐。截河甃石为坝，障连水入渠，溉连厂沿河田。

蜻蛉河　雨按：蜻蛉河水多淤泥，日久不浚，必致堤崩水溢，横流为害，故治州境之水者，以修蜻蛉河为急务。《采访》：道光初年，知州方若麟鸠工浚之。二十七年，知州吴嘉思极力疏凿，处置有方，历三月而事浚。河深一丈，宽二丈五尺，水患悉平。自军兴后，河道壅塞。光绪六年，知州伍兰征集州民微浚之。

论曰：此七坝十五淜者，民生攸系，亦国赋之所自出，非细故也。然或积久而弊生，或废坏而不问，所谓利民者安在哉？必如管公旧《志》所谓修筑以时，宣泄有期，禁豪强之自利，俾工役以均平，庶几不妨农，不扰民，所由普美利于一州也夫！又曰：蜻蛉一河，淜坝半潴其水，姚之水利，莫大于此。然利之所在，害亦随之。夏秋水涨，则洼下之地良田悉成巨浸，嗟昏垫而叹其鱼者，亦不少矣。噫，疏浚之功，其可忽乎哉！

〔据陆宗郑等修，甘雨纂光绪《姚州志》（清光绪十一年刻本）卷二《建置志·水利》第23－27页辑录。〕

（民国）姚安县志·舆地志·水利

卷首　舆地志　水利

汉末王莽政乱，而广汉文齐为益州太守，乃能造起陂池，开通灌溉。元赡思丁赛典赤平章政事，行省云南，注重农事，为陂池以备水旱，并命张立道为劝农使，引水道以济农功。姚邑水利，其起于文公乎，抑起于赛公乎，抑二公均有遗惠在民耶？据李《通志》，谓姚安海坝皆前代所筑，甘《志》亦云昔贤牧守志切利民，陂堰筑而水利兴，则文、赛二公善政，殆犹存于今日也。今仍本旧《志》，并《采访》增补，用著于篇云。

谨按：兴宝寺碑阴，大元宣光六年，续置常住田，有“坐落羊眼洞、塔镜洞、长寿堵”等语。“羊眼”自系“洋派”之误，“洞”字为石刻“海”字之简笔。“堵”字与“海”字通解，见后。依此，邑中各海，至迟在元代时即已兴筑。

大石海　《九街村高氏族谱》：元至正间，姚州守高义筑大石海，以备亢旱。管《志》：在府城南五里。《通志》据《州志》作“在城西南四十里”，实误。潴蜻蛉河水，王《志》又名南湖。未详筑自何时，广四百二十亩三分。万历十六年，知府周希尹浚之，增高旧堤，甃东西两闸以砖石。雍正二年《西闸碑记》：康熙五十八年，知府卢兆鹏捐修东河桥闸，知州钱恒捐修西河桥梁。王《志》：乾隆间，吏目傅昌岩令州人沿堤植柳以固堤。道光元年，知州隆庆以砖石增修。十二年，西闸坍决，知州张安涛重修。甘《志》：光绪五年，知州伍兰征增修堤闸。八年，知州程仁栋修葺西闸之将坍者。《采访》：民国九年，县知事段世璋征集民工，凿深海底，增高堤岸。二十五年冬，县长马廷璋、建设局长罗春明复集民工，浚深尺余，增堤二尺余。三十三年，县长李士厚、水利工程处长罗春明庀材鸠工，修筑东面横海埂石堤一百六十余公尺，高约七公尺，用费三百余万元。次年，继任处长陈馨续修北面石堤六十余公尺，并改修西闸，用费一千九百余万元。

谨按：各志于邑中各海未详筑自何时，自系《采访》未周，今兴宝寺碑阴及高氏谱均稍有记载可稽。又李《通志》云：州人称陂堰为海。甘《志》考《集韵》《玉篇》，海字无潴水意，潴水灌溉曰堋。海字当作堋，盖偏旁传写之误。又按：大石海原设坝长，司其启闭，日久受累。清末知州李金鳌废除，委员管理上、中、下三段田亩灌溉事宜，颇称便利。

刘德修《改良大石海刍议》：

吾姚各海面积，要以大石海为最，而水利之大，亦以大石海首称。盖位置既居各海之上，邑南数百方公里山涧群流，悉汇于此，而为平原广川之策源地。下则栋川、文峰、烟萝、启明、龙岗、镇北等六乡镇田畴，又多全部受其灌溉，故邑之先民皆竞竞维护。只因地势所限，再难扩充范围，致千数百年来，仅知加意疏浚筑堤，而于改良计划多未措意。间常游览各县陂堰，广大或未逮兹海，而水利则过之。潜心研求，知此海之弊，因蜻蛉河汇百川而注其中，又复分流而为东汹、西汹两溪。当洪水暴发，凡上流所冲刷剥蚀之砂石土壤，与夫动植腐体，至此均停积沉淀。每百数十年，始一加疏浚，而此疏浚之功，自难敌一年十数次沉淀之力。遂致海底日高，潴水日浅，以视各县陂堰专潴清源，减少停积，改用钻口，易于启闭，其利害固大相径庭也。知此，则改良之法可得而言焉。一拟就望海楼前，西沿铁路线改凿半里许新河一段，上接西面山麓旧河，下通西闸口，所凿之土即筑东面河堤，亦为海之西堤，且为镇盐公路经过路基，是一举而数事俱备。新开河后，蛉水即由此顺流，不复再经海心，自可免沉淀之虞。至东西两河水利，可于西闸口下，设置分流水平。由水平起，沿海北堤下开新河里许，至东闸下与东河相接，两河水利毫无变异。海中潴水入口，应就丰乐湖闸下筑闸开沟，河水清时即开闸引水，洪水暴发即行闭去，此避免洪流，减少疏浚之办法也。一此湖水利，关系甚大，向例收水过迟，冬春无雨，即难潴满。弊在夏季，湖内必须种稻，不能收秋季无用之水。冬初又须先潴长寿、地摩两湖及灌沾上、中、下三段田畴菽麦。每至收水时，雨泽既少，势难满盈，平畴田亩不敷灌溉。拟将海田废去，夏季种稻，于秋水澄清之时，提前潴存。此因邑中向仅有雨泽稍迟之患，并无秋水缺乏之虞，只须废弃四百余亩少数之利，则所潴之水，每年灌溉所获当在十倍以上。若再浚深湖底，其利更倍。果尔，不但此湖无缺水之虞，秋冬时长寿、地摩两湖亦可早收多量之水。水源既多，即废弃各湖亦可修复，全县何惮而不捐此数十石公共学租，以谋大多数之利益乎？此提前潴水、增益水量之办法也。至东西两闸，向因洪流必经湖中，故不便改筑钻口，每岁筑闸工程不易，果能避免洪水，自当改筑钻口，以一人片刻之力，既可启闭，便利孰甚？欲知其详，可于改筑时派一工程人员，前往祥云品甸海观察，自得其妙，兹不赘。

地摩湖　旧《云南通志》：在城东五里，广一百九十三亩二分二厘。甘《志》：潴蜻蛉河水。《采访》：俗名陶官海，灌溉海埂屯、周小屯田亩。

乌鲁湖　旧《云南通志》：在城东十里，广五十六亩三厘。甘《志》：潴寨子山水。《采访》：民国十二年至二十五年，县人欧玉麟等倡仪，浚深三尺，增堤五尺。

甘德柄《重修乌鲁湖记》：

姚安东山之麓有湖曰乌鲁，不知其所自始，俗呼自久之海，相传为土官自久所作。按：今马邑坪夷族有姓自者，其自久之苗裔耶？乌鲁又夷语，意者开湖之时，此地尚为夷人所据耶？湖一而中分之，区以南北闸。其北闸大龙口村之所资溉也，其南闸小龙口村之所沾润也。北土高而浅，南圩下而深，大小龙口交哄，恒有不平之争执。欧君玉麟、伍君济之、王君应南，识利害，鸠工浚凿，畚土崇堤。其中界则坚以石，均利也；其外堤则固以树，防决也。兴役于民国十二年，终役于民国二十五年，历年十有三，计工五万有奇，用银币三千有余。湖浚深三尺，堤增五尺，容受水量，灌溉之利增多三百亩。历时久，用款节，热心毅力有足多者。建设局长袁君焕将述其始末，呈政府请奖。玉麟固辞，劳而不伐，有功而不德，劳更加人一等矣。是宜记之，而作歌以励来者。歌曰："北闸之水湜湜兮，大龙口之喁喁兮。惟丰年其兆众鱼兮，吾民永无饥兮。南闸之水溶溶兮，小龙口之蕣蕣兮。惟稻麦菽其蓬蓬兮，吾民之乐共与兮。族聚里居其合德兮，睦姻任恤其不忒兮。相友相助其协力兮，于变时雍永垂则兮。"

洋派湖　旧《云南通志》：在城西十里，广二百三十九亩七分七厘。甘《志》：潴阳派河水。《采访》：灌溉海闸口、骆家湾、西蒲光、丰禾屯、任家湾、小屯、香索岭、板桥、地角湖、上三江口田亩。谨按：甘《志》注，《广舆记》所载洋片湖即此。

长寿湖　旧《云南通志》：在城西北五里，广六十三亩四分。甘《志》：潴蜻蛉河水。《采访》：灌溉马房屯、倪家屯田一千余亩。堤素卑塌渗漏，潴水无多。民国十五年县人郑宗侨提议，甃石为堤，工未竣而卒。丁国梁继之，历时三载乃成。谨按：各淜概系土堤，潴水满时，狂风鼓浪，冲刷剥蚀，渗泄崩溃，渐至废弛，安得各淜皆改筑石堤也哉！

由云龙《姚安长寿淜石堤记》：

滇本山国，急在水利。汉之文齐，元之赛音，教民播种，广起陂池，其来久矣。然书缺有间，不可详稽。逮清雍正间，鄂尔泰《兴修水利》一疏，统筹全省，知所当务。顾于姚安，独付缺如。数百年来，惟守七坝十三淜之旧，或浚之，汰之，维持而巩固之，虽无特起之钜工，创作之奇效，然苟能就原有之成规，力予保持，相机整理，亦农田之所仰赖也。长寿一淜，据旧《志》，在城西北数里，广六十三亩四分。溯各淜所自始，大抵皆在明以前，考之往籍，多载明万历，清乾隆、道光间培修维护之事。长寿淜见之《兴宝寺续置常住记碑》，系元宣光六年所立。记中备列洋派淜、塔镜淜、长寿堵，不言淜而言堵者何？按《说文》：堵，垣也。一丈为板，五板为堵。兹所谓堵者，殆以此淜之设，向无源泉不竭之水，全赖秋雨积潴而得。是以官署颁定水例，每年夏历九月初旬造闸，十月初一日起接收蜻蛉河全水，至十五日夜子时止，则淜水已汪汪盈科矣。然则淜之受天然水与堵之受尾闾水，小异而大同，体分而用合，其命名有时而微歧，其不以此也耶？且碑记为宣光六年，当明洪武九年，是时梁王犹在滇，故仍用元裔昭宗之纪元。而《德化铭》与《嵇肃灵峰明帝记》皆系元亨二年，当南宋淳熙十三年。相距几二百年，而三文并镌于一石，此则因宣光重修寺宇，取前之文，原书复刻。王述曾《金石萃编》径谓无此年号，甘《志》驳《通志》宣光年建之非，皆未经细考耳。历年既多淜底淤积，而堤埂失修，水渗漏不敷用。邑绅郑宗侨忧之，集乡人商讨，深浚之外，易以石堤，庶能坚久，以淜水售价抵费。议定于民国十五年兴工修筑，成七十余丈，而郑君中道逝世，丁君兆松继之，不幸又病故。虽仍由绅首丁珍、王朝珠、丁国柄、王尊刘、任正富等继其事，筑就一百余丈，究属事倍功半。民国十八年，丁君国梁在籍，佥以全堤二百余丈尚未得半，公推丁君负责续修。丁君既富有经验，又素热心地方公益，毅然任之。爰于民国十八年五月开工，二十年九月竣工，前后三年，合前工计，共成石堤五百余丈。又以堤石未达全线水平标准，一经波涌澜翻，不免泄流虚耗。又于二十、二十一两年，加堤上五面石一层，庶几经久不坏，而无泄流之患。历时五载，全堤告成，丁君之劳勚不辞，乡人之初终罔懈。昔人所谓可与图成，难与虑始，谋始也易，要终也难，均不足道矣。志乘所载，王诵芬《宜良筑堤聚水记》，堤也，而非石；张泰交《龙尾关石阑记》，石也，而非堤。兹之以石为堤，料实而工坚，则尤有益于人民也。乡之人观感奋起，尽举其他之十余淜，皆如长寿淜之率作兴事，吾姚之水利，岂不远绍郑、白之规，近成文、赛之志也哉！乡之人以此役始末见告，因乐而为之记焉。

小邑淜 旧《云南通志》：在城北二十五里，广二百一十四亩三分九厘五毫。甘

《志》：潴白马泉水。谨按：小邑淜系河里渡、海埂村民所享水利，筑于明洪武间，后渐扩张，现约七百余亩。康熙五十五年，知府关本贞给有水利规约，至今遵守。

黑坝淜 旧《云南通志》：在城北十五里，广十亩。甘《志》：潴黑坝泉水。《采访》：灌溉黑坝、竹园、庄子顶、团房四村田一千余亩。同治间，邑人罗宗闵集资浚深，增高淜堤，又于其上复开一淜，灌注益广。

塔镜淜 旧《云南通志》：在城北二十里，广一百一十二亩一分八厘。甘《志》：潴白马泉水，溉光禄乡田。淜西有山，山上旧有白塔，淜水澄清，塔倒影如在镜中，故名。《采访》：民国十三年，县知事陈春芳督绅民浚之。

李渤淜 《采访》：在城北六十里锁北乡。清雍正间乡人李渤、杨显涛倡议修筑，广一百余亩，潴将军冲泉水，溉田二百余亩。民国二十五年，堤埂坍塌，村人合力修筑，甃以砖石。

太乙淜 《采访》：在城北二十五里小邑村西来庵下。清康熙四十年，村人公筑，广二十余亩，溉小邑村、西冲箐田。

谨按：本目各淜次序，与各旧志稍有变更，系以现存者列前，废者附后，各坝仿此。

丰乐淜 州《旧志》：在大石淜之上。万历间，大石淜河淤堤薄，蓄水日浅，知府李敬可、知州杨之彬于大石淜上相度地势开此淜，以收水之有余者。管《志》：崇祯间，知府孔元德捐资添筑丰乐淜。雷跃龙《孔公重修学宫记》亦纪其事。《大石淜西闸碑记》：雍正元年，知府佟世荫捐修丰乐淜桥闸。王《志》：道光十年，淜口崩决，知州何兰汀重修完固。甘《志》：后废，州人向殿飏倡修，军兴后复废。谨按：此淜堤闸现尚存。

当波院淜 旧《云南通志》：在城西十五里，广十二亩。甘《志》：潴大龙潭水。《采访》：今废。

地角淜 旧《云南通志》：在城北十里，广一百一十亩。甘《志》：潴蜻蛉河水。谨按：此淜人俱称乾海子，地址堪作航站。今附近村人竞争开垦，互控未决。

香索岭淜 旧《云南通志》：在城西北十里，广三十四亩二分。甘《志》：久废。

赤额坪淜 旧《云南通志》：在城北十里，广四十五亩二分。甘《志》：久废。

摩苴邑淜 旧《云南通志》：在城北十里，广五十四亩四分六厘。甘《志》：潴稻田冲水。《采访》：今废，清丈后划归大姚吴家海。

伍舍邑淜 旧《云南通志》：在城东北三里，知府周希尹开。甘《志》：久废。

右所冲坝 李《通志》：在府西南六里。旧《云南通志》：广二十七亩八分。甘《志》：潴象鼻岭泉水。

阳派坝 李《通志》：在府治西七里。《云南通志》：广二十三亩。甘《志》：潴叶家冲泉水。

流海坝 甘《志》：在城西五十里，潴小关山泉水，溉弥兴田。

弥兴坝 甘《志》：在城西四十里。截河为坝，障连水入渠，溉弥兴田。明总兵官汪馨倡首筑。谨按：弥兴水利，近数十年地方人士均多注重，如中村之凿渠，涧槽沟之开导，刘海坝、孙家坝之建筑，亦多著有成效。

观音坝 甘《志》：在城西三十里观音箐。截河甃石为坝，障连水入渠，溉连厂沿河田。

小芦川官坝 《采访》：在城北八十里怀远乡。清土官高奣映筑，广四十余亩，灌溉小芦川田六百余亩。

左乙坝　《采访》：在城北二十五里西来庵箐口。乾隆二十年，小邑村人筑，较太乙淜略小。

右乙坝　《采访》：在太乙淜上。民国二十六年，小邑村人筑，面积与左乙坝相等。

积水坝　《采访》：在小邑村前。光绪初年，李文炜筑，面积二十余亩，可溉田百余亩。

郭家坝　《采访》：在城北六十里将军冲。雍正间筑，面积二十余亩，可溉田百余亩。

石峡口坝　李《通志》：在府治南二十五里。甘《志》：久废。谨按：此坝系明嘉靖间知府何勖筑。坝在大石、丰乐两淜之上，两山环拥，峡口中开，为蛉水上源潴存之所。咸同以后，即已废弛。曾闻附近居民云，昔时潴水，两山时发雷吼，民不宁居，故废去。实则附近居民，以潴水妨害少数农田，故作蜚语，而不惜破坏下流水利耳。

黄连箐坝　李《通志》：在府治东南九里。《采访》：今废。

蜻蛉河　李《通志》：旧名三窠戍江，源出三窠山，流至府南四十里，潴为大石淜，分为东[illegible]溪、西泗溪，绕府而北，合趋大姚河，转入金沙江。按：蜻蛉河，源出三峰山南滚檐坡下之滚水箐。《李志》谓源出三窠山，与实际不合。甘《志》：道光初年，知州方若麟鸠工浚之。二十七年，知州吴嘉思极力疏凿，处置有方，历三月而事竣，河深一丈，宽二丈五尺，水患悉平。自军兴后，河道壅塞，光绪六年，知州伍兰征集州民微浚之。《采访》：清宣统二年，州人甘孟贤请以赈款修浚，较前深广。民国二十七年，建设局长罗春明建议征工修浚，三十二年至三十五年，三年间各浚一次，现着令岁浚一次。谨按：甘《志》注，蜻蛉河水多淤泥，日久不浚，必致堤崩水溢，横流为害，故治州境之水，以修蜻蛉河为急务。清末甘伯玩先生继承先志，经营倡导，亲诣河堤指画，一时从事者，均为先生道德感化，勤劳服役，克期竣事，费少而功宏。后此建设局师其法，亦得事半而功倍。又蜻蛉河在县属境内者，现已定为岁浚一次，但下流阻于大姚境内之涧槽河及席坝以上之各横坝。若涧槽河疏通，横坝撤去，则夏秋洪发畅游无阻。三江口以下，草海村各公私田均可耕种，于县属固为有利。但大姚席坝以下，阻于苏海冲，席坝以上各横坝，又为沿河田亩截水、畜鱼、灌溉之具，撤去不但失利，且苏海冲不加疏浚，则席坝以下，夏秋间必成泽国。此蛉河下流，两姚视之，各有利害，即大姚沿河上下流，亦各有利害也。故言两姚水利者，在姚安主疏通涧槽河，在大姚主疏通苏海冲，各横坝则主筑活动坝，洪发则启，洪去则闭。经建厅派员督导，官绅会商，以苏海冲工程过钜，姚安补助工作，涧槽河则由姚安征工，稍事疏浚，现已略有成效。尚冀和衷共济，以竟其全功也。又水利工程不可畏难，须与大姚婉商合作，努力为之。一时之努力，百世之获利也。

白龙溪　王《志》：在州北十五里。《采访》：出白龙山，泉穴甚多，渗漫山谷。清乾隆二十四年，知府杨重谷开沟，汇众流为三，灌溉武都卫三屯之田可千余亩。有《水利碑记》，见《碑碣》。

松岭泉　王《志》：在州东南十里。《采访》：在城东侯家山，灌溉三村之田可五百余亩。

黄龙泉　李《通志》：出东山黄龙寺右。王《志》：在白马山谷，又名白马泉，利灌溉。《采访》：可溉山麓十村田七百余亩。

烟萝泉　王《志》：在州东十里烟萝山谷。《采访》：可溉田二百余亩。

老鸦塘　《采访》：在城西十八里洋派张家坡。广十余亩，可溉田百余亩。

普淜康和乡坝塘 《采访》：在其乡北半。大小约五十塘，每塘面积七亩至十亩，为王、彭、鄢、高、宋各姓所有，可灌田千七百余亩。

龙潭坝 《采访》：在城北紫庄。共计二十坝，可灌田七百余十亩。

大康郎泉 李《通志》：出白塔右，俱多灌溉。王《志》：白马泉在城北十九里大康郎，溉田甚广。《采访》：内有沟，长十余里，水平如一字，俗名仙人沟。溉九街子一带高田，下流入塔镜淜。谨按：李《通志》大康郎泉外尚有白马泉，出白马山谷右，两泉觱沸，而王《志》云白马泉在大康郎，是一水，而源流各异其名耳。

甘《志》论文：此七坝十五淜者，民生攸系，亦国赋之所自出，非细故也。然或积久而弊生，或废坏而不问，所谓利民者安在哉？必如管公旧《志》所谓修筑以时，宣泄有期，禁豪强之自利，俾工役以平均，庶几不妨农，不扰民，所由普美利于一州也夫！又曰：青蛉一河，淜坝半潴其水，利莫大于此。然利之所在，害亦随之。夏秋水涨，则洼下之地良田悉成巨浸，嗟昏垫而叹其鱼者，亦不少矣。噫，疏浚之功，其可忽哉！

论曰：尝读《农政全书》，见有就田间凿井，用驴挽车起水溉田，江北一带多用之。而美之旧金山乡村，到处皆凿井，利用风力汲水以灌田，较之畜力尤便利。姚邑终年多西南风，若仿而行之，必收奇效。深慨吾乡固步自封，仅恃前贤所筑淜坝，用资灌溉。其余山田，多名雷响，不知利用自然，专望雨泽，此惰农自安之弊久矣。今科学日新，有用凿井机器，就山麓凿径数寸，井深至地层泉源，水即上出。此后铁路车站，即须利用此法。届时甚盼志切民生者，集群力起而图之。

卷六十六　金石志十一附杂载

改水河 州境田畴广而水源弗裕，淜坝之设，不足以资灌溉。州东万松山后，有泉自半山出，达定远紫甸河。万历间，守道郭公元柱欲凿通山谷，引水入姚，以济蛉水之不足，寻以忧去官，事不果。州人遂名此水为改水河。按：民国四年，地方提议，集款万元，聘技士测量，须凿洞四百二十余丈，两端曾开凿二十余丈，以无专门技术指导，款亦不济，旋即停歇。又按：昔时测量之学不精，往往只凭传说，轻举妄动，恒遭失败。滇中似此者，不一而足，改水河恐亦传闻之过，当事者宜慎之。

乌　牛 李《通志》：天顺间，旧《志》作元年。有乌牛夜见于府东十五里，忽泉水涌出，利灌溉，屡丰年。后人见而射之，牛化为石，泉遂涸。

天分水 水源出两姚交界之大尖山底小村箐头。乾隆八年，中、小二村乡民争水灌田，斗殴伤人，两姚牧令会同勘验。前夕，雷雨交作，山崩地裂，水分为二，上流中村属姚州界，下流小村属大姚界。黎明勘察，奇之，因名天分水，勒石永息争端。事载《白井志》。

〔据霍世廉等修，由云龙纂民国《姚安县志》（民国三十七年排印本）卷十三《舆地志十三·水利》第1－5页辑录。增补民国时期新筑之淜坝，各淜次序，与各旧志稍有变更，系以现在者列前，废者附后，各坝仿此。另，该志“附杂载”中有条涉及境内水利，附录之。〕

（康熙）大姚县志·水利

水　利

永丰闸

白塔闸

西门闸

金家闸

王家闸

土桥闸

晏公闸

张家闸

新坝闸

冷水闸

〔据陆应矾修，吴殿弼纂康熙《大姚县志》（张海平校注，杨成彪主编《楚雄彝族自治州旧方志全书·大姚卷上》，云南人民出版社2005年版）第7页辑录。〕

（光绪）镇南州志略·建置略·水利

卷三　建置略　水利

史志之载水利，权舆于《禹贡》，继此则有子长之《河渠书》、孟坚之《沟洫志》。而郡县志书于水利亦备纪之，诚以民生国计之所关，记载不可以不详也。州境水源虽多，而山高涧深，挹注甚难，故濒河者必障水以入渠，近山者必潴水以待用。堤防堋堰之筑，历有修建，谨详考而著诸简。至若各处龙湫，虽有灌溉之利，而无修筑之功，载入《山川胜境》，以清体例，不录于兹。

天城河坝　在城东三十里。障白龙河水入渠，溉民堡田。

河洞坝　有二，皆在城南十五里。潴山水，溉军民田。

索厂坝　在城西二十里。潴山水，溉上下二村田千余亩。

两旗坝　在城北五里。潴多蕨厂龙潭水，溉金珠河两岸及麦地坪诸处军民田。昔设两旗官于此，故名。

千家坝　在城北六里，一名千工坝。源出北山龙王庙及岔河多蕨等处，两岩壁立，诸泉会流，至谷口，山势逼合，俨若门阙，天然民堰，潴水甚多，溉田甚广。嘉靖二十七年，知州张定泉建，甃石为堤，日久倾圮。雍正八年，总督鄂文端公檄知州金鉴重建闸口，疏瀹沟渠。道光间，暴雨，闸口复倾圮。

北　堰　在城北二里，今名蓆草海。谨案：《通志》作西堰，误。

南　堰　在城南十五里。

东堡塘　在城东三里，溉张合屯诸处军民田。

官庄坝　在城西十五里。

太医坝　在城西三十里。

古矣达坝　在城西三十五里。

白土城坝　在城东三十里。

姚冲坝　在城西三十五里。

大谷堆坝　在城西十里。

木瓜村坝　在城西二十里。

五庄梅坝　在城东三十里。

苗村坝　在城东二十里。

双甸坝　在城北十五里。

谨案：以上十坝，州《旧志》未载，今本《通志》采入。

上　坝　在城西六里。障白龙河水入渠，田户岁修。

麦地坝　在城西五里。障白龙河水入渠，田户岁修。

康伍坝　在城西三里。障白龙河水入渠，田户岁修。

下　坝　在城西二里。障白龙河水入渠，田户岁修。

上　沟　在城西。引上坝水东行，溉白龙河北岸田五百余亩，每岁按田亩出资疏浚。

下　沟　在城西。引下坝水东行，溉白龙河北岸田三百余亩，每岁按田亩出资疏浚。

康伍沟　在城西。引康伍坝水东行，溉白龙河南岸田六百余亩，每岁按田亩出资疏浚。

亘川坝　在城东南二十五里佛履山麓。

〔据李毓兰修，甘孟贤纂光绪《镇南州志略》（清光绪十七年刻本）卷三《建置略·水利》第28－30页辑录。〕

（民国）镇南县志·建置志·水利

卷四　建置志　水利

司马子长《河渠书》，后世颇病其略，至班孟坚有《沟洫志》，而古今郡邑乘并志《水利》綦详，良以国计所关，民生所系，不可不讲求也。县邑山环水抱，白龙河流域田尽膏腴，然濒河者界如棋局，须障水以入渠，近山者叠若楼梯，必潴泉以为坝。凡堤防堋堰之筑，群宣人力以代天工，若夫各处龙湫，无修筑之劳，有灌溉之益，仍依前志载诸《山川胜境》，兹不赘书。

官庄坝　在城西十五里。

太医坝　在城西三十里。

古矣达坝　在城西三十五里。

白土城坝　在城东三十里。

姚冲坝 在城西三十五里。

大谷堆坝 在城西十里。

木瓜村坝 在城西二十里。

五庄梅坝 在城东三十里。

苗村坝 在城东二十里。

双甸坝 在城北十五里，有二。障双甸河水入渠，今溉及黑马邑各村田亩，即由各村人户岁修。

谨案：甘《志》以上十坝，州《旧志》未载，今本《云南通志》采入，且以今考之，坝皆存，故增注之。

天城河坝 在城东三十里。障白龙河水入渠，溉民堡田。

河洞坝 有二，皆在城南十五里。潴山水溉军民田，俗呼为前海、后海。

后海闸 列前之河洞坝，俗呼为前海、后海。以后海言，清康熙四十四年，知州缪公委任世袭土州同段光赞修锁水闸。越民国三十年，上庄科公民周德功倡首改修明闸。详《重修玉泉乡后海闸记》。

索厂坝 在城西二十里。潴山水，溉上下二村田千余亩。

两旗坝 在城北五里。潴多蕨厂龙潭水，溉城东北郭外军民田。昔设两旗官于此，故名。

千家坝 在城北六里，一名千工坝。源出北山龙王庙及岔河多厥厂等处，两岩壁立，诸泉会合，至谷口，山势逼合，俨若门阙，天然成堰，潴水甚多，溉田甚广。嘉靖二十七年，知州张永定建，甃石为堤，日久倾圮。雍正八年，鄂尔泰檄知州金鉴重建闸口，疏通沟渠。道光间，暴雨，闸口复倾。光绪三十二年，知州黄希尚委任廪生陈桂重修。此坝溉黄家山麓麦地坪、小山、殷家屯、纪家屯、石峡园等村田亩，又更名万工坝，但近年龙潭水涸，致潴水无多，岁须得雨，乃能尽栽也。

北　堰 在城北二里，今名蓆草海。谨案：《通志》作西堰，误。

南　堰 在城南十五里。

东堡塘 在城东三里，溉翁家屯左近军民田。

上　坝 一名左所坝，在城西六里。障白龙河入渠，田户岁修。

上小新坝 在上坝之下。障河水入渠，溉南岸田。

黄公河 在平彝西北。因坝之下水势甚激，致南岸倾圮，河流不循故道，若非改修新河，则灵官桥市庙在在可虞。光绪九年，署知州黄毓崧委庠生郭兆烇、欧国顺督工开河，俾河流直趋平桥而下，两岸插柳千株。光绪三十二年，南岸复圮，知州黄希尚重修，益浚河身，培河岸，因名黄公河。又欲引上沟之水，从城西北穿过，将沟路增高，亦名黄公沟，但无成效。

麦地坝 在城西五里。障白龙河水入渠，田户岁修。

康伍坝 在城西三里。障白龙河水入渠，田户岁修。

中　坝 在城西二里半，久圮。同上坝灌，放岁帮工，钱若干。

下　坝 在城西二里。障白龙河水入渠，田户岁修。

下小新坝 在大箐门口。障白龙河入渠，溉南岸田。

麟麒坝 在小新坝下，相距里许。障白龙河入渠，溉南岸田。

董祥坝 在城西一里。障白龙河入渠，灌南岸田。此坝下流，忽南忽北。民国初年，北岸田多被冲没，现又南流矣。

李四坝 在城南半里。障白龙河入渠，溉北岸田，至翁家屯止。近获鹿村农户与旧日农家会商，自翁家屯接开长沟，溉及远田，然必先尽上田栽完，乃能分润。现在年年得栽，此讲求水利之明效也。

上 沟 在城西。引上坝水东行，溉白龙河北岸田五百余亩，每岁按田亩出资疏浚。

下 沟 在城西。引下坝水东行，溉白龙河北岸田三百余亩，每岁按田亩出资疏浚。

康伍沟 在城西。引康伍坝水东行，溉白龙河南岸田六百余亩，每岁按田亩出资疏浚。

永庆坝 旧名段家坝，在城东南二里。民国五年，县长颜英贤准人民移筑新坝于古城塔盘之下，易名永庆。障白龙河入渠，溉山脚底一带田亩，田户岁修。

亘川坝 在城东南二十五里佛履山麓。

大 坝 在城西四十里。迤山场，潴小河水溉田。

永安坝 在县西三十五里。民八年，段正科倡修，可溉田千数百亩。

〔据郭燮熙编辑民国《镇南县志》（曹晓宏、周琼校注，杨成彪主编《楚雄彝族自治州旧方志全书·南华卷》，云南人民出版社2005年版）卷四《建置志·水利》辑录。〕

大理州

（康熙）鹤庆府志·城池志·水利

卷七 城池志 水利

西龙潭 水之利民大矣，然渠少田多，其利未溥。知府马卿念军民乏水，乃躬诣潭堤而增修之，更凿一大潭于其下，名曰龙宝。用石闸以蓄泄，计田亩以分流，于是旱涝有备，而水利溥焉。

黑龙潭 潭在府城南二十里宣化关山下。其水甚胜，一分长康、板桥等处，一分南厢、求平等乡，他如迎邑、和邑、湾保诸村屯，山箐深窈，皆架水槽以引之，灌溉半川，利莫大焉。自正德十一年通判张廷俊沿山开导，沟阔三尺，深亦如之，有《记》。但逢雨水，不无冲塌。知府马卿督各村屯民高其堤防，筑其散漫，而水亦加倍，更阔深其制。自是，而江屯、刘屯、新生邑俱受其利，故迄今犹颂张、马二公于不衰，并设祀龙潭立庙。

青龙潭 郡西南隅有阮百户、上城村八处田三千余亩，其水甚艰，每遇莳秧，多至交讼。知府马卿亲诣潭所，乃曰：此地隙地颇多，曷为渠闸？遂令耆民杨寿延筑堤为潭，广二里许，仍分四渠，南为南利渠，阔三尺五寸；东为萦碧渠，阔八尺；北为采芹渠，阔五尺；西为北新渠，阔三尺。磐石为闸，旱则蓄之，涝则泄之，计亩均分，自是而民讼息焉。

香米潭、逢密黑龙潭 兹两潭者在北山麓。泉出黑深洞，去郡治约三十里许，与香米潭近，二水合灌军民田地十有一村屯。先是，堤坝俱坏，深为民患，近者垦之，远则荒焉。至正德十一年，同知张廷俊甃石为坝，伐木为闸，俾水出入有时，远近俱利矣。军民立石，有郡人陆云逵《记》。

石朵潭　同知张廷俊修，灌石朵和大水美军民屯田千余亩。

西登泉　泉之出甚涌，苦其散漫，浅而难容。同知张廷俊筑高数尺，壅其两旁，使水聚而不散，深而能容，经流三十里，灌西登等四村。近于康熙五十年，河泛冲坏旧坝，伤民田居，土官通判高浤改沟筑堤，费工三千有余，利视前更溥，灌溉三闸等十八村。

北青龙潭　潭处甚高，决之即竭。同知张廷俊修为上、中、下三闸，上闸灌寺庄村屯，中闸灌河畔村屯，下闸灌妙登等三处村屯。民咸照闸开放，不致侵凌，沿为定制。

南供河　水之源发自山神哨东，抵漾弓江，南甸之田咸资溉焉。维时有豪强窥利，伪报开垦，以输赋为名，意欲从中途邀截，不几以数家之利，亢千万亩之良，恣一二夫之奸，贻千万人之戚乎！知府王昂得其情，乃追帖削册，以杜奸谋，刻石为制，自是而南甸诸民壅流之患绝矣，有杨士云撰《记》。

三闸和西登二村　郡境漾弓江出自丽江，势处最下，旱则不受其益，涝则深受其害。知府马卿巡视水利，村民洪筹山等言二村田地与丽江相连，惟自丽江筑坝引流而下，庶可灌溉，不致荒芜。知府马卿乃移文丽江，着仓副叶大功会把事和初承，率张、董二老人鸠工，于漾弓江甃石筑坝，高丈许，沿山开渠道，深七尺，阔如之，坝名曰新城，渠名曰灵济，而水利永矣。

小柳场龙潭　潭分三闸，知府马卿之新筑也。旧时任其出入，每多不均，知府周集增筑百尺。今则计田之多少，准乎闸之浅深，沿而不改，民其永利也哉！

仙女井　在府一百三十里半子山北大凹中。石床下涌出，自地中伏流半里许，始泄出为二流，民皆利之。

桃树渠　在府治南二十里。

温水河渠　溉鹤狘、孝廉、前蒿三村田。

〔据佟镇修，邹启孟纂康熙《鹤庆府志》（故宫博物院编《故宫珍本丛刊》第 232 册《云南府县志》第 7 册，海南出版社 2001 年据清康熙五十六年刻本影印）卷七《城池志·水利》第 52－56 页辑录。〕

（康熙）剑川州志·建置志·塘坝水利

卷四　建置志　塘坝水利有源活水载在舆图山川者不重录

崖场水坝　在州西十里。乾旱之年，近城田菌赖其灌溉。古以哨兵守之，一有渗漏，即行修补，后因口粮奉裁，看守无人，遂至倾圮，协镇马声捐修，不久又废。

丁卯城水塘、罗尤邑水塘、西庄水塘、汉登水塘　俱有税粮，详见《赋役》。

海　堰　猪卷场、西庄、汉登三村田近海滨，遇阴雨泛涨，濒海淹没。州牧张国卿亲督村民沿海筑堰，堤边植柳，而水患渐息。每村复徭役一人巡守，海防始固，须时加修补。

百节枧槽 小甸、江场渡、下登三村，旧无水源，郡人金吾、段晅[1]度地捐买开沟导易堤坪水，由枧槽灌溉各村田地，为利甚溥，村人递年每亩以升米报其功，至今仍之。其枧槽跨大河，河阔三十四丈，枧槽接连，两两相并，长木高撑，水自半空流注。小甸两槽相附，自东注西；江场渡、下登四槽合并，自南注北。每岁清明，村人集众伐木修补。其江场渡枧水直达汉登，汉登系灌塘水，江场渡水利贪财，将枧槽官水盗卖出界，江场渡及有灌溉不足者，每致兴讼，宜加严禁。以上各村，因艰于水，其田俱以中则起科。

〔据王世贵修，张伦纂康熙《剑川州志》（《北京图书馆古籍珍本丛刊44》，书目文献出版社据清康熙五十二年刻本影印）卷四《建置志·塘坝水利》第23页辑录。〕

（乾隆）赵州志·水利志

卷二　水利志

水者，天地自然之利，当因其润下之性而节宣之，故神禹以尽力沟洫为民利，而元之赛典赤、张立道皆得其意，以利滇者也。赵多龙泉，水分南北，灌溉两川，虽大旱不至赤土，独洪潦泛溢时，或有冲城决堤之忧，是在均其力役，因事而利导。先事而防维之，更讲求陂池桔槔之便，以副圣天子利泽万民之心，则山田泽田俱成沃壤矣，至成梁以济川，亦王政所不废也。志《水利》，“桥梁”附之。

大　河 即波罗江，发源定西岭，至赤佛黑龙潭，灌溉通州之田，入洱河。但江腹逼隘，易为淫潦崩决。本朝康熙五十八年，知州陈士昂捐修。雍正六年，知州徐树闳续修，稍得安堵。

洱河尾 例以三十年一浚，过期不浚则滨河之田庐必至湮没。本朝雍正三年，太和、赵州奉文合浚，委云南县知县张汉董之，处置有方，可为后法。

东晋湖闸 城北十里，明洪武中知州潘大武建。例以湖中谷尽闭闸，湖外麦尽启闸，灌溉上下草甸、红山、千户营、犁头湾、石鼻头、华营、班庄七村田地，设闸夫二名，立石遵守。湖内田原额七百二十一亩三分，湖墩五，计五百二十三亩三分，俱无征。本朝雍正元年，马元鼎诡报税七石八斗四升，与七村何恒等控，经督抚准以开垦民屯地，升科夏税抵补。

双　塘 城东十八里。灌溉甚溥，岁久堤坏。明嘉靖中，分巡副使安如山议以得利之家，按亩出力修筑，至今便之。

甘陶水塘 城东南三里。明知州潘大武筑石为渠，穿孔分水，豪右不得专其利，至今赖之。

城西堤 城西三耳山。筑堤潴水，可备岁旱，兼资饮汲。

冯氏义泉 西城中无水井，明时里人少尹冯濂于城外掘地作地龙引入城中，至今利之。

[1] 段晅　雍正、道光、光绪《云南通志》皆作“段暄”。

北门三天桥　上天桥，水自东门坝流入锁水阁外；中天桥，水亦自东门坝流入老邵园一带；下天桥，水自梁王坝流入新村一带，灌溉甚溥。本朝康熙五十一年，下天桥以叠安水碓屡次冲决，知州陈士昂捐俸，仍令按亩输银修治，责成碓主防浚。

自定西岭北至下关，沟坝二十有五：

白马庙坝　灌溉汤颠村田地。

猢狲嘴沟　灌溉江西赵庄、曲别村田。

汤颠冲沟　流狮山下，利同前。

白塔冲箐　河水灌溉江西二村田。

只摩冲沟　河水灌溉本冲。

牧牛冲沟　箐水，灌溉本村及上下锦场田。

老虎山沟　灌溉白桥、华藏、大营田地。

耳场箐沟　灌本村并羊耿。

罗和冲沟　溉本村并乐和本长田地。

水硙沟坝　灌溉罗和、东山、羡树、登龙、庄科、邹官桥一带田地。

华藏寺沟　灌溉华藏、大营田。一流入南城，过州前城隍庙铺田；一流过西冲，度瑞云寺沟，又度赤子河至北山曲。今废。

牧棕村沟　灌溉本村、敬天、甘陀、富乐、东山田地。旧分有水例，晴云庵每月初一二、十五六四昼夜，邹御史初五、六，十九、二十，木（牧）棕每夜鸡鸣放至天明止，余四村每月四轮，周而复始。

城西冲水　即高五水塘也。一绕南壕，一流入西城，灌溉铺田；一流入双水洞，灌溉大定里田。但屡为城患，当改由大营坝历金龟山，归罗江。

城南冲水　灌溉本冲田。

城北冲水　系赤子龙泉，本冲一带军民田地资其灌溉。旧例鸡鸣后军家放水，戌后民家放水，但直走北濠堤溃，防城时须修浚。

梁王坝沟　灌溉城北莲花池、四家神庄、石鼻千户营田地。

红山沟坝　灌溉本村、只羊、下庄、马加邑、飞来寺田地。

天　池　在城东龙伯山。石穴出水，四时不涸，溉溉资之。

老鸦寨泉　在城东，灌溉麻地、许场、云浪洞、鼻沙墩、赦荡、高仓一带田地。

金星涧水　自深长大坝三垡沟分水，以立夏日起流润左前、中左二所，下关堡、四十里、瓦窑里、茨巷、西窑、马双、凉荡等田。

山西塘水　灌溉本村。

沙锅冲沟　流灌天井洞后山西村一带田。

旧铺涧　灌溉本处。

地石曲沟

以上沟坝，所灌近远不同，下流悉归苍洱，旱不至乾，涝不至久。

自定西岭南至弥渡、大庄、苴力，为江三，沟坝二十八：

赤水江　出定西岭，由桥头哨分灌白崖川、前所营、柳邑村、红土仓、观音村、鲁家营、罗家营田地。

昆雌江　即弥渡西河。其源有五，合流分灌平定、里蒙、洱景三卫田。

礼社江

以上三江，纳各沟涧泉以为大泽，详《山水志》，但下流多溃堤，时须修浚。

定西岭箐 南流至桥头哨，灌溉白崖川、前所、柳邑、红土仓、观音村、曾家营、罗家营田，轮放。

谷鸟寺龙泉 在白崖西山，流至古城村前所，灌溉同前。

石虾堰 白崖东十里，郡士张雯筑。

黄草坝圣母塘 箐水，流灌红土仓、柳邑村、罗家营田地。

黄草坝箐沟 流灌豹头卫、营北山上下田。

马料河 仙女庄、前所营田地，资其灌溉。

地涌甘泉 有二，俱在城南六十五里。一在仙女庄东，本朝雍正七年闰七月，平地迸出，甘冽异常，西流下仙女庄上村，分为三：一北入上村约二里，一南入下村约十余里，一西流分绕森家庄、宋家营，亦十余里，同归大河村，分灌赵州田五六百亩，云南县田四百余亩。一在虾蟆山脚下，旧有泉已涸，同时于穴左涌出清泉如珠。九月，泉左又迸出泉眼二，汇入珠泉，流分为二，夹大路西行约半里，左泉又分为二，一南流入小东村，计二里，至高地；一西南流入沙沟村，约三里余，由白马庙河入大河。路右一道西流入大东村，计一里许，至深箐，共灌赵州属田三百余亩，云南县田六百余亩。赵州知州徐树闳、云南县知县王璐修筑塘坝，总督鄂尔泰、巡抚沈廷正会题建祠立碑。

嘉乐涧 自桑木箐出，流灌加买铺、蔡家营、平定里、牛宗邑、张家营、马房田地。

水磨坪龙泉 出云南县，历赵州、蒙化，分设三坝，上中属州境，有《碑记》。

马鞍山泉

五福山石房箐沟

九子龙泉 发源云南县梁王山，经卧龙冈入弥渡，灌溉甚溥。

大红箐沟 源出弥西界杨梅山，秋潦多泛溢。

双树箐沟 源出弥西寿星山后。

菖蒲沟 即天桥下水。源出水目山，流经弥渡城北，灌溉利少而冲决害多，宜预防之。

弥只箐沟

蒙化箐沟 源出隆庆山。

龙王庙珠泉 在弥渡西上达村。石窍中出，清澈澄湛，可鉴须眉，游鱼隐现，农民利之。

天子庙小箐沟 弥渡西山，流灌大理卫、景东卫营、观音村、平定里、张刚厂、马军厂、豹头卫、蒙化卫军民田地。

龙华寺箐 源出龙华山下。

北箐沟 发源龙顶山，灌溉广南营、豹头卫、小西庄、冷官营、蒙化营、高仓营、官家庄、董家营、张刚厂、双树小村、犁头、赵家村、平定里、青土坡、枧槽、滥泥庄、桐树庄、景东厂、杨家营、王家营、白王庙一带田地，有铜牌轮次。

南箐沟 发源罗武村山后龙潭，流灌大官庄、邢官、许官营、小西庄、张总旗营一带田地。

马桑箐沟 出白崖东北诸山。

安简村河　源出弥渡东罗屏山下。

黄草岭塘　同灌溉小西庄、蒙化厂、上马台、桐树庄一带田地。

水患坝　在弥渡城北，旧筑水堤。

观音山坝　在弥渡东，深丈余，周里许。

巧邑水仓　四山环抱，水聚塘心，方广五里，灌溉本里田地，长年不涸。

五邑村龙潭　自灌溉平定里、河东村田。

下比齐河　发源天目山南北两涧，交三岔河，入赤江，其利甚溥。雍正六年，知州徐树闳令分界筑堤，以防冲决。

木古郎河　源出腊木、板阿、苦黑等处。

密者郎河

花鱼洞沟　灌溉祖乃村田地。

以上诸水，分注三江，自弥渡大庄下，利害交半。或水高于田，遇涨有冲没之忧；或田高于水，遇旱少浇灌之利。惟高筑坚堤，则高下可均收其利耳。

〔据程近仁修，赵淳等纂乾隆《赵州志》（故宫博物院编《故宫珍本丛刊》第231册《云南府州县志》第6册，海南出版社2001年据清乾隆元年刻本影印）卷二《水利志》第1－6页辑录。另，道光《赵州志》卷二《水利志》皆沿袭本志，不赘录。〕

（隆武）重修邓川州志·山川志·堤防漕渠

卷二　山川志

堤　防

瀰苴佉江堤　在平川之中，一州之大利大害也。河高田低，开渠放水，灌溉百川，是为大利；秋淫堤决，淹没万亩，是谓大害。前官设法每正月上元后，即起粮夫修筑，但富家买总书漏夫，又贿委官销夫。万历间，知州常真杰痛革前弊，每自亲督，筑得高坚，但水涨汹危，又开两闸以泄之，然闸夫之弊尤甚。署篆府同卢多益分定丈尺，按粮授地。十一里粮除优免外，每一石编夫一名；四所军粮不优免，每一军编夫二名。丈尺既定，任伊男女协力修筑，不几日可完。若丢下者，州官亲查严责，克期补完。仍广植榆柳，但禁势豪砍伐。今贫人窃取，并纵畜损伤，责任巡河老人严拿，每遇水涨又搭篷堤界看守。昔年堤决，即拿界内失事之人供应水子买办桩木，破坏身家谓法不严不警。若中所大石桥下，喉舌之地，沙塞堤涨，为害不小，每倩附近粮夫，寺寨、梅和、西庄、小邑、崑崙等里起挖河心，疏桥导水，是为急务。民委首领、官军委千百户阿侯仍为总理，要革委官需求供应与折干。

罗时江堤　旧州之西，江近因沙塞，致大邑、新生、崑崙、小邑、寺寨各里，春初播种，稍遇雨即淹没。天启间，知州周之相买民田另开河尾泄水，今在三道桥界。

后　堤　旧州城隍庙背。二涧合流，兵备姜公筑堤百丈。

圆井堤　旧州北麓水涌，兵备姜公筑堤百丈。

漕渠大曰漕，小曰渠，渠即瀰苴河，曰龙洞

西　堤　第一渠在大楼桥下，第二渠在中所营北，第三渠在中前所，第四渠在左所，第五渠在右所，第六渠在右所桥下，第七渠在地名夜南，第八渠在南天神，第九渠在崑崙里，第十渠在南天神，第十一渠在打油村，第十二渠在大邑村，第十三渠在青索鼻，第十四渠在江尾村。

东　堤　第一渠在蒲蛇崆下，第二渠在中前所，第三渠在左所，第四渠在右所，第五渠在后庄，第六渠在江尾驿东。乾沟渠在邓川驿东南，怒地江渠在州东龙王庙，渡瀰苴沟合青索水入洱，又名漫地江，从中所堤下侵入于洱。

〔据敖浤贞修，艾自修纂隆武《重修邓川州志》（《云南大理文史资料选辑·地方志之三》，大理白族自治州文化局1983年据云南省图书馆传钞本整理点校）卷二《山川志·堤防漕渠》第13页辑录。〕

（咸丰）邓川州志·河防志

瀰苴河工志序

咸丰岁甲寅，杨春樵太守刊《州志》于蜀中，归板于余。余检《河工》一册重印而覆阅之，喟然曰："有是哉！太守与余之为此举也，是亦不可以已乎！"夫古之思溺由己者，荒度勤劬，泽被天下，如历代名臣之载在史册者，尚矣。即降而求之吾邓，若罗氏兄弟、高氏月峰。两湖水尾之泄，在当日亦皆用力劳而成功速，兹则效难骤睹也。然则是编之纂，非溷粪则覆瓿已耳。虽然，瀰苴河之为邑害，自明迄今，垂四百年，其间治之之法，问所为积久大备者无闻，而流弊则难指数，是岂昔之人恝然于此欤，抑以流急沙淤堤防，殊无长策也？顾河工之累，至今极矣，易穷则变，道贵有以乘之。

余之筦是役也，力任艰难，不避劳怨，其间经始虑终，计以公牍，请诸州牧者为次四十有三，请诸上台者六，要诸同人者二十四，商诸父老者十八，与客辨难析疑者九，凡规画五万余言，又盘错七载，官经六任，而后大工败坏之，莫可收拾者，咸就理焉，而精力已衰惫矣。由今思之，凡七年间，任艰钜纠纷之重，履危疑谗阻之交，暀䠥漂摇中，总恃此诚至则通，历久弥笃，有以仰挽俯维于稳备夫？此中甘苦，只求独喻，有不能不期诸共喻者，则以后此河工之兴有定期，而承办之人无常职，以事非素习而骤任仔肩，使无成法可稽，欲其吻合难矣。爰就所著《河工》补苴全稿中，删繁而类揭之，俾此中形势若何？立法若何？度支若何？课功若何？何利当兴？何弊当防？一一挈之如纲之在网，析之如纹之在掌夫，而后莅斯土者观之，可晓然于万家托命之原而殷勤保障，生斯土者观之，可惕然于百年利赖所系而黾勉襄勤，果如是之，得人而理以递相维系也。行见每年兴工时，咸壹心力矢，廉洁勤董，率防侵渔，以期在工之修挖必力，置产之出入必公，予以谨三十年欠夫折价之所储而源源积累，他日持以襄大工，庶几邓人万家之劳，千百年之累，可以少纾乎？然则此编之纂，虽未能立睹奇效，而所为挽颓波，怀永图，期与邑之英俊名流康济我乡闾者，实与罗时、月峰诸先正，同有苦心焉。而春樵太守眷念桑梓，于远宦之余者，意量尤为宏笃矣。若夫始成而即毁之以之溷粪，或继成而终败之以之覆瓿，亦惟曰："各尽其心，竭其力焉，他固弗遑恤也，然又乌乎其可哉！"

咸丰五年岁次乙卯正月，邑人侯允钦云坡氏序。

卷九　河工志①

瀰苴河之在滇西，不过澜沧一勺耳。然挑浚之夫，岁以六万修筑，硪夯劳且半之，是又全滇未有之钜役。故察险要则形势宜详也，审利害则章程宜密也，严约束则公规宜守也，筹经费课工程则赢余宜成法宜备也。不以民命为儿戏，勿以危机为利薮，审之度之，提之挈之，釐之剔之，神智生焉，方圆出焉，将视成法犹筌蹄，否则条理密矣，前规之，后随之，轻言更张，是殆未可。

段　列

瀰苴河仰亘六十余里，每春间分段修挖。东岸北起蒲陀峒口黑龙庙下，南止僧户堤上，名曰上公沙。西岸起山脚东，止寺寨里一甲，名曰小公堤。两处递年俱动款砌石加修，夫则西庄、梅和二里属焉。

论曰：河水出峡之初，厥势方张，有电掣雷轰、万马疾奔之势，工程之最要者，故划界短。西有蛇涧横截，逼水东注，东岸适以湾处承之，崩塌时见，然西倚山，宜傍山脚，就河中乱石纵横处拓道引之，东岸自然坚固矣。至于小公堤，以一线横障西川，尤为扼要。砌石加修，始于道光二十五六年，何从前计，虑之疏也。

由东岸崇上官伍西岸寺寨里一甲起，南至中前所桥上为第一段，崇上寺寨、小邑、遵上、崇下各里河夫属焉。

论曰：第一段水紧沙粗，河底高于屋脊，望之诚骇目哉！官苏、初韩、诸伍横流四溢，全河粗沙大石悉停于此，须相形于适中处，开子河，阔且深，引束大溜，方无东突西驰患。继此而下，则凡一湾一曲处，沙淤于此岸之凸，水必激于彼岸之凹，激则险，淤则水之对射益力，惟深浚而力涤之，使惊湍平顺而去。此则各段施工之法，无以易此。

由中前所桥下起，南至右所桥上为第二段，遵下崑崙、羊塘各里河夫属焉。

论曰：第二段河势稍直，又堤户惟崇下、遵政、州前铺难约束，余悉醇谨，夫役亦易督率，较之第一段疲玩刁狡有间矣。顾堤岸单薄十居七八，观嘉庆二十一年倒溃处不在大湾，可鉴也。

由右所桥下起，南至东岸阿誌、远户，西岸大邑里上排为第三段，大邑、新生、上登、和山等里河夫属焉。

论曰：第三段两岸无树，沙质松浮，险堤病堤，层见叠出矣。盖河势湾环，泥沙易积。先年，督工者任夫役顺堤出沙，并不增高培厚，故无沙之处，堤之低者不加高，多沙之处，堤之高者势更欹也。近复于改堤处留废埂，扼中央，首尾掘断之沙，每大雨随流推荡，重增下游一番淤滞，盖全河工程，首段为难，三段次之。

由东岸吉祥户，西岸大邑一甲起，南至西岸元下、十甲，东岸闸头为第四段，元上、元下、市坪各里河夫属焉。

论曰：第四段西岸中节依山为固，东岸下节与地齐平，河分一段，堤仅半焉。又粗石悉止上游，至此特细沙泥汁耳，河身渐俯，堤工亦约，是各段中措施较易者。然河心洼下如釜聚，每夜放坝之水，闸之最后乃涸，若亭午工作时，弥望盈盈，不能依法深挖

① 河工志　原本卷首目录卷九题作“河防志”。

也，其故有由来矣。

由第四段尽处起，南至江尾锁水阁之北，为下公、沙堤、归下、七里公修，夫则崇下、下各、草场、并元、下里，亦分拨焉。

论曰：闻之渔户之言，曰凡开鱼沟，须令水进沟中，沙留河内，然后沟不壅，而鱼之溯流入沟者多，然则第四段之阻抑有自来矣。各鱼沟竞争河水，不顾河沙，于是河流既弱，河道渐淤，所赖者春初浃旬之挑浚耳。乃两岸居民如栉比，掘出之沙位置无地，不能不堆积于屋旁，居民病之，往往喋喋争论。于是司事者亦挠于群喙而中止，而下游弥阻塞矣。夫水行欲其畅也，滞于下必涨于上，此其害为何如哉！

由锁水阁下至海口为田头沙，详见《公规》第十二条“杂志”第二则内。

章　程

瀰苴河堤，明正统中经州同李公福、崇祯中卢公多益、国朝乾隆初俞公唐，先后丈定弓尺，按粮分界，民粮每石分堤五弓七尺三寸，每弓实有五尺。军粮半之。自正月望后，每堤一弓出夫二名，齐赴河中修浚，官稽其勤惰，核其工程，期一月而完竣。盖彼时河流泥沙尚少，故用力轻省如此。然自康熙三十年至乾隆四十年中间，已溃决十次矣。乾隆末，署州张公士俊分通河为四段，令花户各挖本堤内积沙，名曰对堤。每段限五日，上段完竣，接挖下段，官俱亲加催督。然不论沙之厚薄，堤之高低，但每弓二夫无缺额即了事，比夫而不比沙与堤，民间或临点雇募，或官至则聚，去则散，又或在堤充数，视堤防为具文，即有诚实良民尽心力作，每苦于本界无沙不能培补单堤，而近邻淤积累累业已高岸如岑，则又限于此界彼疆，未可通融互易。于是堤之厚者益厚，薄者益薄，强弱悬殊，崩溃立见，此嘉庆二十一、二两年中所以河决三次也。二十三年，知州陈公鉴深悉其弊，乃改对堤为合挖，分瀰苴河首尾为上下公沙，督以亲丁，中列四段，督以厅汛，两学当其始，非不交相谨饬，继渐视为利薮，终则明目张胆，相率得钱卖夫，实用不及一半。又复修堤索贿，不顾两岸塌陷。于是工程益坏，堤削沙淤，而巨患作。署州恒公文亲受其累，知旧章难因仍也，爰酌为改办，沈公承恩继之，均恻然悯邓民千万家之累，欲釐剔而拊循焉，即今现行各条也。备列于后：

一每年挑浚瀰苴大河十四里。按粮编夫，民粮每石编夫二十八名，屯粮每石编夫十五名，共编夫六万六千六百七十九名。内除六千六百七十九名，每名仍照向例折钱六十文，以作在工衿耆书役人等薪水工食外，上公沙实行夫六千名，第一段实行夫一万五千名，第二段实行夫一万二千名，第三段实行夫一万一千名，第四段实行夫一万一千二百名，下公沙实行夫四千八百名。挑河之时，各按编定实行夫数，每段发给告示，使承办衿耆在工人役咸知，并未扣留一名，以杜藉口冒销弊混。

河工除僧户折徵夫价银外，别无余款，是以衿耆薪水、差役工食，不能不动支夫额，然使略无限制，则浮冒必多，难使工归实用，故限以六千六百七十九名，因势定制，不得不然也。究之支销夫额诸多未妥，若能于每年所存夫价内善为经理，积之日久，递年收息作，薪水之费，则折夫一款可汰，并可普减夫额，每年编为五万挑挖，既省欠夫追比之劳，又无折夫实夫轇轕之弊，方为尽善。

每段实行夫若干云云者，此据当年册书所造。夫额分派，所以防侵渔，重实额，非谓各里定销若干名，不准相为通挪也。夫随粮走，各里花户钱粮出入无定，岂能永远限以定额，兼以各段工程繁简亦有时，不能强同，总司绅士当为全河设想，若有工程紧要之处，不妨裒多益寡，但须全河额足无亏，勿庸过存畛域，等于胶柱鼓瑟也。

一挑浚河工，先期择派绅士二人总司其事。每段各派衿耆三人专司本段，一掌夫簿，一掌图记，一查夫数，仍公同督催州役以及里差催夫，实力挑挖。夫有懒惰，责成里差；里差怠玩，责成州役；州役徇庇，责成衿耆；衿耆因循，责成总司绅士。

下公沙夫额最少，上公沙堤弓最短，每处择派二人可矣。已于《公规》内叙明。

一公举绅衿，必须遴选品行端方、才具明练之人听候签派，如有徇私滥举，或所举之人弊混，查出并保举之人一律议罚。

按：绅耆原须公举，然无所责成，则谁为公而谁为举乎？势不能不属之上年承办之人，使之邀约也。《公规》十八条先及之，河工自此倡始矣。

一签派绅衿必须慎之于始，凡正直刚方、奋勉办公之人，难名嫌怨，全赖官不时亲加稽查，不独可杜是非之口。即衿耆之优劣、人役之勤惰、工程之臧否，均可随时奖劝，以期功有实效。

此条望官之不时亲临也。然州主事繁，赴堤之勤与否，岂地方绅士所能必，故于《公规》十八条中定于州署会议时公同禀请，不时亲临河干，乘机进言，似乎较易。

一各段承办衿耆与各项人役谊属维桑，恐难约束。先期出示饬令，人役悉听驱使，违者禀究。

办理公事，以操守为体，以经济为用，未有不能约束同类者，然而未易得矣。试就中材而论，固不能不为之预计也。

一浪穹扎坝，每正月初间于僧户折交夫价项下，移交浪穹县银伍拾两，作扎坝水夫工食，并请严饬水夫除三、六、九日放水外，每日丑刻闭闸，勿使渗漏，酉刻启闸，毋得过早，自动工之日起至四月初十日止，再行拆坝。挑挖之时，州署仍饬督工衿耆派妥人往坝监查，务须按时启闭，毋得怠忽，违才移请浪穹县责惩。

非丑刻闭闸，则河水日午不乾；非酉刻启闸，则河水日晡即至，均属耽误工程。此启闭所以必限时日也。

近复于清明前后阴雨延绵之时，沿海居民请以禾苗被淹，纷纷恳暂放坝。于是工程耽误挨至四月，虽复补闸，而农工已迫，夫役既少，遂至草草了事，此则邻封掣肘之害，言之令人痛心。

一行夫一名，给发图簿一张，以便查销。其图簿由州署钤用图记总数，发交执掌夫簿之人。掌夫簿者，领时稽查票数，发时稽查在夫数，督工之人又加图记，交本里册书再钤里分戳记，由各里催差于收工时按名分散，互为稽查，不致容隐，以期应行夫额全数到工。

收发夫票之方，可谓至周且密，然立法以闲君子，不能防不肖，是在承办之众，各矢清白为要矣。

一各段单薄之堤，每年责成督工绅士衿耆先期逐段查明，禀官饬令各堤认真修理，期于工坚料实。倘州役里差借端勒索，或包庇揽修，以及堤户延挨，虽修而未如式，禀官究惩，仍令补修。

险堤之不修，非差役勒索包庇，即系堤户延捱，抑思修堤挖沙，两两均重。章程业已直指其弊，承办者岂可含混潦草，或致自贻伊戚。

一每年河工既竣，各里或有未行之夫，仍照向例，每夫一名，缴制钱六十文，官为催追钱。由衿耆公同保举殷富诚实二人，收掌所收夫工折价钱文，造具印册三本，妥为登记，不得添改。如有添改，必于三本公同注明，钤盖印信，司事各存一本，送署存案一本。其钱以备河工必需之用，如有余剩，积之日久，可以量数置产，永为河工公项，其有妄生异议以及侵蚀者严究。

此项钱文，民间历年皆缴。既系河工所余，只宜河工动用，然与其随时耗之，莫若节而存之。如果地方绅士实心收掌，能存获十余年之久，妥为安置，即可以其息作薪水之费，而折夫可删，并可作各段抢修费，而意外之疏虞有备。于是总减夫额为五万，而民力可以纾，是在关心桑梓之人相为维持耳，管见所及，聊志之以质诸后来。

或谓沙归公挖，堤亦当归公修。夫承办挖沙业，已仔肩重任，再责以修堤，果能承受乎？又谓河工欠夫折价之钱，当用作修堤费，果尔则人人皆谓本户为险堤，果孰当修乎？孰不当修乎？恐日不暇给，亦势难取给矣，事必亲历而后见，未可以局外坐谈也。

一各里所行之夫，均须照册查销。兴工一月后，于银桥、左所二处各设一局，出示晓谕各里已行夫役赴局投销，以免跋涉守候。

或疑在局销夫，易于滋弊，是大不然。盖州署发过夫飞若干，即应缴销若干，倘有浮出即系弊混，防查非所难也。若使小民纷纷赴署投销，于官无益，而于民为大苦矣。

以上各章程，道光二十五年十二月，署州恒公详定叠奉制军贺、制军林暨道府宪批示立案，泐石以资遵守。原案十二条，录十条，余二条已酌改具，见后。至于各条内附注数语，所以罄各条中未完之义云。

一中所、右所桥下立信桩石柱一根，各长一丈六尺，各方九寸，就挖好河底深查入地四尺，见面一丈二尺，上刻地支十二字。字各相去一尺，柱脚四旁铺砌方石，恰好现出亥字。凡挖沙必须通河，河底与石脚平，方为合度。至于挑沙，至堤必遇堤岸，低陷始可加高，否则只须培厚，盖过高则堤削，厚乃固耳。

计自道光岁戊子迄于癸卯十余年间，上游河底不止淤高一丈，盖因河工浅深毫无准则，故易囫囵了事，信桩立，实可触目而惊心。

一第一段至第三段各须搭桥工价钱二十千文上下，第四段须十千文上下，向例派在粮户，不无差役滚头向花户苛索之弊。今清出鸡足僧户夫多价少一项，除向之一百二十两仍归前定旧章支销外，加缴银四十两。又清查出鱼沟、沟头沙夫价足钱十二千文，二项每年俱交入值年总理督工等发给搭桥工价，派在粮户者悉行蠲免，倘有不敷，准于公田租息内支用报销。

按：恒公详案内有堤户应出桥钱一款，继已蠲免，故不列入，防两歧也。惟原款内是年公置桥料，交入该里乡约收贮，递年照单点交，倘有短少，责令赔补等语，仍应遵照无异，附记于此。

一每年按十折一，以及欠夫缴价钱文，一俟官追比既清。即发交是年承办河工衿耆侭数置产，永作河工公项，倘能一年取息数十金，十年可得数百金，公费充则民力裕，地方自然起色。

按：十折一之法，说见《经费》第三条。

一置买河工公田，务须坐落妥当，过割清澈，所有契券照抄一分存案外，仍将原契发还总理收执，令于每年正月初十交替呈验，交入值年掌管，一切收租完粮，均令一手经理，仍每人另给一月薪水以资办公。凡租石必须及时粜卖，搭同是年所剩折夫、欠夫价，就近增置田亩，除留备一百千文作七八月抢险外，公项不得存钱过三百千文，总以及时买田为定，倘有延捱侵蚀，许地方士民据实禀究。该年租息及一应银钱出入数目，必须明白列册报销，以便下年接手。

置产以一人主持，无弊亦私，仍当每年集议妥商，互相酌夺，俾后来永守无碍为是。

以上各章程，道光三十年，知州沈公承恩详定，已奉各大宪批示如详立案。

论曰：以章程详绎之，前十条所严在夫额，后四条所重在置产，鞠坡、小亭两先生意见固殊哉！盖恒公适当卖夫后，浮销多而实用少，故除弊贵核额惩前也。沈公又当额满后亟宜节省以储余，故兴利贵置产毖后也。两公立法异，而所为除大害，兴大利，以造福邓民者，方之南阳被泽，群歌召父将无同。

公　规

河工头绪繁难，真所谓至赜而不可恶，至动而不可乱者，既派绅士承办，可无玩戏身家之虞。惟是事属于公集益不难，亦废弛最易。前定章程各条，特撮工程之要于层累曲至之方，尚未之及。若不明订条约，俾后来有所遵守，恐入乎事中者忽视，以就模棱置身事外者，坐谈以观成败，日久弊生，辗转推委，其不即于败坏者鲜矣。爰不自揣，谨就累经阅历之事，宜交相儆戒之切计，以及趋事赴功所当虑终，勤始之纷繁，胪为各条，名曰《公规》，禀官立案，布之永久，庶使后之承办者达而贤，得以师其意否，亦可以循其途，绵绵延延，河患庶其有瘳乎！

先事预行各条

一每年春初，责成上年承办诸人，先期邀约各里公正绅耆，于正月初旬齐集州前会议，将本年河工总理二人，分办中四段各三人，分办上下公沙各二人，以及收掌所比欠夫价二人拟定，禀请州主听候签派。倘若因循过期，以致临时滥举，不由公议者罚。

再于是日，对众将上年夫价田租详细算明。

一各段承办之人，久则生怠，酌为轮替，至久不越三年。上、下公沙，一新一旧相间。中四段一新二旧，或二新一旧相间。总理二人，仔肩尤重，两年即换，其执掌夫价者，务照例举殷富诚实之人，既于春初议定，临时均不得推诿，以专责成。

后议以总理有置田之举，凡拨佃收租，须待来年始有成效，连管两年，庶令后来便于接手，是已两年外，即须更替，防滋弊也。然能得人届期，听候公议，仍旧亦可。

一承办诸人，既经州主核定，即催工房禀请派往下公沙者，于开印后兴工派往各段者，于二月初旬兴工，并于开印后禀请移文浪穹县，先期扎坝，一切均须预为催趱。若兴工迟延，夏间农工忙，追夫来既少，欠项必多，于河工大有妨碍。

一督工之人与行夫之人，谊属桑梓，纵令极力催督，不免疲玩如故，余若差役之狡猾，堤户之躲闪，均须官为整饬，方能有济。应于州署会议时，公同禀明，恳请不时亲临，则威严所慑，既可警诸色之愚顽，兼可觇督工之贤否。

临事儆饬各条

一各段督工之人，既经地方公举，必系品行端方，即当冰兢自矢，勉力从公，毋徇私，毋避怨，毋迁就，毋任性，毋畏难。再则工程烦难，尤当详查勒石各条，以及公订各规，庶几胸有成竹，不致遗误生弊。

一各段所设堂差里差册书，例受在工衿耆约束，当事者亟宜整躬率物，不激不随，使人人各尽厥职，斯为和衷共济。倘若辈实在恣纵不法，查有科索包揽等弊，公同禀官，堂差恳请另派，里差恳请枷责。

一河工以民力为重，通河原编夫六万六千六百七十九名，定案分为折夫、实夫二项，民间行夫得票的系实用在工者，谓之实夫。在工衿耆应支薪水，书差夫头日给工食谓之折夫，折夫总销六千六百七十九名，实夫总销六万名。每日各段行销夫额俱当分别开载，以便查核，不可将折夫数目混入实夫内报销，以致折夫额增，实夫额减。

一各段应需夫票，须各段督工衿耆先期令堂差赴衙请领，以防临时乏用。至于逐日给散夫票之法，业已办有成规，互相稽查，苟非丧心病狂，不致扶同作弊。惟是折夫限有定额，只能于六千六百七十九名内开，除试计通河逐日给发书差夫头工食外，下余仅敷薪水之费，既已每人日支马夫一名，倘令再有支销，必致侵占实夫正额，于此亟宜加谨。

即事区画各条

一第二段额派白云寺河夫二十三名，又唐上选户二十名，师耀户二百三十九名，济川户一百七十一名，应于兴工时，责成该段禀官移文催夫，抑或彼处折缴夫价，均应具呈请领，以免地方赔累。

师耀、济川户，后定为每岁发交夫价银八两，说见《经费》项下。

一第三段改堤处新培旧积，递年俱应修补，酌于提标发交夫价内动支报销。

一鱼沟沟头对堤之沙，向例俱系沟户自行挑挖，有历年差催票稿可凭，应令该督工衿耆协同差役照旧督催，违者禀究。

此项已定为岁缴夫价钱十二千文，说见《经费》项下。复于咸丰元年，各沟户捏词诬控，蒙道宪札府行州究出诬控情节，各沟户始遵照旧章，情愿自行挑挖，当堂出具，甘结销案。

一锁水阁下为河尾淤地，所有田头之沙，俱系各田户自行挑挖。田头沙从前长仅里许，三十年来，河尾涸出淤田无数，故田头沙亦较前极长。今应照二十五年分令该段督工衿耆，协同差役极力督催，务须深挖广阔，以泄尾闾，违傲者禀究。

一各段承办之人，于兴工一月后，即应合词呈请于三、六、九放水之期，就银桥、左所二处销夫，以符定案。

事后收束各条

一每年承办诸人日行实夫、折夫细数，均当与册书同计底册，以便查考。及至河工完竣，核计各里欠行之夫，照向例折缴制钱六十文，俟五月栽秧后，呈请按数催追。催追既毕，所有应得薪水即具呈请领，至于薪水多寡，理宜区别。下公沙夫额既少承办，只须旬余每人支薪水钱六千文，余各段及总理每人支十千文，不得意为增减。

一欠夫折缴之钱，除给发薪水外，即公同具呈，恳请发下所举收执夫价之人领收。其收执之法，以及后来处置之方，详定案第　条内。

此就恒公详案重申之后，已定为随时置产，较之收存钱文尤妥，然恐日久生懈，不妨并此存之。

一自六月伏汛后，河水若有涨漫，各段承办之人，速为呈请到州，恳饬各巡河日夜巡视。倘有坍塌之处，著该巡河速报，堤户极力抢修，违者禀究。

《公规》十八条，录十六条。道光二十八年八月间订，经知州汤公师淇批与详定各条，相辅而行，毋得擅改滋弊，并经分别存房，饬发在案。

论曰：河工以绅士为承办，订公规，慎约束，乌在其可缓哉！顾威严立，乃能统大众，得失难易之判，是又官操之官，于兴工后两日，一莅河干核工程，饬胥吏，奖勤惩惰，使通河无作奸犯科之弊，有踊跃赴公之忱，则事无不举矣。有美余严比而慎储之，三十年后，以之襄大工，自然民困甦而元气复，若任士民之自为无所痛痒，于其际是弃一邑大命也，况又吮膏吸汁，于筋断骨折之余哉！呜呼，邓民咸引领望之矣！

经　费

一鸡足山僧户向缴夫价银一百二十两，知州沈公清出该僧户税秋粮共二百二十五石五斗五升二合，共应行夫六千三百十五名，缴银一百二十两，照时价折算，只敷三千四百名，价少夫多，与通河办理各异。因饬令勿庸仍前折缴，每兴工时，与凡民一体挑挖，旋据该僧等呈请，情愿加缴四十两，当经批准，饬令按年于正月初十日，先缴七十两，仍照旧章以五十两移交浪穹县作扎坝费，以十五两作工房夫簾纸札笔墨费，以五两作延请河工衿耆酒席费。二月初一日，缴银五十两，作查河阅工夫马费。二月十五日，缴加四十两，作各段搭桥费。道光三十年六月初八日案。

旧例僧户折缴银一百二十两，作各项支销，即恒公详定十二条中之一，备见于此，故章程款内不列。

一下公沙各道、鱼沟沟头对堤之沙，嘉庆二十三年，经各渔户投具认状，各照弓数自行挑挖在案。旋于道光二十八年，恳绅耆联名具呈求免。又复砌祠立石，经知州汤公师淇续驳不准。道光三十年，复恳总理丐求折缴夫价钱十二千文，知州沈公列入详定章程内，并归僧户续增之银，作各段搭桥费。道光三十年六月二十三日案。

一旧案以六千六百七十九名为折夫，系合原编六万内每十名抽折一名，共得钱四百千七百四十文。原议作在工衿耆役人等薪水工食费，今书役工食已按名逐日给发夫票，不复支销钱文，但除发给衿耆薪水外，余俱留作太平钱，但不可过三百千文。以备七八月间抢险之费。道光三十年六月详案。

一羊塘里龙凤寺师耀、济川户额编河工各夫，每年提标折缴夫价银八两，由州署申文请领，归河工用。自道光三十年，知州沈公领发始。

一道光三十年，知州沈公发下欠夫折缴钱，易银三百六十七两五钱，饬令是年总理督工等买置羊塘里、下坪坝田四段，作河工公项，递年收租谷七十三石。

以后新增旧积，均当秉公妥办，逐年详报候核，以防弊混。

一道光三十年四月，右所宋绍璟将祖遗坐落改堤下民田三亩，送入河工公项，递年收获春秋租六斗。外有改堤处沙压赵姓田，经署州恒公免粮伍升，归河工公项赔纳。

论曰：凡言工程之钜者，必曰黄河。然予考《河南志》所载荆隆甫塞，朱源继溃，以后每年用众万余，大约派夫一名，坐地二十五顷，而民犹以为病焉。以邓较之，不几轻于百倍哉！然则邓何能支也？贤司牧轸念民瘼，慨然以欠夫所遗铢积岁累为将来编氓息肩计，所谓民之父母非耶？嗟夫！河工之累极矣。天下事未有穷而不变者，第未识能通与久焉否也。

工　课

一河夫俱系粮户充当，日行多寡，既难额限，然听其杂乱无次，则延缓推惰，必致虚縻。夫额故必于今日应挖之处，豫于昨日午后水涸时，亲为履验，较量沙石之厚薄，定准弓口之大小，十名一排，亲令夫头植桩为界，来朝夫至，锄二箕八，依桩顺布，日晡后督工者分排按视其已挑挖如式者，令里差照里给票，否则时虽至晚，仍须坐守，以待其完。

一收夫向委里差，往往夫来既迟，里差容隐护庇，给图点入，故收夫必须亲身查验.

法于每日辰初夫集时，令管夫者饬其认定弓位，既足一排，督工之人逐亲图墨号于其肘，墨号一定用于河夫之左肘，或一概用于右肘，不可左右杂出，以滋弊窦。随将锄手之姓名档记。每弓将锄头手二人姓名开记，责令约束，一弓之人惰勤，亦惟伊是问。既已逐弓点清，试查弓足几排，即知夫有若干。既定大数，再于午刻亲视里差详点时，逐一认明肘上之墨号有无诈伪，墨号须逐日改换，以杜夫役之私造。点清一排，眼视册书如数登记，讫仍亲笔缕记。如此，则册书不能改添，夫役不能诡混，里差不能浮冒，夫票之浮出者鲜矣。

一各段各里日行之夫，于每日午刻点夫后，督工三人即面同册书札算清楚，先开每里实夫若干，次开折夫若干，次总记共用夫票若干，使各里里差、州差均各知悉。随令册书登诸册，督工者亲加图记。逐日如此，三日赴衙呈报一次。

一沙之所出，必以培单为要，盖凡积沙之处，其本岸必厚，而对岸每薄。河夫急欲完工，每每顺堤出沙，不肯渡桥远步，致令堤之厚者愈厚，薄者愈薄。故凡淤沙之处，若两岸平等，则东西分出；若本岸矗峙，而对岸低陷，必须深挖淤沙，厚培薄堤。此则浮桥宜多，大约每夫百名配桥三座，以次而加，不可短少。又或堤已单薄而对岸无沙，尤须搭桥斜取，以资培护，方为不分畛域，触处尽心。

一薄堤每不能容沙，强加培累，则夫役往来行走，仍然堕落河中。故必于三、六、九空日预查各堤之应行开拓者，令该里里差派拨锄手若干名，数目按照工程多寡。于堤背之最高处，用锄辟进，将剥落之沙概行拉下堤后，务令堤面低平宽坦，则沙可儘数堆积，而单薄之堤渐成高厚矣。

一遇河湾堤险之处，其下水逼而紧，其对面沙挺而厚，必须分节深挖，约计需夫若干。可以一日蒇事者，权且按节分夫，谓将余夫拨用他处，此处酌留若干名。计日分段，谓一节分为数节，日挖一节，以次而清。盖夫役多则拥挤混杂，必不能浚深以培险，欲俟来日复挖，而隔夜之河水一刷，沙为水漾，功力已难再施。故必按段程工自下而上，日复一日，节短则挖掘易深，人少则桥路不挤，去尽此岸之劲沙，以培彼岸之病堤，沙去而河道自宽。此遇河湾堤险之处，断未可以仓猝了事者也。

论曰：昔司马子长志《河渠》，班孟坚志《沟洫》，仅载治水事，而不言其方，论者每惜之。故元欧阳立屡从贾鲁询方略，并过客吏牍咸稽之，以成至正《河防记》。观其书，可不谓详核哉！盖昔人之用心远矣。夫瀰苴河为川百里耳，乌可与河渎较？虽然四尺之沟，八尺之洫，必日深里式，而后傅众力焉。邑之大事，故以备试者纪于篇，不嫌琐且繁。

通　论

从来治河之道，在先观河形，察水势，观察审，然后可出谋发虑，动众鸠工，以澹灾于前，垂法于后。顾法不虚行，得人则理，否则替甚则丛滋百弊，而工程益坏，民益困，其患益浸淫流注而靡有底止，则如吾邑瀰苴河工，可不长虑而却顾也哉！予生长斯土，桑梓情殷，比年来屡承总理任，窃见工程重大，兼资博采众意，乡先辈必多卓识伟论垂训后来，乃询之故老，稽之邑乘，记载寥寥，岂当时受患固未深耶，抑言之而湮没不彰耶？不揣固陋，既综历年身经改创之详缕纪于前，复统全局情形申论于后，虽未能穷流极源，规为远到，然于堤防之要，区画之宜，或亦有可采择焉。

纪形第一

凡水皆行地中，而瀰苴独行地上；凡河俱宜深透，而瀰苴岁有淤填。此大较也，试详言之。河源受浪穹此碧湖委，清流一泓，汩汩未有害也。自右则一诚庵，左则大坪乾海子、毛家涧一带，皆破岫恶巘，败溪碎谷，纠纷结聚于三江口。每当西北风起，往往山土扬尘，飞沙扑面。一值夏秋淫霖，则坏冈裂谷，山石涧沙与急溜崩洪，澎湃訇砰而下。四围亢阻无路，仅以蒲陀峒为宣泄，而三江口壅积之沙，浪人岁复以巨爬顺水推之，于是水石交冲，视邓为壑，瀰苴河受病之源，实在于此。由是而南，则黑蚂涧、蛇涧诸山，又皆身无完肤，截然直插河底，沙飞石走，益助以填海之势。于是以一道之长河，受百道之砂砾，初犹盘束于峒峡，及至上公沙、僧户、官苏、初韩诸伍则豁然开放，奔腾轰若惊雷，驰如万马，几欲以六十里之平原绣壤，一快其疾扫之势。全河形势，莫险于此。继自王伍而下，西岸因山尽起堤，束水中贯，蜿蜒南走，但觉两岸亘若遥岑，一水危如悬架，而一湾一曲之处，愈觉飞沫喷薄，震撼异常，自来溃决，每在于斯。至于水归堤束，盈科而进，石渐中止，而粗沙细泥，仍各随势之轻重，流之缓急，与浮波漩洑出没，以达于海。试于春冬水涸睇之，则巨石蹲踞于上游，碎石铺列于节次，积沙累块，累累然，烂烂然，填塞于河身，较以地平，约岁淤高三四尺、五六尺不等。此河身所以高仰，而水行愈以出地也，抑犹有说焉。夏秋河流浑浊，泥沙并下，然淤于河，未尝不入于海，年深日久，海口堙而河尾亦滞，是以三十年前锁水阁下，即系河水入海之处，今已远距五六里许。沧海桑田，固于附近居民有益，而于上流有损，何则？贪淤田之利而不加疏，使河尾窄不容舟，尾闾不畅则胸膈不舒，而涨漫之患作此。又沙石之患受自源而及于委者也。约而论之，人谓瀰苴仅同沟洫，而不知与黄河酷类。黄河自西域万里挟沙带泥而来，犹之瀰苴河自三江口载石乘沙而下也。黄河上游有崇冈峻岭以为之限，犹之瀰苴河上流有蒲陀峒以为之阻也。黄河自河阴出险就平而驰突之势，遂震荡于冀豫徐兖，犹之瀰苴河自上公沙出山就陆而建瓴之势，遂若俯瞰乎邓邑也。兼之黄河云梯关外横沙拦门，犹之瀰苴河锁水阁外淤泥阻塞，是则大小虽殊，形势则一，窃尝读《大清一统志》有“邓川水患不时”一语，仰见圣天子轸念民依，不遗遐逖，然则保护奠定之功，惟于贤司牧引领望之矣。

立法第二

客有问于予曰：今之瀰苴河工，果何道之遵也？予曰：修堤挖沙，古法也。《禹贡》曰“九泽既陂”，李氏曰陂，障也，即堤防也。今之修堤，师其意也。孟子曰“禹疏九河，瀹济漯而注诸海”，朱注曰疏通也。瀹，亦疏通之义也。今之挖河，祖其法也。客曰：善治水者不与水争地，莫若割地与水，使游波宽缓而有余，则不劳人力而水已久安而长治。予曰：此乃袭贾让《治河策论》，让不能行之于汉，谓可通行于今乎？潘印川，明代之善于治河者，盖尝论之。我朝靳文襄亦辨之详矣。此无论割地与水，则万姓失业，国赋空悬，有所未可，即使朝廷捐正供，万民甘转徙，然今日水得地而安，庸知不日久道淤，又将泛滥而左右出乎？左右泛滥复割地与之，庸知不再三奔溢乎？让谓壅防百川，各以自利，起于战国，不知今浚县尚有鲧堤，则堤防之制，唐虞已有之。让言误矣。客曰：水之大且猛者，莫若分其流，近代不足为法。禹厮二渠载在《史记》，盍仿之乎？况瀰苴河东西两岸，旧有两闸分泄，修而复之，实事半而功倍也。予曰：禹厮二渠，二渠，大河与漯川也。大河，自周定王五年东徙，王莽时枯，后人欲修之而不能。漯川，俗所谓徒骇河也，在今历城东，亦绝于济阳之北，后人欲复之而不能，何则？时有变迁，势有改易，善治水者因势利导之，不能数数更张也。如子之说，则昔之东西二闸，已低入地中数尺，而今之河底，又高出地面数丈，引高出地面数丈之水，抑而归之低入地中数尺之闸，能乎？不能乎？且二闸何以废闭也，河身渐高，后人恐其溢出为患，故堙而废之。今欲开之分水势乎？召溃决乎？匪独此也。东西两湖，平列两川中间，与河逼近，咫尺难让，每值秋涨，傍湖田禾，悉被淹伤，今复引闸水汇之，不几成沧海乎？客曰：如子之说，则惟有完缮故堤，增卑培薄，劳费无已，此贾让所深不取者，况重以挖挑之夫役尽民力，子乃以为长策乎？予曰：此真无可如何，实亦无可改易者也。何也？水仰行则宜堤，河淤填则宜浚，不堤不浚，将听其决裂乎？捍水患所以兴水利，兴水利所以重农田。农田，民生之大命也，国家之首务也，且子不闻诸昔贤乎？水之就下也，犹人性之善也，顾水虽就下必疏瀹之，堤防之，使中道无溃决之患，而后朝宗之势成，犹之人性虽善，必遏嗜欲，峻检闲，使中道无溃坏之虞，而后作圣之基，立此不易之理也。客曰：子之论，可谓切实而非夸大者矣。

有建议欲割地以及开闸者，故备论之，非但设为问答也。自记。

治人第三

每岁瀰苴河工之役，既不外修挖二法。夫修堤之费，岁縻数千，挑挖之夫，岁编六万，工如此其大，费如此其钜也，非有以提之挈之，釐之剔之，分之合之，必不能因端竟委，张纲以举目。故道贵得人顾人，非可以一格拘，必官与民共济，非可以两岐视，必上与下同心，而贵与贱协力。何则？工作之重赖民力也，固民所自有也，而未尝不惜之。惜之而偷惰便安，工作仅以应故事。堤防之颇耗民财也，亦民所能具也，而未尝不吝之，吝之而因循草率，堤防竟视为虚文。此弊之积于下者皆是也。且也夫役用之于工也，而若或伺之，而夫工折价之弊生，于是浮冒多而实销少。物料用之于堤也，而旁或侵之，而苛索包庇之端起，于是工程减而杂派增。此弊之生于上者类然也。夫因以一州大利害之所系也，故以一州之大力持之，玩利而忘害如之，何其可长也，是惟上行其惠而济以实心，下守其法而将以实力。古之兴大役者，必整肃乎众志而后功可图，故漕河之统有节帅。古之有遗爱者，必轸念夫民依而后泽可久，故亲民之官称父母。然则河工首赖夫官也，谓归民而与官无与者非也，万千人之愉戚悲欢，悉入仁人之痌瘝，一夫不获，犹曰予辜，况为全川所托命。然则河工继资夫民也，谓归官而与民无与者，亦非也。六十里之桑麻鸡犬，悉属小民之身家，用我财力，保我田庐，并非奔命于长上风日之勤劬。督率之纷繁，审度勾稽之琐碎，非可以大人亲细也，故士民任之。约束之周密，赏罚之明决，令行禁止之森严，非可以士民专擅也，故州主操之。下有趋事之劳，上既勤为总统；上有惩劝之典，下益深其凛遵。如是而风行草偃，胥吏不敢朦混，差役不敢科派，户头不敢疲玩，夫役不敢偷惰，士民不敢推诿。夫归实销，堤归实修，水道深，工程固，是真一邑之大政也，司牧之大惠也，邓民之大幸也，他无愈于此者矣。若夫河工陋规之说，以民命为儿戏，归官归民之论，以局外为游谈，吾均未见有当也。

改筹第四

天下有一定之法，亦无一定之法。一定者宏纲要领，事之质幹，有以撑持乎终始；不能一定者，别绪分头，事之枝节有以周布乎首尾。夫瀰苴河工之挖沙也，修堤也，此大端之无能易者也，而其间节目之详，时势之变，或昔无而今有，或此是而彼非，或先难而后易，若不损益继之，改革乘之，则必鉏鋙而不入，甚且扞格而难行。试预计之，则见端有四，曰夫额之宜增减也，堤弓之宜清丈也，折夫之宜另议也，督工之宜改商也。其说惟何？

河工按粮编夫，酌拨上下公沙，分配一、二、三、四段，通力合作，扫尽从前对堤之弊，章程可谓善矣。惟是各段实行额数，有不能不量为通融者，如下公沙河道渐长，仍以四千八百名为定，虽云沙松易于施畚，河乾不必渡桥，然而夫力过减，工程焉能深透？第三段堤湾沙积，险堤病堤层见叠出，夫额反不及各段。第四段河水难涸，漏头沙少，此则因下公沙不能深透之故。额派断难销完。凡此才逾数年，情形遂已递易，安知此后不互有更张，裒多益寡，道贵酌而通之？故曰夫额之宜增损者，此也。

河工按粮编夫，河堤亦系按粮立户，民粮每石分堤五弓七尺三寸，军粮半之，照各里远近，鳞次而下。自正统、崇祯以及乾隆二年，叠经知州李卢俞各任先后丈定为准，然民间买卖田亩，例准折粮过户，而河工则不随粮走堤，仍以先年丈定之老户为主，何则？夫可以一二名行销，堤不能以一二尺零修，于是有因堤不能折粮，堤主借名修堤，惯向花户多方敛钱者，有折粮过户，日久隐堤田已数易业主，而堤仍归原主赔修者，有涧角、山头、湖边、埂脚田被沙压水吞，而仍赔粮累堤者，更有户绝人逃无可归著，只得张冠李戴倩人顶替，以致纠缠不清者。若不急加清丈，责成现在田户，则辗转朦混，彼此牵扯，里差指派夫滚头，滚头指派夫花户，无厌之求，只成中饱，安能认真修砌也？故曰堤弓之宜清丈者，此也。

河工日行夫数，分折夫、实夫二项。民间行夫得票的系实用在工者，谓之实夫。书差夫头日给工食，管工衿耆应支薪水，谓之折夫。折夫总销六千六百七十九名，实夫总销六万名，界限固已清晰。然而折夫支销终属未妥，何也？工食夫簾均系逐日发给，势分局散，安能计零归整？不逾所限，正数一有浮出，遂至侵占实夫。至于薪水一项，近以折夫归入欠夫，比钱按散，虽无浮出之弊，然必俟比欠既完，方可请领，自上下视之，未免以敲扑追呼为豢养督工，而设任劳受谤尤为不美。以愚计之，若能于每年所存夫价内，善为经理，积之日久，递年收息作薪水工食之费，则折夫一款可汰，既省比欠之劳，又无轇轕之病。故曰折夫之宜另议者，此也。

河工自改对堤为合挖，上下公沙派以官亲中四段，督以厅汛两学，又各率以绅士，诚以工程繁重，必使指臂相承，官民相信，然后艰难可共济也。乃始则上下认真，继则彼此废弛，终则明目张胆，俨视河工为调剂。于是工程大坏，秋间堤将溃决，小民情急，几至酿出巨案。北平恒公亲见其弊，惩前毖后，毅然改去属官之委，一人亲临督办，而各以衿耆董之，两日一莅河干，明赏罚，申禁令，大约束，司事有所陈请，无不立予施行，是以雷厉风行，通河有踊跃赴工之忱，而无作奸犯科之弊。自历任代移以来，向之失利河工者，从旁沮抑而媒孽之，倡为民办不归官之说，于是以阖州利害所重，系一任士民之自为，而无痛痒，于其间赏罚不立，惩劝不行，督工绅士，上下棘手。及至七八月，河水涨漫，瓦釜雷鸣，心惊胆悸，持此以往，则自好之士、热中之徒，惟有闭门匿迹已耳，孰肯起而效奔走之劳哉！故曰督工之宜改商者，此也。

凡若此者，或酌盈以济虚，或循名以责实，或删烦以就简，或舍旧而谋新，皆弊端之已见，而区画之无容缓者，熟思而审图之方，于大工确有所济。若夫法久生弊，后之视今，亦犹今之视昔，是又贵有人焉，随起而补救之，非谓即此遂可久安而长治也。

因利第五

凡事不可计利，计利则弊生。然有已然之利焉，耗之可惜也。有自然之利焉，弃之滋争也。夫瀰苴河，非利薮也，而谓有已然之利，何曰欠夫折价，是有自然之利，何曰河尾淤田，是河夫按粮编夫，所销皆正额也。若已值拆坝，而额数尚未销楚不能补役，是谓欠夫，即为剩夫。予尝综通河之工程，较之若得官绅严加董率，可以岁余河夫一万，少亦八千，以每名折钱六十文计之，岁可剩钱四百余吊，十年积四千余吊。试证之已往，自道光十五年至二十七年，所存欠夫折缴之钱用之改堤二百十吊，用夫八千，应折钱四百八十吊，修下公沙坝三百二十吊，拨入宏文书院不止一百吊，是三年所余不止一千吊。无奈晨聚夕散，譬犹朝炊未熟，而待食者已环而相伺枵乎，其不能饱也，则何不节而存之，以备河工大用乎。

国家江淮湖河诸钜役，库设专帑，岁修有费，抢修有费，群策尚有时而诎，而谓虚鬻乏粒易牙能炊，空柯无斧公输能斫也。乌可得哉？所贵贤司牧倡之，慈父母继之，干以理之，廉以持之。若能严浮销，戒虚糜，慎交代，得三十年之积，以之勷大工，捍大患，则邓民重累可轻，元气可复，比之南阳被泽，群歌召父矣。至于淤田之说，尤可得而悉焉。

瀰河中贯邓境全川，疲于力役者，防溃决也。而沧海桑田之利竟收之于末流，何则？河尾海口之沙，年堙岁积，淤田之出绵绵未已，以其远在海澨，莫或过问，遂被近居普占。夫以河工之累一州普受，而淤田之利数家独私，久且强吞弱肉，转相讦控，则何不早为限制也？已往之侵占勿论矣，继自今而后，应树石桩于海边田尽处，以弓度之，计距锁水阁若干里注之册，以免奸民之挪动。桩内成熟之田，仍令民照旧管业桩外续淤之地，概垦为公田，以济河工岁修之费。抑或并入□夫缴价内存贮，立章程，定条约，使后人可守而不可争。此则裁成辅相，因自然之利，济无穷之累，有大力者举之，非民所能自办也，记此以备刍荛。若夫纷更滋弊之行，疑似含糊之见，概未轻发其端，惧扰也。

道光三十年，余为此论上之州牧沈小亭先生。先生韪之，遂将是年欠夫价钱买置河工公田，且申详立案，以垂永久，甚盛举也。但每年河工之役，仍须深挖力浚，俟工程深透，方以余存公，未可偏重置产，减短工程也。自记。

杂志第六

每年兴工之先，于僧户折缴夫价内提出银伍拾两，由州署移交浪穹县，以为彼处扎坝工食费，由来久矣。抑思邓川水患奚自也？沙淤何由也？水固不能曲，防沙岂不可捍御？乃趁七八月水大力猛，以巨爬推之而下，在浪人用百夫之力，即可移害于邓，邓人必疲数万夫之劳，方可浚之出河，夫亦不恕之甚矣。查东南各省水乡，凡有堤工，半多邻封协济，浪无协济于邓，区区扎坝之役，尚每岁需工费五十金甚矣，邓民之柔也。

锁水阁外田头沙，先年该处士民以全川尾闾呈请归公办理，经州尊杨、汤先后批驳。查瀰苴河先由东北入海，今所谓旧河口者，是继因曲折掉行，往往阻塞，改由今道取其直下，然锁水阁外即海口也，故下公沙界截止阁上，余皆淤田所积矣。田渐积河尾，亦引而渐长，田头沙归田户挑挖，不可易也。独是董率无人，虚有此例，致令尾闾身窄如沟，复哓哓焉借口于公事，私累胡可久乎？享利则忘所自，受累则怀不平，权衡通变，亟宜有以处之方，于全河工程首尾周到。

偶阅旧志，有挖沙不可留子埂之说，非也。水性本柔，激之乃刚，堤身壁立，近水怒涛，撞击堤沙，因而掣卸若微，留子埂如蜈蚣脚然，则水平泼而去，无湍激之虞。洪泽湖高堰有坦坡工程，缓水性也。

各段浮桥木料，不必专用枋，当兼用楼木，非但为搭桥计也。七八月抢险，桩木猝难购觅，兼储楼木，临危可以借资，俟水平后，仍令堤主照数偿还，有备无患，最为要著。旧例六月后，该里滚头就本堤搭棚雇人，日夜巡视，有警即鸣锣集救，俱为防护，伏秋起见，未可日久生怠也。

河岸树木葱蔚，既可固堤，兼可济急。试看堤湾水曲处，大溜直射堤埂，但得树枝拦之，水即掉头，以此救险者屡矣。故两岸宜广植树木，不拘种类，以大叶柳为便，根密枝繁，又易发生，有者护之，无者树之，事易利溥，不识何以惮而不为也。

羊塘里夫派八，第二段道途窎远，历来并无彼处人至者，徒使众粮户往返雇觅，甚为不便。莫若照僧户折价例，每名缴钱五十文，自兴工之日起，令里差陆续催收，至停工之日缴，核算所收归入河工公项支销，是否可行，愿与是里粮户共商之。

河水当中仰贯，旱资其利，溃被其灾者，惟两岸平原而已，何以修挖派及二州，即僻处如羊塘、市坪俱照例编八。盖工程浩繁，非集大力必不能举大工，况江尾各道鱼沟借河开沟，因沟捞鱼，利胜农田，百倍大利，伊既独享沟头，伊当独挖，若借资公众河夫，自应按夫折价审利害，以均劳逸，历任州主为民立法至平也。若谓伊等已一例编夫，不应再有加派，独不思河夫之派在粮，系一州公事，沟头之挖为渔，乃沟户私事。公私之分，判如黑白，不容牵混。即如伊等以田为沟，田既输粮，沟□帮课，义各有当，不可谓一田二赋，讵可谓一田二沙，奈之何举？三十年来，遵办无异之案，一旦鼓众抗违，且忍于捏词诬控，首事也。审如是，是以坐享大利之人，置身局外，则窎远如羊塘、市坪不资瀰苴点滴者，更可置身事外矣。然则六万六千六百夫役，更向何处编派耶？因河而享沟中百倍之利，习焉相忘；因沟而受河中毫末之累，愁焉如刺。夫岂尽属无良，抑亦未深思耳。

河工按段分办，始于知州陈公鉴。前此则为对堤挖，其法民间按粮编堤，各照认定弓尺挑挖，界内之沙堤之编派，始于第一段，止于第四段，尚有首尾无着，则又统归十四里。谓以十四里合修首尾之堤。其河中应挖之沙，官设局募役，而以家丁督之，令各里按粮缴钱于局，曰公沙钱，作募役费，此上公沙、下公沙之名目所自来也。查江尾各沟户，按粮编定之堤，在第四段元保里，而所开鱼沟在下公沙，并不在伊本堤内，决公堤为私沟以渔利，理当自治。其沟头之河，今欲混入公众河夫内，倘现在仍前对堤法，则各挖各沙，试问各沟户更指谁为公众，令其向沟头服役乎，抑遂坐视沟头阻塞不复自行挑挖乎？否则支销公沙钱，官为募役挑挖乎？有以知其不然矣。此乾隆年间，署州张公士俊定河工为分挖，则折沟夫于堤夫内，令其缴钱而免役。其钱即作督办公沙薪水费。嘉庆年间，知州陈公鉴改河工为合挖，则分沟夫于粮夫外，令其自挖而免钱。道光年间，历任知州兴工时，又俱票差催挖，票稿内又俱载明各道鱼沟沟头之沙，例归各沟户自行挑挖也。三十年，知州沈公改令折钱十二千文，夫多价少，便宜沟户矣，何尚喋喋为哉！十二千钱，先由三十年二月间，有沟户张姓者自行投缴，知州沈公因以申详立案，非河工首事人有强迫也。

各处堤防附

堤防之在水乡也，堰溇圩陂，一年劳，百年逸。若环山为城，则带阜缨峦，岩苍壑秀，夸胜地焉。惟邓不然，欲临渠而耨，则惧为螺洲也；将枕岫而庐，则惧近蛟窟也。涧溪错杂，沼沚纠纷，审防沟之因势防之，智力殚矣，乃防之者旋漱之，沟之者仍淫之，畚锸之劳夯筑之，役无休息焉，岂特瀰苴河之为钜工哉！

堤

罗时江 在州东里许。泄西湖水尾，兼资十村灌溉。夏秋流浊易淤，定于每岁二月大浚，八月小浚。先由里差催趱乡约派小邑里船户扎坝，崑崙里船户守坝，二里户编夫四名，遵政里属之南天神编夫三百名，大邑、上登、和山、元保濒湖沿江之田，咸由夫协济，由龙桥节次疏通，而下堤岸归各田头修理。

按：天启间，知州周公之相因西湖一带田禾恒没于水，乃捐田通洫，在今三道桥界。

永安江 在青索。泄东湖水尾，岁于春间派舟子甸扎坝，集西庄、梅和、遵政、元上四里门户夫挑浚。

卧虹堤 在天洞山东北。先因青石、九龙诸涧积潦怒张，既阻河流，复堙湖尾。乾隆四十六年，大理府张公春芳署州王公孝治、邑绅高公上桂于青石涧下筑堤三百余丈捍之，复窍闸通水，使沙内停水外泄。每岁量修一次，堤下涸出水道一区，开垦成熟，收租作岁修费。

按：旧《志》载，乾隆十二年，巡道朱公凤英开马鞍山河，欲以泄东川水尾，旋因升任中止。今河形尚在，俟将来卧虹堤内沙积地高，青石涧诸水即可由此入洱。计虑可谓深矣，然非数百年工程未易睹效也。前贤硕画，应志之。

城河堤 即东南城脚河埂。河水来源有二，一引自云龙山半，一汇诸溪涧水，并流而下，近城田园，悉资灌溉。递年修理，沟头按田亩作八十分派其挑浚淤积，岁以六月集大邑、元保、昆仑、小邑、遵政、和山六里乡夫合作，经旬掘深累高一堤，东南隅环亘比肩雉堞矣。

坝

一在元井村右。明正德间，卧牛山下二涧交流，秋潦骤发，沙随水涌，压坏田庐无算。巡宪姜公龙筑堤御之。乾隆庚戌年冲毁，随即修复。道光戊子年冲缺，经署州李公文培踏勘修复。道光庚子年，又冲毁，经知州桂公文奎踏勘修复。凡冲毁时，俱坏田庐，最后于堤内再筑重堤。春秋时熟，按房屋田亩多寡量，捐豆谷为岁修费，呈明州署存案。

一在元井村左，名曰山神涧捍坝。康熙年间筑，后渐废。乾隆岁己丑，大水，禀官查勘修复，后又废。嘉庆壬申年，冲坏义地坟墓，复行修筑。仍每岁按房屋坟墓量，捐豆谷为修补需，禀州存案。

一在温水冲上。乾隆乙丑，凤场涧水骤发，冲坏田庐，始行兴筑。嘉庆庚午年，坏于水，旋修复，仍按捐豆谷为岁修费。

一在罗旆山下。沙水一望弥漫，波弄村当其麓，里民砌石捍之。杀上厚下，自箐口达村首，绵亘百寻，年培岁累，由村仰视之，坝崇如墉，沙积如阜。

一在天衢桥下瀰苴河中。每岁春初挑挖下公沙，先由此堵水，使悉归西闸，下游涸出，方可施工。坝墩先建者圮，道光二十七年，邑绅杨公柄锃重修。

闸

上西闸 在瀰苴河西岸寺一堤内。明万历间，知州常公真杰所开，以分瀰苴河流。

今河高闸低，闸口久已堙闭。上东闸，在瀰苴河东岸王五伍堤内，亦常公所开。原议东、西二闸视河水之消长为启闭，以八分消正溜，以二分归两闸，继因河底高仰，与西闸同时堙废，闸沟亦半成民田。

下西闸 在青索桥下西岸。先因东湖水尾由河入海，七八月河涨难消，辄回注。康熙初年，东川士民徐熙然等倡议，就西岸开闸通渠，以分泄河水。闸成，有灌田捕鱼之利，每年修挖，享其利者任之。

旧东闸 在青索桥下东岸。乾隆五年，东川士民捐田开渠，以泄河水倒流之患，渠成，灌田捕鱼利同西闸。乾隆四十六年，开东川子河，东湖水由子河入闸沟，遂闭闸口，沟岸坍塌，渔户田主，一体协修。

按：东闸口既闭，不与瀰苴河通，遇天旱，东湖水涸，则傍永安江一带田亩失灌矣。法宜仍窍闸口通瀰苴河水，大则塞之以防决入，东湖水涸则开之，以资灌溉，方为旱潦无虞。

河工案由碑记

道光二十五年十一月十三日，代办知州沈移奉大理府知府宝札，内开：道光二十五年十一月初十日，转奉制宪贺札，开：该州举贡生民等具禀河工积弊，恳将本年改办章程饬垂永久一案，奉批：农田水利本地方官应办之事，各举贡等禀称该牧改办章程，是否堪垂永久，仰大理府悉心核议详，候察夺禀发，仍缴。十一月二十三日，续奉大理府知府宝札，内开：十一月十五日转奉迤西道周批，据该州举贡生民等具禀河工积弊，恳将本年改办章程饬垂永久一案，农田关系民生，水利尤农田根本，据禀该州河工自恒牧实力整顿，已有成效可见。为政在人，尽一分心，有一分益，但兴利除弊，行之以断，尤贵要之以久，仰大理府转饬该署牧将改办章程酌定简明条款，详明立案，以垂永久。毋稍延迟禀发，仍缴。以上禀请改办瀰苴河工案由。

是年十二月二十九日，署州恒奉札，覆详遵将改办章程胪列简明条款，备文具册，通详列宪。续于二十六年二月十九日奉到大理府遵批札饬，内开：二月初十日奉迤西道周批，据该州议详举贡等具禀改办瀰苴河工章程吁请定例，以垂永久一案，奉批：仰即转饬照议立案。此缴，原禀存。等因。奉此，合就札行，为此仰州官吏即便照议立案，勿违。三月初八日，又奉大理府宝遵批札饬，内开：三月初一日奉粮储道王札内开，二月十九日转奉制宪贺批，据该署府详邓川州举人等具禀改办瀰苴河工章程缘由已悉，仰云南粮储道会同迤西道核议饬遵具报，书册清册并发，仍缴。以上批准改办河工章程案由。

道光二十八年五月初九日，署州汤奉大理府唐札，内开：二十八年四月二十九日，奉制宪林批，据该州举人等禀称详定瀰苴河工章程恳恩泐石一案，奉批：邓川州瀰苴河工甫于二十六年春间详定章程，经前部堂批饬立案，以资遵守，何以转瞬即改易三条，仍滋流弊，地方官不思兴利除弊，一任丁役播弄侵渔，岂为民父母之道耶？所请将详定章程十二条泐石遵守之处，准其即行照办，仰大理府立案饬遵，此后如有擅改滋弊，定即官参役究不贷。屡禀清折三件并发，仍缴。等因。奉此，查此案，前据该举人等具禀到府，当经批饬遵照前详立石，以免纷更在案。兹奉前因，合就札行。为此，仰州官吏即遵照立案，此后如有擅改滋弊，定即参究不贷。五月十三日，又奉大理府唐遵批札行，内开：五月初三日奉迤西道王批，据该州举人等禀请详定瀰苴河工章程，恳恩泐石以垂永久一案，仰大理府速饬邓川州查照周前道详定章程办理，仍令该举人等将酌定条款泐石，以免日久纷更滋弊。切切。以上禀请泐石案由。

捐修溃堤碑记

邓川瀰苴河利害攸关，前人述之备矣。稽从前堤溃均蒙宪恩咨部发帑赈济，蠲免钱粮，派拨里民修筑。兹于嘉庆二十年乙亥秋七月朔九日，下山口公堤冲溃，各宪按临轸念民瘼，大施善政，捐廉抚恤，并买备桩木。一切费用，上不动帑，下不扰民，委员督办，士民踊跃，克期告成，宪恩所周，与弥水河同永矣。用是泐石，以志不朽，列宪捐款，并志于后。

迤西道余捐抚恤银五百两。

大理府赵捐修河工银三百两，捐抚恤银四百两。

太和县赖捐口袋三百条，捐输钱粮银一百四十两。

赵州李捐输钱粮银一百四十两。

浪穹县程捐输钱粮银一百两。

宾川州郭捐输钱粮银一百四十两。

云龙州穆捐输钱粮银一百四十两。

署邓川州刘捐修河工银三百两，捐抚恤银五百两。

署邓川州图捐输钱粮银二百两，捐抚恤钱二十千文。

署邓川州陈捐输钱粮银四百两。

其督工为州吏目赵、州学正管、训导事何、汛防陶，理合并载。

嘉庆二十年孟冬月吉日。

防溃赘语

瀰苴河堤，自嘉庆二十一年以前，或数年一溃，或一年数溃，自丁丑至今安澜，又三十四年矣。其要固在每岁兴工时，深挖培厚，修砌险要，而七八月大雨时行，尤当严饬巡河，日夜巡视，一有坍塌，即飞报堤主，鸣锣抢护，自可转危为安，脱有不虞，固人事之失，亦天降之灾也。塞决之役，工程浩大，除每年销夫时，照按十折一之例，留备太平钱三百千文，不容短少外，别无他款矣。夫役以十四里协济，其桩木、口袋、篾索一切杂用，旧章具在，录溃堤经费、碑记，所以存古例也。安不忘危，赘述于此。

按：瀰苴河堤，积沙为之，不比土埂坚固，秋间阴雨延绵，积潦浸淫，深入沙埂，裂陷崩塌随之，此淫霖之故，非河工有不善也。故巡堤不可视为具文，稍有塌陷，即加紧补筑，未有不能挽救者。慎之，毋忽！

蠲　赈

乾隆乙丑年，卧牛山二涧水发，冲坏田庐，知州□公开仓赈济，详免钱粮。乾隆庚戌年，象山涧水发，知州周公开仓赈济。嘉庆庚午年，凤场涧水发，知州陈公捐廉赈济。道光辛巳年，卧牛山崩，压坏田亩，知州陈公详免钱粮，各在案。

论曰：邓之患在水，所以滋患，实在山。山皆金气重，多不毛，不毛则山面童赪，易剥落浸淫，而岩谷虚豁，雨潦降则连冈接岭，驱沙走石与急溜崩洪，硧砰争道而下，此大川所以泛滥，支川所以垫淤也。夫古今防水之策论列备矣，而防山无闻焉，将何由而致敷奠哉！

〔据钮方图修，侯允钦纂咸丰《邓川州志》（清咸丰五年刻本）卷九《河防志》第1－49页辑录。侯允钦，大理邓川人，清道光十五年（1835年）举人。十七年（1837年）数次踏勘瀰苴河，遍访沿河灾民，分析历代修河法规、措施利弊，拟定河工积弊16条，上书当道。二十九年（1849年）专程到四川戍州官署，把他八任河督，呕心沥血写成的《瀰苴河河工志》（又名《河防志》）章程一册，授与表弟杨炳程刺史参阅。在杨炳程建议下，侯允钦决定编修州志，让关系邓邑利害的河防事，昭之志乘，信今传后。《凡例》曰："河工为邓邑首要，头绪纷繁，故论列不厌其详，以及两川水道所经各处，涧溪所流，堤防不一，均系农田水患所关，互相发明，不敢挂漏。"卷首《河工图》，绘制邓川全州境之水利图共13幅。〕

（乾隆）云南县志·水利志

卷三　水利志龙泉海坝桥亭附

耕食凿饮，日用之常，朝饔夕飧，稼穑为宝，水利之关于民生者，匪浅鲜也。云邑四境不乏龙泉，而海塘闸坝，需人力之兴修者尤多，是以蓄泄必因乎时，沟闸必定其制，俾利泽之及民者均而溥焉。至水就下而其利通，民或病涉，徒杠舆梁，以农隙成之桥梁，正未可忽也。志《水利》。

宝泉山龙泉　在县西北二十五里梁王山后。泉从山下石穴中流出，经九鼎山下，会各渊，水势可荡舟，至团山坝设闸启闭，为一县灌溉利源。

梁王山龙泉　在县西北二十里梁王山下。出泉有二支，喷吐如珠，为一县灌溉利，会流团山坝。昔人建庙于临泉旁，名曰宝泉宫，每仲春有司谒祭，以赛丰年。

帽山龙泉　注梁王山麓龙泉，归团山坝。

蒿子坝龙泉　距九鼎山后二十里五福山，又分一派，山下平处有水涌出，下流合宝泉山水，归团山坝。

铁窑箐龙泉　在县西北四十里。脉发五福山下，会毛栗坡水，流经九峰山脚，归团山坝。

团山坝　在县西北五里茨坪村左。上流五福山、毛栗坡、松子哨、帽山、宝泉山、梁王泉、三眼井、马蝗箐、蒿子坝、白汉厂诸涧水渐流于此。前明兵备道沈、朱、李诸公暨土知县杨如槚率县民筑五孔桥，渡水土坝，分一支入品甸湾周官所海。又筑团山坝，建石闸三道，立坝长、沟头，司其启闭，春冬轮水分均放，勒有水利碑。遇涸则闭闸，水归境灌溉；水泛则启闸泻入溪沟，以资宣泄。盖无此水，则邑为圹土，不可以城；非口闸，则邑为泽国，不可以耕，三闸之筑，计画善而垂利溥矣。其余流汇青龙海，出段家坝，过云川中河，至江尾村入米甸楚场河孔仙桥，入金沙江。

品甸湾坝　一名小牧舍海，在县东北十里。分团山坝水贮陂中，灌城北十三村田亩。各有定例，勒有村名碑记，碑存海下。

周官所海　在县治东北十五里海之□□□□□里。无源泉，惟天雨受各山箐，灌雷鸣田亩。雍正五年，知县张汉开沟十余里，引团山坝水逾品甸山阜注其中，又于下流浚沟浍二十余里。

香果城海　在县东三里，原系雷鸣旱田。于雍正八年，知县王璐率民买田三十一亩五分，开为五塘，由东中沟引团山坝水贮其中，灌两村田亩，其下流入青龙海。

青龙海　治东南二十里。自金龙山望之，宛如□□□，各长十余里，广六七里，纳阁川□□□秋□溪涧之水、团山坝水皆汇于□□区□，周围三十里□□□□者，左曰□□青海营□村，右曰□□五，今已□家□□石□清海□□□□□□至岸洼处，□□言清明大□□□□□□而东历青石湾，过□□□□□县□□□□□，出云川。

七百庄海　在县东南，灌海下田亩。

杨梅村堰塘　在县东南，灌海下田亩。

小波畉堰塘　在治南，灌小波畉村田亩。

狮子山龙泉　在县东云川之北大波那山下。有硐，青石嶙峋，豁开门户，深邃莫测，水从中出，力可浮牛，灌溉左近田亩。下分三沟，一注刘官厂，一注张官厂，一注小波那。邑人建庙，每三月十五日祈赛。云川龙泉，以此为大。

天华山龙泉　在县南五十里云南驿南首。泉自山下涌出，势常奔泛，会大海子村汹流，灌大坡田亩，经桑木箐出镇南州界。

双龙眼泉　在云南驿北旁。水从石洞中出，灌溉龙洞村左近田数百亩。

黑龙泉　在云川白屯后。地势微高，中出活泉，里民连筑二坝，灌溉松梅村田亩。

塘子山温泉　在云川小波那旁。山下出，产土硝，灌溉田亩。

天马山温泉　在云南驿山后炼厂旁。水从石洞出，灌溉左右田亩。

段家坝　在云南驿西南。接叶镜湖，纳青龙海水，一注炼厂，出灌云川田亩，归江尾村浮金石。旧传南诏时段思平筑，明黔国公遣指挥吴铣重修。

千亩田陂　在云南驿前。四望平壤，数十里乏潴水之陂。明嘉靖间，参政石简修举，今废。

南丰坝　在云川胭脂坝旁，收龙马箐水。明知县宋希文筑，周围八里，后壅为平地，兵备道何闳中捐金开挖成田，为今龙翔义学田，载《学校》。

果城堰塘、练厂堰塘、江头村堰塘、白溯海白屯堰塘、刘官厂堰塘、张官厂堰塘、汪旗营堰塘、小波那堰塘、舒官海堰塘、江尾村堰塘、傅旗营堰塘、东□村堰塘、清风陂堰塘、大海子堰塘　以上堰塘，灌溉堰塘下各本村田亩，仅免抱瓮出汲之劳，无济于旱。

以上云川水利。

矣摩山龙泉　在和甸东山，有数□流楚场箐等处。

大松坪龙泉　和甸东山顶有龙潭，水势汪濊，流注你甸赤城江。

江品甸龙泉　自和甸温泉发源，历各涧，灌溉数村田亩。

明角龙王泉　在和甸东，下流黑厂黑龙坝，会和甸水，出你甸。

温水塘龙泉　在和甸街北，灌左右各村田亩。

莲花科海　在和甸西首。广二十里，中有一岛，名莲渠双岛，灌溉亦多。

大溯头海　周围数里，收山箐水，灌溉海下田数百亩。

海西庄坝　在和甸街西，灌溉坝下田亩。

青黑底坝　在和甸东，灌溉新黑底各村田亩，流入你甸。

黑敞箐坝　在和甸东，灌黑敞各村田亩，流入你甸大河。

乐耕坝　在和甸东，灌黄连树田亩。

菉萝河　在和甸东，汇诸水流出你甸。

以上和甸川水利。

菉萝箐河 在你甸西。源自和甸发，灌溉你甸村田亩。

小里坡坝 在你甸西南。收菉萝箐水，灌田数百亩。

楚场河 收阖县诸水，出孔仙桥金沙江。

以上你甸川水利。

观音箐龙泉 在乔甸海稍东南。会龙凤寺水，灌溉海稍及六村田亩。

罗九阻龙泉 在乔甸，灌溉附近田亩。

熊勒摩龙泉 在乔甸□□东。山极高，水极大，下流至箐，灌田数千亩。土人建有龙神庙。

李节村龙泉 灌溉本村及上下大罗敞等处，为利甚多，每岁仲春，村民轮流祭赛。

双龙龙泉 出回龙山下。筑有堰堤，灌溉史家营各村田亩。

龙凤寺海坝 在乔甸海稍。灌溉海稍各村数百亩，岁纳本村鱼课二两四钱。

以上乔甸水利。

〔据李世保修，张圣功、王在璋纂乾隆《云南县志》（清乾隆三十二年钞本）卷三《水利志》第 7－11 页辑录。原本多处残缺，可参光绪《云南县志·建置志·水利》。〕

（光绪）云南县志·建置志·水利堰塘附

卷三　建置志　水利堰塘附

《大清会典》：雍正十年，议准疏浚县治河道。

青龙海 在城南二十里。纳宝泉坝水三分之，一灌东南十五村田亩，岁久淤塞。雍正八年，知县王璐浚治疏通。《县志》：中河海口为山溪所阻。乾隆二十年，知县谢圣纶详修，有租谷不敷岁修，渐复淤塞。道光七年，举人董齐圣、生员戴万钤等修复。

宝泉山龙泉 在县西北二十五里梁王山后。泉从山下石穴中流出，经九鼎山下，会各涧，水势可荡舟，至团山坝设闸启闭，为一邑灌溉利。

梁王山龙泉 在县西北二十里山下。出泉有二支，喷吐如珠，为一县水源，会流团山坝。昔人建庙于泉旁，名曰宝泉宫，每岁仲春，有司致祭祈年。

谨案：弥蒙礼社江水源发于此，分为三派：一过弥渡、蒙化、楚雄、临安、元江，出越南界；一出霑益，过曲靖、澂江、临安、广西，至广东入海；一出定边、安定，过景东、镇沅、元江，入黑龙江。其余支派，难以悉纪。

帽山龙泉 注梁王山龙泉，归团山坝。

蒿子坝龙泉 距九鼎山后二十里五福山，支分一派，山下有水涌出，流合宝泉山，归团山坝。

金龙山龙泉 在邑西岗过溪沟五里平坝村北旁。山麓中出，灌山田三百余亩。八景中“金龙泻润”即此。

晒经坡龙泉 在邑东十五里官道青龙海西山上。其源有二，一北流资灌五舍邑田亩，一南流水积路，行人憩饮，下近韩坡岭，入海。

龙池泉 在县西南二里华严村后，一名放生池，又名碧池秋水。昔传此水通黄河，其深莫测，上建龙王行宫。永乐七年，黄河水清，此水亦清。参《通志》、旧《志》。

铁窑箐龙泉 在县西北四十里。脉发五福山下，会毛栗坡水，经九峰山脚，归团山坝。

团山坝 在县西北五里茨坪村左。五福山、毛栗坡、松子哨、帽山、宝泉、梁王、三眼井、蚂蝗箐、蒿子坝、白汉厂诸水于此停蓄。明兵备道沈、朱、李诸公及土县丞杨如槚率邑民筑五孔桥，分疏水势，一分支入品甸湾、周官所海。又筑团山坝，建石闸三道，立坝长、沟头，司其启闭。春冬轮水分均放，勒有水利碑。遇涸则闭闸，水归境灌溉；水泛则启闸，泻入溪沟宣泄。盖无此水，则邑为圹土，不可以城；非设闸，则邑为泽国，不可以耕。三闸之设，计画善而垂利溥。其余流汇青龙海，出段家坝，过云川中河至江尾村，入米甸楚场河孔仙桥，入金沙江。《通志》名宝泉坝，景泰间分巡副使周鉴、参政赵雍，崇祯间兵备何闳中相继重修，久复淤圮。雍正八年，知县王璐加修。

品甸湾坝 一名小牧舍海，在县东北十里。分团山坝水贮陂中，灌城北十三村田亩。各有定例，勒碑永遵。岁久沟塞，明嘉靖知县宋希文开古道储蓄，军民利焉。

周官些[①]**海** 在县东北十五里。无源泉，惟天雨受山箐，灌雷鸣田亩。雍正五年，知县张汉开沟十余里，引团山坝水，逾品甸山阜注其中，又于下流浚沟浍二十余里。雍正年知县王璐加修。

香果城海 在城东三里，原系雷鸣旱田。雍正八年，知县王璐率民买田三十一亩五分，开为五塘，由东中沟引团山坝水贮其中，灌两村田亩。

堰 塘

杨梅村堰塘 并在城东南，灌海下各村田亩。

小波畎堰塘、孔伍营堰塘、黄尾洞堰塘 并在城东南，灌海下各村田亩。

陶官屯堰塘、李官营堰塘、草场堰塘、西冲堰塘、七百庄堰塘、小马房堰塘、谢官营堰塘、白石岗堰塘、杨官厂堰塘、青龙庄堰塘、花园村堰塘、土官村堰塘、东山脚堰塘、茅草坝堰塘、东山大箐二堰塘、河上村堰塘、五舍邑堰塘、灰窑堰塘 以上各堰塘，灌溉各村田亩。

天泉坝 在城东。沿海七村计四百余家，纳粮甚多，苦无活水。明成化十六年，民村、石壁场军村、青海营于东山箐内筑二堰，例于霜降后收水灌溉二麦。

新兴坝 在城南山下。明嘉靖间宋希文筑，周八里。

以上城川水利。

狮山龙泉 在县波川大波那山下。有硐，青石嶙峋，豁开门户，深邃莫测，水从中出，力可浮牛，灌溉左近田亩。下分三沟，一注刘官厂，一注张官厂，一注小波那。邑人建庙，每岁三月十五日祈年胜会。

天华山龙泉 在县南五十里水目山旁。泉自山下涌出，灌溉大波田亩，下流鹿窝河，出岔河。

双龙眼泉 在云驿北旁。水从石洞中出，灌溉龙洞村左近田数百亩。

黑龙泉 在云川白屯后山。地势微高，中出活泉，里民连筑二坝，灌溉松梅村白屯

① 些 乾隆《云南县志》作“所”。

田亩。

天马山温泉 在县南炼昌村旁。水从石洞出，可以澡浴。上建有龙王庙，下灌溉田亩。

塘子山温泉 在波川小波那旁。山下出水，可以煎土硝，赖以灌溉田亩。

南丰坝 在云川下庄街胭脂坝旁，收龙马箐水。明知县宋希文筑，周围八里，后壅为平地。兵备道何闳中捐金开垦成田，为龙翔书院膏火。今改为九峰。

段家坝 在城东南三十里，附近云驿，东接镜湖。石晋时段思平所筑，纳青龙海水，过板桥出炼昌，为坝停蓄，灌云川田亩，南流中河，归江江尾村，出炼渡去。至今中河淤塞，夏末秋初，泛滥为害。明景泰间，黔国公檄都指挥吴铣重修。成化年，沐琮遣指挥马铉再修。

千亩田陂 在县云驿前。平衍千顷，久缺水利。明嘉靖间，右参政石简、刘伯耀相继修举。今废。尤望邑中官绅督理兴修，受惠孔多。

白漇海堰塘、白屯堰塘、龙洞堰塘、舒官海堰塘、果城堰塘 以上数处，均有龙泉灌溉。

江头村堰塘、炼昌堰塘、汪旗营堰塘、傅旗营堰塘、左所营堰塘、钱家堰塘、吴家海堰塘 在匡州城东。明嘉靖指挥吴玺修，灌溉合族田亩。

刘官厂堰塘 同治六年，村民邹、李二姓倡众公修，附近田亩赖以灌溉。

青风坡堰塘

小成村堰塘

以上云波川水利。

矣摩山龙泉 在禾甸东山下，灌溉附近田亩。

大松坪龙泉 在禾甸东山顶。有龙潭，水势汪濊，灌溉本村田亩，下流米甸赤城江。

明角龙泉 在禾甸东。下流黑厂箐坝，灌溉五村田亩，流出米甸。

江品甸龙泉 在和甸。温泉水塘发源，历流各涧，灌溉数村田亩。

温水龙泉 在甸北，灌溉本村田亩。

莲花渠海 在禾甸西。广二十里，中有二岛，名莲渠双岛，灌溉田亩亦多，岁纳本府鱼课。

大漇头海 周围数里，收山箐水，灌溉海下田亩。

海西庄坝 在禾甸街西，灌溉海下田亩。

新黑底坝 在禾甸东，灌溉新兴左龙头村六村田亩。

黑厂箐坝 在甸东，灌溉黑厂五村田亩。

乐耕堤 在甸东，灌溉黄连署田亩。

裕泽堰塘 在乐耕堤下。

双龙堰塘 在笔架山下。收左右箐水，以灌田亩。

青水堰塘 在双龙堰塘下。

菉萝河 在甸东，汇诸水流出米甸。

天然堰塘 在上赤河尾箐头，灌溉该村回民田亩。

杨宝海 在甸西北山中。收左右山水，灌溉城北村田亩。

以上禾甸水利。

七乔堰塘　在七乔山下，灌溉海下田亩。

菉萝箐河　在甸西禾甸发源，灌溉米甸各村田亩。

小里坡坝　在甸西南。收菉萝箐水，灌溉田亩。

楚场河　在甸东。会阖邑诸水，流孔仙桥，入金沙江。

以上米甸水利。

双箐龙泉堰　在回龙山下。筑有堰堤，灌溉史家营各村田亩。

李节村龙泉　在本村山箐。下流灌溉本村及上下大罗厂等处田亩，每岁仲春，村民轮流祭赛。

龙凤寺海坝　在海稍。灌溉本村并各村田亩，岁纳本府鱼课银二两四钱。

观音箐龙泉　在海稍东南。会龙凤寺水，灌溉海稍及六村田亩。

熊勒摩龙泉　在甸东。山极高，水亦大，下流至箐，灌溉田数千亩。土人建有龙神庙。

罗九阻龙泉　在甸，灌溉附近田亩。

以上乔甸水利。

游峰坝　在城川九峰山后。自明迄今，屡修屡废。

谨按：县邑盘踞大幹冈脊，四面皆下，无长川巨浸。城川赖团山坝以上诸蒙泉，至团山坝分沟灌溉各村屯，各川甸蒙泉不一，但泉源不大，遍及为难，近复开种火山。语云：四山红，云南穷。其山空水涸之谓乎？但处处筑有堰塘，收秋冬积水，以作来年春夏豆麦秧苗之用，最为切近。或数村一塘，或一村一塘，或一村数塘，创兴修废，不于贤有司与有大力者，是望而谁望乎？

〔据项联晋修，黄炳堃纂光绪《云南县志》（清光绪十六年刻本）卷三《建置志·水利》第35－43页辑录。〕

（康熙）续修浪穹县志·舆地志·沟洫

卷一　舆地志　沟洫

溪登渠　在治西山溪登村下，水源颇盛。郡志载云：初时，县治小果、鬮头、乾桥、颍州巷、神充等村田园，仅大涧之水灌溉，田多水少，不足数村之用。嘉靖戊子，抚院批邓川修筑，中止。丙午，知县门俊用父老计，作溯堤二十六丈，工未孰。其沟自溯堤接下，绕数山乃通县南北，工力甚大，至今见存。倘非门知县先经开通，则后官何以续而成功，盖因后来崩塌，断流年久。其溪登上源有上龙、下龙二水，向系鬮头村开引灌济。至庚午，知县李南桥及士民从旧沟之上，作新沟一道，引溪登下长涧之水不由溯渠，竟从新长沟引水灌溉县北一带田园。又创开溪登之南猢狲涧之水入旧沟，过溯堤，循旧沟南下，随因沟头倒塌，久不行水，溪登之水，尽注县北。至万历丙午，县南士民具呈议开浚分水，知县王镆，行学蔡廷芳、李王勘议，欲将溪登水分用，但开引去百年久，且县北田园数多，仍令照旧将猢狲涧新引之水，作为三分，自溯堤而上，分与县北一分、县南二分，各具呈及议约在案。是岁旱甚，南水浸沟不能注下应用，但令古沟更得行水，少示存羊之意，南方士民又议开引猢狲涧南青栗涧之水，途遥工大，听候再议。

东原沟 自大营河分流而西，转南经大营、江干二村，灌平原一带田地。

山根渠 在治南七里。先年，每三四月起夫，开决淤沙通水道。近年，沙石横下，充没民田，无所利而受其害，山根之民由此困矣。

红山渠 在治东北十二里，名三营川。先年，每三四月起，附近屯军开挖。

安民沟 在南山水皮，无沟洫。知县杜翺自南桥上开沟引水，四达灌溉。当时小民以损田为阻，公曰：小损大益，何以吝为？躬自督率开挖，至今蒙其赐。

山关沟 在治南。知县陈儒所开，引凤羽河之水自山关核桃涧抵城南，久亦壅塞。万历己卯，邑举人杨峨捐资倡众修浚，甚坚。辛丑，掌印同知李先芳复为修浚。

三江渠 即三江口也。宁河及凤羽、三营之水会流于此，然凤羽之水其势驶疾，横射阻截，泥沙淤涌，致宁河之水不能顺行，淹没军民田地。其流至蒲陀崆，又为黑、白二汉涧之民带沙壅塞，故水患日增，民病由此然。其水自蒲陀崆出邓川，孰下者约十余丈，岂不能约而通？但往时经画多务了目前耳。万历戊戌，邑民李起敬等具告于抚台晋江陈公批行县，时知县王承钦谋之士民，约于通县起夫协力开挖，军卫有司以河东西为界，踏勘议定，具由申详。蒙批：此水利也，亦民害也，仰府行该卫县官会同疏瀹。册报王知县随即起工，适以陞去。知县李在□□[1]人亦即为经画起工，蒙开子河分水势，又适以入觐去。是岁庚子，值淫雨，灾淹益甚。冬，永昌府同知李先芬来摄县事，从众议，但有当用工处即为开浚。先于桥下村开凤羽子河一道，出炼城村，而凤羽之河势杀矣。又中委千户督军夫于周里营开三营子河一道，入郭家湖，又开大营神前子河一道，接湖水绕山麓而下，三营河之势杀矣。又于江心及蒲陀桥上下浚去节年壅积沙石，又于黑汉涧砌石堤，要水循山顺下，又于拖木厂去江心之石。约五旬，事已就叙，湖田多获收，士民德之。万历甲辰，有屯军告院行县起乡夫与屯夫合力开浚一次，递年开浚，不可胜纪。独知县白映斗躬亲督挖，沙积如山，大为开浚。自后，近湖田地皆获有收，民至今德之。后知县罗时昇亦尽心开挖，知县吴一鹭循例疏浚。近因水尾壅塞，田益淹没，邑侯赵珙目击水患，力为详请援例疏挖，其功当倍前人无疑矣。自后所赖循良父母，注意民艰，弭患于未然，皆所以福生民急先务也。

大波渠 在县东大波坚村。本村一带田地，久苦岁旱时不能致水。万历乙巳，知县王镆为作渠，引大营河之水经其界内，军民田地自此沾利。

〔据赵珙纂康熙《续修浪穹县志》（国家图书馆藏民国年间钞本）卷一《舆地志·沟洫》第 14－19 页辑录。〕

（光绪）浪穹县志略·赋役志·水利

卷四 赋役志 水利

浪穹惟罗坪以西奇辟而险，东南北则平原沃壤，弥望青葱，固以水之为利也。然利之所倚，害即相伏。其间蓄泄诸法，较他邑尤要，故详稽古制，博考时宜，因其势以浚

① 此处原本空二字。

之，顺其性以导之，所贵能思患预防也。志《水利》。

《大清会典事例》：雍正十年，奏准疏浚浪穹县河道。

节录总督鄂尔泰《兴修水利疏》：

为全滇水利已未兴修汇叙陈明，仰祈睿鉴事。

窃维地方水利为第一要务，兴废攸系民生，修浚并关国计，故勿论湖海江河以及沟渠川浍，或因势疏导，或尽力开通，大有大利，小有小利，皆未可畏难惜费忽焉不讲者。况云南跬步皆山，田少地多，忧旱喜潦，且并无积蓄，不通舟车，设一遇愆阳，即顿成荒岁，从前市米一石有价值十两、十五两之年，前事后鉴，敢不预筹。

是以臣自莅任以后，仰体我皇上爱民务本之至意，即详饬通查，令凡有水利毋得膜视，并博采舆论，合看绘图，务期矢此恒心，用资绵力，但于治有小补，庶几虑可少宽，志未尝不如此。乃迄今六载，虽亦次第举行，然兴修已竣而获水之利者仅半，已修未竣、已竣未妥，并应修未修、估勘未确者居半，现无成功，何论久远？用深歉仄，切望群材，此应了未了事，所当分晰开明，陈请圣鉴者也。

除昆阳、海口及盘龙江诸河兴修情由，已另疏具报外。节。

浪穹县因湖水泛滥，疏浚凤羽河等处，筑堤四十余丈，厢木柜五十架，业经报竣，但补苴一时尚非远计，现复委勘加修。

以上各件，臣已切嘱司道并谕各官实心措办，所需工费，请于变价银两内酌量动支，敢或藉端侵冒及苟且塞责者，立即揭参，以为膜视公事者戒。惟众志若一，期在必行，庶百务无难，皆克有济，且各为地方贻永远利赖之善迹，以仰副我皇上廑念边方之盛心，亦所以自求福而与有荣幸事也。所有全滇水利已未兴修，汇叙陈明缘由，相应会同云南巡抚臣张允随合词题明。

《大清会典事例》：乾隆二十七年，奏准浪穹县三江口堵筑坝工以防水患。

谨案：乾隆二十七年，经前林任中麟详定坝工经费，每年小修，于盐余项下领银壹百贰拾两，三年大修，领银叁百贰拾两，邓川州津贴闸坝银伍拾两。今领款久裁邓川州津贴，尚照案移解。

三江口　在治东南大唐神庙下回龙山脚。因此碧湖、瀰茨河、凤羽河三水会流于此，故名。昔时江口极深，河流陡峻，舟行至此，稍不经意，旋即驶下。今则淤积平衍，摄衣可渡矣。缘凤羽河沙泥甚盛，最易阻塞，水不顺流，漫溢为害。旧《志》载水患频仍，率由于此。今则凤羽河已徙而北，所有沙泥尽积于鹅墩、汉登之间，淤成田亩。此处不复为患，惟宜深开下游之水，河流即顺轨矣。其用牛踩河之旧规，每岁于折坝后，约四月尾五月初间举行。因江口藻荇交横，有碍水道，而锄挺又不能施，故用牛翻踏，以利水行。第乡村小民全资牛力，以课春耕，一经入公，不能营私，且往来于淤泥之中，穷一日之力，而牛力惫矣，甚或倒毙。现令出牛之家，自顾（雇）小船，以人力用钓扒顺流打捞，较为省便。惟奉票催办之差役头人，借端指派，不无苛索，颇滋弊累，永宜查禁。

白汉涧　源出县治东南之塔盘山。高距河流之右，与巡检司村落对峙，自涧口至山巅约十五六里。山顶旧有石塔，今圮，仅留一盘，俗名塔盘山。盘下出泉，汪洋成潭，宽丈许，深不盈尺。下即白汉涧，潭水经流极细而旋涸。涧两旁皆峻岭，岭际大小涧十数条，皆汇于白汉涧。每当春秋夏淫霖，各涧水齐发合流而下，沙泥并集冲塞河流，以致浸淹沿湖居民田园庐舍。前于乾隆十八年知县林中麟倡议，由涧口循镇江寺而下，砌石筑旱坝，拦沙石于东南山脚。坝口直达河流时，河流湍急，沙到坝口，水送沙行，庆安澜者数年。至乾隆二十二三年以后，塔盘前后诸山渐次开垦，山无草木障蔽，一经大雨，沙石横下，压毁旱坝，冲塞河身，以致乾隆三十四五年至四十五六年，叠次报灾，蠲赈频仍，正供无出，官民受累。迨嘉庆十三年六月初旬，大雨三昼夜，涧旁被犁之山尽行倾崩，无量之沙水、数仞之巨石訇訇怒发，竟将旱坝尽推入河，填满河身。八十余丈点水不流，城内及南北两隅，俱成泽国。集民夫千余人挑去沙泥，劈破巨石，始得疏通。署知县陈炜接办善后事宜，以积水难消，沿湖田亩不能涸出，详请开除民粮五百三十余石，并与绅士耆民会议，以林令前防之坝，基址无存，且河流平缓不能送沙，若率由旧章，徒劳鲜济。因陟巘降原，熟审形势，定从涧口就西南山脚改建旱坝百十丈，高二丈，宽丈余。以炼城村后无粮隙地为屯沙之所，复接旱坝尾湾环而北筑土埂百余丈，埂后种柳百株，使根蟠固，兼于埂尽头处开口放水，水出而沙泥坐积埂内，不致入河淤塞矣。又于旱坝内深开旱河，虽被沙水一填即满，而利导可资。柳埂下仿此制最为便宜。

白汉涧，旧筑旱坝，规画甚善，近不为大害者，实陈君炜之遗策良也。然就下者水之性，通塞不能，无古今防患者人之情，因时不可无损益。现坝内之沙日积日厚，几与堤平，坝根之土日削日薄，不敌水力，加以柳埂无存，开挖太浅，恐一旦蚁穴能穿，涓涓不塞，则历年所淤倾压直下，计全河之水不能逐无量之沙，其害有不思议者。窃以治之之法大约有四：一曰深浚下流。下流即蒲陀崆也，宽仅数丈，深不盈咫，众水之壑，沙石填咽，宜每年闸坝后，竭力挑挖。夏秋间随时疏导，务使河流湍急易于冲刷，即有他虞，或不为患。一曰培修旧坝。每年于坝内开挖旱河，取沙培堤，此旧法也。然必将挖出之沙全数堆积堤面，不使松塌，继长增高，藉资捍卫。若仍前随处堆放，水至即推入河身，徒耗岁修，终归无济；一曰另开引道。山水陡发，其势甚猛，横击堤埂，颇难抵制，宜于北岸开一引道。使北来涧水循山而下，则力分易弱，不致受险。一曰禁挖山峡河源。山上有沙场、白鹤二村，倮民每将山峡挖松，土性轻活，遇雨刷下填满旱河，实受其害，且山荒极广，随地可垦。须传该山民等剀切晓谕，只准于山阳一面开挖，其山阴各峡，一律禁止，以所得无多，所损甚钜也。以上四条，经沆禀定，奉大宪批准在案。本年修挖，工颇核实，款不虚糜，较为得法。于号称最险处，先其所急，添筑石坝。自龙王庙侧南山脚起，长数十丈，并购柳千余株沿河栽种，根蒂盘结，枝叶扶疏，使百年前遗制不难顿复旧观，此亦因中之创也。惟石坝工程如能渐次推广，逐段加修，不数年间，可将全坝增砌为石，愈臻巩固，是所望于后来勤恤民隐之君子。旱河岁修，每年由按粮捐收项下发钱伍百千文，并记之。

凤羽河 源出清源洞，合猿梯瀑、白石江暨罗坪诸山涧水，北流出通江门，猢狲涧水自溪登村来会，至山关地势平衍，沙石渐积，南北冲决，伤毁民田，比岁皆然。旧时河由山关过水皮村、尹家营、炼城村，入三江口。自乾隆二十五年，堤埂溃于南山村，河遂下趋由马家营、赵家营入三江口，沙泥淤塞海口，频年为患。后地方建议从马家营上首改河北流，环县城东北至鹅墩村，入茈碧湖，三江口水患渐平。但河身窄小，堤又卑弱，加以近年来，天马山涧水又决而西汇，夏秋水发，自大埂村上下年年溃决。溃于西则淹浸城市，溃于东则冲毁田亩。每岁春间，挖沙培堤，工程最关紧要，必须分甸办理，通力合作，官以时稽其勤惰，并查核头人，毋令私折民夫，庶河深堤高，可以无患。

谨案：凤羽河岁修年，由粮捐项上发钱贰百千文，沿河十八村居民领存，于二月半后开工，挨户出夫，分段修理。淤者浚之，圮者培之，引导入湖，则水有归宿，不致横流。否则河高堤薄，偶有溃决，将淹没田亩无算。徙薪无功，补牢已晚，何不即未雨时而绸缪之？

瀰茨河 源自鹤庆州属之观音山。出自北，而南流通县治东南隅之地始出，仅一大沟渎，及合各村寨山涧之水，乃渐洪大，资灌溉者不能以数计。两岸无堤，而河极宽深，虽值大雨涨发，水无沙泥。经周礼营，入三江口，利多害少。

真珠涧 在南关外。源出玉阶山侧，涓涓细流，每遇大雨，山水暴发，沙石冲突，损伤民居。盖南居民稠密，北岸低下，偶有冲决。关系匪轻，尤宜思患而预防之。

东原沟 在城东十里。自大营河分而西流，南经大营、江干三村平原一带田地。

溪登渠 在城西十里。源出溪登村下，水源颇盛，城北田园皆资其利。

红山渠 在城东北十二里，名三营川。流沙易淤，一年一浚，庶免淹没。

南　涧 即大涧河，在佛光山左，距县治二十里。发源马耳山西，至一女关斜折南行，穿溜而下，涧深水小，灌溉未足。就近村民于涧口甃石，设立水平石面，凿成溜口，谓之水分，昼夜轮流按村落田亩分灌，惟雨集水盈，方可听从引导，末流达瀰茨河。

北　涧 即白沙河，在佛光山右。发源马耳山，至一女关直下夹涧，危峰怪石，人迹罕至，水不长流。农民每当春末夏初，虔诚致祷，奔涌而出，极为畅旺。土人尝见有二青蛇送水。惟迟速难以时计，或昼夜阴雨而乾涸如故，或天日晴霁而疾驶奔流，浃旬之间，灌溉沾足，至秋末即止，较各山溪水为不可测云。

永济河 在县治东北三十里。源出凤岭老龙洞，清流充沛，三营以下田亩灌溉优渥，达于瀰茨河。

罗凤溪 在县治北八里。源出凝云山，与大树关溪水合流，水高田低，左右田亩一律灌溉，虽旱不涸，利赖无穷。

九龙泉 在九龙山下。山脉九支，并出清泉，汇为巨浸，野鸡等村田地数十顷皆资其利。北又有黄龙泉沟，灌黄龙等村田。

大波渠 在城东大波坚，向无水。明万历间，知县王镆作渠引大营河水灌之，自此沾足。

金龟山涧 发源于天马山，与白汉涧同源。旧《志》载：其山左涧有水，右涧无水，有神化为樵夫以斧柯触山，右涧水即涌出。士人肖像祀之于庙。其水在当时颇为民利，后因沙石横下，壅压民田，今溃而西入凤羽河。

沂水河 水自学宫左侧石窍中喷涌而出，由中街直达城东隅，水口灌入外濠，归入宁湖。每值阴雨，濠水涨漫，不能畅流，街衢被淹。道光十八年，署知县黎讷详加丈勘，系东北下游淤塞，兼以两岸田陇陆续侵占，上宽下窄，难以宣泄，划清界限，动工挑挖，以宽一丈二尺为式。现仍遵旧制，按年疏浚，可以无虞。

〔据罗瀛美修，周沆纂辑光绪《浪穹县志略》（清光绪二十九年刻本）卷四《赋役志·水利》第9－17页辑录。〕

丽江市

（乾隆）丽江府志略·山川略水利附

上卷　山川略水利附

玉　河　详见前。附郭高田，咸资灌溉。

中　海　在城西北十里。潴山溪之水，以资灌溉，周四里。

清　溪　详见前。滋灌府治东西南一带田亩，流入鹤庆，阖府利赖。

玉　溪　详见前。灌溉大研、剌沙、白马三里田地。

龙　潭　有三，在木保者，广数十亩，名木保海；在黄山东南麓者，广半亩，利于灌溉；在东山者，广十亩，通判陈廷伟捐筑堤闸，以时启闭，后每年捐修，为利甚溥。

清源渠　在城东。源出东山，流经府治，以灌田亩。

岳镜湖　在城北二十五里，西边高田咸资灌溉。

三思渠　在城北二十里，分灌白沙、束河二里田地数百亩。

五村渠　在城南三十里七河界。自邱塘关奔下至道君[①]南甸，长十二里许，原有古沟，久废。乾隆四年十月，知府管学宣督令村民赵神保、和溥利等，照日[②]出夫，用工三千七百，大枧五架，修里完备。乾隆五年五月工竣，灌溉关脚至南甸各村田亩，村民称便。

大具龙泉　在城北一百四十里打鼓汛之西，水源甚巨。昔时土官曾于此筑渠，建流水桥，跨越山溪，可灌南岸一带高田，今久废。

〔据官学宣修，万咸燕纂乾隆《丽江府志略》（《中国地方志集成·云南府县志辑41》，凤凰出版社2009年据钞本影印）上卷《山川略·水利附》第36页辑录。〕

（光绪）丽江府志·建置志·水利

卷二　建置志　水利

自来沟洫畎浍，必相势之高下，因水之曲直而疆理之，此周官所以有遂人之职也。丽江山多水少，可耕之土无几。虽有金沙、澜沧、怒江三大江之水环经其地，而不可藉资灌溉，惟赖龙泉诸水，及时修浚，增筑堤坝，防其冲决之患，引其自然之势，或蓄山水以待用，或蓄积水以开田，而使有利无害焉。志《水利》。

玉　河　一名玉泉，一名玉水。源出象山麓，南流半里许，分为三汊，俗谓之三汊河。东汊地微高，横大木数重，障之引水，东南行至兴仁村，折东流，分一汊东南行至

① 君　光绪《丽江府志》作“亏”，意长。
② 日　光绪《丽江府志》作“田”，意长。

小西门上首，穿城环流南门里县署前，至东南角出城，灌溉东南一带田亩；一汊直东行至大西门下首，穿城环府署南，至东门下首出城，灌溉东门一带田亩，折南流，灌溉西吴烈一带田亩，至东元里，合前汊归于中条。西汊平流，但爬沙石为界各引之，西汊南流，从狮山东麓穿街头，东流至木土司二排坊，分一汊直南流至东白马，灌溉数村田亩；一汊东南行，灌溉一带田亩，至下八河村西，合前汊归于中条水。中条南行，穿街尾而南流至八河上村，折东环南门而流，又折东南流，分一汊直南流经下八河村，而东南流，灌溉一带田亩。中条东南流经西吴烈，灌溉一带田亩，城市汲饮，乡村浇田，其流经大研里东、白马西吴烈至东元，二三十里赖此水焉。大、小汊共合为一条，并纳东西诸溪水汇为大河，直南流至东西两关间，从峡门陂陀泻下，经七河里，灌溉一带田亩，至鹤庆州为漾工江，州界田亩亦资灌溉。

三思渠　在城北三十余里。分灌白沙里东边田亩及束河东北角田亩，浮沙食水，一灌辄涸。

岳镜湖　在城北二十五里。潴玉龙山下水，分灌白沙里西边田亩，亦无下流成渠。

坡底水潭　在岩阿潭北首数武。经东束河、东剌沙、西白马，三里所属十余村用此汲饮灌溉，其下流合青龙水，归于玉水。

白玉溪　出玉河源北数武吉瓦村。相传源自雪山麓，经三思康村东，伏流而出，水性溧冽，冬日每皲人手足。其流南行，从狮山西，经西白马、北剌缥，二里所属十余村赖此汲饮灌溉，其下流入于青龙河。

青龙河源　在城西北十里束河街西岩阿潭。潭水南流，岩可村、松园村一带用此汲饮灌溉。又南行，经西束河、西剌沙、东木保，三里所属十余村赖此汲饮灌溉。

白马潭　在城西里许。狮山南麓水从石罅出，村人甃石为潭，广半亩许。南流经中白马、北剌缥，五六村用此汲饮灌溉，其下流归于青龙河。

龙　湫　中有一潭，方言凑丑仲，华言秽涤潭也。潭广数亩，潭底水滚出数处，下流纳数小水，仍灌溉木保一带田亩，入于青龙河。

东山河　旧《志》谓清溪，其源有二，在城东北二十里许，合于团山之西，方言山鹊溪，以二源中间多山鹊也。左纳思烈、期烈二村之水，经东吴烈里，十余村用此汲饮灌溉，其下流至东元里，归于青龙河。

五村渠　在城南三十里七河界。自邱塘关脚下至道亏南甸，长十二里许，原有古沟，久废。乾隆四年，知府管学宣督村民赵神保、和溥利等修理，照田出夫，用工三千七百，大枧五架，灌溉关脚至南甸各村田亩，村民称便。土民七曲河。

庆云泉　在束河，灌溉庆云村田亩。

石莲泉　在束河石莲峰麓，流灌松园村田亩。

鲁瓦铎泉　在束河鹅扑山石，流灌鹅朴村田亩。

清江湖　在九河里。乾隆、嘉庆间，渐淹成湖，被淹田亩无数。同治四年，邑人开浚水尾，被淹之田垦复十之二三。光绪九年复疏通，所淹无几。

乳泉渠　在城西阿喜里，灌溉铺子、上元、中和三村田亩。

漱泉渠　在阿喜里。源出月宝山，分灌铺子田亩。

翠锁泉　在阿喜里。源出武金山，灌溉七坪村田亩。

白玉泉　在阿喜里红坡山下，分灌土官鲁南瓦二村田亩。

雪水河 在阿喜里，分灌故南瓦、河上村、两家村三处田亩。

龙洞河 在阿喜里，灌溉鸿文村田亩。

冲江河 在城西一百二十里，分灌石鼓里八甲田亩。

来凤水 在城西八十里，分灌石鼓里四村田亩。

仙　沟 在城西九十里，分灌石鼓里六村田亩。

温凉泉 在城西七十五里，分灌石鼓里四村田亩。

小　河 在城西桥头里，分灌三仙姑等三村田亩。

岩滴水渠 在桥头里，灌溉木斯主田亩。

岩麓水 在桥头里，灌溉舍左村田亩。

长涧水 在桥头里，灌溉格子村一带田亩。

长川河 在巨甸里，灌溉武侯坡田亩。

巨甸河 分灌巨甸里各村田亩。

通甸河 分灌通甸里三村田亩。

发科水、清江水 二水分灌兰州里各村田亩。

木别河 在剌是里，分灌美全、恩宗等村田亩。

冷补可渠 在剌是里南尧村下，分灌均良、太和等村田亩。

永美品水 在剌是里，分灌南尧村田亩。

吉子河 源出南山，至南瓦分为三支，一支西灌余乐、下若两村田亩；一支北灌吉祥、列余二村田亩；一支东灌剌城、速康、岩路等村田亩。

杨花溪 在七河里。由东关峡上通岩而下，高数十丈，引流以应东关甲田苗，康熙间闸。

石龙泉 在文林村下。土人甃石为潭，四时不涸，灌溉大研里之文林村，吴烈里之克智、上甲二村田亩，尾汇玉河。

美海竹 在北汉场，周三里许。初无源，仅系小塘，咸丰二三年，渐集成海，灌溉九河诸村田亩。

东元水栅 有二，在城东南，上下相去约里许。下栅穿岩数丈，引水东南流，灌溉蛇山东米如村一带田亩，嘉庆二十四年修；上栅在蛇山龙眼口，光绪丙戌年修，其水绕蛇山南流，灌溉东元下节田亩。

阿实泉 在东山里，灌溉阿实村一带田亩。

长松坪水 在剌宝里，灌溉岩阿劳斯一带田亩。

宝山州水 在剌宝里，少瓦古与龙瓦一带田亩多资灌溉。

上塘河、中塘河、下塘河 三渠俱在大具里，灌溉各村田亩。

黄木江、双龙潭、白汉水、七坪水、龙吟水、官宅水、大基水 以上七渠，俱在兰州，灌溉各村田亩。

洗澡潭 在剌沙里，灌溉各村田亩。

扛登河 在江东里，灌溉扛登一带田亩。

倒流箐水 在你罗里，构皮场、邑马珍二村咸资灌溉。

清龙潭 在东元里双贵峰之东麓，灌溉沿江水各村田亩，又名大龙潭。四时不涸，村民赖此汲饮，其下流入金沙江。

半月泉 在狮山麓光碧村，一名狮乳泉。甃石为塘，形如半月，故名。村人赖此灌溉汲饮。

〔据陈宗海修，李福宝等纂光绪《丽江府志》（国家图书馆藏民国年间钞本）卷二《建置志·水利》第37－45页辑录。〕

（乾隆）永北府志·山川志水利附

卷五 山川志水利附

大　河 在城东。发源光茅山，流至观音箐，分为二坝，头坝名麼廖[①]沟，沿山腰过北，灌溉北山一带田地；二坝灌溉本城四门田地，自是而下石门关。另载“近屯水利”。

羊坪河 亦发源光茅山，分二股，一股即观音箐上流，一股分流他留夷地。旧名杨柳河。署府江峤孙委绅士陈锡祚等将此水挖归观音箐河，从山凹中架厢开洞引水，功未成中止。后监生田永登捐银雇工，沿山麓开沟筑坝，搭枧约数十里。乾隆十六年，知府岳安将海河谷详请移拨三十石，以为岁修之费，但随修随圮，不能成功。乾隆二十七年，知府马淇珣因光茅山石壁倒塌壅塞，无水流入观音箐内，详请将海河谷三十石，移作近屯上下川各河道岁修之需。

包家闸 即港子河[②]。下流至马家坝，村人筑坝蓄之，以资灌溉。

大甸尾箐 箐水出东山下，灌溉大甸尾村以及阚家湾一带田地。

小甸尾箐 水出东山下，灌溉南甸尾及柳树庄一带田地。

石牛箐 箐口一大石横卧如牛，泉流石上，分二股，一股灌溉方家村田地，一股灌溉大营田地。如得雨稍迟，农民每至纷争。乾隆二十九年，知府陈奇典查勘，设立水委二名，议定班期，按亩分放。造册送印，一存府案，一发交水委遵照。

花园箐 箐水灌溉花园、窝邑一带田地。

马家坡箐 水灌溉南山甸、木迓罗田地。

附城田亩，资观音箐水分流灌溉，无需岁修。旧定成规，日则归城，夜则归屯。在城则设有上农稽查，在屯则各设水委分管。此水之有利无害，郡民咸赖之。

桥头河 即明川桥。自大河、观音箐水由红石崖至此，分为六坝，灌溉坡脚、中洲、梁官等处。查永郡米粮，全赖中洲。该处田多水少，又全赖观音箐水，以资播种。六坝旧分三班，每年二月初一日为始，自上而下，十八日一轮。明季以来，立有碑记，近以年远碑毁，乡民强弱不等，竟有恃强越班混争之弊。乾隆三十年，知府陈奇典新立六坝水委，专查轮班放水，并议立班期，分放处所。造册送印，分存知府及经历衙门，并发一本交水委，即泐碑以垂久远。总巡黄君召水委文斗相经画之，功不可泯焉。

沙　河 由桥头河而下，向无堤埂，南北分流灌溉，沿河惟插柳护田而已。下至张家桥，则河高田低，不得不筑堤防护，又以水紧河窄，每至冲决。乾隆二十七年，知府

---

① 麼廖　光绪《续修永北直隶厅志》作“摩些”。

② 港子河　光绪《续修永北直隶厅志》作“赶子河”。

马淇珣详请，于海河谷内分来[1]分作二年岁修。

泥　河　分南北二河，源发九龙潭，因潭中水出九股得名。潭立南、北二闸，由南即为南泥河，灌上川田地，向西北三折而至杨百户桥，入五浪河，注于子里江。每至秋后，雨水泛涨，泥沙壅入阻塞，漫溢为害。乾隆二十七年，知府马淇珣议作三年分段岁修。乾隆三十年，知府陈奇典查勘，得南闸与桥头河二水交处有古沟形迹，久经淤塞，秋后每至害禾，随捐资饬令水委沈富等挑浚十五丈，俾二水疏泄有归，近处田地无淹没之虞矣。由北闸而去为北泥河，灌下川田地，由金官而合于杨百户桥，入五浪河，而注入子里江。秋后水涨壅塞，亦与南泥河相等，马守议作三年分修。

坝箐河　发源于白草坪，由秋霖瀑布入河，约长三十里。平时泉水细流，一遇雨水过多，即漫溢为害。以木石为坝，堵水入鸡叫山洞，伏流归入程海，计长五十里。秋后水冲沙石壅塞，必须挑挖，马守详请分作三年疏浚。

板山河　自核桃园发源，至回龙寺前所桥会归，灌溉包相顶、朝鸣等十余五田地。因山高水涌，一遇雨水过多，冲压致害。雍正七年，知府石去浮委经历张任筑石坝一座以捍之，知府袁德达又捐修一次。乾隆二十四年，知府马淇珣详请作四年岁修。二十八年，知府陈奇典查勘，得坝系散石堆积，难免冲刷，议以嗣后应修处所，务垒筑叠砌，一劳永逸，庶可共庆安澜矣。

陈广河　发源黑龙潭，由前所回龙寺、马军等入五浪河，而注子里江。每遇秋霖，岸堤坍塌。乾隆十六年，知府岳安捐修。二十七年，知府马淇珣详请岁修。

马军河　乃以上各河会归之尾闾，灌溉下川民田最广。河身虽大，沙壅亦多，马守议请岁修。

以上详定岁修，需银五十九两。现止有海河谷石变价银十五两，余俱系知府每年捐垫。

西山草海　周围约二十里。本系平田，前明正德六年地震成湖，历年积水为患。乾隆十一年，知府林绪光动项，委教授王仁膺开挖河尾一百余丈，以泄潴水，渐可种麦。十八年，知府汪筠详请岁修，议以耕种地亩，各户出夫岁修。二十八年，署府唐宸衡委生员许殿桂，由坝箐河尾自海中开挖筑堤，至观会桥，计长九百余丈，由是沿海地亩稍得耕种。马守前以岁修无出，议以召垦，每地一亩出租二钱，以资工用。嗣据该地垦户俱称海地洼下，仅堪照下则输科，无力出租等情，乾隆三十年，知府陈奇典委员朱朴勘明，遂据转请给照升科。

以上近屯上下川各河道，自乾隆二十四年知府马淇珣同绅士修浚，因无岁修之需，二十七年，详请将节省海河谷三十石变价十五两，以工多银少，又将应修之处按其缓急分作二、三、四年，逐段兴修。每岁仍应官捐查各河，俱民田所资，而工多费少，虽守土不吝捐助，殊非经久之道，必须酌筹公项，庶可永利农功。

海　河　在府南七十里。源出程海，开有大河一道，春开夏闭，以资灌溉，民间赖之。后渐淤塞，大理府知府李成材捐俸疏浚，民获其利，颂为李公河。其闸亦倾圮，北胜州知州申奇猷捐俸修之，民亦颂为申公闸。后又淤塞，虽有开此河者，仅至三五里即中止。雍正十三年，生员谭宗鲁，候选州判谭宗朱，生员谭儒、李鼎甲、刘晓、谭宗华等具呈，署

---

[1] 分来　光绪《续修永北直隶厅志》卷一《舆地志·水利》作“议定”。

府江峤孙力任其事，捐资劝民开挖，直达金沙江，约八十余里，灌溉宋官等数十处良田千余亩，岁获丰收。又详请岁修谷一百石，每岁委员监修，有《海河碑记》，见《艺文》。乾隆十六年，知府岳安详拨三十石修羊坪河，现今每年动支七十石。二十七年，海河两岸积土渐高，又圮塌阻塞，署府唐扆衡同绅士捐谷开挖，河窄岸高，旋开复塞。近年程海水益浅，河益高，海水不能入河，两岸有高五六丈者，若止开深河底，河身愈窄，岸土易崩，未免仍多壅塞。知府陈奇典勘明，议以大挑河面宽阔，后将河底挖深，非惟海水可以引入，抑且免岸土塌泻壅遏之患，惟是需费数百金，另筹其项，方可举行。

长羊坪河 发源劳歩箐，蜿蜒至季瑞、林伍一带，约数十里。其间多陡崖深箐，于山腰挖大小沟一道，高低缺陷之处，即用水枧。前署府江峤孙任内，里民王连昌、刘有功、王良贵等具呈，委员砌筑沟坝九十余道，引水灌田，已沾其利，但未详定岁修，难以久远。乾隆十九年，署府樊好仁详定每年捐谷三十石，易银十五两，以为岁修之费，历今本府捐给岁修。

以上均资官为岁修。

龙泉寺 旁出水数股，灌溉清水驿一带田地。

芭蕉湾 出泉，灌溉清水驿田。

双　泉 近屯流水寺池中双泉涌出，灌溉马军、章妃一带田地。

凤凰山龙王寺 出泉二股，灌溉清水驿西边滥泥箐一带田地。

朵果九龙山 出泉数股，灌溉朵果、毛家湾、宋官田地。

大小坪 南有红石涧水，行三十里入金沙江，溉田千亩。

西冲箐 在满官西山下，泉水灌溉满龙伍田地。

满官龙潭 有二，一在东山下，地名石湾，出泉资溉满伍田；一在西山下，潭可泛舟，溉五伍田地。

期纳河 源出稗子田，流至刘官，灌溉田地。

六通河 灌溉六通、托蓬田地，流入金沙江。

刘官河、文官河 二河源自东冲光茅山，灌溉田地。

陶营龙潭 源自程海，暗流虎山麓，由石孔涌出，灌溉陶营一带田地。

桑园河 发源云南县，由宾川州纳六溪水，沿河灌溉松明、沙田一带田亩，流入金沙江。

三家村龙潭 出水二孔，灌溉百余亩田。

永兴庄河 西出温泉一股，东出温泉二股，皆灌田亩。

甲庄龙潭 长十丈余，宽八丈，灌溉田亩甚多。

片角东山下龙潭 灌溉片角军民田地。

片角新街北龙井 周围五丈余，水满出灌田地。

以上皆自然之利。

按：水利为民食之源，守土者所宜日夕讲求去水之害，而全收其利，斯为得其道矣。永郡惟观音箐源流甚长，灌溉亦广，又无冲决漫溢之虞。如海河若能开挖深通，其利亦溥，即安其故亦不致害。至近屯诸河，则利害相半，余皆勺水，仅灌一隅耳。惟是岁修，全仰给于官，使后之司牧皆能如楚尹之毁家纾国，则可矣，否则惠而费，不如惠而不费。是以不惮三致意，以备方来之采择焉。

〔据清陈奇典修，刘慥纂乾隆《永北府志》（故宫博物院编《故宫珍本丛刊》第229册《云南府州县志》第4册，海南出版社2001年据清乾隆三十年刻本影印）卷五《山川志·水利》第10－15页辑录。〕

（光绪）续修永北直隶厅志·地舆志·水利

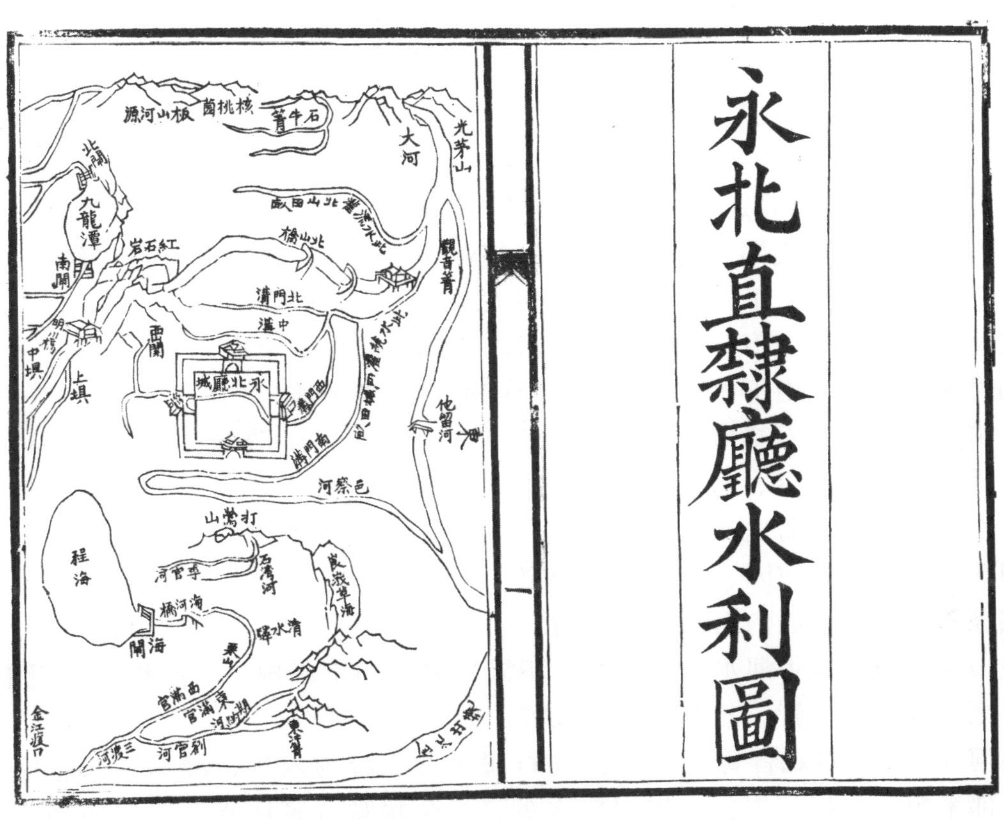

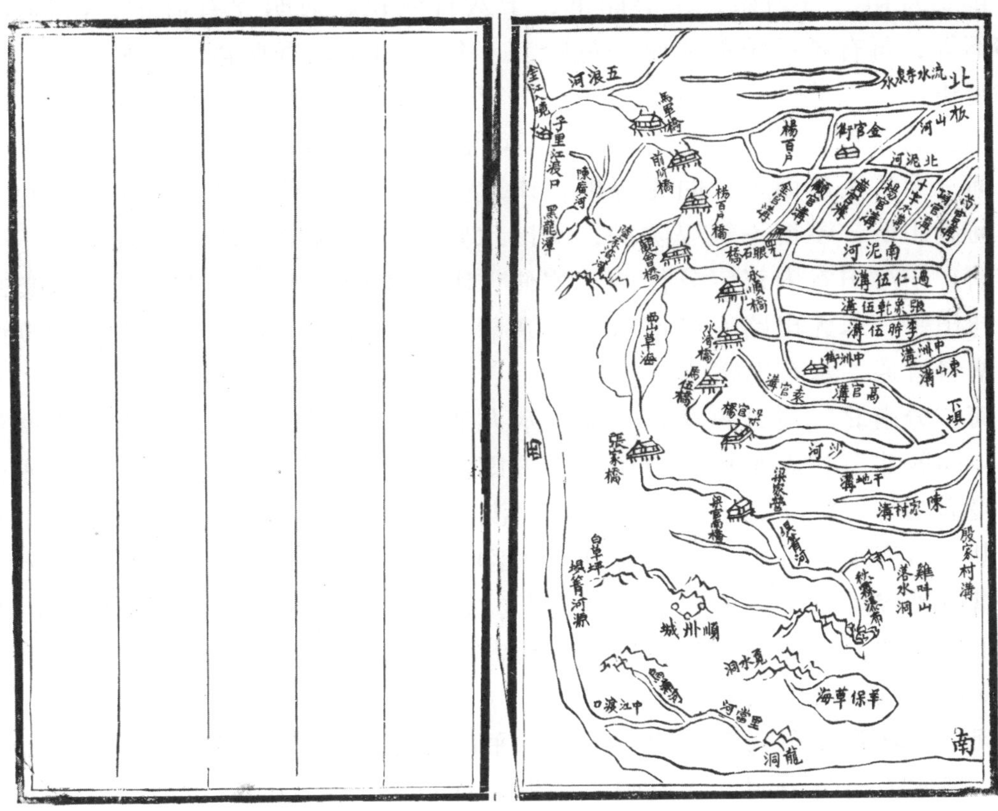

卷一　地舆志　水利

大河即灵源箐　在厅城东，流至观音箐。古规分为二坝，上坝名摩岁沟，沿山腰过北，灌溉北山一带田地；下坝分大龙王庙、马厂田中沟、大路西门火旱水、凉水井、西城河、南北二沟、十里塘等九班，灌溉郡城四郊田地。自二月初一分班，五月初一散班，日归城，夜归屯，由石门关下三川。

羊坪河　分二股，一股即观音箐上流，一股分流他留。旧名杨柳河。乾隆初，署府江峤孙委绅陈锡祚等由山腰开挖，分水入观音箐河，未成功中止。后监生田永登捐银雇工，沿山麓开沟筑坝，约数十里，随筑随圮。道光十八年，郡守熊守谦捐廉重修。光绪十一年，贡生高富年等集郡九约筹款复修，颇资灌溉。因岁修缺乏，近仍倾圮。

包家闸　即赶子河。下流至马家坝，村人筑坝蓄之，以资灌溉。

大甸尾箐　水出东山下，灌溉大甸尾村以及阚家湾一带田地。

小甸尾箐　水出东山下，灌溉南甸尾及柳树庄一带田地。

石牛箐　箐口一大石横卧如牛，泉流石上，分二股，一股灌溉方家村田地，一股灌溉大营田地。如得雨稍迟，农民争嚷。乾隆年间，知府陈奇典查勘，设立水委二名，议定班期，按田分放。造册送印，一存府案，一发交水委遵照。

花园箐　其水灌溉花园、窝邑一带田亩。

马家坡箐　其水灌溉南山甸一带田亩。

附城田亩，资观音箐河水分流灌溉，不需岁修。旧定成规，日归城，则设上农稽查；夜归屯，则各设水委分管。此水之有利无害，郡近利咸赖焉。

桥头河即盟川桥　自观音箐、大河由红石崖至此，分为六坝，灌溉坡脚、中洲、梁官等处。永郡米粮，全赖三川。三川田多水少，又全赖观音箐河水，以资播种。六坝旧分三班，每年二月初一日为始，自上而下，十八日一轮。前明立有碑记，继因年远碑毁，乡民强弱不等，每有越班争放之弊。乾隆三十年，知府陈奇典创立六班水委，专查轮班放水，议定班期，分放六处。造册送印，分存府署及经历衙门，并发交水委，泐碑以垂久远。总巡黄君召水委文斗相经画之，功不可泯焉。

沙　河　由桥头河而下，向无堤埂，南北分流灌溉，沿河惟插柳护田而已。下至张家桥，则河高田低，不得不筑堤防护，又以水紧河窄，每至冲决。乾隆二十七年，知府马淇珣详请，于海田谷内议定分作两年岁修，不时倾圮。光绪二十年，同知姜瑞鸿因沙河一带河与田平，水无出路，连年水灾，禀请上宪札委军功刘必芳、文生沈现鲲沿堤修筑，自是塞者皆通，水有出路。

泥　河　分南北二河，源发九龙潭，水九股。立南、北二闸，由南即为南泥河，灌上川田地，向西北三折而至杨百户桥，入五郎河，注子里江。每至秋后，雨水泛涨，泥沙壅塞，漫溢为害。乾隆二十七年，知府马淇珣议作三年分段岁修。乾隆三十年，知府陈奇典查勘，得南闸与桥头河二水交处有古沟形迹，久经淤塞，秋后每至害禾，捐资饬令水委沈富等挖浚十五丈，俾二水疏泄有归，近处田地，遂无淹没之虞矣。由北即为北泥河，灌下川田地，由金官而合于杨百户桥，西北流入子里江。秋后水涨壅塞，与南泥河相等，知府马淇珣议作三年分修。

坝箐河　由秋霖瀑布入河，约三十里。平时泉水细流，一遇淫雨，即漫溢为害。以木石为坝，堵水入鸡鸣山洞，伏流归入程海，计长五十里。秋后水冲沙石壅塞，必须挑挖，知府马淇珣详请分作三年疏浚。

板山河　自哨坪核桃箐发源，至马军回龙寺前所桥会归，灌溉包相顶、朝鸣等十余伍田地。因山高水涌，一遇雨水过多，冲压致害。雍正七年，知府石去浮委经历张任筑坝捍之，知府袁德达又捐修一次。乾隆二十四年，知府马淇珣详请作四年岁修。二十八年，知府陈奇典查勘，得坝系散石堆积，难免冲刷，议定俟后应修处所，务垒筑叠砌，一劳永逸，庶可共庆安澜矣。

陈广河　发源黑龙潭，由前所回龙寺至马军，入五郎河，而注子里江。每遇秋霖，岸堤坍塌。乾隆十六年，知府岳安捐修。二十七年，知府马淇珣详请岁修。

马军河　系以上各河汇归之尾，灌溉下川田地最多。然河身虽大，而沙壅亦多，马公淇珣议请岁修。

以上详定岁修，需银五十九两。现仅有海河谷石变价十五两，余俱系知府捐垫。

西山草海　周围约二十里，原系平田。前明正德六年地震成湖，历年积水为患。乾隆十一年，知府林绪光捐项，委教授王仁膺开挖河尾一百余丈，以泄潴水，渐可种麦。十八年，知府汪筠详请岁修，议以耕种田亩，各户出夫岁修。二十八年，署府唐扆衡委生员许殿桂，由坝箐河尾自海中开挖筑堤，至观会桥，计长九百余丈，由是沿海田亩稍得耕种。马公前以岁修无出，议以召垦，每地一亩出租二钱，以资工用。嗣据该地垦户俱称海地洼下，仅堪照下则输科，无力出租等情，乾隆三十年，知府陈奇典委员朱朴勘明，遂据转详给照升科。其小沟一道，高低缺陷之处，即用木枧。前署府江嶠孙任内，里民王运昌、刘有功、王良贵等具呈委员砌筑沟坝九十余道，引水灌田，已沾其利，但未详定岁修，难以经久。乾隆十九年，署府樊好仁详定每年捐谷三十石，易银十五两，以作岁修，历任本府捐给岁修。

以上均资官为岁修。

泉　塘　专溉中洲街东上首周甫、伍谭、相伍等二百余亩屯田。古规，此水不过魁阁西。

龙泉寺泉　出水数股，溉清水邑一带田地。

芭蕉湾泉　溉清水邑田地。

双　泉　在流水寺。池中双泉涌出，溉马军、章妃一带田地。

凤凰山龙王寺泉　出泉二股，溉清水驿西首滥泥箐一带田地。

朵果九龙山　出泉数股，溉朵果、毛家湾、宋官田地。

大小坪　南有红石涧，灌田千亩，行三十里入金沙江。

西冲箐　在满官西山下，灌溉龙伍田地。

满官龙潭　有二，一在东山下，地名石湾，出泉资灌满伍田；一在西山下，潭可泛舟，溉五伍田地。

期纳河　源出稗子田，流至刘官，灌溉期纳田地。

六通河　灌溉六通、托蓬田地，流入金沙江。

刘官、文官河　二河源自东冲光茅山，灌溉刘官一带田地。

陶营龙潭　源自程海，暗流虎山麓，由石孔涌出，灌溉陶营一带田地。

桑园河　发源宾川州，纳六溪水，沿河灌溉松明、沙田一带田亩，流入金沙江。

三家村龙潭　出水二股，灌溉田百余亩。

永兴庄河　西出温泉一股，东出温泉二股，皆灌田亩。

甲庄龙潭　长十丈余，宽八尺，灌溉田亩颇多。

片角东山下龙潭　溉片角军民田地。

片角新街北龙井　周围五丈余，水满流出，溉片角田地。

船山龙潭　在顺州石板营。

以上皆自然之利。

按：水利为民食之源，守土者所宜朝夕讲求去水之害，而全收其利，斯为得其道矣。永郡惟观音箐河源流甚长，灌溉亦多，无冲决漫溢之虞。如海河若能开通，其利亦溥，即安其故亦不致害。至近屯诸河，则利害相半，余皆勺水，仅灌一隅耳。惟是岁修，全仰给于官，使后之司牧皆能如楚令之毁家纾国，则可矣，否则惠而费，不如惠而不费。是以不惮详载，以备方来之采择焉。

〔据叶如桐等修，刘必苏等纂光绪《续修永北直隶厅志》（清光绪三十年刻本）卷一《地舆志·水利》第35－41页辑录。《凡例》言："水利为农田要务，旧《志》所载，久为定规，虽事经百年，因时稍变，然古制尚存，未宜改移，今一一仍从其旧。"〕

（民国）蒙化志稿·地利部·水利志

地利部　卷六　水利志

蒙化地势，东西狭，南朔长，四围皆山，中不百里，又无大川巨浸，其水以漾溪江为首数，次则阳江。阳江发自甸头，源近流小，夏秋暴涨，每虞泛滥，冬春竭涸，时起尘沙，且逼迫西山之麓，河身低洼，自三胜约以下即无灌溉之利。与漾溪流西山之背，两岸巉岩，同归无用，惟东西山诸壑，细流涓滴，设坝成渠，农田攸赖，故旱常八九，涝者百无一二。

其由东山诸涧分溉者，曰龙王庙渠、五道河渠、白塔渠、教场渠、系马桩渠、冯广渠、南庄渠、桥头渠、盟石渠、铺边渠、双桥渠、甸中渠、捉马郎渠、白地场渠、甸头渠、土主庙渠，全川田亩悉资挹注，旧《志》所谓东溪十六渠也。其由西山诸涧分溉，仅足灌河西田顷。旧《志》所谓西溪十二渠者，则三角坪渠、挖钟冲渠、小冲渠、大冲渠、乌保郎渠、贝忙渠、赖郎渠、西葵渠、天摩牙渠、天耳山渠、龙护寺渠、麻姑冲渠是也。

若夫潴为泉，蓄为池，积潦以待，名为陂塘者，则乡里约村皆有之，亦不知几许也。其最著者，曰塘子口大塘，曰巄[illegible]大塘，曰危家大塘、柳塘，二塘均在河上湾。曰左家大塘，在土官村北。曰黄龙塘。在庙街下。夫塘愈多则蓄水愈广，蓄水广则分溉者自众，故虽旱魃为灾，厄于天者或可补救于人也。

先时洋烟盛行，谷米昂贵，人牟旦夕之利，往往有改塘为田者，甚而惰农自安，不治沟洫。水日乾而土日积，山泽之气不通，又焉得而无水旱乎？盖雨为水气所化，水利修亦致雨之术也。至于山居夷民，火种刀耕，树杂粮以资宿饱者，盖由水少田多，耑需溪涧，或值天旱，势必辍耕，故俗谓之雷鸣田。为地所限，无可如何耳。他如水磨坪、芭蕉冲龙潭，则又与赵州、云南县界连云。以上二水，古制蒙化、赵州、云南县三属分用灌溉，设立三坝，上、中坝属大理，下坝属蒙化。清康熙三十五年，赵州刁民云天瑞等忿争，邻郡建议欲专其利，同知蒋旭据理为民力请，七次通详，始立碑，按日分定。

郡之东南定边河，为罗球河所汇，秋水弥漫，各川奔赴，河高地下，与黄淮等。其势汹涌，每当七八月间，必昼夜巡警，万有不测，南涧其为鱼矣。夫漫水可堤也，决水可防也，南涧之地虽卑，定边之河虽涨，然筑围分圩，堵坝设闸，亦可以去急患，保永利。惟城川水无大源，雨集则盈，旱则竭，即欲兴利，亦何从而兴之？止有多凿陂池，以时蓄泄，庶可化平畴为陆海。然凡民可与乐成，难与图始。已成者尚改为田，况本无者而欲创成之乎？然有官守者，如慨然以此事为己任，饬谕各约乡保甲将境内有无川泽及建渠引灌，系用何水某渠，灌田若干顷亩，坝长、水头若何分日用水，某里共有几陂，某陂是否修废，并有无古堰可以复兴，有无源泉可以挹注。凡于宜修宜创之故，莫不了如指掌，则全局在握，不惟遇疏浚之工，指据有方，即或以争渠致讼者，亦可按图立断也，岂曰小补哉！

清季戊申、己酉间，临安人彭正贵由巄[illegible]山麓之塔湾开渠，引阳江水历犁头、大小村、月牙山、阿朵村、佛堂村、神场村，至瓦村等处，约十余里，灌田数百亩，旧时荒芜悉成沃壤。彭固有心人哉！夫安得如彭者数辈与之言水利？

再按：森林与水利，亦极有关系。甲辰岁，曾上彭友兰太守条呈一则，附录于下。

> 山有树则林深，林深则阴浓，阴浓则土润，土润则泉流，理固然也。天气下降，必有树木以承之，而后可与地气合。地气上升，必有树木以通之，而后可与天气交。天地交则阴阳合，阴阳合则云雨施。故童山之上或无云，而深树之间或多雨，理又然也。蒙化四面皆山，树木砍伐殆尽，近十年来，或三年一旱，或间年一旱，推原其故，未必非无树木之所致也。拟请筹提款费百余金，购备松子数石，排植桑柘数万株，谕饬各约乡保甲按照地面户口发给。山地则种松树，平地则植桑秧，每户分种十株，责成保甲巡视，半年之后，官往清查，有虚文搪塞者罚之，实心办理者赏之，则蚕桑之利开，旱乾之患可免，而材木亦不可胜用矣。

〔据李春曦等修，梁友檍纂民国《蒙化志稿·地利部》（民国九年云南崇文书馆排印本）卷六《水利志》第1页辑录。〕

保山市

（康熙）永昌府志·山川志水利附

卷四　山川志水利附

保山县

大诸葛堰　在法宝山之下。石岸土堤，厚一丈二尺，周遭九百八十余丈，中深二丈。

武侯所浚，岁久淤涨。成化三年，巡按御史朱暟修筑，分水口为三，春首泄以灌田。俗呼为大海子。

中　堰　源自九龙池三十六号水，并沙河灌积。周遭土堤三百三十七丈，分水口为三，灌田数千亩。今呼为中海子。

下　堰　周遭土堤二百八十丈，分水口为二，灌田千余亩。今呼为小海子。

石花堰　在城南十二里，源出本山后之响石洞。土堤周遭一百一十五丈，中为一纂，灌田数千亩。

连三坝　在石花堰之北二里。

黄泥坝　在石花堰之南二里。

纪广坝　在城南十里。周三百五十丈，灌田数百亩。

平安坝　在城南四十里。明正德间，兵备副使汪标创筑。嘉靖间，分巡佥事安如山、兵备副使郭春震先后重筑。堤周一百六十丈，厚八尺，高一丈，灌田二千数百亩。

官市堰　在城南四十五里。源出青松山下，汇龙井水为池，经流落龙村，灌田一千数百亩。

丁杨坝　源出水眼龙口。堤周二百五十丈，灌田数百亩。

阿凤坝　去城四十里。源出天井山，深谷中西流北折绕达达营、光尊寺，入于西河，灌田千余顷。

莲花坝　在哀牢山西，即玉泉也。明正德间，兵备副使汪标筑。

金鸡泉　在温泉北。寒泉西流，灌田数百亩。

龙井箐　去城一里许。泉出山麓，流经纸房屯、社稷坛，东流教场，分为三沟，灌田数千亩。

骆驼箐　去城二里，泉出上岩穴中，一名石头沟。导流三沟，灌田数千亩。

青石泉　去城三里，泉出青石山小坡，俗呼为蒲蛮箐。导经五福村、教场屯、纸房村、山脚村，分为四沟，灌田数千亩。

栖贤箐　在栖贤山之南。泉自山箐中涌出，北折西流，灌田千余亩。

石头箐　去城十里许。自石崖中流出，有二，一由本箐北流，一由山麓南流，灌田千余亩。

银矿箐　去城三十里。泉出山崖中，灌田数百亩。

清水沟　去城四十里。沟之北一里许为西河，源出北冲山箐，经刘老营达于板桥河。农家沿河皆设水车，激而上之以灌田。

腾越州

侍郎坝　在州西北五里。昔侍郎杨宁征麓川，寓此筑之，至今人享其利，故名。

龙王塘　有三，一在观音寺，一在大宽邑，一在侍郎坝，俱利灌溉。

打鹰山龙池　在州西三十里。流于古矛山，灌城西田亩。

玉　泉　在大盈江右，从平地石穴涌出。

〔据罗纶监修，李文渊纂修康熙《永昌府志》（云南省图书馆传抄上海徐家汇藏书楼藏清康熙四十一年刻本）卷四《山川志水利附》第15－16页辑录。〕

（乾隆）永昌府志·山川志水利附

卷三　山川志水利附

保山县

上水河、下水河　俱在城内西南。源出九隆山及宝盖山，合流入城，穿委巷出升阳门达东河。

坪市河　在城南，源有二，一出甸头，一出石甸寨。二水合流经施甸司西，又南合蒲缥寨涧水，经新栅山口陡崖飞下入潞江，沿流引溉。

沙　河　在城南七里九隆、法宝二山崖间，发源北冲交椅山及大雪山。初，二水合流，循山而下，入诸葛堰达于东河，水势盈涸无常，郡人未知所自。明嘉靖二十九年，兵备副使郭春震募土人溯流，始得其源。

施甸河　在城南一百里。源出姚关，由大石桥至老邓桥，引溉田亩，入潞江。

蒲缥河　在城西南。源出冈崖，由双桥、永寨、石木河、象鼻山，分溉田亩，入潞江。

西　河　在城西四十里。源出北冲山箐，流经老营，达于板桥河，沿河皆设水车，挽以灌田。

清水河　在城北。源有二，一出北二十里阿隆村，一出北十七里甘松坡。二水合流，东汇凤溪，南汇郎义河，分流灌溉。至城东南合沙河诸水，入峡口洞，伏流数里出为枯柯河，入湾甸州界。

东　河　在城东北二十里。源由易罗池，合清水，南入峡口洞，溉城东田万余亩。康熙五十四年，知府费金吾由打鱼村另开子河七百八十丈，循田流入大河。雍正八年，知县田榕重浚。

青华海　在城东。汇山涧诸水为池，广二十余里，涸则周遭皆田，涨则成海。

甸尾海　在城南三十里。源出海子沟，黑龙井、青龙洞诸水汇焉。堤周八百余丈，溉田数千亩。

喷珠泉　在城西，广□丈，可引溉。

仁寿泉　在城西北保山、象山两崖间。泉出山麓，分三沟，一由仁寿门入城，引灌园蔬，东注荷池；一由门外绕城，东注青华海；一由纸房北东注青华海，溉田二千余亩。

龙　泉　有二，一在城北郎义村，一在上丛村，皆有灌溉之利。

青石泉　在城北三里。泉出青石山小坡，俗呼为蒲蛮箐。导经五福村、教场屯、纸坊村、山脚村，分为四沟，灌田数千亩。

孝感泉　在城西北三里。灌田数千亩，即孝子韦谦感而出者。

金鸡泉　在城东北三十里金鸡村。泉出二池，一温一凉，灌田数百亩。

莲花坝　在城东安乐山西，即玉泉也。明正德间，副使汪标筑。

纪广坝　在城南十里。周三百五十丈，灌田数千亩。

平安坝　在城南四十里。明正德间，兵备道汪标筑。嘉靖间，佥事安如山、副使郭春震先后重修。堤周一百六十丈，厚八尺，高一丈，灌田二千余亩。

黄泥坝 在城南石花堰南二里。

连三坝 在城南石花堰北二里。

丁杨坝 在城西南六十里。源出水眼龙口，堤周二百五十丈，灌田数百亩。

阿凤坝 在城东北四十里。源出天井山深谷中，西流北绕达达营、光尊寺，入于西河，灌田千顷。

沙河大堰 在城南。源出北冲，由沙河流至众安桥，引溉田亩。

诸葛堰 有三，武侯所筑，俱在城南十里。法宝山下曰大堰，甃石为堤，厚一丈二尺，高一丈，周九百八十余丈。明成化间，御史朱暟加筑，分水口为三，灌田数千亩。其东曰中堰，源出九隆池三十六号水，并沙河水蓄积为堰，周三百三十七丈，分水口为三，灌田数千亩。又东曰下堰，周二百八十丈，分水口为二，灌田千余亩。

石花堰 在城南二十里。源出山后响石洞，堤周一百五十丈，中为一纂，灌田数千亩。土人呼涵洞曰纂。

官市堰 在城南四十五里。源出青松山下，汇龙井水为池，经落龙村，灌田千余亩。

卧狮池 在城南十五里卧狮山麓，一名小龙井。泉流不竭，灌田数百亩。

易罗池 在城西南九隆山下，即龙王泉。自地涌出，凡九窦，汇为大池，可三十亩。池口筑石，□十余里析为三沟，分溉郊郭，又名九龙塘。

龙王塘 在城北。水分三坝，上坝由龙潭流经郎义村，汇于中沟坝。嘉靖七年，龙潭堤决，知府董雍重修。三十一年复决，兵备副使郭春震甃以砖石。中沟流经瓦罐村，岁久湮圮。康熙初年，知府王家相重修。雍正八年，知县田榕继修二沟，溉田一万二千六十亩。

龙井箐 在城西北一里许。泉出山麓，经纸房屯、社稷坛，东流教场，分为三沟，溉田数千亩。

骆驼箐 在城西北二里。泉出山崖穴中，一名石头沟，导分三沟，灌田数千亩。

栖贤箐 在城西北十里栖贤山之南。泉自山箐中涌出，北折西流，灌田千余亩。

石头箐 在城西北十里。泉自石崖中出，分二流，一北一南，溉田千余亩。

银矿箐 在城西北三十里。水出山崖，灌田数百亩。

龙陵厅

龙塘沟 灌田数十亩。

核桃冲河 发源小尖山，灌田数百亩。

大　沟 灌田数百亩。

荷花塘 在芒市，灌田数百亩。

大海子 在猛糯，去厅一百六十里。

小海子 在猛糯，灌田数百亩。

大龙洞 在石头山，水亦灌田。

腾越州

瓦甸河 在城北七藏甸。源出界头马鹿塘，经混沌河与白石江合入龙川江，沿流引溉。

大车湖 在城南团坡下，沿湖资以引溉。

龙　泉 在城西三十里。源出打鹰山，流于古矛山下，溉州西田。

玉　泉 在城西玉泉寺下。从平地石罅涌出，味洌而有引溉。

侍郎坝 在城西北五里。明侍郎杨宁征麓川，寓此筑之。民食其利，故名。

半月池 在城北七里。周五十丈，流入大盈江，灌溉资之。

澄镜池 在城北二十五里。源出干峨山，一名清河，周五百丈，资以引溉。

龙王塘 有三，一在观音寺，一在大宽邑，一在侍郎坝，俱利灌溉。

马邑河 在城北五里，由赤土铺发源。

高　河 由巃嵷山发源。

罗生场河 由罗生山发源。

龙川江 由明光、界头、雪山三处发源，转瓦甸至界尾合流，自北向东俱利灌溉。

永平县

银龙江、胜备江、双桥河、曲硐河、萨右龙潭、桃源河、木里场河、九渡河 以上八河，详见《山川》，其水俱可灌溉。

宝峰泉 在城东十里。

花桥河 在城东三十五里。

玉泉坝 在城南七里。

黑油关坝 在城东南。

黄龙潭 在城东二百里漾濞河西黄龙山。其潭有四，一曰黄龙，二曰刚龙，三曰黑龙，四曰陷马，其水灌漾濞河西一方田亩。

〔据宣世涛纂修乾隆《永昌府志》（中国保山市委史志委、保山学院编乾隆《永昌府志》点校，北京方志出版社2016年版）卷三《山川志水利附》第433－435页辑录。〕

（光绪）永昌府志·建置志·水利

卷十四　建置志　水利

孟子云民非水火不生活，水之为利甚溥，特无以治之，则冲决泛滥不可止遏，是不惟无利而反且为害矣。治水之法，必疏沦浚导，盖通之而非壅之也。近水居民往往筑堤建坝，争水之利，卒之仅能收益目前，及至日久浸灌，偶逢淫潦反遭漂溺之灾，其害可胜言哉！永郡四山屏列，西南诸峰皆有溪流下注，兼之山峻水陡，沙石荡触，暴易壅埋。其东面汇流总河，系由落水洞穿山而出，每至盛涨之年，宣泄不及，遂多溃决，故宜随时疏浚，斯免泛滥耳。志《水利》。

保山县

上水河、下水河 在城内西南。源出易罗池，由龙泉门下穿城入，东流出升阳门右，达东河。

坪市河 在城南，源有二，一出甸头，一出石甸寨。二水合流经施甸司西，又南合蒲缥寨涧水，经新栅山口陡崖飞下入潞江，沿流引溉。

沙　河　在城南七里九隆、法宝二山崖间，发源北冲交椅山及大雪山。初，二水合流，循山而下，入诸葛堰达于东河，水势盈涸无常，郡人未知所自。明嘉靖二十九年，兵备副使郭春震募土人溯流，始得其源。

施甸河　在城南一百里。源出姚关，由大石桥至老邓桥，引溉田亩，入潞江。灌溉田亩无数，多年淤塞，以至河高田低，夏秋间最易淹没。

蒲缥河　在城西南。源出冈崖，由双桥、永寨、石木河、象鼻山，分溉田亩，入潞江。

西　河　在城西北四十里。源出北山箐中，名大出水，经左所营流出北庙，达于板板，城北之清水河桥、龙王塘诸水皆汇归焉。东流至城东南界，又名东河，而城南沙河、龙泉诸水，又汇归焉。迤逦百余里，入峡口洞，伏流数里出为枯柯河，经湾甸界，入潞江。夏秋淫霖易于浸滥，康熙五十四年，知府费金吾于城东打鱼村另辟子河。雍正八年，知县田榕重浚东河左右。又有青华海，周围二十余里，兵燹多年，河道失修，海尾阻塞。河之下流，居民筑坝设水车挽以灌田，河水壅塞，决堤为患，年被水灾。光绪十一年，知府刘毓珂、知县秦述光督率民工上自板桥，下至峡口洞，疏浚河道，复将海尾淤塞之处概行开挖，仍复旧制，三月筑坝，六月撤毁，以免壅滞冲决之患。

清水河　在城北。源有二，一出北二十里阿隆村，一出北十七里甘松坡。二水合流，东汇凤溪河，分流灌溉，连于板桥河。

青华海　在城东。汇山涧诸水为池，广二十余里，涸则周遭皆田，涨则成海。

甸尾海　在城南三十里。源出海子沟，黑龙井、青龙洞诸水汇焉。堤周八百余丈，溉田数千亩。

喷珠泉　在城西南易罗池右，可引溉。

仁寿泉　在城西北保山、象山两崖间。泉出山麓，分三沟，一由仁寿门入城，引灌园蔬，东注荷池；一由门外绕城，东注青华海；一由纸房北东注青华海，溉田二千余亩。

龙　泉　有二，一在城北郎义村，一在上丛村，皆有灌溉之利。

青石泉　在城北三里。泉出青石山小坡，俗呼为蒲蛮箐。导经五福村、教场屯、纸房村、山脚村，分为四沟，灌田数千亩。

孝感泉　在城西北三里。灌田数千亩，即孝子韦谦感而出者。

金鸡泉　在城东北三十里金鸡村。泉出二池，一温一凉，灌田数百亩。

莲花坝　在城东安乐山西，即玉泉也。明正德间，副使汪标筑。

纪广坝　在城南十里。周三百五十丈，灌田数千亩。

平安坝　在城南四十里。明正德间，兵备道汪标筑。嘉靖间，佥事安如山、副使郭春震先后重修。堤周一百六十丈，厚八尺，高一丈，灌田二千余亩。

黄泥坝　在城南石花堰南二里。

连三坝　在城南石花堰北二里。

丁杨坝　在城西南六十里。源出水眼龙口，堤周二百五十丈，灌田数百亩。

阿凤坝　在城东北四十里。源出天井山深谷中，西流北绕达达营、光尊寺，入于西河，灌田千顷。

沙河大堰　在城南。源出北冲，由沙河流至众安桥，引溉田亩。

诸葛堰 有三，武侯所筑，俱在城南十里。法宝山下曰大堰，甃石为堤，厚一丈二尺，高一丈，周九百八十余丈。明成化间，御史朱暟加筑，分水口为三，灌田数千亩。其东曰中堰，源出九龙池三十六号水，汇沙河水蓄积为堰，周三百三十七丈，分水口为三，灌田数千亩。又东曰下堰，周二百八十丈，分水口为二，灌田千余亩。

石花堰 在城南二十里。源出山后响石洞，堤周一百五十丈，中为一纂，灌田数千亩。土人呼涵洞曰纂。

官市堰 在城南四十五里。源出青松山下，汇龙井水为池，经落龙村，灌田千余亩。

卧狮池 在城南十五里卧狮山麓，一名小龙井。泉流不竭，灌田数百亩。

易罗池 在城西南。自地涌出，汇为大池，可三十亩。旧制池口筑石堤，析为三沟，分溉田亩，近因池南上坝沟道淤塞，其水尽由中流，以致池南民田多有荒芜。

龙王塘 在城北。水分三坝，上坝由龙潭流经郎义村，汇于中沟坝。嘉靖七年，龙潭堤决，知府董雍重修。三十一年，复决，兵备副使郭春震甃以砖石。中沟流经瓦瓦罐村，岁久堙圮。康熙初年，知府王家相重修。雍正八年，知县田榕继修二沟，溉田一万二千六十亩。

龙井箐 在城西北一里许。泉出山麓，经纸房屯、社稷坛，东流教场，分为三沟，溉田数千亩。

骆驼箐 在城西北二里。泉出山崖穴中，一名石头沟，导分三沟，灌田数千亩。

栖贤箐 在城西北十里栖贤山之南。泉自山箐中涌出，北折西流，灌田千余亩。

石头箐 在城西北十里。泉自石崖中出，分二流，一北一南，溉田千余亩。

银矿箐 在城西北三十里。水出山崖，灌田数百亩。

小沙河 在城南黄龙山箐中。夏秋间山水暴涨，顺城东流，沙石直下，多年堵塞，每易泛滥。

龙陵厅

龙塘沟 灌田数十亩。

核桃冲河 发源小尖山，灌田数百亩。

大沟 灌田数百亩。

荷花塘 在芒市，灌田数百亩。

大海子 在猛糯，去厅一百六十里。

小海子 在猛糯，灌田数百亩。

大龙洞 在石头山，水亦灌田。

腾越州

瓦甸河 在城北七藏甸。源出界头马鹿塘，经混沌河与白石江合入龙川江，沿江引溉。

大车湖 在城南团坡下，沿湖资以引溉。

龙　泉 在城西三十里。源出打鹰山，流于古矛山下，溉州西田。

玉　泉 在城西玉泉寺下。从平地石罅涌出，味洌而可引溉。

侍郎坝 在城西北五里。明侍郎杨宁征麓川，寓此筑之，民食其利，故名。

半月池 在城北七里。周五十丈，流入大盈江，灌溉资之。

澄镜池 在城北二十五里。源出干峨山，一名清河，周五百丈，资以引溉。

龙王塘 有三，一在观音寺，一在大宽邑，一在侍郎坝，俱利灌溉。

马邑河 在城北五里，由赤土铺发源。

高 河 由龍嵸山发源。

罗生场河 由罗生山发源。

龙川江 由明光、界头、雪山三处发源，转瓦甸至界尾合流，自北向东俱利灌溉。

永平县

银龙江、胜备江、双桥河、曲硐河、桃源河、萨右龙潭、木里场河、九渡河 以上八河，详见《山川》，俱可灌田。

宝峰泉 在城东十里。

花桥河 在城东三十五里。

玉泉坝 在城南七里。

黑油关坝 在城东南。

黄龙潭 在城东二百里。其潭有四，曰黄龙、刚龙、黑龙、陷马，皆引灌田亩。

〔据刘毓珂等纂修光绪《永昌府志》（清光绪十一年刻本）卷十四《建置志 · 水利》第66页辑录。〕

（民国）腾冲县志稿 · 农政志 · 水利

卷十七 农政志 水利

腾冲水利，或借溪流以灌溉，或引河流以开渠，然田之高者每有涓滴之争，下者不免浸溢之患。是贵筑堤建堰，使上可以蓄，下可以泄，而后利济有资，旱涝无虑也。兹将全境水利表列后。

腾冲县河流湖泽塘堰灌溉表

名称	来源	宽度		深度		灌溉区域	备考
		平时	涨时	平时	涨时		
大盈江	源出芹菜塘之沙河，罗坞塘之八道河及打苴河、马场河，汇流而成	三丈	五丈	四尺	八尺	经城保之前所街、东营、叠水河及和顺等处，下至明朗、南甸以至干崖	河流至叠水河，开渠二，一至大庄，一至和顺。至镇彝关，开渠二，一至曩烟，灌溉雨伞、荷花池、萧庄、三夷庄一带；一至蔺家寨，灌溉该寨一带
打苴河	该河即大盈江源	二丈	三丈	三尺	五尺	经打苴星罗屯、三家村、罗鱼村、大竹园等处	
马场河	源出龍嵸山，汇澄镜湖及北海之水，流入大盈江	二丈	三丈	三尺	六尺	经上下马场、大宽邑及观音塘等处	

续　表

名　称	来　源	宽　度		深　度		灌溉区域	备　考
		平时	涨时	平时	涨时		
青苔河	源出青海、北海，流入大盈江	八尺	丈余	四尺	八尺	经岗峨、下河村、油灯庄及洞觉村等处	河流至下河村，蓄为塘，面积约七十丈，深五尺，即名青苔塘
龙王寺河	源出集鹰山之兴龙池，经小西流入大盈江	三尺	二丈	二尺	五尺	灌溉小西乡一带	明侍郎侯琎驻腾时，命筑长堤，开渠数百丈，原野成田者几半，名曰“侍郎坝”。后小流居民盗决失业，嘉靖间分巡王维贤复议，筑之以济民
三合河	龙潭、酸水沟、来凤滩三水合流入大盈江，故名	一丈	一丈五尺	四尺	七尺	灌溉和顺乡一带	
绮罗河	源出罗汉冲、官坡，上游即长洞河	八尺	一丈	三尺	六尺	灌溉绮罗乡一带	由绮罗出水尾山、半个山、罗苴冲，经硫磺塘入大盈江
饮马河又名饮马水河	为绮罗河分流	数尺或涸	一丈	尺余或涸	二尺	灌溉新生邑、满金邑及东门外、一保街、北门外一带	此河为明时土人开挖，徐霞客谓“挖断黄土坡西度来风之脉”
大洞河	源出黄坡澡塘背后之龙江坡	五尺余	六尺余	一尺余	三尺余	灌溉黄坡、大董一带	分流经倪家堡，入饮马河
长洞河	源出罗汉冲、官坡	八尺	一丈	三尺	六尺	经罗汉冲、沙坝、河外、长洞、洞坪等处	
龙塘河	源出吴邑、黄坡两交界之青坡脚	四尺	六尺	一尺	三尺	经吴邑、矣比、董库一带	
伽　河	源出球牟山池，流入大盈江	五尺	六尺	一尺	三尺	经伽河村一带	流至丁家寨蓄为塘，面积五十丈，深二尺余，名“北关塘”
小黑河	源出罗汉冲、五板桥，由长洞河上流分渠	三尺	四尺	七寸	二尺	经大洞、洞坪、毛家村至满金邑外，流入饮马河	
姜家塘	水源自出	—	—	—	—	灌溉富矣村左近之田	面积约五十丈，深八尺
澄镜湖一名青海	在城北干峨山上，水源自出	五百丈	—	难计	—	由海尾开沟引流至打苴，灌溉打苴一带田亩	
半月湖一名北海	水源自出	五十丈	—	—	—		
董库塘又名袁家塘	在球牟山麓，水源自出	三十丈	—	四尺	八尺	由塘口开沟，归河塘内辟田，占全塘之半	塘内之田，经渔业公司赠送张姓管业
观音塘又名玉泉池	在城西里许，水源自出	约三亩	—	三尺	—		

续 表

名称	来源	宽度		深度		灌溉区域	备考
		平时	涨时	平时	涨时		
大宽邑塘	水源自出	二十丈	—	三尺	四尺	灌溉近塘秧田	
缅箐河	源有三，一由二甲，一由茎麻箐，一由路空	二丈	三丈	三尺	九尺	经缅箐、明朗、太平村、水厮打一带，下注大盈江	
鹅笼坝、野猪坡坝向家寨、田家寨	有溪流，皆可灌溉	—	—	—	—		旧有二坝，皆分巡王维贤所筑，惜未终其事。诚者谓，二坝水源高，下流田亩便之
喇〔叭〕河	源出清水冯家营大寨	八尺	一丈五尺	二尺	六尺	喇〔叭〕河坝田	此水沿山谷而行，至出鹰洞坡口，遂漫衍无矩，兼夹沙石，冲坏田亩，乡民每欲筑堤，奈无款
小寨河	上流即绮罗河、长洞河	七尺	一丈五尺	七寸	六尺	灌溉李家村一带田亩	
银厂河	源出假木马	一丈	丈余	三尺	八尺	灌溉明朗一带田亩	
西河村小河	源出猛蚌	一丈	二丈	三尺	七尺	双河乡至西河村一带	每遇水涨则冲坏田亩
南庆河	源出莱里山北面	二丈	四丈	一尺	五尺	灌溉线多、永乐、芒东等村田亩	
回蚌河	源出莱里山东面	二丈	四丈	五寸	五尺	灌溉大小孟武、惠乐、来连、永兴、大平、孟连、旺冈、炳寨等村田土	
罗苴冲河	上流即绮罗河	四尺	八尺	二尺	四尺	乐所冲及硫磺塘一带	
赖筏河	源出莱里山东面	一丈	二丈	二尺	三尺	灌溉万幸、大营等村田亩	
龙塘河	源出清水乡大龙潭	四尺	九尺	二尺	四尺	灌溉清水乡中部及清和镇南部一带田亩	
盏西江	源出古永、止那隘	十余丈	二十余丈	一丈	一丈五尺		
猛竜河	源出松坡山凹	一丈	丈余	三尺	五尺		
南蛙河	源出朋角山凹	二丈	三丈	三尺	五尺		
邦别河	源出邦别山凹	一丈	二丈	三尺	四尺		
双河乡河	源有二，一自打板箐，一自寺脚村	一丈	二丈	三尺	四尺	双河乡一带田亩	

续 表

名称	来源	宽度		深度		灌溉区域	备考
		平时	涨时	平时	涨时		
猛连河	源出官坡，下注龙江	七尺	九尺	七寸	四尺	猛连全境	
小蒲窝河	源出小蒲窝茶叶林，下注龙江	一丈二尺	一丈五尺	一尺二寸	九尺	小蒲窝一带	
大蚌河	源出大尖山麓	三尺	六尺	三寸	一尺		
蒲川河	源出大蒲窝山脚，下注龙江	丈余	十丈	五寸	五尺	蒲川乡坝子田	
龙川江							
大岔河	源出涩梨树	一丈	丈余	三尺	九尺	涩梨树至龙江一带	
小田河	源出雪山	一丈八尺	二丈五尺	二尺	七尺	由山林出小田姚家岭下囊凹一带	
仆伦河	源出雪山	七尺	一丈	一尺	五尺	阴灯、磨盘石、周家坡一带	
高桥河	源出打碓山北	八尺	丈余	二尺	五尺	由山林经石布坡里一带	
九渡河	源出大宛子	九尺	丈五	二尺	五尺	里五甲一带	
陆家小河	源出黄土垓	五尺	九尺	一尺	四尺	里四甲陆家寨一带	
关口河	源出雪山马面关	四尺	八尺	二尺	四尺	陆家凹、石券桥一带	
黑拉萨河	源出东山人头岩	六尺	一丈	一尺	四尺	马面关外一带	
笼落河	关口河、黑拉萨河会流而成	一丈六尺	二丈三尺	三尺	八尺	里三甲杨家寨一带	
滥坝河	源出三元宫后龙冲沟	一丈五尺	二丈五尺	三尺	一丈	施邦坡里石券桥一带	民国二十年，山水泛滥，将两岸田亩冲没
沙河	源出高黎贡山	九尺	丈余	二尺	七尺	桥头老街子一带	
袁家河	源出高黎贡山	丈四	三丈	二尺	八尺	沈家冲、桥头街外一带	
长　河	源出矿山	七尺	九尺	二尺	四尺	里七甲一带	
水箐河	源出西山	八尺	丈余	二尺	六尺	水箐一带	
八甲河	源出九甲囤子山	七尺	九尺	二尺	五尺	切麻厂、伍家铺下八甲	
马家河	源出东山麓	六尺	九尺	一尺	三尺	凤瑞乡第五牌一带	
洗马塘河	源出东山麓	七尺	九尺	一尺	四尺	万家山一带	
黄家山沟	同上	四尺	七尺	一尺	三尺	黄家山一带	
唐家河	源出高黎贡山	丈五	五丈	二尺	七尺	黄土坡里一带	又名洗糠河
新庄河	同上	一丈	丈五	二尺	七尺	凤瑞乡上下新庄一带	又名里边河

续 表

名称	来源	宽度		深度		灌溉区域	备考
		平时	涨时	平时	涨时		
苗仓河	同上	二丈	三丈	二尺	七尺	苗仓至双龙村一带	又名外边河，下游称双河
姊妹河	源出天台山	丈六	三丈	三尺	七尺	凤瑞乡第二牌一带	下游名孙家坝河
观音寺河	源出高黎贡山	丈余	二丈	二尺	五尺	沙坝地、二家村一带	下游名后扪河
十甲河	源出华坡里外	丈二	丈八	二尺	六尺	花栗沟、杨家寨一带	
吉家沟、黑鱼沟	水沟坡里外及西山	三尺	七尺	一尺	三尺	凤堂村一带	
蔺家大沟	源出大渔塘	四尺	八尺	一尺	三尺	蔺家寨一带	
隔界河	源出极乐山	六尺	一丈	二尺	五尺	凤瑞、宝华两乡之间	又名乾河
磨石河	源出白马山	三丈	四丈	二尺	七尺	白马、新大街一带	
澡塘河	源出宝华山	二丈	三丈	二尺	七尺	宝华乡一带	又名寺山河
常家沟	源出小黑井	五尺	七尺	二尺	五尺	常家冲一带	
濮家河	源出东山麓	六尺	八尺	二尺	四尺	马鹿坡一带	
永安沟	同上	六尺	九尺	一尺	三尺	瓦甸街外一带	
岗砭河	源出西山	丈二	丈七	一尺	五尺	瓦甸河西一带	
楼子河	源出东山	五尺	七尺	一尺	三尺	喇塘甲一带	
大坝河	同上	丈九	四丈	二尺	七尺	高家岭一带	水常泛滥
花箐河	同上	七尺	丈余	一尺	三尺	瓦甸、曲石之间	
旱三河	同上	九尺	丈六	一尺	三尺	曲石九一甲一带	
澡塘河	同上	丈三	丈七	一尺	三尺	曲石七七甲一带	
清水河	源出西山	丈四	三丈	二尺	四尺	瓦甸旱家冲、清水甲一带	
龙口河	清水、龙洞两水交汇	二丈	四丈	三尺	六尺	曲石龙口一带	
把鱼河	源出东山林家铺	五丈	七丈	二尺	七尺	七七甲、千双一带	常泛滥成灾
松坡大沟	源出西山	四尺	六尺	一尺	三尺	松坡寨一带	
蔺家湾沟	源出西山	五尺	六尺	二尺	四尺	蔺家湾寨一带	
黄家大沟	同上	四尺	七尺	一尺	三尺	山林至石头坡一带	
上寨沟	源出洗布沟	四尺	六尺	一尺	二尺	上寨一带	
洗布沟	源出龙井	四尺	七尺	二尺	四尺	平川一带	
冉家河	数水汇合	一丈五尺	二丈四尺	二尺	五尺		
双河	源出怒江山	丈三	二丈	三尺	六尺	九四甲一带	
三道河	高黎贡山数水汇合	丈余	二丈	二尺	五尺	界尾一带	
蛮米河	源出高黎贡山	丈四	二丈	二尺	四尺	同上	
中寨河	同上	丈二	丈九	一尺	四尺	同上	

续 表

名称	来源	宽度		深度		灌溉区域	备考
		平时	涨时	平时	涨时		
拉兔河	高黎贡山	丈余	二丈	二尺	四尺	界尾一带	
隔界河	同上	丈余	二丈	二尺	五尺	曲石、界尾与龙江交界	
深沟	源出白家河	五尺	六尺	三尺	六尺	表院一带	
白家河	龙井	丈一	二丈	二尺	四尺	碗窑坡一带	
干乍河	源出龙窝田	一丈	丈七	三尺	八尺	河头寨、大小干乍一带	
母龙河	东由茨竹岭垭口，西由锡匠河至明光交口，会合流下	二十余丈		一尺至丈余		石月亮约二百余亩，下河头约三百余亩	
西河	东由姊妹山，西由昌银沟，至麻栗坝会合	五丈	十丈	一二尺	六七尺	谷家寨门首老桥脚一带之田，约一百余亩	此东西二河，至石月亮脚会合成江，即龙江之上游也
云华闸	自王家坝及附近细流汇集而成	百余亩		春冬尺余	夏秋丈余	云华乡及北练之公坡一带	
固东坝	源出母龙河					石月亮一带之田	长二十余丈，清嘉庆间修
金章坝	同上	二十余丈				下河头之田，约三百余亩	清宣统元年，赵荆侯、赵少章二人所筑，私有
谷家坝	源出西河					灌田百余亩	民国五年，谷上显私人所筑，长七八丈
顺江龙塘	水源自出						周围三十余亩
乾海子	水源自出					周约三十余亩，灌溉左右之田	此塘虽居高处，并无水道流出。咸丰时官军驻此，得水救济
杨家河	起茅草河，东入龙江	五尺	八尺	二尺	五尺	灌溉上营甲	
白泥河	起劳家山，东入龙江	二尺	四尺	一尺	三尺	经赵家营甲，长十里	
周家河	起西山，入龙江	五尺	一丈	三尺	五尺	长约二十里，经周马、橄榄	
蛮雷河	超陡山，东入龙江	五尺	一丈	三尺	六尺	长约二十里，经忙棒甲	
江西河	起丁家山，入龙江	四尺	九尺	三尺	七尺	长二十五里，经丁怕甲	
云龙河	起大黑脑，入龙江	四尺	九尺	三尺	七尺	长二十五里，经丙半甲	
隔界河	起高黎贡山，入龙江	三尺	六尺	二尺	五尺	长十五里，经囊中	
岔河	同上	五尺	一丈	三尺	五尺	同上	

续 表

名　称	来　源	宽　度		深　度		灌溉区域	备　考
		平时	涨时	平时	涨时		
钻龙河	起东山，入龙江	三尺	一丈	一尺	五尺	长二十里，经钻龙村	
刀家河	起小平河，西入龙江	三尺	八尺	二尺	四尺	长二十五里，经桥头甲	
囊列河	起小地方，西入龙江	五尺	一丈	三尺	五尺	长三十里，经邦半、朗尚	
东中河	起小地方，西入龙江	三尺	九尺	一尺	三尺	长十八里，经邦换	
贵米泉	出龙江乡上营后山	—	—	—	—	在长林寨	其泉冬多夏少
大鱼塘	出龙江乡下忙甲	—	—	—	—	在下忙甲	昔时面积最大，今圮为草泽矣
大塘子	出龙江乡西山	—	—	—	—	在张家村	冬积夏启
清溪	自出	—	—	—	—	在龙江清水河	

〔据李根源、刘楚湘总纂民国《腾冲县志稿》（许秋芳主编，李光信等点校，云南美术出版社2004年版）卷十七《农政志·水利》第334－341页辑录。〕

（民国）龙陵县志·政赋志·水利

卷五　政赋志　水利

自西门豹引漳水溉邺，以富魏之河内，郑国凿泾水成渠，灌田四万余顷，秦以富强。关心民瘼者，未尝不加意于水利也。龙陵前属永昌郡，昔武侯驻师，曾于永昌城南十里法宝山下筑成三堰，甃石为堤，周围各数百丈，蓄九龙池、沙河诸水，灌田数千亩，农多利赖，至今称诸葛堰，虽童蒙无不知之。县治四面皆山，溪流下注，百出不穷，然峰峻水陡，沙石荡触，最易壅塞，要在宣泄得宜，斯可收灌溉之益，而无溃泛之灾耳。

龙塘沟　灌田数十亩。

大　沟　灌田数百亩。

核桃冲河　发源小尖山，灌田数百亩。

荷花塘　在芒市，灌田数百亩。

大海子　在猛糯，去厅一百六十里。

小海子　在猛糯，灌田数百亩。

大龙洞　在石头山，水亦灌田。

〔据张鉴安修，寸晓亭纂民国《龙陵县志》（台湾学生书局1968年据民国六年石印本影印）卷五《政赋志·水利》第12页辑录。〕

迪庆州

（光绪）新修中甸厅志书·水利志·堤堰

卷上　水利志　堤堰

中甸附郭东北诸水，遇雨泽时行，或隅泛溢，亟因利导。一经晴霁，即可顺流汇入西山之下草湖，由落水硐暗落而下，一从山后之通买村泻出，一从吉仁村泻出，西坝淹没之患始得无虞。

〔据吴自修校，张翼夔纂光绪《新修中甸厅志书》（《中国地方志集成·云南府县志辑82》，凤凰出版社2009年据钞本影印）卷上《水利志·堤堰》第515页辑录。〕

（民国）维西县志·农政志·水利

卷二　农政志　水利

县属城乡处才山中，饮料灌田概属箐水。无塘，一经沟洫，即便利民，间无塘堰之必要。

〔据李炳臣修，李翰湘纂民国《维西县志》（《中国地方志集成·云南府县志辑83》，凤凰出版社2009年据钞本影印）卷二《农政志·水利》第26页辑录。〕

临沧市

（民国）镇康县志·农政志·水利

第十一　农政志　水利

县属山深箐密，水源甚足，向无荒旱之虞。县治所在之德党坝，及中区之明朗坝、西区之猛捧板、北区之小猛统等坝，农田得山凹之水以灌溉，而各处沟渠汇为河流，位置居于低处，即有倾盆大雨，连绵数日，河水泛滥，亦不致冲害田禾，即冲亦只少数。近河之田，间有筑堰引水以灌溉者，并不虑及天旱与水患，惟镇康三坝之公私田亩，地处瘴毒之区，土住夷民懒惰成性，加以河流浩大，难筑堤防，每至河水泛涨，田禾冲没，不可数计。现经政府督饬建设局杨局长必昌亲诣指导农民，令于每年农隙时，极力修筑堤防，务期坚固耐久，庶几一劳永逸，水患可免。其他各处山坡梯田，俱各有沟水可灌，间有少数，待雨水下降始能栽插者，不过日期稍迟，收成略减耳。至于潞江经过之乡，因其流域甚低，难资灌溉，故无水利之可言。

〔据纳汝珍修，蒋世芳纂民国《镇康县志》（《中国地方志集成·云南府县志辑58》，凤凰出版社2009年据民国二十五年稿本影印）第十一《农政志·水利》第11页辑录。〕